U1069244

本书光盘内容

光盘超值赠送：①赠送 3300 个 Office 模板；②赠送 12 集《电脑办公综合应用》视频教程；③赠送 10 集《视频学电脑系统安装·重装·备份·还原》视频教程；④赠送 12 讲《实战应用——Office 2010 商务办公综合应用》视频教程。

一、赠送：3300 个 Office 模板

土地资产预估价值明细表
退赔外汇
外币贷款明细表
外汇收支情况表
外商投资企业财政登记变动表
外商投资企业财政登记表1
外商投资企业财政登记表2
外商投资企业年检申报基本情况表
外商投资企业主要财务指标快报
网上出口商品库登记表
往来款项明细表
违纪情况统计表
委托贷款明细表
卫生、中医事业单位基本数字表
卫生、中医事业单位收支表
卫生部门效益统计
卫生机构基本建设情况表1
卫生机构基本建设情况表2
卫生机构基本建设投资完成情况调查表
卫生事业单位资产负债表
卫生支出统计表
未聘人员分流安置情况调查表
文艺活动成果统计
无公害农产品基地创建县基本情况表
无形资产、长期待摊费用明细表
物业管理公共服务等级标准评定表
西部地区"两基"攻坚规划总表
洗衣机行业分地区基本市场状况
洗衣经营情况明细表
系统干部名册
现金流量表
现金流量表2
现金流量表3
现金流量表模板
现金流量预算表
现有工作用房情况调查表
现有设备情况调查表
限额以上餐饮企业主要财务指标
限额以上餐饮企业主要财务指标情况
限额以上批发贸易业财务状况和经济效益
乡财县管改革工作考核评分表
乡镇财政供养人员经费调查表
乡镇财政状况调查表
乡镇党委政府目前承担工作调查表
乡镇基本情况调查表
乡镇集体资产管理机构调查表
乡镇企业财务情况
乡镇企业财务情况1
香港特别行政区主要统计指标概览
项目负责人名单
项目工作量统计表
项目基本情况表
项目进度表
项目进度表1
项目进度表2
项目经费收入明细表
项目经费收支总表
项目经费预算及拨款计划
项目经费支出明细表
项目评审报告
项目数据汇总表
项目损益表
项目投资现金流量表
项目依托单位及管理员名录
项目支出预算明细表
项目支出预算情况表
项目支出预算申报说明书
销售报表
小区IP地址分配表
小型水利体制改革完成情况统计表
校级以上教学成果奖一览表
校内津贴明细表
校外实习基地情况一览表
新型农村合作医疗制度扩大试点情况表
新型农村合作医疗制度情况表
新增旅游产业直接就业人数情况
新增生产能力主要统计指标年报
信息服务企业情况调查表
市场结构2
市场经济能做什么
市场经济特征
市场经济与宏观调控
市场竞争模型
市场理论
市场目录
市场评估
市场商情数据库
市场失灵理论
市场失灵与政府
市场调查的方法
市场危机与分析的价值
市场细分、选择目标市场
市场消费特征
市场研究为品牌战略奠定基础
市场营销
市场营销概述
市场营销管理过程
市场营销管理哲学及其贯彻
市场营销调研
市场营销调研与需求测量
市场营销学
市场走在前面
事物发展的内外因
试点项目现状与发展
试点专业总结报告
收益可以证明实力
手把手，教你剪纸
手把手，教你做好菜
手表状况调查
手拉手地球村
书目文献资源的利用
输入输出系统
暑假旅游
树叶图
数据处理
数据库de管理
数据库的管理
数据库概论
科学论文的阅读
科学目标
科学时代
科学探究
科学通史
科学与人文
可爱的黄金猎犬
可持续性农户生计框架
客户关系管理
客户关系管理2
课程改革教学资源建设思考
课程改革情况汇报
课程改革与教育科研
课程管理和课程资源开发
课程开发
课程考核管理
课程研究方法论
课程资源的开发与利用
课改与研究性学习
课件－琵琶行
课件－诗经
课堂管理心理
课堂管理心理2
课堂教学的"研究性教学"
课题分析与信息查询实例分析
恐怖主义历史演变与反恐现状前
控制的工具与技术
控制技术与方法
控制器原理
库存管理

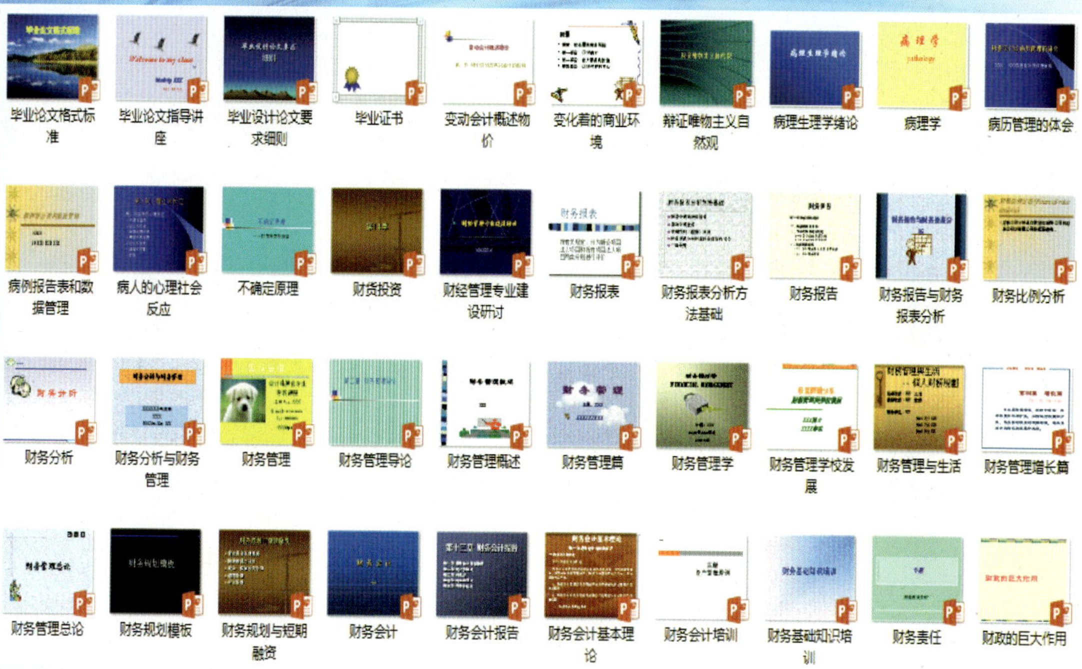

二、赠送：12 集《电脑办公综合应用》视频教程

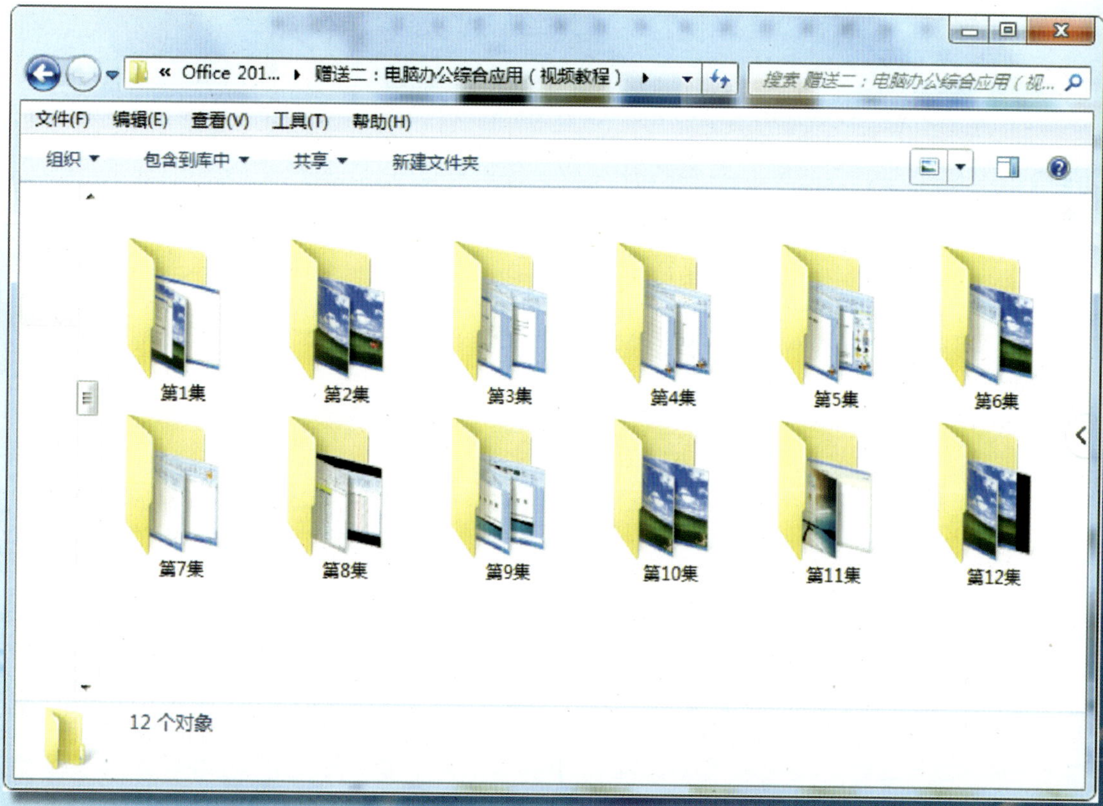

三、赠送：10 集《视频学电脑系统安装 · 重装 · 备份 · 还原》视频教程

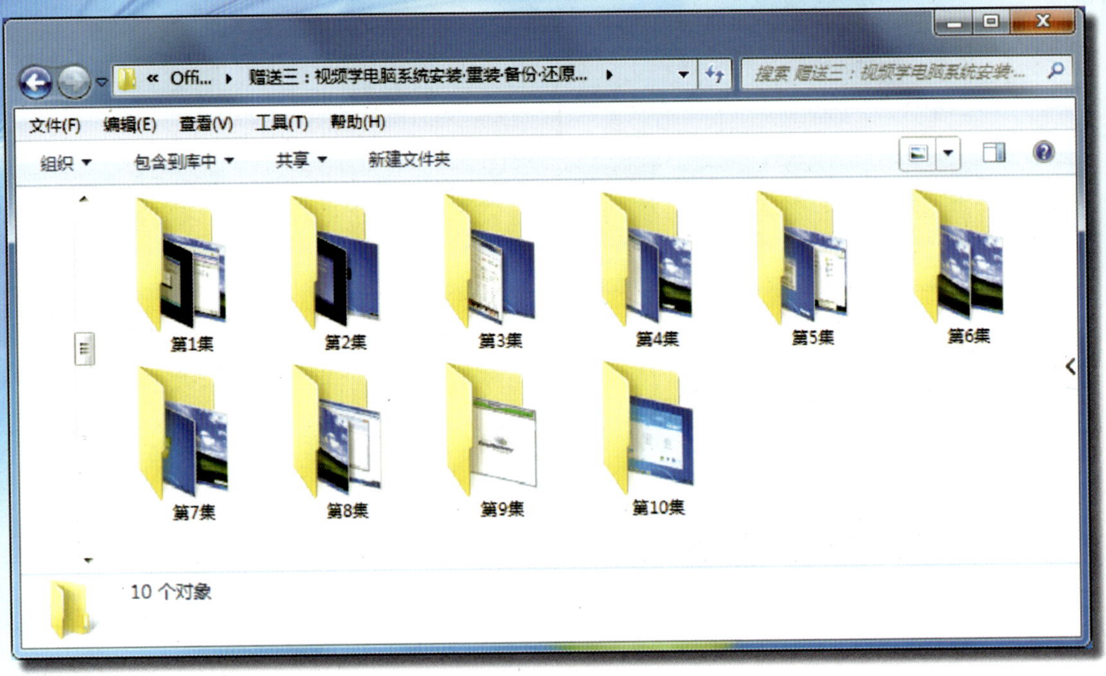

四、赠送：12 讲《实战应用——Office 2010 商务办公综合应用》视频教程

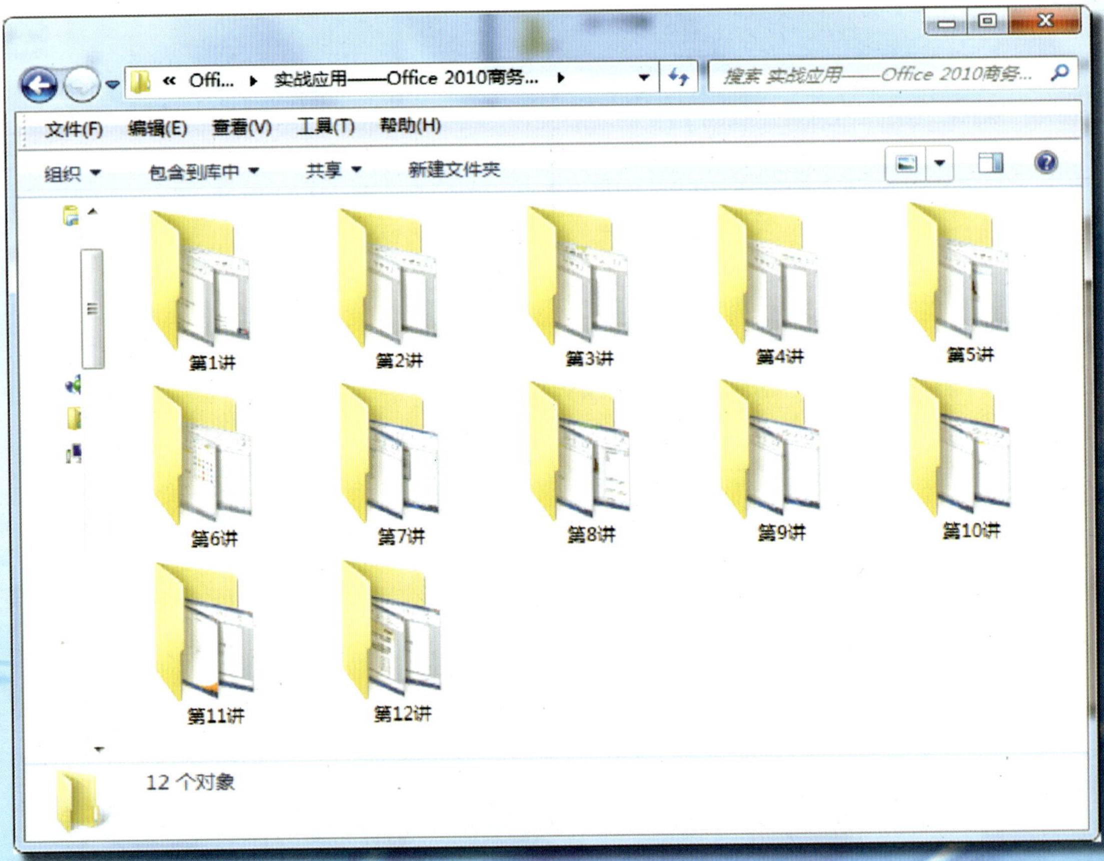

高效办公不求人

Office 2016
商务办公应用从入门到精通

Office培训工作室 编著

机械工业出版社
CHINA MACHINE PRESS

本书内容充分考虑了广大职场人士的实际情况，系统、全面地将 Word、Excel、PPT 商务办公的技能、技巧与实例相融合，力求使读者在快速学会软件基本使用方法的同时又能掌握 Office 商务办公的相关技能。

本书分两个部分，总共 17 章内容，第 1 部分（第 1 章～第 14 章）系统讲解了 Office 2016 中最常用的三个组件（Word、Excel 和 PPT）的办公操作与相关应用技能、技巧，第 2 部分（第 15 章～第 17 章）综合讲解了 Office 2016 职场商务办公中的实战应用案例。

全书采用“图解操作+步骤讲述”的方式对知识点进行讲解，语言浅显易懂、版式清晰易读、步骤讲述详细，同时在图片中清晰地标注出要进行操作的位置与操作内容，并为重点、难点操作配备了视频教程，以保证读者轻松学会本书内容。

本书既适合从零开始学习 Office 2016 办公软件的初、中级读者，也可作为职场办公人员和大、中专院校师生的参考用书。

图书在版编目（CIP）数据

Office 2016 商务办公应用从入门到精通 / Office 培训工作室编著. —北京：机械工业出版社，2016. 1（2016. 8 重印）
（高效办公不求人）
ISBN 978-7-111-52274-4

Ⅰ. ①O… Ⅱ. ①O… Ⅲ. ①办公自动化—应用软件 Ⅳ. ①TP317.1

中国版本图书馆 CIP 数据核字（2015）第 292433 号

机械工业出版社（北京市百万庄大街 22 号 邮政编码 100037）
策划编辑：王海霞　　责任编辑：王海霞
责任校对：张艳霞　　责任印制：乔　宇
北京铭成印刷有限公司印刷
2016 年 8 月第 1 版 · 第 2 次印刷
184mm×260mm · 26.75 印张 · 2 插页 · 661 千字
4001—5900 册
标准书号：ISBN 978-7-111-52274-4
　　　　　ISBN 978-7-89405-931-4（光盘）
定价：79.00 元

凡购本书，如有缺页、倒页、脱页，由本社发行部调换

电话服务
服务咨询热线：（010）88361066
读者购书热线：（010）68326294
　　　　　　　（010）88379203

网络服务
机 工 官 网：www.cmpbook.com
机 工 官 博：weibo.com/cmp1952
教育服务网：www.cmpedu.com
金 书 网：www.golden-book.com

封面无防伪标均为盗版

前　　言

Office 是微软公司推出的一款最受欢迎的办公应用软件。微软公司于 2015 年 10 月推出功能最强大、应用最简单的 Office 2016 最新版本。

Office 2016 不仅功能强大，而且能满足各种有不同办公需要的用户，被广泛应用于行政文秘、人力资源、市场营销、财务管理等工作领域。通过它，用户能制作专业的办公文档、数据表格与演示文稿。为了帮助广大初学者能快速掌握 Office 2016 软件的商务办公技能，我们组织多位经验丰富的实战专家和一线教师精心编写了本书。

本书分两个部分，总共 17 章内容。第 1 部分（第 1 章～第 14 章）系统讲解了 Office 2016 中最常用的三个组件（Word、Excel、PPT）的办公操作与相关应用技能。第 2 部分（第 15 章～第 17 章）综合讲解了 Office 2016 职场商务办公中的实战应用案例。全书内容安排如下：

第 1 章　初识 Office 2016

第 2 章　Word 2016 录入与编辑文档

第 3 章　Word 2016 文档的格式设置

第 4 章　Word 2016 的图文混排功能

第 5 章　Word 2016 的 SmartArt 图形与制表功能

第 6 章　Word 2016 样式与模板

第 7 章　Word 2016 的高级应用

第 8 章　Excel 2016 数据表格的创建与编辑

第 9 章　Excel 2016 数据表格的格式设置

第 10 章　Excel 2016 使用公式和函数进行数据计算

第 11 章　Excel 2016 图表与数据透视表的应用

第 12 章　Excel 2016 数据的管理与分析

第 13 章　PowerPoint 2016 幻灯片录入与编辑

第 14 章　PowerPoint 2016 动画设置与放映输出

第 15 章　实战应用——Word 2016 在商务办公中的应用

第 16 章　实战应用——Excel 2016 在商务办公中的应用

第 17 章　实战应用——PowerPoint 2016 在商务办公中的应用

本书配有一张多媒体教学光盘，其中包含了书中所有的素材文件和结果文件，以及全书的视频教学录像文件，书盘结合学习，效果立竿见影。另外，光盘中还赠送 3300 个办公应用模板，包括 Word 模板、Excel 模板和 PPT 模板，涵盖了 Office 在行政文秘、电脑办公、人力资源、公司管理、市场营销和财务会计等众多领域的应用，以方便读者学习和工作时参考使用。

参与本书编写的人员具有丰富的实战经验和一线教学经验，并已出版过多本计算机相关书籍，他们是刘浪、张洁、郑红、赵娜、陈伟、李丽群、王大艳、马东琼、金阳美等。在此向所有参与本书编写的人员表示感谢！由于计算机技术的发展非常迅速，加上编者水平有限，书中疏漏和不足之处在所难免，敬请广大读者及专家批评指正。

编　者

2015 年 11 月

目　　录

第 1 章　初识 Office 2016

本章导读

Office 2016 是微软公司最新发布的办公软件。Office 2016 进行了多方面升级，包括文档共同创作、新的“Tell Me”导航支持、与 Power BI 的集成，以及更多的权限管理功能等。为了让读者快速掌握与学习 Office 2016 的一些新的功能，本章主要介绍 Office 2016 组件的界面知识及 Office 的共性操作知识。

知识要点

- Office 2016 组件
- Office 2016 新功能
- Office 2016 组件的基本操作
- 自定义 Office 工作界面的方法
- 如何使用帮助功能

效果展示

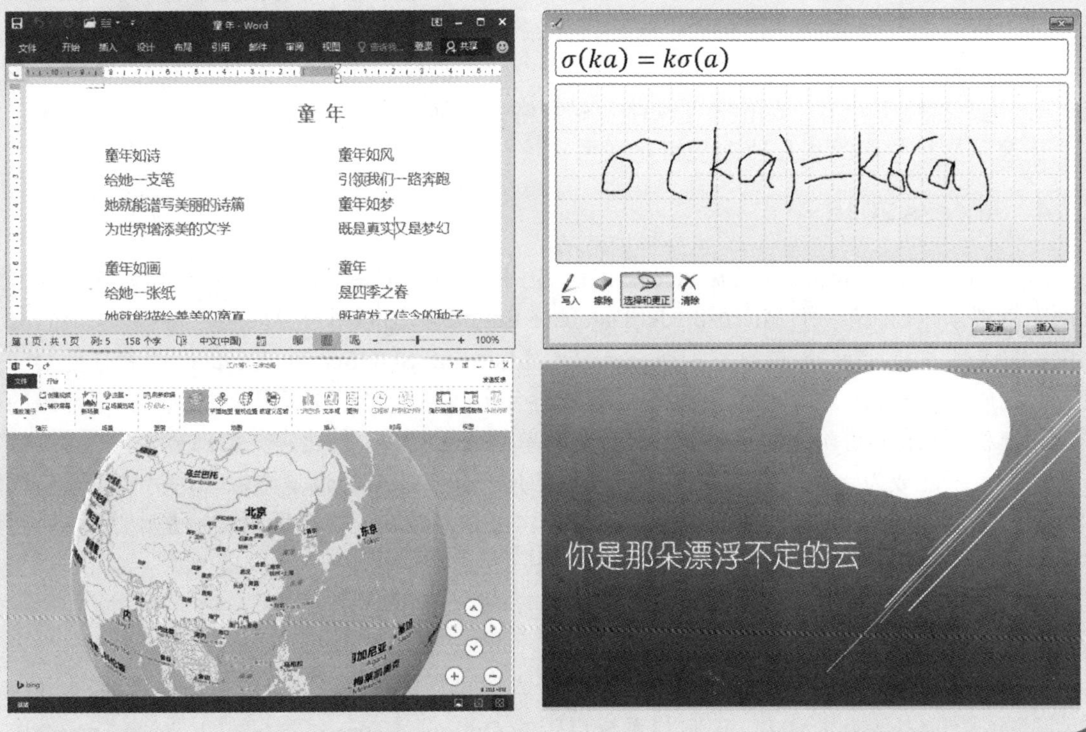

1.1 课堂讲解——Office 2016 简介

Office 2016 虽然名为 2016，但实际上并不是 2016 年发布的版本，它是针对 Windows 10 环境从零全新开发的通用应用（Universal App），意味着它在个人计算机、平板电脑、手机等各种设备上有着一致的体验，尤其针对手机和平板电脑上的触摸操作进行了全方位的优化，并保留了 Ribbon 界面元素，是第一个真正可以应用于手机的 Office。

1.1.1 Word 2016

Microsoft Office Word（简称 Word）在办公自动化中占据着很重要的地位，它是目前使用最广泛的文字处理与编辑软件。使用 Word 可以轻松地编排各种文档，但在学习具体的编排操作之前，我们首先需要掌握 Word 2016 的新功能与特点，才能更好地学习与应用 Word 2016。

1.1.2 Excel 2016

Microsoft Office Excel（简称 Excel）是电子数据表程序（进行数字和预算运算的软件程序），是最早的 Office 组件。Excel 内置了多种函数，可以对大量数据进行分类、排序甚至绘制图表等操作，掌握 Excel 可以成倍地提高工作效率。

1.1.3 PowerPoint 2016

Microsoft Office PowerPoint（简称 PowerPoint 或 PPT）是微软公司设计的演示文稿软件，用户不仅可以在投影仪或者计算机上对演示文稿进行演示，也可以将演示文稿打印出来，制作成胶片，以便应用到更广泛的领域中。利用 PowerPoint 不仅可以创建演示文稿，还可以在互联网上召开面对面会议、远程会议或在网上给观众展示演示文稿。使用 PowerPoint 做出来的内容叫演示文稿，它是一个文件，文件扩展名为“.pptx”，也可以保存为 PDF 格式、图片格式等，在 2013 和 2016 版本中可保存为视频格式。演示文稿中的每一页叫幻灯片，每张幻灯片在演示文稿中都既相互独立又相互联系。

1.1.4 Access 2016

Microsoft Office Access（简称 Access，前名 Microsoft Access）是由微软公司发布的关联式数据库管理系统，它结合了 Microsoft Jet Database Engine 和图形用户界面两项特点，是 Microsoft Office 的成员之一。Access 能够存取 Access/Jet、Microsoft SQL Server、Oracle，或者任何 ODBC 兼容数据库中的资料。熟练的软件设计师和资料分析师利用它开发应用软件，一些不熟练的程序员和非程序员的“进阶用户”则使用它开发简单的应用软件。虽然它支持部分面向对象（OO）技术，但是未能成为一种完整的面向对象开发工具。其实，Access 是微软公司另一个通信程序的名字，想与 ProComm 以及其他类似程序竞争。可是，微软公司事后证实这是个失败的计划，并且将它终止，数年后把它重新归于数据库软件。

1.1.5 Outlook 2016

Microsoft Office Outlook（简称 Outlook）是个人信息管理程序和电子邮件通信软件，自 Office 97 版开始接任 Microsoft Mail。但它与系统自带的 Outlook Express 是不同的，它包括一个电子邮件客户端、日历、任务管理者和地址本（它可比 Outlook Express 的功能多得多了）。它的电子邮件程序的主要竞争者是 Mozilla Thunderbird（Mozilla）和 Eudora。它的个人信息管理程序的主要竞争者是 Mozilla 和 Lotus Organizer。它仅适宜 Windows 平台（后来支持 Mac），一个版本也被包括在大多数掌上电脑中。它在 Mac 版里对应的程序是 Microsoft Entourage （后来替换成 Outlook）。

1.1.6 OneNote 2016

Microsoft Office OneNote（简称 OneNote）使用户能够捕获、组织和重用便携式计算机、台式计算机或平板电脑上的便笺。它为用户提供了一个存储所有便笺的位置，并允许用户自由处理这些便笺。OneNote 2016 还帮助用户以多种方式捕获信息，然后根据需要组织和使用它。它是 Office 2016 中的新程序。

在 OneNote 中使用键盘、笔或录音功能，用户可以快速捕获会议笔记、灵感、创意和想法、讨论会录音、访谈录像、图示等。通过与 Web 浏览器以及 Office 系统的方便集成，用户还可以收集来自网站的剪辑，电子邮件，与项目、客户、课程相关的各种材料，以及文件和图片等，如下图所示。

1.1.7 Publisher 2016

Microsoft Office Publisher（简称 Publisher）是微软公司发行的桌面出版应用软件。它常被人们认为是一款入门级的桌面出版应用软件，它能提供比 Microsoft Word 更强大的页面元素控制功能，但与专业的页面布局软件相比（例如 Adobe 公司的 InDesign 以及 Quark 公司的 Quark Xpress）还略逊一筹。

与其他桌面出版软件相比，Publisher 在历史上一直不受高端商务打印商店欢迎。它只能用于 Windows，而业界占相当份额的系统运行的是 Mac OS X。Publisher 定位于入门级的应用软件造成了很多的问题，例如在服务提供商的计算机上没有相应字体和嵌入对象等（虽然 Publisher 提供了可以把相关联的文件压缩成一个自释放应用程序的工具）。许多高端特性，例如透明化、对象阴影、slugs、路径文本、内嵌的 PDF 输出等，或者没有完全实现，或者干脆没有。但最近的一些版本有了很大的提高，开始关注色彩分离以及正确地处理彩色输出。Publisher 2007 还包含了人们期待已久的特性，可以输出商业出版品质带内嵌字体的 PDF 格式，作为软件可以从微软公司的网站下载。

Publisher 被包含在高端的 Microsoft Office 版本中，这反映了微软公司对 Publisher 的定位，它是一款易用的、与那些重量级产品相比价格适中的产品。它的目标用户主要是那些没有专业人员制作市场推广材料以及其他文档的中小型企业。

Publisher 的大部分替代品（除 Adobe PageMaker 外）都不提供导入 Publisher 的功能，但是 Publisher 可以导出成 EMF（Enhanced Meta File）格式，它可以被其他软件支持。例如，使用

Publisher 创建一份新闻，如下图所示。

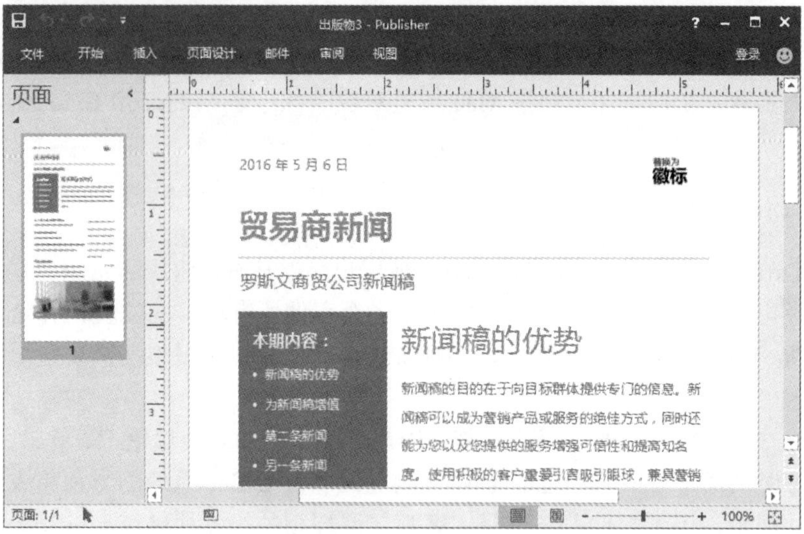

▷▷ 1.2　课堂讲解——Office 2016 的新功能

Office 升级为 2016 版本之后，在常用的 Word、Excel 和 PowerPoint 软件中相应地增加了一些新的功能，下面就来看一下这些新增功能。

1.2.1　向文本添加视觉效果

在 Word 2016 的“字体”组中提供了文本效果和版式功能，通过该功能可以设置文字的艺术字效果，还可以设置轮廓、阴影、映像和发光效果。这些功能都是针对选择了字体样式后再加以修改的功能。如果使用编号样式、连字和样式集功能，则可以制作出一些特殊的效果，如左下图所示的应用编号样式，右下图所示的连字效果。

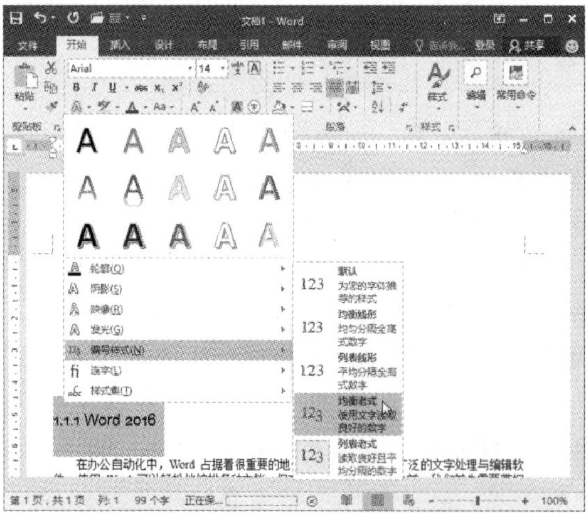

1.2.2　手写公式

大家都知道，使用 Word 软件可以插入公式和自己手动输入一组自定义的公式，但是自定义的公式经过很多操作步骤，这样会给工作带来诸多不利，从而影响了工作的效率。在 Word 2016 版本中提供了墨迹公式这个功能，用户可以使用该功能快速地在编辑区域手动将公式写出来，如果手写公式没有被识别出来，可以对公式进行选择和更正，下图所示为手写公式。

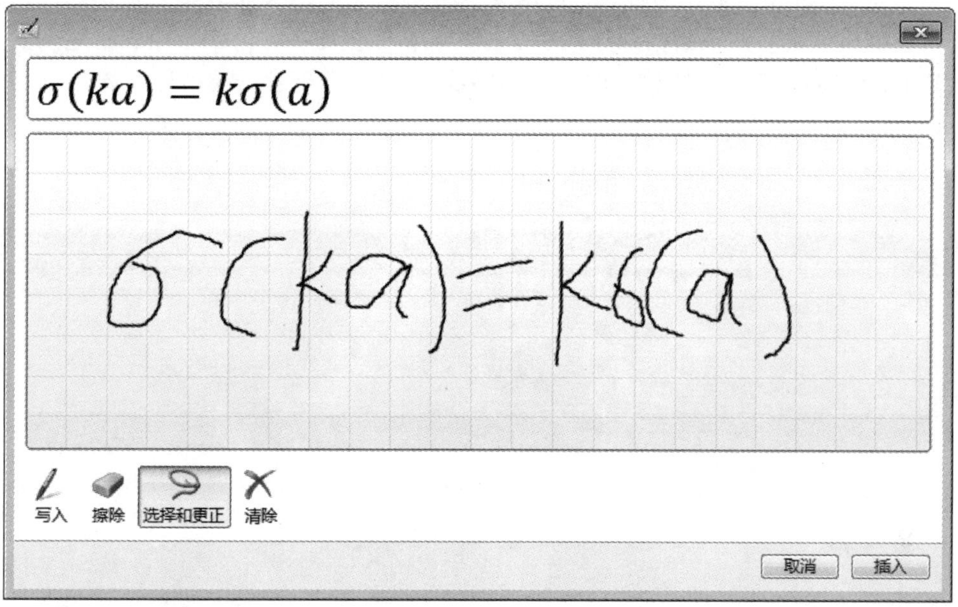

1.2.3　插入三维地图

在 Excel 2016 版本中提供了三维地图的功能，用户只需要根据软件的提示下载一个 Microsoft .NET Framework 4.5 插件，安装后即可使用三维地图功能。三维地图会自动打开一个新的窗口，在窗口中滚动鼠标滚珠即可将地图放大，效果如下图所示。

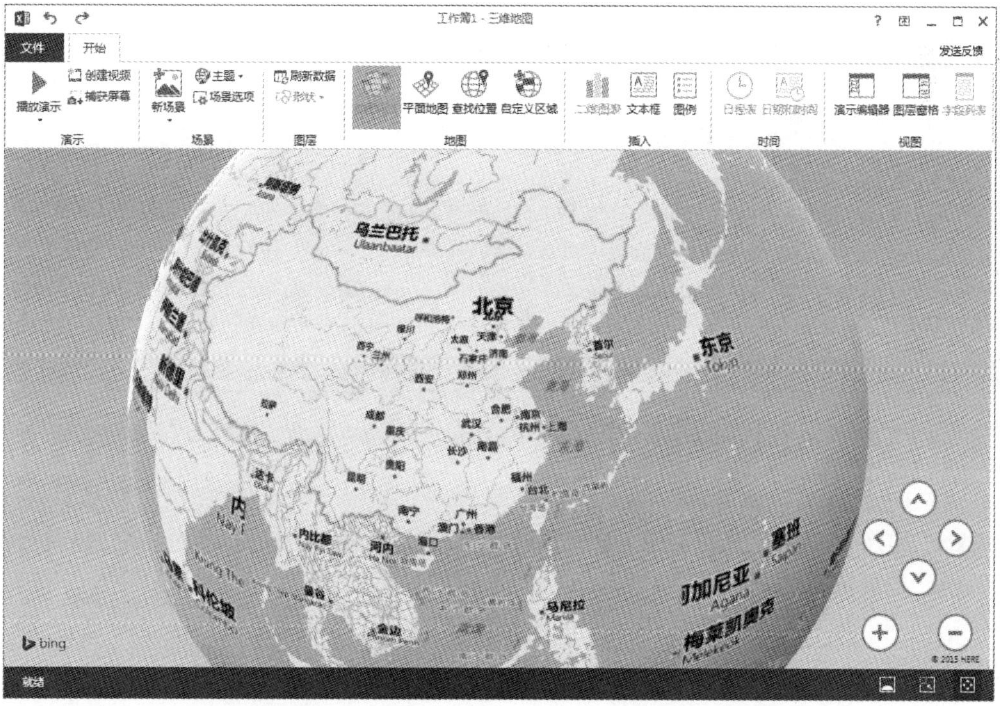

1.2.4 管理数据模型

数据模型是 Excel 中与数据透视表、数据透视图和 Power View 报表结合使用的嵌入式相关表格数据。数据模型是从关系数据源导入多个相关表格或创建工作簿中单个表格之间的关系时在后台创建的。Office RT 不支持数据模型。在 Excel 中通过管理数据模型导入 Access 数据，在 Power Pivot for Excel 新的窗口打开，效果如下图所示。在这个窗口中，用户可以根据自己的需要对表格进行编辑与分析操作。

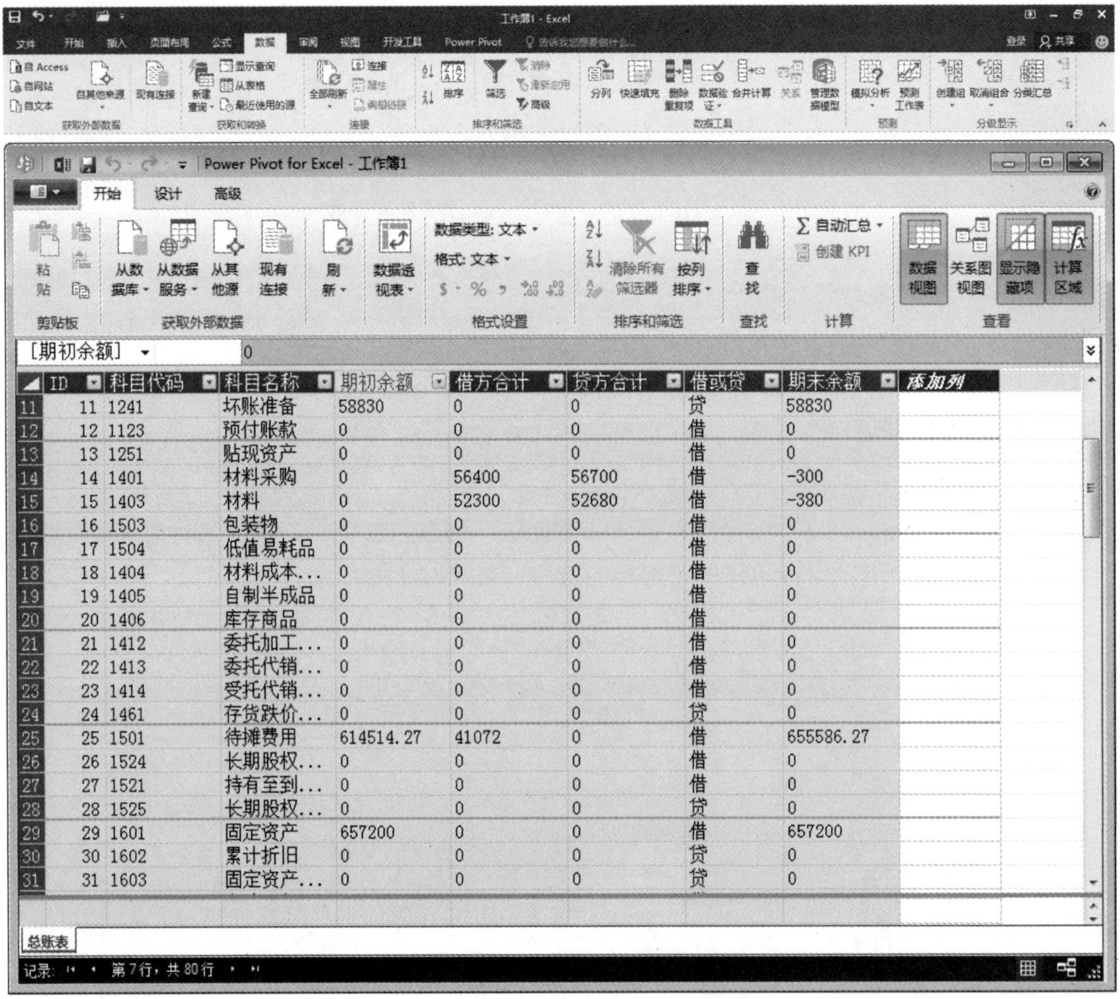

1.2.5 预测工作表

在 Excel 2016 中提供了一个非常好的功能，用户可以根据一个时间段对相应的数据进行分析，预测出一组新的数据，预测数值可以根据已知数据的平均值、最大值、最小值、统计和求和等数值。预测的图表可以是折线图，也可以是柱形图，用户可以根据自己的需要选择图表的显示类型，下图所示的一组时间数据是以平均值预测的数据。

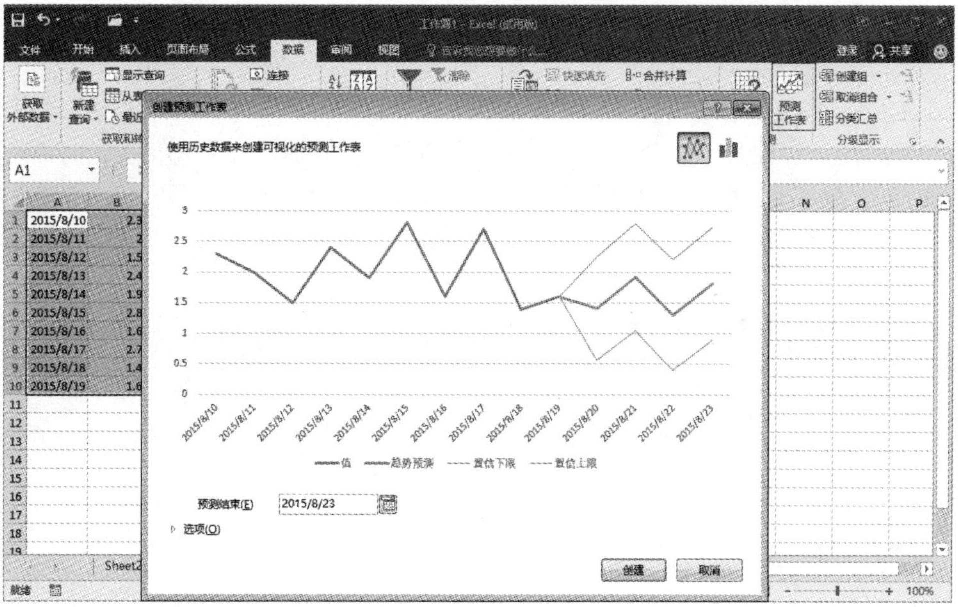

1.2.6　PowerQuery 已经内置到 Excel 程序中

在 Excel 中制作电子表格时，也经常需要用到数据导入和合并等功能，这时微软出品的 Excel 加载项 Power Query 就可以派上用场了。

在 Office 2010 和 Office 2013 版本中，需要单独安装 PowerQuery 插件，Office 2016 版本中内置了该功能。“Power Query”组中有“新建查询”下拉菜单，还有“显示查询”“从表格（联机查询）”和“最近使用的源”三个按钮。PowerQuery 是一个允许连接多种数据源的 Excel 插件。除了使用标准数据源（如 Excel 数据列表、Access&Sql 数据库、Text 文件），还可以使用来自 Active Directory 活动目录、Azure 云平台、OData 开源数据和 Hadoop 分布式系统等多种来源的数据，如下图所示。

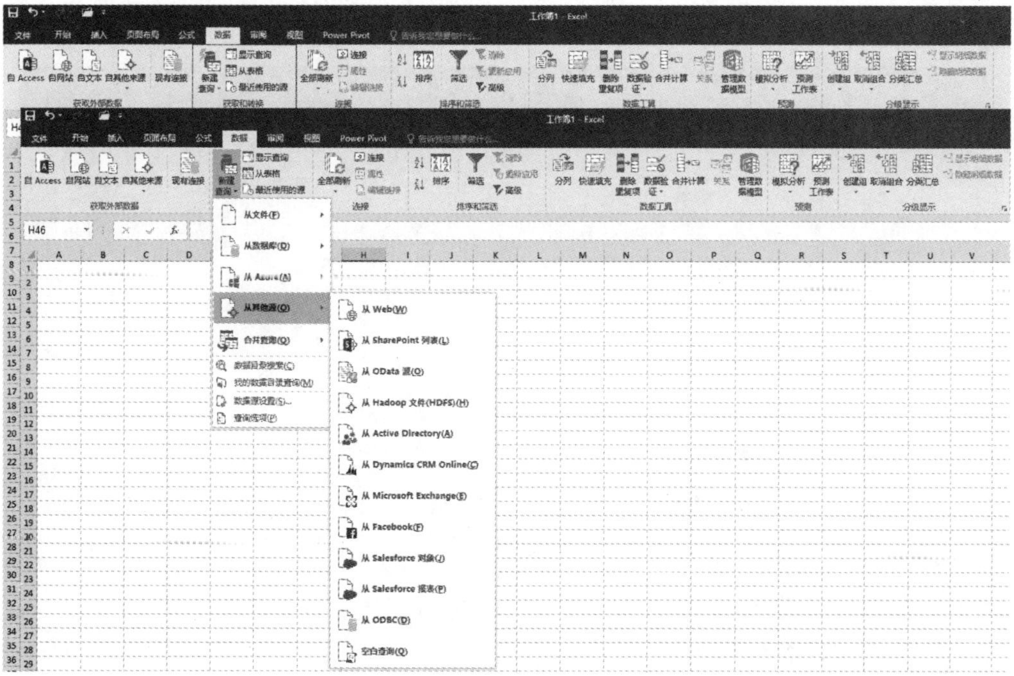

1.2.7 改进的透视表功能

在 Excel 2016 中，数据透视表增加了一个“分组”的功能，如下图所示。基于数据模型创建的数据透视表可以自定义行、列的标题内容了，即使与数据源字段名重复也无妨，还可以对日期和时间型的字段创建组。在创建数据透视表后会自动以组的方式显示出来。如果需要将组取消组合，可以在分组中操作，但是在操作之前需要先选中数据透视表中的某行，否则不能执行命令。

1.2.8 录制屏幕

如下图所示，在“插入”选项卡的“媒体”组中提供了屏幕录制功能。使用屏幕录制功能可以记录计算机屏幕和相关的音频，然后将其嵌入到 PowerPoint 2016 幻灯片，或者将其保存为一个单独的文件。

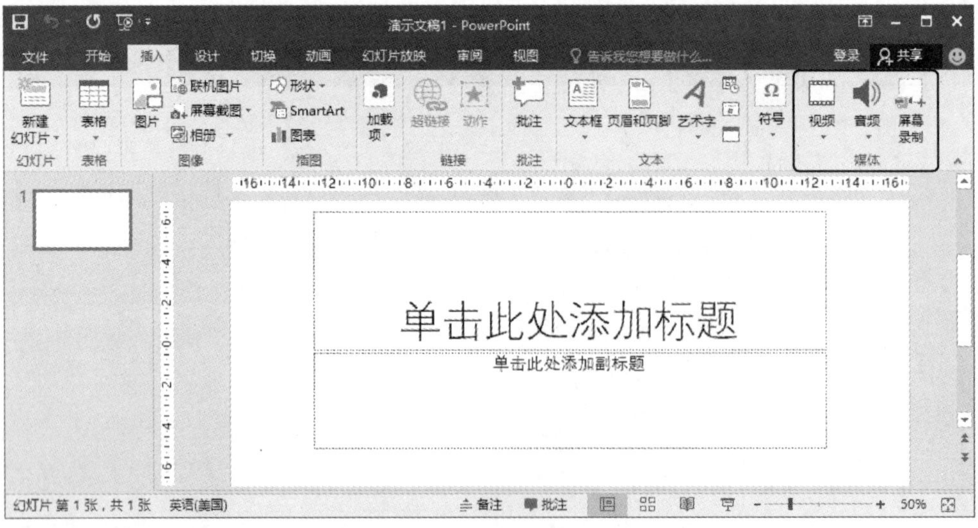

若要使用屏幕录制功能，一是要确保声卡、 麦克风和扬声器都是没有问题的；二是要确保记录并保存屏幕录制时本地驱动器上有足够的磁盘空间。

1.2.9　墨迹书写

这是 PowerPoint 2016 新增加的一个功能，让 PowerPoint 2016 可以实现一些画图软件的功能，而且绘制完的“墨迹”还能转化为形状，这就方便了用户手动绘制不规则图形等。

▷▷ 1.3　课堂讲解——熟悉 Office 2016

Office 2016 中最常用的 3 个办公组件是 Word、Excel 和 PowerPoint，为了让用户在后期的操作中得心应手，本节先对这 3 个组件的界面进行介绍，包括 3 个组件通用的新建、保存及打开等操作。

1.3.1　认识 Office 2016 组件界面

在使用 Office 2016 之前，用户首先需要熟悉其各组件的界面，之后再根据自己的需要操作就简单了。下面主要对 Word 2016、Excel 2016 和 PowerPoint 2016 进行介绍。

光盘同步文件
视频文件：光盘\教学文件\第 1 章\1-3-1.mp4

1. Word 2016 界面介绍

Word 2016 的界面主要由功能组和编辑区等内容构成，如下图所示。接下来对每个区域的名称和作用等进行说明，见下表。

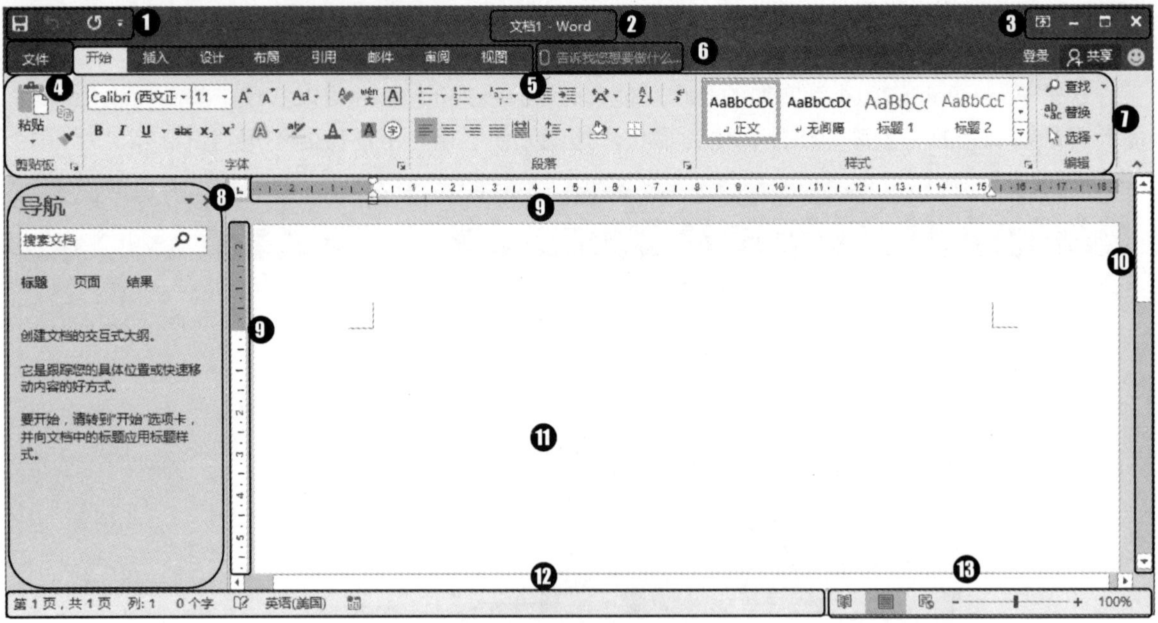

Word 2016 界面功能表

序　　号	名　　称	作　　用
❶	快速访问工具栏	用于置放一些常用工具，在默认情况下包括保存、撤销和恢复 3 个工具按钮，用户可以根据需要添加其他工具
❷	标题栏	显示当前文档名称
❸	窗口控制按钮	包括最小化、最大化和关闭 3 个按钮，用于对文档窗口的大小进行控制和关闭文档窗口
❹	菜单按钮	用于打开“文件”菜单，菜单中包括“打开”“保存”等命令
❺	选项标签	用于切换选项组，单击相应标签，即完成切换
❻	TellMe 文本框	通过 TellMe 功能（“告诉我您想要做什么”）快速检索 Word 的功能按钮，用户不用再到选项卡中寻找某个命令了
❼	功能区	用于放置编辑文档时所需的功能，程序将各功能划分为一个一个的组，称为功能组
❽	导航窗格	Word 提供了可视化的导航窗格功能，使用导航窗格可以快速查看文档结构图和页面缩略图，从而帮助用户快速定位文档位置
❾	标尺	用于显示或定位文本的位置
❿	滚动条	拖动可向上下或向左右查看文档中未显示的内容
⓫	编辑区	用于编辑文档内容的工作区域
⓬	状态栏	用于显示当前文档的页数、字数、使用语言和输入状态等信息
⓭	视图按钮与缩放标尺	视图按钮：用于切换文档的视图方式，单击相应按钮，即完成切换；缩放标尺：用于对编辑区的显示比例和缩放尺寸进行调整，拖动滑块缩放后，标尺左侧会显示缩放的具体数值

2．Excel 2016 界面介绍

Excel 2016 与 Word 2016 的界面既有相似之处，又有不同之处。Excel 2016 界面中也有快速访问工具栏和标题栏等组成部分，不同之处在于编辑区等，下面对 Excel 2016 界面独有的组成部分进行介绍，如下图所示。窗口中各部分的作用见下表。

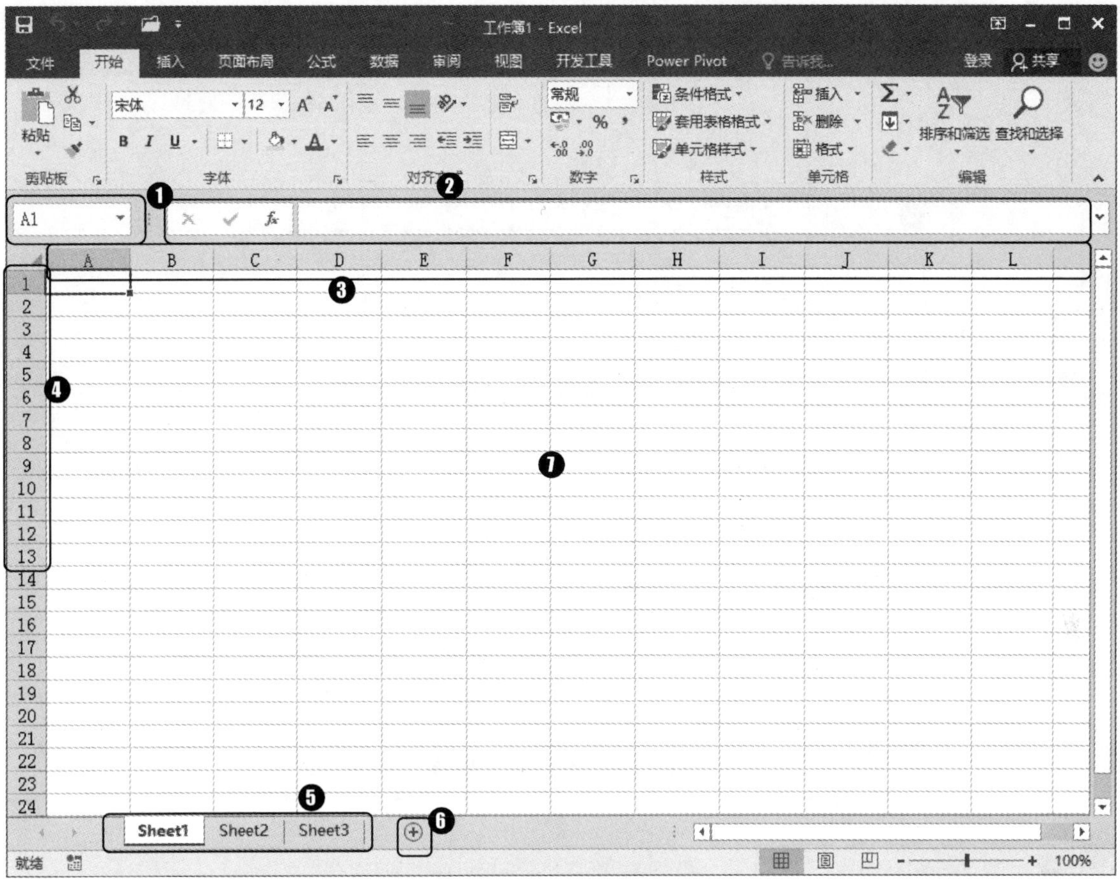

Excel 2016 界面功能表

序号	名　称	作　用
❶	名称框	用于显示或定义所选单元格或者单元格区域的名称
❷	编辑栏	用于显示或编辑所选单元格中的内容
❸	列标	用于显示工作表中的列，以 A、B、C、D……的形式进行编号
❹	行号	用于显示工作表中的行，以 1、2、3、4……的形式进行编号
❺	工作表标签	用于显示当前工作簿中的工作表名称，在默认情况下，标签标题显示为 Sheet1、Sheet2、Sheet3……，用户可以进行更改
❻	“插入工作表”按钮	用于插入新的工作表，单击该按钮即完成插入工作表的操作
❼	工作区	用于对表格内容进行编辑，每个单元格都以虚拟的网格线进行界定

3．PowerPoint 2016 界面介绍

PowerPoint 2016 是演示文稿制作软件，可以用来快速地制作出集文字、图形图像、声音及视频等于一体的极具感染力的动态演示文稿，将信息以更轻松、高效的方式表达出来。PowerPoint 2016 主要用于编辑动画演示文稿，它的工作界面包括编辑区、幻灯片窗格和备注栏等部分，如下图所示。窗口中各部分的作用见下表。

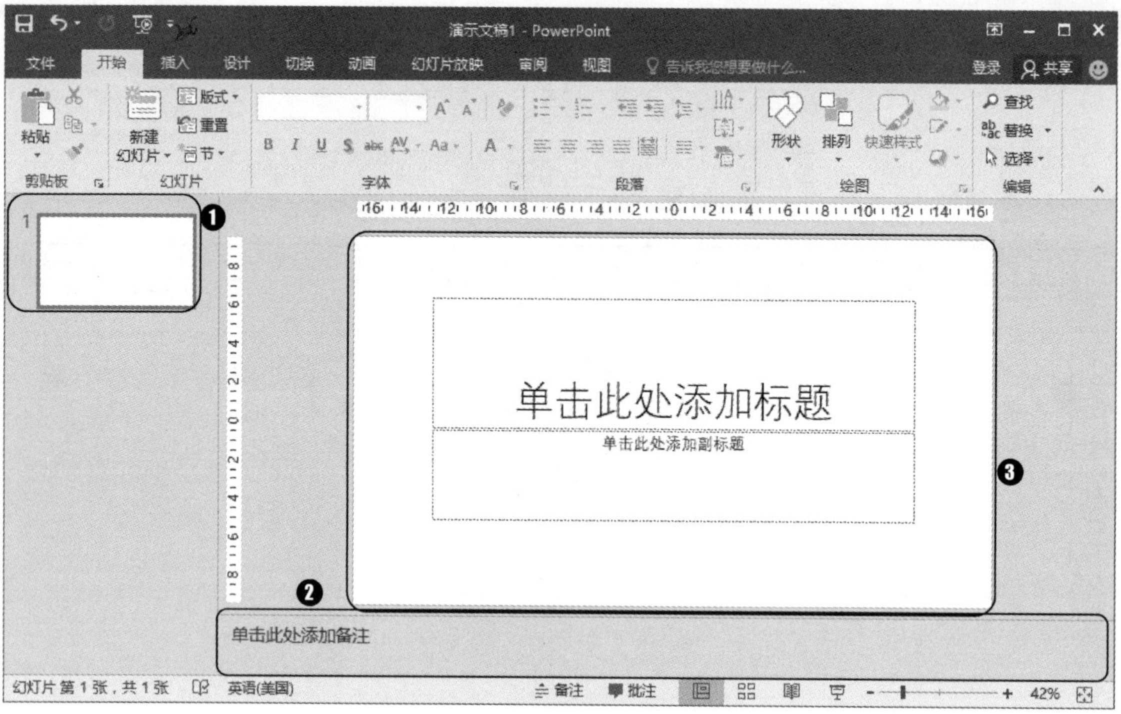

PowerPoint 2016 界面功能表

序 号	名 称	作 用
❶	幻灯片窗格标签	用于预览和索引幻灯片，单击即可切换到幻灯片窗格
❷	备注窗格	用于为幻灯片添加备注内容，添加时将插入点定位在其中直接输入即可
❸	编辑窗格	用于显示或编辑幻灯片中的文本、图片和图形等内容

1.3.2 新建、保存和打开 Office 2016 组件

在 Office 常用的 Word、Excel 和 PowerPoint 组件中新建、保存和打开的方式都是类似的，下面以 Word 软件为例介绍它们的常用操作。

光盘同步文件

视频文件：光盘\教学文件\第 1 章\1-3-2.mp4

1. 启动并新建文档

在 Office 2016 版本中，启动 Word 2016 不会直接以空白文档的方式启动，需要在启动软件的界面中根据自己的需要选择启动类型，如空白文档或内置的模板文件。下面以启动空白文档为例进行介绍，具体操作方法如下。

Step01: ❶单击“开始”按钮；❷指向“所有程序”命令，如下图所示。

Step02: 在“所有程序”级联菜单中选择“Word 2016”命令，如下图所示。

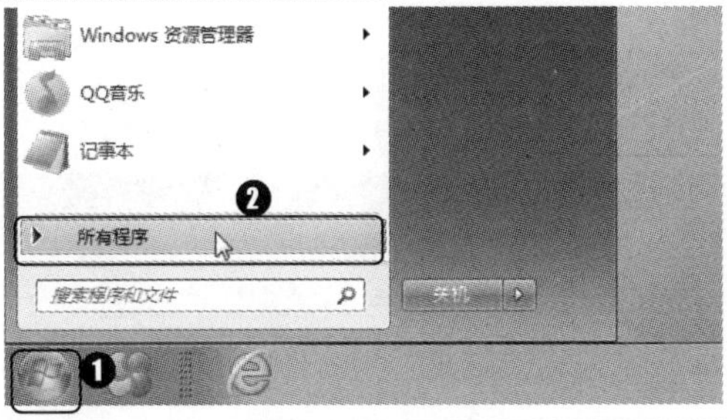

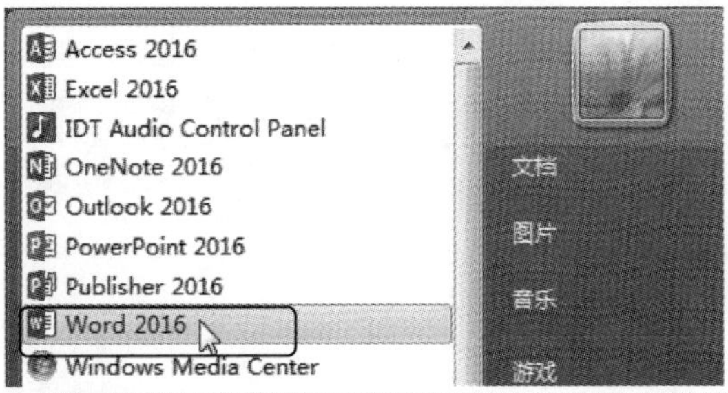

Step03: 进入 Word 新建界面中，单击“空白文档”按钮，如下图所示。

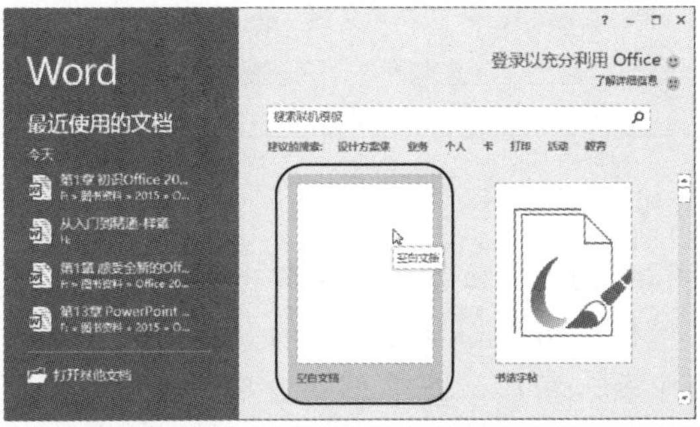

Step04: 经过以上操作创建了空白文档，效果如下图所示。

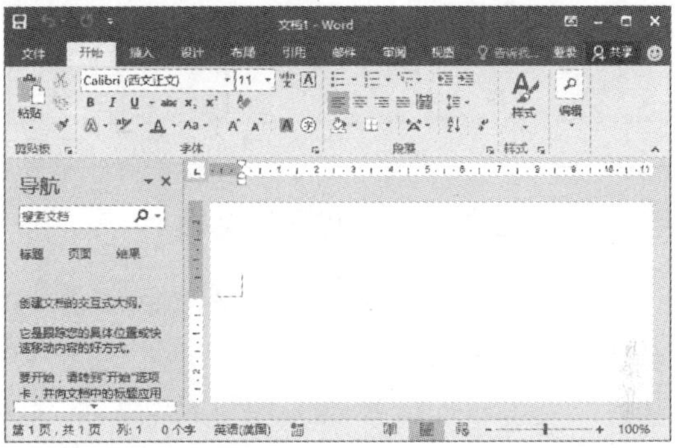

2. 保存文档

在编辑好文档之后，为了防止文件丢失，一般需要对创建的文档内容进行保存，保存 Word 文档的具体操作方法如下。

Step01: 单击快速访问工具栏中的“保存”按钮，如下图所示。

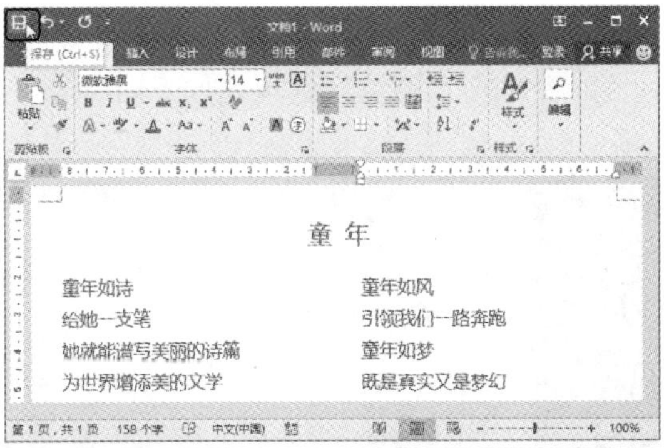

Step02: 进入“文件”菜单，❶单击“另存为”界面中的“这台电脑”选项；❷单击右侧需要保存的文件夹，如下图所示。

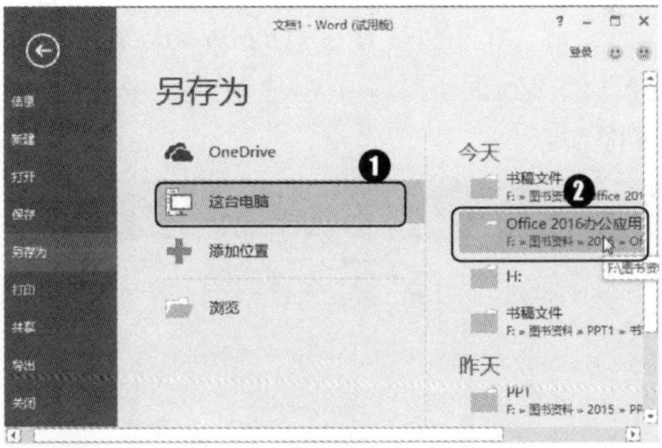

> **专家点拨——如何选择存放路径**
>
> 如果在“另存为”右侧没有要保存的路径，可以单击“浏览”按钮，然后选择文件的存放路径。

Step03: 打开“另存为”对话框，❶输入文档的名称；❷单击“保存”按钮，如下图所示。

Step04: 经过以上操作，文档保存效果如下图所示，如果在文档中对文档进行了修改，需要保存新的内容，再次单击“保存”按钮即可。

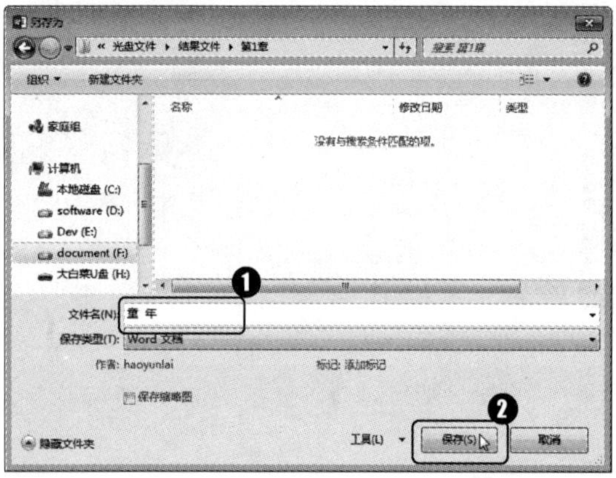

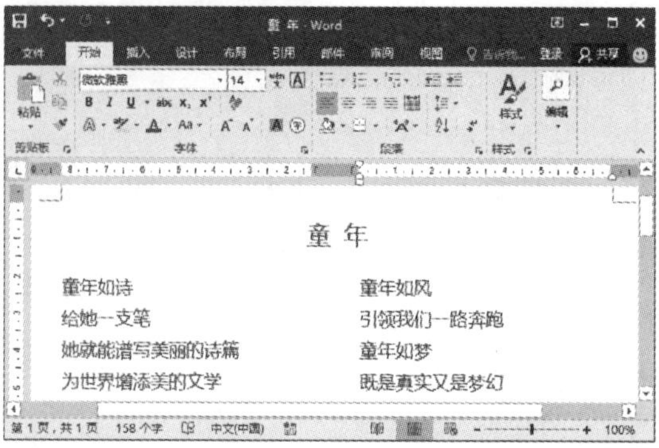

专家点拨——加密保存文档

在打开的“另存为”对话框中单击“工具”右侧的下拉按钮，在弹出的下拉菜单中选择“常规选项”命令，打开“常规选项”对话框。然后在该对话框的“打开文件时的密码”文本框和“修改文件时的密码”文本框中输入密码，并单击“确定”按钮，在打开的“确认密码”对话框中重新输入打开文件时的密码，单击“确定”按钮，打开“确认密码”对话框。再次输入修改文件时的密码，单击“确定”按钮，最后单击“保存”按钮即完成加密保存文档的操作。

3. 打开文档

如果要对已有的 Word 文档进行编辑或查看，需要在程序窗口中执行文件的打开操作。下面在启动的 Word 软件中使用“打开”命令打开已有的文档，具体操作方法如下。

Step01: 如果要打开已有的 Word 文件，在启动的 Word 窗口中单击“文件”按钮，如下图所示。

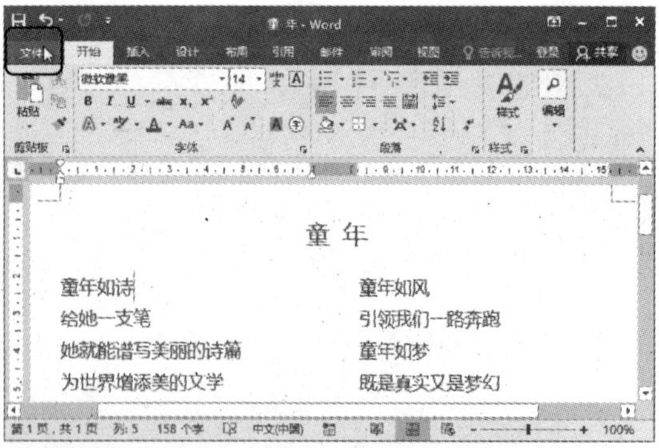

Step02: 进入“文件”菜单，❶选择“打开”命令；❷单击“浏览”选项，如下图所示。

Step03: ❶选择文档的存放路径；❷选择需要打开的文档；❸单击“打开”按钮，如下图所示。

Step04: 经过以上操作，打开已有的文档，效果如下图所示。

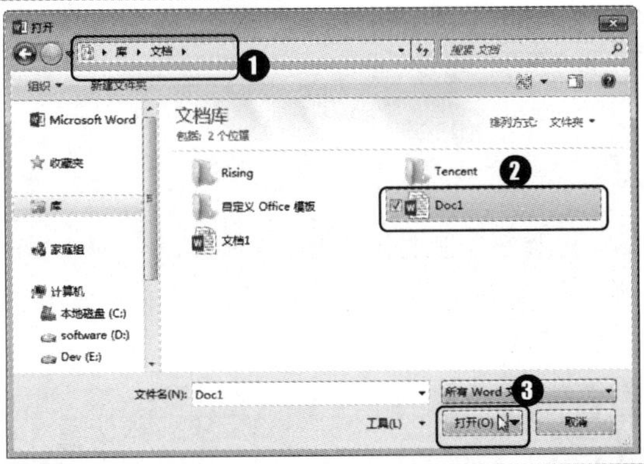

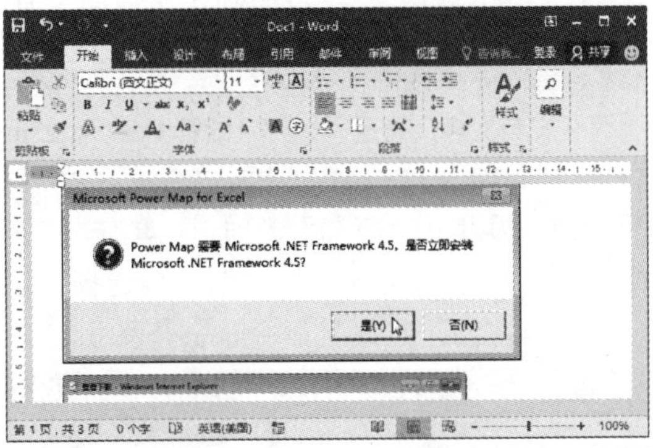

1.4　课堂讲解——自定义 Office 工作界面

用户在使用 Office 2016 之前有必要进行一些设置，这些设置将帮助用户更好地使用 Office 2016 进行工作，避免发生一些不必要的麻烦。

1.4.1　在快速访问工具栏中添加按钮

快速访问工具栏中默认包含保存、撤销和恢复 3 个按钮，用户可以根据需要将其他工具添加到快速访问工具栏中。

光盘同步文件

视频文件：光盘\教学文件\第 1 章\1-4-1.mp4

Step01: ❶单击快速访问工具栏右侧的“快翻”按钮；❷在展开的下拉菜单中选择需要显示的工具选项，例如“打开”，如下图所示。

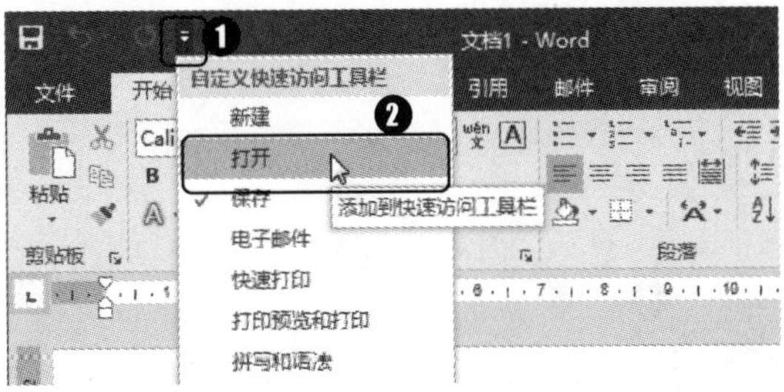

Step02: 经过上步操作，在快速访问工具栏中添加了“打开”按钮，效果如下图所示。

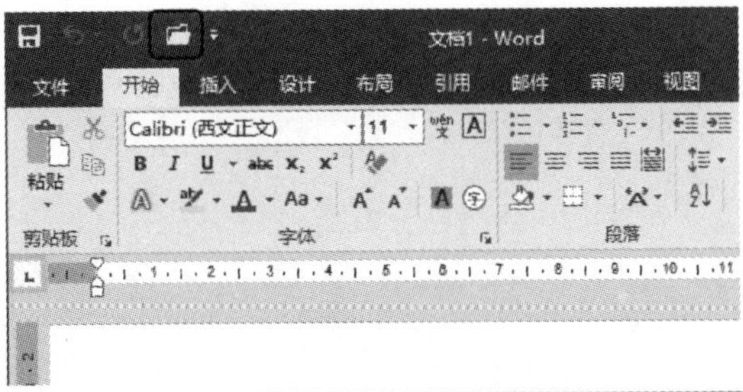

专家点拨——删除快速访问工具栏中的按钮

单击快速访问工具栏右侧的“快翻”按钮，在展开的下拉菜单中再次选择该选项即可从快速访问工具栏中删除该按钮。

1.4.2　将功能区中的按钮添加到快速访问工具栏中

在 Word 2016 中除了可以将快速访问工具栏下拉菜单中的命令添加到访问栏中，还可以将使用频率较高的功能按钮添加到快速访问工具栏中，具体步骤如下。

光盘同步文件

视频文件：光盘\教学文件\第 1 章\1-4-2.mp4

Step01: ❶单击“布局”选项卡；❷右击“页面设置”组中的“分栏”按钮；❸选择“添加到快速访问工具栏”命令，如下图所示。

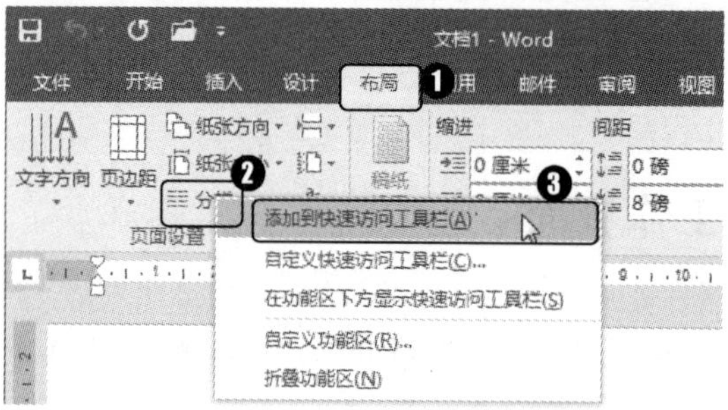

Step02: 经过上步操作，将功能区中的“分栏”按钮添加到快速访问工具栏中，效果如下图所示。

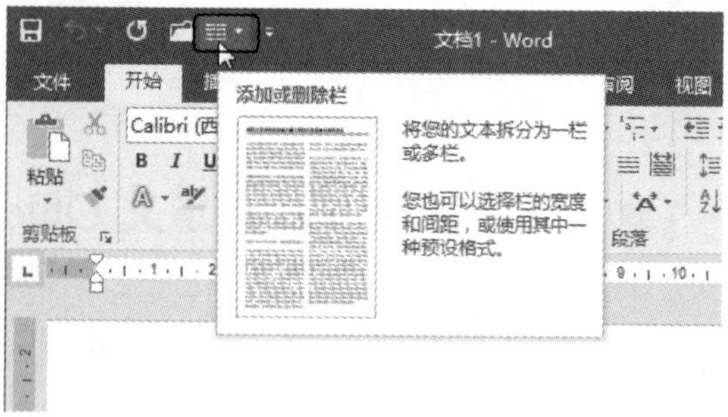

1.4.3 在选项卡中创建自己常用的组

在 Office 2016 中虽然包括很多组件，但是它们有很多基础操作是一致的，例如对功能区的更改。功能区用于放置功能按钮，在 Office 2016 中可以对功能区中的功能按钮进行添加或删除，本节以在 Word 2016 中为功能区添加功能按钮为例介绍自定义功能区的操作。

光盘同步文件

视频文件：光盘\教学文件\第 1 章\1-4-3.mp4

Step01: ❶单击快速访问工具栏右侧的“快翻”按钮▾；❷在展开的下拉菜单中选择“其他命令”命令，如下图所示。

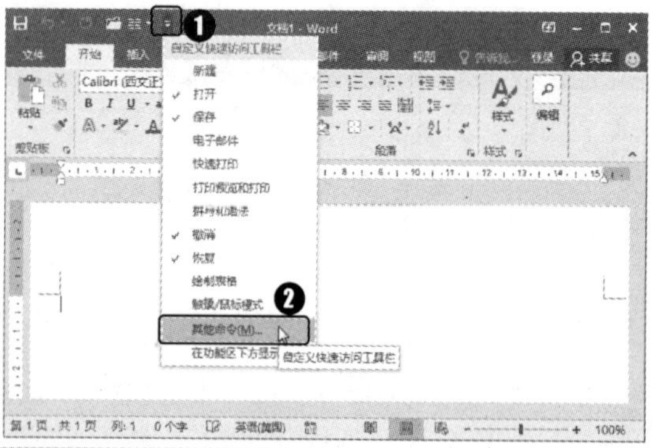

Step02: 打开“Word 选项”对话框，❶单击“自定义功能区”选项；❷单击右侧的“新建组”按钮，如下图所示。

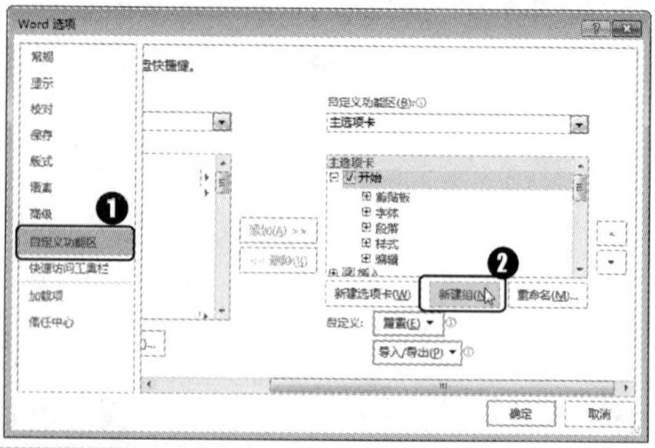

Step03: ❶选择“新建组（自定义）”选项；❷单击“重命名”按钮，如下图所示。

Step04: 打开“重命名”对话框，❶在“符号”列表框中选择需要的符号；❷输入新建组的名称；❸单击“确定”按钮，如下图所示。

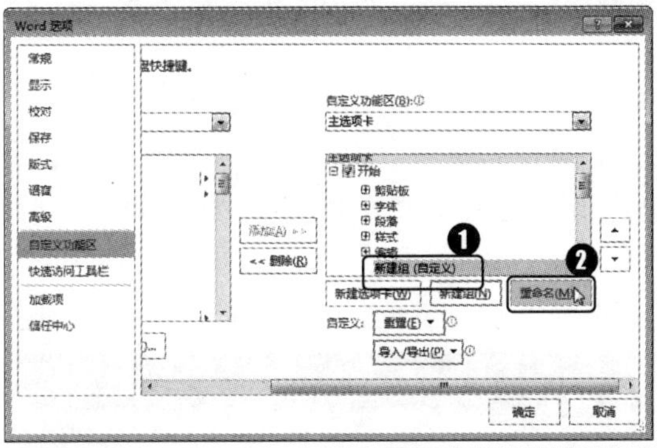

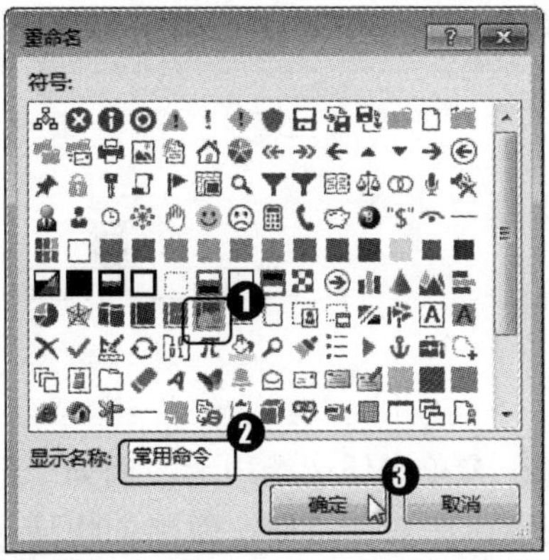

Step05: ❶在中间的“常用命令”列表框中选择需要添加的命令；❷单击“添加”按钮，如下图所示。

Step06: 为新建的常用命令组添加完需要的命令后单击“确定”按钮，如下图所示。

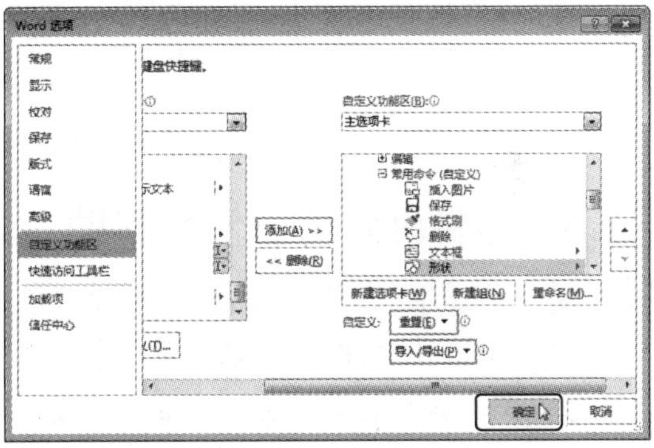

Step07: 经过以上操作，新建组的效果如下图所示。

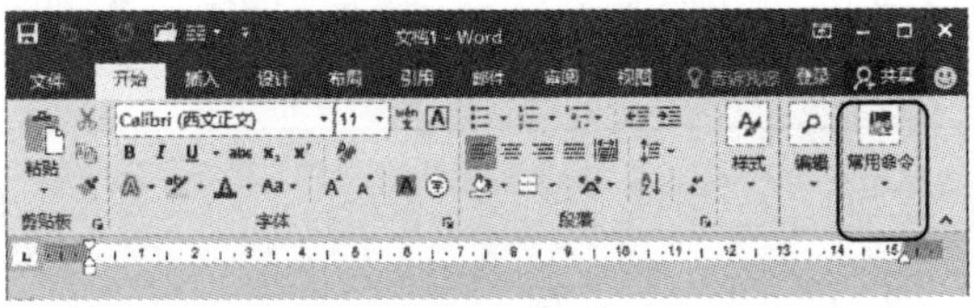

> **专家点拨——删除功能区中的功能组**
>
> 当需要删除功能区中的功能组时，将“Word 选项”对话框切换到“自定义功能区”选项卡，在“自定义功能区”列表框中选择需要删除的功能组，单击“删除”按钮，最后单击“确定”按钮，即完成删除操作。

1.4.4 显示或隐藏功能区

为了使屏幕更有条理，用户可以让功能选项卡只在需要时才显示。功能区无法删除，也无法用早期版本的 Microsoft Office 中的工具栏和菜单替换，但是用户可以最小化功能区以增大屏幕上可用的空间，用户也可以根据自己的需要将最小化的功能区再次显示出来。

> **光盘同步文件**
>
> 视频文件：光盘\教学文件\第 1 章\1-4-4.mp4

Step01: ❶在功能区中右击；❷在弹出的快捷菜单中选择“折叠功能区”命令，如下图所示。

Step02: 经过上步操作，隐藏功能区，效果如下图所示。

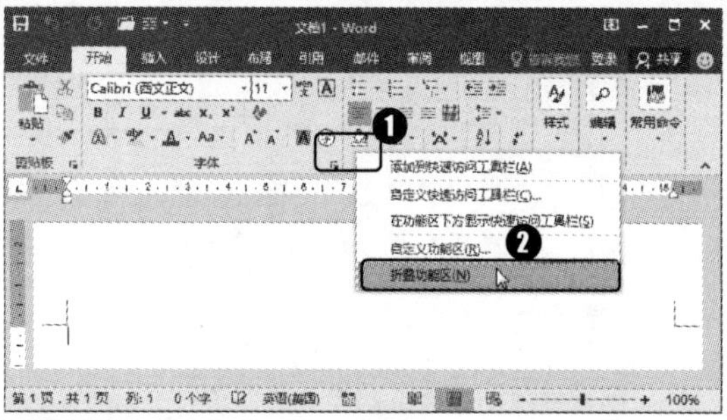

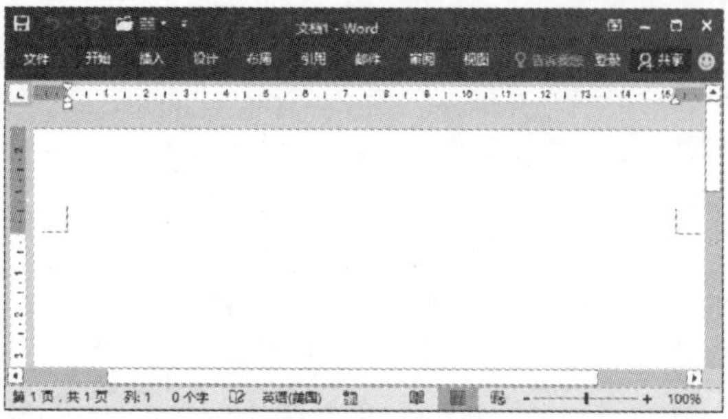

Step03: ❶单击任一选项卡，例如“开始”；❷在功能区中右击；❸在弹出的快捷菜单中再次选择“折叠功能区”命令，取消勾选该命令，即可将功能区显示出来，如右图所示。

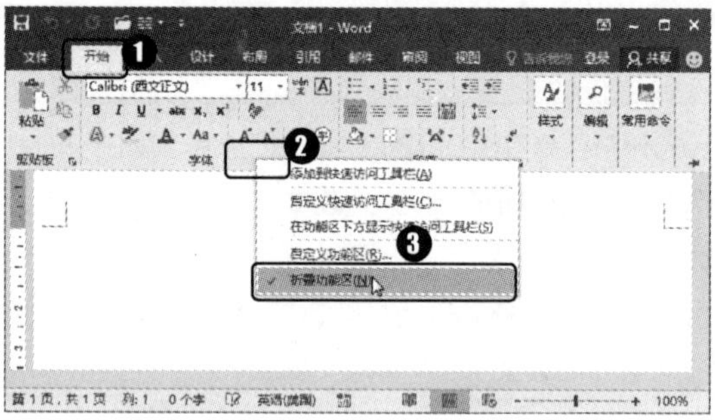

1.5 课堂讲解——使用帮助

在使用 Office 的过程中，如果用户遇到了自己不常用或者不会的问题，可以使用 Office 的帮助进行解决。本节主要介绍一些常用的搜索问题的方法，以快速解决问题。

1.5.1 使用关键字

在使用搜索功能查看帮助时，直接输入简洁的词语即可。在 Office 2016 版本中，在选项卡右侧提供了一个“告诉我你想要做什么”框，可以直接在其中输入关键字进行搜索。例如在 Word 软件中搜索创建目录的方法，具体操作步骤如下。

光盘同步文件

视频文件：光盘\教学文件\第 1 章\1-5-1.mp4

Step01: ❶在 TellMe 文本框中输入“目录”；❷在下拉菜单中选择“获取有关‘目录’的帮助”命令，如下图所示。

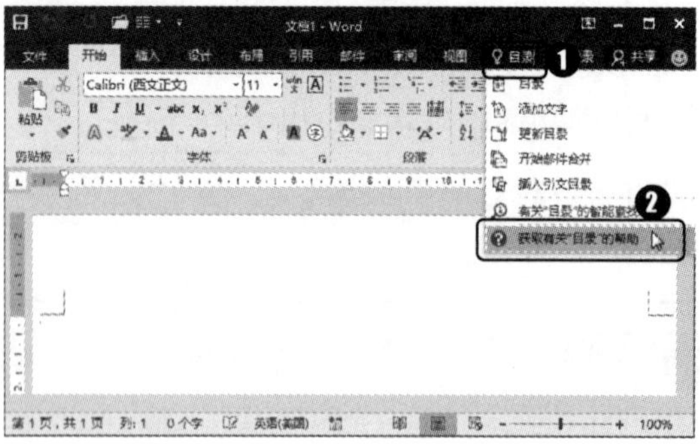

Step02: 进入“Word 2016 帮助”对话框，单击“创建目录”超链接，如下图所示。

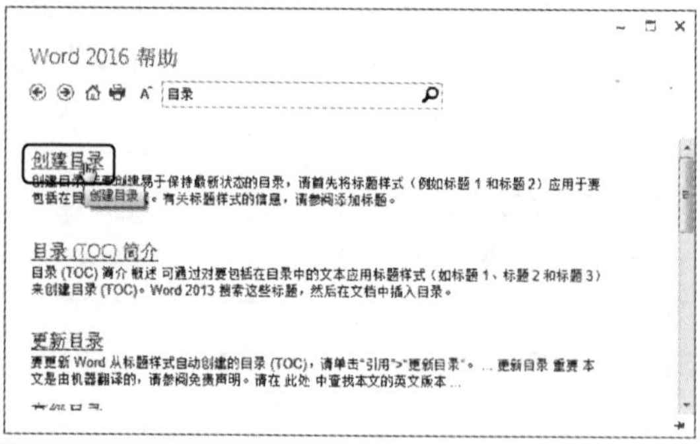

Step03: 在“Word 2016 帮助”界面中查看创建目录的方法，如下图所示。

Step04: 在“Word 2016 帮助”界面中看完创建目录的方法后，单击“关闭”按钮退出帮助界面，如下图所示。

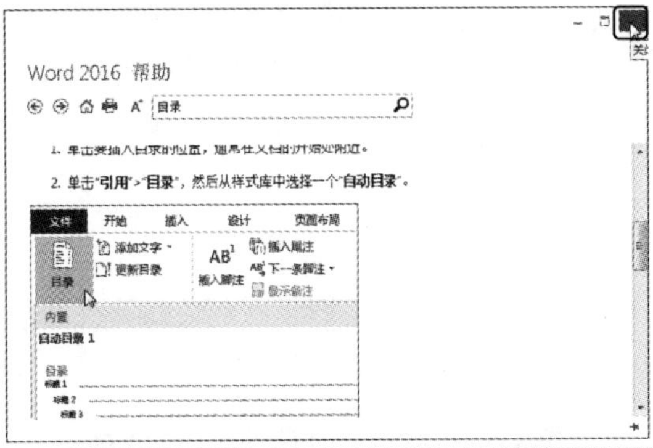

专家点拨——使用 TellMe 快速执行命令

在 Office 中提供的 TellMe 文本框中输入软件的任一选项卡中功能按钮的关键字，按〈Enter〉键就会马上执行该功能。

1.5.2　使用对话框获取帮助

在操作与使用 Word 程序时，当打开一个操作对话框而不知道某选项的具体含义时，可以在对话框中单击“帮助”按钮 ? ，这样也可以及时、有效地获取帮助信息。这里以在“字体”对话框中获取帮助信息为例介绍在对话框中获取帮助信息的方法。

光盘同步文件

视频文件：光盘\教学文件\第 1 章\1-5-2.mp4

Step01: 打开“童年”文档，❶单击“开始”选项卡；❷单击“字体”组的对话框启动器按钮 ，如下图所示。

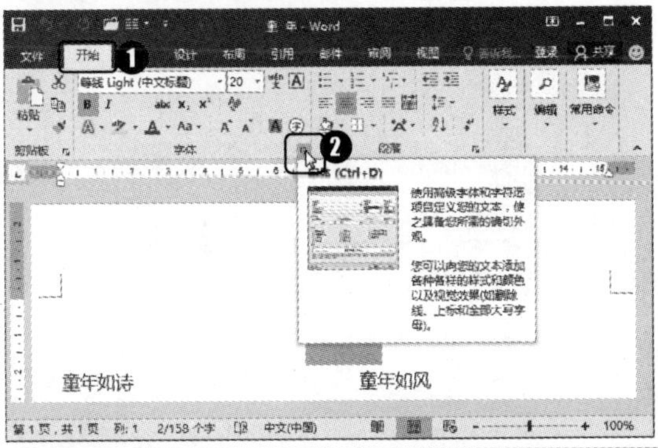

Step02: 打开“字体”对话框，单击“?”按钮，如下图所示。

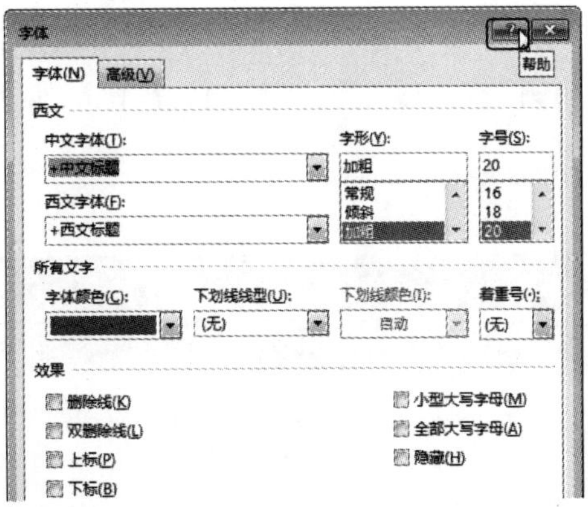

Step03: 打开“Word 2016 帮助”界面，❶输入要搜索的文字；❷单击“搜索”按钮；❸在显示的相关信息中单击需要查看的链接，如下图所示。

Step04: 进入超链接的页面，用户可以根据提供的信息了解该内容的操作方法，如下图所示。

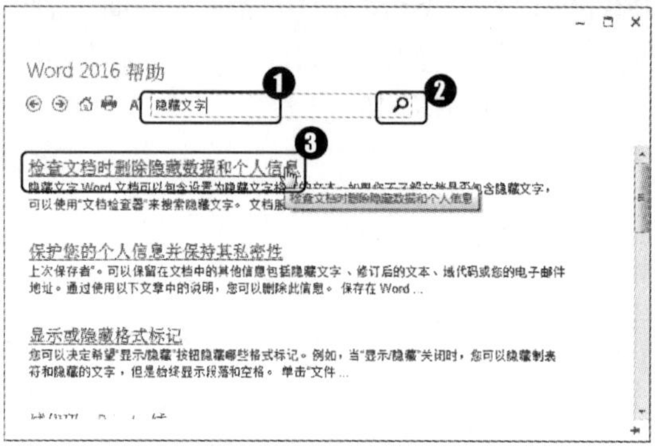

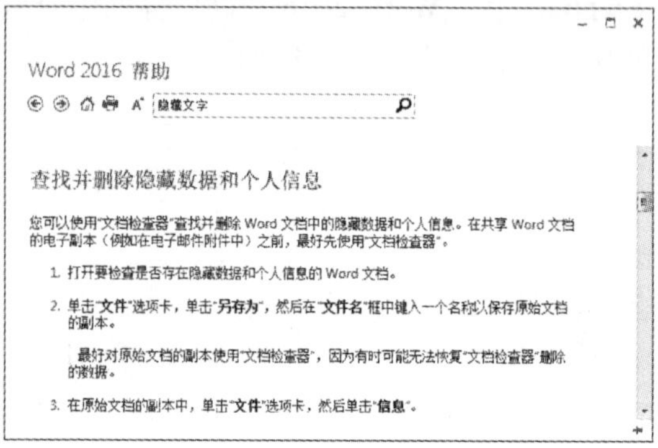

▷▷ 高手秘籍——实用操作技巧

通过对前面知识的学习，相信读者朋友已经掌握了 Office 2016 的新增功能，熟悉了各组件的界面以及 3 个组件的共性操作，下面结合本章内容介绍一些实用技巧。

光盘同步文件

视频文件：光盘\教学文件\第 1 章\高手秘籍.mp4

技巧 01 设置窗口的显示比例

在 Office 中，启动软件时窗口显示比例默认为 100%，用户在使用软件时可以根据需要调整窗口的显示比例。下面以 Word 为例介绍如何将窗口的缩放比例调整为 200%，具体的操作如下。

Step01: 打开“光盘\素材文件\第 1 章\技巧 01.docx”，❶单击“视图”选项卡；❷单击“显示比例”组中的“显示比例”按钮，如下图所示。

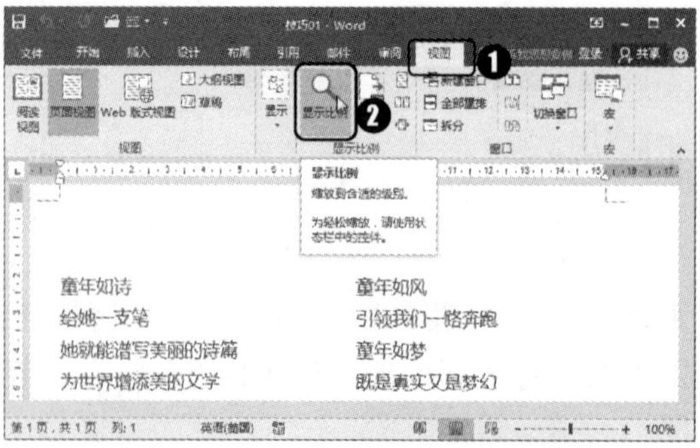

Step02: 打开“显示比例”对话框，❶选中“200%”单选按钮；❷单击“确定”按钮，如下图所示。

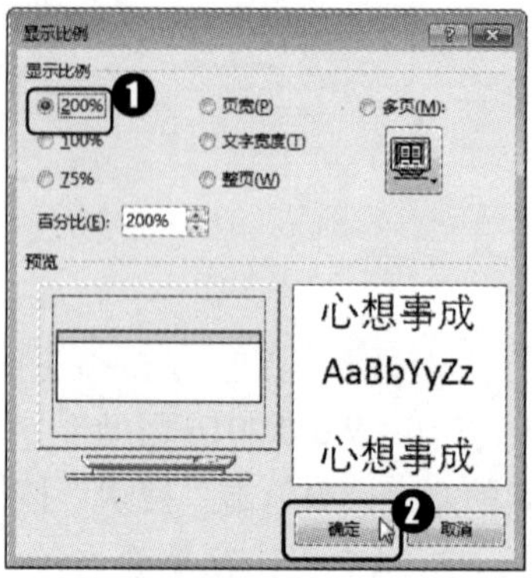

Step03: 经过以上操作，设置窗口的显示比例为 200%，效果如下图所示。

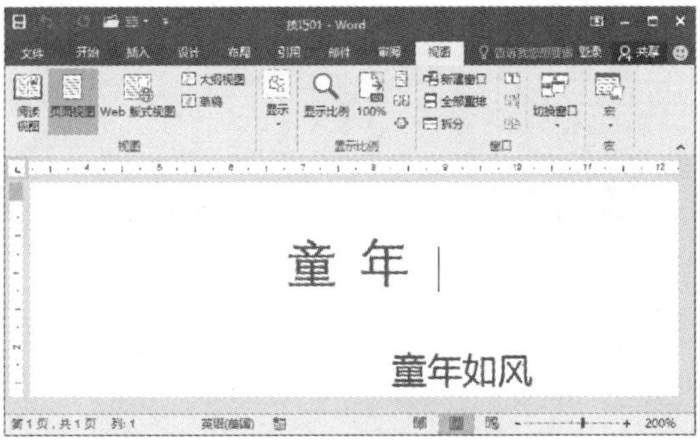

> **专家点拨——快速缩放窗口显示比例**
>
> 方法一：在 Word 2016 界面最下面的状态栏的右边为用户提供了方便、快捷的缩放标尺，用户可单击“-”按钮缩小文档的显示比例，单击“+”按钮放大文档的显示比例，还可拖动中间的显示比例滑块调整文档的显示比例。
>
> 方法二：选中文档内容，按住〈Ctrl〉键不放向上滚动鼠标滑轮可放大文档的显示比例，按住〈Ctrl〉键不放向下滚动鼠标滑轮可缩小文档的显示比例。

技巧 02 显示和隐藏窗口元素

在启动的软件窗口中，默认情况下会显示导航窗格和标尺等元素，为了让屏幕显示区域更大，可以将这些元素隐藏起来，当需要时再次显示即可。例如在打开的“技巧 02.docx”中隐藏标尺元素，具体操作如下。

Step01: 打开“光盘\素材文件\第 1 章\技巧 02.docx”，❶单击“视图”选项卡；❷取消勾选“显示”组中的“标尺”复选框，如下图所示。

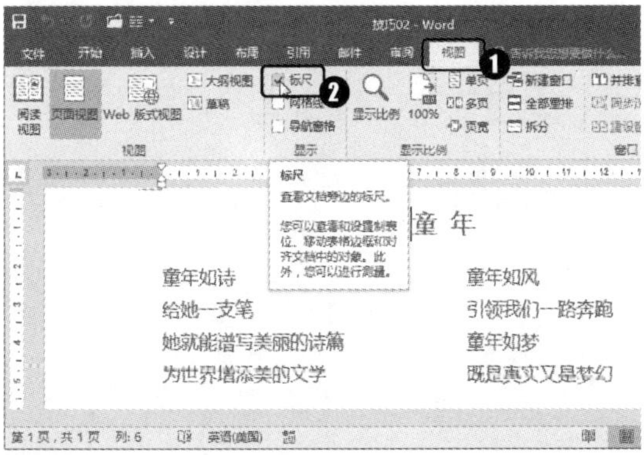

Step02: 经过上步操作，隐藏了标尺元素，效果如下图所示。如果需要将导航窗格和标尺等元素显示出来，勾选相应的复选框即可。

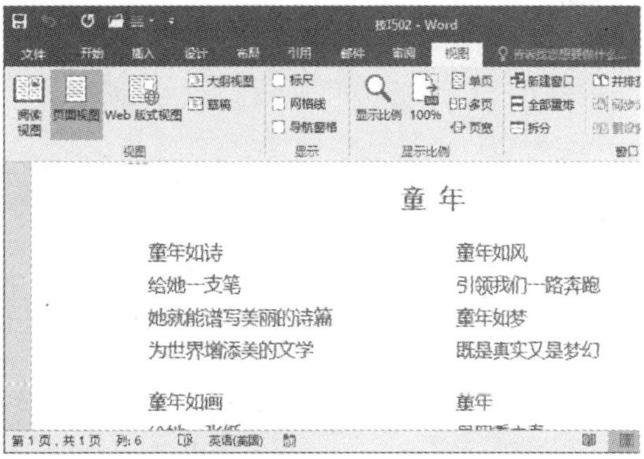

技巧 03 如何快速掌握窗口的操作

启动软件后，在窗口中处理文档或编辑表格时，为了操作方便，经常需要对窗口的显示方式进行调整。在窗口的右上角提供了最小化、向下还原（最大化）和关闭 3 个按钮，用户可以根据自己的需要对窗口进行操作，其方法如下。

Step01: 打开“光盘\素材文件\第 1 章\技巧 02.docx”，单击窗口右侧的“最大化”按钮，如

Step02: 窗口全屏显示，单击窗口右侧的“最小化”按钮，则会将文档显示在任务栏

下图所示。

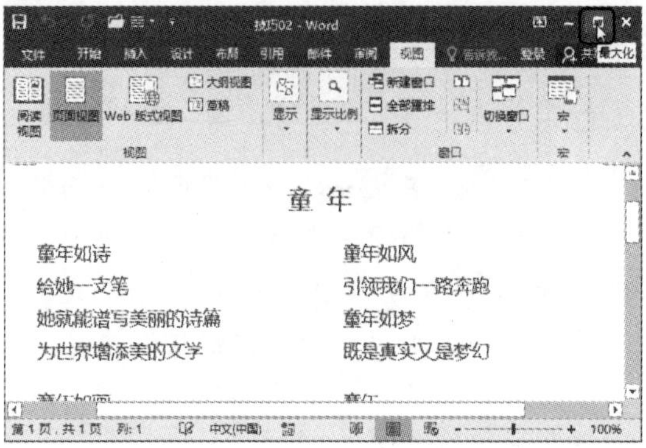

上，效果如下图所示。

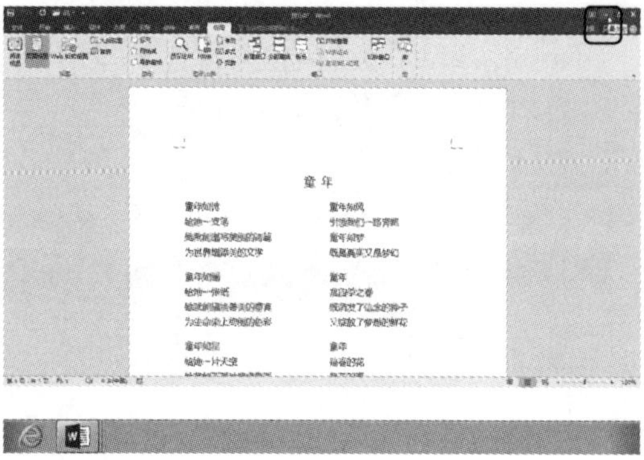

▷▷ 本章小结

希望通过对本章内容的学习，读者能够快速上手 Office 2016，它针对之前的版本增加了一些更加实用的功能，让用户更方便使用。即便读者学完本章后还不会 Office，那么也会对 Office 的组件有一些了解，并能掌握必备基础知识了。

第 2 章　Word 2016 录入与编辑文档

本章导读

Word 是微软公司推出的一款强大的文字处理软件，Word 2016 是其最新版本。在电脑办公中，用户经常需要使用 Word 处理各种文字资料。本章主要介绍 Word 2016 的基本操作，包括阅读文档的方法、录入和编辑文档内容、设置页面格式等。

知识要点

- 选择合适的视图模式
- 使用阅读视图
- 应用导航窗格
- 更改文档的显示比例
- 录入文档内容
- 编辑文档内容
- 设置文档的页面格式

效果展示

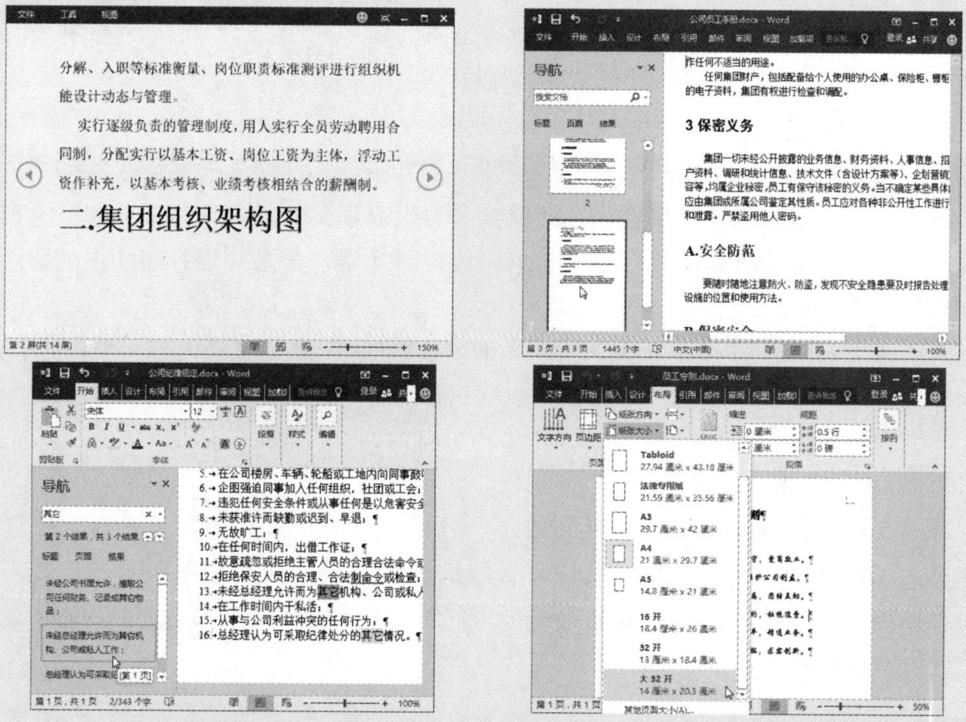

▷▷ 2.1 课堂讲解——采用什么方式看文档

在日常工作中浏览文档的具体内容或是查看文档的整体效果需要掌握一定的方式，下面就讲解如何选择查看文档的方式。读者在实际使用中需要根据要查看的文档内容来选择合适的查看方式。

2.1.1 选择合适的视图模式

在 Word 2016 中提供了 5 种视图模式，即“Web 版式视图”“大纲视图”“页面视图”“阅读视图”和“草稿视图”，它们作用各异。

- Web 版式视图：以网页的形式显示文档，不显示页码和章节号信息，超链接显示为带下划线的文本。Web 版式视图适用于发送电子邮件和创建网页，如左下图所示。
- 大纲视图：主要用于设置文档的格式、显示标题的层级结构，可创建大纲。由于可以方便地折叠和展开各种层级的文档，因此也可用于检查文档结构。大纲视图广泛用于 Word 2016 长文档的快速浏览和设置，如右下图所示。

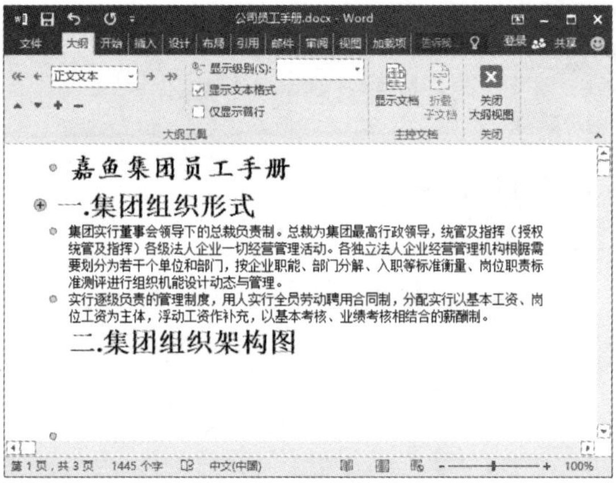

- 页面视图：此视图为文档默认视图模式，可以显示文档的打印结果外观，主要包括页眉、页脚、图形对象、分栏设置和页面边距等元素，是最接近打印结果的页面视图，如左下图所示。
- 阅读视图：在 Word 2016 中加入了全新的阅读模式，只显示文档内容和少量的必要工具。通过该视图模式查看文档会直接以全屏方式查看，类似于观赏幻灯片的效果。单击页面左侧或右侧的箭头按钮即可完成翻屏，还可自由调节页面的显示比例、更改页面的颜色，但不允许对文档进行编辑。
- 草稿视图：草稿视图取消了页面边距、分栏、页眉页脚和图片等元素，仅显示标题和正文，是最节省计算机系统硬件资源的视图模式，如右下图所示。当然，现在计算机系统的硬件配置都比较高，基本上不存在由于硬件配置偏低而使 Word 运行遇到障碍的问题。

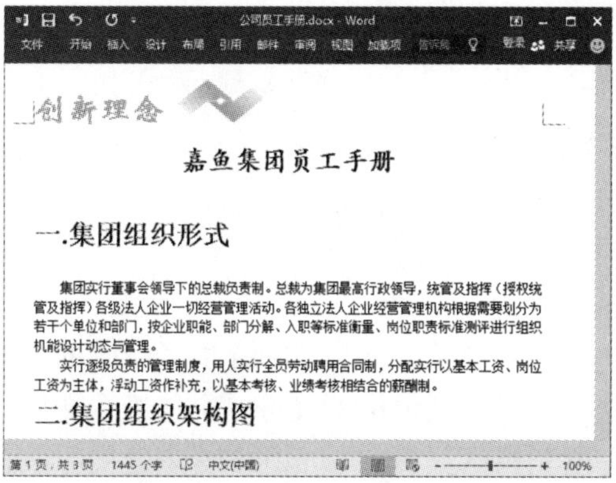

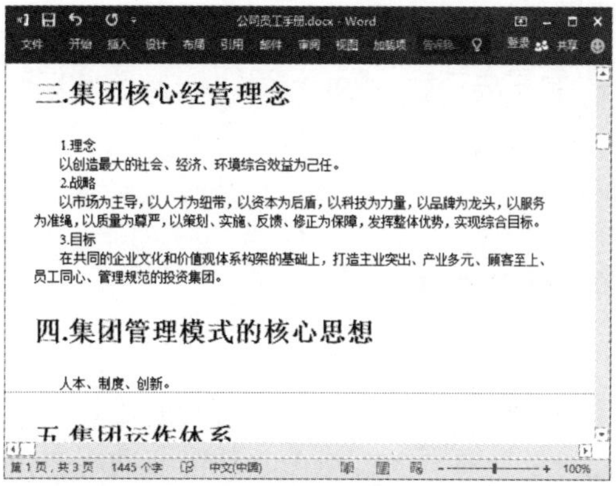

用户可以根据自己的需要使用“视图”选项卡或状态栏中的视图按钮来选择合适的文档视图模式。例如要在阅读视图模式下查看文档内容，具体操作方法如下。

光盘同步文件

视频文件：光盘\教学文件\第 2 章\2-1-1.mp4

Step01: 打开任意 Word 文档，单击“视图”选项卡的“视图”组中的“阅读视图”按钮，如下图所示。

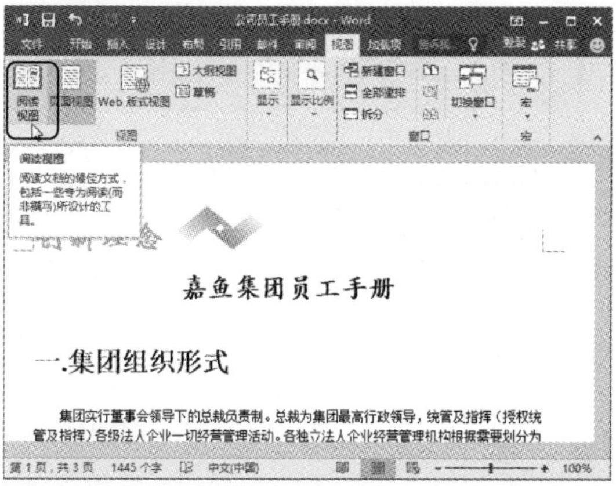

Step02: 进入阅读视图模式，单击左侧或右侧的箭头按钮即可向前或向后翻屏，如下图所示。

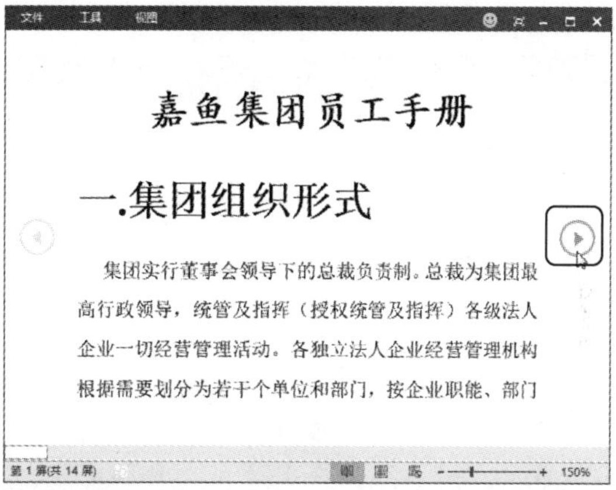

Step03: ❶单击“视图”选项卡；❷在弹出的下拉菜单中选择“页面颜色”→“褐色”命令，如下图所示。

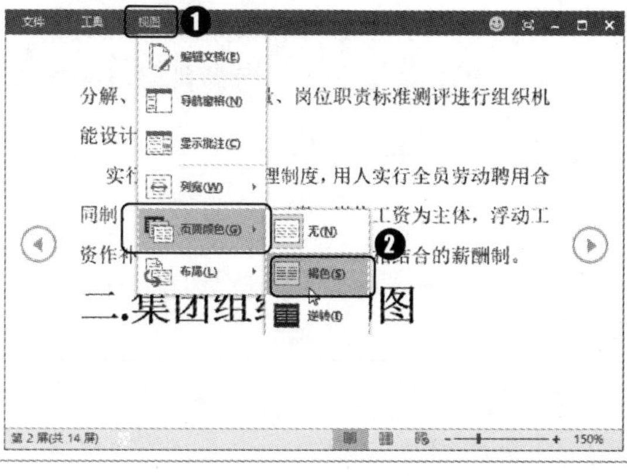

Step04: 此时，页面颜色就变成了褐色，预览完毕后按〈Esc〉键退出即可，如下图所示。

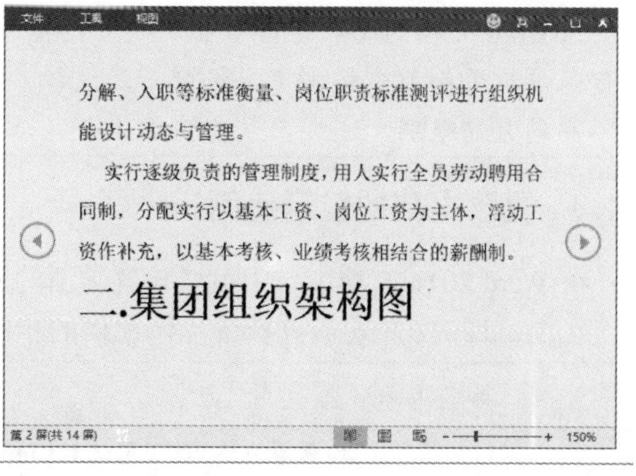

专家点拨——Word 2016 全新的阅读视图

Word 2016 的阅读模式中提供了 3 种页面背景色，即白底黑字、褐色背景以及适合于黑暗环境的黑底白字，方便用户在各种环境中进行舒适的阅读。

2.1.2　应用导航窗格

对于长达几十页甚至上百页的超长文档，Word 文档的导航窗格为用户提供了精确的导航功能。Word 2016 提供的导航窗格功能还是可视化的。使用导航窗格不仅可以快速查看文档结构图，还可以查看页面缩略图，从而帮助用户快速定位文档位置。在 Word 2016 中使用导航窗格浏览文档的具体步骤如下。

光盘同步文件

视频文件：光盘\教学文件\第 2 章\2-1-2.mp4

Step01: 打开任意 Word 文档，❶单击“视图”选项卡；❷勾选“显示”组中的“导航窗格”复选框，即可调出导航窗格，如下图所示。

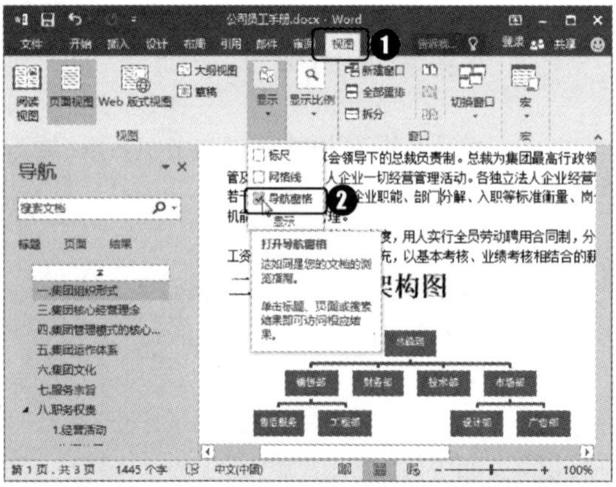

Step02: ❶在导航窗格中单击“页面”选项卡，即可查看文档的页面缩略图；❷拖动右侧的滚动条即可浏览页面缩略图；❸选择需要切换到的页面缩略图，即可快速切换到相应的页面以查看内容，如下图所示。

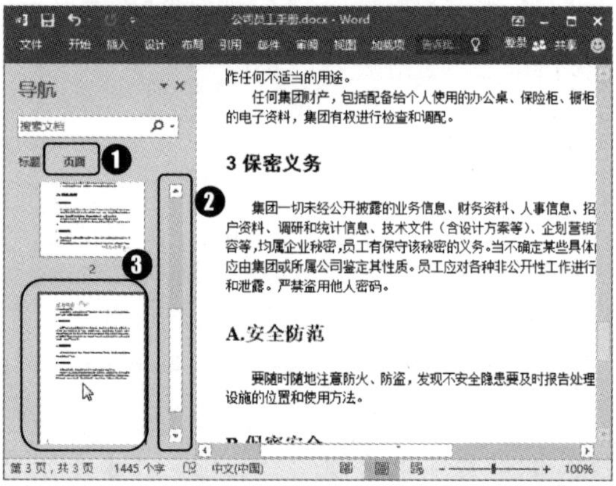

新手注意

Word 文档的导航窗格中显示的文档标题结构可以帮助用户快速了解文档的大致内容。如果要使用导航窗格浏览文档的标题大纲，用户首先需要在文档中为不同的段落标题定义不同的大纲级别，这样导航窗格中才会显示出不同大纲级别的段落标题。

2.1.3　更改文档的显示比例

在 Word 2016 文档窗口中可以设置页面的显示比例，从而调整文档窗口中所显示内容的大小，在 Word 2016 中更改文档的显示比例的步骤如下。

光盘同步文件

视频文件：光盘\教学文件\第 2 章\2-1-3.mp4

新手注意

更改文档的显示比例只是设置文档内容在屏幕上的显示大小，并不会影响文档的实际打印效果。

Step01: 打开任意 Word 文档，单击“视图”选项卡的“显示比例”组中的“显示比例”按钮，如下图所示。

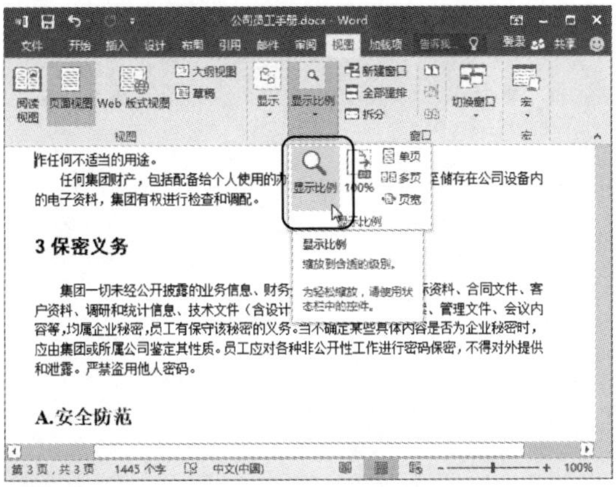

Step02: 打开“显示比例”对话框，❶在“百分比”数值框中输入需要显示的百分比，例如输入“125%”；❷单击“确定”按钮，如下图所示。

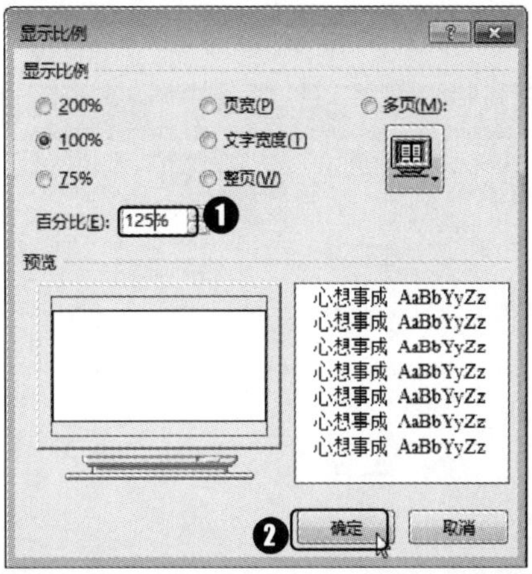

Step03: 此时即可将文档的显示比例设置为 125%，可以看到文字都被放大显示了，如下图所示。

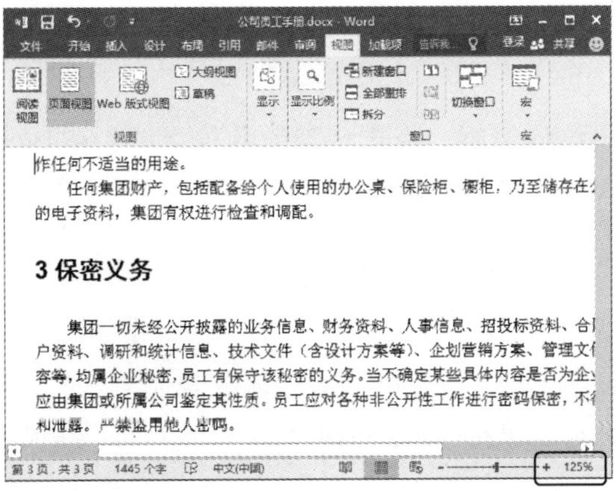

Step04: 拖动缩放标尺中的显示比例滑块也可快速缩放文档比例，如下图所示。

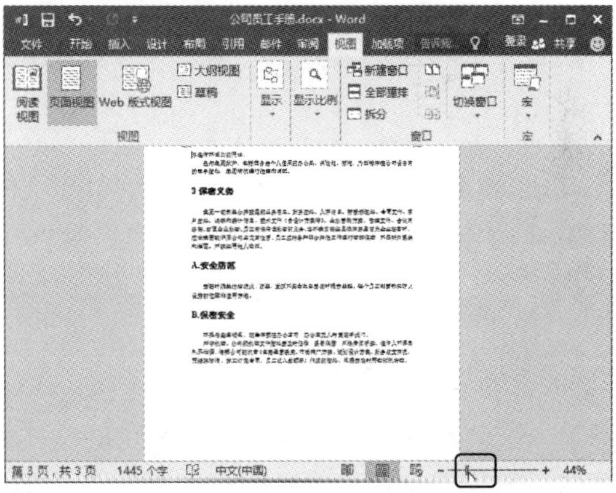

2.1.4　多页浏览文档

在阅读和浏览文档时，如果需要查看连续的两页或多页内容，为了方便，可以使用多页浏览功能进行多页浏览，具体操作方法如下。

光盘同步文件

视频文件：光盘\教学文件\第 2 章\2-1-4.mp4

专家点拨——Word 文档的显示比例

单击“视图”选项卡的“显示比例”组中的“100%”按钮，可将显示比例快速还原到原始比例大小；单击“单页”按钮，可将视图调整为在屏幕上完整显示一整页的缩放比例；单击“页宽”按钮，可将视图调整为页面宽度与屏幕宽度相同的缩放比例。

Step01: 打开任意 Word 文档，单击“视图”选项卡的“显示比例”组中的“多页”按钮，如下图所示。

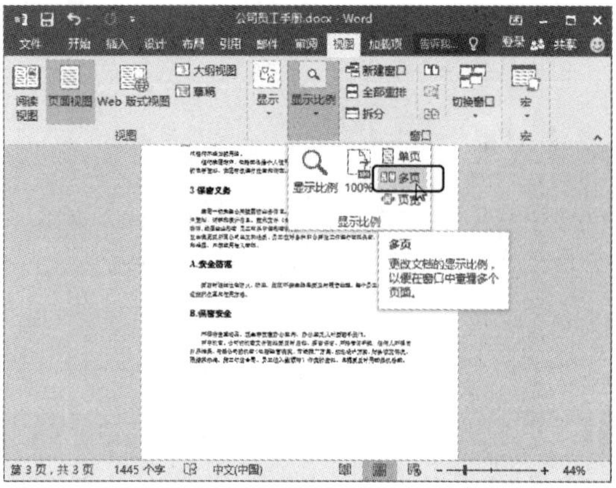

Step02: 此时即可根据文档显示比例的不同将视图调整为在屏幕上完整显示多页的缩放比例，这样就可以方便地进行多页浏览了，如下图所示。

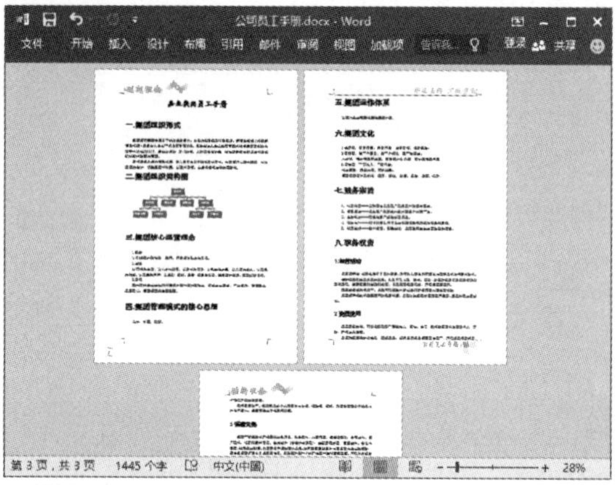

2.2 课堂讲解——输入 Word 文档内容

Word 主要用于编辑文本，利用它能够制作出结构清晰、版式精美的各种文档。在 Word 中编辑文档需要先输入各种文档内容，掌握 Word 文档内容的输入方法是编辑各种格式文档的前提。

2.2.1 输入普通文本

输入文本就是在 Word 文档编辑区的文本插入点处输入所需的内容。输入普通文本的方法很简单，只须在文档编辑区的文本插入点处通过键盘或鼠标输入所需的文本内容即可，主要有顺序输入法和即点即输输入法两种类型。

光盘同步文件

视频文件：光盘\教学文件\第 2 章\2-2-1.mp4

1. 顺序输入文本

在新建的 Word 文档中可以看到不停闪烁的指针“|”，这就是文本插入点。当用户在文档中输入内容时，文本插入点会自动后移，输入的内容也会显示在屏幕上。在文档中可以输入英文文本和中文文本。输入英文非常简单，直接按键盘上对应的字母键即可；输入中文则

需要先切换到合适的中文输入法状态，再进行输入。例如要制作一个论文的封面，具体操作如下。

新手注意

当输入的文本到达文档编辑区的右边界时，Word 会自动换行且文本插入点随之移动到下一行的开始处。在输入一页内容后，文本插入点将自动移到下一页的开始处。若需要结束当前段落的文本输入，可以按〈Enter〉键分段，此时文档中会自动产生一个段落标记符¶。如果需要在一行内容没有输满时强制另起一行，但又不是划分为两个段落，可通过按〈Shift+Enter〉组合键来实现。

Step01: ❶新建一个空白文档，并保存为“论文封面”；❷连续按3次〈Enter〉键，产生3个空白段落；❸切换到合适的汉字输入法；❹输入需要的汉字的拼音或编码，如下图所示。

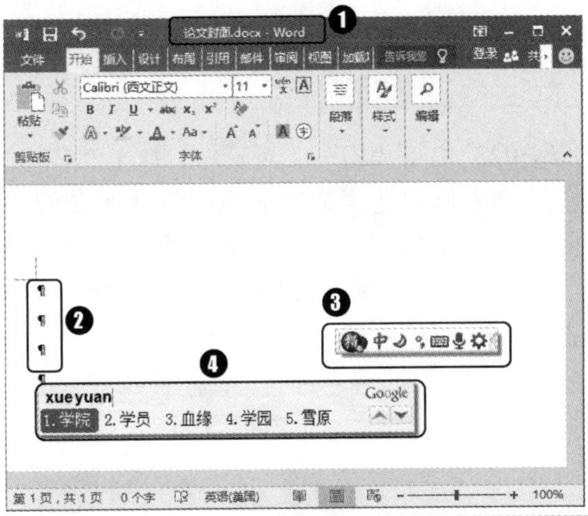

Step02: 依次输入需要的其他汉字，完成后的效果如下图所示。

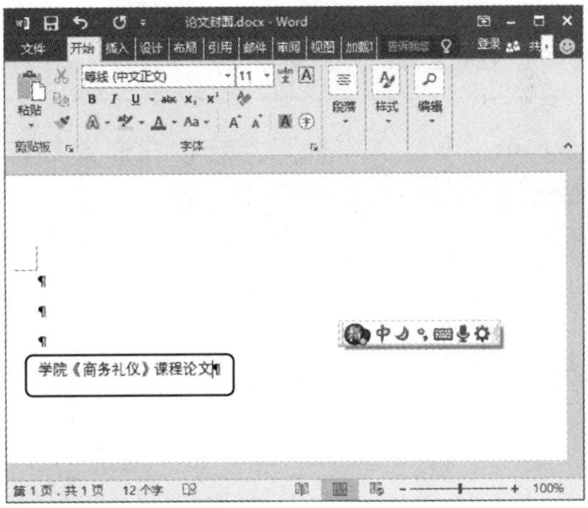

专家点拨——快速切换输入法的方法

通过按〈Ctrl+Shift〉组合键可以在各种已经安装的输入法之间进行切换，如果需要从英文输入法切换到默认的中文输入法，只须按〈Ctrl+空格〉组合键即可。

2. 使用“即点即输”功能输入文本

在 Word 2016 中除了可以顺序输入文本外，还可以在文档的任意空白位置输入文本，即使用“即点即输”功能进行输入，具体方法如下。

Step01: 将鼠标光标移动到文档编辑区中需要输入文本的任意空白位置并双击鼠标，即可将文本插入点定位在该位置，如下图所示。

Step02: 切换到合适的汉字输入法，输入需要的文本内容即可，如下图所示。

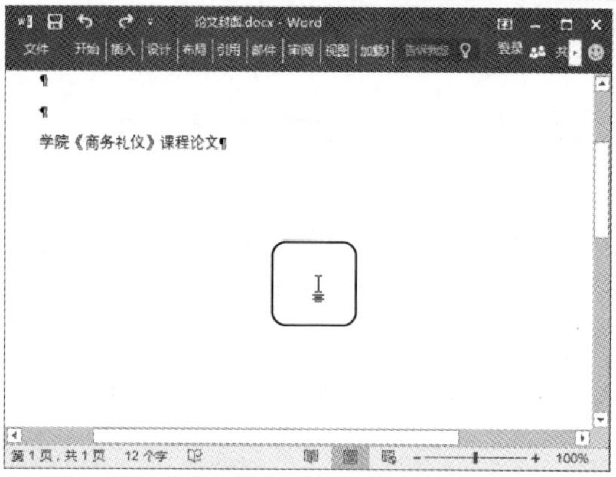

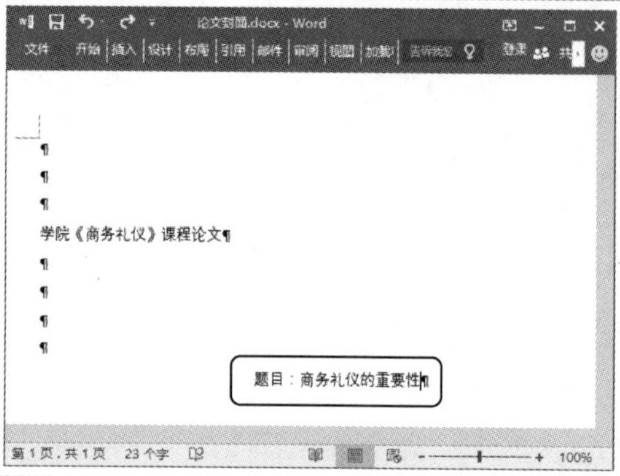

2.2.2 插入特殊符号

在制作文档内容时经常需要输入符号，普通的标点符号可以通过键盘直接输入，一些特殊的符号（如“☺”“✓”和“×”等）则可以利用“符号”对话框输入，具体操作方法如下。

光盘同步文件

视频文件：光盘\教学文件\第 2 章\2-2-2.mp4

Step01: ❶将文本插入点定位在需要插入特殊字符的位置；❷单击“插入”选项卡的“符号”组中的“符号”按钮；❸在弹出的下拉菜单中选择“其他符号”命令，如下图所示。

Step02: 打开“符号”对话框，❶在“字体”下拉列表框中选择需要应用的符号所在的字体集，如“(亚洲语言文本)”；❷在下方的列表框中选择需要插入的符号；❸多次单击“插入”按钮；❹单击“关闭”按钮，如下图所示。

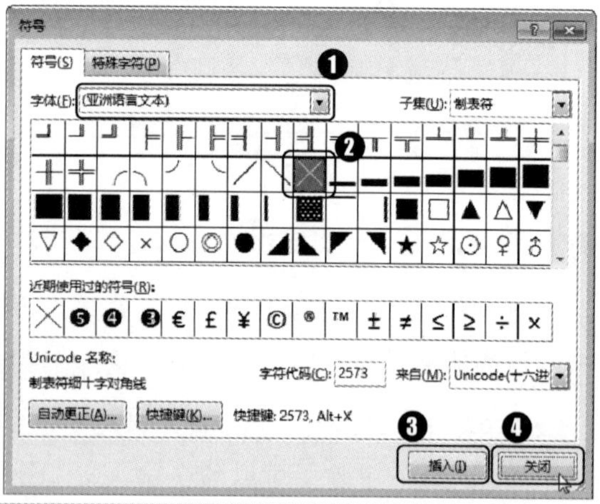

Step03: 经过上步操作即可在文档中插入多个╳符号，如右图所示。

新手注意

实际上，在没有关闭“符号”对话框时插入符号后，还可以将文本插入点定位在其他需要插入特殊符号的位置，继续选择并插入需要的符号。

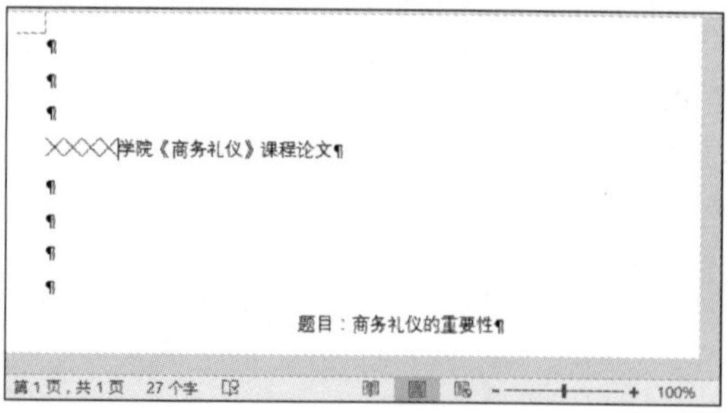

> **专家点拨——“符号”对话框中的特殊符号**
>
> “符号”对话框中的“符号”选项卡用于插入字体带的特殊符号，而“特殊字符”选项卡则用于插入文档中常用的特殊符号，其中的符号与字体无关。

2.2.3 插入日期和时间

在制作报告、论文、通知等文档时一般需要输入制作的日期和时间，这时可以使用 Word 2016 中提供的“日期和时间”按钮快速插入所需格式的日期和时间，具体操作方法如下。

> **光盘同步文件**
>
> **视频文件：光盘\教学文件\第 2 章\2-2-3.mp4**

Step01: ❶将文本插入点定位在需要插入日期的位置；❷单击“插入”选项卡的“文本”组中的“日期和时间”按钮，如下图所示。

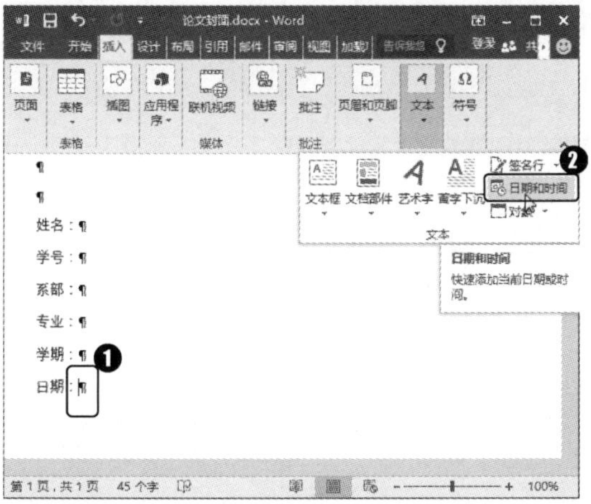

Step02: 打开“日期和时间”对话框，❶在“语言”下拉列表框中选择国家；❷在“可用格式”列表框中选择所需的日期或时间格式选项；❸单击“确定”按钮，如下图所示。

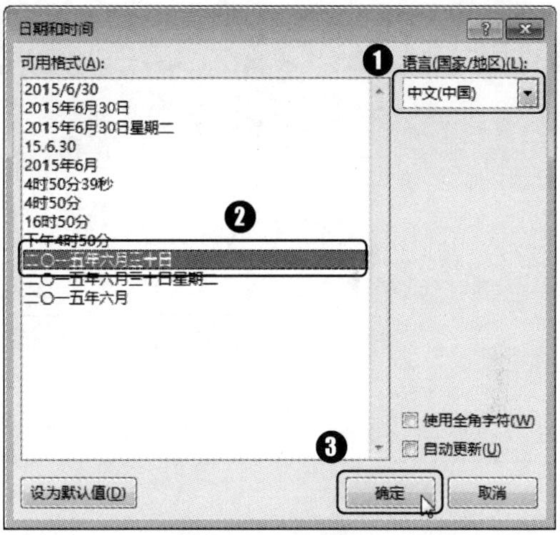

Step03: 经过上步操作，即可在文档中查看插入日期和时间的效果，如右图所示。

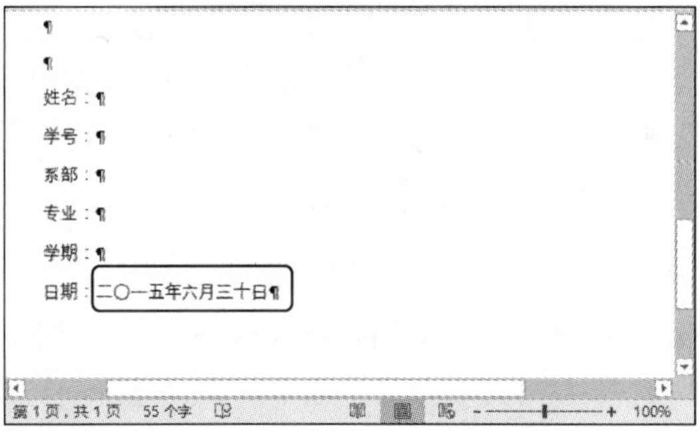

> **专家点拨——会自动更新的日期和时间**
>
> 如果在“日期和时间”对话框中勾选“自动更新”复选框，则在每次打开该文档时插入的日期和时间都会按当前的系统时间进行更新。

2.2.4 插入公式

在编辑一些专业的文档（如数学或物理试卷）时可能需要进行公式的录入和编辑，这时可以使用 Word 2016 中提供的“公式”按钮快速插入所需的公式。具体来说，有以下几种插入公式的方法。

光盘同步文件

视频文件：光盘\教学文件\第 2 章\2-2-4.mp4

1. 使用预置公式

在 Word 中内置了一些常用的公式样式，用户直接选择所需要的公式样式即可快速地插入相应的公式，再进行相应的修改即可将它变为自己需要的公式。例如要在文档中插入一个表达式，具体操作方法如下。

Step01: ❶新建一个空白文档，并将重命名为“公式”；❷单击“插入”选项卡的“符号”组中的“公式”按钮；❸在弹出的下拉菜单中选择与所要插入公式结构相似的内置公式样式，这里选择“和的展开式”选项，如下图所示。

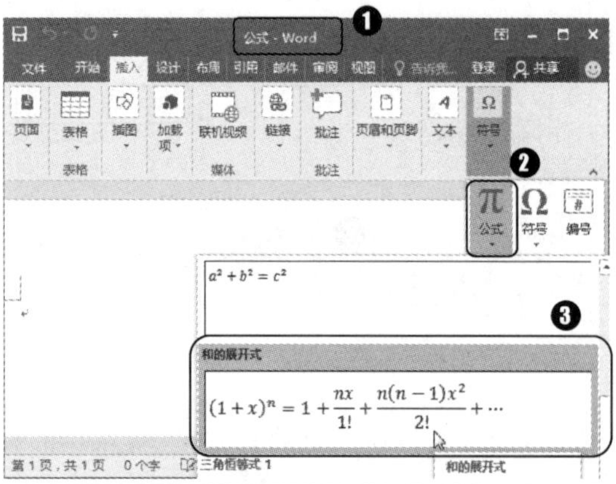

Step02: 此时在文档中即出现占位符并按照默认的参数创建一个公式，选择公式对象中的内容，按〈Delete〉键将原来的内容删除，输入新的内容，即可修改公式，完成后的效果如下图所示。

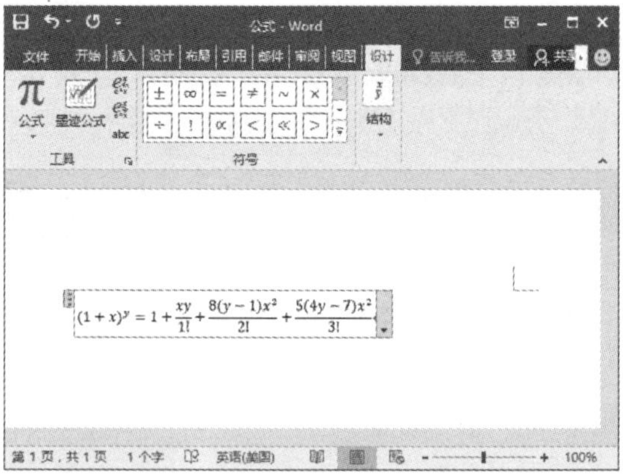

2. 自定义输入公式

在 Word 中还提供了一个实用的公式编辑工具，如果内置公式中没有提供需要的公式样式，用户就可以通过公式编辑器自行创建公式。由于公式往往都有各自独特的形式，因此其编辑过程比普通的文档要复杂得多。使用公式编辑器创建公式，首先需要在“公式工具-设计”选项卡中选择所需的公式符号，在插入对应的公式符号模板后分别在相应的位置输入数字和文本即可，创建公式的具体操作方法如下。

Step01: ❶单击“插入”选项卡的“符号”组中的“公式”按钮；❷在弹出的下拉菜单中选择“插入新公式”命令，如下图所示。

Step02: 经过上步操作后，文档中会插入一个小窗口，即公式编辑器。根据公式内容，首先需要插入一个分数符号，❶单击“公式工具-设计”选项卡的“结构”组中的“分数”按钮；❷在弹出的下拉列表中选择“分数（竖式）”选项，如下图所示。

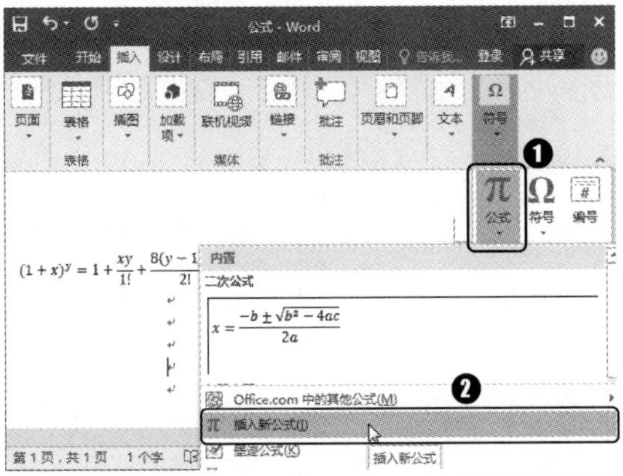

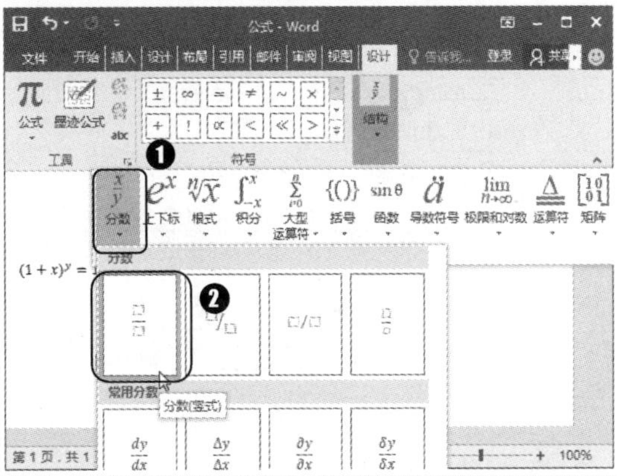

专家点拨——编辑公式

如果需要编辑已经创建好的公式，只须在文档中双击该公式，就可以再次进入“公式编辑器”窗口中进行修改。

Step03: 经过上步操作后，公式编辑器中会插入一个空白的分数模板，❶分别在分数模板的上、下位置输入需要的数字，将文本插入点移动到分数模板右侧，并输入“+”；❷单击“结构”组中的“根式”按钮；❸在弹出的下拉列表中选择“平方根”选项，如下图所示。

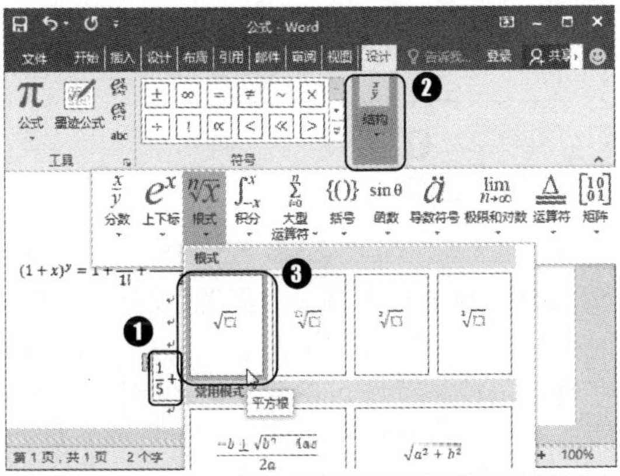

Step04: 经过上步操作后，公式编辑器中会插入一个空白的平方根模板，❶在平方根模板中依次输入需要的数字和文本，并保持文本插入点在平方根模板内的最右侧；❷单击“结构”组中的“上下标”按钮；❸在弹出的下拉列表中选择“上标”选项，如下图所示。

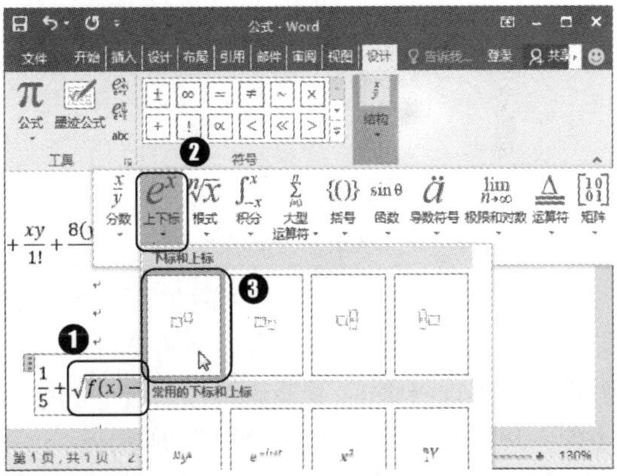

Step05: 经过上步操作后，公式编辑器中会插入一个空白的上标模板，❶在上标模板中的相应位置输入需要的数字和文本；❷将文本插入点移动到上标模板外，并继续输入其他数字和文本；❸在“符号”组的列表框中选择需要插入的数学符号，如下图所示。

Step06: ❶继续输入公式中的其他内容，完成公式的创建；❷单击公式编辑区之外的区域，即可将公式插入到文档中，完成后的效果如下图所示。

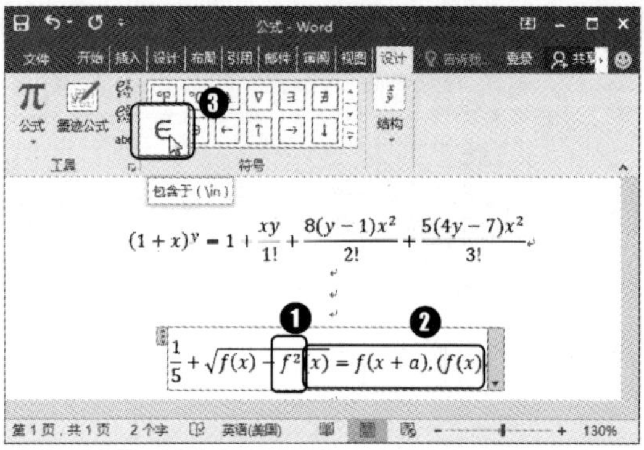

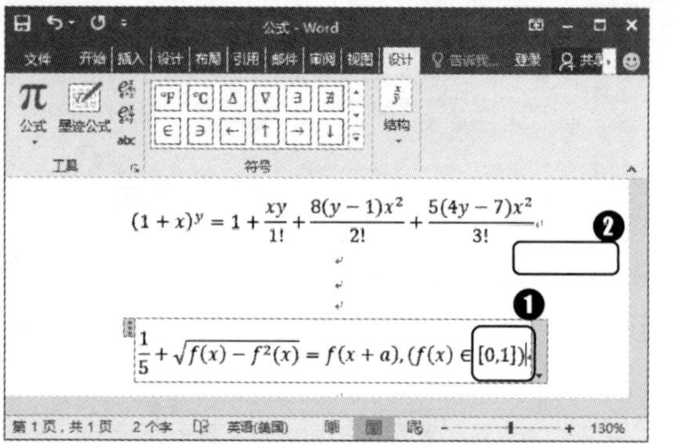

3. 手写输入公式

在 Word 2016 中还新增了手写输入公式的功能——墨迹公式。该功能可以识别手写的数学公式，并将其转换成标准形式插入文档。这对于手持设备的用户来说非常人性化，因为 Windows 10 平板电脑在这方面会有很大的需求，尤其对于教育和科研从业者来说这是个非常棒的功能。使用“墨迹公式”功能创建公式的具体操作方法如下。

Step01: ❶单击“插入”选项卡的“符号”组中的“公式”按钮；❷在弹出的下拉菜单中选择“墨迹公式”命令，如下图所示。

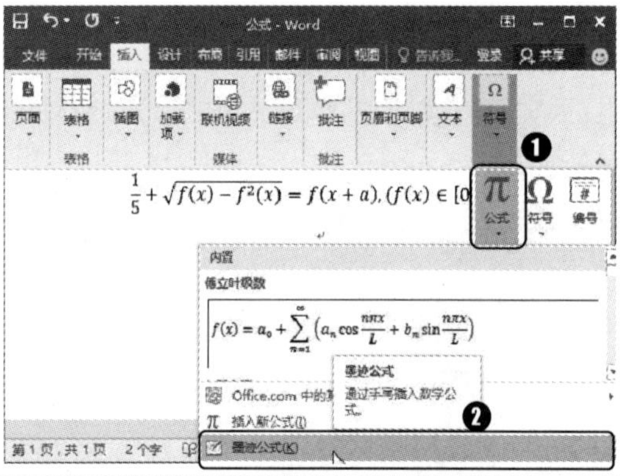

Step02: 打开手写输入公式的对话框，❶通过触摸屏或鼠标开始公式的手写输入；❷如果在书写的过程中出现了识别错误，可以单击下方的“选择和更正”按钮，如下图所示。

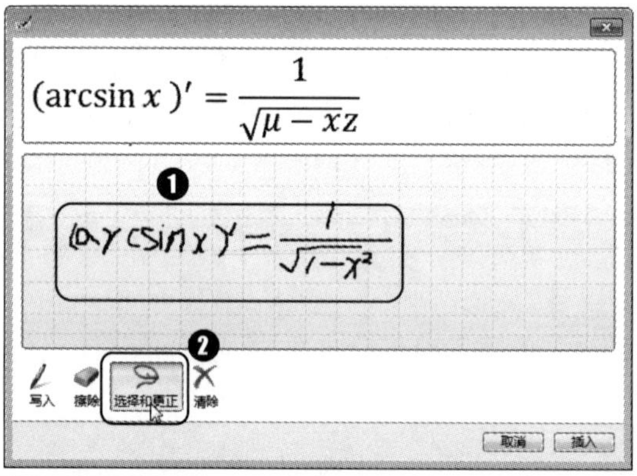

Step03: ❶单击公式中需要更正的字迹；❷Word 将在弹出的下拉菜单中提供与字迹接近的其他候选符号供选择修正，这里因为没有合适的修正方案，选择“关闭”命令，如下图所示。

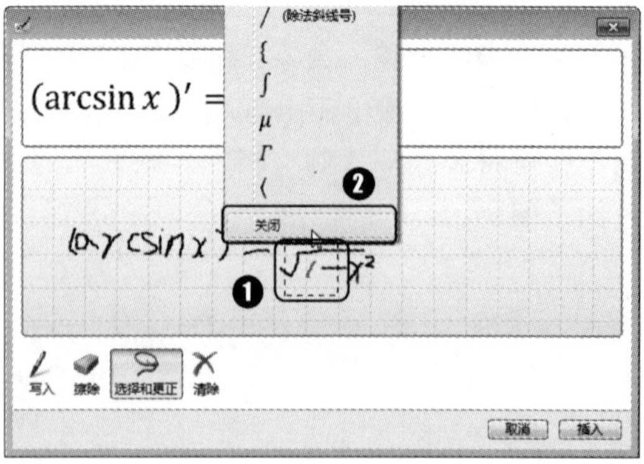

Step04: ❶单击下方的“擦除”按钮；❷此时鼠标光标变为橡皮擦形状，对准要擦除的字迹单击或拖动即可擦除相应的字迹，如下图所示。

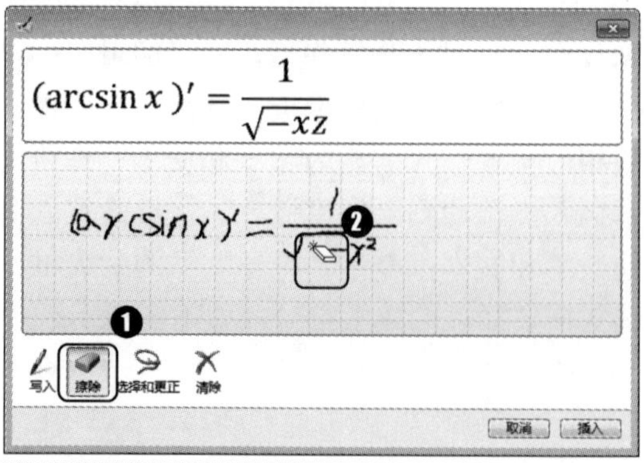

Step05: ❶单击下方的“写入”按钮；❷重新输入公式内容；❸输入完成并确认无误后单击右下角的“插入”按钮，如下图所示。

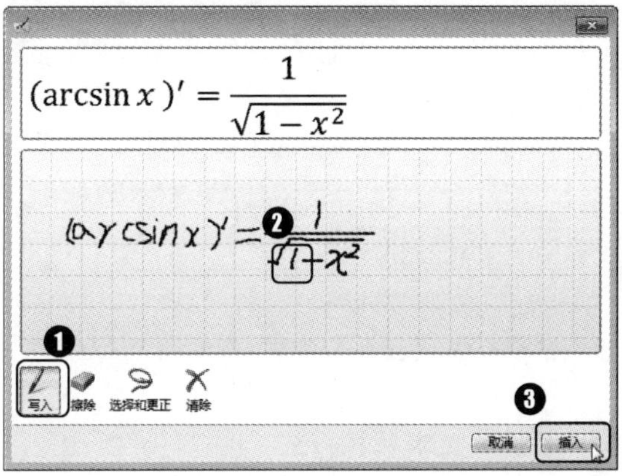

Step06: 经过上步操作后即可将制作的公式插入到文档中，完成后的效果如下图所示。

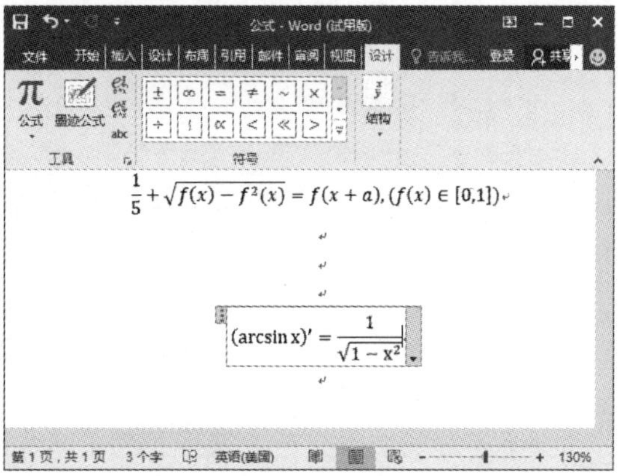

⊳⊳ 2.3　课堂讲解——编辑文档内容

通常，一份文档不是一次性输入成功的，难免会输入错误或需要添加内容，此时就涉及对文本进行修改、移动或删除了。如果需要在文档中的多处输入重复的内容，或需要查找存在相同错误的地方，也可以通过复制、查找与替换等操作来简化编辑过程，提高工作效率。本节就介绍这些编辑文档内容的方法。

2.3.1　选择文本

如果要对文档内容进行编辑，首先需要选择编辑的对象——文本。利用鼠标或键盘即可进行文本的选择，根据所选文本的多少和是否连续可分为以下 5 种选择方式。

1．选择任意数量的文本

如果要选择任意数量的文本，只须在文本的开始位置按住鼠标左键不放并拖动，直到文本结束位置再释放鼠标，即可选择文本开始位置与结束位置之间的文本。被选择的文本区域一般以蓝底显示，效果如下图所示。

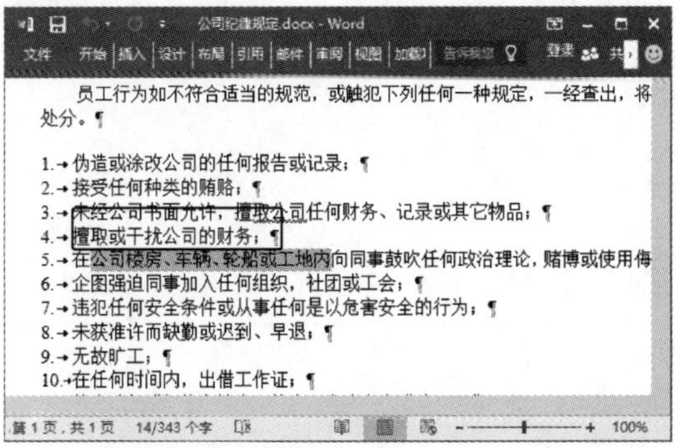

> **专家点拨——选择任意数量文本的快捷方法**
>
> 将文本插入点定位到要选择文本的开始位置，按住〈Shift〉键的同时单击文本结束位置即可快速选择内容较多的任意数量文本。

2．选择一行或多行文本

如果要选择一行或多行文本，可将鼠标指针移动到文档左侧的空白区域，即选定栏，当鼠标指针变为♤形状时，单击鼠标左键即可选定该行文本；按住鼠标左键不放并向下拖动鼠标即可选择多行文本，效果如下图所示。

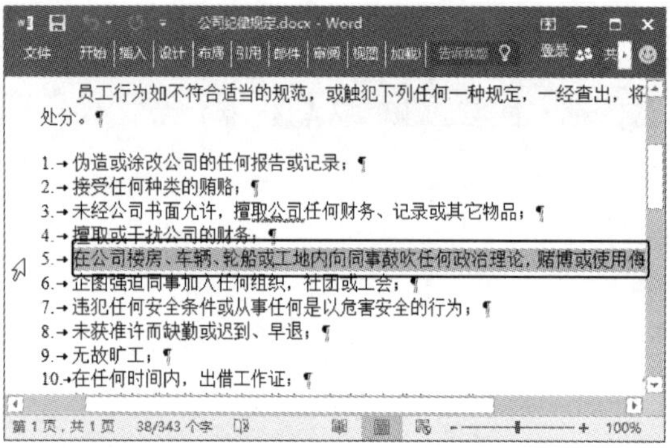

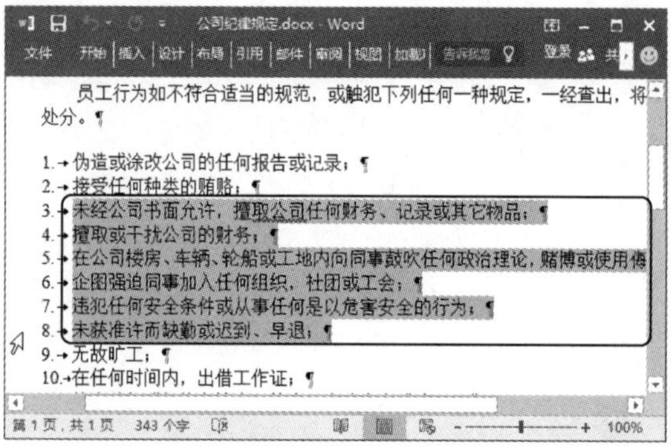

3. 选择不连续的文本

选择不连续的文本又分为选择相邻文本和选择矩形区域文本两种方式。

- 选择不相邻文本：在选择一个文本区域后按住〈Ctrl〉键不放，拖动鼠标选择其他所需的文本，即可选择不相邻的多个文本区域，效果如左下图所示。
- 选择矩形区域文本：按住〈Alt〉键不放，可在文本区域内选择从定位处到其他位置的任意大小的矩形选区，效果如右下图所示。

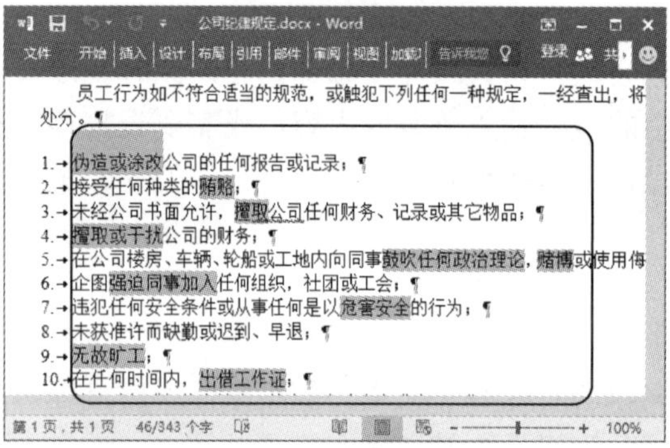

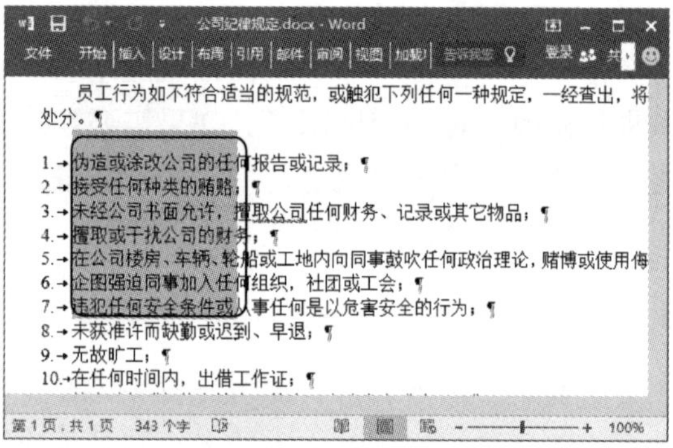

4. 选择一段文本

如果要选择一段文本，可以通过拖动鼠标进行选择；也可以将鼠标指针移到选定栏，当其变为♤形状时双击鼠标左键选择；还可以在段落中的任意位置连续单击鼠标左键 3 次进行选择。

5. 选择整篇文档

按〈Ctrl + A〉组合键可快速选择整篇文档；将鼠标指针移到选定栏，当其变为♤形状时连续单击鼠标左键 3 次也可以选择整篇文档。

2.3.2 复制、移动和删除文本

在编辑文档的过程中，最常用的编辑操作有复制、移动和删除。使用复制和移动的操作可以加快编辑文本的速度，提高工作效率，遇到多余的文本可以直接删除。

> **新手注意**
>
> 在文档中可以被编辑的对象有字、词、段落、表格和图片等，它们的基本编辑方法相同。

光盘同步文件

视频文件：光盘\教学文件\第 2 章\2-3-2.mp4

1. 复制文本

在编辑文档的过程中，若需要将其他文档中的文本内容复制到当前编辑的文档中，或需要重复输入一些相同的内容，可以采用复制文本的方法，从而加快输入速度。例如要在文档中复制“擅取”文本，具体方法如下。

Step01: 打开“光盘\素材文件\第 2 章\公司纪律规定.docx”，❶选择需要复制的“擅取”文本；❷单击“开始”选项卡的“剪贴板”组中的“复制”按钮，如下图所示。

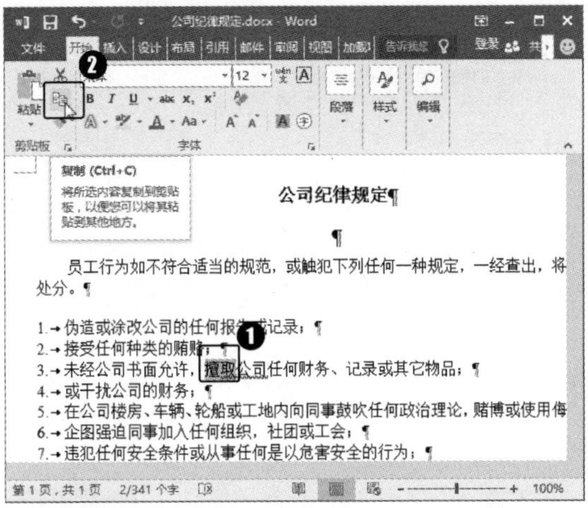

Step02: ❶将文本插入点定位在需要粘贴文本的位置；❷单击“开始”选项卡的“剪贴板”组中的“粘贴”按钮，如下图所示。

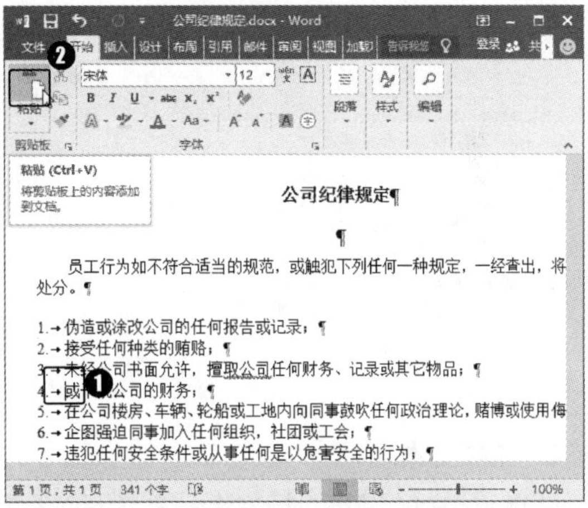

Step03: 经过上步操作，即可将所复制的内容粘贴到文本插入点的后方，如右图所示。

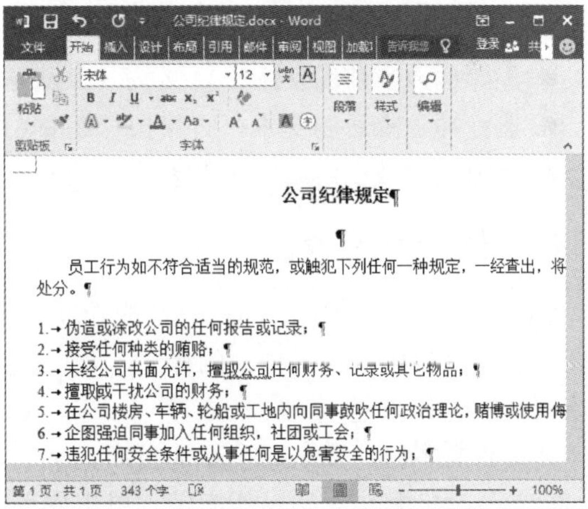

> **新手注意**
>
> 复制操作的快捷键为〈Ctrl+C〉，粘贴操作的快捷键为〈Ctrl+V〉。若要复制整个文档内容为另一个文档，可直接复制文档，只须在文件夹窗口中选择该文件图标，然后按〈Ctrl+C〉和〈Ctrl+V〉组合键进行复制即可。

2. 移动文本

移动文本是使文本内容的位置发生变化，一般在同一个文档中进行，偶尔也在多个文档间进行。当用户发现文本的位置不正确，需要将文本从文档的一个位置移到另一个位置时，可以使用移动文本功能进行操作。例如要改变“公司纪律规定”文档某条例文本的位置，具体操作方法如下。

专家点拨——移动和复制文本的快捷方法

选择文本后，在按住〈Ctrl〉键的同时按住鼠标左键不放并拖动，可以将选择的文本复制到目标位置，该方法一般适合在同一个文档中复制文本。选择要移动的文本后单击“开始”选项卡的“剪贴板”组中的“剪切”按钮，或按〈Ctrl+X〉组合键，可以将文本剪切到剪贴板中，再通过粘贴操作，可以完成文本的移动。

Step01: ❶选择要移动的第 13 条条例文本；❷按住鼠标左键不放将其拖动到第 15 条条例文本的前面，如下图所示。

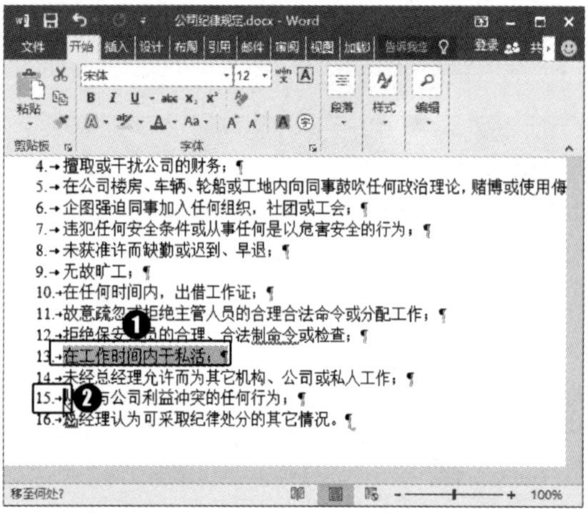

Step02: 释放鼠标左键后即可将原来的第 13 条条例文本移动到第 15 条条例文本之前，如下图所示。

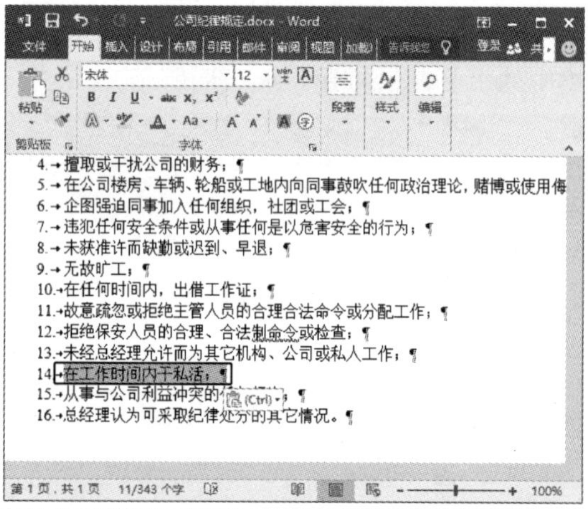

3. 删除文本

在编辑 Word 文档的过程中，若用户发现由于疏忽输入了错误或多余的文本，这时可以将其删除。删除文本的方法有以下几种。

- 删除插入点前的文本：直接按〈Backspace〉键即可。
- 删除插入点后的文本：直接按〈Delete〉键即可。
- 快速删除较多内容：选择要删除的文本，然后按〈Backspace〉键或〈Delete〉键即可。

2.3.3 撤销与恢复操作

Word 2016 具有对文档操作记忆的功能，在撤销时系统会自动记录所执行过的操作。因此，如果在编辑过程中执行了错误的操作，可以通过该功能恢复到之前的状态，或将撤销的操作利用恢复功能进行恢复。

在编辑文本时，Word 2016 会自动记录所执行过的操作，在执行了错误的操作后，可以通过“撤销”功能将错误的操作撤销。单击快速访问工具栏中的“撤销”按钮，就可以撤销上一次的操作；连续单击该按钮可撤销最近执行过的多次操作。单击“撤销”按钮右侧的下拉按钮，在弹出的下拉列表中还可以选择要撤销的操作。

如果误撤销了某些操作，还可使用恢复操作将其恢复。单击快速访问工具栏中的“恢复”按钮，可以恢复上一次的撤销操作；连续单击该按钮可恢复最近执行过的多次撤销操作。

新手注意

按〈Ctrl+Z〉组合键可撤销上一次的操作，连续按〈Ctrl+Z〉组合键可依次撤销最近进行的多次操作；按〈Ctrl+Y〉组合键可恢复上一次的撤销操作，连续按〈Ctrl+Y〉组合键可依次恢复最近进行的多次撤销操作。

2.3.4　查找与替换文本

查找与替换是文字处理过程中非常有用的功能，利用该功能可以快速地在文档中查找和定位需要的文本，也可以快速将文档中的某些相同内容统一修改为其他的内容。

光盘同步文件

视频文件：光盘\教学文件\第 2 章\2-3-4.mp4

1. 查找文本

使用查找功能可以在文档中查找任意字符，包括中文、英文、数字和标点符号等，查找指定的内容是否出现在文档中并定位到该内容在文档中的具体位置。例如要在“公司纪律规定”文档中查找“其它”文本，具体操作方法如下。

专家点拨——对文本进行详细查找的方法

单击“开始”选项卡的“编辑”组中“查找”按钮右侧的下拉按钮，在弹出的下拉菜单中选择“高级查找”命令，将打开“查找和替换”对话框，在“查找”选项卡中单击“更多”按钮，在展开的对话框中可以对要查找的文本参数进行详细的设置。

Step01: 单击“开始”选项卡的“编辑”组中的“查找”按钮，如下图所示。

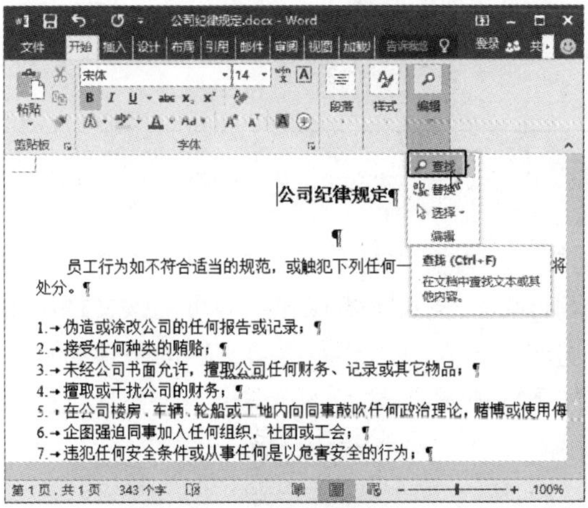

Step02: 打开导航窗格，❶在搜索文本框中输入要查找的文本“其它”，Word 会自动以黄色底纹显示查找到的文本内容；❷在下方选择要定位的查找项，即可快速定位到文档中的该查找内容处，如下图所示。

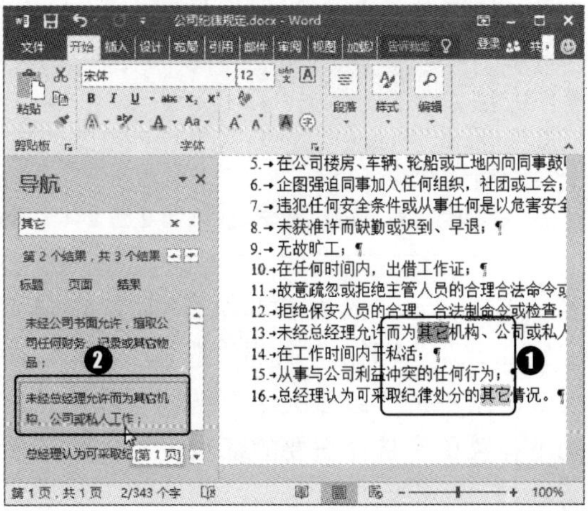

2. 替换文本

在完成文档的输入后，如果发现文档中的某个字或词输入错误，若逐个修改，会花去大量的时间和精力。此时可以使用 Word 2016 提供的替换功能将查找到的文本替换为另外的文本。利用替换功能可以提高输入效率，并有效地修改文档。替换功能特别适用于在长文档中修改错误的文本。例如将查找到的“其它”文本修改为“其他”，具体方法如下。

Step01: 单击“开始”选项卡的“编辑”组中的“替换”按钮，如下图所示。

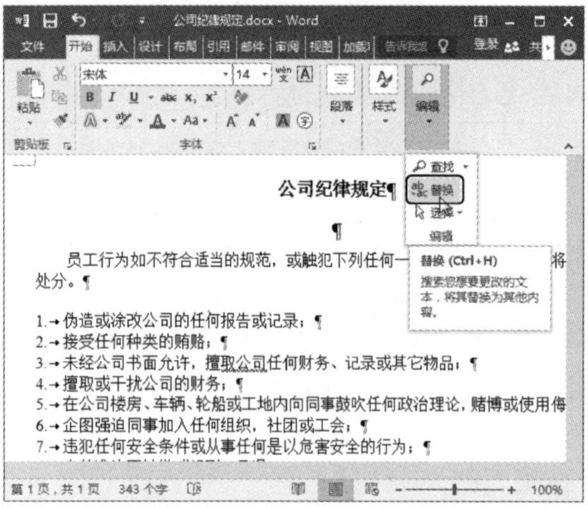

Step02: 打开“查找和替换”对话框，❶在“查找内容”文本框中输入需要替换的文本“其它”；❷在“替换为”文本框中输入需要替换为的文本“其他”；❸单击“全部替换”按钮；❹打开提示对话框，单击“确定”按钮，如下图所示，即可完成替换操作。

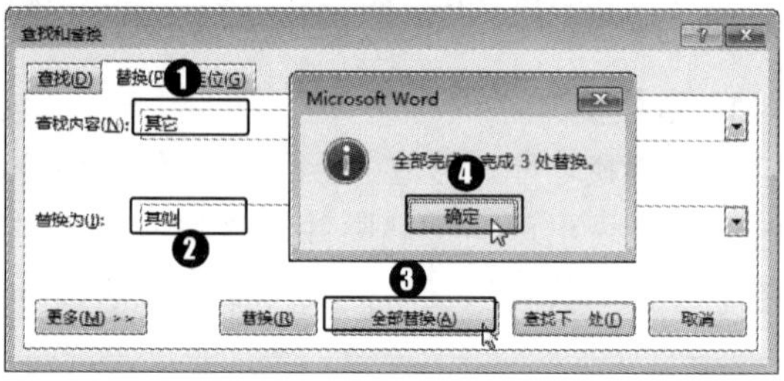

▷▷ 2.4 课堂讲解——设置页面格式

在文档内容输入完成后，多数情况下还需要进行格式设置，以使文档看起来更规范。首先需要设置的就是文档的页面格式，即确定纸张大小、纸张方向和页边距等，将版心位置确定下来。

2.4.1 设置纸张大小

最常用的纸张大小为 A4、16 开、32 开和 B5，不同文档的纸张大小可能不同。在默认情况下，新建 Word 文档的纸张大小为 A4，但用户也可以根据文档内容的需要自定义页面大小，具体操作方法如下。

光盘同步文件

视频文件：光盘\教学文件\第 2 章\2-4-1.mp4

Step01: 打开“光盘\素材文件\第 2 章\员工守则.docx”，❶单击“布局”选项卡的“页面设置”组中的“纸张大小”按钮；❷在弹出的下拉菜单中选择需要的纸张大小，如下图所示。

Step02: 经过上步操作，即可更改文档所采用的纸张大小，从而影响文档的整体布局，如下图所示。

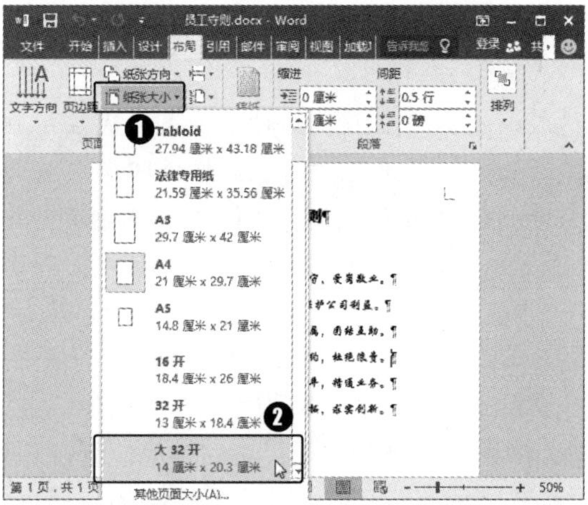

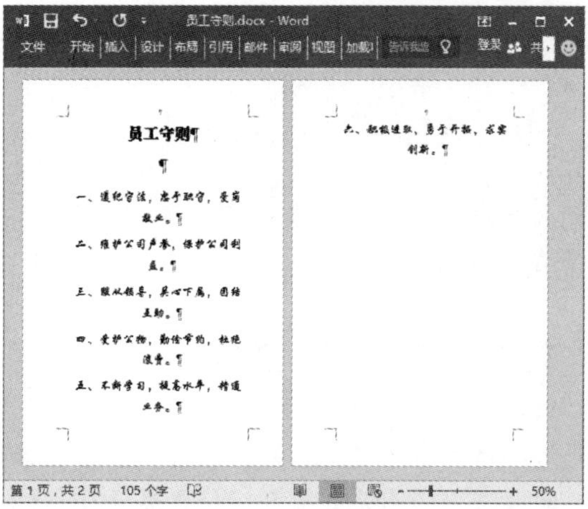

> **新手注意**
>
> 在“纸张大小”下拉菜单中选择“其他页面大小”命令，可以在打开的对话框中自定义纸张大小。

2.4.2　设置纸张方向

Word 中的纸张有两个使用方向，一是纵向使用，二是横向使用。一般正规型文档使用纵向纸张，在编辑特殊文档时才使用横向纸张，如制作贺卡、横向表格和宣传页等。例如要为“员工守则”文档设置横向的纸张方向，具体操作方法如下。

> **光盘同步文件**
>
> **视频文件：光盘\教学文件\第 2 章\2-4-2.mp4**

Step01: ❶单击“布局”选项卡的“页面设置”组中的“纸张方向”按钮；❷在弹出的下拉菜单中选择“横向”命令，如下图所示。

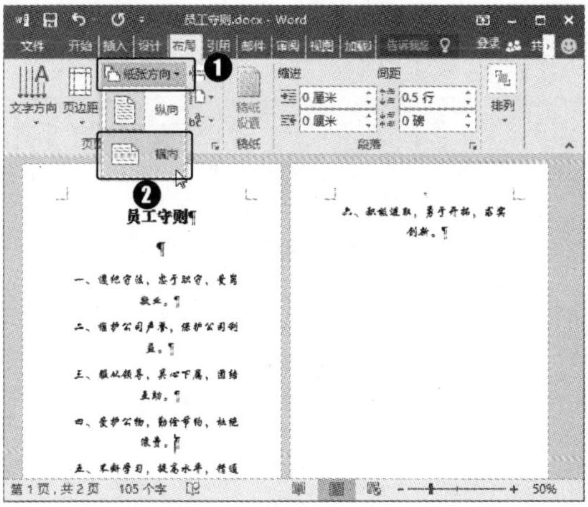

Step02: 经过上步操作，即可设置文档的纸张方向为横向。该操作同样会影响文档的整体布局，如下图所示。

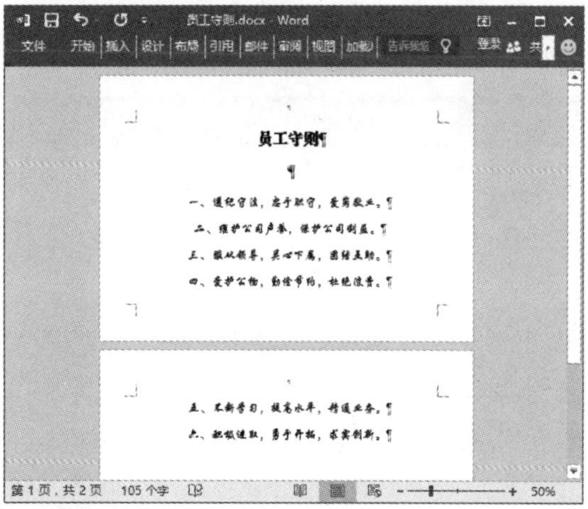

专家点拨——选择合适的纸张大小和纸张方向

在为文档设置纸张大小和纸张方向时应考虑文档的实际应用，如对于将来要送往印刷厂印刷的文档，最好将纸张大小设置为将来成品的大小，而纸张方向也应根据印刷中版面的排布进行设置。如果文档只是用于在打印机上进行普通的输出，则对纸张大小的设置并没有严格的要求。

2.4.3 设置页边距

页边距是指页面中文字与页面上、下、左、右边线的距离，且在页面的 4 个角上有 ⌞ 之类的符号，它表示文字的边界。设置页边距能够规划文档版心的位置，即正文的排放位置，在设置时应考虑文档的装订位置，是否需要在文档左侧或右侧留有装订线，或根据文档的奇偶页不同设置相应的装订线位置。另外，用户还经常会在页边距内的可打印区域中插入文字和图形，如将页眉页脚和页码等项目放置在页边距区域中。

在为文档设置页边距时可根据文档内容的多少及纸张大小来设置。例如要通过调整页边距让“员工守则”文档内容显示在一页中，具体操作方法如下。

光盘同步文件

视频文件：光盘\教学文件\第 2 章\2-4-3.mp4

专家点拨——设置纸张边距与页眉页脚

由于纸张大小、纸张方向和页边距的设置会影响页面内容的整体排版效果，因此应在正式排版文档之前先进行设置，再对文档的其他局部格式进行设置就能更直观地查看文档效果了。若对文档设置了页眉及页脚，则在设置页边距时一定要将页眉边距值设置成小于上边距值，将页脚边距值设置成小于下边距值，否则打印文档时页眉、页脚会与文档内容重叠。

Step01: ❶单击“布局”选项卡的“页面设置”组中的“页边距”按钮；❷在弹出的下拉菜单中选择“窄”命令，如下图所示。

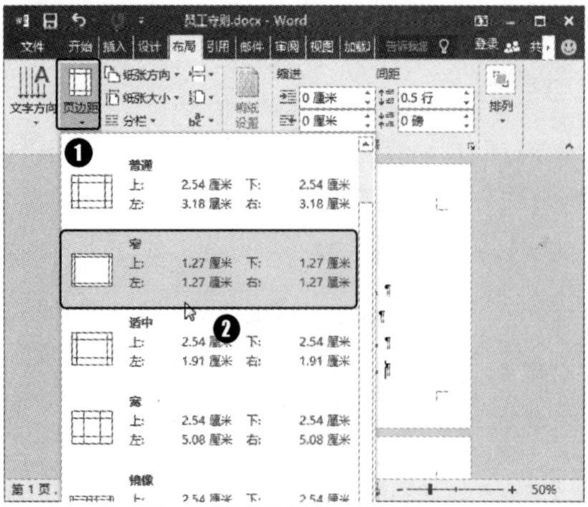

Step02: 经过上步操作，页面中显示的内容更多了。删除多余的空行，将内容调整到一页中，效果如下图所示。

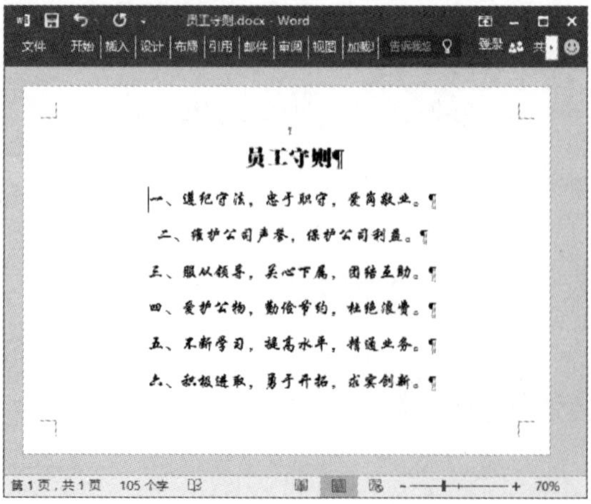

新手注意

在“页边距”下拉菜单中选择“自定义边距”命令，可以在打开的对话框中自定义页面文字与上、下、左、右边线的距离，装订线与装订线的位置等。

▷▷ 高手秘籍——实用操作技巧

相信通过对前面知识的学习，读者朋友已经掌握了 Word 2016 文档的基本操作，下面结合本章内容介绍一些实用技巧。

光盘同步文件

视频文件：光盘\教学文件\第 2 章\高手秘籍.mp4

技巧 01　开启“即点即输”功能

在 Word 2016 中，若用户无法使用“即点即输”功能将文本插入点移动到文档页面可编辑区域的任意位置，说明“即点即输”功能还未开启。因为只有在开启该功能后才能实现即点即输，操作步骤如下。

按照前面介绍的方法打开“Word 选项”对话框，❶单击“高级”选项；❷在“编辑选项”选项组中选中“启用‘即点即输’”复选框；❸单击“确定”按钮完成设置，如右图所示。返回 Word 文档，在文档的任何位置双击即可输入。

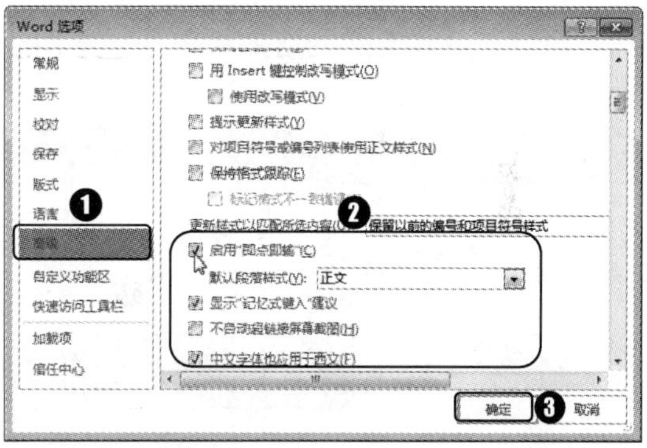

技巧 02　快速将 Word 另存为 PDF

使用 Word 2016 中提供的 PDF 编辑功能不仅可以直接将文档保存为 PDF 文件，还可以对排版简单的 PDF 文件进行直接读取、直接编辑，快速将 Word 另存为 PDF 的具体操作如下。

Step01: 打开“光盘\素材文件\第 2 章\课件.docx”，打开“另存为”对话框，❶选择合适的保存位置；❷在“保存类型”下拉列表框中选择“PDF (*.pdf)”选项；❸单击“保存”按钮，如下图所示。

Step02: 经过上步操作，即可将文件另存为 PDF 格式。打开文件所在的文件夹，❶选择 PDF 文件，并在其上右击；❷在弹出的快捷菜单中选择“打开方式”→“Word（桌面）”命令，即可在 Word 中打开 PDF 文件，如下图所示。

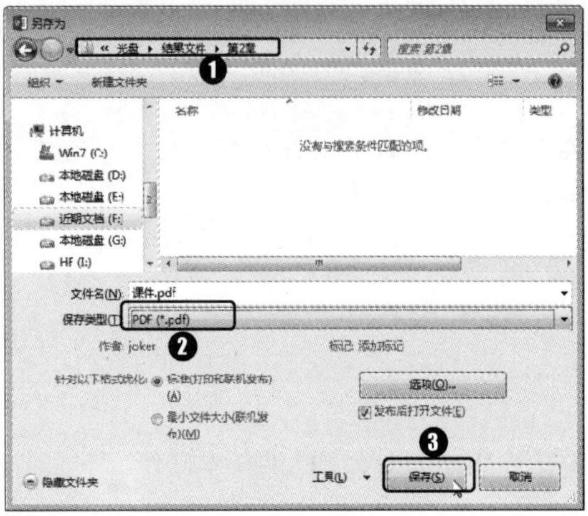

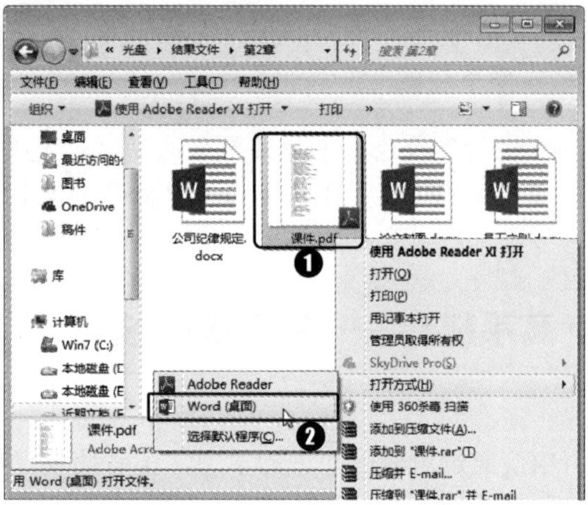

技巧 03 让粘贴的文字格式快速符合当前位置的格式

在文档中直接进行粘贴操作后，复制得到的文本会保留源文件中的格式。例如在引用网络中某网页中的文本内容时，直接将内容复制到 Word 文档中后，其格式为网页文本的格式，四周留下了表格边框。如果希望复制粘贴的文本符合当前文档中当前位置的格式，可以通过“选择性粘贴”功能在进行粘贴的过程中选择以“无格式”的方式进行粘贴，具体操作方法如下。

Step01: 打开“光盘\素材文件\第 2 章\咏荆轲.docx”，❶选择需要复制的标题文本；❷单击“开始”选项卡的“剪贴板”组中的“复制”按钮，将其复制到剪贴板中，如下图所示。

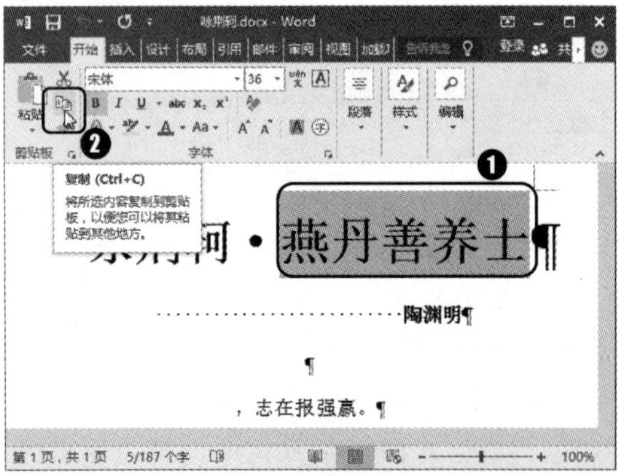

Step02: ❶将文本插入点定位于正文开始处，单击“剪贴板”组中的“粘贴”按钮；❷在弹出的下拉菜单中单击“只保留文本”按钮，即可以“无格式”的方式进行粘贴，如下图所示。

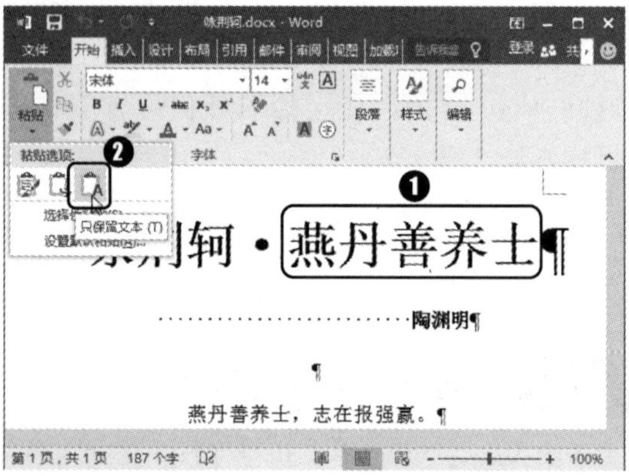

专家点拨——让粘贴的文字格式快速符合当前位置的格式的其他方法

如果已经以普通的粘贴方式完成了粘贴操作，也可以单击粘贴文本内容附近出现的 (Ctrl) 图标，在弹出的“粘贴选项”工具栏中单击“只保留文本”按钮。或者在“粘贴”下拉菜单中选择“选择性粘贴”命令，在打开的“选择性粘贴”对话框中选择“无格式文本”，同样可以让粘贴的文字格式快速符合当前位置的格式。

▷▷ 上机实战——通过大纲视图制作有条理的文档

>> 上机介绍

Word 中的大纲视图是创建有条理文档的一大法宝，合理地使用该视图还可以提高工作的效率。下面将介绍一个简单文档的全部制作过程，读者朋友应从案例中分析本文档制作流程的各环节的衔接，掌握文档制作过程中哪些操作应该提前，哪些操作可以延后，总之要最有效地完成整个过程，避免某些操作没有体现实际价值，在后续操作中还要反复做无用功，下图是本例制作完成后的效果。

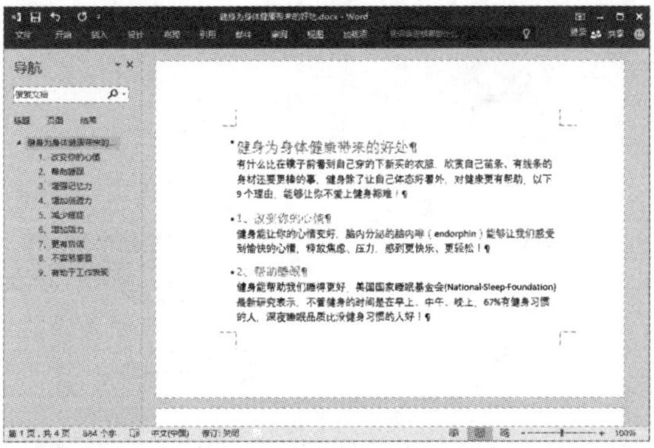

光盘同步文件

视频文件：光盘\教学文件\第 2 章\上机实战.mp4

>> 步骤详解

本实例的具体制作步骤如下。

Step01: 打开 Word 2016，❶单击“文件”按钮，在弹出的“文件”菜单中选择“新建”命令；❷在右侧选择“空白文档”选项，如下图所示。

Step02: 此时将新建一个空白文档，❶单击“文件”按钮，在弹出的“文件”菜单中选择“另存为”命令；❷在右侧双击“这台电脑”选项，如下图所示。

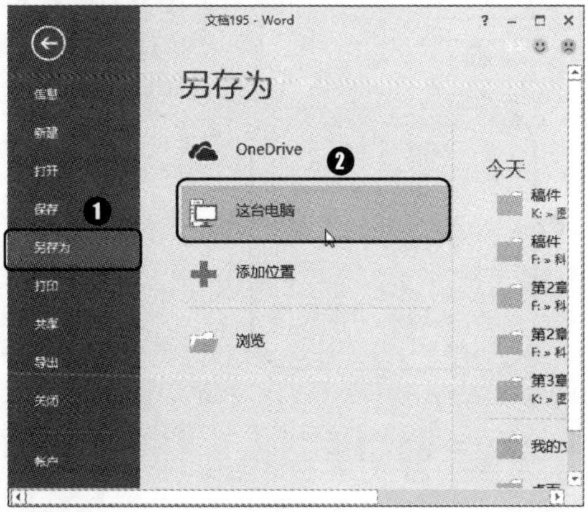

Step03: 打开“另存为”对话框，❶设置文件的保存位置；❷设置文件名称；❸单击“保存”按钮，如下图所示。

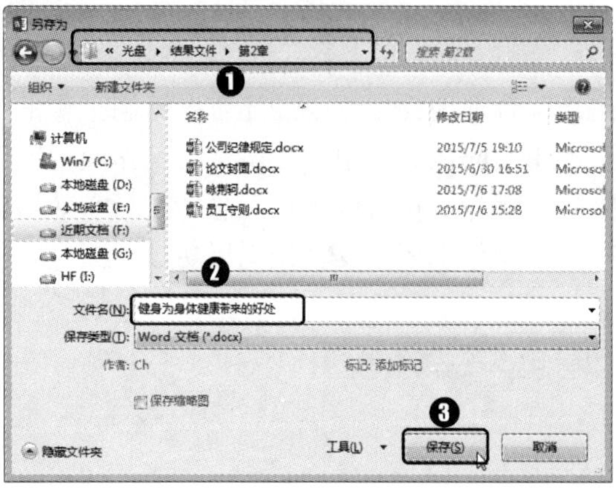

Step04: 单击“视图”选项卡的“视图”组中的“大纲视图”按钮，进入大纲视图状态，如下图所示。

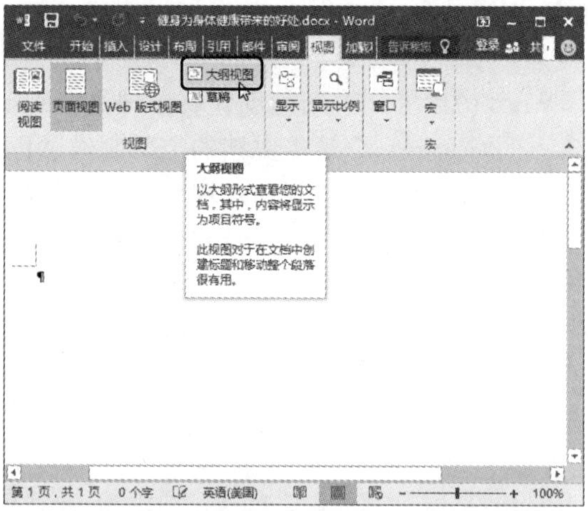

Step05: ❶在文本插入点后输入一级标题；❷按〈Enter〉键换行，新建一个一级标题段落；❸在“大纲”选项卡的“大纲工具”组中的下拉列表框中选择“2 级”选项，设置该段落为二级样式，如右图所示。

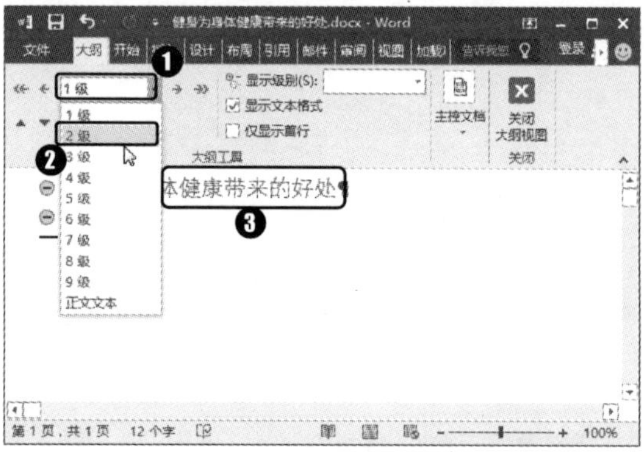

Step06: ❶在文本插入点后输入二级标题；❷按〈Enter〉键换行，新建其他二级标题段落，并输入相应的标题内容；❸单击“大纲”选项卡的“关闭”组中的“关闭大纲视图”按钮，如下图所示。

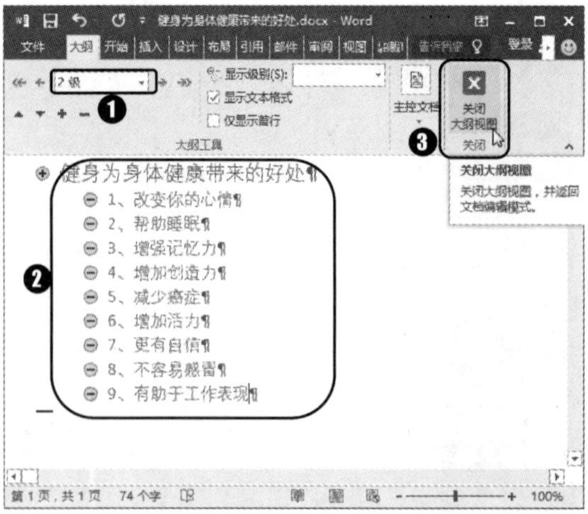

Step07: 此时即可切换回文档的普通视图，❶单击“布局”选项卡的“页面设置”组中的“纸张大小”按钮；❷在弹出的下拉菜单中选择“32 开”命令，如下图所示。

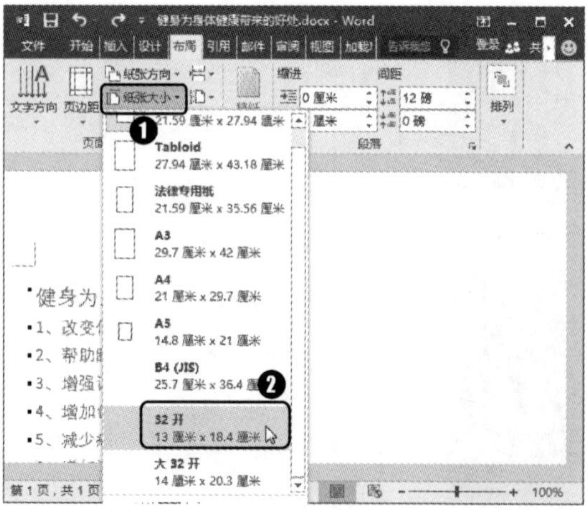

Step08: ❶单击“布局”选项卡的“页面设置”组中的“纸张方向”按钮；❷在弹出的下拉菜单中选择“横向”命令，如下图所示。

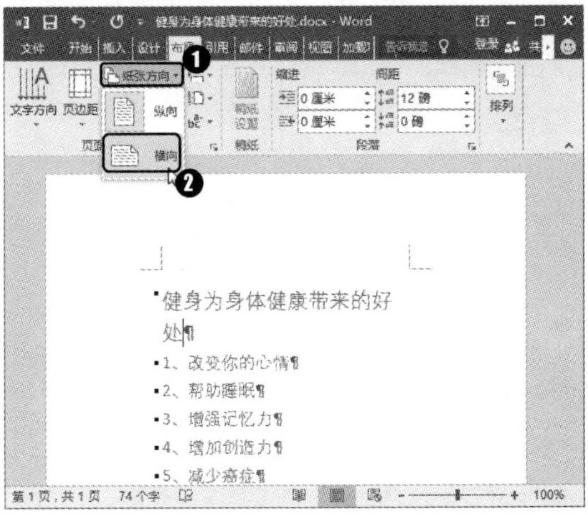

Step09: ❶单击“布局”选项卡的“页面设置”组中的“页边距”按钮；❷在弹出的下拉菜单中选择“镜像”命令，如下图所示。

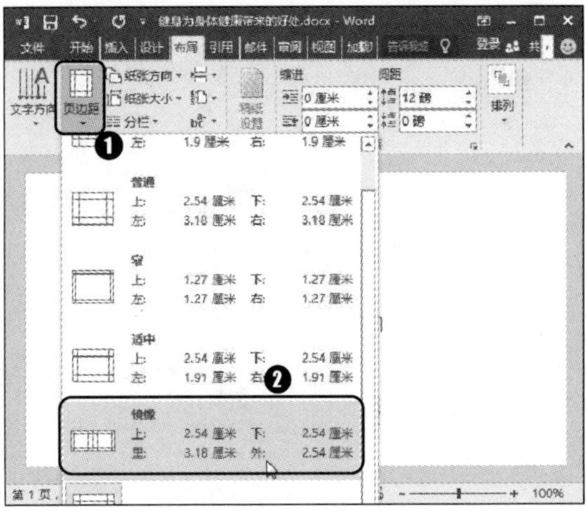

专家点拨——实现同一Word文档的不同页面纵横方向混排

如果要在同一文档中设置不同的纸张方向，可以先将文本插入点定位在要设置不同纸张方向的页面中，然后单击“页面设置”组中右下角的对话框启动器按钮。打开“页面设置”对话框，在“页边距”选项卡的“纸张方向”选项组中设置需要的方向，并在“预览”选项组的“应用于”下拉列表框中选择“插入点之后”选项即可。

Step10: 在各标题下输入相应的正文内容，完成后的效果如下图所示。

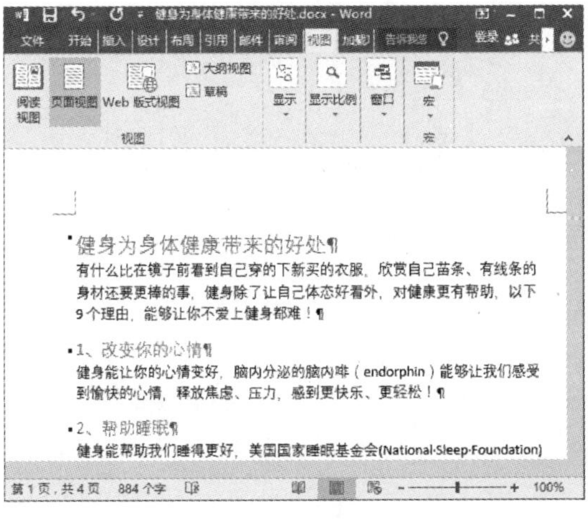

Step11: ❶单击“视图”选项卡；❷勾选“显示”组中的“导航窗格”复选框，即可调出导航窗格，如下图所示。

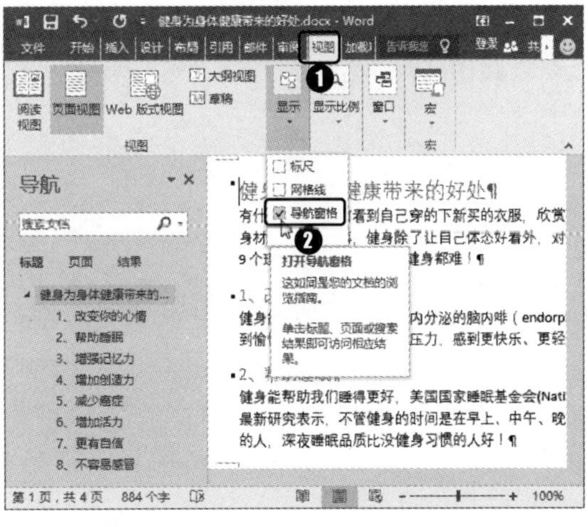

Step12: 在导航窗格中单击需要查看的标题选项，即可快速切换到该标题处方便查看具体的内容，如下图所示。

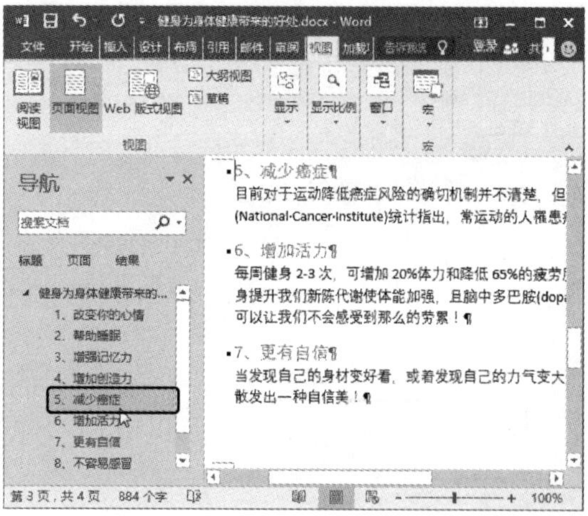

Step13: 单击“视图”选项卡的“显示比例”组中的“多页”按钮，查看该文档多页联排的整体效果，如下图所示。

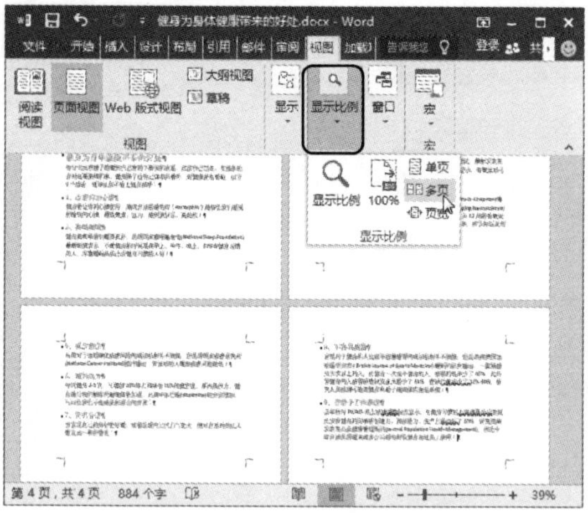

▷▷ 本章小结

本章重点掌握 Word 2016 文档的基本操作，主要包括查看文档的一些技巧、输入与编辑文档内容、设置页面格式等知识点。希望通过本章的学习，读者能够熟练地掌握 Word 2016 文档的基本操作，能够掌握创建 Word 文档的常规流程，并能应用到自己的文档创建过程中，从而提高工作效率。

第 3 章　Word 2016 文档的格式设置

本章导读

在文档中输入的文本内容会采用 Word 默认的字体和段落格式，不过，Word 2016 提供了专业的编辑工具，只要进行简单的操作即可对文本的字体和段落进行格式设置，还可以为段落添加项目符号和编号，使文本层次分明、主题突出。此外，为了使文档更加美观，还可以设置文档的页眉页脚、页面背景等效果，有需要的文档还可以实现一键打印输出。

知识要点

- 设置字体格式
- 设置段落格式
- 应用项目符号和编号
- 插入页眉和页脚
- 设置文档的背景效果
- 打印文档
- 设置特殊格式

效果展示

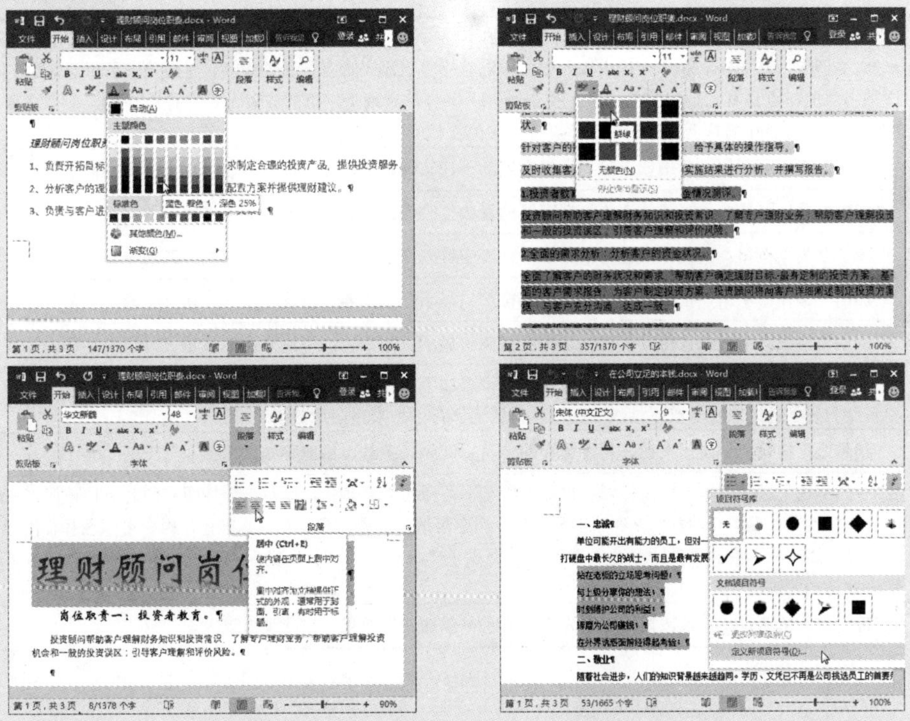

▷▷ 3.1　课堂讲解——设置字体格式

在 Word 2016 文档中输入的文本默认字体为“等线体”，字号为“11 磅”。该格式是比较大众化的设置，一般作为正文格式来使用。但一份文档中往往不只包含正文，还可能有很多标题或提示类文本，这时就应该对文本进行相应的编辑了，学会本节的知识能够帮助读者制作出与众不同的文档。

3.1.1　设置文档字符格式的方法

在 Word 2016 中设置文档字符格式的方法有多种，可以在“字体”组中进行设置，也可以通过浮动工具栏进行设置，还可以通过“字体”对话框进行设置。

1. 在“字体”组中设置

在“开始”选项卡的“字体”组中能够方便地设置文字的字体、字号、颜色、加粗、斜体和下画线等常用的字体格式。通过该方法设置字体也是最常用、最快捷的方法。

首先选择需要设置字体格式的文本或字符，然后在“开始”选项卡的“字体”组中选择相应选项或单击相应按钮即可执行相应的操作。各选项和按钮的具体功能如下。

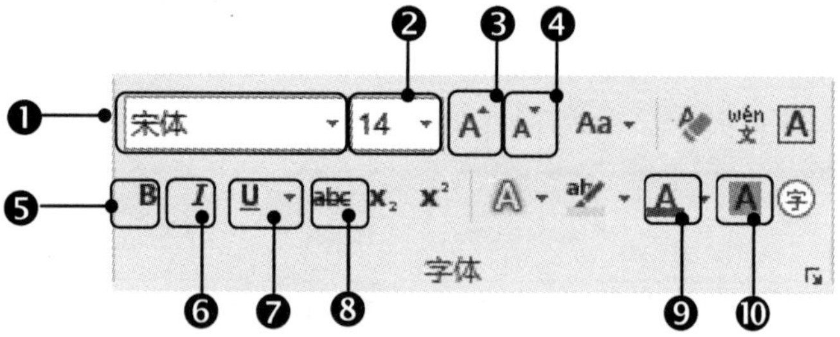

❶	“字体”下拉列表框：单击该下拉列表框右侧的下拉按钮，在弹出的下拉列表中可选择所需的字体，如**黑体**、楷体、隶书、幼圆等。在 Word 2016 文档中输入的文本默认字体已经不再是传统的宋体，而是变成了新的“等线体”(Arial)，这种字体的特点是有几乎相等的线条，完全抛弃了字脚，只剩下字母的骨骼，显得朴素端正、十分清晰。在如今的高分辨率、高 DPI 屏幕上，用这种字体展现出来的文档阅读起来会让人更加舒服
❷	“字号”下拉列表框：单击该下拉列表框右侧的下拉按钮，在弹出的下拉列表中可选择所需的字号
❸	“增大字号”按钮：单击该按钮将根据字符列表中排列的字号大小依次增大所选字符的字号
❹	“减小字号”按钮：单击该按钮将根据字符列表中排列的字号大小依次减小所选字符的字号
❺	“加粗”按钮：单击该按钮，可将所选的字符加粗显示，如**加粗**，再次单击该按钮又可取消字符的加粗显示
❻	“倾斜”按钮：单击该按钮，可将所选的字符倾斜显示，如*倾斜*，再次单击该按钮又可取消字符的倾斜显示
❼	“下画线”按钮：单击该按钮，可为选择的字符添加下画线效果，如下画线。单击该按钮右侧的下拉按钮，在弹出的下拉列表中还可选择“双下画线”选项，为所选字符添加双下画线效果
❽	“删除线”按钮：单击该按钮，可在选择的字符中间画一条线，如~~删除线效果~~
❾	“字体颜色”按钮：单击该按钮，可自动为所选字符应用当前颜色，或单击该按钮右侧的下拉按钮，在弹出的下拉列表中可设置自动填充的颜色；在“主题颜色”栏中可选择主题颜色；在“标准色”栏中可以选择标准色；选择“其他颜色”命令后，在打开的“颜色”对话框中提供了“标准”和“自定义”两个选项卡，单击选项卡可在其中进一步设置需要的颜色
❿	“字符底纹”按钮：单击该按钮，可以为选择的字符添加底纹效果，如底纹效果

2．使用浮动工具栏设置

在 Word 2016 中选择文本后将在附近出现一个浮动工具栏，如下图所示，在其中即可设置字符的常用文字格式。浮动工具栏中用于设置字体格式的项目比“字体”组中的少，但使用方法相同，可以说是“字体”组的缩减版。由于浮动工具栏距离设置文字格式的文字内容比较近，在设置常用文字格式时比使用“字体”组进行设置要方便许多。

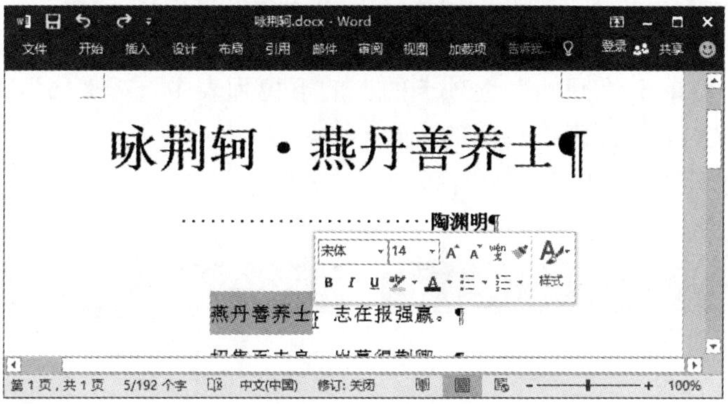

3．通过对话框设置

如果需要设置比较复杂的字体格式，可以通过“字体”对话框进行设置，单击“开始”选项卡的“字体”组右下角的对话框启动器按钮即可打开“字体”对话框。

在“字体”对话框的“字体”选项卡中可以设置字体、字形、字号、下画线、字体颜色和一些特殊效果等，如左下图所示；在“高级”选项卡中可以设置文字的字符间距、字符缩放和字符位置等格式，如右下图所示。

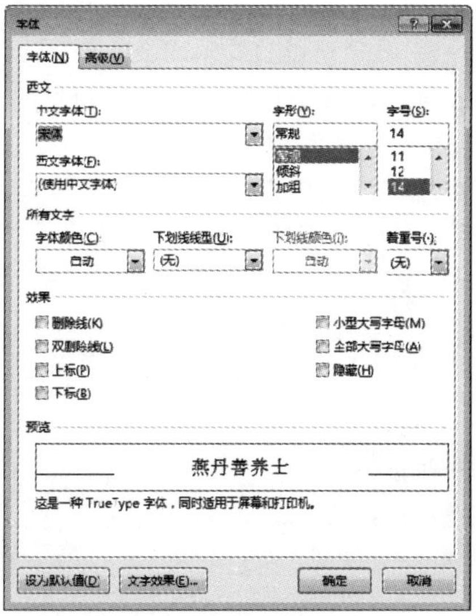

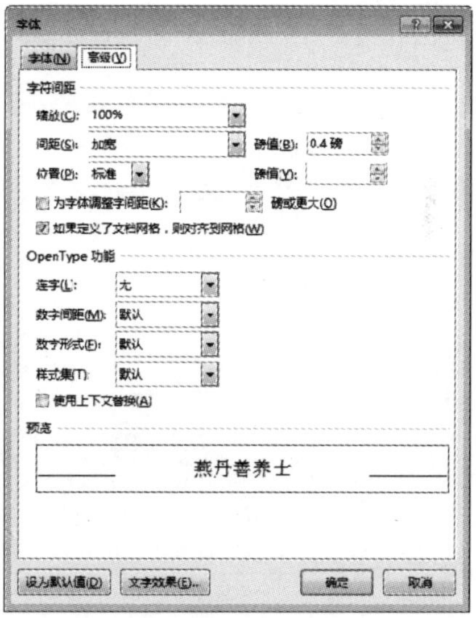

3.1.2　设置文本的字符格式

前面讲解了设置字体格式的 3 种方法，本小节针对具体格式的设置方法进行讲解，主要从基本字体格式、突出显示、文字效果和字符间距 4 个方面进行介绍。

光盘同步文件

视频文件：光盘\教学文件\第 3 章\3-1-2.mp4

1. 设置基本字体格式

字体的基本格式是指通常情况下为文本设置的字体格式，如字体、字号、字形和颜色等。使用 Word 可以非常灵活地设置文本的基本字体格式，通过前面介绍的 3 种方法均可设置字符基本格式。例如为“理财顾问岗位职责”文档中的文本设置基本字符格式，具体操作方法如下。

Step01: 打开“光盘\素材文件\第 3 章\理财顾问岗位职责.docx”，❶选择要设置相同字体格式的多处文本；❷单击“开始”选项卡的“字体”组中“字体”下拉列表框右侧的下拉按钮；❸在弹出的下拉列表中选择“华文新魏”选项，如下图所示。

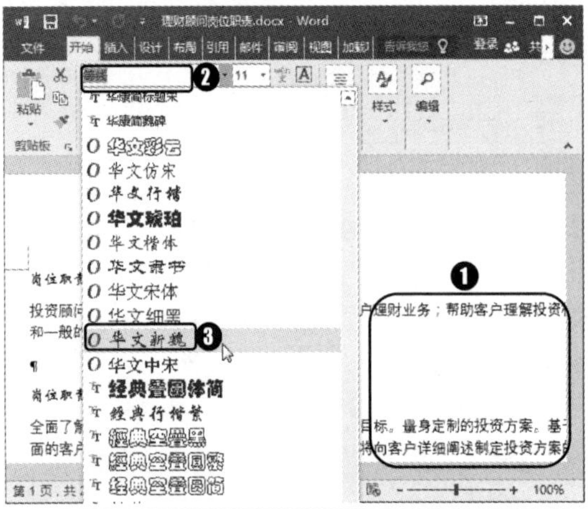

Step02: ❶保持文本的选择状态，单击“字号”下拉列表框右侧的下拉按钮；❷在弹出的下拉列表中选择“16”选项，如下图所示。

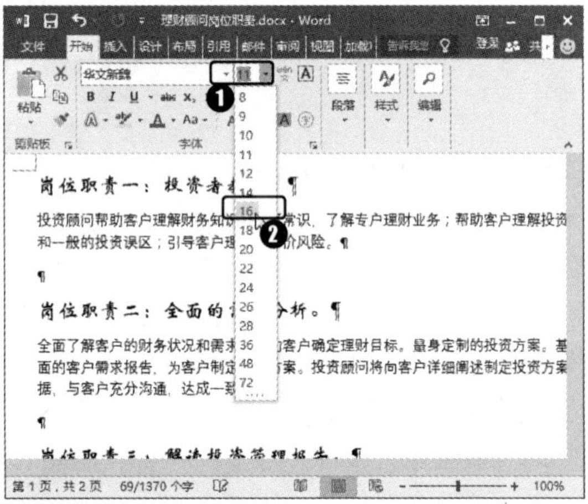

Step03: ❶选择要设置字形的多处文本；❷单击“加粗”按钮 **B**，如下图所示。

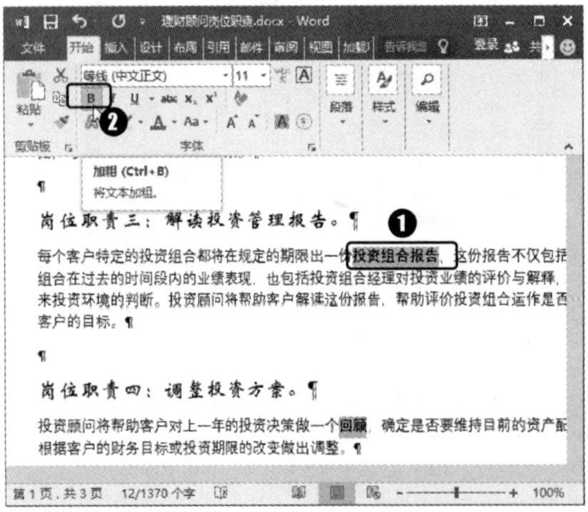

Step04: ❶选择要设置字形为倾斜的文本；❷单击“倾斜”按钮 *I*，如下图所示。

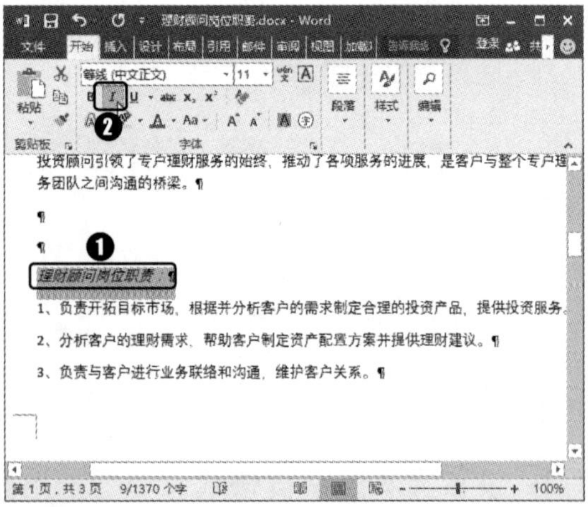

Step05: ❶选择要设置字体颜色的文本；❷单击“字体颜色”按钮右侧的下拉按钮；❸在弹出的下拉列表中选择需要的颜色，如下图所示。

Step06: ❶选择要添加下画线的文本；❷单击“下画线”按钮右侧的下拉按钮；❸在弹出的下拉列表中选择需要的下画线样式，如下图所示。

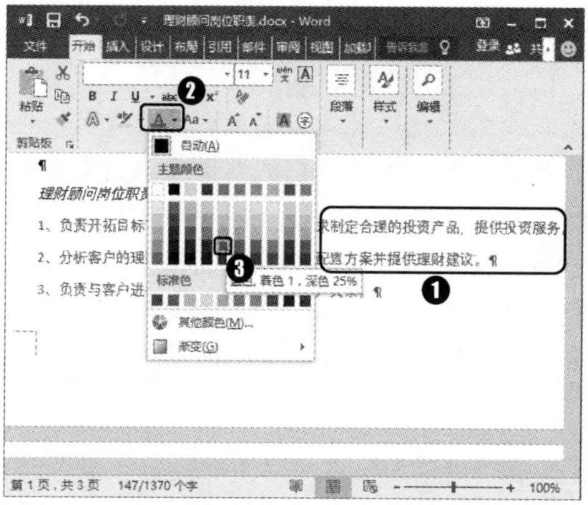

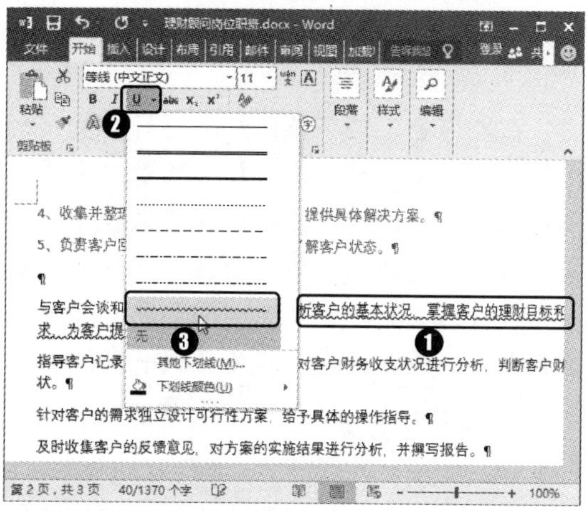

新手注意

在设置文本的字体时，应根据文档的使用场合和不同阅读群体的阅读体验进行设置。文字大小是阅读体验中的一个重要部分，用户须在日常生活和工作中留意不同文档对文字格式的要求。另外，文本颜色的设置在文字格式设置中也起着举足轻重的作用，切忌将文本内容设置得过于花哨、华丽。

2．设置突出显示的文本

在编辑文档内容时，对于暂时不能确定的内容或需要重点显示的内容，可以为其添加不同的底色，以便日后很容易地找到这些内容，具体操作方法如下。

Step01: ❶选择要设置底色的文本；❷单击“字体”组中的“以不同颜色突出显示文本”按钮，即可为这些文本设置默认的突出显示效果，如下图所示。

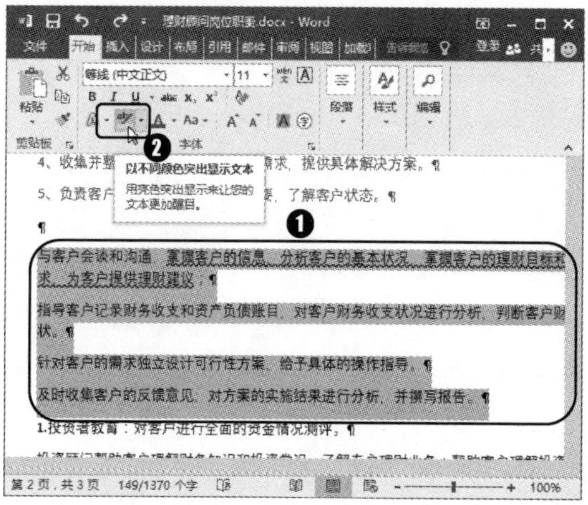

Step02: ❶选择其他文本；❷单击“以不同颜色突出显示文本”按钮右侧的下拉按钮；❸在弹出的下拉列表中选择需要的底色，如下图所示。

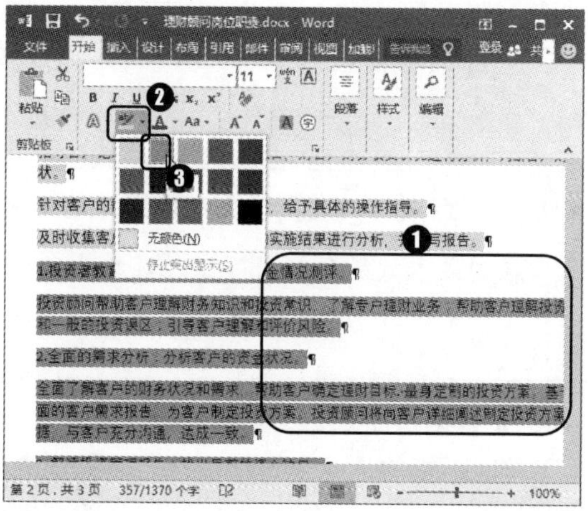

新手注意

在文档中，文字排列组合的好坏直接影响着版面的视觉传达效果。因此，在制作一些比较专业的文档时，为了使文档看起来更规范，读者在为文本设置格式时需要注意整体的一致性。有的读者可能会认为将文档中的所有标题、正文和段落设置相同的格式即可，其实，这里所说的“整体一致性”还不完全是“一成不变”的意思。在实际排版过程中也可以根据版面安排的方便在肉眼不易察觉或可察觉但无碍查看的情况下选择容易排版的方式进行设置。笔者认为，满足区域一致性比要求全体一致性来得重要。

3．设置文字效果

在 Word 2016 中预设了一些文本效果，使用这些效果可以为文本应用图像效果（如阴影、凹凸、发光和映像），也可以为文本应用格式设置，以便与文档中的图像实现无缝混合。使用编号样式、连字和样式集功能还可以制作出一些特殊的效果。在设置文字效果时，选择文本后直接选择需要使用的样式，然后对文本的阴影和映像等效果进行编辑即可，具体操作方法如下。

Step01: ❶在文档最前方输入文档的标题并选择这些文本；❷单击“开始”选项卡的“字体”组中的“文本效果和版式”按钮；❸在弹出的下拉菜单中选择需要的文本效果样式，如下图所示。

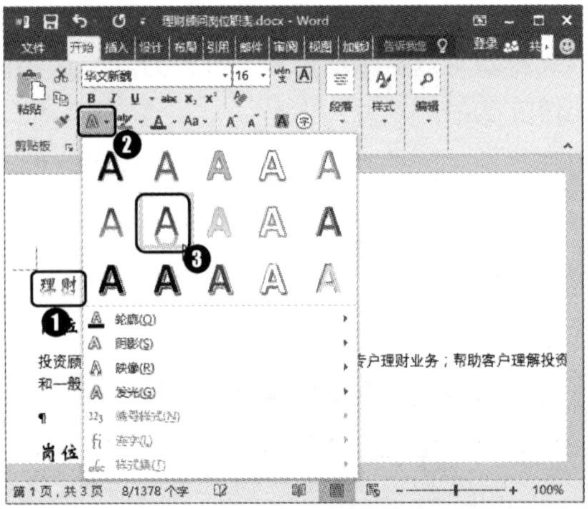

Step02: 经过上步操作，即可查看到设置文本效果后的效果，连续单击“字体”组中的“增大字号”按钮不断增大字体大小，直到大小合适为止，如下图所示。

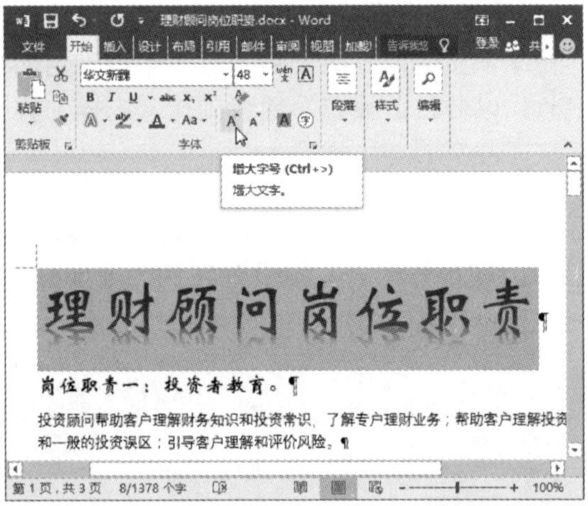

专家点拨——设置“文本效果”艺术格式

在“文本效果和版式”下拉菜单中选择“轮廓”“阴影”“映像”和“发光”命令，还可在子菜单中分别对文本进行轮廓、阴影、映像和发光效果的设置，从而组合出更多的文本效果。

4．设置字符间距

字符间距指的是两个相邻字符之间的距离，通常采用单位“磅”来度量字符间距。在对文档进行排版的过程中，如果遇到某段落的文本内容过多，超出了预计的宽度范围导致该内容自动换行，出现孤字的排版情况（即段落的最后一行仅显示一个汉字）；或文本内容过少不能充满预计的宽度范围，此时可以通过改变字符间距的方法来紧缩或扩张排版，以让文本内容在预计宽度范围内。例如要使“理财顾问岗位职责”文档中不出现孤字排版的情况，具体操作方法如下。

Step01: ❶选择需要设置的段落文本；❷单击“开始”选项卡的“字体”组右下角的对话框启动器按钮，如下图所示。

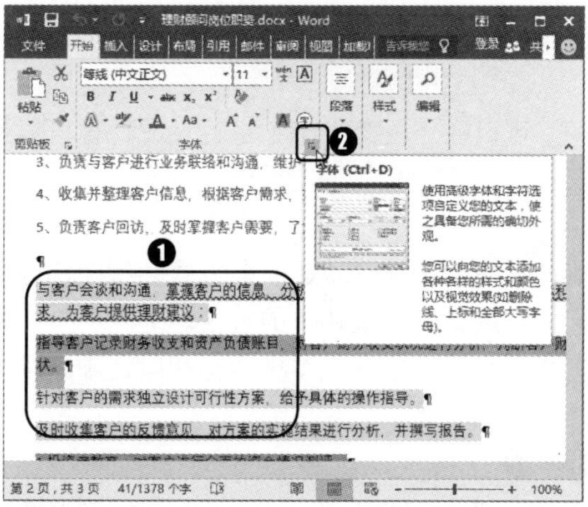

Step02: 打开“字体”对话框，❶单击“高级”选项卡；❷在“间距”下拉列表框中选择“紧缩”选项；❸在其后的数值框中输入“0.5磅”；❹单击“确定”按钮，如下图所示。

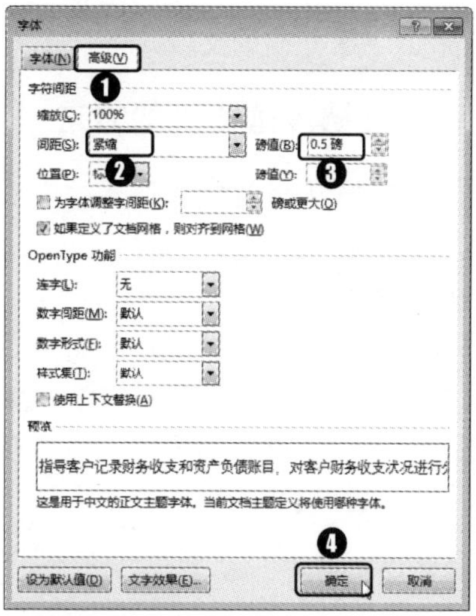

Step03: 经过上步操作，即可对所选文本实现紧缩排版，并将原来显示为两行的文本调整到一行中显示，效果如右图所示。

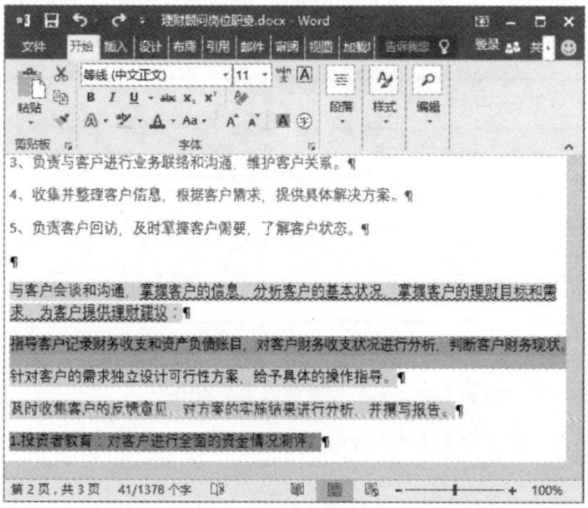

专家点拨——缩放文本与调整文本位置

通过“缩放”下拉列表框可以将字符放大或缩小；通过“位置”下拉列表框可以设置文字在同一行文本中上升或下降的位置。

新手注意

字体格式在不同的字距和行距下的阅读体验是不相同的，只有让字体格式和所有间距设置成协调的比例，才能有最完美的阅读体验。这也印证了那句话——“协调与平衡，永远是美学的第一课。”用户在制作文档时，不妨多尝试几种设置的搭配效果，最后选择最满意的效果进行编排。

3.2 课堂讲解——设置段落格式

段落就是以〈Enter〉键结束的一段文字，它是独立的信息单位。字符格式表现的是文档中局部文本的格式化效果，而段落格式的设置则将帮助设计文档的整体外观。用户可以根据实际需要为段落设置对齐方式、段间距、行间距和缩进方式等，学会本节的知识能够帮助读者制作出结构清晰、层次分明的文档。

3.2.1 设置文档段落格式的方法

在 Word 2016 中设置段落格式的方法也有多种，可以在“段落”组中进行设置，也可以通过“段落”对话框进行设置。

1．在“段落”组中设置

在“开始”选项卡的“段落”组中能够方便地设置段落的缩进量、对齐方式、行距和底纹颜色等常用的段落格式。通过该方法设置段落格式也是最常用、最快捷的方法。

首先选择要设置格式的段落，然后在“开始”选项卡的“段落”组中选择相应选项或单击相应按钮即可执行相应的操作。各选项和按钮的具体功能如下。

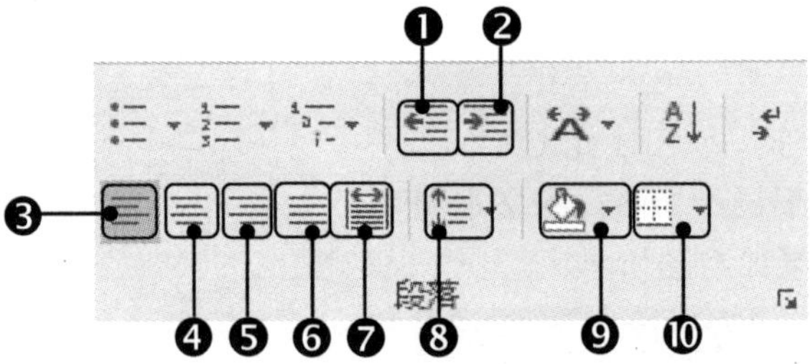

❶	“减少缩进量”按钮：单击该按钮，可以依次减小段落与页面左边界的距离
❷	“增大缩进量”按钮：单击该按钮，可以依次增大段落与页面左边界的距离
❸	“左对齐”按钮：单击该按钮，可使段落与页面左边距对齐
❹	“居中”按钮：单击该按钮，可使段落与页面居中对齐
❺	“右对齐”按钮：单击该按钮，可使段落与页面右边距对齐
❻	“两端对齐”按钮：单击该按钮，可使段落同时与左边距和右边距对齐，并根据需要增加词间距
❼	“分散对齐”按钮：单击该按钮，可使段落同时靠左边距和右边距对齐，并根据需要增加字间距
❽	“行和段落间距”按钮：用于调整段落中文本的行与行之间的距离和段落与段落之间的距离
❾	“底纹”按钮：用于设置段落的底纹
❿	“边框”按钮：用于设置段落中文本的边框线

2．通过“段落”对话框设置

通过“段落”对话框设置段落格式比通过“段落”组操作复杂一些，但可以设置得更精确。选择需要设置段落格式的段落，然后单击“开始”选项卡的“段落”组的对话框启动器按钮，即可打开“段落”对话框。

在“段落”对话框的“缩进和间距”选项卡中可以对段落的对齐方式、左/右边距缩进量、与其他段落的间距进行设置，如左下图所示；在“换行和分页”选项卡中可以对分页、行号和断字进行设置，如中下图所示；在“中文版式”选项卡中可以对中文文稿的特殊版式进行设置，如按中文习惯控制首尾字符、允许标点溢出边界等，如右下图所示。

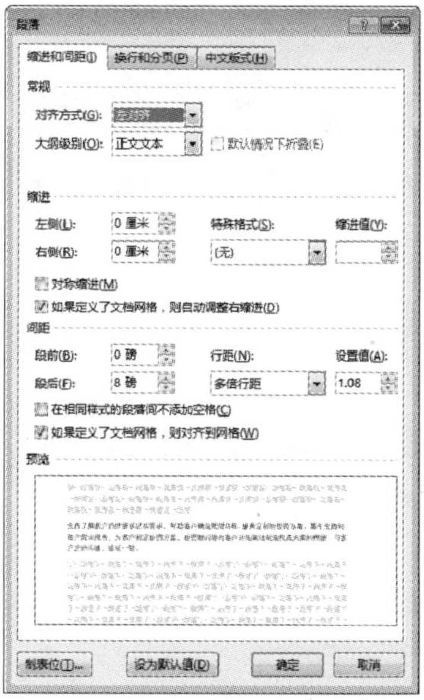

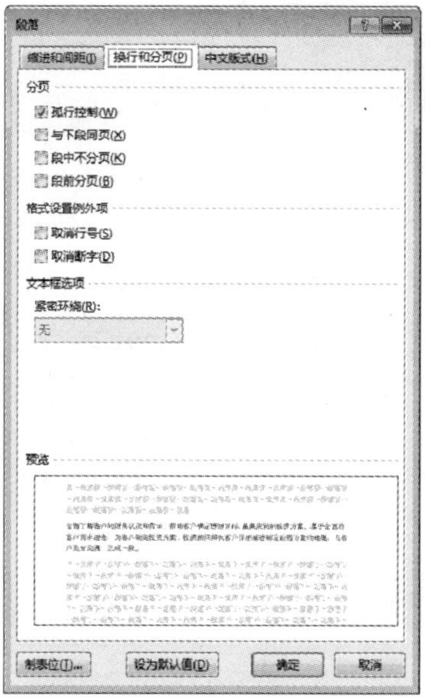

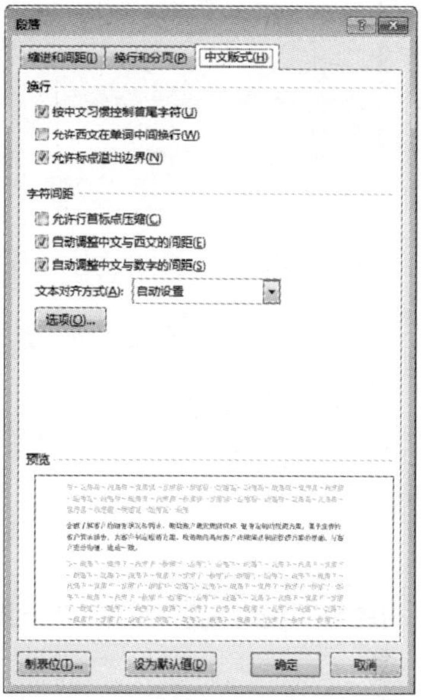

3.2.2　设置文档中段落的格式

前面讲解了设置段落格式的方法，本小节针对具体格式的设置方法进行讲解，主要介绍设置段落缩进、设置段落的对齐方式、设置段落与段落之间的间距和行间距的相关操作。

光盘同步文件

视频文件：光盘\教学文件\第 3 章\3-2-2.mp4

1．设置段落缩进

段落缩进是指段落相对左、右页边距向页内缩进一段距离。设置段落缩进可以将一个段落与其他段落分开，或显示出条理更加清晰的段落层次，以方便读者阅读。

缩进分为左缩进、右缩进、首行缩进和悬挂缩进 4 种，下面分别介绍各种缩进方式。

- **左缩进：**指最左边的文本与页面左边距的距离，效果如左下图所示。
- **右缩进：**指最右边的文本与页面右边距的距离，效果如右下图所示。

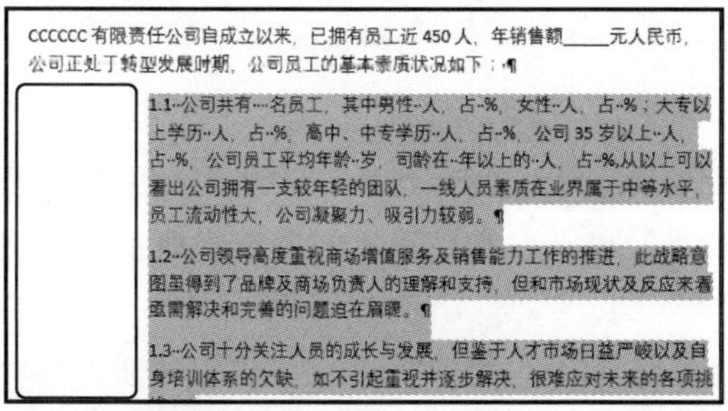

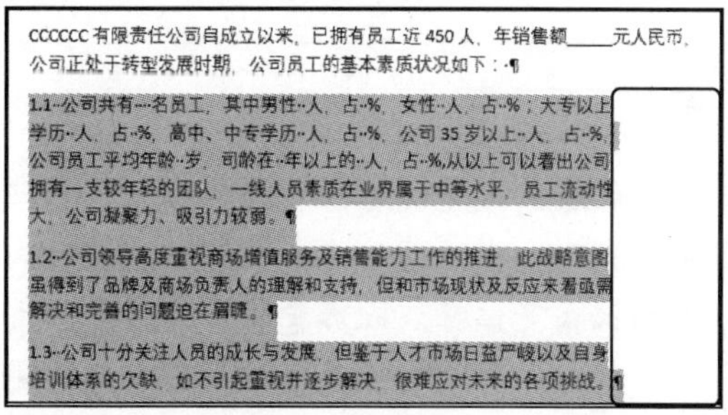

- **首行缩进：**指一段文本中第一行首字的起始位置与页面左边距的缩进量。中文段落普遍采用首行缩进方式，一般缩进两个字符，效果如左下图所示。
- **悬挂缩进：**指段落中除首行以外的其他行与页面左边距的缩进量，常用于一些较为特殊的场合，如报刊和杂志等，效果如右下图所示。

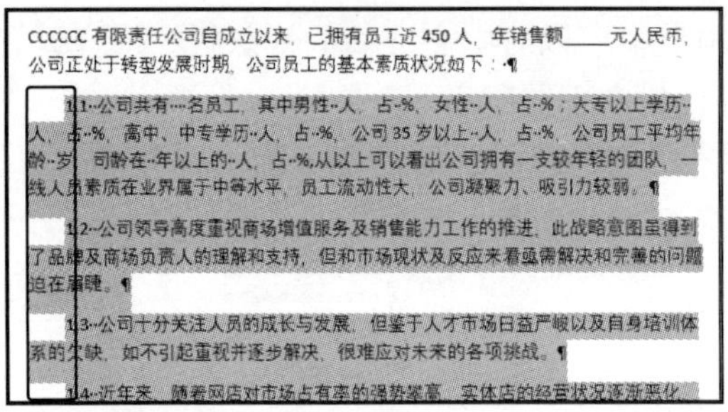

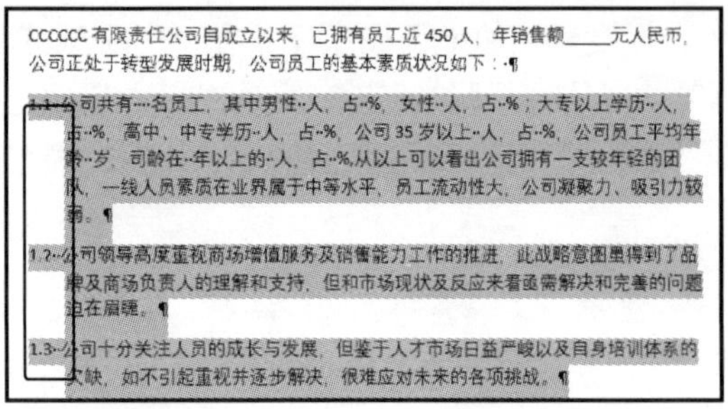

例如要为“理财顾问岗位职责”文档中的段落设置首行缩进两个字符，具体操作方法如下。

Step01: ❶选择文档中除标题外的所有段落；❷单击“开始”选项卡的“段落”组的对话框启动器按钮，如下图所示。

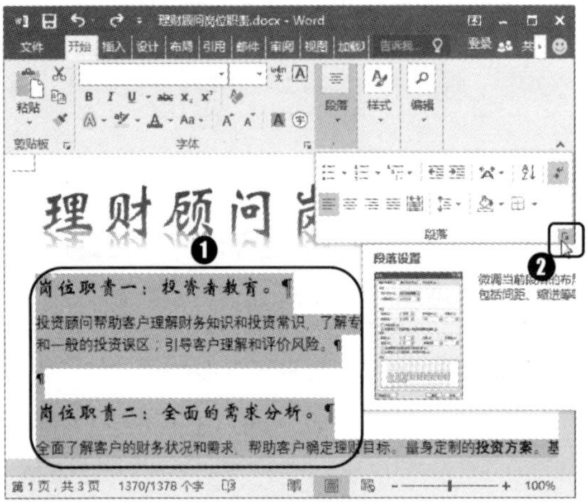

Step02: 打开“段落”对话框，❶在“缩进”选项组的“特殊格式”下拉列表框中选择“首行缩进”选项；❷在“缩进值”数值框中输入“2 字符”；❸单击“确定”按钮，如下图所示。

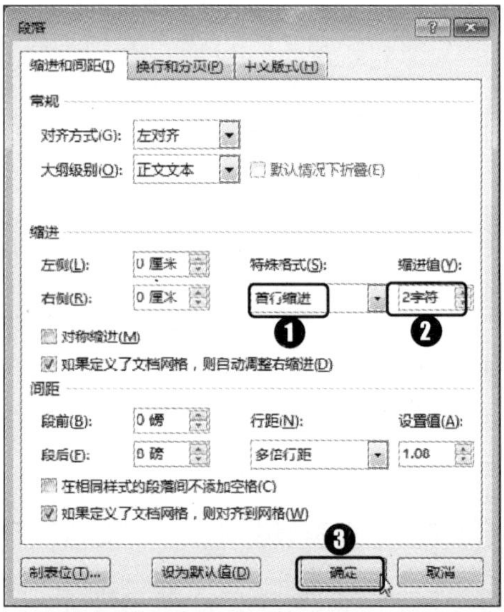

Step03: 经过上步操作，即可看到文档中所选段落的首行都根据该行中的字符宽度缩进了两个字符的效果，如右图所示。

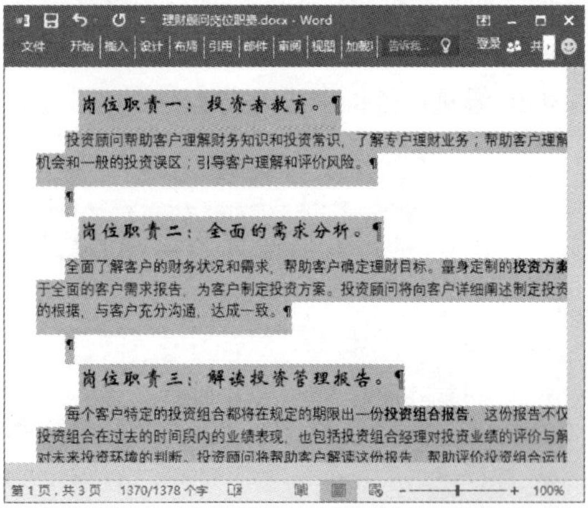

新手注意

段落格式是以“段”为单位的，因此要设置某一个段落的格式，可以直接将文本插入点定位在该段落中执行相关命令即可。如果要同时设置多个段落的格式，需要先选中这些段落，再进行格式设置。

2. 设置对齐方式

除了设置段落的缩进外，用户还经常需要设置段落的对齐方式，即设置段落文本相对文档页面的位置，主要包括左对齐、右对齐、居中对齐、两端对齐和分散对齐 5 种方式。在默认情况下，Word 文档中的段落对齐方式为两端对齐，采用不同的段落对齐方式将直接影响文档的版面效果。例如要设置文档标题段落为居中对齐，具体操作方法如下。

Step01: ❶选择要设置对齐方式的标题段落；❷单击“开始”选项卡的“段落”组中的“居中”按钮，如下图所示。

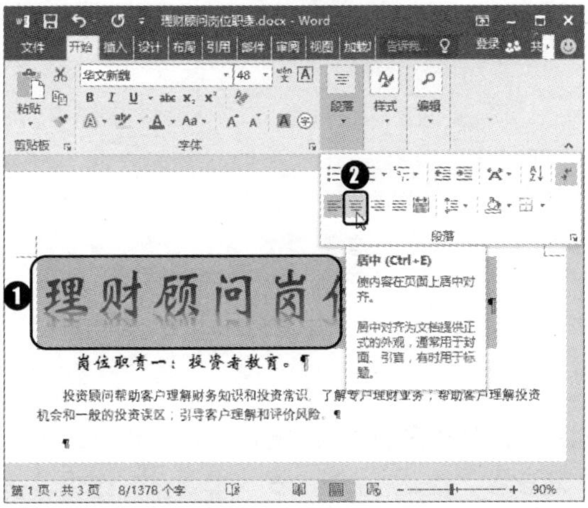

Step02: 经过上步操作，即可看到文档中设置标题段落与页面居中对齐的效果，如下图所示。

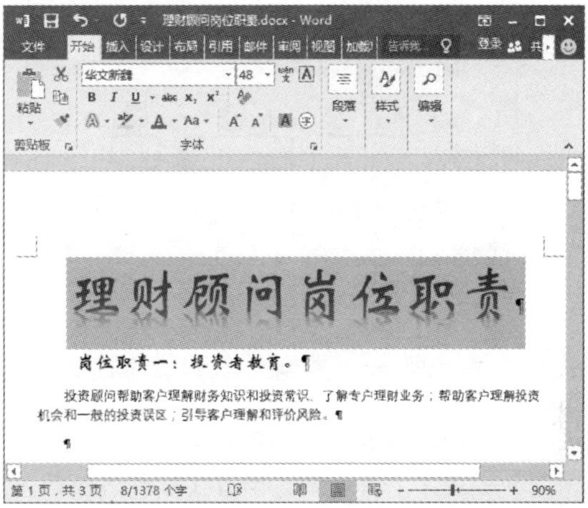

3. 设置段间距和行间距

设置段间距就是设置段落文本之间的距离，主要包括段前间距、段后间距和行间距。在“段落”对话框中可以设置间距，其中“段前”和“段后”数值框分别用于设置段前间距和段后间距；在“行距”下拉列表框中提供了多个行距选项，如果需要精确地设置行距值，可以选择“固定值”选项，然后在其后的“设置值”数值框中设置具体的行距值。例如要设置正文段落的段间距，具体操作方法如下。

Step01: 选择要设置格式的正文段落；单击“开始”选项卡的“段落”组的对话框启动器按钮，如右图所示。

> **新手注意**
>
> 单击“段落”组中的“行和段落间距”按钮，在弹出的下拉菜单中可以选择常见的段落间距值，用于快速设置段落间距。

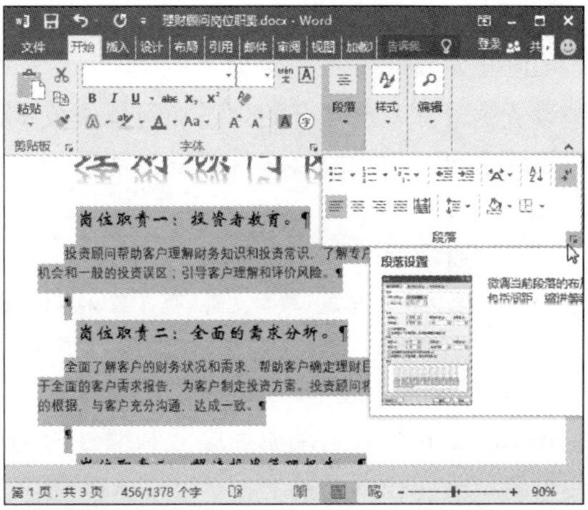

Step02: 打开“段落”对话框，❶在“间距”选项组的“段前”数值框中输入段前间距值；❷在“行距”下拉列表框中选择“多倍行距”选项；❸在其后的数值框中输入具体的间距

Step03: 经过上步操作，即可看到为文档中所选段落设置间距的效果，如下图所示。

倍数；❹单击“确定”按钮，如下图所示。

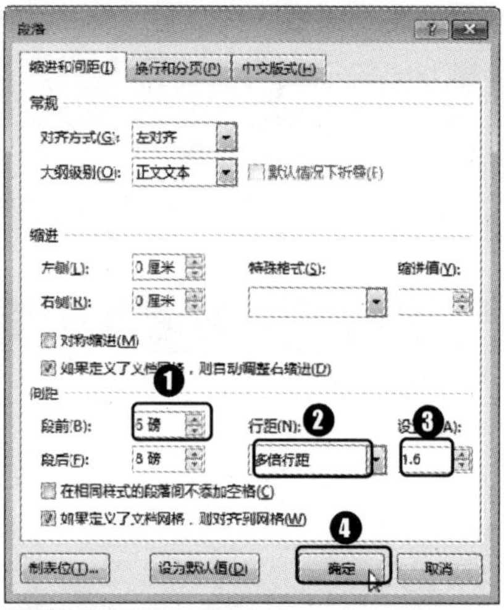

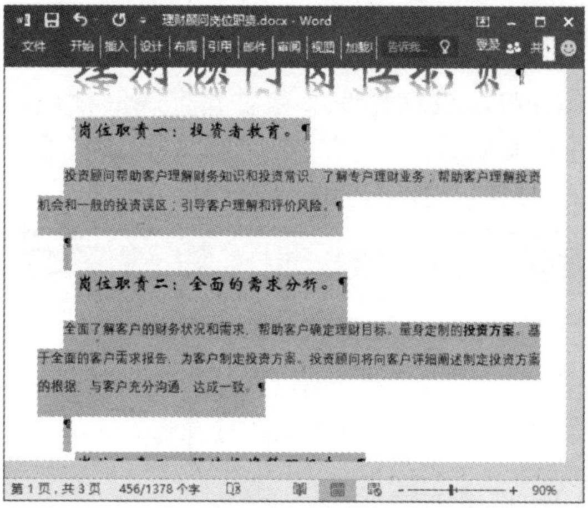

> **专家点拨——复制文本和段落格式**
>
> 如果已经为某些文本设置了格式，又要为其他文本使用相同的格式，此时可以使用格式刷快速复制格式。方法是先选择需要复制格式的文本，然后在“开始”选项卡的“剪贴板”组中单击“格式刷”按钮，当鼠标光标变为扫帚形状时，拖动鼠标选择需要应用该格式的文本即可。

3.3 课堂讲解——设置项目符号和编号

在编辑文档时，为了使文档内容具有“要点明确、层次清楚”的特点，还可以为处于相同层次或并列关系的段落添加编号和项目符号，这在制作一些规章制度和管理条例时特别实用。

3.3.1 添加编号

设置编号即在段落开始处添加阿拉伯数字、罗马序列字符、大写中文数字、英文字母等样式的连续字符。设置段落编号可以自动添加，也可以手动设置。

> **光盘同步文件**
>
> **视频文件：光盘\教学文件\第 3 章\3-3-1.mp4**

1. 自动添加

Word 2016 具有自动添加序号和编号的功能，避免了手动输入编号的烦琐，还便于后期修改与编辑。例如在以“第一、”“1.”“A.”等文本开始的段落末尾按〈Enter〉键，在下一段文本开始时将自动添加“第二、”“2.”“B.”等文本，具体操作方法如下。

Step01: 新建一个空白文档，输入要作为编号的第一个段落文本“(1)”，如下图所示。

Step02: ❶按〈Enter〉键进行分段，同时可以看到分段后的文本自动在段首处添加“(2)”编号；❷输入第二条编号对应的文本即可；❸继续输入其他段落，完成后的效果如下图所示。

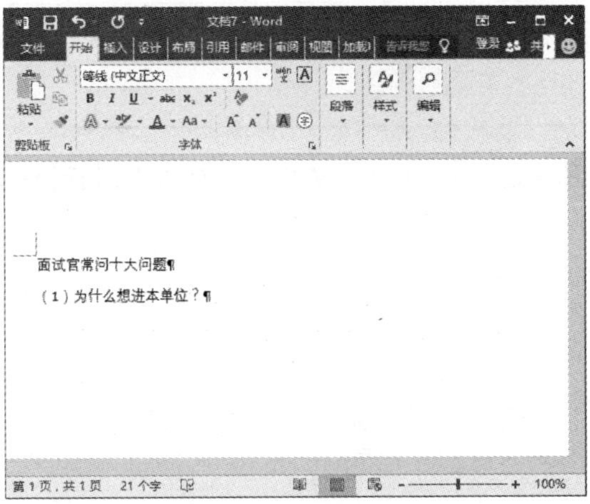

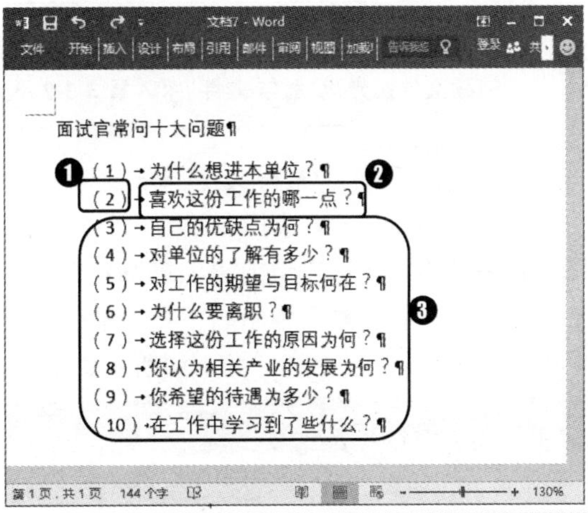

专家点拨——编辑自动编号

自动添加编号时会在文本旁边出现一个智能图标，单击该图标右侧的下拉按钮，在弹出的下拉菜单中选择相应的命令可以撤销自动编号或停止自动创建编号列表等。

2. 手动设置

设置段落自动编号一般在输入段落内容的过程中进行添加，如果在段落内容完成后需要统一添加编号，可以进行手动设置。例如要为“面试官常问十大问题”文档中的相应段落手动设置编号，具体操作方法如下。

打开“光盘\素材文件\第 3 章\面试官常问十大问题.docx”，选择要设置编号的段落；单击“段落”组中“编号”按钮右侧的下拉按钮；在弹出的下拉菜单中选择需要的编号样式，即可为所选段落设置编号效果，如右图所示。

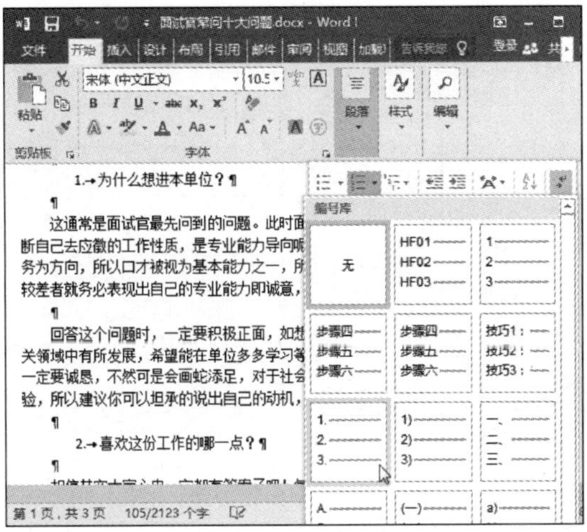

新手注意

在使用自动编号功能为段落设置编号时，“编号”下拉菜单中提供的编号样式比较少。若需要设置的编号样式在“编号库”中没有提供，需要用户自行定义编号样式，可选择“定义新编号格式”命令，在打开的对话框中进行设置。

3.3.2　添加项目符号

项目符号实际上是放在文档的段落前用于添加强调效果的符号，即在各项目前所标注的

🕮、●、★、■等符号。一般，在文档中属于并列关系的文本内容前才使用相同的项目符号。例如在“在公司立足的本钱”文档中为相应文本手动设置编号，具体操作方法如下。

光盘同步文件

视频文件：光盘\教学文件\第 3 章\3-3-2.mp4

Step01: 打开“光盘\素材文件\第 3 章\在公司立足的本钱.docx”，❶选择要设置项目符号的段落；❷单击“段落”组中“项目符号”按钮右侧的下拉按钮；❸在弹出的下拉菜单中选择“定义新项目符号”命令，如下图所示。

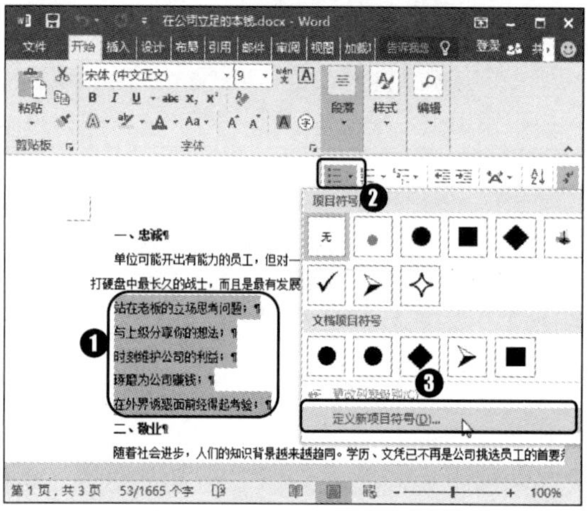

Step02: 打开“定义新项目符号”对话框，单击“符号”按钮，如下图所示。

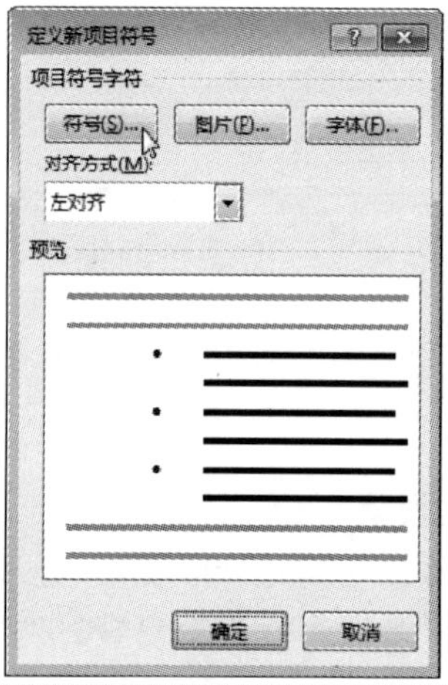

Step03: 打开“符号”对话框，❶在列表框中选择一个符号作为项目符号；❷单击“确定”按钮，如下图所示。

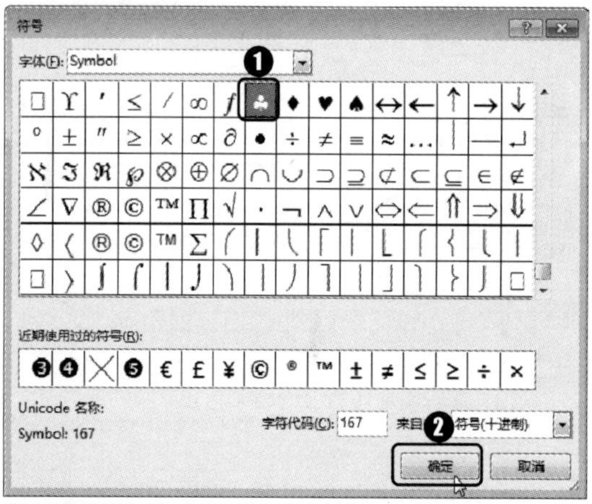

Step04: 返回“定义新项目符号”对话框，即可预览为段落添加项目符号的效果，单击“字体”按钮，如下图所示。

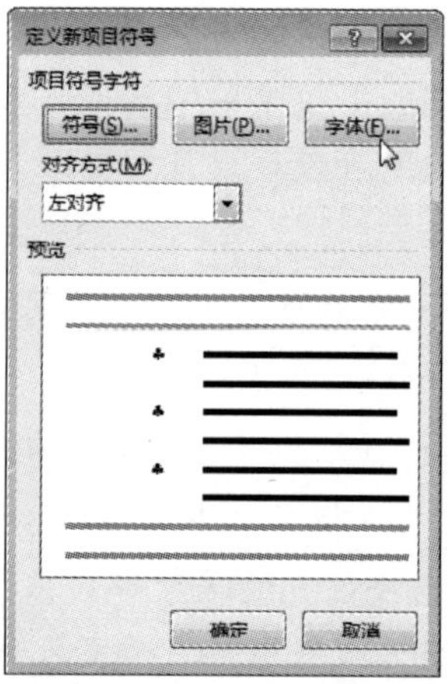

Step05: 打开“字体”对话框，❶在“字号”列表框中设置项目符号的大小；❷单击“确定”按钮，如下图所示。

Step06: 返回“定义新项目符号”对话框，单击“确定”按钮，如下图所示。

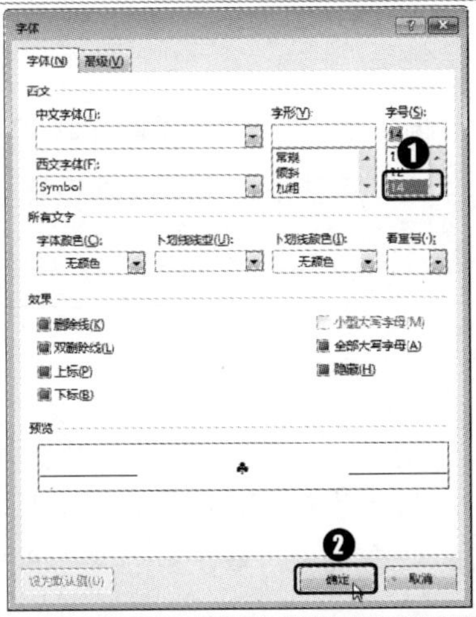

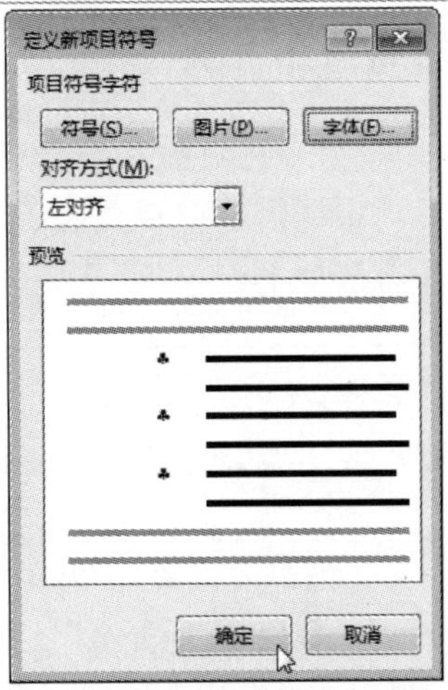

Step07: 返回文档中，即可看到为所选段落添加项目符号的效果。单击“段落”组中的“减少缩进量”按钮，调整项目符号段落的缩进效果，如下图所示。

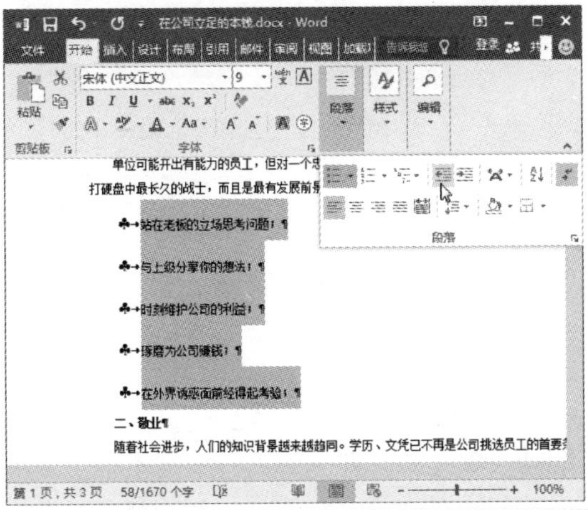

Step08: 保持段落的选择状态，❶双击“剪贴板”组中的“格式刷”按钮；❷拖动鼠标光标选择需要复制该格式的段落，即可为这些段落应用相同的项目符号效果，如下图所示。

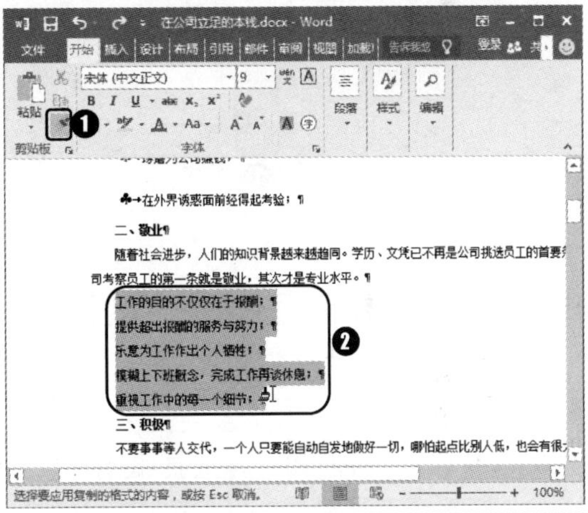

专家点拨——将图片作为项目符号的方法

在“定义新项目符号”对话框中单击“图片”按钮，可在打开的“图片项目符号”对话框中选择一个图片作为项目符号。

▷▷ 3.4 课堂讲解——插入页眉和页脚

页眉和页脚位于文档中每个页面的顶部和底部，可以包括页码、日期、公司徽标、文档标题、文件名或作者名等文字或图形内容。对于只有一页和两页的短文档，设置页面、页脚的意义并不大，而且无法体现其价值。但对于长篇文档就不同了，合理的页眉、页脚设计不仅丰富了版面信息，还能帮助读者阅读导航，从而准确地了解目前所处的文档位置，极大地提高了长文档的易读性。

3.4.1 插入页眉和页脚

Word 中内置了多种页眉和页脚样式，在插入页眉和页脚时可直接将合适的内置样式应用到文档中，然后再根据需要编辑页眉、页脚内容。例如要为“年终总结报告”文档设置页眉和页脚，具体操作方法如下。

光盘同步文件

视频文件：光盘\教学文件\第 3 章\3-4-1.mp4

Step01: 打开“光盘\素材文件\第 3 章\年终总结报告.docx”，❶单击“插入”选项卡的“页眉页脚”组中的“页眉”按钮；❷在弹出的下拉菜单中选择需要的页眉样式，如“母版型”，如下图所示。

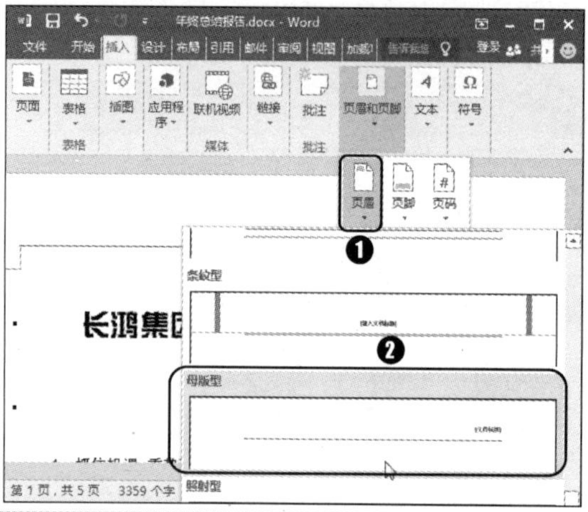

Step02: 经过上步操作，即可在页面顶端插入所选择样式的页眉效果，❶在页眉文本框中输入适当的内容；❷单击“开始”选项卡的“字体”组中的“增大字号”按钮增大页眉文字，如下图所示。

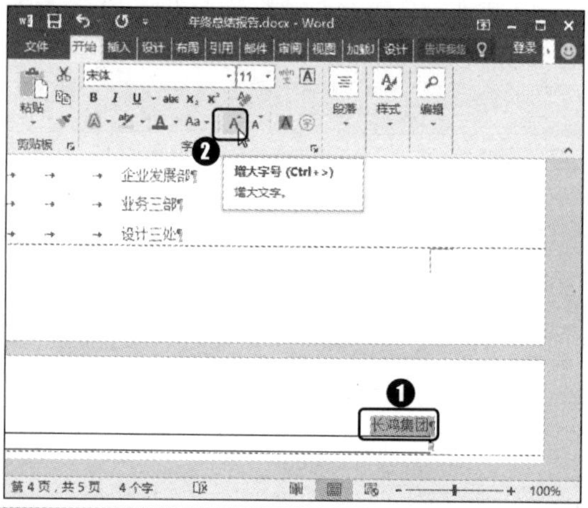

Step03: ❶单击“页眉和页脚工具-设计”选项卡的“页眉和页脚”组中的“页脚”按钮；❷在弹出的下拉菜单中选择需要的页脚样式，如下图所示。

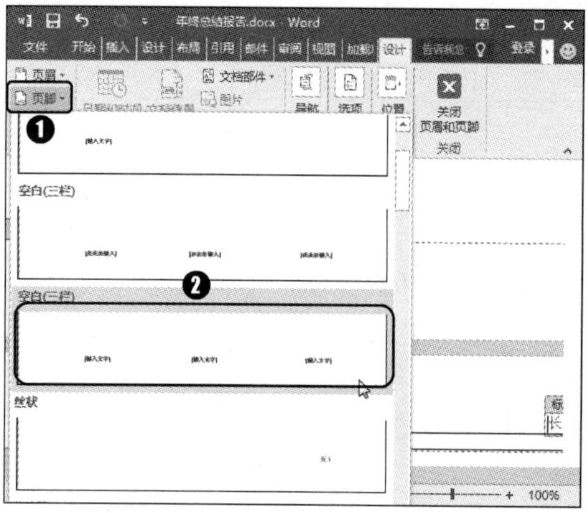

Step04: ❶选择页脚中的第一个文本框；❷单击“插入”组中的“文档信息”按钮；❸在弹出的下拉菜单中选择“作者”命令，如下图所示。

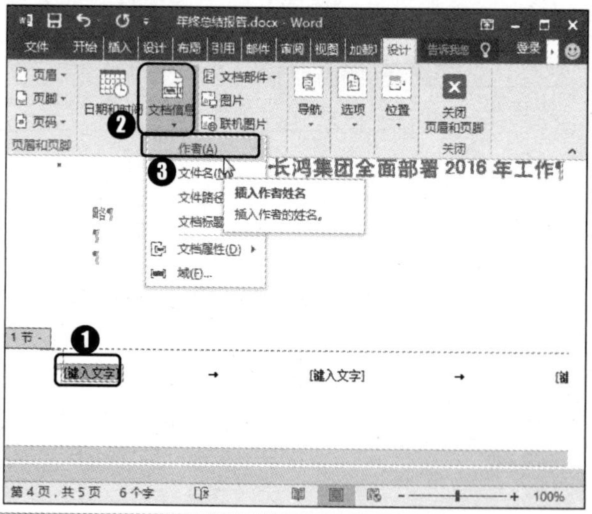

Step05: ❶选择页脚中的第3个文本框；❷单击“插入”组中的“日期和时间”按钮，如下图所示。

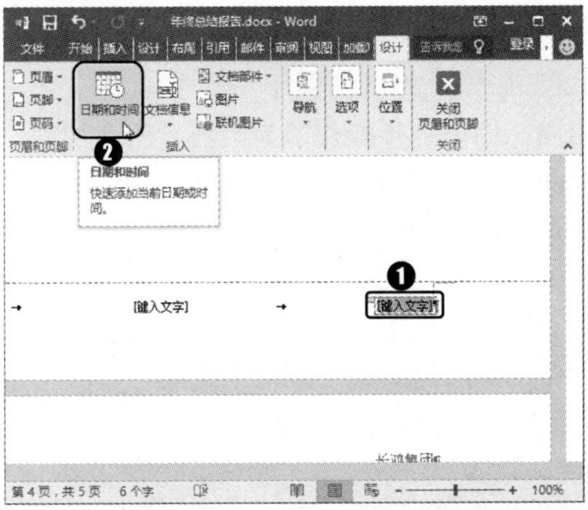

Step06: 打开“日期和时间”对话框，❶选择需要的日期和时间格式；❷单击“确定”按钮，如下图所示。

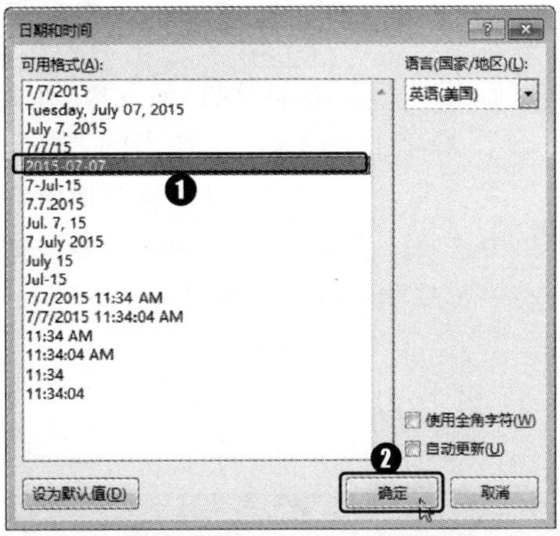

Step07: 经过上步操作，即可完成文档页脚的制作，单击“关闭”组中的“关闭页眉和页脚”按钮，退出页眉页脚编辑状态，如右图所示。

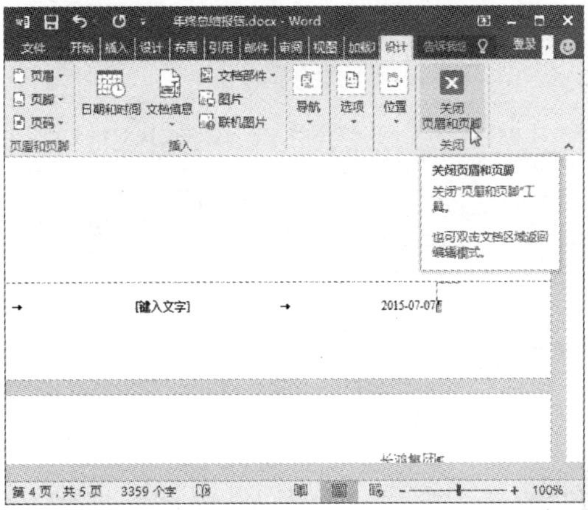

新手注意

单击“插入”组中的“图片”按钮，还可以在页眉页脚中插入图片，然后可以通过“图片工具-格式”选项卡对图片进行设置，具体操作方法可查看第4章的相关内容。

专家点拨——设置页眉奇偶页不同

为文档设置页眉页脚时，在“页眉和页脚工具-设计”选项卡的“选项”组中取消勾选“首页不同”和“奇偶页不同”复选框，然后根据系统的提示在不同位置输入不同的页眉和页脚，可以为文档的首页、奇数页和偶数页设置不同的页眉和页脚效果。

3.4.2 插入与设置页码

页码基本上是文档（尤其是长文档）的必备要素，它与页眉和页脚是相互联系的。用户可以将页码添加到文档的顶部、底部或页边距处，但是页码与页眉和页脚中的信息一样，都呈灰色显示且不能与文档正文信息同时进行更改。

Word 2016 中提供了多种页码编号的样式，可直接套用。插入页码的方法与插入页眉和页脚的方法基本相同，只须单击“插入”选项卡的“页眉和页脚”组中的“页码”按钮，在弹出的下拉菜单中选择需要插入页码的位置，然后选择合适的样式即可。

默认状态下，插入的页码都是以数字1、2、3……进行排版，并从第1页开始，如果对添加的页码样式不满意，用户还可以通过设置页码格式选择符合要求的页码样式。例如要让“员工手册”文档中的页码按照“Ⅰ，Ⅱ，Ⅲ……”进行编号，并从第 2 页开始编号，具体操作方法如下。

光盘同步文件

视频文件：光盘\教学文件\第 3 章\3-4-2.mp4

Step01: 打开“光盘\素材文件\第 3 章\员工手册.docx”，❶单击“插入”选项卡的“页眉和页脚”组中的“页码”按钮；❷在弹出的下拉菜单中选择“页面底端”命令；❸在弹出的下级子菜单中选择需要的页码样式，如下图所示。

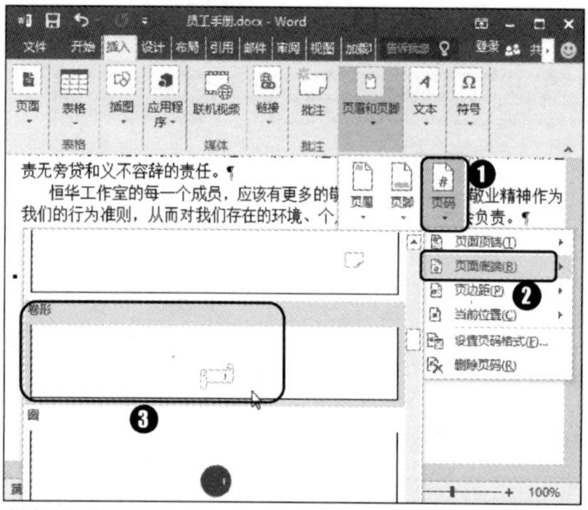

Step02: 由于该文档设置了奇偶页页眉页脚不相同，因此上步操作即为当前页所在的所有偶数页设置页码，❶将文本插入点定位在偶数页中；❷单击“页眉和页脚工具-设计”选项卡的“页眉和页脚”组中的“页码”按钮；❸在弹出的下拉菜单中选择“页面底端”命令；❹在弹出的下级子菜单中选择与奇数页相同的页码样式，如下图所示。

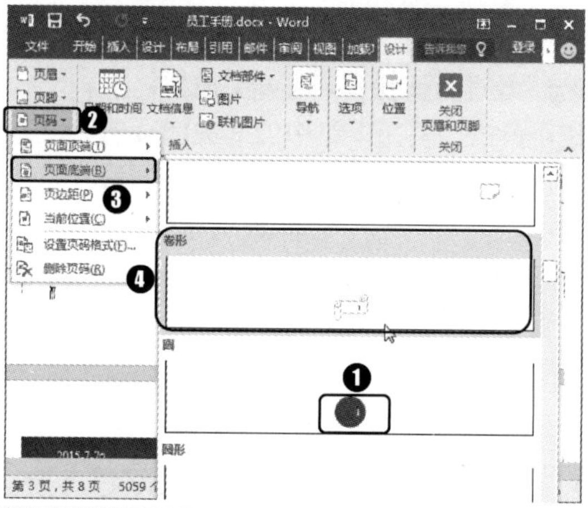

Step03: 取消勾选“页眉和页脚工具-设计”选项卡的“选项”组中的“首页不同”复选框，取消首页的页眉、页脚和页码效果，如下图所示。

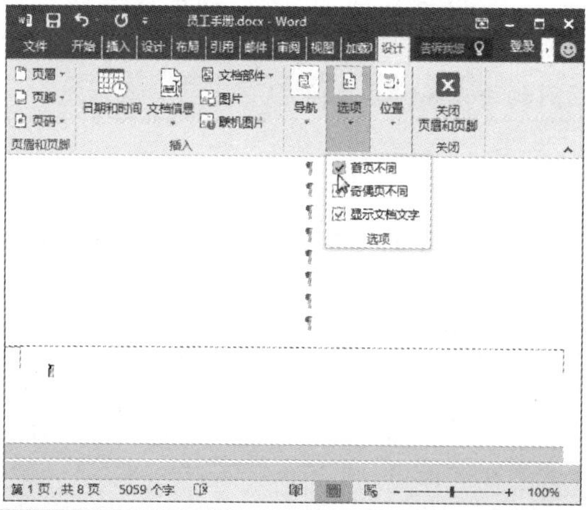

Step04: ❶选择任意页码文本框；❷单击“页眉和页脚”组中的“页码”按钮；❸在弹出的下拉菜单中选择“设置页码格式”命令，如下图所示。

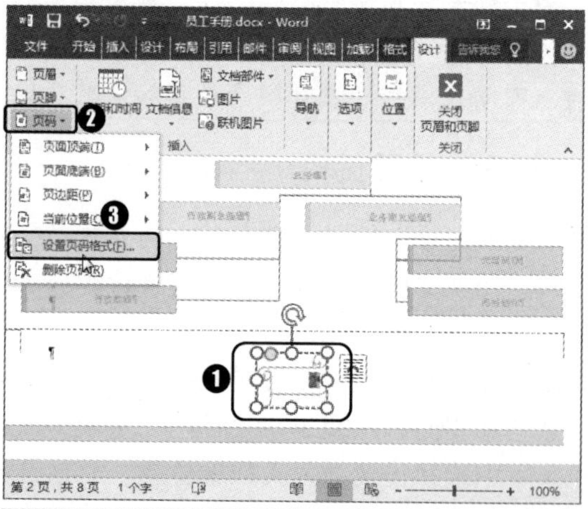

Step05: 打开“页码格式”对话框，❶在“编号格式”下拉列表框中选择“Ⅰ，Ⅱ，Ⅲ…”

Step06: 返回文档中，即可看到文档页码均调整为“Ⅰ，Ⅱ，Ⅲ”的样式，拖动鼠标光选项；❷在“页码编号”选项组中输入起始页码数值；❸单击“确定”按钮，如下图所示。

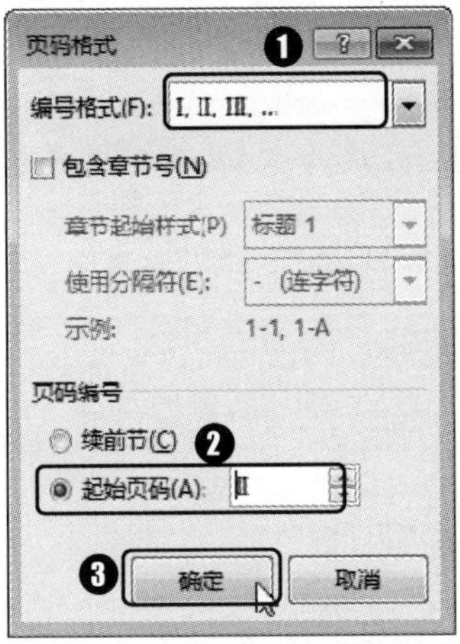

标调整页码框的大小，让页码显示完整，如下图所示。

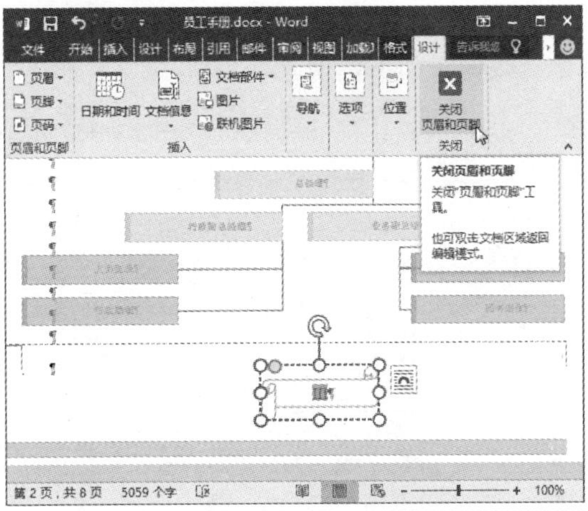

▷▷ 3.5 课堂讲解——设置文档的背景效果

在默认情况下，新建 Word 文档的页面都是白色的，随着人们审美水平的不断提高，这种中规中矩的样式早已跟不上时代的潮流。为了让阅读者在阅读时心情得到放松，可以为文档页面背景添加水印效果、填充颜色或设置页面边框等，以衬托文档中的文本内容。

3.5.1 添加水印

水印是指显示在 Word 文档背景中的文字或图片，它不会影响文字的显示效果。在打印一些重要文件时给文档加上水印，例如“绝密”“保密”等字样，可以让获得文件的人在第一时间知道该文档的重要性。例如要为“保密协议”文档添加水印，具体操作方法如下。

光盘同步文件

视频文件：光盘\教学文件\第 3 章\3-5-1.mp4

Step01: 打开“光盘\素材文件\第 3 章\保密协议.docx”，❶单击“设计”选项卡的“页面背景”组中的“水印”按钮；❷在弹出的下拉菜单中选择“自定义水印”命令，如右图所示。

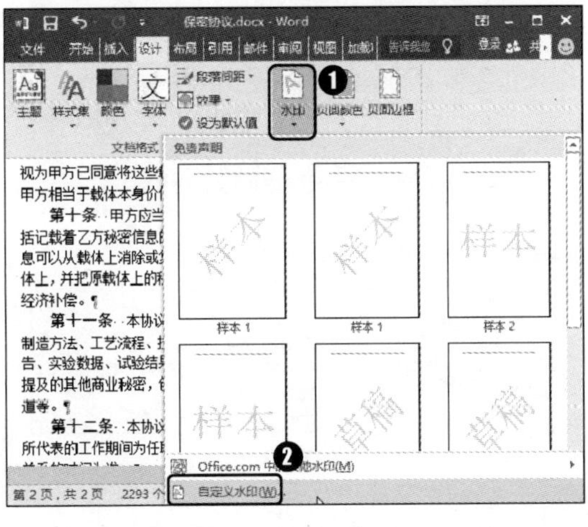

新手注意

在“水印”对话框中选中“图片水印”单选按钮并进行相应设置，还可以自定义图片水印效果。如果水印影响了读者阅读页面中的文字，可将图片水印设置为“冲蚀”效果。文字水印多应用于说明文件的属性，通常起提醒阅读者的作用，而图片水印大多用于修饰文档。

Step02: 打开“水印”对话框，❶选中“文字水印”单选按钮；❷在下方设置水印的文字类型、具体内容、采用的字体等；❸单击“确定”按钮，如下图所示。

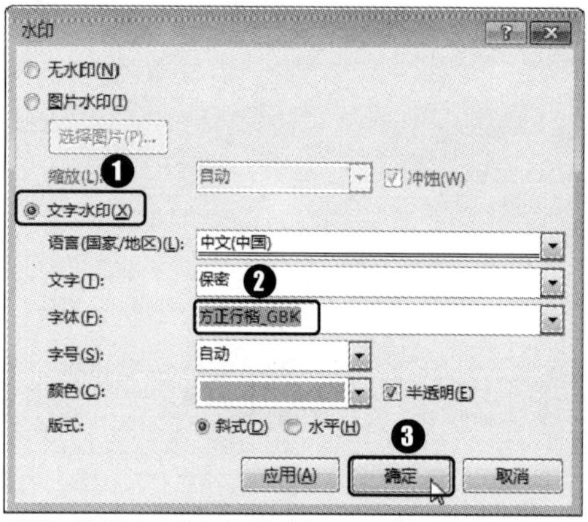

Step03: 经过上步操作，即可在文档中添加相应的水印效果，如下图所示。

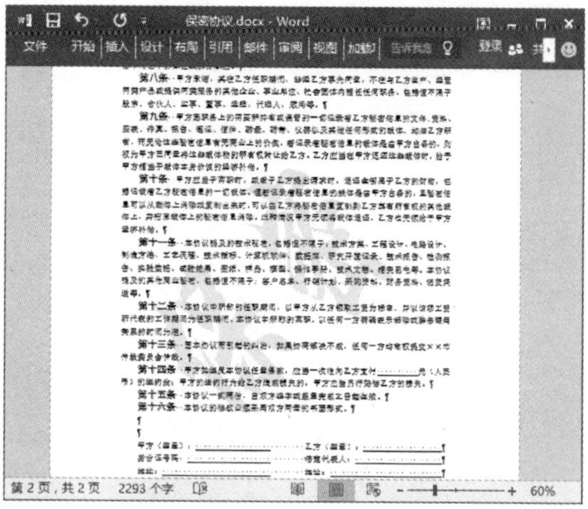

3.5.2 设置页面颜色

为了增加文档的整体艺术效果和层次感，在对文档进行修饰时可以使用不同的颜色或图案作为文档的背景。例如要为“健身为身体健康带来的好处”文档设置页面颜色，具体操作方法如下。

光盘同步文件

视频文件：光盘\教学文件\第 3 章\3-5-2.mp4

打开“光盘\素材文件\第 3 章\健身为身体健康带来的好处.docx”，❶单击“设计”选项卡的“页面背景”组中的“页面颜色”按钮；❷在弹出的下拉菜单中选择需要填充的颜色，如下图所示。

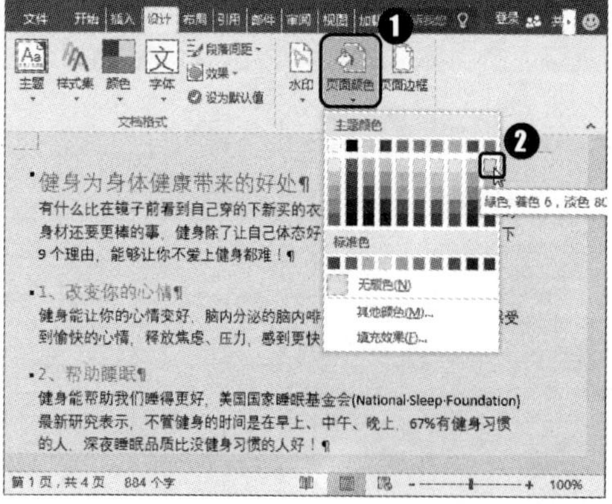

新手注意

在“页面颜色”下拉菜单中选择“填充效果”命令，在打开的“填充效果”对话框中单击“图片”选项卡，单击“选择图片”按钮，可以为文档设置图片背景；在“填充效果”对话框的“颜色”选项组中选中“双色”单选按钮，然后分别设置渐变的两种颜色，最后在“底纹样式”选项组中选择需要的底纹样式，并在“变形”选项组中设置需要的渐变变化效果即可为页面添加双色渐变背景。

在设置背景颜色时需要注意，可以将其设置为任意颜色，但前提是让读者阅读起来眼睛和心情感到舒适，不容易疲劳。

3.5.3　添加页面边框

设置页面边框是指在整个页面的内容区域外添加一种边框，这样可以使文档看起来更加正式、规矩。为一些非正式的文档添加艺术性的边框，还可以让其显得活泼、生动。例如要为“健身为身体健康带来的好处”文档添加页面边框，具体操作方法如下。

光盘同步文件

视频文件：光盘\教学文件\第 3 章\3-5-3.mp4

Step01: 单击“设计”选项卡的“页面背景”组中的“页面边框”按钮，如下图所示。

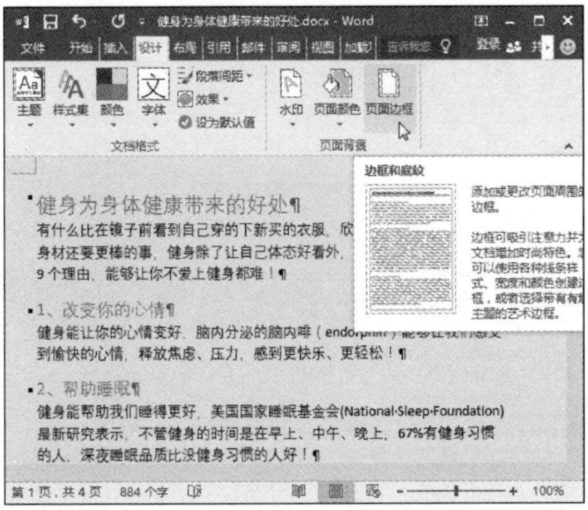

Step02: 打开“边框和底纹”对话框，❶选择“方框”选项；❷在“艺术型”下拉列表框中选择合适的页面边框样式；❸在“宽度”数值框中输入“10 磅”；❹单击“确定”按钮，如下图所示。

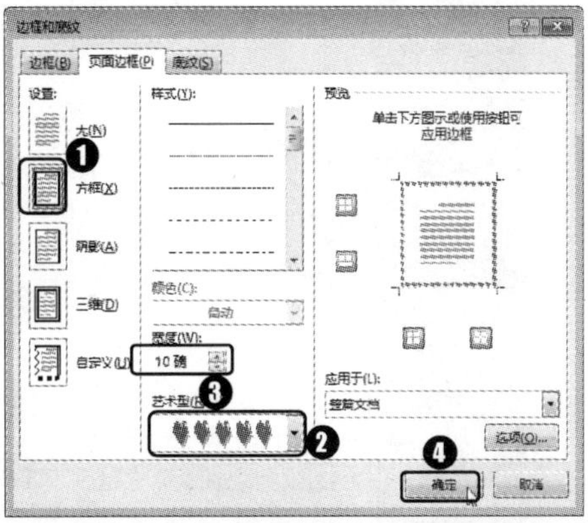

Step03: 通过上步操作，即可为页面添加边框的艺术效果，如右图所示。

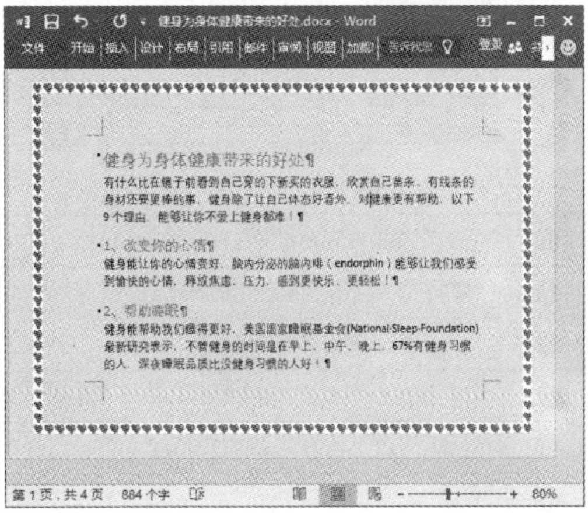

专家点拨——删除页面边框

在为文档添加页面边框效果后，文档中的每一页都会显示出边框效果。如果要删除页面边框效果，可以在“边框和底纹”对话框的“页面边框”选项卡的“设置”选项组中选择“无”选项。

▷▷ 3.6　课堂讲解——打印文档

虽然目前电子邮件和 Web 文档极大地促进了无纸办公的快速发展，但很多时候还是需要将编辑好的文档打印输出，本节主要向读者介绍文档的打印设置操作。

3.6.1 打印预览

通过打印预览可以方便用户对文档进行修改和调整，然后对打印文档的页面范围、打印份数和纸张大小等进行设置，避免浪费时间和纸张。在 Word 2016 中，预览 Word 文档的打印效果非常方便，只需要在“文件”菜单中选择“打印”命令即可在右侧查预览打印效果。

3.6.2 打印设置

在对文档进行预览后，如果对其整体效果满意并确认文档无须再进行修改，就可以将其打印输出了。若要按当前设置打印文档的全部内容，只须在“打印”界面的右侧单击“打印”按钮即可。若只须打印文档的部分内容或要采用其他打印方式，则还须进行打印设置。设置打印界面如下图所示。

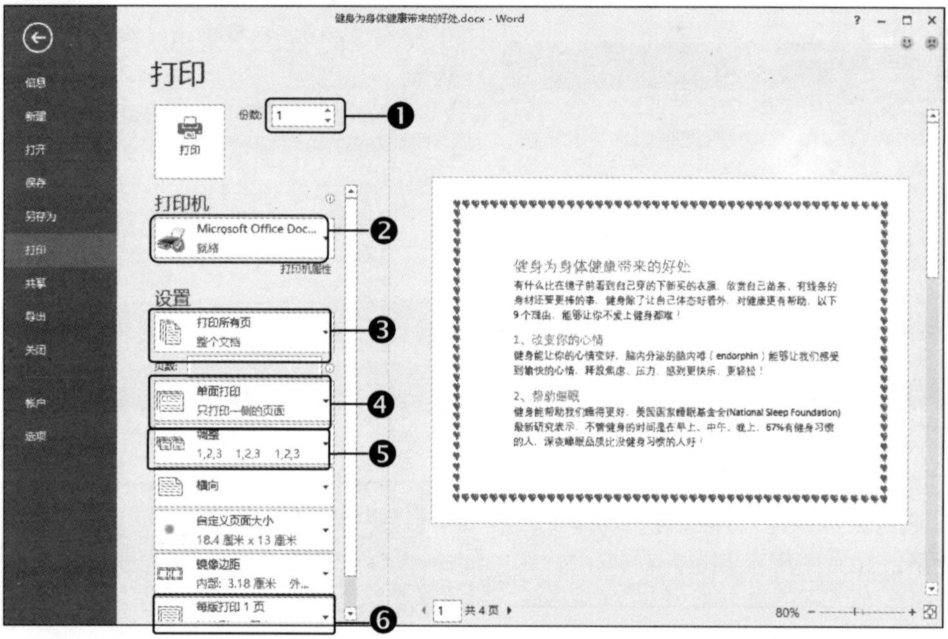

❶	份数：用于设置要将文档打印的份数
❷	打印机：用于设置要使用的打印机
❸	设置：用于设置文档中要打印的页面
❹	单面打印：用于设置将文档打印到一张纸的一面或手动打印到纸的两面
❺	调整：当需要将多页文档打印为多份时，该按钮用于设置打印文档的排序方式
❻	每版打印 1 页：用于设置在一张纸上打印计算机中一页或多页文档的效果

▷▷ 高手秘籍——实用操作技巧

相信通过对前面知识的学习，读者朋友已经掌握了 Word 2016 中文档格式设置的基本操作，下面结合本章内容介绍一些实用技巧。

光盘同步文件

视频文件：光盘\教学文件\第 3 章\高手秘籍.mp4

技巧 01 快速输入上标和下标

在编辑一些专业的数学或化学文档时可能需要输入大量类似“X_2”和“H_2O”的文本内容，即需要对文本应用上标和下标格式，此时可通过设置字体格式来完成。例如要为“数学试卷”文档中的相应字符设置上标与下标格式，具体操作方法如下。

Step01: 打开“光盘\素材文件\第 3 章\数学试卷.docx”，❶选择要应用上标的文本“x”；❷单击“开始”选项卡的“字体”组中的“上标”按钮，如下图所示。

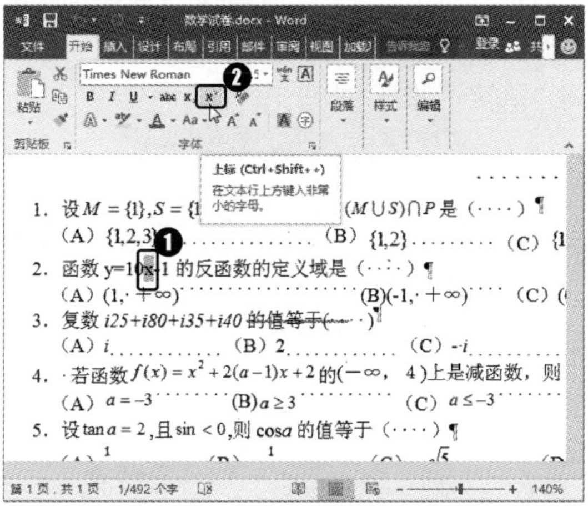

Step02: 经过上步操作，即可将所选文本设置为上标。使用相同的方法对文档中其他需要设置为上标的文本进行设置，效果如下图所示。

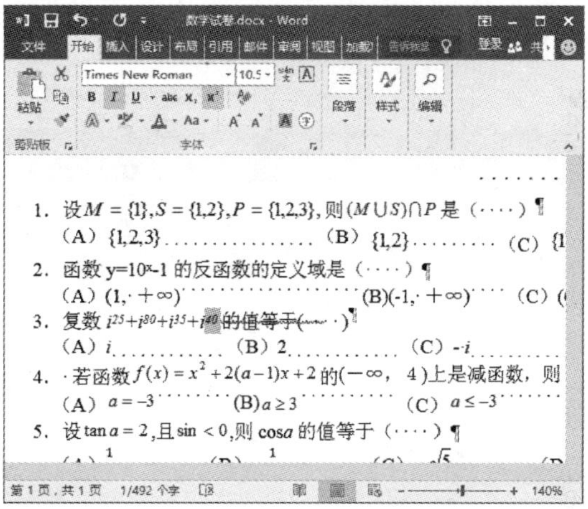

Step03: ❶选择要应用下标的文本“n”；❷单击“开始”选项卡的“字体”组中的“下标”按钮，如下图所示。

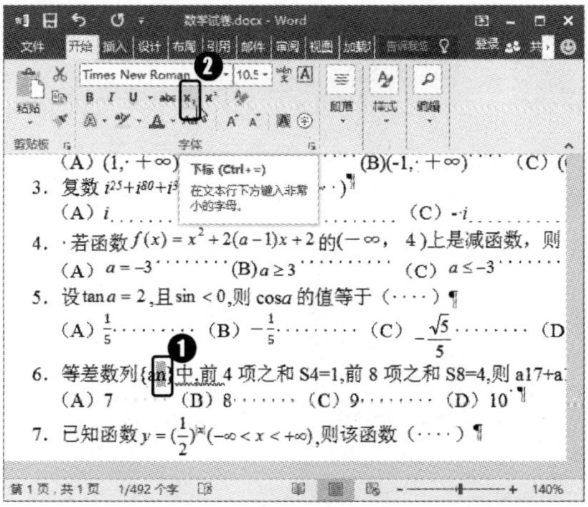

Step04: 经过上步操作，即可将所选文本设置为下标。使用相同的方法对文档中其他需要设置为下标的文本进行设置，效果如下图所示。

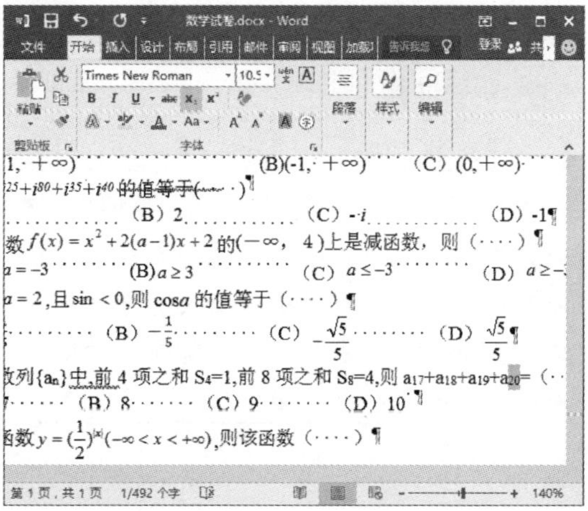

专家点拨——设置上标与下标的其他方法

在“字体”对话框的“效果”选项组中勾选“上标”或“下标”复选框，也可快速设置上标与下标。通过快捷键设置上标与下标是最快的方法，按〈Ctrl+Shift++（主键盘上的）〉组合键可以在上标与普通文本格式间切换，按〈Ctrl++（主键盘上的）〉组合键可以在下标与普通文本格式间切换。

技巧 02 制作带圈字符

带圈字符是中文字符的一种特殊形式，用于表示强调，如已注册符号®，以及数字序列号①②③等。这样的带圈字符可以利用 Word 2016 中提供的带圈字符功能来输入。例如要插入已注册符号®，具体操作方法如下。

Step01: 新建一篇空白文档，❶在文档中输入相应的文本，并选择要添加圈号的文本“R”；❷单击“开始”选项卡的“字体”组中的“带圈字符”按钮，如下图所示。

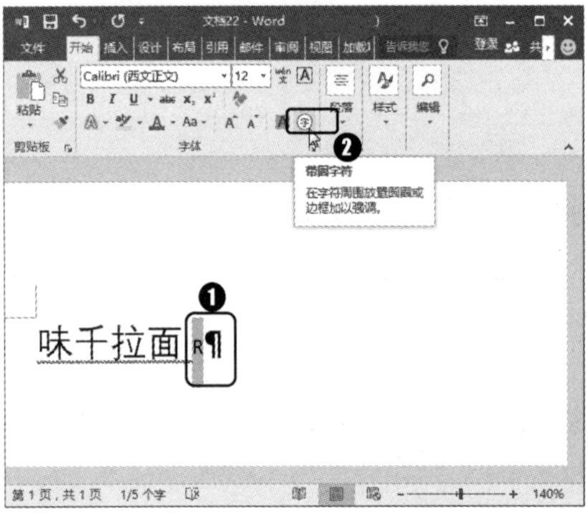

Step02: 打开“带圈字符”对话框，❶在“样式”选项组中选择“增大圈号”样式；❷在“圈号”列表框中设置圈号为圆形样式；❸单击“确定”按钮，如下图所示。

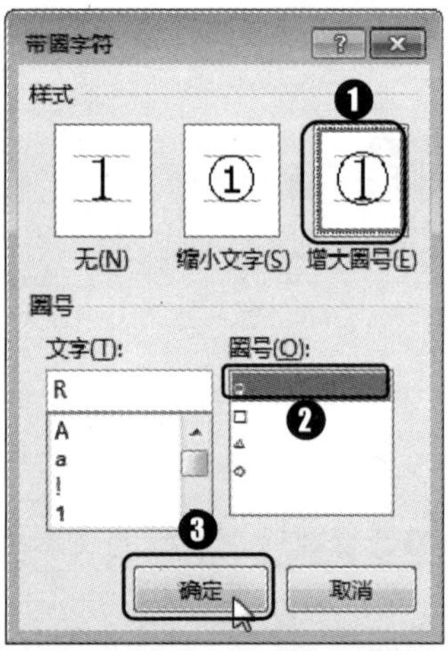

Step03: 经过上步操作，即可将所选文字转换为带圈字符，效果如右图所示。

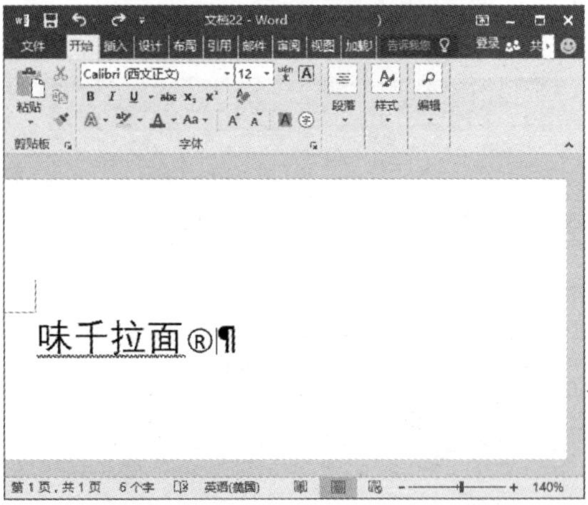

新手注意

通过插入符号的方法也可以插入 1～10 中的任意一个带圈字符。在“带圈字符”对话框中选择“缩小文字”样式，则会让添加圈号后的字符大小符合没有设置前的大小。“圈号”列表框用于选择制作带圈字符的外圈效果，如“①”“②”“③”等。

专家点拨——为文字添加拼音

汉语拼音是学习汉字的重要内容，小学语文老师在制作课件的时候经常需要输入大量的拼音字母。Word 2016 提供了一种直接将文字内容转换成拼音字母的功能——“拼音指南”功能，通过该功能可以快速为汉字标注拼音。首先选择要添加拼音的标题文本，然后单击“开始”选项卡的“字体”组中的“拼音指南”按钮，在打开的“拼音指南”对话框中设置拼音的对齐方式和字号即可。

技巧 03 实现双行合一

通过 Word 2016 提供的“双行合一”功能可以轻松实现双行合一效果。所谓双行合一，就是把选择的文字合并，变成上、下两行排列的样式，且这两行文字与其他文字在水平方向上保持一致。

“双行合一”功能在很多情况下都会用到，例如政府机关中常见的联合行文、红头文件的抬头和落款处，甚至请客喝酒用的请帖，尤其在单位名称或人物头衔较长、较多的时候最适用，因此有效利用“双行合一”功能可以为工作带来很多便利。例如要让“联合公告”文档的部分标题实现双行合一效果，具体操作方法如下。

Step01: 打开“光盘\素材文件\第 3 章\联合公告.docx”，❶选择标题中需要进行双行合一显示的文本；❷单击“开始”选项卡的“段落”组中的“中文版式”按钮；❸在弹出的下拉菜单中选择“双行合一”命令，如下图所示。

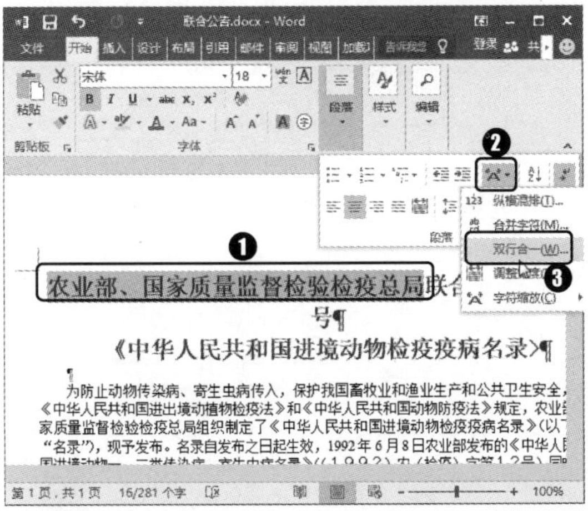

Step02: 打开“双行合一”对话框，❶在“文字”文本框中确认需要双行合一的文本内容；❷选中“带括号”复选框；❸单击“确定”按钮，如下图所示。

Step03: 经过上步操作，即实现双行合一效果。可以发现，为了适应文档排版效果，双行合一的文本的字号已经自动减小，如右图所示。

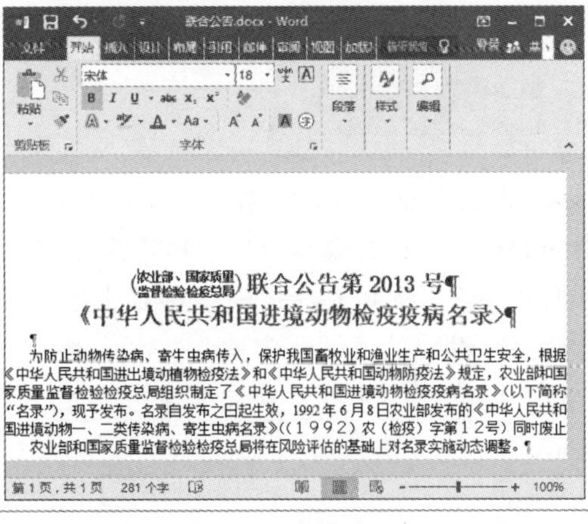

新手注意

在双行合一中，为了让合并后的两行文字更加独立，在文字之间添加合适的空格。另外，是否选择带括号要根据用户的需要来操作，选择带括号可以让双行合一的文本看起来像一个整体。

▷▷ 上机实战——制作“表彰通报”文档

>> 上机介绍

Word 2016 提供的格式设置方法有很多，用户掌握一些简单、常用的技巧基本上就能满足日常工作的需要了。不过，在设置格式时应注意先设置大范围的格式，再设置细节处的格式，避免重复操作。下面制作一个表彰通报文档，最终效果如下图所示。

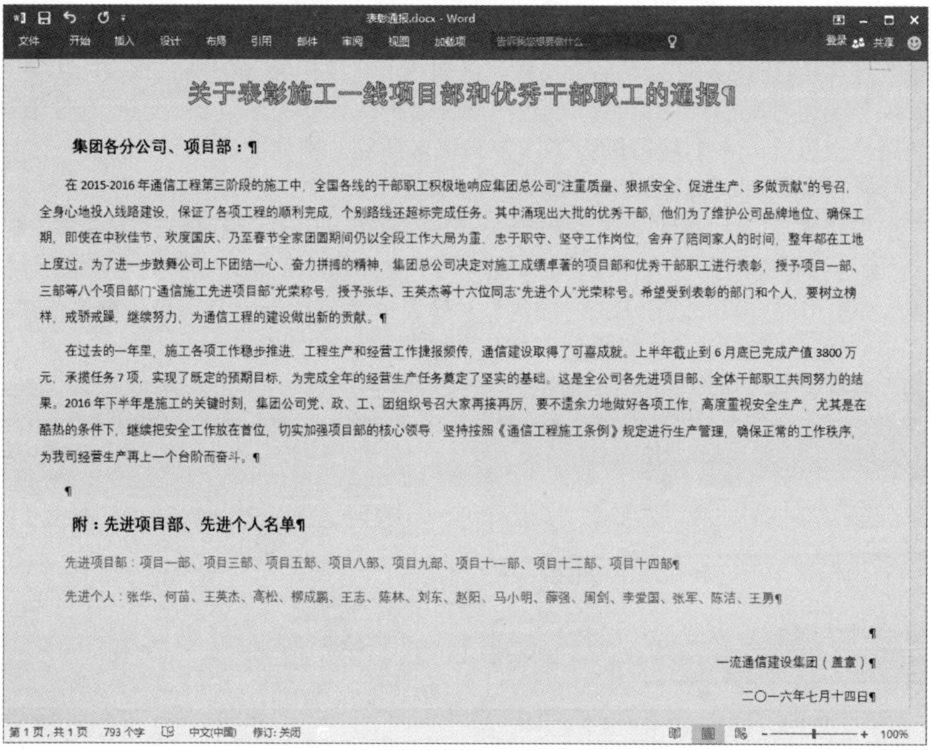

关于表彰施工一线项目部和优秀干部职工的通报

集团各分公司、项目部：

在 2015-2016 年通信工程第三阶段的施工中，全国各线的干部职工积极地响应集团总公司“注重质量、狠抓安全、促进生产、多做贡献”的号召，全身心地投入线路建设，保证了各项工程的顺利完成，个别路线还超标完成任务。其中涌现出大批的优秀干部，他们为了维护公司品牌地位、确保工期，即使在中秋佳节、欢度国庆、乃至春节全家团圆期间仍以全段工作大局为重，忠于职守、坚守工作岗位，舍弃了陪同家人的时间，整年都在工地上度过。为了进一步鼓舞公司上下团结一心、奋力拼搏的精神，集团总公司决定对施工成绩卓著的项目部和优秀干部职工进行表彰，授予项目一部、三部等八个项目部门“通信施工先进项目部”光荣称号，授予张华、王英杰等十六位同志“先进个人”光荣称号。希望受到表彰的部门和个人，要树立榜样，戒骄戒躁，继续努力，为通信工程的建设做出新的贡献。

在过去的一年里，施工各项工作稳步推进，工程生产和经营工作捷报频传，通信建设取得了可喜成就。上半年截止到 6 月底已完成产值 3800 万元，承揽任务 7 项，实现了既定的预期目标，为完成全年的经营生产任务奠定了坚实的基础。这是全公司各先进项目部、全体干部职工共同努力的结果。2016 年下半年是施工的关键时刻，集团公司党、政、工、团组织号召大家再接再厉，要不遗余力地做好各项工作，高度重视安全生产，尤其是在酷热的条件下，继续把安全工作放在首位，切实加强项目部的核心领导，坚持按照《通信工程施工条例》规定进行生产管理，确保正常的工作秩序，为我司经营生产再上一个台阶而奋斗。

附：先进项目部、先进个人名单

先进项目部：项目一部、项目三部、项目五部、项目八部、项目九部、项目十一部、项目十二部、项目十四部

先进个人：张华、何苗、王英杰、高松、柳成鹏、王志、陈林、刘东、赵阳、马小明、薛强、周剑、李爱国、张军、陈洁、王勇

一流通信建设集团（盖章）

二〇一六年七月十四日

光盘同步文件

视频文件：光盘\教学文件\第 3 章\上机实战.mp4

>> 步骤详解

本实例的具体制作步骤如下。

Step01: 打开“光盘\素材文件\第 3 章\表彰通报.docx”，❶单击“布局”选项卡的“页面设置”组中的“纸张方向”按钮；❷在弹出的下拉菜单中选择“横向”命令，如下图所示。

Step02: ❶单击“布局”选项卡的“页面设置”组中的“页边距”按钮；❷在弹出的下拉菜单中选择“适中”命令，如下图所示。

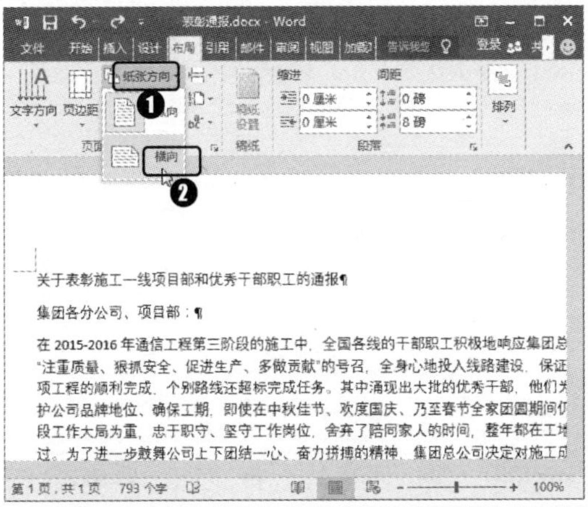

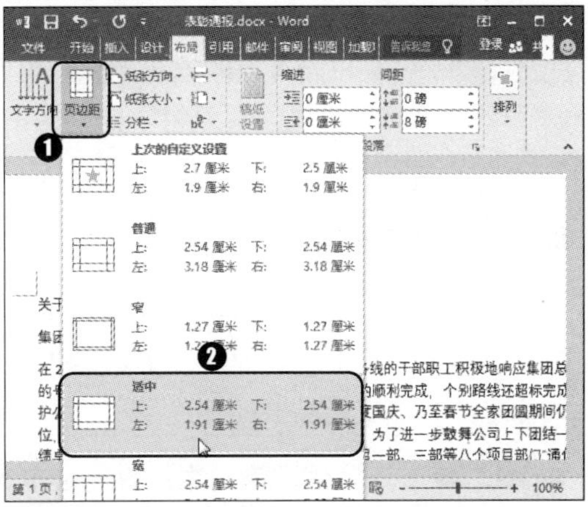

Step03: ❶选中整个文档；❷单击“开始”选项卡的“段落”组的对话框启动器按钮，如下图所示。

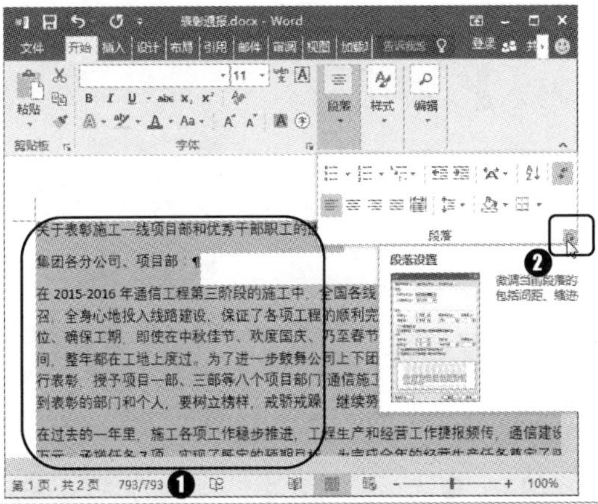

Step04: 打开“段落”对话框，❶在“特殊格式”下拉列表框中选择“首行缩进”选项；❷在“磅值”数值框中输入“2 字符”；❸在“间距”选项组中设置段前和段后的值均为“6 磅”；❹在“行距”下拉列表框中选择“1.5 倍行距”选项；❺单击“确定”按钮，如下图所示。

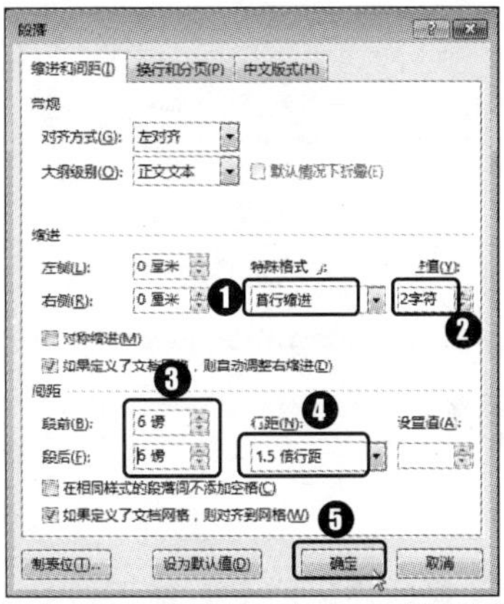

Step05: ❶单击“设计”选项卡的“页面背景”组中的“页面颜色”按钮；❷在弹出的下拉菜单中选择需要填充的黄色，如下图所示。

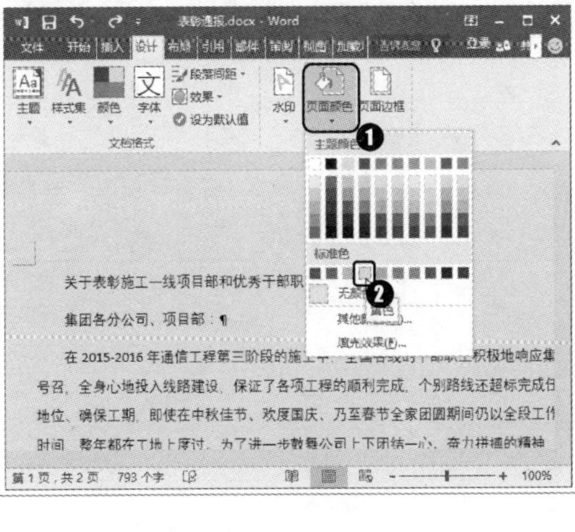

Step06: ❶选择文档标题文本；❷单击“开始”选项卡的“字体”组中的“文本效果和版式”按钮；❸在弹出的下拉菜单中选择需要的效果，如下图所示。

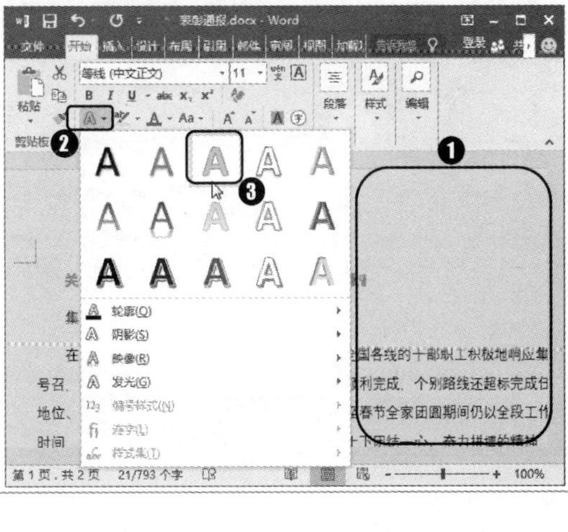

Step07: ❶将文本插入点定位在最前方，并通过按〈Delete〉键将段落前的缩进删除；❷单击“开始”选项卡的“段落”组中的“居中”按钮，如右图所示。

> **新手注意**
>
> 若在没有先删除段落前的缩进的情况下直接单击“居中”按钮，段落的对齐方式将是在缩进后的居中对齐。

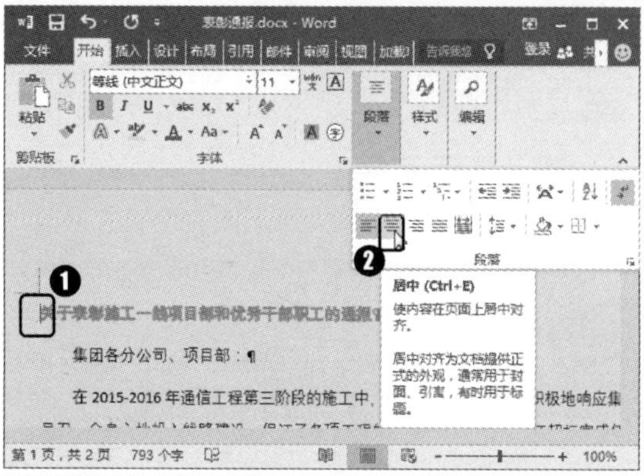

Step08: ❶选择文档标题文本；❷连续单击“开始”选项卡的“字体”组中的“增大字号”按钮，将标题文本放大到合适大小，如下图所示。

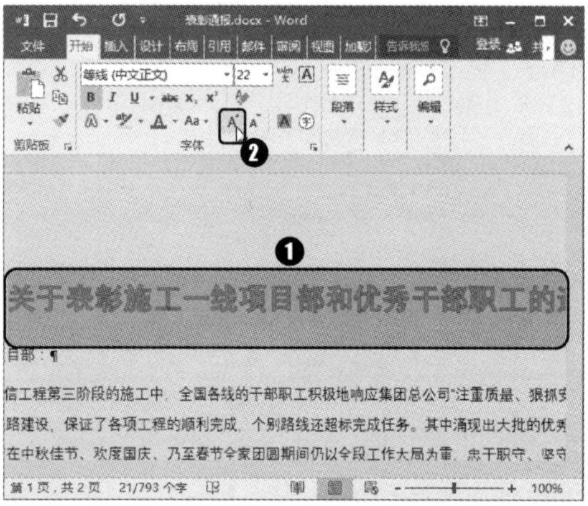

Step09: 保持段落的选择状态，❶单击“开始”选项卡的“字体”组中的“文本效果和版式”按钮；❷在弹出的下拉菜单中选择“轮廓”命令；❸在弹出的下级子菜单中选择需要的轮廓颜色，如下图所示。

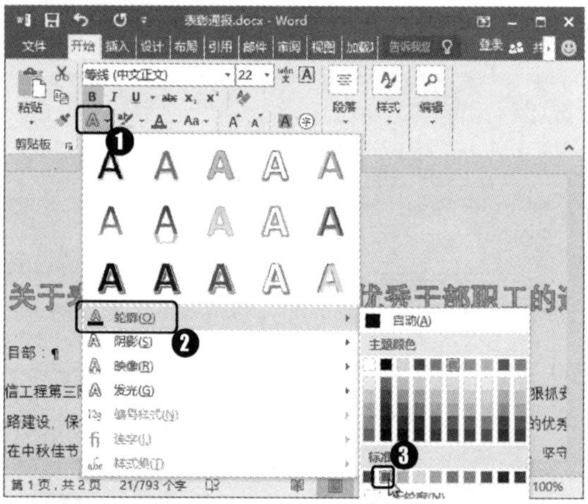

Step10: ❶选择文档中需要加粗显示的多处文本；❷单击“字体”组中的“加粗”按钮；❸单击“增大字号”按钮，将文本放大到合适大小，如下图所示。

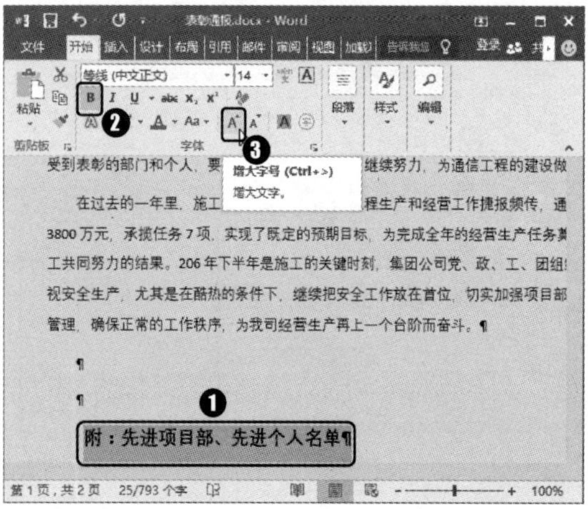

Step11: ❶选择要设置字体颜色的文本；❷单击“字体颜色”按钮右侧的下拉按钮；❸在弹出的下拉列表中选择红色，如下图所示。

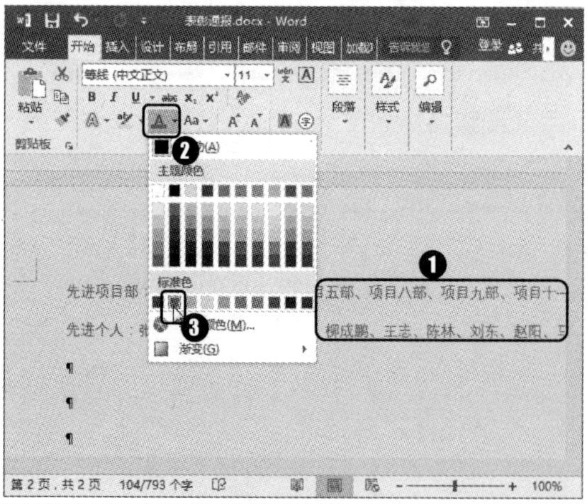

Step12: ❶选择文档中的最后两个段落；❷单击“段落”组中的“右对齐”按钮，如右图所示。

> **新手注意**
>
> 为文档设置的页面背景只能在显示器上查看，实际打印输出时并不会打印出来。

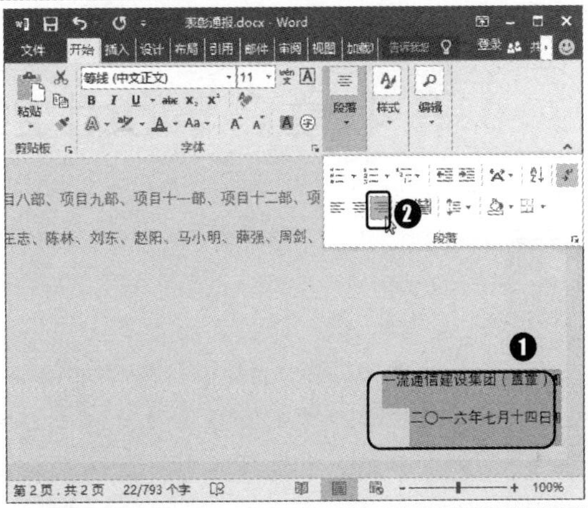

Step13: ❶删除文档中多余的空行；❷单击“布局”选项卡的“页面设置”组中的“页边距”按钮；❸在弹出的下拉菜单中选择“窄”命令，如下图所示。

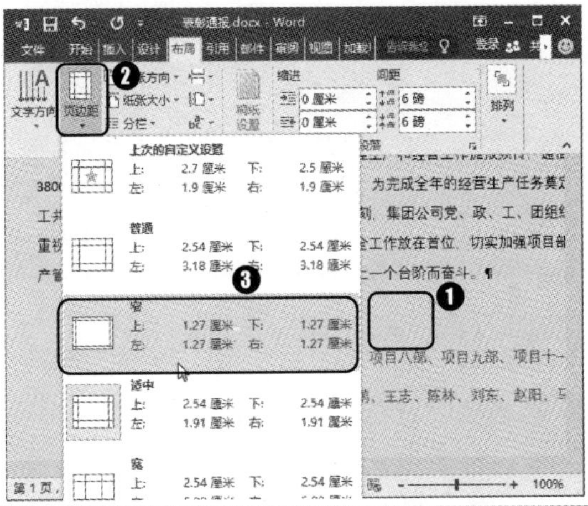

Step14: ❶单击“文件”按钮，在弹出的“文件”菜单中选择“打印”命令；❷查看打印效果，进行相应的打印设置；❸单击“打印”按钮打印输出文档，如下图所示。

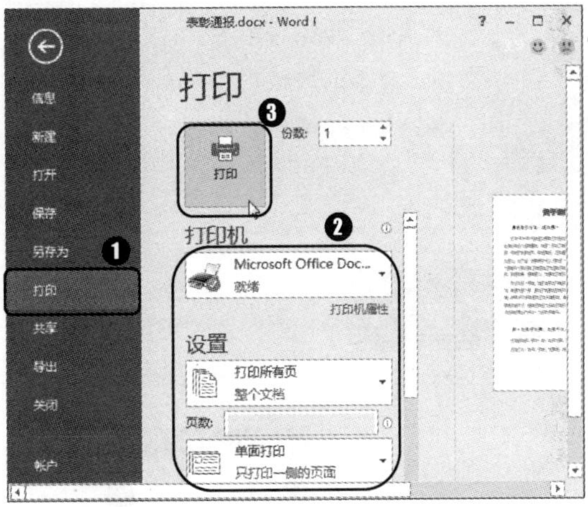

⊳⊳ 本章小结

本章的重点在于掌握 Word 2016 文档中各种格式的设置方法，主要包括文本格式、段落格式、项目符号与编号、页面格式等的设置，以及打印文档的相关知识。希望通过本章的学习，读者能够熟练地掌握文本、段落和页面格式的基本设置技巧，能够快速美化自己的 Word 文档。

第 4 章　Word 2016 的图文混排功能

本章导读

在 Word 2016 中，除了可以简单地编辑排版文档之外，还可以在文档中插入和编辑多种图形对象，使文档变得更加美观、大方。本章主要介绍图形、形状、艺术字和文本框等图形对象的插入与编辑方法。

知识要点

- 插入并编辑图片
- 插入并编辑形状
- 文本框的使用与编辑
- 插入并编辑艺术字

效果展示

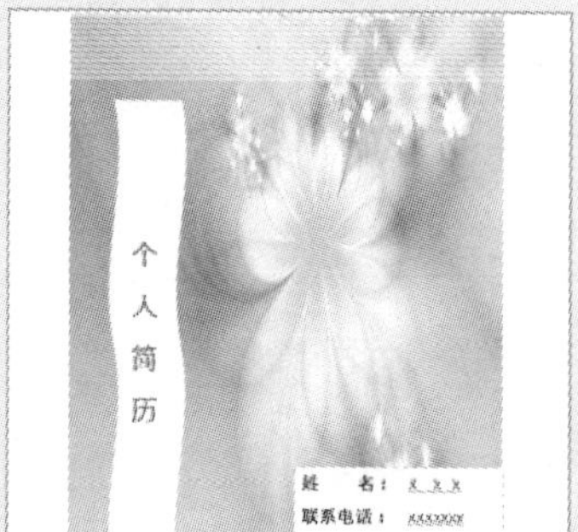

4.1　课堂讲解——插入与编辑图片

在用 Word 排版文档时，往往需要在文档中插入相应的图片才能增强文档的说服力，以利于用户更好地理解文档所表达的内容。在文档中可以插入多种图片类型，例如 JPG、PNG、BMP、GIF 等。

4.1.1　插入图片

在 Word 中插入的图片可以是从网上下载的，也可以是软件自带的。一般在文档中插入的图片类型有风景、人物、说明性的图片等。插入图片的具体操作方法如下。

光盘同步文件

视频文件：光盘\教学文件\第 4 章\4-1-1.mp4

1. 插入来自文件的图片

要在文档中插入图片，可以选择将图片文件存放在本地计算机中，然后在 Word 文档中插入来自文件的图片，具体操作方法如下。

Step01: 打开“光盘\素材文件\第 4 章\企业介绍.docx 文件”；❶定位光标至图片插入处；❷单击“插入”选项卡；❸单击“插图”组中的“图片”按钮，如下图所示。

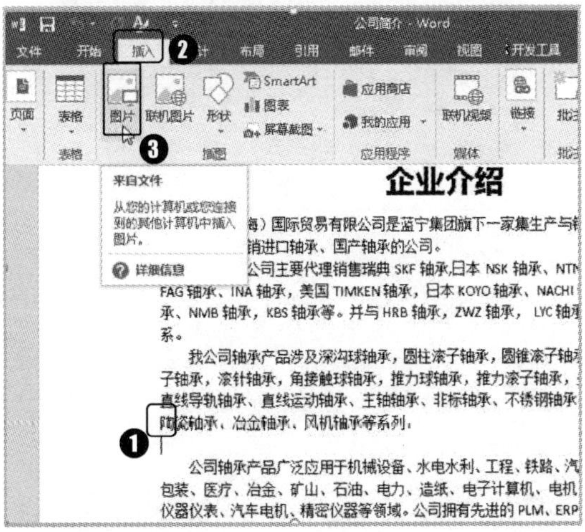

Step02: 打开“插入图片”对话框；❶在上方地址栏中选择要插入图片所在的位置；❷在列表框中选择要插入的图片“企业环境”；❸单击“插入”按钮，如下图所示。

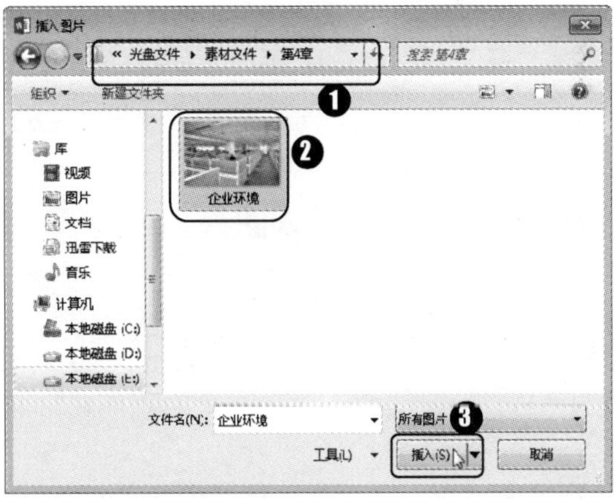

2. 插入联机图片

当 Word 文档中需要应用的图片在本地计算机中没有时，可以通过计算机访问互联网。在 Word 文档中应用“插入联机图片”功能可以插入 Office 免版税的剪贴画或搜索出的网络图像，具体方法如下。

Step01: ❶定位光标至图片插入处；❷单击“插入”选项卡；❸单击“插图”组中的“联

Step02: 打开“插入图片”对话框；在“必应图像搜索”的搜索框中输入搜索关键字“内部工作

机图片”按钮，如下图所示。

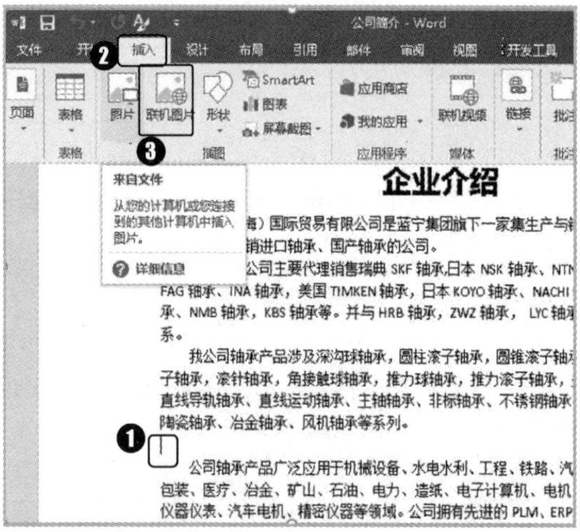

环境”，然后按〈Enter〉键，如下图所示。

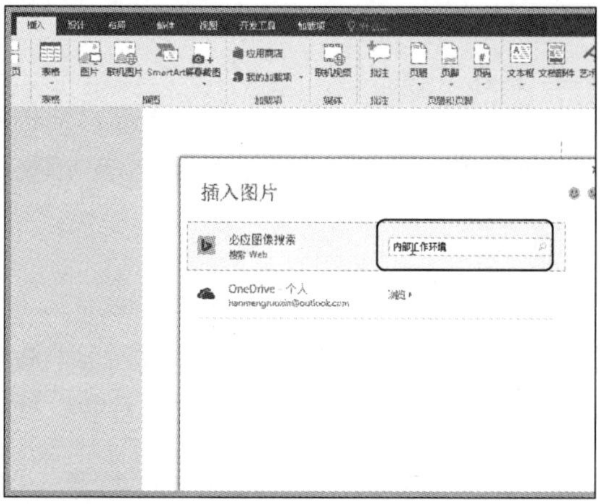

Step03: ❶选择搜索结果中的“联机图片”；❷单击“插入”按钮，如下图所示。

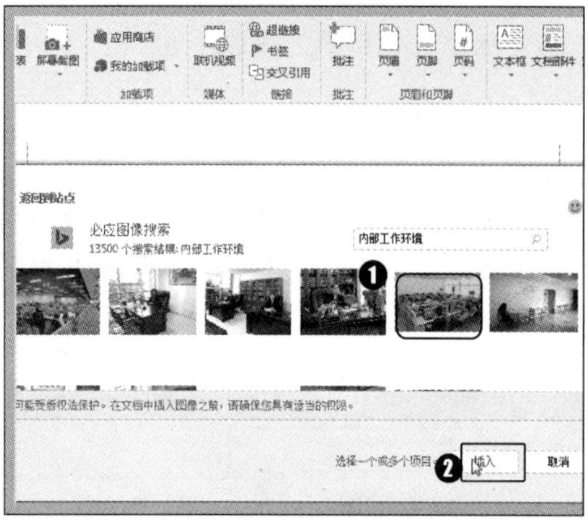

Step04: 此时即可在文档中的相应位置插入联机图片，如下图所示。

专家点拨——插入图片

在文档中插入图片文件时，还可以在计算机的资源管理器中选择图片文件后将文件直接拖动至 Word 文档中的目标位置处。

4.1.2 编辑图片

在通常情况下，插入的图片并不能够满足用户对文档排版的需要，需要对图片进行编辑才能够实现图文并茂的效果，并且丰富图片样式。编辑图片的具体操作如下。

光盘同步文件

视频文件：光盘\教学文件\第 4 章\4-1-2.mp4

1. 设置图片大小和对图片进行裁剪

新插入的图片往往不能够满足文档排版的需要，需要对图片的大小进行设置及将图片多余的区域进行裁剪，以使图片在文档中的布局更加合理，具体操作方法如下。

(1) 设置图片大小

❶选中文档中的图片；❷单击“图片工具-格式”选项卡；❸单击“大小”组中的“高度”与“宽度”微调按钮，设置图片的高度与宽度，按〈Enter〉键确认，如下图所示。

(2) 裁剪图片

❶单击“裁剪”下拉按钮；❷选择“裁剪为形状”命令；❸选择“圆角矩形”形状；如下图所示。

专家点拨——裁剪图片

调整裁剪图片的区域大小和位置，可以在应用裁剪形状后单击两次“图片工具-格式”选项卡的“大小”组中的“裁剪”按钮，此时拖动图片四周出现的裁剪框便可调整裁剪图片的区域大小和位置。

2. 设置图片的方向和环绕效果

为了便于 Word 中插入的图片与内容更加协调、美观或者更具特色，可以通过调整图片的方向和在文档中的环绕方式使整篇文档更加美观，具体操作方法如下。

(1) 设置图片方向

❶单击“排列”组中的“旋转”下拉按钮，并在下拉菜单中选择“其他旋转选项”命令，❷设置水平旋转 3°；❸单击“确定”按钮，如下图所示。

(2) 设置图片环绕效果

❶单击“环绕文字”下拉按钮；❷在弹出的下拉菜单中选择“紧密型环绕”命令，如下图所示。

3. 设置图片的样式

在 Word 中提供了许多修饰图片对象的图片样式，对图片的样式进行修饰之后会让图片显得更加美观，也更能够符合整篇文档的排版要求，具体操作方法如下。

Step01: ❶单击“图片工具-格式”选项卡的“图片样式”组中的“图片快速样式”按钮；❷选择要应用的图片样式，如下图所示。

Step02: ❶单击“图片边框”按钮右侧的下拉按钮；❷在弹出的下拉菜单中选择“虚线”命令；❸选择“长画线”，如下图所示。

Step03: ❶单击“图片边框”按钮右侧的下拉按钮；❷在弹出的下拉菜单中选择“标准色”命令；❸选择要应用的边框颜色，如下图所示。

Step04: ❶单击“图片效果”按钮右侧的下拉按钮；❷在弹出的下拉菜单中选择“发光”命令；❸选择要应用的效果，如下图所示。

4. 调整图片效果

为了使文档中插入的图片色彩与内容更加匹配，经常需要对图片的色彩及亮度进行调整，增加图片的艺术感，具体操作如下。

Step01: ❶单击“调整”组的“颜色”下拉按钮；❷选择“饱和度 300%”，如下图所示。

Step02: ❶单击“更正”下拉按钮；❷在弹出的下拉菜单中选择“亮度/对比度”命令；❸调整图片的亮度和对比度，如“亮度+40% 对比度 0%”，如下图所示。

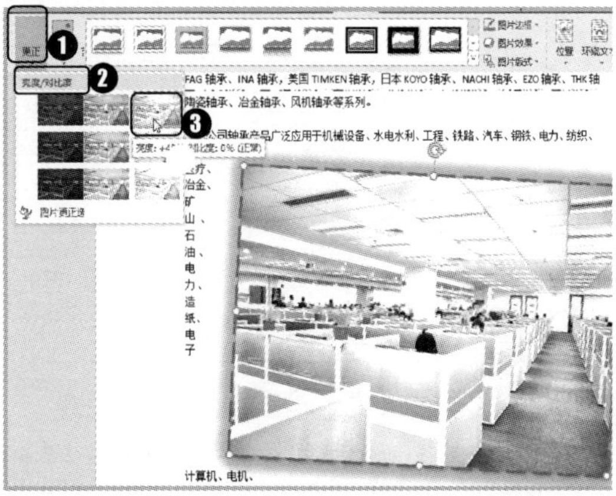

▷▷ 4.2　课堂讲解——插入与编辑形状

要在文档中表达一个信息，使用的元素通常是文字。但有一些信息可能用文字描述不一定能表达清楚，此时可以借助一些形状来表示，使得整篇文档一目了然。此外，在文档中使用形状元素还可以起到美化文档的作用。

4.2.1　插入形状

在 Word 中要绘制形状，可以单击“插入”选项卡中的“形状”按钮，选择一个形状之后在页面中拖动绘制出相应的形状。例如要绘制一条直线，具体操作如下。

光盘同步文件

视频文件：光盘\教学文件\第 4 章\4-2-1.mp4

Step01: 打开“光盘\素材文件\第 4 章\插入形状.docx 文件”；❶单击“插入”选项卡的“插图”组中的“形状”下拉按钮；❷在弹出的下拉列表中选择要插入的形状“直线”，如下图所示。

Step02: 在文档中拖动鼠标绘制出“直线”，如下图所示。

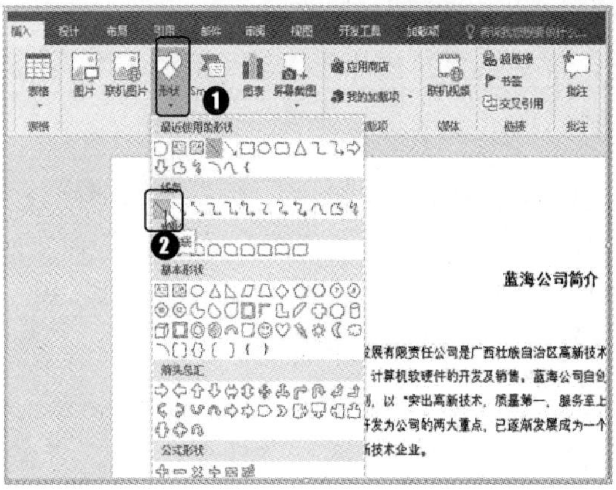

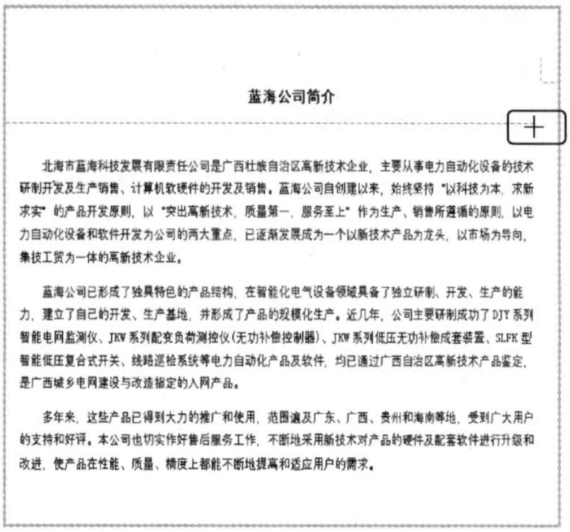
蓝海公司简介

北海市蓝海科技发展有限责任公司是广西壮族自治区高新技术企业，主要从事电力自动化设备的技术研制开发及生产销售、计算机软硬件的开发及销售。蓝海公司自创建以来，始终坚持"以科技为本，求新求实"的产品开发原则，以"突出高新技术，质量第一，服务至上"作为生产、销售所遵循的原则，以电力自动化设备和软件开发为公司的两大重点，已逐渐发展成为一个以新技术产品为龙头，以市场为导向，集技工贸为一体的高新技术企业。

蓝海公司已形成了独具特色的产品结构，在智能化电气设备领域具备了独立研制、开发、生产的能力，建立了自己的开发、生产基地，并形成了产品的规模化生产。近几年，公司主要研制成功了DJY系列智能电网监测仪、JKW系列配变负荷测控仪(无功补偿控制器)、JKW系列低压无功补偿成套装置、SLFK型智能低压复合式开关、线路巡检系统等电力自动化产品及软件，均已通过广西自治区高新技术产品鉴定，是广西城乡电网建设与改造指定的入网产品。

多年来，这些产品已得到大力的推广和使用，范围遍及广东、广西、贵州和海南等地，受到广大用户的支持和好评。本公司也切实作好售后服务工作，不断地采用新技术对产品的硬件及配套软件进行升级和改进，使产品在性能、质量、精度上都能不断地提高和适应用户的需求。

4.2.2 编辑形状

在文档中绘制了形状之后经常还需要对形状进行编辑，例如调整形状的大小、方向和样式等，以便更加符合文档的排版要求，使得整篇文档看起来更加美观。编辑形状的具体操作如下。

光盘同步文件

视频文件：光盘\教学文件\第 4 章\4-2-2.mp4

1. 设置形状的大小及方向

在 Word 中绘制出形状之后需要对形状的大小和方向进行调整，使得形状在整篇文档的布局更加合理，更具有特色，具体操作方法如下。

（设置形状大小）

打开“光盘\素材文件\第 4 章\编辑形状.docx 文件”，选中文档中的立方体；❶单击“绘图工具-格式”选项卡；❷单击“大小”组按钮右侧的下拉按钮，调整图片的大小，如下图所示。

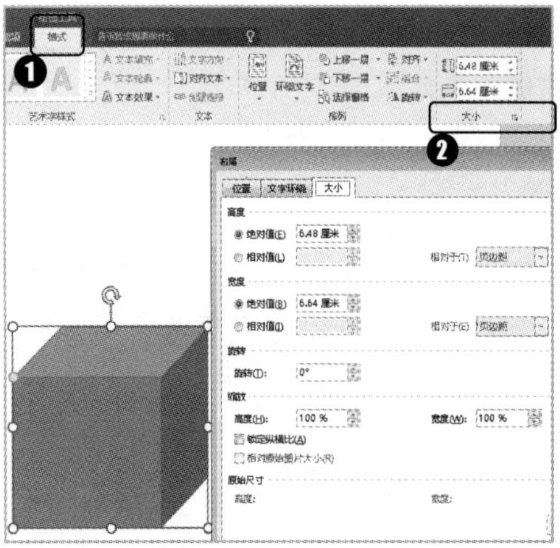

（调整形状方向）

选中文档中的立方体，拖动顶部的黄色控制点进行旋转，如向左侧旋转，如下图所示。

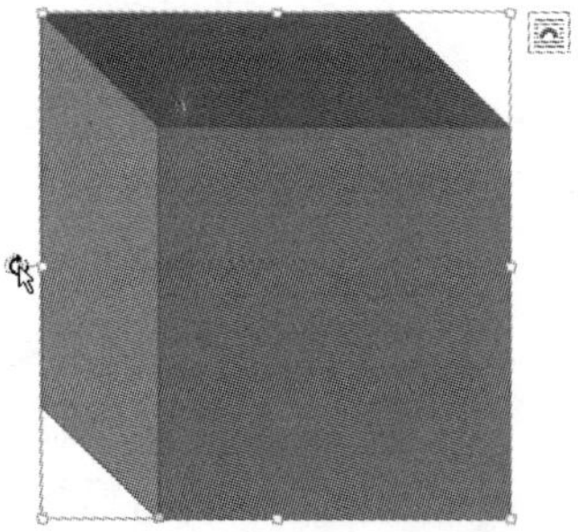

2. 更改形状

在 Word 中绘制好一个形状之后有时因为文档的排版发生变化，需要将其更改为另一个形状，这时可以使用“编辑形状”功能将形状更改为新的形状，具体操作方法如下。

Step01: 单击“绘图工具-格式”选项卡；❶单击“插入形状”组中的“编辑形状”按钮右侧的下拉按钮；❷选择“更改形状”命令；❸选择要应用的形状，如下图所示。

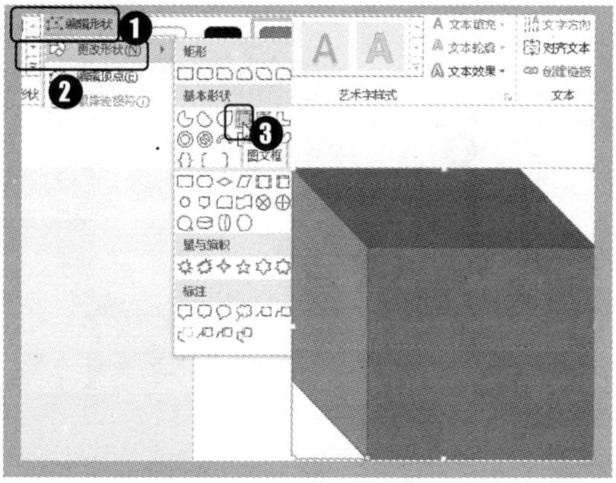

Step02: 完成对形状的更改，如下图所示。

3. 设置形状样式

为了快速美化 Word 中插入的形状，可以应用文档主题中预设的形状样式。这些样式中包含了形状填充颜色及填充效果、边框样式等，具体操作方法如下。

Step01: ❶单击“绘图工具-格式”选项卡的“形状样式”组中的“形状填充”按钮右侧的下拉按钮；❷在弹出的下拉列表中选择“标准色”中的颜色，如下图所示。

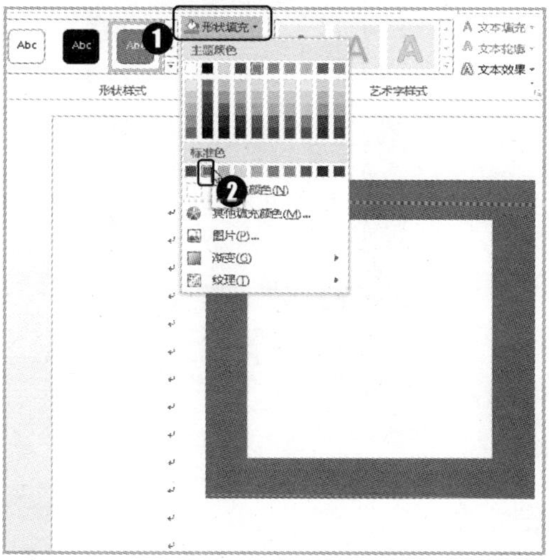

Step02: ❶单击“形状轮廓”按钮右侧的下拉按钮；❷在弹出的下拉列表中选择“粗细”命令；❸选择要应用的线条粗线，如下图所示。

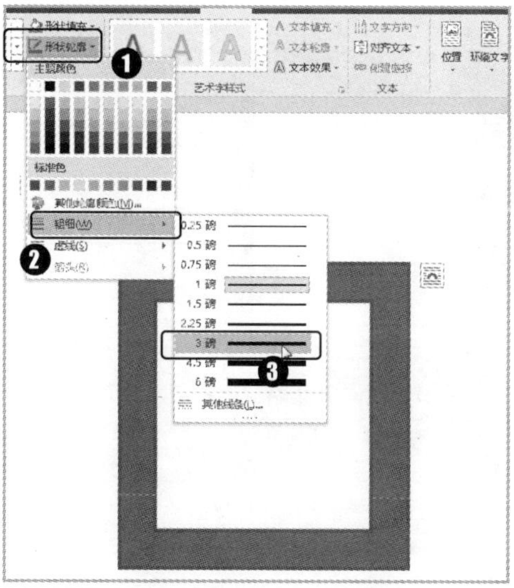

Step03: 调整轮廓线条颜色为“紫色”，效果如下图所示。

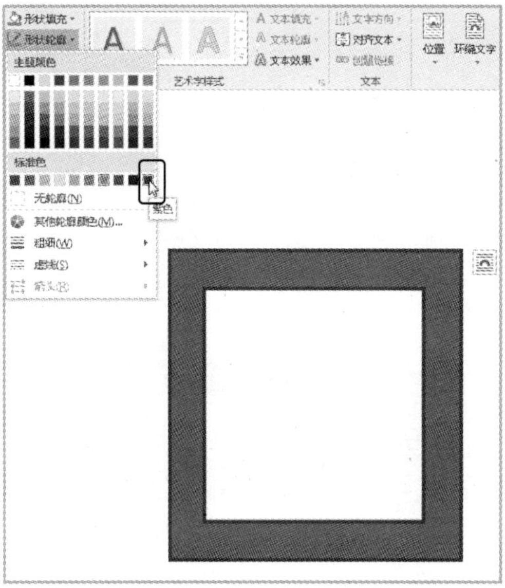

Step04: ❶单击“形状效果”按钮右侧的下拉按钮；❷在弹出的下拉菜单中选择“映像”命令；❸选择映像效果“紧密映像”，如下图所示。

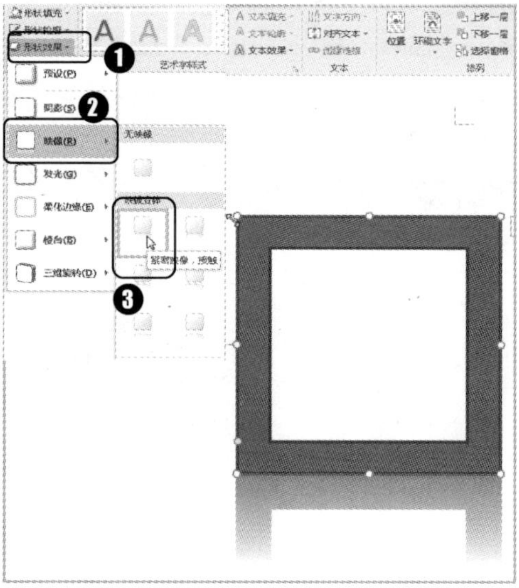

4．为形状添加文字

在 Word 中应用形状时经常需要在形状内添加文字内容，以丰富形状所表达的内容，让整篇文档内容更加充实。在形状中添加文字的具体操作方法如下。

Step01: 在要添加文字的形状上右击，在弹出的快捷菜单中选择“编辑文字”命令，如下图所示。

Step02: 在形状中输入文档所需要的内容，并进行简单的修饰，如下图所示。

▷▷ 4.3　课堂讲解——插入与编辑文本框

在排版Word 文档时，为了使文档版式更加丰富，可以使用文本框。文本框是一种特殊的文本对象，既可以当作图形对象进行处理，也可以当作文本对象进行处理，它具有独特的排版功能，可以将文本内容放置于页面中的任意位置。

4.3.1　使用内置文本框

Word 2016 中提供了多种预设的文本框排版效果供用户选用，这些样式各异的内置文本框将会给文档带来不一样的效果。使用内置文本框的具体操作方法如下。

光盘同步文件

视频文件：光盘\教学文件\第 4 章\4-3-1.mp4

Step01: 打开“光盘\素材文件\第 4 章\插入与编辑文本框.docx 文件”；❶单击“插入”选项卡的“文本”组中的“文本框”下拉按钮；❷在下拉列表中选择要应用的文本框效果，如下图所示。

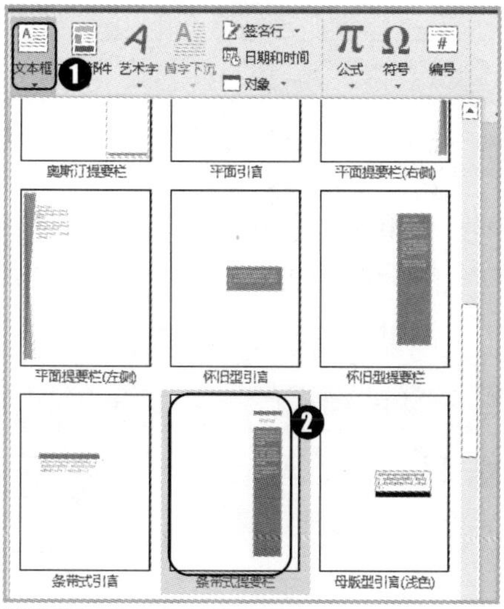

Step02: 在插入的文本框中编辑文字内容，如下图所示。

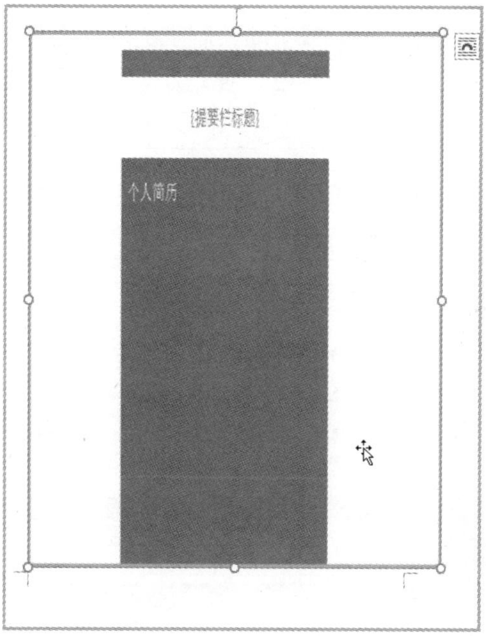

4.3.2　手动绘制文本框

为了更加灵活地应用文本框，充实文档中的内容，可以手动绘制文本框，具体操作方法如下。

光盘同步文件

视频文件：光盘\教学文件\第 4 章\4-3-2.mp4

Step01: 单击“插入”选项卡；❶单击“文本”组中的“文本框”下拉按钮；❷在下拉列表中选择“绘制文本框”命令，如下图所示。

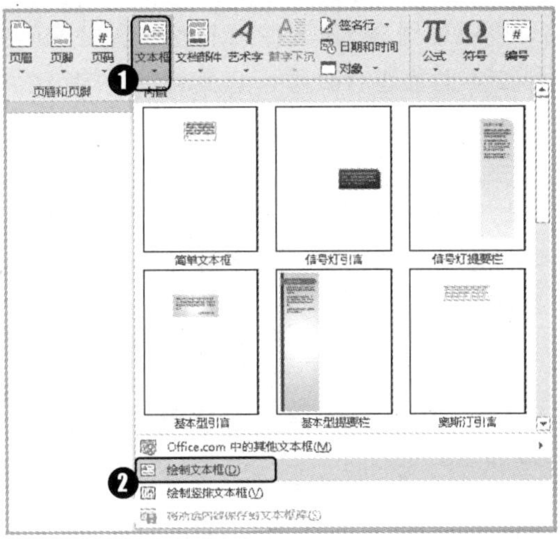

Step02: 在文档中拖动鼠标便可绘制出不同效果的文本框，如下图所示。

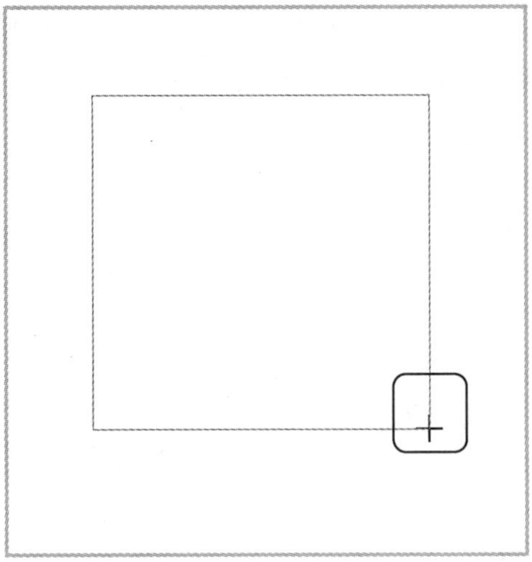

4.3.3 编辑文本框

在文档中插入或手动绘制了文本框之后，还可以根据文档的需要设置文本框的格式，例如文本框边框、填充颜色、对齐方式和文字方向等。文本框的格式设置与形状的格式设置相同。设置文本框中的文字方向及对齐方式的具体操作方法如下。

光盘同步文件

视频文件：光盘\教学文件\第 4 章\4-3-3.mp4

Step01: 选中文本框对象，单击“绘图工具-格式”选项卡；❶单击“文本”组中的“文字方向”按钮右侧的下拉按钮；❷在弹出的下拉菜单中选择“垂直”命令，如下图所示。

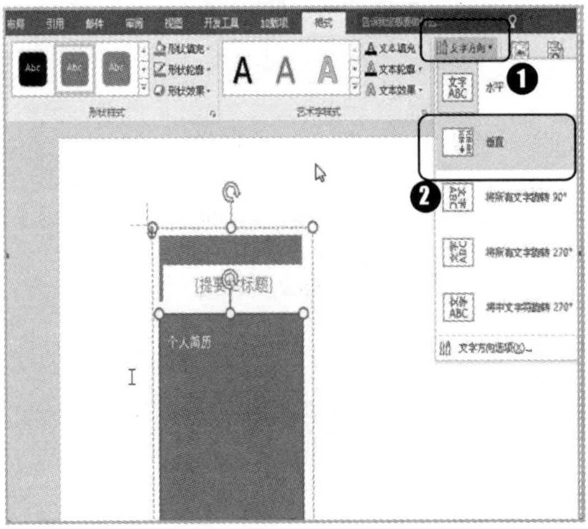

Step02: ❶单击“对齐文本”按钮右侧的下拉按钮；❷在弹出的下拉菜单中选择“居中”命令，如下图所示。

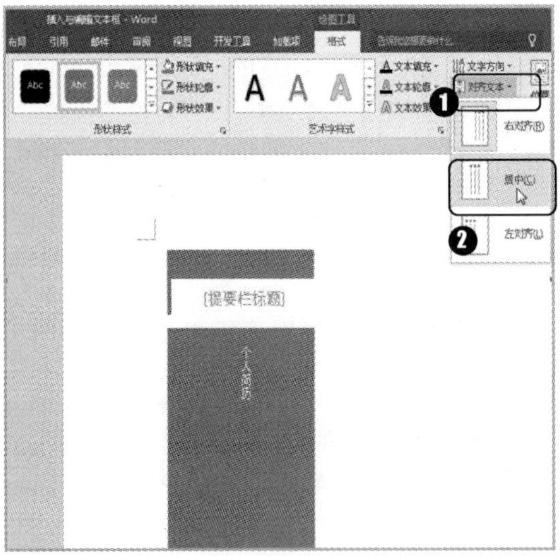

Step03: 运用对文本框的编辑，上述操作完成了对“个人简历封面”的设置，效果如右图所示。

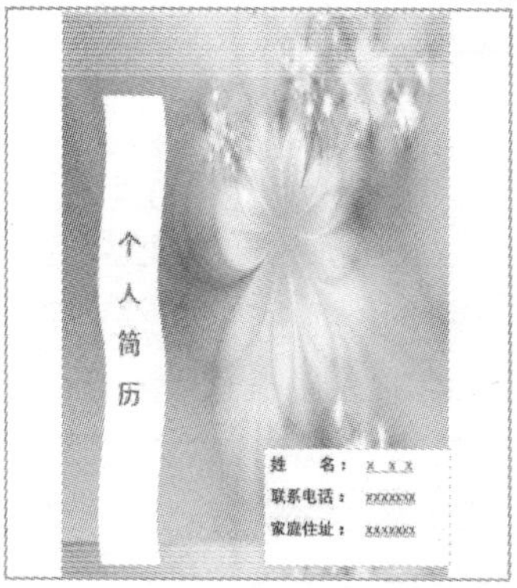

4.4 课堂讲解——插入与编辑艺术字

为了使页面效果更加丰富，美化文档内容，需要在文档内容或图形上应用一些具有艺术效果的文字，为此Word 中提供了插入艺术字的功能，并预设了多种艺术字效果，以便在不同的情况下应用不同的艺术字效果。

4.4.1 插入艺术字

艺术字是经过专业的字体设计师艺术加工的汉字变形字体，具有美观有趣、易认易识、醒目张扬等特性，是一种有图案意味或装饰意味的字体变形。插入艺术字的具体操作方法如下。

光盘同步文件

视频文件：光盘\教学文件\第 4 章\4-4-1.mp4

Step01: 打开“光盘\素材文件\第 4 章\插入与编辑艺术字.docx 文件”；❶单击“插入”选项卡的“文本”组中的“艺术字”按钮；❷在下拉列表中选择要应用的艺术字样式，如下图所示。

Step02: 在出现的艺术字框中输入文档所需要的文字内容，并设置文字格式，如下图所示。

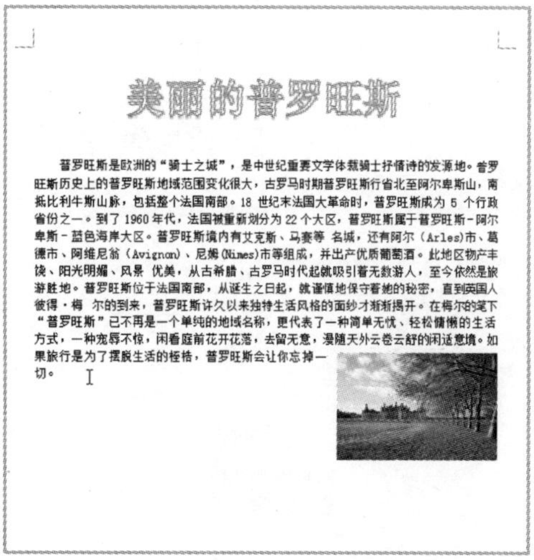

4.4.2 编辑艺术字

在文档中插入艺术字后往往不能够满足文档的要求，此时可以通过修改艺术字的内容和文字效果等方式使文档更加完善，具体操作方法如下。

> **光盘同步文件**
>
> **视频文件：光盘\教学文件\第 4 章\4-4-2.mp4**

Step01: 选中艺术字对象，单击“绘图工具-格式”选项卡；❶单击“排列”组中的“环绕文字”下拉按钮；❷在下拉菜单中选择“紧密型环绕”命令，如下图所示。

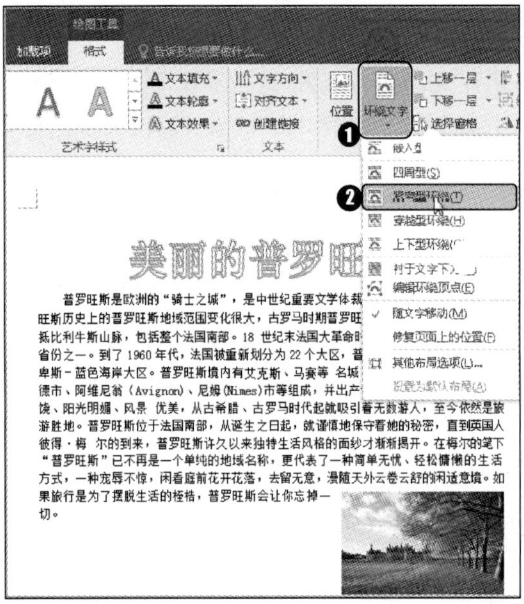

Step02: ❶单击“艺术字样式”组中的“快速样式”按钮；❷选择要应用的命令，完成颜色的填充，如下图所示。

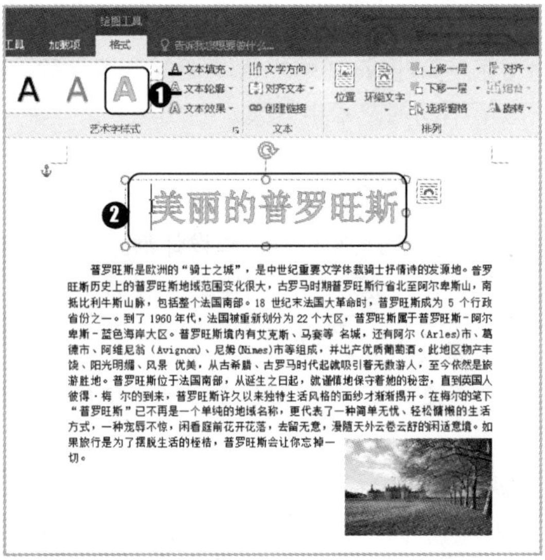

Step03: ❶单击“文本选项”选项卡；❷选择“三维转换”命令；❸选择要应用的艺术字转换效果，如下图所示。

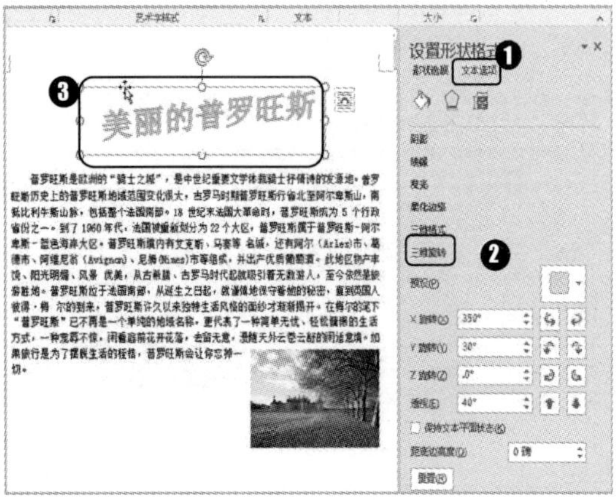

Step04: 经过对艺术字的编辑，完成效果如下图所示。

▷▷ 高手秘籍——实用操作技巧

相信通过对前面知识的学习，初学者已经掌握了图文混排的相关基础知识，下面结合本章内容向初学者介绍一些实用性的技巧。

光盘同步文件

视频文件：光盘\教学文件\第 4 章\高手秘籍.mp4

技巧 01 截取全屏图像

在Word 排版过程中，有时候需要将另一篇文档的操作界面在文档中全屏显示出来，例如一些财务报表的页面显示（资产负债表、利润表、所有者权益变动表、现金流量表等），这时候就需要截取全屏图像，具体操作方法如下。

Step01: 打开“光盘\素材文件\第 4 章\截取全屏图像.docx 文件”，按计算机键盘上的〈PrintScreen〉键，如下图所示。

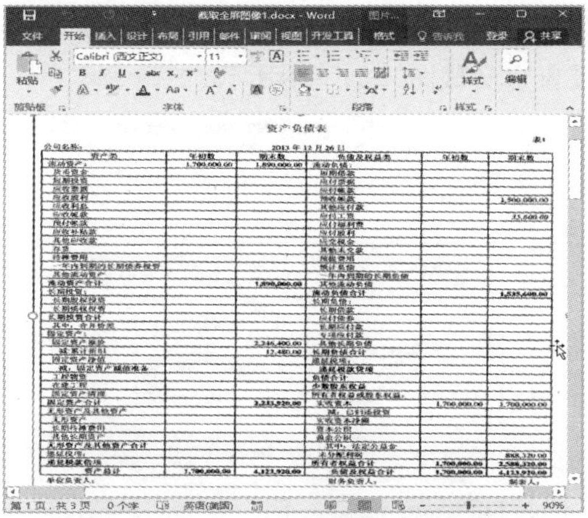

Step02: 将截取的全屏图像通过按〈Ctrl+V〉组合键复制到文档中相应的位置，如下图所示。

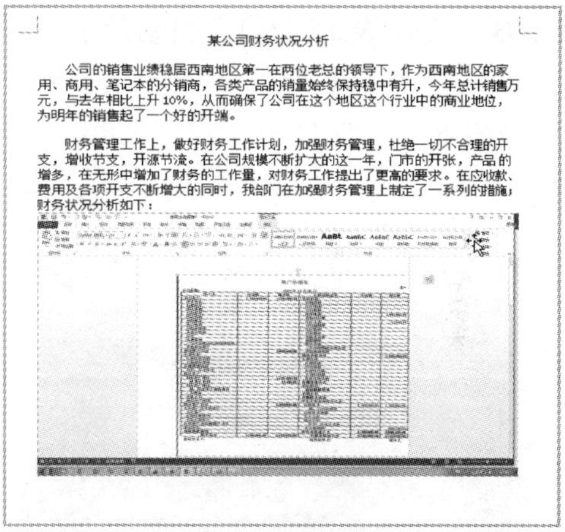

Step03: 通过对插入的全屏图像进行裁剪和简单的编辑完成对图像的截取，效果如右图所示。

技巧 02 自定义截图

有时候需要在 Word 文档中自定义截图，此时可应用 Word 中的“插入屏幕截图”命令实现。该命令不仅可以插入屏幕中的窗口图像，还可以插入屏幕中的部分区域图像，具体操作如下。

Step01: 在计算机的“资源管理器”中双击打开“光盘\素材文件\第 4 章\自定义截图.jpg 文件”，在“Windows 照片查看器”中打开图像，如下图所示。

Step02: 直接切换到 Word 窗口；❶在文档中定位插入点；❷单击“插入”选项卡的“插图”组中的“屏幕截图”下拉按钮；❸选择“屏幕剪辑”命令，如下图所示。

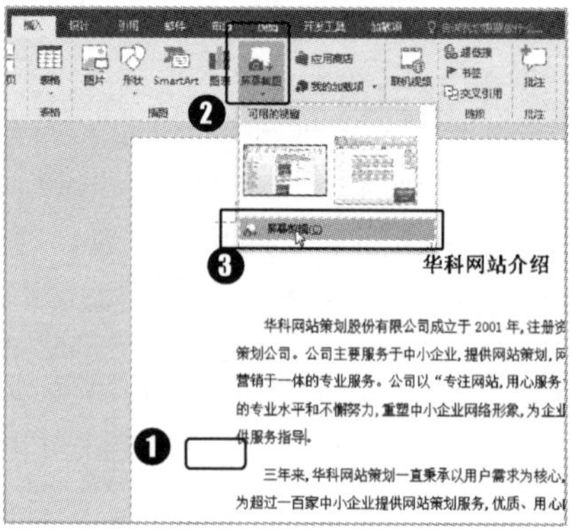

Step03: 此时 Word 窗口会自动最小化，在“Windows 照片查看器”窗口中拖动鼠标绘制一个截图区域，如下图所示。

Step04: 对截取的图片进行简单的编辑，完成自定义截图，如下图所示。

在执行完以上操作后，绘制的自定义截图区域中的图像内容将会被自动插入到 Word 文档中。需要注意的是，在进行截图时必须保证要截图的窗口没有被最小化。

> **专家点拨——自定义截图**
>
> 单击计算机左下方的“开始”按钮，选择“所有程序”→“附件”→“画图”命令，打开画图工具，然后选择“编辑”→“粘贴”命令，整个屏幕截取图片就出现在眼前了。用画图工具适当处理图片后选择“文件”→“保存”命令保存，也可以实现自定义截图。

技巧 03 为图片设置三维效果

在文档中插入的图片有时候不足以满足文档排版的要求，需要对图片进行三维效果的设置，以增强图片的立体感，更加突显出文档的特色，具体操作方法如下。

Step01: 打开“光盘\素材文件\第 4 章\为图片设置三维效果.docx 文件”，选中文档中的图形，单击“图片工具-格式”选项卡；❶单击“图片样式”组的对话框启动器按钮；❷在“设置图片格式”任务窗格的“三维格式”选项组中设置图片的三维效果，如下图所示。

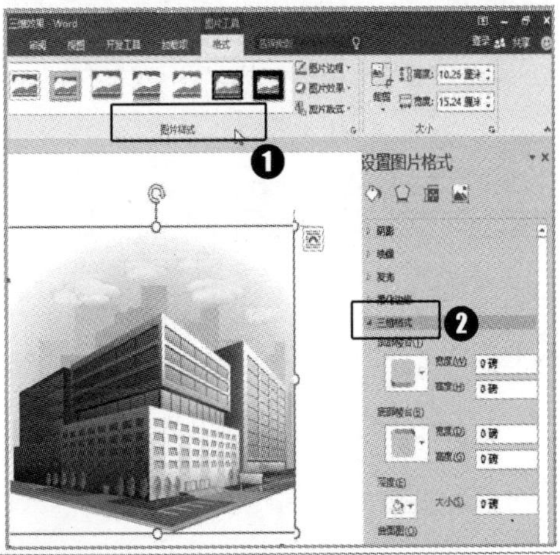

Step02: 完成对图片三维效果的设置，效果如下图所示。

技巧 04 链接文本框中的内容

如果一个文本框中的内容太多而无法完全显示，用户可以将内容放置在多个依次链接的文本框中，使文本在其间连续传递，这样这些文本框中的内容实际上还是一个整体，当对其中某个文本框中的内容进行增删操作后会自动调整其后的文本框内容，具体操作如下。

Step01: 打开“光盘\素材文件\第 4 章\链接文本框中的内容.docx”；❶绘制一个用于链接多余文本内容的空文本框；❷选择已经输入大量文字的文本框；❸单击“绘图工具-格式”选项卡的“文本”组中的“创建链接”按钮，如下图所示。

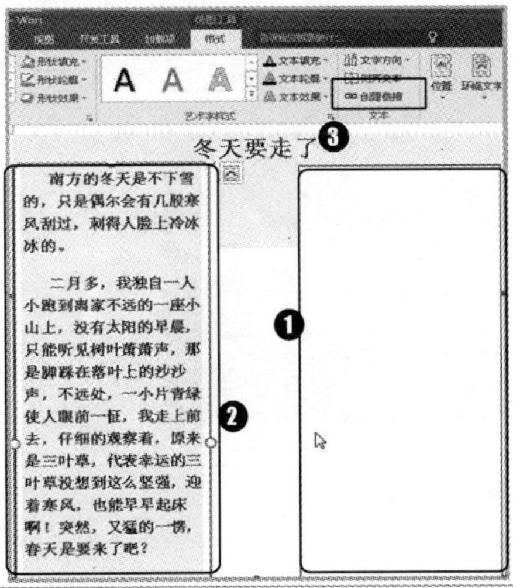

Step02: 当鼠标光标变成形状时，即在两个文本框之间建立了链接，且前一个文本框中多余的文本内容会自动链接到另一个文本框中，适当调整文档中的内容即可看到两个文本框中的内容是动态链接的，如下图所示。

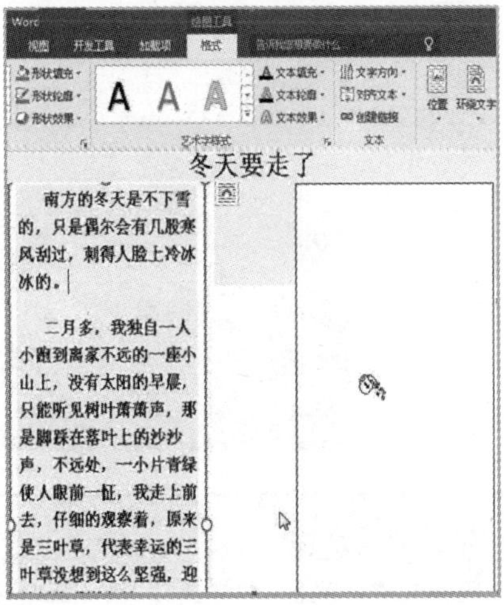

Step03: 完成对文档中链接文本框的设置，效果如右图所示。

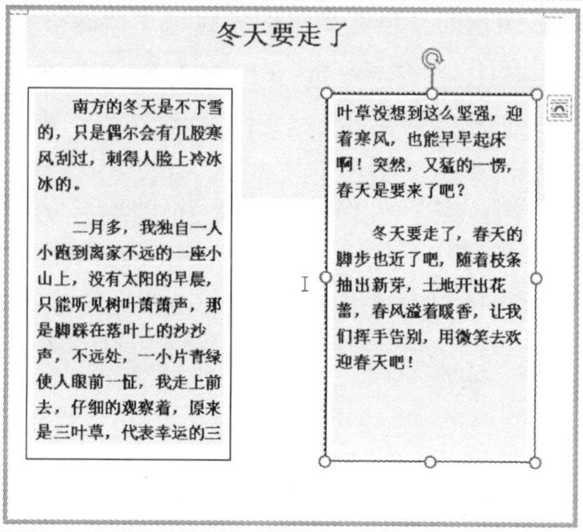

▷▷ 上机实战——排版“文明宣传单”文档

>> 上机介绍

制作美观大方的文档，少不了应用形状、色彩和图片进行修饰。虽然Word 不是专业的图像处理软件，但使用 Word 设计一些简单的宣传海报、画册也是非常便捷的，下面以“制作文明宣传单”为例综合运用 Word 中的形状绘制与图片应用等。

光盘同步文件

视频文件：光盘\教学文件\第 4 章\上机实战.mp4

步骤详解

本实例的具体制作步骤如下：

Step01: 打开“光盘\素材文件\第 4 章\文明宣传单.docx”，单击“插入”选项卡；❶单击“文本”组中的“文本框”下拉按钮；❷在下拉列表中选择“绘制文本框”命令，如下图所示。

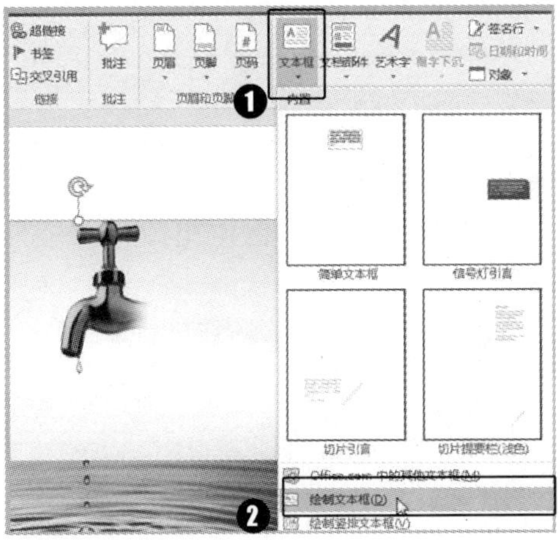

Step02: 在文档中拖动鼠标绘制出文档所需要的文本框效果，如下图所示。

Step03: ❶单击“绘图工具-格式”选项卡；❷单击“形状样式”组中的“形状填充”按钮右侧的下拉按钮；❸选择“无填充颜色”命令；如下图所示。

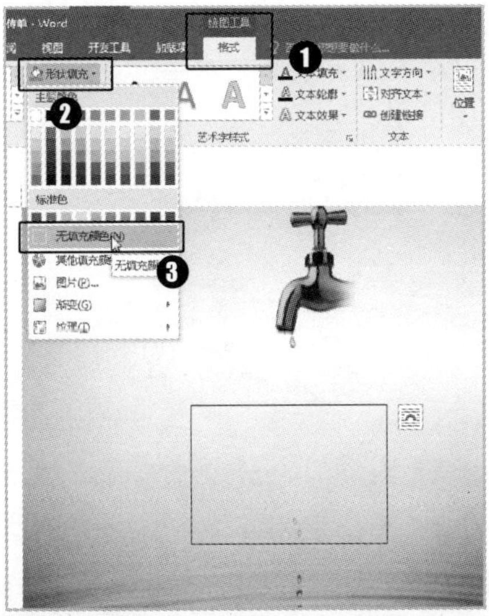

Step04: ❶单击“形状轮廓”按钮右侧的下拉按钮；❷选择“无轮廓”命令，如下图所示。

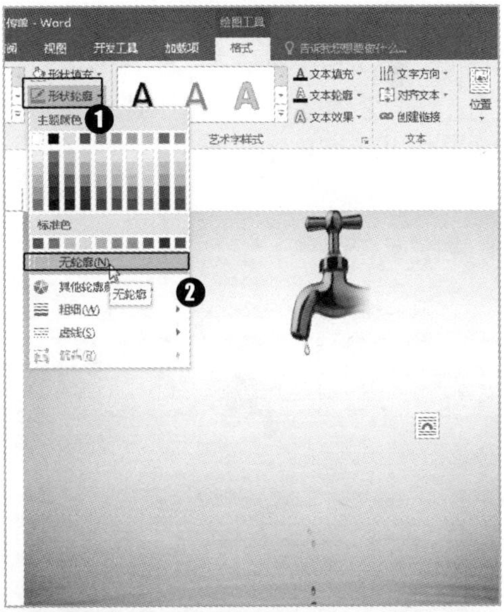

Step05: 将鼠标光标定位于已经编辑完成的文本框中，单击“插入”选项卡中的“图片”按钮，如下图所示。

Step06: 打开“插入图片”对话框；❶在上方的地址栏中选择要插入图片所在的位置；❷在列表框中选择要插入的图片“文明宣传

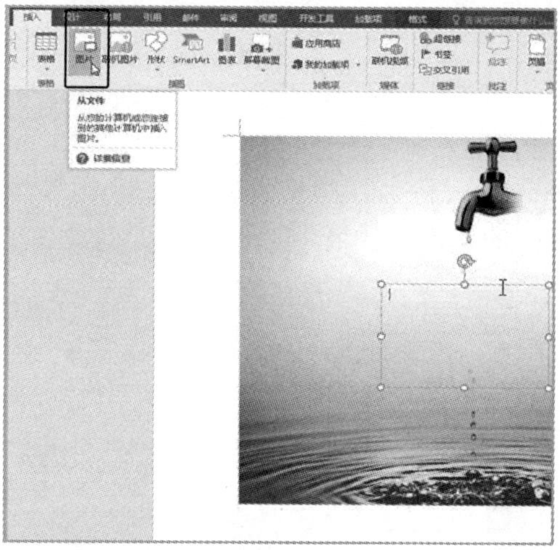

单”；❸单击“插入”按钮，如下图所示。

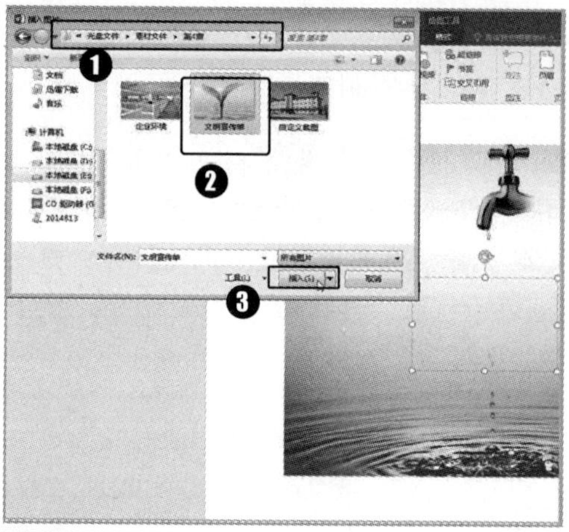

Step07: 单击“调整”组中的“删除背景”按钮，如下图所示。

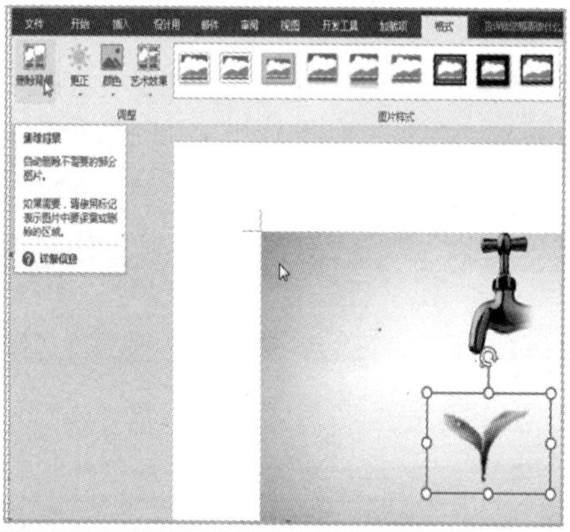

Step08: 调整图像的控制点，在“背景消除”选项卡中单击“保留更改”按钮，如下图所示。

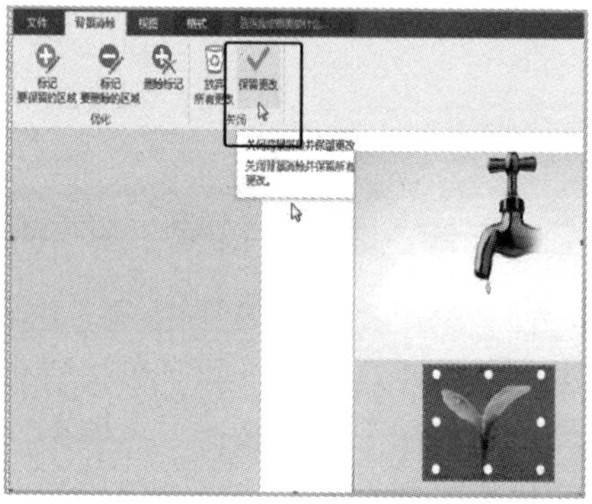

Step09: 在文档中新插入一个矩形边框，并选中；在“艺术字样式”组中选择要应用的艺术字样式，如下图所示。

Step10: 在艺术字文本框中输入文字内容，设置文字格式并调整艺术字位置，完成效果如下图所示。

▷▷ 本章小结

本章重点讲解了Word中图片、形状和艺术字等元素的应用，包括这些元素的插入、调整及样式设置方法。在文档中运用图片、形状和艺术字可以使文档内容更丰富、更美观、更具有可读性，读者应当熟练掌握。

第 5 章　Word 2016 的 SmartArt 图形与制表功能

本章导读

虽然文字和图形都可以传递信息，但文字描述始终没有图形表述来得简洁、直观。“大化小，小化图”是提炼文档内容的好方法。Word 中除了可以用前面章节中讲到的基本图形绘制图形外，还可以使用 SmartArt 图形。此外，为了表现某些特殊的内容或数据，还可以在 Word 文档中插入表格。本章就主要来介绍 Word 2016 中图示化内容的两大法宝——SmartArt 图形和表格的基本操作。

知识要点

- 插入 SmartArt 图形
- 编辑 SmartArt 图形
- 创建表格
- 编辑表格
- 美化表格
- 表格的排序操作
- 计算表格数据

效果展示

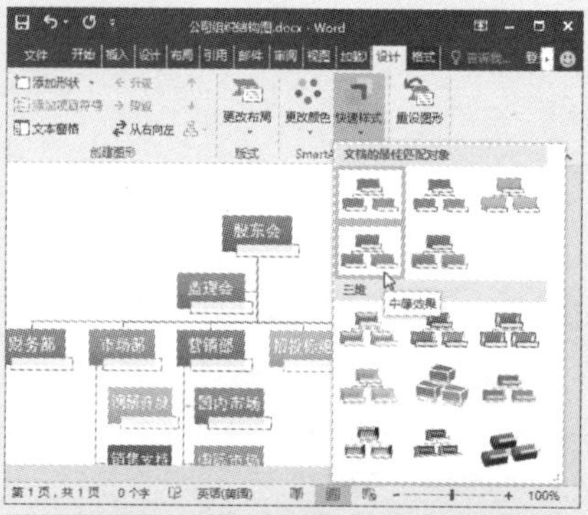

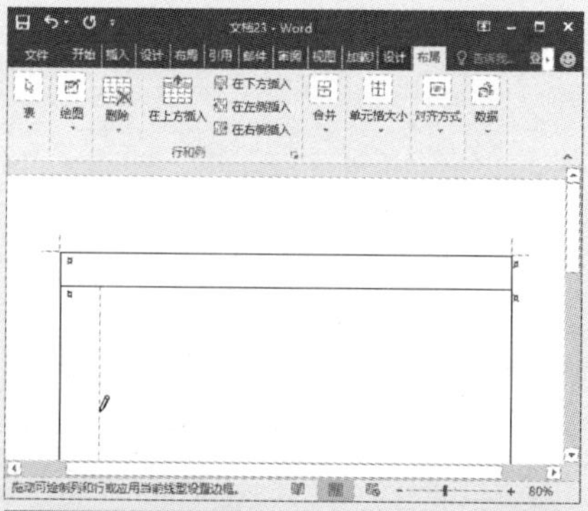

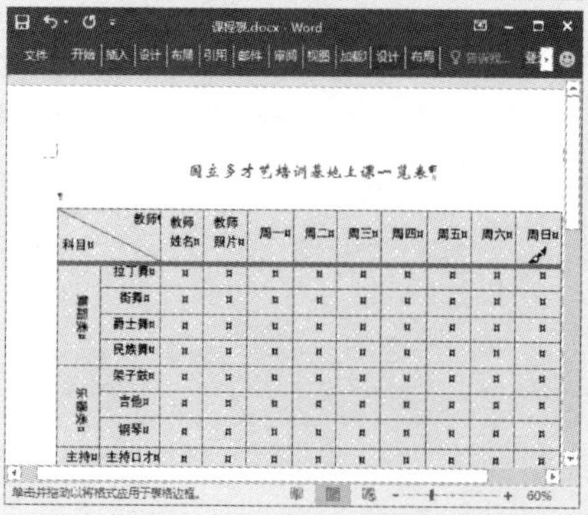

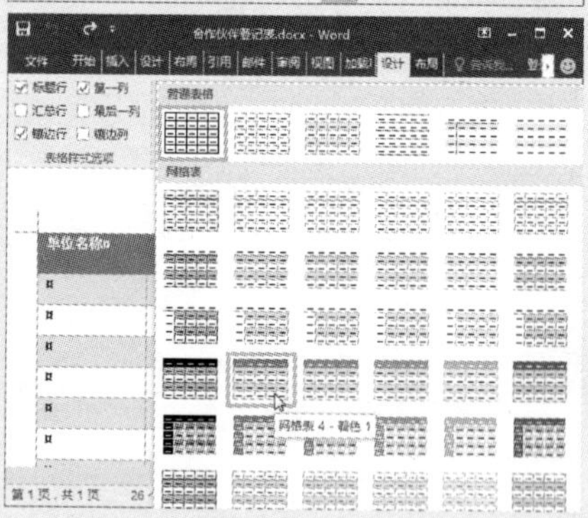

▷▷ 5.1　课堂讲解——插入与编辑 SmartArt 图形

为了使文字之间的关联表示得更加清晰，我们经常使用配有文字的图形进行说明。对于普通内容，只须在绘制形状后在其中输入文字即可，如常见的流程图。如果要表达的内容之间具有某种关系，则可以借助 SmartArt 图形功能来制作具有专业设计师水准的插图。

5.1.1　SmartArt 图形简介

SmartArt 图形是信息和观点的视觉表示形式，相对于 Word 中提供的普通图形功能，SmartArt 图形功能更强大、种类更丰富、效果更生动。这种对象可以通过从多种不同布局中进行选择来创建，从而快速、轻松、直观并有效地传达信息，通常用于办公中的组织结构图、业务流程图等方面。

在 Word 2016 中预设了流程、循环和关系等多种不同布局的 SmartArt 图形图示模板，不同类型的图形的作用也不相同。用户可以根据需要展示的数据信息选择合适的SmartArt图形布局，从而方便、快捷地制作出美观、专业的图形。常见的 SmartArt 图形类型如下表所示。

类　型	功 能 作 用
列表型	一般用来显示非有序信息块或分组的多个信息块或列表的内容，主要用于强调信息的重要性
流程型	一般用来表示任务流程的顺序或步骤
循环型	一般用来表示阶段、任务或事件的连续序列，主要用于强调重复过程
层次结构型	一般用于显示组织中的分层信息或上下级关系，最广泛地应用于组织结构图
关系型	用于比较或显示若干个观点或项目之间的关系，有对立关系、延伸关系和促进关系等
矩阵型	用于以象限的方式显示部分与整体的关系
棱锥图	用于显示比例关系、互连关系或层次关系，按照从高到低或从低到高的顺序进行排列，一般是将最大的部分置于底部，向上渐窄
图片型	包括一些可以插入图片的 SmartArt 图形，图形的布局包括以上 7 种类型

5.1.2　插入 SmartArt 图形

使用 SmartArt 图形功能可以快速地创建出专业且美观的图示化效果。在插入 SmartArt 图形时，用户首先应根据自己的需要选择 SmartArt 图形的类型和布局，然后输入相应的文本信息，程序便会自动插入对应的图形。例如要通过插入 SmartArt 图形制作某集团结构图，具体操作方法如下。

光盘同步文件

视频文件：光盘\教学文件\第 5 章\5-1-2.mp4

Step01: ❶新建一个空白文档，并以“公司组织结构图”为名进行保存；❷单击“插入”选项卡的“插图”组中的“SmartArt”按钮，如下图所示。

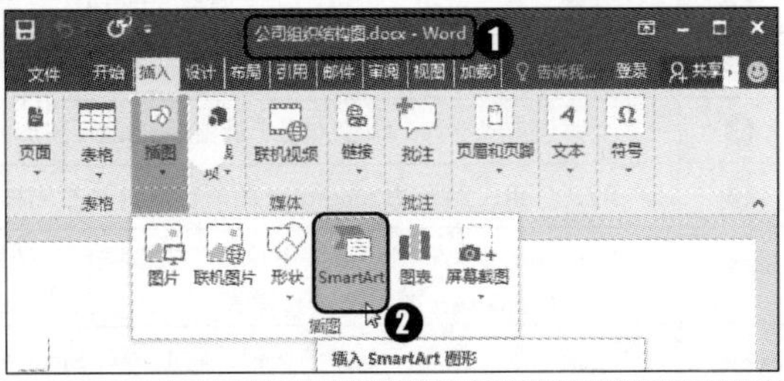

Step02: 打开“选择 SmartArt 图形”对话框，❶在左边列表框中选择“层次结构”选项；❷在中间的列表框中选择“组织结构图”选项；❸单击“确定”按钮，如下图所示。

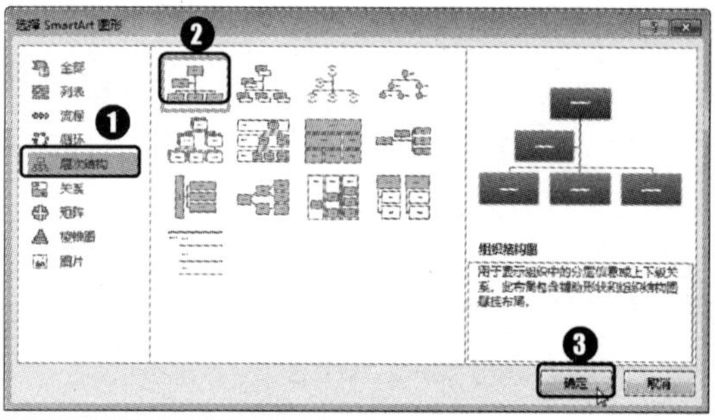

Step03: 经过上步操作，返回文档中即可查看到插入的组织结构图，在其中的各形状中输入相应的文字内容，效果如下图所示。

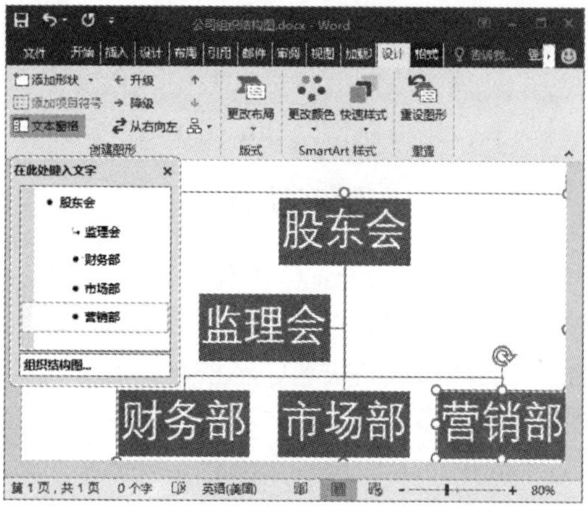

5.1.3 编辑 SmartArt 图形

在文档中创建好 SmartArt 图形之后，图形的整体布局、整体样式、图形中形状的添加与删除、形状样式、图形中文本的样式都是可以重新设置的。

在插入 SmartArt 图形之后，将激活“SmartArt 工具-设计”选项卡（如下图所示）和“SmartArt 工具-格式”选项卡。在“SmartArt 工具-格式”选项卡中可设置 SmartArt 图形的形状、形状样式以及艺术字样式等。该选项卡中工具的应用方法与“绘图工具-格式”选项卡中工具的应用方法基本相同，只是在“形状”组中提供了几个其他工具。单击“更改形状”按钮，可改变在 SmartArt 图形中所选形状的外观；单击“增大”或“减小”按钮，可逐步增大或减小在 SmartArt 图形中所选形状的大小。在“SmartArt 工具-设计”选项卡中可为 SmartArt 图形添加图形分支，并为其重新选择布局以及设置 SmartArt 样式等。

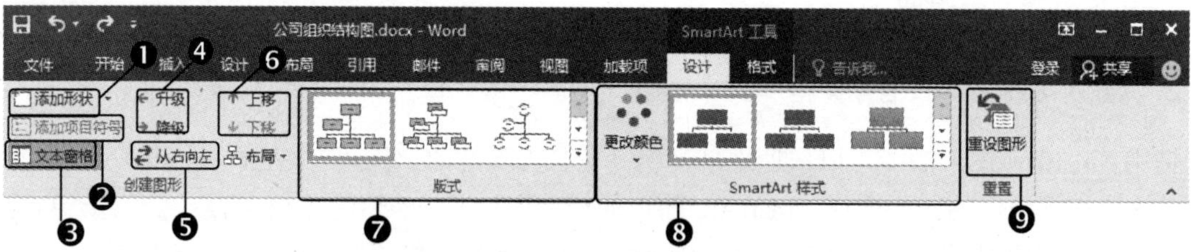

❶	“添加形状”按钮：单击该按钮，可在弹出的下拉菜单中选择为 SmartArt 图形添加形状的位置
❷	“添加项目符号”按钮：单击该按钮，可为所选 SmartArt 图形中的形状添加下级项目符号
❸	“文本窗格”按钮：用于显示或隐藏编辑 SmartArt 图形中文本的“在此处输入文字”任务窗格
❹	“升级”与“降级”按钮：用于调整 SmartArt 图形中形状或文本内容的上下级关系
❺	“从右向左”按钮：用于调整整个 SmartArt 图形的排列方向
❻	“上移”与“下移”按钮：用于调整 SmartArt 图形中形状或文本内容的上下位置
❼	“版式”组：用于为 SmartArt 图形重新定义布局样式
❽	“SmartArt 样式”组：在其中单击“更改颜色”按钮，在弹出的下拉菜单中可以为 SmartArt 图形设置颜色，在该组中可选择 SmartArt 图形的预设样式
❾	“重设图形”按钮：单击该按钮，将取消对 SmartArt 图形所做的所有操作，让其恢复为插入时的状态

光盘同步文件

视频文件：光盘\教学文件\第 5 章\5-1-3.mp4

例如要在“公司组织结构图”文档中完善 SmartArt 图形内容并编辑图形效果，具体操作方法如下。

Step01: ❶选择 SmartArt 图形中的最后一个形状；❷单击“SmartArt 工具-设计”选项卡的“创建图形”组中的“添加形状”按钮；❸在弹出的下拉菜单中选择“在后面添加形状”命令，如下图所示。

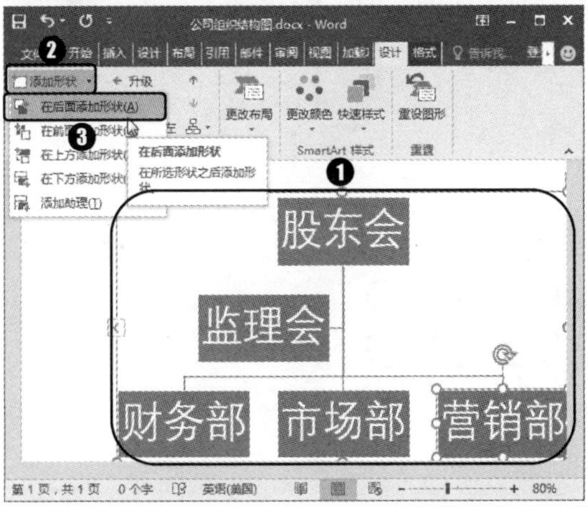

Step02: 经过上步操作，即可在所选形状后面添加新的形状，❶输入形状中的文本内容；❷使用相同的方法继续在 SmartArt 图形中添加其他形状，并输入文本内容，效果如下图所示。

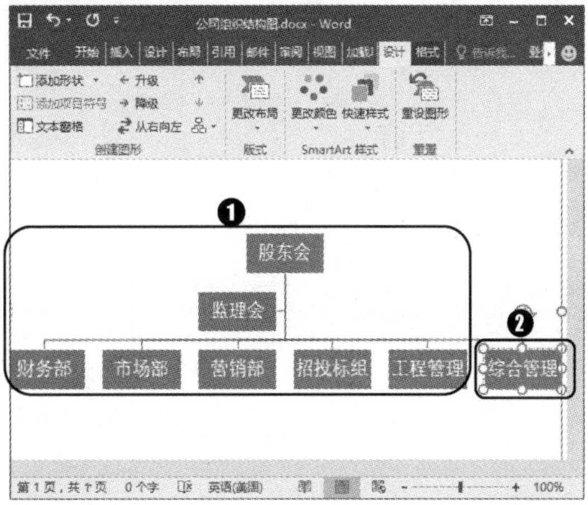

Step03: ❶选择 SmartArt 图形中的“市场部”形状；❷单击“SmartArt 工具-设计”选项卡的“创建图形”组中的“添加形状”按钮；❸在弹出的下拉菜单中选择“在下方添加形状”命令，如下图所示。

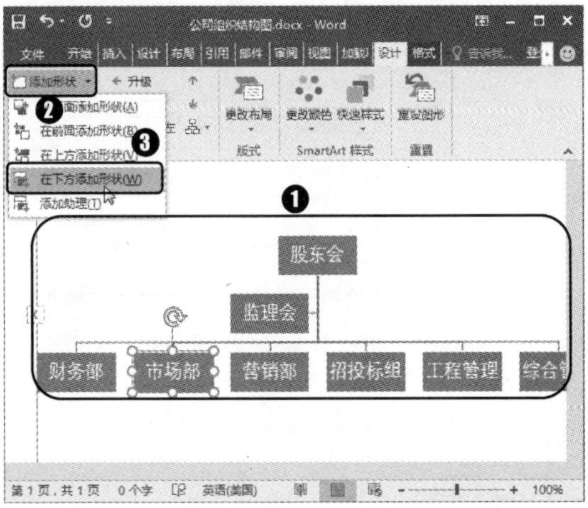

Step04: 经过上步操作，即可在所选形状的下面添加新的形状，❶输入形状中的文本内容；❷单击“SmartArt 工具-设计”选项卡的“创建图形”组中的“添加形状”按钮；❸在弹出的下拉菜单中选择“在后面添加形状”命令，如下图所示。

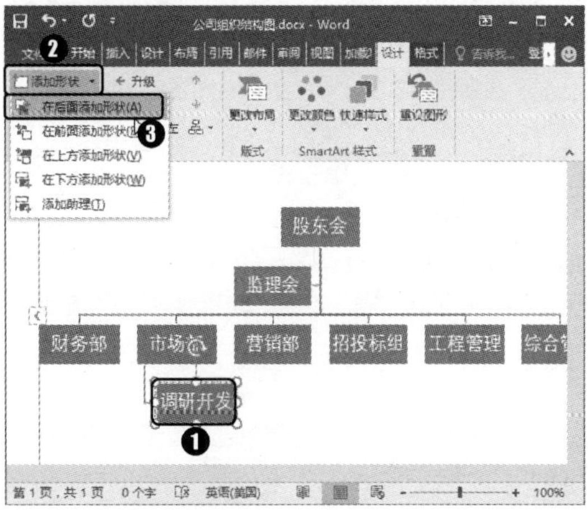

新手注意

在“添加形状”下拉菜单中选择“在前面添加形状”命令，可在选中形状的左边或上方添加级别相同的形状；选择“在上方添加形状”命令，可在选中形状的左边或上方添加更高级别的形状。

Step05: 经过上步操作，即可在所选形状的后面添加新的形状，❶输入形状中的文本内容；❷使用相同的方法继续在 SmartArt 图形中添加其他形状，并输入文本内容，效果如下图所示。

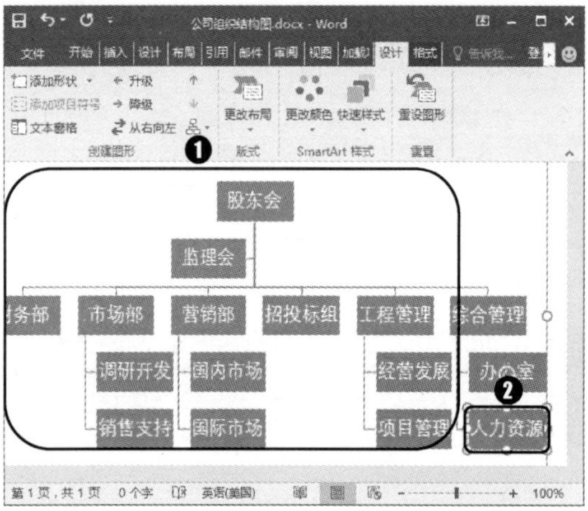

Step06: ❶选择整个 SmartArt 图形；❷单击“布局”组中的“更改布局”按钮；❸在弹出的下拉列表中选择新的 SmartArt 图形类型，如下图所示。

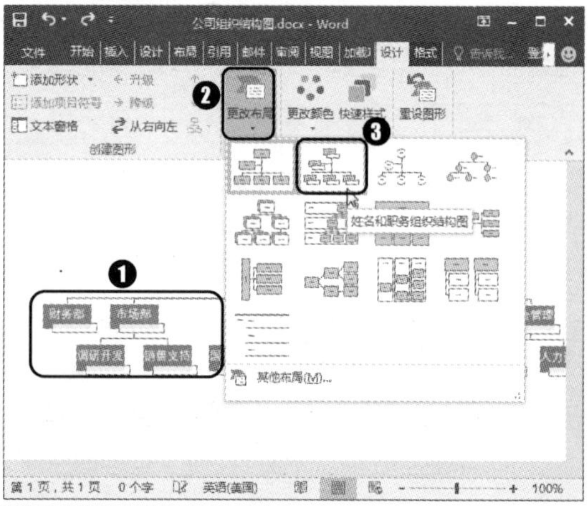

Step07: 经过上步操作，即可更改 SmartArt 图形的类型，❶选择 SmartArt 图形中的“市场部”形状；❷单击“创建图形”组中的“组织结构图布局”按钮；❸在弹出的下拉列表中选择“右悬挂”命令，如下图所示。

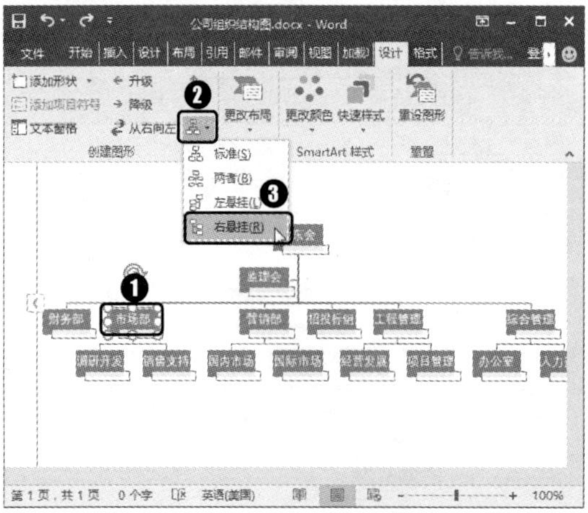

Step08: 经过上步操作，即可更改当前所选图形下方图形的布局方式，然后使用相同的方法更改 SmartArt 图形中其他图形的布局，如下图所示。

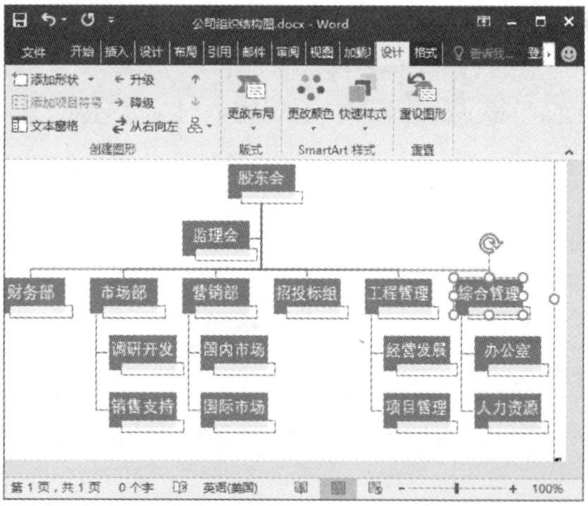

新手注意

在 SmartArt 图形中选择形状后，按〈Delete〉键或〈Backspace〉键可快速删除形状。按〈Tab〉键可以降低内容级别，按〈Shift+Tab〉组合键可以提升内容级别。在更改 SmartArt 图形的布局时，需要注意有些布局可能会改变当前数据信息的表现方式。如将本例中的数据更改为某些层次结构的 SmartArt 图形布局，其中的“监理会”形状将会从助理类型的形状变为普通形状，并降级显示。

Step09: ❶选择整个 SmartArt 图形；❷单击“SmartArt 样式”组中的“更改颜色”按钮；❸在弹出的下拉列表中选择需要的 SmartArt 图形颜色，如下图所示。

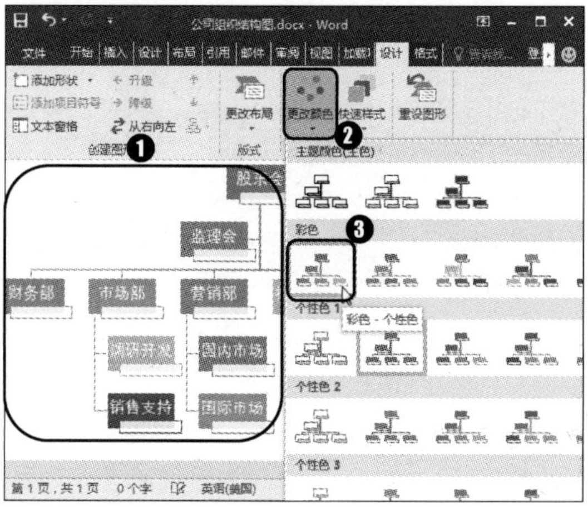

Step10: ❶单击“SmartArt 样式”组中的“快速样式”按钮；❷在弹出的下拉列表中选择“中等效果”选项，如下图所示。

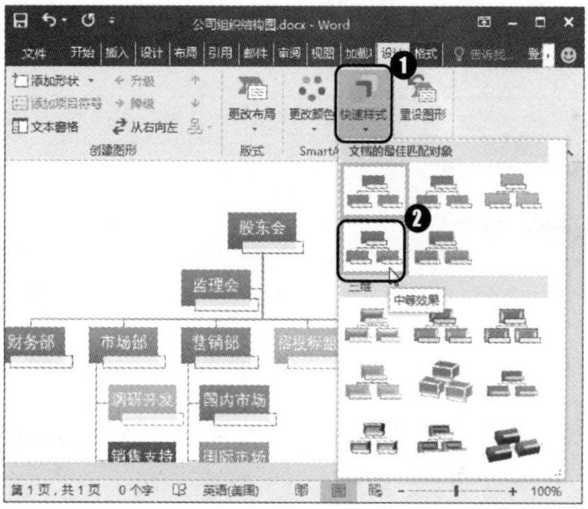

5.2　课堂讲解——创建表格

使用表格可以将文档中的内容分门别类地进行划分，让文本内容更加清晰明了，便于读者查看与浏览，因此在办公文档制作中表格的使用是非常广泛的。

Word 2016 为用户提供了较为强大的表格处理功能，可以方便地在文档中创建表格。创建表格经常使用 3 种方法，分别是：使用虚拟表格快速插入表格；使用“插入表格”对话框插入指定行数和列数的表格；还有一种是手动绘制表格的方法。每种方法都有各自的优点，用户可以根据需要使用适当的方法。

5.2.1　使用虚拟表格创建表格

如果要创建的表格的行与列很规则，而且在 10 列 8 行以内，可以通过在虚拟表格中拖动行、列数的方法来创建。例如要插入一个 6 列 8 行的单元格，具体操作方法如下。

光盘同步文件

视频文件：光盘\教学文件\第 5 章\5-2-1.mp4

新手注意

表格是按行和列的方式将多个矩形小方框组合而成的，这些小方框即单元格，主要用于将数据以一组或多组存储方式直观地表现出来，方便用户对数据进行比较与管理。在单元格中不仅可以输入文本、数字，还可以插入图片。

Step01: ❶将文本插入点定位到文档中要插入表格的位置，单击“插入”选项卡的“表格”组中的“表格”按钮；❷在弹出的下拉菜单的虚拟表格内拖动鼠标光标到所需的行数和列数，如下图所示。

Step02: 释放鼠标左键后即可在文档中插入与在虚拟表格中拖动的行、列数相应的表格，效果如下图所示。

5.2.2 指定行、列数创建表格

通过拖动行、列数的方法创建表格虽然很方便，但创建的表格的列数和行数都受到限制，当用户需要插入更多行数或列数的表格时就需要通过“插入表格”对话框来完成了。例如要创建一个 18 行 5 列的表格，具体操作方法如下。

光盘同步文件

视频文件：光盘\教学文件\第 5 章\5-2-2.mp4

Step01: ❶将文本插入点定位到文档中要插入表格的位置，单击“插入”选项卡的“表格”组中的“表格”按钮；❷在弹出的下拉菜单中选择“插入表格”命令，如下图所示。

Step02: ❶打开“插入表格”对话框，在“列数”数值框中输入表格的列数“5”；❷在“行数”数值框中输入表格的行数“18”；❸单击“确定”按钮，如下图所示。

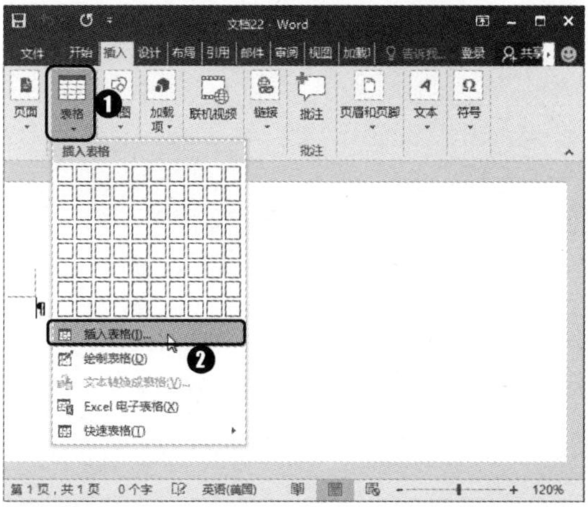

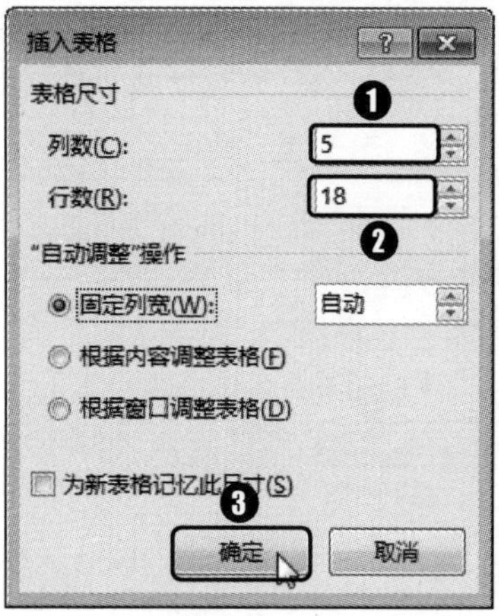

Step03: 经过上步操作后 Word 文档中会自动插入对应行、列数的表格，如下图所示。

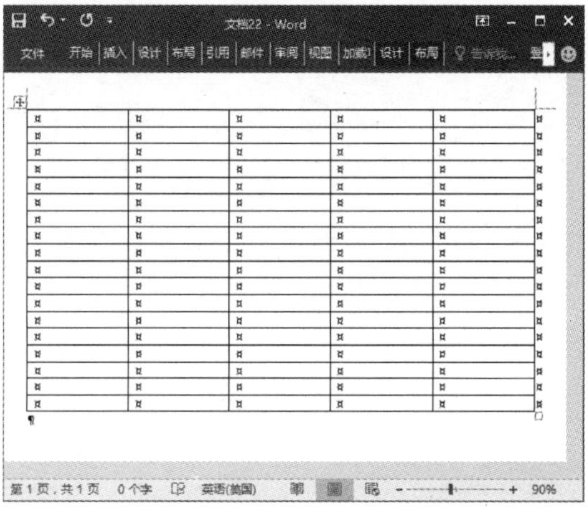

专家点拨——设置“‘自动调整’操作”选项组中的参数

在“插入表格”对话框中，若选中“固定列宽”单选按钮，可以让每个单元格保持当前尺寸，除非用户改变其尺寸；若选中“根据内容调整表格”单选按钮，表格中的每个单元格将根据内容多少自动调整高度和宽度；若选中“根据窗口调整表格”单选按钮，表格尺寸将根据 Word 页面的大小自动改变。

5.2.3　手动绘制表格

手动绘制表格是指用画笔工具绘制表格的边线，就像人们日常生活中用笔在纸张上绘制表格一样。手动绘制表格可以很方便地绘制出同行不同列的不规则表格，也可以绘制一些带有斜线的表格，具体方法如下。

光盘同步文件

视频文件：光盘\教学文件\第 5 章\5-2-3.mp4

Step01: ❶将文本插入点定位到文档中要插入表格的位置，单击“插入”选项卡的“表格”组中的“表格”按钮；❷在弹出的下拉菜单中选择“绘制表格”命令，如下图所示。

Step02: 此时鼠标光标会变成✎形状，按住鼠标左键不放并拖动，在鼠标光标经过的位置可以看到一个虚线框，该虚线框是表格的外边框，直到绘制出需要大小的表格外边框时释放鼠标左键即可，如下图所示。

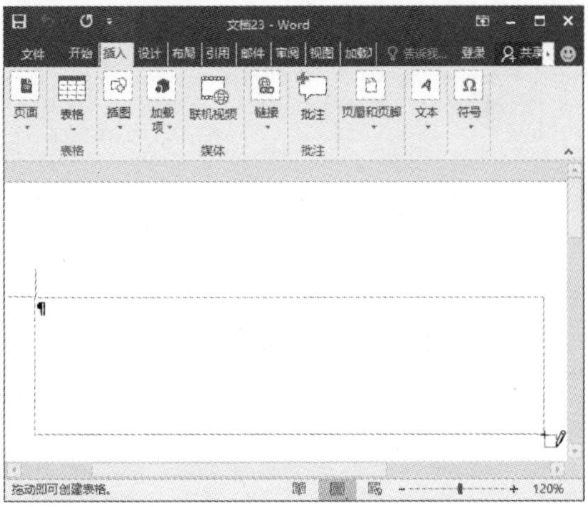

Step03: 在绘制好的表格外边框内横向拖动鼠标光标绘制出表格的行线，如下图所示。

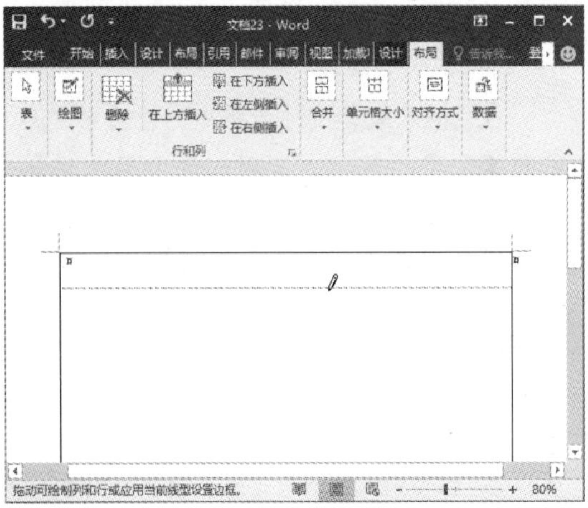

Step04: 在表格外边框内竖向拖动鼠标光标绘制出表格的列线，如下图所示。

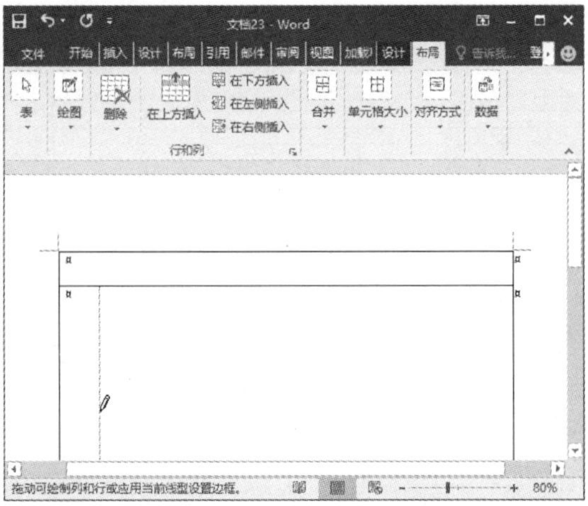

Step05: ❶使用相同的方法继续绘制表格的其他行、列线；❷将鼠标光标移动到第一个单元格内，并向右下侧拖动绘制出该单元格内的斜线，如下图所示。

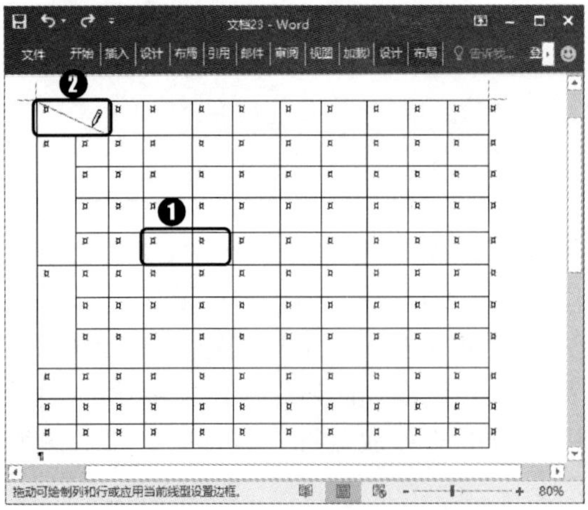

Step06: 将表格中的所有线条绘制完成后，单击“表格工具-布局”选项卡的“绘图”组中的“绘制表格”按钮，取消该按钮的选中状态，即可退出绘制表格状态，如下图所示。

专家点拨——快速创建表格的方法

在"表格"下拉菜单中选择"文本转换成表格"命令，可以将相应的文本格式转换成表格样式；选择"快速表格"命令，可以将特定的表格类型快速地插入到文档中，如表格式列表、日历和双表等。

▷▷ 5.3 课堂讲解——编辑表格

在创建表格的框架后，就可以在其中输入表格内容了。在为表格添加文本内容时，很可能会由于文本内容的编排需要对表格进行重新组合和拆分，也就是对表格进行编辑操作。经常使用的编辑操作有添加/删除表格对象、拆分/合并单元格，以及调整行高与列宽等。

5.3.1 输入表格内容

输入表格内容的方法与直接在文档中输入文本的方法相似，只须将文本插入点定位在不同的单元格内，再进行输入即可，具体操作方法如下。

光盘同步文件

视频文件：光盘\教学文件\第 5 章\5-3-1.mp4

Step01: 打开"光盘\素材文件\第 5 章\合作伙伴登记表.docx"，❶将文本插入点定位在第一个单元格内；❷输入文本，如下图所示。

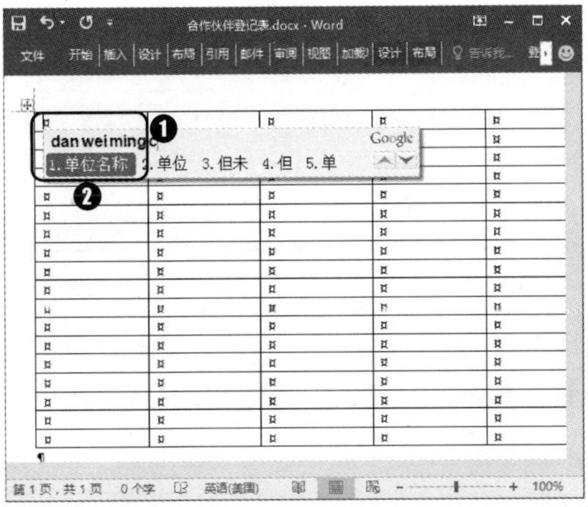

Step02: ❶将文本插入点定位在第二个单元格内，输入文本；❷使用相同的方法依次输入第一行其他单元格的内容，完成后的效果如下图所示。

新手注意

在表格中编辑的文字内容与在表格之外编辑的文字内容属性一样，可以进行复制、移动、查找、替换、删除，以及格式设置等操作。

5.3.2 选择表格对象

表格并不是一次性制作完成的，在输入表格内容后一般还需要对表格进行编辑，而编辑表格时常需要先选择编辑的对象。在选择表格中不同的对象时，其选择方法也不相同，一般有以下几种情况。

- 选择单个单元格：将鼠标光标移动到表格中单元格的左端线上，待指针变为指向右方的黑色箭头↗时单击鼠标左键可选择该单元格，效果如左下图所示。
- 选择连续的单元格：将文本插入点定位到要选择的连续单元格区域的第一个单元格中，按住鼠标左键不放并拖动至要选择连续单元格的最后一个单元格，或将文本插入点定位到要选择的连续单元格区域的第一个单元格中，在按住〈Shift〉键的同时单击连续单元格的最后一个单元格，可选择多个连续的单元格，效果如中下图所示。
- 选择不连续的单元格：在按住〈Ctrl〉键的同时依次选择需要的单元格即可选择这些不连续的单元格，效果如右下图所示。

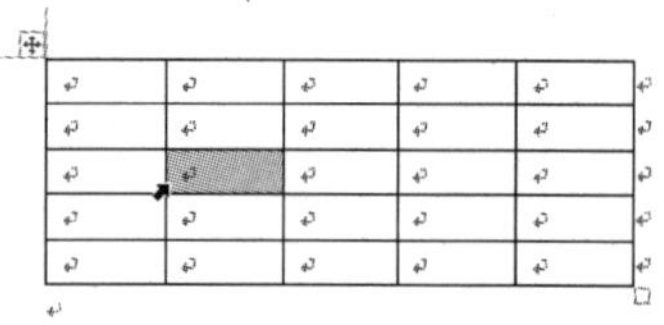
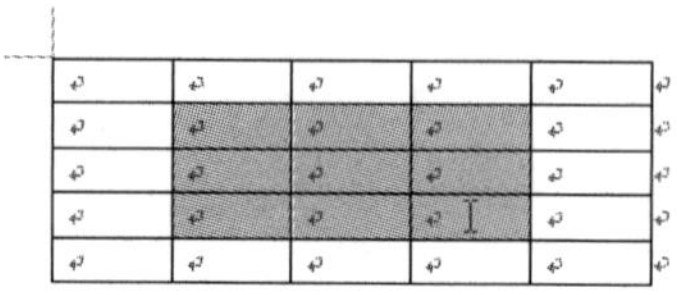
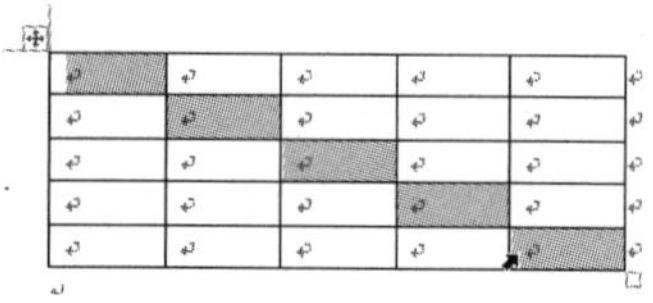

- 选择行：将鼠标光标移到表格边框左端线的附近，待指针变为↗形状时，单击鼠标左键即可选中该行，效果如左下图所示。
- 选择列：将鼠标光标移到表格边框的上端线上，待指针变成⬇形状时，单击鼠标即可选中该列，效果如中下图所示。
- 选择整个表格：将鼠标光标移动到表格内，在表格的左上角将出现⊞图标，右下角将出现□图标，单击这两个图标中的任意一个即可快速选择整个表格，效果如右下图所示。

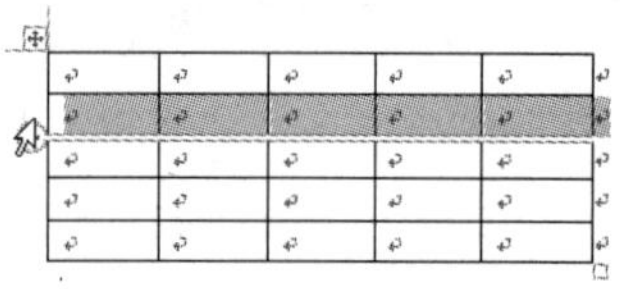
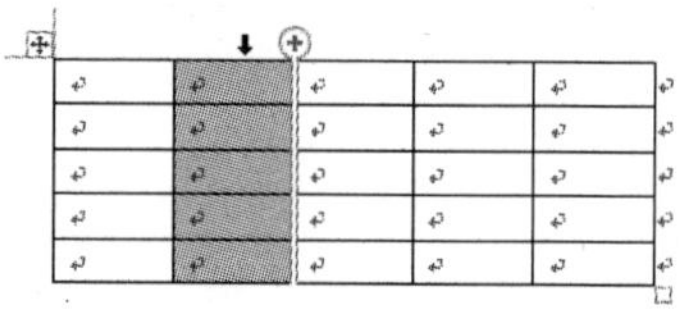
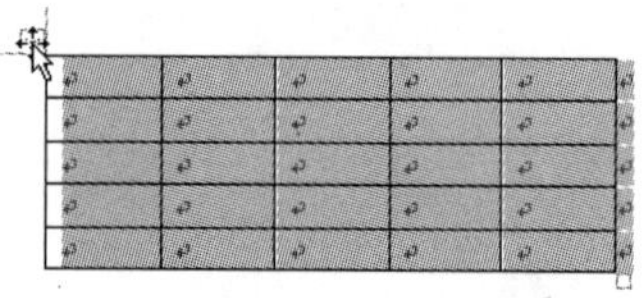

新手注意

按键盘上的方向键可以快速选择当前单元格上/下/左/右方的一个单元格。单击“表格工具-布局”选项卡的“表”组中的“选择”按钮，在弹出的下拉列表中选择相应的选项也可完成对行、列、单元格，以及表格的选择。

5.3.3 添加和删除表格对象

在制作办公表格时，很多时候并不能一次性将表格的行、列以及单元格数量创建到位，在创建好表格以后，用户可能还需要根据实际情况对表格对象进行调整，下面分别讲解插入与删除表格对象的方法。

光盘同步文件

视频文件：光盘\教学文件\第 5 章\5-3-3.mp4

1. 插入表格对象

插入表格对象主要是指表格行或列的插入，两者的插入方法基本一样，首先需要将文本插入点定位在要插入行或列单元格的附近单元格，再进行插入。

在编辑表格的过程中，有时可能因为在表格制作前期考虑不周，或因为各种原因漏输了数据，要重新调整表格的行/列数，此时可根据情况使用插入行和列的方法使表格内容满足需求。例如要在“会员档案表”中插入行，具体操作方法如下。

Step01: 打开“光盘\素材文件\第 5 章\会员档案表.docx”，将鼠标光标移动到要添加行上方的行边框线的左侧，并单击显示出的“+”按钮，如下图所示。

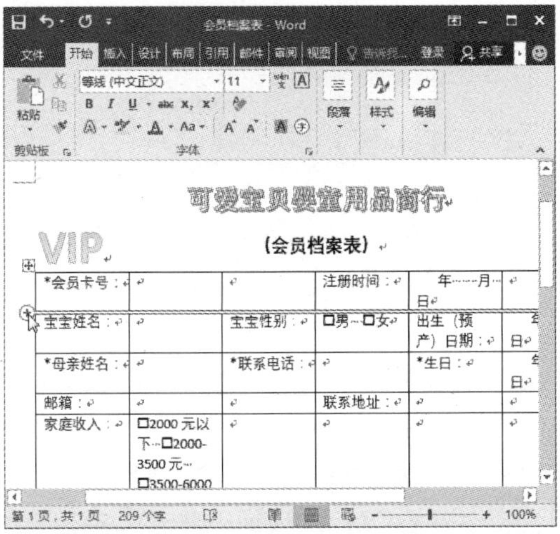

Step02: 经过上步操作，即可在所选边框线的下方插入一行空白行，❶输入相应的文本；❷选择要插入行所在行的下一行；❸单击“表格工具-布局”选项卡的“行和列”组中的“在上方插入”按钮，如下图所示。

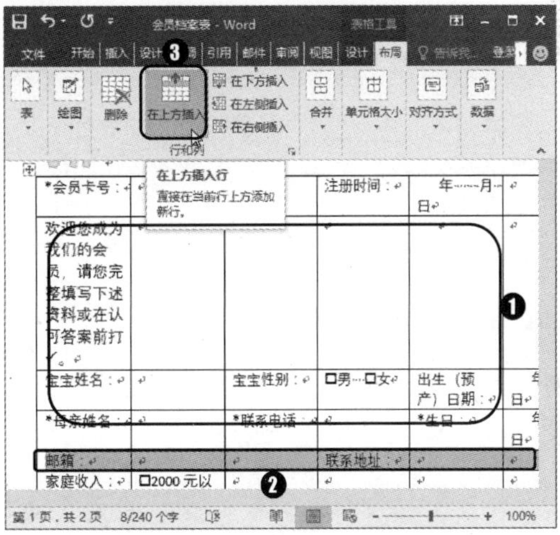

Step03: 经过上步操作，即可插入一行空白行，输入相应的文本，如下图所示。

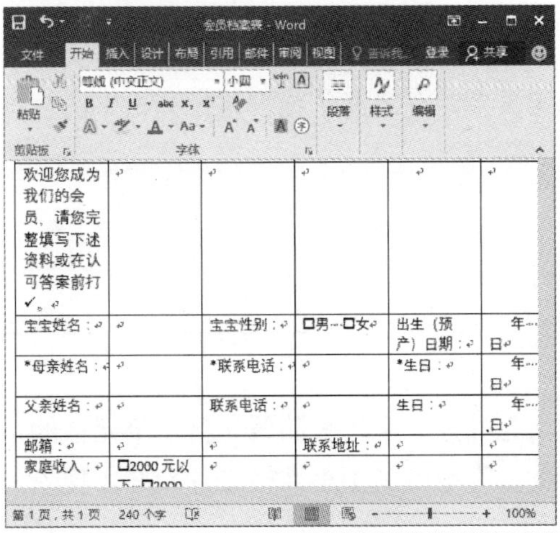

专家点拨——插入行与列的方法

单击“表格工具-布局”选项卡的“行和列”组中的“在下方插入”按钮，将在选择行的下面插入新行。单击“在左侧插入”按钮，将在选择列的左侧插入新列；单击“在右侧插入”按钮，将在选择行的右侧插入新列。在表格中选择多行或多列，再执行插入表格对象的命令，可以快速插入与选择数目相等的行或列。

2. 删除表格对象

在编辑工作表的过程中，有时候需要在删除单元格数据的同时删除对应的单元格，用户可使用删除表格对象的功能直接删除相应对象。删除表格对象的方法和插入表格对象的方法类似，首先选择要删除的行、列或单元格，然后在“行和列”组中单击“删除”按钮，在弹出的下拉菜单中选择相应的命令即可，具体操作方法如下。

Step01: ❶选择需要删除的最后一行；❷单击“表格工具-布局”选项卡的“行和列”组中的“删除”按钮；❸在弹出的下拉菜单中选择“删除行”命令，如下图所示。

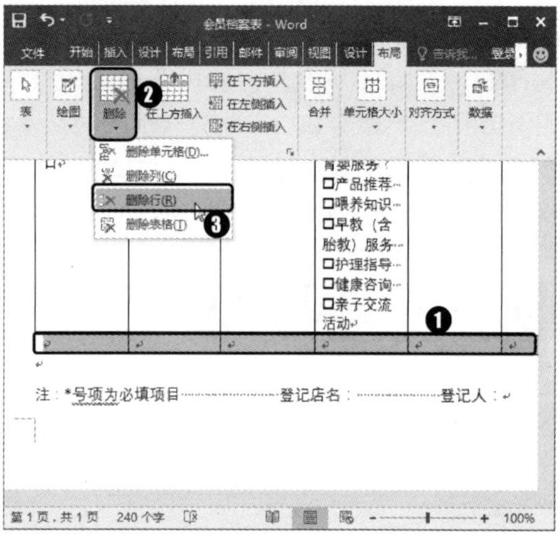

Step02: 经过上步操作，即可删除选择的行，效果如下图所示。

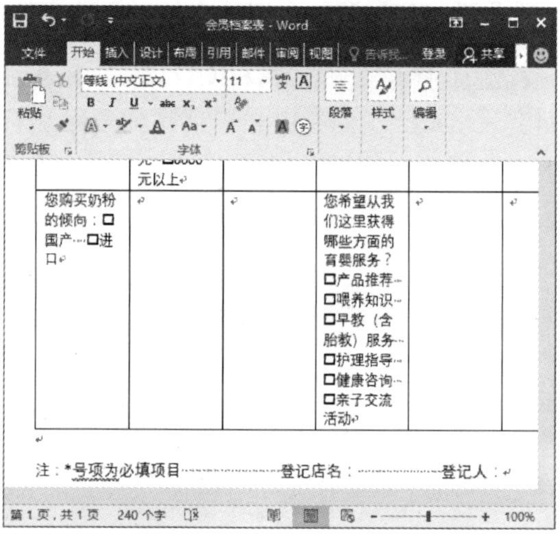

新手注意

在编辑表格内容时，按〈Delete〉键与按〈Backspace〉键都执行删除功能。但是在选择表格对象后，按〈Delete〉键将只删除表格中的文本内容；而按〈Backspace〉键将删除包括表格框线在内的所有内容。在选择单元格的情况下，按〈Backspace〉键或在“删除”下拉菜单中选择“删除单元格”命令，都将打开“删除单元格”对话框，在其中选中“右侧单元格左移”或“下方单元格上移”单选按钮，将在删除所选单元格的同时将同一行中的其他单元格左移或将同一列中的其他单元格上移。

5.3.4 拆分、合并单元格

在表格中表现某些数据时，为了表现复杂的数据关系，或者为了使表格排列出来的效果更美观，通常需要对单元格进行合并或拆分。

光盘同步文件

视频文件：光盘\教学文件\第 5 章\5-3-4.mp4

1. 合并单元格

合并单元格就是将两个或两个以上连续的单元格合并成一个较大的单元格，单元格的合并在编辑不规则表格时经常用到。例如要将“会员档案表”中的多个单元格进行合并，使表格的整体排列更加美观，具体操作方法如下。

Step01: ❶选择需要合并的单元格；❷单击“表格工具-布局”选项卡的“合并”组中的“合并单元格”按钮，如下图所示。

Step02: 经过上步操作，即可将选择的两个单元格合并为一个单元格。使用相同的方法合并其他单元格，完成后的效果如下图所示。

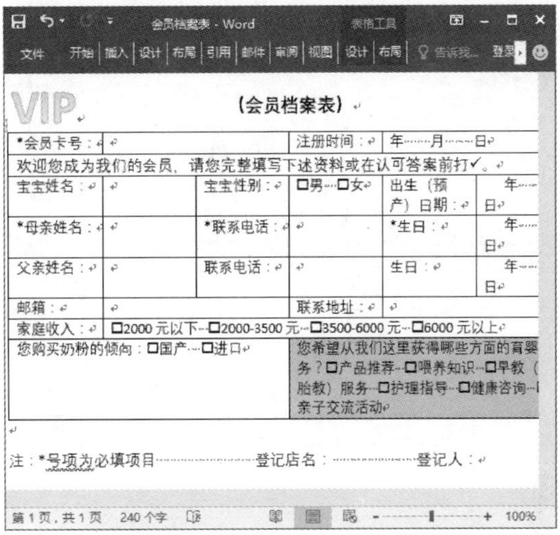

2. 拆分单元格

拆分单元格的效果与合并单元格的效果相反，拆分单元格就是将一个单元格分解成多个单元格。Word 表格中的任意一个单元格都可以拆分为多个单元格。例如要对“转账凭证”表格的相应单元格进行拆分，具体操作方法如下。

Step01: 打开“光盘\素材文件\第 5 章\转账凭证.docx”，❶选择需要拆分的多个单元格；❷单击“表格工具-布局”选项卡的“合并”组中的“拆分单元格”按钮，如下图所示。

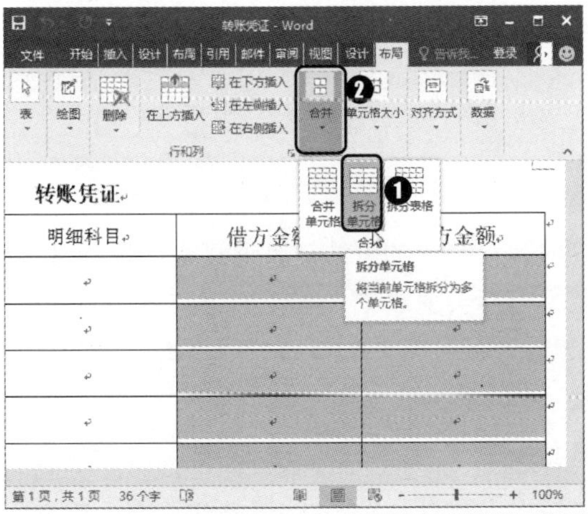

Step02: 打开“拆分单元格”对话框，❶取消勾选“拆分前合并单元格”复选框；❷在“列数”数值框中设置要拆分的列数；❸单击“确定”按钮。返回到文档中，即可看到已经将所选的每一个单元格拆分为 9 个单元格了，如下图所示。

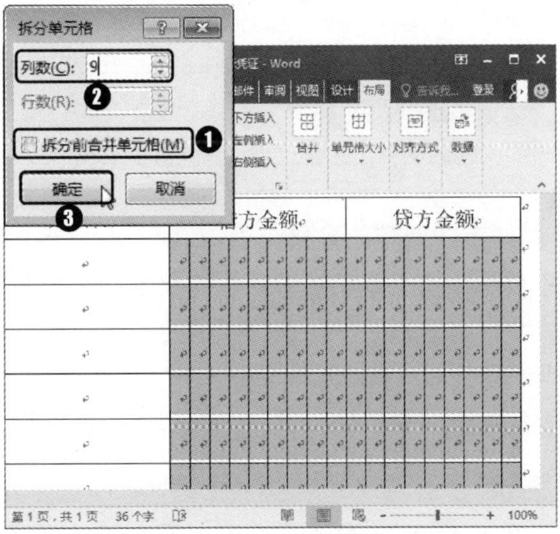

Step03: ❶选择需要拆分的多个单元格；❷单击“表格工具-布局”选项卡的“合并”组中的“拆分单元格”按钮，如下图所示。

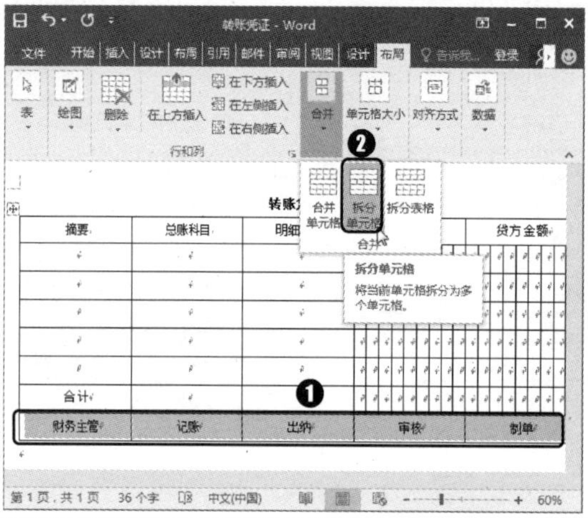

Step04: 打开“拆分单元格”对话框，❶取消勾选“拆分前合并单元格”复选框；❷在“列数”数值框中输入“2”；❸单击“确定”按钮。返回文档中，即可看到已经将所选的每一个单元格拆分为两个单元格了，如下图所示。

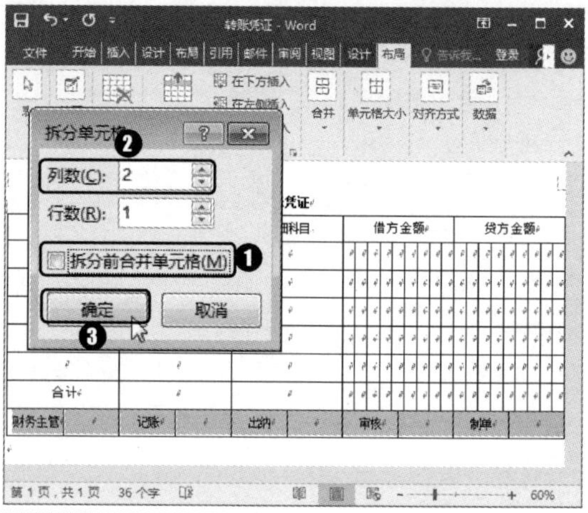

新手注意

如果要将选择的多个单元格先合并为一个单元格再进行拆分，可以先将它们选中，然后直接在“拆分单元格”对话框中选中“拆分前合并单元格”复选框。如果需要从表格的某一行处将其拆分为上、下两个表格，可以将文本插入点定位在需要拆分的表格位置，然后单击“表格工具-布局”选项卡的“合并”组中的“拆分表格”按钮。

5.3.5 调整行高与列宽

默认情况下，创建的表格拥有相同的行高和列宽，在表格中输入内容后，单元格的宽度不会改变，若输入的内容超过了单元格的宽度，此时会自动调整单元格的高度，将内容显示在该单元格的下一行中。所以，当表格的行高或列宽不能满足用户的需要时，我们只能自行进行调整。

光盘同步文件

视频文件：光盘\教学文件\第 5 章\5-3-5.mp4

1. 手动调整单元格大小

当要单独调整表格中某行的高度或某列的宽度时，最简单的方法就是通过拖动鼠标进行调整。当将鼠标光标移动到表格中的横向线条时，鼠标光标会变成÷形状；当将其移动到表格中的纵向线条时，鼠标光标会变成+||+形状，此时按下鼠标左键并拖动即可改变表格的行高和列宽。例如要调整“会员档案表”中的列宽，具体操作方法如下。

Step01: 打开“光盘\素材文件\第 5 章\会员档案表.docx”，❶选择需要调整列宽的单元

Step02: 经过上步操作，即可调整相关列的列宽。使用相同的方法调整其他列的列宽，

格；❷将鼠标光标指向需要调整的列边框线上，当鼠标光标变为+||+形状时，按住鼠标左键不放并拖动，如下图所示。

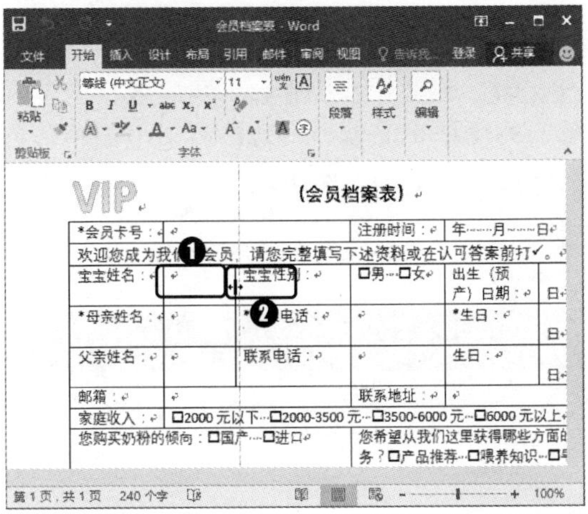

使表格内容的排布更加美观，最终效果如下图所示。

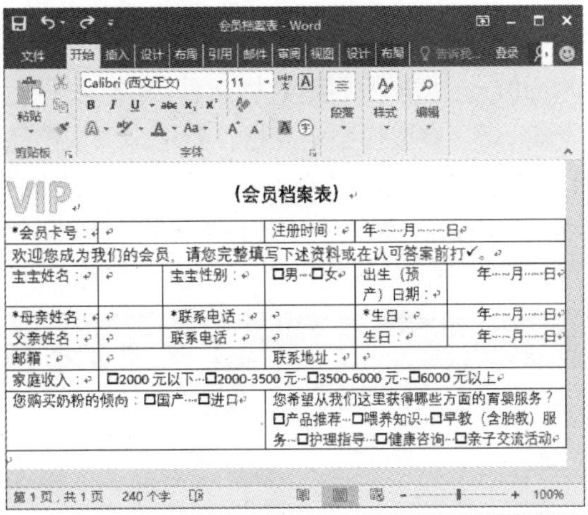

新手注意

若要微调表格的行高与列宽，可以在按住〈Alt〉键的同时拖动鼠标进行调整。如果要单独调整某一个单元格的大小，可以先选择该单元格，再拖动鼠标进行调整，这样将不会影响其他单元格的大小。

2．指定单元格大小

通过拖动鼠标来调整单元格大小并不精确，如果需要精确设置单元格的大小，可以通过指定具体值的方式进行调整。例如要为“合作伙伴登记表”中填写数据的单元格指定行高，具体操作如下。

Step01: 打开“光盘\素材文件\第 5 章\合作伙伴登记表.docx”，根据各列的具体内容拖动鼠标光标调整其列宽，如下图所示。

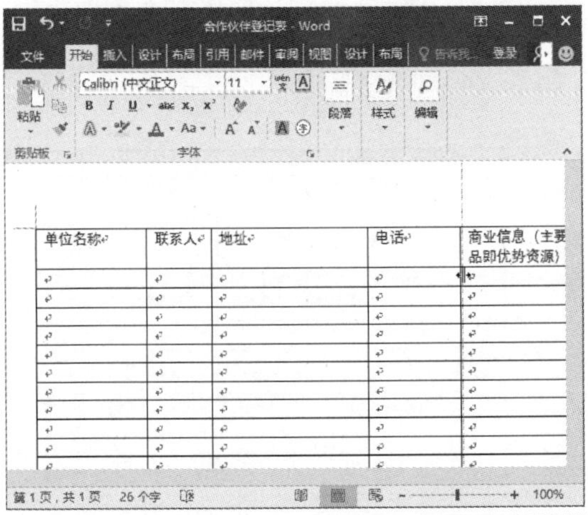

Step02: ❶选择需要调整行高的单元格；❷在“表格工具-布局”选项卡的“单元格大小”组的“高度”数值框中设置值为“0.8 厘米”，如下图所示。

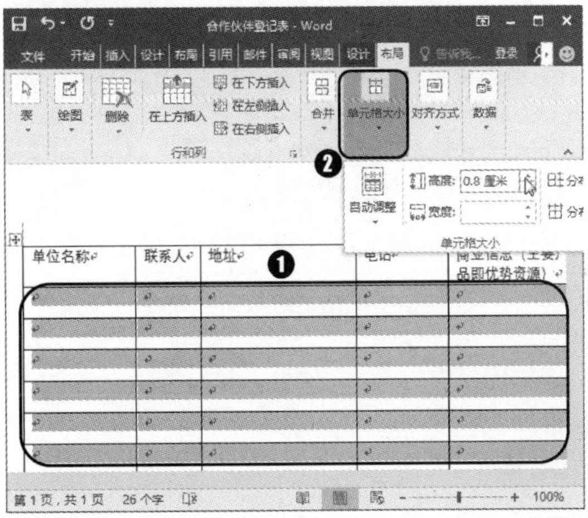

3. 自动调整表格大小

Word 中的表格设计得很人性化，它们可以根据具体情况自动调整大小，主要表现在可以根据内容或窗口大小自动调整表格大小。例如让“课程表”根据文档窗口调整大小，具体方法如下。

Step01: 打开“光盘\素材文件\第 5 章\课程表.docx”，❶选择整个表格；❷单击“表格工具-布局”选项卡的“单元格大小”组中的“自动调整”按钮；❸在弹出的下拉菜单中选择“根据窗口自动调整表格”命令，如下图所示。

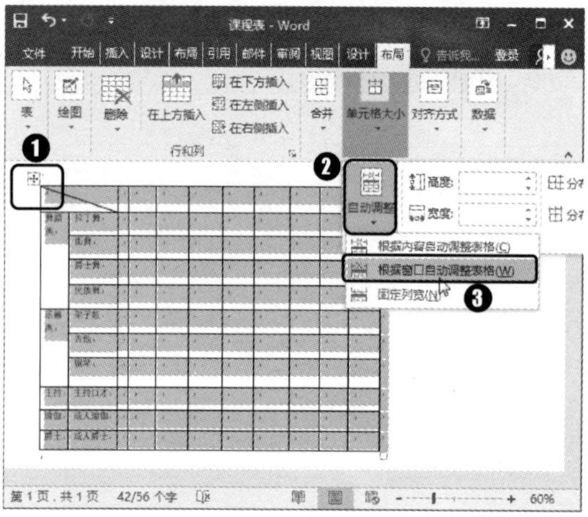

Step02: 经过上步操作，即可将表格宽度调整为与文档页面宽度一致，并适当调整各列的宽度，效果如下图所示。

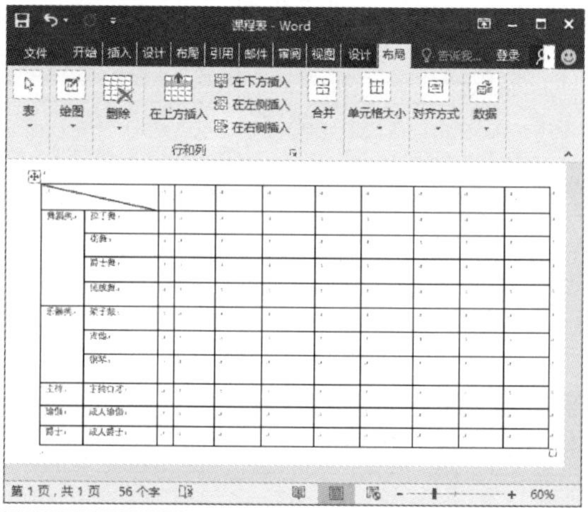

4. 平均分布各行、各列

在编辑表格时，使用平均分布各行、各列的方法可以快速平均分配多行的高度或多列的宽度。该方法适合将不规则的行和列调整为规则的行与列，具体操作方法如下。

Step01: ❶选择要平均分布的多列；❷单击“表格工具-布局”选项卡的“单元格大小”组中的“分布列”按钮，如下图所示。

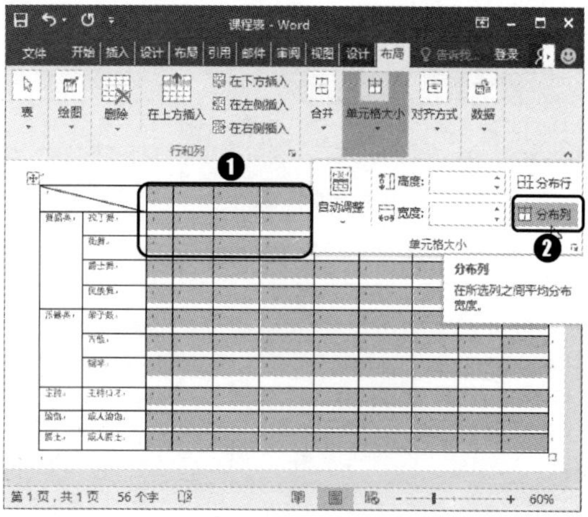

Step02: 经过上步操作，即可平均分布所选单元格的列宽，效果如下图所示。

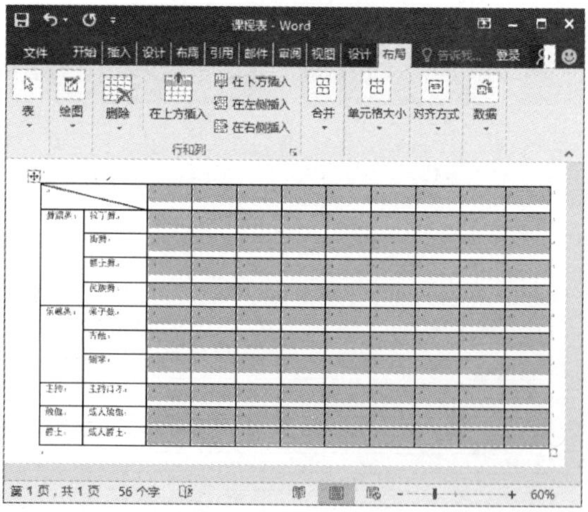

专家点拨——缩放整个表格大小

将鼠标光标指向表格右下角的缩放标记□上，当其变为↘形状时按住鼠标左键并拖动即可调整整个表格的大小。

5.4　课堂讲解——美化表格

在使用表格的过程中，为了让表格与文本相互配合，可以对表格进行美化。在美化表格时，可以分别对表格的文本、底纹和边框进行设置。文本的设置与文档中文本的设置方法相同，在本节中不再过多介绍。下面重点介绍对表格中文字的特殊设置，底纹、边框的设置以及使用预设表格样式的方法。

5.4.1　设置文字方向

单元格内文字的排列方向包括横向和纵向两种方式，在默认情况下使用的都是横向的对齐方式。有时为了配合单元格的排列方向，使表格看起来更美观，需要设置文字在表格中的排列方向为纵向。例如要将“课程表”中的部分单元格文字设置为纵向，具体操作方法如下。

光盘同步文件

视频文件：光盘\教学文件\第 5 章\5-4-1.mp4

Step01: ❶选择要设置文字方向的单元格；❷单击“表格工具-布局”选项卡的“对齐方式”组中的“文字方向”按钮，如下图所示。

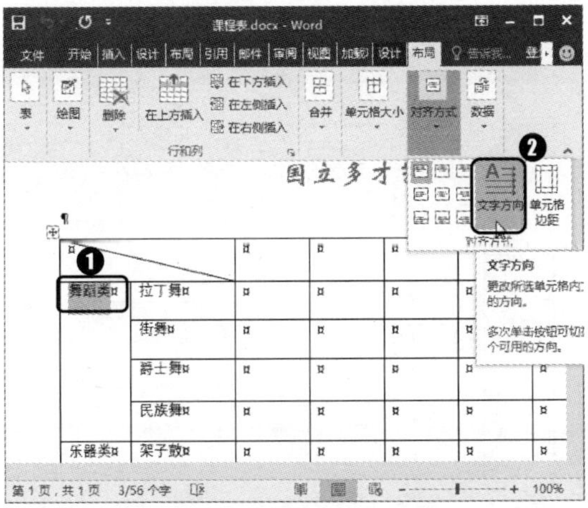

Step02: 经过上步操作，即可将所选单元格中的文字方向调整为纵向排列。使用相同的方法设置其他单元格的文字方向，效果如下图所示。

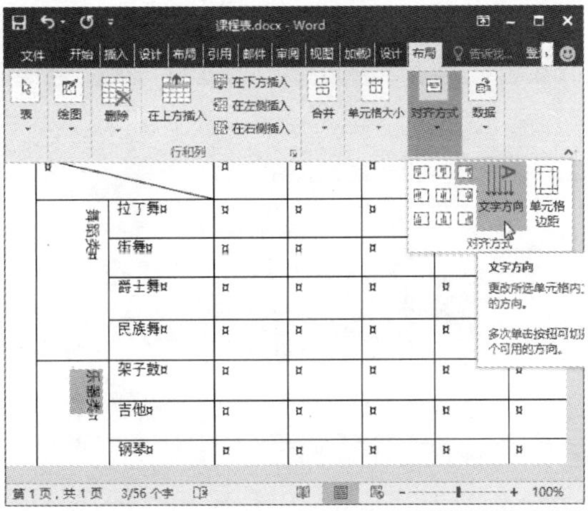

5.4.2　设置表格中文本的对齐方式

表格中文本的对齐方式是指单元格中文本的垂直与水平对齐方式。在 Word 2016 中，垂直与水平组合的对齐方式共有 9 种，包括靠上左对齐、靠上居中对齐、靠上右对齐、中部左对齐、水平居中、中部右对齐、靠下左对齐、靠下居中对齐、靠下右对齐，用户可以根据自己的需要进行设置。例如要为“课程表”中的单元格设置合适的文本对齐方式，具体操作方法如下。

光盘同步文件

视频文件：光盘\教学文件\第 5 章\5-4-2.mp4

Step01: ❶在第一个单元格中输入两行文字，并将文本插入点定位在第一行文字中；❷单击“开始”选项卡的“段落”组中的“右对齐”按钮，如下图所示。

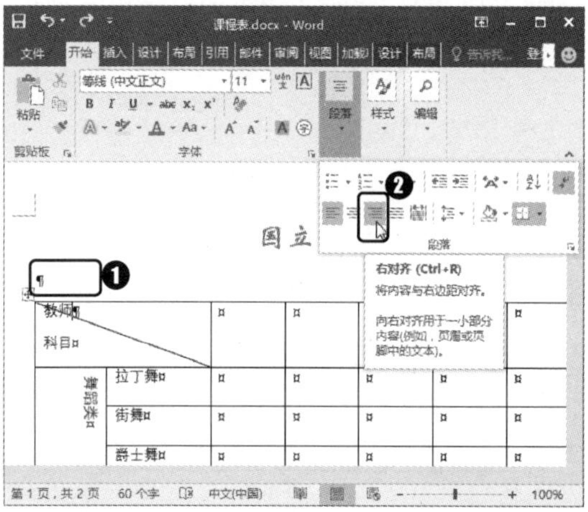

Step02: 经过上步操作，即可让该单元格中的内容适应斜线表头的划分效果。❶输入第一行中的其他单元格内容，并选择这些单元格；❷单击“表格工具-布局”选项卡的“对齐方式”组中的“水平居中”按钮，如下图所示。

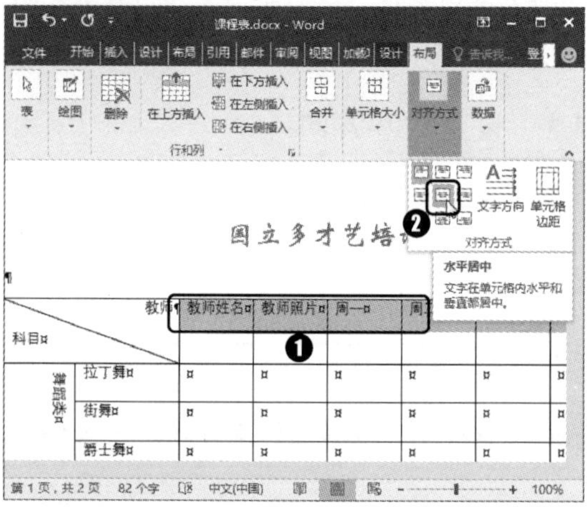

Step03: 经过上步操作，即可将所选单元格的对齐方式设置为水平居中对齐。使用相同的方法为其他需要设置为水平居中对齐方式的单元格设置对齐方式，如下图所示。

Step04: ❶选择要设置对齐方式的单元格；❷单击“表格工具-布局”选项卡的“对齐方式”组中的“中部居中”按钮，即可将所选单元格的对齐方式设置为中部居中对齐，如下图所示。

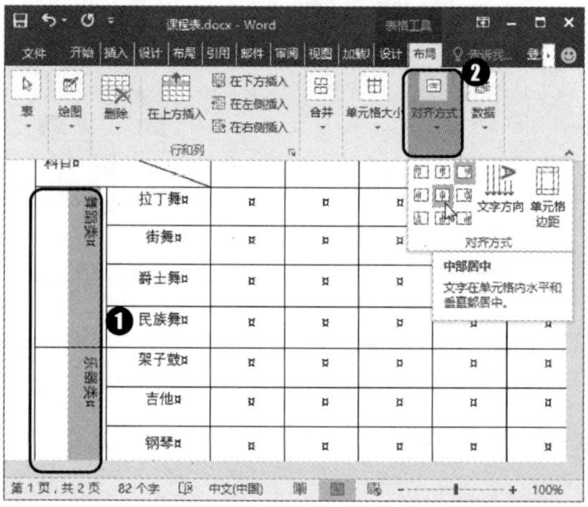

5.4.3 设置表格的边框和底纹

Word 2016 默认的表格为白色填充，边框为黑色的实心线。为了使表格更加美观、结构更加清晰，用户可以根据需要为表格添加边框与底纹。

表格的边框也就是表格的边线，为了美化表格，可以将表格的边框设计出不同样式、不同色彩的效果。设置表格的底纹主要是对表格的背景进行填充，在填充时可以选择适当的颜色，还可以选择一些图案进行填充。例如要为“课程表”设置合适的边框和底纹效果，具体操作方法如下。

光盘同步文件

视频文件：光盘\教学文件\第 5 章\5-4-3.mp4

Step01: ❶选择整个表格；❷单击“开始”选项卡的“字体”组中的“加粗”按钮；❸连续单击“增大字号”按钮，直到将文字大小设置为合适，如下图所示。

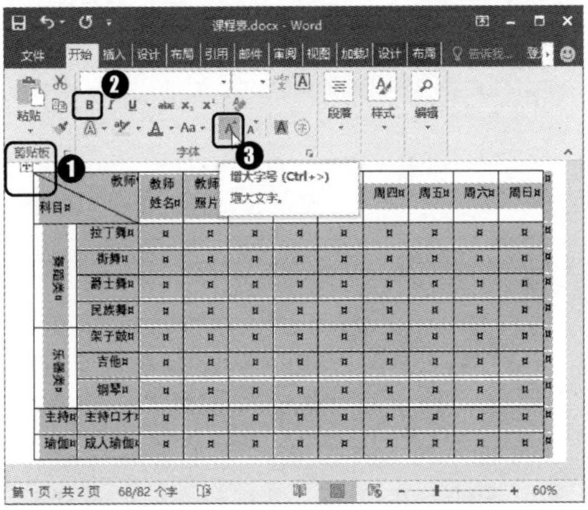

Step02: 保持表格的选择状态，单击“表格工具-设计”选项卡的“边框”组的对话框启动器按钮，如下图所示。

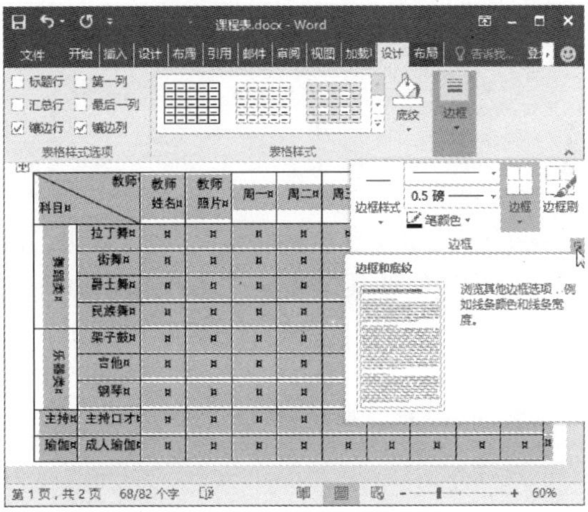

Step03: 打开“边框和底纹”对话框，❶在左侧选择“虚框”选项；❷在“颜色”下拉列表框中选择合适的线条颜色，如下图所示。

Step04: ❶单击“底纹”选项卡；❷在“填充”下拉列表框中选择需要填充的颜色；❸在“图案”选项组中设置底纹图案效果；❹单击“确定”按钮，如下图所示。

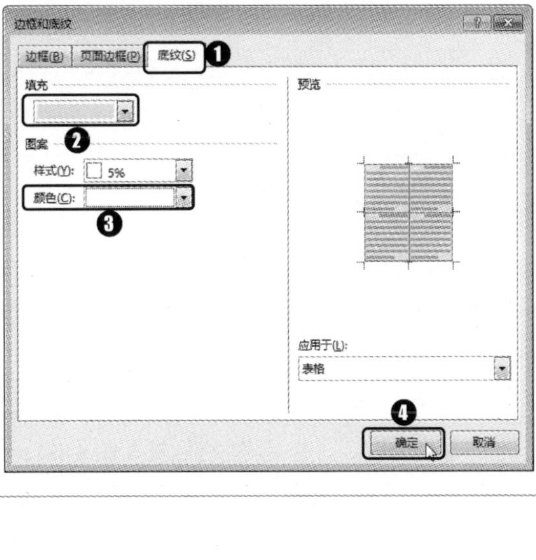

Step05: 经过上步操作，返回文档中即可查看到为表格设置边框和底纹后的效果，但是表头的斜线没有了。❶将文本插入点定位在第一个单元格中；❷单击“边框”组中的“边框”按钮；❸在弹出的下拉菜单中选择“斜下框线”命令，如下图所示。

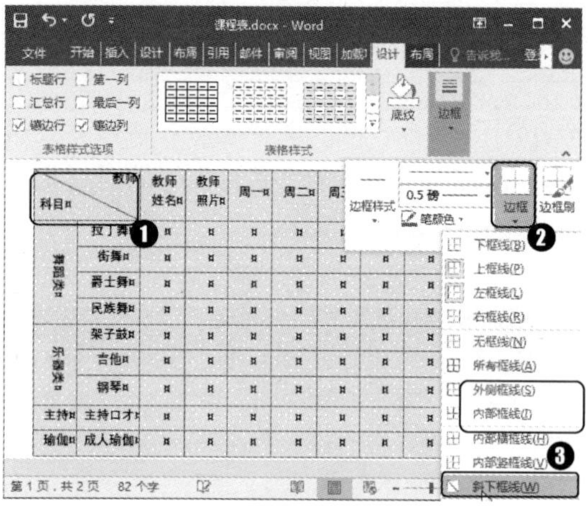

Step06: ❶在“边框”组的“笔画粗细”下拉列表框中选择需要的线条粗细；❷单击“边框刷”按钮，如下图所示。

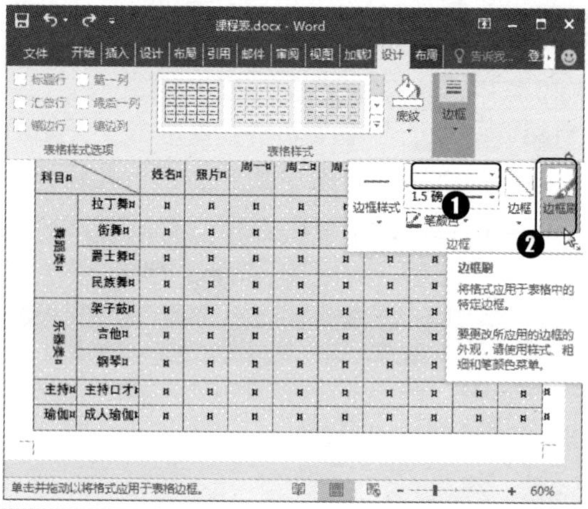

Step07: 此时鼠标光标将变为笔刷形状，在需要设置边框线条的表格线条上拖动鼠标光标，即可为其应用设置的线条粗细，如右图所示。

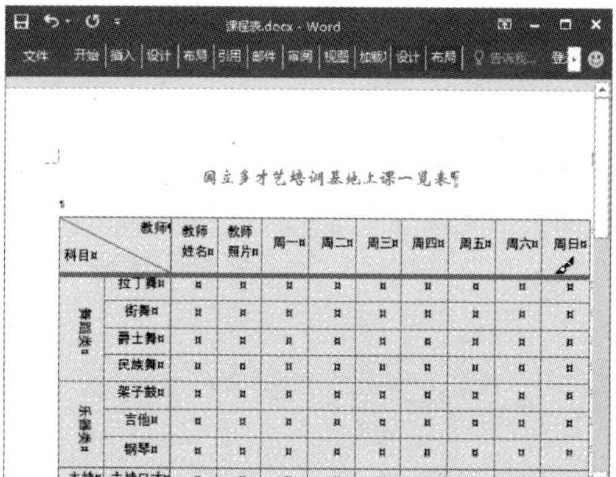

新手注意

单击“表格工具-设计”选项卡的“表格样式”组中的“底纹”按钮，可直接在弹出的下拉菜单中选择常见的底纹填充色。另外，在使用“边框和底纹”对话框设置底纹和边框时，如果需要为选择的单元格应用这些样式，需要在“应用于”下拉列表框中选择边框的应用范围为单元格。

5.4.4 快速应用表格格式

Word 2016 提供了丰富的表格样式库，用户在美化表格的过程中可以直接应用内置的表格样式快速完成表格的美化操作。例如要为“合作伙伴登记表”应用内置的“网格表 4，着色”表格样式，具体操作方法如下。

光盘同步文件

视频文件：光盘\教学文件\第 5 章\5-4-4.mp4

Step01: 打开“光盘\素材文件\第 5 章\合作伙伴登记表.docx”，❶将文本插入点定位在任意单元格内；❷在“表格工具-设计”选项卡的“表格样式”组中选择需要的表格样式，如下图所示。

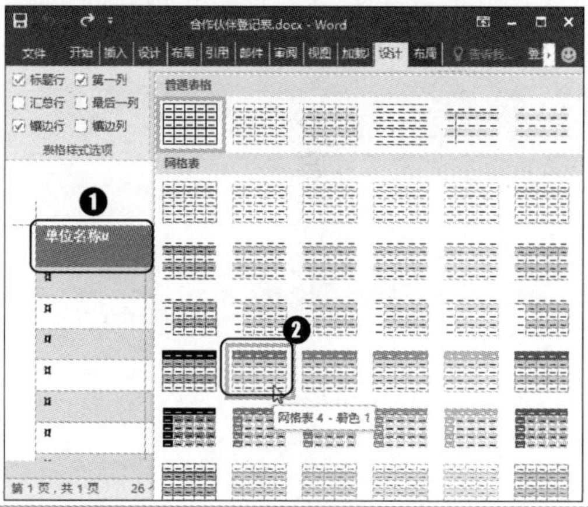

Step02: 经过上步操作，即可查看到为表格应用相应表格样式的效果。❶选择第一行单元格；❷单击“表格工具-布局”选项卡的“对齐方式”组中的“居中对齐”按钮，如下图所示。

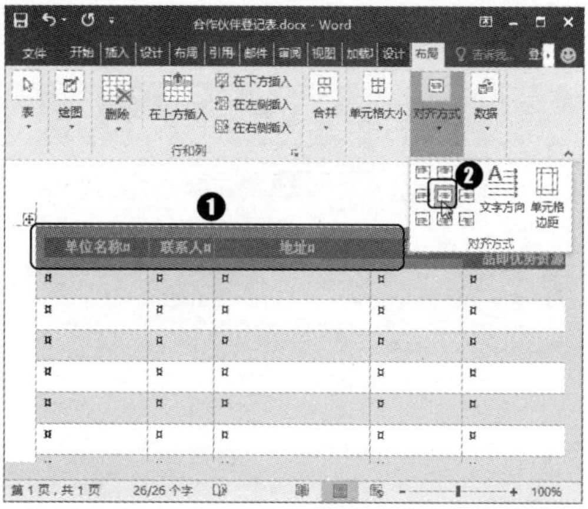

专家点拨——自定义表格样式

在 Word 2016 中为表格设置样式后，还可以通过在“表格工具-设计”选项卡的“表格样式选项”组中选中或取消勾选相应复选框来控制表格的整体样式效果。如果样式库不能满足用户要求，还可以自定义表格样式。只须单击“表格样式”组中列表框右侧的“其他”按钮，在弹出的下拉菜单中选择“新建表格样式”命令，然后在打开的对话框中自定义表格样式即可；选择“修改表格样式”命令，可以在当前表格所应用的样式上进行修改。

▷▷ 高手秘籍——实用操作技巧

通过对前面知识的学习，相信读者朋友已经掌握了 Word 2016 中表格的基本操作，下面结合本章内容介绍一些实用技巧。

光盘同步文件

视频文件：光盘\教学文件\第 5 章\高手秘籍.mp4

技巧 01　表格的跨页设置

在 Word 中处理大型表格或多页表格时，系统会在分页处自动分割表格内容，但分页后的表格从第二页起就没有标题行了，这对于数据查看和打印都不方便，此时可以使用“标题行重复”命令快速为跨页表格的每一页都添加相同的标题行。例如要让“合作伙伴登记表”的表头内容在每一页上方都显示，具体操作方法如下。

新手注意

Word 2016 默认表格的第一行为标题行，若实际标题行内容为第二行，则需要同时选择第一行和第二行，“标题行重复”按钮才能使用。

Step01: 打开“光盘\素材文件\第 5 章\合作伙伴登记表.docx”，❶选择多行单元格；❷单击“表格工具-布局”选项卡的“行和列”组中的“在下方插入”按钮，如下图所示。

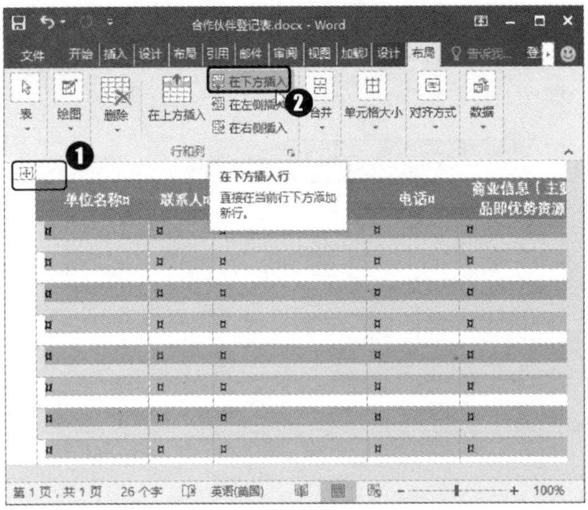

Step02: 经过上步操作，即可在所选单元格后面插入相同行的单元格，导致内容填充到第二页中。❶选择需要重复显示的标题行单元格；❷单击“数据”组中的“重复标题行”按钮，此时表格中每一页的开始处都会出现同样的标题行内容，如下图所示。

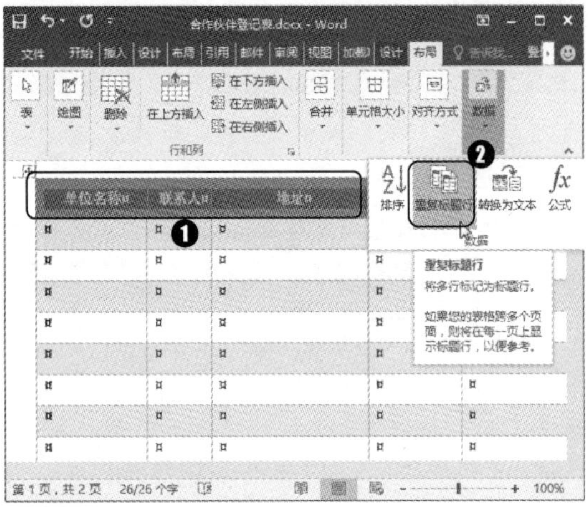

技巧 02 表格中的数据排序

使用 Word 表格除了可以表达数据内容外，还可以对表格中的内容进行排序。使用 Word 中的排序功能能够将表格中的文本或数据按照指定的关键字进行升序或降序排列，例如字母 A～Z、数字 0～9、日期时间的先后、文字的笔画顺序等。下面对“生产记录表”中的数据进行排序，具体操作方法如下。

Step01: 打开“光盘\素材文件\第 5 章\生产记录表.docx”，❶将文本插入点定位到任意单元格中；❷单击“表格工具-布局”选项卡的“数据”组中的“排序”按钮，如下图所示。

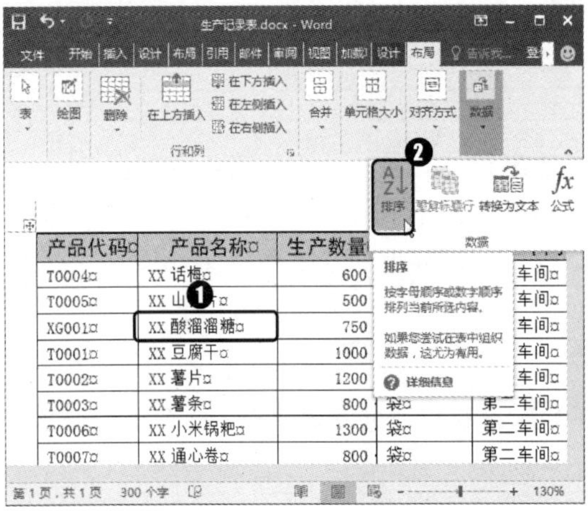

Step02: ❶打开“排序”对话框，在“主要关键字”下拉列表框中选择作为第一排序的标题“合格率”；❷选中“降序”单选按钮；❸在“次要关键字”下拉列表框中选择作为第二排序的标题“生产数量”；❹选中“降序”单选按钮；❺单击“确定”按钮，如下图所示。

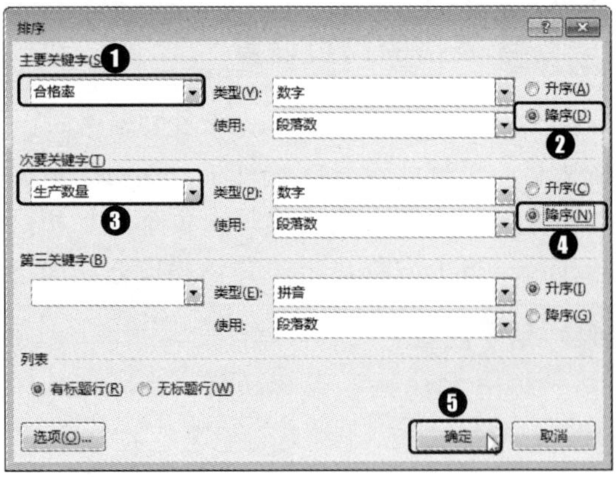

Step03: 经过上步操作，即可将表格中的数据根据“合格率”从高到低的顺序进行排列，当遇到合格率相同的数据项时，再根据“生产数量”从高到低的顺序进行排列，效果如右图所示。

新手注意

单击“开始”选项卡的“段落”组中的“排序”按钮，也可以打开“排序”对话框。在对表格数据进行排序时，如果关键字所在的列中包含重复数据项，可以按照本例所讲的方法添加排序的次要关键字，以便在遇到重复数据项时能根据次要关键字对重复数据项进行排序。

技巧 03 表格中的简单运算

当在 Word 中制作的表格包含数据时，用户还能对这些数据进行简单的计算。虽然 Word 表格的计算功能不像 Excel 那样专业，但是也能满足基本的计算需要。求和计算是最常用的计算，用于计算单元格与单元格之间的总和。例如要对“生产记录表”中的所有生产量进行求和，具体操作方法如下。

Step01: 将鼠标光标移动到表格最下方边框线的左侧，并单击显示出的“+”按钮，在最末尾添加一行空白单元格，如下图所示。

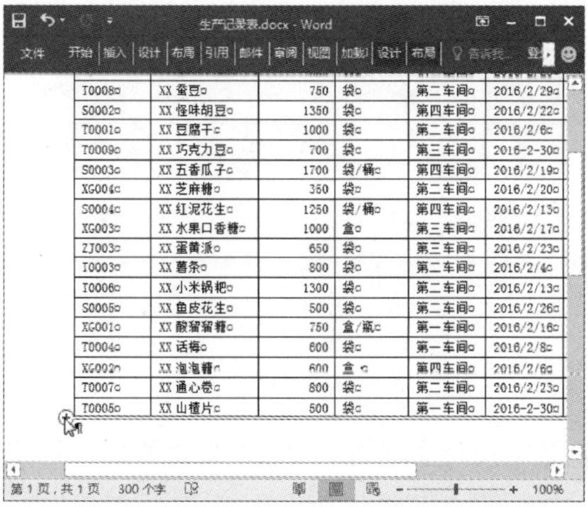

Step02: ❶在“表格工具-设计”选项卡的“边框”组中设置边框线样式、粗细和颜色；❷单击“边框”按钮；❸在弹出的下拉菜单中选择“所有框线”命令，为整个表格应用设置的边框效果，如下图所示。

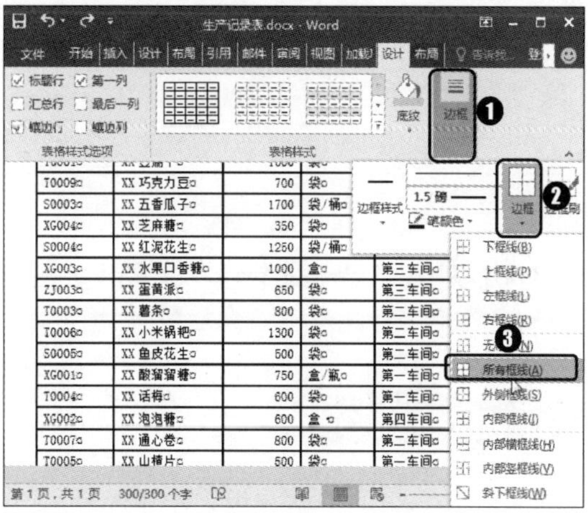

Step03: ❶在最后一行的相应单元格中输入文本，并合并单元格；❷将文本插入点定位到要存放计算结果的单元格中；❸单击“表格工具-布局”选项卡，在“数据”组中单击“公式”按钮，如下图所示。

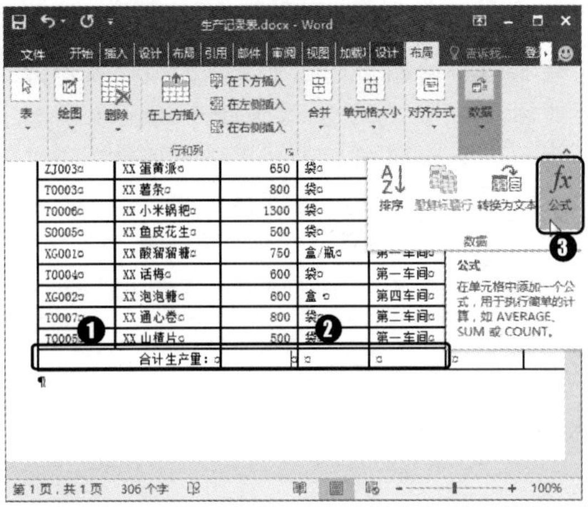

Step04: 打开“公式”对话框，❶在“公式”文本框中输入计算公式“=SUM(ABOVE)”；❷单击“确定”按钮，如下图所示。

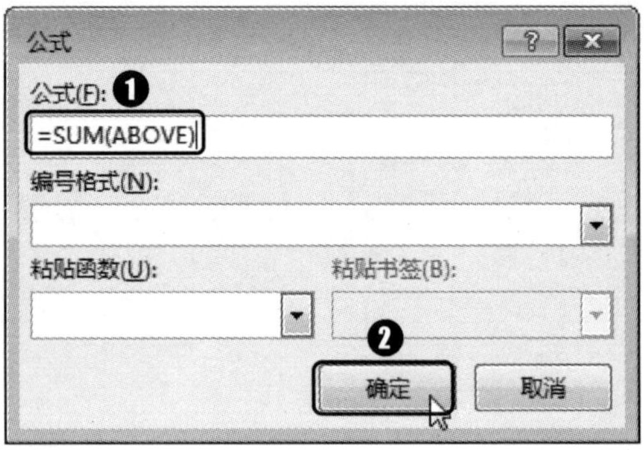

Step05: 经过上步操作，即可计算出该列的总和，如下图所示。

新手注意

单击“表格工具-布局”选项卡的“数据”组中的“公式”按钮，在打开的“公式”对话框中，Word 会根据表格内容和文本插入点的当前位置给出它认为最可能要输入的公式。在本例的求和计算公式“=SUM(ABOVE)”中，SUM 是求和函数，ABOVE 表示结果单元格上方的所有单元格。如果需要计算当前单元格左侧所有单元格中的数据，可使用“LEFT”参数；若要计算当前单元格右侧所有单元格中的数据，可使用“RIGHT”参数；若要计算当前单元格下方的数据，可使用“BELOW”参数。在 Word 中，按〈F9〉键还有更新域的作用，让公式计算出的结果能得到及时更新。

▷▷ 上机实战——制作“比赛报名表”文档

>> 上机介绍

Word 2016 中的表格有很多实用的功能，可以帮助用户实现简单的表格设计和数据分析。下面结合本章所讲的知识制作一个比赛报名表，完成后的效果如下图所示。

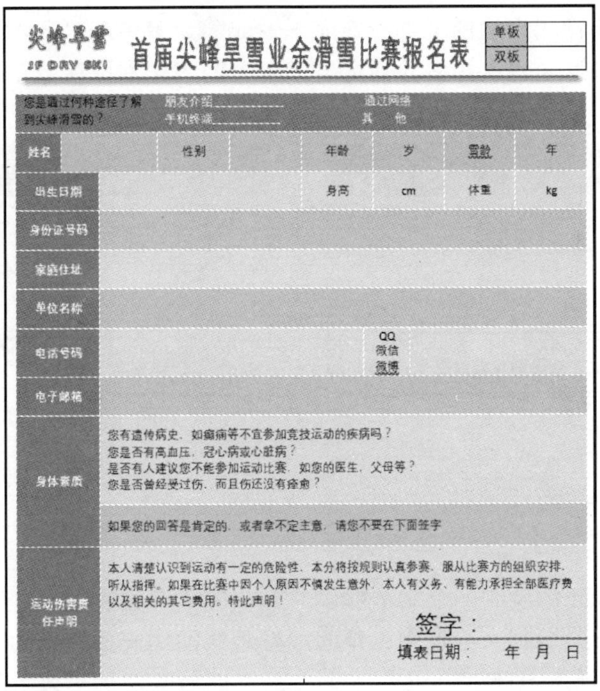

光盘同步文件

视频文件：光盘\教学文件\第 5 章\上机实战.mp4

步骤详解

本实例的具体制作步骤如下。

Step01: 打开“光盘\素材文件\第 5 章\滑雪比赛报名表.docx”，❶将文本插入点定位到文档中要插入表格的位置，单击“插入”选项卡的“表格”组中的“表格”按钮；❷在弹出的下拉菜单的虚拟表格内拖动鼠标光标到 2 行 2 列的位置，如下图所示。

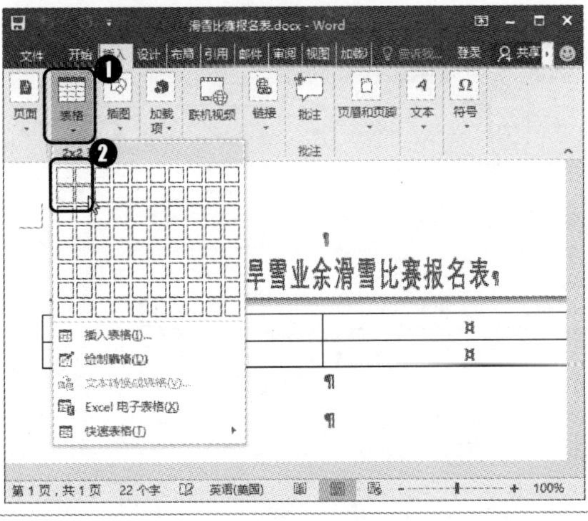

Step02: 释放鼠标左键即可在文档中插入一个 2 行 2 列的表格，将鼠标光标指向表格右下角的缩放标记□上，当其变为↘形状时按住鼠标左键并拖动调整整个表格的大小，如下图所示。

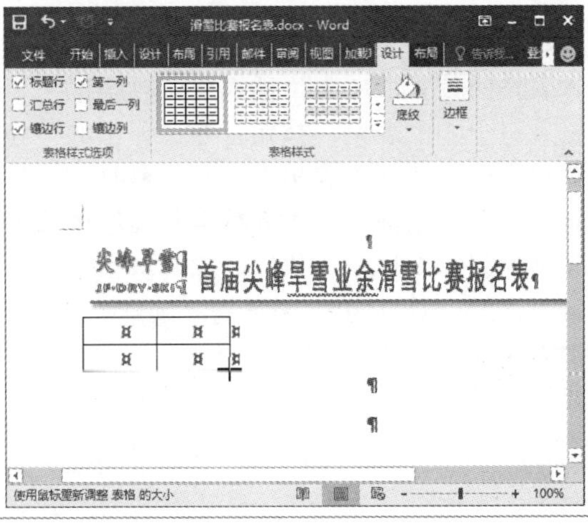

Step03: ❶在表格中输入合适的文本；❷拖动鼠标光标调整表格第一列单元格的列宽至合适，如下图所示。

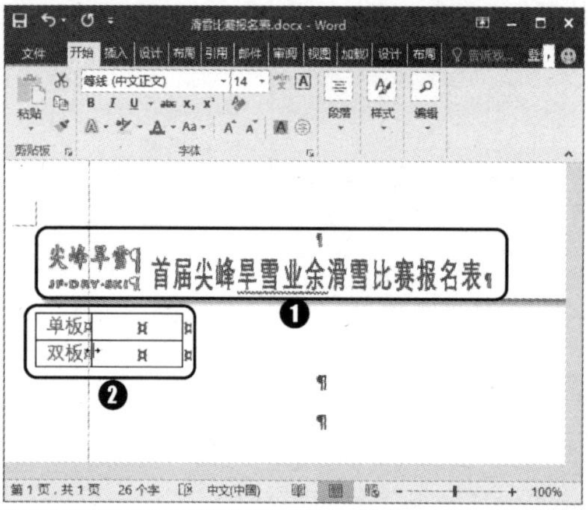

Step04: ❶单击“插入”选项卡的“文本”组中的“文本框”按钮；❷在弹出的下拉菜单中选择“绘制文本框”命令，如下图所示。

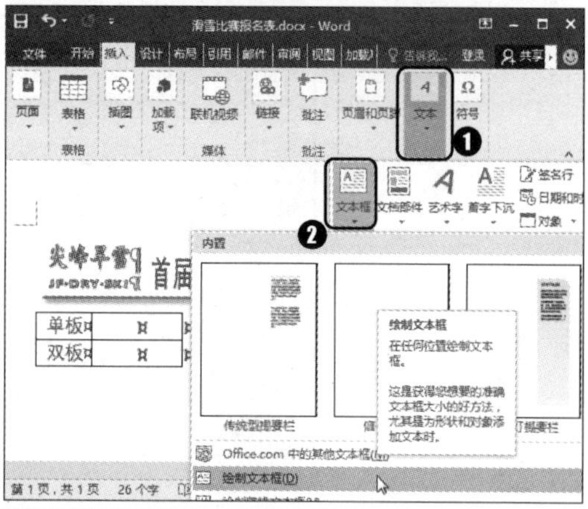

Step05: ❶拖动鼠标光标绘制一个文本框，并将之前制作的表格剪切到文本框中；❷选择文本框，单击“绘图工具-格式”选项卡的“形状样式”组中的“形状轮廓”按钮；❸在弹出的下拉菜单中选择“无轮廓”命令，如下图所示。

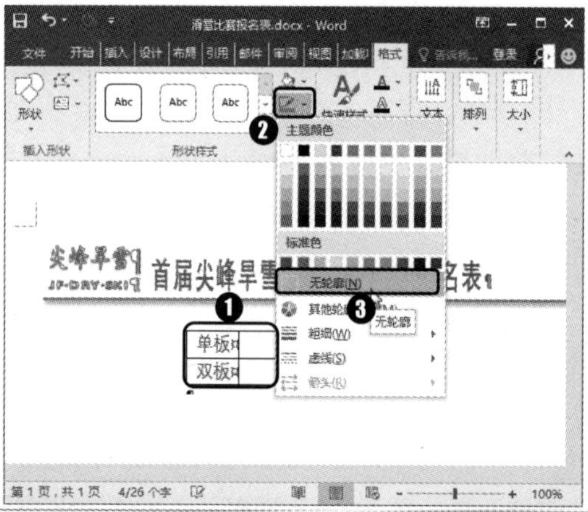

Step06: ❶设置文本框的填充颜色为无，并将其移动到文档标题的右侧；❷设置表格中文本的格式，选择第一列单元格，单击“表格工具-设计”选项卡的“表格样式”组中的“底纹”按钮；❸在弹出的下拉列表中选择需要填充的颜色，如下图所示。

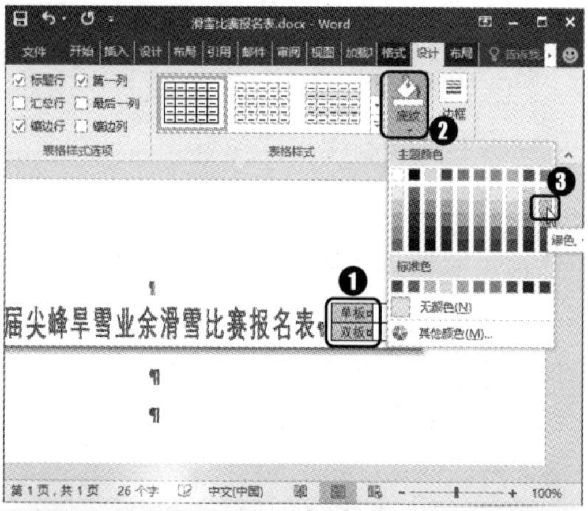

Step07: ❶将文本插入点定位到文档中要插入表格的位置，单击“插入”选项卡的“表格”组中的“表格”按钮；❷在弹出的下拉菜单中选择“插入表格”命令；❸打开“插入表格”对话框，在“列数”数值框中输入表格的列数“8”；❹在“行数”数值框中输入表格的行数“10”；❺单击“确定”按钮，如右图所示。

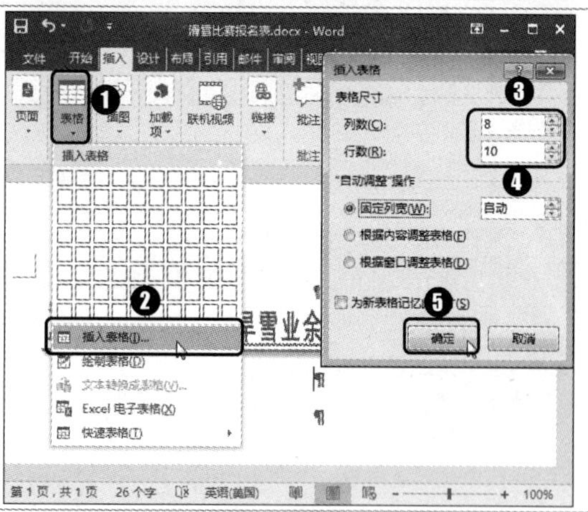

Step08: 经过上步操作，Word 文档中会自动插入对应行、列数的表格，在各单元格中输入相应的文本，如下图所示。

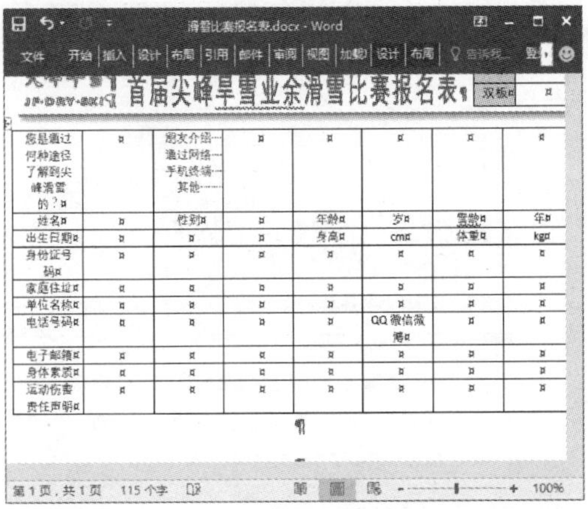

Step09: ❶选择需要合并的单元格；❷单击“表格工具-布局”选项卡的“合并”组中的“合并单元格”按钮，如下图所示。

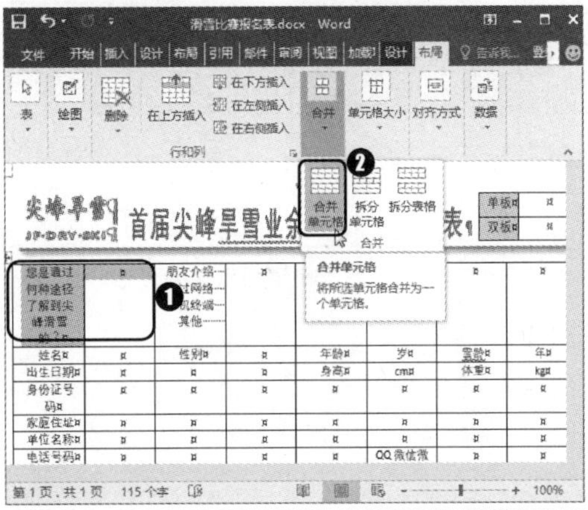

Step10: ❶使用相同的方法继续合并表格中的其他单元格；❷选择需要拆分的单元格；❸单击“表格工具-布局”选项卡的“合并”组中的“拆分单元格”按钮，如下图所示。

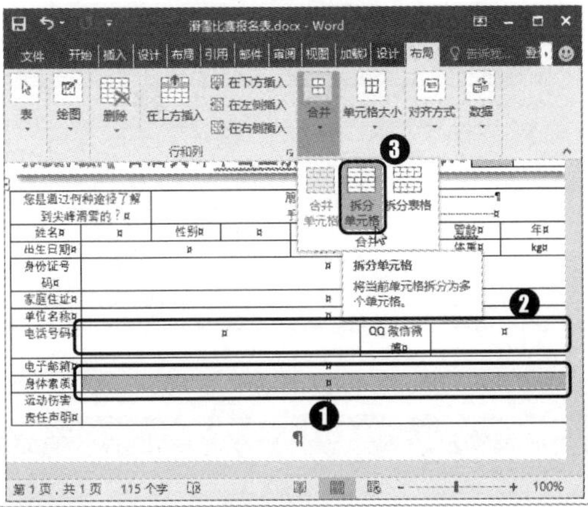

Step11: 打开“拆分单元格”对话框，❶在“列数”数值框中设置要拆分的列数“1”；❷在“行数”数值框中设置要拆分的行数“2”；❸单击“确定”按钮，将所选单元格拆分为上、下两个单元格；❹在单元格中输入相应的文本，如下图所示。

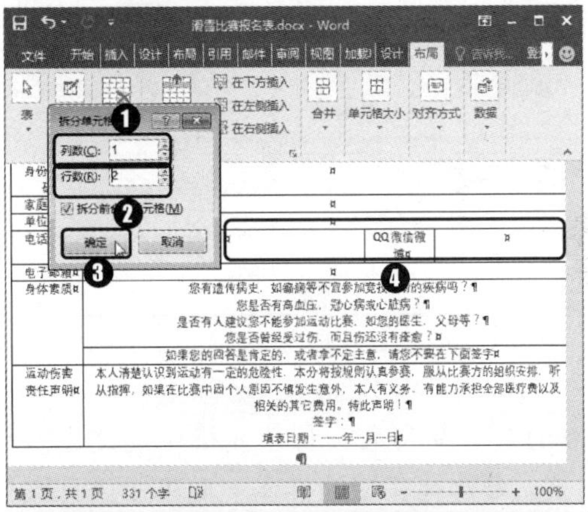

Step12: ❶选择需要调整行高的前几行单元格；❷在“表格工具-布局”选项卡的“单元格大小”组的“高度”数值框中设置值为“1 厘米”，如右图所示。

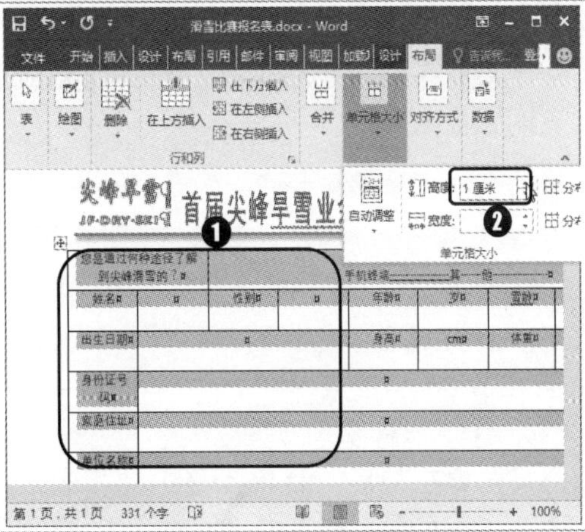

Step13: 拖动鼠标光标调整最后两行单元格的行高，如下图所示。

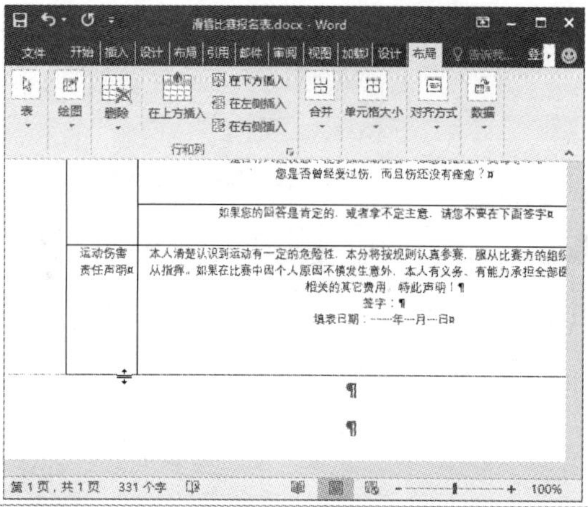

Step14: ❶选择整个表格；❷单击“表格工具-布局”选项卡的“对齐方式”组中的“水平居中”按钮，如下图所示。

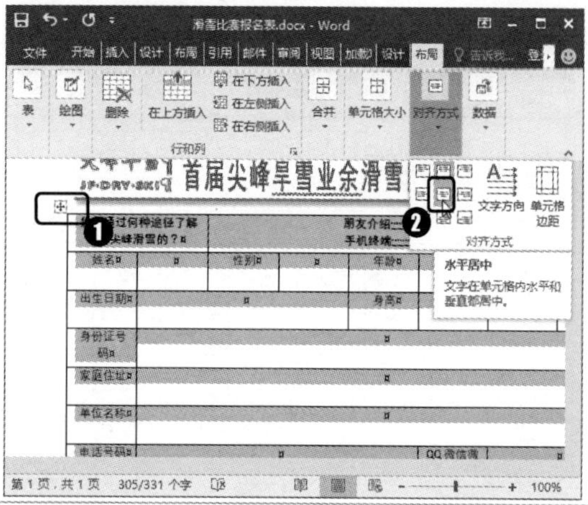

Step15: ❶选择第一行和最后一两行中的部分单元格；❷单击“对齐方式”组中的“中部左对齐”按钮，如下图所示。

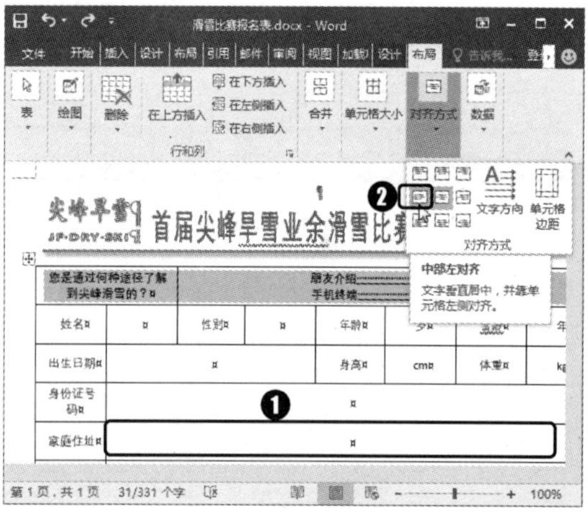

Step16: ❶选择第二行的第一个单元格；❷拖动鼠标光标单独调整该单元格的列宽，如下图所示。

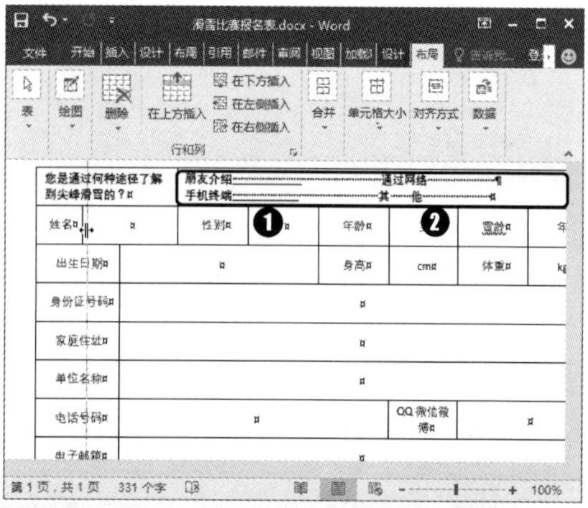

Step17: 为最后一行单元格中的文本设置格式，❶选择相应的文本；❷单击“开始”选项卡的“段落”组中的“右对齐”按钮，使部分文本在该单元格中靠右对齐，完成后的效果如右图所示。

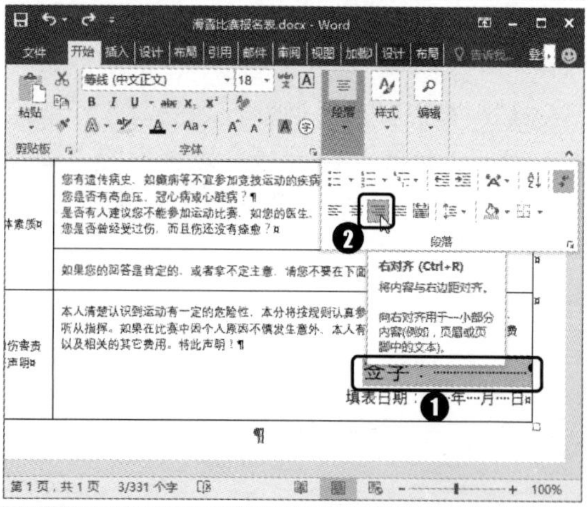

Step18: ❶在最后一行单元格中的相应文本下插入一条直线；❷单击“绘图工具-格式”

Step19: ❶在“表格工具-设计”选项卡的“边框”组的“笔画粗细”下拉列表框中选择需要

选项卡的“形状样式”组中的“形状轮廓”按钮；❸在弹出的下拉菜单中选择该线条的颜色和粗细，如下图所示。

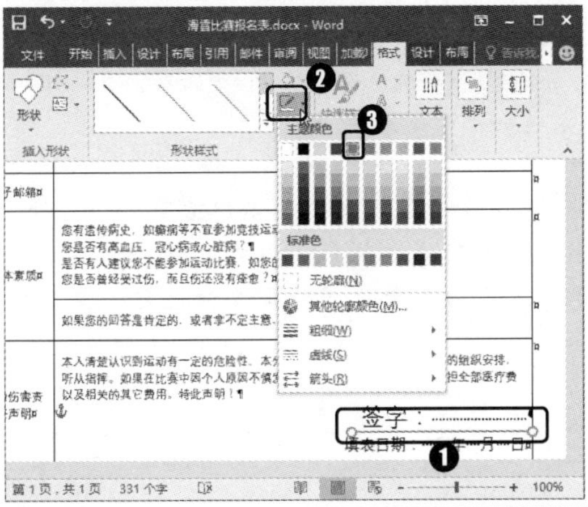

Step20: 在“表格工具-设计”选项卡的“表格样式”组中选择需要的表格样式，如下图所示。

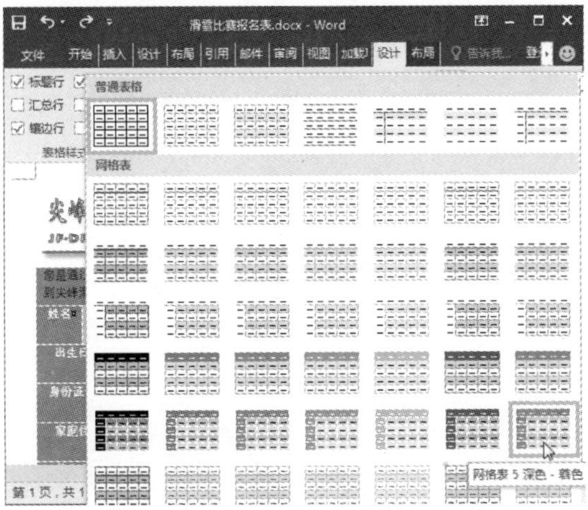

的线条粗细；❷单击“边框”按钮；❸在弹出的下拉菜单中选择“所有框线”命令，为整个表格应用设置的边框线效果，如下图所示。

Step21: ❶选择相应的单元格；❷在“表格工具-布局”选项卡的“对齐方式”组中重新设置需要的单元格对齐方式，如下图所示，完成本案例的制作。

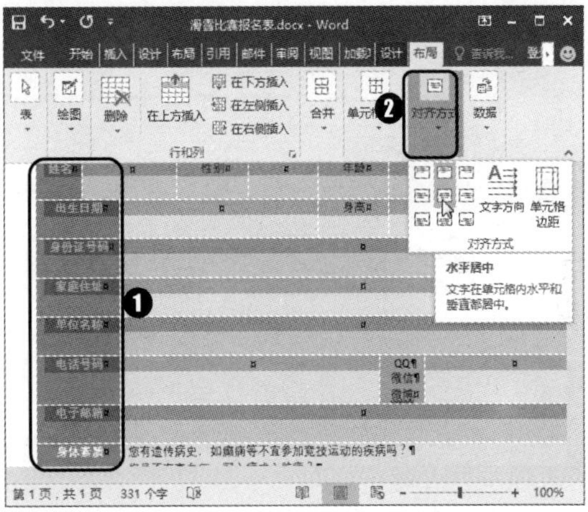

▷▷ 本章小结

本章的重点在于掌握 Word 2016 中关于图形与表格的方法，主要包括创建和编辑 SmartArt 图形，创建、编辑与美化表格等知识点。希望通过本章的学习，读者能够熟练地掌握 SmartArt 图形和表格的基本操作方法，能够快速提炼自己的文档内容，使其在信息传达过程中更加有效、简洁。

第 6 章　Word 2016 样式与模板

本章导读

用户在日常运用 Word 工作时，除了文档的录入之外，绝大部分时间都花在文档的修饰上。考虑到文档的全局性，还需要为各类页面组成元素设置和谐的效果。Word 2016 提供了很多预设的样式和模板，使用样式和模板不仅可以让文档样式一致、整齐美观，还是让工作效率成倍提高、节约大量时间的重要途径之一。本章主要介绍样式与模板的应用知识。

知识要点

- 套用内置样式
- 修改样式
- 新建样式
- 删除样式
- 将文档保存为模板
- 应用模板
- 修改文档主题

效果展示

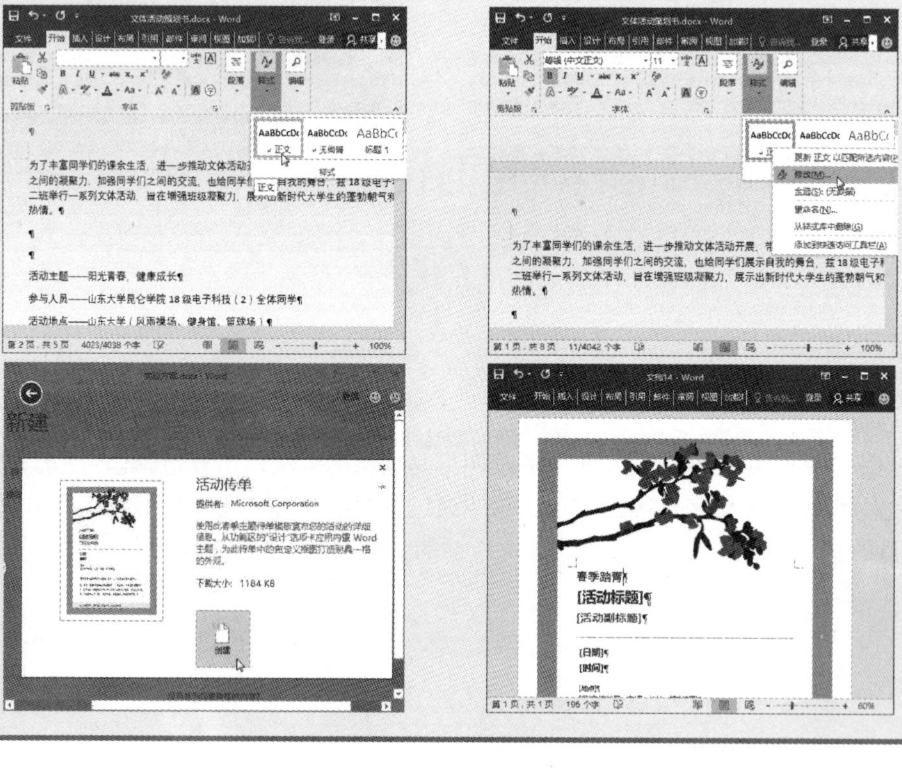

▷▷ 6.1　课堂讲解——样式在排版中的应用

你是否有过这样的困扰：一份文档由多页内容组成，需要修饰、点缀的地方很多，重点的文字需要加粗或加下画线，数字需要加颜色，涉及操作步骤的还要添加编号样式等，甚至这些样式还要重叠使用，如果你需要给多处文字添加相同的样式，一遍又一遍地设置是不是很烦琐？即使使用格式刷也会浪费不少时间，当你学会使用“样式”功能后，就不必重复设置相同文本的格式了，不仅可以大大提高办公效率，而且可以快速得到协调的文档效果，还可以轻松地对已经设置的样式进行修改。

6.1.1　什么是样式

样式是经过特殊打包的格式的集合，包括字体、字号、字体颜色、字间距、行间距、段间距、特殊效果、对齐方式、缩进位置和边距等，最终应用到文字上，表现为某种“特定身份的文字”。

文档中特定身份的文字（例如正文、页眉、大标题、小标题、章名、程序代码、图、表、脚注、目录、索引……）必然需要特定的呈现风格，并在整份文档中一以贯之。Word 允许用户将这样的设置保存起来并赋予一个特定的名称，将来即可快速套用于文字上，配合快捷键使用再复杂的样式都可以一键搞定。

1. 样式的类型

根据样式作用对象的不同，样式可分为段落样式、字符样式、链接段落和字符样式、表格样式、列表样式 5 种类型。单击“开始”选项卡的“样式”组的对话框启动器按钮，打开“样式”任务窗格，单击左下侧的“新建样式”按钮，在打开的“根据格式设置创建新样式”对话框中可以查看到样式的 5 种类型，如下图所示。

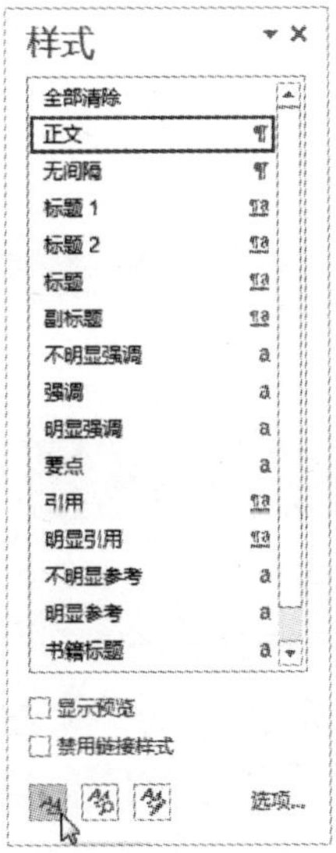

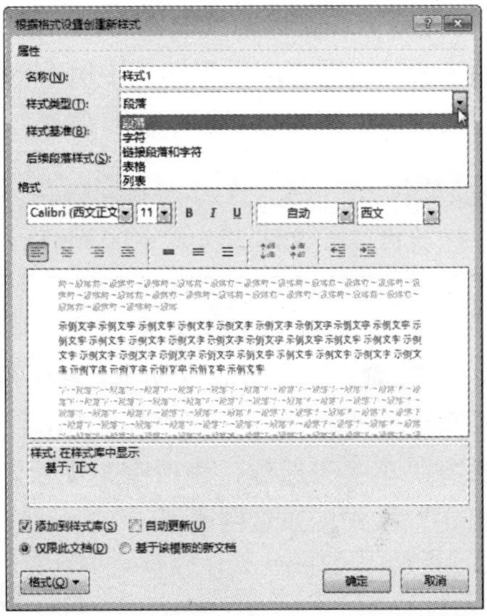

在编辑普通文档时，段落样式、字符样式、链接段落和字符样式 3 种样式的使用非常频繁。在“样式”任务窗格中以 a 为标志的是字符样式，只对被选择的字符起作用；以 ¶ 为标志的是段落样式，它作用于被选择的整个段落，使用时只须将插入点定位在段落中即可；以 ¶a 为标志的是链接段落和字符样式，在选择文本时，只对选择的文本起作用，不选文本时，则对文本所

在的整个段落起作用。

2. 样式在排版中的作用

很多人认为 Word 的默认样式太简陋，也不及格式刷用起来方便，所以他们更习惯于使用格式刷批量设置文本格式。其实，这都是由于大家对 Word 样式的功能了解不深所致。样式是一切 Word 排版动作的基础，也是整个排版工程的灵魂。少了样式，就不能称其为排版，下面具体介绍样式在排版中（尤其是长篇文档的排版）的作用。

（1）系统化管理页面元素

文档中的内容除了文字就是图、表、脚注等，通过样式才得以系统化地对整份文档中的所有可见页面元素加以归类命名，例如章名、大标题、小标题、正文、图、表、脚注……事实上，Word 提供的内建样式已经代表了部分页面元素的样式。

（2）快速同步同级标题的格式

样式就是各种页面元素的形貌设置。使用样式可以帮助用户确保同一种内容格式编排的一致性，从而减少许多重复的操作。因此，可见的页面元素都应该以适当的样式加以驾驭和管理，而不要逐一进行调整。

（3）修改样式非常方便

在使用样式后，日后打算调整整个文档中某种页面元素的形貌时，并不需要重新设置文本格式，只需要修改对应的样式即可快速更新一个文档的设计，在短时间内排出高质量的文档。

（4）实现自动化

Word 提供的每一项自动化工程（例如目录和索引的收集）都根据用户事先规划的样式来完成，只有在使用样式后才可以自动化制作目录并设置目录形貌、自动化制作页眉和页脚……有了样式，排版不再是一字一句、一行一段地辛苦爬梳，而是大块山水地泼洒，再加上少量细部微调。

6.1.2 套用系统内置的样式

Word 2016 为提高修饰文档的效率而专门预设了一些默认的样式，如正文、标题 1、标题 2 等，用户在应用样式时将同时应用该样式中所有的格式设置。例如在编排长篇文档时，可以通过为标题应用样式让文档结构更加清晰，具体操作方法如下。

光盘同步文件

教学文件：光盘\教学文件\第 6 章\6-1-2.mp4

Step01: 打开“光盘\素材文件\第 6 章\文体活动策划书.docx”，❶选择所有正文文本；❷在“开始”选项卡的“样式”组的“样式”下拉列表中选择“正文”选项，为所有正文内容应用“正文”样式，如右图所示。

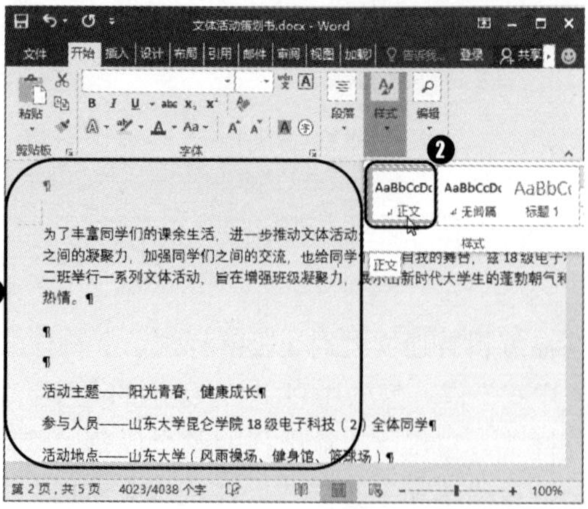

Step02: ❶选择所有要设置新样式的文本；❷在“开始”选项卡的“样式”组的“样式”下拉列表中选择“标题 1”选项，为所选段落应用“标题 1”样式，如下图所示。

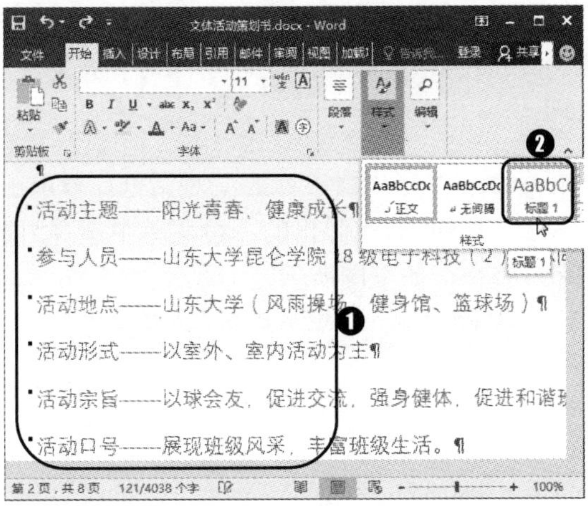

Step03: ❶选择所有要设置新样式的文本；❷在“开始”选项卡的“样式”组的“样式”下拉列表中选择“标题 2”选项，为所选段落应用“标题 2”样式，如下图所示。

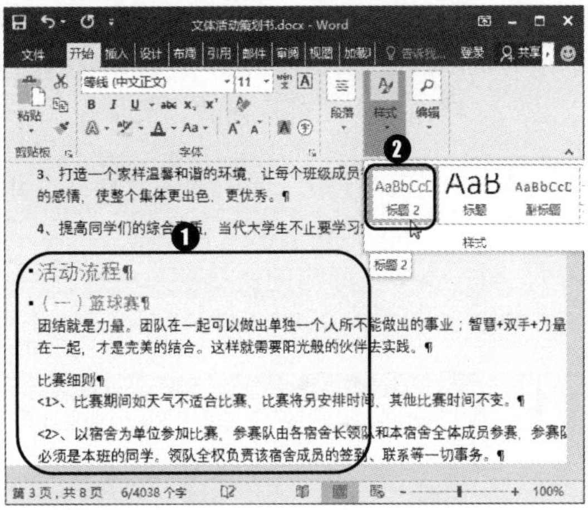

Step04: ❶选择所有要设置新样式的文本；❷在“开始”选项卡的“样式”组的“样式”下拉列表中选择“标题 3”选项，为所选段落应用“标题 3”样式，如下图所示。

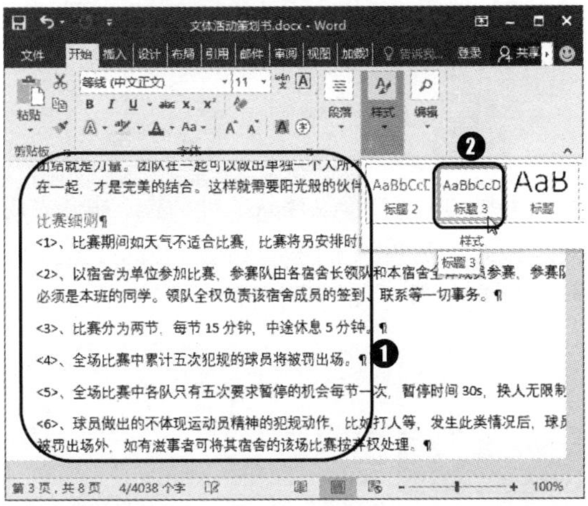

Step05: ❶选择所有要设置新样式的文本；❷在“开始”选项卡的“样式”组的“样式”下拉列表中选择“要点”选项，为所选段落应用“要点”样式，如下图所示。

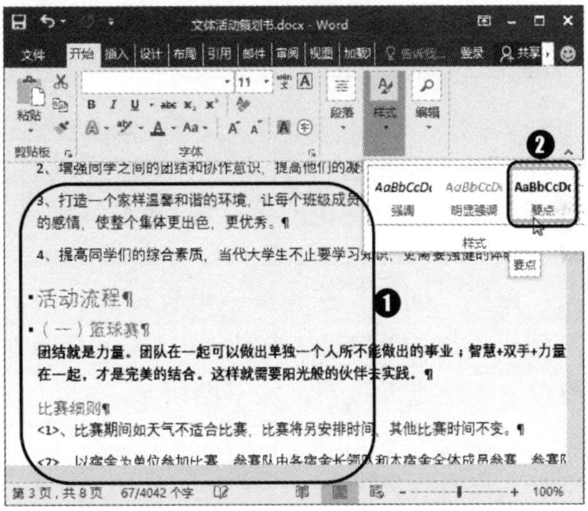

6.1.3　自定义样式

通过上一小节案例的制作，我们知道通过应用样式可以同时改变文本的字体、颜色、间距和字号等格式。如果系统内置的样式不能满足需求，或者需要制作一篇有特色的文档，我们还需要自定义样式。自定义样式可以通过修改预设样式和直接新建样式两种方法来实现。

> **光盘同步文件**
> **视频文件：光盘\教学文件\第 6 章\6-1-3.mp4**

1. 修改样式

在编辑一篇文档时，如果已经为文档中的某些文本设置了相同的样式，但样式的某些格式设置得不合理，则可根据需要进行修改。每个样式都包含字体、段落、制表位、边框、语言、图文框、编号、快捷键和文字效果 9 个方面的设置，用户可以对不同方面进行修改，最终使样式达到满意的效果。在修改样式后，所有应用了该样式的文本都会发生相应的格式变化，从而提高了排版效率。在 Word 2016 中可以修改自定义的样式，也可以修改系统预设的样式。

当用户经常使用的样式是在预设样式的基础上进行简单编辑的效果时，可以直接将预设样式更改为常用的效果，这样用户在应用了样式后就不需要再次进行更改了。下面对“文体活动策划书”文档中的样式进行修改，具体操作方法如下。

Step01: ❶在“开始”选项卡的“样式”组的“样式”下拉列表中需要修改的“正文”样式上右击；❷在弹出的快捷菜单中选择“修改”命令，如下图所示。

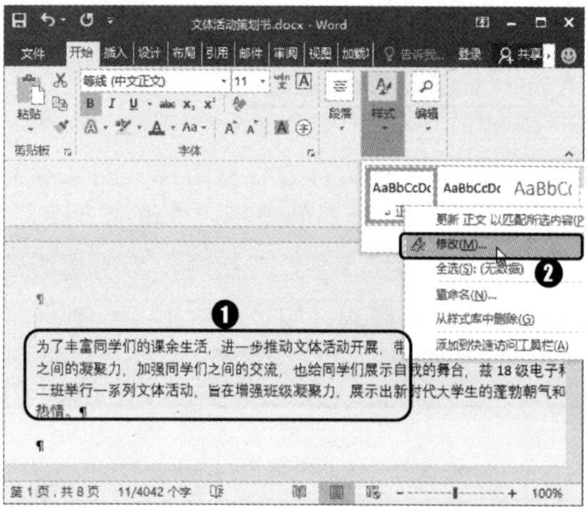

Step02: 打开“修改样式”对话框，❶单击“格式”按钮；❷在弹出的下拉菜单中选择“段落”命令，如下图所示。

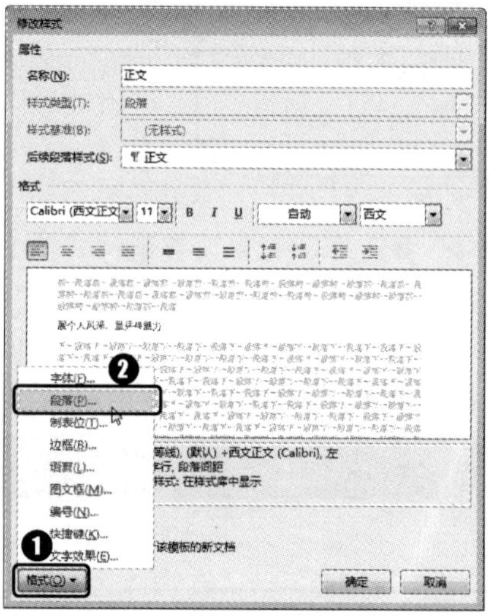

Step03: 打开“段落”对话框，❶在“缩进”选项组中设置段落缩进为首行缩进两个字符；❷在“间距”选项组中设置段前、段后的间距值均为“6 磅”，行距为“1.5 倍行距”；❸单击“确定”按钮，如下图所示。

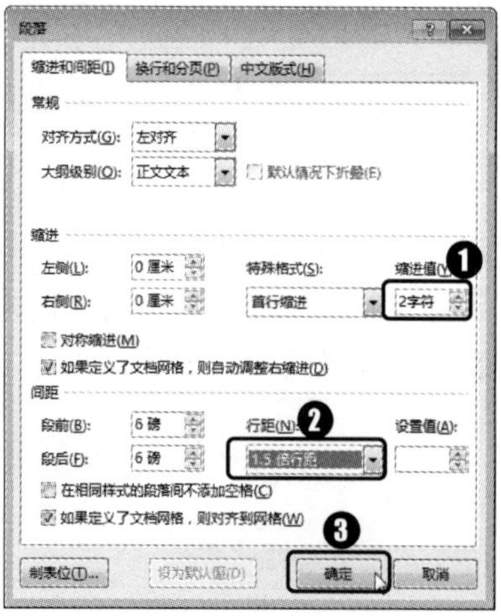

Step04: 返回“修改样式”对话框，单击“确定”按钮，返回文档中即可看到修改“正文”样式后的效果，如下图所示。

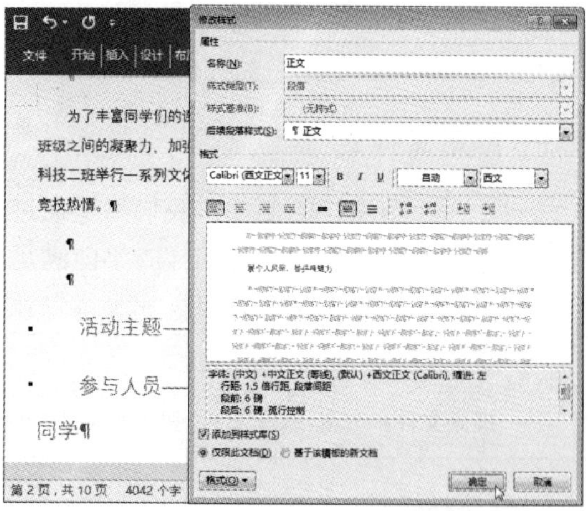

Step05: ❶在“开始”选项卡的“样式”组的“样式”下拉列表中需要修改的“标题 1”样式上右击；❷在弹出的快捷菜单中选择“修改”命令，如下图所示。

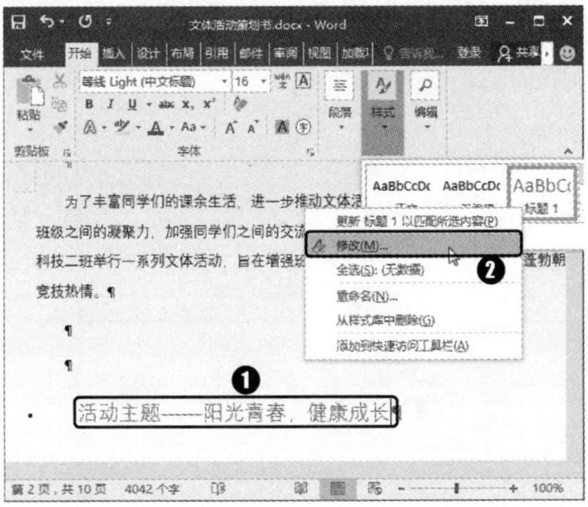

Step06: 打开“修改样式”对话框，❶在“格式”选项组中设置文本的字号为 16，加粗，颜色为深蓝色；❷单击“格式”按钮；❸在弹出的下拉菜单中选择“段落”命令，如下图所示。

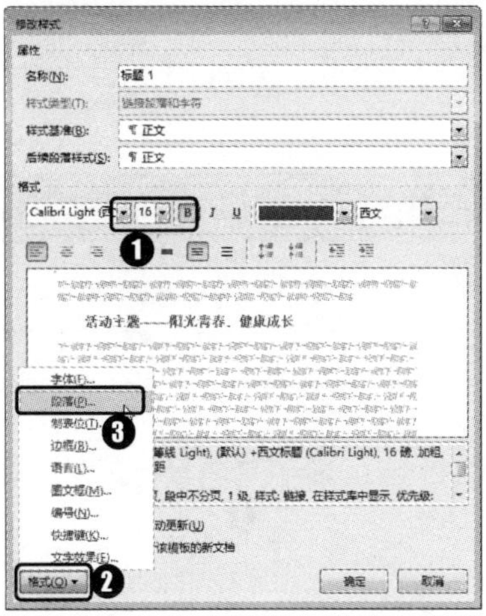

Step07: 打开“段落”对话框，❶在“缩进”选项组中设置段落缩进为无；❷在“间距”选项组中设置段前间距值为“12 磅”；❸单击“确定”按钮，如下图所示。

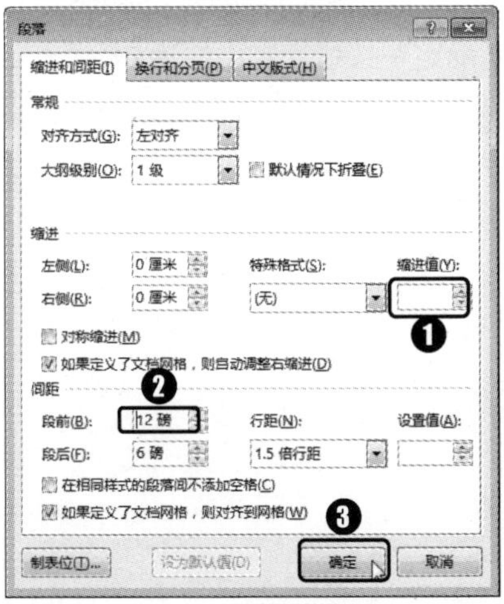

Step08: 返回“修改样式”对话框，单击“确定”按钮，返回文档中即可看到修改“标题 1”样式后的效果，如下图所示。

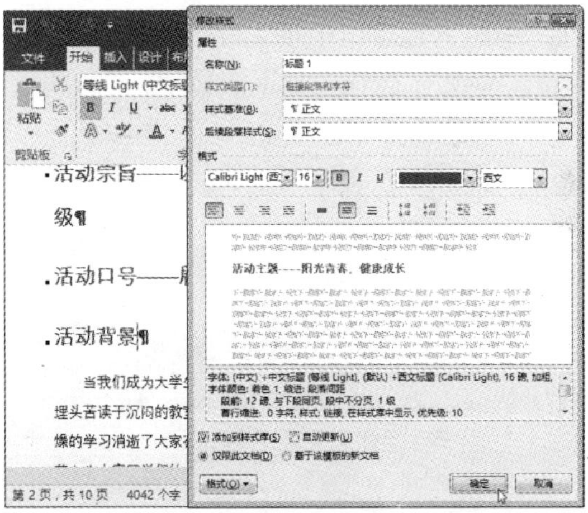

新手注意

在文档中修改多种样式时一定要先修改正文样式，因为各级标题样式大多是基于正文格式的，修改正文会同时改变各级标题样式的格式。

2. 新建样式

对于用户需要的但程序中没有的样式，用户可以自己动手建立新的样式。新建的样式将会保存到当前文档的“样式”任务窗格中，在应用时直接单击新建的样式图标即可，具体操作方法如下。

Step01: ❶将文本插入点定位在要应用新建样式的段落中；❷单击“样式”组的对话框启动器按钮；❸打开“样式”任务窗格，单击“新建样式”按钮，如下图所示。

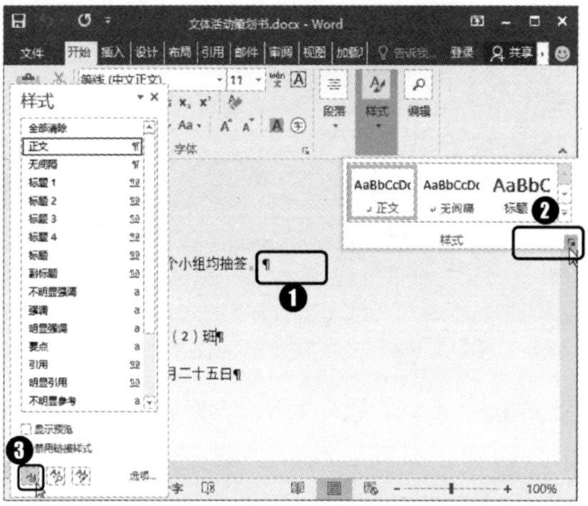

Step02: 打开“根据格式设置创建新样式”对话框，❶在“名称”文本框中输入样式的名称“落款样式”；❷在“格式”选项组中设置文本的字号为 12，加粗；❸单击“格式”按钮；❹在弹出的下拉菜单中选择“段落”命令，如下图所示。

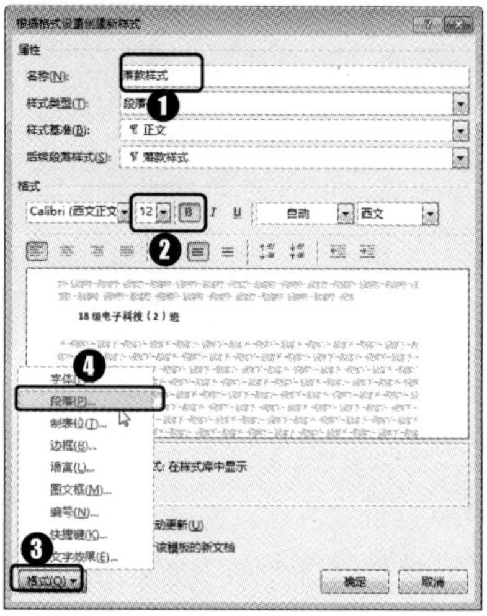

Step03: 打开“段落”对话框，❶在“常规”选项组中设置段落对齐方式为“右对齐”；❷在“缩进”选项组中设置段落缩进为无；❸单击“确定”按钮，如下图所示。

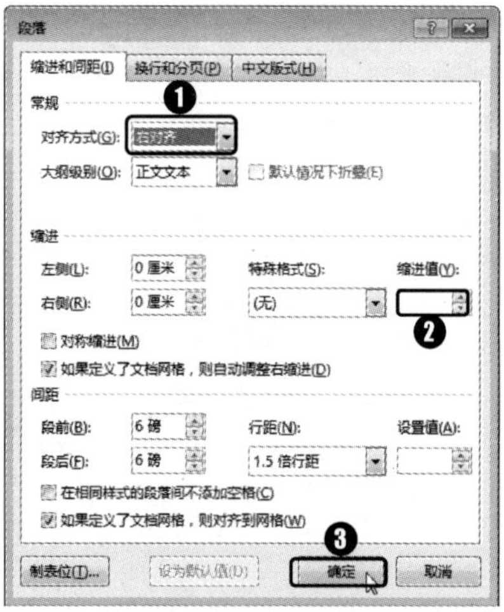

Step04: 经过上步操作，完成了新建样式的操作，返回“根据格式设置创建新样式”对话框，单击“确定”按钮，如下图所示。

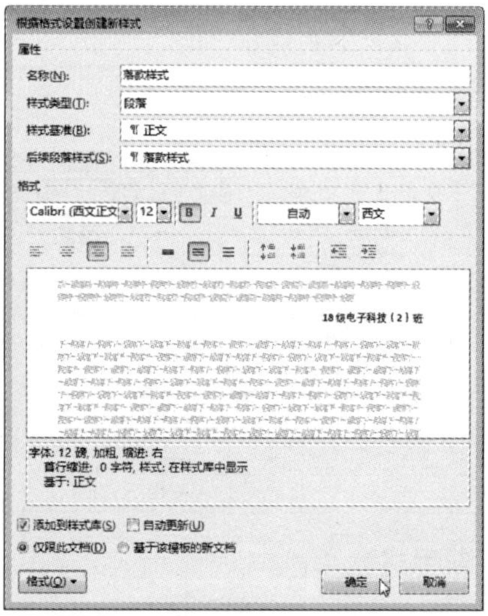

专家点拨——快速新建样式

通过修改样式来新建样式也是不错的方法，但一定要记得在“修改样式”对话框中重新命名样式的名称，否则修改后的样式将在原来样式的基础上进行更改。内建的样式名称是 Word 进行高级排版作业时的依据，所以最好不要随意修改样式名称。

Step05: 返回文档中即可看到已经为文本插入点所在的段落应用了新建的“落款样式”的效果。❶选择需要应用该样式的最后一个段落；❷在“样式”任务窗格中选择创建的“落款样式”选项，即可快速为其应用该样式，如下图所示。

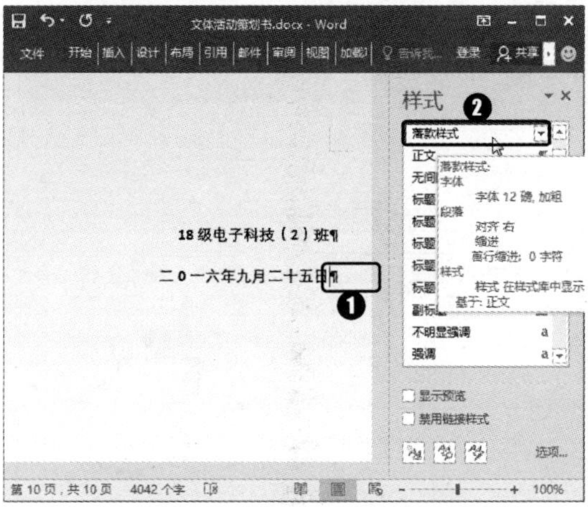

> **专家点拨——为样式命名的技巧**
>
> 在修改样式时可以为样式指定一个快捷键，而在为样式命名时便可以把快捷键一作为名称的一部分，例如“正文 alt-c”“标题 1alt-1”“标题 2alt-2”等。这样就方便了用户记忆各种样式的快捷键，即使时隔很久再排版下一份文档，也可以快速记忆起各样式对应的快捷键。
>
> 由于用户自定义的样式和 Word 内建的样式会在“样式”任务窗格中以英文字母顺序和中文音序混合排列。为了在“样式”任务窗格中方便地查找需要的样式，建议在所有自定义的样式前加上特定符号用于区分，最好为不同类型的自定义样式添加不同的特殊符号。例如在自定义的段落样式名称前添加“!”符号；在自定义的字符样式名称前添加“@”符号。

6.2 课堂讲解——使用模板快速排版

模板又称为样式库，它是一群样式的集合，并包含各种版面设置参数（如纸张大小、页边距、页眉和页脚位置等）。一旦通过模板开始创建新文档，便载入了模板中的版面设置参数和其中的所有样式设置，用户只须在其中填写具体的数据即可。本节就来介绍创建与应用模板的具体操作。

6.2.1 将文档保存为模板

现在大部分的企事业单位都使用 Word 编辑日常办公文件，为了避免在汇总文件时出现文件风格各异、混乱不堪，导致汇总工作的工作量增大的现象，公司一般会将内部经常需要处理的文稿设置成模板，这样员工就可以从公司计算机中调出相应的模板进行加工，从而让整个公司制作的同类型文档的格式都是相同的，方便了查阅者使用，又节省了制作的时间，有利于提高工作效率。

模板其实是 Word 文档的一种文件类型，制作起来很简单，用户只需要新建并制作需要内容和格式的文档，然后将其另存为“.dotx”格式即可。不过，在制作模板文件时需要考虑到使用该模板的不同用户在使用模板时可能遇到的一些问题，并尽量让内容更加简洁明了，在经过详细的调研之后再决定模板的呈现方式。为了让模板更加完善，在制作时还应定义一些合适的样式集合，注意命名的规则、不同段落样式的相互关系、格式的统一等问题。

下面介绍创建模板的具体方法。例如要将已经设置好各样式的“实验方案”文档保存为模板，具体操作方法如下。

> **光盘同步文件**
>
> **视频文件：光盘\教学文件\第 6 章\6-2-1.mp4**

Step01: 打开“光盘\素材文件\第 6 章\实验方案.docx”，❶单击“文件”按钮，在弹出的下拉菜单中选择“另存为”命令；❷在中间栏中双击“这台电脑”选项，如下图所示。

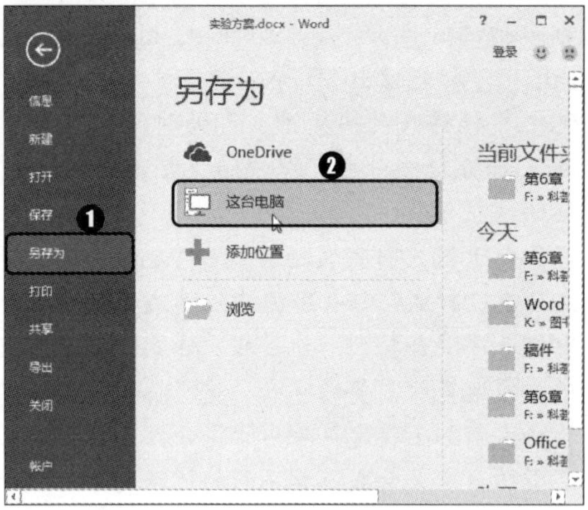

Step02: 打开“另存为”对话框，❶在地址栏中设置文档存放的位置；❷在“文件名”下拉列表框中输入模板的名称；❸在“保存类型”下拉列表框中选择“Word 模板（*.dotx）”选项；❹单击“保存”按钮，如下图所示。

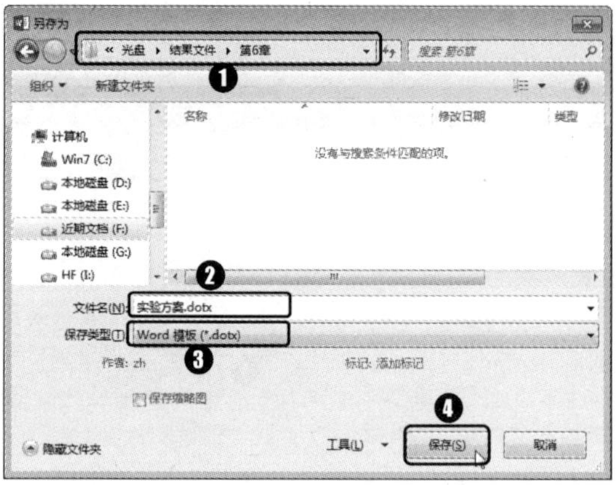

6.2.2 应用模板

Word 2016 本身自带了多个预设的实用文档模板，如简历、报表设计、课程提纲和书法字帖等，另外，用户还可以在模板搜索框中输入关键词搜索更多的在线模板来满足自己对模板的需求，快速创建专业的 Word 2016 文档，提高工作效率。使用模板不仅可以节省时间，还能快速地创建出拥有漂亮界面和统一风格的文件，尤其适合于新建经常使用的文件类型，如每周演示文稿、申请表和费用报表等。例如要根据“活动传单”模板新建文档，具体操作方法如下。

光盘同步文件

视频文件：光盘\教学文件\第 6 章\6-2-2.mp4

Step01: ❶单击“文件”按钮，在弹出的下拉菜单中选择“新建”命令；❷在中间栏中选择需要的“活动传单”选项，如下图所示。

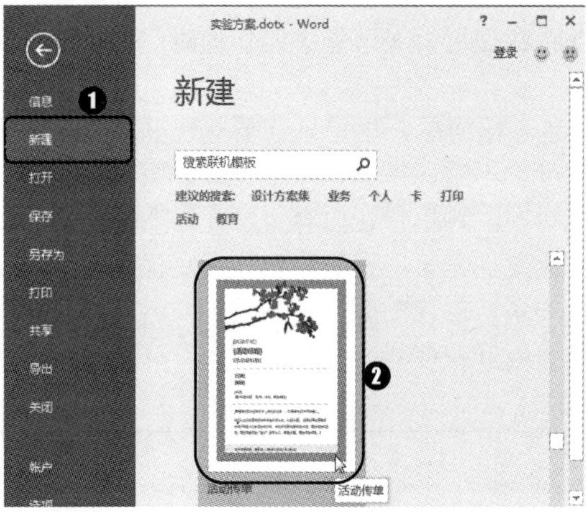

Step02: 在打开的提示对话框中可以预览该模板的效果，单击“创建”按钮，如下图所示。

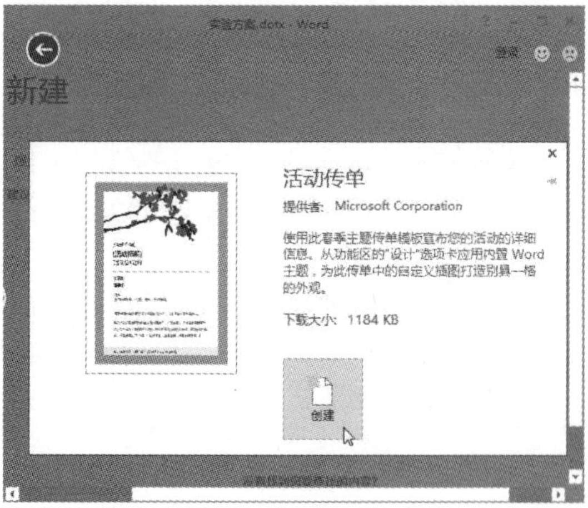

Step03: 经过上步操作，Word 便开始下载该模板了，如下图所示。

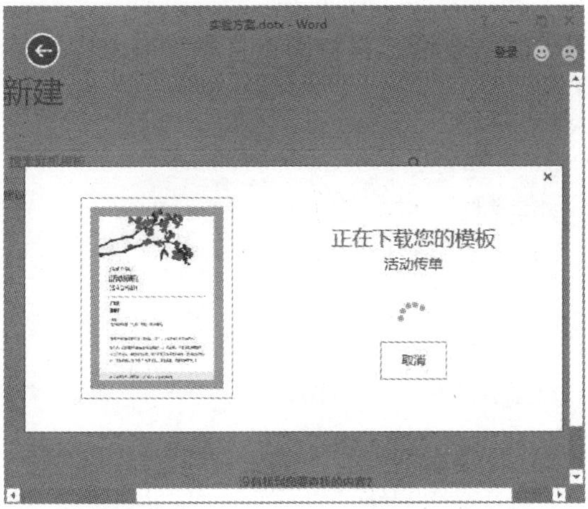

Step04: 稍等片刻，等模板下载完成后将基于该模板新建一个文档，在使用时更改文本内容即可，如下图所示。

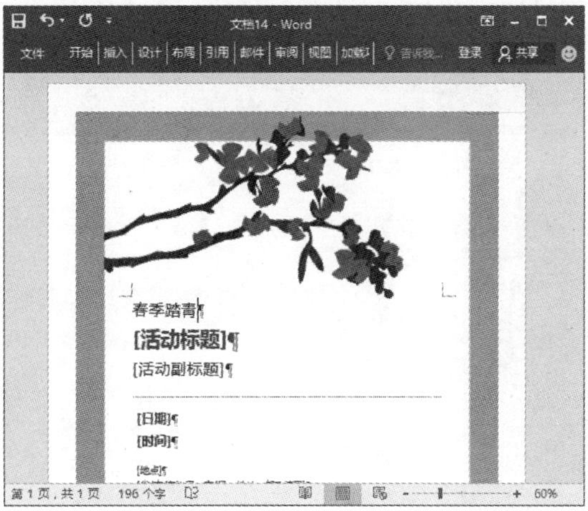

> **新手注意**
>
> 在默认情况下，用户下载的外部模板会保存在 Word 安装时默认路径下的模板文件夹“Templates”中。用户在基于模板制作这些文档时，最好不要将对文档进行的编辑操作保存到 Normal 模板中。也正因如此，根据模板新建文件都是基于该模板新建的一个空文件，而不是打开的模板文件本身。

▷▷ 高手秘籍——实用操作技巧

通过对前面知识的学习，相信读者朋友已经掌握了 Word 2016 中样式和模板的基本操作。样式和模板主要用于提高文档的编辑效率，使文档中的某些特定组成部分具有统一的设置。在使用样式和模板的过程中还需要掌握一些实用技巧，下面就结合本章内容介绍一些相关技巧。

> **光盘同步文件**
>
> **视频文件：光盘\教学文件\第 6 章\高手秘籍.mp4**

技巧 01 如何修改文档的整体格式

在编辑文档时，用户有可能为同一文档的不同对象设置了多种样式。为了快速统一文档的整体效果，让各种对象搭配得更加和谐，可以通过设置文档的主题进行统一。

文档主题是一套统一的设计元素和配色方案，是为文档提供的一套完整的格式集合，其中包括主题样式集、主题颜色、主题文字、主题段落间距和主题效果。利用文档主题可以非常容易地创建具有专业水准、设计精美、美观时尚的文档。例如要为“黄金周活动策划”文档设置统一的主题样式，具体操作方法如下。

Step01: 打开“光盘\素材文件\第 6 章\黄金周活动策划.docx”，❶单击“设计”选项卡的“文档格式”组中的“主题”按钮；❷在弹出的下拉列表中选择“流畅”选项，如下图所示。

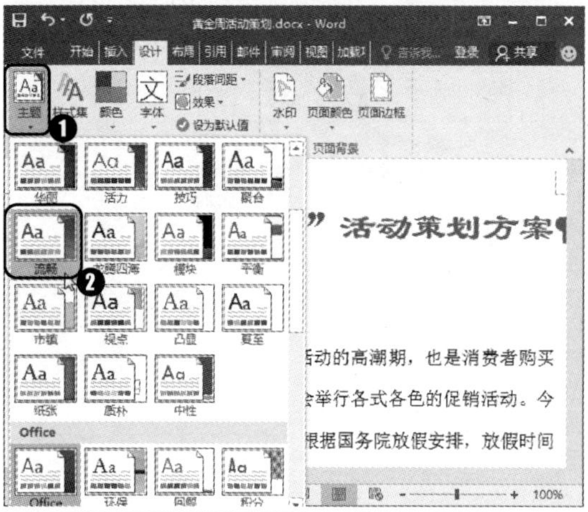

Step02: ❶单击“文档格式”组中的“样式集”按钮；❷在弹出的下拉列表中选择“阴影”选项，如下图所示。

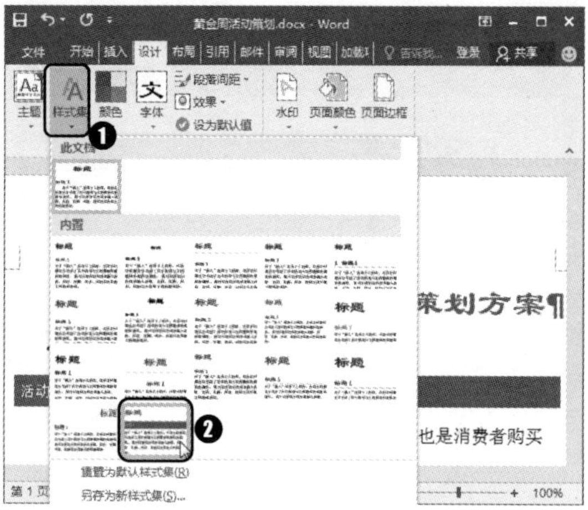

Step03: ❶单击“颜色”按钮；❷在弹出的下拉列表中选择“跋涉”选项，如下图所示。

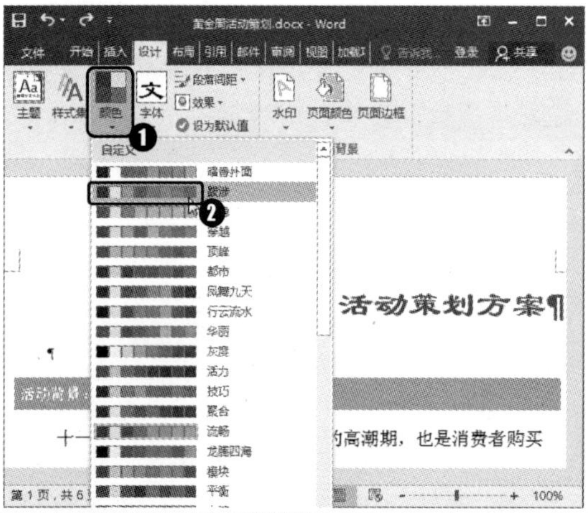

Step04: ❶单击“字体”按钮；❷在弹出的下拉列表中选择“夏至”选项，如下图所示。

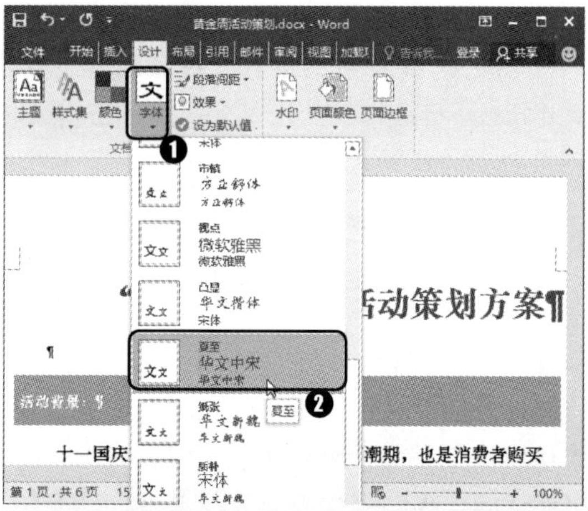

Step05: ❶单击“段落间距”按钮；❷在弹出的下拉列表中选择“紧密型”选项，如右图所示。经过以上操作，即可改变文档的页面整体效果。

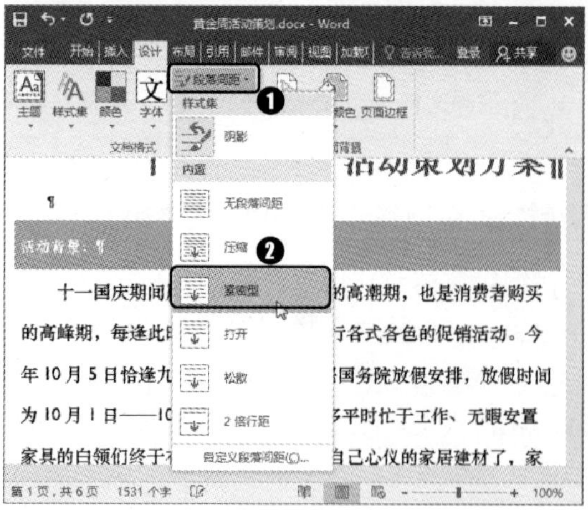

技巧 02 快速删除文字的所有样式

已经在文本内容上设置了各种样式之后，如果需要重新设置格式或者不再需要某个样式，则可以将格式清除。利用 Word 2016 中的“清除格式”命令可以快速删除文字的所有样式。例如要删除“黄金周活动策划”文档中标题内容应用的样式，具体操作方法如下。

Step01: ❶选择文档中要清除格式的标题内容；❷单击“开始”选项卡的“样式”组中列表框右侧的“其他”按钮，在弹出的下拉列表中选择“清除格式”命令，如下图所示。

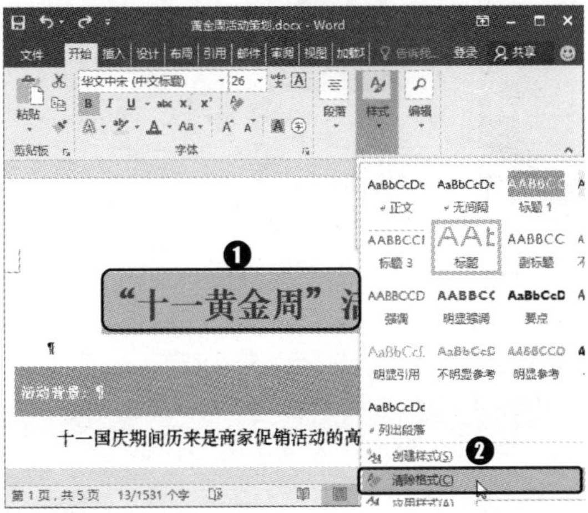

Step02: 经过上步操作，完成了清除样式的操作，返回文档中即可查看到所选文本内容已经恢复为普通的文本格式效果，如下图所示。

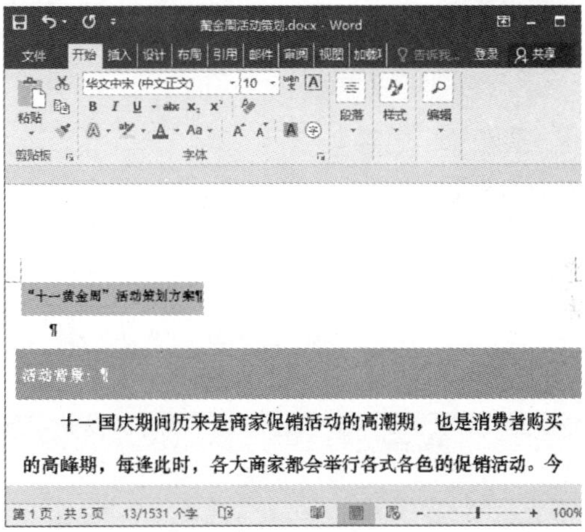

> **专家点拨——删除样式**
>
> 对于新建的样式，在建立后如果发现不再需要，可直接将该样式删除。在需要删除的样式名称上右击，在弹出的快捷菜单中选择“从快速样式中删除”命令，即可将所选的样式从样式库中删除，删除样式后，所有应用了该样式的文本都将恢复为文档的默认效果。通过该方法只能删除用户设置的样式，不能删除 Word 自带的样式。

技巧 03 搜索合适的模板

选择模板是有一定技巧的，只有根据内容选择合适的模板才能制作出需要的文档效果。当 Word 2016 中没有提供合适的模板时，需要输入关键字联机寻找合适的模板。例如要通过 Word 2016 搜索合适的项目报告模板，具体操作方法如下。

Step01: ❶单击“文件”按钮，在弹出的下拉菜单中选择“新建”命令；❷在中间栏上方的搜索文本框中输入要搜索的关键字“报表”；❸单击右侧的“开始搜索”按钮，如右图所示。

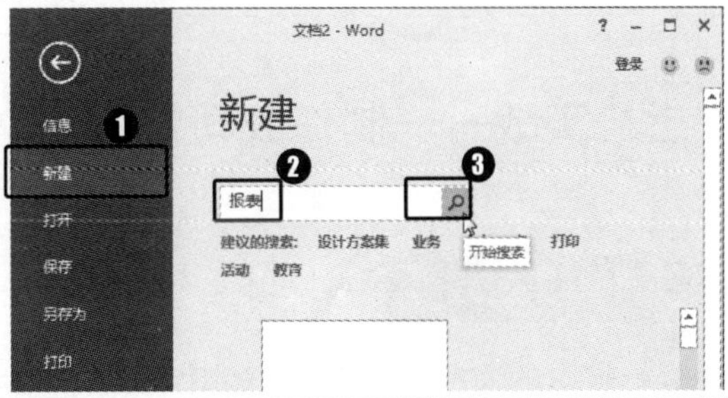

Step02: 经过上步操作，系统开始联机搜索与关键字有关的模板，并显示在页面中，在页面右侧的“分类”中选择“项目”选项，如下图所示。

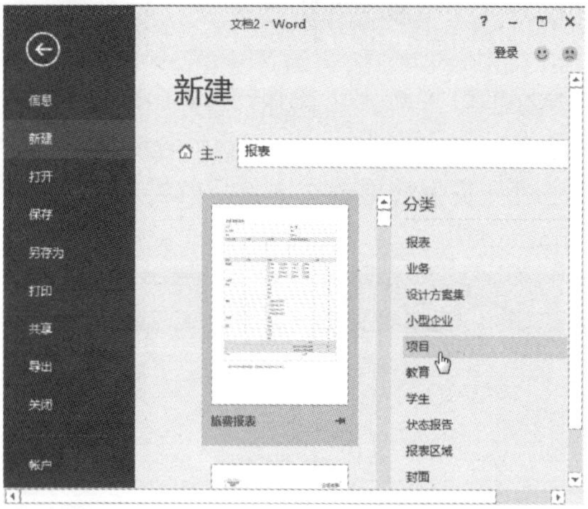

Step03: 此时会在搜索到的相关模板中提取项目分类下的模板，选择需要的模板选项，如下图所示。

Step04: 在打开的提示对话框中可以预览该模板的效果，单击“创建”按钮，如下图所示。

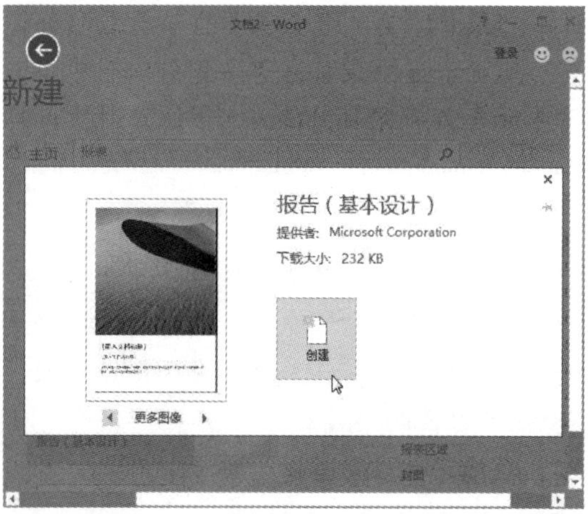

Step05: 经过上步操作，Word 开始下载该模板。稍等片刻，等模板下载完成后将基于该模板新建一个文档，如下图所示。

新手注意

Word 2016 更新了模板搜索功能，可以更直观地在 Word 文件内搜索工作、学习、生活中需要的模板，而不必去网上搜索下载，大大提高了工作效率。

▷▷ 上机实战——制作公司常用公文模板

上机介绍

对于常用的文档，用户可以制作成一个模板文件，以便后期直接调用过来修改文件内容即可快速完成创建。例如办公中因为每个人涉及的工作范围基本上是固定的，所以有些文件会经常用到，对于这类文件可以将那些固定的内容或固定的格式设置到模板文件中。下面制作一个公司常用的公文模板，完成后的效果如下图所示。

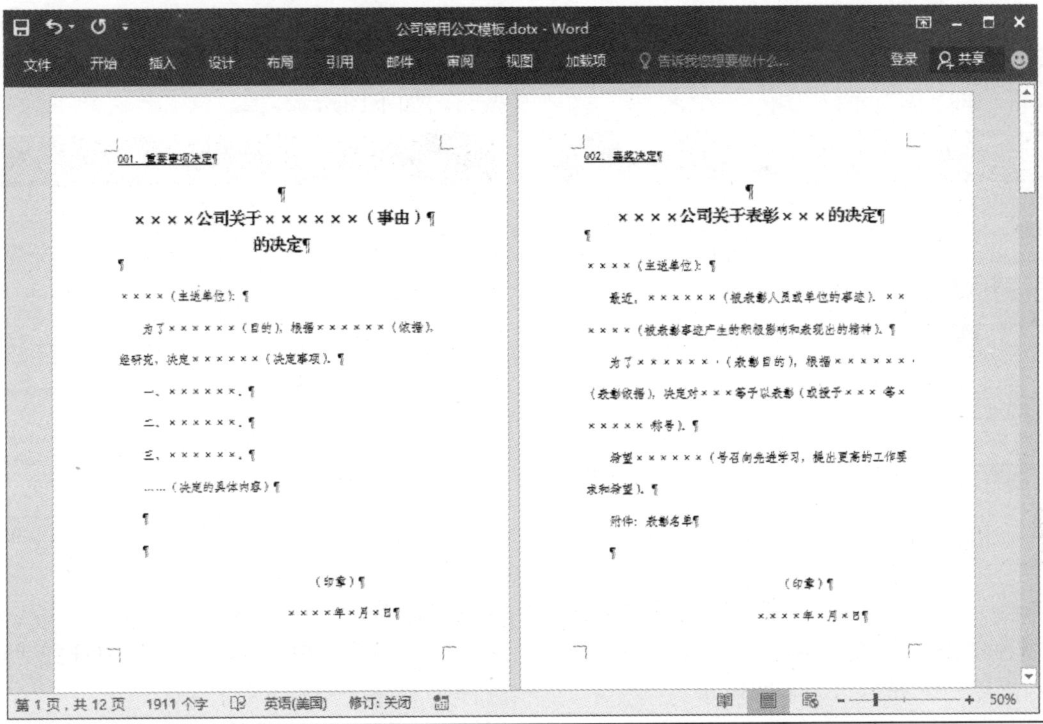

光盘同步文件

视频文件：光盘\教学文件\第 6 章\上机实战.mp4

步骤详解

本实例的具体制作步骤如下。

Step01: 新建一篇空白文档，输入相应的模板内容，如下图所示。

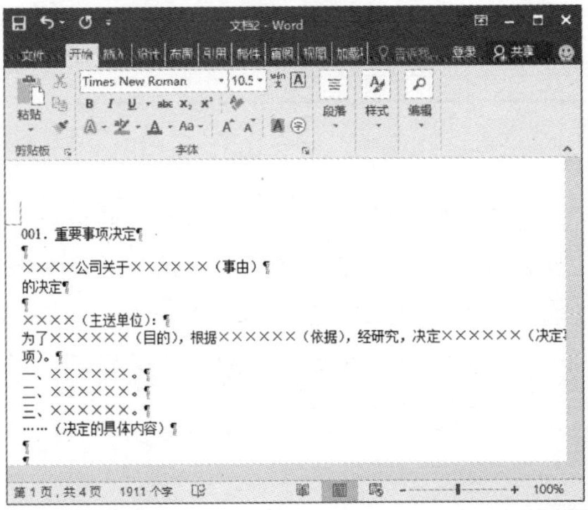

Step02: 为文档中的第一个常用公文的不同组成部分设置合适的格式，完成后的效果如下图所示。

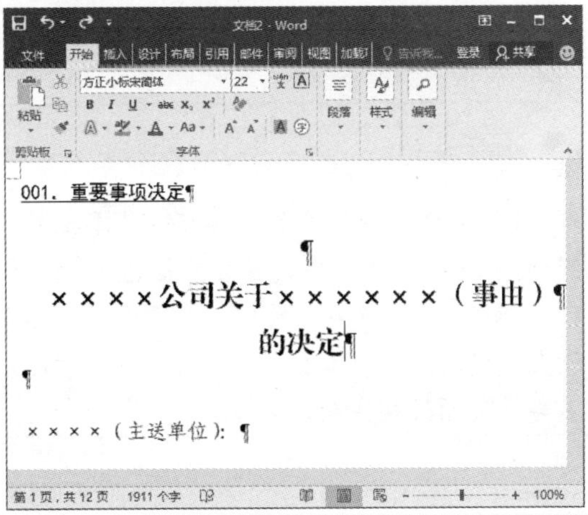

Step03: ❶选择需要定义样式的段落；❷在“样式”组中单击“其他”按钮，在弹出的下拉菜单中选择“创建样式”命令；❸打开“根据格式设置创建新样式”对话框，在“名称”文本框中输入新样式的名称；❹单击“确定”按钮，如下图所示。

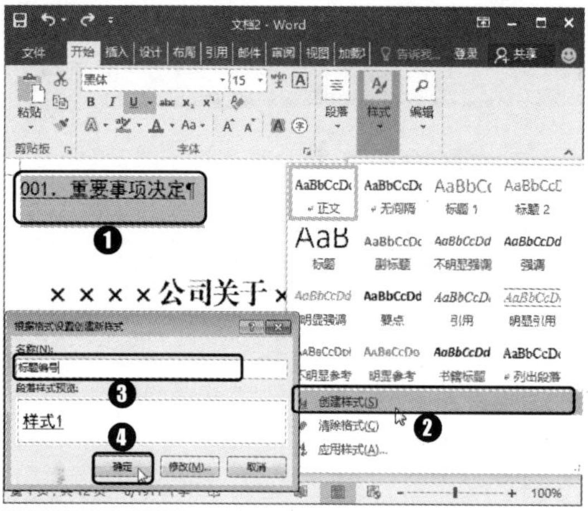

Step04: ❶选择需要定义样式的段落；❷在“样式”组中单击“其他”按钮，在弹出的下拉菜单中选择“创建样式”命令；❸打开“根据格式设置创建新样式”对话框，在“名称”文本框中输入新样式的名称；❹单击“确定”按钮，如下图所示。

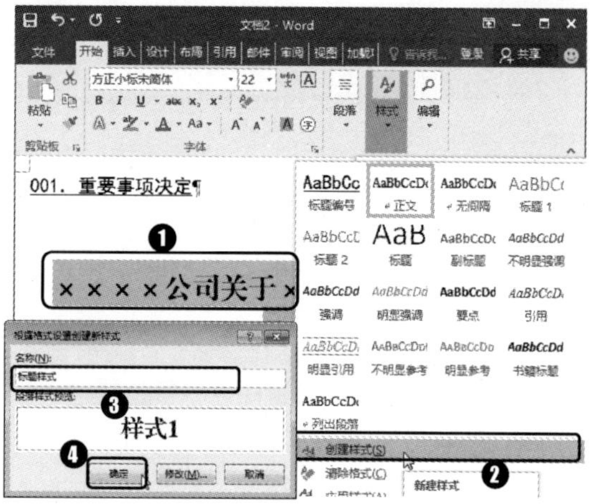

Step05: ❶依次选择本文档中的其他常用公文的标题编号段落；❷在“样式”组的选择“标题编号”样式，如下图所示。

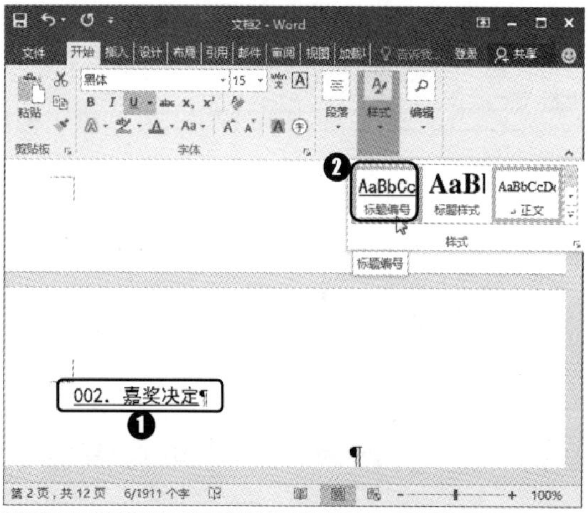

Step06: ❶依次选择本文档中的其他常用公文的标题段落；❷在“样式”组中选择“标题样式”选项，如下图所示。

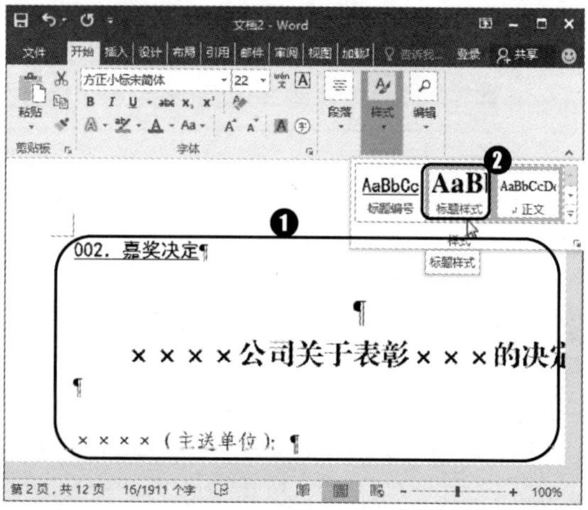

新手注意

Word 预设的样式名称具有极其重要的作用，它是 Word 进行高级排版作业时的依据。例如，Word 可抽取样式名称为标题 1、标题 2、标题 3……的文字内容组成目录，并以目录 1、目录 2、目录 3……的样式表现多达 9 层的目录；也可抽取 XE 域（indeX Entry，索引项）所在页码，做成以索引 1、索引 2……样式为形貌依据表现多达 9 层的索引，所以用户一般不要修改预设样式的名称。

Step07: ❶单击“文件”按钮，在弹出的下拉菜单中选择“另存为”命令；❷在中间栏中双击“这台电脑”选项，如下图所示。

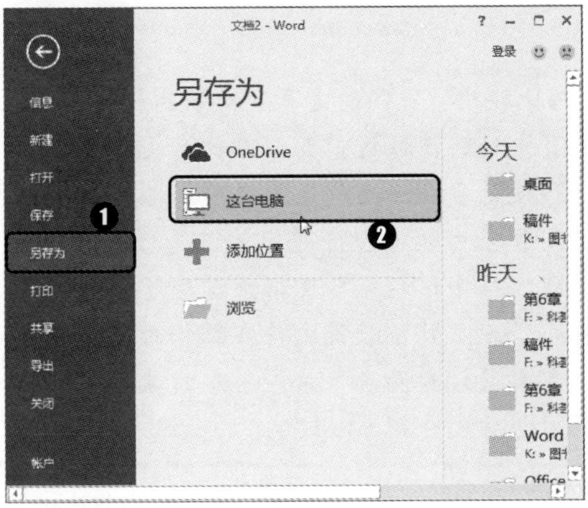

Step08: 打开“另存为”对话框，❶在地址栏中设置文档存放的位置；❷在“文件名”下拉列表框中输入模板的名称；❸在“保存类型”下拉列表框中选择“Word 模板”选项；❹单击“保存”按钮，如下图所示。

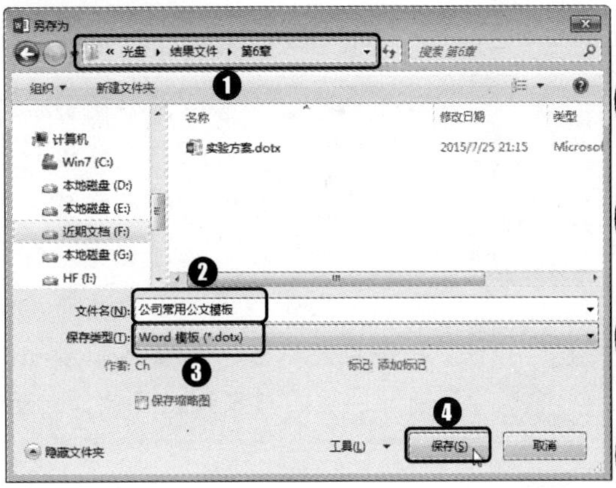

▷▷ 本章小结

样式是经过特殊打包的格式的集合，模板是多种样式的集合。本章的重点在于掌握 Word 2016 中样式和模板的使用方法，主要包括样式的套用、修改、新建和删除，以及文档模板的创建和使用方法。希望通过本章的学习，读者能够将自己制作的文档设计得样式一致、整齐美观，在业余时间可以根据自己常使用的文档类型设置合适的样式和模板，以提高后期的工作效率。

第 7 章　Word 2016 的高级应用

●本章导读●

在实际办公应用中，单页内容的文档比较少，更多的是页数较多的长篇文档，如工作计划、总结、合同等。在制作单页文档时，通过前面介绍的有关文字、段落、图片、图形以及表格设计等知识，即使是复杂一点的效果也可以顺利完成，即使是没有找到简便的操作，浪费的时间和精力也不会特别多。但是，对于长篇文档，如果在制作过程中不掌握一些技巧，整个过程就会变得很烦琐了，最简单的就是检查错误，若逐字查看太浪费时间了。另外，长篇文档在制作时需要考虑文档的全局性，从整体角度出发，因此需要设计封面和目录等。本章主要从文档校对、审阅与修订、目录、封面和文档保护等方面介绍 Word 2016 的高级应用知识。

●知识要点●

- 校对文档
- 审阅文档
- 修订文档
- 制作目录
- 编辑目录
- 制作封面
- 保护 Word 文档的方法

●效果展示

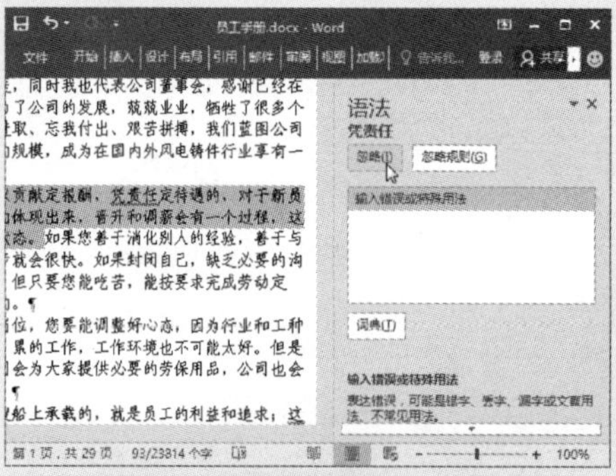
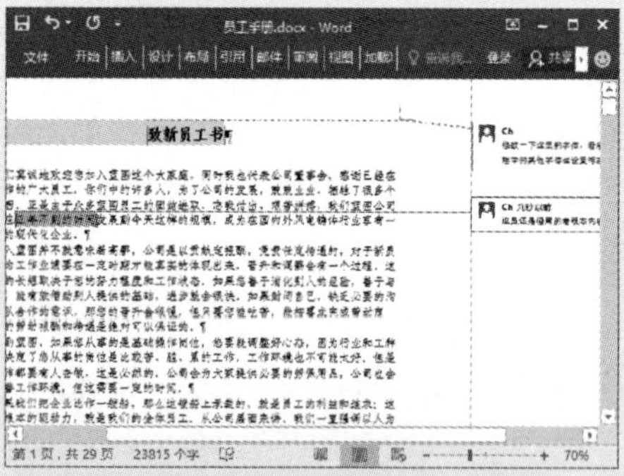
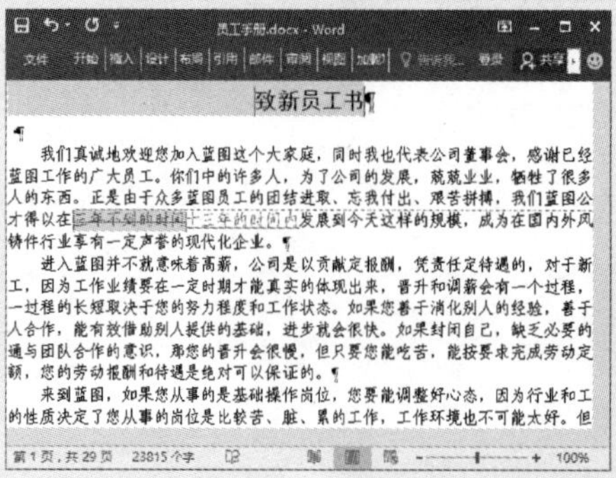
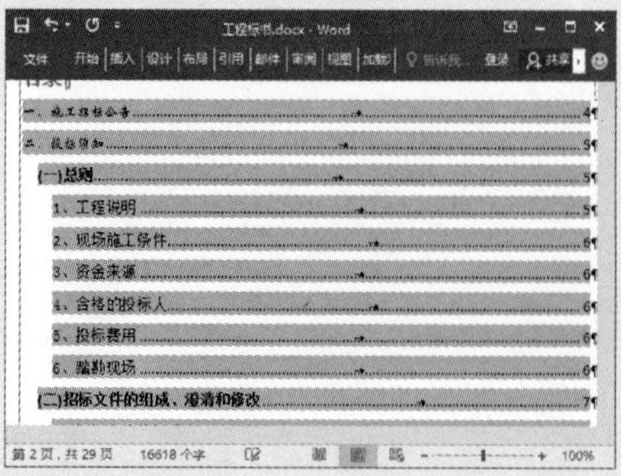

▷▷ 7.1 课堂讲解——文档校对

在 Word 中编辑一些较严谨的正式文档时，当内容编写完成后，通常需要再仔细地检查一遍，尽可能避免错误的存在。Word 2016 中提供的文档校对功能可以帮助我们快速地对文档内容进行拼写和语法检查，还能统计出文档中的各种基础数据。

7.1.1 检查拼写和语法

在文档的输入过程中，很容易忽略了拼写和语法的正确性，而人工校对这些错误又是一件非常浪费精力的事情。此时使用 Word 提供的拼写和语法检查功能可以对文档进行全面的检查，并在出现拼写和语法错误时在文本下方添加红色、蓝色或绿色波浪线，在工作的同时使用自动拼写和语法检查功能将在很大程度上减少错误的发生。例如要为已经编辑完成的“员工手册”文档检查拼写和语法，具体操作方法如下。

光盘同步文件

视频文件：光盘\教学文件\第 7 章\7-1-1.mp4

Step01: 打开“光盘\素材文件\第 7 章\员工手册.docx”，❶将文本插入点定位在要开始检查拼写和语法的位置，这里定位在文档最开始处；❷单击“审阅”选项卡的“校对”组中的“拼写和语法”按钮，如下图所示。

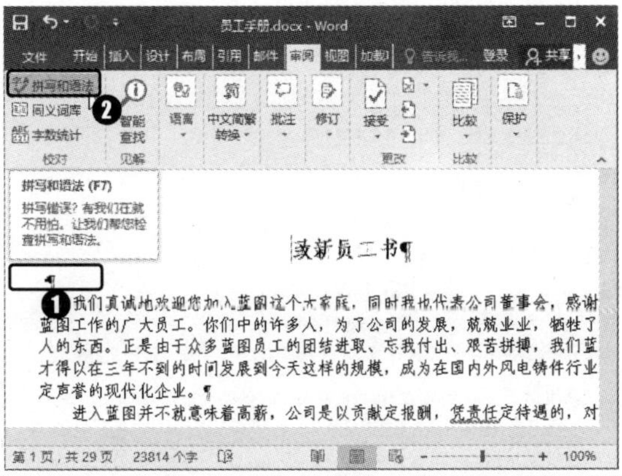

Step02: 经过上步操作，将在窗口右侧显示出“语法”任务窗格，同时 Word 会自动从文本插入点处开始检查，识别到错误后将在“语法”任务窗格中显示出错误的所在。如果是 Word 无法正确识别的错误，则会在下方的列表框中显示“输入错误或特殊用法”，此时用户可自行判断是否更改，单击“忽略”按钮可忽略当前项的检查，如下图所示。

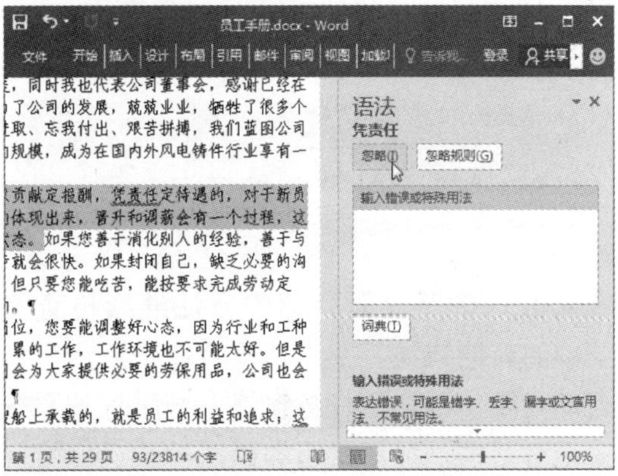

新手注意

Word 只能识别常规的拼写和语法错误，一些特殊用法则可能会被识别为错误，此时需要用户自行决定是否修改。当然，如果 Word 识别出错误，还能在列表框中显示出正确的修改方法，我们直接单击“更改”按钮就可以让 Word 按照建议进行更正了。

Step03: 经过上步操作后，Word 会继续检查下一处错误，因为也是 Word 无法正确识别的错误，用户自行判断后决定是否更改，单击“忽略”按钮忽略当前项的检查，如下图所示。

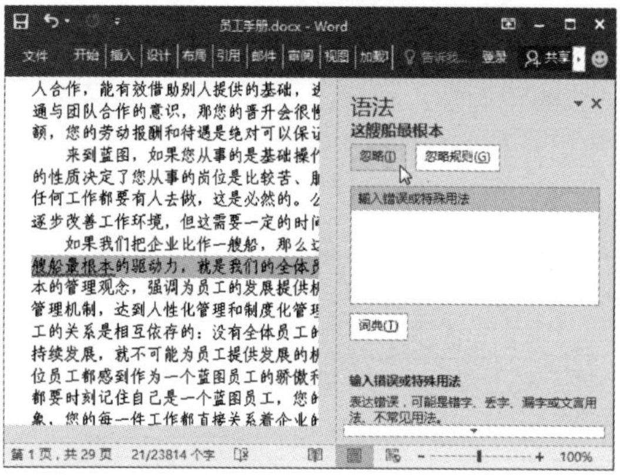

Step04: 使用相同的方法依次判断文档中的其他 Word 无法正确识别的错误，直到 Word 检查到如下图所示的错误，由于这里缺少了一个符号，❶直接在文档中输入缺少的“、”；❷单击“语法”任务窗格中的“恢复”按钮。

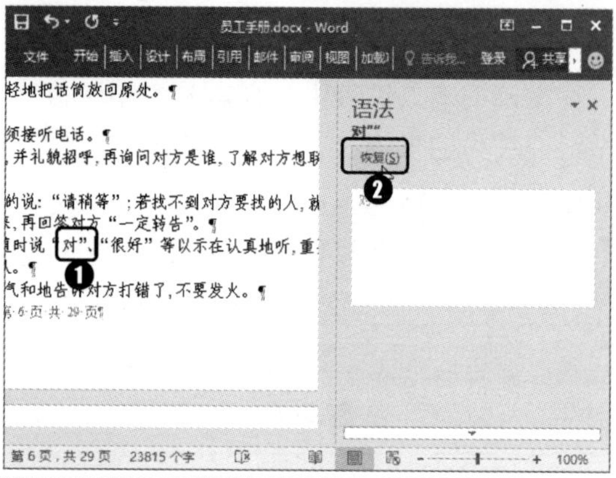

Step05: 继续判断文档中的其他错误，直到 Word 检查到如下图所示的错误，由于这里出现了一个错别字，Word 给出了提示，单击“更改”按钮，如下图所示。

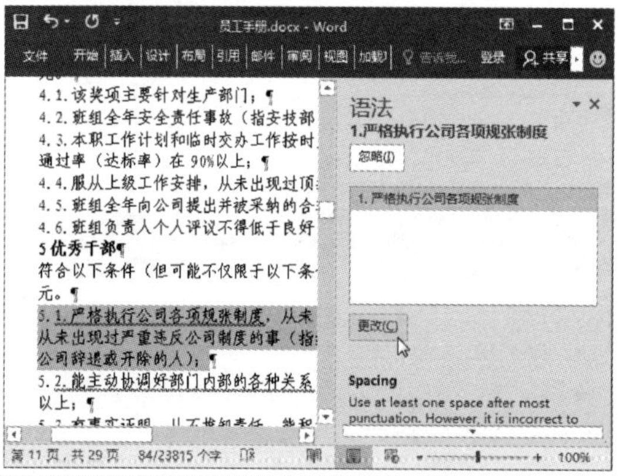

Step06: 经过上步操作，Word 并没有实质性的更改，所以还需要❶手动将文档中的“张”字修改为“章”字；❷单击“语法”任务窗格中的“恢复”按钮，如下图所示。

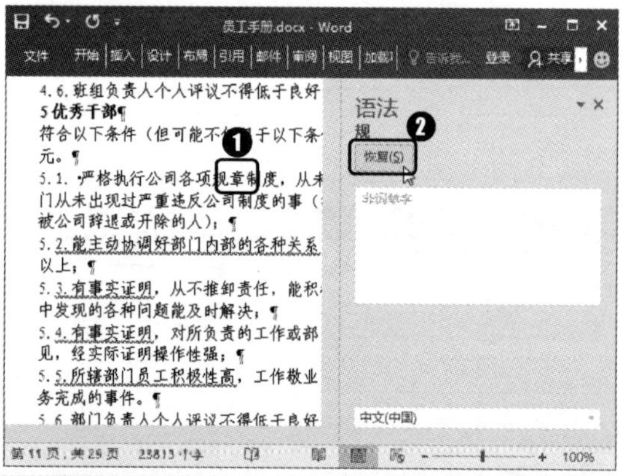

Step07: 按照前面介绍的方法继续检查文档中的其他错误。在文档检查完毕后，将会自动关闭“语法”任务窗格，同时打开系统提示对话框，提示拼写和语法检查已完成，单击“确定”按钮关闭对话框，如右图所示。

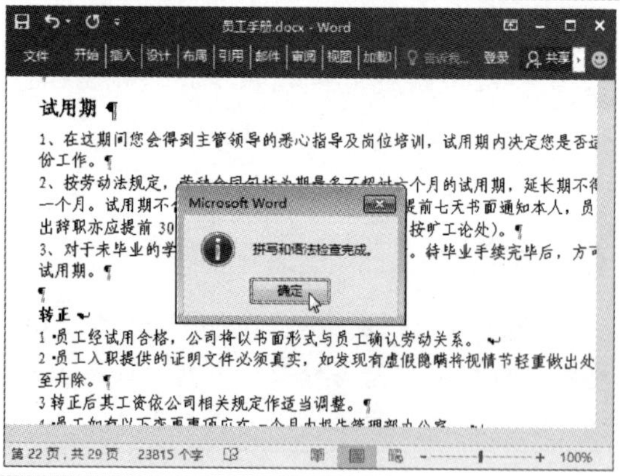

7.1.2　文档的字数统计

在制作毕业论文或报告等对字数进行了限制的文档时，为了及时控制文档的篇幅，用户可以使用 Word 提供的“字数统计”功能随时查看文档的字数，做到及时防控。通过“字数统计”功能，用户还能了解文档中某个区域的字数、行数、段落数和页数等详细信息。例如要统计“员工手册”文档中某一部分内容的字数，具体操作方法如下。

光盘同步文件

视频文件：光盘\教学文件\第 7 章\7-1-2.mp4

Step01: ❶选择需要统计字数的部分内容；❷单击“审阅”选项卡的“校对”组中的“字数统计”按钮，如下图所示。

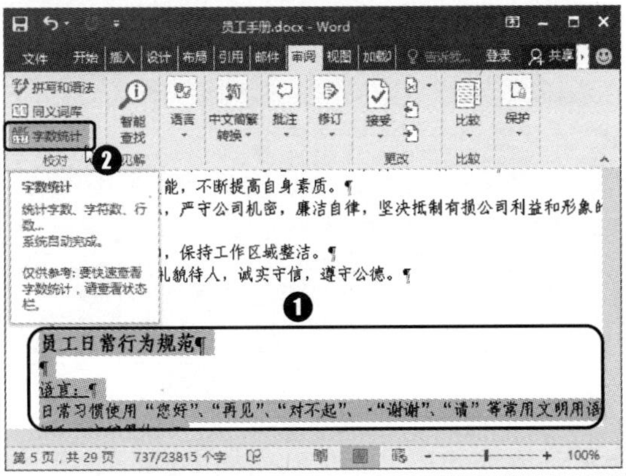

Step02: 打开“字数统计”对话框，其中显示了文档的各类统计信息，查看完后单击“关闭”按钮，如下图所示。

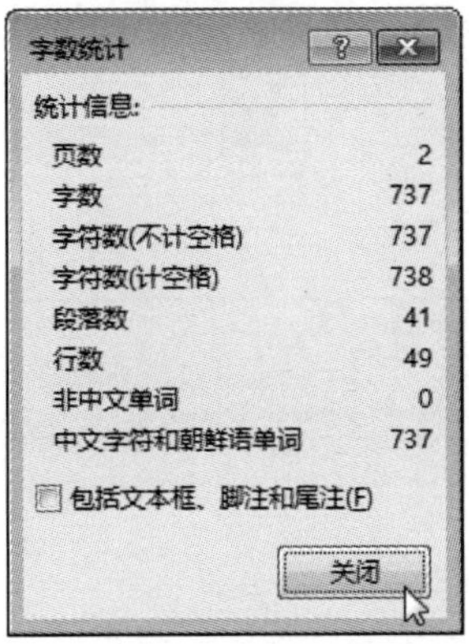

▷▷ 7.2　课堂讲解——审阅与修订文档

为了实现审阅者和文档创作者之间的交流，Word 2016 提供了批注、修订和审阅的功能。当用户在阅读他人的文档时，对于需要修改的内容或是需要向作者提出的意见可以使用批注或修订功能对文档进行标记，这样作者在拿到文档后就可以对其他用户修改的部分以及提出的意见一目了然。作者还可以通过审阅功能选择性地对修改建议进行接受或拒绝。

7.2.1　添加和删除批注

在真实的书本中，批注是我国文学鉴赏和批评的重要形式和传统的读书方法。在 Word 文档中沿用了批注的这种特性，无论是文档的创作者还是审阅者都可以为文档添加注释或批语。在对文章进行审阅时，使用批注对文档中的内容提出意见和建议，可以方便文档的审阅者与创作者进行交流。

光盘同步文件

视频文件：光盘\教学文件\第 7 章\7-2-1.mp4

1. 新建批注

在 Word 中使用批注时，首先要在文档中插入批注框，然后在批注框中输入批注内容。在为文档内容添加批注后，标记会显示在文档中，批注标题和批注内容会显示在文档的页面内容外，不会影响文档本来的排版效果，还能方便其他用户查阅。例如要在“员工手册”文档中新建批注，具体操作方法如下。

Step01: ❶选择要添加批注的文本；❷单击“审阅”选项卡的“批注”组中的“新建批注”按钮，如下图所示。

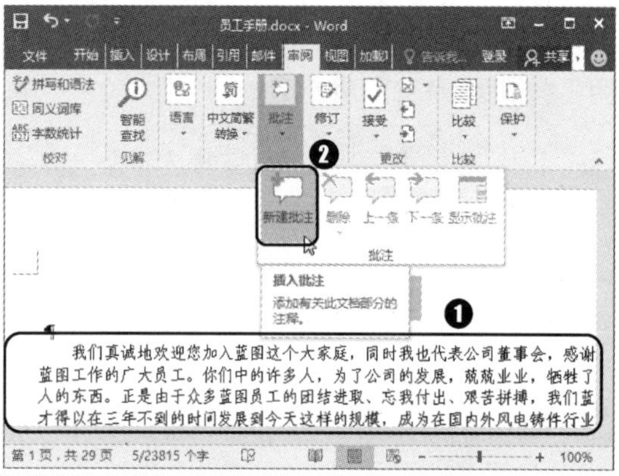

Step02: 经过上步操作，在窗口右侧将显示一个空白批注框，且批注线条指向所选的文本，❶将文本插入点定位到批注框中并输入批注的内容；❷使用相同的方法为文档的其余位置添加批注，如下图所示。

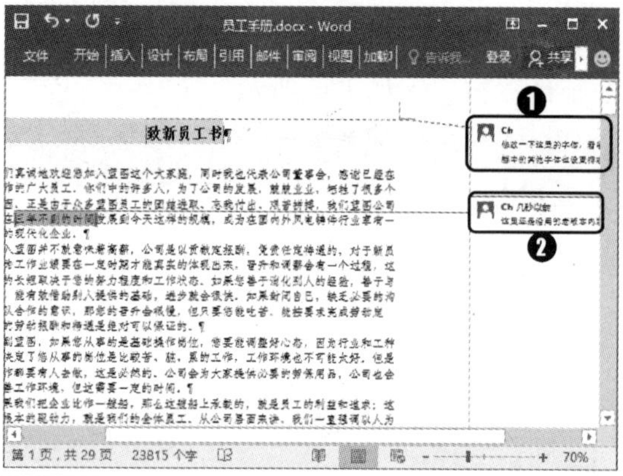

2. 查看批注

在阅读文档时可将某些观点、提出的意见和要求以批注的形式添加到文档中进行阐述，文档的其他阅读用户在阅读批注过的文档时，如果要查看或快速移动到批注处，还需要掌握下面的方法。

Step01: ❶将文本插入点定位在文档内容的起始处；❷单击“审阅”选项卡的“批注”组中的“下一条”按钮，如下图所示。

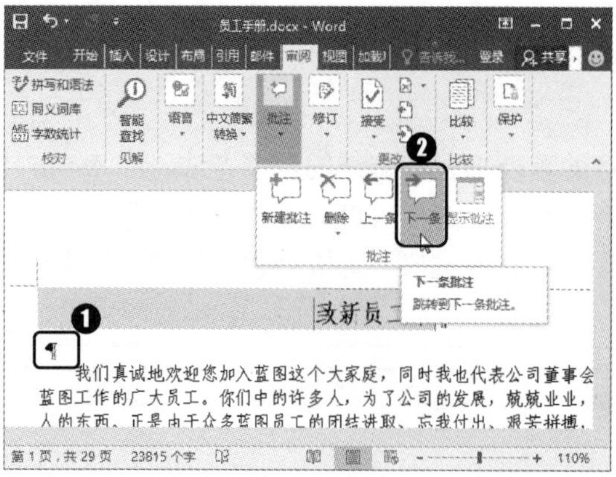

Step02: 经过上步操作，Word 会选择文档中的第一条批注，❶继续单击“下一条”按钮，可依次查看文档中的其他批注；❷若要查看文档中当前位置前面的一条批注，可单击“上一条”按钮，如下图所示。

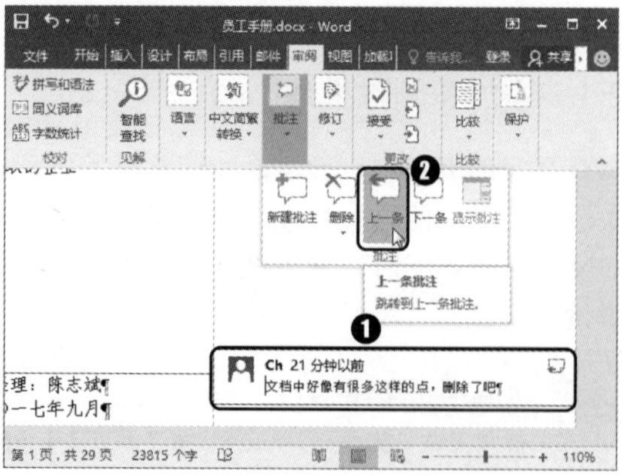

3. 删除批注

作者对文档中的批注内容查看并且将正文修改完毕后，一般就不再需要显示批注了，此时可以将批注删除，具体操作方法如下。

Step01: ❶将文本插入点定位到文档中的批注标记或批注框中；❷单击“审阅”选项卡的“批注”组中的“删除”按钮，如下图所示。

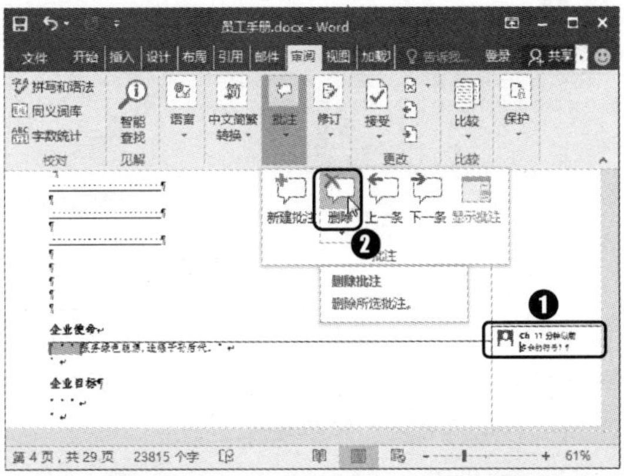

Step02: 经过上步操作，即可删除文档中的所选批注，如下图所示。

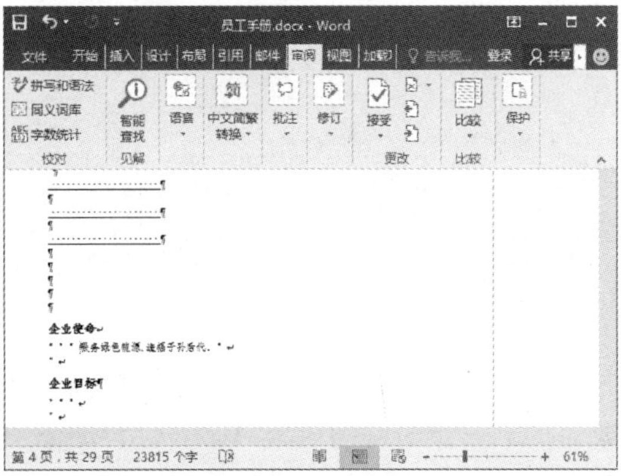

> **专家点拨——快速删除文档中的所有批注**
>
> 如果要删除文档中的所有批注，可以在“删除”下拉菜单中选择“删除文档中的所有批注”命令。在需要删除的批注上右击，在弹出的快捷菜单中选择“删除批注”命令也可以删除批注。

7.2.2　修订文档内容

在实际工作中，文稿一般是先由编写者录入，再由审阅者提出修改建议进行修改，然后由编写者进行全面修改，经过多次修改后才能定稿。在审阅其他用户编辑的文稿时，只要启用了修订功能，Word 就会对审阅者在文档中的修改自动插入修订标记。在默认情况下，增加的文字颜色会和原文的文字颜色不同，还会在增加的文字下方添加下画线；删除的文字也会改变颜色，同时添加删除线，这样用户可以非常清楚地看出文档中到底哪些文字发生了变化。

> **光盘同步文件**
>
> 视频文件：光盘\教学文件\第 7 章\7-2-2.mp4

1. 开启修订功能并修订文档

当需要在审阅状态下修订文稿时，首先要启用修订功能，只有在开启修订功能后对文档的修改才可以反映到文档中。具体的修订方法与在文档的普通状态下编辑文档相似，只是 Word 会自动记录修改的内容，并将修改的过程以标记的形式显示在文档中。例如要启用修订功能并对“员工手册”文档进行修订，具体操作方法如下。

Step01: 单击“审阅”选项卡的“修订”组中的“修订”按钮，让文档进入修订状态，如下图所示。

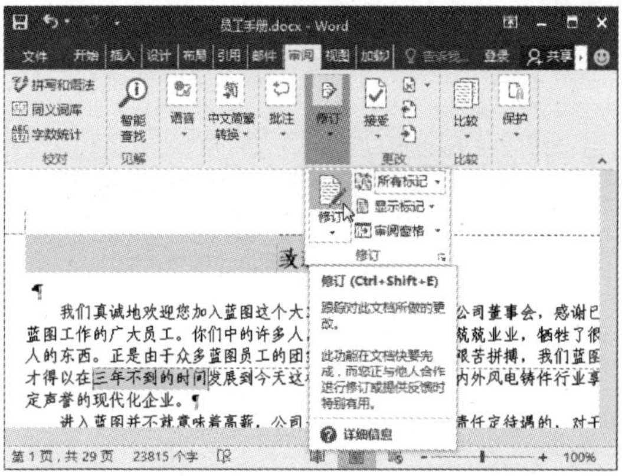

Step02: ❶选择第一页中的标题文本；❷在“开始”选项卡的“字体”组中设置合适的字体格式，Word 会自动添加与操作对应的标记，如下图所示。

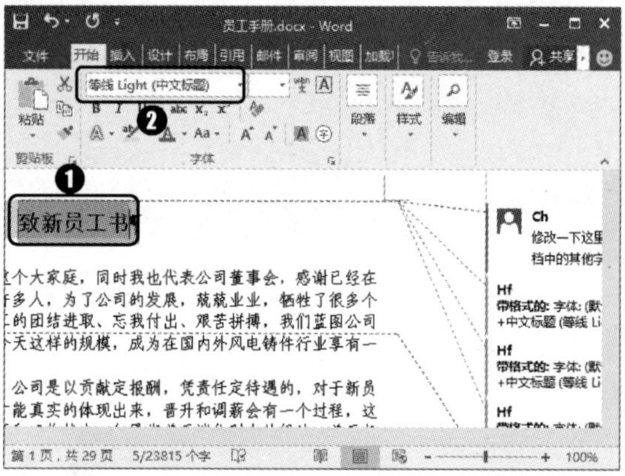

Step03: 将文档中的“三年不到的时间”修改为“十三年的时间内”，Word 会自动添加与操作对应的标记，如下图所示。

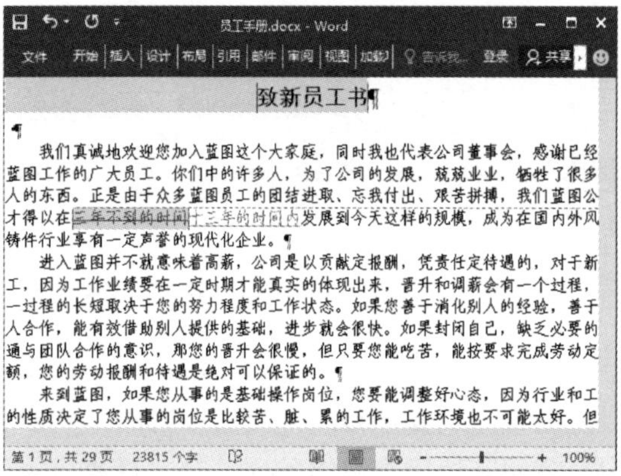

Step04: 如同在文档的普通编辑状态下编辑文档中的其他内容，Word 会自动添加与操作对应的标记，如下图所示。

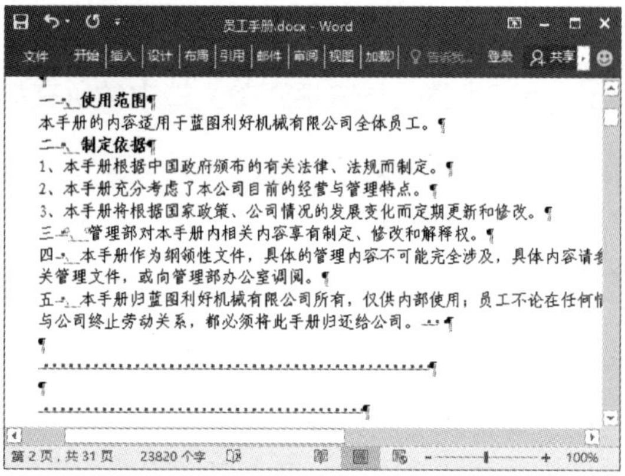

新手注意

进入修订状态后，将文本修订完毕，当需要恢复为文档的普通编辑状态时，只须再次单击“审阅”选项卡的“修订”组中的“修订”按钮即可。

2. 设置修订选项

在默认情况下，插入的文本修订标记为下画线，删除文本标记为删除线，当多个人对同一个文稿进行修订时容易产生混淆。实际上，用户在修订文档内容之前可以根据需要对修订中插入的内容、删除的内容以及修订行等内容的显示方式进行适当的设置，然后对文档进行修订。这样不同的修订者所采用的修订效果就不同了，具体设置方法如下。

Step01: 单击“审阅”选项卡的“修订”组的对话框启动器按钮，如下图所示。

Step02: 打开“修订选项”对话框，单击“高级选项”按钮，如下图所示。

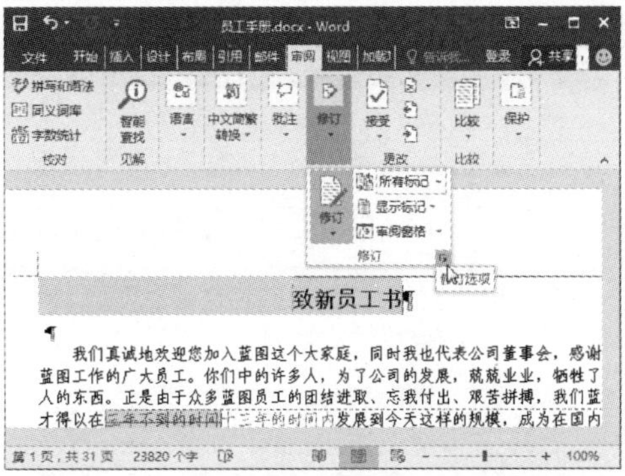

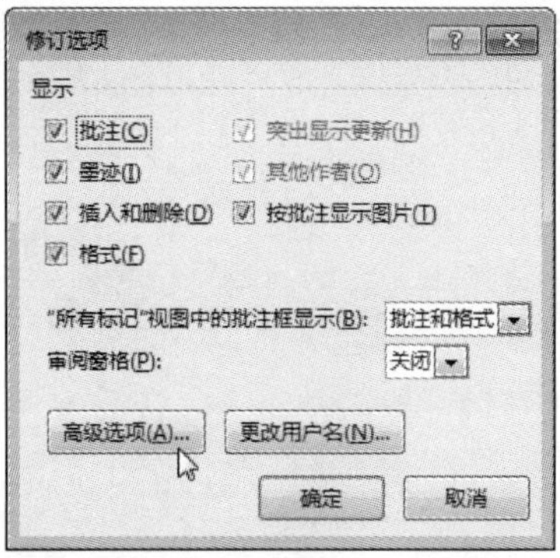

Step03: 打开“高级修订选项”对话框，❶在“标记”选项组的“插入内容”下拉列表框中选择“仅颜色”选项；❷在其后的“颜色”下拉列表框中设置插入内容的标记颜色为“绿色”；❸单击“确定”按钮，效果如下图所示。

Step04: 返回“修订选项”对话框，单击“确定”按钮，返回文档中可以看到在修订过程中所插入文本的颜色及效果已经产生了对应的变化，效果如下图所示。

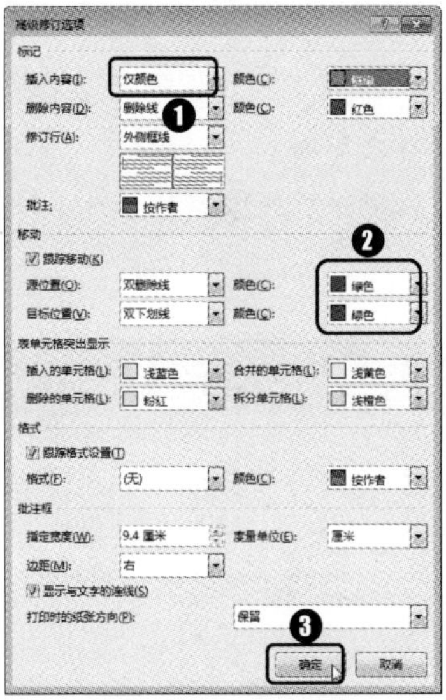

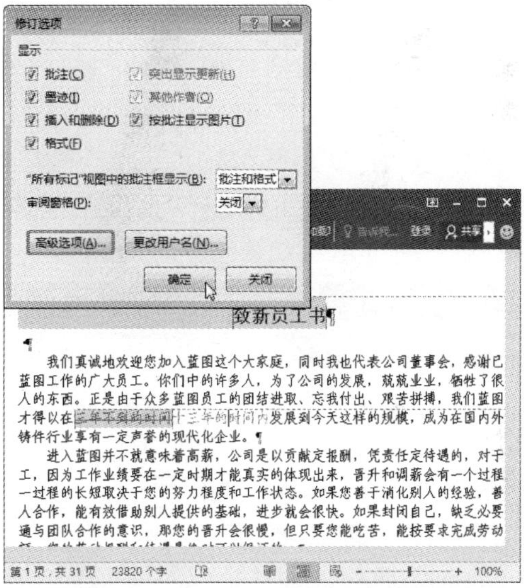

3. 设置不同的修订显示方式

当修订功能被启用后，在文档中所做的编辑都会显示修订标记。用户可以通过设置不同的修订显示方式来查看修订后的文档。Word 2016 中提供了 4 种修订显示方式，在“所有标记”模式下，将显示所有修订的标记和修订内容；在“简单标记”模式下，将不再显示修订内容，只是在页面左侧用简单的竖条作为修订标记，但是批注框还是会显示出来，文档正文中显示的是修订后的状态；在“无标记”模式下，也会取消修订标记的显示，文档正文中显示的是修订后的状态；在“原始状态”模式下，将取消修订标记的显示，只显示文档修订前的状态。

例如要在“员工手册”文档中显示简单的修订标记，具体操作方法如下。

Step01: ❶单击“审阅”选项卡的“修订”组中“显示以供审阅”下拉列表框右侧的下拉按钮；❷在弹出的下拉列表中选择“简单标记”选项，如下图所示。

Step02: 经过上步操作，在文档中将看到修订后的效果，同时会隐藏复杂的修订标记，仅在页面左侧可以看到简单的标记，如下图所示。

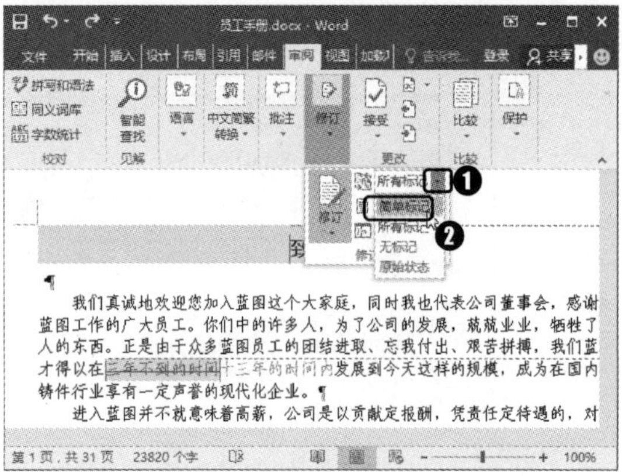

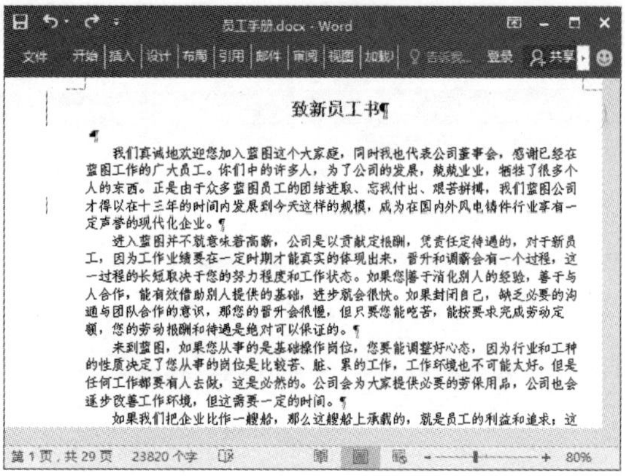

4. 设置修订显示的标记

执行修订操作后，文档中会突出显示批注、墨迹、插入和删除、设置格式、标记区域，以及更改等标记，用户可根据需要设置文档是否对以上标记进行显示。例如要在“员工手册”文档中取消对格式设置的修订标记，具体操作方法如下。

Step01: ❶在“审阅”选项卡的“修订”组中的“显示以供审阅”下拉列表框中选择“所有标记”选项；❷单击“显示标记”下拉按钮；❸在弹出的下拉菜单中选择“设置格式”命令，使该命令前的勾标记消失，如下图所示。

Step02: 经过上步操作，文档中修改了格式后的修订就被隐藏了，也就完成了取消显示格式设置修订标记的操作，如下图所示。

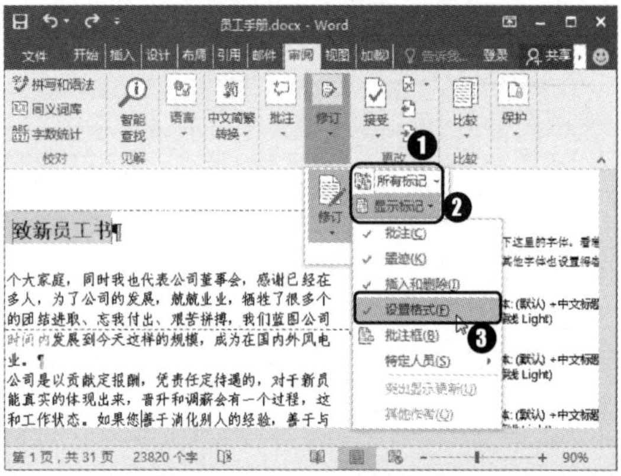

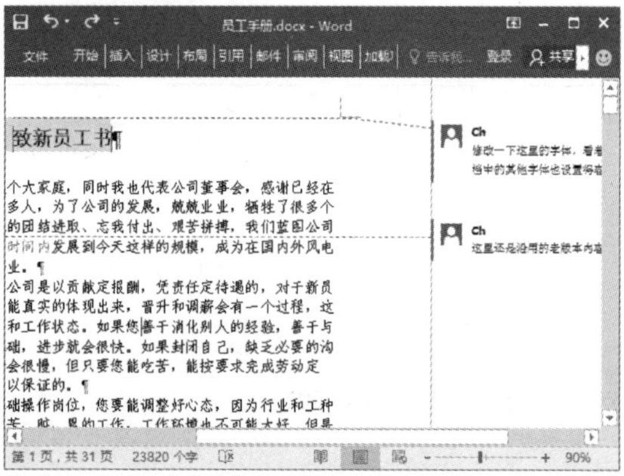

专家点拨——查看指定审阅者的修订

在默认状态下，Word 显示所有审阅者的修订标记。如果用户只想查看某个审阅者的修订，可以在“显示标记”下拉菜单中选择“特定人员”命令，在弹出的下级子菜单中选择需要查看的审阅者。

5. 接受或拒绝修订

当审阅者对文档进行修订后，原作者或其他审阅者在查看带有修订的文档时，阅读修订内容后可以根据文档的内容决定接受或拒绝修订意见。如果接受审阅者的修订，则可把文稿保存为审阅者修改后的状态；如果拒绝审阅者的修订，则会把文稿保存为未经修订的状态。例如决定接受或拒绝“员工手册”文档中的修订，具体操作方法如下。

Step01: ❶单击“审阅”选项卡的“修订”组中的“审阅窗格”按钮；❷在弹出的下拉菜单中选择“垂直审阅窗格”命令，如下图所示。

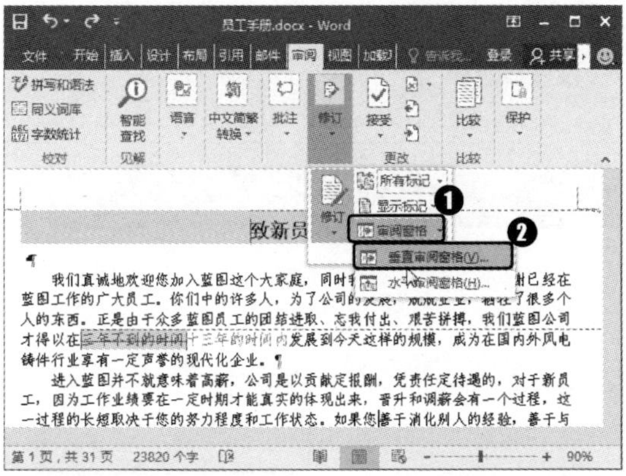

Step02: 经过上步操作，将在文档窗口的左侧显示“修订”任务窗格，在其中可以看到本文档中的所有修订，同时会定位到第一处修订，单击“更改”组中的“接受”按钮，如下图所示。

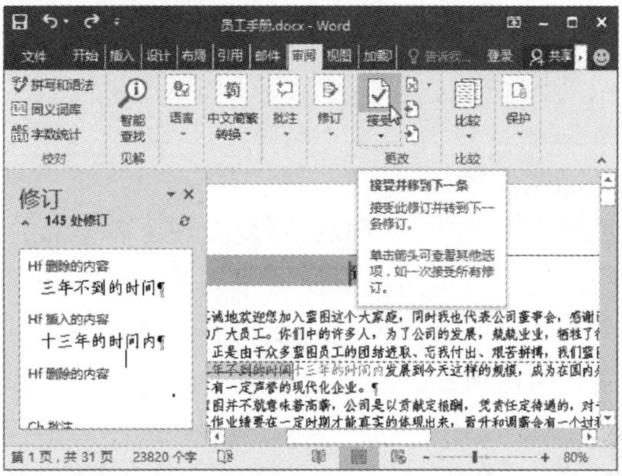

Step03: 经过上步操作，即可接受此条修订并将文本插入点定位到下一处修订，单击“更改”组中的“下一处修订”按钮，跳过该处修订，直接定位到下一处修订，如下图所示。

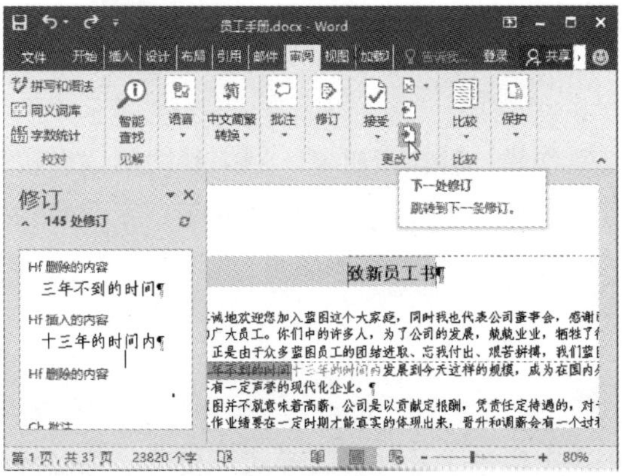

Step04: ❶继续单击“下一处修订”按钮，依次查看所有修订；❷直到觉得所有修订都合理时，单击“更改”组中的“接受”按钮；❸在弹出的下拉菜单中选择“接受所有修订”命令，如下图所示。

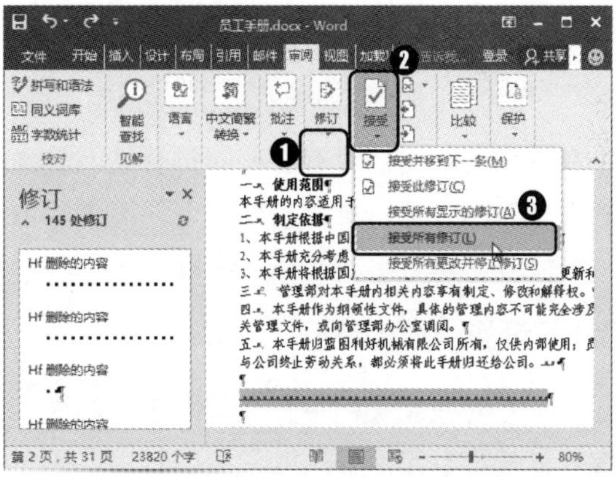

新手注意

单击“更改”组中的“拒绝”按钮，在弹出的下拉菜单中选择“拒绝对文档的所有修订”命令，可以一次性拒绝文档中的所有修订。

Step05: 经过上步操作，即可接受文档中的所有修订，但是在“修订”任务窗格中仍显示有两处修订未处理，单击“更改”组中的“下一处修订”按钮，如下图所示。

Step06: 经过上步操作，即可定位到下一处修订，发现是两个批注框内容还没有处理，单击批注框右上角的按钮，如下图所示。

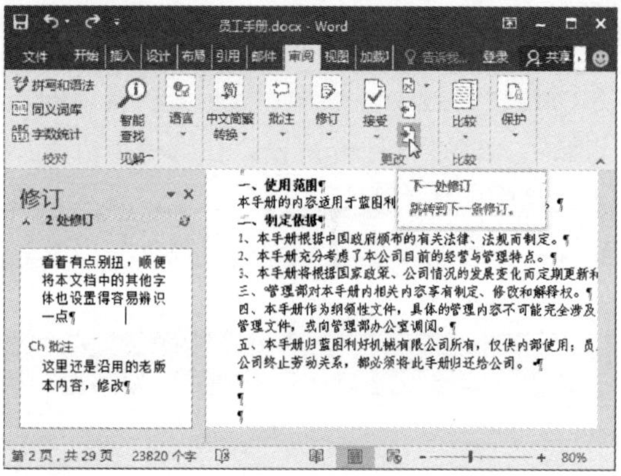

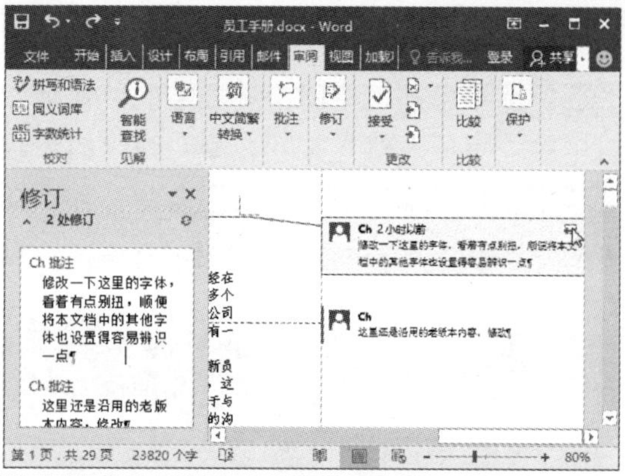

Step07: 经过上步操作，即可在批注框中显示回复批注提示，❶在回复批注下输入批注的回复内容即可；❷使用相同的方法在第二个批注框中输入批注回复内容，完成后的效果如右图所示。

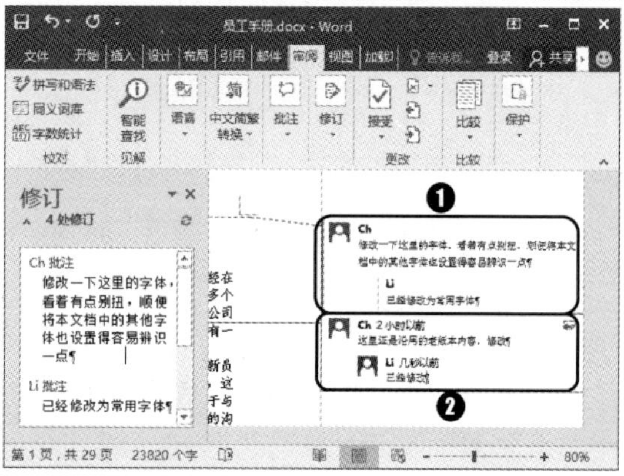

7.3 课堂讲解——编排长篇文档目录

在编辑长篇文档时有必要编排目录。目录可以看作是一种检索机制，用来帮助阅读者快速找到需要的内容，以及对文档和书籍的大致内容有所了解。因此，在设计目录时首先需要列出各个部分的标题目录，然后才能针对文档的整体风格对目录进行设计。

7.3.1 设置文档级别

为了方便在长文档中查询某一部分的内容，可通过创建目录纵览全文结构和管理文档内容。要设计目录，首先需要提取文档的目录。Word 2016 中提供了几种内置样式，用户只须定位光标插入点，然后选择目录样式便可在文档中生成目录。但要使用 Word 提供的这种便利功能，必须在创建目录之前为文档内容设置对应的级别或级别样式（如标题 1、标题 2……）。设置文档级别还可以使文档看起来更有层次。

设置文档级别可以通过前面讲解的方法为文档内容设置样式，也可以直接在大纲视图中设置级别。例如要为“工程标书”文档中的内容设置相应的级别，具体操作方法如下。

光盘同步文件

视频文件：光盘\教学文件\第 7 章\7-3-1.mp4

Step01: 打开“光盘\素材文件\第 7 章\工程标书.docx”，单击“视图”选项卡的“文档视图”组中的“大纲视图”按钮，如下图所示。

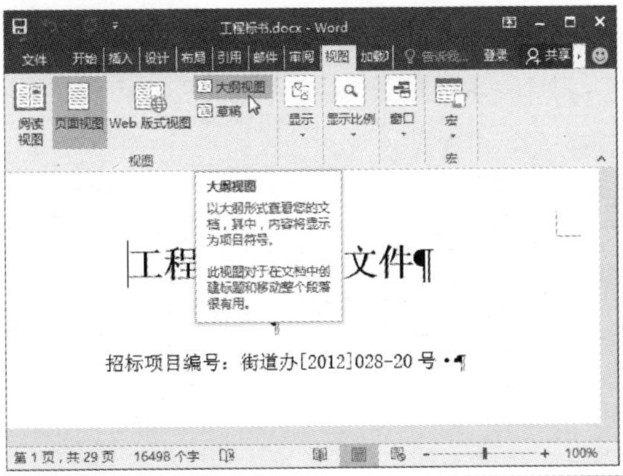

Step02: ❶选择需要设置为一级的文本；❷在“大纲”选项卡的“大纲工具”组中的“大纲级别”下拉列表框中选择“1 级”选项，如下图所示。

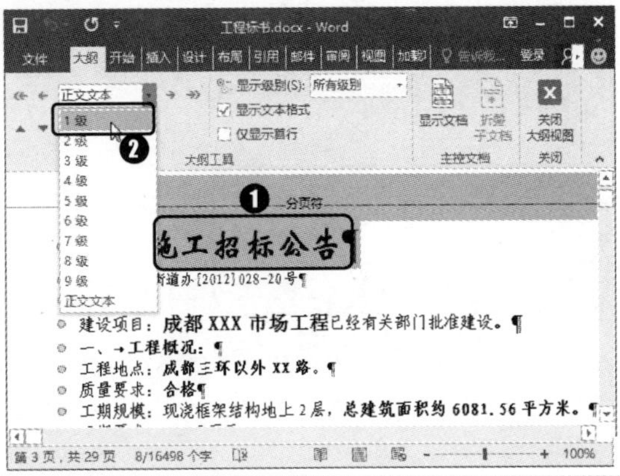

Step03: 使用相同的方法为文档中其他需要设置 1 级标题的内容设置级别，如下图所示。

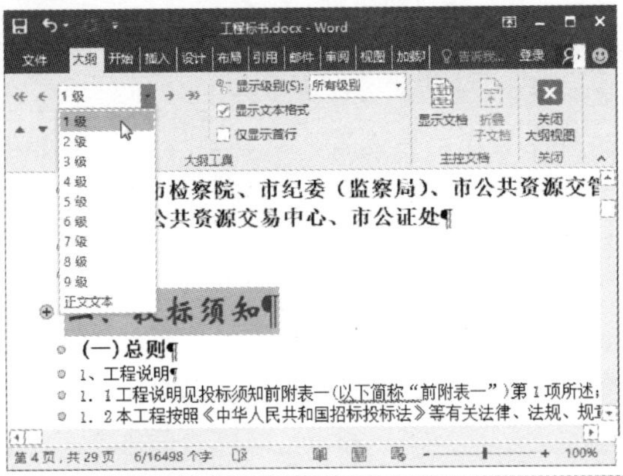

Step04: ❶选择需要设置为 2 级的文本；❷在“大纲级别”下拉列表框中选择“2 级”选项，如下图所示。

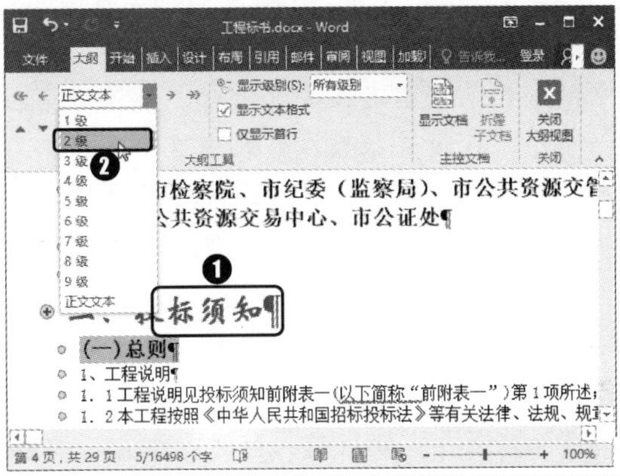

7.3.2　插入目录

Word 2016 中提供了一个样式库，其中包含多种目录样式供用户选择，且在目录中自动包含了标题和页码。用户在为文档内容设置对应的级别后，只须从样式库中选择需要的目录样式，Word 2016 就会自动根据所标记的文档级别创建目录。例如要为“工程标书”文档制作目录，具体操作方法如下。

新手注意

在默认情况下，目录是以链接的形式插入的。此时按〈Ctrl〉键，同时单击某条目录项，即可访问对应的目标位置。若希望取消链接，可按〈Ctrl+Shift+F9〉组合键。

光盘同步文件

视频文件：光盘\教学文件\第 7 章\7-3-2.mp4

Step01: ❶将文本插入点定位在需要插入目录的位置，单击“引用”选项卡的“目录”组中的“目录”按钮；❷在弹出的下拉列表中选择需要的目录样式，如下图所示。

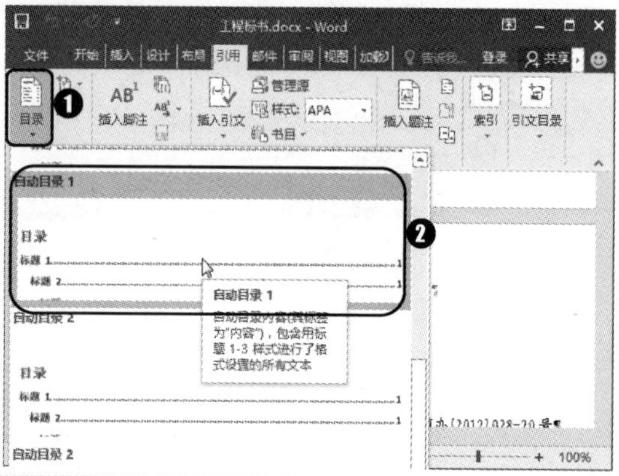

Step02: 经过上步操作，即可为文档插入对应效果的目录，单击“插入”选项卡的“页面”组中的“分页”按钮，让目录单独显示在一页中，如下图所示。

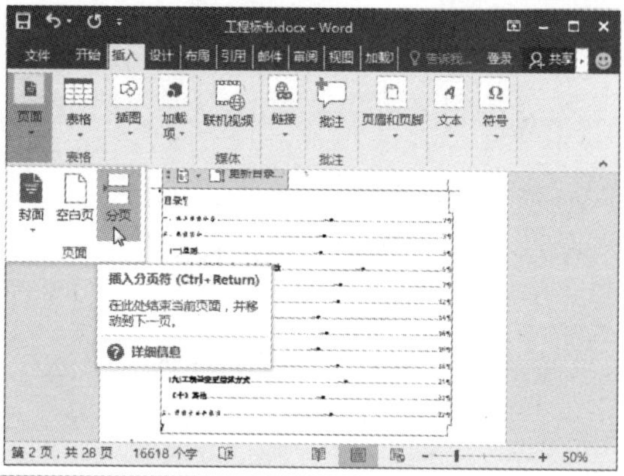

专家点拨——自定义目录

默认情况下，在 Word 中自动生成目录时提取了 3 个级别的标题，提取的目录会显示标题所在的页码，且标题和页码之间的前导符为省略号。如果需要提取更少或者更多标准级别的目录，可自定义设置。在“目录”下拉列表中选择“自定义目录”命令，在打开的对话框中可以设置是否在目录中显示页码、页码的对齐方式、制表符的前导符样式，以及提取的文档级别等，从而使目录样式更加丰富。

7.3.3 更新目录

在已经制作了目录的文档中，如果用户继续编辑文档内容，如插入新内容、删除原有内容或者更改文档级别样式，导致页码或级别发生改变，应及时更新目录。例如要对“工程标书”文档进行编辑并更新目录，具体操作方法如下。

光盘同步文件

视频文件：光盘\教学文件\第 7 章\7-3-3.mp4

专家点拨——制作样式更加丰富的目录

提取文档目录后，还可以根据文档的风格对目录进行装饰，以呈现完美的视觉效果。以杂志目录为例，最简单的设计就是调整目录的字体和段落格式，以及其在文档中的排列位置。在编排目录时，一定要注意目录中各标题之间的层级关系，可以用不同的字体、字号甚至字符颜色来体现不同级别的标题。如果觉得这样的目录看起来过于简单、乏味，也可以将文字部分编排在页面的左侧，与标题内容相对应，然后在页面的右侧插入相应的效果图片。这样的设计不仅丰富了页面的内容，增添了多元化的色彩效果，还可以弥补目录设计的空白部分，使目录看起来更加充实、饱满。

Step01: ❶切换到大纲视图；❷使用前面讲解的方法在大纲视图中设置文档中的 3 级标题，如下图所示。

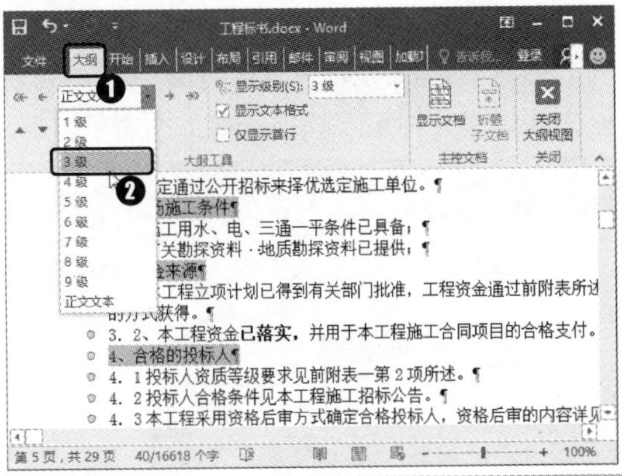

Step02: ❶切换到页面视图，在目录内容上右击；❷在弹出的快捷菜单中选择“更新域”命令，如下图所示。

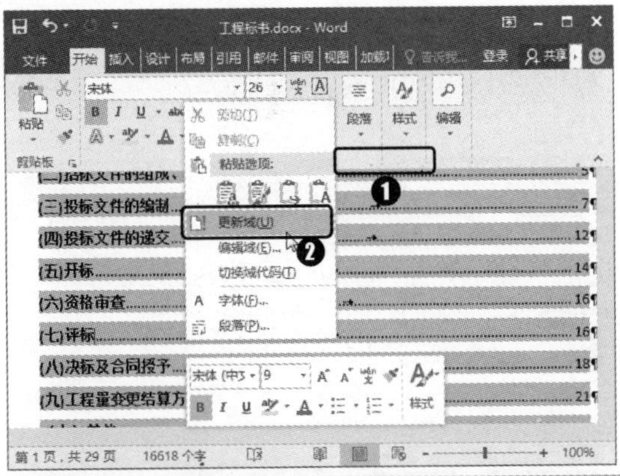

Step03: 打开“更新目录”对话框，❶选中“更新整个目录”单选按钮；❷单击“确定”按钮，返回文档中，即可得到更新目录后的效果，如右图所示。

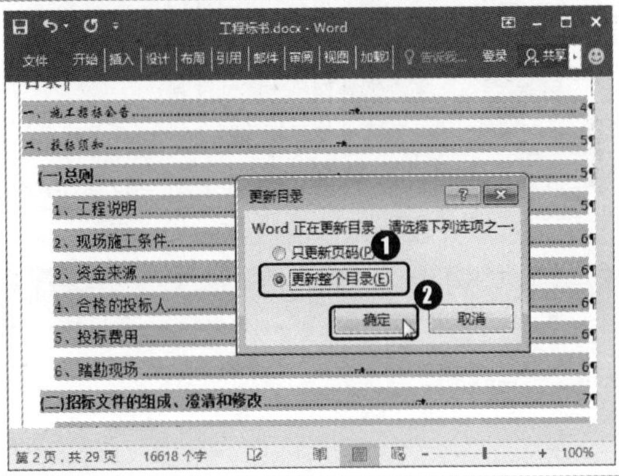

▷▷ 7.4　课堂讲解——制作封面

在制作论文、报告、企划书或杂志等特殊文档时，一般都需要为文档设置一个封面，这样能使文档更规范、完整。封面是文档的门面，直接展现了文档的精神风貌。一个精心设计的封面还能体现出制作者认真、踏实的工作态度。

7.4.1　在文档中快速插入封面

通过插入图片、图形、文本框、艺术字等对象可以设计出别具一格的封面效果，但是效率比较低。如果用户没有足够的时间去设计文档封面，套用 Word 内置的封面样式是个不错的选择。Word 2016 提供了一个预先设计的封面样式库，其中提供了一些封面模板，可以帮助用户在文档中自动插入精美的封面，非常方便。例如要基于 Word 2016 自带封面库中的“镶边”封面样式为“员工手册”文档快速创建封面，具体操作方法如下。

光盘同步文件

视频文件：光盘\教学文件\第 7 章\7-4-1.mp4

Step01: 打开“光盘\素材文件\第 7 章\员工手册.docx”，❶单击“插入”选项卡的“页面”组中的“封面”按钮；❷在弹出的下拉列表中选择需要的“镶边”封面样式，如下图所示。

Step02: 经过上步操作，返回文档中即可看到在首页插入的封面效果，❶拖动鼠标光标调整封面的大小，使边框不再显示为白色；❷为了更好地查看封面效果，在“审阅”选项卡的“修订”组的“显示以供审阅”下拉列表框中选择“无标记”选项，如下图所示。

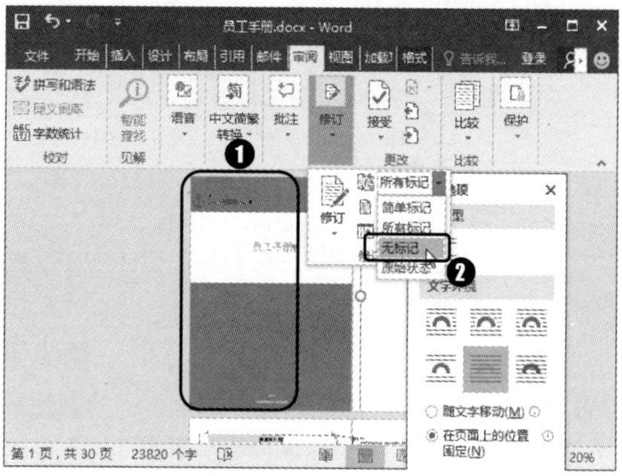

Step03: 在封面中预置的文本框中输入相应的文字信息，并设置合适的格式，如下图所示。

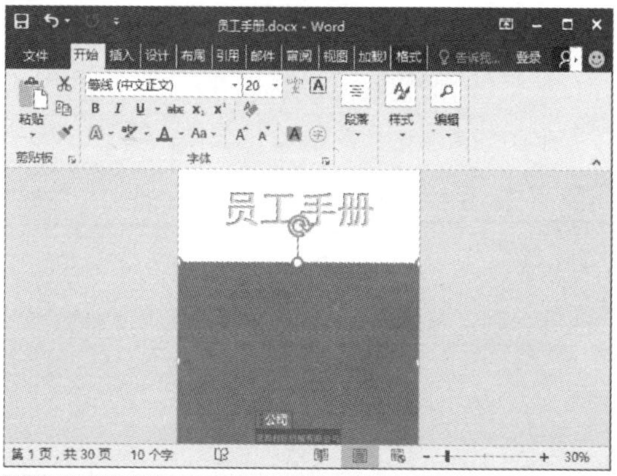

Step04: 单击“插入”选项卡的“插图”组中的“联机图片”按钮，如下图所示。

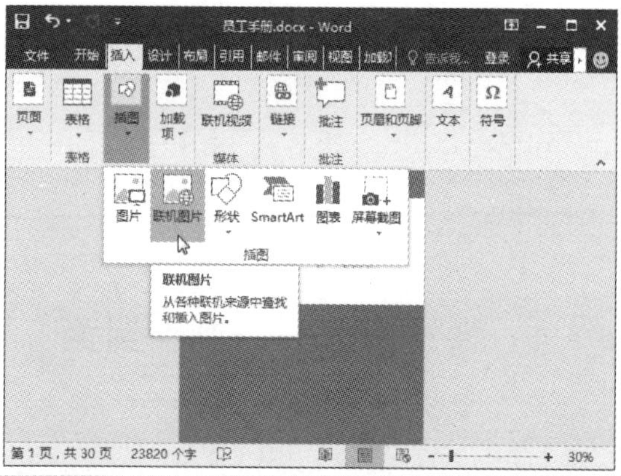

Step05: 打开“插入图片”对话框，❶在搜索框中输入“人物剪影”；❷在搜索到的图片中选择需要的图片；❸单击“插入”按钮，如下图所示。

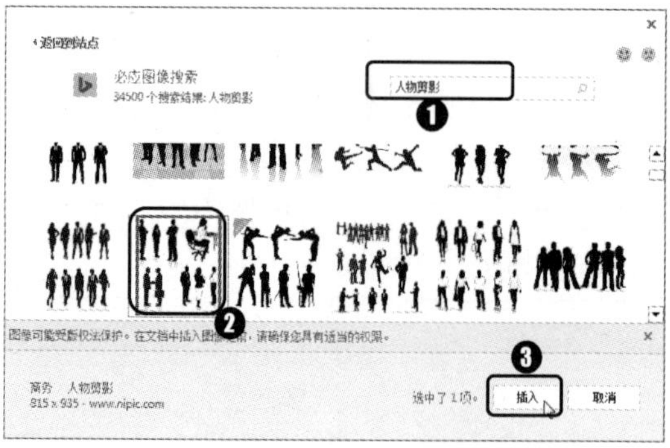

Step06: 为插入的图片设置合适的环绕方式并删除背景，即可看到最终的封面效果，如下图所示。

7.4.2　将自制的封面添加到封面库

在 Word 2016 中使用各种图形工具制作封面效果后，为了保留劳动成果以便下次再利用，可以将制作好的封面添加到封面库中，具体操作方法如下。

> **光盘同步文件**
> **视频文件：光盘\教学文件\第 7 章\7-4-2.mp4**

Step01: 打开“光盘\素材文件\第 7 章\封面范本.docx”，❶选择文档中制作的封面；❷单击“插入”选项卡的“页面”组中的“封面”按钮；❸在弹出的下拉列表中选择“将所选内容保存到封面库”命令，如下图所示。

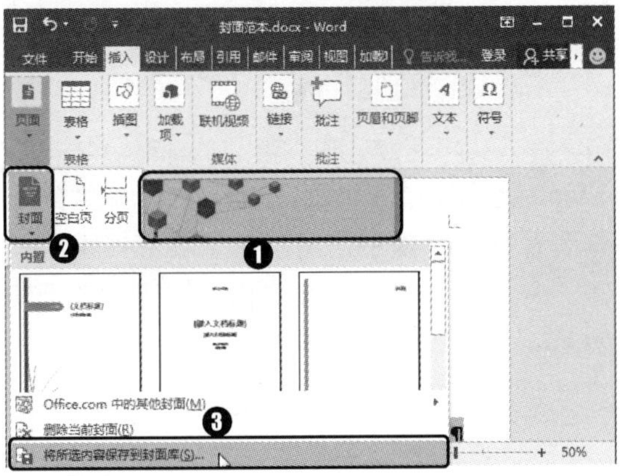

Step02: 打开“新建构建基块”对话框，❶在“名称”文本框中输入封面名称“自制正方体封面”；❷单击“确定”按钮，如下图所示。

▷▷ 7.5　课堂讲解——保护文档

对于一些重要文档，在编辑完成后，为了防止别人对文档进行更改或随意查看文档的内容，可以对文档进行保护。保护文档主要可以通过“标记为最终状态”“添加密码进行保护”和“限制编辑权限”等方法实现。

7.5.1　标记为最终状态

将文档标记为最终状态后，当其他用户打开该文档时可以在第一时间知道此文档已经是最终版本了，而且文档的阅读模式已经设置为“只读”。如果要再次对文档进行编辑，需要将其另存为其他文档。将文档标记为最终状态的具体操作如下。

> **光盘同步文件**
> **视频文件：光盘\教学文件\第 7 章\7-5-1.mp4**

Step01: 打开“光盘\素材文件\第 7 章\员工手册.docx”，❶单击“文件”按钮，在弹出的下拉菜单中选择“信息”命令；❷单击右侧的“保护文档”按钮；❸在弹出的下拉菜单中选择“标记为最终状态”命令，如下图所示。

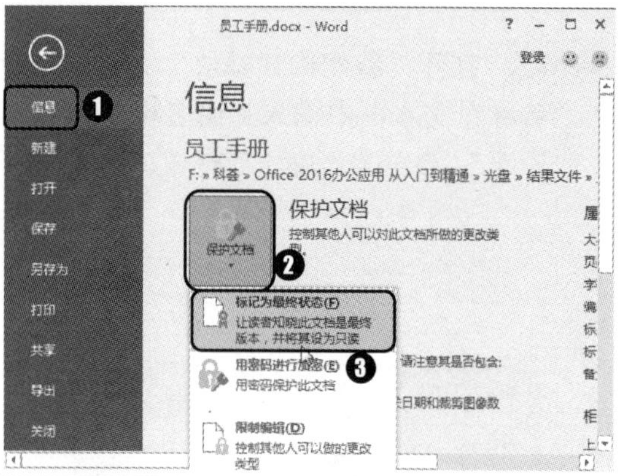

Step02: 打开“Microsoft Word”对话框，提示用户“此文档将先被标记为终稿，然后保存”，❶单击“确定”按钮；❷打开另一个对话框，并提示用户“此文档已被标记为最终状态”，单击“确定”按钮，如下图所示。

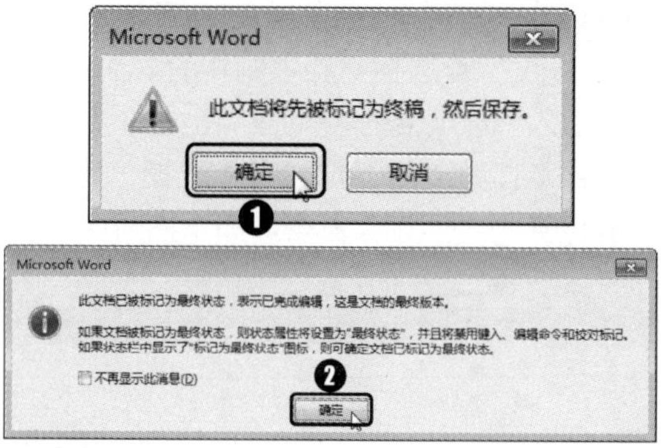

Step03: 此时可以看到文档标题栏上显示“只读”字样，“保护文档”按钮也处于黄色的高亮显示状态，表示已经对该文档进行了保护操作，在按钮右侧可以看到“此文档已经标记为最终状态……”的提示，单击左上角的“返回”按钮，如下图所示。

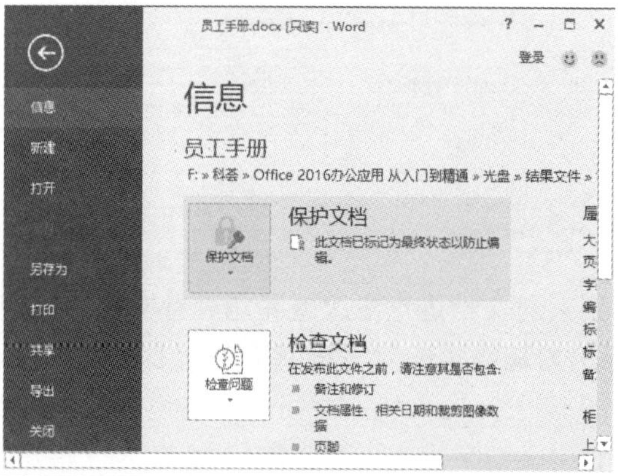

Step04: 返回文档编辑界面，在功能区的下方会看到一行提示信息，如果要继续编辑文档，必须先单击“仍然编辑”按钮，如下图所示。

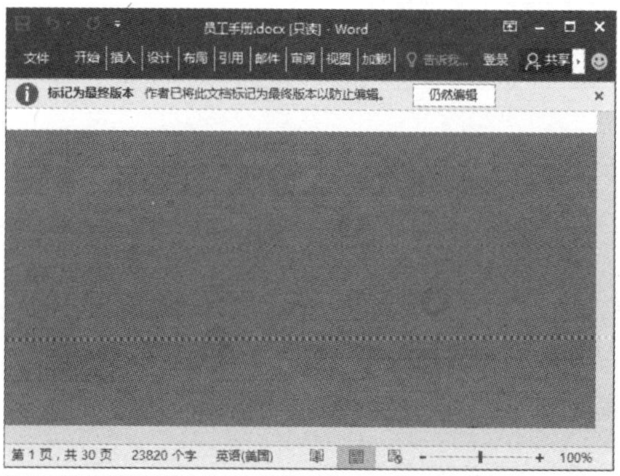

7.5.2 用密码进行加密

当用户的文档属于绝对机密时，为了防止别人看到机密的内容，可以通过设置密码为文档设置保护，这样就只有知道密码的用户才能真正打开文档，从而减小了文档被外传的概率。为文档设置密码的具体操作如下。

光盘同步文件

视频文件：光盘\教学文件\第 7 章\7-5-2.mp4

Step01: 打开“光盘\素材文件\第 7 章\员工手册.docx”，❶单击“文件”按钮，在弹出的下拉菜单中选择“信息”命令；❷单击右侧的“保护文档”按钮；❸在弹出的下拉菜单中选择“用密码进行加密”命令，如下图所示。

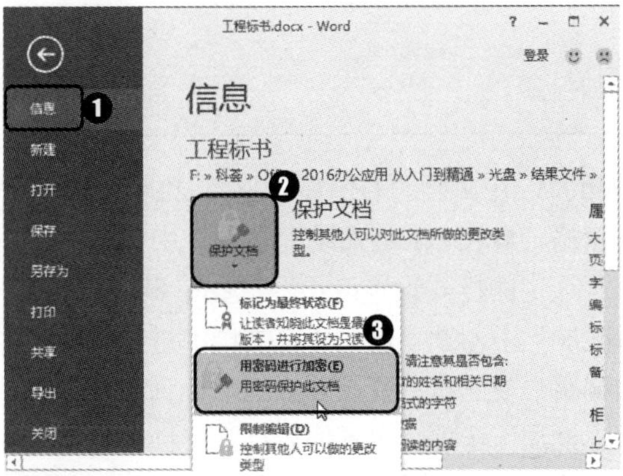

Step02: 打开“加密文档”对话框，❶在“密码”文本框中输入密码“123”；❷单击“确定”按钮，如下图所示。

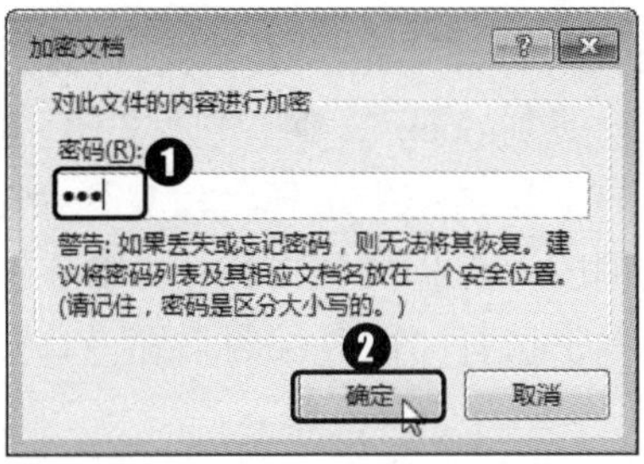

Step03: 打开“确认密码”对话框，❶在“重新输入密码”文本框中输入密码“123”；❷单击“确定”按钮，如下图所示。

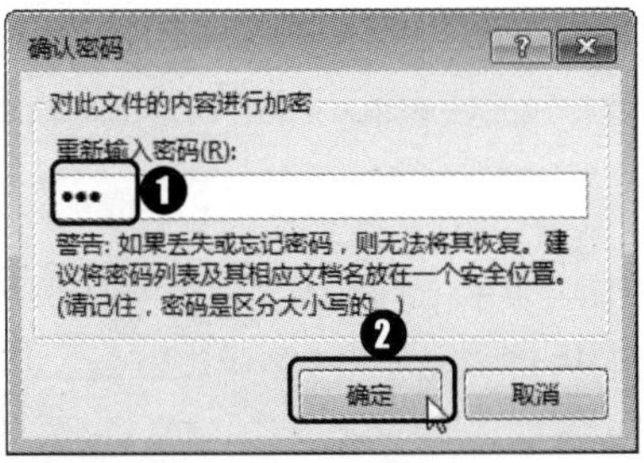

Step04: 此时可以看到“保护文档”按钮已经处于黄色的高亮显示状态，单击右上角的“关闭”按钮，如下图所示。

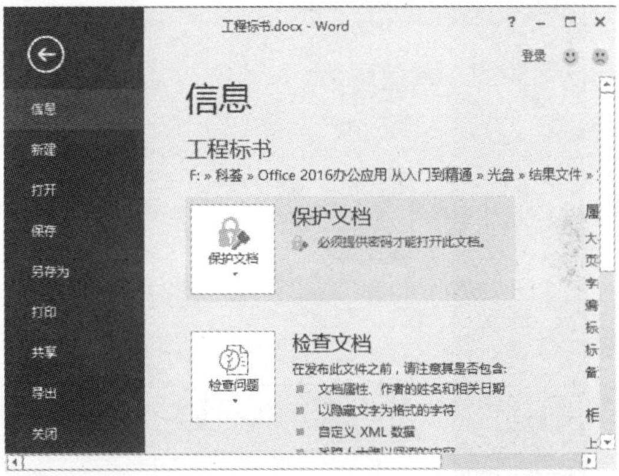

Step05: 关闭文档后再次打开文档，打开“密码”对话框，❶在“密码”文本框中输入设置的密码“123”；❷单击“确定”按钮，才可以打开文档，如下图所示。

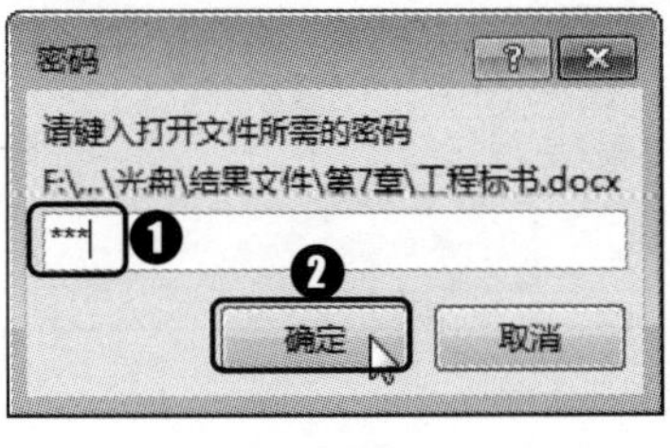

Step06: 如果要取消密码保护，❶使用前面介绍的方法选择“用密码进行加密”命令，打开“加密文档”对话框；❷在“密码”文本框中清除之前设置的密码“123”；❸单击“确定”按钮，即可取消密码保护，如下图所示。

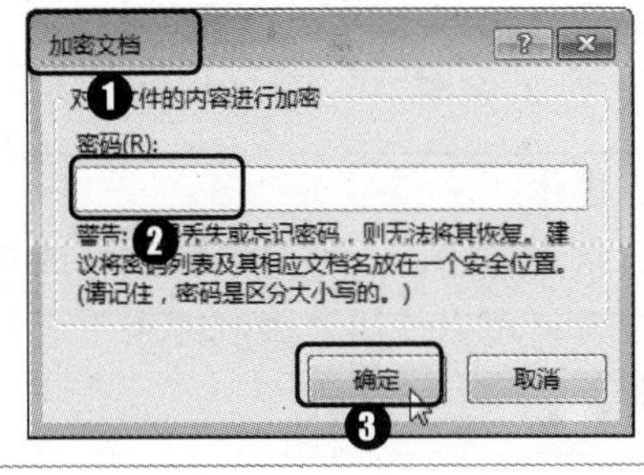

7.5.3 限制编辑

在编辑文档完后，要将其发给其他用户查看，但为了防止别人对文档进行误操作，可使用“限制编辑”功能限制其他用户的编辑权限，如限制对限定的样式设置格式，仅允许对文档进行修订、批注，不允许进行任何修改等。如果用户自己需要再对文档进行编辑，可以取消文档保护。

光盘同步文件

视频文件：光盘\教学文件\第 7 章\7-5-3.mp4

Step01: 打开“光盘\素材文件\第 7 章\黄金周活动策划.docx”，❶单击“文件”按钮，在弹出的下拉菜单中选择“信息”命令；❷单击右侧的“保护文档”按钮；❸在弹出的下拉菜单中选择“限制编辑”命令，如下图所示。

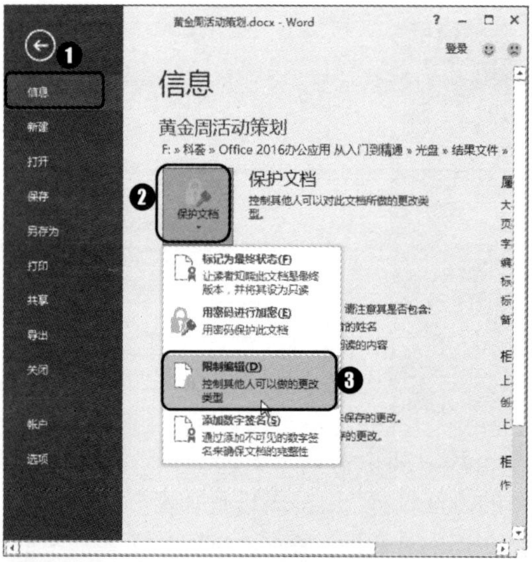

Step02: 在文档的右侧显示出“限制编辑”任务窗格，❶在“1.格式设置限制”中勾选“限制对选定的样式设置格式”复选框；❷在“2. 编辑限制”中勾选“仅允许在文档中进行此类型的编辑”复选框；❸在下方的下拉列表框中选择“批注”选项，表示他人打开文档时只能进行批注，不能修改文档内容和样式；❹在“例外项（可选）”中勾选“每个人”复选框；❺单击“是，启动强制保护”按钮，如下图所示。

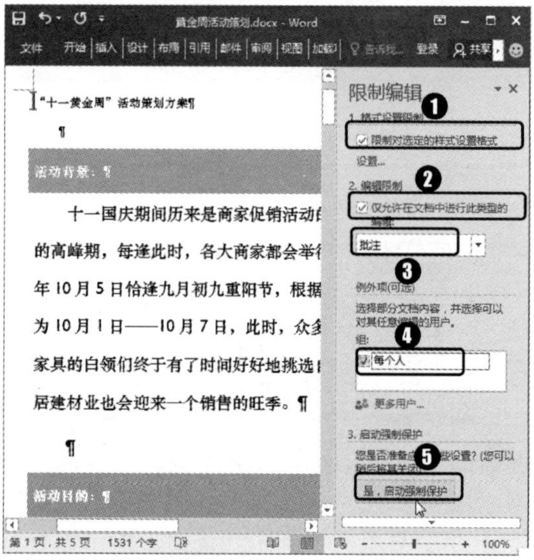

Step03: 打开“启动强制保护”对话框，❶在“新密码（可选）”和“确认新密码”文本框中分别均输入密码“123”；❷单击“确定”按钮，如右图所示。

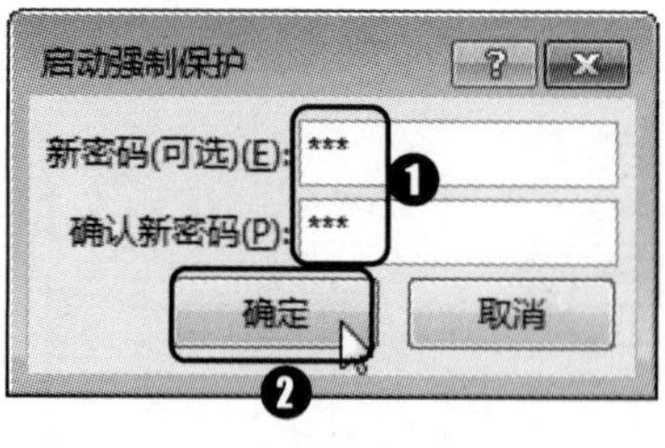

专家提示

在日常工作中，一些只允许浏览或批注的重要资料可以使用“限制编辑”进行权限设置。

Step04: 单击快速访问工具栏中的“保存”按钮，此时对文档进行的任何编辑都没有无效，而且在“限制编辑”任务窗格中会提示用户“只能在此区域中插入批注”。如果要取消强制保护，❶在“限制编辑”任务窗格中单击“停止保护”按钮；❷打开“取消保护文档”对话框，在“密码”文本框中输入之前设置的密码“123”；❸单击“确定”按钮，即可取消文档的强制保护，如右图所示。

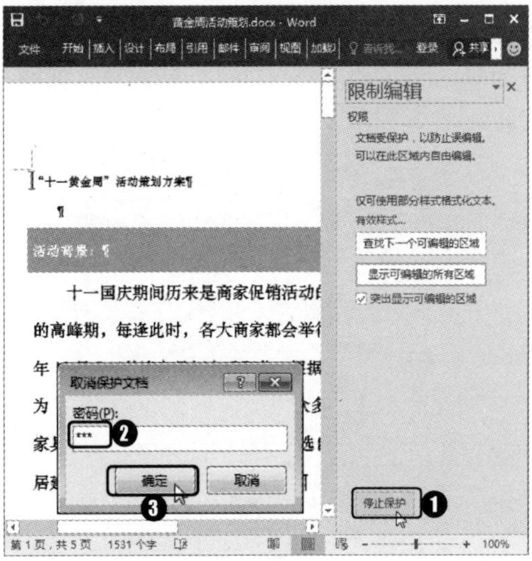

▷▷ 高手秘籍——实用操作技巧

相信通过对前面知识的学习，读者朋友已经掌握了 Word 2016 中校对和审阅文档，以及插入目录和封面等相关操作。下面结合本章内容介绍一些实用技巧。

光盘同步文件

视频文件：光盘\教学文件\第 7 章\高手秘籍.mp4

技巧 01　关闭拼写语法错误标记

通常情况下，在 Word 2016 中输入文字时会自动检测拼写与语法，如果输入时语法出错，就会出现红色、蓝色或绿色的波浪线，非常影响版面的美观，所以很多用户会设置不检查拼写和语法，只在需要时开启该功能。通过设置语言选项，可以选择开启或关闭“检查拼写和语法”功能，关闭该功能的具体操作方法如下。

Step01: ❶单击“审阅”选项卡的“语言”组中的“语言”按钮；❷在弹出的下拉菜单中选择“设置校对语言”命令，如下图所示。

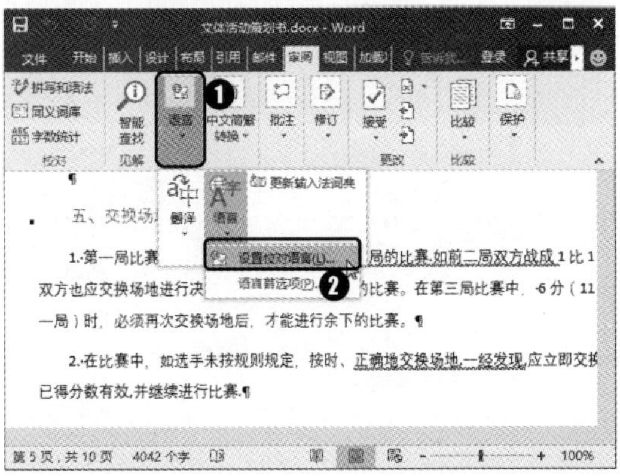

Step02: 打开“语言”对话框，❶取消勾选“不检查拼写或语法”复选框；❷单击“设为默认值”按钮，如下图所示。

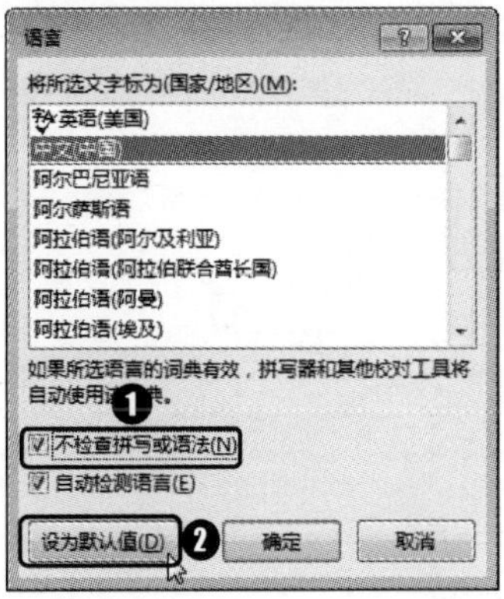

Step03: 打开提示对话框，❶单击“是”按钮；❷返回“语言”对话框，单击“确定”按钮，如下图所示。

Step04: 返回文档中再也看不到语法检查的标记符号了，如下图所示。

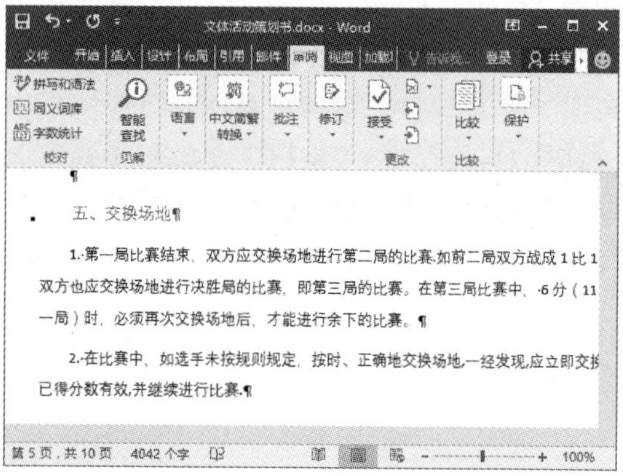

专家点拨——关闭拼写或语法错误标记的其他方法

在“Word 选项”对话框中单击“校对”选项卡，在“在 Word 中更正拼写和语法时”选项组中取消勾选“键入时检查拼写”复选框，可以关闭自动拼写检查功能，取消勾选“随拼写检查语法”复选框，可以关闭自动语法检查功能。

技巧 02 翻译文档中的字、词或句子

Word 2016 提供了汉语与其他语言之间互译的功能，用户在编辑文档时可以直接将选择的文档中的单词、短语或句子甚至整篇文档翻译为其他语言。例如要将“产品简介”文档中的部分关键字翻译为汉语，具体操作方法如下。

Step01: 打开“光盘\素材文件\第 7 章\产品简介.docx”，❶选择要翻译的文本；❷单击“审阅”选项卡的“语言”组中的“翻译”按钮；❸在弹出的下拉菜单中选择“翻译所选文字”命令，如下图所示。

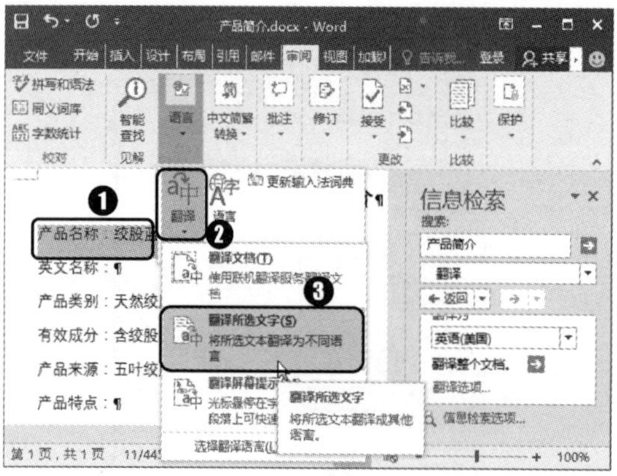

Step02: 打开提示对话框，提示将通过网络发送给第三方翻译服务提供商，单击“是”按钮，如下图所示。

Step03: 显示出“信息检索”任务窗格，系统会根据选择的内容判断翻译方式，这里默认将中文翻译为英文，稍后便在下方的列表框中显示出搜索到的翻译内容，❶将文本插入点定位在要翻译的文本下方；❷单击“插入”按钮，如下图所示。

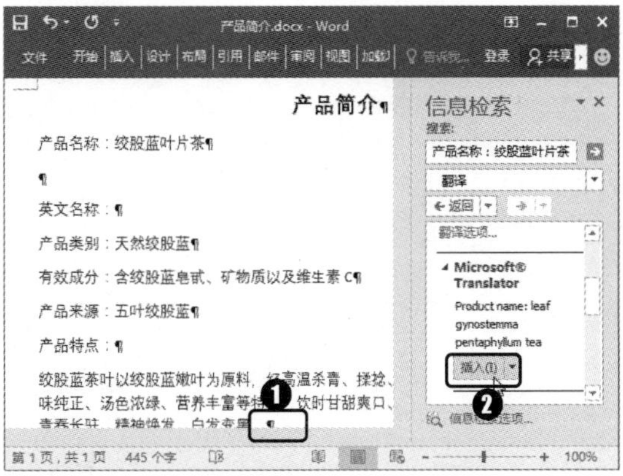

Step04: 经过上步操作，即可将翻译的内容插入到文档中，❶将“搜索”文本框中的内容删除；❷单击下方列表框中“翻译整个文档”链接后的“开始搜索”按钮，如下图所示。

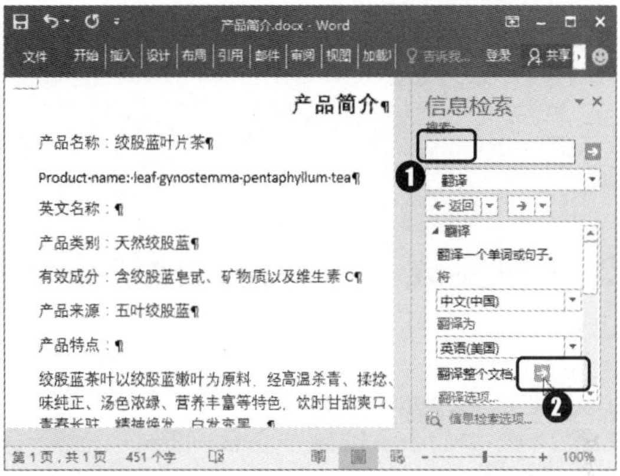

Step05: Word 将切换到网页浏览器中，并显示出该文档的整体翻译，拖动鼠标光标选择并复制这些内容，然后粘贴到文档末尾处即可，如右图所示。

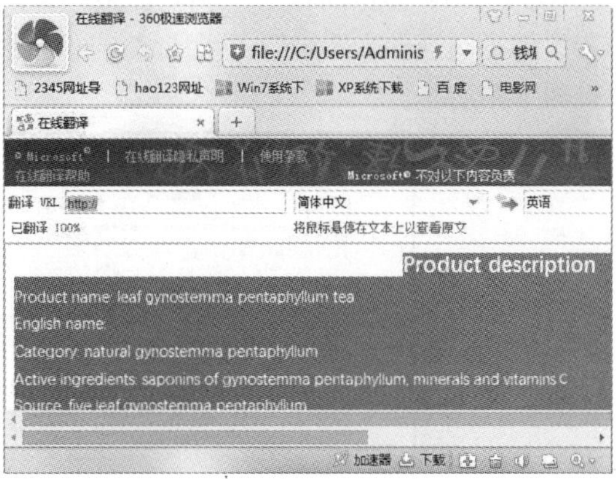

> **专家提示**
>
> Office 2016 新的 Insights 引擎可借助必应为 Office 带来在线资源，让用户可直接在 Word 文档中使用在线图片或文字定义。在选择某个字词时，“信息检索”任务窗格中将会出现更多的相关信息。

技巧 03　中文的简繁转换

如果在输入文档内容时需要使用繁体字，可以使用 Word 中的“中文简繁转换”功能将输入的简体字转换为繁体字。例如要将“产品简介”文档中的简体字转换为繁体字，具体操作方法如下。

Step01: ❶选择要转换为繁体字的所有文本；❷单击“审阅”选项卡的“中文简繁转换”组中的“简转繁”按钮，如下图所示。

Step02: 经过上步操作，即可将选择的文字快速转换为繁体字，效果如下图所示。

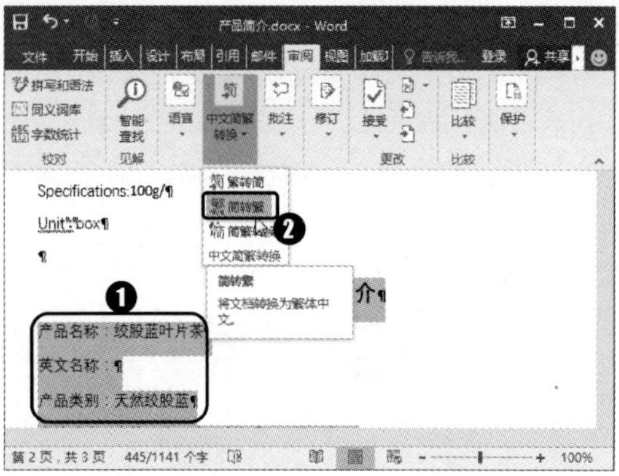

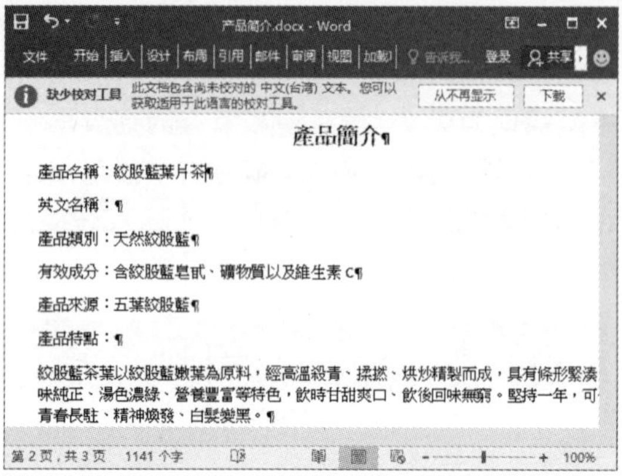

▷▷ 上机实战——校排就业协议文件

>> 上机介绍

Word 2016 提供的校对审阅功能很强大，它减轻了用户的部分审校工作，还为创作者和编辑者提供了沟通的“桥梁”，下面针对一份已经制作好的就业协议文件进行排版，审校后的最终效果如下图所示。

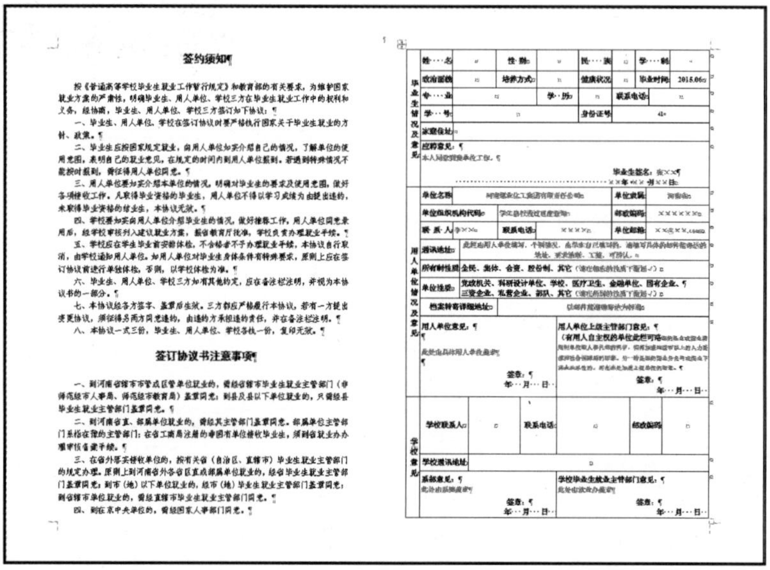

光盘同步文件

视频文件：光盘\教学文件\第 7 章\上机实战.mp4

>> 步骤详解

本实例的具体制作步骤如下。

Step01: 打开“光盘\素材文件\第 7 章\就业协议.docx”，❶将文本插入点定位在文档最开始处；❷单击“审阅”选项卡的“校对”组中的“拼写和语法”按钮，如下图所示。

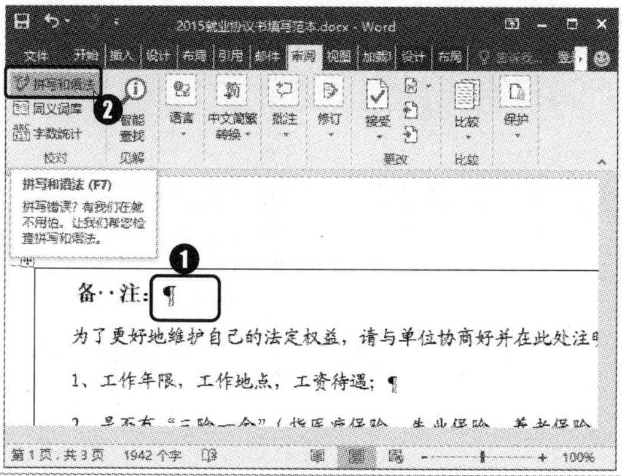

Step02: 经过上步操作，Word 会自动从文本插入点处开始检查，识别到错误后将在“语法”任务窗格中显示出错误的所在，这里单击“忽略”按钮忽略当前项检查，如下图所示。

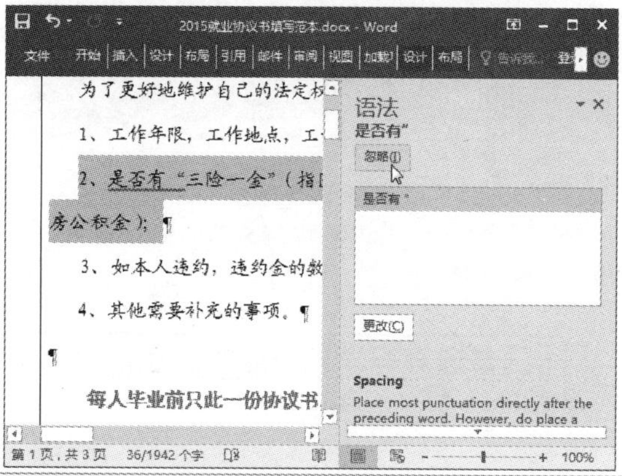

Step03: 继续检查文档中的其他错误，并判断是否需要修改，当文档检查完毕后将会自动关闭“语法”任务窗格，同时会打开系统提示对话框，单击“确定”按钮关闭对话框，如下图所示。

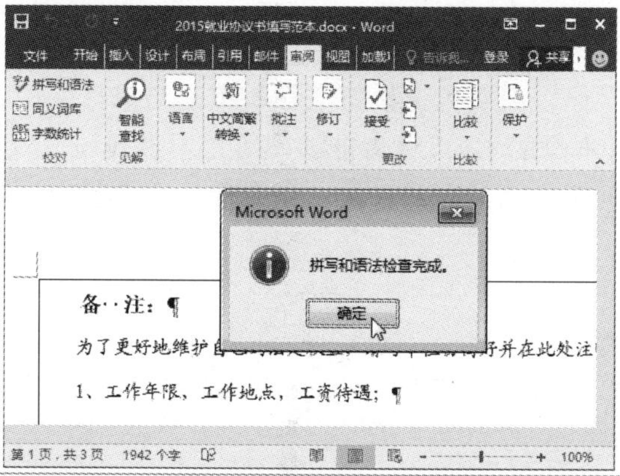

Step04: ❶选择要添加批注的文本；❷单击“审阅”选项卡的“批注”组中的“插入批注”按钮，如下图所示。

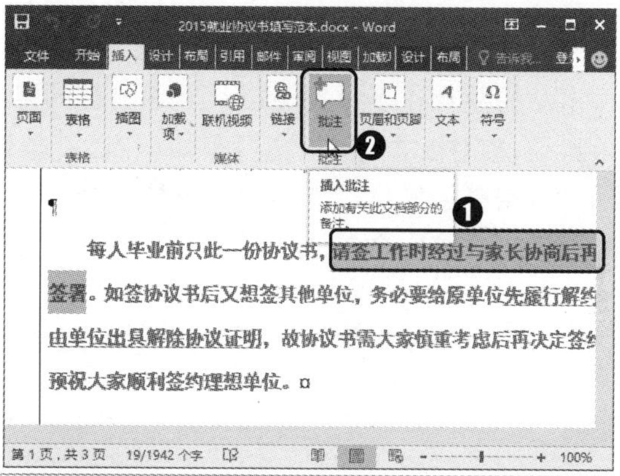

Step05: 将文本插入点定位到窗口右侧的批注框中并输入批注的内容，如下图所示。

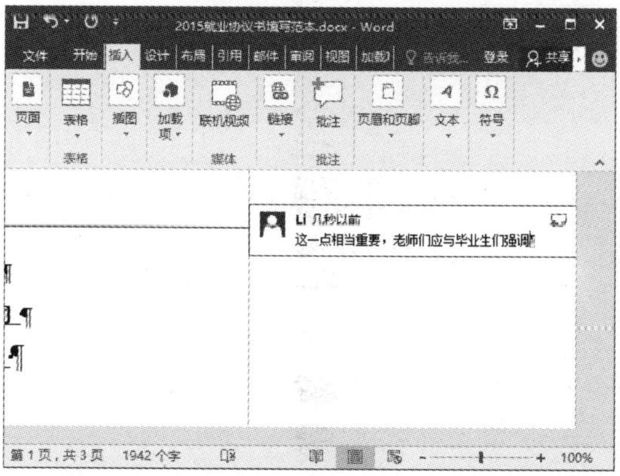

Step06: 单击“审阅”选项卡的“修订”组中的“修订”按钮，让文档进入修订状态，如下图所示。

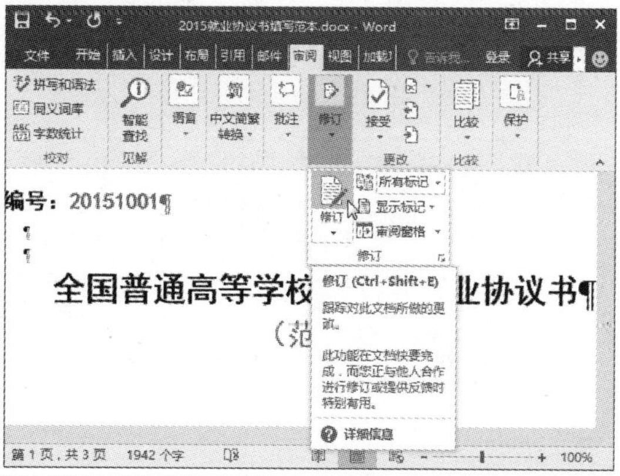

Step07: ❶依次编辑修改文档中的相关内容；❷单击“审阅”选项卡的“修订”组中“显示以供审阅”下拉列表框右侧的下拉按钮；❸在弹出的下拉列表中选择“无标记”选项，如下图所示。

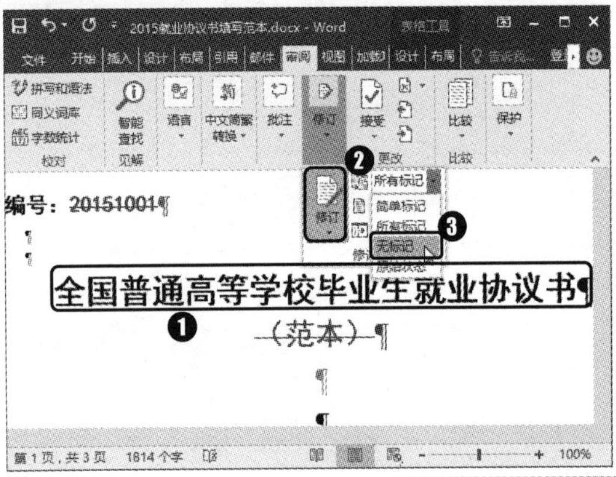

Step08: 查看文档修订后的效果之后，再次单击“审阅”选项卡的“修订”组中的“修订”按钮，退出修订状态，如下图所示。

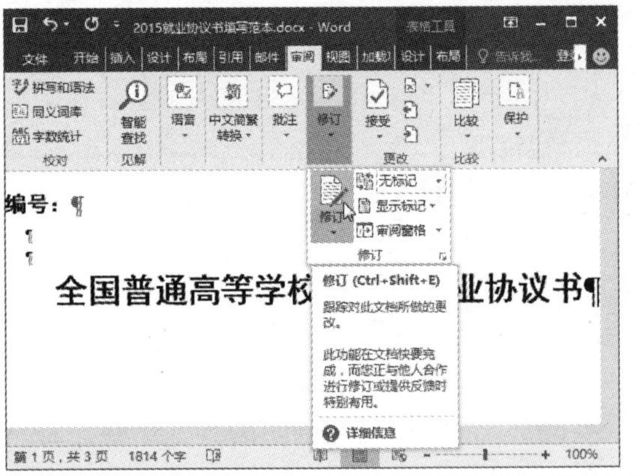

▷▷ 本章小结

本章的重点在于掌握 Word 2016 文档的高级操作，主要包括校对文档、审阅与修订文档、插入目录、制作封面、保护文档等知识点。希望通过本章的学习，读者能够熟练地掌握 Word 2016 文档的常用高级操作，能够快速审校文档内容、创建文档封面和目录，学会保护文档的方法和技巧，保障文档安全。

第 8 章　Excel 2016 数据表格的创建与编辑

本章导读

Excel 主要用于对数据进行处理与分析。在对数据进行处理之前，首先需要在单元格中输入信息，并生成文档。本章主要介绍管理工作表、单元格，输入数据与编辑数据的方法，最后使用综合案例的方式应用前面“课堂讲解”的知识点。

知识要点

- 如何管理工作表
- 单元格的相关操作
- 如何输入普通和特殊数据
- 如何在单元格中快速填充数据
- 移动和复制数据的方法
- 如何修改与替换单元格的数据

效果展示

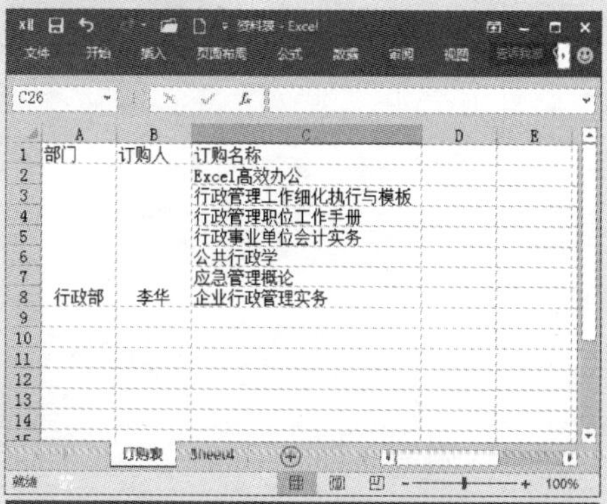

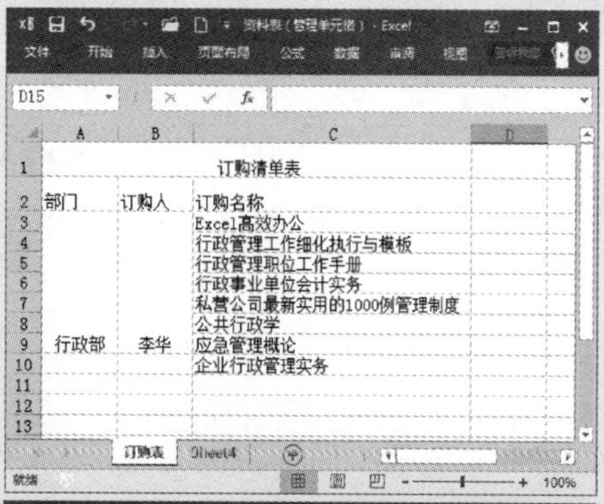

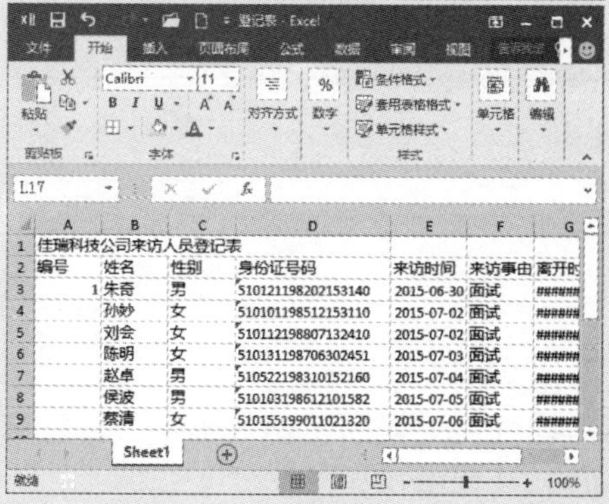

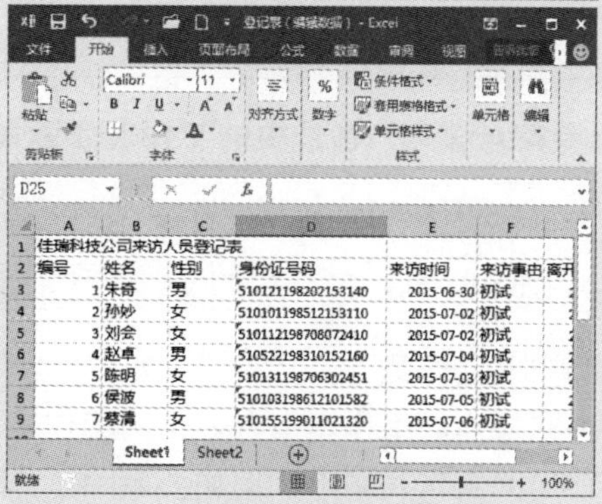

8.1 课堂讲解——管理工作表

在工作表中不仅会对单元格进行操作，而且可能会根据需要直接对工作表进行操作，如插入工作表、重命名工作表、复制或移动工作表及隐藏工作表等。本节主要介绍管理工作表的相关知识。

8.1.1 插入与删除工作表

在新建的 Excel 文件中默认有 3 个工作表，如果要增加新的工作表，可以插入新工作表。当工作簿中有太多无用的工作表或者设置了太多的格式表后，如果不想慢慢清除格式，可以直接删除该工作表。

光盘同步文件

视频文件：光盘\教学文件\第 8 章\8-1-1.mp4

1. 插入工作表

在使用的工作簿中，如果默认的工作表不够使用，可以利用插入功能插入工作表。例如在“Sheet3”前面插入一张工作表，具体操作方法如下。

Step01: 打开“光盘\素材文件\第 8 章\资料表.xlsx”，❶选择工作表 Sheet3；❷单击“单元格”组中的“插入”按钮；❸在下拉列表中选择“插入工作表”命令，如下图所示。

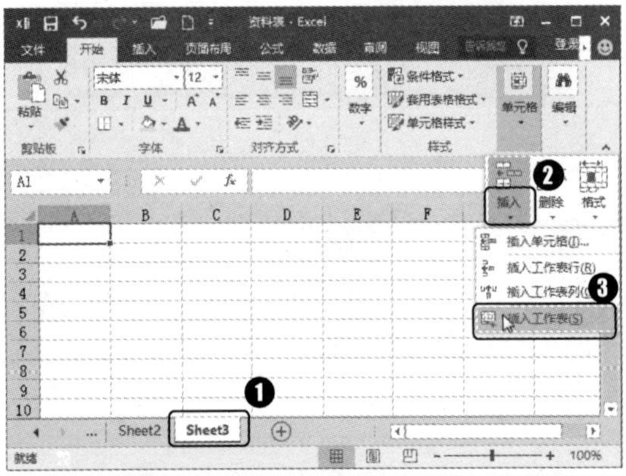

Step02: 经过上步操作，在工作表 Sheet3 之前插入了工作表，效果如下图所示。

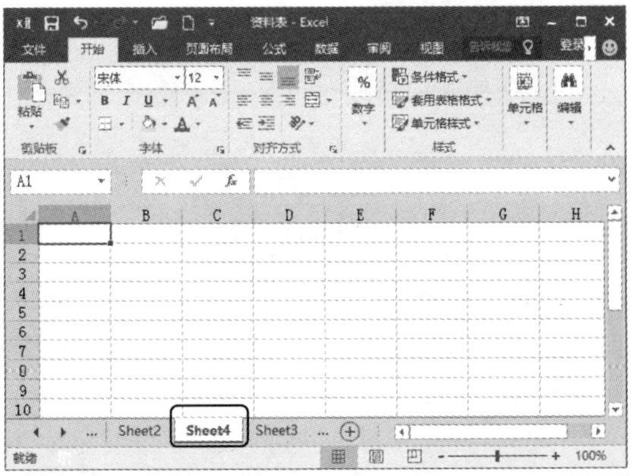

专家点拨——在选中的工作表后面插入工作表

默认情况下，使用“插入工作表”命令都是在选中工作表之前插入一张工作表，如果用户需要依次在工作表后面插入，可以直接单击⊕按钮。

2. 删除工作表

如果在操作的工作簿中有多余的工作表不使用，或者需要提高工作效率，可以将空白工作表或不使用的工作表删除。例如要删除工作表 Sheet2，具体操作如下。

Step01: ❶右击“Sheet2”；❷选择快捷菜单中的“删除”命令，如下图所示。

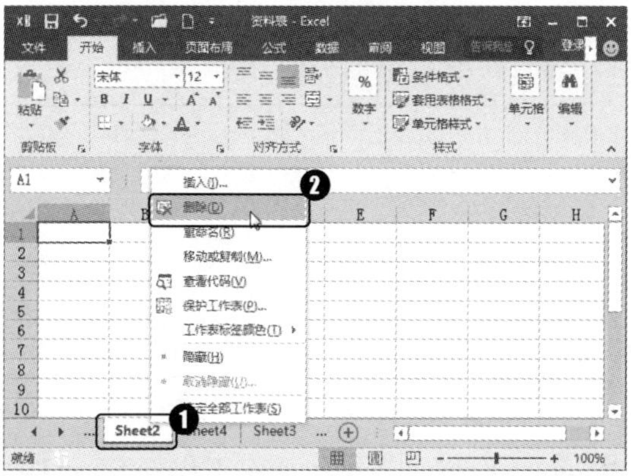

Step02: 经过上步操作，删除了 Sheet2 工作表，效果如下图所示。

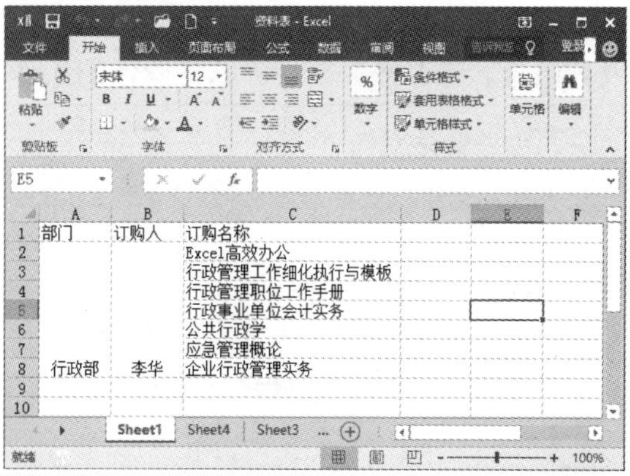

> **专家点拨——为什么删除工作表时会有提示对话框**
>
> 如果删除的是空白工作表，则不会弹出提示对话框，直接执行删除命令。若工作表中有内容，则会弹出提示对话框，用户可以根据提示选择是否删除工作表。

8.1.2　重命名工作表

当一个工作簿中包含多张工作表时，为了区别不同的工作表，可以为工作表设置容易区别和理解的名称，重命名工作表的方法如下。

> **光盘同步文件**
>
> **视频文件：光盘\教学文件\第 8 章\8-1-2.mp4**

Step01: ❶右击“Sheet1”；❷在弹出的快捷菜单中选择“重命名”命令，如下图所示。

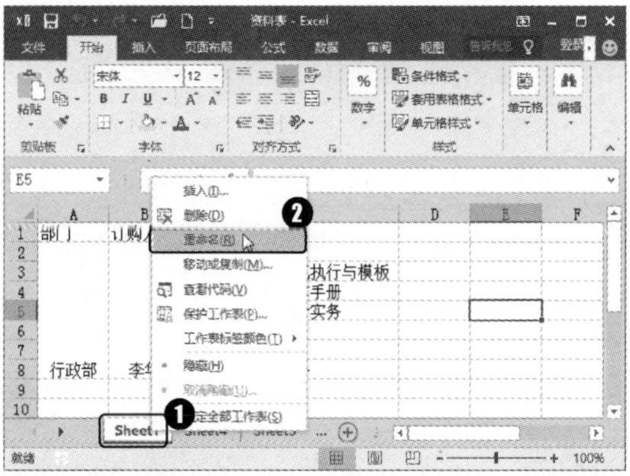

Step02: 当工作表的名称处于编辑状态时输入工作表的名称，如下图所示。

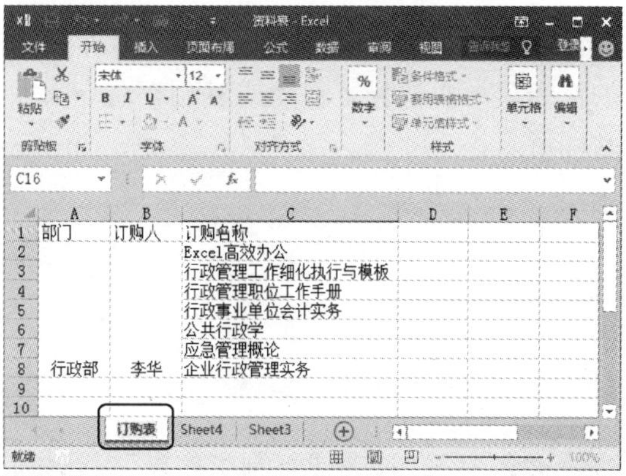

> **专家点拨——快速重命名工作表**
>
> 除了可以使用上述方法重命名工作表外，还可以直接在工作表的名称上双击，然后输入名称进行重命名。

8.1.3 移动或复制工作表

在制作的工作簿中，由于制表时的需要，可以对工作表的位置进行调整。为了避免操作工作表有误，影响表格数据，可以将操作的工作表进行复制，然后操作数据。

光盘同步文件

视频文件：光盘\教学文件\第 8 章\8-1-3.mp4

1. 移动工作表

在移动工作表时可以使用拖动鼠标的方式快速调整工作表的位置，例如将工作表 Sheet4 移动至工作表 Sheet3 后，具体操作方法如下。

Step01: 选中工作表 Sheet4，拖动至工作表 Sheet3 之后放开鼠标，如下图所示。

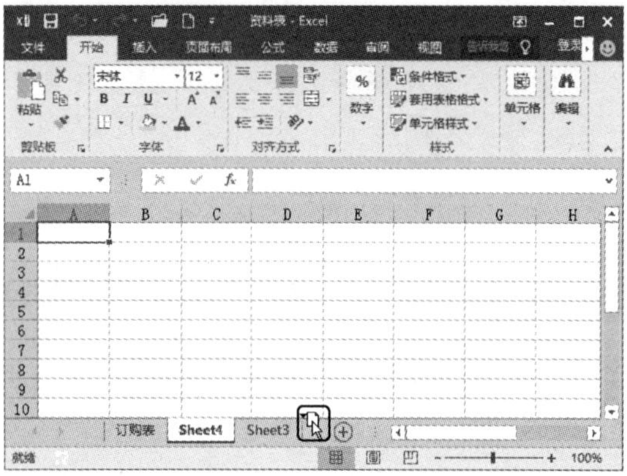

Step02: 经过上步操作，将工作表 Sheet4 移至工作表 Sheet3 之后，效果如下图所示。

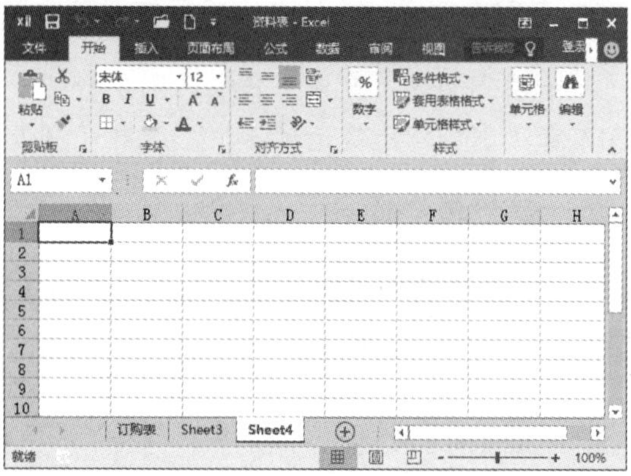

2. 复制工作表

复制工作表时可以一次选择复制的工作表存放位置或工作簿的路径，为了能一次就选择好工作表的位置，可以使用快捷菜单进行复制，具体操作方法如下。

Step01: ❶右击“订购表”名称；❷在弹出的快捷菜单中选择“移动或复制”命令，如右图所示。

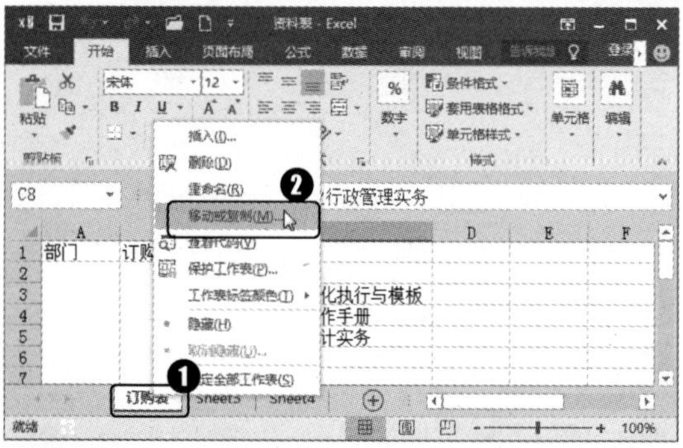

Step02: 打开“移动或复制工作表”对话框，❶在“下列选定工作表之前”列表框中选择“Sheet4”选项；❷勾选“建立副本”复选框；❸单击“确定”按钮，如下图所示。

Step03: 经过以上操作，在工作表 Sheet4 之前复制了一张订购表，效果如下图所示。

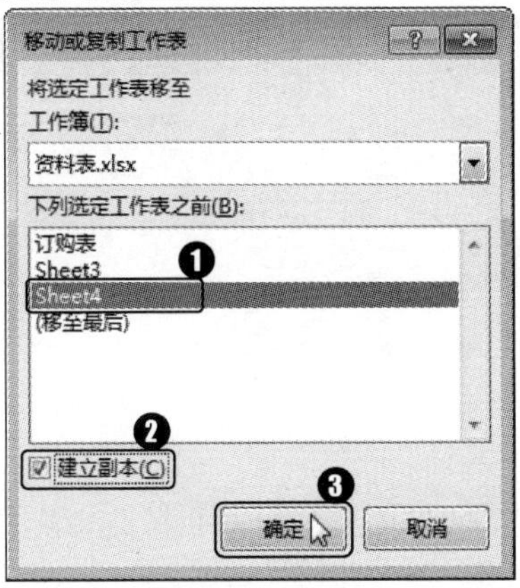

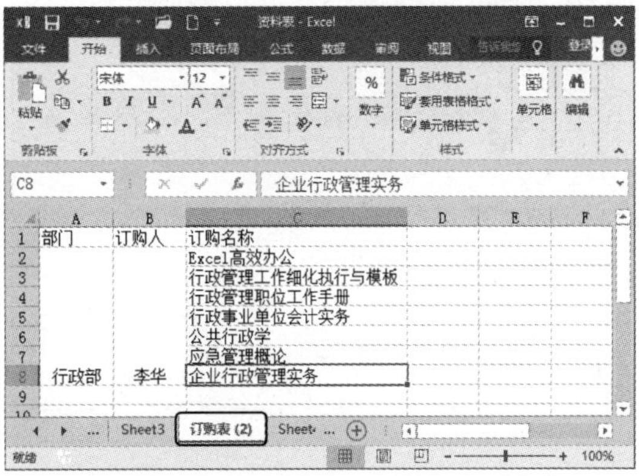

8.1.4 隐藏与显示工作表

在工作表中输入了一些数据后，如果不想让他人轻易地看到这些数据，或者为了方便其他重要数据表的操作，可以将不需要显示的工作表隐藏。若需要，再次显示工作表即可。

光盘同步文件

视频文件：光盘\教学文件\第 8 章\8-1-4.mp4

例如在资料表的工作簿中先将前面 3 张工作表隐藏，再显示“订购表”，具体操作方法如下。

Step01: ❶选择“订购表”“Sheet3”和“订购表（2）”3 张工作表；❷单击“单元格”组中的“格式”按钮；❸指向“隐藏和取消隐藏”命令；❹选择“隐藏工作表”命令，如下图所示。

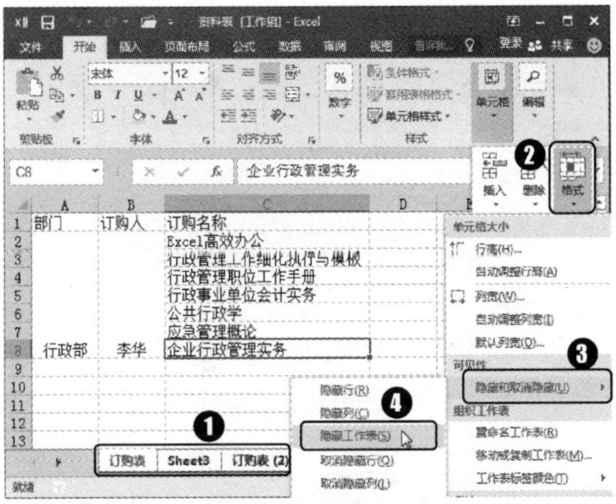

Step02: 隐藏前 3 张工作表后，❶单击“单元格”组中的“格式”按钮；❷指向“隐藏和取消隐藏”命令；❸选择“取消隐藏工作表”命令，如下图所示。

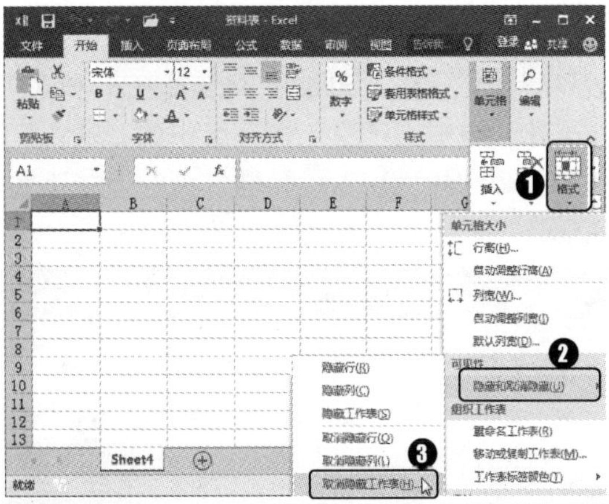

Step03: 打开“取消隐藏”对话框，❶在“取消隐藏工作表”列表框中选择“订购表”选项；❷单击“确定”按钮，如下图所示。

Step04: 经过以上操作，隐藏与显示工作表，效果如下图所示。

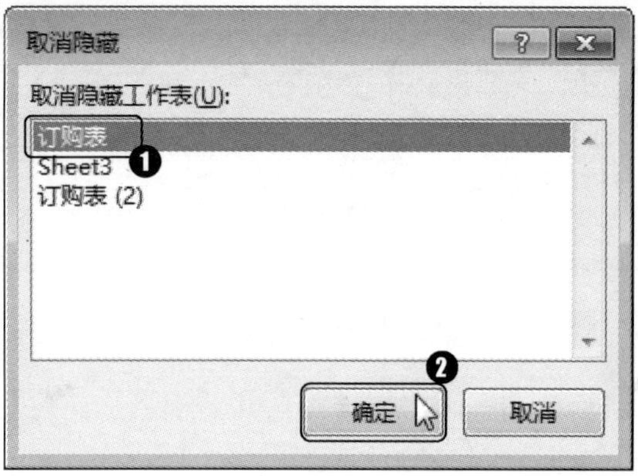

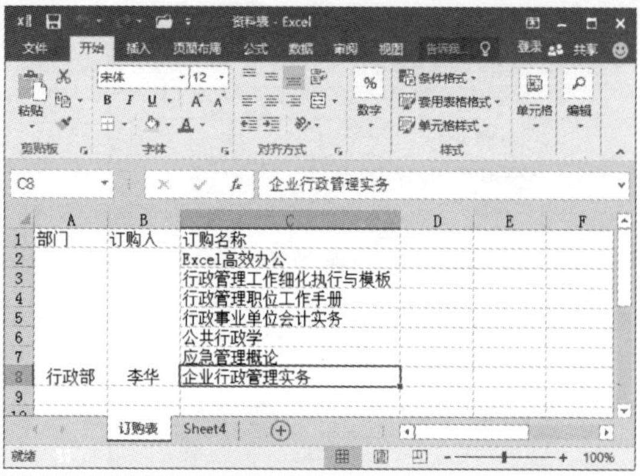

8.2 课堂讲解——管理单元格

在输入工作表的内容时，如果用户少输入了一些内容，当需要添加时，可以通过插入单元格或插入行、列进行添加，这样可以保证表格内容不会发生改变。如果在表格中插入了多余的单元格、行、列，也可以使用删除的方法将其删除。为了使表格更加完善，还会对单元格的行高、列宽进行设置，以及进行合并单元格等相关操作。

8.2.1 插入与删除单元格

在数据表中可以通过“单元格”组中的按钮插入或删除单元格。例如在 C6 和 C7 前插入两个单元格，并删除 C7 单元格，具体操作方法如下。

光盘同步文件

视频文件：光盘\教学文件\第 8 章\8-2-1.mp4

Step01: 打开“光盘\素材文件\第 8 章\资料表（管理单元格）.xlsx”，❶选择 C6 和 C7 单元格；❷单击“单元格”组中的“插入”按钮；❸选择“插入单元格”命令，如下图所示。

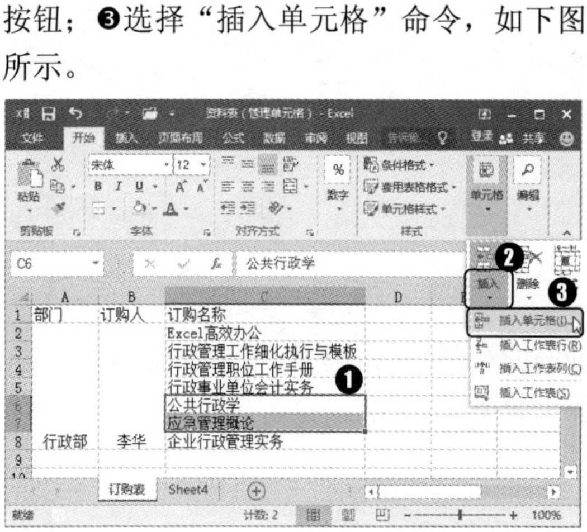

Step02: 打开“插入”对话框，❶选中“活动单元格下移”单选按钮；❷单击“确定”按钮，如下图所示。

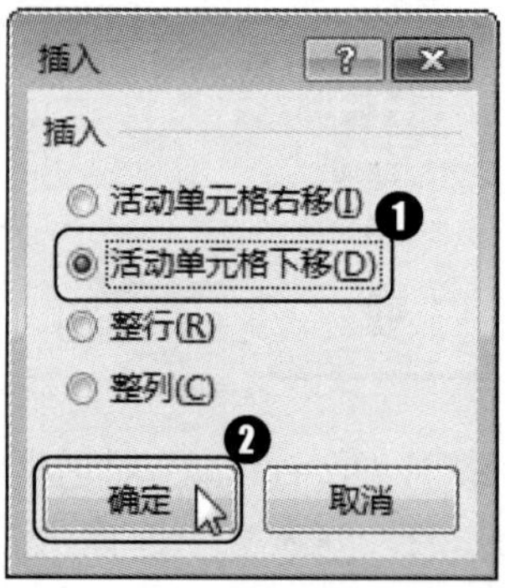

Step03: ❶选择 C7 单元格；❷单击“单元格”组中的“删除”按钮，如下图所示。

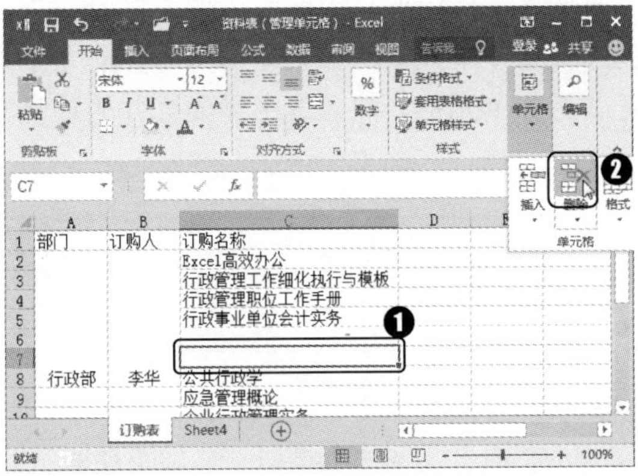

Step04: 经过以上操作，插入与删除单元格，效果如下图所示。

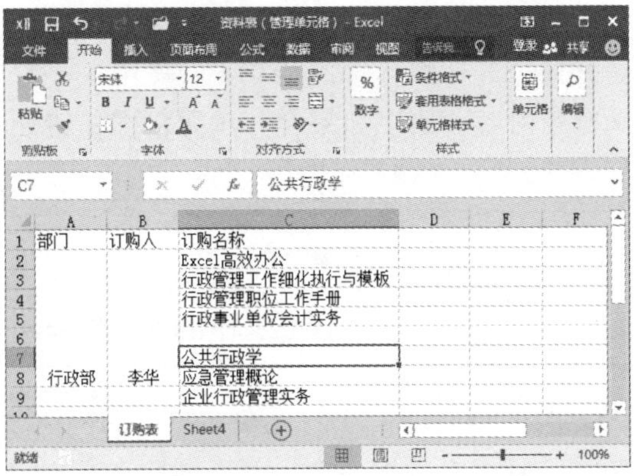

专家点拨——直接单击“插入”按钮与选择“插入单元格”命令的区别

如果要在工作表中插入单元格，直接单击“插入”按钮默认是选中的单元格内容向右侧移，插入的空白单元格在左侧。如果需要让单元格向下移动，则需要选择“插入单元格”命令，然后再根据对话框中的选项选择，这样才能得到需要的单元格效果。

8.2.2　调整行高与列宽

在制作表格时经常会在一个单元格中输入较多内容，使得文本或数据不能正确地显示出来，此时需要适当地调整单元格的行高或者列宽。例如调整标题行的行高和 C 列的列宽，具体操作方法如下。

光盘同步文件

视频文件：光盘\教学文件\第 8 章\8-2-2.mp4

Step01: 将鼠标光标移至标题行的行线上，按住左键不放拖动调整行高，如下图所示。

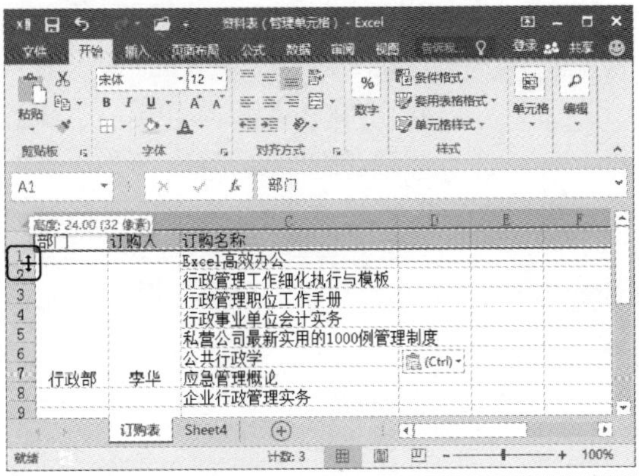

Step02: ❶选中 C 列；❷单击“单元格”组中的“格式”按钮；❸选择“自动调整列宽”命令，如下图所示。

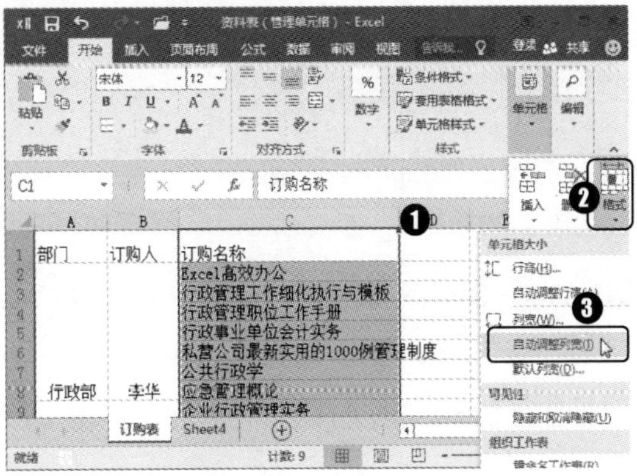

8.2.3 合并与拆分单元格

在工作表中制作数据表时一般都会在第一行上面输入表格标题，因此为了使表格看起来效果更好会合并标题行。但是在 Excel 中，一行中包含很多个单元格，如果让信息合并居中不能看到标题内容，所以如果合并单元格操作错误，可以拆分单元格，然后选中需要合并的单元格进行合并。

光盘同步文件

视频文件：光盘\教学文件\第 8 章\8-2-3.mp4

Step01: ❶右击第 1 行；❷在弹出的快捷菜单中选择“插入”命令，如下图所示。

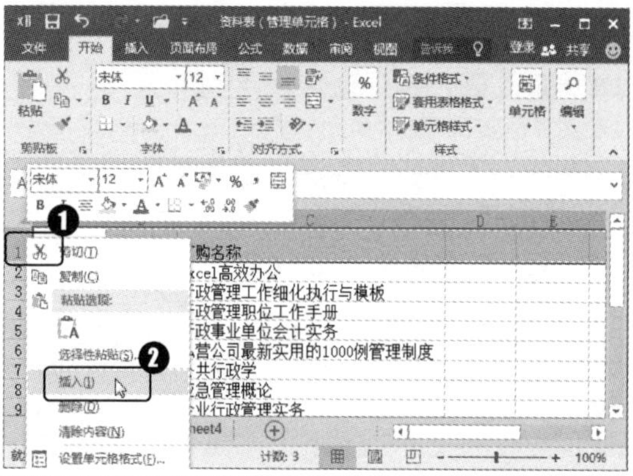

Step02: ❶选择第 1 行；❷单击“对齐方式”组中的“合并后居中”按钮，如下图所示。

Step03: 在合并的单元格中输入标题信息，如下图所示。

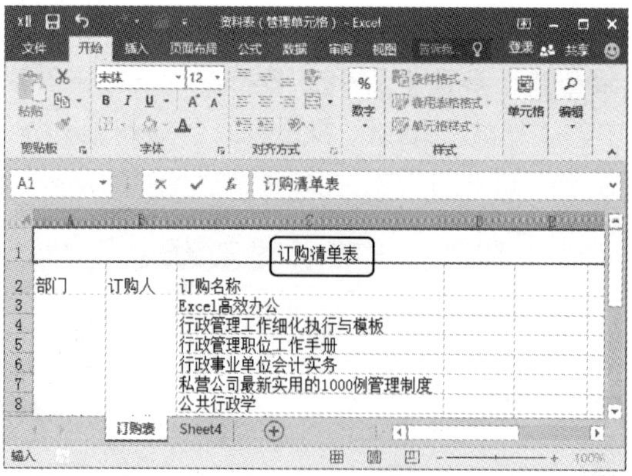

Step04: ❶选择第 1 行；❷单击“对齐方式”组中“合并后居中”按钮右侧的下拉按钮；❸选择“取消单元格合并”命令，如下图所示。

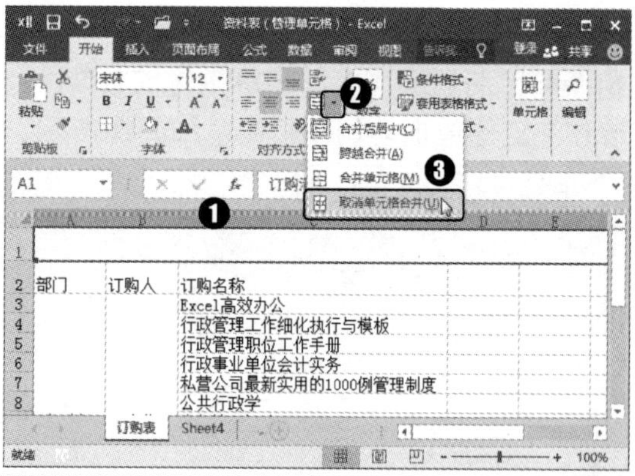

Step05: ❶选择 A1:C1 单元格区域；❷单击“对齐方式”组中的“合并后居中”按钮，如下图所示。

Step06: 经过以上操作，合并与拆分单元格效果如下图所示。

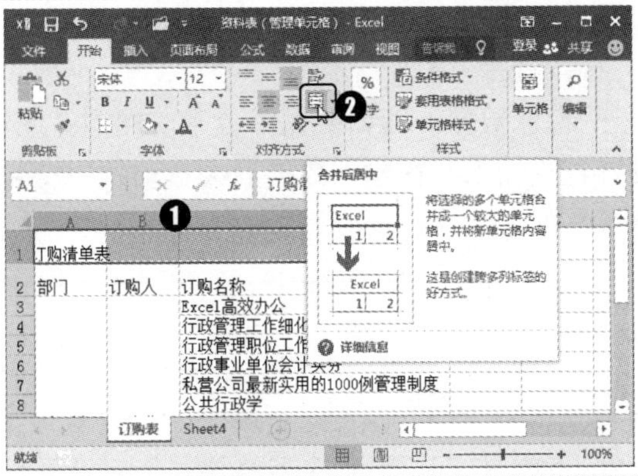

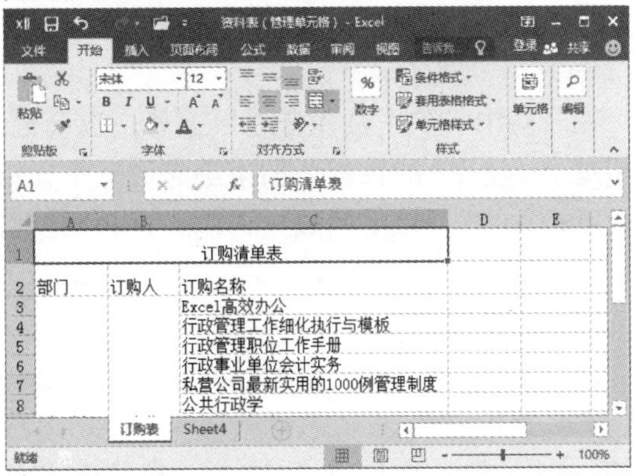

▷▷ 8.3 课堂讲解——输入表格数据

在 Excel 工作表中，单元格内的数据可以有多种不同的类型，例如文本、日期和时间、百分数等，不同类型的数据在输入时需要使用不同的输入方式，本节主要为读者介绍不同类型的数据的不同输入方式。

8.3.1 输入普通数据

在表格中最常见的就是输入一些常用的数据，常用的普通数据不需要设置特殊的格式，直接输入即可。例如在表格中输入登记表的信息，具体操作方法如下。

光盘同步文件

视频文件：光盘\教学文件\第 8 章\8-3-1.mp4

Step01: 打开“光盘\素材文件\第 8 章\登记表.xlsx”，❶设置输入法；❷在 A1 单元格中输入需要的文本，按〈Enter〉键确认，如下图所示。

Step02: 在单元格中输入下图所示的相关信息。

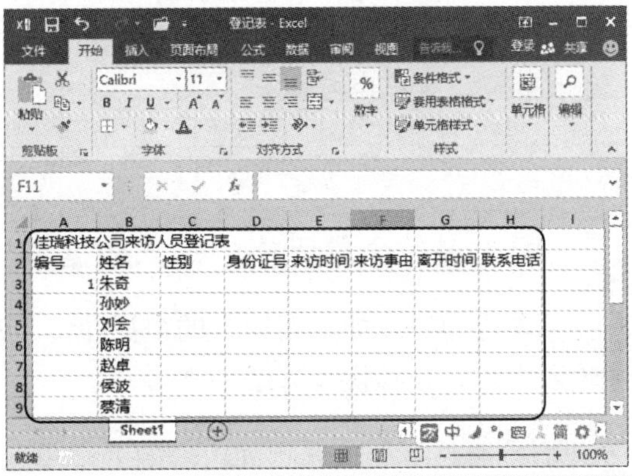

8.3.2 输入特殊数据

在表格中，除了输入普通数据外，也会输入一些特殊数据，例如要保留数字前面的 0 或输入超过 10 位以上的数据，如果不先进行单元格设置直接输入，在输入数据后会自动发生变化。下面以输入 10 位以上的数据为例进行介绍，具体操作如下。

> **光盘同步文件**
>
> **视频文件：光盘\教学文件\第 8 章\8-3-2.mp4**

Step01: ❶选择 D 列和 H 列；❷单击“对齐方式”组中的对话框启动器按钮，如下图所示。

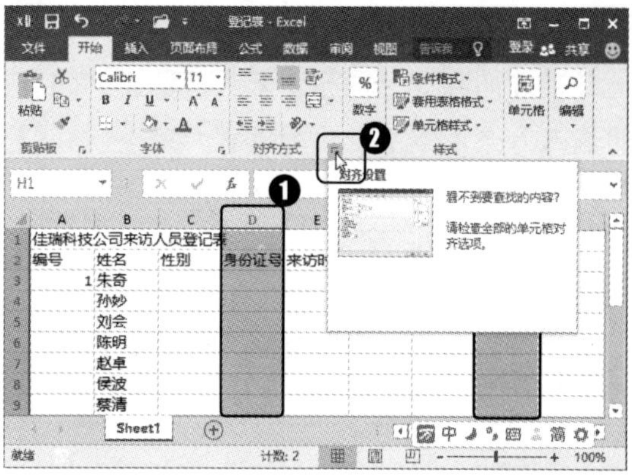

Step02: 打开“设置单元格格式”对话框，❶单击“数字”选项卡；❷选择“分类”列表框中的“文本”选项；❸单击“确定”按钮，如下图所示。

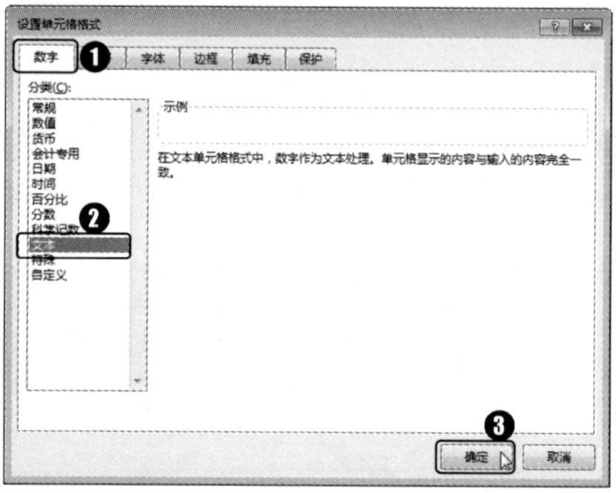

Step03: 设置单元格为文本格式后，在 D 列和 H 列输入相关数据，效果如右图所示。

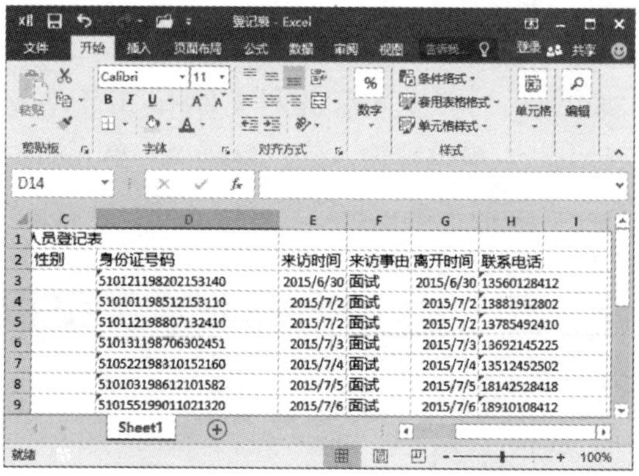

> **专家点拨——如何输入带有 0 的编号**
>
> 如果要在单元格中输入前面为 0 的编号，需要使用上述方法设置单元格区域为文本格式，然后输入编号。

8.3.3 同时在多个单元格中输入数据

在输入内容时，如果要输入的数据在多个单元格中都是相同的，此时可以同时在这些单元格中输入内容，具体操作方法如下。

Step01: ❶选择要输入相同内容的多个单元格或单元格区域；❷在一个单元格中输入数据，如下图所示。

Step02: 输入完数据后按〈Ctrl+Enter〉组合键，即可一次输入多个单元格的内容。使用相同的方法输入性别为女的信息，效果如下图所示。

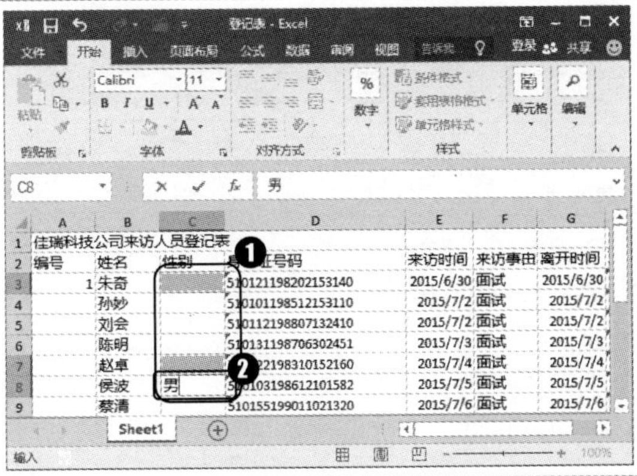

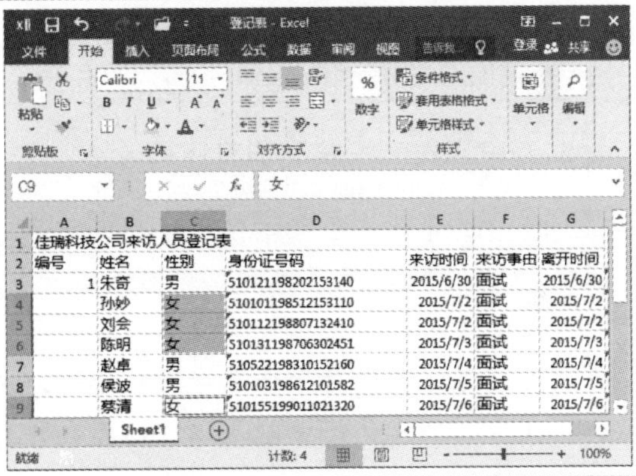

▷▷ 8.4　课堂讲解——编辑表格数据

在工作表中输入数据时，为了提高工作效率，可以使用快速填充的功能让编号或直接向下拖动的内容自动填充，对于输入出错的数据重新输入或修改数据即可。在编辑表格数据时，移动、复制、查找和替换数据也是常见的操作。

8.4.1　快速填充数据

在 Excel 工作表中输入数据时经常需要输入一些有规律的数据，对于这些数据，可以使用填充功能将它们填充到相应的单元格，具体操作如下。

光盘同步文件

视频文件：光盘\教学文件\第 8 章\8-4-1.mp4

Step01: 打开“光盘\素材文件\第 8 章\登记表（编辑数据）.xlsx”，❶选择 A3:A9 单元格区域；❷单击“编辑”组中的“填充”按钮；❸选择“序列”命令，如下图所示。

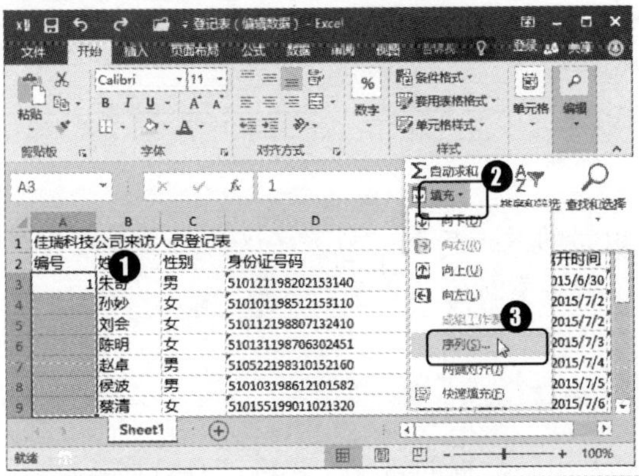

Step02: 打开“序列”对话框，❶在“步长值”文本框中输入 1；❷单击“确定”按钮，如下图所示。

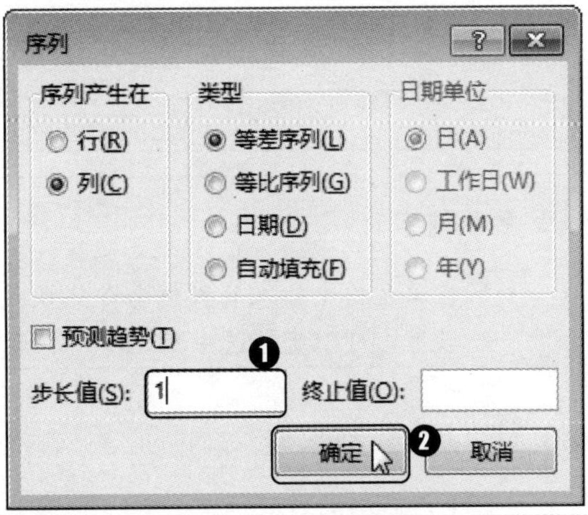

Step03: 经过以上操作，快速向下填充编号，效果如右图所示。

> **专家点拨——快速填充序列**
>
> 对于编号，除了可以使用序列的方式填充外，还可以在两个单元格中输入编号，然后选中这两个单元格直接使用拖动鼠标的方式进行填充。对于含有字母的编号，则可以在一个单元格中输入编号后直接拖动进行填充。

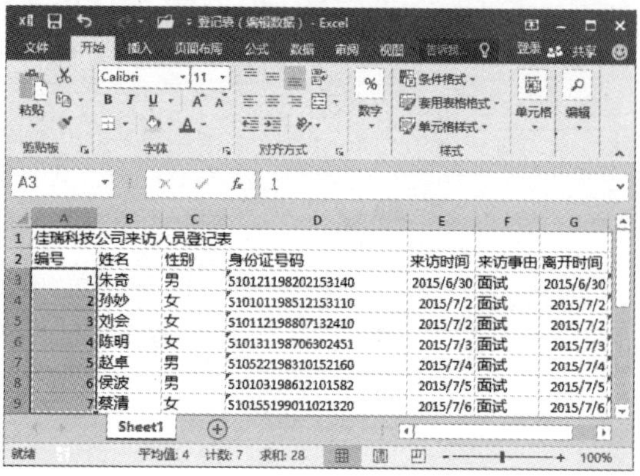

8.4.2 修改单元格中的数据

在输入单元格数据时，如果因为输入时不小心将数据输入错误或数据与名称不对应，此时需要修改数据或重新输入。例如在下面将刘会的身份证上的出生日期输入错了，需要更正过来，具体步骤如下。

> **光盘同步文件**
>
> **视频文件：光盘\教学文件\第 8 章\8-4-2.mp4**

Step01: ❶选中 D5 单元格；❷在编辑栏中选中要修改的数据，如下图所示。

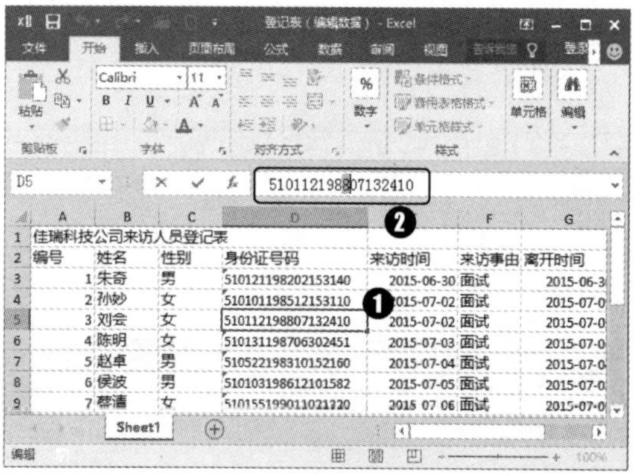

Step02: 在编辑栏中输入正确的出生日期，效果如下图所示。

> **新手注意**
>
> 如果在单元格中输入的数据全部错误或者出错的数据较多，则不建议使用上面介绍的方法修改数据，可以直接选中单元格，在删除数据后重新输入正确的数据。

8.4.3 移动和复制数据

在编辑工作表中的数据时，大家经常会遇到输入相同数据的情况，或将已有数据从原有位置移动至需要的位置，这时可以使用复制、移动与粘贴命令来实现。

光盘同步文件

视频文件：光盘\教学文件\第 8 章\8-4-3.mp4

1. 移动数据

移动数据是指在单元格中将已经输入的数据进行位置调整的操作，用户可以使用鼠标拖动或者功能区中的命令来操作。例如将第 5 条记录与第 4 条记录交换位置，具体操作如下。

Step01: ❶选中需要移动的数据；❷单击“剪贴板”组中的“剪切”按钮，如下图所示。

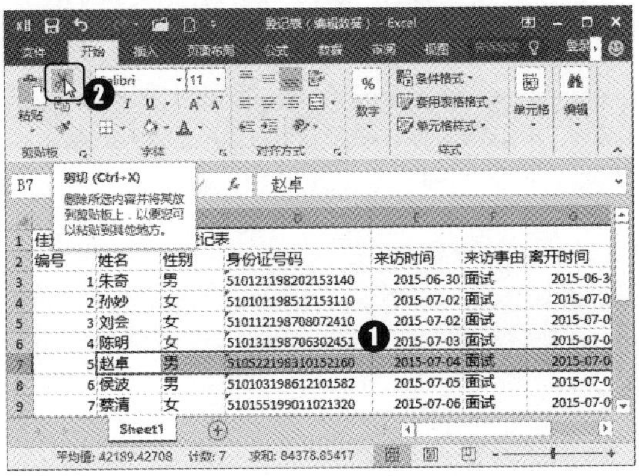

Step02: ❶选中需要粘贴数据的位置，然后右击；❷在弹出的快捷菜单中选择“插入剪切的单元格”命令，如下图所示。

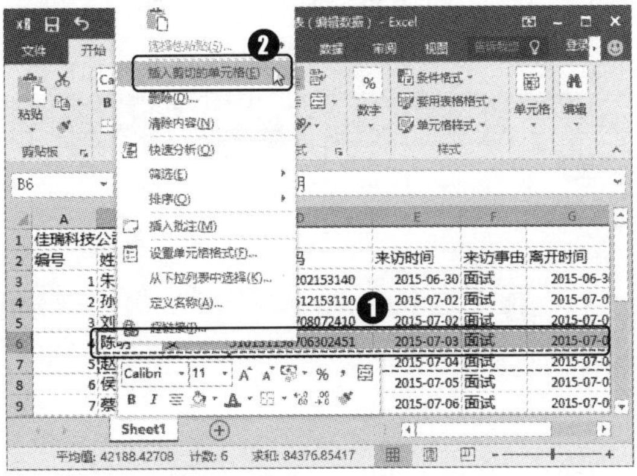

Step03: 经过以上操作，将第 4 条记录和第 5 条记录对换，效果如右图所示。

> **新手注意**
>
> 在该表格中移动数据，不能使用拖动的方法进行操作，如果直接拖动移动位置，会将原单元格中的数据替换掉，为了避免替换，可以使用插入单元格的方法进行操作，但这种方法使用起来更麻烦。

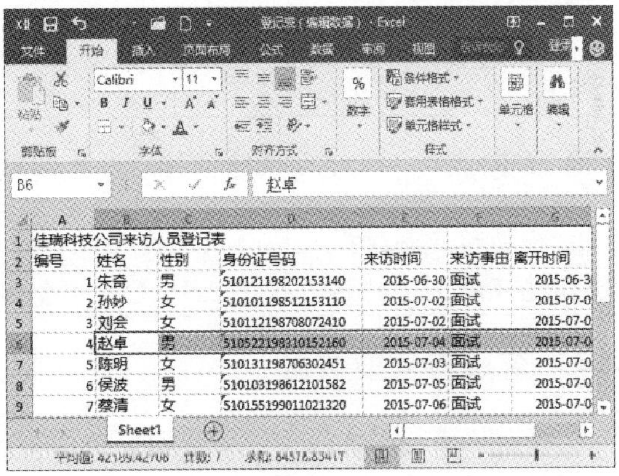

2. 复制数据

如果表格中需要的原始数据事先已经存在于表格中，为了避免重复劳动，减少二次输入数据可能产生的错误，可以通过复制和粘贴命令进行操作，具体操作如下。

Step01: ❶选中需要复制的数据；❷单击“剪贴板”组中的“复制”按钮，如下图所示。

Step02: 单击“Sheet1”工作表右侧的“新工作表”按钮⊕，如下图所示。

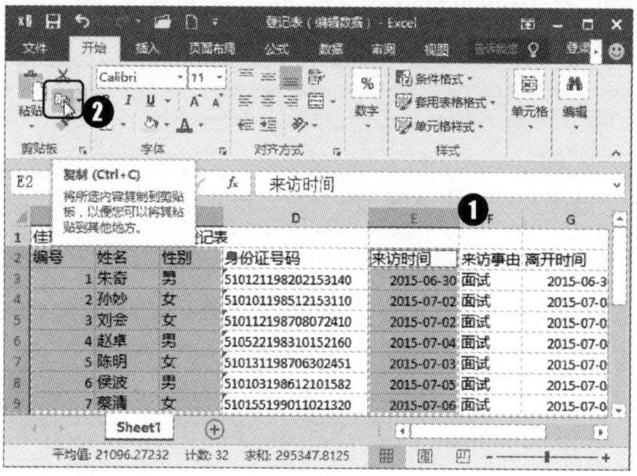

Step03: ❶选中 Sheet2 工作表中的 A1 单元格；❷单击“剪贴板”组中的“粘贴”按钮，如下图所示。

Step04: 经过以上操作，将 Sheet1 中部分单元格的数据复制到 Sheet2 中，效果如下图所示。

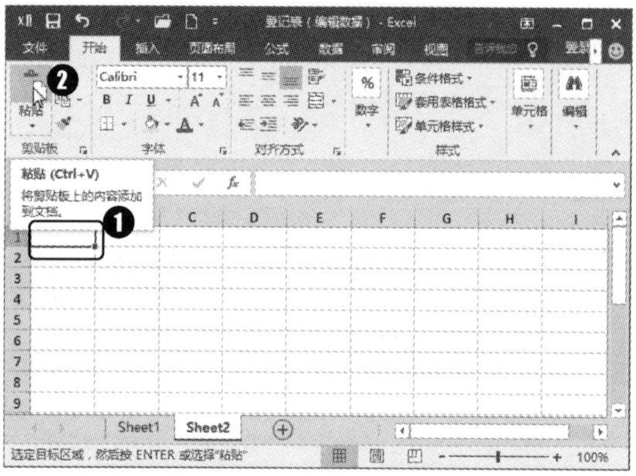

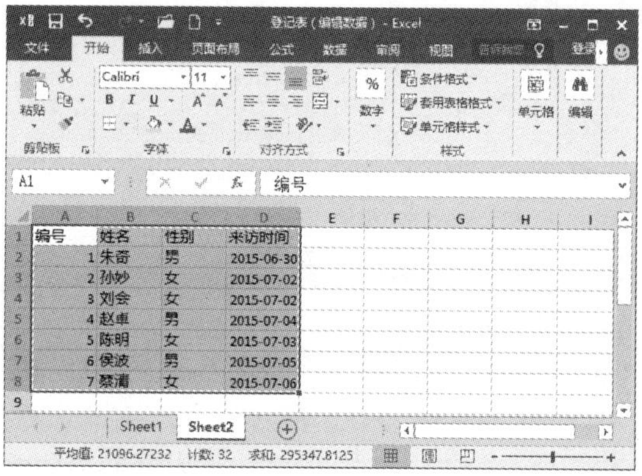

专家点拨——使用快捷键移动与复制数据

移动与复制数据还可以使用快捷键，按〈Ctrl + X〉组合键可以进行剪切，按〈Ctrl + V〉组合键可以进行粘贴，按〈Ctrl + C〉组合键可以进行复制。

8.4.4 查找与替换数据

在编辑和审阅工作表中的数据时，如果数据较多或较复杂，用户可以利用查找功能对要查看的数据进行查找，以便于提高工作效率。如果要批量修改工作表中的数据，则可以使用替换功能，这样既快捷又简单。

光盘同步文件

视频文件：光盘\教学文件\第 8 章\8-4-4.mp4

1. 查找数据

在编辑工作表时，如果工作表中的数据较多，为了提高工作效率，可以使用 Excel 提供的“查找”功能快速定位到要查找的内容，也可以查找一些特殊的数据，具体操作如下。

Step01: ❶单击“编辑”组中的“查找和替换”按钮；❷选择“查找”命令，如下图所示。

Step02: 打开“查找和替换”对话框，❶在“查找内容”文本框中输入查找内容；❷单击“查找全部”按钮，如下图所示。

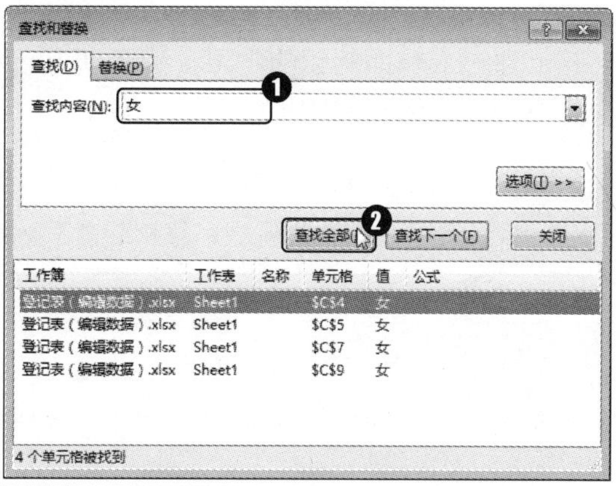

2. 替换数据

如果在编辑数据时出现错误，可以使用“替换”功能来替换众多数据中的一些内容，以便有效地提高工作效率。例如将 Sheet1 工作表中的“面试”替换为“初试”，具体操作如下。

Step01: ❶单击“编辑”组中的“查找和替换”按钮；❷选择“替换”命令，如下图所示。

Step02: 打开“查找和替换”对话框，❶在“查找内容”和“替换为”文本框中输入内容；❷单击“全部替换”按钮，如下图所示。

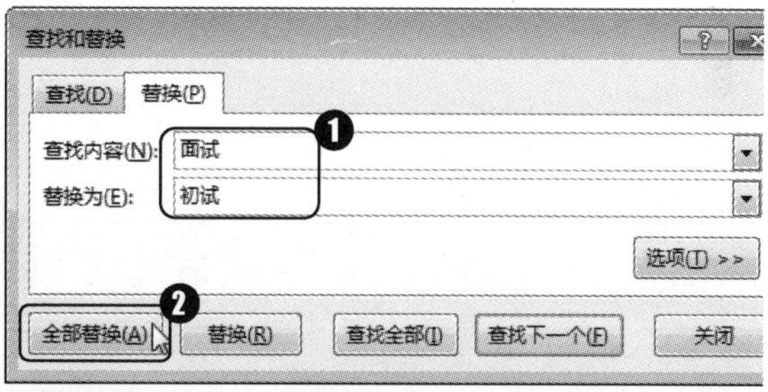

Step03: 打开“Microsoft Excel”提示对话框，单击“确定”按钮，如下图所示。

Step04: 返回“查找和替换”对话框，单击“关闭”按钮，如下图所示。

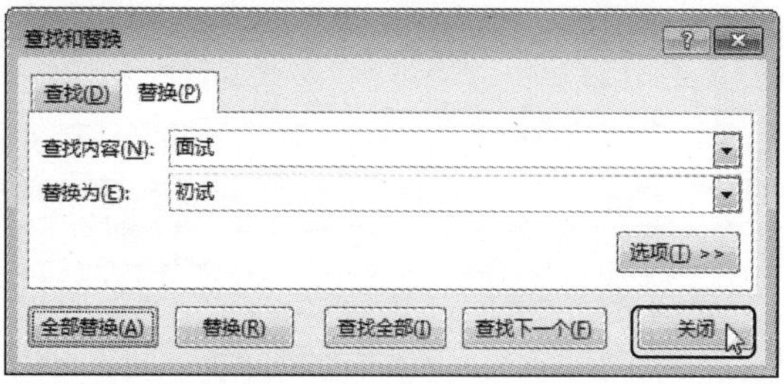

▷▷ 高手秘籍——实用操作技巧

相信通过对前面知识的学习，读者朋友已经掌握了输入与编辑数据的相关基础知识，下面结合本章内容介绍一些实用技巧。

光盘同步文件

视频文件：光盘\教学文件\第 8 章\高手秘籍.mp4

技巧 01 保护工作簿

如果要对工作簿中工作表的个数和位置以及窗口排列方式进行保护，则可以使用“保护工作簿”按钮，具体操作如下。

Step01: ❶单击“审阅”选项卡；❷单击“更改”组中的“保护工作簿”按钮，如下图所示。

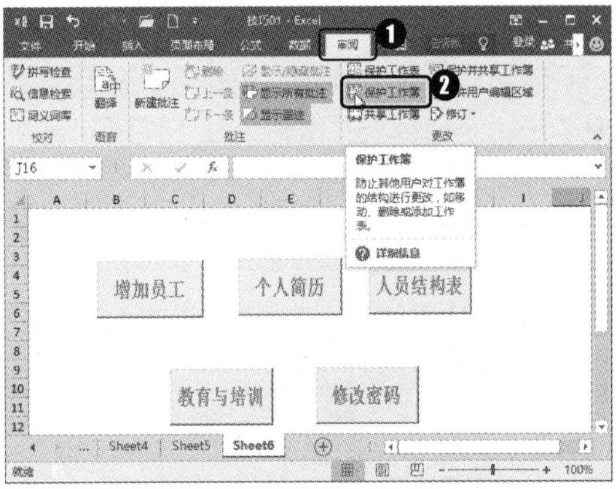

Step02: 打开“保护结构和窗口”对话框，❶勾选“结构”复选框；❷输入密码，例如123；❸单击“确定”按钮，如下图所示。

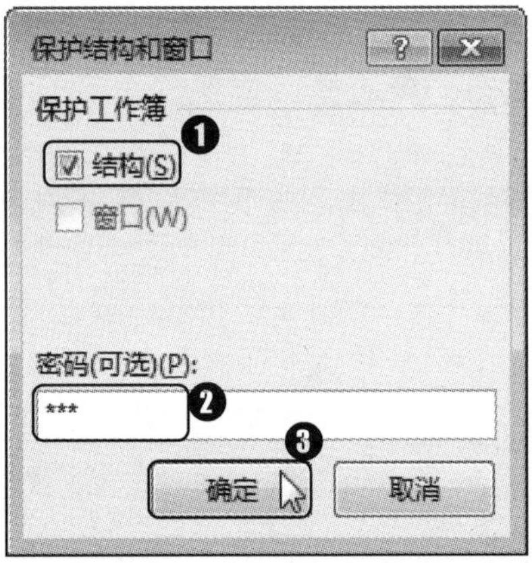

Step03: 打开“确认密码”对话框，❶在“重新输入密码”文本框中输入密码；❷单击“确定”按钮，如下图所示。

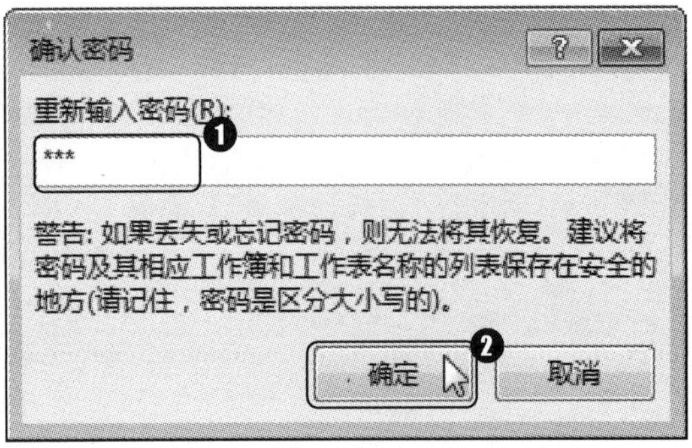

Step04: 保护好工作簿后，在任一工作表名称上右击，在弹出的快捷菜单中很多命令都变为灰色，不能进行操作，效果如下图所示。

技巧 02 保护工作表

很多办公人员在编辑工作表的过程中需要防止报表中的信息被修改，通常会用到保护工作表的操作，具体方法如下。

Step01: ❶单击“审阅”选项卡；❷单击“更改”组中的“保护工作表”按钮，如下图所示。

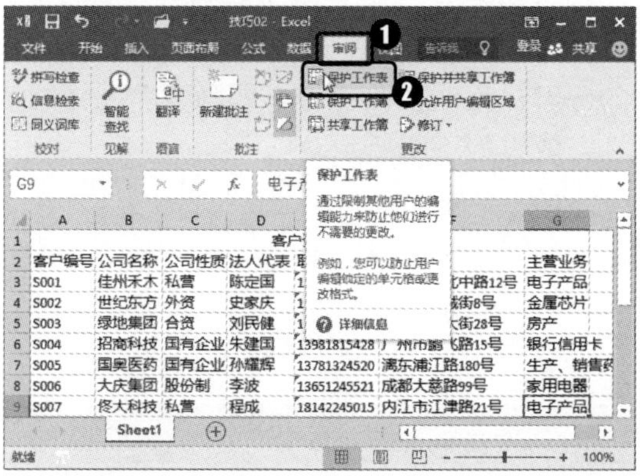

Step02: 打开“保护工作表”对话框，❶在“取消工作表保护时使用的密码”文本框中输入密码，例如“123”；❷单击“确定”按钮，如下图所示。

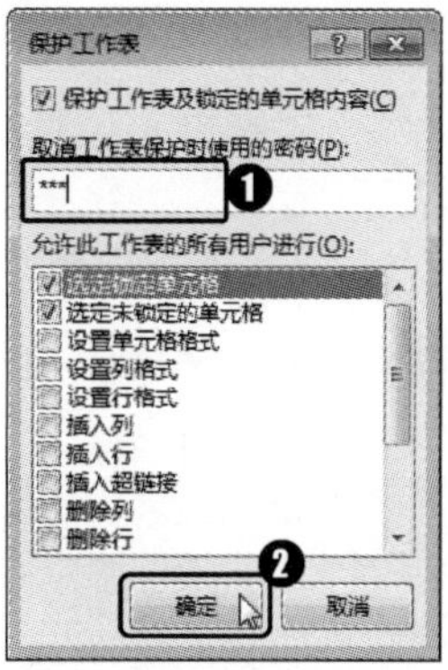

Step03: 打开“确认密码”对话框，❶在“重新输入密码”文本框中输入密码；❷单击“确定”按钮，如下图所示。

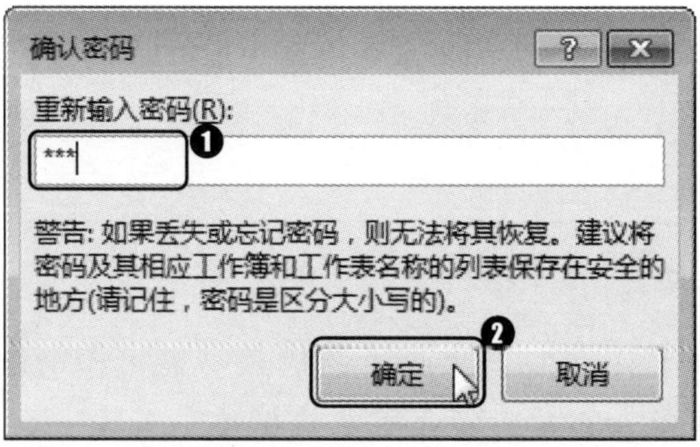

Step04: 保护好工作表后，在任一单元格修改数据都会弹出“Microsoft Excel”提示对话框，单击“确定”按钮如下图所示。

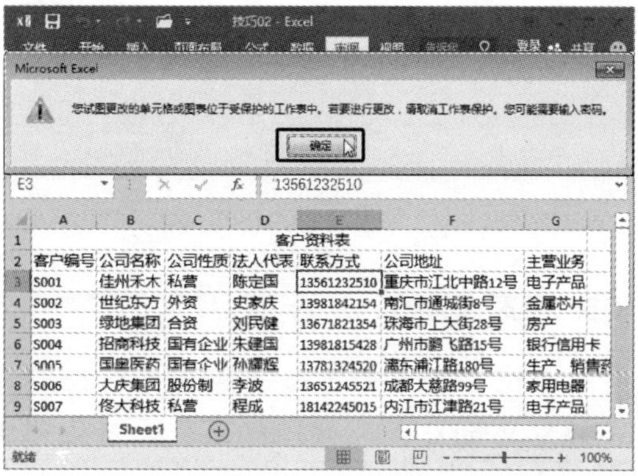

技巧 03 隐藏单元格内容

在制作的工作表中，如果对于重要的数据信息不想让他人看到，可以将单元格的信息隐藏起来，具体操作如下。

Step01: ❶选择 E3:E9 单元格区域；❷单击“对齐方式”组中的对话框启动器按钮，如右图所示。

Step02: 打开“设置单元格格式”对话框，❶单击“数字”选项卡；❷在“分类”列表框中选择“自定义”选项；❸在右侧“类型”文本框中输入“;;;”；❹单击“确定”按钮，如下图所示。

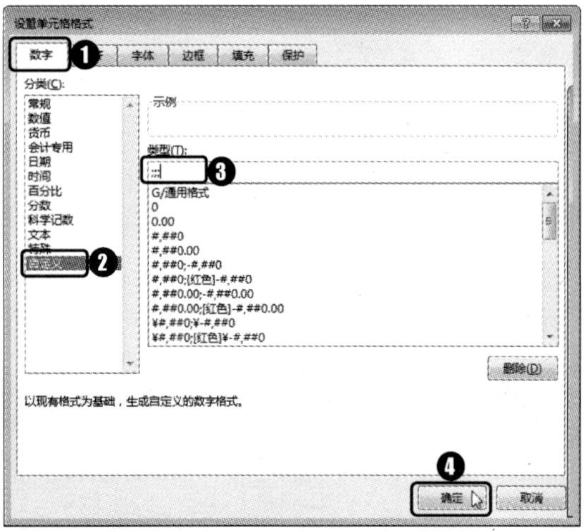

Step03: 经过以上操作，即隐藏单元格的信息，效果如下图所示。

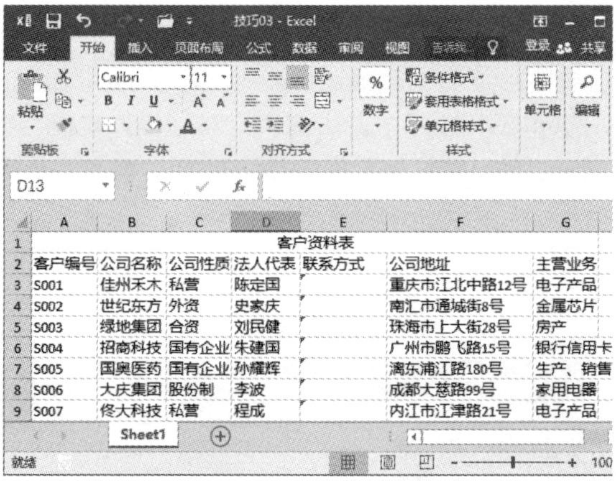

专家点拨——是否可以使用保护选项卡的隐藏功能隐藏单元格信息

不可以，“设置单元格格式”对话框的“保护”选项卡中的隐藏功能用于隐藏单元格中的公式，执行隐藏命令后，还需要设置保护工作表才能让该功能生效。

技巧 04 拆分窗口

Excel 提供了拆分功能，使用户可以把工作表数据窗口拆分开来，比较、查看同一个工作表中的数据，方便用户对一些数据较长的工作表进行查看。在拆分工作表窗口时最多能拆分 4 个窗格，以便将工作表分成多个区域显示，滚动一个窗格中的内容将不影响其他窗格的内容。拆分窗口的具体操作如下。

Step01: 将鼠标定位至 F8 单元格；❶单击“视图”选项卡；❷单击“窗口”组中的“拆分”按钮，如下图所示。

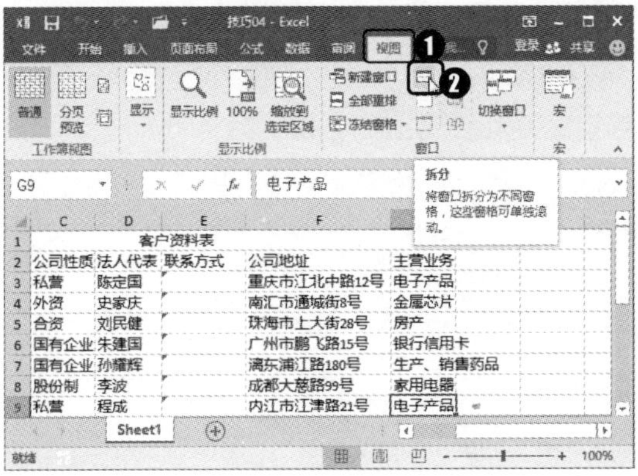

Step02: 经过以上操作，将工作表拆分为 4 个，效果如下图所示。

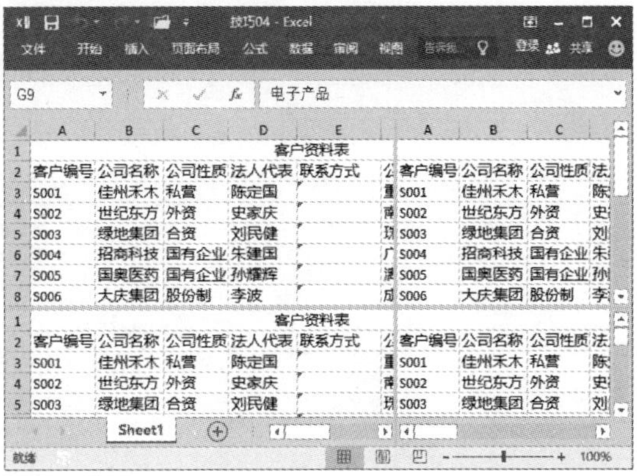

技巧 05 冻结窗格

如果工作表中的数据比较多，用户有可能会遇到表格数据查看不方便的情况，此时可使用 Excel 提供的冻结窗格功能，将表格的字段项目（标题行）设置为始终可见，即使用户上下拖动滚动条，设置的表格标题也依然可以看见。冻结窗口的具体操作如下。

Step01: ❶选择第 3 行，单击“视图”选项卡；❷单击“窗口”组中的“冻结窗格”按钮；❸选择“冻结拆分窗格”命令，如下图所示。

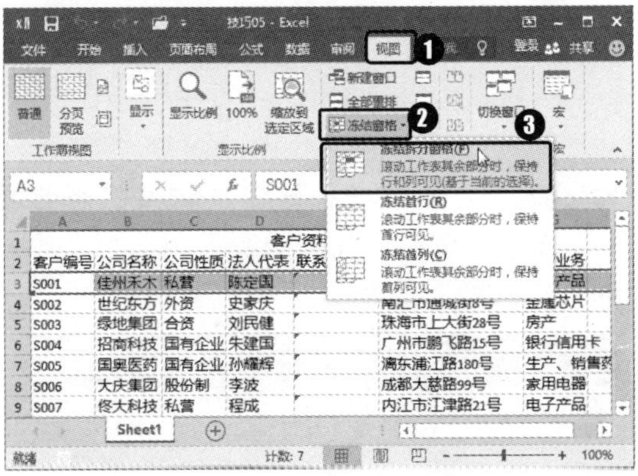

Step02: 冻结完窗格后，拖动滚动条向下查看数据，第 1 行和 2 行不变，效果如下图所示。

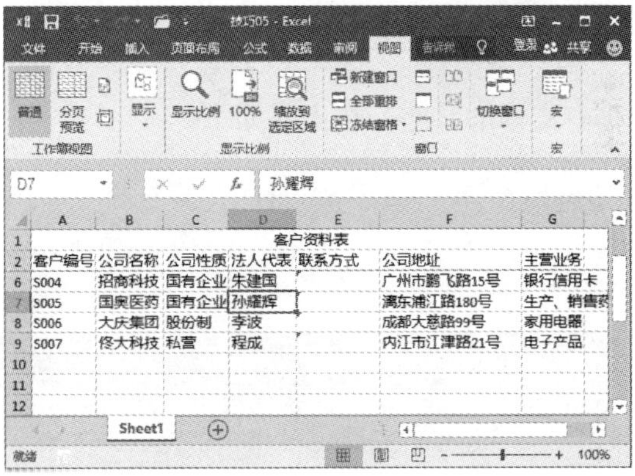

▷▷ 上机实战——制作档案表

>> 上机介绍

档案表是指企业劳动和人事部门在招用、调配、培训、考核、奖惩和任用等工作中形成的有关职工个人经历、政治思想、业务技术水平、工作表现以及工作变动等情况的文件材料，是历史地、全面地考察职工的依据。职工档案是国家档案的组成部分。本实例将以员工档案表的编制过程为例为读者介绍在 Excel 中输入与编辑表格文本的方法。

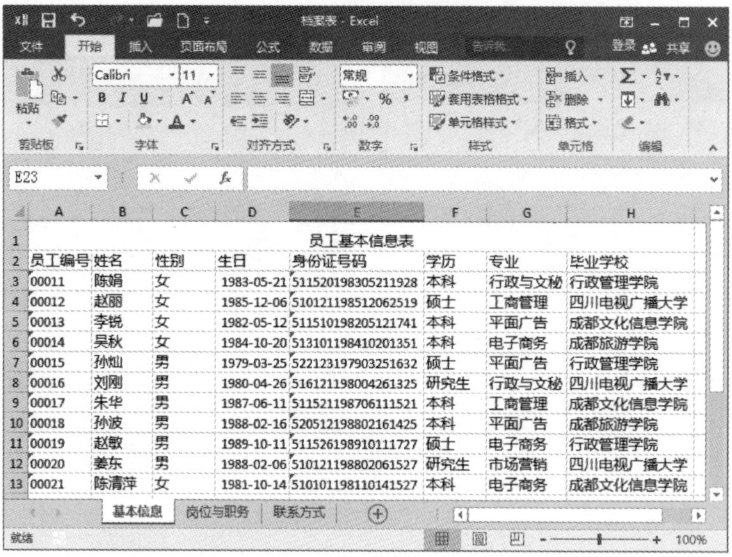

光盘同步文件

素材文件：光盘\素材文件\第 8 章\无

结果文件：光盘\结果文件\第 8 章\档案表.xlsx

视频文件：光盘\教学文件\第 8 章\上机实战.mp4

步骤详解

本实例的具体制作步骤如下。

Step01: ❶右击“Sheet1”；❷在弹出的快捷菜单中选择“重命名”命令，如下图所示。

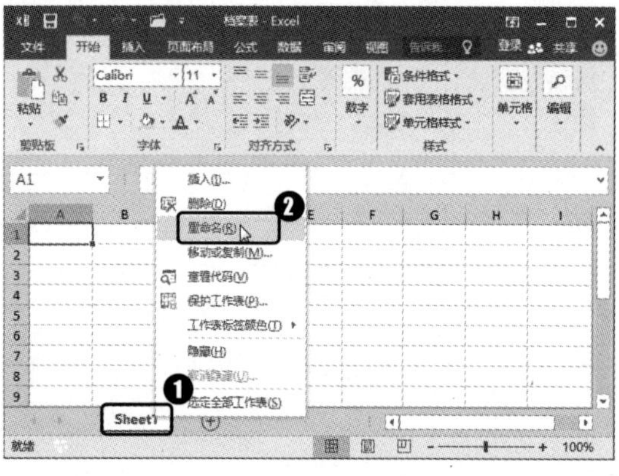

Step02: 当工作表名称处于编辑状态时输入工作表的名称，如下图所示。

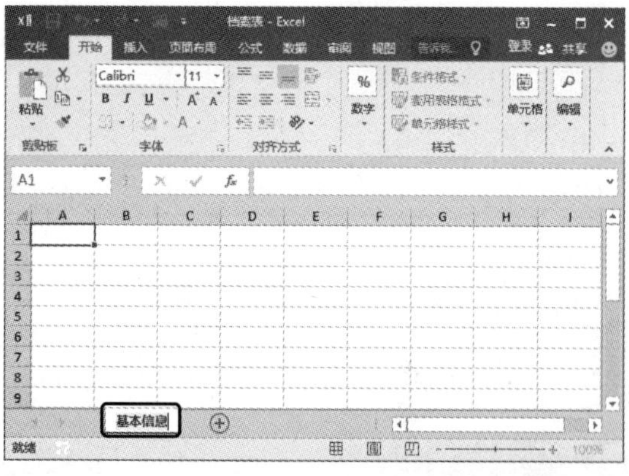

Step03: 单击“Sheet1”右侧的“新建工作表”按钮⊕，如下图所示。

Step04: 重复操作第 1 步和第 2 步，为 Sheet2 和 Sheet3 进行重命名，效果如下图所示。

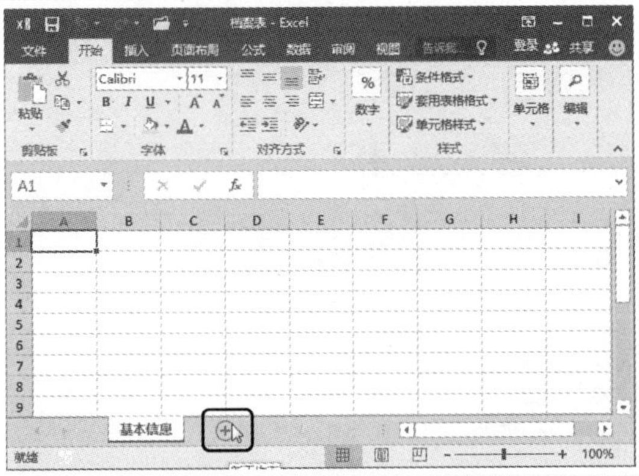

Step05: 选中第 1 个单元格，直接输入文本内容，如下图所示。

Step06: 输入完第 1 个单元格的内容后按〈Tab〉键向右选中单元格，并输入内容，效果如下图所示。

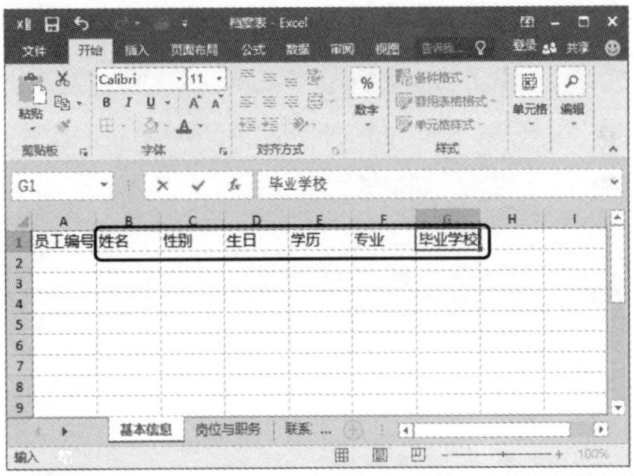

Step07: 选中第 2 列第 2 行的单元格（B2），输入第 1 个员工的姓名，按〈Enter〉键自动移至下方单元格，再输入第 2 位员工的姓名，用相同的方式输入所有员工的姓名，效果如下图所示。

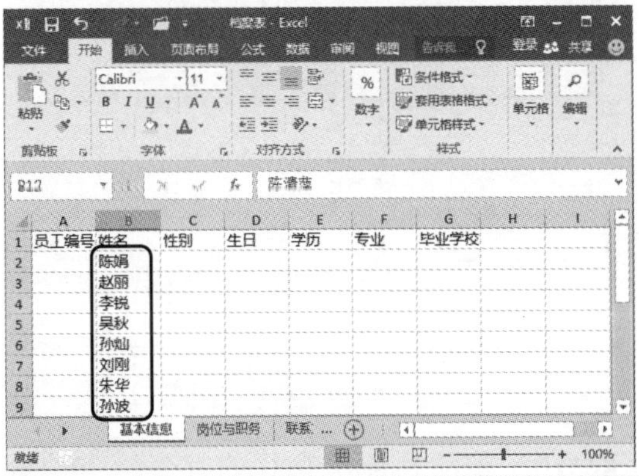

Step08: 选中 A2 单元格，将输入法设置为英文状态，输入单引号“'”，接着在引号后输入要显示的数字内容，输入完后按〈Enter〉键确认，如下图所示。

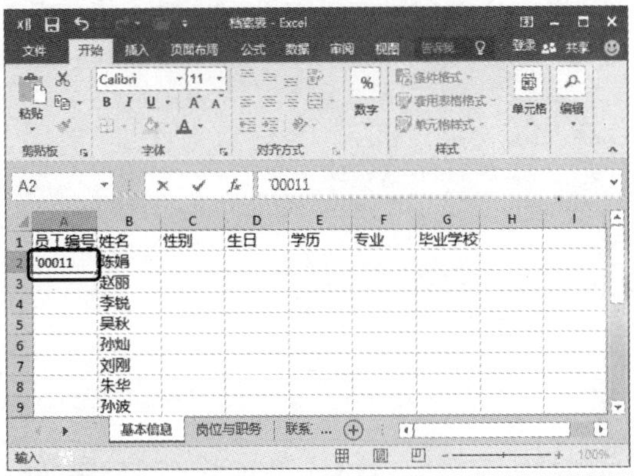

Step09: ❶选中 A2 单元格；❷按住鼠标左键不放并拖动向下填充，如下图所示。

Step10: 选中 D2 单元格，输入出生的年月日，如下图所示。

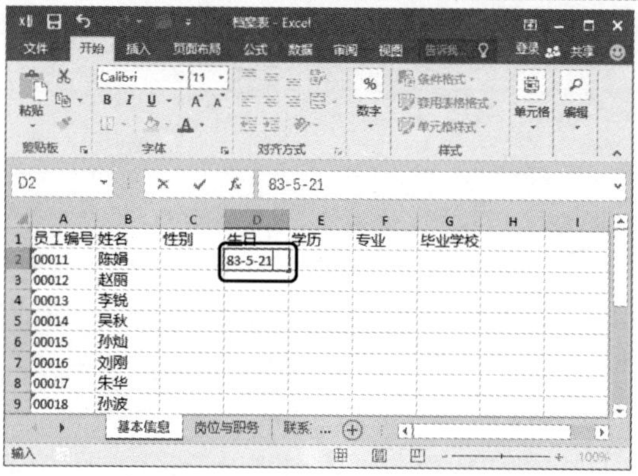

Step11: 输入完后按〈Enter〉键确认，会自动加上“19”，然后输入其他员工的出生日期，效果如下图所示。

Step12: ❶选中要输入相同内容的多个单元格或单元格区域；❷在一个单元格中输入数据，如下图所示。

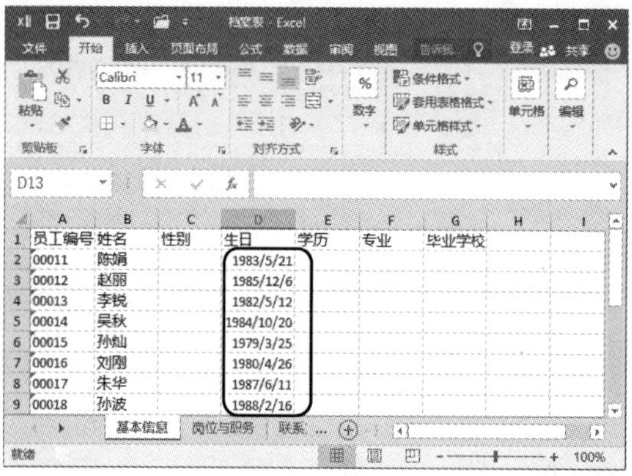

Step13: 输入完数据后按〈Ctrl + Enter〉组合键，即可一次输入多个单元格的内容，效果如下图所示。

Step14: ❶在第 1 行的行号上右击；❷在弹出的快捷菜单中选择“插入”命令，如下图所示。

Step15: ❶选中 A1:G1 单元格区域；❷单击“对齐方式”组中的“合并后居中”按钮，如下图所示。

Step16: 拖动标题所在行的行号下方的分隔线可调整该行的高度，如下图所示。

Step17: 在标题行中输入文字内容，效果如下图所示。

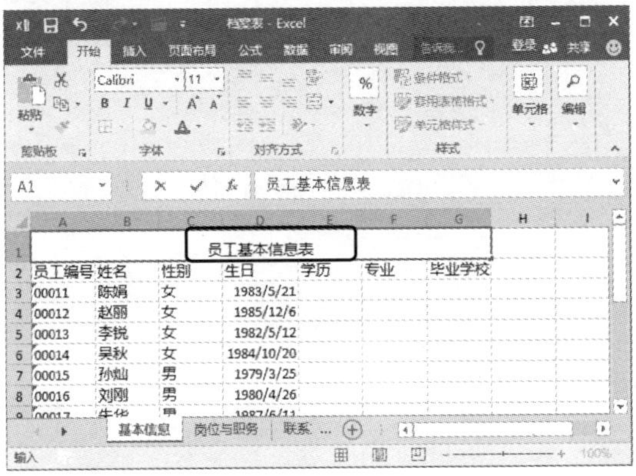

Step19: ❶输入身份证号码，选中 E 列；❷单击“单元格”组中的“格式”按钮；❸选择“自动调整列宽”命令，如下图所示。

Step21: ❶单击“岗位与职务”工作表标签；❷定位至 A2 单元格，单击“剪贴板”组中的“粘贴”按钮，如下图所示。

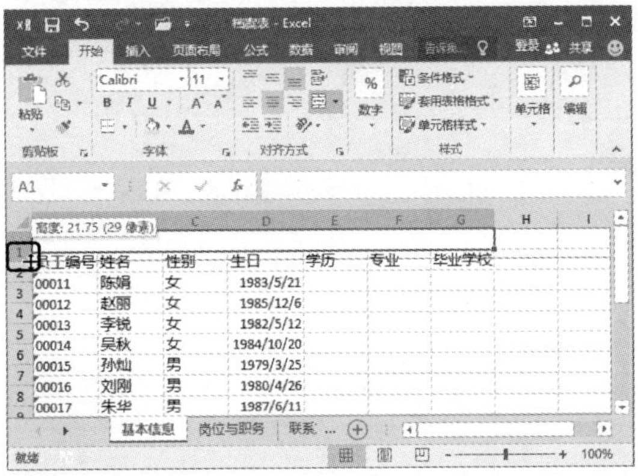

Step18: ❶在 E 列列标上右击；❷在弹出的快捷菜单中选择“插入”命令，如下图所示。

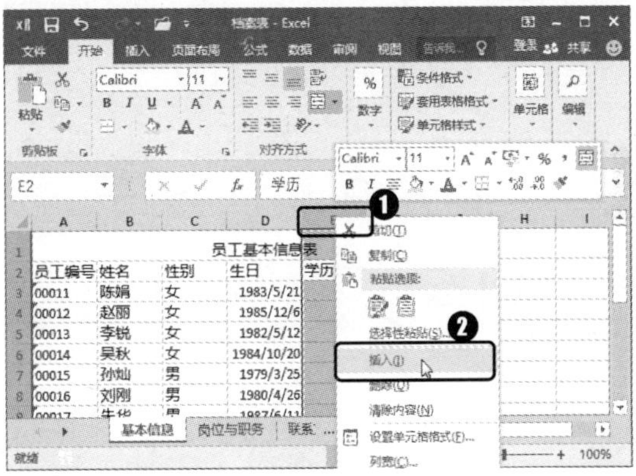

Step20: ❶选中需要复制的工作表内容；❷单击“剪贴板”组中的“复制”按钮，如下图所示。

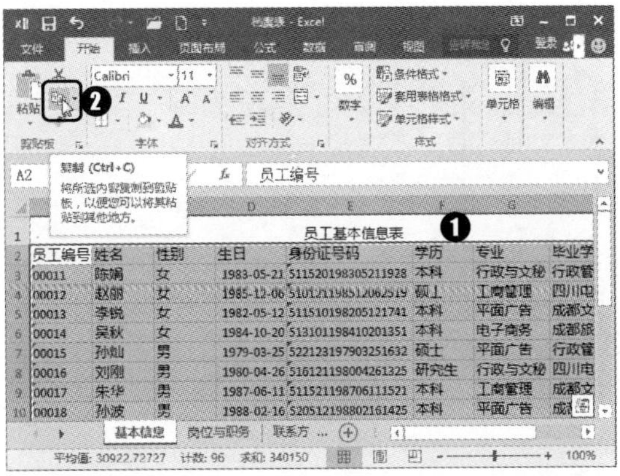

Step22: ❶选中 C2:H15 单元格区域；❷单击“单元格”组中的“删除”按钮，如下图所示。

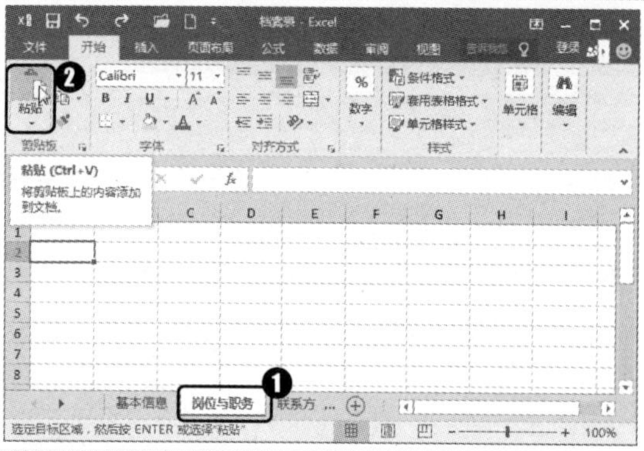

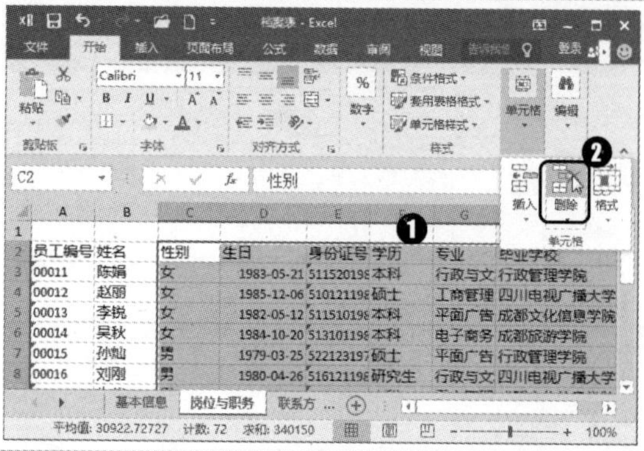

Step23: ❶选中 A、B 两列；❷单击“单元格”组中的“插入”按钮，如下图所示。

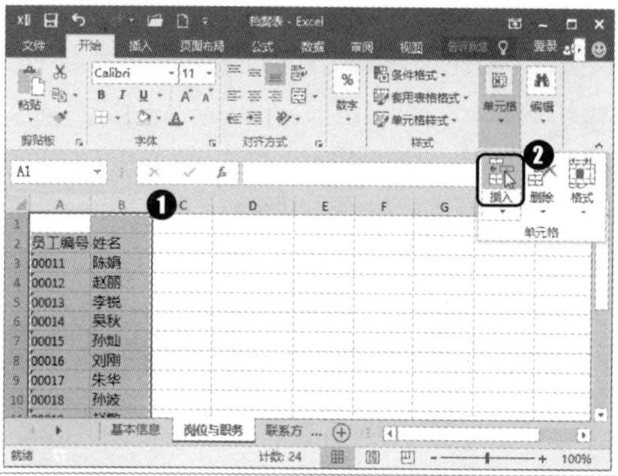

Step24: ❶在 A1 单元格中输入标题文本，然后选中 A1:D1 单元格区域，❷单击“对齐方式”组中的“合并后居中”按钮，如下图所示。

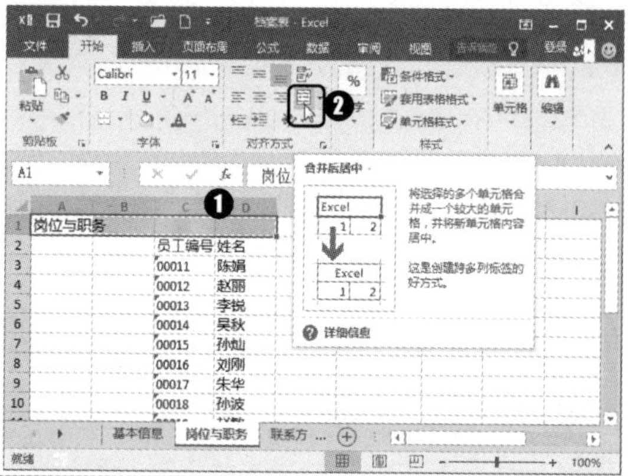

Step25: 输入“部门”和“职务”文本信息，如下图所示。

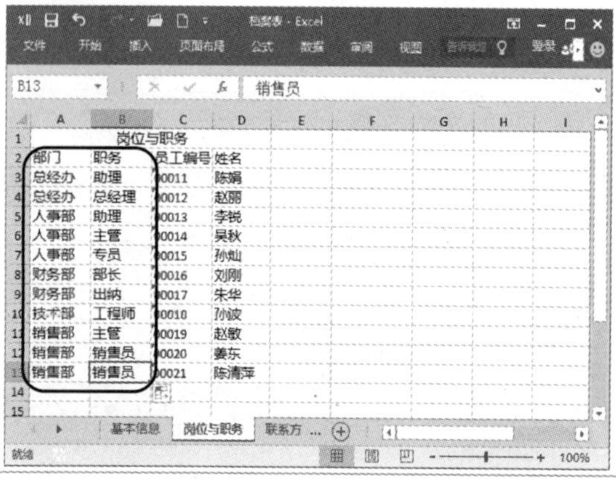

Step26: 在“联系方式”工作表中输入下图所示的信息。

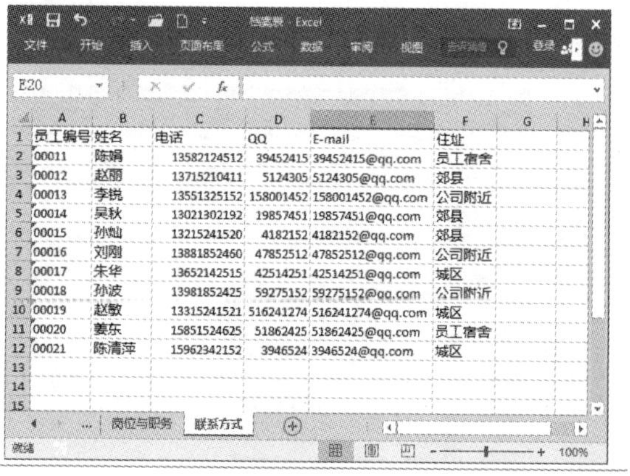

▷▷ 本章小结

本章主要介绍如何在 Excel 软件中管理单元格、工作表和工作簿，以及输入与编辑表格数据等的相关操作。希望通过本章的学习，读者能够快速学会如何在 Excel 中制作表格，并管理好自己的表格。

第 9 章　Excel 2016 数据表格的格式设置

本章导读

在实际工作中，不仅要求表格能记录数据，还要求记录数据的表格整洁、美观，数据表现更形象、突出。本章主要介绍如何设置单元格格式、表格格式、条件格式、单元格样式以及页面背景与主题等相关内容。

知识要点

- 设置字体与数字格式
- 设置对齐方式
- 为表格添加边框和底纹
- 使用条件格式为单元格添加颜色
- 为表格和单元格应用样式
- 设置工作表的背景与主题

效果展示

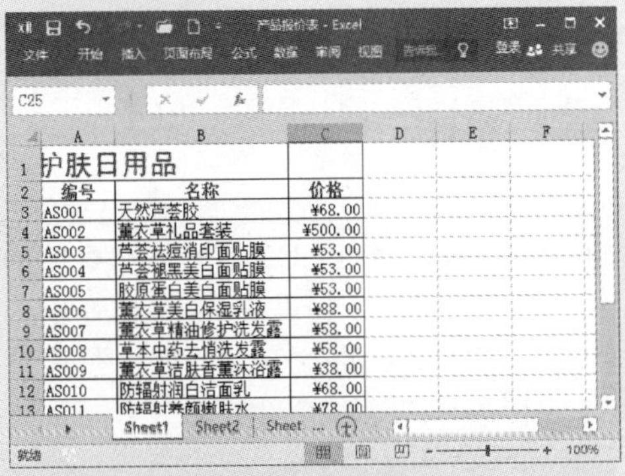

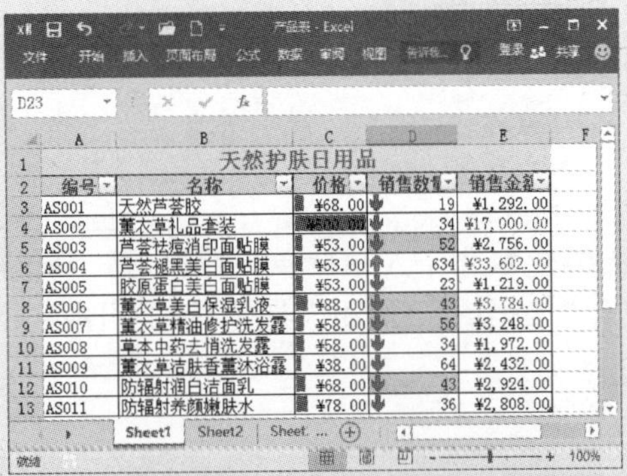

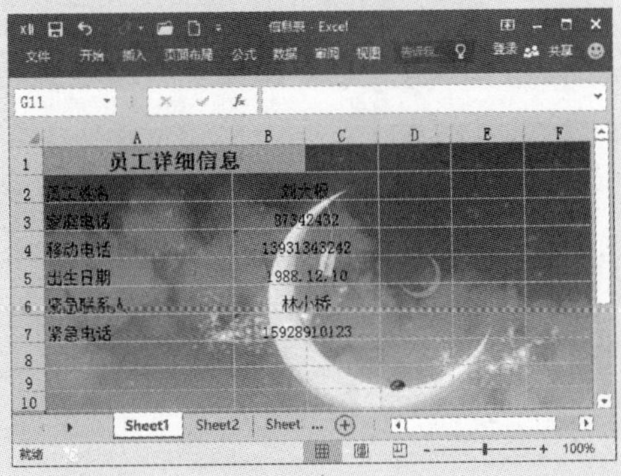

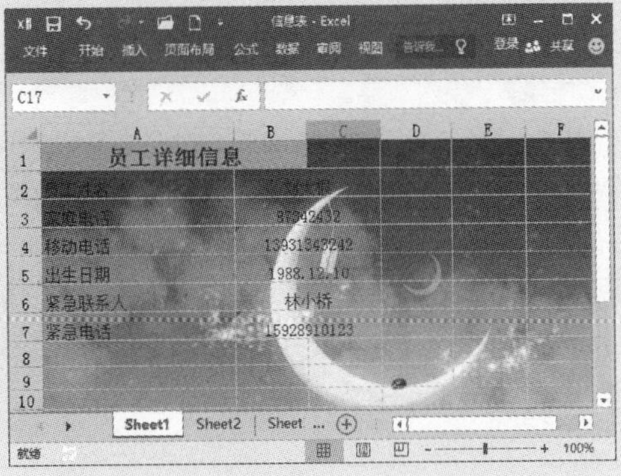

▷▷ 9.1　课堂讲解——设置单元格格式

美化工作表的第一步就是设置单元格的格式，单元格的格式包含字体格式、对齐方式和底纹与边框，只有恰到好处地集合这些元素才能更好地表现数据，使表格、数字更加突出。本节主要介绍设置单元格格式的相关知识。

9.1.1　设置字体格式

在 Excel 中主要对数据进行处理，但该软件同样拥有强大的文字处理功能，为了突出整个表格的美化操作，经常会对字体、字号、字形和颜色进行调整。例如对表格的标题文字的字体和字号进行设置，对正文的部分文字进行加粗和添加颜色，具体操作方法如下。

光盘同步文件

视频文件：光盘\教学文件\第 9 章\9-1-1.mp4

Step01: 打开“光盘\素材文件\第 9 章\产品报价表.xlsx”，❶选择 A1 单元格；❷单击“字体”右侧的下拉按钮▾，❸在弹出的下拉列表中选择需要的字体，如“黑体”，如下图所示。

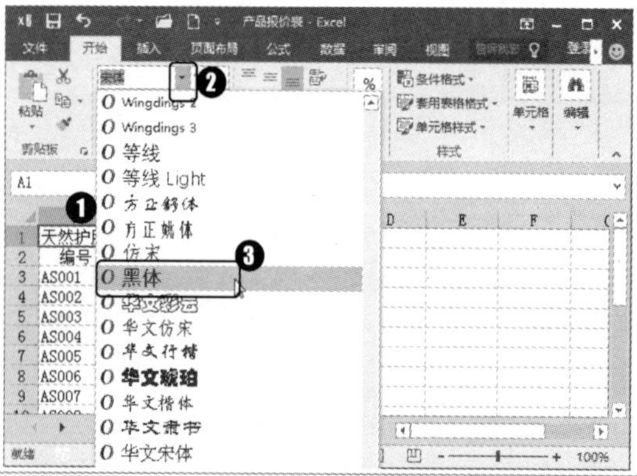

Step02: ❶选择 A1 单元格；❷单击“字号”右侧的下拉按钮▾；❸在弹出的下拉列表中选择需要的字号，如“20”，如下图所示。

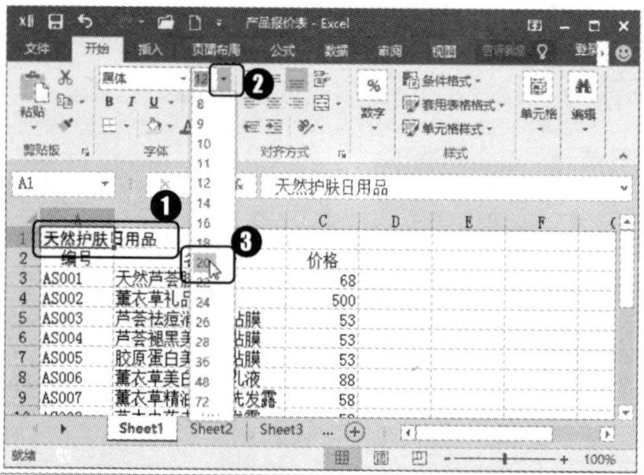

Step03: ❶选择 A2:C2 单元格区域；❷单击“字体”组中的“加粗”按钮，如下图所示。

Step04: ❶选择 A1:C2 单元格；❷单击“字体颜色”右侧的下拉按钮▾；❸在弹出的下拉列表中选择需要的颜色，例如“蓝色，着色 1，深色 50%”，如下图所示。

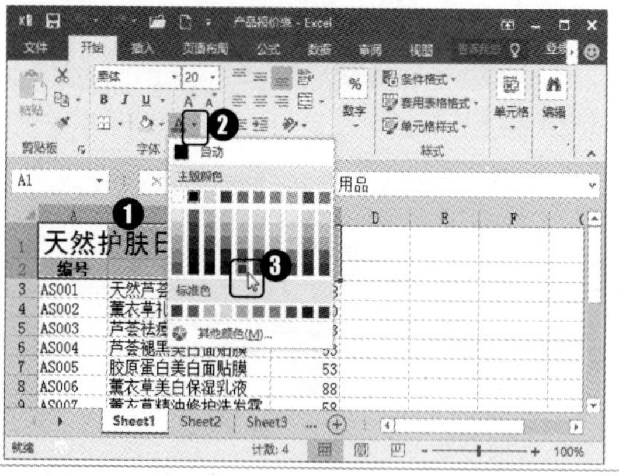

9.1.2 设置数字格式

在单元格中不仅需要对字符格式进行设置，对于输入的数据，如果要将某一区域设置为同一样式，也需要设置数字格式。例如在“产品报价表”中设置价格为货币样式，具体操作方法如下。

光盘同步文件

视频文件：光盘\教学文件\第9章\9-1-2.mp4

Step01: ❶选中“价格”数据区域；❷单击“数字”组中“常规”右侧的下拉按钮；❸选择“货币”选项，如下图所示。

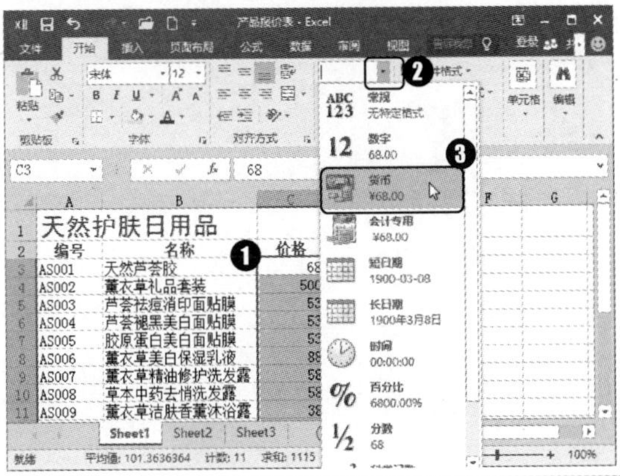

Step02: 经过上步操作，即为“价格”数据区域应用货币样式，效果如下图所示。

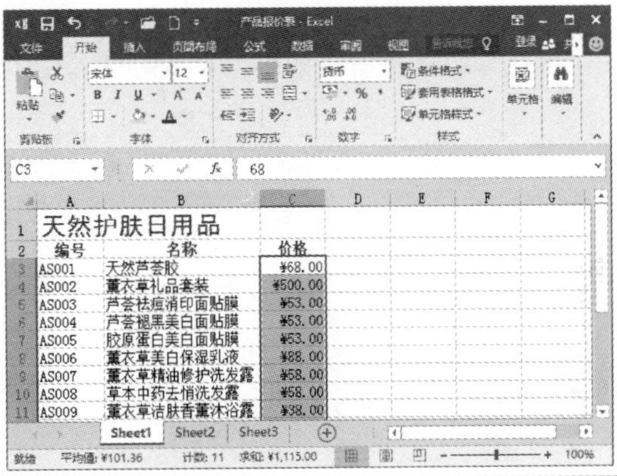

9.1.3 设置对齐方式

在设置单元格的字体后，用户可以调整单元格的对齐方式，将选中单元格中的文本左对齐或右对齐等，使表格中的数据更加整齐，内容重点突出、层次分明。例如设置表格的标题文本居中对齐，具体操作方法如下。

光盘同步文件

视频文件：光盘\教学文件\第9章\9-1-3.mp4

Step01: ❶选中A1单元格；❷单击“对齐方式”组中的“居中”按钮，如下图所示。

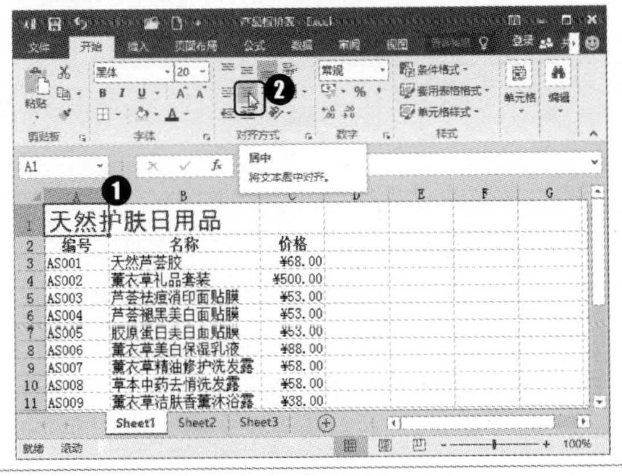

Step02: 如果为一个单元格设置居中对齐，当内容较多时会如下图所示显示。

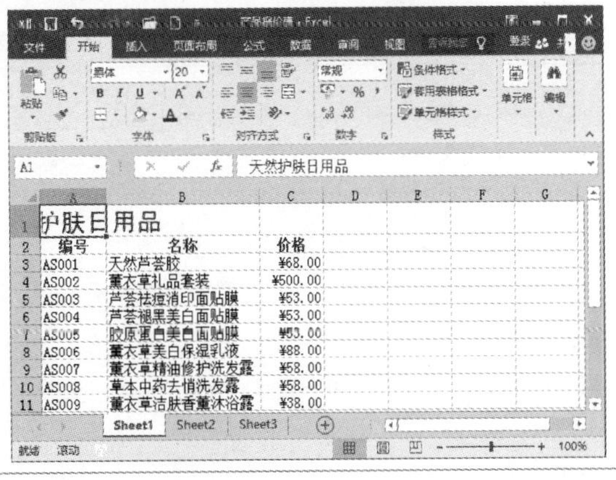

9.1.4 设置单元格边框和底纹

为了在工作表中突出显示数据表格，使表格更加清晰，可以为表格添加边框和底纹，具体操作方法如下。

光盘同步文件

视频文件：光盘\教学文件\第 9 章\9-1-4.mp4

Step01: ❶选择 A1:C13 单元格区域；❷单击“字体”组中“下框线”右侧的下拉按钮；❸选择“所有框线”命令，如下图所示。

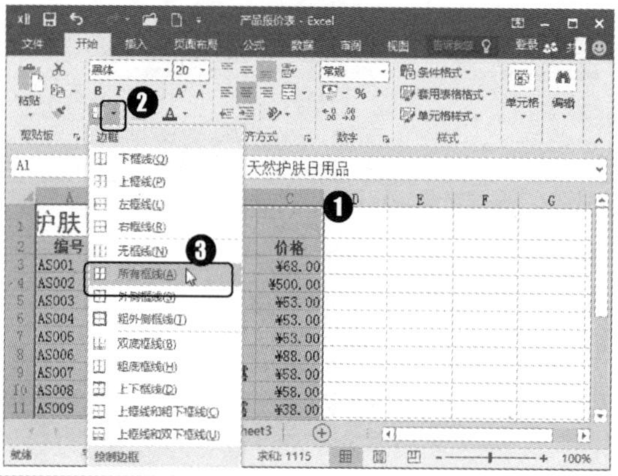

Step02: ❶选择 A1:C2 单元格区域；❷单击“字体”组中“颜色”右侧的下拉按钮；❸选择“主题颜色”面板中需要的颜色，如下图所示。

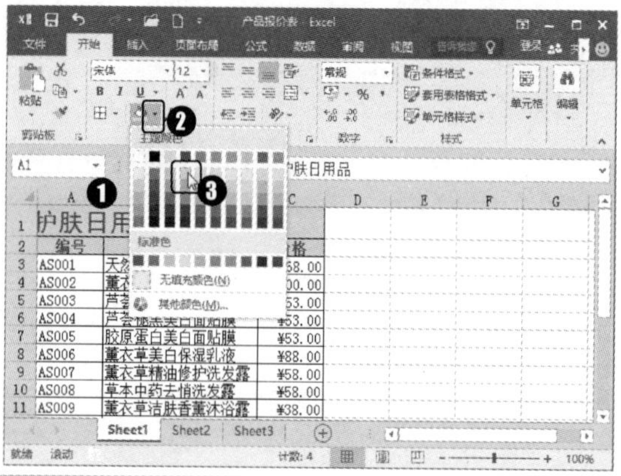

▷▷ 9.2 课堂讲解——应用样式

在 Excel 中，除了可以应用系统提供的内置格式设置表格（如字体和字号、数字格式、单元格边框和底纹）外，用户还可以根据需要使用条件格式对符合筛选条件的数据设置样式、为表格添加表样式或自定义单元格样式等，从而创建更具特色的表格。

9.2.1 使用条件格式

条件格式是根据设置的条件采用数据条、色阶和图标集等突出显示所关注的单元格或单元格区域，用于直观地表现数据。条件格式基于条件更改单元格区域的外观。

光盘同步文件

视频文件：光盘\教学文件\第 9 章\9-2-1.mp4

1. 使用“突出显示单元格规则”

在表格中使用“条件格式”中的“突出显示单元格规则”选项可以根据特定条件突出显示数据，具体操作方法如下。

Step01: 打开“光盘\素材文件\第 9 章\产品表.xlsx”，❶选择“销售数量”单元格区域，

Step02: 打开“介于”对话框，❶设置介于的条件；❷单击“设置为”下拉按钮；❸选

单击“样式”组中的“条件格式”按钮；❷指向“突出显示单元格规则”命令；❸选择“介于”命令，如下图所示。

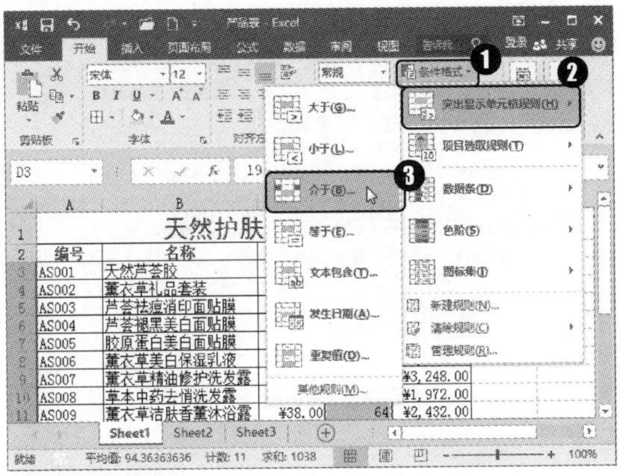

择“浅红色填充”选项，如下图所示。

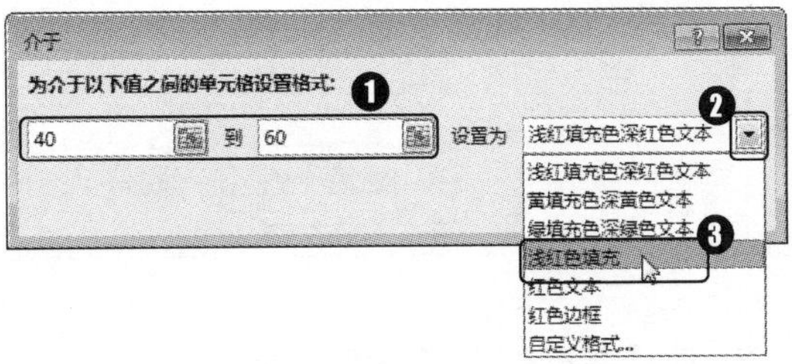

Step03: 在设置完介于的条件和格式后单击“确定”按钮，如下图所示。

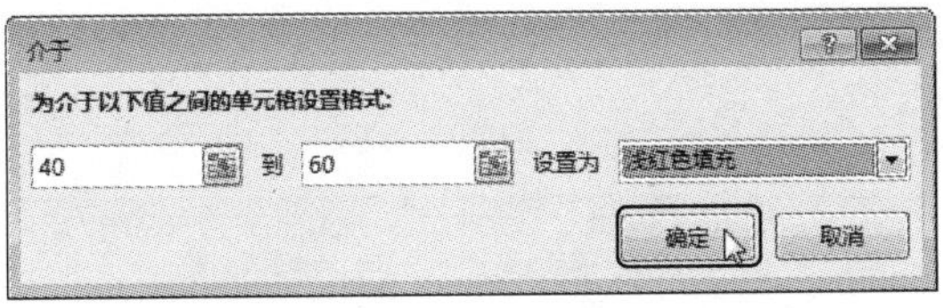

Step04: 经过以上操作，值在 40～60 之间的销售数量以浅红色填充，效果如下图所示。

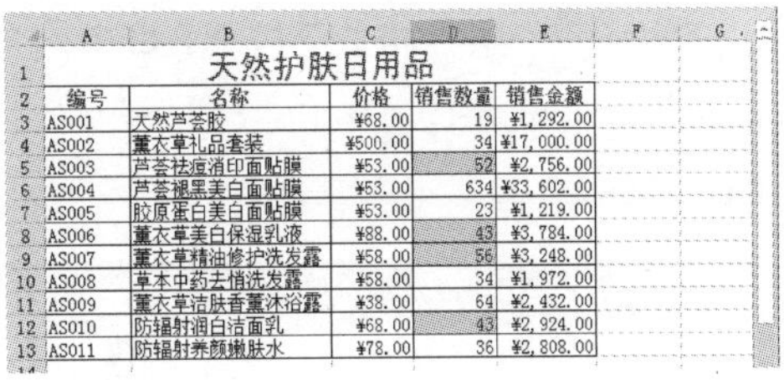

2. 使用“项目选取规则”

如果用户只需要将数据中满足条件的数据以某种规则显示出来，可以使用“项目选取规则”命令来显示值最大的 10 项、值最大的 10%项、值最小的 10 项、值最小的 10%项、高于平均值或低于平均值的数据。例如使用“项目选取规则”显示前 3 项，具体操作步骤如下。

Step01: ❶选择“销售金额”单元格区域，单击“样式”组中的“条件格式”按钮；❷指向“项目选取规则”命令；❸选择“前 10 项”命令，如下图所示。

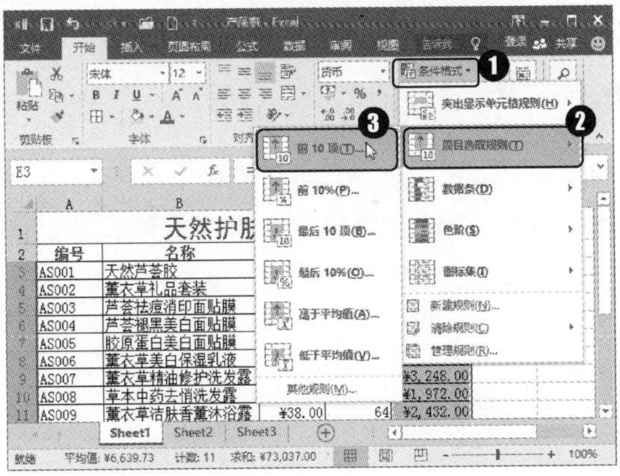

Step02: 打开“前 10 项”对话框，❶将前 10 项设置为“3”；❷单击“设置为”下拉按钮；❸选择下拉列表中的“红色文本”选项，如下图所示。

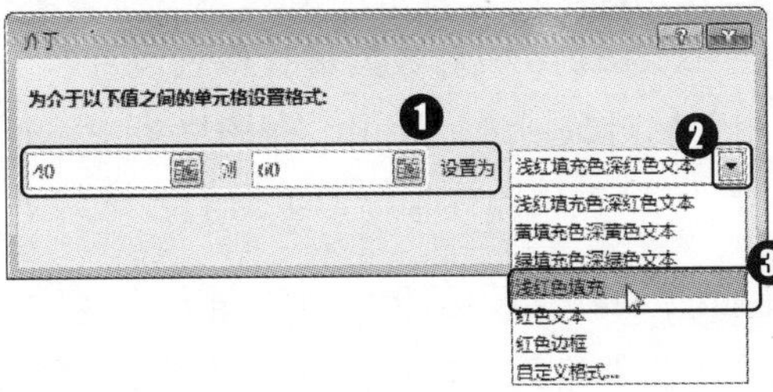

Step03: 设置完前 3 项的条件和格式后单击“确定”按钮，如下图所示。

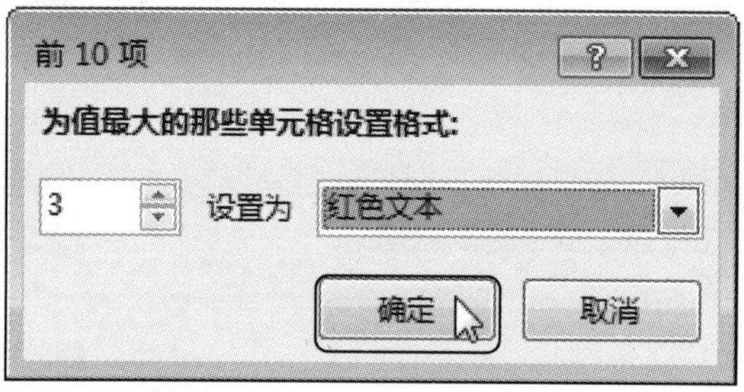

Step04: 经过以上操作，设置销售金额前 3 项为红色文本，效果如下图所示。

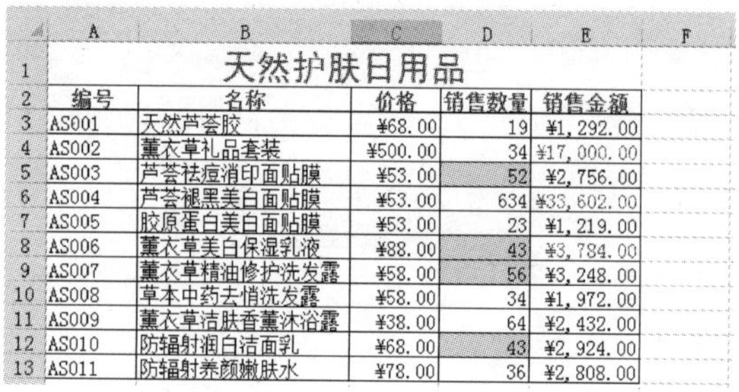

	A	B	C	D	E
1	天然护肤日用品				
2	编号	名称	价格	销售数量	销售金额
3	AS001	天然芦荟胶	¥68.00	19	¥1,292.00
4	AS002	薰衣草礼品套装	¥500.00	34	¥17,000.00
5	AS003	芦荟祛痘消印面贴膜	¥53.00	52	¥2,756.00
6	AS004	芦荟祛黑美白面贴膜	¥53.00	634	¥33,602.00
7	AS005	胶原蛋白美白面贴膜	¥53.00	23	¥1,219.00
8	AS006	薰衣草美白保湿乳液	¥88.00	43	¥3,784.00
9	AS007	薰衣草精油修护洗发露	¥58.00	56	¥3,248.00
10	AS008	草本中药去悄洗发露	¥58.00	34	¥1,972.00
11	AS009	薰衣草洁肤香薰沐浴露	¥38.00	64	¥2,432.00
12	AS010	防辐射润白洁面乳	¥68.00	43	¥2,924.00
13	AS011	防辐射养颜嫩肤水	¥78.00	36	¥2,808.00

3. 使用数据条设置条件格式

在表格中除了可以使用条件对满足的数据进行格式设置外，还可以使用数据条的方式查看数据，具体方法如下。

Step01: ❶选择“价格”单元格区域，单击“样式”组中的“条件格式”按钮；❷指向“数据条”命令；❸选择“紫色数据条”命令，如下图所示。

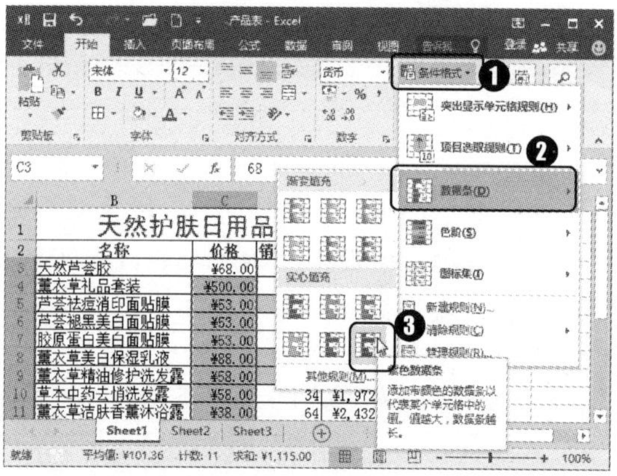

Step02: 经过上步操作，为“价格”单元格区域应用数据条，效果如下图所示。

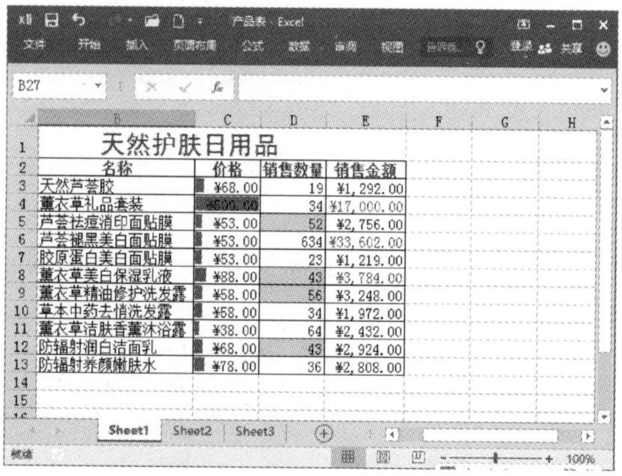

4. 使用图标集设置条件格式

在 Excel 2016 中对数据进行格式设置和美化时，为了表现出一组数据中的等级范围，还可以使用图标对数据进行标识。在图标集中，每个图标代表一个值的范围，也就是一个等级。在 Excel 2016 中使用图标集标识数据的方法如下。

Step01: ❶选择“销售数量”单元格区域，单击“条件格式”按钮；❷指向“图标集”命令；❸选择“方向-四色箭头”命令，如下图所示。

Step02: 经过上步操作，为销售数量添加图标集，效果如下图所示。

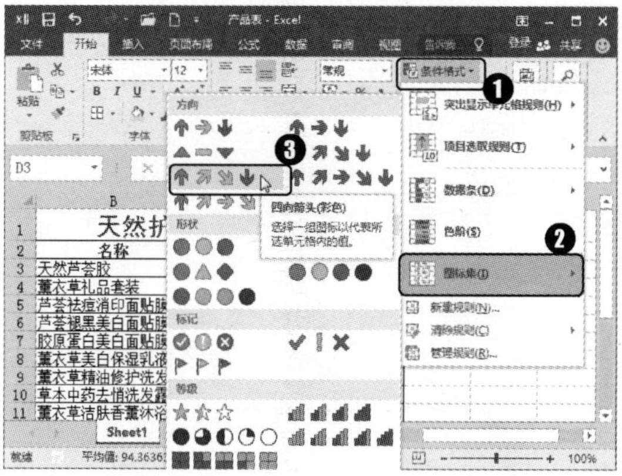

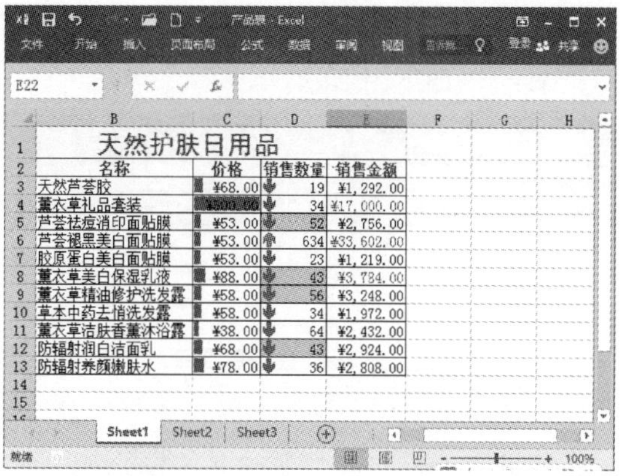

9.2.2　套用表样式

Excel 提供了许多预定义的表样式（或快速样式），使用这些样式可以快速套用表样式。如果预定义的表样式不能满足需要，可以创建并应用自定义的表样式。

光盘同步文件

视频文件：光盘\教学文件\第 9 章\9-2-2.mp4

1. 应用 Excel 内置的表样式

应用 Excel 预定义的表样式与应用单元格样式的方法相同，套用表样式可以快速地为数据表格添加自动筛选器，方便用户筛选表格中的数据。应用预定义表样式的方法与操作如下。

Step01: ❶选择 A2:E13 单元格区域；❷单击“样式”组中的“套用表格格式”按钮；❸选择“表样式中等深浅 5”样式，如下图所示。

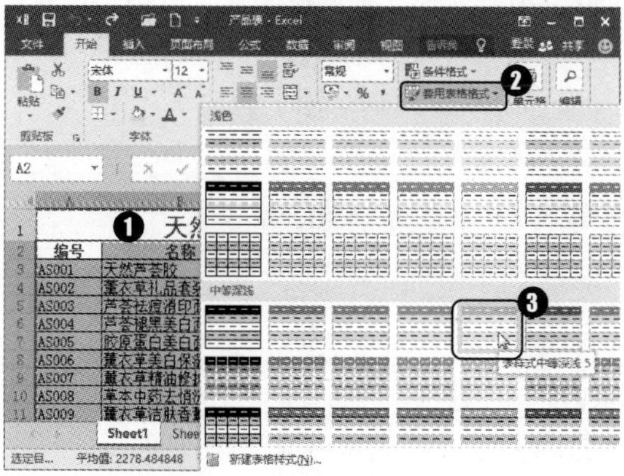

Step02: 打开“套用表格式”对话框，❶确认设置单元格区域并勾选“表包含标题”复选框；❷单击“确定”按钮，添加表样式效果如下图所示。

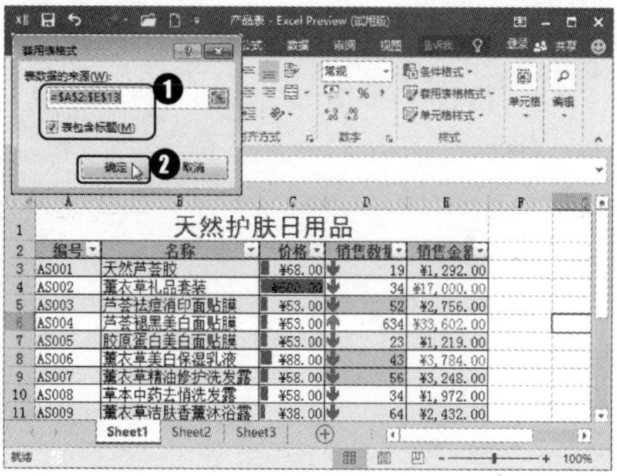

2. 自定义表样式

在 Excel 中，如果预定义的表样式不能满足需要，用户可以创建并应用自定义的表样式。自定义表样式的操作方法与步骤如下。

Step01: 单击“样式”组中的“套用表格格式”按钮，如下图所示。

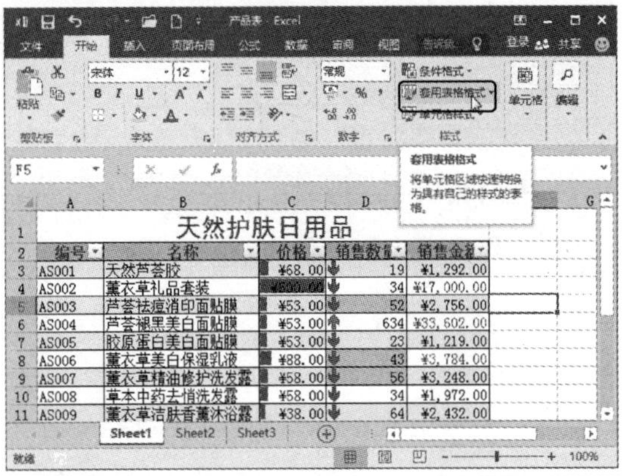

Step02: 选择下拉列表中的“新建表格样式”命令，如下图所示。

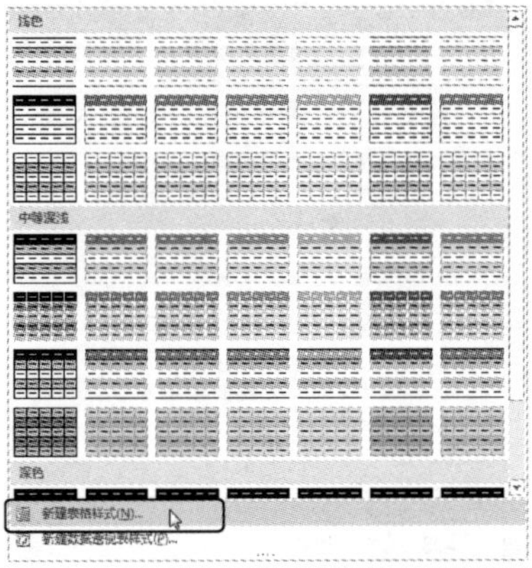

Step03: 打开“新建表样式”对话框，❶在“名称”文本框中输入表样式的名称；❷在“表元素”列表框中选择“整个表”选项；❸单击“格式”按钮，如下图所示。

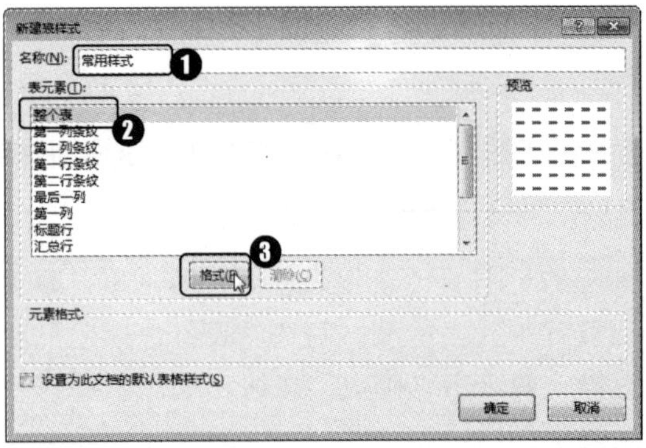

Step04: 打开“设置单元格格式”对话框，❶单击“边框”选项卡；❷在“样式”列表框中选择需要的外边框线型；❸单击“外边框”按钮，如下图所示。

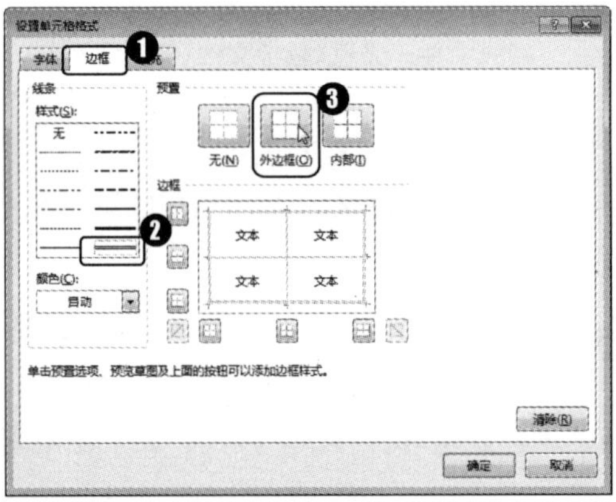

Step05: ❶在“样式”列表框中选择需要的内边框线型；❷在“颜色”下拉列表框中选择需要的颜色；❸单击“内部”按钮；❹单击“确定”按钮，如下图所示。

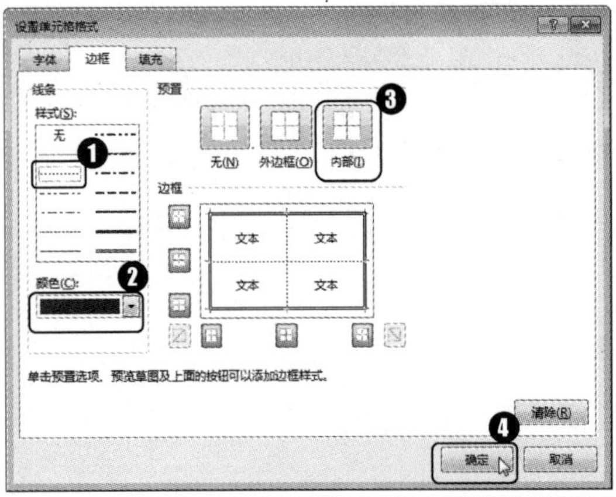

Step06: 返回“新建表样式”对话框，❶在“表元素”列表框中选择“标题行”选项；❷单击“格式”按钮，如下图所示。

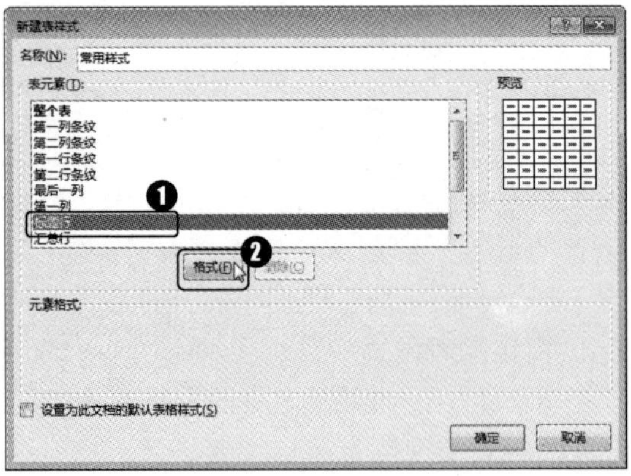

Step07: 打开“设置单元格格式”对话框，❶单击“填充”选项卡；❷在“背景色”中选择需要的底纹颜色；❸单击“确定”按钮，如下图所示。

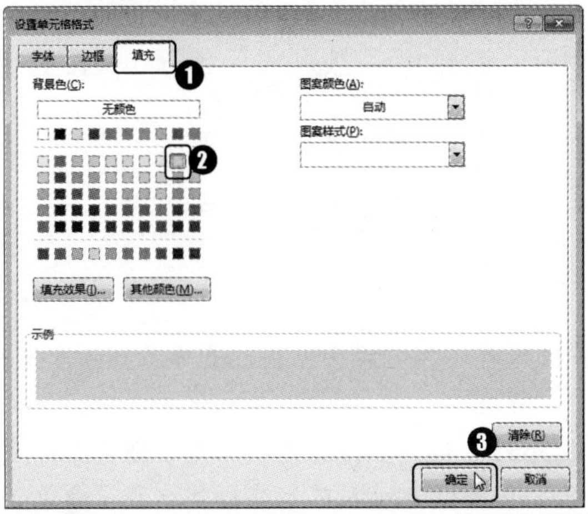

Step08: 返回“新建表样式”对话框，单击“确定”按钮，如下图所示。

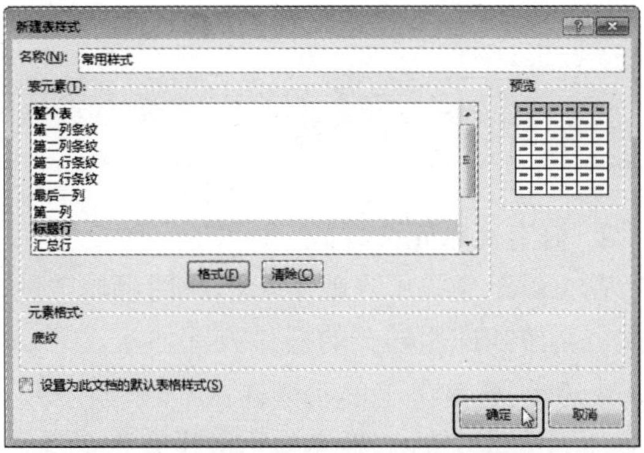

Step09: ❶选择 A2:E13 单元格区域；❷单击“样式”组中的“套用表格格式”按钮；❸单击应用自定义样式，如右图所示。

9.2.3　设置单元格样式

Excel 提供了一系列单元格样式，如字体和字号、数字格式、单元格边框和底纹，称其为内置单元格样式。除此之外，用户还可以根据需要自定义单元格样式，创建更具特色的表格。

> **光盘同步文件**
> **视频文件：光盘\教学文件\第 9 章\9-2-3.mp4**

1. 套用系统自带的单元格样式

Excel 为用户提供了单元格样式，用户可以直接将其应用到选定的单元格中，这样方便用户快捷地设置单元格的样式，从而起到美化工作表的目的，具体操作方法如下。

Step01: ❶选择 A1 单元格，单击“单元格样式”按钮；❷单击下拉列表中的“好”样式，如下图所示。

Step02: 经过上步操作，为 A1 单元格应用样式，效果如下图所示。

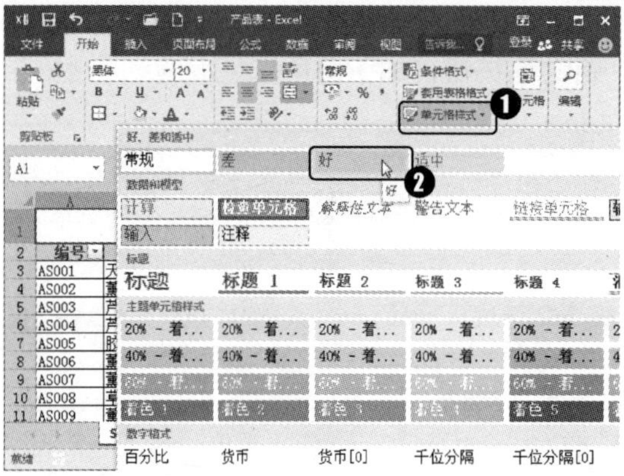

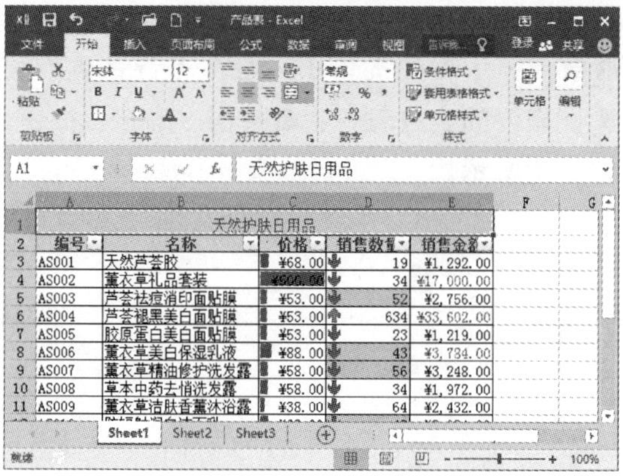

2. 自定义单元格样式

在 Excel 中，用户除了可以应用已修改的内置样式外，还可以根据自己的需求新建单元格样式。新建和应用样式的操作方法如下。

Step01: ❶单击“单元格样式”按钮；❷选择下拉列表中的“新建单元格样式”命令，如下图所示。

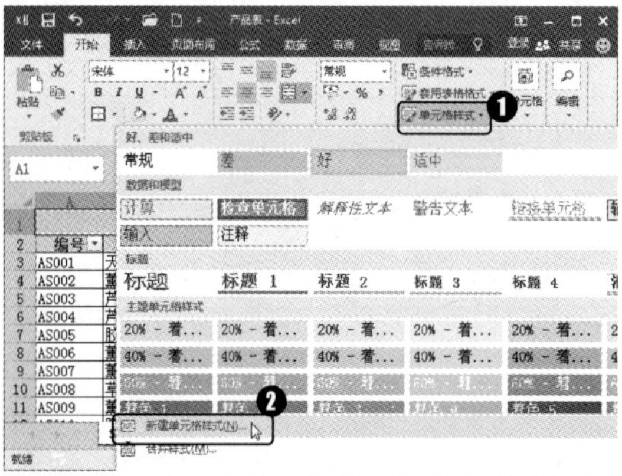

Step02: 打开“样式”对话框，❶在“样式名”文本框中输入单元格样式名称；❷单击“格式”按钮，如下图所示。

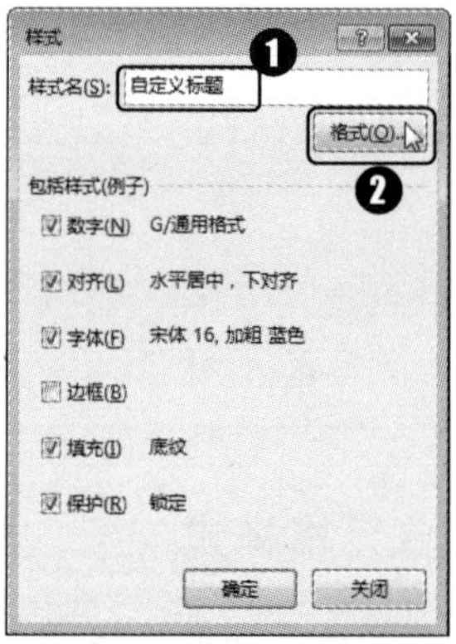

Step03: 打开“设置单元格格式”对话框，❶单击“字体”选项卡；❷设置字体、字形、字号和颜色等，如下图所示。

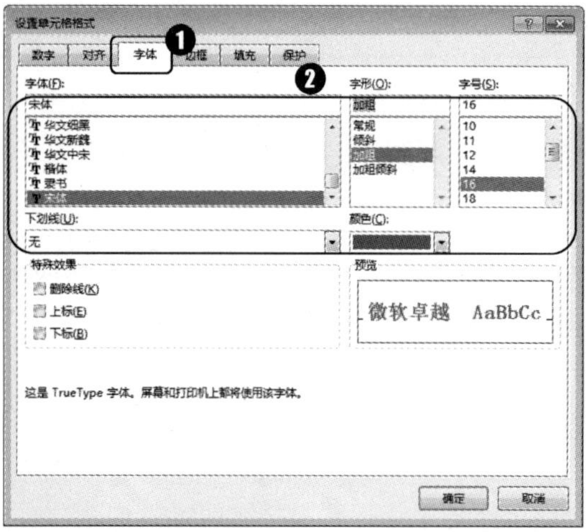

Step04: ❶单击“填充”选项卡；❷在“背景色”中选择需要的底纹颜色；❸单击“确定”按钮，如下图所示。

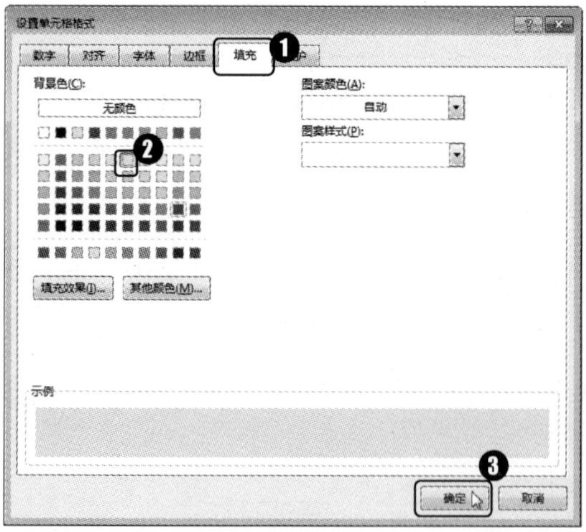

Step05: 返回“样式”对话框，单击“确定”按钮，如下图所示。

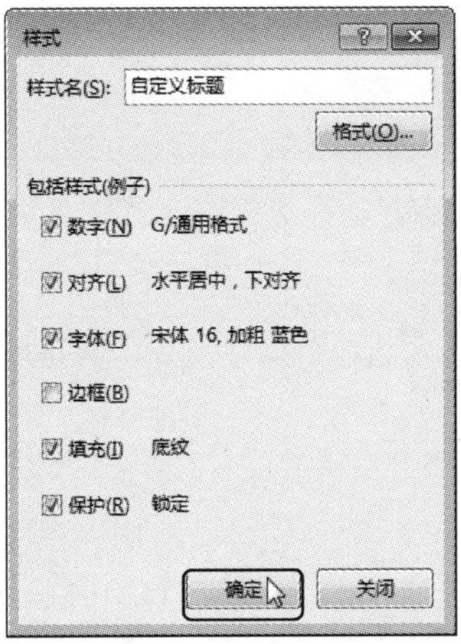

Step06: ❶选择 A1 单元格；❷单击“单元格样式”按钮；❸选择下拉列表中的“自定义”选项，如下图所示。

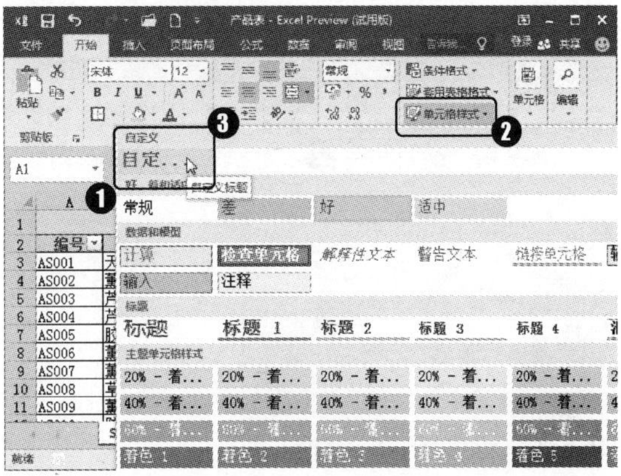

Step07: 经过以上操作，自定义并应用样式，效果如右图所示。

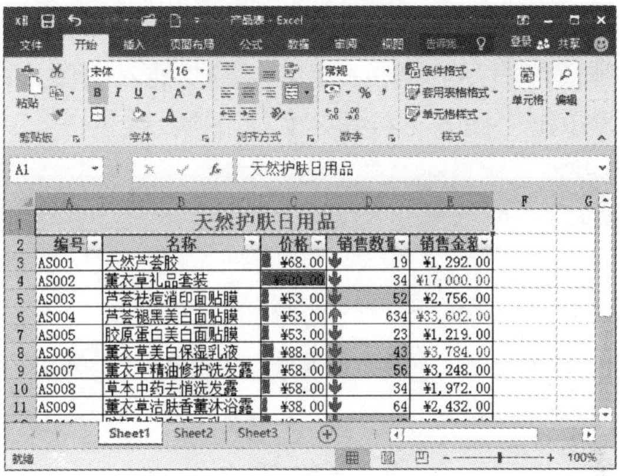

专家点拨——修改样式

如果需要修改内置样式的一小部分样式，可以在需要的样式上右击，在弹出的快捷菜单中选择“修改”命令，然后根据需要设置相关格式。

9.3 课堂讲解——设置工作表背景及主题

在工作表中除了可以设置单元格以及数据的格式外，为了让眼睛缓解疲劳，可以为工作表添加背景以及设置主题颜色。

9.3.1 设置工作表背景

工作表默认是白色背景，为了让表格更加美观，可以为工作表添加渐变颜色或背景图片。例如为工作表添加背景图片，具体操作方法如下。

光盘同步文件

视频文件：光盘\教学文件\第 9 章\9-3-1.mp4

Step01: 打开“光盘\素材文件\第 9 章\信息表.xlsx”，❶单击“页面布局”选项卡；❷单击“页面设置”组中的“背景”按钮，如下图所示。

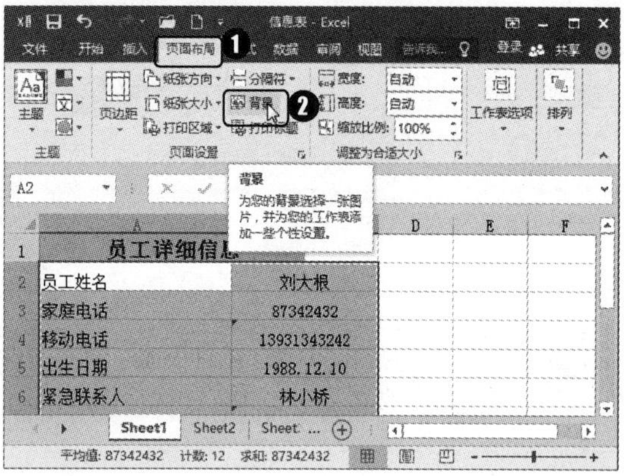

Step02: 打开“插入图片”对话框，单击“浏览”按钮，如下图所示。

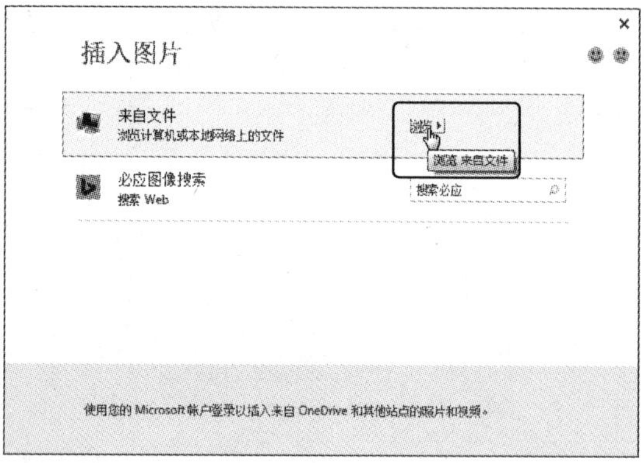

Step03: 打开“工作表背景”对话框，❶选择图片的存放路径；❷单击需要插入的图片；❸单击“插入”按钮，如下图所示。

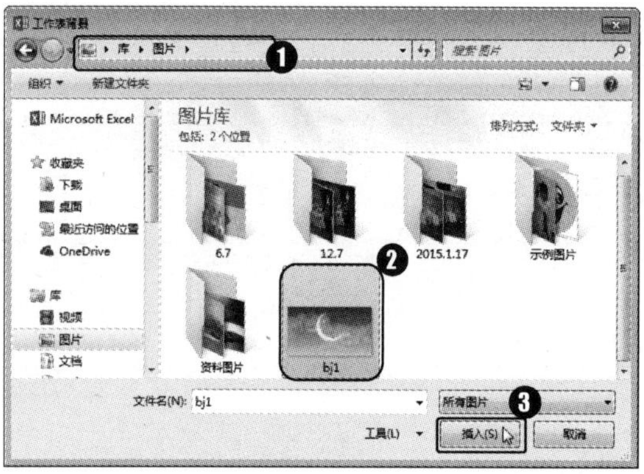

Step04: 经过以上操作，为工作表添加图片背景，效果如下图所示。

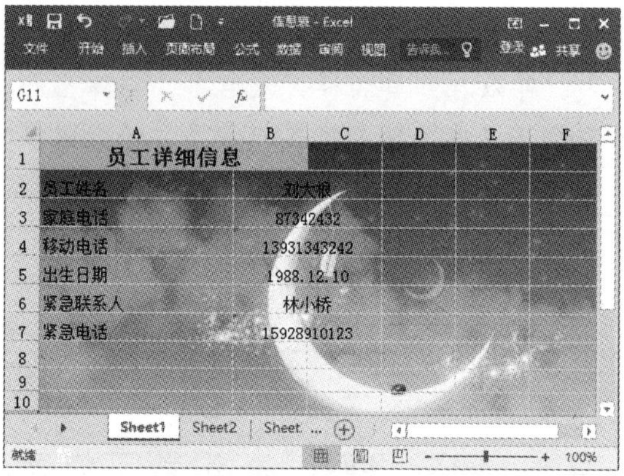

9.3.2 设置主题

Excel 2016 工作簿主题由颜色、字体及效果组成，使用主题可以实现对工作簿表格的美化，让表格更美观。下面介绍如何使用自定义的方式设置主题颜色，具体操作如下。

光盘同步文件

视频文件：光盘\教学文件\第 9 章\9-3-2.mp4

Step01: ❶单击“主题”组中的“主题颜色”按钮；❷选择“自定义颜色”命令，如下图所示。

Step02: 打开“新建主题颜色”对话框，❶设置主题颜色；❷单击“保存”按钮，如下图所示。

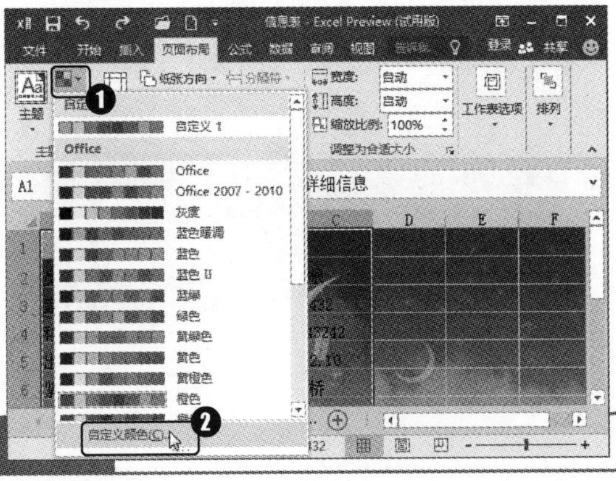

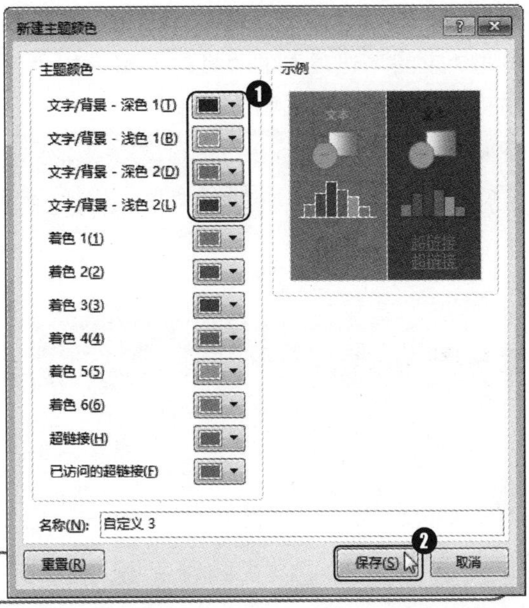

Step03: 经过以上操作，设置工作表的主题颜色，效果如右图所示。

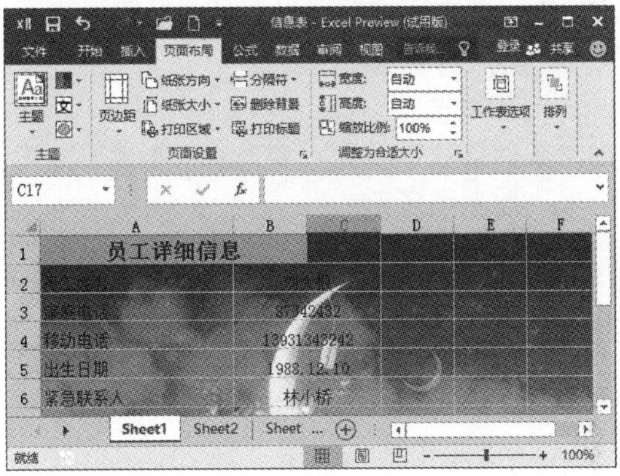

> **专家点拨——如何快速修改主题颜色**
>
> 在工作表中设置了主题颜色之后，如果效果不理想或者与背景色相近而看不清楚数据，可以在“开始”选项卡中重新设置文本颜色。

▷▷ 高手秘籍——实用操作技巧

相信通过对前面知识的学习，读者朋友已经掌握了如何设置单元格格式、应用样式以及为工作表设置背景等相关知识，下面结合本章内容介绍一些实用技巧。

> **光盘同步文件**
>
> **视频文件：光盘\教学文件\第 9 章\高手秘籍.mp4**

技巧 01　添加批注

在对工作表中的一些特殊数据进行强调说明时可以使用批注功能来实现，也可以让用户对修改内容进行注解，方便用户进行查找与修改。添加批注的具体操作如下。

Step01: ❶选择需要添加批注的单元格；❷单击“审阅”选项卡的“批注”组中的“新建批注”按钮，如下图所示。

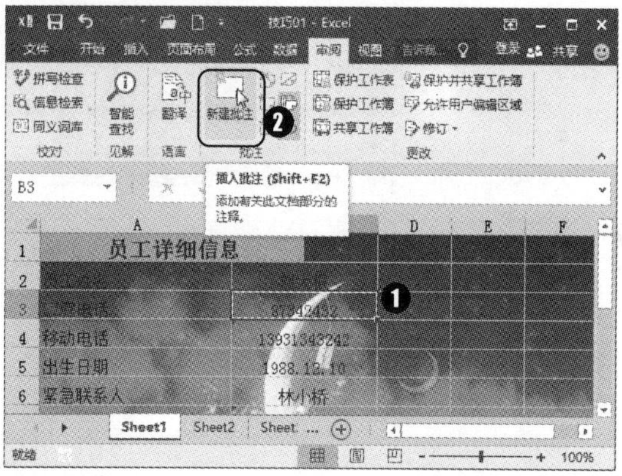

Step02: 在插入的批注框中输入批注信息，如下图所示。

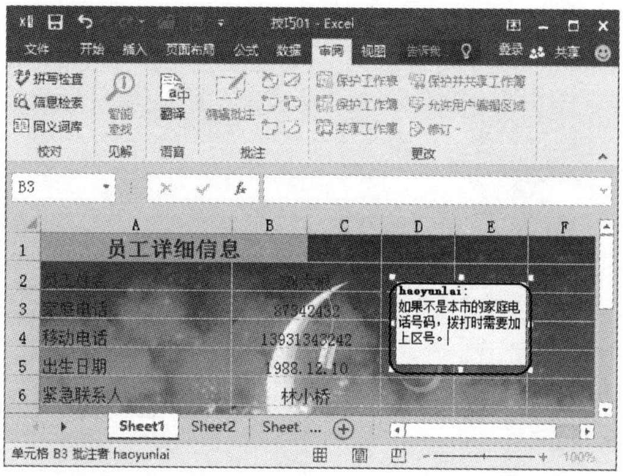

技巧 02 清除条件格式的管理规则

当工作表中不再需要以条件格式规则突出显示数据的关系时，可以将应用的条件格式规则删除。例如删除表格中图标集的格式，具体方法如下。

Step01: ❶选中设置条件格式的单元格，单击“条件格式”按钮；❷选择“管理规则”命令，如下图所示。

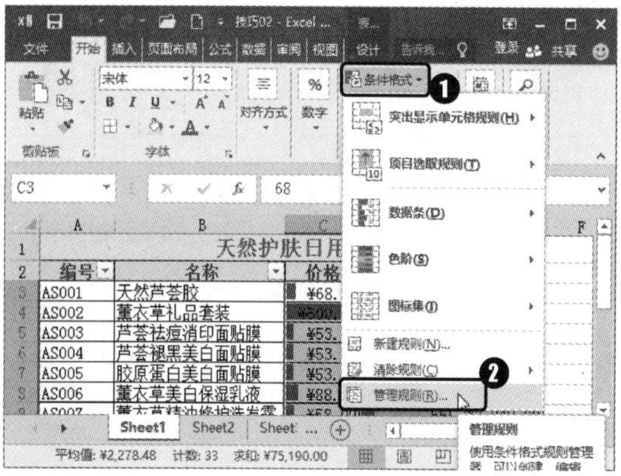

Step02: 打开“条件格式规则管理器”对话框，❶在“规则（按所示顺序应用）”列表框中选择图标集选项；❷单击“删除规则”按钮，如下图所示。

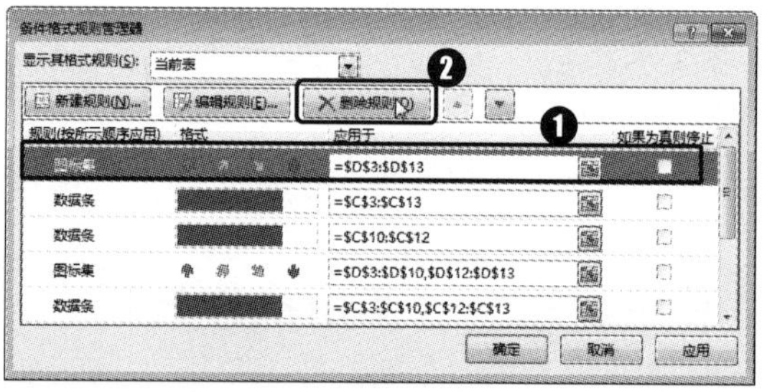

Step03: 重复操作第 2 步，将所有的图标集删除，然后单击“确定”按钮关闭对话框，如下图所示。

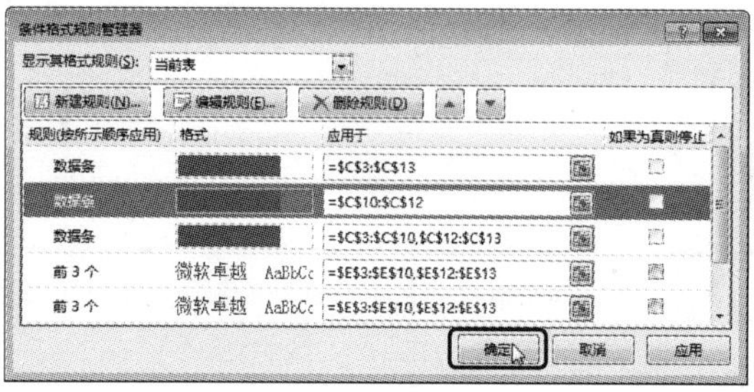

Step04: 经过以上操作，使用管理规则删除图标集样式，效果如下图所示。

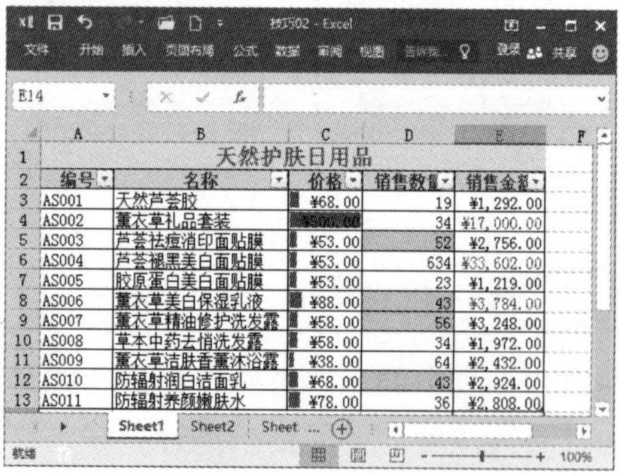

新手注意

使用管理规则的方法对单元格应用的条件格式进行删除不会影响其他样式，如果使用格式刷的功能，将会把应用复制到单元格样式，设置的条件格式全部被替换。

技巧 03　修改单元格样式

在内置的单元格样式中，如果对样式默认的效果不满意，可以使用修改样式的功能重新定义单元格样式，具体操作如下。

Step01: ❶单击“单元格样式”按钮；❷右击“好”样式；❸选择快捷菜单中的“修改”命令，如下图所示。

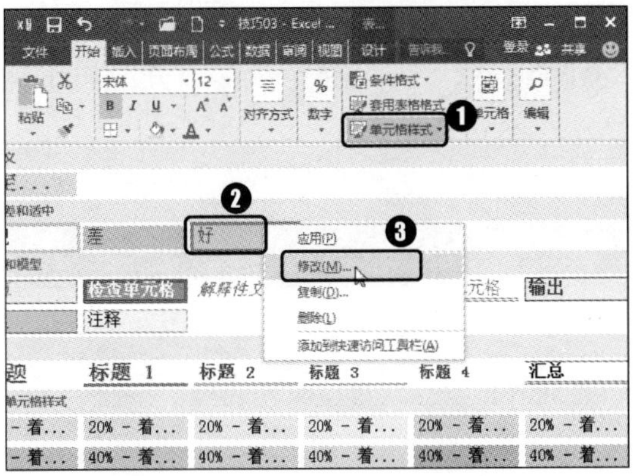

Step02: 打开“样式”对话框，单击“格式”按钮，如下图所示。

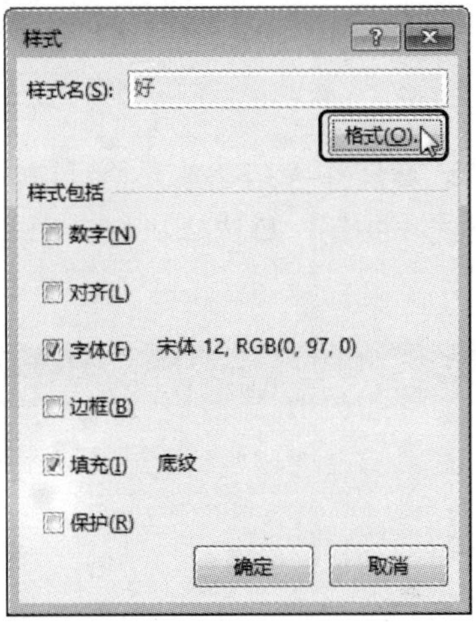

Step03: 打开“设置单元格格式”对话框，❶单击“填充”选项卡；❷单击“填充效果”按钮，如下图所示。

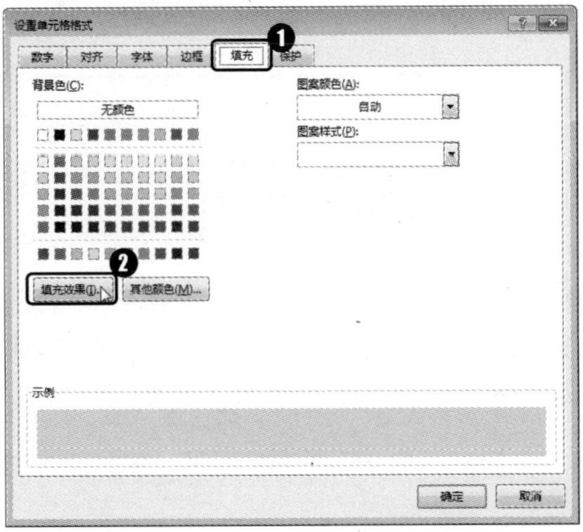

Step04: 打开“填充效果”对话框，❶在“颜色”选项组中选择渐变颜色；❷单击“确定”按钮，如下图所示。

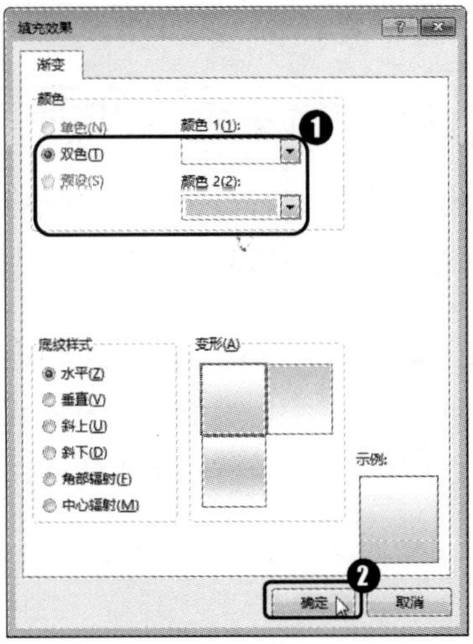

Step05: 返回“设置单元格格式”对话框，单击“确定”按钮，如下图所示。

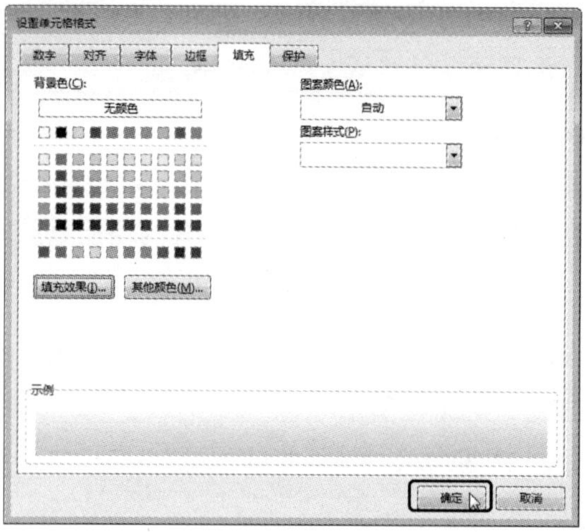

Step06: 返回“样式”对话框，单击“确定”按钮，如下图所示。

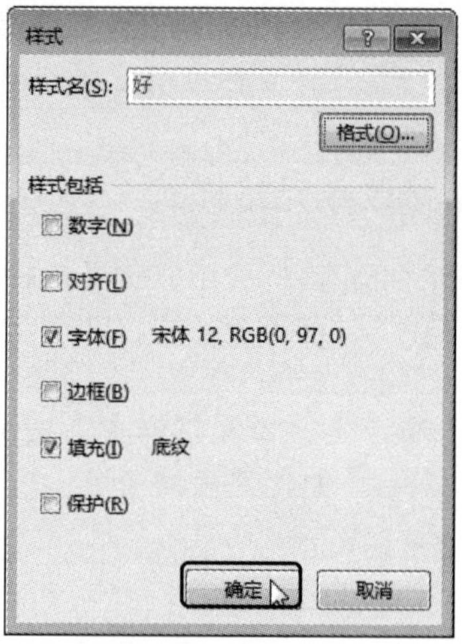

Step07: ❶选择 A2:E2 单元格区域，单击“单元格样式”按钮；❷选择“好”样式，如下图所示。

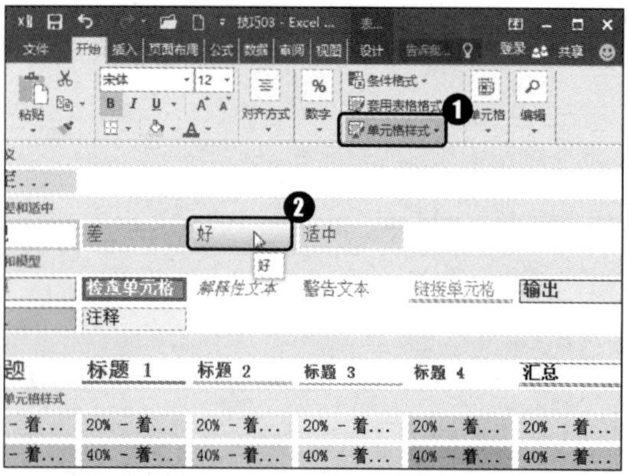

Step08: 经过以上操作，修改并应用了样式，效果如下图所示。

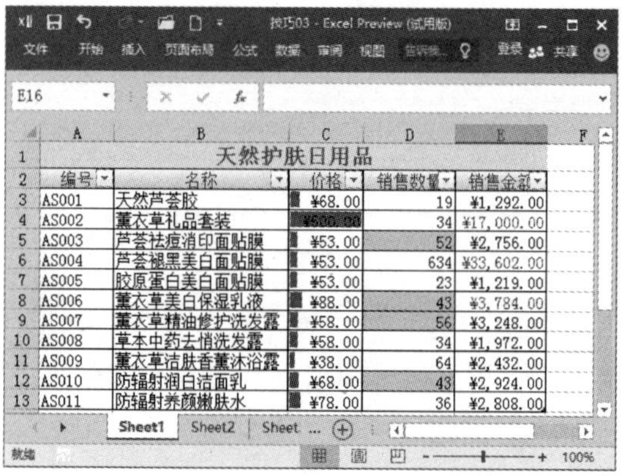

技巧 04 设置工作表的打印区域

当整张工作表的数据较多时，若只需要打印某一部分内容作为参考资料，可以设置只打印工作表的指定区域，具体操作如下。

Step01: ❶选择 A1:H20 单元格区域；❷单击“页面布局”选项卡；❸单击“页面设置”组中的“打印区域”按钮；❹选择“设置打印区域”命令，如下图所示。

Step02: 设置好打印区域后，在第 20 行的行线上和 H 列的列线上会显示灰色线，效果如下图所示。

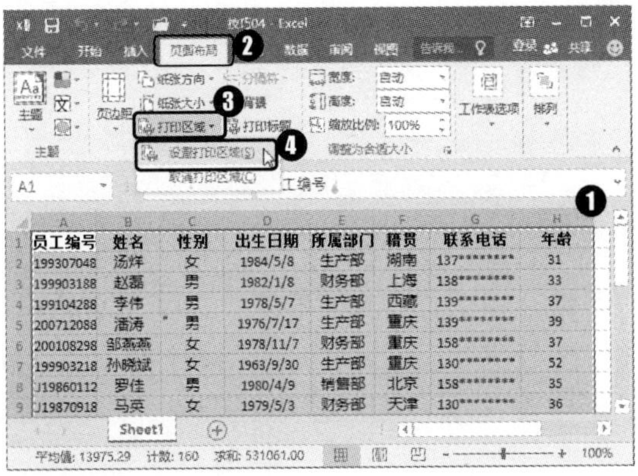

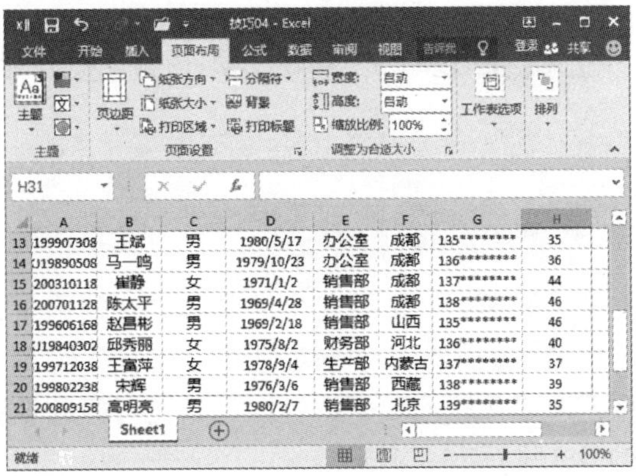

技巧 05　打印工作表

在 Excel 2016 中，改变打印质量或者以草稿的方式打印工作表，这样可以加快工作表的打印速度，具体操作如下。

Step01: ❶单击“页面布局”选项卡；❷单击“页面设置”组中的对话框启动器按钮，如下图所示。

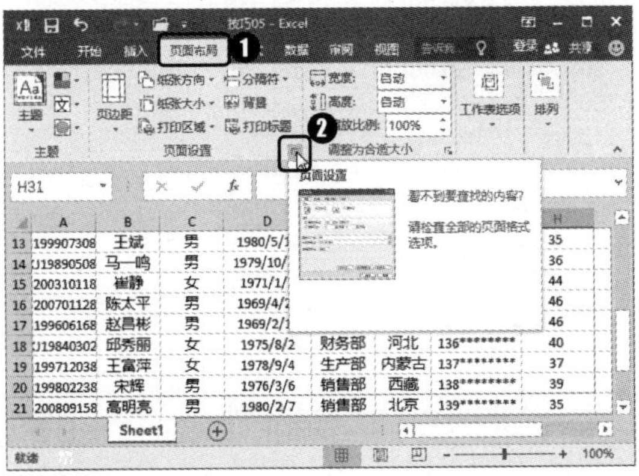

Step02: 打开“页面设置”对话框，❶单击“工作表”选项卡；❷在“打印”组中勾选“草稿品质”复选框；❸单击“打印”按钮，如下图所示。

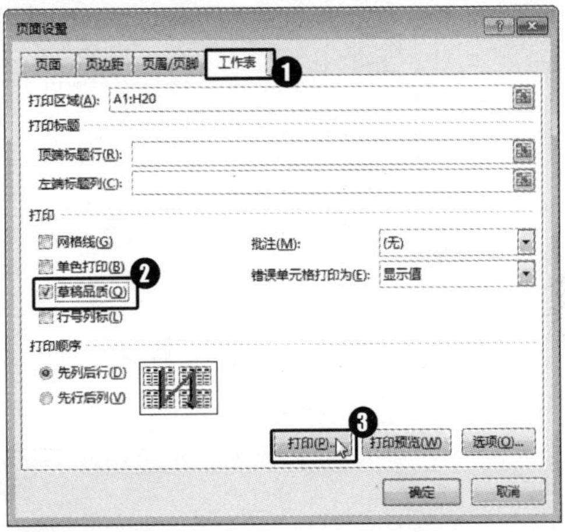

Step03: 跳转至文件面板的“打印”界面，若不需要设置其他打印选项，直接单击“打印”按钮即可将文件打印出来，效果如右图所示。

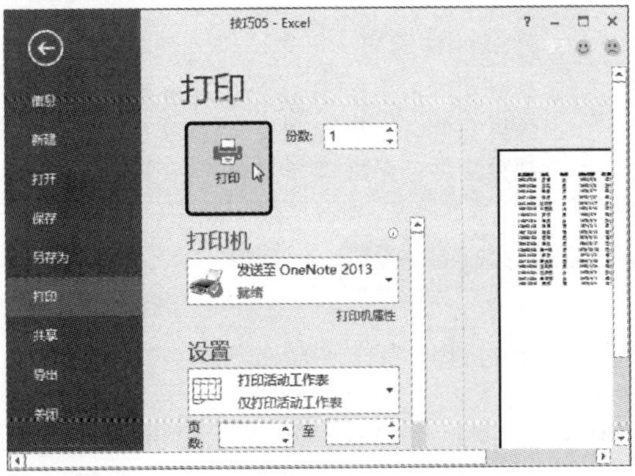

专家点拨——缩放打印比例

默认情况下，在打印工作表时会按照 100%的比例进行打印，如果要对工作表进行缩放打印，则可以打开“页面设置”对话框，在“页面”选项卡中“缩放”下方的“缩放比例”右侧的列表中设置缩放比例。

▷▷ 上机实战——制作商品配送清单

≫ 上机介绍

商品配送清单主要包含商品单价、预购量、实购量、预购总价和实购总价，制作商品配送清单就是对整张表格的内容使用“字体”组对字体、字号进行设置，然后使用条件格式、单元格样式对单元格的数据进行标记以及对标题设置填充样式。为了突出显示商品单元格，利用填充的方式进行底纹填充。

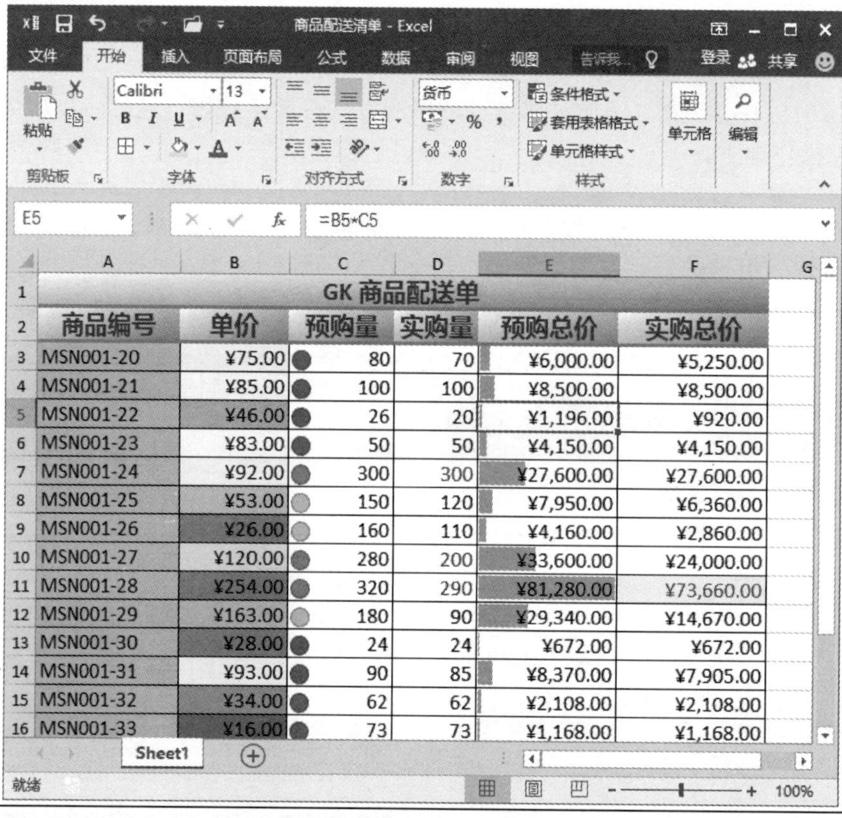

光盘同步文件

素材文件：光盘\素材文件\第 9 章\商品配送清表.xlsx
结果文件：光盘\结果文件\第 9 章\商品配送清表.xlsx
视频文件：光盘\教学文件\第 9 章\上机实战.mp4

≫ 步骤详解

本实例的具体制作步骤如下。

Step01: ❶选择 A1 单元格，单击“字体”右侧的下拉按钮；❷在下拉列表中选择“黑体”，如下图所示。

Step02: ❶选择 A1 单元格；❷在“字号”文本框中输入字号大小，例如“20”，如下图所示。

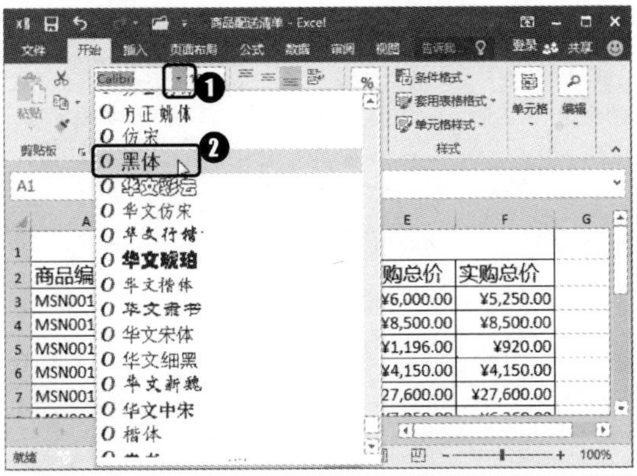

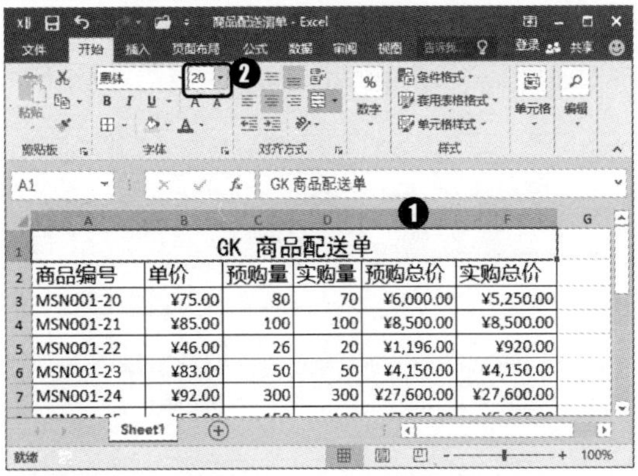

Step03: ❶选择 A2:F2 单元格区域，单击“字体”右侧的下拉按钮；❷在下拉列表中选择“宋体”，如下图所示。

Step04: ❶选择 A2:F2 单元格区域；❷单击“字体”组中的“加粗”按钮，如下图所示。

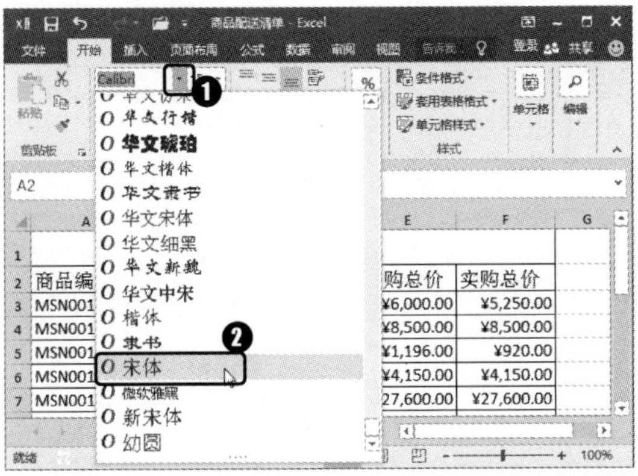

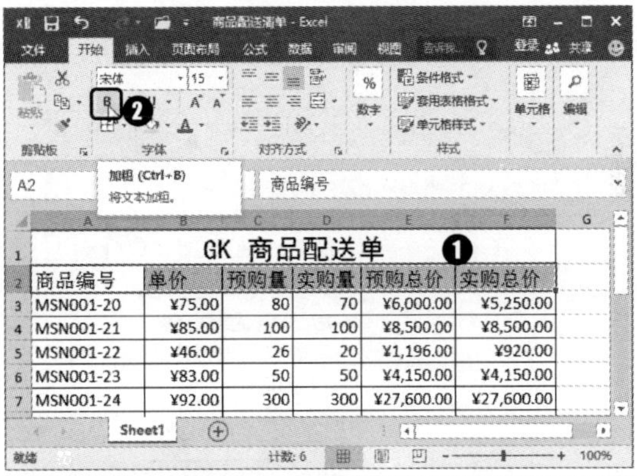

Step05: ❶选择 A2:F2 单元格区域；❷单击“对齐方式”组中的“居中”按钮，如下图所示。

Step06: ❶选择“实购量”单元格区域，单击“样式”组中的“条件格式”按钮；❷指向“突出显示单元格规则”命令；❸选择“介于”命令，效果如下图所示。

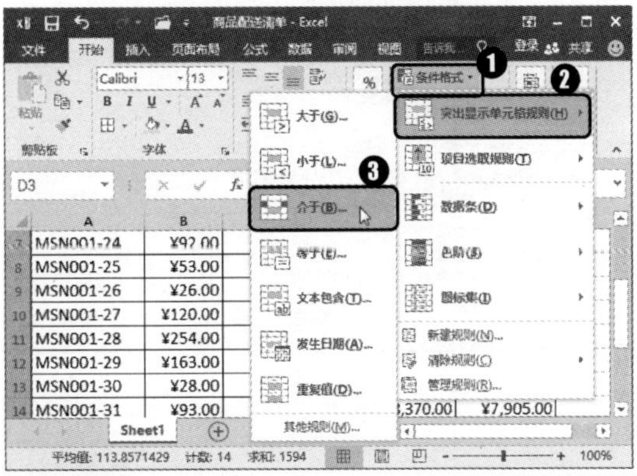

Step07: 打开“介于”对话框，❶设置介于的条件；❷单击“设置为”右侧的下拉按钮；❸选择“红色文本”选项，如下图所示。

Step08: ❶选择“实购总价”单元格区域，单击“样式”组中的“条件格式”按钮；❷指向“项目选取规则”命令；❸选择“前 10%”命令，如下图所示。

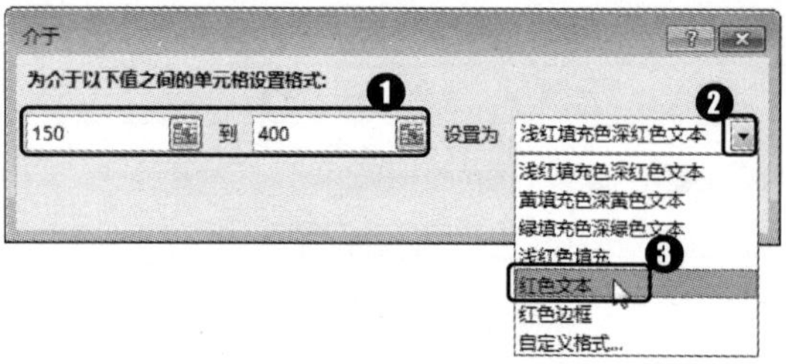

Step09: 打开“前 10%”对话框，❶在“为值最大的那些单元格设置格式”数值框中设置为“5%”；❷单击“设置为”下拉按钮；❸选择“自定义格式”选项，如下图所示。

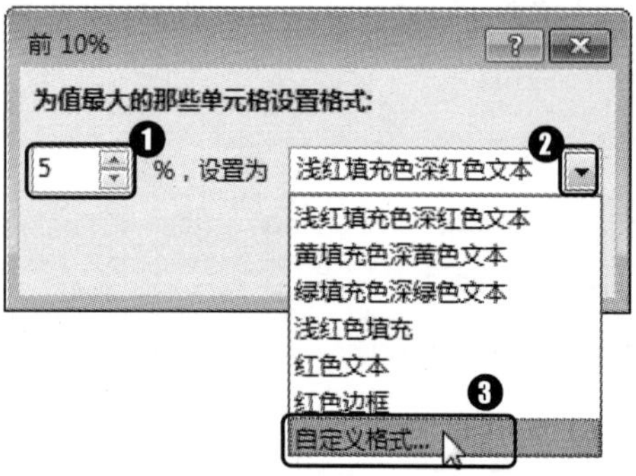

Step11: ❶单击“填充”选项卡；❷在“背景色”中选择需要的颜色；❸单击“确定”按钮，如下图所示。

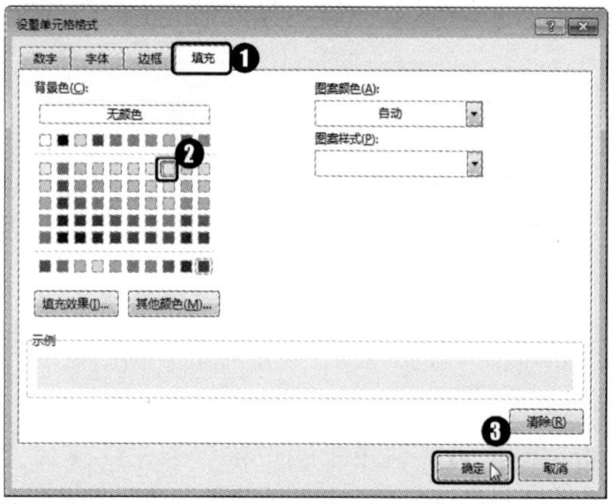

Step13: ❶选择“预购总价”单元格区域，单击“样式”组中的“条件格式”按钮；❷指向“数据条”命令；❸选择“绿色数据条”

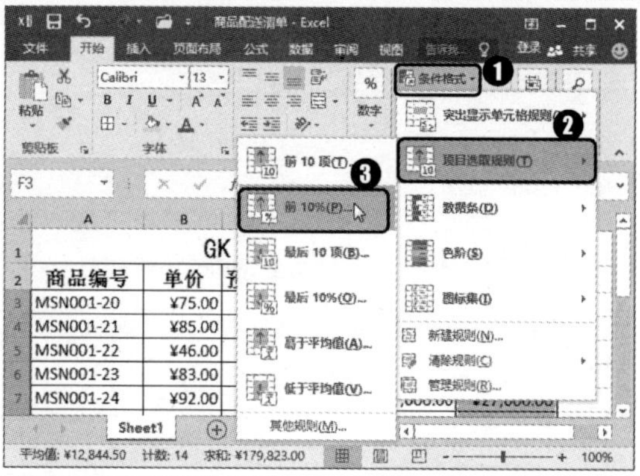

Step10: 打开“设置单元格格式”对话框，❶单击颜色下拉按钮；❷在颜色面板中选择需要的颜色，如下图所示。

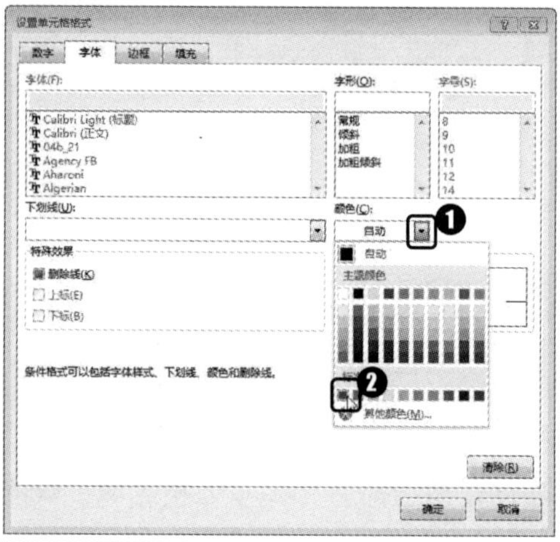

Step12: 返回“前 10%”对话框，单击“确定”按钮，如下图所示。

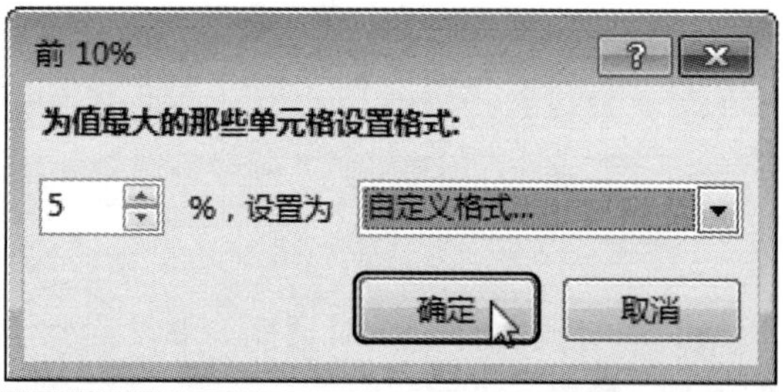

Step14: ❶选择“单价”单元格区域，单击“样式”组中的“条件格式”按钮；❷指向“色阶”命令；❸选择“红-白-蓝色阶”选项，如

选项，如下图所示。

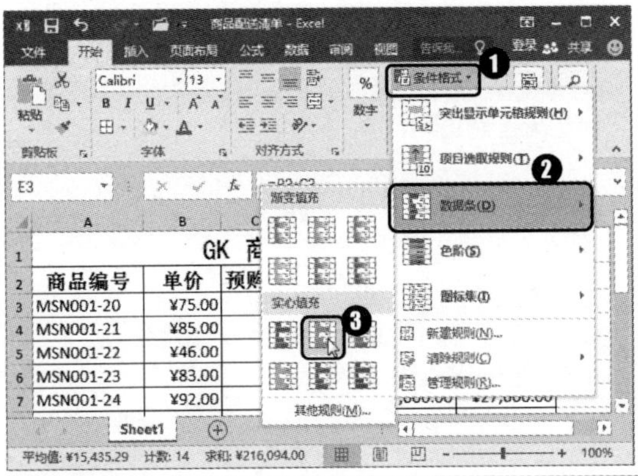

Step15: ❶选择“预购量”单元格区域，单击“样式”组中的“条件格式”按钮；❷指向“图标集”命令；❸选择“三色交通灯”选项，如下图所示。

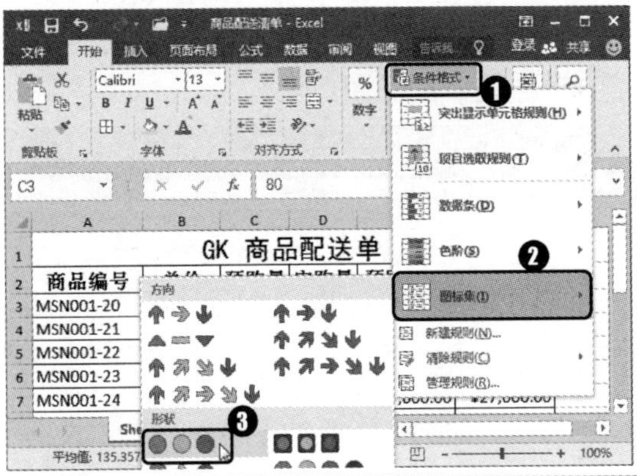

Step17: 打开“样式”对话框，单击“格式”按钮，如下图所示。

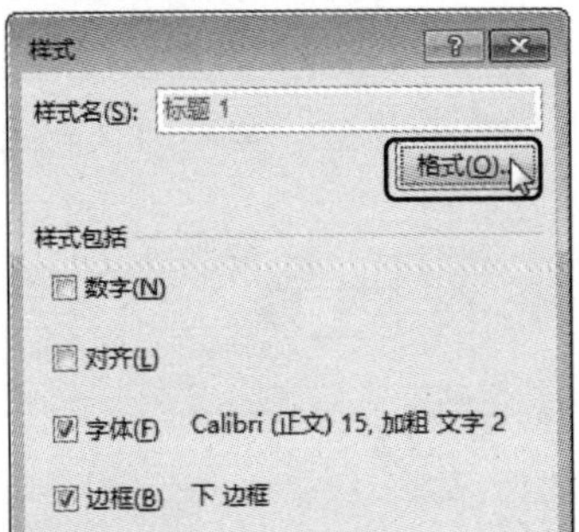

Step19: 打开“填充效果”对话框，❶选择渐

下图所示。

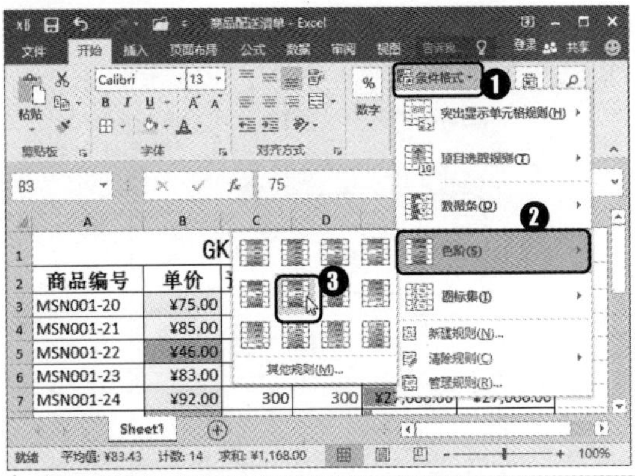

Step16: ❶单击“单元格样式”按钮；❷右击“标题 1”样式；❸选择快捷菜单中的“修改”命令，如下图所示。

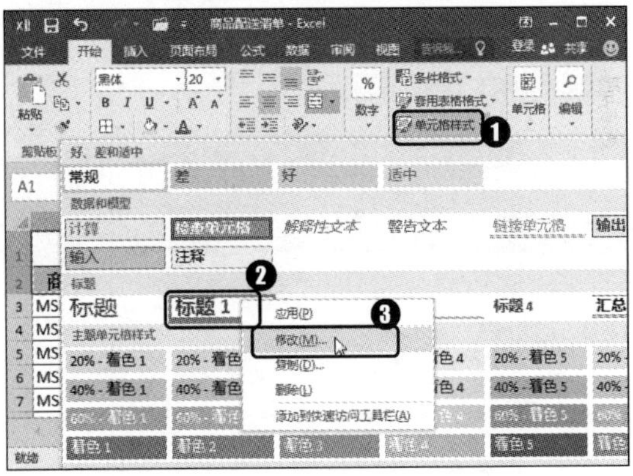

Step18: 打开“设置单元格格式”对话框，❶单击“填充”选项卡；❷单击“填充效果”按钮，如下图所示。

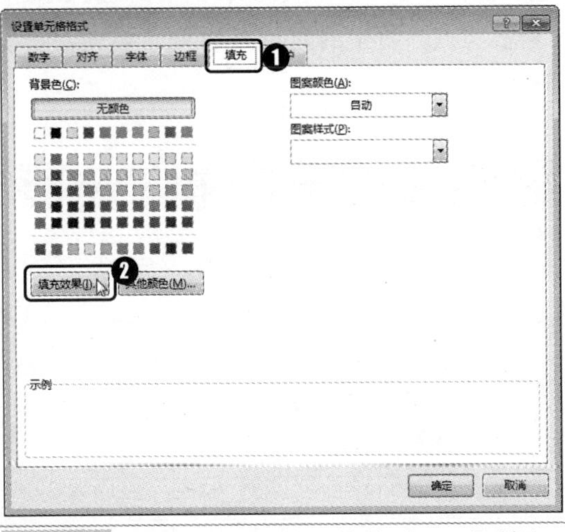

Step20: 返回“设置单元格格式”对话框，

变颜色；❷在“底纹样式”选项组中选中“斜上”单选按钮；❸单击“确定”命令，如下图所示。

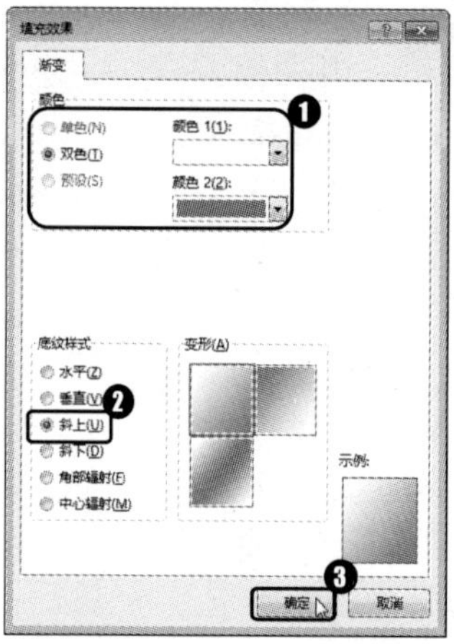

单击“确定”按钮，如下图所示。

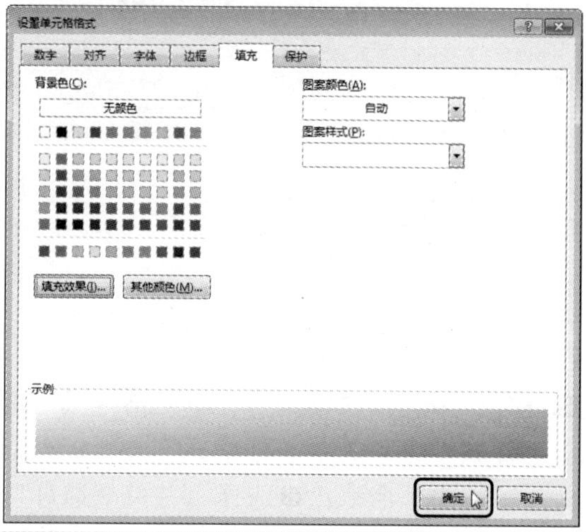

Step21: 返回“样式”对话框，单击“确定”按钮，如下图所示。

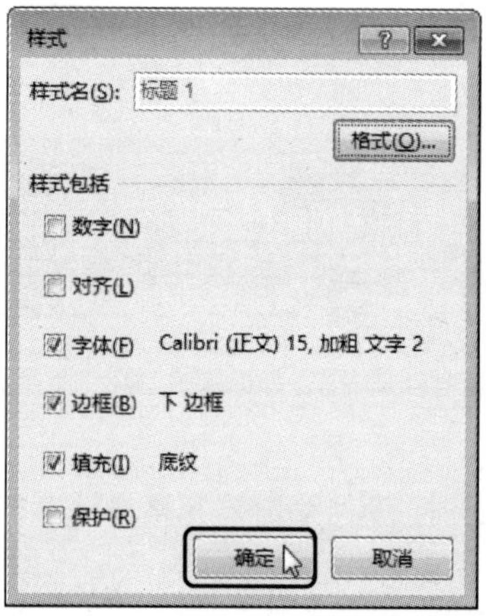

Step22: ❶选择 A1:F2 单元格区域，单击“单元格样式”按钮；❷在下拉列表中选择“标题 1”样式，如下图所示。

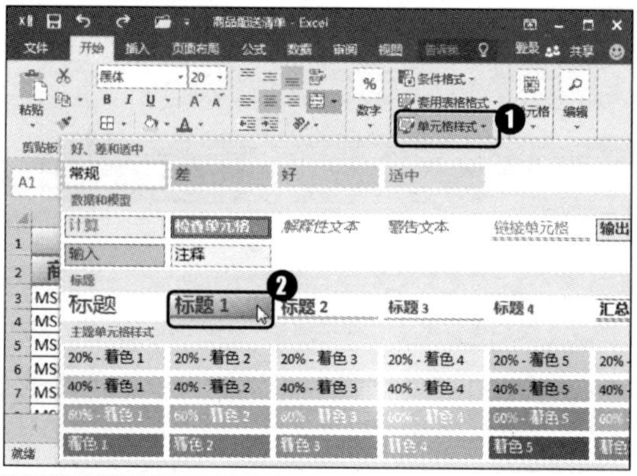

Step23: ❶选中 A3:A16 单元格区域；❷单击“对齐方式”组中的对话框启动器按钮，如下图所示。

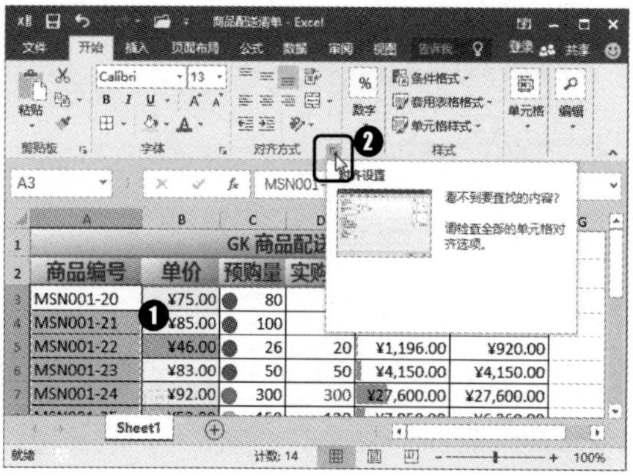

Step24: 打开“设置单元格格式”对话框，❶单击“填充”选项卡；❷在“背景色”中选择需要的底纹颜色；❸单击“确定”按钮，如下图所示。

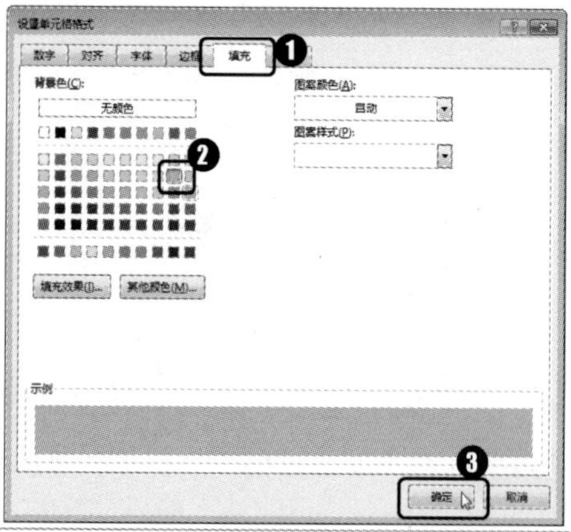

▷▷ 本章小结

希望通过对本章内容的学习，读者朋友能根据自己的需要使用突出的颜色对数据进行标记，或者使用突出的底纹让信息更加醒目。对于提示信息，可以使用颜色或单元格格式将内容标记出来，让表格一目了然。

第 10 章　Excel 2016 使用公式和函数进行数据计算

本章导读

在使用 Excel 计算数据之前，首先要学会公式的使用，无论是使用函数还是直接输入等式都离不开公式。使用函数计算数据可以简化计算公式，但是使用函数计算数据需要先了解函数的基础知识以及如何使用函数。本章主要介绍公式与函数的相关知识。

知识要点

- 公式的基础知识
- 单元格地址的引用方法
- 名称的使用方法
- 函数的基础知识
- 常用函数的使用
- 公式审核的方法

效果展示

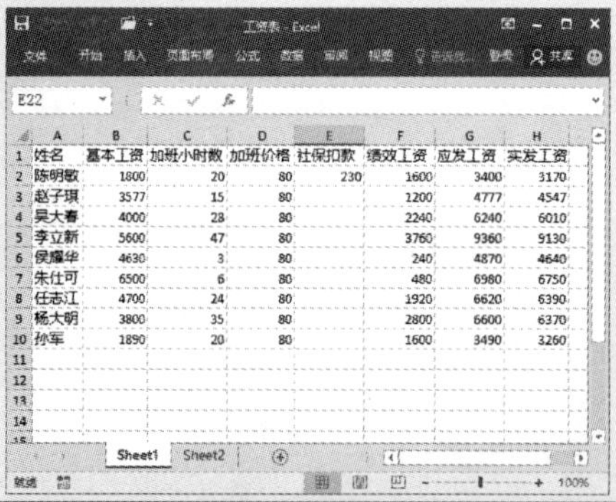

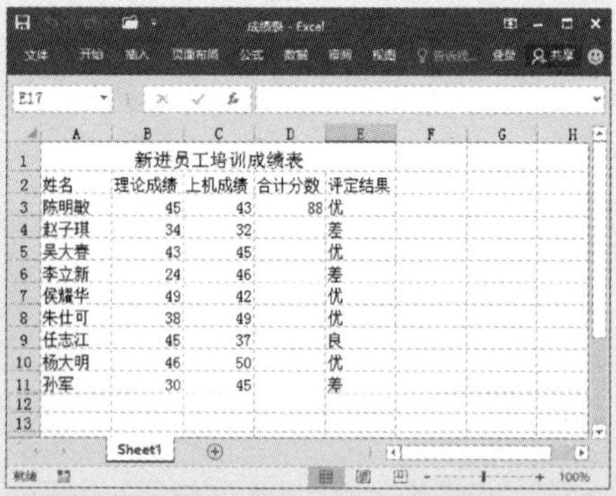

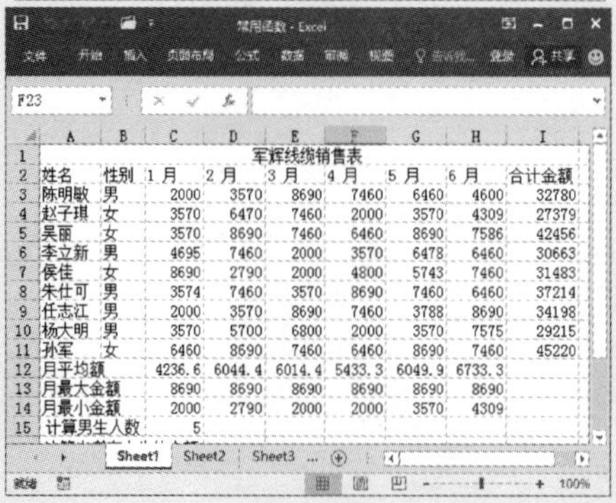

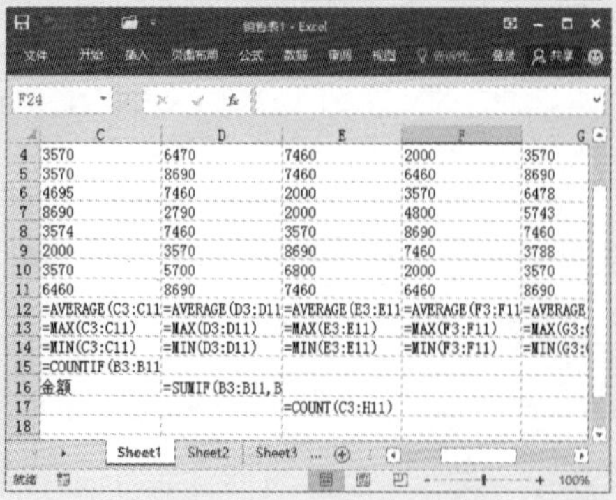

10.1　课堂讲解——公式的基础知识

公式是对工作表中的数值执行计算的等式，它是以“=”开头的计算表达式，包含数值、变量、单元格引用、函数和运算符等。下面介绍公式的组成、运算符的种类和优先级、自定义公式和复制公式的相关知识。

10.1.1　了解公式的组成

Excel 中的公式是对工作表中的数据进行计算和操作的等式。公式由“=”符号和表达式两部分组成，例如“＝A1+B1”。

光盘同步文件

视频文件：光盘\教学文件\第 10 章\10-1-1.mp4

为了让用户对公式的组成有深入的理解，这里将以“销售表”中计算合计的公式为例介绍多种方式组成的公式结构，具体操作方法如下。

Step01: 打开“光盘\素材文件\第 10 章\销售表.xlsx”，❶选择 H3 单元格；❷单击“公式”选项卡的“公式审核”组中的“显示公式”按钮，如下图所示。

Step02: 在 H3:H6 单元格区域中显示单元格由下表所列公式组成，如下图所示。

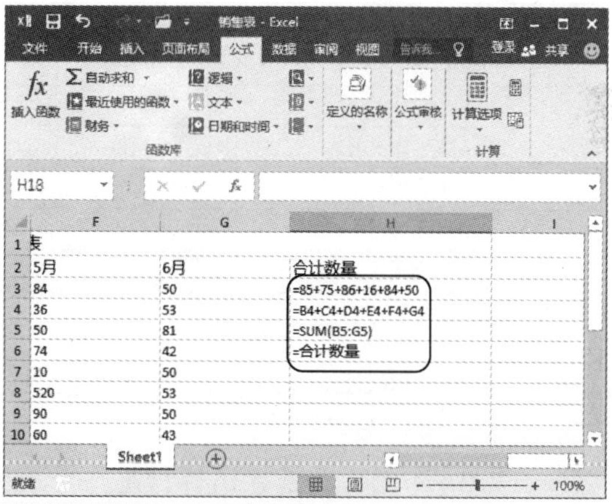

公　式	说　明
=85+75+86+16+84+50	包含常量运算的公式
=B4+C4+D4+E4+F4+G4	包含单元格引用的公式
=SUM(B5:G5)	包含函数的公式
=合计数量	包含名称的公式

10.1.2 认识公式中的运算符

Excel 中计算用的运算符分为 4 种不同类型，即算术运算符、比较运算符、文本连接运算符和引用运算符。

1. 算术运算符

使用算术运算符可以完成基本的数学运算（如加法运算、减法运算、乘法运算和除法运算）、合并数字以及生成数值结果等。在 Excel 2016 中可以使用的算术运算符见下表。

运算符名称	含 义	示 例
+（加号）	加法	10+12
-（减号）	减法	15-6
-（减号）	负数	-8
*（星号）	乘法	15*6
/（正斜线）	除法	12/3
%（百分号）	百分比	23%
^（脱字号）	乘方	4^3

例如在 E3 单元格中输入公式“=(A3+B3)*5%+C3-D3”，意思是先将 A3 单元格与 B3 单元格进行相加，其结果乘以 5%，然后依次加上 C3 单元格的值，减去 D3 单元格的值，计算结果存放在 E3 单元格中。

2. 比较运算符

使用比较运算符可以比较两个值。当用比较运算符比较两个值时，比较的结果为逻辑值 TRUE（真）或 FALSE（假）。Excel 2016 中的比较运算符及其含义见下表。

运算符名称	含 义	示 例
=（等号）	等于	A1=B1
>（大于号）	大于	A1>B1
<（小于号）	小于	A1<B1
>=（大于等于号）	大于等于	A1>=B1
<=（小于等于号）	小于等于	A1<=B1
<>（不等号）	不等于	A1< >B1
=（等号）	等于	A1=B1

例如在单元格 A3 中输入公式“=A2>5”，如果 A2 单元格中的内容大于 5，那么 A3 单元格返回逻辑判断值 TRUE，否则 A3 单元格返回逻辑判断值 FALSE。

3. 文本连接运算符

Excel 2016 中的文本连接运算符是与号（&），用它来连接一个或多个文本字符串，将这些文本字符串生成一段文本。Excel 2016 中的文本连接运算符及其含义见下表。

运算符名称	含 义	示 例
&（与号）	将两个文本值连接或串起来产生一个连续的文本值	“四川”&“成都”

例如在单元格 C2 中输入公式“=A2&B2”，表示将 A2 单元格和 B2 单元格的文本进行连接，并将结果存放在 C2 单元格中。

4. 引用运算符

使用引用运算符可以对单元格区域进行合并计算。Excel 2016 中的引用运算符及其含义见下表。

运算符名称	含 义	示 例
:（冒号）	区域运算符，引用所指定两个单元格之间的所有单元格	A:A5，表示引用 A1～A5 共 5 个单元格
,（逗号）	联合运算符，引用所指定的多个单元格	SUM(A1,A5)，表示对 A1 和 A5 两个单元格求和
（空格）	交叉运算符，引用同时属于两个引用的区域	B2:D7 C2:C9，表示引用 B2～D7 和 C2～C9 这两个区域共同的区域（C2:C9）

例如在单元格 F2 中输入公式“=SUM(A2:E2)”，表示将 A2～E2 的 5 个单元格数值进行求和，并将求和结果放在 F2 单元格中；在 F2 中输入公式“=SUM(A2,D2)”，表示将 A2 和 D2 两个单元格中的数值进行求和，并将求和结果放在 E2 单元格中；在 F2 中输入公式“=SUM(A2:D5 B3,E6)”，表示对 A2～D5 和 B3～E6 单元格共有的单元格（B3:B5）中的数值进行求和，并将求和结果放在 F2 单元格中。

10.1.3 熟悉公式中的运算优先级

Excel 中的公式通常以等号（=）开始，用于表明之后的字符为公式。紧随等号之后的是需要进行计算的元素（操作数），各操作数之间以运算符分隔。Excel 将根据公式中运算符的特定顺序从左到右计算公式。

如果一个公式中有多个运算符，Excel 2016 将按下表所列的次序进行计算。如果一个公式中的多个运算符具有相同的优先顺序（例如一个公式中既有乘号又有除号），Excel 将从左到右进行计算。

运算符（优先级从高到低）	说 明
:（冒号）	引用运算符
（单个空格）	引用运算符
,（逗号）	引用运算符
-	负数（如-1）
%	百分比
^	乘方
*和/	乘和除
+和-	加和减
&	连接两个文本字符串
=	比较运算符
<和>	比较运算符
<=	比较运算符
>=	比较运算符

10.1.4 自定义公式的运用

在 Excel 2016 数据表格的计算中会大量用到自定义公式。自定义公式格式包括下面 3 个部分：

- “=”符号：表示用户输入的内容是公式而不是数据。
- 运算符：表示公式执行的运算方式。
- 引用单元格：参加运算的单元格名称，例如 A1、B1 等。在进行运算时，可以直接输入单元格名称，也可以用鼠标单击选择需要引用的单元格。

光盘同步文件

视频文件：光盘\教学文件\第 10 章\10-1-4.mp4

例如在销售表中使用自定义乘法公式计算出金额，具体操作方法如下。

Step01: ❶在 D3 单元格中输入自定义公式“=B3*C3”；❷单击编辑栏中的“输入”按钮✓，如下图所示。

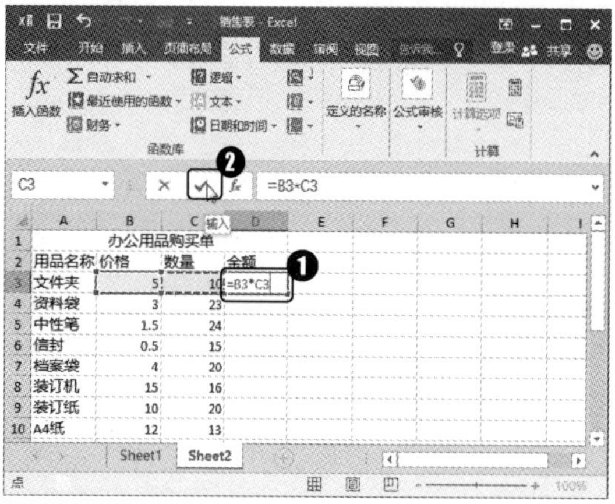

Step02: 经过上步操作，使用自定义乘法公式计算出金额，效果如下图所示。

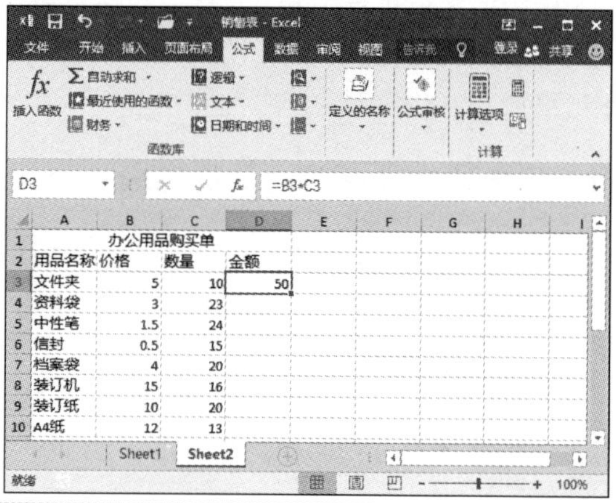

10.1.5 复制公式

当工作表中有很多需要进行计算的数据时，如果和 Word 一样在每个单元格依次逐个输入公式计算会增加计算的工作量，对于相同的计算需要复制公式。在将公式复制到新的位置后，公式将会引用相对单元格计算出新的结果，具体操作方法如下。

光盘同步文件

视频文件：光盘\教学文件\第 10 章\10-1-5.mp4

例如将自定义的乘法公式复制到其他单元格，具体操作方法如下。

Step01: ❶选择 D3 单元格；❷单击“剪贴板”组中时“复制”按钮，如下图所示。

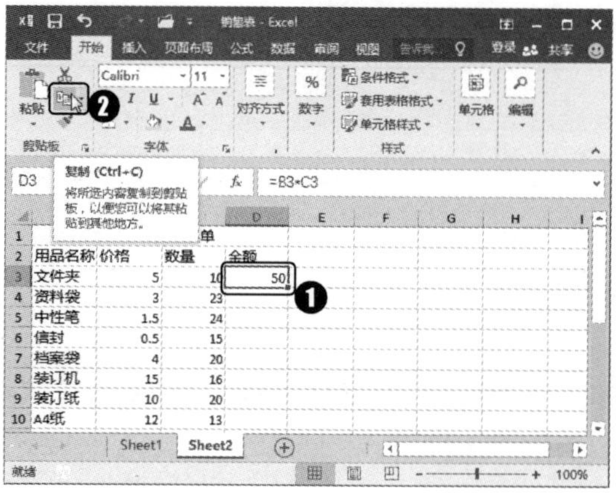

Step02: ❶选择 D4:D10 单元格区域；❷单击“剪贴板”组中的“粘贴”按钮；❸选择列表中的“公式”选项，如下图所示。

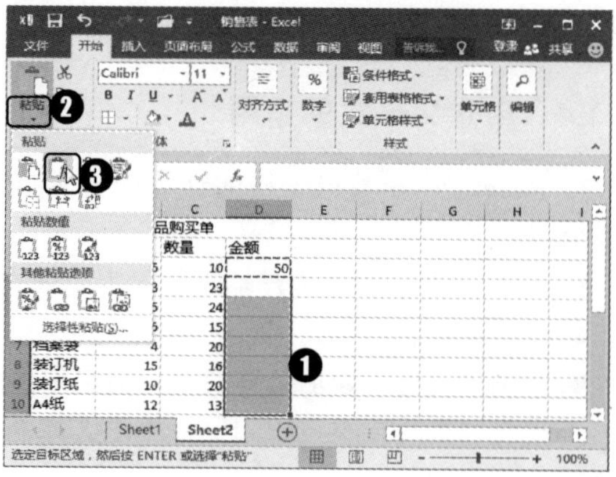

Step03: 经过以上操作，使用复制公式的方法计算数据，效果如下图所示。

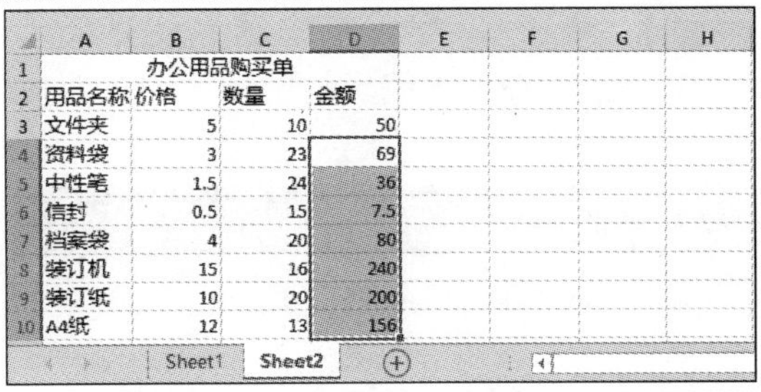

10.2 课堂讲解——单元格地址的引用

在 Excel 中，单元格地址的引用是指引用公式中所使用的数据的地址。在编辑公式和函数时需要对单元格的地址进行引用，一个引用地址代表工作表中的一个或者多个单元格以及单元格区域。在 Excel 中，单元格引用包括相对引用、绝对引用和混合引用。

10.2.1 相对引用

所谓相对引用是指公式中引用的单元格以它的行、列地址作为它的引用名，如 A1、B2 等。

在相对引用中，如果公式所在单元格的位置发生改变，引用也随之改变。如果多行或多列地复制或填充公式，引用会自动调整。在默认情况下，新公式使用相对引用。

下面以实例来讲解单元格的相对引用。在工资表中，绩效工资等于加班小时数乘以加班价格，此公式中的单元格引用就要使用相对引用，因为复制该公式到其他合计单元格中，引用的单元格要随着公式位置的变化而变化。该例中相对引用单元格的操作方法如下。

光盘同步文件

视频文件：光盘\教学文件\第 10 章\10-2-1.mp4

Step01: 打开“光盘\素材文件\第 10 章\工资表.xlsx”，❶在 F2 单元格中输入计算公式“=C2*D2”；❷单击编辑栏中的“输入”按钮✔，如下图所示。

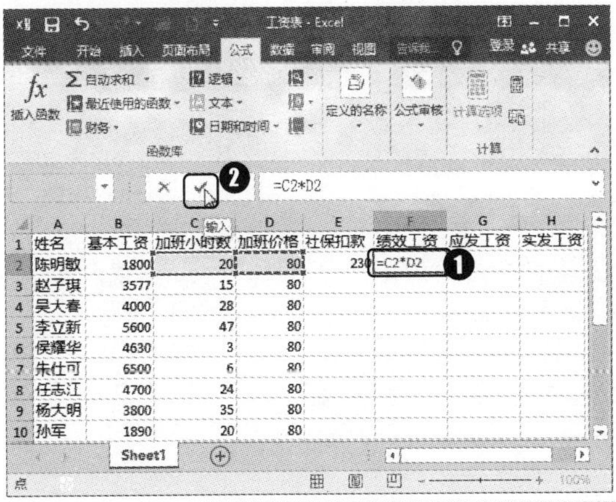

Step02: ❶选择 F2 单元格；❷按住鼠标左键不放向下拖动填充公式，如下图所示。

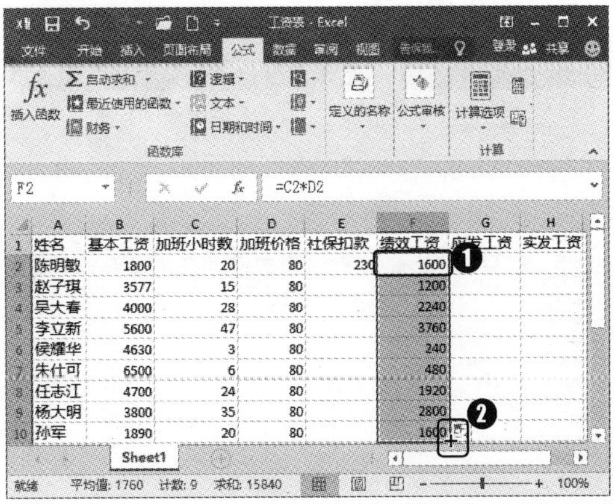

Step03: ❶在 G2 单元格中输入计算公式“=B2+F2”；❷单击编辑栏中的“输入”按钮✔，如下图所示。

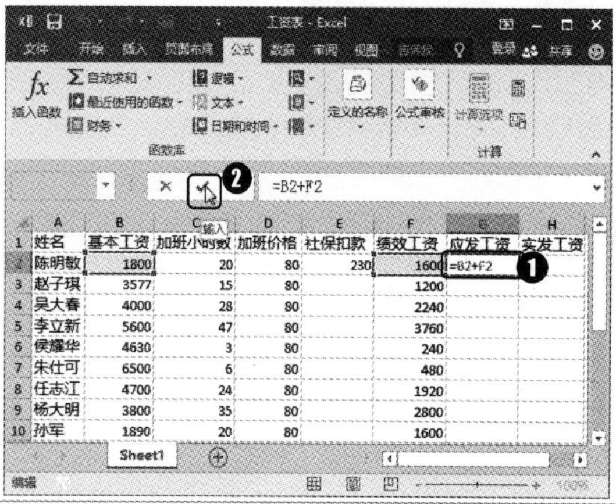

Step04: ❶选择 G2 单元格；❷按住鼠标左键不放向下拖动填充公式，如下图所示。

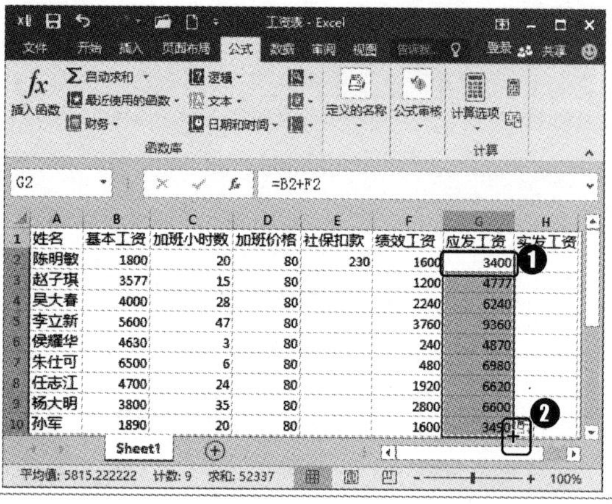

10.2.2 绝对引用

所谓绝对引用是指公式中引用的单元格，在它的行地址和列地址前都加上一个美元符号“$”作为它的名字。例如 A1 是单元格的相对引用，而$A$1 是单元格的绝对引用。

在 Excel 中，绝对引用指的是某一确定的位置，如果公式所在单元格的位置改变，绝对引用将保持不变。如果多行或多列地复制或填充公式，绝对引用将不作调整。

在默认情况下，新公式使用相对引用，用户也可以根据需要将它们转换为绝对引用。

下面以实例来讲解单元格的绝对引用。在工资表中，由于每个员工的社保扣款是相同的，因此在固定的一个单元格中输入数据即可，社保扣款在公式的引用中要使用绝对引用；而基本工资和绩效工资是需要变化的，因此基本工资和绩效工资的单元格采用相对引用。该例的操作方法如下。

光盘同步文件

视频文件：光盘\教学文件\第 10 章\10-2-2.mp4

Step01: ❶在 H2 单元格中输入计算公式“=G2-$E$2”；❷单击编辑栏中的“输入”按钮✔，如下图所示。

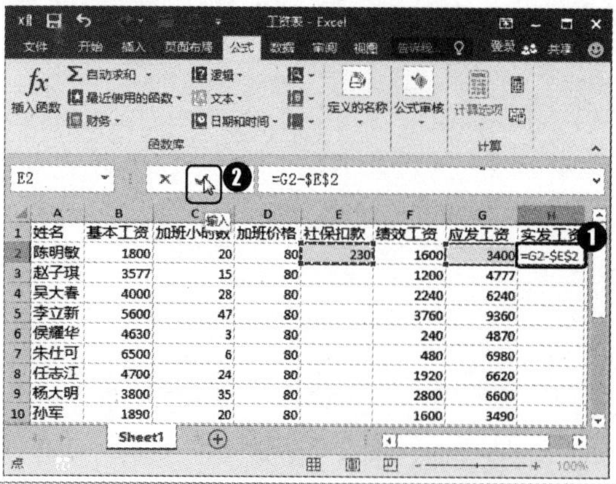

Step02: 经过上操作，使用绝对引用单元计算出实发工资，效果如下图所示。

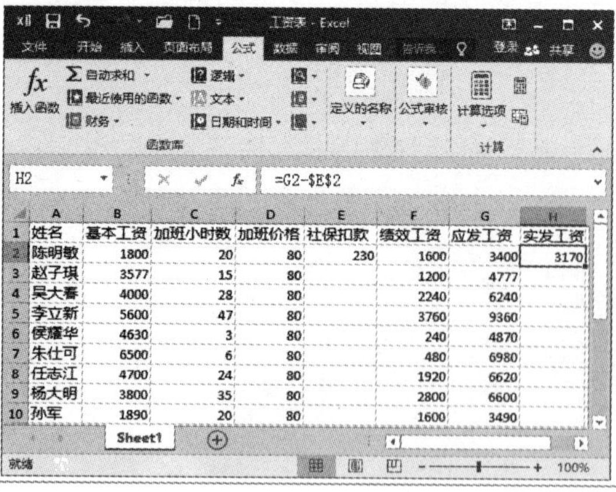

10.2.3　混合引用

所谓混合引用是指公式中引用的单元格具有绝对列和相对行或绝对行和相对列。绝对引用列采用$A1、$B1 等形式，绝对引用行采用 A$1、B$1 等形式。

在混合引用中，如果公式所在单元格的位置改变，则相对引用将改变，而绝对引用将不变。如果多行或多列地复制或填充公式，相对引用将自动调整，而绝对引用将不作调整。

例如在工资表中绩效工资的列不变，社保扣款的行也不变，使用混合引用计算出实发工资，具体操作方法如下。

光盘同步文件

视频文件：光盘\教学文件\第 10 章\10-2-3.mp4

Step01: ❶在 H3 单元格中输入计算公式"=B3+$F3-E$2"；❷单击编辑栏中的"输入"按钮✔，如下图所示。

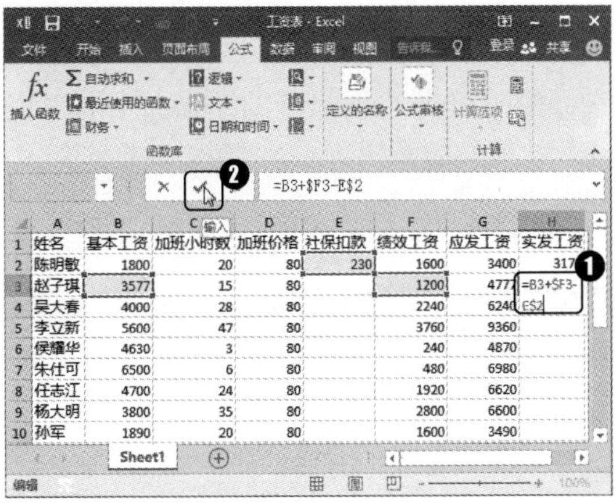

Step02: ❶选择 H3 单元格；❷按住鼠标左键不放向下拖动填充公式，如下图所示。

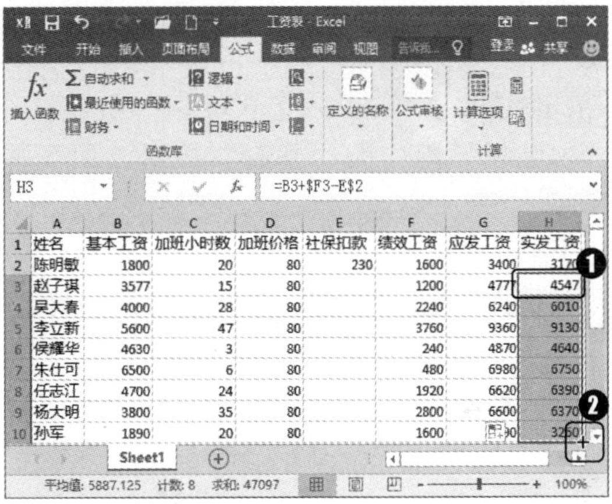

▷▷ 10.3　课堂讲解——名称的使用

在 Excel 中，用户可以为单元格或者单元格区域命名，以便通过名称快速选择目标单元格区域，还可以将定义的名称应用于公式以及对名称进行管理等。

10.3.1　名称的命名规则

在 Excel 中定义名称时，不是任意字符都可以作为名称的，名称的定义有一定的规则，具体需要注意以下几点：

- 名称不能包含任何空格，可以使用下画线或点号代替空格。
- 可以使用任何字符和数字的组合，但是名称的首字符必须是字母或下画线，名称不能以数字开头（例如 4rdQuarter），或者类似单元格引用（例如 Q4）。
- 不能使用符号，除了下画线和点号以外。虽然不是文档，但是 Excel 也允许使用反斜线

（/）和问号（?），只要它们不是作为名称的首字母。

- 名称长度限制在 255 个字符以内，最好不要使用太长的名称。实际上，使用太长的名称违背了命名范围的初衷。
- 可以使用一个字符（除了 R 或 C），但是一般情况下不鼓励这么做，因为这么做也违背了使用有意义名称的初衷。
- 名称不区分大小写，即名称“Elec”和“elec”是相同的。

Excel 也保留了几个名称供自己内部使用。用户虽然可以创建名称覆盖 Excel 的内部名称，但是应尽量避免这样做，除非的确需要这么做。一般情况下，应该避免使用名称 Print_Area、Print_Titles、Consoliolidate_Area、Database 等。

10.3.2 定义单元格名称

为了方便计算引用单元格，用户可以将单元格或者单元格区域定义为一个容易记住的名称，从而简化计算公式。定义单元格名称的具体操作如下。

光盘同步文件

视频文件：光盘\教学文件\第 10 章\10-3-2.mp4

Step01: ❶选择 A1:H10 单元格区域；❷单击“剪贴板”组中的“复制”按钮，如下图所示。

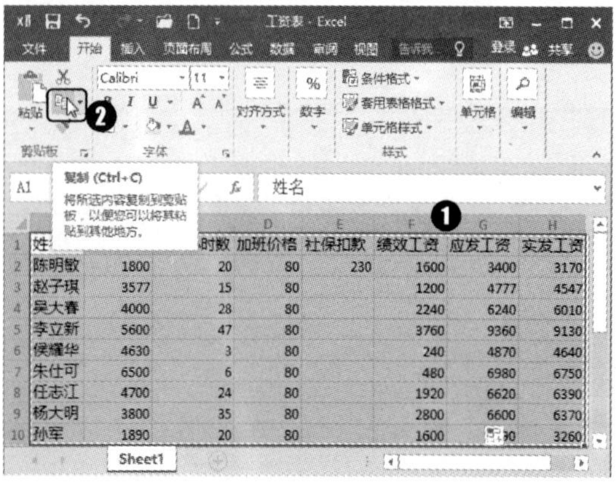

Step02: 单击“Sheet1”工作表右侧的“新建”按钮，如下图所示。

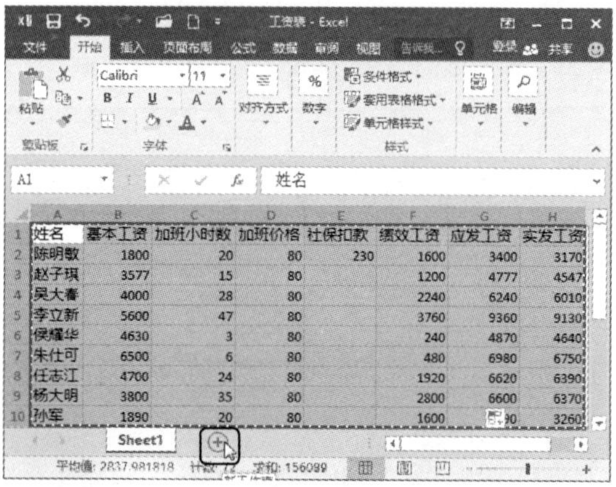

专家点拨——使用快捷键复制数据

在工作表中除了可以使用功能组中的复制按钮执行命令外，还可以直接选中需要复制的内容按〈Ctrl+C〉组合键进行复制。

Step03: 将鼠标光标定位在 A1 单元格，❶单击“剪贴板”组中的“粘贴”按钮；❷选择“值”选项，如下图所示。

Step04: ❶选择 C 列、D 列和 G 列，然后右击；❷在弹出的快捷菜单中选择“删除”命令，如下图所示。

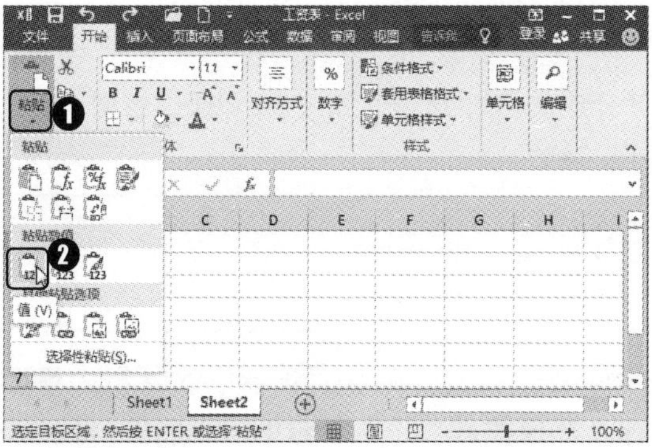

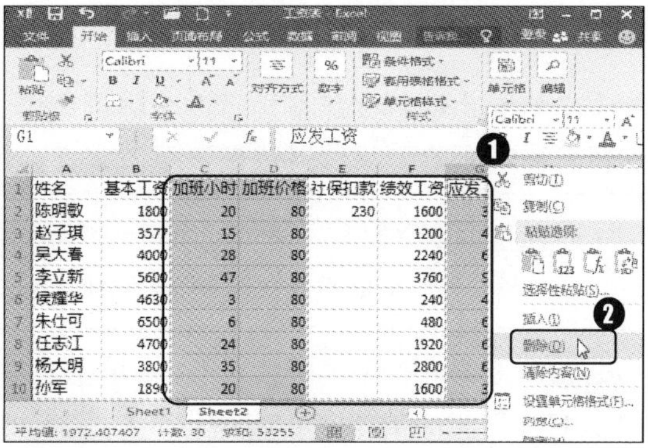

Step05: ❶单击“公式”选项卡；❷单击“定义的名称”组中的“定义名称”按钮，如下图所示。

Step06: 打开“新建名称”对话框，❶在“名称”文本框中输入名称；❷在“引用位置”框中输入名称单元格或公式；❸单击“确定”按钮，如下图所示。

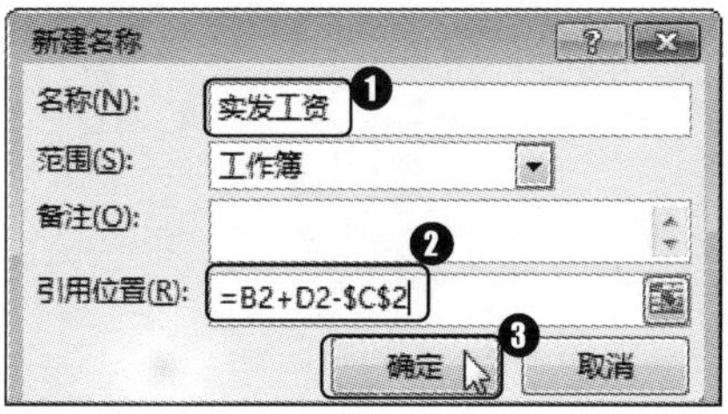

10.3.3　将定义的名称用于公式

在将单元格命名之后，为了方便理解公式中所引用的单元格，用户可以将定义的名称应用到公式中，具体操作如下。

> **光盘同步文件**
>
> **视频文件：光盘\教学文件\第 10 章\10-3-3.mp4**

Step01: ❶在 E2 单元格中输入自定义的名称，如“=实发工资”；❷单击编辑栏中的“输入”按钮✔，如下图所示。

Step02: ❶选择 E2 单元格；❷按住鼠标左键不放向下拖动填充公式，如下图所示。

10.3.4 使用名称管理器

定义的单元格名称都将显示在名称管理器中，用户可以在其中对定义的名称进行管理，例如编辑名称、删除名称、通过筛选更改定义应用的范围等。

> **光盘同步文件**
> 视频文件：光盘\教学文件\第 10 章\10-3-4.mp4

Step01: ❶单击“公式”选项卡；❷单击“定义的名称”组中的“名称管理器”按钮，如下图所示。

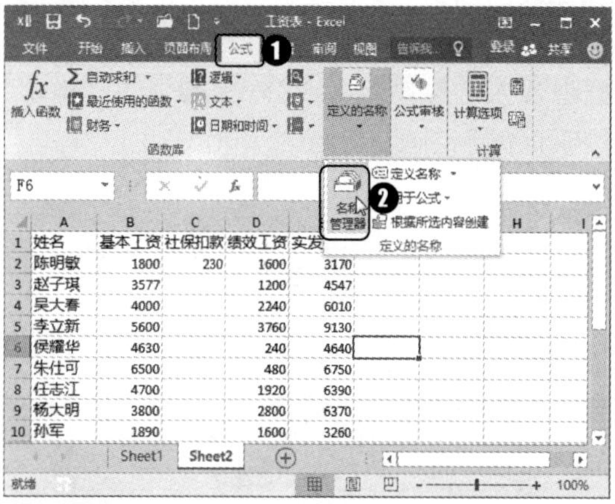

Step02: 打开“名称管理器”对话框，❶选择“社保扣款”选项；❷单击“删除”按钮，如下图所示。

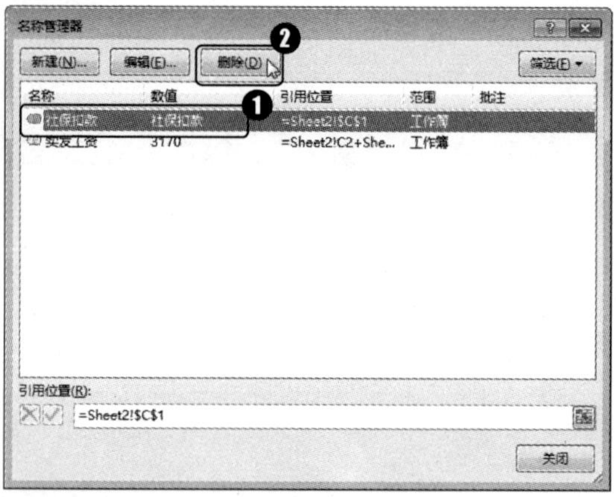

Step03: 打开“Microsoft Excel”对话框，❶单击“确定”按钮，删除定义的名称选项并关闭对话框，如下图所示。

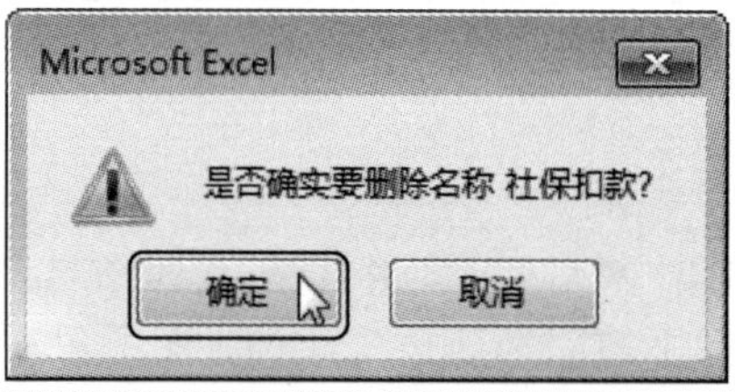

Step04: 返回“名称管理器”对话框，单击“关闭”按钮，删除名称选项，如下图所示。

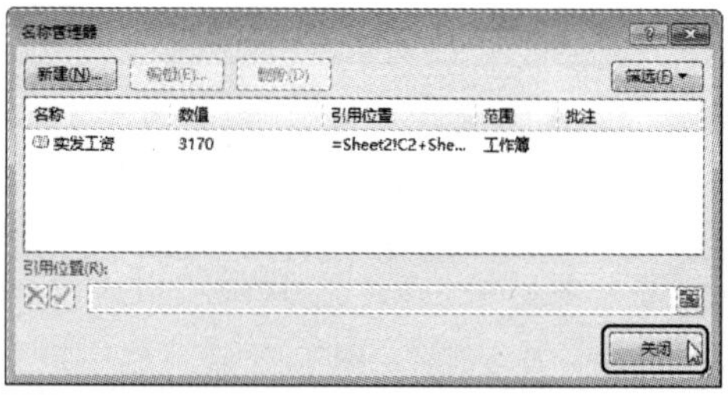

10.4 课堂讲解——函数的基础知识

在 Excel 中使用函数计算数据之前，需要首先了解函数的基础知识，然后根据函数的语法快速掌握函数对数据的相关操作。

10.4.1 函数的分类

根据函数的功能，主要将函数划分为 11 种类型。在使用函数的过程中一般也是依据这个分类进行定位的，然后选择合适的函数，因此学习函数知识必须了解函数的分类。11 种函数的具体介绍如下。

- **财务函数：**Excel 中提供了非常丰富的财务函数，使用这些函数可以完成大部分的财务统计和计算。例如 DB 函数可返回固定资产的折旧值，IPMT 函数可返回投资回报的利息部分等。财务人员如果能够正确、灵活地使用 Excel 的财务函数进行计算，则能大大减轻日常工作中有关指标计算的工作量。
- **逻辑函数：**该类型的函数只有 7 个，用于测试某个条件，总是返回逻辑值 TRUE 或 FALSE。在数值运算中，TRUE=1，FALSE=0；在逻辑判断中，0=FALSE，所有非 0 数值=TRLE。
- **文本函数：**是指在公式中处理文本字符串的函数，主要功能包括截取、查找或搜索文本中的某个特殊字符，或提取某些字符，也可以改变文本的编写状态。例如 TEXT 函数可将数值转换为文本，LOWER 函数可将文本字符串的所有字母转换成小写形式等。
- **日期和时间函数：**用于分析或处理公式中的日期和时间值。例如 TODAY 函数可以返回当前系统日期。
- **查找与引用函数：**用于在数据清单或工作表中查询特定的数值，或某个单元格引用的函数，常见的示例是税率表。例如使用 VLOOKUP 函数可以确定某一收入水平的税率。
- **数学和三角函数：**该类型函数有很多，主要运用于各种数学计算和三角计算。例如 RADIANS 函数可以把角度转换为弧度等。
- **统计函数：**这类函数可以对一定范围内的数据进行统计学分析。例如可以计算统计数据，如平均值、模数和标准偏差等。
- **工程函数：**这类函数常用于工程应用中，它们可以处理复杂的数字，在不同的计数体系和测量体系之间转换。例如，可以将十进制数转换为二进制数。
- **多维数据集函数：**用于返回多维数据集中的相关信息，例如返回多维数据集中成员属性的值。
- **信息函数：**这类函数有助于用户确定单元格中数据的类型，还可以使单元格在满足一定的条件时返回逻辑值。
- **数据库函数：**用于对存储在数据清单或数据库中的数据进行分析，判断其是否符合某些特定的条件。这类函数在需要汇总符合某一条件的列表中的数据时十分有用。

> **专家点拨——VBA 函数**
>
> 在 Excel 中还有一类函数是使用 VBA 创建的自定义工作表函数，称之为“用户定义函数”。这些函数可以像 Excel 的内部函数一样运行，但不能在“粘贴函数”中显示每个参数的描述。

10.4.2 插入函数

在工作表中使用函数计算数据时，如果用户对所使用的函数很熟悉且对所使用的参数类型比较了解，可直接输入函数；如果不是特别熟悉，则可使用 Excel 中的插入函数的方式进行计算。

> **光盘同步文件**
>
> **视频文件：光盘\教学文件\第 10 章\10-4-2.mp4**

Step01: 打开“光盘\素材文件\第 10 章\成绩表.xlsx”，❶选择 D3 单元格；❷在“函数库”组中单击“插入函数”按钮，如下图所示。

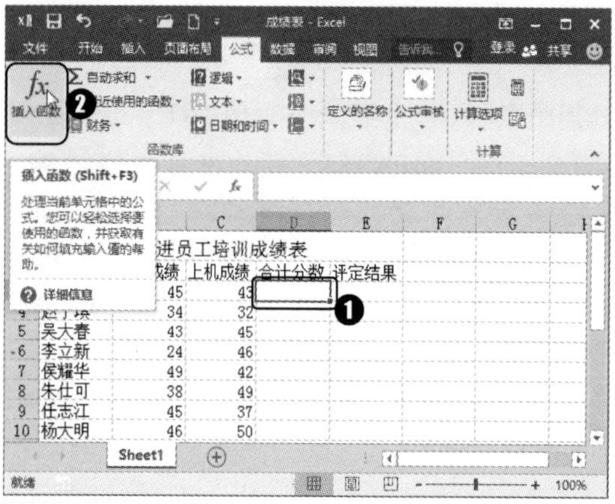

Step02: 打开“插入函数”对话框，❶在“选择函数”列表框中选择“SUM”选项；❷单击“确定”按钮，如下图所示。

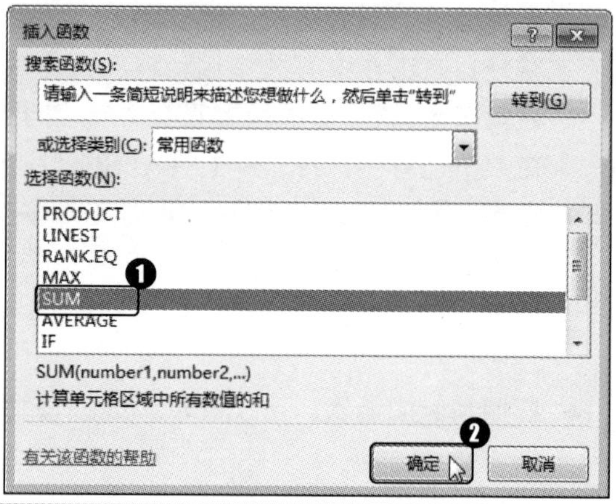

Step03: 打开“函数参数”对话框，❶在“Number1”框中选择求和区域；❷单击“确定”按钮，如右图所示。

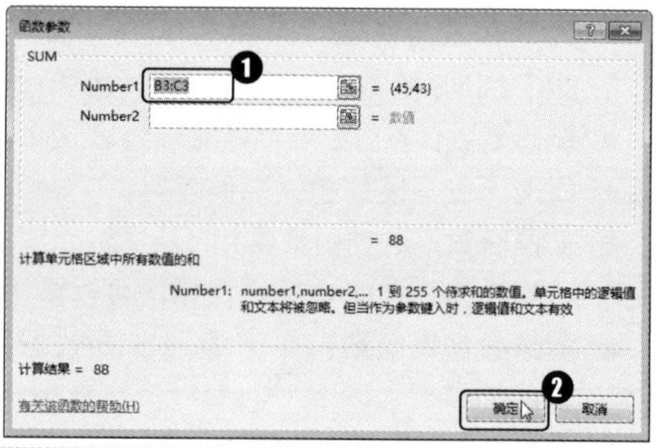

专家点拨——计算多个单元格区域

在打开的“函数参数”对话框中默认有“Number1”和“Number2”两个参数框，用户可以选择多个连续或间断的单元格/单元格区域，单击“确定”按钮即可计算出多个单元格区域的数据。

10.4.3 使用嵌套函数

除了可以使用普通的公式作为参数外，在 Excel 中还可以使用函数作为另一个函数的参数。当函数的参数也是函数时，我们称之为函数的嵌套。例如在成绩表中使用 IF 函数和 SUM 函数嵌套计算出成绩的优、良和差 3 个等级。

光盘同步文件

视频文件：光盘\教学文件\第 10 章\10-4-3.mp4

- IF 函数：主要用于判断单元格的内容是否为逻辑值。

语法：IF(logical test, value_if_true, value_if_false)

参数 logical test 为必需的，逻辑值，表示计算结果为 TRUE 或 FALSE 的任意值或表达式。

参数 value_if_true 为必需的，如果真，是 logical test 为 TRUE 时返回的值。

参数 value_if_false 为必需的，如果假，是 logical test 为 FALSE 时返回的值。

- SUM( )函数可以将用户指定为参数的所有数字相加，每个参数可以是区域、单元格引用、数组、常量、公式或另一个函数的结果。

语法：SUM(number1, number2,…)

参数 number1 为必需的，是需要相加的第 1 个数值参数。

参数 number2 为可选的，是需要相加的第 2 个数值参数，最多可对 255 个参数进行求和运算。

Step01: ❶在 E2 单元格中输入计算公式“=IF(SUM(B3:C3)>85,"优",IF(SUM(B3:C3)>80,"良","差"))”；❷单击编辑栏中的“输入”按钮✓，如下图所示。

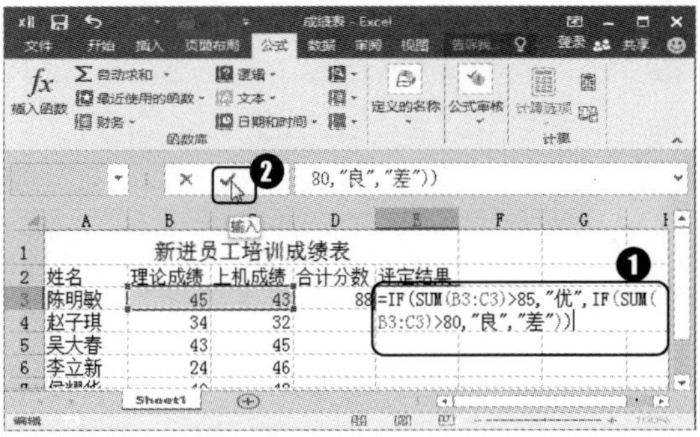

Step02: ❶选择 E2 单元格；❷按住鼠标左键不放拖动向下填充公式，如下图所示。

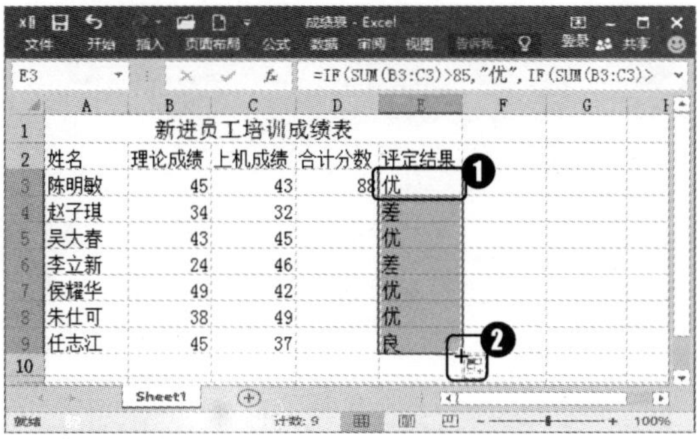

▷▷ 10.5 课堂讲解——常用函数的使用

在了解了函数的组成结构及使用方法之后，下面向读者介绍一些常用函数的使用，如自动求和函数、平均函数、最大值函数、最小值函数、判断函数以及逻辑函数等。

10.5.1 使用 SUM 函数自动求和

如果要计算连续的单元格数据之和，可以使用 SUM 函数简化计算公式。下面以在“常用函数”中计算出 6 个月的合计金额为例进行介绍，具体操作方法如下。

> **光盘同步文件**
>
> **视频文件：光盘\教学文件\第 10 章\10-5-1.mp4**

Step01: 打开“光盘\素材文件\第 10 章\常用函数.xlsx”，❶选择 I3 单元格；❷单击“公式”选项卡；❸在“函数库”组中单击“自动求和”按钮，如下图所示。

Step02: ❶选择求和区域，例如“C3:H3”；❷单击编辑栏中的“输入”按钮✓，如下图所示。

Step03: ❶选择 I3 单元格；❷按住鼠标左键不放向下拖动填充公式，如下图所示。

Step04: 经过以上操作，计算并填充了合计金额，效果如下图所示。

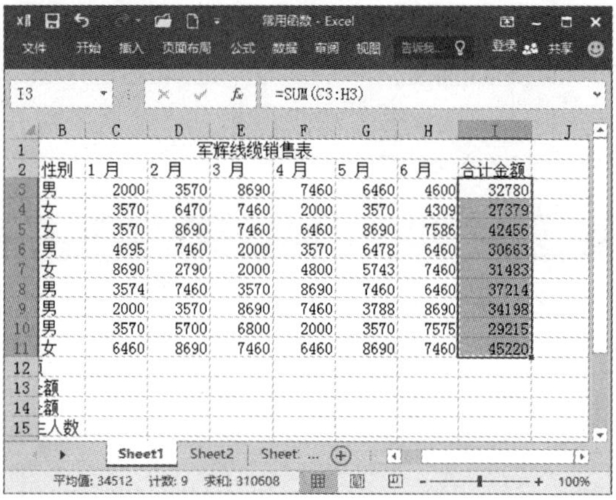

10.5.2 使用 AVERAGE 函数求平均值

AVERAGE 函数的作用是返回参数的平均值，表示对选择的单元格或单元格区域进行算术平均值运算。

语法：AVERAGE (number1,number2...)

参数 number1,number2……表示要计算平均值的 1～255 个参数。

光盘同步文件

视频文件：光盘\教学文件\第 10 章\10-5-2.mp4

Step01: ❶选择 C12 单元格；❷单击“函数库”组中“自动求和”右侧的下拉按钮；❸在下拉菜单中选择“平均值”命令，如下图所示。

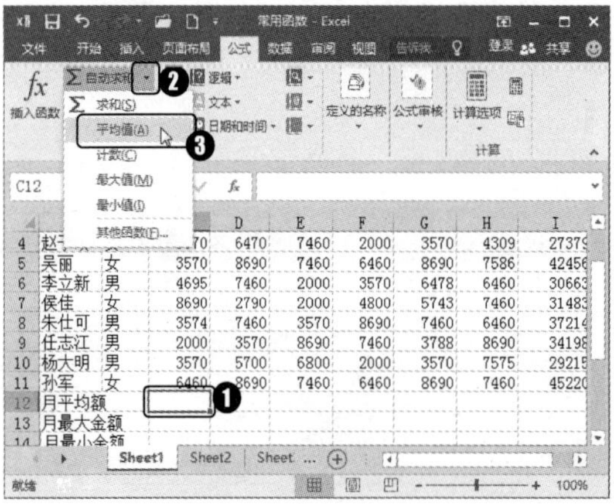

Step02: ❶选择要计算平均值的区域，例如“C3:C11”；❷单击编辑栏中的“输入”按钮 ✓，如下图所示。

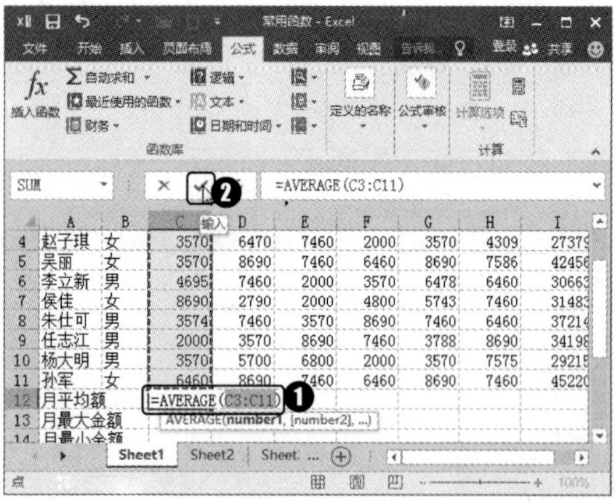

Step03: ❶选择 C12 单元格；❷按住鼠标左键不放向右拖动填充公式，如下图所示。

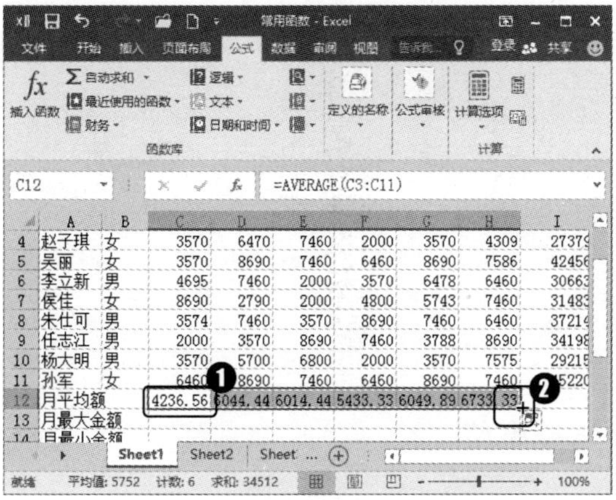

Step04: 经过以上操作，计算出平均每个月的金额，效果如下图所示。

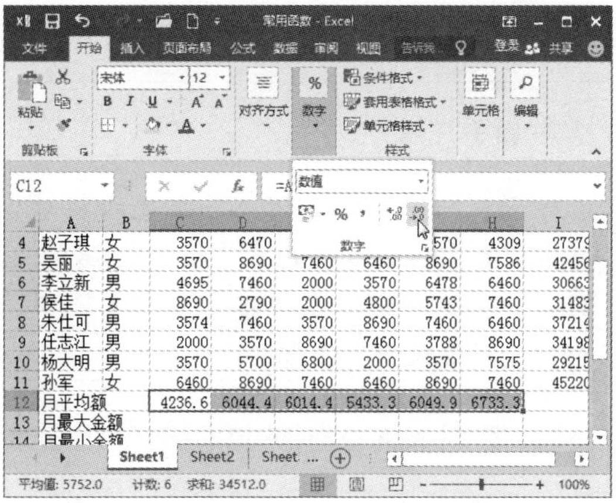

10.5.3　使用 COUNT 函数计数

在统计表格中的数据时，经常需要统计单元格中包含某个数值数据的单元格以及参数列表中数字的个数，此时可以使用 COUNT 函数来完成。

语法：COUNT(value1,[value2],…)

参数 value1 为必需的参数，表示要计算其中数字个数的第一项、单元格引用或区域。

参数 value2 为可选参数，表示要计算其中数字个数的其他项、单元格引用或区域，最多可包含 254 个可选参数。

光盘同步文件

视频文件：光盘\教学文件\第 10 章\10-5-3.mp4

Step01: ❶选择 E17 单元格；❷单击“函数库”组中“自动求和”右侧的下拉按钮；❸在下拉菜单中选择“计数”命令，如下图所示。

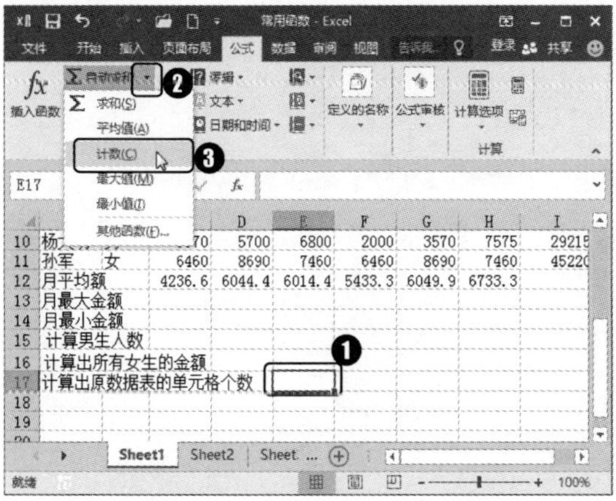

Step02: ❶选择计算原表数据的单元格区域；❷单击编辑栏中的“输入”按钮✓，如下图所示。

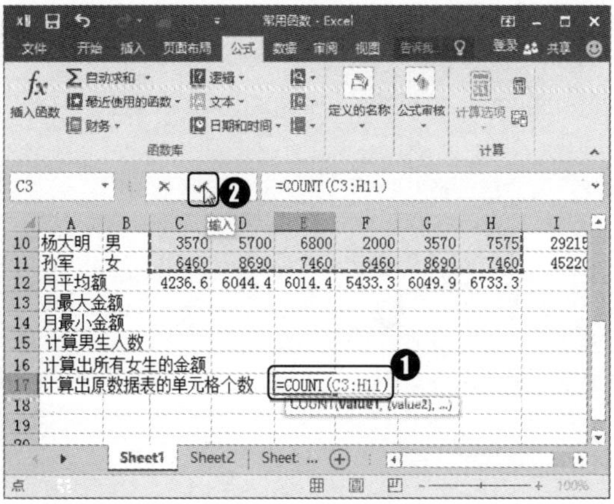

Step03: 经过以上操作，统计出原数据表中数据单元格的个数，结果如右图所示。

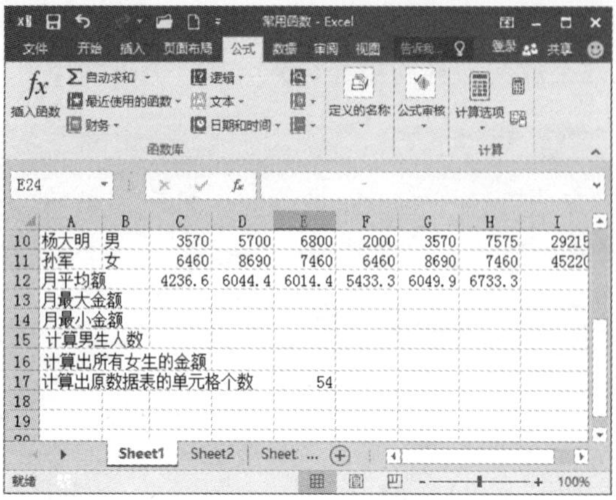

> **新手注意**
>
> 在表格中使用 COUNT 函数只能计算出含有数值型数据的单元格个数，如果需要计算出含数据或文本等非空单元格个数，需要使用 COUNTA 函数。

10.5.4 使用 MAX 与 MIN 函数计算最大值与最小值

MAX 函数用于返回一组数据中的最大值，函数参数为要求最大值的数值或单元格引用，多个参数间使用逗号分隔，如果是计算连续单元格区域之和，在参数中可直接引用单元格区域。

语法：MAX (number1,number2...)

参数 number1、number2……表示要计算最大值的 1～255 个参数。

MIN 函数用于返回一组数据中的最小值，其使用方法与 MAX 函数的使用方法相同，函数参数为要求最大值的数值或单元格引用，多个参数间使用逗号分隔。如果是计算连续单元格区域之和，可在参数中直接引用单元格区域。

语法：MIN (number1,number2...)的参数与 MAX()函数相同。

> **光盘同步文件**
>
> **视频文件：光盘\教学文件\第 10 章\10-5-4.mp4**

Step01: ❶选择 C13 单元格；❷单击“函数库”组中“自动求和”右侧的下拉按钮；❸在下拉菜单中选择“最大值”命令，如下图所示。

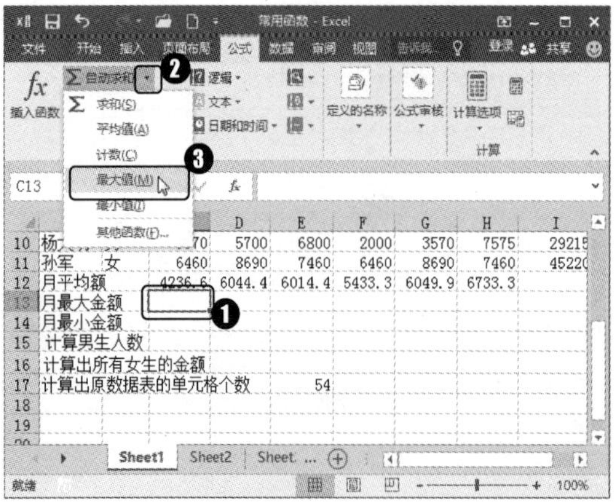

Step02: ❶选择计算最大值的单元格区域；❷单击编辑栏中的“输入”按钮✔，如下图所示。

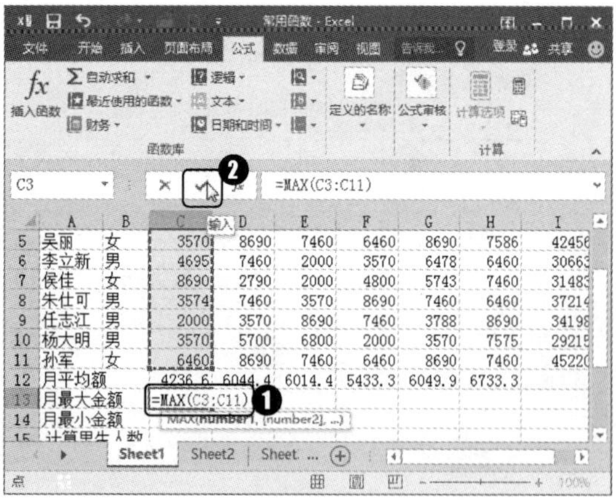

Step03: ❶选择 C13 单元格；❷按住鼠标左键不放拖动向右填充计算公式，如下图所示。

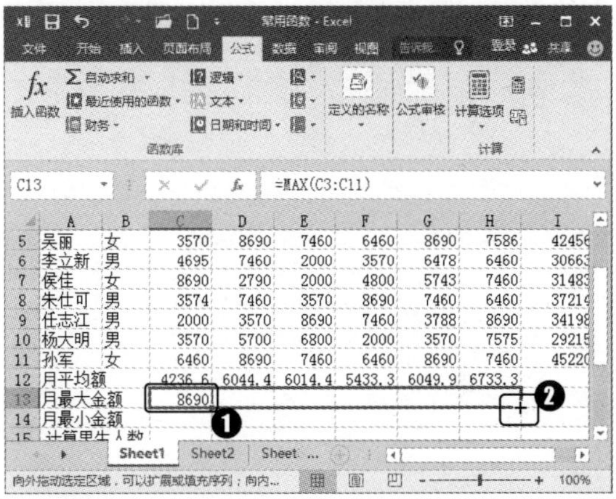

Step04: ❶选择 C14 单元格；❷单击“函数库”组中“自动求和”右侧的下拉按钮；❸在下拉菜单中选择“最小值”命令，如下图所示。

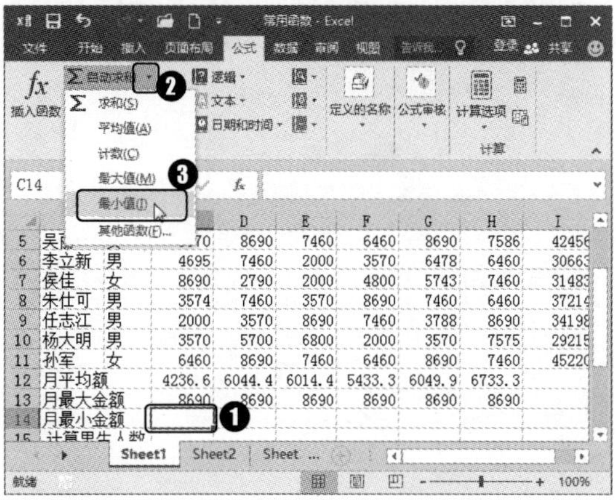

Step05: 选择计算最小值的单元格区域，单击编辑栏中的“输入”按钮✓，如下图所示。

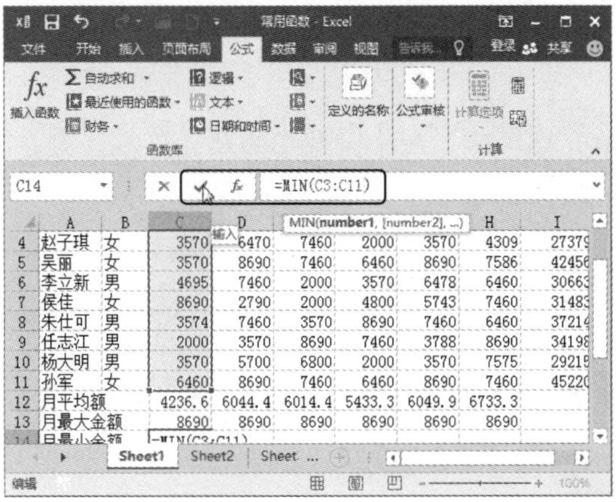

Step06: ❶选择 C14 单元格；❷按住鼠标左键不放拖动向右填充计算公式，如下图所示。

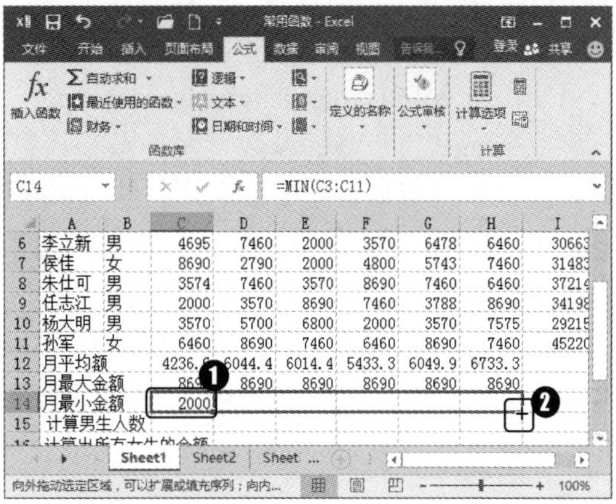

新手注意

在使用函数计算最大值或最小值时都不会将合计和平均值包含在计算的单元格区域内，因此在使用该函数之后需要重新选择一次计算区域。

10.5.5　使用 COUNTIF 函数对满足条件的数据进行统计

COUNTIF 函数用于对单元格区域中满足单个指定条件的单元格进行计数。

语法：COUNTIF (range,criteria)

参数 range 为必需的参数，表示要对其进行计数的一个或多个单元格，其中包括数字或名称、数组或包含数字的引用。空值和文本值将被忽略。

参数 criteria 为必需的参数，表示统计的条件，可以是数字、表达式、单元格引用或文本字符串。

光盘同步文件

视频文件：光盘\教学文件\第 10 章\10-5-5.mp4

Step01: ❶在 C15 单元格中输入计算公式“=COUNTIF(B3:B11,B3)”；❷单击编辑栏中的“输入”按钮✓，如下图所示。

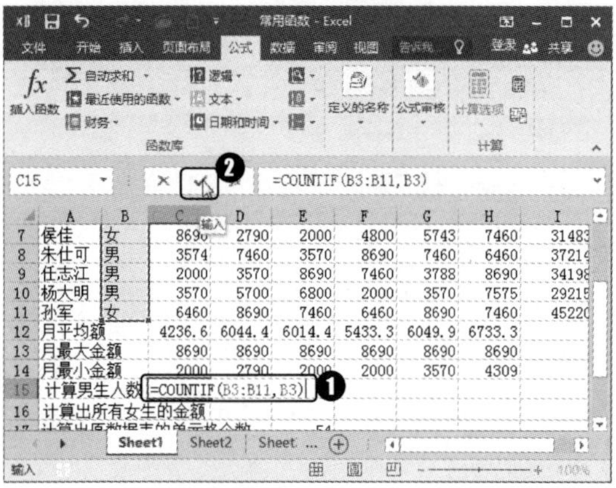

Step02: 经过上步操作，计算出男生人数，结果如下图所示。

10.5.6 使用 SUMIF 函数对满足条件的数据求和

SUMIF 函数用于对区域（工作表上的两个或多个单元格，区域中的单元格可以相邻或不相邻）中符合指定条件的值求和。

语法：SUMIF (range,criteria,[sum_range])

参数 range 为必需的参数，用于求和计算的单元格区域。每个区域中的单元格都必须是数字或名称、数组或包含数字的引用。空值和文本值将被忽略。

参数 criteria 为必需的参数，用于确定对单元格求和的条件，其形式可以为数字、表达式、单元格引用、文本或函数。

参数 sum_range 为可选参数，指要求和的实际单元格（如果要对未在 range 参数中指定的单元格求和）。如果 sum_range 参数被省略，Excel 会对在 range 参数中指定的单元格（即应用条件的单元格）求和。

光盘同步文件

视频文件：光盘\教学文件\第 10 章\10-5-6.mp4

Step01: ❶在 D16 单元格中输入计算公式“=SUMIF(B3:B11,B4,I3:I11)”；❷单击编辑栏中的“输入”按钮✓，如下图所示。

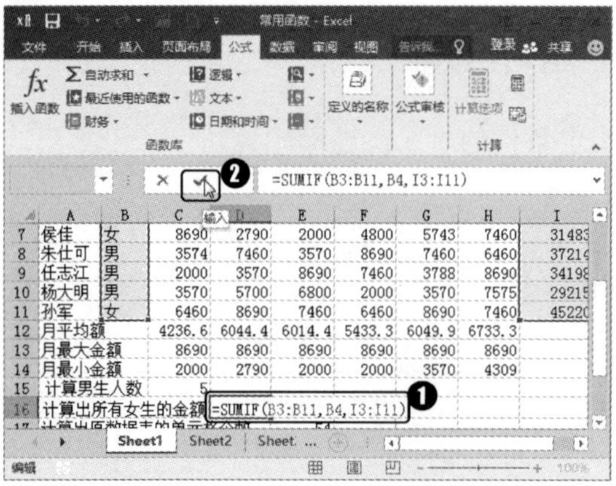

Step02: 经过上步操作，计算出所有女生的金额，结果如下图所示。

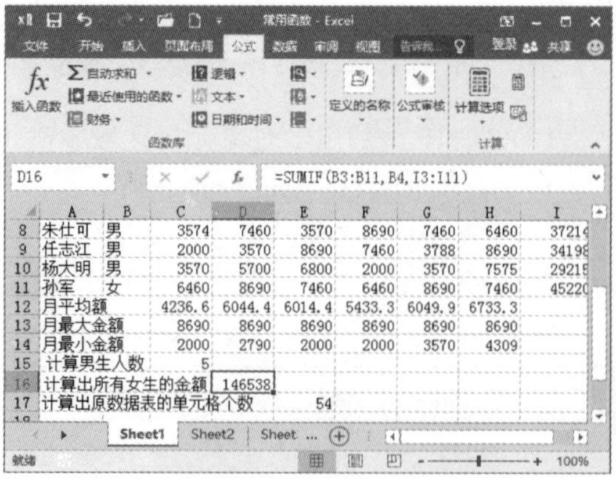

10.5.7 使用 AND 函数判断指定的多个条件是否同时成立

AND 函数用于对多个判断结果取交集，即返回同时满足多个条件的那部分内容。

语法：AND (logical1,[logical2],...)

参数 logical1 为必需的参数，表示需要检验的第一个条件，其计算结果可以为 TRUE 或 FALSE。

参数 logical2……为可选参数，表示需要检验的其他条件。

光盘同步文件

视频文件：光盘\教学文件\第 10 章\10-5-7.mp4

Step01: ❶在 Sheet2 的 E2 单元格中输入计算公式“=IF(AND(C2>=6,D2>=800000000),"颁发","")”；❷单击编辑栏中的“输入”按钮✓，如下图所示。

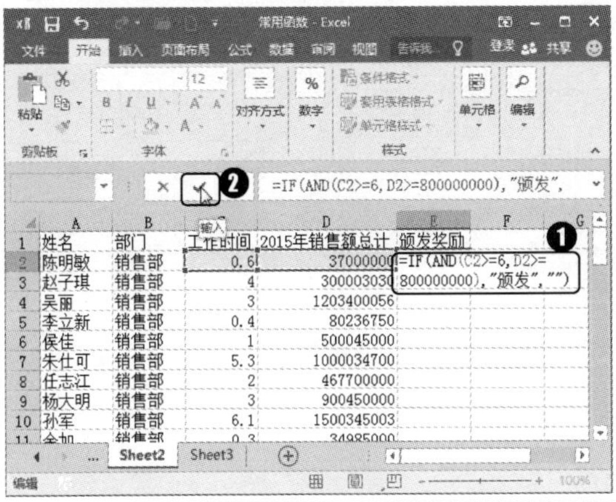

Step02: 选择 E2 单元格，按住鼠标左键不放向下拖动填充公式，如下图所示。

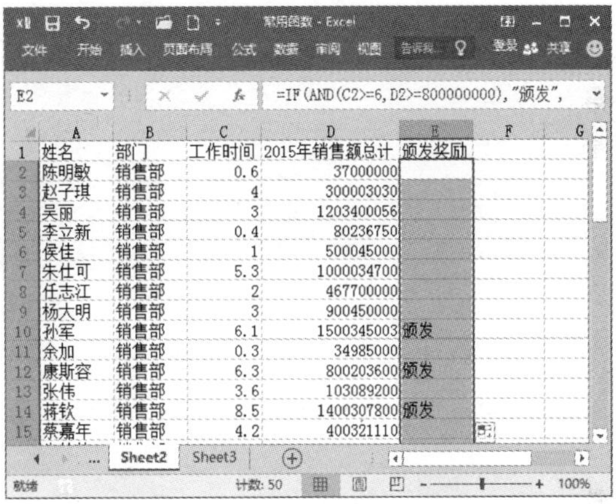

10.5.8 使用 OR 函数判断指定的任一条件为真即返回真

OR 函数用于对多个判断条件取并集，即只要参数中有任何一个值为真就返回 TRUE，如果都为假才返回 FALSE。

语法：OR (logical1,[logical2],...)

参数 logical1 为必需的参数，表示需要检验的第一个条件，其计算结果可以为 TRUE 或 FALSE。

参数 logical2……为可选参数，表示需要检验的其他条件。

光盘同步文件

视频文件：光盘\教学文件\第 10 章\10-5-8.mp4

Step01: ❶在 Sheet3 的 E2 单元格中输入计算公式“=IF(OR(B2>=$H$3,C2>=$H$3,C2>= $H$3),"优秀",IF(OR(B2>=$H$4,C2=$H$4,D2>= $H$4),"及格","不及格"))”；❷单击编辑栏中的“输入”按钮✓，如下图所示。

Step02: 使用 IF 和 OR 函数判断出第一个员工的成绩，效果如下图所示。

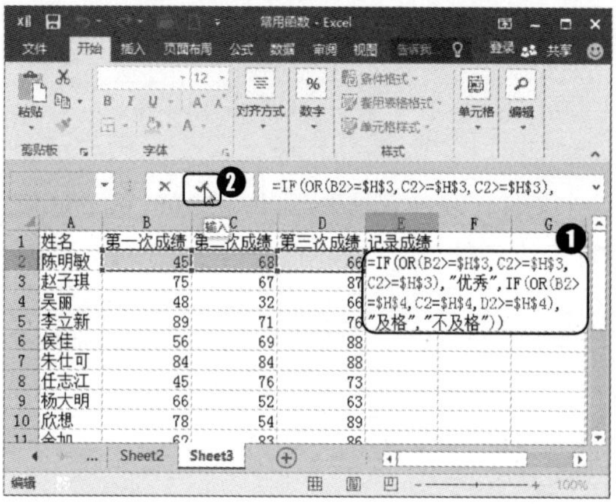

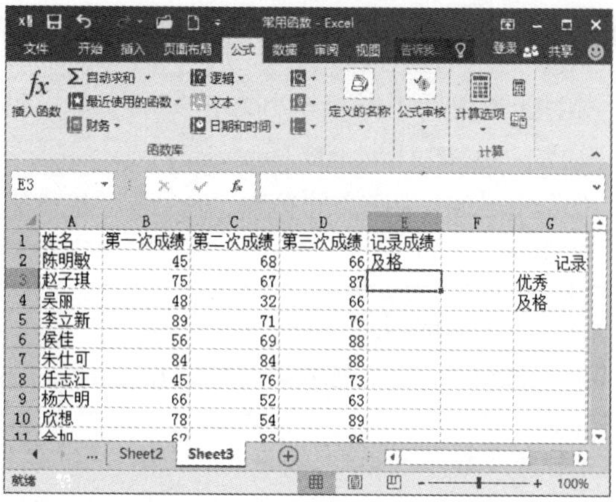

Step03: ❶选择 E2 单元格，按住鼠标左键不放向下拖动填充判断公式，如右图所示。

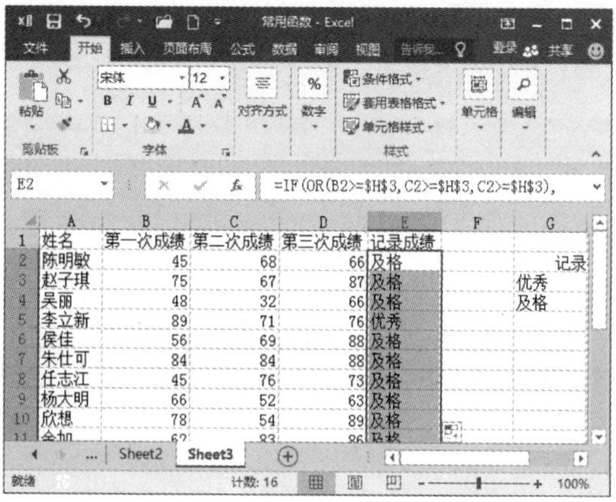

▷▷ 10.6 课堂讲解——公式的审核

在通过公式计算数据后，用户还可以对公式进行审核，以确保计算结果正确。本节将介绍公式审核，包括追踪引用公式、显示公式和公式错误检查等相关知识。

10.6.1 追踪引用单元格

追踪引用单元格是指标记所选单元格中公式引用的单元格，追踪从属单元格是指标记所选单元格应用于公式所在的单元格，具体操作方法如下。

> **光盘同步文件**
>
> **视频文件：光盘\教学文件\第 10 章\10-6-1.mp4**

Step01: 打开“光盘\素材文件\第 10 章\销售表 1.xlsx”，❶选择 D16 单元格；❷单击“公式审核”组中的“追踪引用单元格”按钮，如下图所示。

Step02: 经过上步操作显示追踪引用单元格，效果如下图所示。

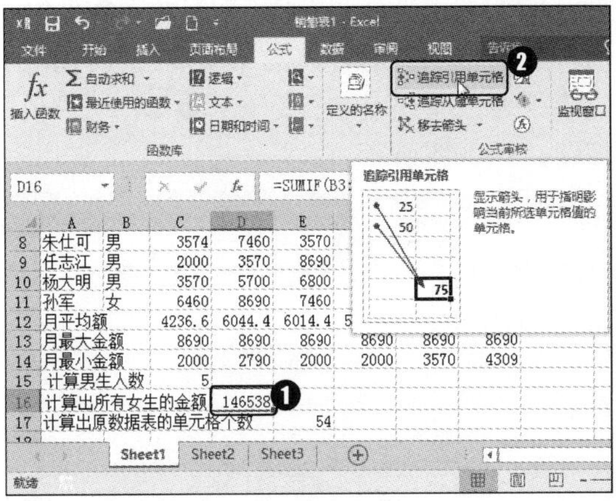

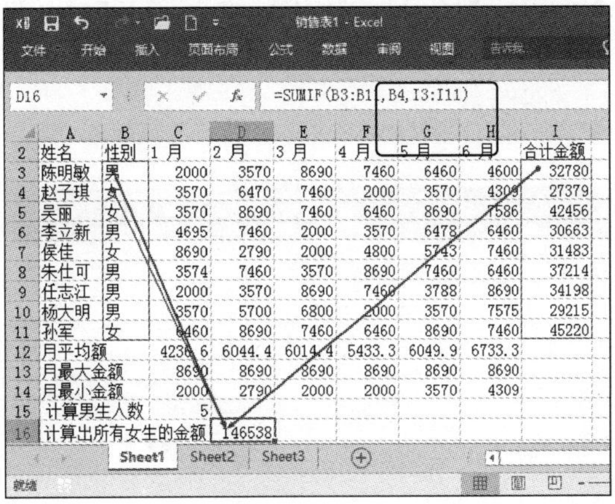

10.6.2　显示应用的公式

除了前面介绍的通过追踪单元格来检查公式以外，用户还可以直接在结果单元格中显示应用的公式，对公式进行检查，具体操作如下。

光盘同步文件

视频文件：光盘\教学文件\第 10 章\10-6-2.mp4

Step01: ❶选择 E17 单元格；❷单击“公式审核”组中的“显示公式”按钮，如下图所示。

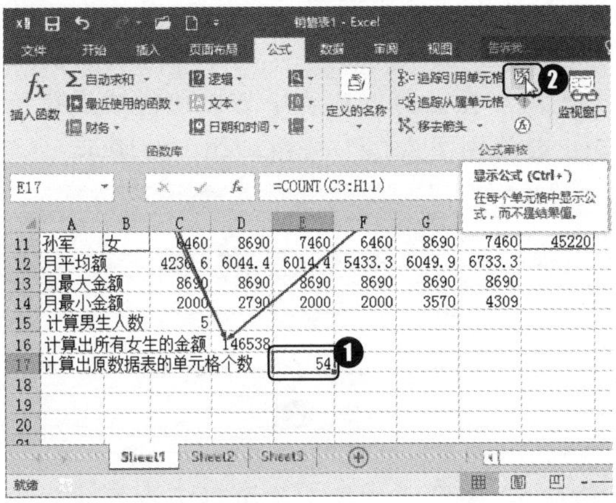

Step02: 经过上步操作，工作表中输入的公式单元格都会将公式显示出来，效果如下图所示。

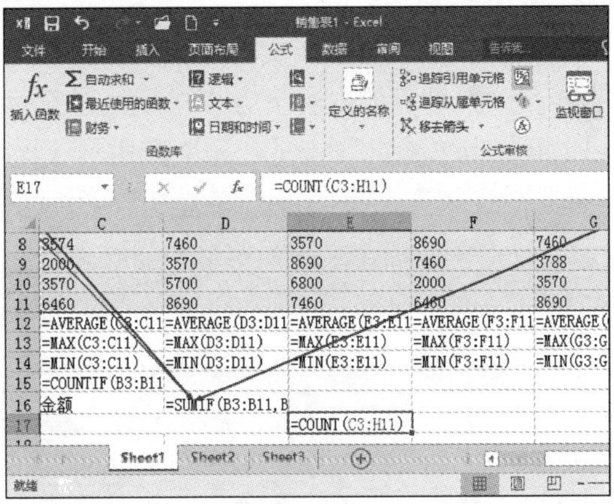

10.6.3　查看公式求值

如果需要逐步查看公式进行的计算过程，可以使用公式求值功能通过逐步计算对公式进行审核，具体操作如下。

光盘同步文件

视频文件：光盘\教学文件\第 10 章\10-6-3.mp4

Step01: ❶在 Sheet3 中选择 E2 单元格；❷单击“公式审核”组中的“公式求值”按钮，如下图所示。

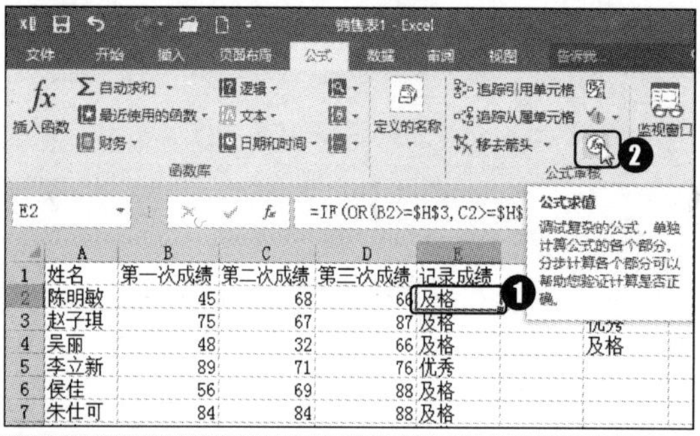

Step02: 打开“公式求值”对话框，❶在“求值”文本框中查看计算的第 1 步，在计算的内容下方以单横线进行标记；❷单击“求值”按钮，如下图所示。

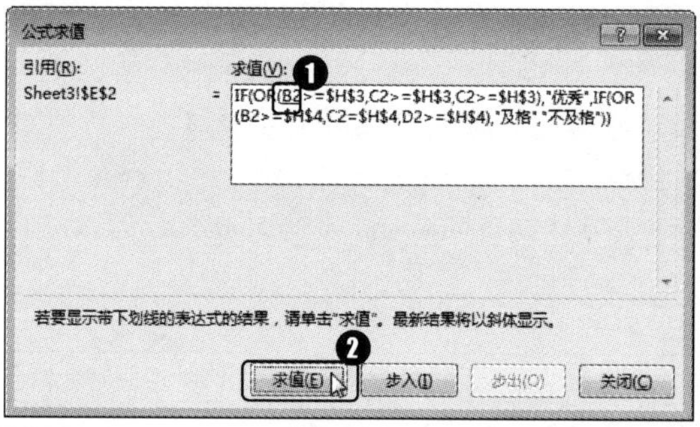

Step03: ❶在“求值”文本框中查看计算的第 2 步，在计算的内容下方以单横线进行标记；❷单击“求值”按钮，如下图所示。

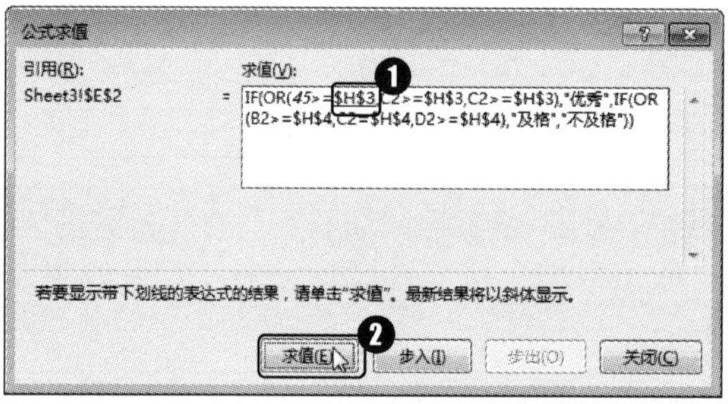

Step04: ❶在“求值”文本框中查看计算的第 3 步，在计算的内容下方以单横线进行标记；❷单击“求值”按钮，如下图所示。

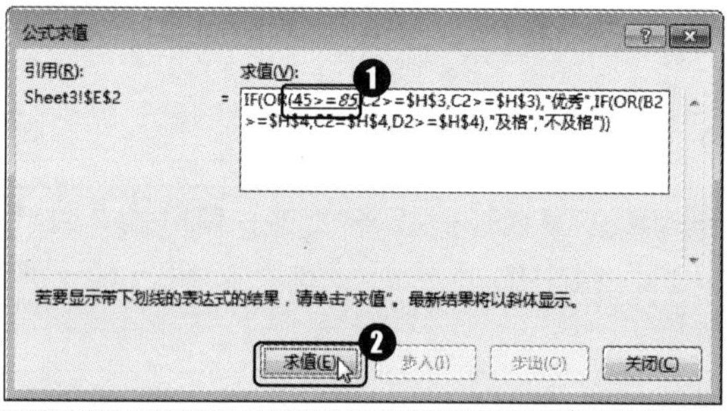

Step05: ❶在“求值”文本框中查看计算的第 4 步，在计算的内容下方以单横线进行标记；❷单击“求值”按钮，如下图所示。

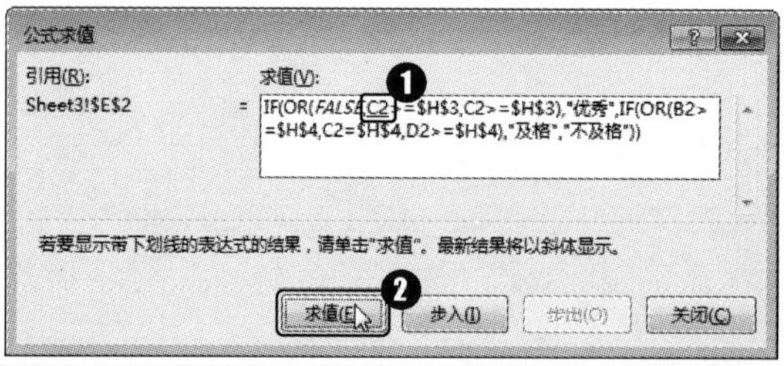

Step06: ❶在“求值”文本框中查看计算的第 5 步，在计算的内容下方以单横线进行标记；❷单击“求值”按钮，如下图所示。

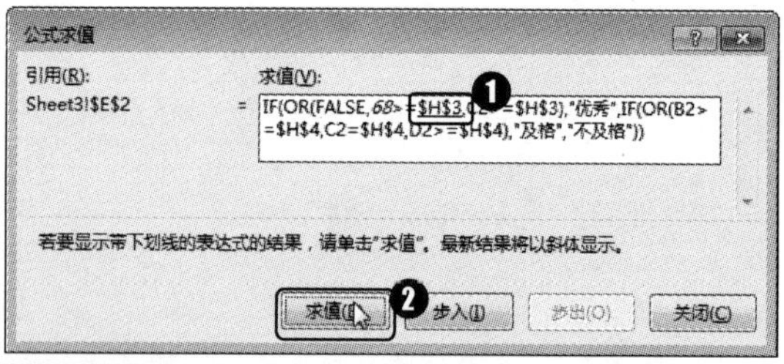

Step07: ❶在“求值”文本框中查看计算的第 6 步，在计算的内容下方以单横线进行标记；❷单击“求值”按钮，如下图所示。

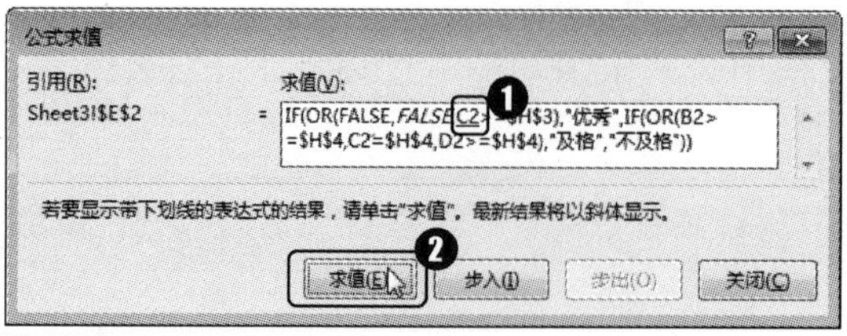

Step08: ❶在“求值”文本框中查看计算的第 7 步，在计算的内容下方以单横线进行标记；❷单击“求值”按钮，如下图所示。

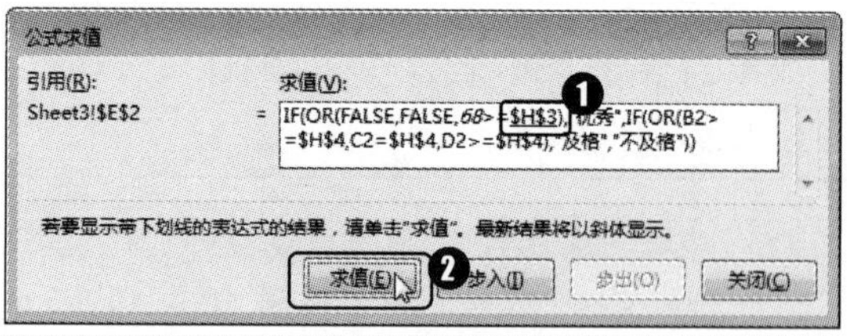

Step09: ❶在“求值”文本框中查看计算的第 8 步，在计算的内容下方以单横线进行标记；❷单击“求值”按钮，如下图所示。

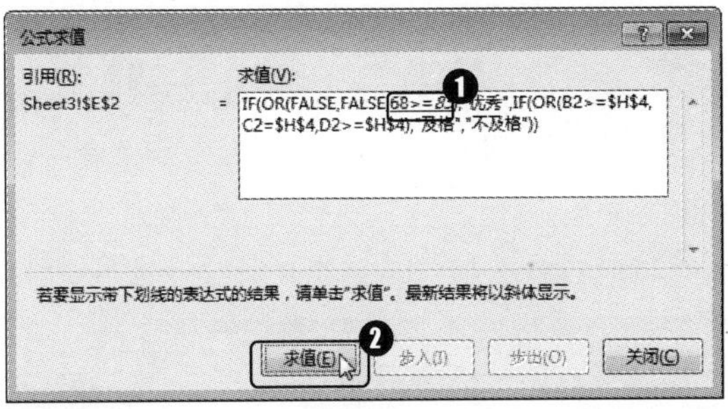

Step10: ❶在“求值”文本框中查看计算的第 9 步，在计算的内容下方以单横线进行标记；❷单击“求值”按钮，如下图所示。

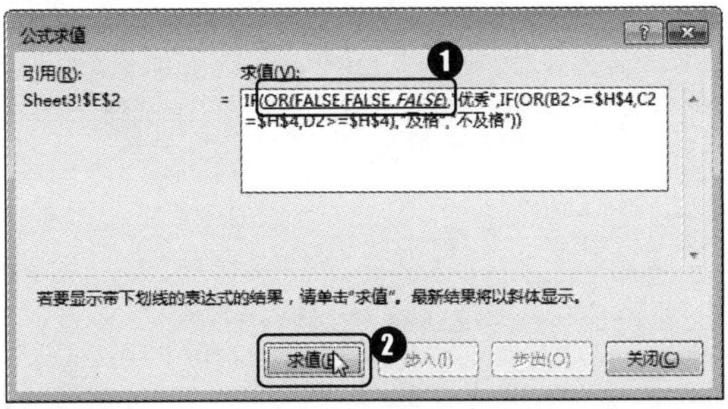

Step11: ❶在“求值”文本框中查看计算的第 10 步，在计算的内容下方以单横线进行标记；❷单击“求值”按钮，如下图所示。

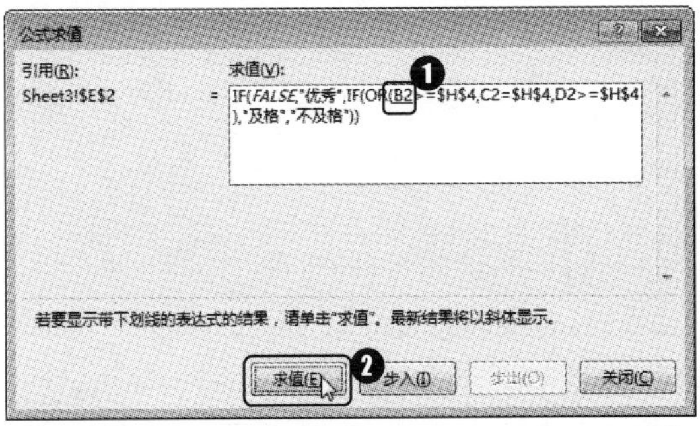

Step12: ❶在“求值”文本框中查看计算的第 11 步，在计算的内容下方以单横线进行标记；❷单击“求值”按钮，如下图所示。

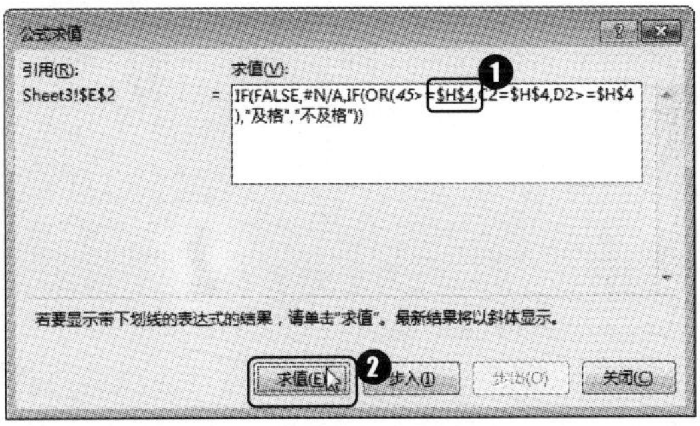

Step13: ❶在“求值”文本框中查看计算的第 12 步，在计算的内容下方以单横线进行标记；❷单击“求值”按钮，如下图所示。

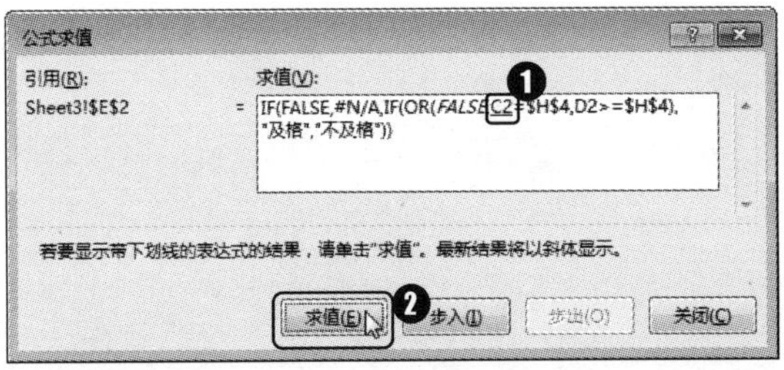

Step14: ❶在“求值”文本框中查看计算的第 13 步，在计算的内容下方以单横线进行标记；❷单击“求值”按钮，如下图所示。

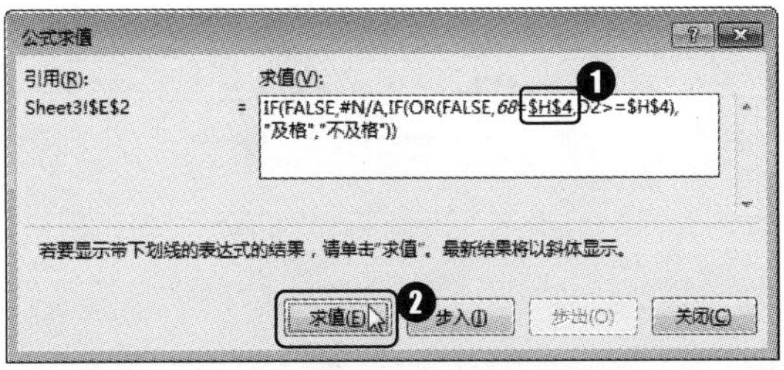

Step15: ❶在“求值”文本框中查看计算的第 14 步，在计算的内容下方以单横线进行标记；❷单击“求值”按钮，如下图所示。

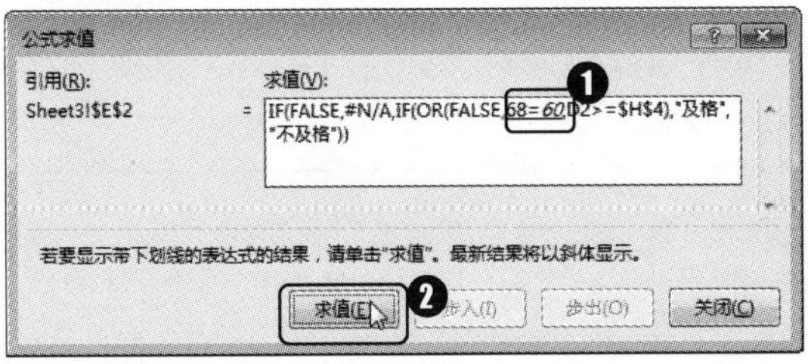

Step16: ❶在“求值”文本框中查看计算的第 15 步，在计算的内容下方以单横线进行标记；❷单击“求值”按钮，如下图所示。

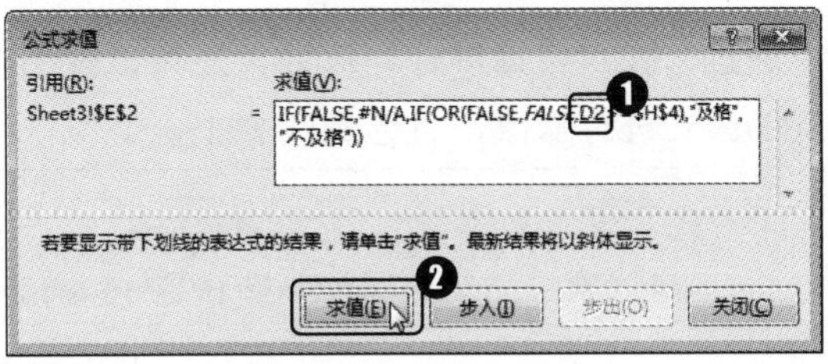

Step17: ❶在“求值”文本框中查看计算的第 16 步，在计算的内容下方以单横线进行标记；❷单击“求值”按钮，如下图所示。

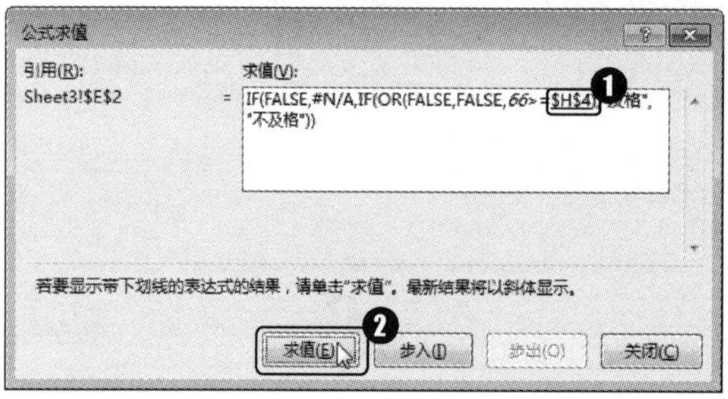

Step18: ❶在“求值”文本框中查看计算的第 17 步，在计算的内容下方以单横线进行标记；❷单击“求值”按钮，如下图所示。

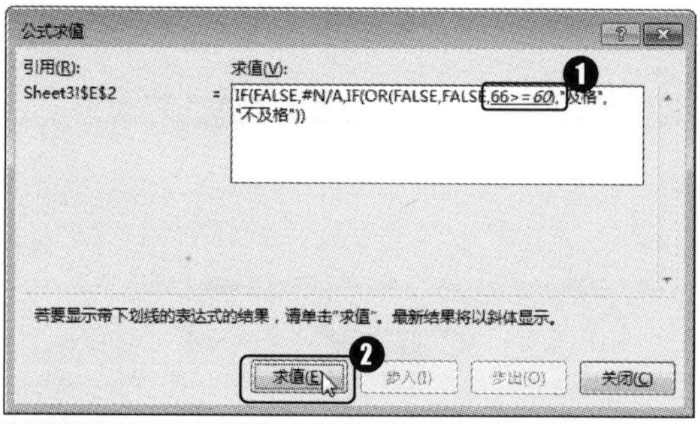

Step19: ❶在“求值”文本框中查看计算的第 18 步，在计算的内容下方以单横线进行标记；❷单击“求值”按钮，如下图所示。

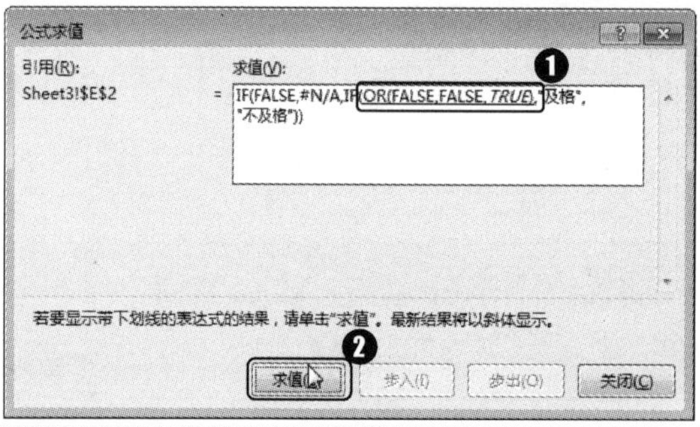

Step20: ❶在“求值”文本框中查看计算的第 19 步，在计算的内容下方以单横线进行标记；❷单击“求值”按钮，如下图所示。

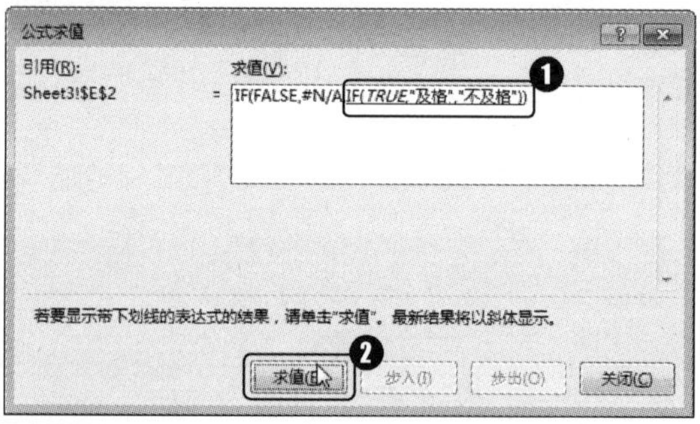

Step21: ❶在“求值”文本框中查看计算的第 20 步，在计算的内容下方以单横线进行标记；❷单击“求值”按钮，如下图所示。

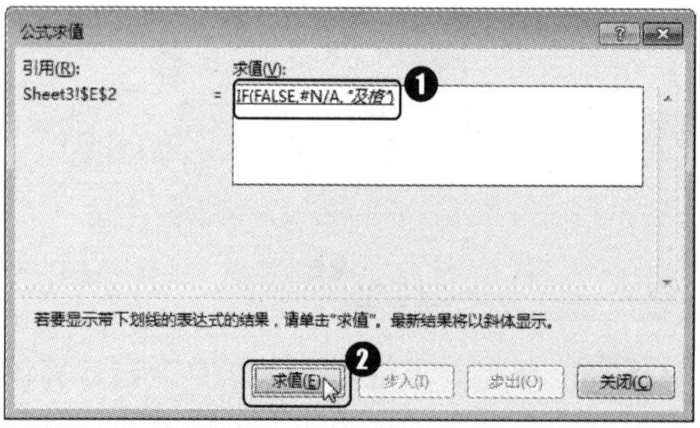

Step22: ❶在“求值”文本框中查看计算结果；❷单击“关闭”按钮关闭对话框，完成查看公式求值的操作，如下图所示。

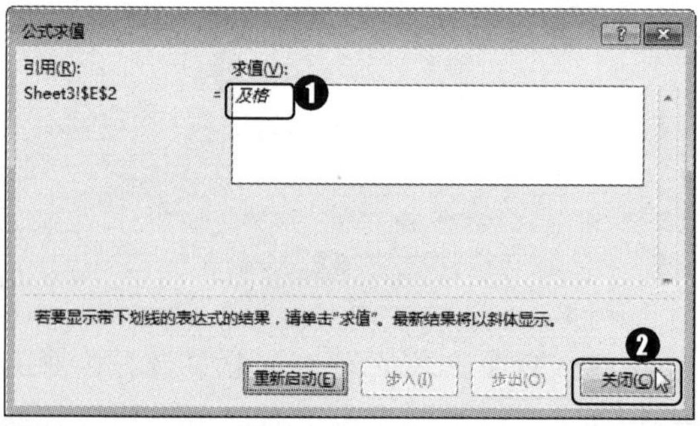

10.6.4 公式的错误检查

通过公式对数据进行计算后，还可以使用错误检查功能快速对公式进行检查，以便对存在错误的公式进行修改，具体操作如下。

光盘同步文件

视频文件：光盘\教学文件\第 10 章\10-6-4.mp4

Step01: ❶在 Sheet2 中选择 E2 单元格；❷单击“公式审核”组中的“错误检查”按钮，如下图所示。

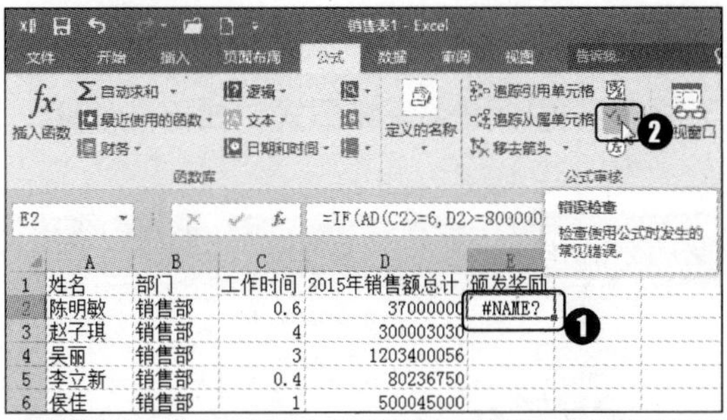

Step02: 打开“错误检查”对话框，单击“在编辑栏中编辑”按钮，如下图所示。

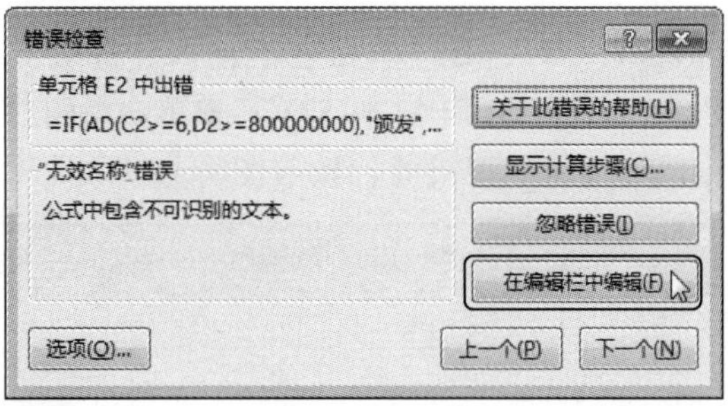

Step03: ❶在编辑栏中输入正确的函数；❷单击“错误检查”对话框中的“继续”按钮，如下图所示。

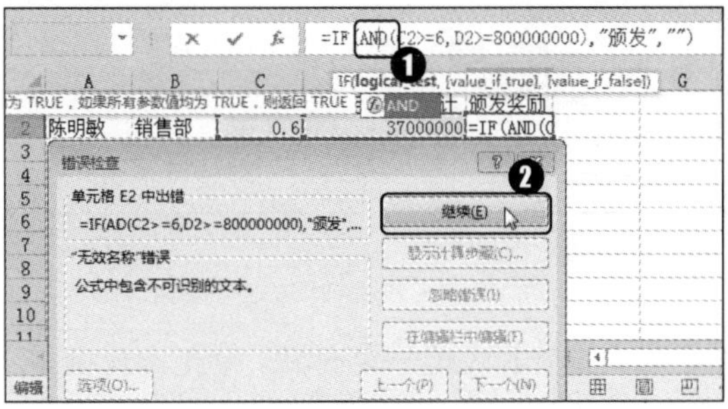

Step04: 打开“Microsoft Excel”对话框，单击“确定”按钮，如下图所示。

▷▷ 高手秘籍——实用操作技巧

相信通过对本章知识的学习，读者朋友已经掌握了如何使用与应用公式、函数计算数据的相关知识，下面结合本章内容介绍一些实用技巧。

光盘同步文件

视频文件：光盘\教学文件\第 10 章\高手秘籍.mp4

技巧 01　使用 PMT 函数计算贷款的每期偿还额

PMT 可以基于固定利率及等额分期付款方式返回贷款的每期付款额。

语法：PMT(rate,nper,pv,[fv],[type])

参数 rate 为必需的参数，表示各期利率。通常用年利表示利率，如果是按月利率，则利率应为 11%/12；如果指定利率为负数，则返回错误值“#NUM!”。

参数 nper 为必需的参数，表示投资的付款期总数。

参数 pv 为必需的参数，表示投资的现值（未来付款现值的累积和）。

参数 fv 为可选参数，表示未来值，或在最后一次支付后希望得到的现金余额，如果省略 fv，则假设其值为零。如果忽略 fv，则必须包含 pmt 参数。

参数 type 为可选参数，表示期初或期末，0 为期末，1 为期初。

例如使用 PMT 函数计算出归还本利额是多少，具体方法如下。

Step01: ❶在 B3 单元格中输入计算公式“=-PMT($G$1,$E$1,$C$1)”；❷单击编辑栏中的“输入”按钮✔，如下图所示。

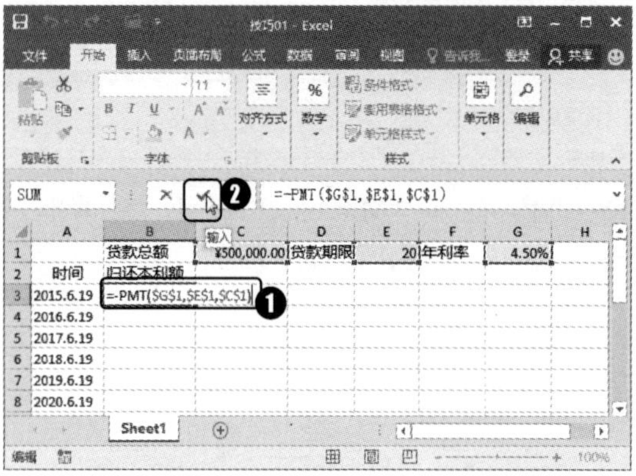

Step02: ❶选择 B3 单元格；❷按住鼠标左键不放向下拖动填充计算公式，如下图所示。

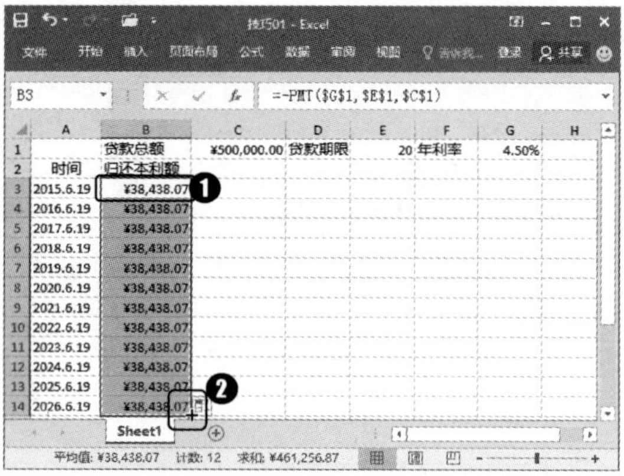

> **专家点拨——为什么要在函数前添加“-”号**
>
> 由于使用 PMT 函数计算出的应归还本利额是支出，表示这是一笔付款，即支出现金流。为了得到正数结果，因此在公式的最前方添加了“-”符号。

技巧 02 使用 PV 函数计算投资的现值

PV 函数用于计算投资项目的现值。在财务管理中，现值为一系列未来付款的当前值的累积和，在财务概念中，表示的是考虑风险特性后的投资价值。

语法：PV (rate,nper,pmt,[fv],[type])

参数 rate 为必需的参数，表示各期利率。在做项目投资时，如果不确定利率，会假设一个值。

参数 nper 为必需的参数，表示总投资期，即该项投资的付款期总数。

参数 pmt 为必需的参数，表示各期所应支付的金额，其数值在整个年金期间保持不变。如果忽略 pmt，则必须包含 fv 参数。

参数 fv 为可选参数，表示未来值，或在最后一次支付后希望得到的现金余额，如果省略 fv，则假设其值为零。如果忽略 fv，则必须包含 pmt 参数。

参数 type 为可选参数，表示数字 0 或 1，用于指定各期的付款时间是在期初还是在期末。

例如，某保险公司每月底一项保险年金的支出为 50 000 元，投资收益率为 8%，付款年限为 20 年，根据以上条件计算出年金的现值，则需要使用 PV 函数进行计算。

使用 PV 函数计算出保险年金的现值，具体操作方法如下。

Step01: ❶在 B6 单元格中输入计算公式“=-PV(B2,B3,B4,0,0)”；❷单击编辑栏中的“输入”按钮✔，如下图所示。

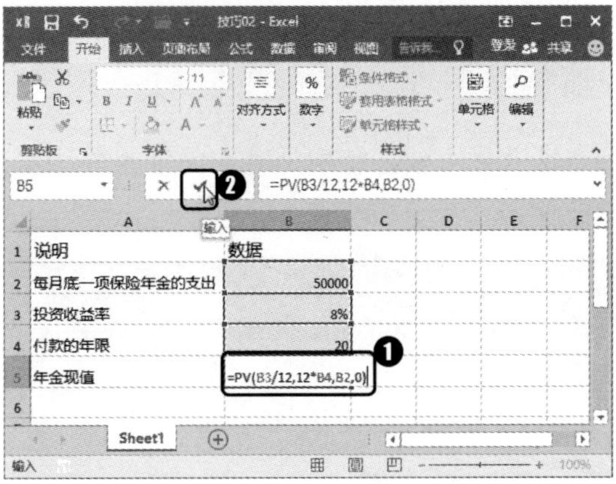

Step02: 经过上步操作，计算出保险年金的现值，结果如下图所示。

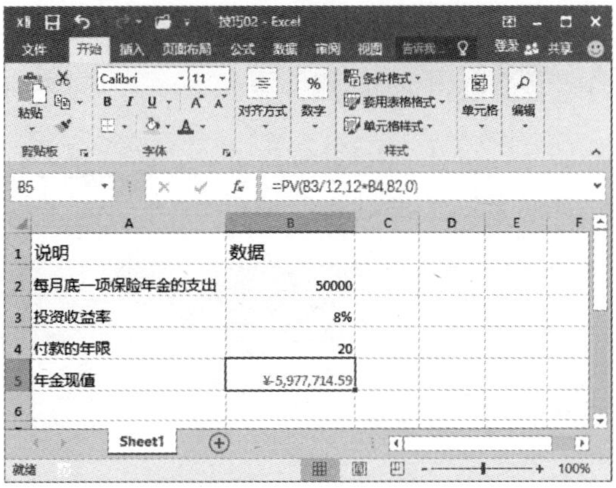

技巧 03　使用 LOOKUP 函数查找数据

LOOKUP 函数的作用是从单行或单列的数组中查找一个值。

语法：LOOKUP(lookup_value,lookup_vector,[result_vector])

参数 lookup_value 为必需的参数，指 LOOKUP 在第一个向量中搜索的值。lookup_value 可以是数字、文本、逻辑值、名称或对值的引用。

参数 lookup_vector 为必需的参数，只包含一行或一列的区域。lookup_vector 中的值可以是文本、数字或逻辑值。

参数 result_vector 为可选参数，只包含一行或一列的区域。result_vector 参数必须与 lookup_vector 大小相同。

例如在本中要根据姓名查找出指定人员的合计销售额，使用 LOOKUP 函数进行查找，具体操作方法如下。

Step01: ❶在 H3 单元格中输入查找公式“=LOOKUP(G3,A2:A11,E2:E11)”；❷单击编辑栏中的“输入”按钮✔，如下图所示。

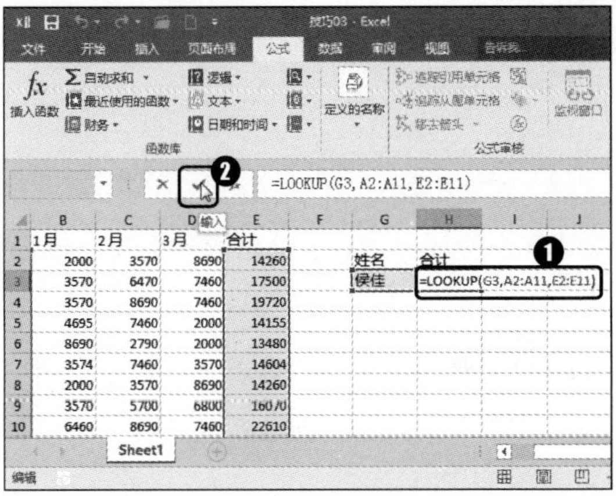

Step02: 经过上步操作，查找出侯佳的合计值，效果如下图所示。

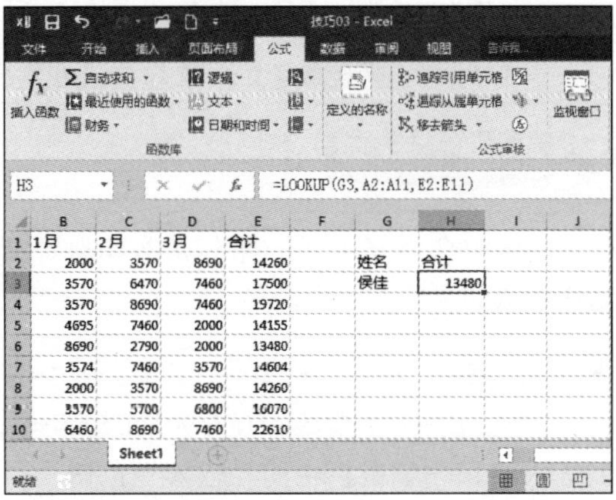

▷▷ 上机实战——计算与统计销售表中的数据

>> 上机介绍

在 Excel 中使用函数的方式对数据进行计算的方法非常方便，特别是遇上大量的数据表，使用函数是必不可少的，下面介绍使用函数计算与统计销售表中的数据。

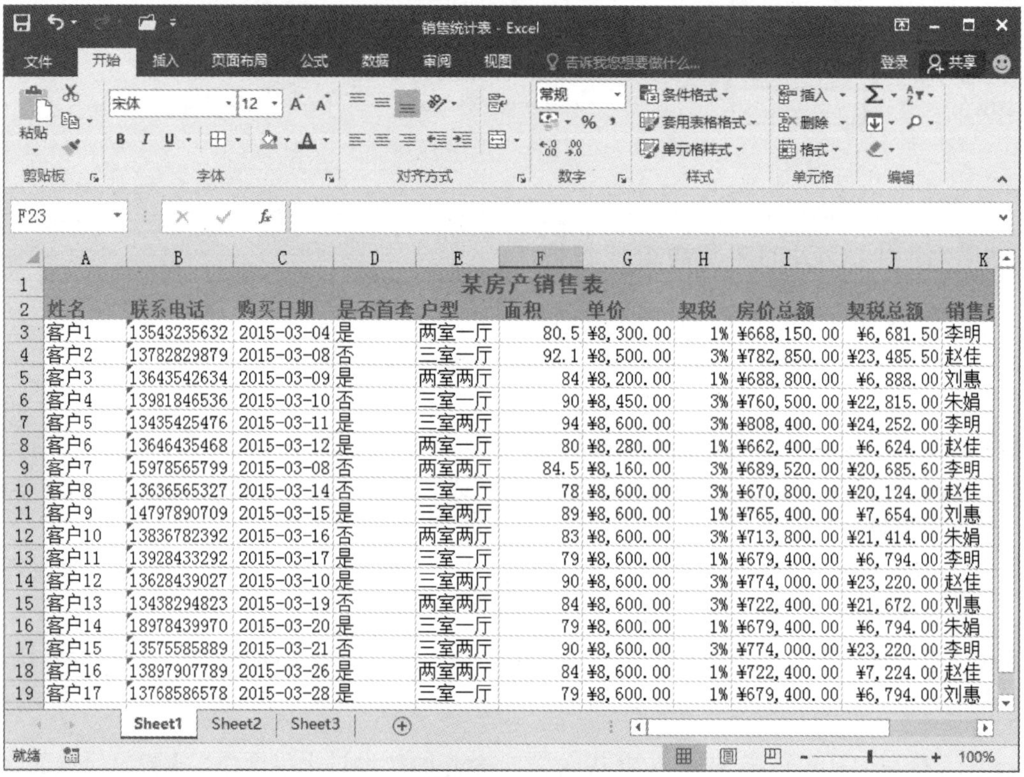

姓名	联系电话	购买日期	是否首套	户型	面积	单价	契税	房价总额	契税总额	销售
客户1	13543235632	2015-03-04	是	两室一厅	80.5	¥8,300.00	1%	¥668,150.00	¥6,681.50	李明
客户2	13782829879	2015-03-08	否	三室一厅	92.1	¥8,500.00	3%	¥782,850.00	¥23,485.50	赵佳
客户3	13643542634	2015-03-09	是	两室两厅	84	¥8,200.00	1%	¥688,800.00	¥6,888.00	刘惠
客户4	13981846536	2015-03-10	否	三室一厅	90	¥8,450.00	3%	¥760,500.00	¥22,815.00	朱娟
客户5	13435425476	2015-03-11	是	三室两厅	94	¥8,600.00	3%	¥808,400.00	¥24,252.00	李明
客户6	13646435468	2015-03-12	是	两室一厅	80	¥8,280.00	1%	¥662,400.00	¥6,624.00	赵佳
客户7	15978565799	2015-03-08	否	两室两厅	84.5	¥8,160.00	3%	¥689,520.00	¥20,685.60	李明
客户8	13636565327	2015-03-14	否	三室一厅	78	¥8,600.00	3%	¥670,800.00	¥20,124.00	赵佳
客户9	14797890709	2015-03-15	是	三室两厅	89	¥8,600.00	1%	¥765,400.00	¥7,654.00	刘惠
客户10	13836782392	2015-03-16	否	两室两厅	83	¥8,600.00	3%	¥713,800.00	¥21,414.00	朱娟
客户11	13928433292	2015-03-17	是	三室一厅	79	¥8,600.00	1%	¥679,400.00	¥6,794.00	李明
客户12	13628439027	2015-03-10	是	三室两厅	90	¥8,600.00	3%	¥774,000.00	¥23,220.00	赵佳
客户13	13438294823	2015-03-19	否	两室两厅	84	¥8,600.00	3%	¥722,400.00	¥21,672.00	刘惠
客户14	18978439970	2015-03-20	是	三室一厅	79	¥8,600.00	1%	¥679,400.00	¥6,794.00	朱娟
客户15	13575585889	2015-03-21	否	三室两厅	90	¥8,600.00	3%	¥774,000.00	¥23,220.00	李明
客户16	13897907789	2015-03-26	是	两室两厅	84	¥8,600.00	1%	¥722,400.00	¥7,224.00	赵佳
客户17	13768586578	2015-03-28	是	三室一厅	79	¥8,600.00	1%	¥679,400.00	¥6,794.00	刘惠

光盘同步文件

素材文件：光盘\素材文件\第 10 章\销售统计表.xlsx
结果文件：光盘\结果文件\第 10 章\销售统计表.xlsx
视频文件：光盘\教学文件\第 10 章\上机实战.mp4

>> 步骤详解

本实例中会用 IF 嵌套、乘积函数和自定义公式计算出契税标准、房价总额和契税总额，具体制作步骤如下。

Step01: ❶在 H3 单元格中输入计算公式“=IF(D3="是", IF(F3<90,$N$4,IF(F3<90,$N$5,$N$6)), 3%)”；❷单击编辑栏中的“输入”按钮✔，如下图所示。

Step02: ❶选择 H 列；❷单击“数字”组中的“百分比样式”按钮%，如下图所示。

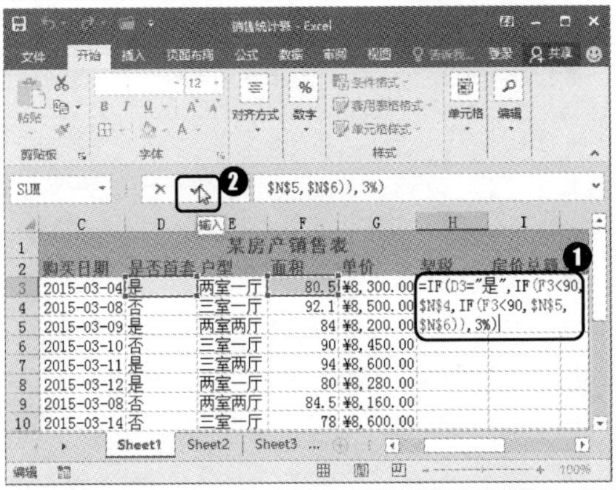

Step03: 选择 H3 单元格，将鼠标移至右下角，当光标变成“+”时双击鼠标左键，向下快速填充，如下图所示。

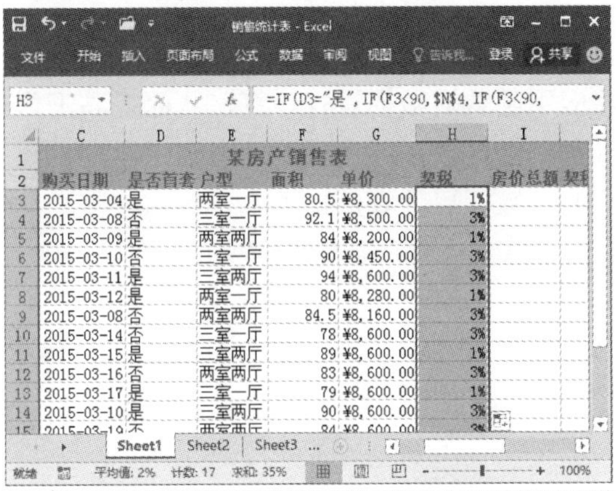

Step05: 选择 I3 单元格，将鼠标移至右下角，当光标变成“+”时双击鼠标左键，向下快速填充，如下图所示。

Step07: ❶在 J3 单元格中输入计算公式“=I3*H3”；❷单击编辑栏中的“输入”按钮✔，如下图所示。

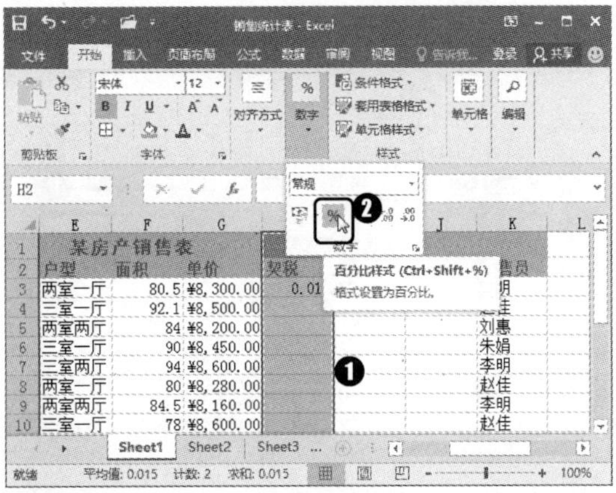

Step04: ❶在 I3 单元格中输入计算公式“=PRODUCT(F3:G3)”；❷单击编辑栏中的“输入”按钮✔，如下图所示。

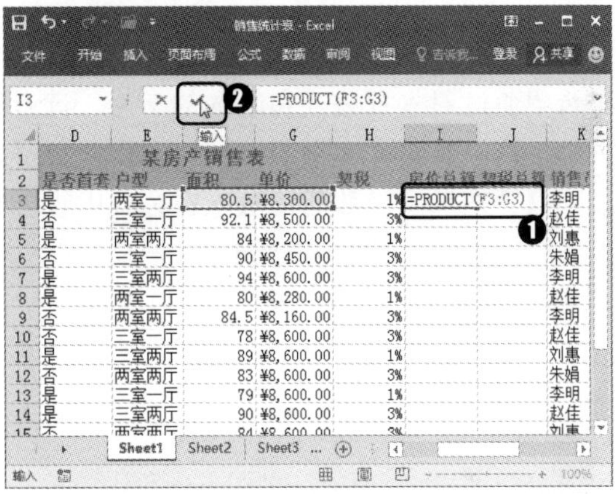

Step06: ❶选择 I3:I19 单元格区域；❷单击“数字”组中“常规”右侧的下拉按钮；❸选择“货币”选项，如下图所示。

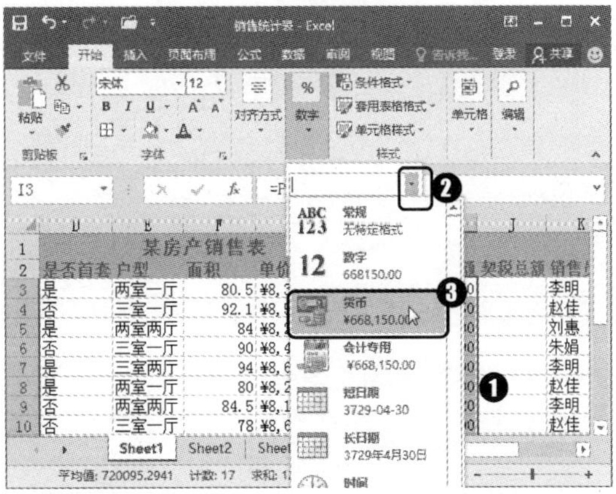

Step08: 选择 J3 单元格，将鼠标移至右下角，当光标变成“+”时双击鼠标左键，向下快速填充，如下图所示。

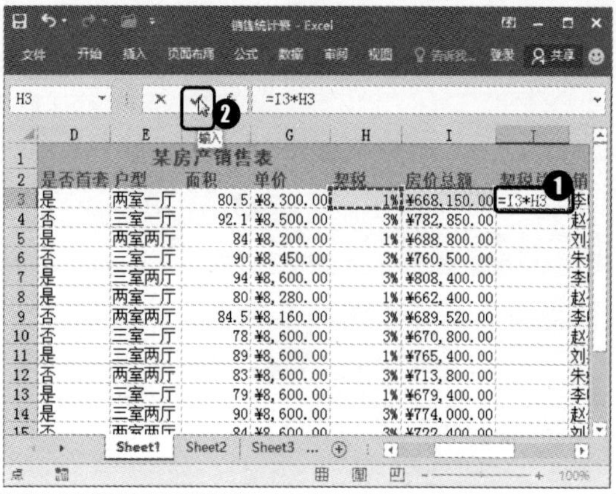

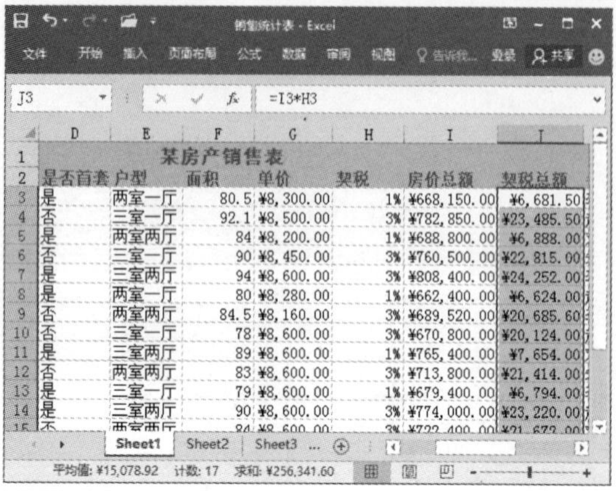

▷▷ 本章小结

希望通过对本章公式和函数的学习，读者能够应用函数对数据进行计算，从而提高工作效率。由于篇幅有限，本书不会针对所有函数进行讲解，因此如果读者遇到了本章中没有出现的函数，只要知道了函数的语法，在公式中设置相应的参数即可计算数据。

第 11 章　Excel 2016 图表与数据透视表的应用

本章导读

图表是 Excel 分析数据的一个重要功能，读者可以使用图表简单、明了地分析数据，让烦琐的数据变成会说话的图表。为了更好地筛选图表数据，可以使用数据透视图进行操作。若是需要查看动态的数据，则可以使用数据透视表的功能。本章主要介绍图表和数据透视表（图）的相关知识。

知识要点

- 图表的概念
- 创建和编辑图表的操作
- 设置图表布局
- 迷你图的使用
- 数据透视表（图）的创建
- 切片器的使用

效果展示

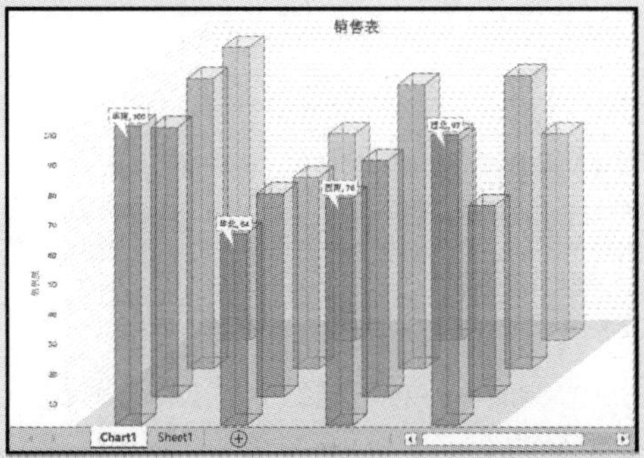

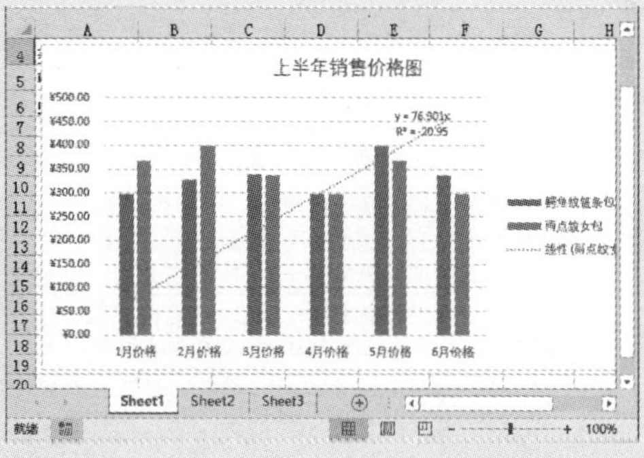

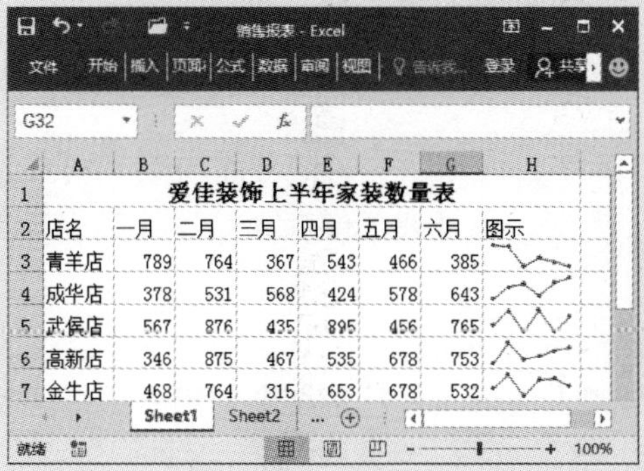

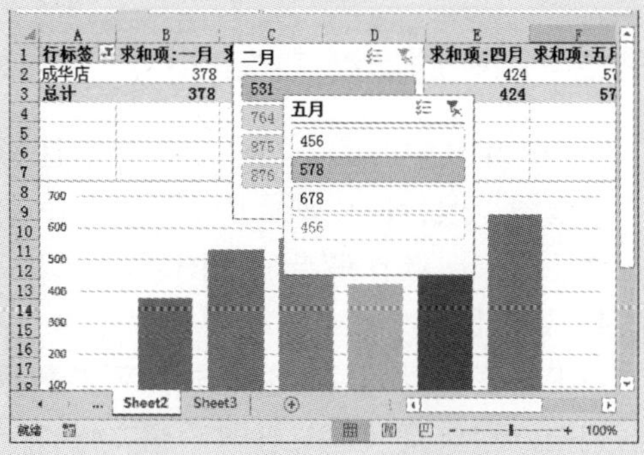

11.1 课堂讲解——认识图表

在数据表中分析数据时，用户会根据自己的需要对数据进行排序。排序分为升序和降序两种表现形式，在使用排序功能之前首先需要了解排序的规则，然后根据需要选择排序的方式。

11.1.1 图表的组成

Excel 2016 提供了 11 种标准的图表类型，每一种图表类型都分为几种子类型，其中包括二维图表和三维图表。虽然图表的种类不同，但每一种图表的绝大部分组件是相同的，完整的图表包括图表区、绘图区、图表标题、数据系列、坐标轴、坐标轴标题、图例、网格线等，如下图所示。对图表各个区域的说明见下表。

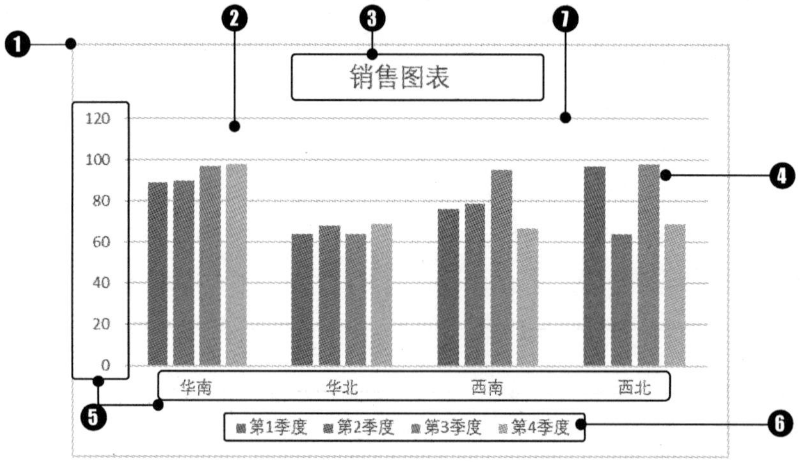

❶	绘图区：图表中最大的白色区域，作为其他图表元素的容器
❷	图形区：图表区中的一部分，即显示图形的矩形区域
❸	图表标题：用来说明图表内容的文字，可以在图表中任意移动及修饰（例如设置字体、字形及字号等）
❹	数据系列：在数据区域中，同一列（或同一行）数值数据的集合构成一组数据系列，也就是图表中相关数据点的集合。图表中可以有一组到多组数据系列，多组数据系列之间通常采用不同的图案、颜色或符号来区分。在上图中，第 1 季度到第 4 季度的运营额统计就是数据系列，它们分别以不同的颜色加以区分
❺	坐标轴和坐标轴标题：坐标轴是标识数值大小及分类的水平线和垂直线，上面有标定数据值的标志（刻度）。在一般情况下，水平轴（*X* 轴）表示数据的分类
❻	图例：图例指出图表中的符号、颜色或形状定义数据系列所代表的内容。图例由两部分构成，其中图例标示代表数据系列的图案，即不同颜色的小方块，图例项是与图例标示对应的数据系列名称，一种图例标识只能对应一种图例项
❼	网格线：贯穿绘图区的线条，用于作为估算数据系列所示值的标准

11.1.2 图表的类型

Excel 2016 中的图表类型主要包括柱形图、折线图、饼图、条形图、面积图、*XY*（散点）图、气泡图、股价图、曲面图、雷达图和组合图等类型。读者要了解并熟悉这些图表类型，以便在创建图表时选择最合适的图表。

1. 柱形图

在工作表中以列或行的形式排列的数据可以绘制为柱形图。柱形图通常沿水平（类别）轴显示类别，沿垂直（值）轴显示值，如以下图表所示。

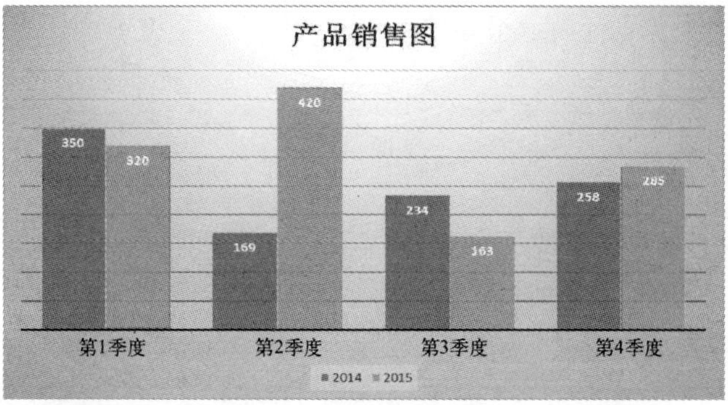

在柱形图又可分为多种类型，下面对每个类型进行介绍。

（1）簇状柱形图和三维簇状柱形图

如下图所示，簇状柱形图以二维柱形显示值；三维簇状柱形图以三维格式显示柱形，但是不使用第 3 个数值轴（竖坐标轴）。在有表示以下内容的类别时使用此图表：

- 数值范围（例如项目计数）。
- 特定范围（例如包含“完全同意”“同意”“中立”“不同意”“完全不同意”等条目的李克特范围）。

簇状柱形图

三维簇状柱形图

（2）堆积柱形图和三维堆积柱形图

如下图所示，堆积柱形图使用二维堆积柱形显示值；三维堆积柱形图以三维格式显示堆积柱形，但是不使用竖坐标轴。在有多个数据系列并希望强调累计数值时使用此图表。

- 不采用任何特定顺序的名称（例如项目名称、地埋名称或人名）。

堆积柱形图

三维堆积柱形图

（3）百分比堆积柱形图和三维百分比堆积柱形图

如下图所示，百分比堆积柱形图使用堆积表示百分比的二维柱形显示值；三维百分比堆积柱形图以三维格式显示柱形，但是不使用竖坐标轴。如果图表具有两个或更多个数据系列，并且要强调每个值占整体的百分比，尤其是当各类别的总数相同时，可使用此图表。

百分比堆积柱形图

三维百分比堆积柱形图

（4）三维柱形图

如下图所示，三维柱形图使用 3 个可以修改的坐标轴（水平坐标轴、垂直坐标轴和竖坐标轴），并沿水平坐标轴和竖坐标轴比较数据点。当希望比较同时跨类别和数据系列的数据时，可使用此图表。

三维柱形图

2. 折线图

在工作表中以列或行的形式排列的数据可以绘制为折线图。在折线图中，类别数据沿水平轴均匀分布，所有值数据沿垂直轴均匀分布。折线图可在均匀按比例缩放的坐标轴上显示一段时间的连续数据，因此非常适合显示相等时间间隔（如月、季度或会计年度）下数据的趋势，如下图所示。

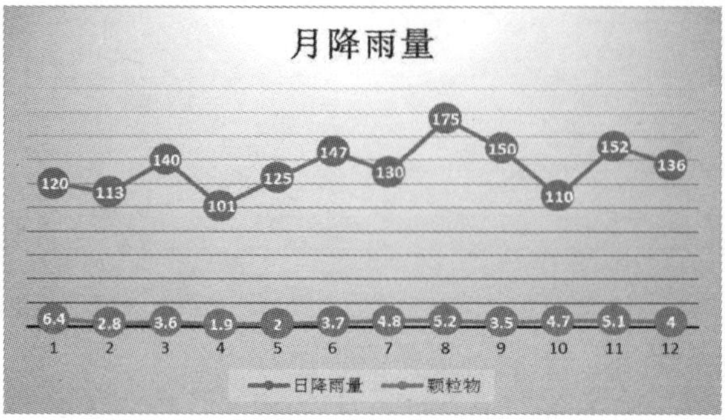

为了让读者更好地使用折线图，下面对各折线图进行介绍。

（1）折线图和数据点折线图

如下图所示，折线图在显示时可以带有指示单个数据值的标记，也可以不带标记，可显示一段时间或均匀分布的类别的趋势，特别是当有多个数据点并且这些数据点的出现顺序非常重要时。如果有许多类别或值大小接近，可使用无数据点折线图。

折线图

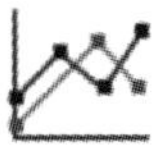
数据点折线图

（2）堆积折线图和数据点堆积折线图

如下图所示，堆积折线图显示时可带有标记以指示各个数据值，也可以不带标记，可显示每个值所占大小随时间或均匀分布的类别而变化的趋势。

堆积折线图

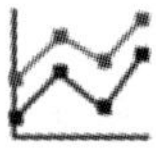
数据点堆积折线图

（3）百分比堆积折线图和数据点百分比堆积折线图

如下图所示，百分比堆积折线图显示时可带有标记以指示各个数据值，也可以不带标记，可显示每个值所占的百分比随时间或均匀分布的类别而变化的趋势。如果有许多类别或值大小接近，可使用无数据点百分比堆积折线图。

百分比堆积折线图

数据点百分比堆积折线图

（4）三维折线图

如下图所示，三维折线图将每个数据行或数据列显示为一个三维条带。三维折线图有水平坐标轴、垂直坐标轴和竖坐标轴，可以修改它们。

三维折线图

3．饼图和圆环图

在工作表中以列或行的形式排列的数据可以绘制为饼图。饼图显示一个数据系列中各项的大小与各项总和的比例。饼图中的数据点显示为整个饼图的百分比。

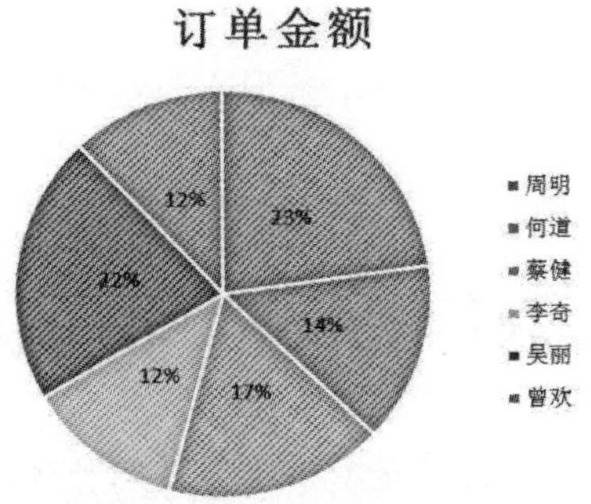

如果要创建的图表只有一个数据系列、数据中的值没有负值、数据中的值几乎没有零值或类别不超过 7 个，并且这些类别共同构成了整个饼图，就可以使用饼图的方式查看数据。各饼图的功能如下。

（1）饼图和三维饼图

如下图所示，饼图以二维或三维格式显示每个值占总计的比例，可以手动拉出饼图的扇区以强调扇区。

饼图　　三维饼图

（2）复合饼图和复合条饼图

如下图所示，复合饼图或复合条饼图显示特殊的饼图，其中的一些较小的值被拉出为次饼图或堆积条形图，从而使其更易于区分。

复合饼图　　复合条饼图

（3）圆环图

如下图所示，仅排列在工作表的列或行中的数据可以绘制为圆环图。和饼图一样，圆环图也显示了部分与整体的关系，但圆环图可以包含多个数据系列。

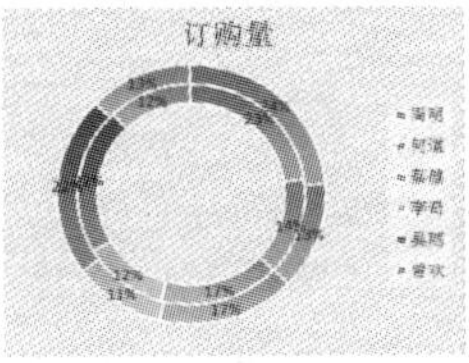

4．条形图

在工作表中以列或行的形式排列的数据可以绘制为条形图。条形图显示各个项目的比较情况。在条形图中，通常沿垂直坐标轴组织类别，沿水平坐标轴组织值，如下图所示。

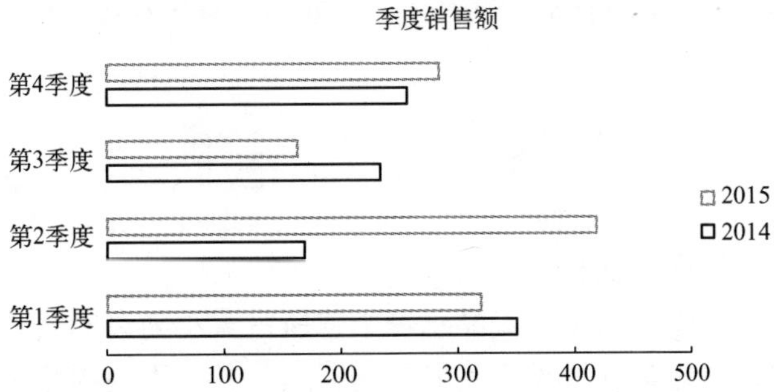

（1）簇状条形图和三维簇状条形图

如下图所示，簇状条形图以二维格式显示条形；三维簇状条形图以三维格式显示条形，不使用竖坐标轴。

簇状条形图

三维簇状条形图

（2）堆积条形图和三维堆积条形图

如下图所示，堆积条形图以二维条形显示单个项目与整体的关系；三维堆积条形图以三维格式显示条形，不使用竖坐标轴。

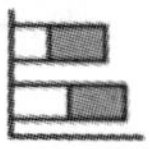
堆积条形图

三维堆积条形图

（3）百分比堆积条形图和三维百分比堆积条形图

如下图所示，百分比堆积条形图显示二维条形，这些条形跨类别比较每个值占总计的百分比；三维百分比堆积条形图以三维格式显示条形，不使用竖坐标轴。

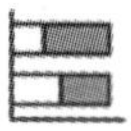
百分比堆积条形图

三维百分比堆积条形图

5．面积图

在工作表中以列或行的形式排列的数据可以绘制为面积图。面积图可用于绘制随时间发生的变化量，用于引起人们对总值趋势的关注。通过显示所绘制的值的总和，面积图还可以显示部分与整体的关系。

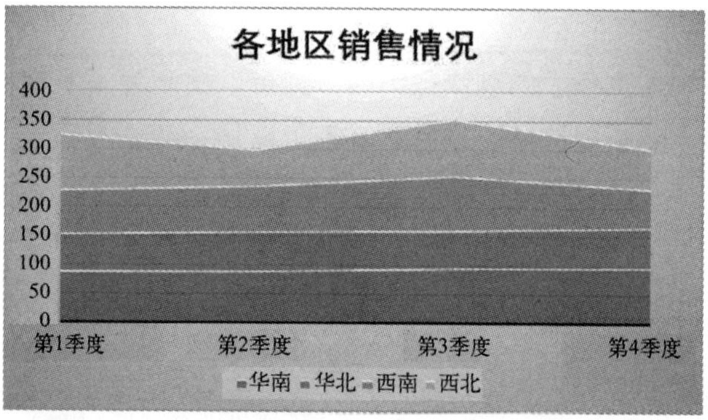

（1）面积图和三维面积图

如下图所示，面积图以二维或三维格式显示，用于显示值随时间或其他类别数据变化的趋势；三维面积图使用 3 个可以修改的坐标轴（水平坐标轴、垂直坐标轴和竖坐标轴）。通常使用折线图而不是非堆积面积图，因为如果使用后者，一个系列中的数据可能会被另一系列中的数据遮住。

面积图

三维面积图

（2）堆积面积图和三维堆积面积图

如下图所示，堆积面积图以二维格式显示每个值所占大小随时间或其他类别数据变化的趋势；三维堆积图也一样，但是是以三维格式显示面积的，并且不使用竖坐标轴。

堆积面积图

三维堆积面积图

（3）百分比堆积面积图和三维百分比堆积面积图

如下图所示，百分比堆积面积图显示每个值所占百分比随时间或其他类别数据变化的趋势；三维百分比堆积图也一样，但是是以三维格式显示面积的，并且不使用竖坐标轴。

百分比堆积面积图

三维百分比堆积面积图

6．XY（散点）图

在工作表中以列或行的形式排列的数据可以绘制为 *XY*（散点）图。将 *X* 值放在一行或一列，然后在相邻的行或列中输入对应的 *Y* 值。

散点图有两个数值轴，即水平（*X*）数值轴和垂直（*Y*）数值轴，如下图所示。散点图将 *X* 值和 *Y* 值合并到单一数据点并按不均匀的间隔或簇来显示它们。散点图通常用于显示和比较数值，例如科学数据、统计数据和工程数据。

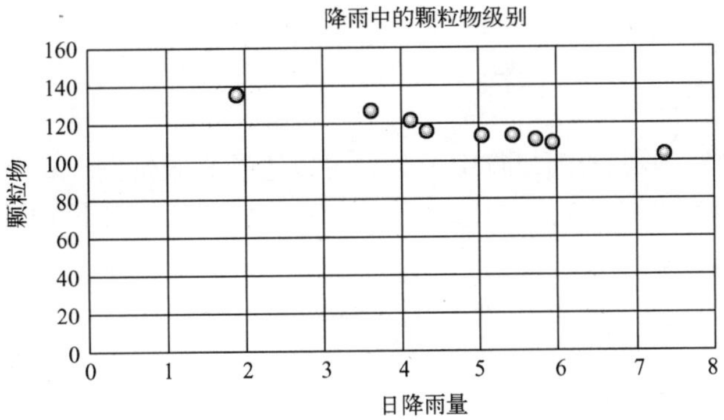

（1）散点图

散点图显示数据点以比较值对，但是不连接线，如下图所示。

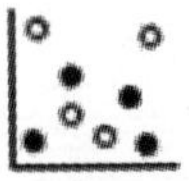
散点图

（2）带平滑线和标记的散点图和带平滑线的散点图

这种图表显示用于连接数据点的平滑曲线，显示的平滑线可以带标记，也可以不带标记，如下图所示。如果有多个数据点，则可使用不带标记的平滑线。

带平滑线和标记的散点图

带平滑线的散点图

（3）带直线和标记的散点图和带直线的散点图

这种图表显示数据点之间直接相连的直线，显示的直线可以带标记，也可以不带标记，如下图所示。

带直线和标记的散点图

带直线的散点图

7．气泡图

气泡图与散点图非常相似，这种图表增加第 3 个柱形来指定所显示的气泡的大小，以便表示数据系统中的数据点，如下图所示。

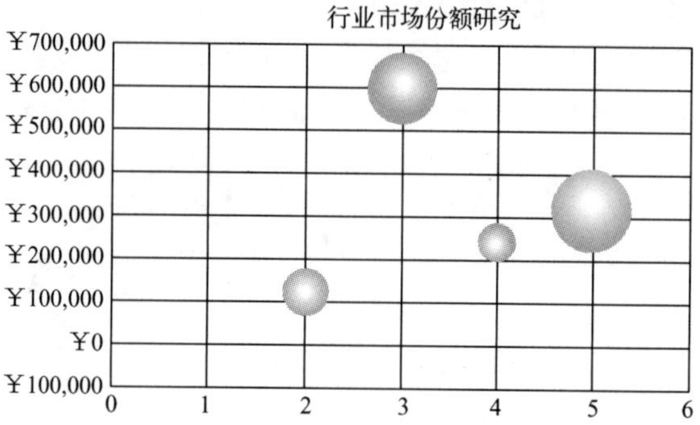

气泡图和三维气泡图都用于比较成组的 3 个值而非两个值，并以二维或三维格式显示气泡（不使用竖坐标轴），如下图所示，第 3 个值指定气泡标记的大小。

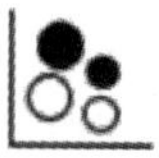
气泡图

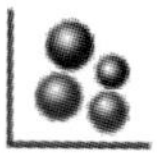
三维气泡图

8．股价图

以特定顺序排列在工作表的列或行中的数据可以绘制为股价图。顾名思义，股价图可以显示股价的波动，不过这种图表也可以显示其他数据（如日降雨量和每年温度）的波动，但必须按正确的顺序组织数据才能创建股价图。

例如，若要创建一个简单的盘高-盘低-收盘股价图，则根据按盘高、盘低和收盘次序输入的列标题来排列数据，如下图所示。

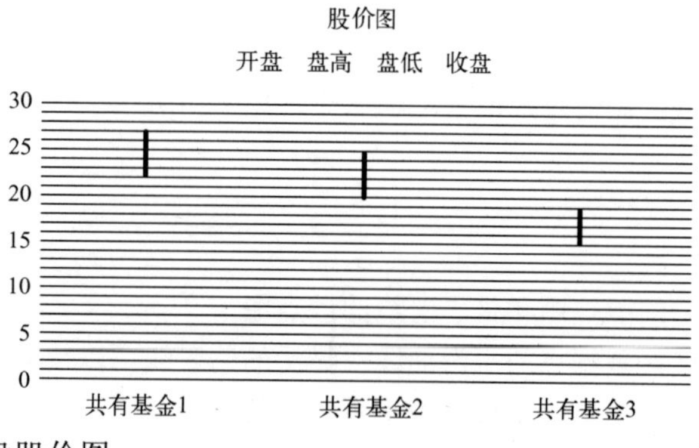

（1）盘高-盘低-收盘股价图

这种股价图按照以下顺序使用 3 个值系列（盘高、盘底和收盘股价），如左下图所示。

（2）开盘-盘高-盘低-收盘股价图

这种股价图按照以下顺序使用 4 个值系列（开盘、盘高、盘底和收盘股价），如右下图所示。

盘高–盘低–收盘股价图

开盘–盘高–盘低–收盘股价图

（3）成交量-盘高-盘低-收盘股价图

这种股价图按照以下顺序使用 4 个值系列（成交量、盘高、盘底和收盘股价），它在计算成交量时使用了两个数值轴，一个是用于计算成交量的列，另一个是用于股票价格的列，如左下图所示。

（4）成交量-开盘-盘高-盘低-收盘股价图

这种股价图按照以下顺序使用 5 个值系列（成交量、开盘、盘高、盘底和收盘股价），如右下图所示。

成交量–盘高–盘低–收盘股价图

成交量–开盘–盘高–盘低–收盘股价图

9．曲面图

在工作表中以列或行的形式排列的数据可以绘制为曲面图。如果希望得到两组数据间的最佳组合，曲面图将很有用。例如在地形图上，颜色和图案表示具有相同取值范围的地区。当类别和数据系列都是数值时可以创建曲面图，如下图所示。

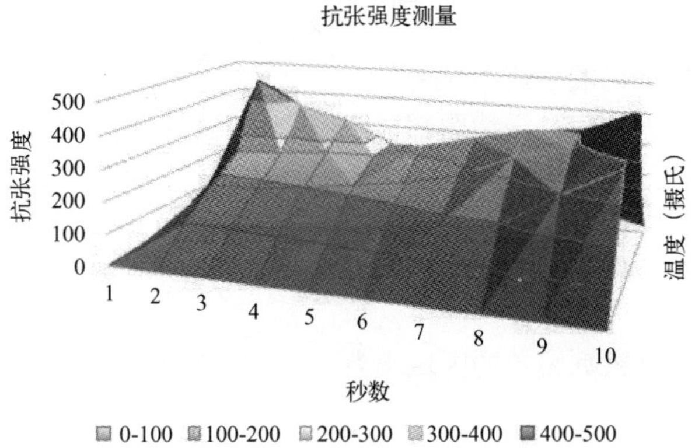

（1）三维曲面图

这种图表显示数据的三维视图，可以将其想象为三维柱形图上展开的橡胶板。它通常用于显示大量数据之间的关系，其他方式可能很难显示这种关系。曲面图中的颜色带不表示数据系列，它们表示值之间的差别。

（2）三维曲面图（框架图）

曲面不带颜色的三维曲面图称为三维曲面图（框架图），如左下图所示，这种图表只显示线条。三维曲面图（框架图）不容易理解，但是绘制大型数据集的速度比三维曲面图快得多，如右下图所示。

三维曲面图

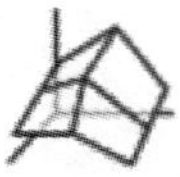

三维曲面图（框架图）

（3）俯视图

曲面图是从俯视的角度看到的曲面图，与二维地形图相似如左下图所示。在俯视图中，色带表示特定范围的值。俯视图中的线条连接等值的内插点。

（4）曲面图（俯视框架图）

曲面图（俯视框架图）也是从俯视的角度看到的曲面图。框架俯视图只显示线条，不在曲面上显示色带，如右下图所示。框架俯视图不容易理解，用户可能希望改用三维曲面图。

俯视图

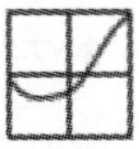

曲面图（俯视框架图）

10. 雷达图

在工作表中以列或行的形式排列的数据可以绘制为雷达图，如下图所示。雷达图有利于比较若干数据系列的聚合值。

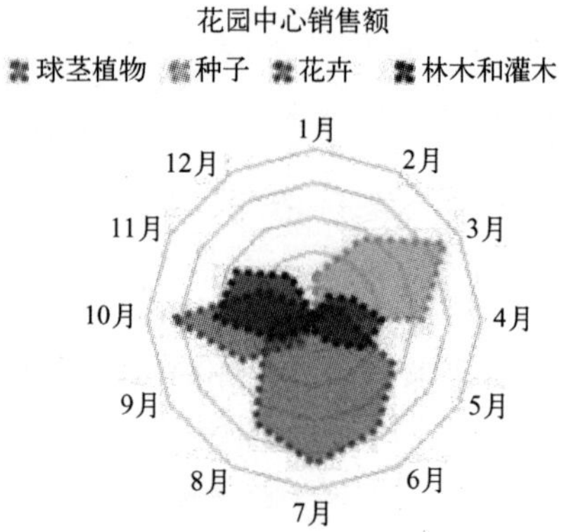

（1）雷达图和带数据标记的雷达图

无论单独的数据点有无标记，雷达图都显示值相对于中心点的变化，如下图所示。

雷达图　　带数据标记的雷达图

（2）填充雷达图

在填充雷达图中，数据系列覆盖的区域填充有颜色，如下图所示。

填充雷达图

11. 组合图

以列和行的形式排列的数据可以绘制为组合图。组合图将两种或更多图表类型组合在一起，以便让数据更容易理解，特别是在数据变化范围较大时。由于采用了次坐标轴，因此这种图表更容易看懂。在下图中使用了柱形图来显示一月到六月之间的房屋销售量数据，然后使用了折线图让读者可以快速确定每月的平均销售价格。

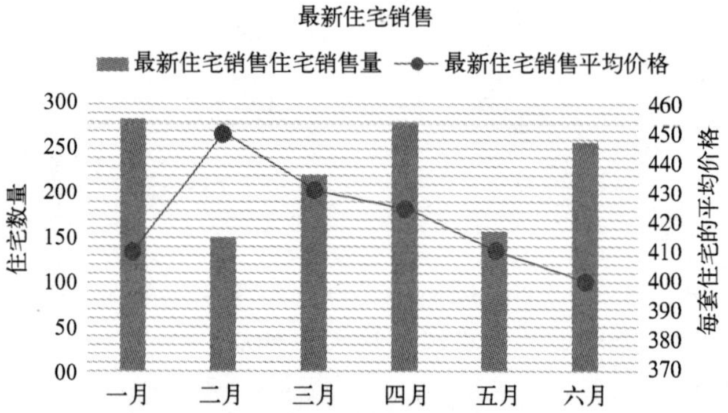

（1）簇状柱形图–折线图和簇状柱形图–次坐标轴上的折线图

这种图表不一定带有次坐标轴，它综合了簇状柱形图和折线图，在同一个图表中将部分数据系列显示为柱形，将其他数据系列显示为线，如下图所示。

簇状柱形图–折线图

簇状柱形图–次坐标轴上的折线图

（2）堆积面积图–簇状柱形图

这种图表综合了堆积面积图和簇状柱形图，在同一个图表中将部分数据系列显示为堆积面积，将其他数据系列显示为柱形，如左下图所示。

（3）自定义组合

这种图表用于组合要在同一个图表中显示的多种图表，如右下图所示。

堆积面积图–簇状柱形图

自定义组合

11.2　课堂讲解——创建和编辑图表

在熟悉了图表的所有类型之后，接下来为读者讲解创建和编辑图表的相关操作。在表格中根据数据源创建需要的图表后会对图表的位置、大小或者图表的类型、数据进行编辑，让图表更加完美。

11.2.1　创建图表

在 Excel 2016 中，用户可以根据需要选择图表类型，也可以根据软件新增的推荐图表功能快速创建图表，下面以创建柱形图为例进行介绍，具体操作方法如下。

光盘同步文件

视频文件：光盘\教学文件\第 11 章\11-2-1.mp4

Step01: 打开“光盘\素材文件\第 11 章\销售表.xlsx”，❶选择 A1:E5 单元格区域，单击“插入”选项卡；❷单击“图表”组中的“插入柱形图”按钮；❸选择需要的柱形图，如下图所示。

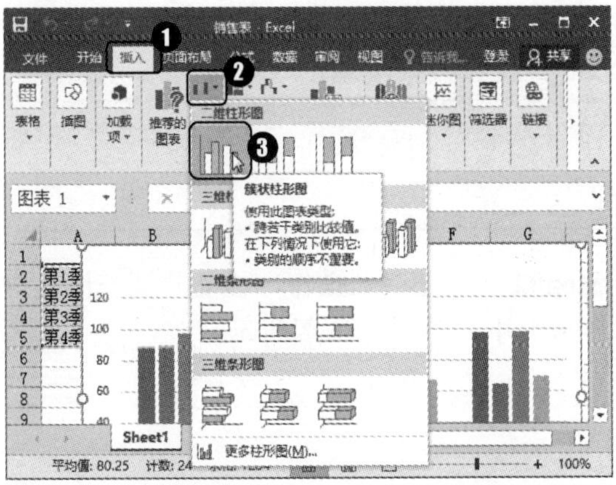

Step02: 经过上步操作后创建了柱形图表，效果如下图所示。

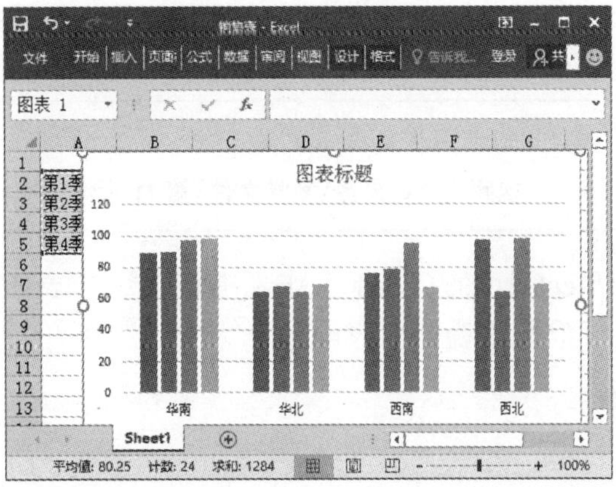

11.2.2 移动图表的位置

在工作表中使用数据源创建的图表存放在当前工作表中，可以使用移动图表的功能将图表移至其他工作表，具体操作方法如下。

光盘同步文件

视频文件：光盘\教学文件\第 11 章\11-2-2.mp4

Step01: ❶选中图表，单击“设计”选项卡；❷在“位置”组中单击“移动图表”按钮，如下图所示。

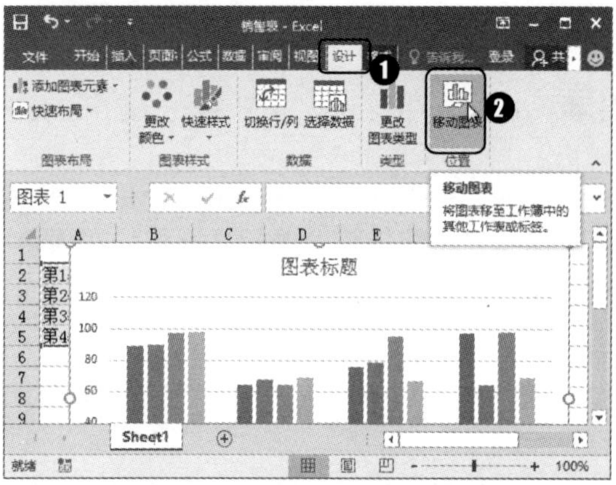

Step02: 打开“移动图表”对话框，❶选中“新工作表”单选按钮；❷单击“确定”按钮，如下图所示。

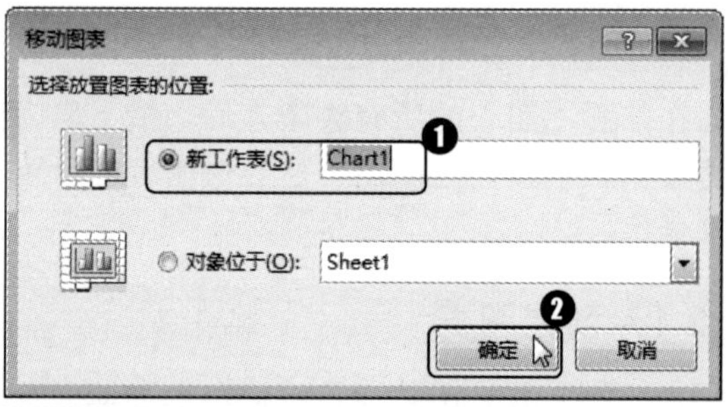

专家点拨——如何选择移动图表的工作表

在“移动图表”对话框中，如果该工作簿有多张工作表，则可以直接选择“对象位于”单选按钮右侧下拉列表框中的工作表选项。

11.2.3 调整图表的大小

在创建图表时会自动调整图表的大小，如果用户觉得图表的大小不合适，可以适当地进行调整，在“图表工具-格式”选项卡的，“大小”组中即可设置图表的大小。如果是图表单独存放在一张工作表中的情况，直接使用缩放按钮拖动调整图表的显示大小，在这个工作表中不能设置图表的大小。例如在新工作表中调整缩放比例查看图表，具体操作方法如下。

光盘同步文件

视频文件：光盘\教学文件\第 11 章\11-2-3.mp4

Step01: 在 Chart1 工作表中拖动工作表的缩放按钮调整图表的显示大小，如下图所示。

Step02: 经过以上操作，移动并调整图表的显示大小，效果如下图所示。

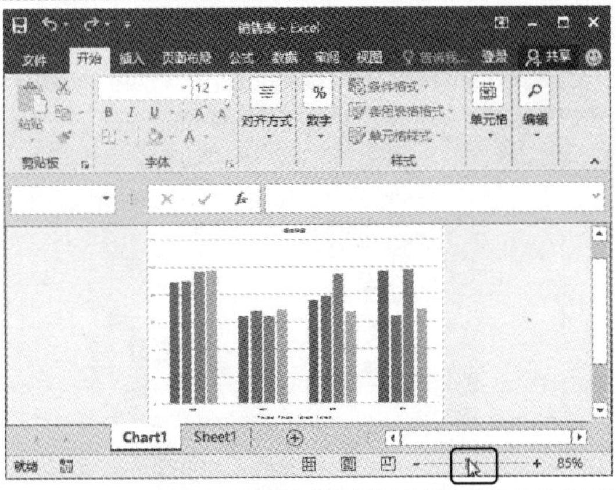

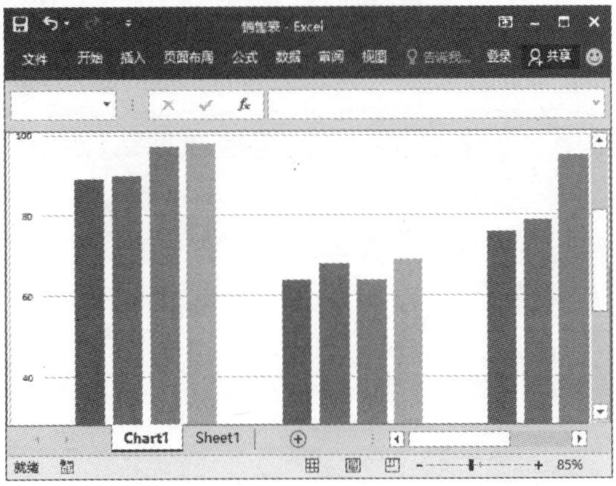

11.2.4　更改图表类型

在创建图表后，若用户对当前创建的图表类型不满意，可以通过更改图表类型的方法进行调整，具体操作方法如下。

光盘同步文件

视频文件：光盘\教学文件\第 11 章\11-2-4.mp4

Step01: ❶在 Chart1 工作表中选中图表；❷单击“设计”选项卡的“类型”组中的“更改图表类型”按钮，如下图所示。

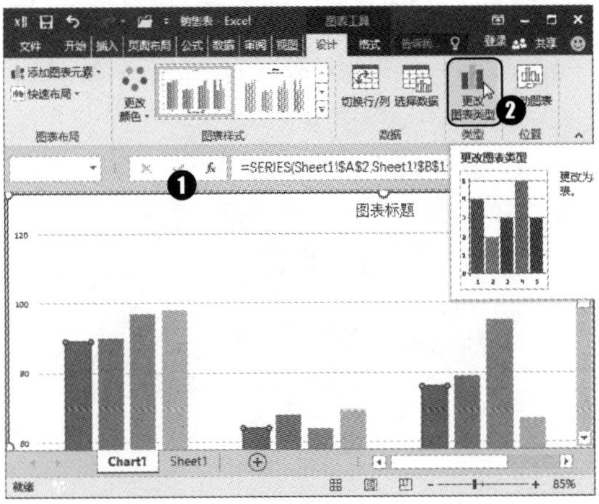

Step02: 打开“更改图表类型”对话框，❶在“所有图表”选项卡中选择“柱形图”选项；❷在右侧面板中选择需要的类型；❸单击“确定”按钮，如下图所示。

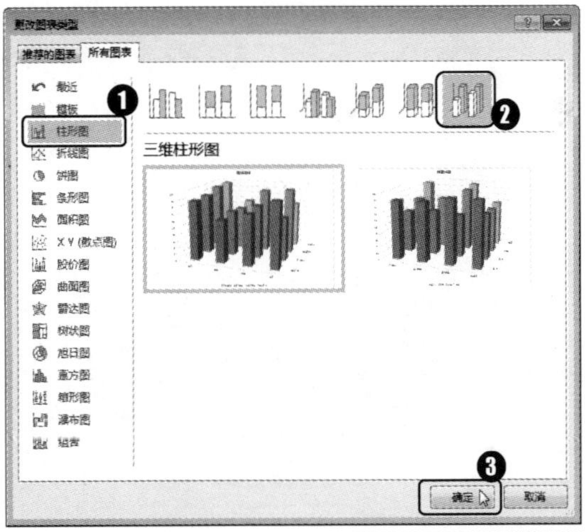

11.2.5　修改图表数据

如果在输入数据源时将数据输错了，并制作出了图表，此时可以直接在数据表中修改数据，图表会自动更新数据并显示出来。

光盘同步文件

视频文件：光盘\教学文件\第 11 章\11-2-5.mp4

Step01: ❶选择 Sheet1 工作表中的 B2 单元格；❷将数据 89 修改为 100，如下图所示。

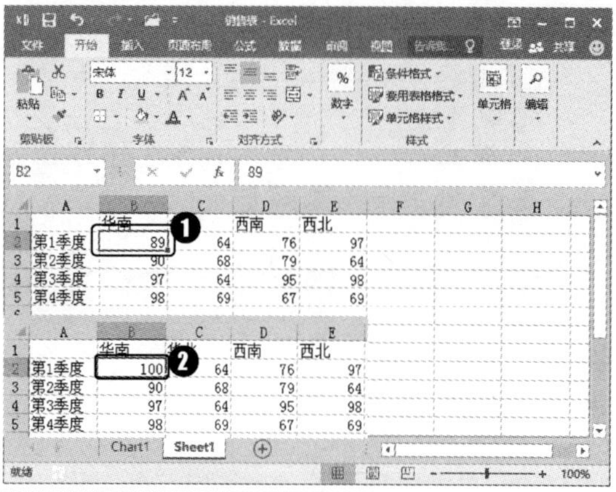

Step02: 在Chart1 工作表中自动将华南第1季度图表系列显示在100的刻度位置，效果如下图所示。

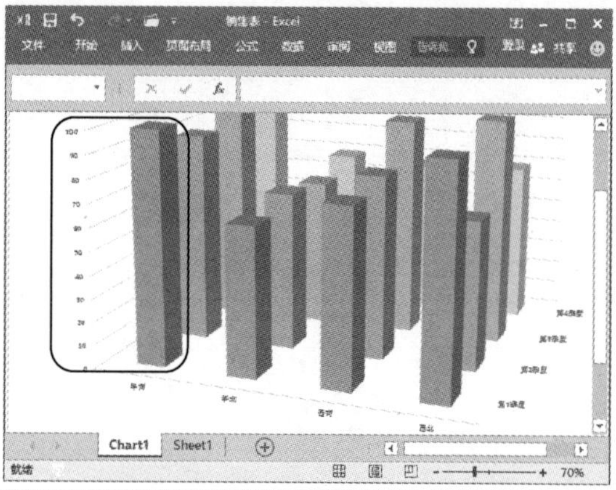

11.2.6 设置图表样式

在创建图表时采用的都是默认的图表样式，为了让图表的效果更好，可以将创建的图表设置为内置或自定义的样式。例如应用内置的图表样式，具体操作方法如下。

> **光盘同步文件**
>
> **视频文件：光盘\教学文件\第 11 章\11-2-6.mp4**

Step01: ❶选中图表，单击"设计"选项卡；❷在"图表样式"组中应用"样式 7"，如下图所示。

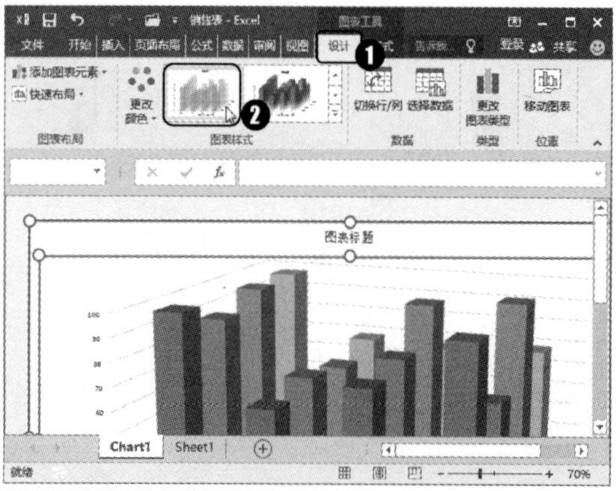

Step02: 经过上步操作，应用内置的图表样式，效果如下图所示。

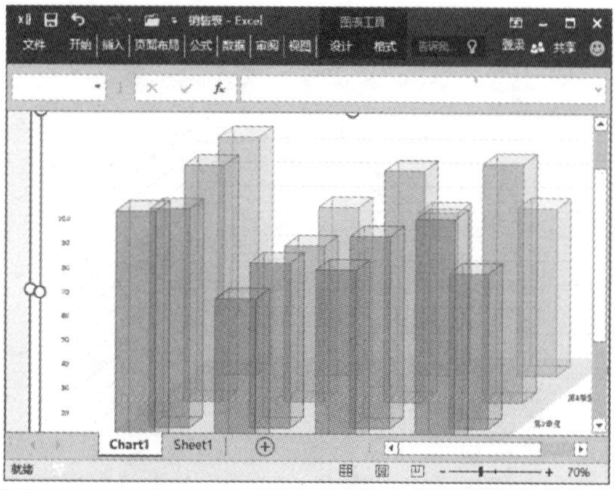

▷▷ 11.3 课堂讲解——图表的布局

在编辑图表时，除了更改类型、移动位置、调整大小和设置样式外，还需要对图表的布局进行设置。

11.3.1 使用快速布局样式

如果创建的图表的默认布局样式不是自己需要的，用户可以使用快速布局样式快速调整布局样式，具体操作方法如下。

光盘同步文件

视频文件：光盘\教学文件\第 11 章\11-3-1.mp4

Step01: ❶选中图表，单击“设计”选项卡；❷单击“图表布局”组中的“快速布局”按钮；❸在下拉列表中选择“布局 7”，如下图所示。

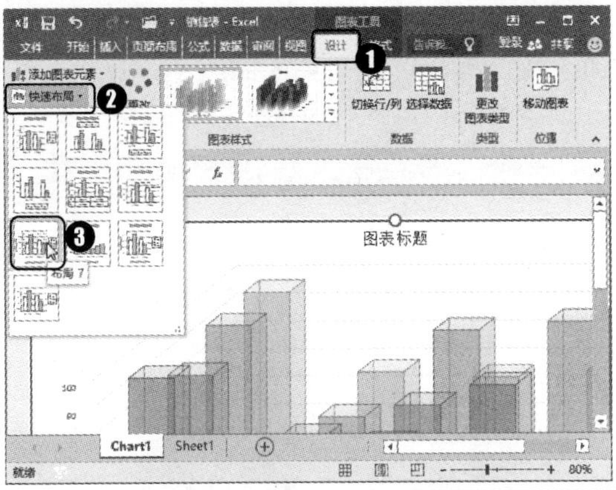

Step02: 经过上步操作应用了布局 7 的样式，效果如下图所示。

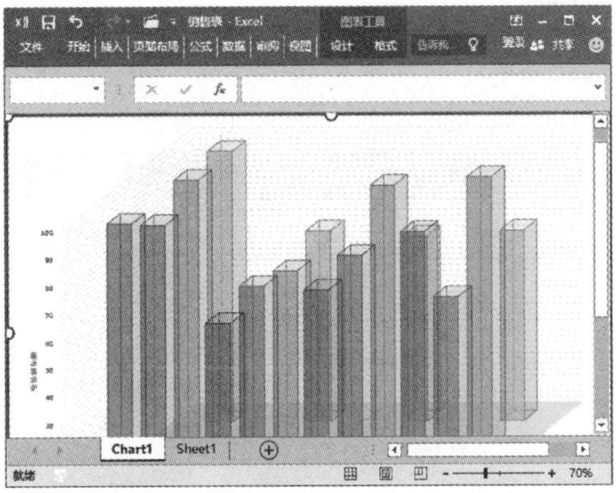

11.3.2　添加图表中的组成元素

在应用图表内置的布局之后，如果用户觉得图表缺少了一些元素，可以为图表添加需要的元素，具体操作方法如下。

光盘同步文件

视频文件：光盘\教学文件\第 11 章\11-3-2.mp4

Step01: 选中图表，单击“设计”选项卡，❶单击“图表布局”组中的“添加图表元素”按钮；❷指向“图表标题”命令；❸选择“居中覆盖”命令，如下图所示。

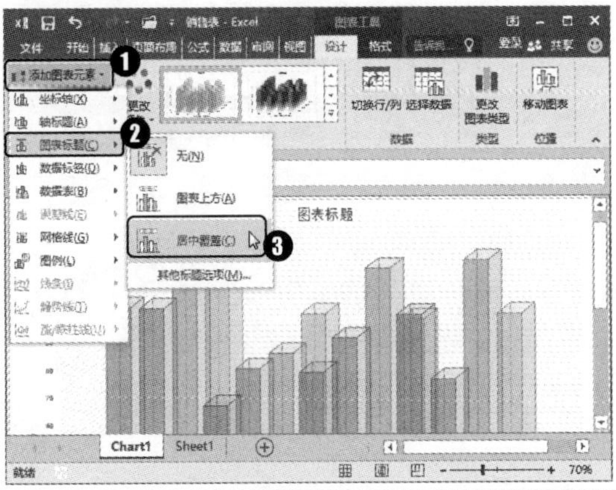

Step02: 在添加图表标题元素后，直接在标题框中输入名称，效果如下图所示。

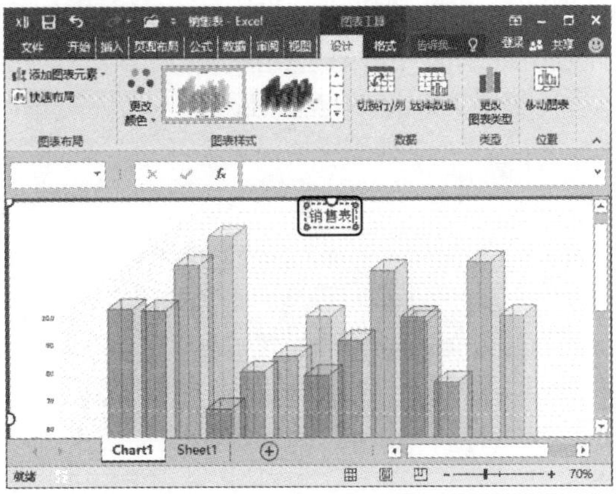

11.3.3 设置数据标签格式

使用图表的方式只能查看到图表显示的高低位置，如果需要让图表系列显示具体的数值，可以设置数据标签，具体操作方法如下。

光盘同步文件

视频文件：光盘\教学文件\第 11 章\11-3-3.mp4

Step01: ❶右击“第 1 季度”系列；❷指向快捷菜单中的“添加数据标签”命令；❸选择“添加数据标注”命令，如下图所示。

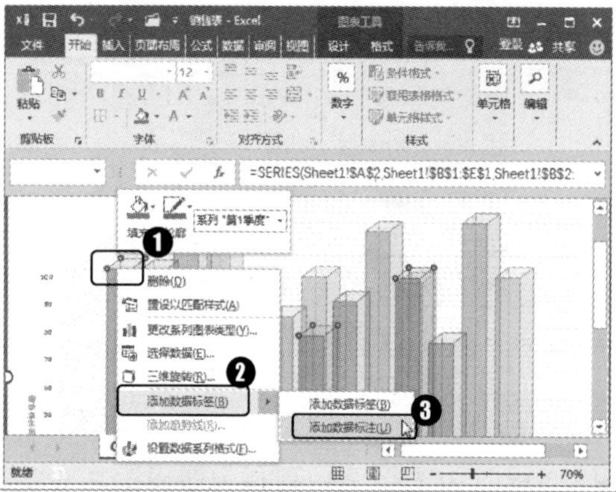

Step02: 经过上步操作，为第 1 季度系列添加了数据标注，效果如下图所示。

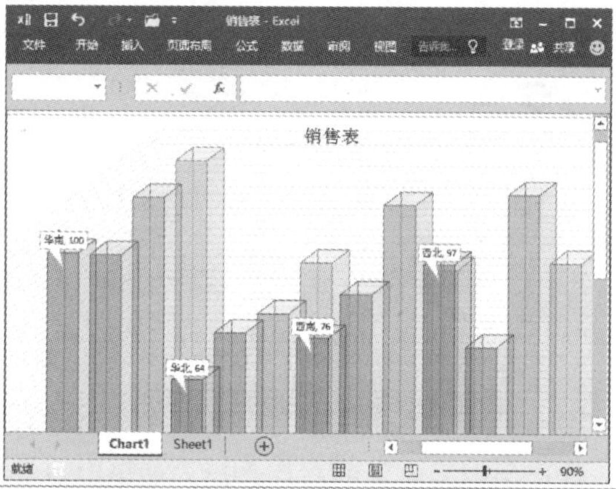

11.3.4 设置坐标轴格式

在对数据列表创建分类汇总后，若要取消分类汇总，以恢复到分类汇总前的表格状态，则要删除分类汇总。

光盘同步文件

视频文件：光盘\教学文件\第 11 章\11-3-4.mp4

Step01: ❶在坐标轴中输入名称，并右击“销售地区”；❷选择快捷菜单中的“设置坐标轴标题格式”命令，如下图所示。

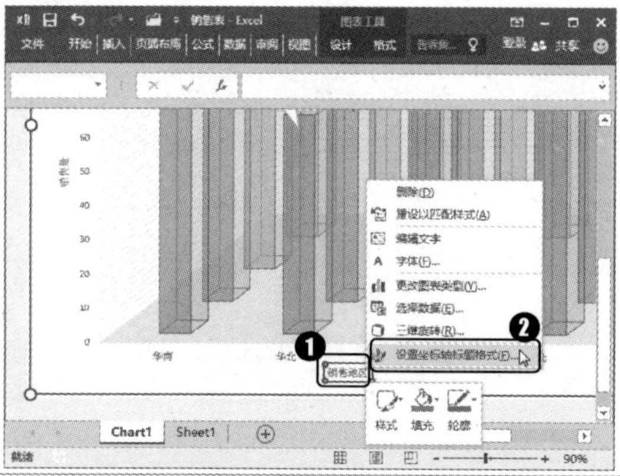

Step02: ❶选中“图片或纹理填充”单选按钮；❷单击“纹理”右侧的按钮；❸选择需要应用的纹理样式，如下图所示。

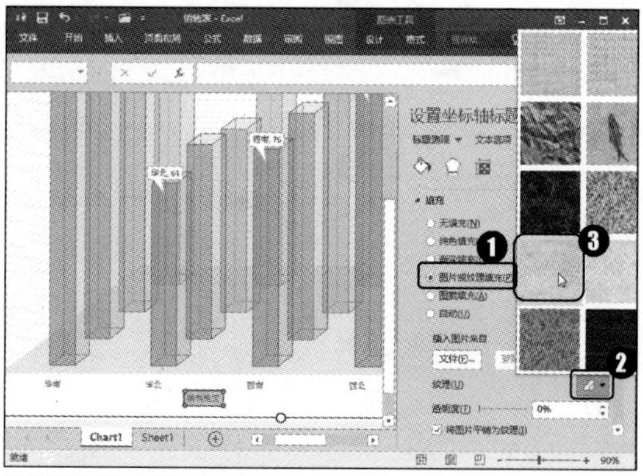

11.3.5 添加趋势线

趋势线以图形的方式表示数据系列的趋势。趋势线用于问题预测研究，又称为回归分析。趋势线的类型有指数、线性、对数、多项式、幂和移动平均 6 种，用户可以根据需要选择趋势线，从而查看数据的动向。为查看雨点纹女包各月产品销售价的变化趋势，可以在数据图表中添加趋势线，具体操作方法如下。

光盘同步文件

视频文件：光盘\教学文件\第 11 章\11-3-5.mp4

Step01: 打开“光盘\素材文件\第 11 章\销售表 1.xlsx”，❶选择雨点纹女包数据系列，在“设计”选项卡中单击“添加图表元素”按钮；❷指向“趋势线”命令；❸选择“线性”命令，如下图所示。

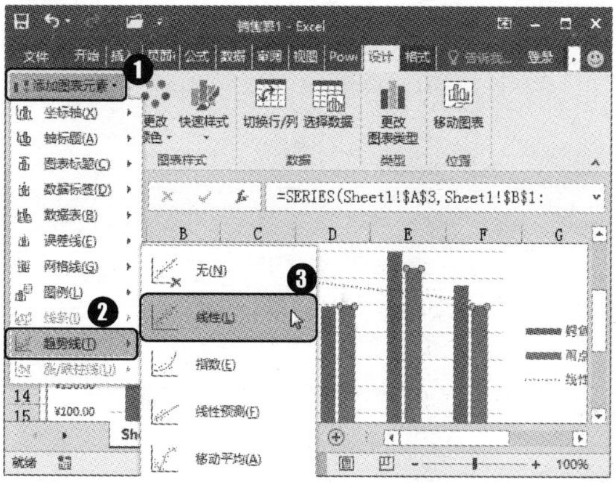

Step02: ❶右击添加的趋势线；❷在弹出的快捷菜单中选择“设置趋势线格式”命令，如下图所示。

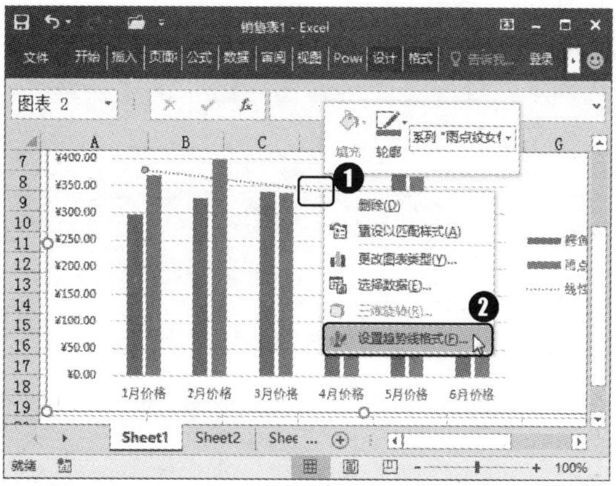

Step03: ❶勾选“设置截距”“显示公式”“显示 R 平方值”复选框；❷单击“关闭”按钮，如下图所示。

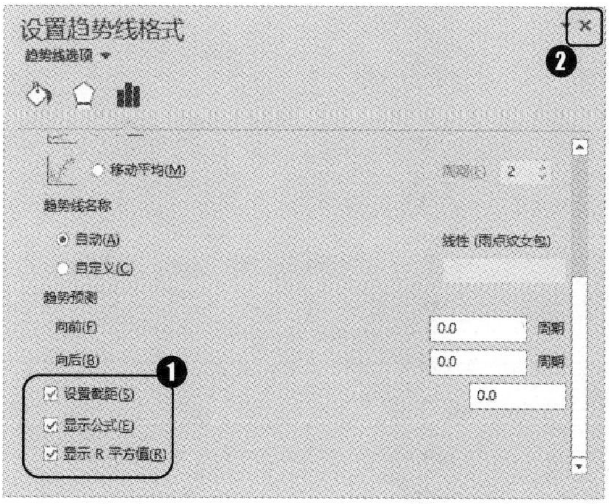

Step04: 经过以上操作，为雨点纹女包数据系列添加了趋势线，效果如下图所示。

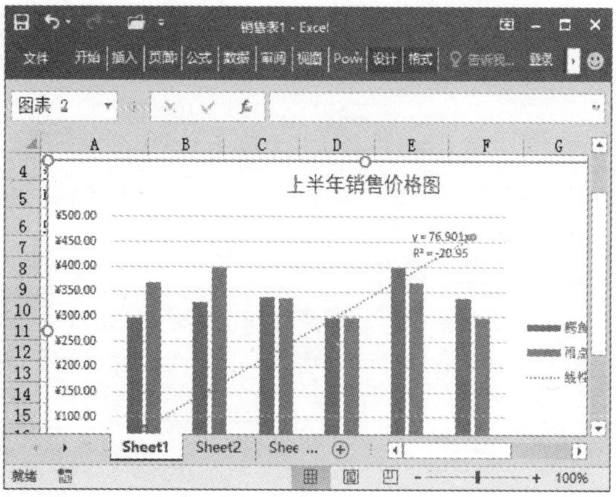

▷▷ 11.4 课堂讲解——迷你图的使用

迷你图有折线迷你图、柱形迷你图和盈亏迷你图 3 种类型，用户根据查看数据方式的不同选择相应的迷你图类型即可。本节主要介绍使用迷你图的相关知识。

11.4.1 插入迷你图

在行或列中呈现的数据很有用，但是很难一眼看出数据的分布形态，因此可以使用迷你图将这些数据直观地展示。迷你图通过清晰、简明的图形表示方法显示相邻数据的趋势，而且只须占用少量空间。

光盘同步文件

视频文件：光盘\教学文件\第 11 章\11-4-1.mp4

Step01: 打开“光盘\素材文件\第 11 章\销售报表.xlsx”，❶选择 H3 单元格，单击“插入”选项卡；❷单击“迷你图”组中的“折线图”按钮，如下图所示。

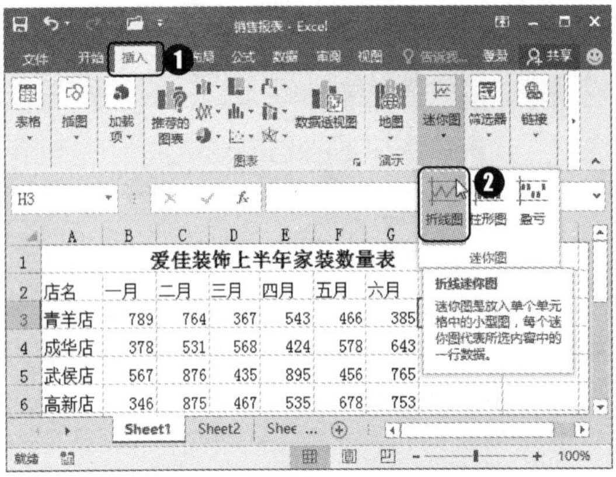

Step02: 打开“创建迷你图”对话框，❶选择图表显示的数据区域；❷单击“确定”按钮，创建青羊店的折线图，效果如下图所示。

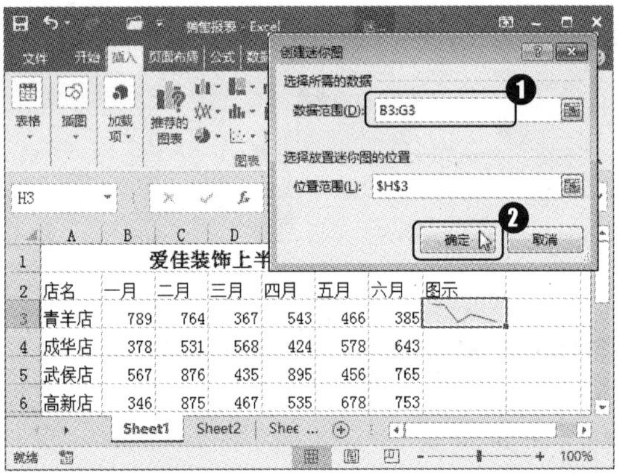

11.4.2 编辑迷你图

在创建数据迷你图后，为了让图表更加醒目，可以为各点添加节点，让各数据值以点突出显示，具体操作方法如下。

光盘同步文件

视频文件：光盘\教学文件\第 11 章\11-4-2.mp4

Step01: ❶选择 H3 单元格，单击“设计”选项卡；❷勾选“显示”组中各点的复选框，如下图所示。

Step02: ❶选择 H3 单元格；❷按住鼠标左键不放向下拖动填充折线图，如下图所示。

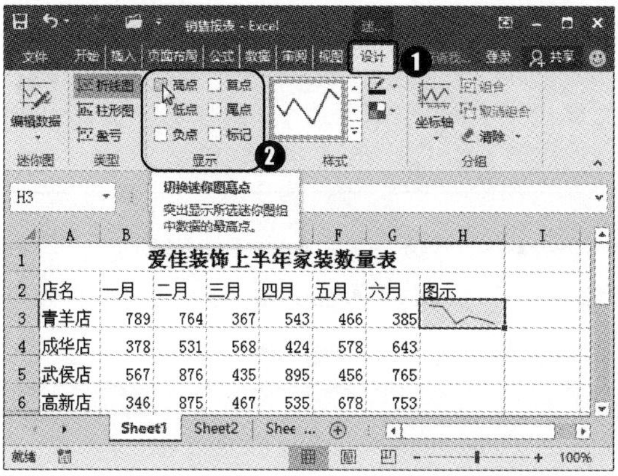

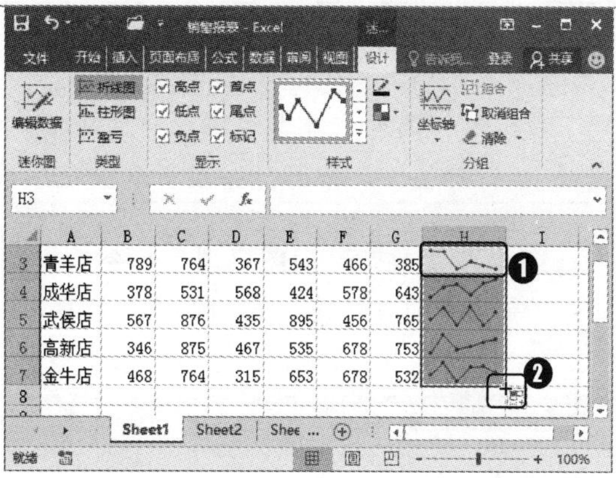

▷▷ 11.5　课堂讲解——使用数据透视表（图）分析数据

数据透视表是一种对大量数据进行快速汇总和建立交叉列表的交互式表格，可以将行或列中的数字转变为有意义的数据表示。数据透视图是数据的另一种表现形式，可以选择适当的图表并使用多种颜色来描述数据的特性，本节主要介绍数据透视表（图）的相关知识。

11.5.1　创建数据透视表（图）

在 Excel 2016 中可以使用数据透视图功能一次创建数据的透视表和数据透视图，这样可以同时按不同的方式查看筛选的数据。

光盘同步文件

视频文件：光盘\教学文件\第 11 章\11-5-1.mp4

Step01: 打开“光盘\素材文件\第 11 章\数据透视表.xlsx”，❶单击“插入”选项卡；❷单击“图表”组中的“数据透视图”按钮；❸选择下拉列表中的“数据透视图和数据透视表”命令，如下图所示。

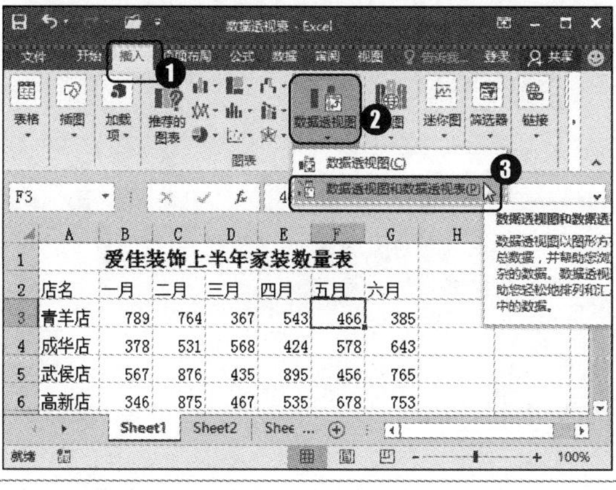

Step02: 打开“创建数据透视表”对话框，❶在“表/区域”框中选择数据区域；❷选中“现有工作表”单选按钮；❸在“位置”框中选择数据透视表的存放位置；❹单击“确定”按钮，如下图所示。

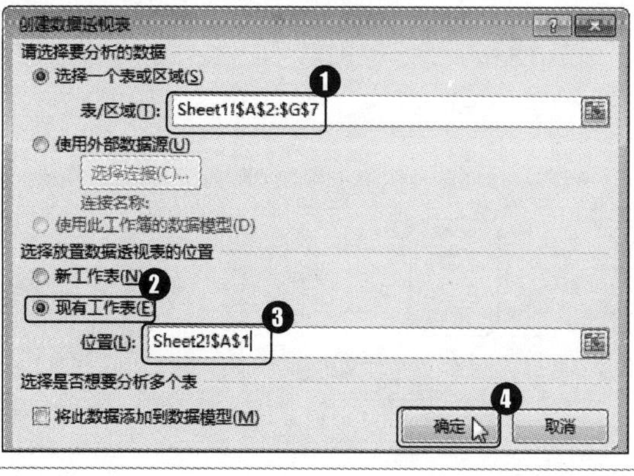

专家点拨——数据透视表字段类型

数据透视表包括 4 类字段，分别为报表筛选字段（又称为页字段）、列标签（又称为列字段）、行标签（又称为行字段）和数值字段。

Step03: 在“数据透视图字段”任务窗格中添加需要查看的数据透视表字段，如下图所示。

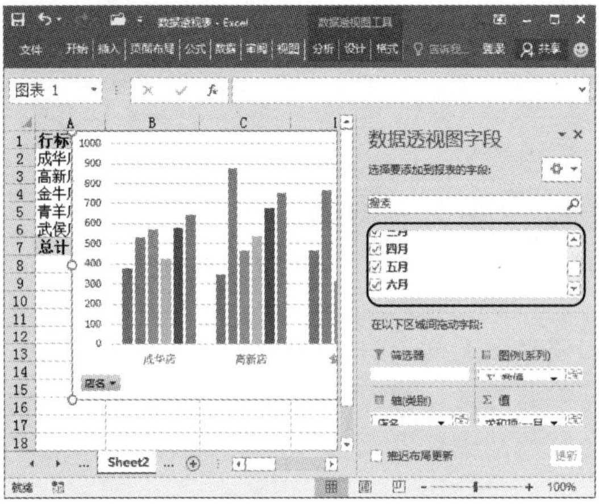

Step04: 在为数据透视表添加字段后，数据透视图也会相应地显示出数据信息，效果如下图所示。

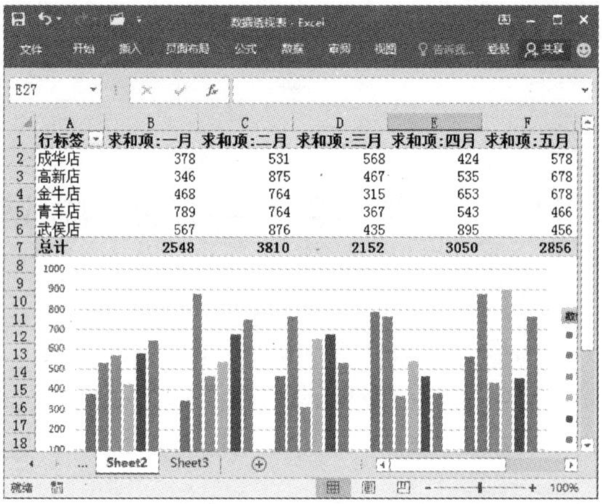

11.5.2 筛选数据透视表（图）数据

将所有字段都添加到数据透视表中，这样查看数据时和查看源数据表没有什么区别，因此为了提高数据透视表的功能可以对字段进行筛选，数据透视表筛选数据是累加式的。但是在本例中同时创建了数据透视图，在筛选数据透视表时，数据透视图也会发生相应的变化。

光盘同步文件

视频文件：光盘\教学文件\第 11 章\11-5-2.mp4

Step01: ❶单击“行标签”筛选按钮；❷设置筛选选项；❸单击“确定”按钮，如下图所示。

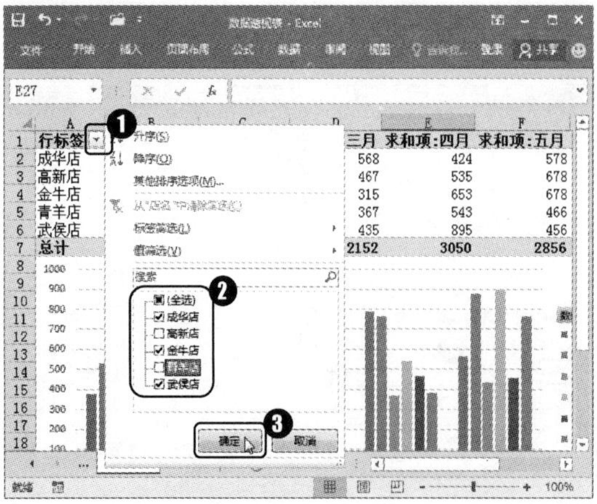

Step02: 经过上步操作，筛选了数据透视表，数据透视图也进行了筛选，效果如下图所示。

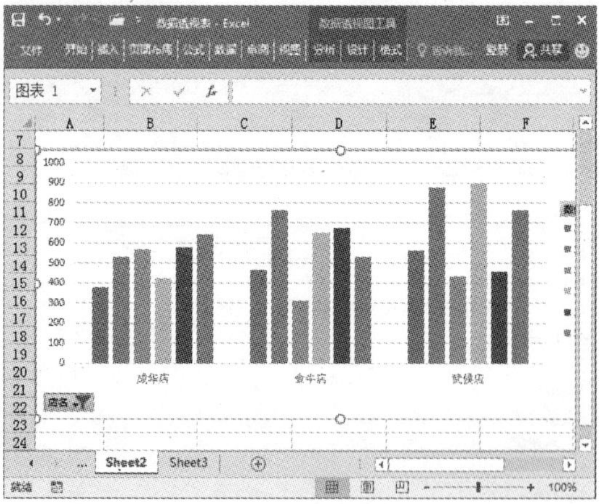

11.5.3　使用切片器查看数据

切片器提供了一种可视性极强的筛选方法来筛选数据透视表中的数据。一旦插入切片器，用户就可以使用多个按钮对数据进行快速分段和筛选，仅显示所需的数据。此外，在对数据透视表应用多个筛选器之后不再需要打开列表查看数据所应用的筛选器，这些筛选器会显示在屏幕上的切片器中。

光盘同步文件

视频文件：光盘\教学文件\第 11 章\11-5-3.mp4

Step01: ❶单击“数据透视表工具-分析”选项卡；❷单击“筛选”组中的“插入切片器”按钮，如下图所示。

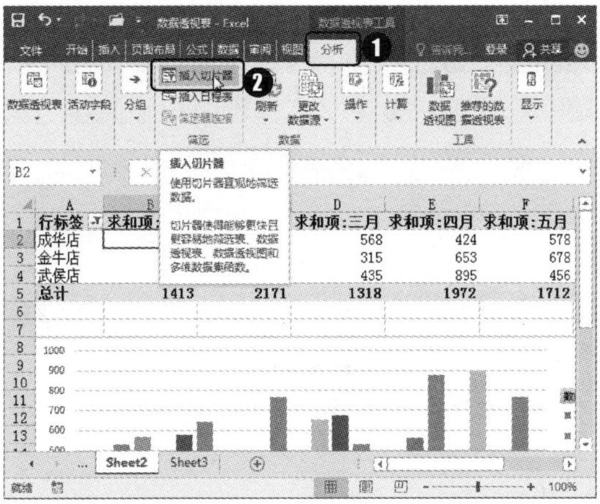

Step02: 打开“插入切片器”对话框，❶选择需要的切片器选项；❷单击“确定”按钮，如下图所示。

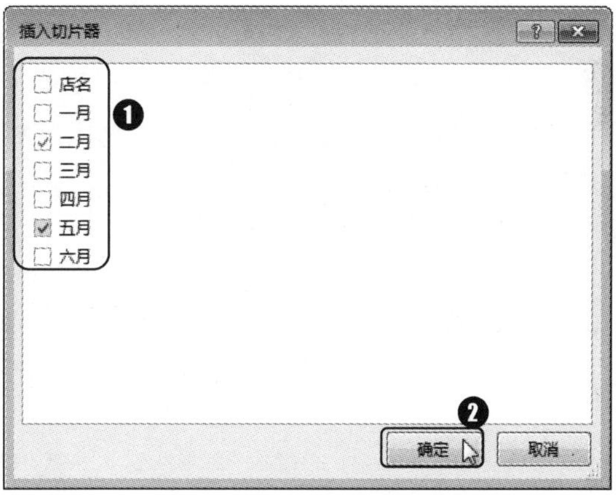

Step03: 在“五月”切片器上单击“578”选项，如下图所示。

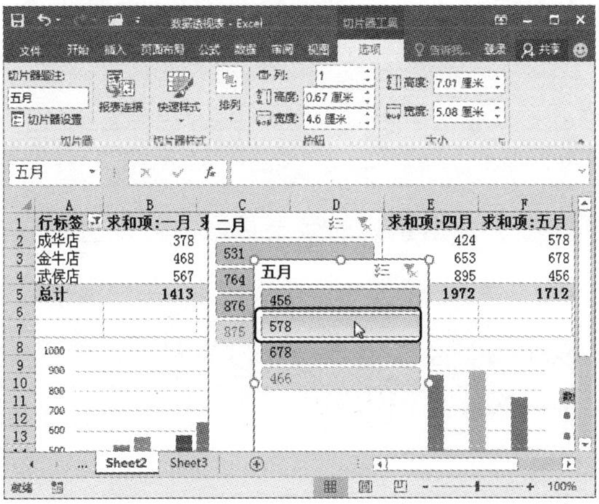

Step04: 经过上步操作，在数据透视表中显示出五月“578”选项，效果如下图所示。

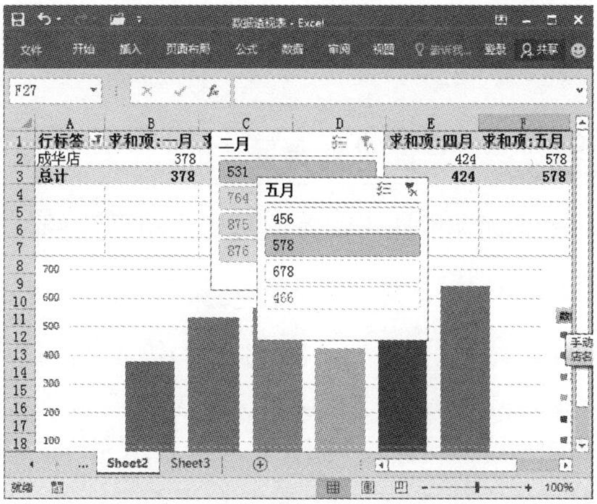

▷▷ 高手秘籍——实用操作技巧

相信通过对前面知识的学习，读者朋友已经掌握了在 Excel 中使用图表和数据透视表（图）分析数据的相关功能，下面结合本章内容介绍一些实用技巧。

光盘同步文件

视频文件：光盘\教学文件\第 11 章\高手秘籍.mp4

技巧 01　为图表中的标题设置格式

在创建图表后，无论是默认的布局带有图表标题还是添加图表元素添加的标题，输入标题内容后，为了使图表的效果更好，也会对标题的格式进行设置，具体的操作如下。

Step01: 打开“光盘\素材文件\第 11 章\技巧 01.xlsx”，❶选择图表标题文字；❷单击“图表工具-格式”选项卡；❸在“艺术字样式”组中应用需要的样式，如下图所示。

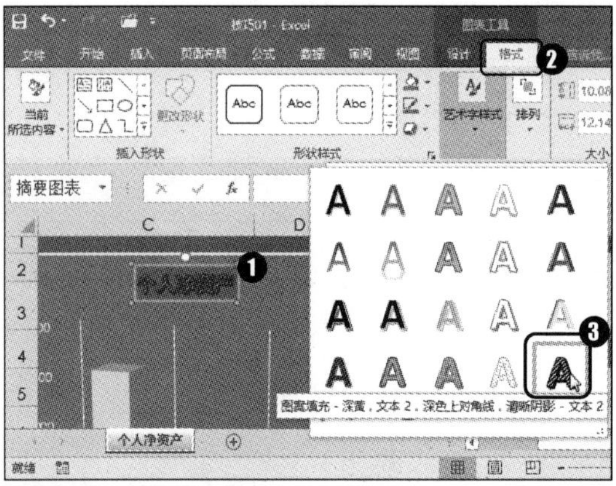

Step02: ❶选择图表标题文字；❷单击“开始”选项卡；❸在“字体”组中输入字号大小，如下图所示。

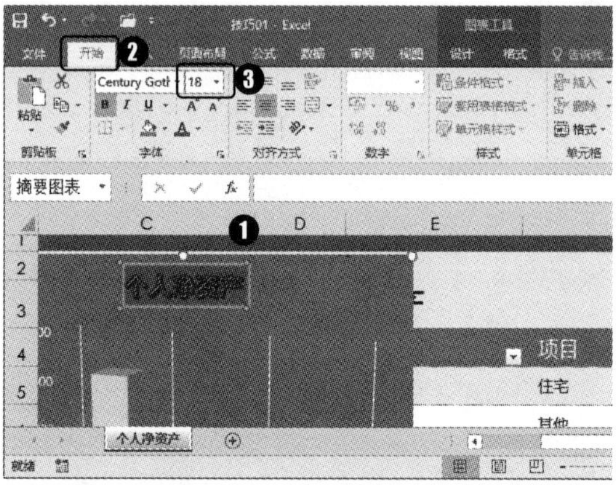

技巧 02　设置图表背景

如果创建的图表背景不是用户所需要的，为了让图表数据系列的效果更好，可以重新进行设置，具体操作如下。

Step01: 打开“光盘\素材文件\第 11 章\技巧 02.xlsx”，❶选择图表，单击“格式”选项卡；❷单击“形状样式”组中的“形状填充”按钮；❸指向“纹理”命令；❹选择中的“栎木”样式，如下图所示。

Step02: 经过上步操作，为图表设置了背景，效果如下图所示。

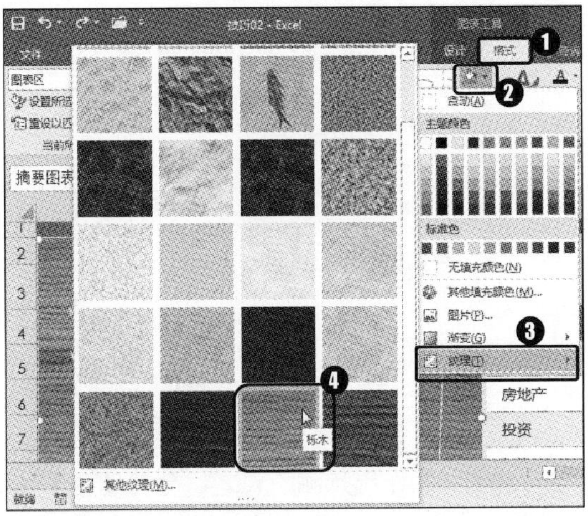

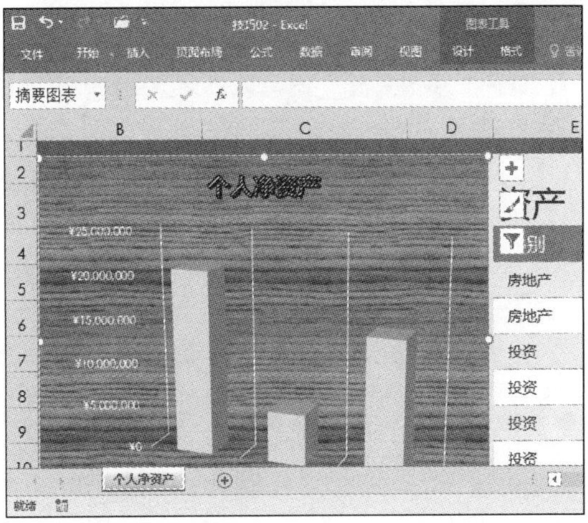

技巧 03　删除透视表

在 Excel 中创建了数据透视表之后，如果不想显示透视表，可以删除数据透视表。在删除时需要注意删除对象是否为在源数据表中创建的透视表，若是单独的工作表，直接删除工作表即可，若是在源数据表中创建的，则需要先选中数据透视表区域删除数据选项，再选中数据透视表的区域进行删除行操作。例如，删除 Sheet2 工作表中的数据透视表，具体操作如下。

Step01: 选中 Sheet2 工作表中所有数据透视表的区域，按〈Delete〉键，如下图所示。

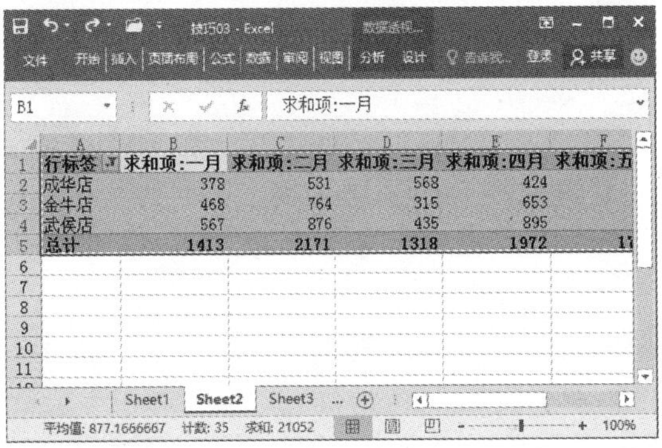

Step02: 经过上步操作，删除了数据透视表，效果如下图所示。

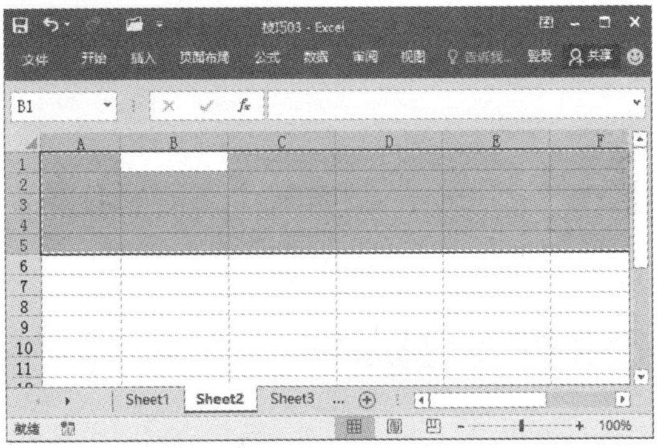

技巧 04　预测工作表

预测工作表是 Excel 2016 新增的一项功能，根据前面提供的数据可以预测出后面一段时间的数据。例如根据近期的温度预测出未来十天的温度，具体操作如下。

Step01: 打开“光盘\素材文件\第 11 章\技巧 04.xlsx”，❶选择 A1:B11 单元格区域；❷单击“数据”选项卡；❸单击“预测”组中的“预测工作表”按钮，如下图所示。

Step02: 打开“创建预测工作表”对话框，❶单击“选项”按钮；❷在“预测结束”中输入结束日期；❸在“使用以下方式聚合重复项”列表框中选择“MAX”选项；❹单击“创建”按钮，如下图所示。

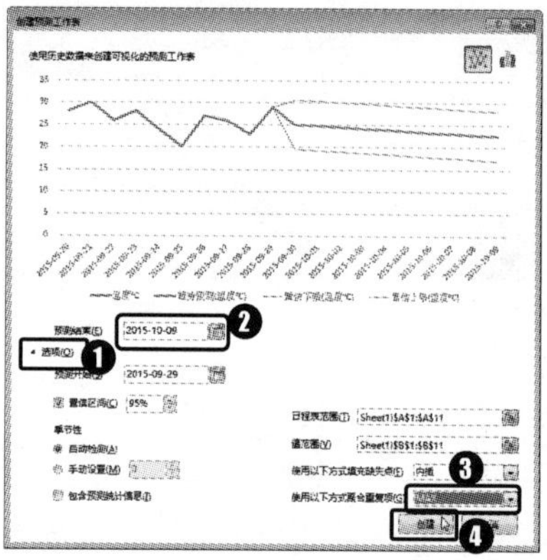

Step03: 经过以上操作制作出预测图表，效果如下图所示。

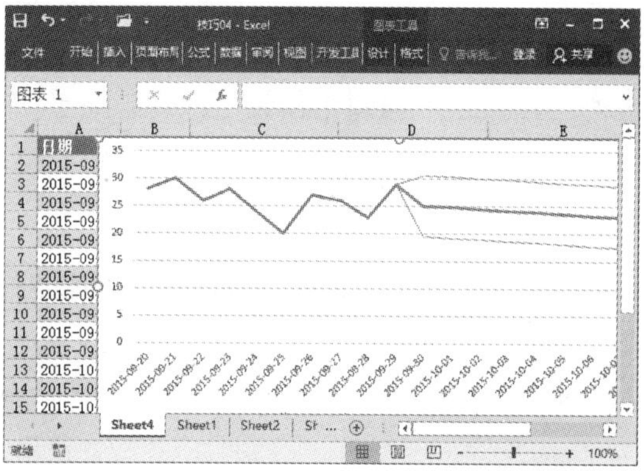

Step04: 制作出预测图表之后会自动在 Excel 原表格中将预测的数据制作出来，效果如下图所示。

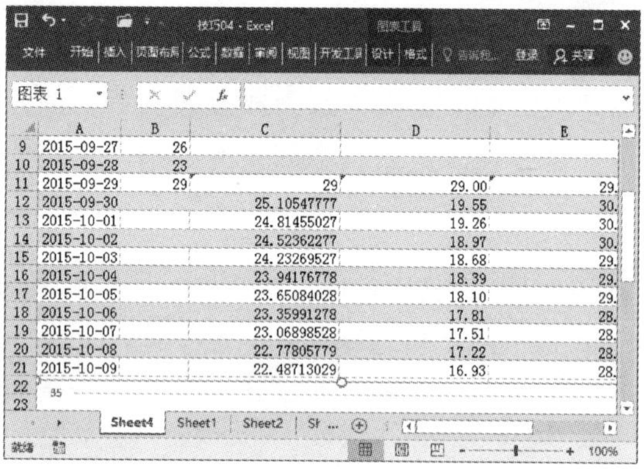

▷▷ 上机实战——使用图表分析商品交易数据

>> 上机介绍

相信通过对本章内容的学习，读者已经掌握了图表与数据透视表（图）的相关知识，下面使用案例的方式温习一下。利用图表和数据透视图的方式查看与分析数据，使用图表主要是按数据系列的高低显示值的大小，而使用数据透视图则可以对数据进行筛选。

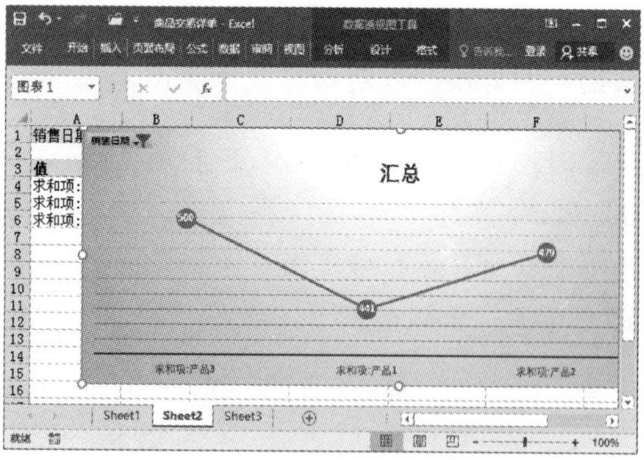

光盘同步文件

素材文件：光盘\素材文件\第 11 章\商品交易详单.xlsx
结果文件：光盘\结果文件\第 11 章\商品交易详单.xlsx
视频文件：光盘\教学文件\第 11 章\上机实战.mp4

步骤详解

本实例的具体制作步骤如下。

Step01: 打开“商品交易详单”素材文件，❶选择合计 1、合计 2、合计 3 和合计 4 单元格区域，单击“插入”选项卡；❷在“柱形图”列表中选择“三维簇状柱形图”样式，如下图所示。

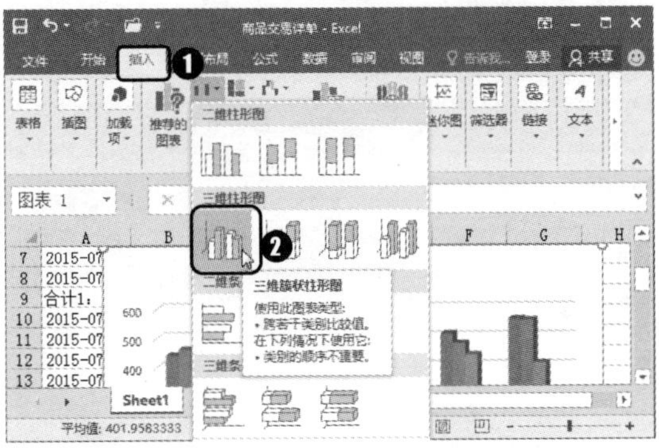

Step02: 在“图表标题”框中输入图表名称，创建三维簇状柱形图，效果如下图所示。

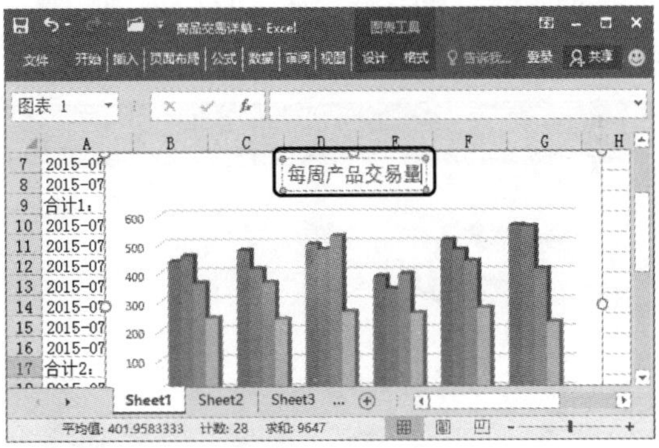

Step03: ❶选择图表，单击“设计”选项卡；❷单击“数据”组中的“切换行/列”按钮，如下图所示。

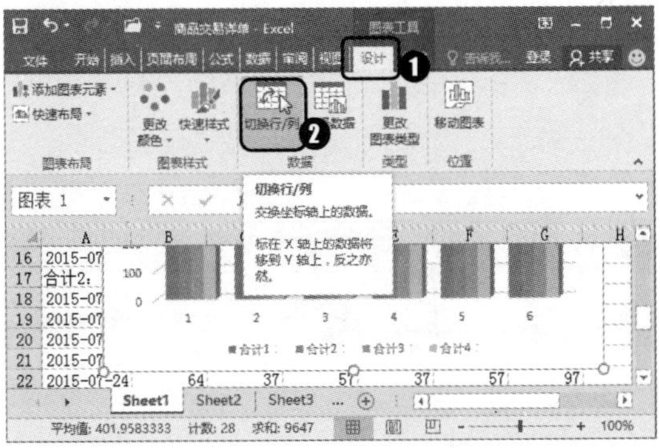

Step04: ❶选择数据源，单击“插入”选项卡；❷单击“数据透视图”按钮；❸选择中的“数据透视图”命令，如下图所示。

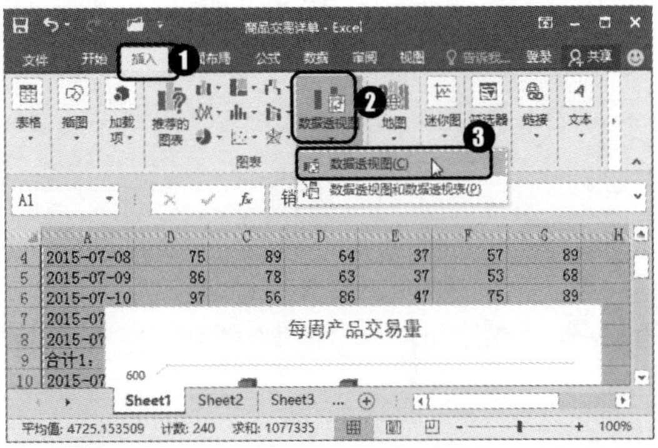

Step05: 打开“创建数据透视图”对话框，❶选择数据透视图的存放位置；❷单击“确定”按钮，如下图所示。

Step06: ❶在“数据透视图字段”任务窗格中添加字段；❷在“轴（类别）”框中将“销售日期”拖动至“筛选器”框，如下图所示。

Step07: ❶在数据透视图上单击“销售日期”右侧的按钮；❷单击“合计 1:”选项；❸单击“确定”按钮，如下图所示。

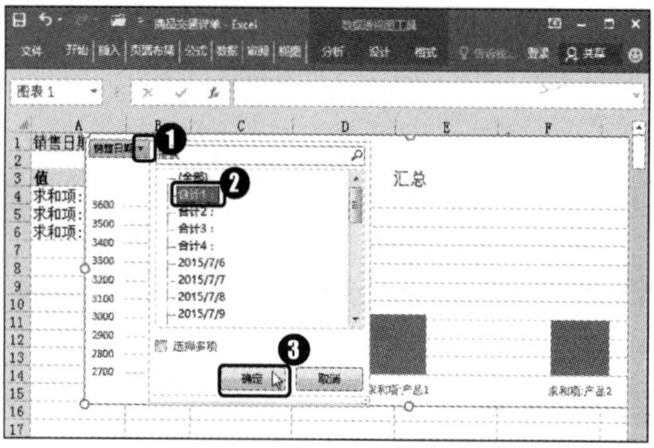

Step09: 打开“更改图表类型”对话框，❶单击“折线图”选项；❷在右侧选择折线图类型；❸单击“确定”按钮，如下图所示。

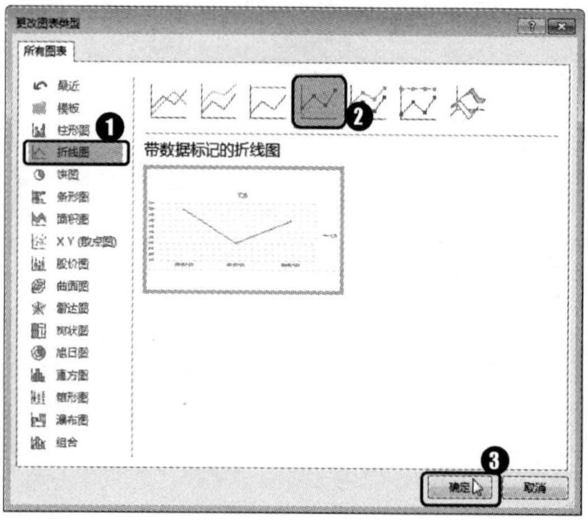

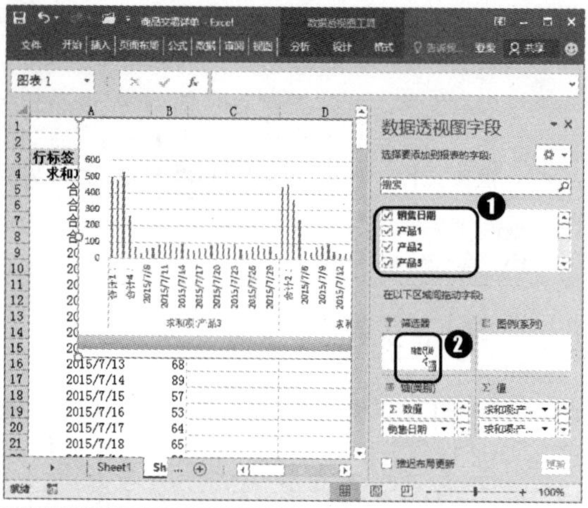

Step08: ❶选择数据透视图，单击“设计”选项卡；❷单击“类型”组中的“更改图表类型”按钮，如下图所示。

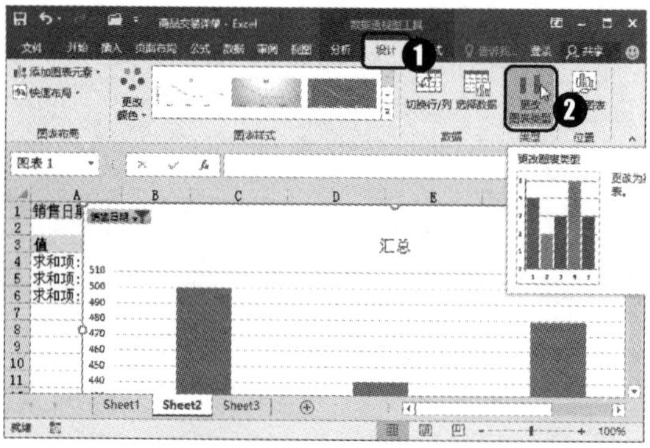

Step10: ❶选择数据透视图，单击“设计”选项卡；❷在“图表样式”组中应用需要的样式，如下图所示。

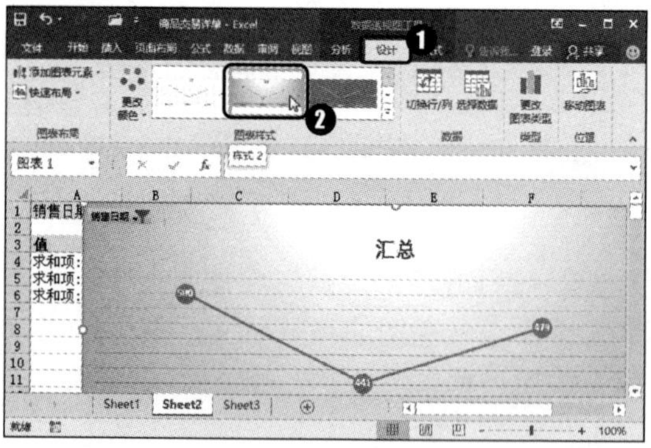

▷▷ 本章小结

利用图表不仅可以突出表格数据间那些细微的、不易阅读的差别，而且可以用不同的图表类型加以表现和突出，从而帮助管理者提高数据的利用率。希望读者通过本章内容的学习不仅能利用强大的图表功能筛选数据，还能根据数据的变化自动更新数据透视表的数据，不仅能静态显示图表，还能根据不同选项制作出一些动态的图表，发挥出图表分析数据的优势。

第 12 章　Excel 2016 数据的管理与分析

本章导读

Excel 除了拥有强大的计算功能外，还能够对大型数据库进行管理与统计，例如筛选满足条件的数据、对数据进行分类和汇总，本章主要介绍利用 Excel 进行排序、筛选、分类汇总、合并计算和模拟运算及方案管理的相关知识。

知识要点

- 如何操作排序
- 数据筛选的功能
- 如何对数据进行分类汇总
- 合并计算的方法
- 单变量求解与模拟运算的方法
- 如何使用方案管理器

效果展示

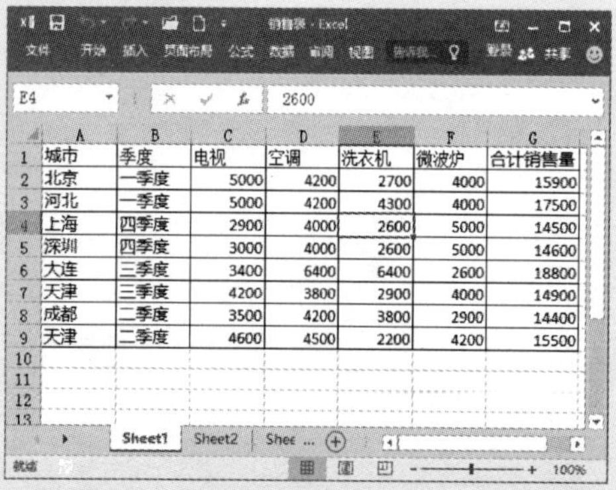

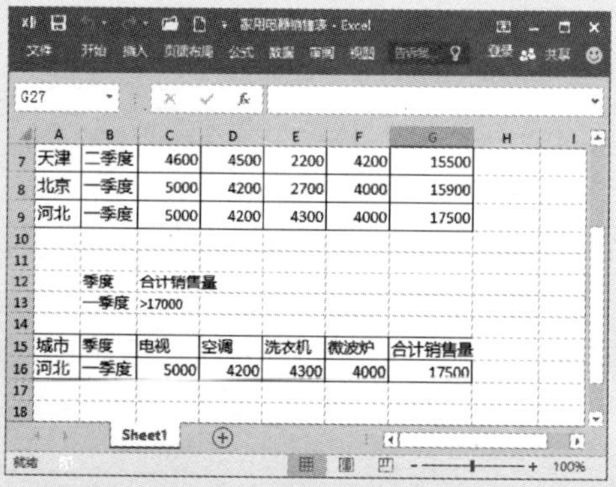

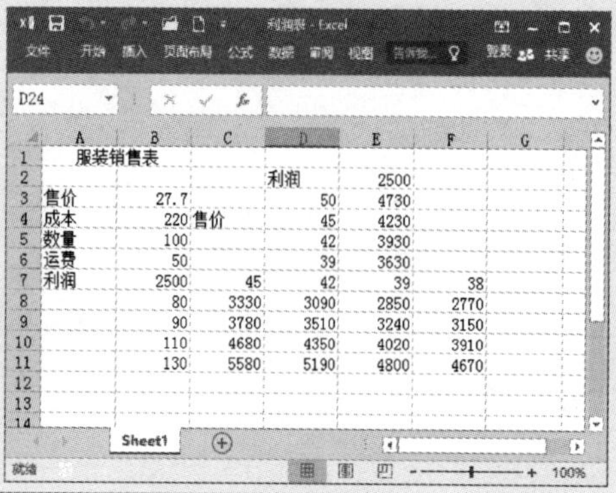

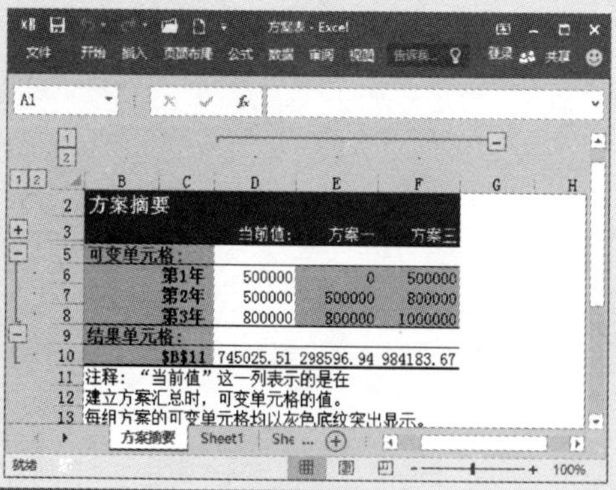

▷▷ 12.1　课堂讲解——数据的排序

在数据表中分析数据时，用户会根据自己的需要对数据进行排序。排序分为升序和降序两种表现形式，在使用排序功能之前首先需要了解排序的规则，然后根据需要选择排序的方式。

12.1.1　了解数据的排序规则

数据的排序是根据数据表格中的相关字段名将数据表格中的记录按升序或降序的方式进行重新排列。

Excel 2016 在对数字、日期、文本、逻辑值、错误值和空白单元格进行升序排序时按以下次序进行，在按降序排序时则使用相反的次序。

符　　号	排序规则（升序）
数字	数字从最小的负数到最大的正数进行排序
字母	按字母先后顺序排序，在按字母先后顺序对文本项进行排序时，Excel 从左到右一个字符接一个字符地进行排序
文本以及包含数字的文本	0 1 2 3 4 5 6 7 8 9 （空格） ! " # $ % & ( ) * , . / : ; ? @ [\ ] ^ _ ` { | } ~ + < = > A B C D E F G H I J K L M N O P Q R S T U V W X Y Z
逻辑值	在逻辑值中，FALSE 排在 TRUE 之前
错误值	所有错误值的优先级相同
空格	空格始终排在最后

12.1.2　简单排序

简单排序是指在排序时设置单一的排序条件，将工作表中的数据按照指定的某一数据类型进行重新排序，具体操作方法如下。

光盘同步文件

视频文件：光盘\教学文件\第 12 章\12-1-2.mp4

Step01: 打开“光盘\素材文件\第 12 章\家用电器销售表.xlsx”，❶选择 G3 单元格，单击“数据”选项卡；❷单击“排序和筛选”组中的“升序”按钮，如下图所示。

Step02: 经过上步操作，合计销售量按升序排序，效果如下图所示。

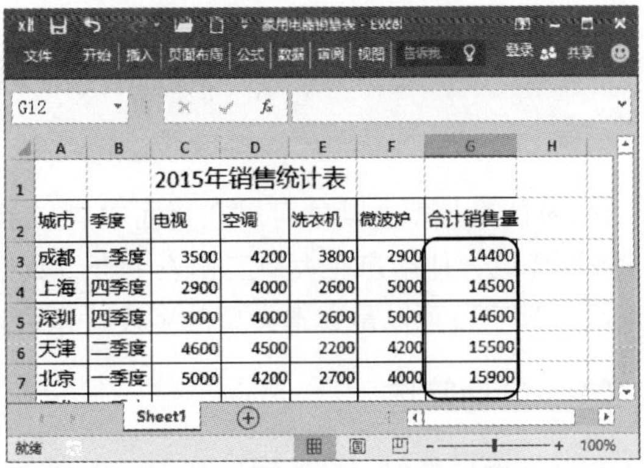

12.1.3 自定义排序

在制作的表格中除了可以使用简单排序方式外，用户还可以根据表格的需要自定义排序条件，使用自定义排序可以设置多个排序条件，具体操作步骤如下。

> **光盘同步文件**
>
> **视频文件：光盘\教学文件\第 12 章\12-1-3.mp4**

Step01: ❶选择 A2:G9 单元格区域；❷单击“排序和筛选”组中的“排序”按钮，如下图所示。

Step02: 打开“排序”对话框，❶单击“添加条件”按钮；❷设置“主要关键字”和“次要关键字”选项；❸单击“确定”按钮，如下图所示。

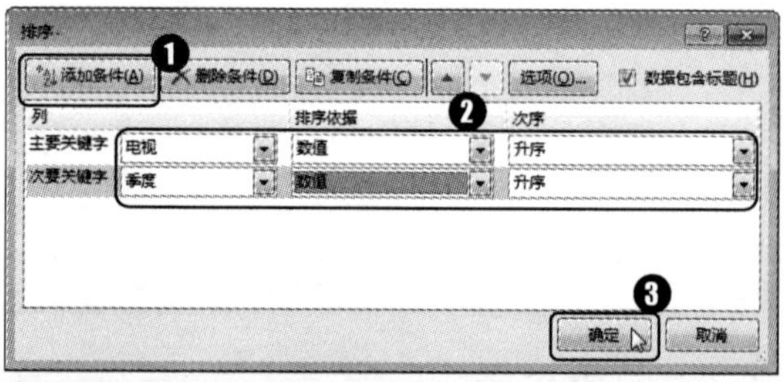

Step03: 经过以上操作，在表格中以电视为主要关键字、季度为次要关键字进行了排序，效果如右图所示。

> **新手注意**
>
> 在自定义排序条件时，首先需要满足主要关键字，主要关键字相同的数据再以次要关键字进行排序。

12.2 课堂讲解——数据的筛选

Excel 的数据筛选功能可以在页面中只显示符合条件的数据记录，将不符合条件的数据隐藏起来，这样更方便用户在大型工作表中查看数据。筛选操作在数据表格的统计分析中经常用到，筛选的关键字段可以是文本类型的字段，也可以是数据类型的字段。

12.2.1 自动筛选

在含有大量数据记录的数据列表中，利用“自动筛选”可以快速查找到符合条件的记录。

根据筛选条件的多少可以将自动筛选分为单条件自动筛选和多条件自动筛选。

光盘同步文件

视频文件：光盘\教学文件\第 12 章\12-2-1.mp4

Step01: ❶选择标题行的单元格，单击“数据”选项卡；❷在“排序和筛选”组中单击“筛选”按钮，如下图所示。

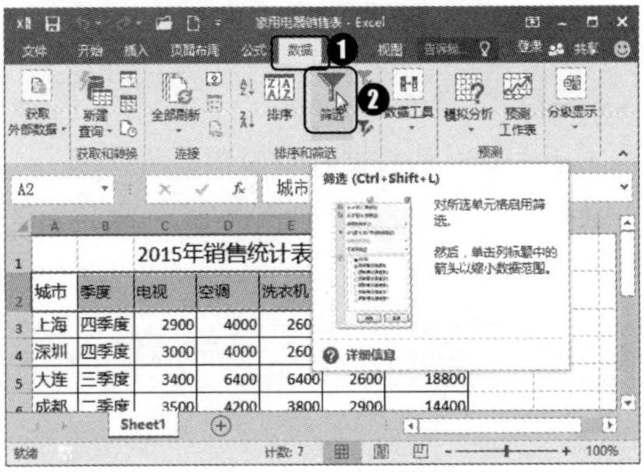

Step02: 表格进入筛选状态，❶单击“合计销售量”右侧的“筛选控制”按钮；❷在弹出的列表中设置筛选选项；❸单击“确定”按钮，如下图所示。

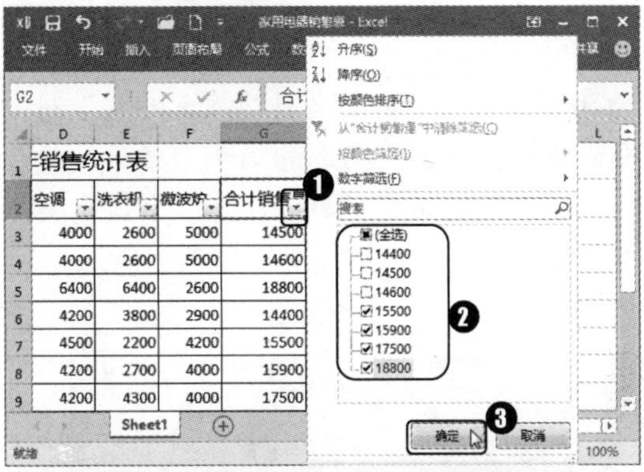

Step03: 经过以上操作，筛选出符合条件的数据，如右图所示。

12.2.2　自定义筛选

自定义筛选是指用户自己定义要筛选的条件。自定义筛选在筛选数据时有很大的灵活性，可以进行比较复杂的筛选，如多个条件同时筛选，用户可以自定义文本条件和数字条件。

光盘同步文件

视频文件：光盘\教学文件\第 12 章\12-2-2.mp4

Step01: 打开“家用电器销售表”，单击“排序和筛选”组中的“清除”按钮，如下图所示。

Step02: 进入表格筛选状态，❶单击“合计销售量”右侧的“筛选控制”按钮；❷在弹出的列表中选择“数字筛选”命令；❸在下级列表中选择“自定义筛选”命令，如下图所示。

Step03: 打开“自定义自动筛选方式”对话框，❶设置自定义筛选的第一个条件；❷选中“或”单选按钮；❸设置第二个自定义条件；❹单击“确定”按钮，如下图所示。

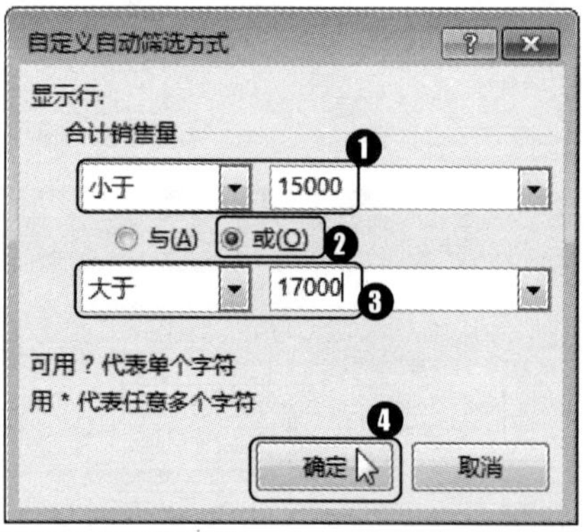

Step04: 经过以上操作，筛选出小于15000和大于17000的数据，效果如下图所示。

专家点拨——“与”与“或”的区别

在定义条件时，“与”表示给定的多个条件必须满足；“或”表示给定的多个条件中满足其中一个就可以筛选出数据。

12.2.3 高级筛选

自动筛选能够高效、快速地完成对工作表的简单筛选操作。如果数据列表中的字段比较多，筛选条件比较复杂，使用自动筛选显得非常麻烦，此时使用高级筛选就可以非常简单地对数据进行筛选。

光盘同步文件

视频文件：光盘\教学文件\第 12 章\12-2-3.mp4

Step01: ❶在B12和C13单元格区域输入高级筛选的条件；❷将光标定位至源表格的任

Step02: 打开“高级筛选”对话框，❶选中“将筛选结果复制到其他位置”单选按钮；❷选择一单元格，单击“排序和筛选”组中的“高级”按钮，如下图所示。

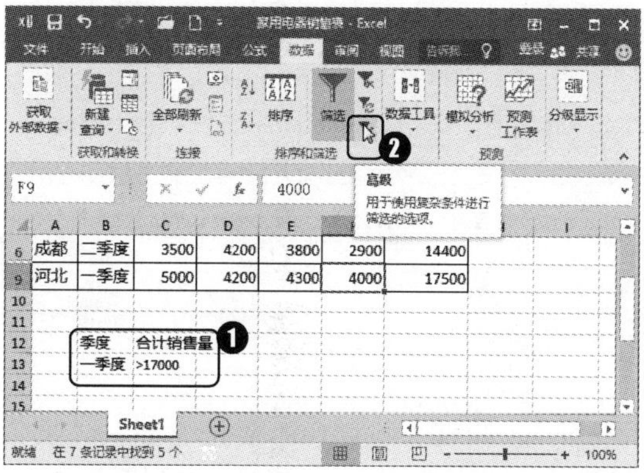

列表区域、输入的筛选条件区域和复制到的位置；❸单击“确定”按钮，如下图所示。

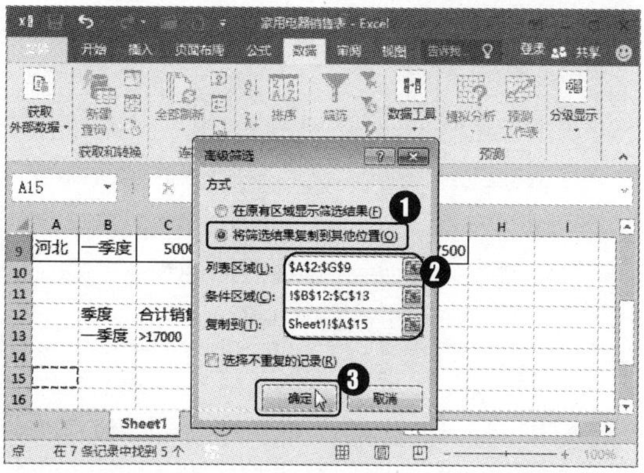

Step03: 经过上步操作，筛选出符合条件的数据，如右图所示。

如果在上步操作中没有选择将筛选结果复制到其他位置，筛选后的结果将覆盖原表中的数据。

▷▷ 12.3　课堂讲解——数据的分类汇总

对数据进行分类汇总是 Excel 的一项重要功能，就是将数据表中的记录按某一关键字段进行相关选项的数据汇总，如求平均值、合计、最大值和最小值等。

12.3.1　创建分类汇总

在对数据进行分类汇总之前必须先对数据进行排序，其作用是将具有相同关键字的记录表集中在一起，以便进行分类汇总。另外，数据区域的第一行中必须有数据的标题行。

光盘同步文件

视频文件：光盘\教学文件\第 12 章\12-3-1.mp4

Step01: 对需要分类汇总的字段进行排序，例如对下图所示工作表中的“季度”所在的列进行降序排序。

Step02: 选择数据源，❶单击“数据”选项卡；❷在“分级显示”组中单击“分类汇总”按钮，如下图所示。

Step03: 打开“分类汇总”对话框，❶在“分类字段”下拉列表框中选择要进行分类汇总的字段名称，即排序名称；❷在“汇总方式”下拉列表框中选择需要分类汇总的函数，例如“求和”；❸在“选定汇总项”列表框中选择需要进行分类汇总的选项；❹单击“确定”按钮，如下图所示。

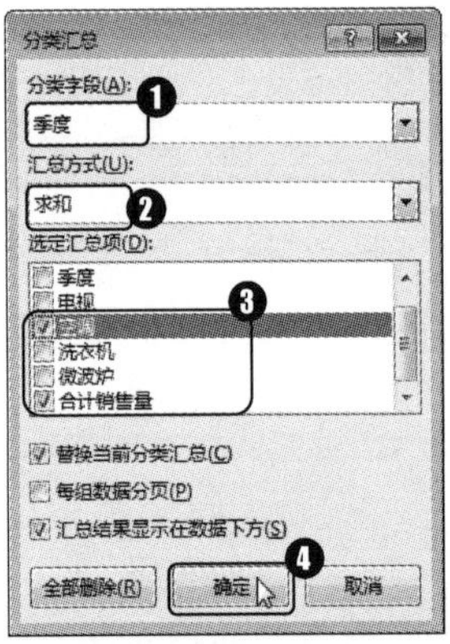

Step04: 经过上步操作，对空调和合计销售量进行了分类汇总，效果如下图所示。

12.3.2 显示与隐藏分类汇总

在对数据进行分类汇总后，在工作表的左侧有 3 个显示不同级别分类汇总的按钮，单击它们可显示或隐藏分类汇总和总计的汇总。

光盘同步文件

视频文件：光盘\教学文件\第 12 章\12-3-2.mp4

Step01: 单击 1 按钮，显示汇总字段中的“总计”，即仅显示总计项，显示结果如下图所示。

Step02: 单击 2 按钮，按“季度”显示出汇总字段“空调”和“合计销售量”的汇总数据，显示结果如下图所示。

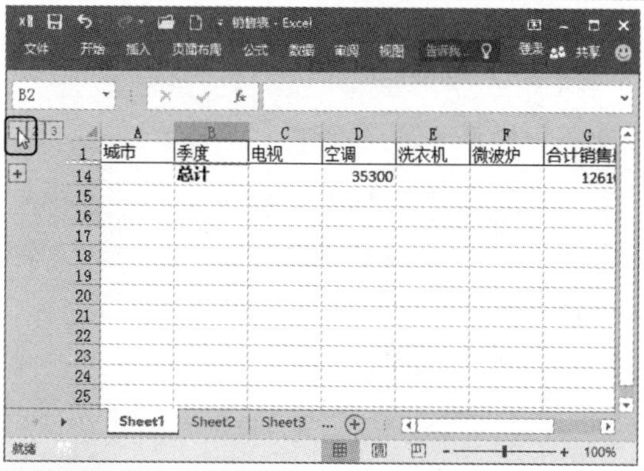

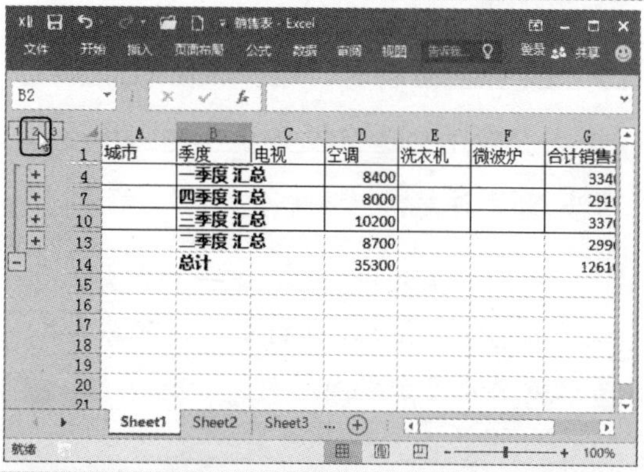

Step03: 单击 3 按钮，显示销售表的所有信息，如右图所示。

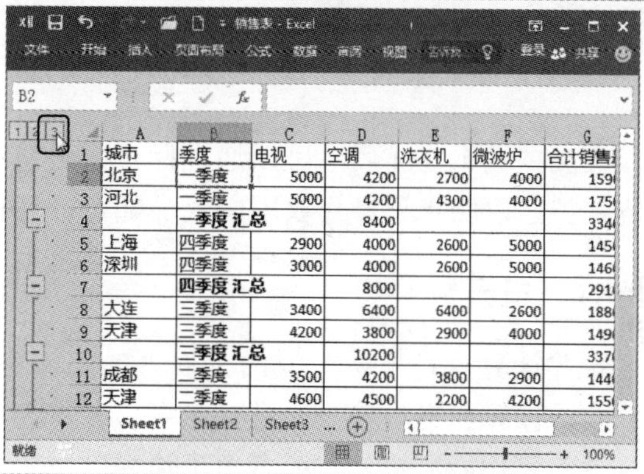

12.3.3 删除分类汇总

在对数据列表创建分类汇总后，若要取消分类汇总，以恢复到分类汇总前的表格状态，则要删除分类汇总。

光盘同步文件

视频文件：光盘\教学文件\第 12 章\12-3-3.mp4

Step01: ❶单击“数据”选项卡；❷在“分级显示”组中单击“分类汇总”按钮，如下图所示。

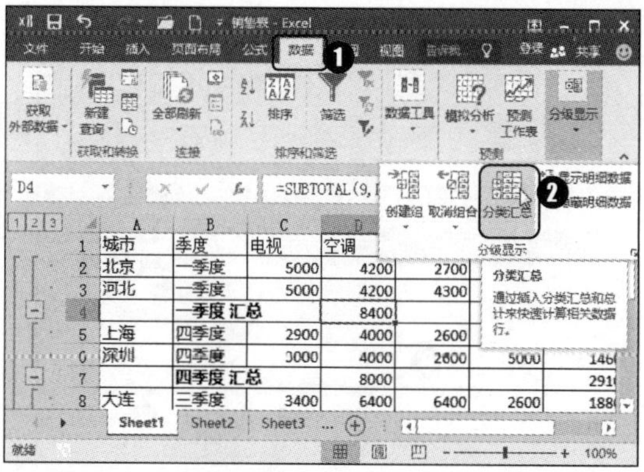

Step02: 打开“分类汇总”对话框，单击“全部删除”按钮，如下图所示。

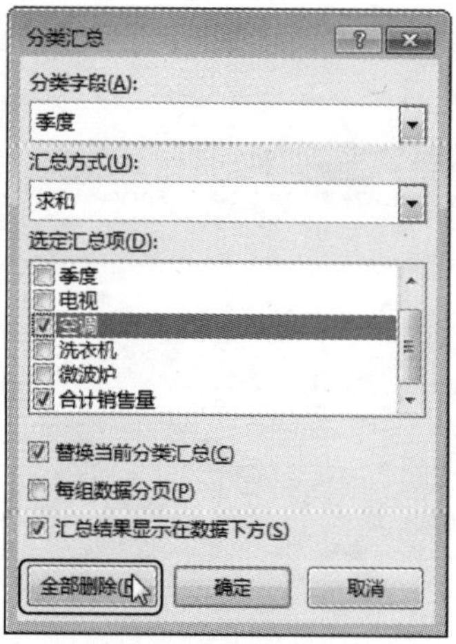

Step03: 经过以上操作，删除执行的分类汇总，效果如右图所示。

> **新手注意**
>
> 在同一张表中，无论是一个分类汇总还是嵌套分类汇总，执行全部删除命令即可将分类汇总全部清除掉。

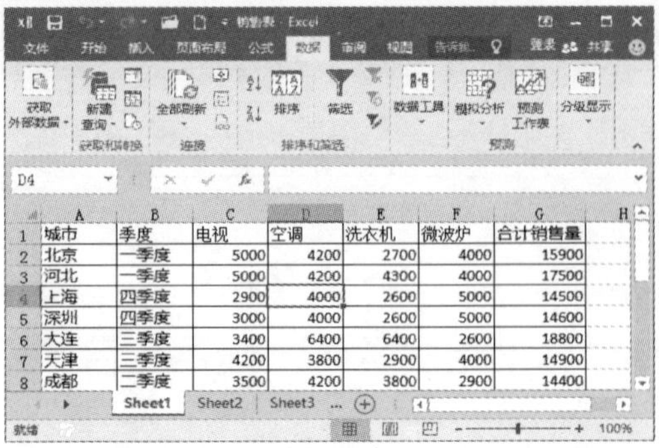

⊳⊳ 12.4 课堂讲解——合并计算和单变量求解

在文档编辑完成后，可以通过标记为最终状态、用密码进行加密和限制编辑等方法对文档设置保护，以防止无操作权限的人员随意打开或修改文档。

12.4.1 合并计算

合并计算就是把两个或两个以上的表格中具有相同区域或相同类型的数据运用相关函数（求和、计算和平均值等）进行运算，并将结果存放到另一个表格中。在 Excel 2016 中可以利用合并计算功能汇总一个或多个工作表区域中的数据，这些工作表可以在同一个工作表中，也可以在其他工作表或其他工作簿中。

> **光盘同步文件**
>
> **视频文件：光盘\教学文件\第 12 章\12-4-1.mp4**

1. 在一张工作表中进行合并计算

在工作表中，如果按照月份输入产品销售数量，则不同的店销售出的产品数量是不同的，因此在一张工作表中要快速计算各个产品的合计，具体操作如下。

Step01: 打开“光盘\素材文件\第 12 章\销售表 1.xlsx”，❶选择 A10:D13 单元格区域；❷单击“数据工具”组中的“合并计算”按钮，如下图所示。

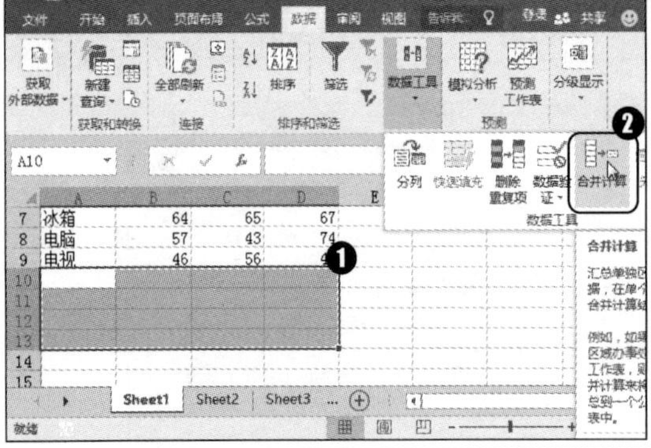

Step02: 打开“合并计算”对话框，❶在“引用位置”框中选择引用位置；❷单击“添加”按钮；❸勾选“最左列”复选框；❹单击“确定”按钮，如下图所示。

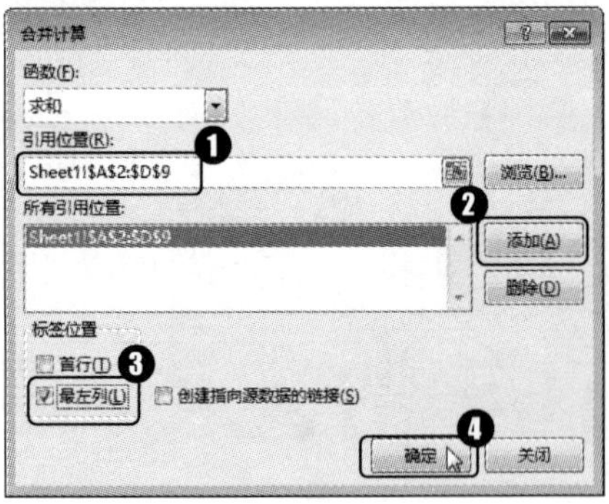

Step03: 经过以上操作，把各产品按 1 月、2 月和 3 月将销量合并起来，效果如右图所示。

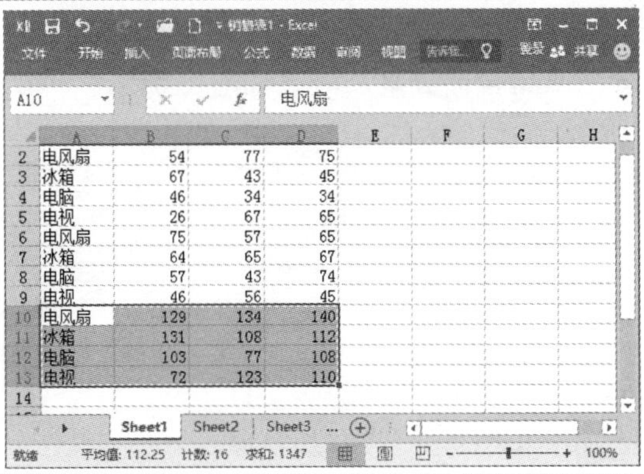

2. 在多张工作表中进行合并计算

合并计算不仅可以在单张工作表中进行，还可以将同一工作簿中的其他工作表的数据使用合并计算功能计算出来，具体操作如下。

Step01: ❶在 Sheet3 工作表中选择 A2:D5 单元格区域；❷单击“数据工具”组中的“合并计算”按钮，如下图所示。

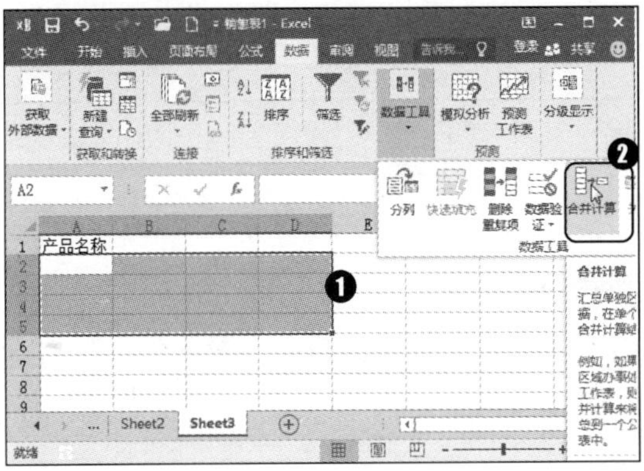

Step02: 打开“合并计算”对话框，❶在“引用位置”框中选择引用位置；❷单击“添加”按钮，如下图所示。

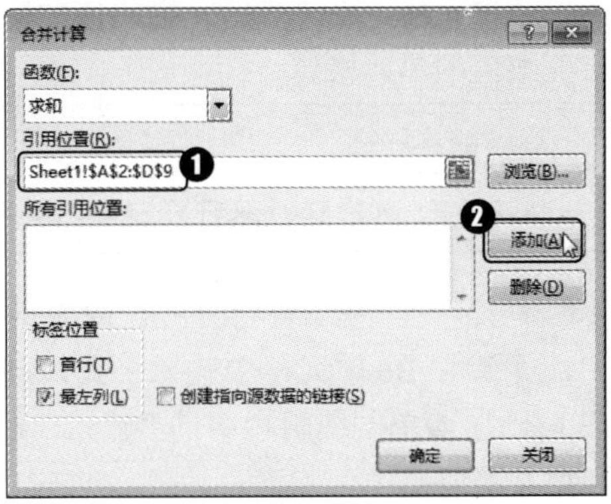

Step03: ❶在“引用位置”框中选择引用 Sheet2 工作表中需要计算的位置；❷单击“添加”按钮，如下图所示。

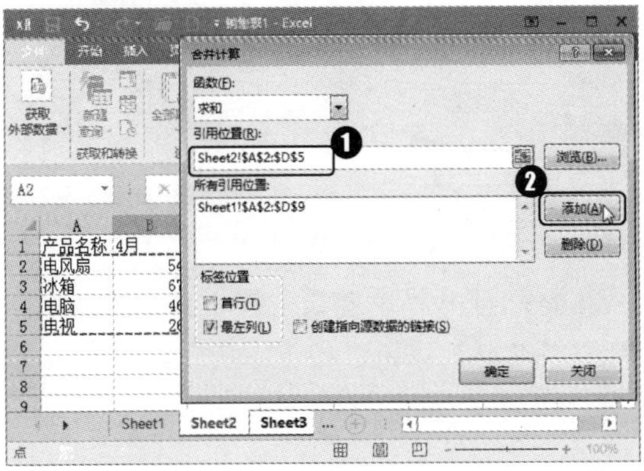

Step04: 在引用完需要计算的位置后单击“确定”按钮，如下图所示。

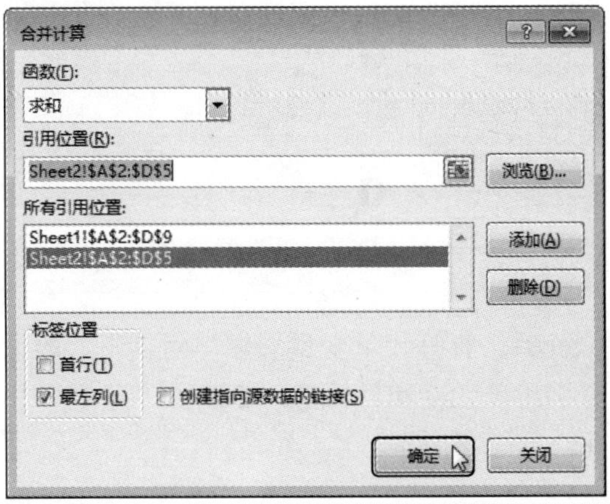

Step05: 经过以上操作，计算出前两张工作表的产品合计数量，效果如右图所示。

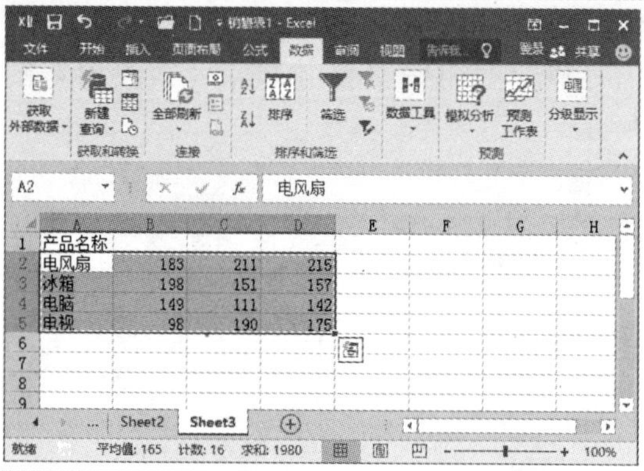

12.4.2 单变量求解

当利用公式对单元格中的数据进行计算后，如果要分析在公式达到一个目标值时公式中所引用的某一个单元格值的变化情况，此时可以使用“单变量求解”命令。

在使用“单变量求解”命令时，首先需要确定以下几个元素。

- 目标单元格：即单元格中要达到一个新目标值的单元格，且该单元格为公式单元格。
- 目标值：要让目标单元格中的公式计算结果达到的值。
- 可变单元格：通过该单元格的值的变化使目标单元格达到目标值，即公式中需要发生改变数值的单元格。

光盘同步文件

视频文件：光盘\教学文件\第 12 章\12-4-2.mp4

Step01: 打开“光盘\素材文件\第 12 章\利润表.xlsx，”❶在 B6 单元格中输入公式“=B2*B4-B3-B5”；❷单击编辑栏中的“输入”按钮 ✓，如下图所示。

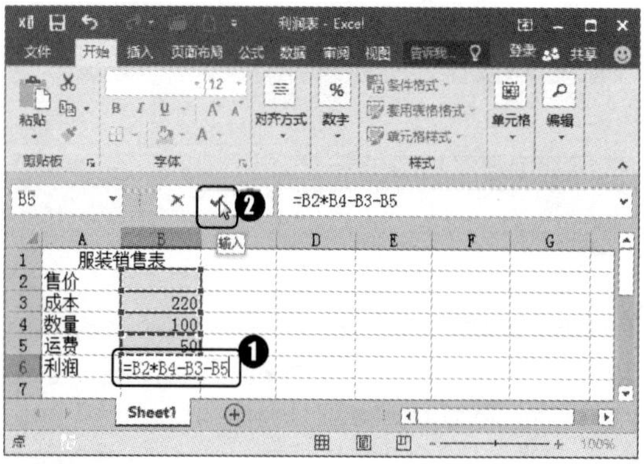

Step02: ❶选择 B6 单元格；❷单击“预测”组中的“模拟分析”按钮；❸选择下拉列表中的“单变量求解”命令，如下图所示。

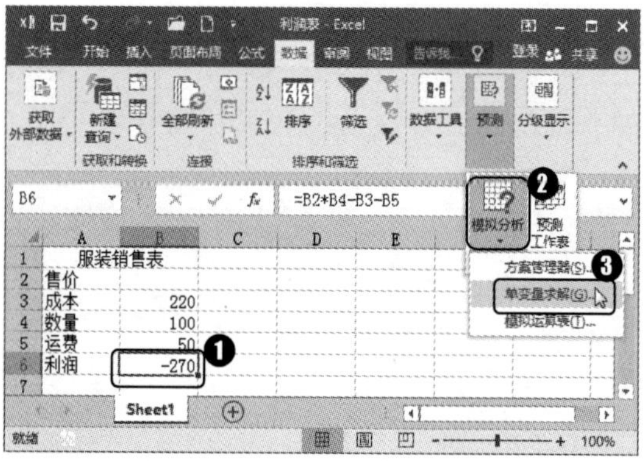

Step03: 打开“单变量求解”对话框，❶设置引用单元格和目标值；❷单击“确定”按钮，如下图所示。

Step04: 打开“单变量求解状态”对话框，单击“确定”按钮，如下图所示。

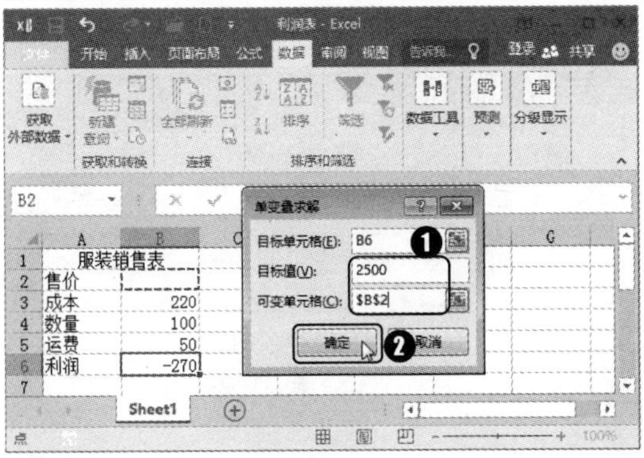

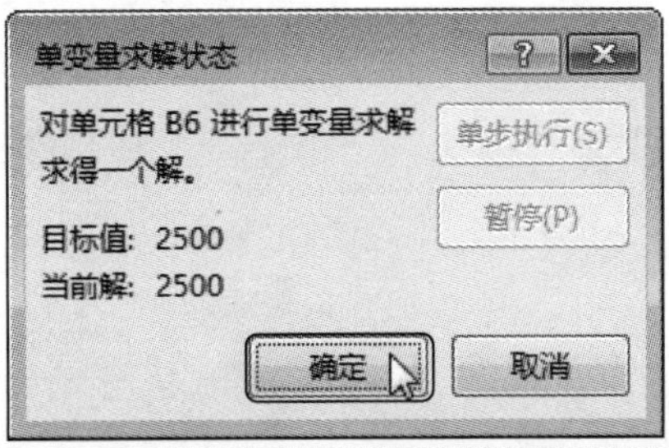

Step05: 经过以上操作，使用单变量求解计算出可变单元格 B2 的数据，效果如下图所示。

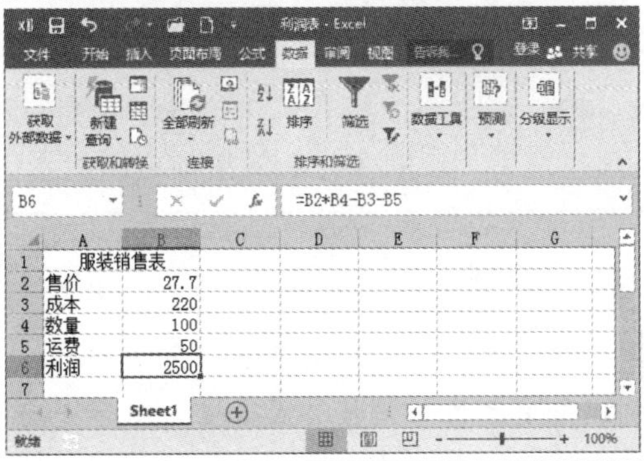

12.4.3 模拟运算表

在对数据进行分析处理时，如果需要查看和分析某项数据发生变化时影响到的结果变化的情况，此时可以使用模拟运算表。

模拟运算表的结果为一个表格区域，变化的数据是表格的行标题和列标题，而根据行标题和列标题数据值计算出的结果则作为表格区域中的数据，故在应用“模拟运算表”命令前应先建立进行模拟运算表的表格区域，将用作分析变化情况的数据作为表格的行标题和列标题，而该表格区域的左上角单元格则用于放置进行模拟运算的公式，然后应用“模拟运算表”命令。该命令会自动将行标题和列标题上的数据作为公式中相应的引用数据自动计算出相应的公式结果，并放置到对应的数据单元格中。

光盘同步文件

视频文件：光盘\教学文件\第 12 章\12-4-3.mp4

1. 单变量模拟运算

如果在进行数据分析模拟运算时只需要分析一个变量变化对应的公式变化结果，则可以使用单变量模拟运算表。

假设售价发生变化，根据利润值的公式，运用模拟运算计算出相应的利润值，具体方法如下。

Step01: ❶在“售价”前面插入空行，然后在 D2:E6 单元格中输入售价变量，并选中该单元格区域；❷单击“预测”组中的“模拟分析”按钮；❸选择下拉列表中的“模拟运

Step02: 打开“模拟运算表”对话框，❶在“输入引用列的单元格”框中引用变量售价单元格；❷单击“确定”按钮，如下图所示。

算表”命令，如下图所示。

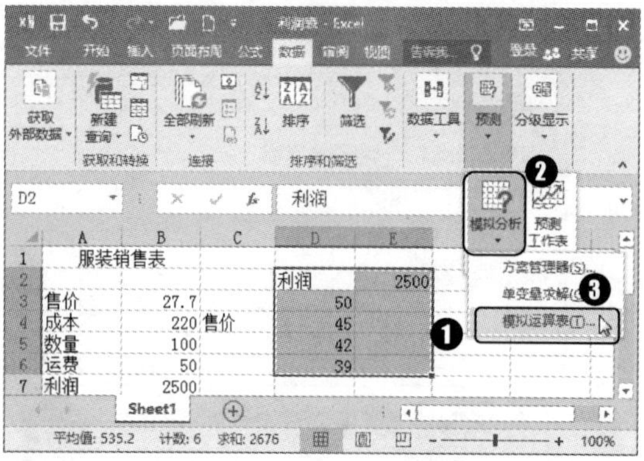

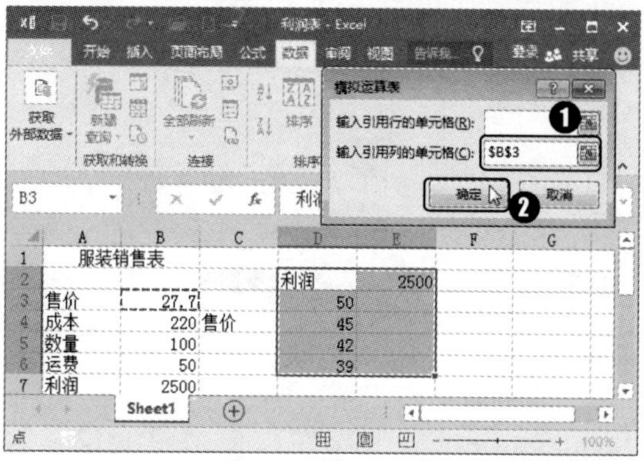

Step03: 经过以上操作，售价发生改变，利润值也发生相应的变化，效果如右图所示。

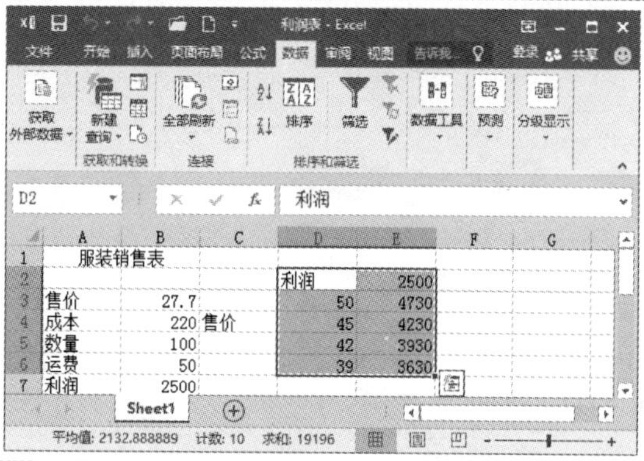

> **专家提示**
>
> 如果要使用模拟运算表计算出变量，利润值单元格必须是公式，变量必须是公式中的一个单元格，否则无法使用模拟运算计算变量的利润。

2. 双变量模拟运算

当要对两个公式中变量的变化进行模拟，分析不同变量在不同的取值时公式运算结果的变化情况及关系时，可应用双变量模拟运算表。

Step01: ❶在表格中输入售价和数量的变化值，并选中 B7:F11 单元格区域；❷单击“预测”组中的“模拟分析”按钮；❸选择下拉列表中的“模拟运算表”命令，如下图所示。

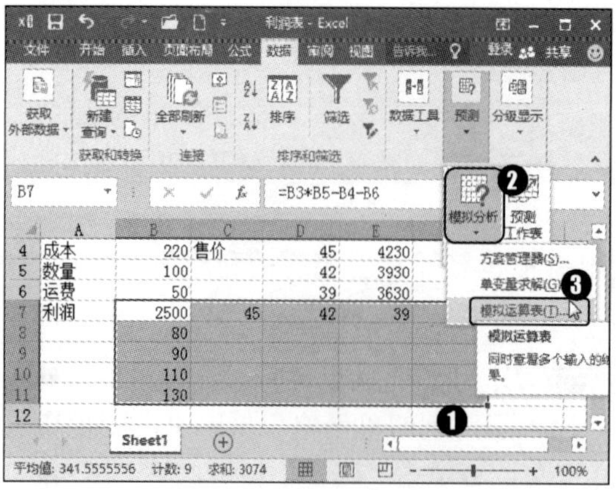

Step02: 打开“模拟运算表”对话框，❶在“输入引用行的单元格”和“输入引用列的单元格”框中引用变量售价单元格；❷单击“确定”按钮，如下图所示。

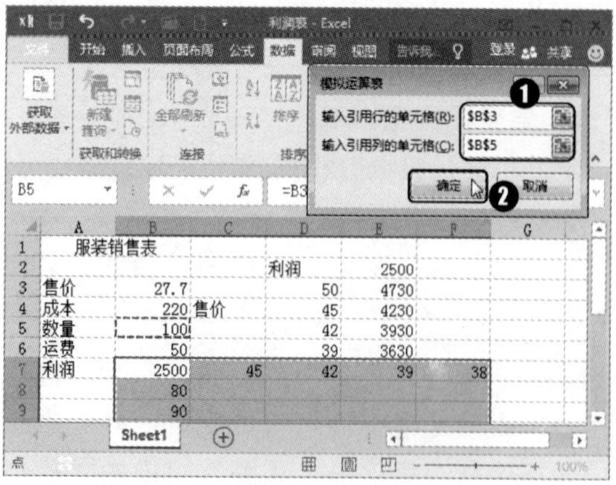

Step03: 经过以上操作，输入售价和数量的变化值，使用模拟运算计算出利润值，效果如右图所示。

> **专家提示**
>
> 无论是单变量模拟运算还是双变量模拟运算，用户都不能直接删除模拟运算表的一部分。

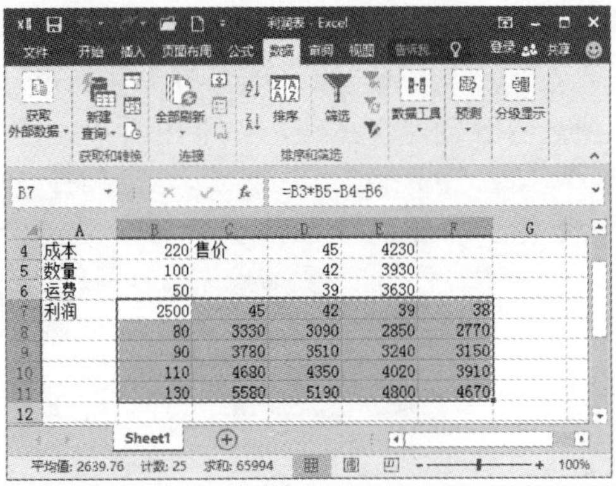

12.5　课堂讲解——方案管理器

Excel 方案管理器使自动假设分析模式变得很方便，可以为任意多的变量存储输入值的不同组合（在“方案管理器”术语中称为可变单元格），并为每个组合命名。

12.5.1　创建方案

针对同一个项目计划，可能有多种投资方案，为了正确地选择利润较多的方案，可以创建多个方案，从而对多个变量的变化进行参照对比。

> **光盘同步文件**
>
> **视频文件：光盘\教学文件\第 12 章\12-5-1.mp4**

例如有 3 个投资方案，折现率为 12%，初始投资均为 100 000 元，投资回收期均为 3 年，每个方案的现金流量见下表，具体操作如下。

年限/方案	投资额	第1年	第2年	第3年
方案一	-100000	0	500000	800000
方案二	-100000	300000	500000	800000
方案三	-100000	500000	800000	1000000

Step01: 打开“光盘\素材文件\第 12 章\方案表.xlsx”，❶在 B11 单元格中输入计算净现值的公式“=NPV(B6,C9:D9)+B9”；❷单击编辑栏中的“输入”按钮✓，如下图所示。

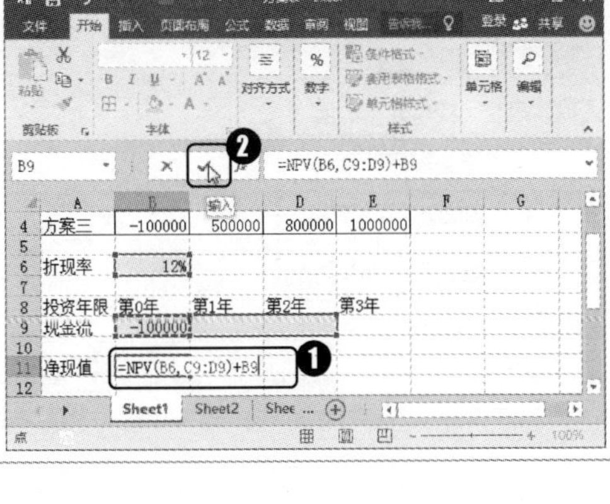

Step02: ❶选择 B11 单元格；❷单击“数字”组中“常规”右侧的下拉按钮；❸选择下拉列表中的“数字”选项，如下图所示。

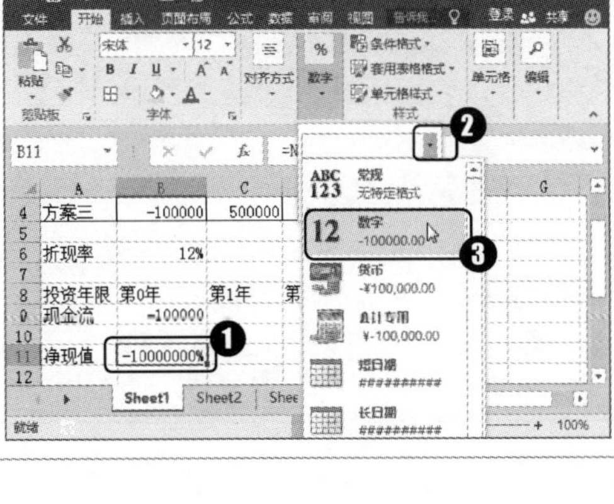

Step03: ❶选择 C8:E9 单元格区域；❷单击“公式”选项卡的“定义的名称”组中的“根据所选内容创建”按钮，如下图所示。

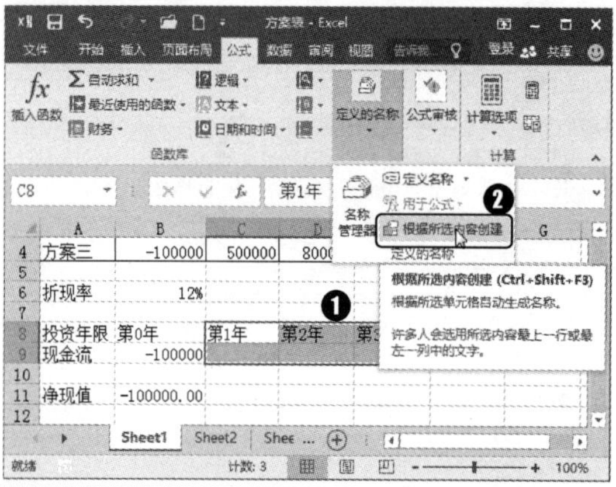

Step04: 打开“以选定区域创建名称”对话框，❶选中“首行”复选框；❷单击“确定”按钮，如下图所示。

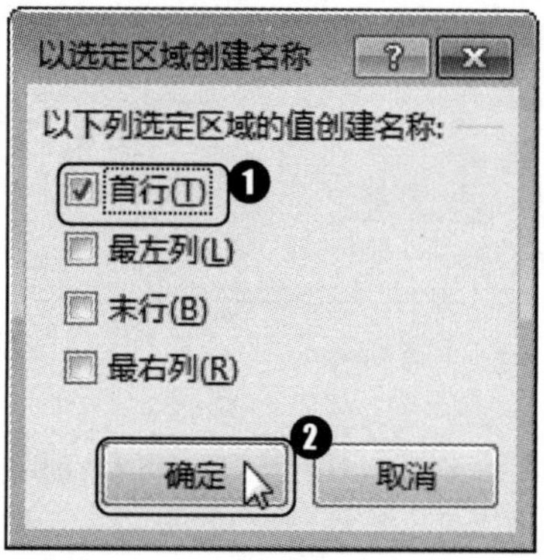

Step05: ❶选择 C9:E9 单元格区域；❷单击“预测”组中的“模拟分析”按钮；❸在下拉菜单中选择“方案管理器”命令，如下图所示。

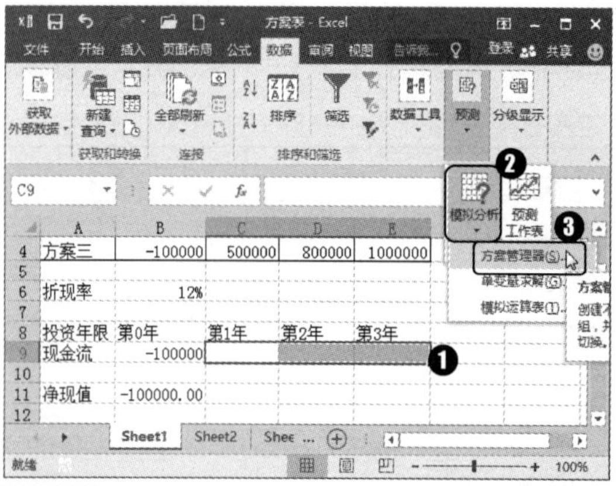

Step06: 打开“方案管理器”对话框，单击“添加”按钮，如下图所示。

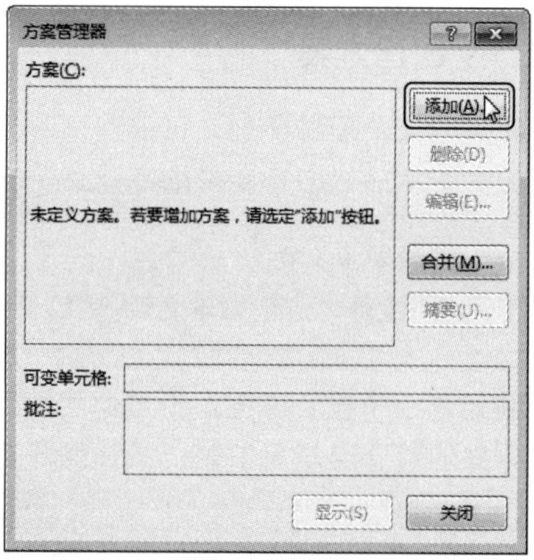

Step07: 打开“添加方案”对话框，❶在“方案名”文本框中输入方案名；❷单击“确定”按钮，如下图所示。

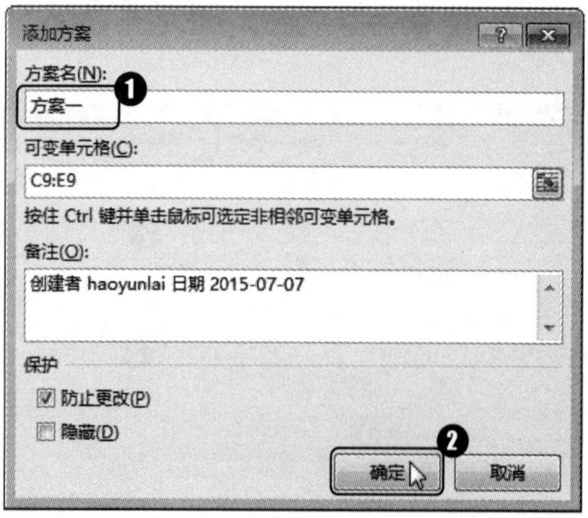

Step08: 打开“方案变量值”对话框，❶输入所有的变量值；❷单击“确定”按钮，如下图所示。

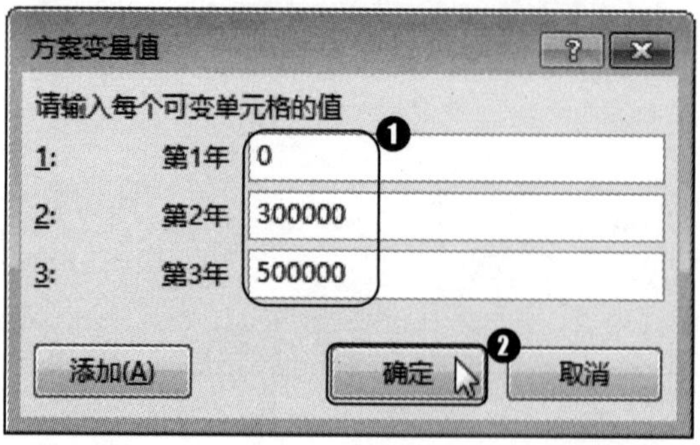

Step09: 返回“方案管理器”对话框，单击“添加”按钮，如下图所示。

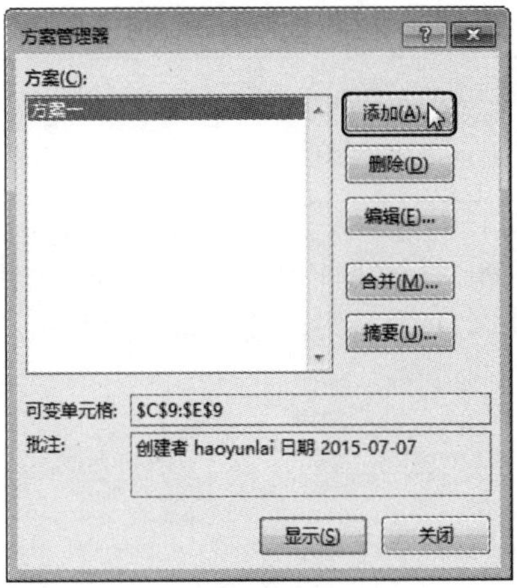

Step10: 打开“添加方案”对话框，❶在“方案名”文本框中输入方案名；❷单击“确定”按钮，如下图所示。

Step11: 打开“方案变量值”对话框，❶输入所有的变量值；❷单击“确定”按钮，如下图所示。

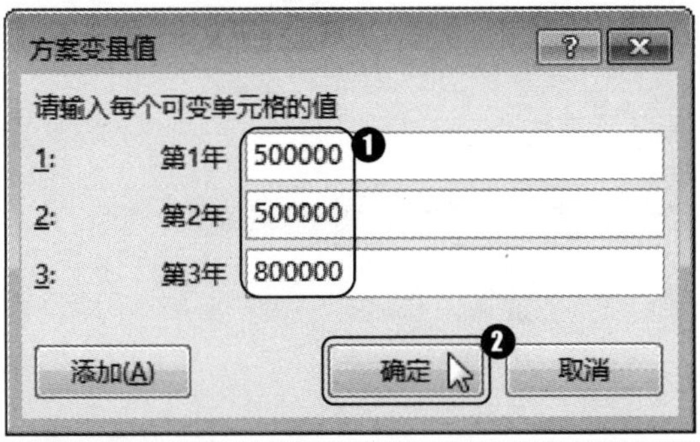

Step12: 返回“方案管理器”对话框，单击“添加”按钮，如下图所示。

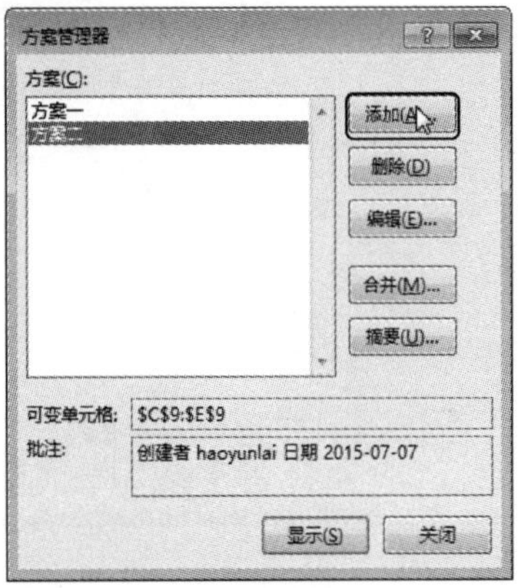

Step13: 打开“添加方案”对话框，❶在“方案名”文本框中输入方案名；❷单击“确定”按钮，如下图所示。

Step14: 打开“方案变量值”对话框，❶输入所有的变量值；❷单击“确定”按钮，如下图所示。

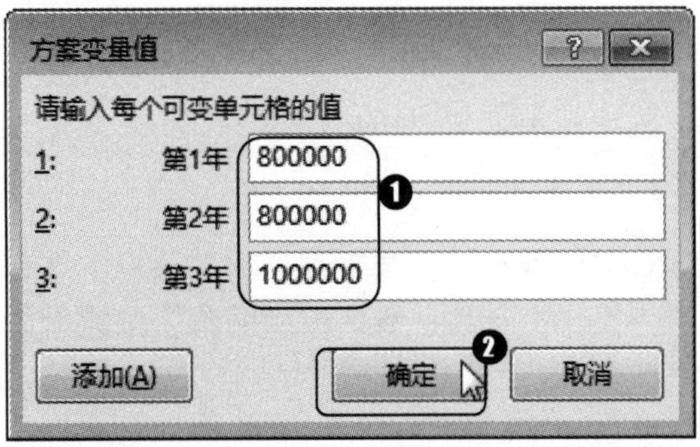

12.5.2　显示方案

在方案管理器中添加完所有方案后，如果需要查看某一个方案的结果，可以直接选中需要查看的方案选项，单击“显示”按钮，这样即可在工作表中显示该方案的结果。

光盘同步文件

视频文件：光盘\教学文件\第 12 章\12-5-2.mp4

Step01: ❶在“方案管理器”对话框中选择“方案二”选项；❷单击“显示”按钮，如下图所示。

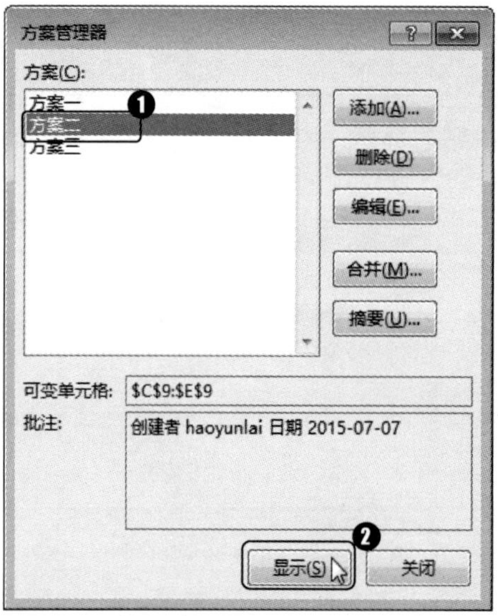

Step02: 经过上步操作，在 Excel 工作表中显示方案二的结果，效果如下图所示。

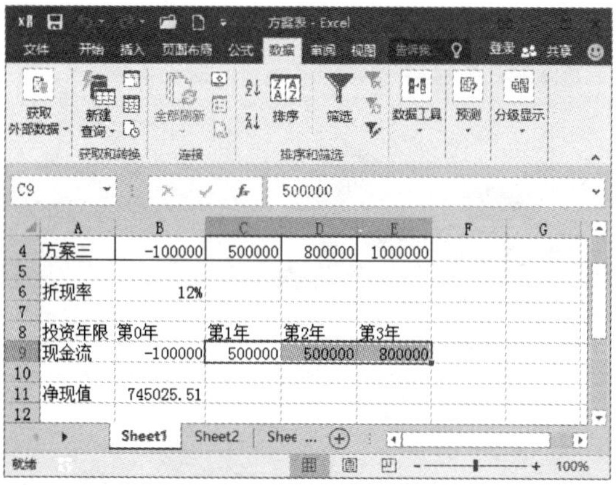

12.5.3　编辑方案

如果给定的方案数据不对或者用户想要修改数据，可以在方案管理器中直接选中要修改的方案，然后单击“编辑”按钮修改相关数据。

光盘同步文件

视频文件：光盘\教学文件\第 12 章\12-5-3.mp4

例如在制作本例的方案时将方案数据输入错误，需要重新编辑方案数据，具体操作如下。

Step01: ❶在“方案管理器”对话框中选择“方案一”选项；❷单击“编辑”按钮，如下图所示。

Step02: 打开“编辑方案”对话框，不修改方案名和可变单元格，单击“确定”按钮，如下图所示。

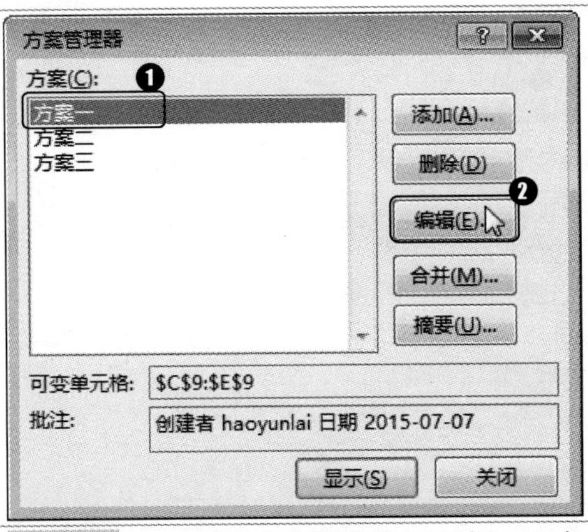

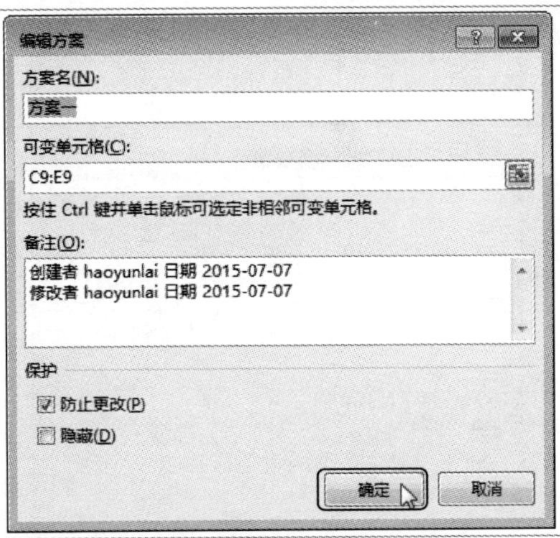

Step03: 打开“方案变量值”对话框，❶在“请输入每个可变单元格的值”框中输入第一组方案的变量值；❷单击“确定”按钮，如下图所示。

Step04: 返回“方案管理器”对话框，❶选择“方案二”选项；❷单击“编辑”按钮，如下图所示。

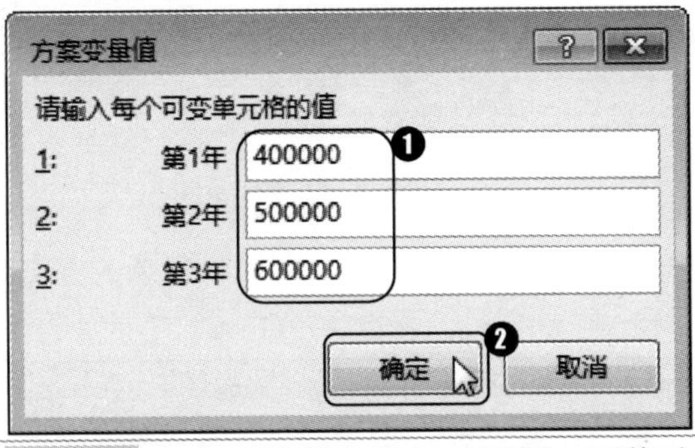

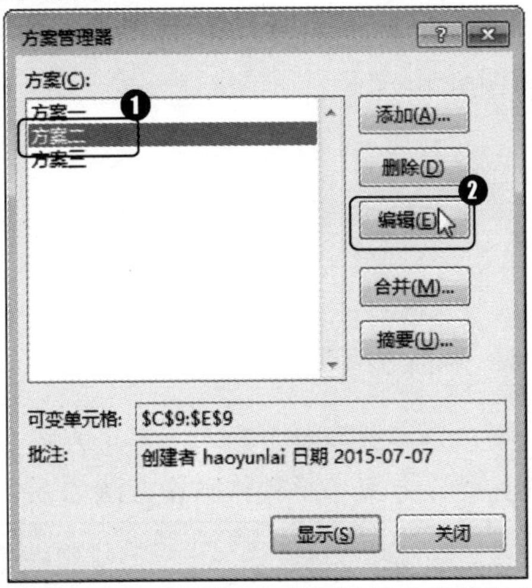

Step05: 打开“编辑方案”对话框，不修改方案名和可变单元格，单击“确定”按钮，如下图所示。

Step06: 打开“方案变量值”对话框，❶在“请输入每个可变单元格的值”框中输入第二组方案的变量值；❷单击“确定”按钮，如下图所示。

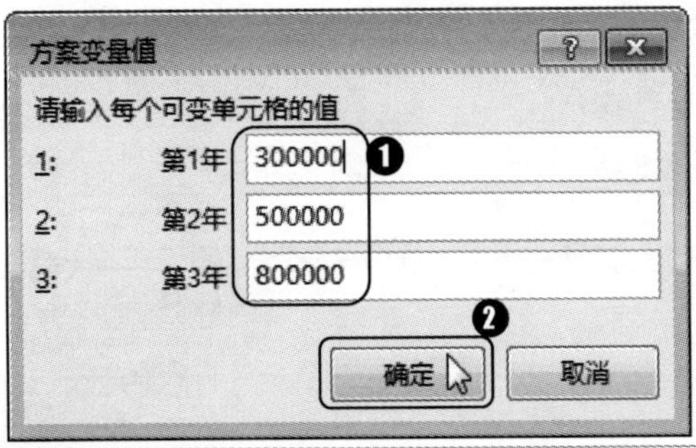

Step07: 返回“方案管理器”对话框，❶选择“方案三”选项；❷单击“编辑”按钮，如下图所示。

Step08: 打开“编辑方案”对话框，不修改方案名和可变单元格，单击“确定”按钮，如下图所示。

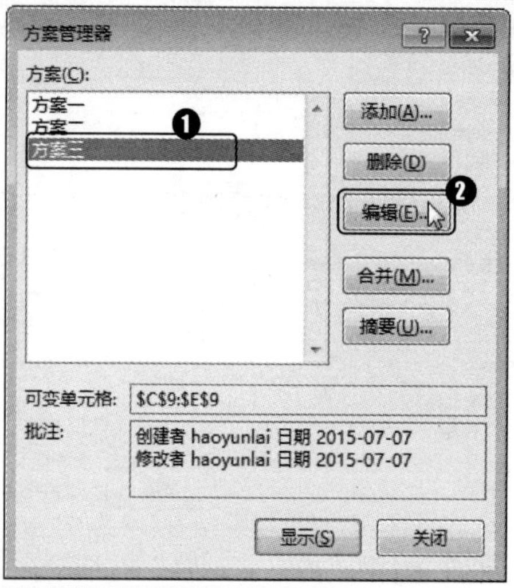

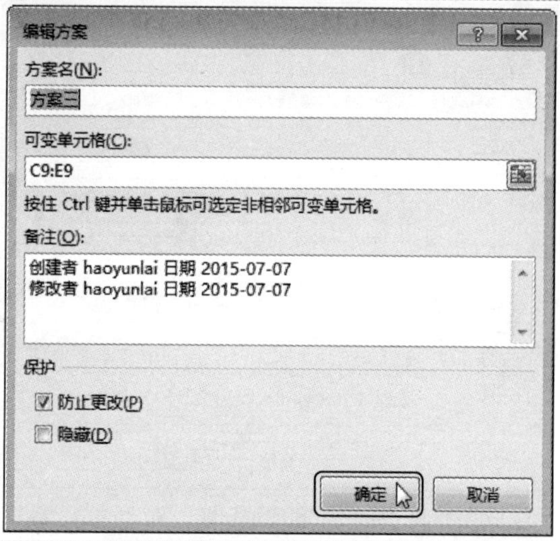

Step09: 打开“方案变量值”对话框，❶在“请输入每个可变单元格的值”框中输入第三组方案的变量值；❷单击“确定”按钮，如右图所示。

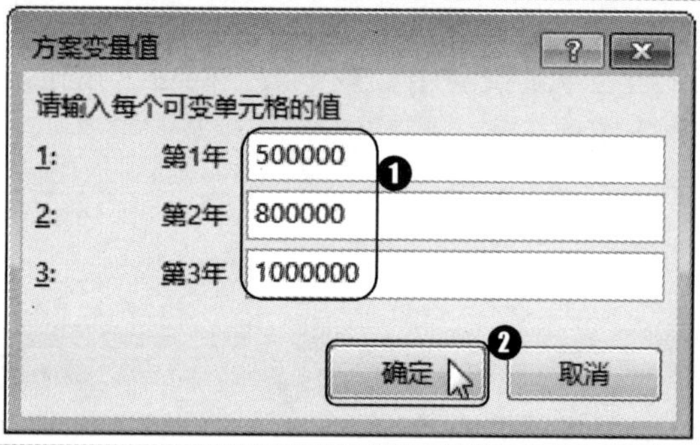

12.5.4 删除方案

如果在方案管理器中输入了多个方案，但只想查看其中的部分方案，可以将多余的方案删除。例如删除方案二，具体操作方法如下。

光盘同步文件

视频文件：光盘\教学文件\第 12 章\12-5-4.mp4

Step01: ❶在“方案管理器”对话框中选择“方案二”选项；❷单击“删除”按钮，如下图所示。

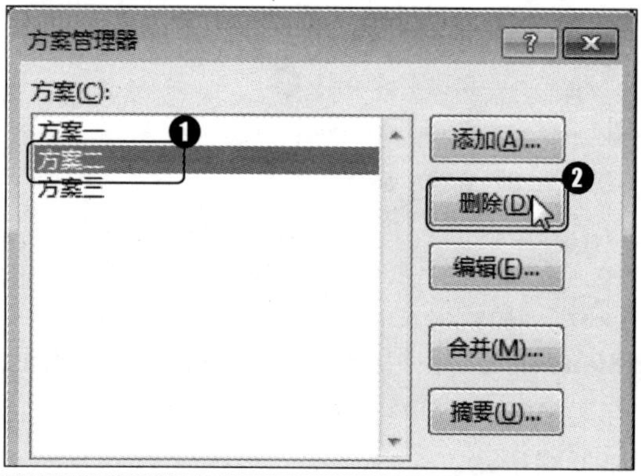

Step02: 经过上步操作，删除了方案二，效果如下图所示。

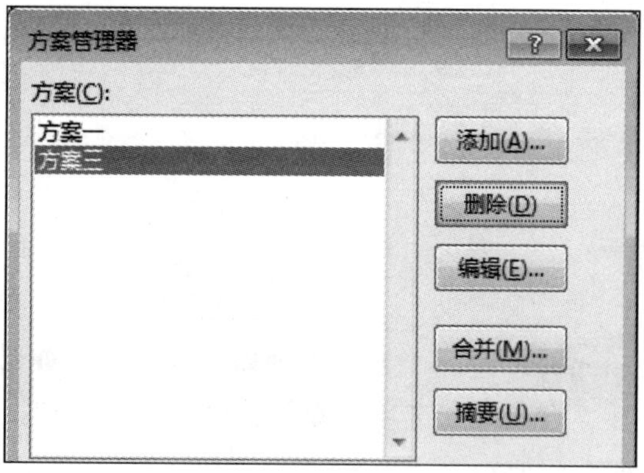

12.5.5　显示方案摘要

在文档编辑完成后，可以使用“限制编辑”功能限制其他用户的编辑权限，保护文档的安全和完整性，也可以对编辑完成的文档进行强制保护。

> **光盘同步文件**
> **视频文件：光盘\教学文件\第 12 章\12-5-5.mp4**

Step01: 在“方案管理器”对话框中单击“摘要”按钮，如下图所示。

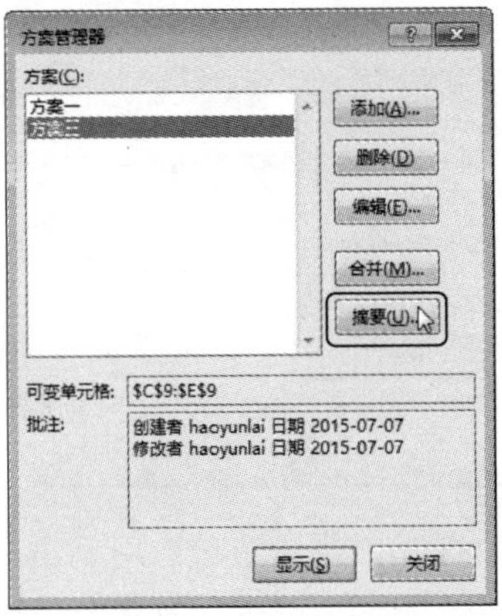

Step02: 打开“方案摘要”对话框，❶在“结果单元格”框中选择需要显示结果的单元格；❷单击“确定”按钮，如下图所示。

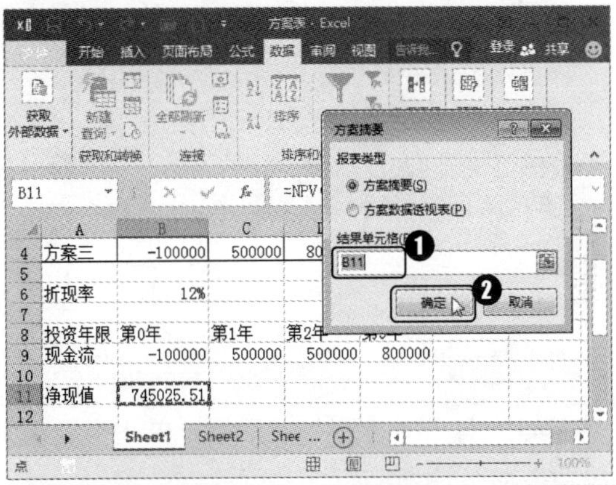

Step03: 经过以上操作，显示出制作的方案摘要，效果如右图所示。

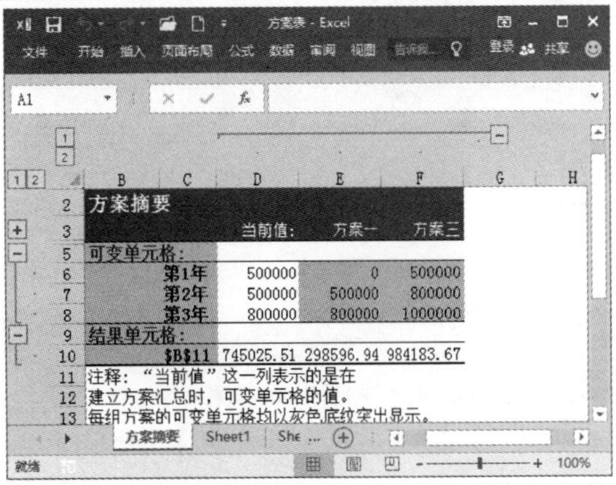

▷▷ 高手秘籍——实用操作技巧

相信通过对前面知识的学习，读者朋友已经掌握了如何管理与分析 Excel 工作表中的数据，下面结合本章内容介绍一些实用技巧。

> **光盘同步文件**
> **视频文件：光盘\教学文件\第 12 章\高手秘籍.mp4**

技巧 01　如何对表格中的行进行排序

Excel 2016 的排序操作默认情况下都是针对列进行的，例如对于销售报表中的月份按行的方式对数据的大小进行排序，具体的操作如下。

Step01: 打开“光盘\素材文件\第 12 章\技巧 01.xlsx”，❶选择 B2:G2 单元格区域；❷单击“排序和筛选”组中的“排序”按钮，如下图所示。

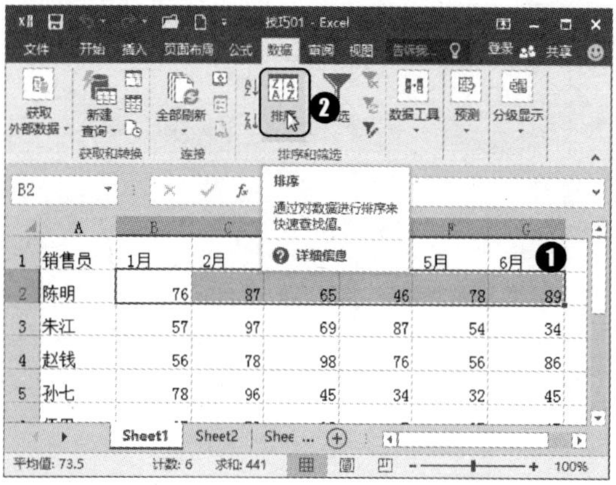

Step02: 打开“排序提醒”对话框，❶选中“以当前选定区域排序”单选按钮；❷单击“排序”按钮，如下图所示。

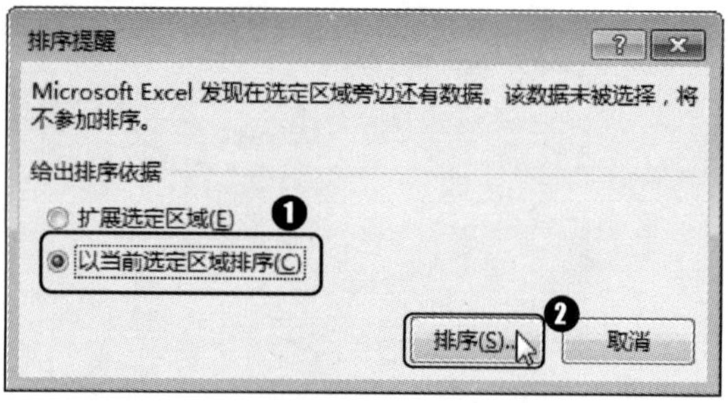

Step03: 打开“排序”对话框，单击“选项”按钮，如下图所示。

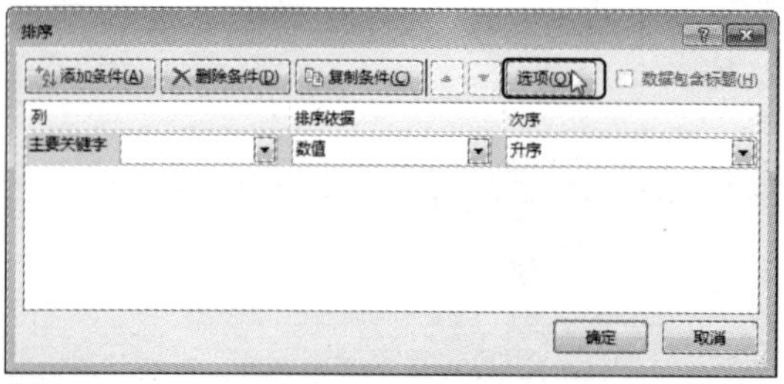

Step04: 打开“排序选项”对话框，❶选中“按行排序”单选按钮；❷单击“确定”按钮，如下图所示。

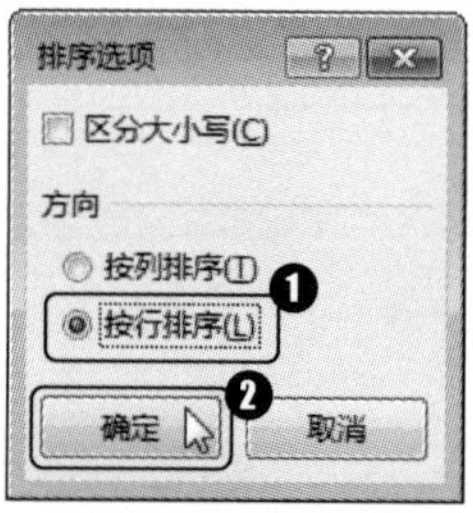

Step05: 返回“排序”对话框，❶在“主要关键字”右侧下拉列表框中选择“行 2”选项；❷单击“确定”按钮，如下图所示。

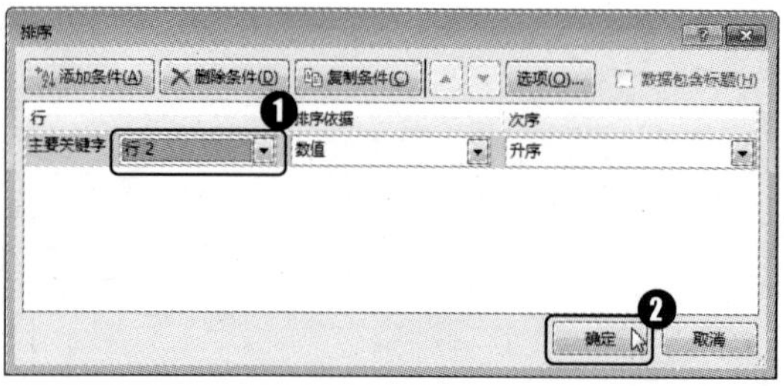

Step06: 经过以上操作，对选择的单元格区域按行进行了排序，效果如下图所示。

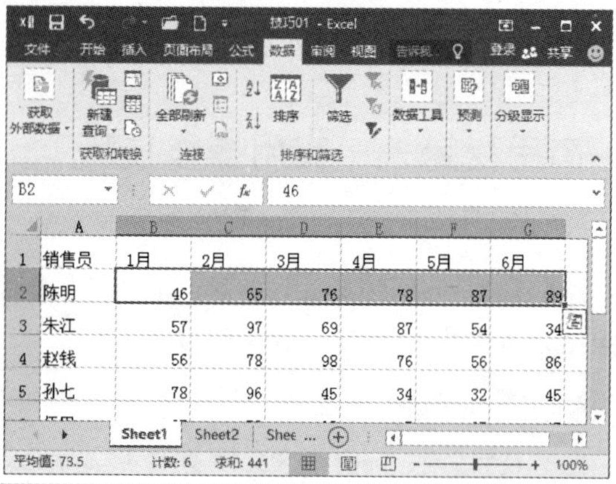

技巧 02 让排序结果返回至初始顺序

在经过反复排序操作后，记录单的顺序也会变乱。如果要快速地还原到初始顺序通过撤销命令显然是不合适的，这时可以考虑用增强列的方法来辅助操作，具体操作如下。

Step01: 打开“光盘\素材文件\第 12 章\技巧 02.xlsx”，❶在 A 列标上右击；❷在弹出的快捷菜单中选择“插入”命令，如下图所示。

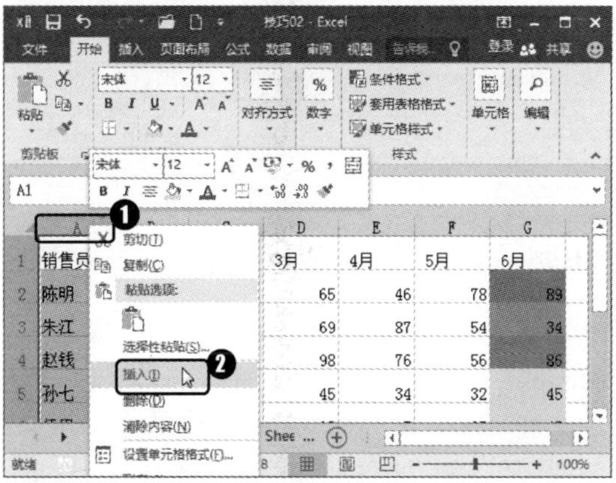

Step02: ❶将鼠标指针定位在 H2 单元格；❷单击“排序和筛选”组中的“排序”按钮，如下图所示。

Step03: 打开“排序”对话框，❶设置排序条件；❷单击“确定”按钮，如下图所示。

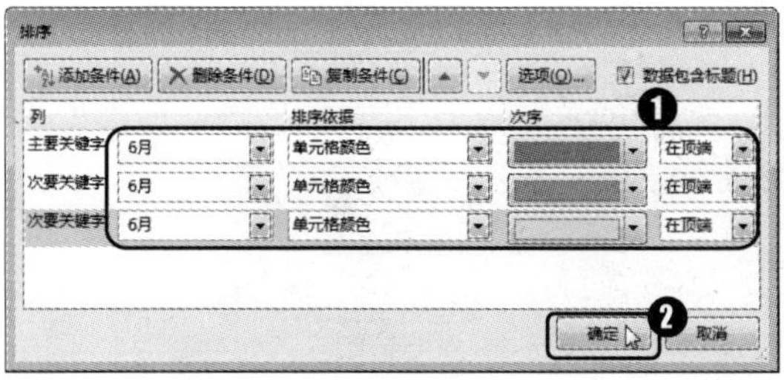

Step04: 经过以上操作，按单元格的颜色进行了排序，效果如下图所示。

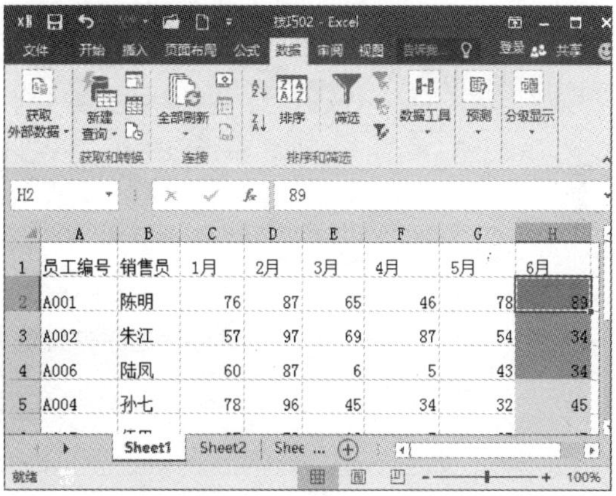

专家点拨——添加排序条件

当需要设置次要关键字时，除了可以单击“复制条件”按钮进行添加外，还可以单击“添加条件”按钮设置排序条件。

Step05: 需要将数据表返回到原始状态，❶将鼠标指针定位在 A2 单元格；❷单击“排序和筛选”组中的“升序”按钮，如下图所示。

Step06: 经过以上操作，让多次排序的表格回到了初始顺序，效果如下图所示。

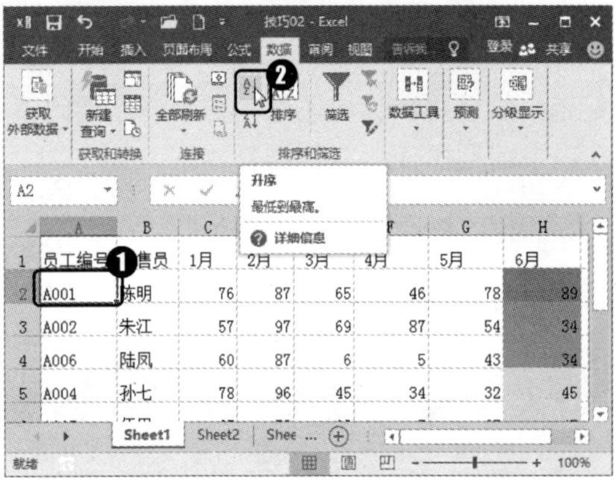

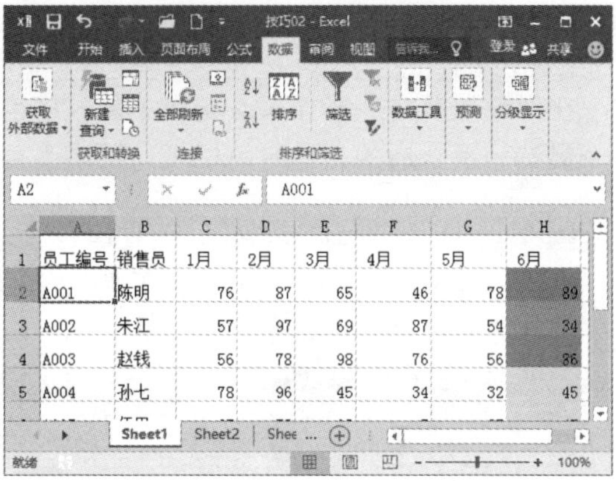

技巧 03　如何筛选出表格中的非重复值

在 Excel 中，高级筛选除了用于数据内容的筛选外，还可以对重复值进行过滤，以保证字段或记录没有重复值，具体操作如下。

Step01: ❶将鼠标指针定位在数据表的任一单元格；❷单击“排序和筛选”组中的“高级”按钮，如下图所示。

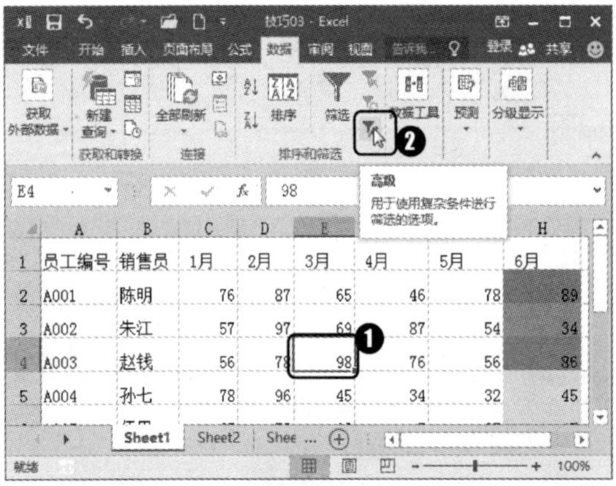

Step02: 打开“高级筛选”对话框，❶选择数据表区域；❷选中“将筛选结果复制到其他位置”单选按钮；❸在“复制到”框中选择存放数据的起始单元格；❹勾选“选择不重复的记录”复选框；❺单击“确定”按钮，如下图所示。

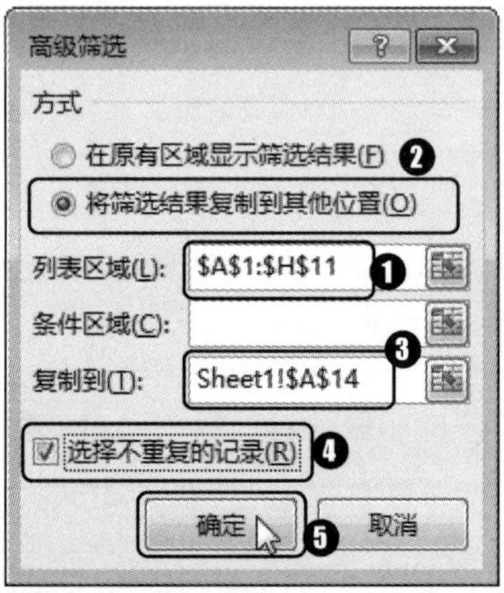

Step03: 经过以上操作，使用筛选功能筛选出了非重复的数据，效果如右图所示。

> **新手注意**
>
> 在“高级筛选”对话框中勾选“选择不重复的记录”复选框后，将筛选结果在原表中显示时，默认情况下自动隐藏重复记录行。如果需要将重复数据删除，需要先将隐藏的重复记录显示出来，再删除原数据表的行。

▷▷ 上机实战——项目经费支出统计

上机介绍

在日常办公中经常会对表格数据进行排序和筛选的操作，本实例主要对项目数据工作表中的每月实际成本进行排序，筛选出实际累计成本，并且对项目成本的来源工时和材料成本使用分类汇总进行合计。

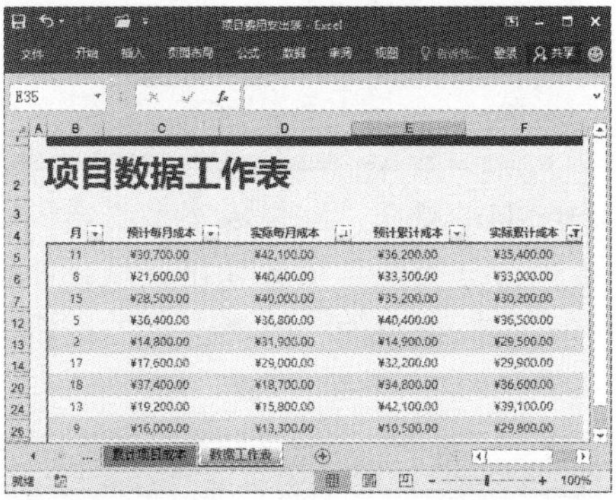

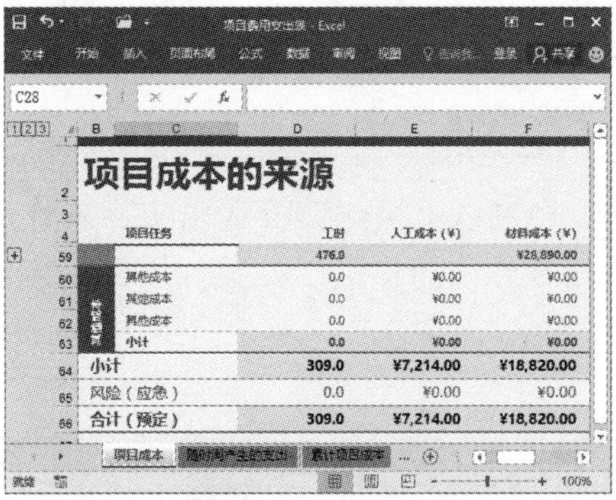

光盘同步文件

素材文件：光盘\素材文件\第 12 章\项目费用支出表 xlsx
结果文件：光盘\结果文件\第 12 章\项目费用支出表 xlsx
视频文件：光盘\教学文件\第 12 章\上机实战.mp4

步骤详解

本实例的具体操作步骤如下。

Step01: 打开“项目费用支出表”素材文件，❶选择 D5 单元格；❷单击“数据”选项卡中的“降序”按钮，如下图所示。

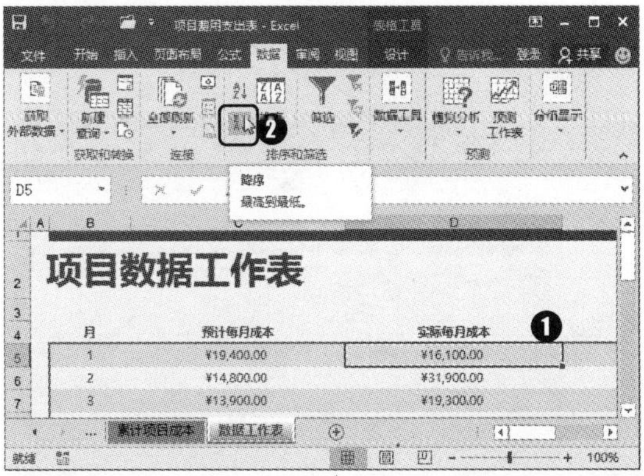

Step02: ❶选择 B4:F4 单元格区域；❷单击“排序和筛选”组中的“筛选”按钮，如下图所示。

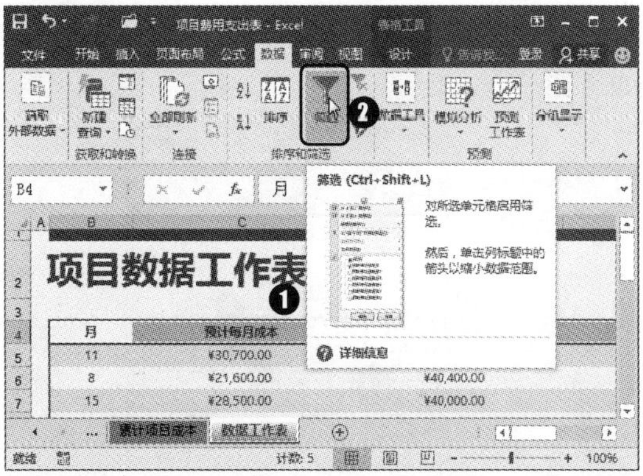

Step03: 表格进入筛选状态，❶单击“实际累计成本”右侧的“筛选控制”按钮；❷在

Step04: 打开“自定义自动筛选方式”对话框，❶在“实际累计成本”的“大于”右侧

弹出的列表中指向“数字筛选”命令；❸选择“大于”命令，如下图所示。

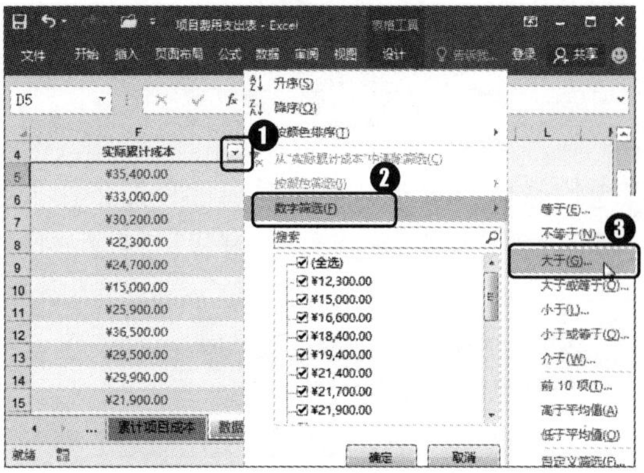

文本框中输入数值，如“28000”；❷单击“确定”按钮，如下图所示。

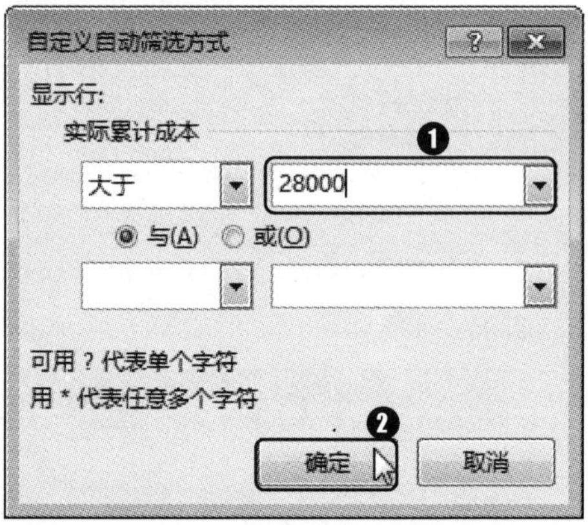

Step05: 经过以上操作，筛选出实际累计成本大于 28 000 元的记录，效果如下图所示。

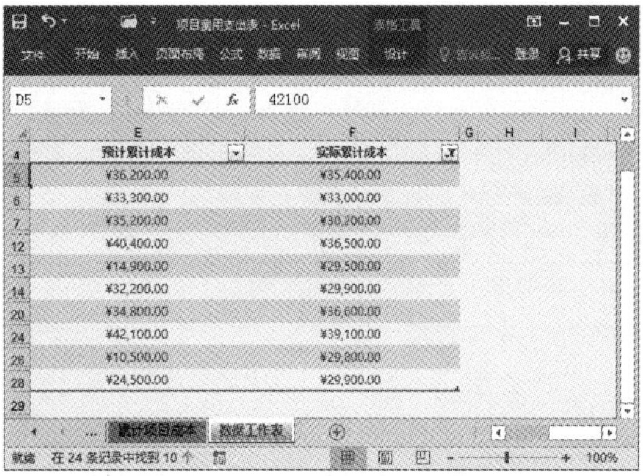

Step06: ❶在“项目成本”工作表中选择需要进行分类汇总的单元格区域；❷单击“分级显示”组中的“分类汇总”按钮，如下图所示。

Step07: 打开“分类汇总”对话框，❶在“分类字段”下拉列表框中选择“每项任务的合计”；❷在“选定汇总项”列表框中选择需要进行分类汇总的选项；❸单击“确定”按钮，如下图所示。

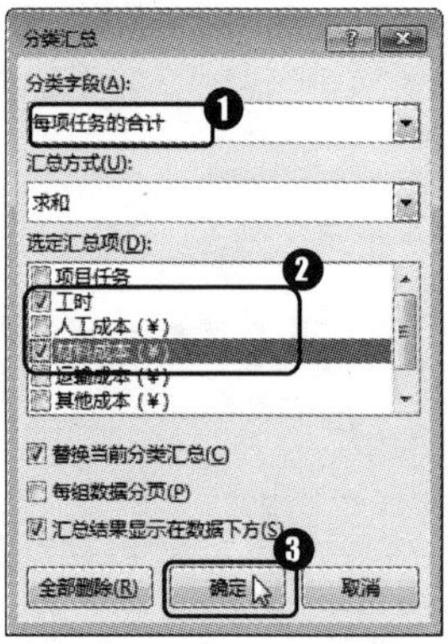

Step08: 经过以上操作，对工时和材料成本进行了分类汇总，单击 2 按钮，查看合计的总量，效果如下图所示。

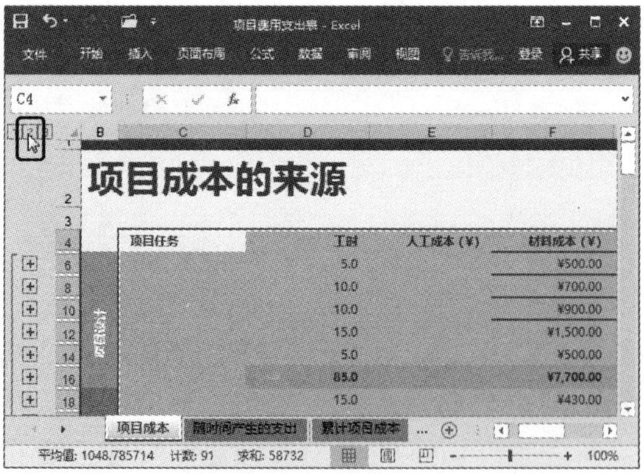

▷▷ 本章小结

相信通过本章对数据的管理与分析相关知识的讲解，读者对表格中的数据排序、数据筛选、数据的合并计算和分类汇总都比较熟悉了。在讲解的单变量求解中，读者朋友可以套用自己最熟悉的业务计算出相关利润值。如果方案较多，也可以使用方案管理器对数据进行分析。

第13章　PowerPoint 2016幻灯片录入与编辑

本章导读

PowerPoint（简称 PPT）软件也是常用的办公软件之一，相信读者在学会使用 Word 软件之后就会觉得在 PPT 中编辑与排版文字非常简单了。但是，对于幻灯片这个软件不仅仅需要对内容进行排版，主要是通过 PPT 演译整个事件的始末，因此在使用该软件时不宜使用过多的文字，主要是输入一些中心思想、一个概论或一个主题。为了使读者能制作出好的效果，本章介绍幻灯片录入与编辑的相关知识。

知识要点

- 幻灯片的基本操作
- 如何设计幻灯片
- 母版的编辑操作
- 编辑幻灯片的方法
- 插入图片和形状的操作
- 如何为幻灯片插入音频和视频文件

效果展示

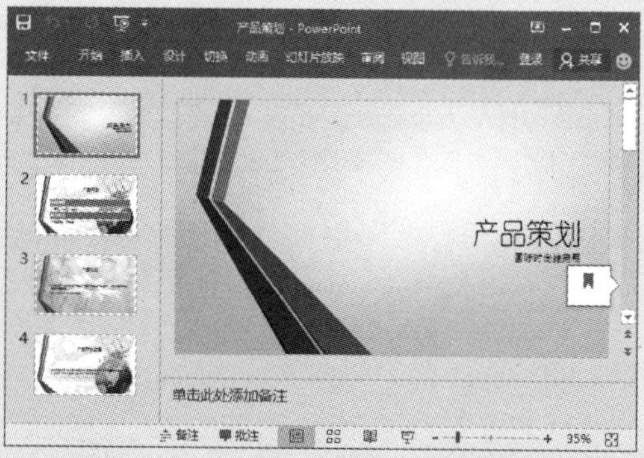

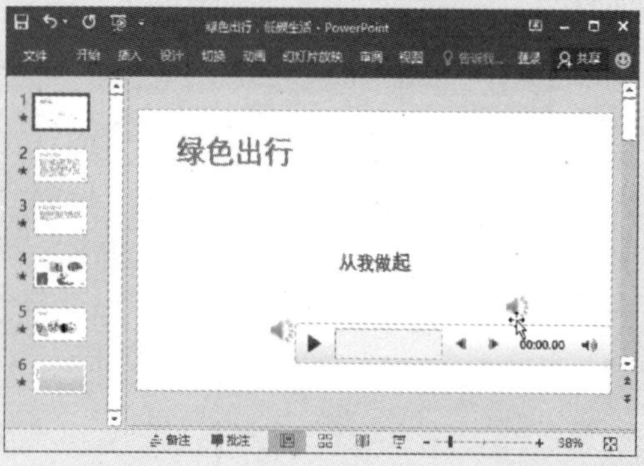

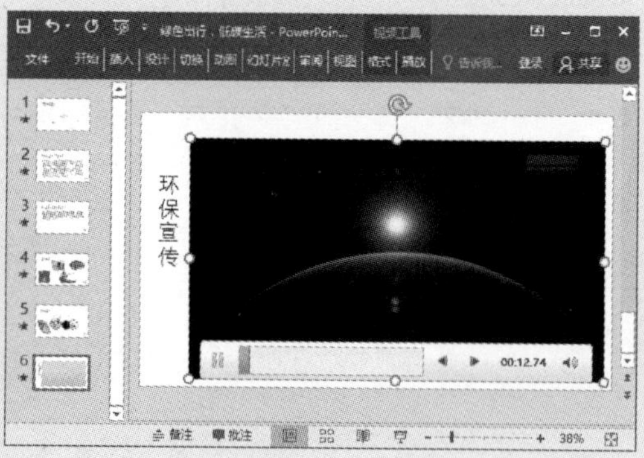

▷▷ 13.1 课堂讲解——幻灯片的基本操作

幻灯片是演示文稿的主体，一个演示文稿可以包含多张幻灯片。幻灯片的基本操作包括新建、选择、移动、复制和删除等。

13.1.1 新建幻灯片

在新建空白演示文稿后，默认只包含一张幻灯片，如果要添加新幻灯片，可以通过以下方法进行添加，具体操作如下。

> **光盘同步文件**
>
> **视频文件：光盘\教学文件\第 13 章\13-1-1.mp4**

Step01: 启动 PowerPoint 2016，❶将鼠标指针定位至第 1 张幻灯片下方；❷单击“幻灯片”组中的“新建幻灯片”按钮；❸选择下拉列表中的“标题和内容”选项，如下图所示。

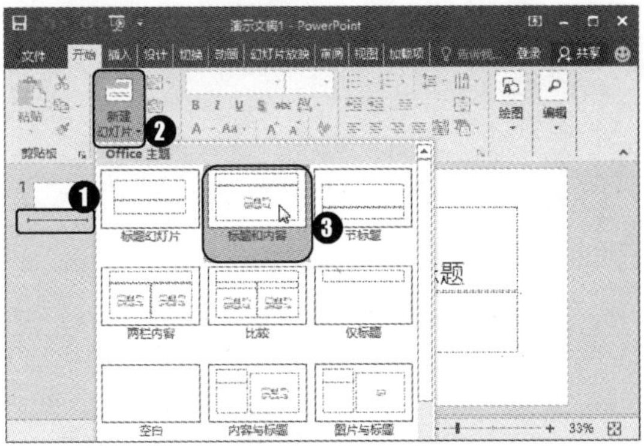

Step02: 如果需要新建一张与上一张幻灯片相同类型的幻灯片，❶将鼠标指针定位至第 2 张幻灯片下方；❷单击“幻灯片”组中的“新建幻灯片”按钮，如下图所示。

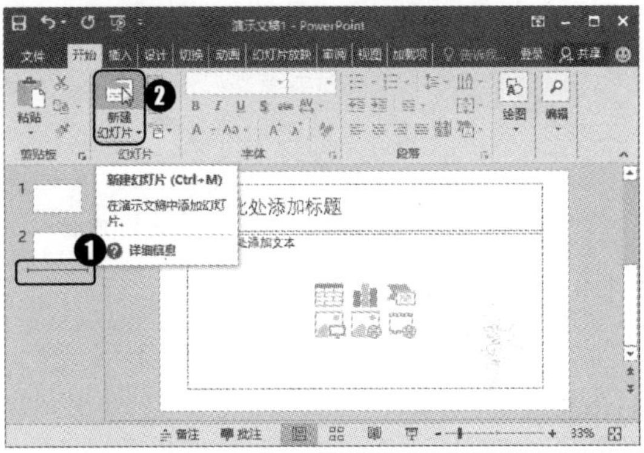

13.1.2 选择幻灯片

如果要对幻灯片进行复制、移动、删除等操作，首先要选择相应的幻灯片。选择幻灯片的方式有很多，下面是常用的几种。

- 选择单张幻灯片：直接单击幻灯片。
- 选择多张不连续的幻灯片：按住〈Ctrl〉键，同时单击要选择的各张幻灯片。
- 选择连续的一组幻灯片：选择第 1 张幻灯片，按住〈Shift〉键，然后单击最后一张幻灯片。

13.1.3 移动和复制幻灯片

复制幻灯片用于在演示文稿中快速创建指定幻灯片的副本，对于结构与格式相同的幻灯片，可以在复制一份后直接修改内容，达到快速创建幻灯片的目的，具体操作方法如下。

> **光盘同步文件**
>
> **视频文件：光盘\教学文件\第 13 章\13-1-3.mp4**

Step01: 将第4张幻灯片拖动至第1张幻灯片后面放开鼠标即可改变其位置，如下图所示。

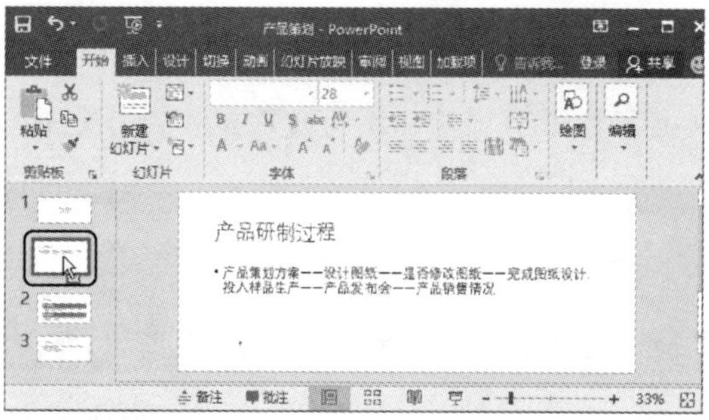

Step02: ❶选择第 3 张幻灯片；❷单击“剪贴板”组中的“复制”按钮，如下图所示。

Step03: ❶将鼠标指针定位至第4张幻灯片后；❷单击“剪贴板”组中的“粘贴”按钮，如下图所示。

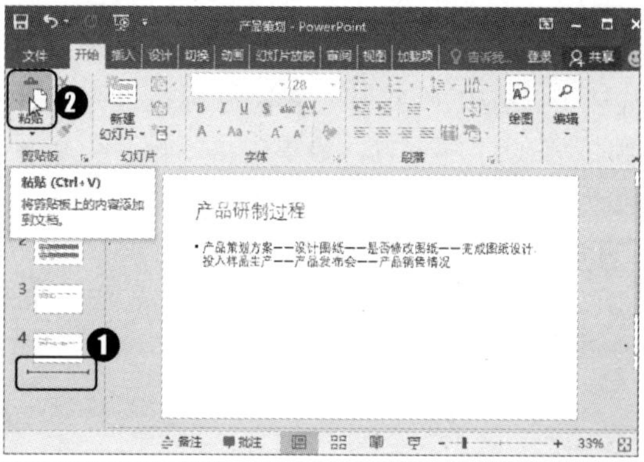

Step04: 经过以上操作，移动和复制了幻灯片，效果如下图所示。

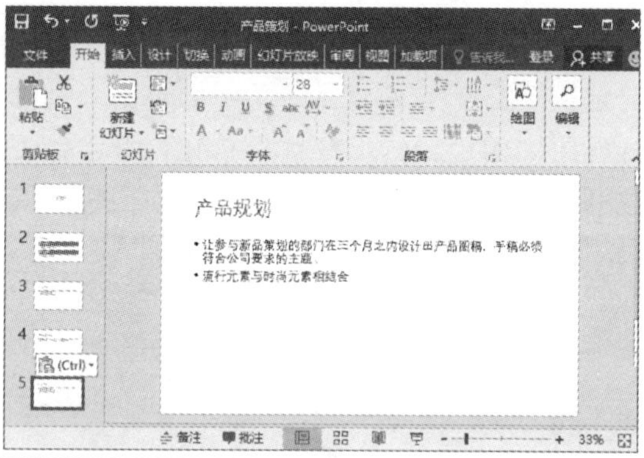

13.1.4　删除幻灯片

在演示文稿中建立与编排多张幻灯片后，如果不再需要用到某张幻灯片，可以将其从演示文稿中删除。

> **光盘同步文件**
>
> **视频文件：光盘\教学文件\第 13 章\13-1-4.mp4**

Step01: ❶选择第 5 张幻灯片；❷单击“剪贴板”组中的“剪切”按钮，如下图所示。

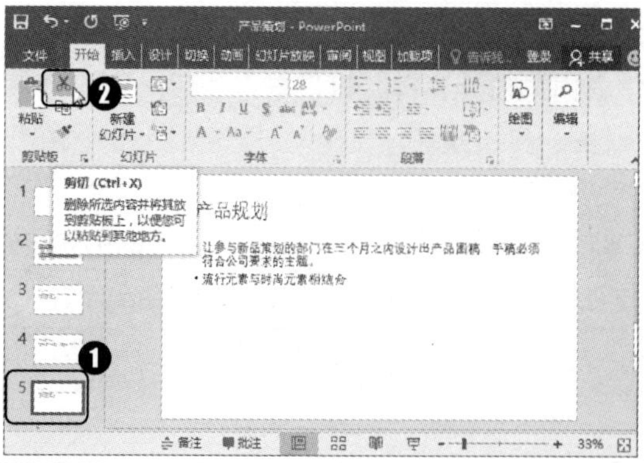

Step02: 经过上步操作，删除了第 5 张幻灯片，效果如下图所示。

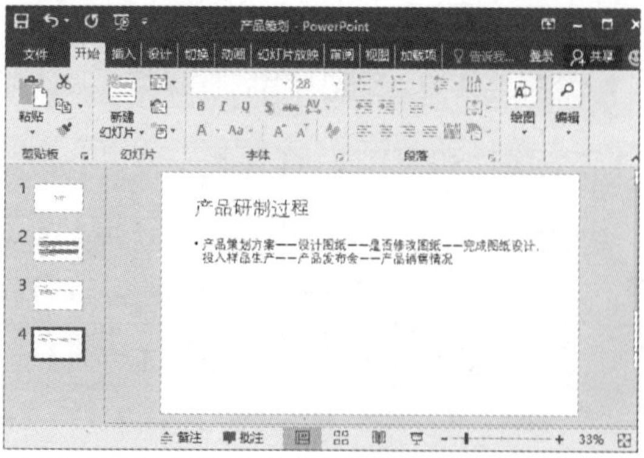

▷▷ 13.2　课堂讲解——设计幻灯片

幻灯片设计是指演示文稿中幻灯片的整体效果，它包含了幻灯片应用的主题颜色、字体、形状效果和背景样式等。在应用或调整幻灯片设计后，在编辑幻灯片内容时，相应的内容元素会自动应用设计中所包含的颜色、字体及形状效果等。

13.2.1　设置幻灯片主题

在 PowerPoint 2016 中新增了主题的概念，主题包含了一组已经设置好的幻灯片颜色效果、字符效果和图形外观效果等设计元素。在将主题应用于幻灯片后，主题中包含的所有设置好的设计元素将应用到该演示文稿的所有幻灯片中。

光盘同步文件

视频文件：光盘\教学文件\第 13 章\13-2-1.mp4

Step01: ❶单击“设计”选项卡；❷在“主题”组的列表框中单击需要的主题样式，如下图所示。

Step02: 应用主题样式后，切换至幻灯片浏览视图中，效果如下图所示。

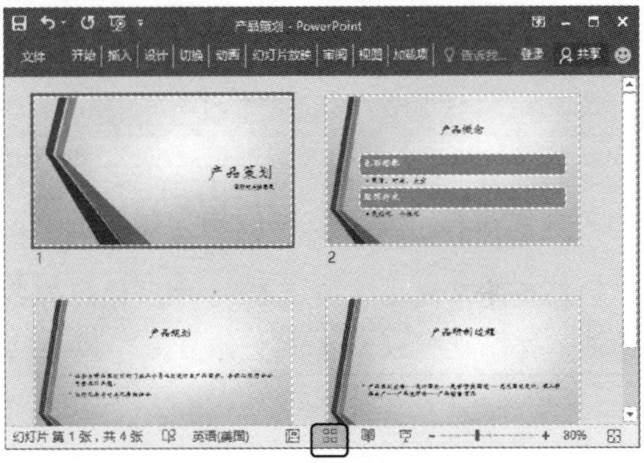

13.2.2　设置幻灯片背景

幻灯片是否美观，背景十分重要。在默认情况下，新建的幻灯片都是以纯白色为背景的。为幻灯片应用了主题之后，一个演示文稿中的所有幻灯片都会变成主题背景颜色。为了使幻灯片版面美观，可以为演示文稿中的幻灯片重新设置背景。背景包括纯色背景、渐变色、纹理和图案等。

光盘同步文件

视频文件：光盘\教学文件\第 13 章\13-2-2.mp4

Step01: ❶选择第 3 张幻灯片；❷单击“自定义”组中的“设置背景格式”按钮，如下图所示。

Step02: 打开“设置背景格式”窗格，单击“文件”按钮，如下图所示。

Step03: 打开“插入图片”对话框，❶选择图片的存放路径；❷选择需要插入的图片；❸单击“插入”按钮，如下图所示。

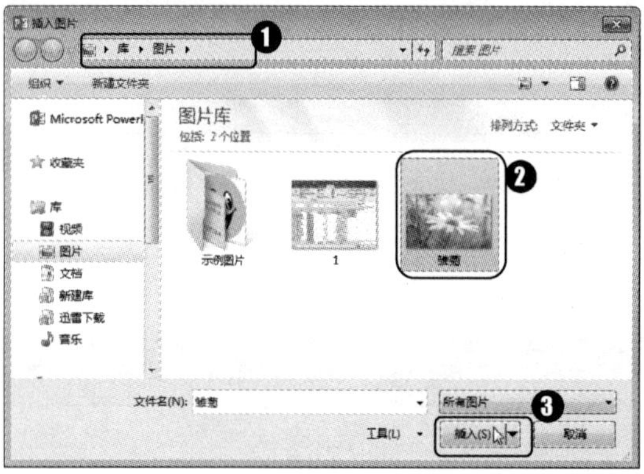

Step04: 在“设置背景格式”窗格中拖动调整图片的透明度，如下图所示。

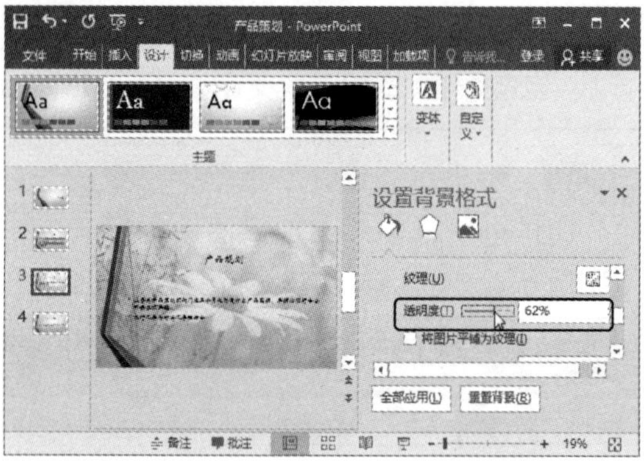

专家点拨——“全部应用”按钮的功能

在默认情况下，设置的幻灯片背景都是只针对当前选中的幻灯片，如果觉得自定义的背景不错，也可以单击“全部应用”按钮，让演示文稿中的所有幻灯片都应用该背景。

▷▷ 13.3 课堂讲解——编辑幻灯片母版

在 PowerPoint 2016 中，为了丰富幻灯片的背景样式，可以通过母版进行操作。在编辑幻灯片母版之前，用户首先需要了解母版的类型及修改方法，然后根据自己的要求对幻灯片进行设置。

13.3.1 了解母版的类型

在 PowerPoint 2016 中有幻灯片母版、讲义母版和备注母版 3 种母版类型。

（1）幻灯片母版

当需要设置幻灯片风格时，可以在幻灯片母版视图中进行设置。

（2）讲义母版

当需要将演示文稿以讲义的形式打印输出时，可以在讲义母版中进行设置。

（3）备注母版

当需要在演示文稿中插入备注内容时，则可以在备注母版中进行设置。

幻灯片母版相当于一种模板，它能够存储幻灯片的所有信息，包括文本和对象在幻灯片上的放置位置、文本和对象的大小、文本样式、背景、颜色主题、效果和动画等。在幻灯片母版视图下能够看到所有可以输入内容的区域，如标题占位符、副标题占位符以及母版下方的页脚占位符。这些占位符的位置及属性决定了应用该母版的幻灯片的外观属性，当改变了这些占位符的位置、大小以及其中文字的外观属性后，所有应用该母版的幻灯片的属性也将随之改变。

在 PowerPoint 2016 中默认自带一个幻灯片母版，在这个母版中包含了 11 个幻灯片版式。一个演示文稿可以包含多个幻灯片母版，每个母版又包含 11 个版式，如下图所示。

13.3.2　设计幻灯片母版

色彩漂亮且与演示文稿内容协调是评判幻灯片是否成功的标准之一，所以用幻灯片配色来烘托主题是制作演示文稿的一个非常重要的操作。

光盘同步文件

视频文件：光盘\教学文件\第 13 章\13-3-2.mp4

Step01: ❶选择第 4 张幻灯片，单击“视图”选项卡；❷单击“母版视图”组中的“幻灯片母版”按钮，如下图所示。

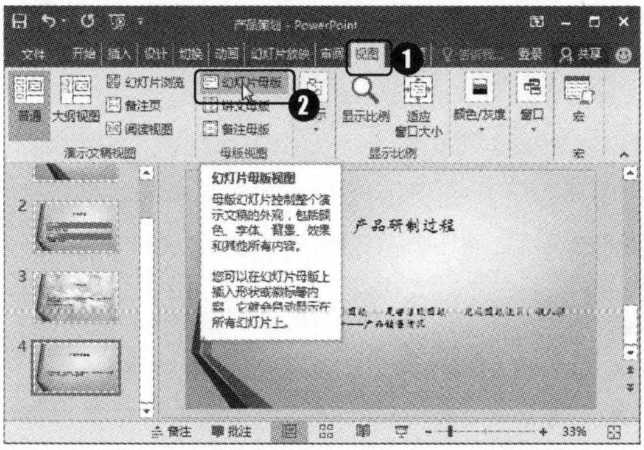

Step02: ❶单击“背景”组中的“颜色”按钮；❷在下拉列表中选择“紫罗兰色”选项，如下图所示。

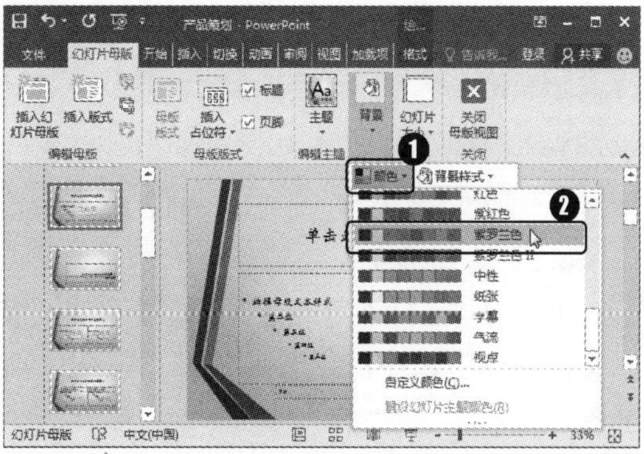

Step03: ❶单击“背景”组中的“字体”按钮；❷在下拉列表中选择“幼圆”选项，如下图所示。

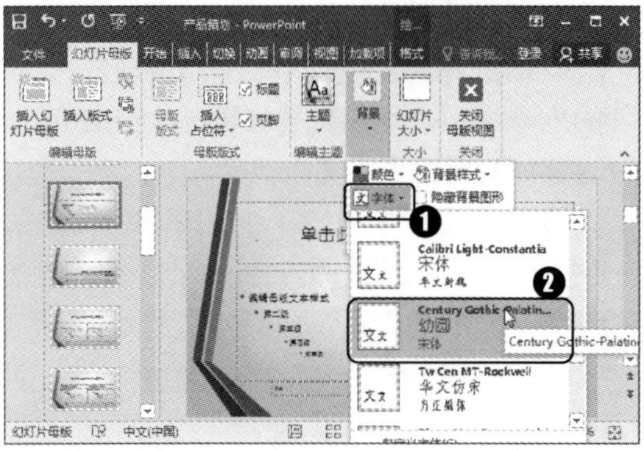

Step04: ❶单击“背景”组中的“效果”按钮；❷在下拉列表中选择“发光边缘”选项，如下图所示。

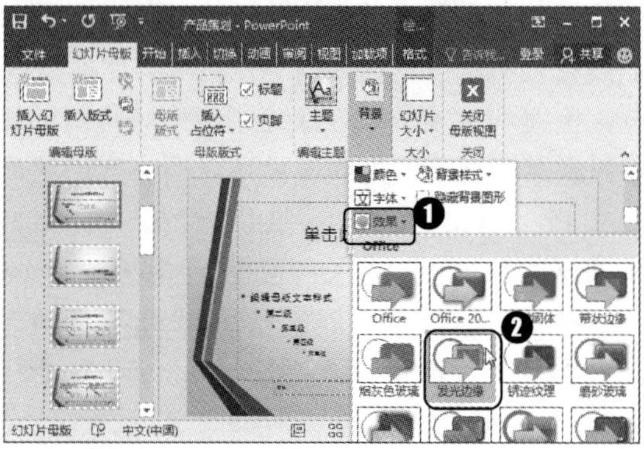

Step05: ❶单击“背景”组中的“背景样式”按钮；❷选择下拉列表中的“设置背景格式”命令，如下图所示。

Step06: 打开“设置背景格式”窗格，❶选中“图片或纹理填充”单选按钮；❷单击“文件”按钮，如下图所示。

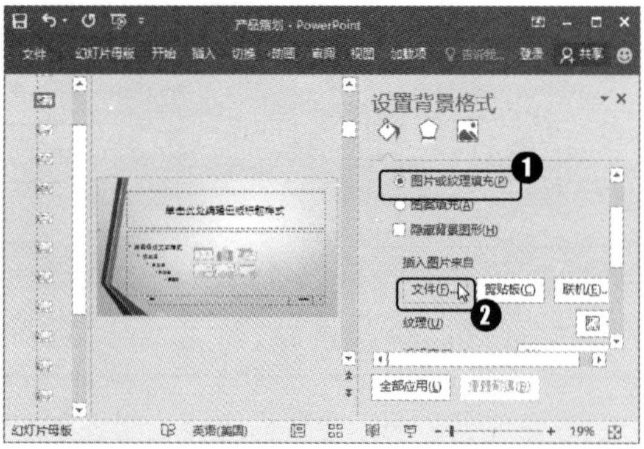

Step07: 打开“插入图片”对话框，❶选择图片的存放路径；❷选择需要插入的图片；❸单击“插入”按钮，如下图所示。

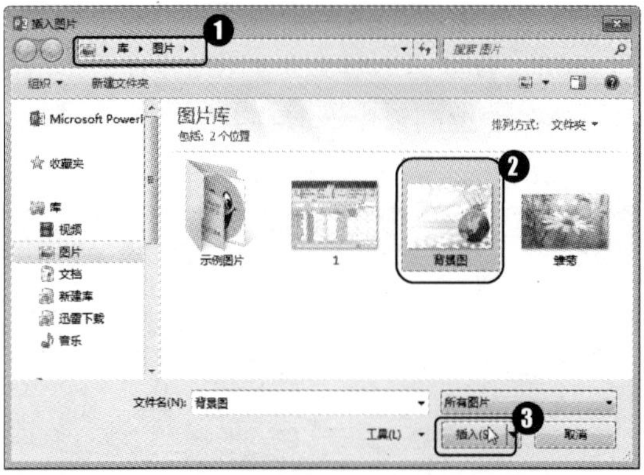

Step08: 在“设置背景格式”窗格中单击“关闭”按钮，如下图所示。

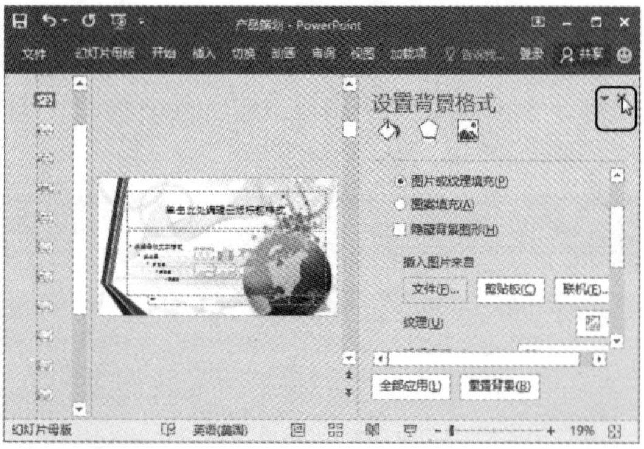

Step09: ❶单击“视图”选项卡；❷单击“演示文稿视图”组中的“普通视图”按钮，如下图所示。

Step10: 经过以上操作，在幻灯片母版中设置了字体格式并添加了背景，效果如下图所示。

13.4 课堂讲解——编辑幻灯片

在演示文稿中对幻灯片的格式进行大概的设置后，需要在幻灯片中输入文本，然后再对文本的格式进行设置，最后才能得到完整的演示文稿。

13.4.1 选择幻灯片版式

版式是定义幻灯片上待显示内容的位置信息和组成部分，在 PowerPoint 中新建空白演示文稿时将显示名为“标题幻灯片”的默认版式。

光盘同步文件

视频文件：光盘\教学文件\第 13 章\13-4-1.mp4

Step01: 启动 PowerPoint 软件，❶选择演示文稿中的幻灯片；❷单击“幻灯片”组中的“版式”按钮；❸在下拉列表中选择“仅标题”样式，如下图所示。

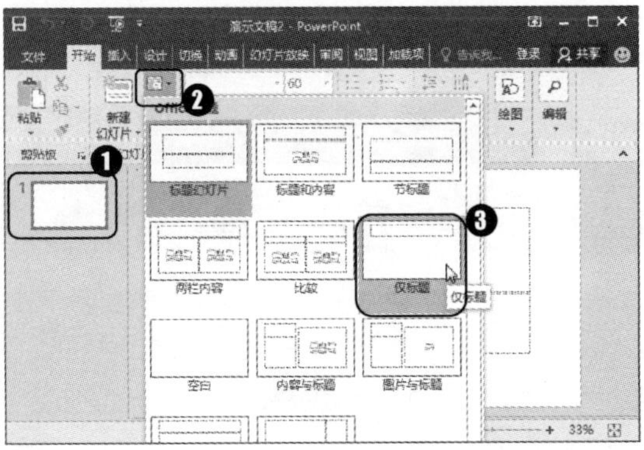

Step02: 经过上步操作，修改了标题幻灯片，效果如下图所示。

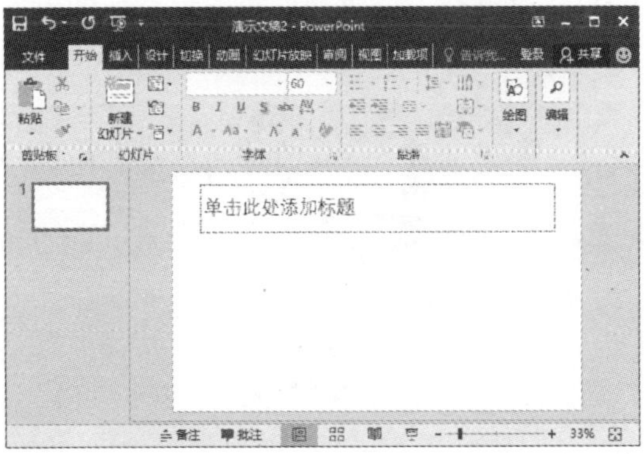

13.4.2 输入幻灯片文本

在幻灯片中，文字对象是不可缺少的重要组成部分，主要包括标题文字和正文文字。在幻灯片中添加文字主要是对幻灯片中的对象进行说明。

光盘同步文件

视频文件：光盘\教学文件\第 13 章\13-4-2.mp4

Step01: 在“标题”占位符中输入标题文字，如下图所示。

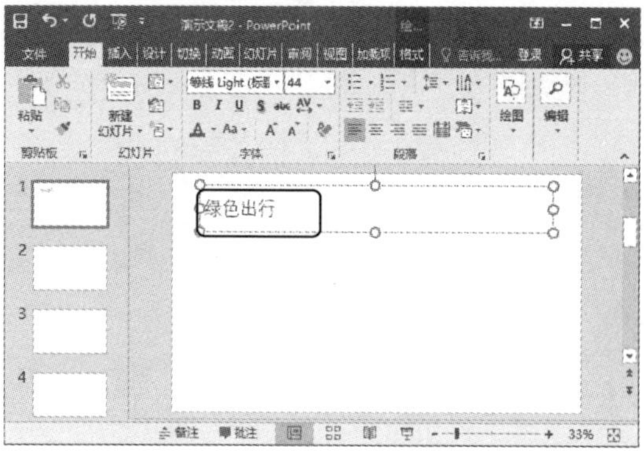

Step02: ❶在第 1 张幻灯片中插入文本框，并输入文字；❷拖动鼠标缩小文本框，如下图所示。

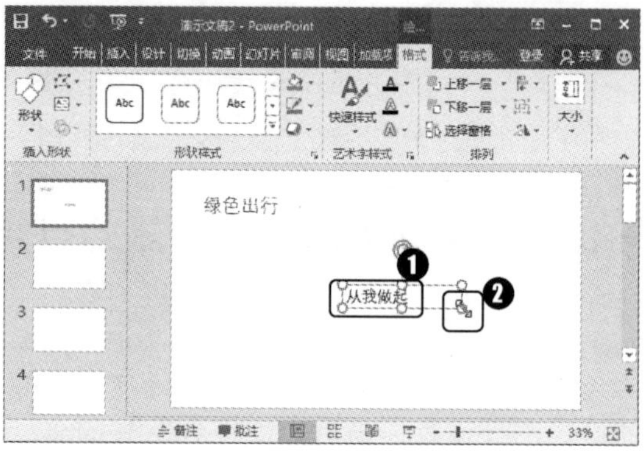

13.4.3 设置幻灯片文本格式

PowerPoint 2016 提供了强大的文本效果处理功能，可以对演示文稿中的文本进行各种格式的设置。设置幻灯片文本格式的方法与在 Word 中设置文本格式的方法类似，但是 PowerPoint 中输入的主要是关键字，因此对字号的要求是不一样的。

光盘同步文件

视频文件：光盘\教学文件\第 13 章\13-4-3.mp4

Step01: ❶选择标题文本，设置字体格式，如字号、加粗和文字阴影等；❷单击“文字颜色”右侧的下拉按钮；❸选择“标准色”中的“绿色”选项，如下图所示。

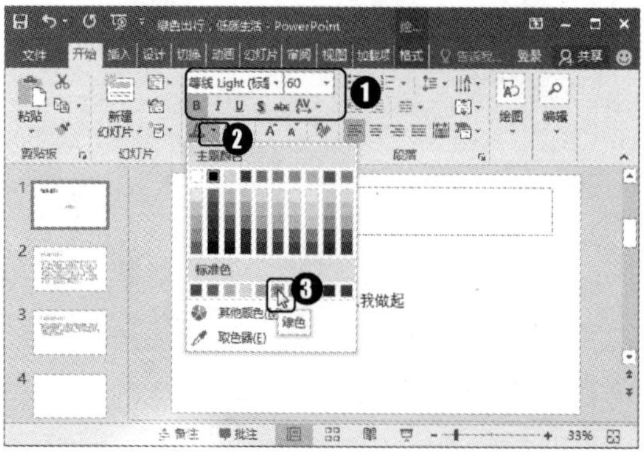

Step02: 选择文本框中的文本，在“字体”组中设置文字格式，如下图所示。

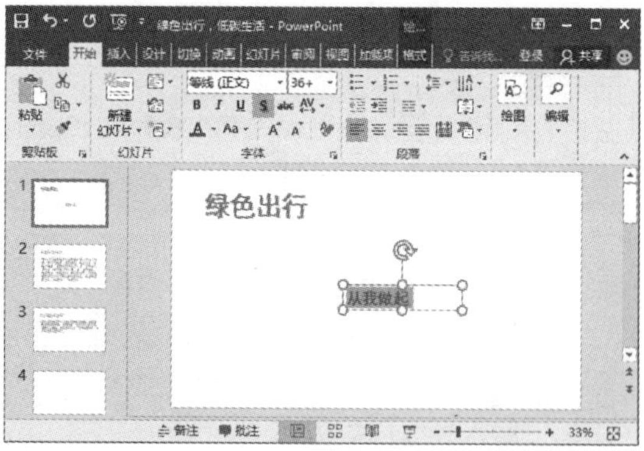

Step03: ❶选择标题文字；❷单击“剪贴板”组中的“复制”按钮，如下图所示。

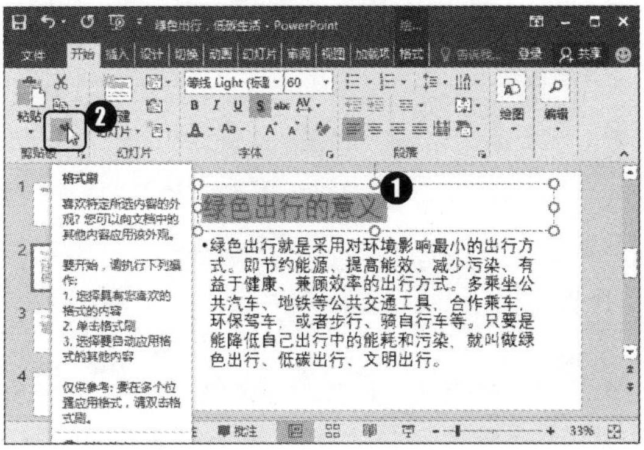

Step04: ❶单击第 3 张幻灯片；❷拖动复制标题文字格式，如下图所示。

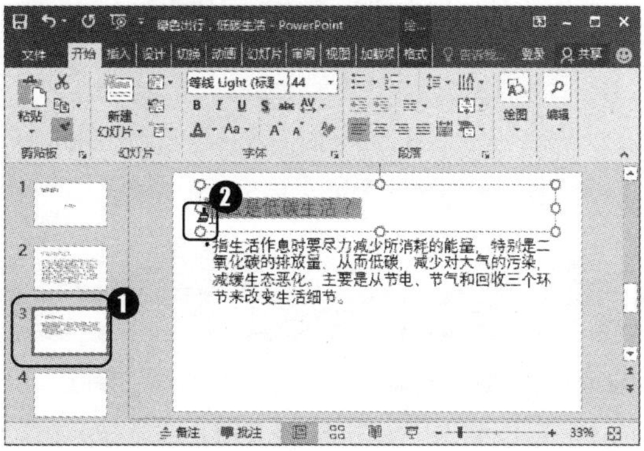

▷▷ 13.5 课堂讲解——插入图片和形状

在幻灯片中可以插入剪贴画、图片、形状、艺术字和文本框等，从而使幻灯片图文并茂、更加生动形象。在 PowerPoint 中插入和编辑图形对象的方法和在 Word 中类似。

13.5.1 插入与编辑图片

在 PowerPoint 中插入图片与在 Word 中类似，但是在 PowerPoint 中可以直接在幻灯片的版式中单击“图片”按钮，将图片插入到幻灯片中，可以利用内置的样式对图片进行设置。

光盘同步文件

视频文件：光盘\教学文件\第 13 章\13-5-1.mp4

Step01: ❶选择第 4 张幻灯片；❷单击“幻灯片”组中的“图片”按钮，如下图所示。

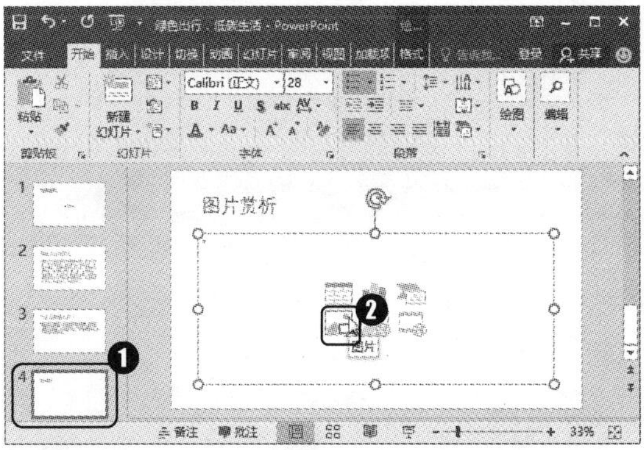

Step02: 打开“插入图片”对话框，❶选择多张需要插入的图片；❷单击“插入”按钮，如下图所示。

Step03: ❶选中插入的图片；❷单击“格式”选项卡中的“裁剪”按钮；❸指向“裁剪为形状”命令；❹选择“折角形”样式，如下图所示。

Step04: 在为图片裁剪形状后，❶单击“格式”选项卡；❷在“大小”组中设置图片的大小，如下图所示。

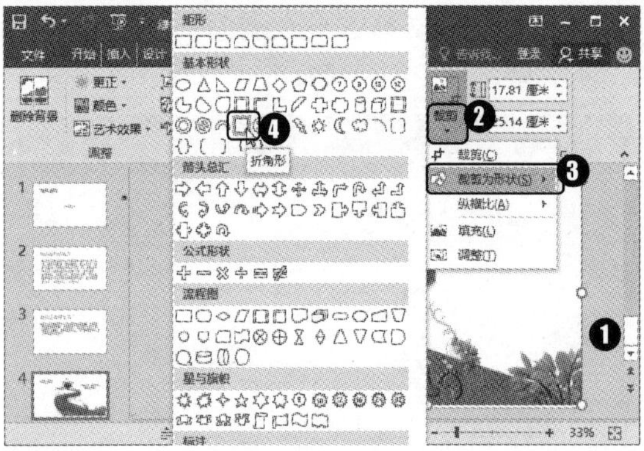

Step05: ❶选择需要设置的图片；❷在“快速样式”组中应用需要的样式，如下图所示。

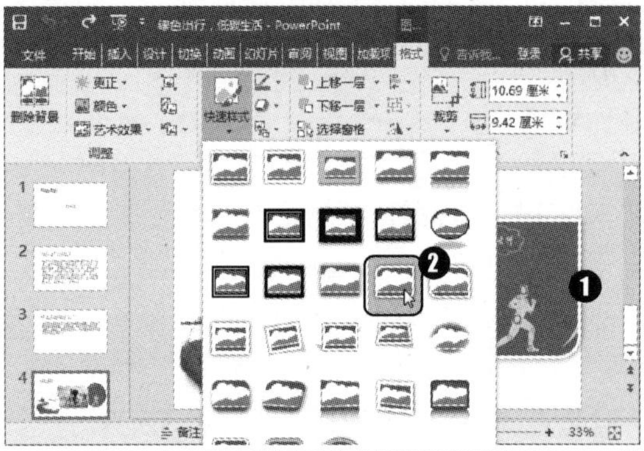

Step06: 重复 Step04 和 Step05 操作，设置图片样式，并设置大小，效果如下图所示。

13.5.2 插入与编辑形状

在 PPT 演示文稿中，为了让幻灯片的效果更好，可以使用多个元素丰富幻灯片。除了通过插入图片设置样式外，还可以插入一些形状，然后进行编辑填充。

> **光盘同步文件**
>
> **视频文件：光盘\教学文件\第 13 章\13-5-2.mp4**

Step01: ❶选择第 5 张幻灯片，单击“插入”选项卡；❷单击“插图”组中的“形状”按钮；❸选择“椭圆”选项，如下图所示。

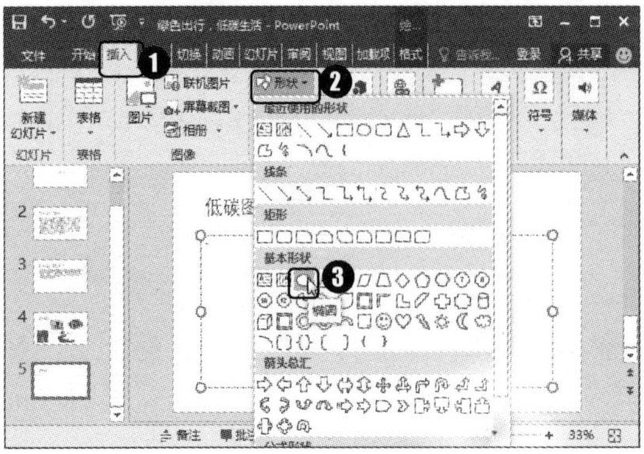

Step02: 按住鼠标左键不放拖动绘制椭圆，如下图所示。

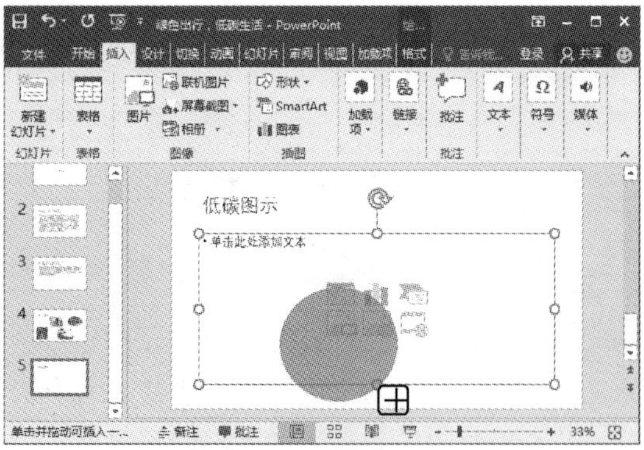

Step03: 复制椭圆，并编辑椭圆的形状，效果如下图所示。

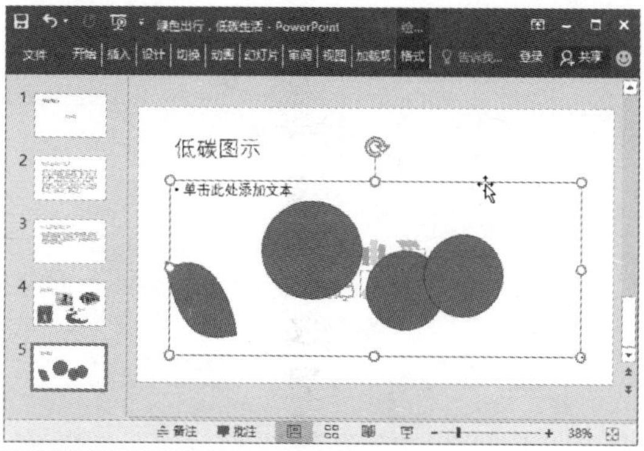

Step04: 使用形状填充方式为插入的形状填充图片，❶单击"艺术字"按钮；❷在下拉列表中选择艺术字样式，如下图所示。

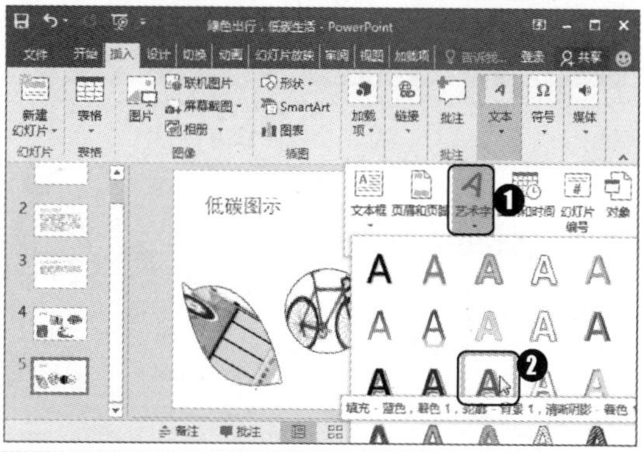

Step05: ❶在"艺术字"框中输入文本；❷在"开始"选项卡的"字体"组中设置字体格式，如下图所示。

Step06: ❶选择艺术字，单击"格式"选项卡；❷单击"文字效果"按钮；❸指向"转换"命令；❹选择"上弯弧"样式，如下图所示。

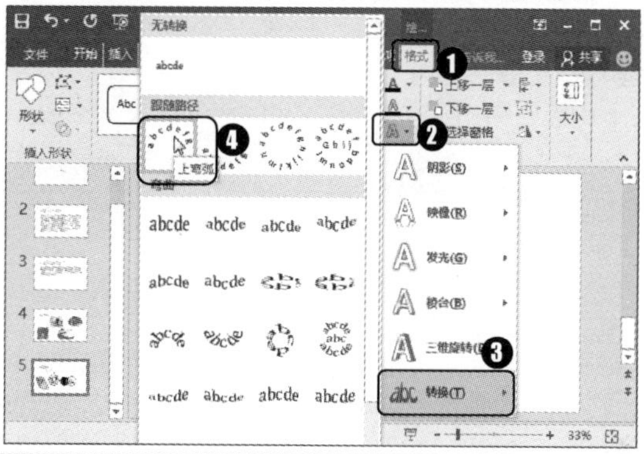

专家提示——编辑顶点

在幻灯片中插入形状后，将鼠标指针移至形状上右击，在弹出的快捷菜单中选择"编辑顶点"命令，即可调整形状的顶点，用户可以根据自己的需要进行操作。

▷▷ 13.6　课堂讲解——插入音频和视频文件

一个只有文字和图片的演示文稿肯定是不够丰富的，还需要适时插入声音和视频等多媒体对象，以改善放映演示文稿时的视听效果。

13.6.1　添加文件中的音频

在幻灯片中可以插入两种类型的音频，即插入文件中的音频和插入录制音频，其中插入文件中的音频的方法和插入图片类似，具体操作方法如下。

光盘同步文件

视频文件：光盘\教学文件\第 13 章\13-6-1.mp4

Step01: ❶单击“插入”选项卡；❷单击“媒体”组中的“音频”按钮；❸选择“PC 上的音频”命令，如下图所示。

Step02: 打开“插入音频”对话框，❶选择图片的存放路径；❷选择需要插入的音频；❸单击“插入”按钮，如下图所示。

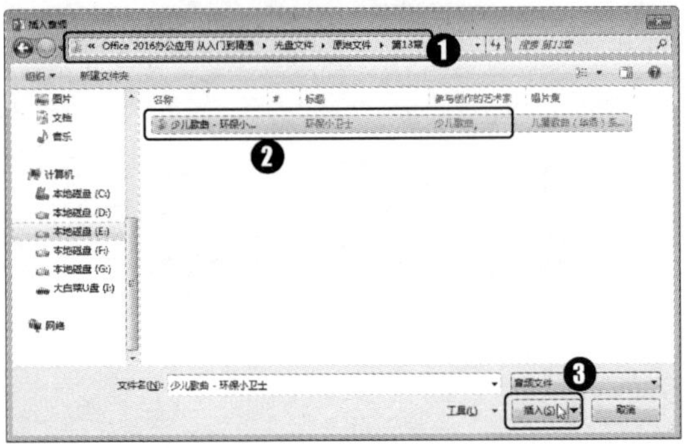

Step03: 经过以上操作插入音频后拖动调整音频的位置，效果如右图所示。

13.6.2 录制音频

在 PowerPoint 中可以为指定的幻灯片或全部幻灯片添加录制音频，使用录制音频可以为演示文稿增加解说词，从而在放映状态下播放语音说明。

光盘同步文件

视频文件：光盘\教学文件\第 13 章\13-6-2.mp4

Step01: ❶在“媒体”组中单击“音频”按钮；❷选择下拉列表中的“录制音频”命令，如下图所示。

Step02: 打开“录制声音”对话框，单击“开始”按钮进行录制音频的操作，如下图所示。在“录制声音”对话框中也可以设置录制音频的名称。

Step03: ❶在“录制声音”对话框中单击“停止”按钮■停止录制操作；❷单击“确定”按钮，如下图所示。

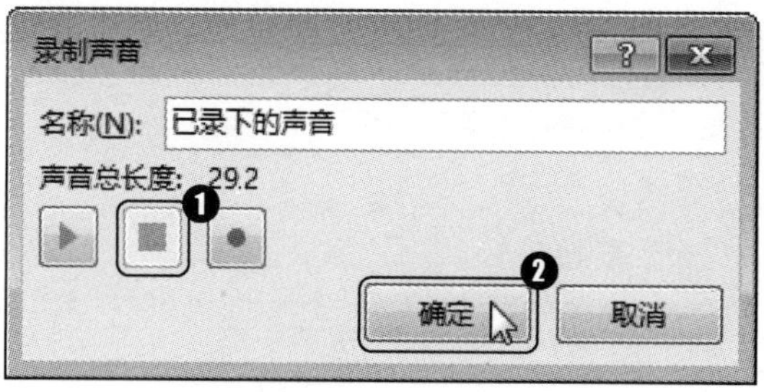

Step04: 选择音频图标，按住鼠标左键不放并拖动以调整其位置，最终效果如下图所示。

13.6.3 设置音频属性

每当用户插入一个音频，系统都会自动创建一个音频图标，用于显示当前幻灯片中插入的音频。用户可以单击选中音频图标，也可以拖动鼠标来移动位置，或是拖动其周围的控制点来改变其大小。

双击音频图标可以预听音频内容，再次单击可以暂停播放，如果单击音频图标以外的其他对象或空白区域，则会停止播放。

光盘同步文件

视频文件：光盘\教学文件\第 13 章\13-6-3.mp4

Step01: ❶单击“音频工具-播放”选项卡；❷在“音频选项”组中勾选“跨幻灯片播放”和“循环播放，直到停止”复选框，如下图所示。

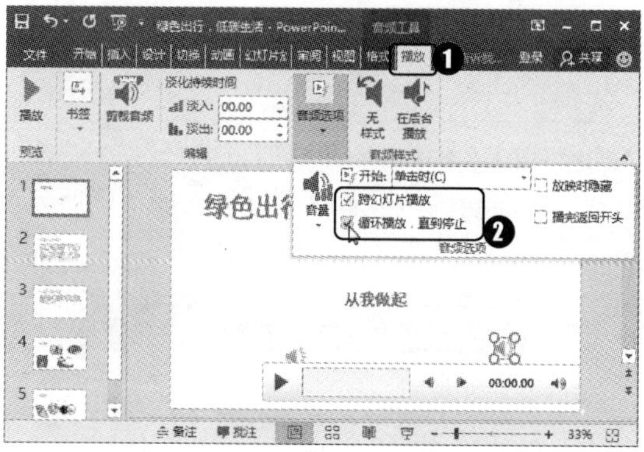

Step02: ❶在“音频选项”组中单击“单击时”右侧的下拉按钮；❷选择“自动”选项，如下图所示。

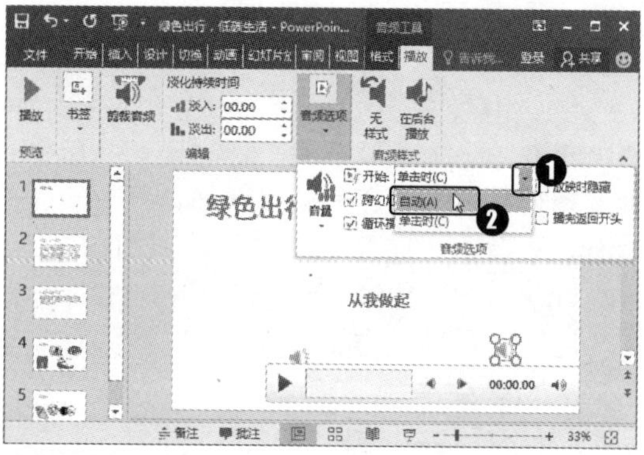

Step03: 在“音频选项”组中勾选“放映时隐藏”复选框，如下图所示。

Step04: 设置完成后，按〈F5〉键进入放映模式，幻灯片会自动播放插入的音频。如果没有设置播放的方式，则需要手动单击才能播放插入的音频，如下图所示。

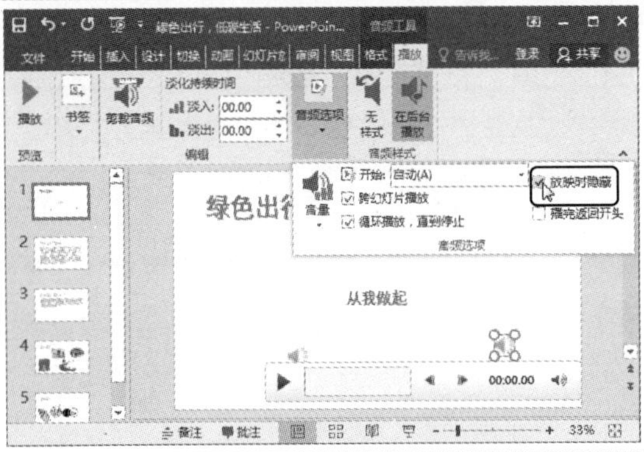

13.6.4 插入来自文件的视频

在很多情况下，PowerPoint 剪辑库中提供的影片并不能满足用户的需要，这时可以插入来自文件的影片。

光盘同步文件

视频文件：光盘\教学文件\第 13 章\13-6-4.mp4

Step01: ❶按〈Enter〉键，新建一张幻灯片；❷单击右侧的“插入视频文件”按钮，如下图所示。

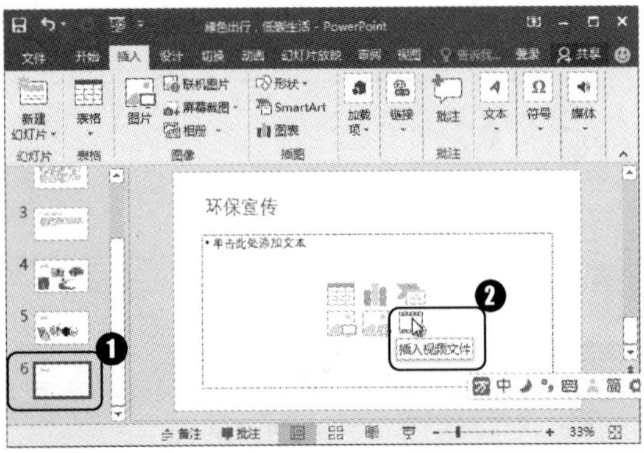

Step02: 打开“插入视频”对话框，单击“浏览”按钮，如下图所示。

Step03: 打开“插入视频文件”对话框，❶选择视频的存放路径；❷选择“环保宣传”文件；❸单击“插入”按钮，如下图所示。

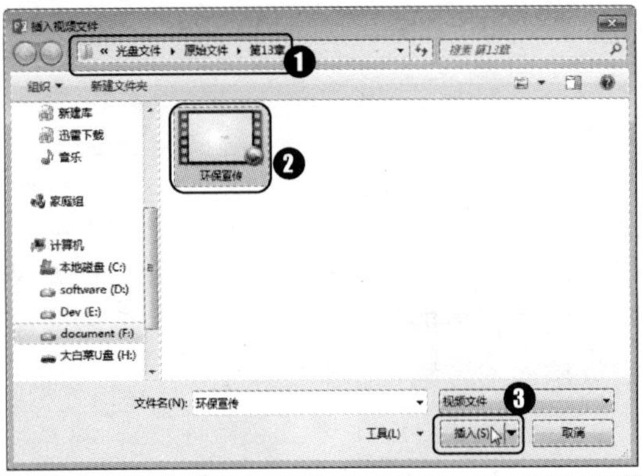

Step04: 在插入视频文件后，调整标题文字的位置，并拖动调整视频播放区域，如下图所示。

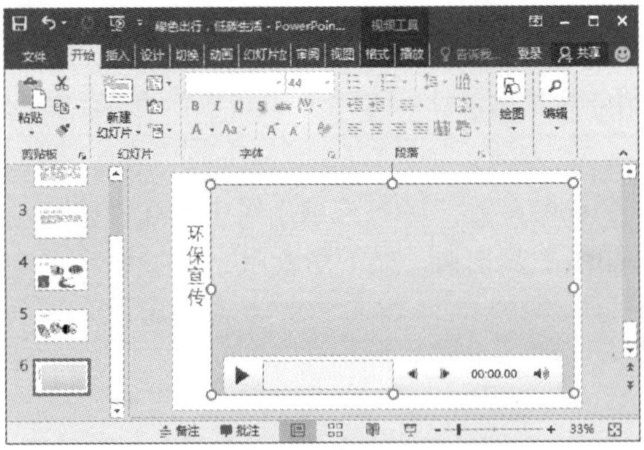

13.6.5 为幻灯片录制旁白

录音功能只能为一张幻灯片做一次录音，若要为整份演示文稿制作完整的语音旁白，可以使用录制旁白的功能，不必为所有幻灯片逐一录音，从而解决声音文件与幻灯片无法同步播放的难题。

> **光盘同步文件**
> **视频文件：光盘\教学文件\第 13 章\13-6-5.mp4**

Step01: ❶选择第 1 张幻灯片，单击“幻灯片放映”选项卡；❷单击“录制幻灯片演示”按钮，如下图所示。

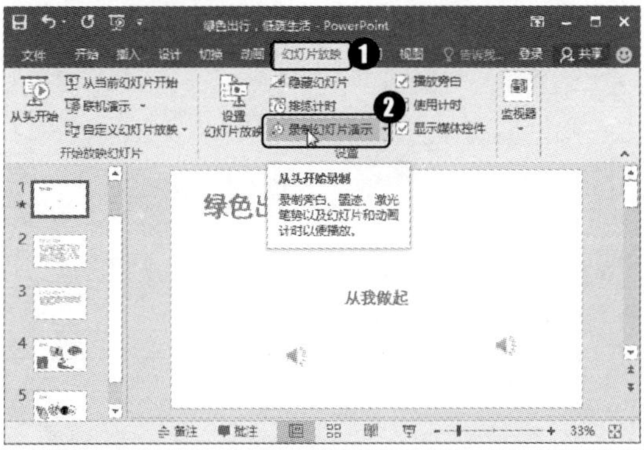

Step02: 打开“录制幻灯片演示”对话框，单击“开始录制”按钮，如下图所示。

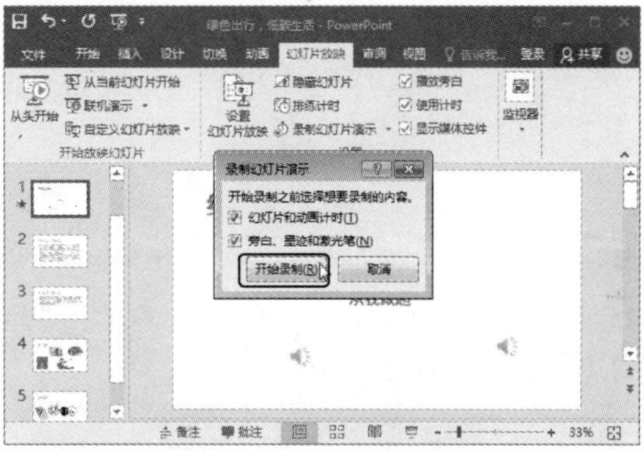

Step03: 录制完旁白后按〈Esc〉键退出，之后在幻灯片浏览视图中即可看到每张幻灯片的旁白时间，效果如右图所示。

如果录制旁白时有特别重要的内容，也可以用笔在幻灯片中进行标注。

▷▷ 高手秘籍——实用操作技巧

相信通过对前面知识的学习，读者朋友已经掌握了 PowerPoint 演示文稿的制作方法，下面结合本章内容介绍一些实用技巧。

> **光盘同步文件**
> **视频文件：光盘\教学文件\第 13 章\高手秘籍.mp4**

技巧 01　使用“节”管理幻灯片

使用节可以将幻灯片组织成有意义的组，就像使用文件夹组织文件一样。将节分配给每个同事，能够明确合作期间的所有权。如果是从空白板开始，则可以使用节列出演示文稿的主题。例如在演示文稿中使用节分组幻灯片，具体的操作如下。

Step01: 打开“光盘\素材文件\第 13 章\技巧 01.pptx”，❶将鼠标指针定位至第 1 张幻灯片；❷单击“幻灯片”组中的“节”按钮；❸选择“新增节”命令，如下图所示。

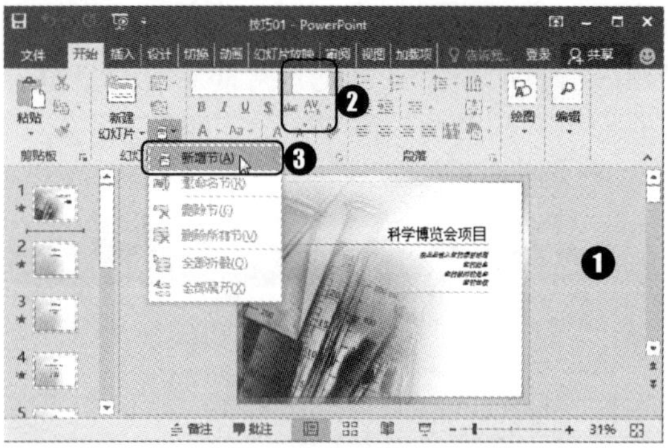

Step02: 新建节后，❶单击“幻灯片”组中的“节”按钮；❷选择“重命名节”命令，如下图所示。

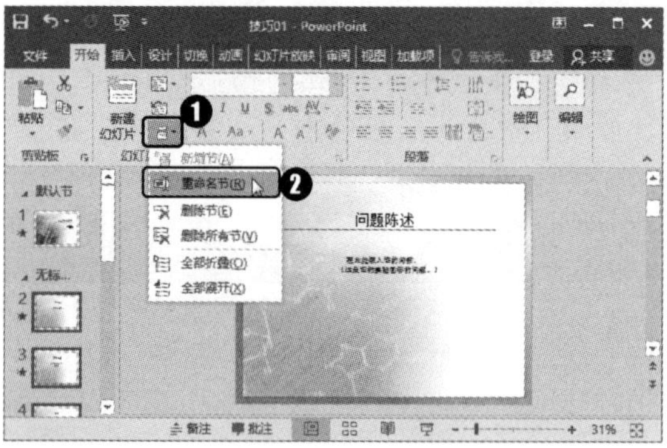

Step03: 打开“重命名节”对话框，❶在“节名称”文本框中输入节的新名称；❷单击“重命名”按钮，如下图所示。

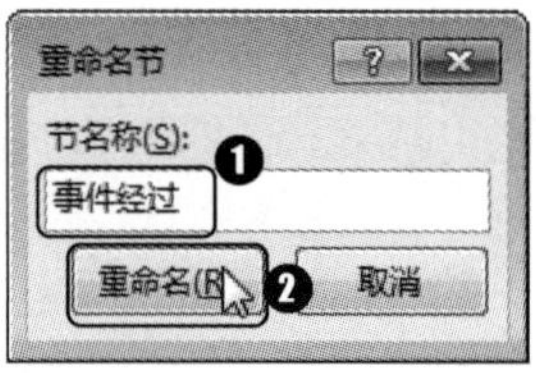

Step04: 重复 Step02 和 Step03，并将幻灯片收缩到节中，效果如下图所示。

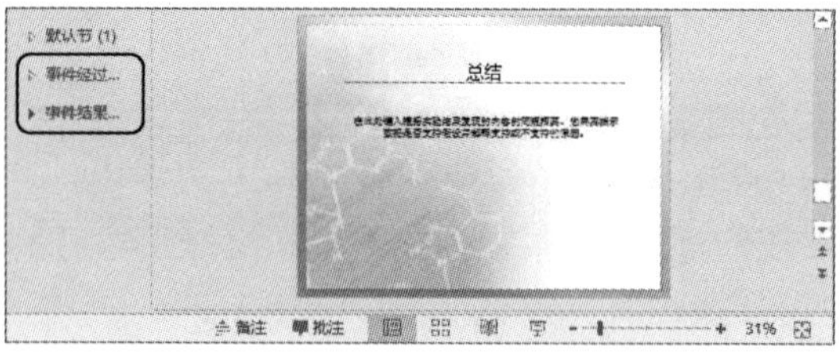

技巧 02 制作相册

PowerPoint 相册是快速通过演示文稿将图片以动态方式展现出来的一种功能，用户可以通过创建相册的功能将照片制作成电子相册，具体操作如下。

Step01: 打开“光盘\素材文件\第 13 章\技巧 02.pptx”，❶单击“插入”选项卡；❷单击“图像”组中的“相册”按钮，如下图所示。

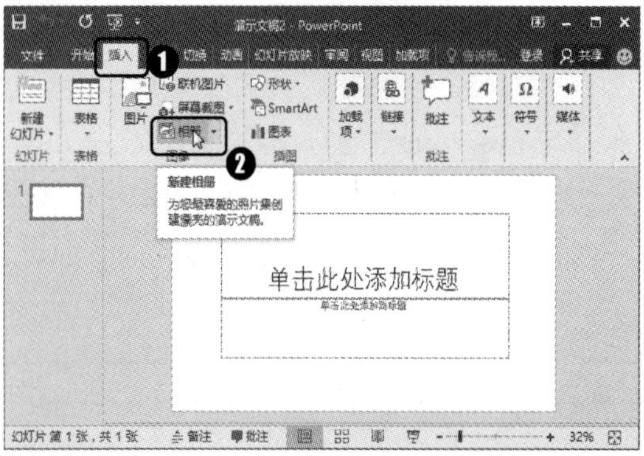

Step02: 打开“相册”对话框，单击“文件/磁盘”按钮，如下图所示。

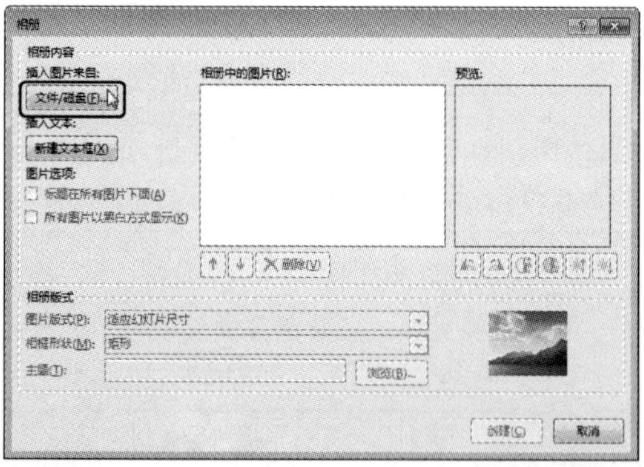

Step03: 打开“插入新图片”对话框，❶选择图

Step04: 返回“相册”对话框，单击“创建”

片的存放位置；❷选择需要插入的图片；❸单击“插入”按钮，如下图所示。

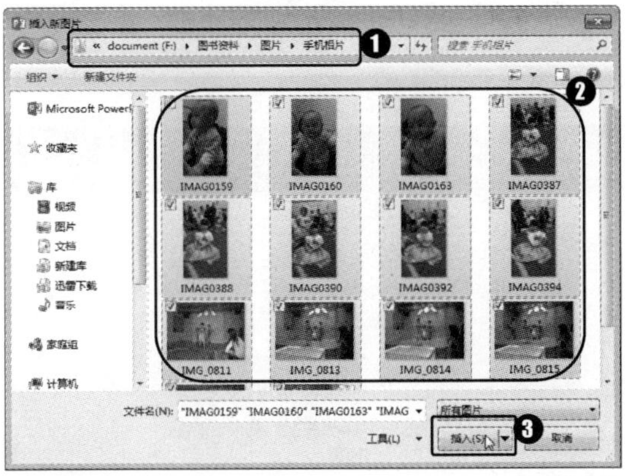

按钮，如下图所示。

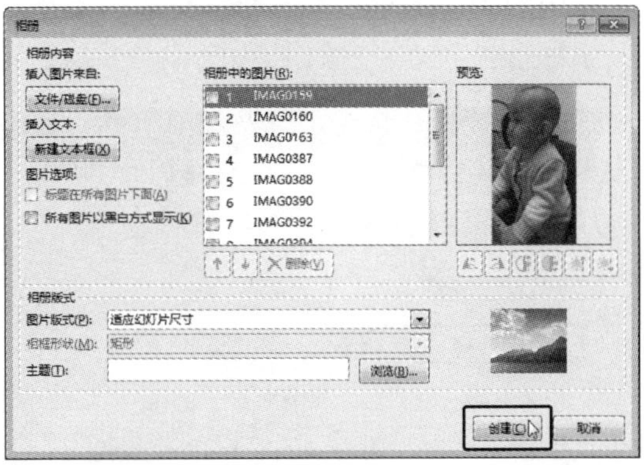

技巧 03　插入与编辑 SmartArt 图形

在幻灯片中经常需要使用图表配文字的方式来列举一些重要信息，此时可以运用 SmartArt 图形，具体操作如下。

Step01: 打开“光盘\素材文件\第 13 章\技巧 03. pptx”，单击“幻灯片”组中的“插入 SmartArt 图形”按钮，如下图所示。

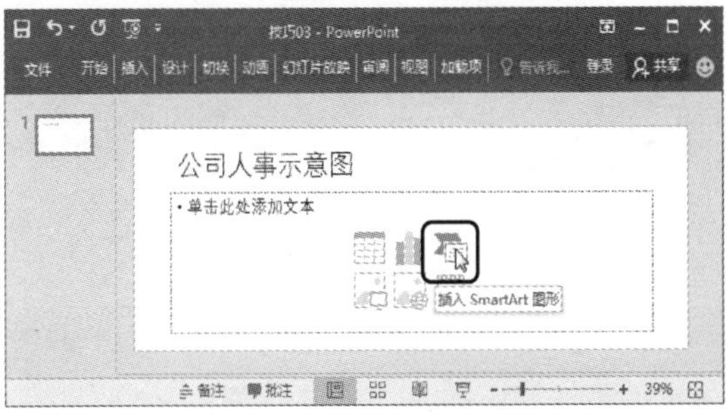

Step02: 打开“选择 SmartArt 图形”对话框，❶选择“层次结构”选项；❷在右侧选择需要的样式；❸单击“确定”按钮，如下图所示。

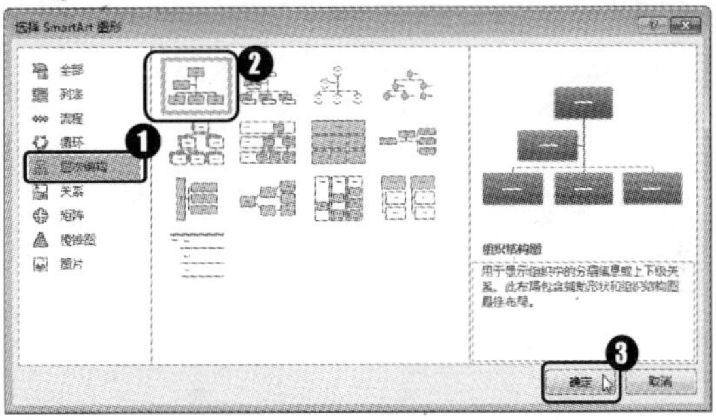

Step03: ❶单击“启动文本窗格”按钮；❷在“文本窗格”中输入需要的文本，如下图所示。

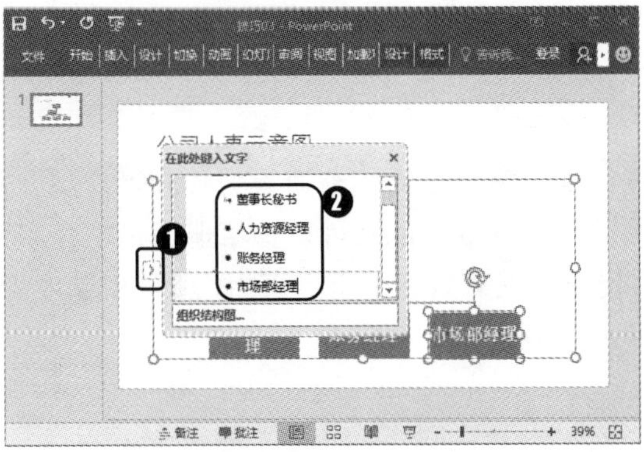

Step04: ❶选中“市场部经理”文本；❷单击“设计”选项卡；❸单击“创建图形”组中的“添加形状”按钮；❹选择“在后面添加形状”命令，如下图所示。

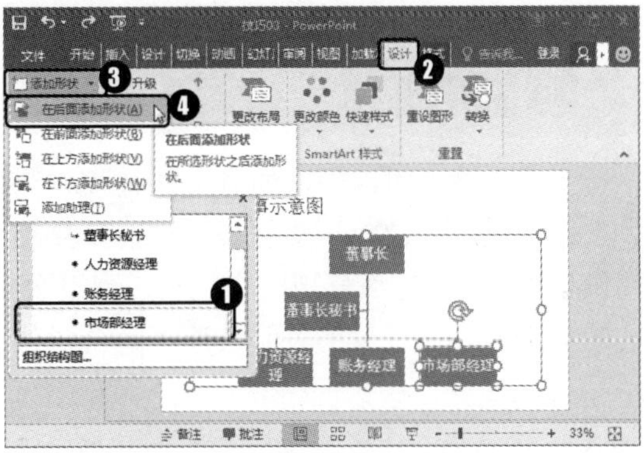

Step05: ❶选中“人力资源经理”文本；❷单击“设计”选项卡；❸单击“创建图形”组中的“添加形状”按钮；❹选择“在下方添加形状”命令，如下图所示。

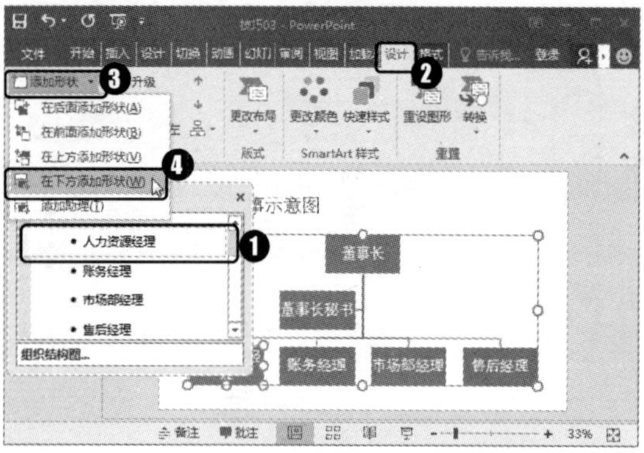

Step06: 重复操作 Step05，为其他经理添加相应的下属形状，然后在“文本窗格”中输入需要的文本，如下图所示。

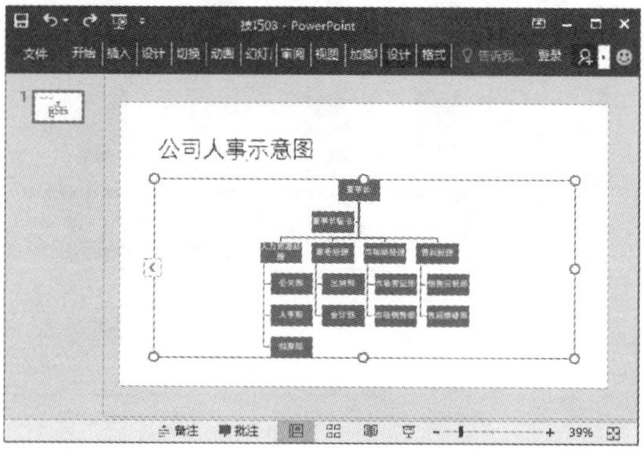

Step07: ❶选择 SmartArt 图形，单击“更改颜色”按钮；❷单击“彩色范围-个性色 3 至 4”样式，如下图所示。

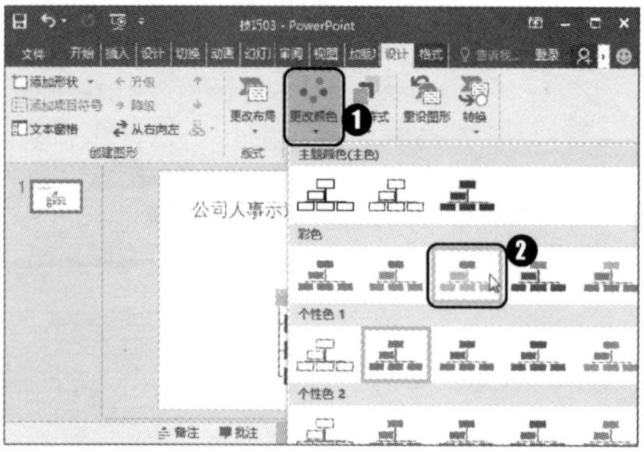

Step08: 选择 SmartArt 图形，单击“SmartArt 样式”组中的“卡通”样式，如下图所示。

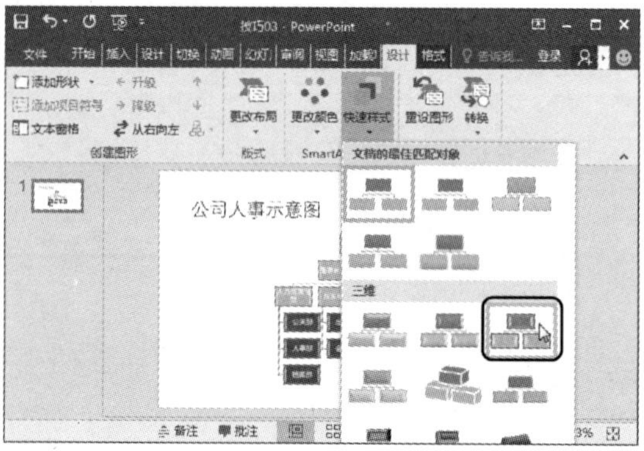

▷▷ 上机实战——制作“员工手册”文稿

>> 上机介绍

员工手册是公司以国家的有关法律规定为依据简要、概括地介绍公司人力资源管理制度及相关工作流程，并录入一些与员工权益直接相关的其他方面规程的文件。该手册为员工在职期间提供指导，其中的部分规定将在员工离开公司后仍然继续有效并具有约束力，如保密制度等，新进的员工可以通过员工手册快速了解公司体系及相关制度等。

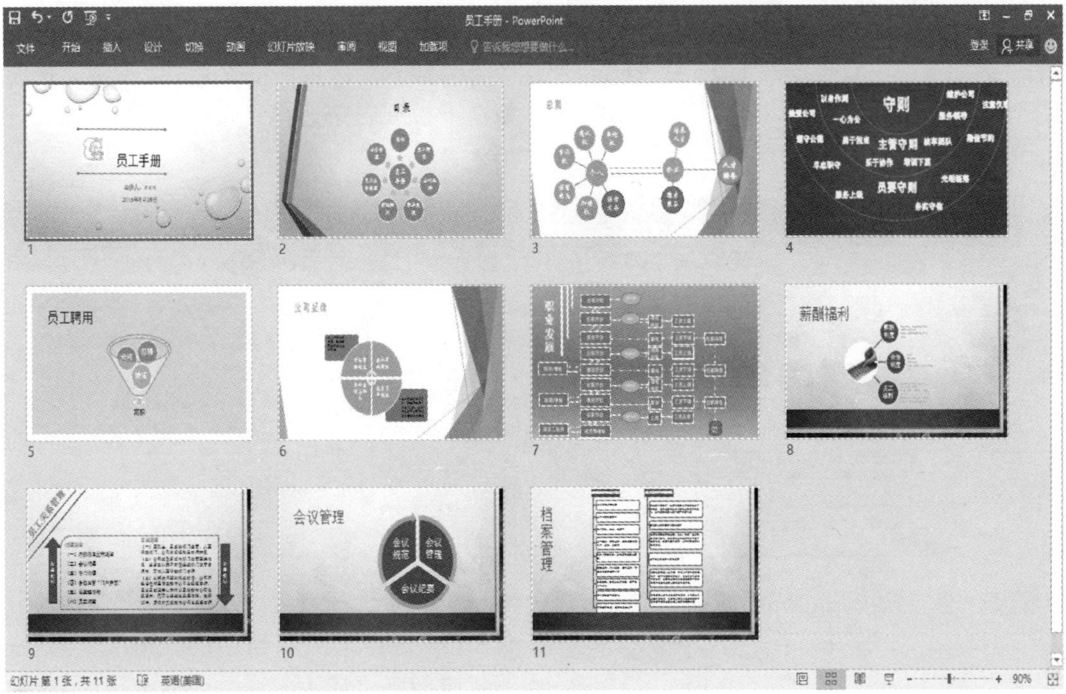

光盘同步文件

素材文件：光盘\素材文件\第 13 章\图标.jpg、算盘.jpg
结果文件：光盘\结果文件\第 13 章\员工手册.pptx
视频文件：光盘\教学文件\第 13 章\上机实战.mp4

步骤详解

本实例的具体操作步骤如下。

Step01: 启动 PowerPoint 程序，保存为“员工手册”，❶在幻灯片中输入相关的标题文本；❷单击“插入”选项卡；❸单击“图片”按钮，如下图所示。

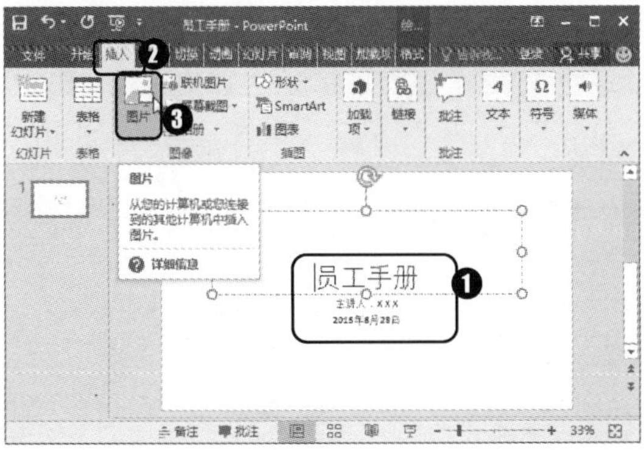

Step02: 打开“插入图片”对话框，❶选择图片的存放路径；❷选择“图标”图片；❸单击“插入”按钮，如下图所示。

Step03: ❶选择图片，单击“格式”选项卡；❷在“大小”组中设置图片的大小；❸在“快速样式”组中应用“圆形对角，白色”样式，如下图所示。

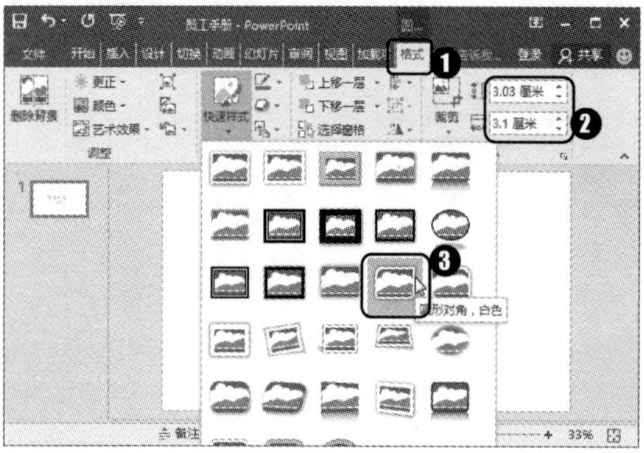

Step04: ❶选择图片，拖动至标题文字前面，单击“插入”选项卡；❷单击“形状”按钮；❸在下拉列表中选择“直线”样式，如下图所示。

Step05: 执行命令后，按住鼠标左键不放拖动绘制直线，如下图所示。

Step06: ❶选择直线，单击“格式”选项卡；❷单击“形状样式”组中的“形状轮廓”按钮；❸指向“箭头”命令；❹选择“箭头样式 11”选项，如下图所示。

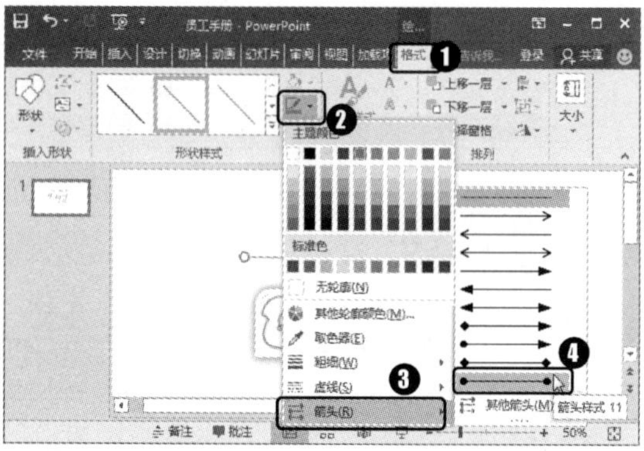

Step07: ❶选择直线，单击“形状样式”组中的“形状轮廓”按钮；❷指向“粗细”命令；❸选择“2.25 磅”选项，如下图所示。

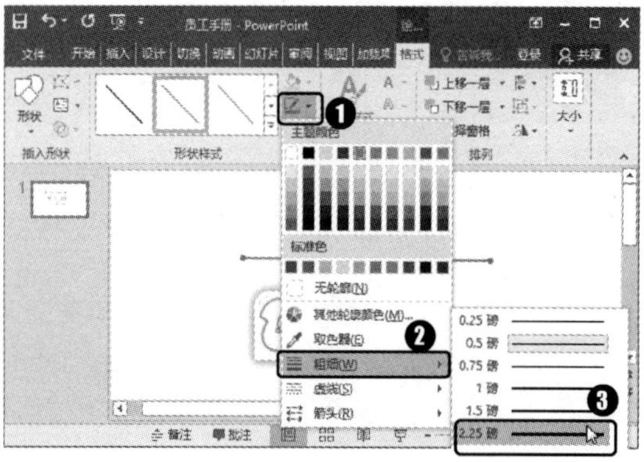

Step08: 复制一条直线，放置在“员工手册”的下方，然后设置标题文字格式，效果如下图所示。

Step09: ❶在制作好第 1 张幻灯片之后，按〈Enter〉键新建一张幻灯片；❷输入标题文字，并单击“插入 SmartArt 图形”按钮，如下图所示。

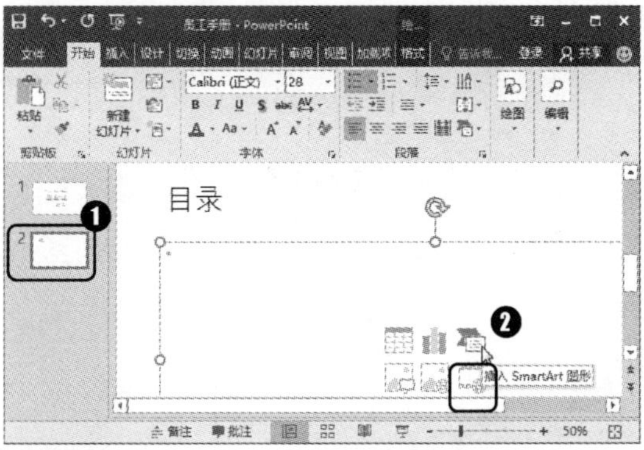

Step10: 打开“选择 SmartArt 图形”对话框，❶选择“循环”选项；❷在右侧选择需要的样式；❸单击“确定”按钮，如下图所示。

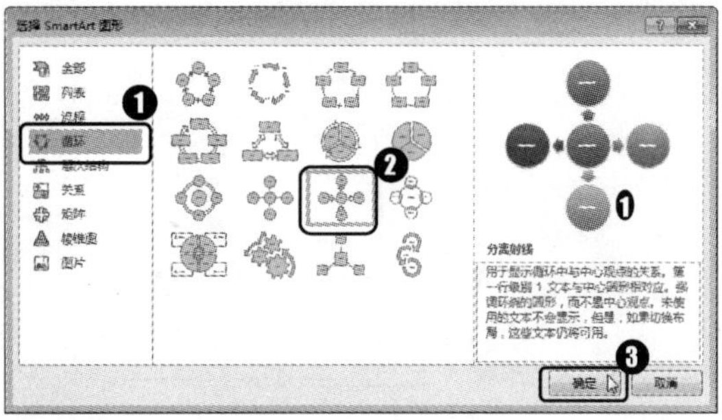

Step11: ❶单击“启动文本窗格”按钮；❷在“文本窗格”中输入需要的文本；❸单击“关闭”按钮，如下图所示。

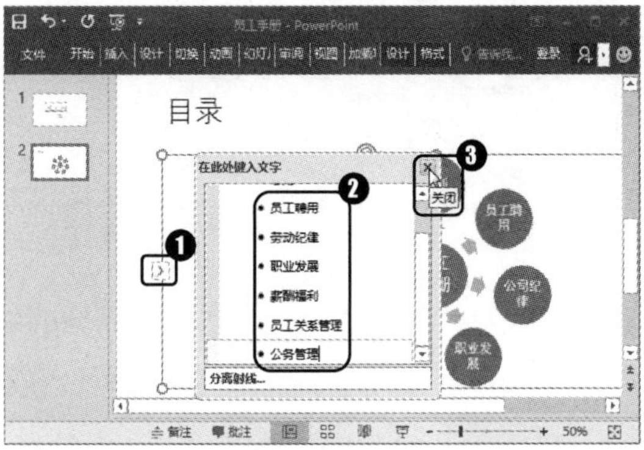

Step12: 重复操作 Step11，制作出总则的 SmartArt 图形，并缩小 SmartArt 图形，然后使用拖动鼠标的方法调整图形的位置，如下图所示。

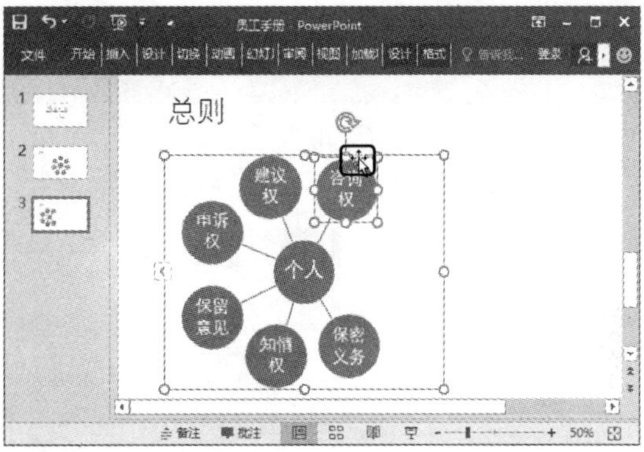

Step13: ❶单击“插入”选项卡；❷单击“形状”按钮；❸在下拉列表中选择“箭头”样式，如下图所示。

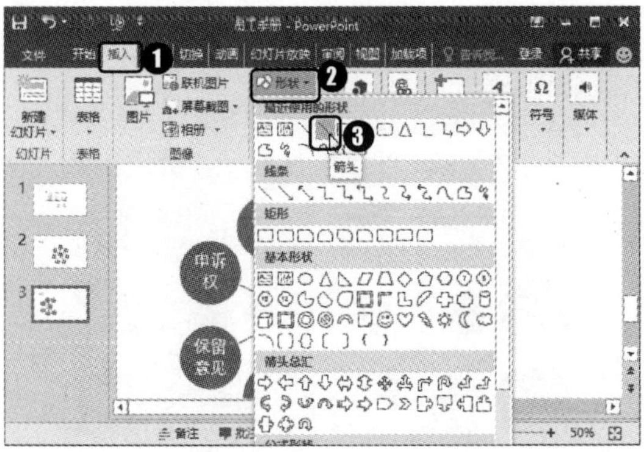

Step14: ❶复制一条直线，单击“格式”选项卡；❷单击“排列”组中的“旋转”按钮；❸选择“水平翻转”命令，如下图所示。

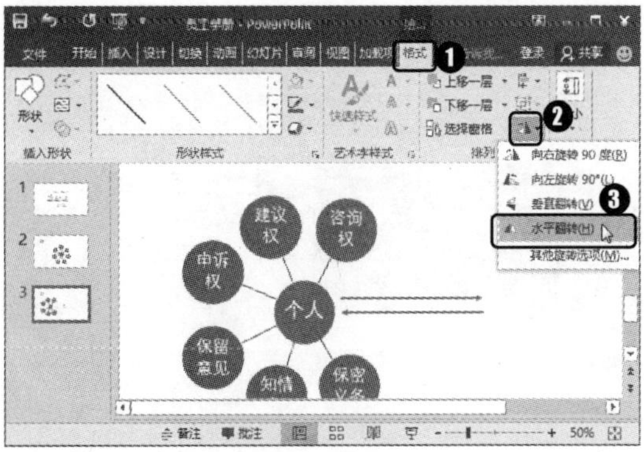

Step15: ❶制作 SmartArt 图形、椭圆、直线并插入艺术字；❷选择需要设置的形状，在“形状样式”组中应用需要的样式，如下图所示。

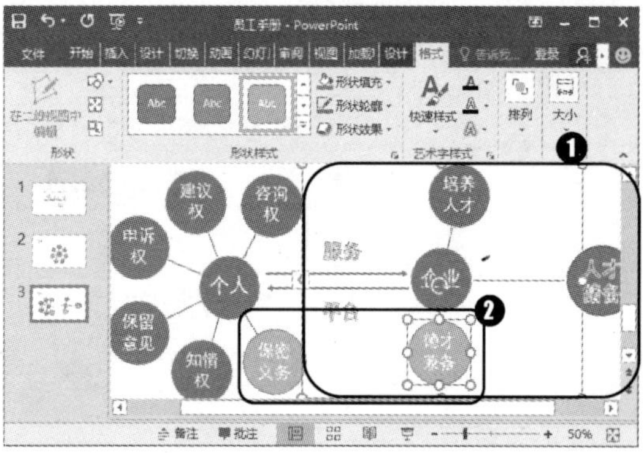

Step16: ❶新建第 4 张幻灯片，单击“插入”选项卡；❷单击“形状”按钮；❸在下拉列表中选择“弧形”样式，如下图所示。

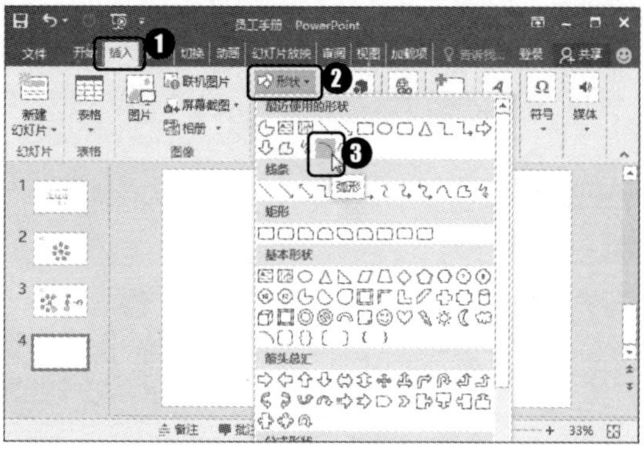

Step17: ❶绘制出 3 条弧线，并调整弧线的位置；❷选择弧线，单击“形状轮廓”按钮；❸指向“粗细”命令；❹选择“2.25 磅”选项，如下图所示。

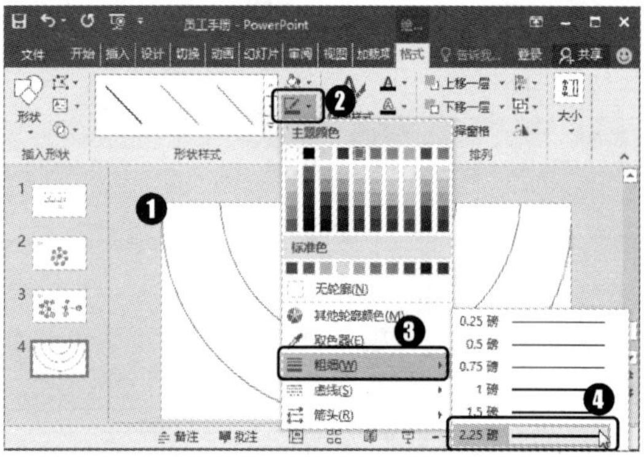

Step18: ❶在各弧线内输入相关的艺术字；❷单击“设计”选项卡；❸单击“自定义”组中的“设置背景格式”按钮，如下图所示。

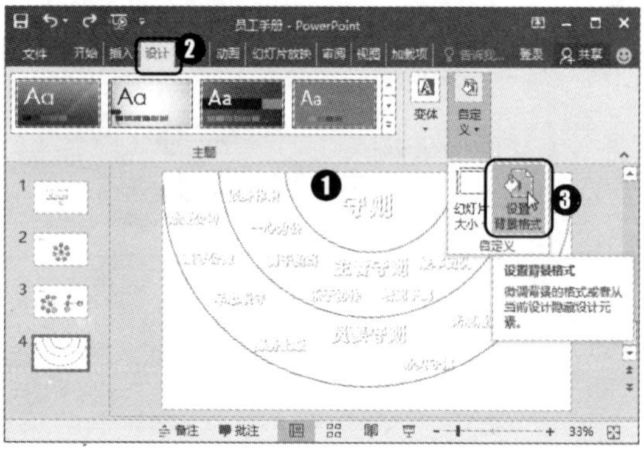

Step19: 打开“设置背景格式”窗格，❶选中“渐变填充”单选按钮；❷单击“预设渐变”按钮，如下图所示。

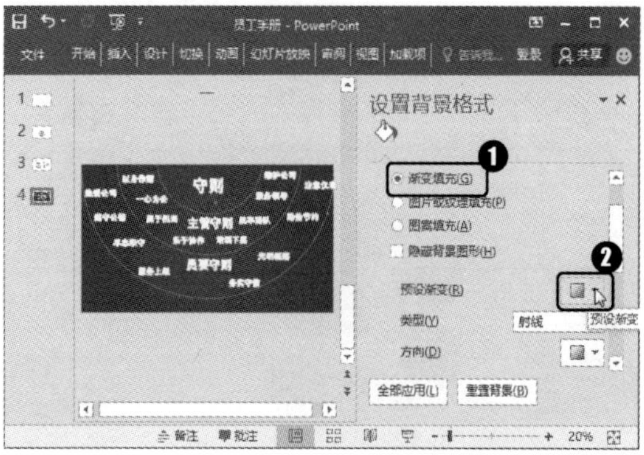

Step20: 在渐变列表中选择需要的渐变样式，如下图所示。

Step21: ❶按〈Enter〉键新建第 5 张幻灯片；❷制作出 SmartArt 图示，如下图所示。

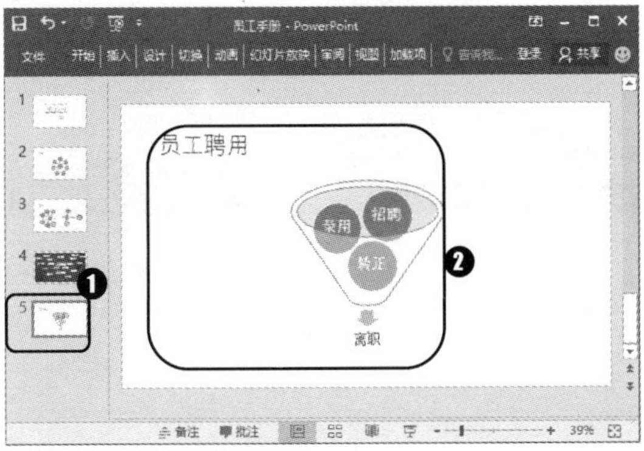

Step22: ❶按〈Enter〉键新建第 6 张幻灯片；❷制作出 SmartArt 图示；❸选择图形，在“形状样式”中应用样式，如下图所示。

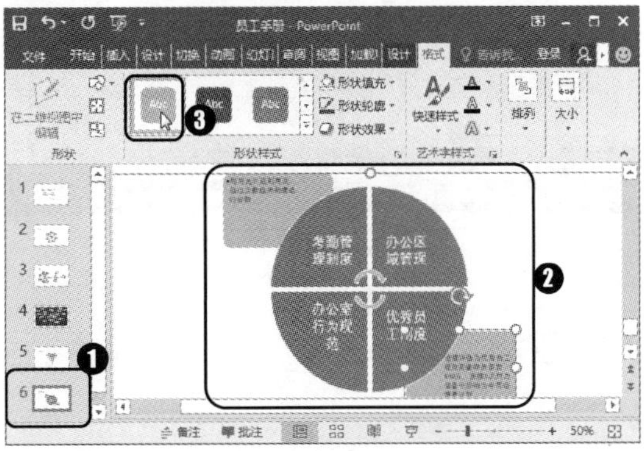

Step23: 在第 7 张幻灯片中使用形状制作出下图所示的结构图示。

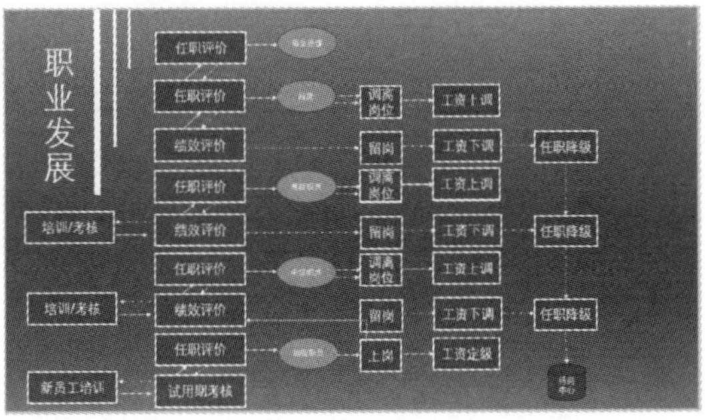

Step24: ❶选择需要绘制的形状；❷单击“排列”组中的“组合”按钮；❸选择“组合”命令，如下图所示。

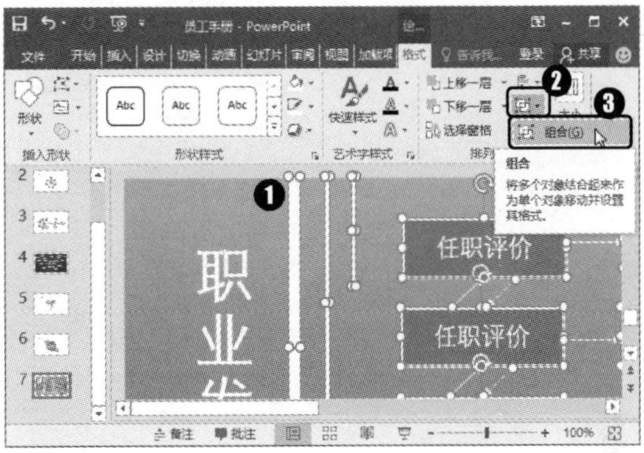

Step25: ❶制作第 8 张幻灯片，单击“设计”选项卡；❷右击“快速样式”组中需要的样式；❸选择“应用于选定幻灯片”命令，如下图所示。

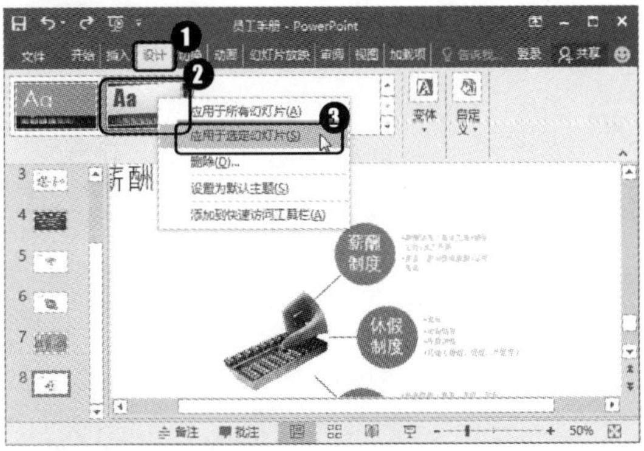

Step26: 输入第 9 章幻灯片内容，设置标题旋转效果，使用插入形状的方式添加箭头，然后在箭头形状上添加文字，直接为标题添加两条线，效果如下图所示。

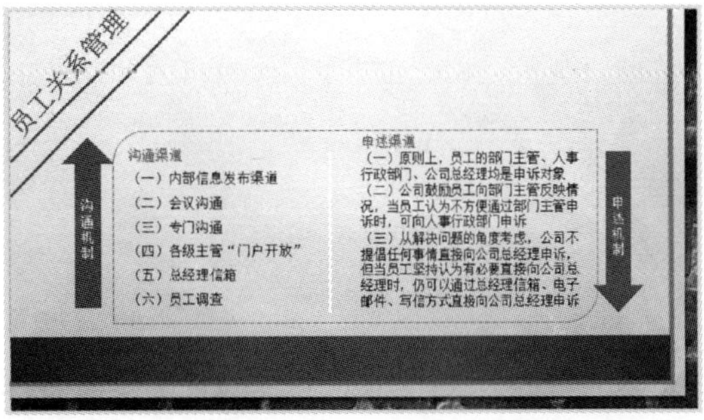

Step27: 制作第 10 张幻灯片，输入标题，并插入 SmartArt 图形，如下图所示。

Step28: 调整标题位置，插入 SmartArt 图形，并设置字号大小，效果如下图所示。

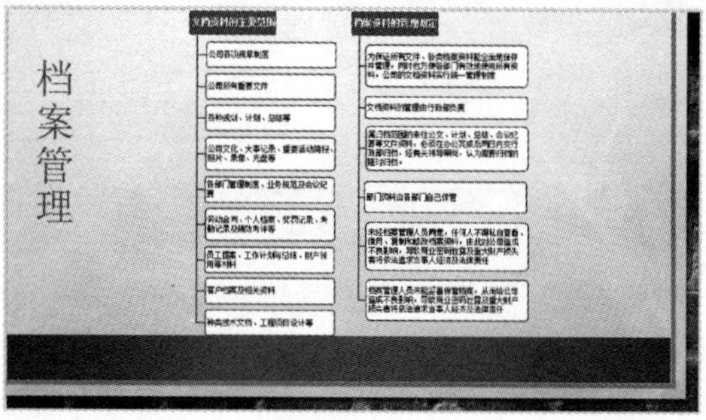

▷▷ 本章小结

本章的重点是在 PowerPoint 2016 中新建幻灯片、为幻灯片插入对象，以及编辑母版等基本操作，然后使用案例的方式对常用的知识进行复习，希望读者能够制作出自己需要的、专业的幻灯片。如果要制作一些公司内部的 PPT 文稿，可以将公司的 LOGO 图片通过母版的方式添加到幻灯片中。

第 14 章　PowerPoint 2016 动画设置与放映输出

本章导读

创建演示文稿的目的不是为了存储信息，而是通过演示文稿的放映将内容展示出来，体现演讲者的意图。演示文稿的魅力在很大程度上来自效果丰富的动画制作。本章主要介绍在 PowerPoint 2016 中添加和编辑页面动画和对象动画，设置交互动画，放映演示文稿，输出演示文稿的相关内容。

知识要点

- 为幻灯片添加切换效果
- 为幻灯片中的对象设置动画
- 编辑对象动画效果
- 插入超链接
- 插入动作按钮
- 设置幻灯片的放映方式
- 放映幻灯片的操作

效果展示

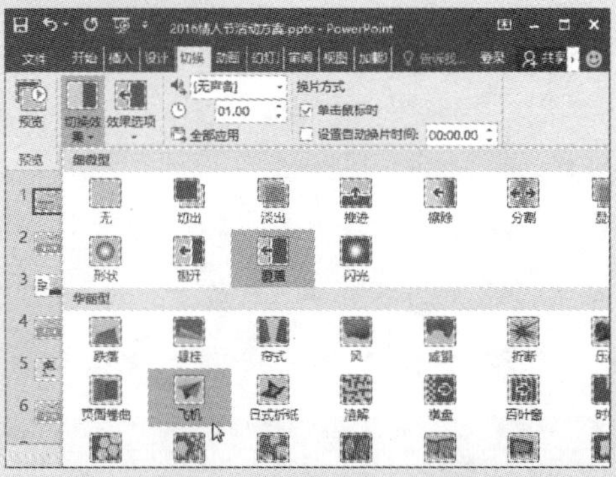

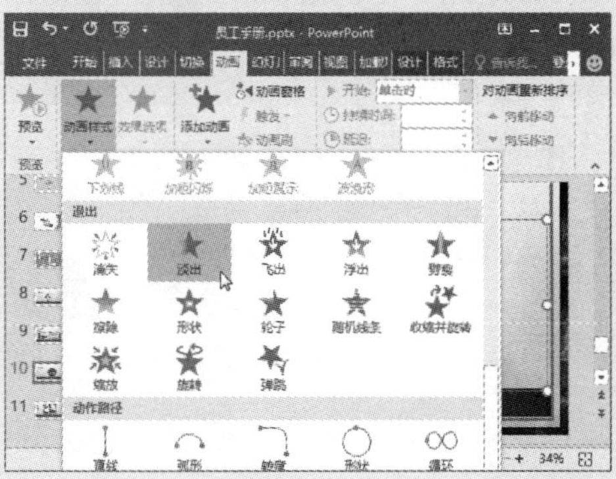

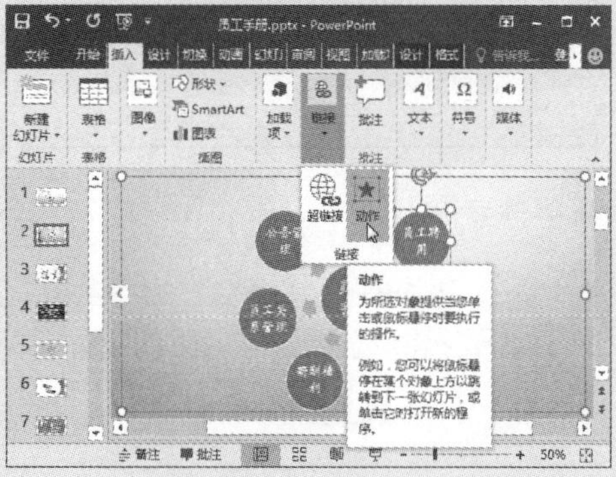

▷▷ 14.1　课堂讲解——设置幻灯片的页面切换动画

为了增强幻灯片的视觉冲击力，提高观众的阅读兴趣，可以为幻灯片添加合适的切换动画，这样在放映幻灯片时就会在进入屏幕或离开屏幕时显示出设置的切换动画效果，使得幻灯片之间的播放衔接得更加自然、生动。

14.1.1　选择幻灯片的切换方式

幻灯片的切换方式是指两张连续的幻灯片之间的过渡方式，也就是从前一张幻灯片转到下一张幻灯片之间要显示什么样的效果。PowerPoint 2016 中提供了多种不同类型的幻灯片页面切换方式，用户只须在“切换”选项卡中进行设置即可，具体操作方法如下。

光盘同步文件

视频文件：光盘\教学文件\第 14 章\14-1-1.mp4

Step01: 打开“光盘\素材文件\第 14 章\2016 情人节活动方案.pptx”，❶选择第 1 张幻灯片；❷单击“切换”选项卡的“切换到此幻灯片”组中的“切换效果”按钮；❸在弹出的下拉列表中选择“覆盖”选项，如下图所示。

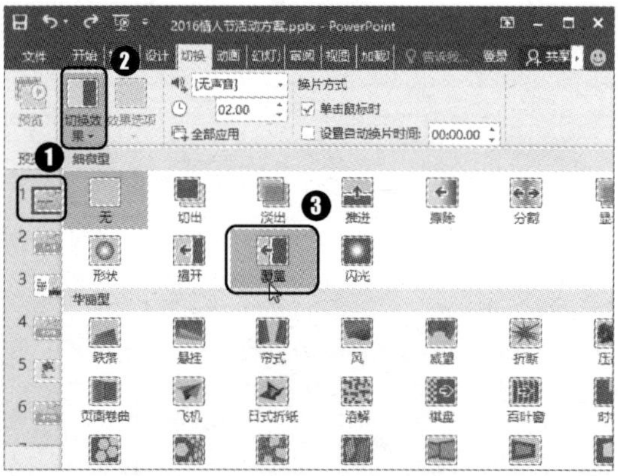

Step02: ❶单击“计时”组中的“全部应用”按钮，为所有幻灯片应用该页面切换效果；❷选择第 1 张幻灯片；❸单击“切换到此幻灯片”组中的“切换效果”按钮；❹在弹出的下拉列表中选择“飞机”选项，更改该幻灯片的页面切换效果，如下图所示。

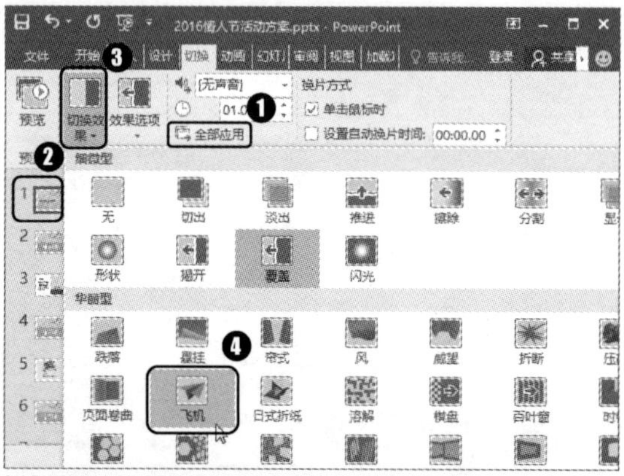

Step03: ❶选择要设置页面切换效果的第 19 张幻灯片；❷单击“切换到此幻灯片”组中的“切换效果”按钮；❸在弹出的下拉列表中选择“形状”选项，如右图所示。

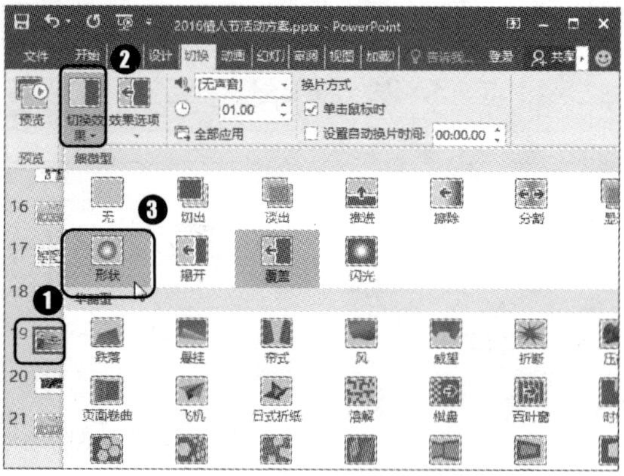

新手注意

页面切换动画分为细微型、华丽型和动态内容 3 大类，其中华丽型的切换动画可以使制作的幻灯片切换动画更加炫酷。

14.1.2 设置幻灯片切换的方向

在为幻灯片添加相应的页面切换效果后，还可以使用“效果选项”功能更改切换效果的属性，例如它的方向、形状或颜色。不同的页面切换效果所提供的“效果选项”功能不同，但操作基本上相似。下面对刚刚设置的页面切换动画的运行方向进行设置，具体操作方法如下。

光盘同步文件

视频文件：光盘\教学文件\第 14 章\14-1-2.mp4

Step01: ❶选择添加了页面切换效果的第 1 张幻灯片；❷单击“切换”选项卡的“切换到此幻灯片”组中的“效果选项”按钮；❸在弹出的下拉菜单中选择“向左”命令，如下图所示。

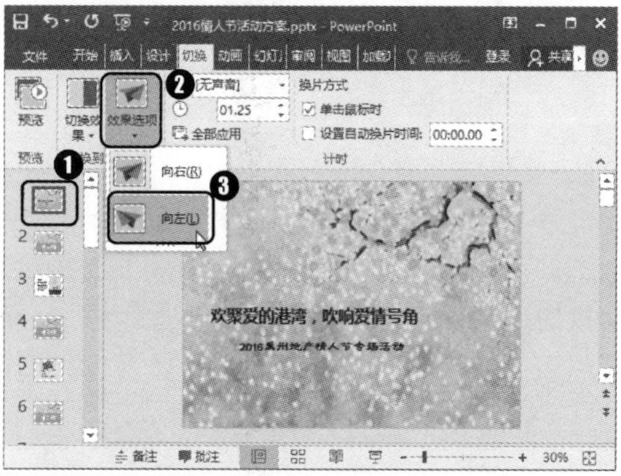

Step02: ❶选择第 5～10 张幻灯片；❷单击“效果选项”按钮；❸在弹出的下拉菜单中选择“自顶部”命令，如下图所示。

Step03: ❶选择第 11～16 张幻灯片；❷单击“效果选项”按钮；❸在弹出的下拉菜单中选择“自底部”命令，如下图所示。

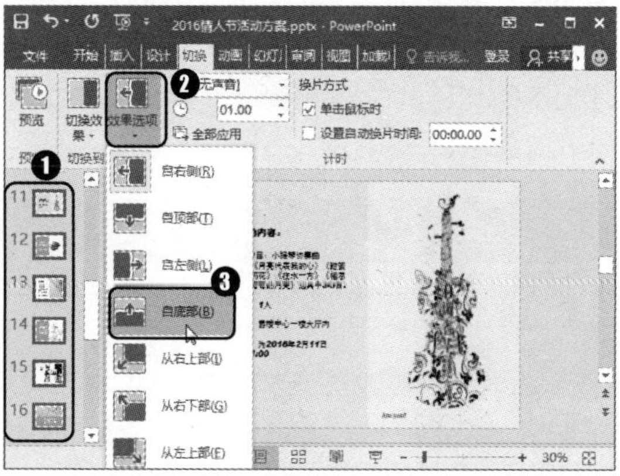

Step04: ❶选择第 17、18、20、21 张幻灯片；❷单击“效果选项”按钮；❸在弹出的下拉菜单中选择“从右上部”命令，如下图所示。

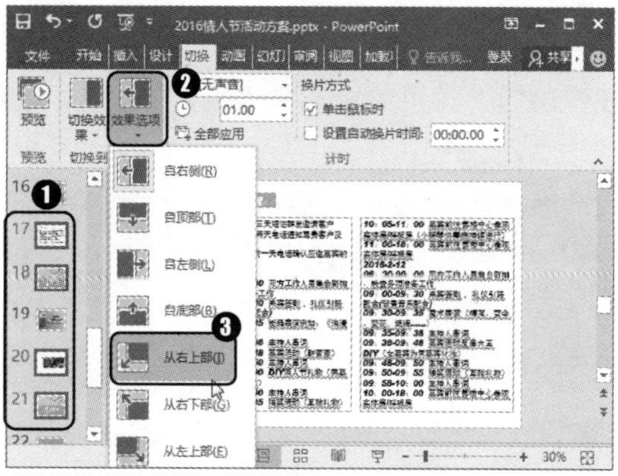

新手注意

在为幻灯片添加页面切换效果后，如果要查看当前幻灯片的切换动画，可以单击“切换”选项卡的“预览”组中的“预览”按钮。

Step05: ❶选择第 22～25 张幻灯片；❷单击“效果选项”按钮；❸在弹出的下拉菜单中选择“从左上部”命令，如下图所示。

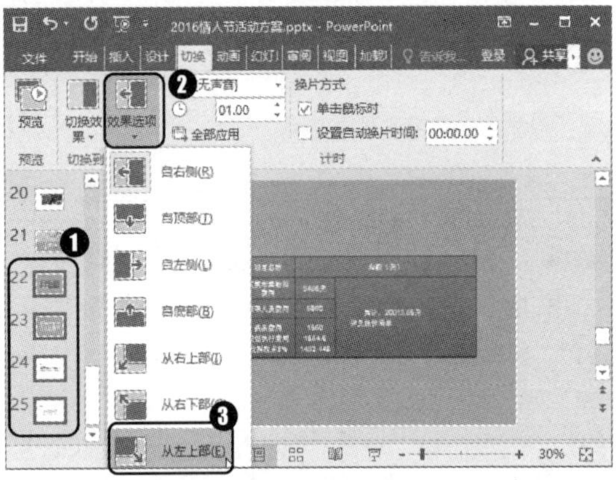

Step06: ❶选择第 19 张幻灯片；❷单击“效果选项”按钮；❸在弹出的下拉菜单中选择“菱形”命令，如下图所示。

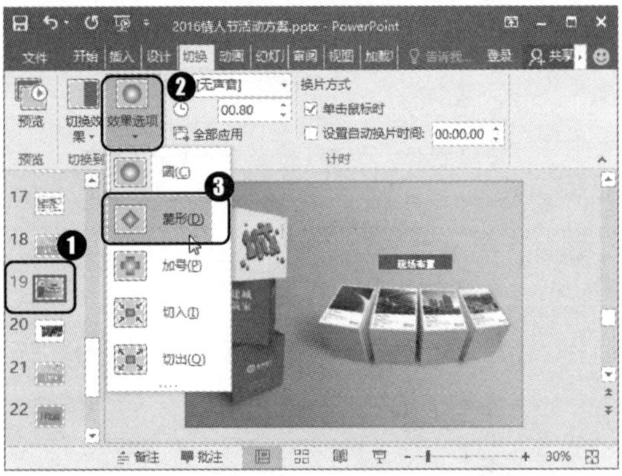

14.1.3 设置幻灯片切换的声音及时间

为了让幻灯片页面切换时更有意境，可以让幻灯片在切换时配上声音效果。在演示文稿中预设了爆炸、抽气、风声等多种声音，用户可根据幻灯片的内容和页面切换动画效果选择适当的声音，甚至可以自定义切换声音。对于幻灯片切换时所用的时间也可根据需要进行控制，幻灯片切换效果持续的时间越长，切换动画就播放得越慢。为幻灯片设置页面切换声音和时间的具体操作方法如下。

光盘同步文件

视频文件：光盘\教学文件\第 14 章\14-1-3.mp4

Step01: ❶选择第 1 张幻灯片；❷单击“切换”选项卡的“计时”组中的“声音”下拉按钮；❸在弹出的下拉菜单中选择“风声”命令，如下图所示。

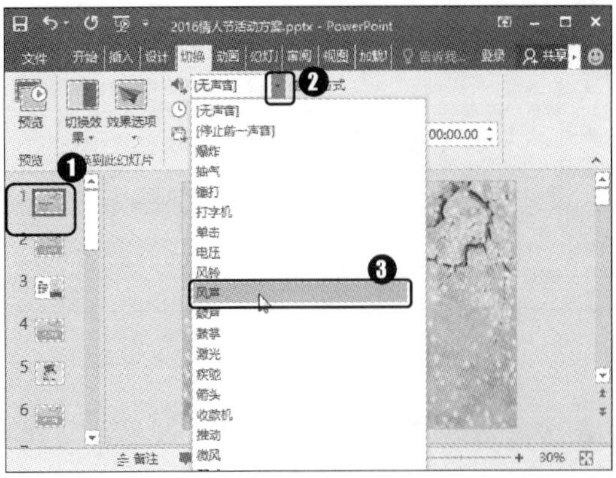

Step02: ❶选择第 2～25 张幻灯片；❷在“声音”下拉列表框中选择“单击”选项；❸在“计时”组的“持续时间”数值框中输入“01.50”，如下图所示。

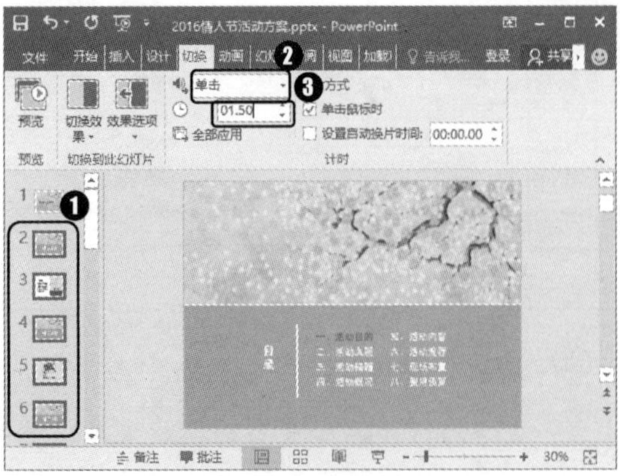

> **新手注意**
>
> 若在“声音”下拉菜单中选择“其他声音”命令，可以选择其他音效文件作为切换的声音。

14.1.4 设置幻灯片的切换方式

在放映演示文稿时，默认的换片方式是单击鼠标左键可以从当前幻灯片切换到下一个幻灯片。但有时需要在展台上循环播放演示文稿，此时就需要为每张幻灯片设置相应的切换间隔时间，在经过这个指定时间后让演示文稿自动切换到下一张幻灯片播放，实现演示文稿的自动播放。

本小节所讲的幻灯片切换方式就是要实现这两种幻灯片切换方式，这两种切换方式可以单独使用，也可以同时使用。例如，要为演示文稿同时设置“单击鼠标时”和“设置自动换片时间”两种切换方式，具体操作方法如下。

> **光盘同步文件**
>
> **视频文件：光盘\教学文件\第 14 章\14-1-4.mp4**

Step01: ❶选择所有幻灯片；❷在“切换”选项卡的“计时”组中勾选“单击鼠标时”复选框；❸勾选“设置自动换片时间”复选框，并在其后的数值框中输入幻灯片的切换时间间隔值，如下图所示。

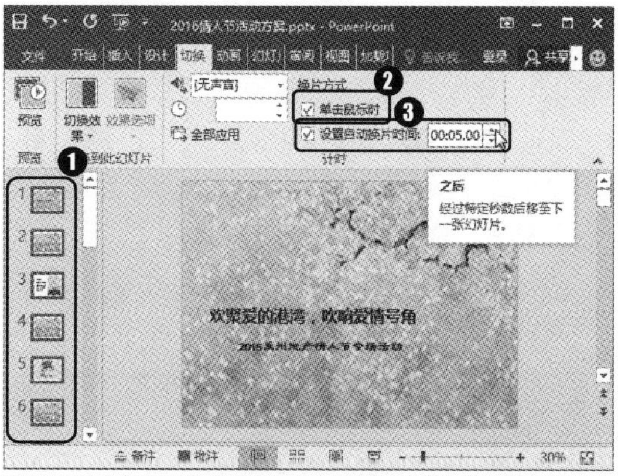

Step02: ❶选择所有包含具体活动策划内容的幻灯片；❷在“设置自动换片时间”复选框后的数值框中输入幻灯片的切换时间间隔值；❸单击“预览”组中的“预览”按钮预览幻灯片切换效果，如下图所示。

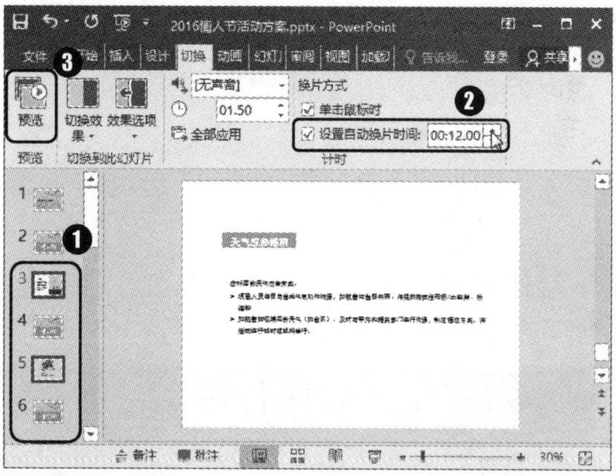

▷▷ 14.2 课堂讲解——设置幻灯片动画

演示文稿可以不使用华丽的语言修饰，但几乎不能不使用动画效果。设置幻灯片切换效果是向幻灯片添加视觉效果的一种简单动画。为了使幻灯片在放映时效果更丰富，增强幻灯片的视觉冲击力，可以为幻灯片中的文本、图片、形状、表格和其他对象添加动画，赋予它们进入、退出、大小和颜色变化甚至移动等视觉效果。

14.2.1 设置幻灯片中各对象的动画效果

在 PowerPoint 2016 中提供了很多内置的动画效果，这些效果可以满足制作基本动画的需要，合理地安排这些动画能为观众带来非常不错的视觉效果，下面分别讲解为某个对象添加单个动画和添加多个动画的设置方法。

> **光盘同步文件**
>
> **视频文件：光盘\教学文件\第 14 章\14-2-1.mp4**

1. 选择动画效果

PowerPoint 2016 将一些常用的动画效果放置于动画库中，在为对象设置动画效果时，直接在库中选择即可轻松添加动画。根据动画作用于对象的阶段不同，可以将动画分为进入动画、强调动画、退出动画和动作路径动画 4 类。

- 进入动画：指幻灯片中的对象进入幻灯片的动作效果，主要用于对象的显示。
- 强调动画：指对象从初始状态变化到另一个状态再回到初始状态的效果，主要用于动画已存在于屏幕时以动画方式起到强调突出的作用。
- 退出动画：进入动画可以使对象从无到有，而退出动画正好相反，它可以使对象从有到无，触发后的动画效果与进入效果正好相反，对象在没有触发动画之前是显示在屏幕上的，而当其被触发后则从屏幕上以某种效果消失。
- 动作路径动画：指通过引导线使对象沿着引导线运动的动画。动作路径可以是预设的，但在预设的路径动画不能满足需求时，用户可以自定义路径动画，也就是根据实际需要在幻灯片中绘制对象的动作路径，让对象沿着绘制的动作路径运行。

例如要为“员工手册”演示文稿中的对象添加动画，具体操作方法如下。

Step01: 打开“光盘\素材文件\第 14 章\员工手册.pptx”，❶选择第 1 张幻灯片中要设置动画效果的直线；❷单击“动画”选项卡的“动画”组中的“动画样式”按钮；❸在弹出的下拉列表的“进入”中选择“飞入”样式，如下图所示。

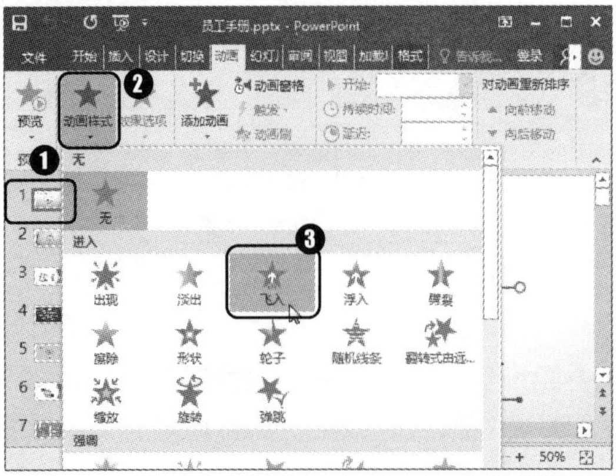

Step02: ❶选择第 4 张幻灯片中要设置动画效果的文本；❷单击“动画样式”按钮；❸在弹出的下拉列表的“强调”中选择“放大/缩小”样式，如下图所示。

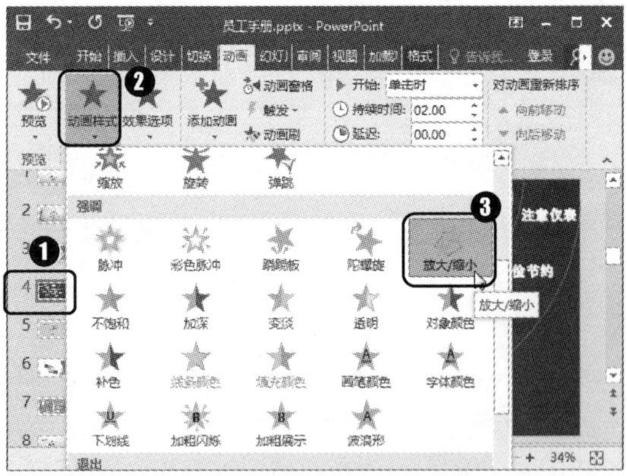

Step03: ❶选择第 10 张幻灯片中要设置动画效果的 SmartArt 图形；❷单击“动画样式”按钮；❸在弹出的下拉列表的“退出”中选择“淡出”样式，如右图所示。

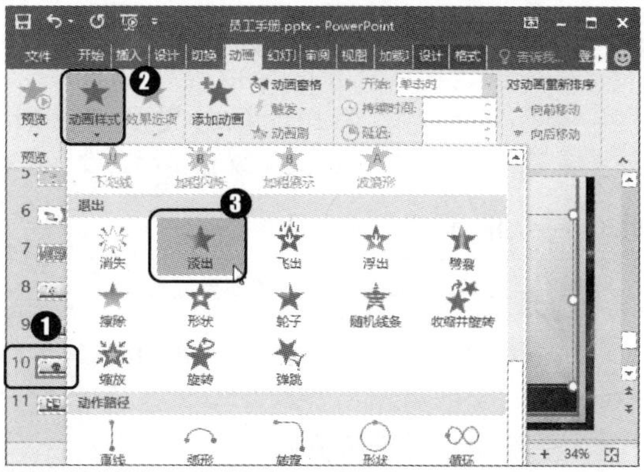

Step04: ❶选择第 9 张幻灯片中要设置动画效果的文本框；❷单击“动画样式”按钮；❸在弹出的下拉列表的“动作路径”中选择“直线”样式，如下图所示。

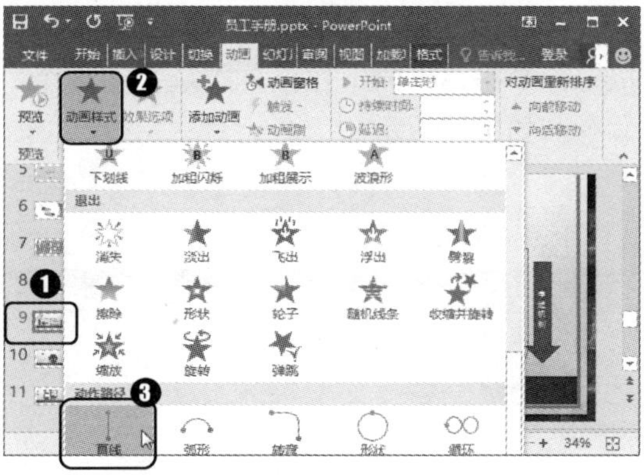

Step05: ❶拖动鼠标光标绘制直线路径；❷将文本框移动到幻灯片外侧，并调整直线路径的起始位置和结束位置，完成后的效果如下图所示。

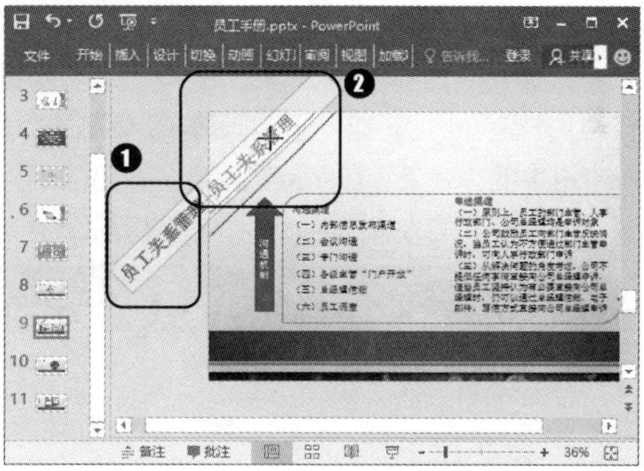

2. 添加动画效果

PowerPoint 2016 中预定义的动画都是效果很单一的动画，为了丰富动画效果，需要在同一个对象上叠加多个动画，具体操作方法如下。

Step01: ❶选择第 1 张幻灯片中已经设置了动画效果的直线；❷单击“动画”选项卡的“高级动画”组中的“添加动画”按钮；❸在弹出的下拉列表的“强调”中选择“跷跷板”样式，如下图所示。

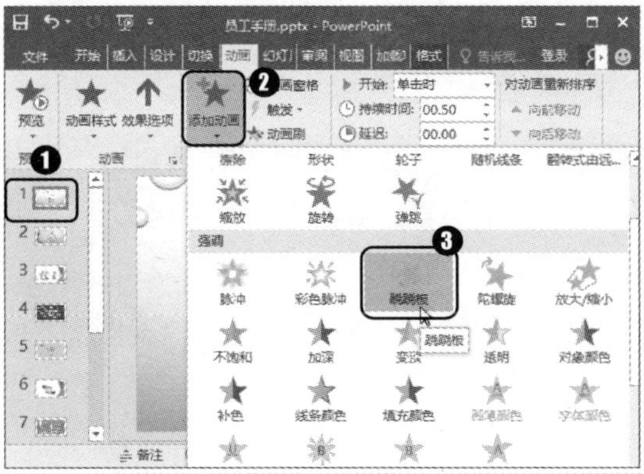

Step02: ❶选择第 9 张幻灯片中已经设置了动画效果的文本框；❷单击“动画”选项卡的“高级动画”组中的“添加动画”按钮；❸在弹出的下拉列表的“强调”中选择“加粗闪烁”样式，如下图所示。

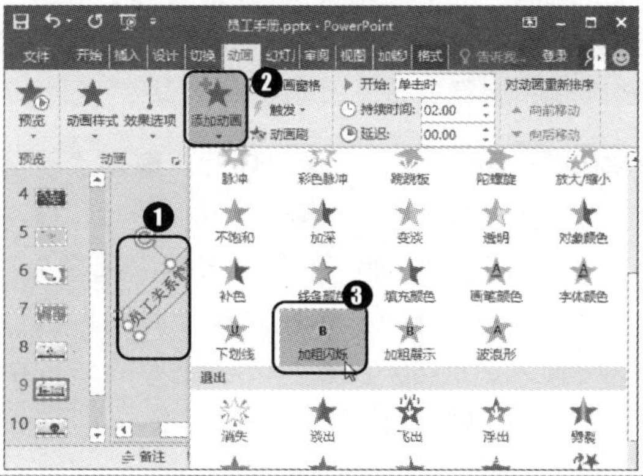

14.2.2 编辑对象的动画效果

在为幻灯片对象添加动画效果之后，对于动画的运行方式、运行速度和播放顺序等内容进行编辑，可以让动画效果更加符合演示文稿的意图，让演示文稿更富有生机与活力，更吸引观众的眼球。

> **光盘同步文件**
> **视频文件：光盘\教学文件\第 14 章\14-2-2.mp4**

1. 设置动画的运行方式

幻灯片中动画的运行方式是指动画的方向、动画的序列等，用户可以通过“动画”组中的“效果选项”按钮来设置。例如要为“员工手册”演示文稿中的动画设置适当的运行方式，具体操作方法如下。

Step01: ❶选择第 1 张幻灯片中设置了动画效果的直线；❷单击“动画”选项卡的“高级动画”组中的“动画窗格”按钮；❸在“动画窗格”任务窗格中选择第一个动画选项；❹单击“动画”组中的“效果选项”按钮；❺在弹出的下拉菜单中选择“自左侧”命令，如下图所示。

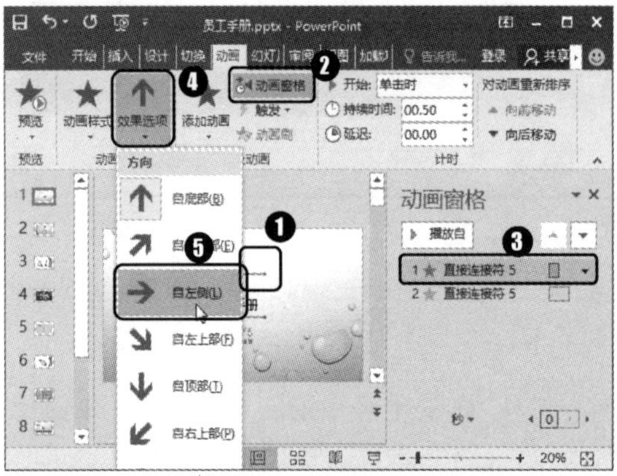

Step02: ❶选择第 10 张幻灯片中设置了动画效果的 SmartArt 图形；❷单击“效果选项”按钮；❸在弹出的下拉菜单中选择“逐个”命令，如下图所示。

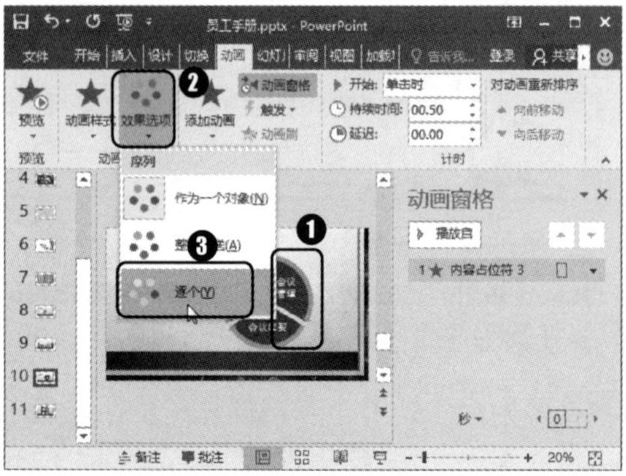

2. 设置动画效果运行的开始时间和运行速度

幻灯片中动画开始运行的时间包括“单击时”“与上一动画同时”和“上一动画之后”3 种方式，默认情况下使用“单击时”方式，用户可以根据需要选择适当的开始时间。另外还可以通过设置动画的播放时间来调整动画运行的速度。例如要设置“员工手册”演示文稿中动画的开始时间和运行速度，具体操作方法如下。

Step01: ❶选择第 1 张幻灯片；❷在“动画窗格”任务窗格中选择第一个动画选项；❸在“计时”组的“开始”下拉列表框中选择“上一动画之后”选项；❹在“持续时间”数值框中输入“00.50”；❺在“延迟”数值框中输入“00.25”，如下图所示。

Step02: ❶在“动画窗格”任务窗格中选择第 2 个动画选项；❷在“计时”组的“开始”下拉列表框中选择“上一动画之后”选项；❸在“持续时间”数值框中输入“01.00”，如下图所示。

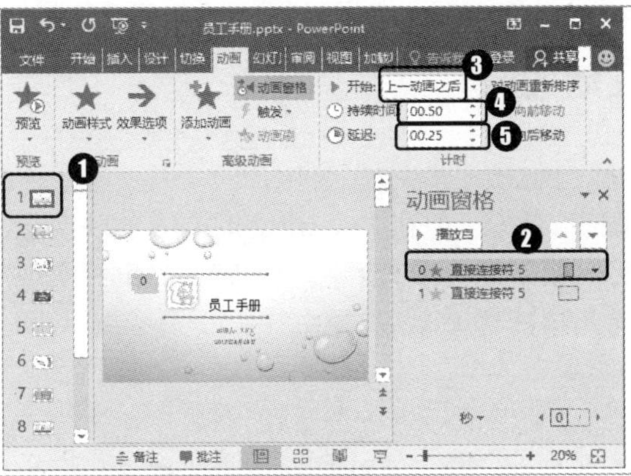

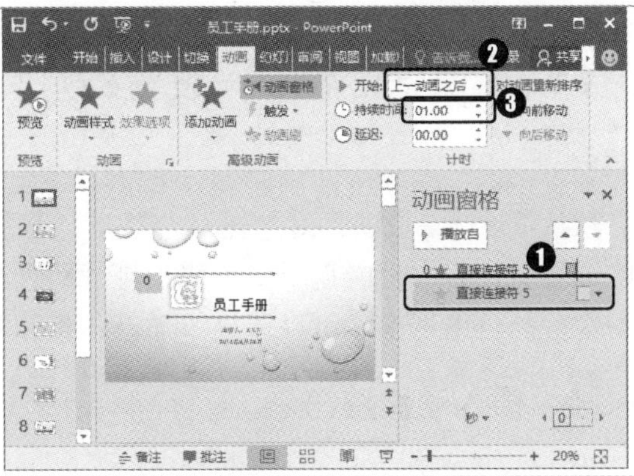

3. 设置动画的播放顺序

在给幻灯片中的多个对象添加动画效果时，添加效果的顺序就是幻灯片放映时的播放顺序。当幻灯片中的对象较多时，难免在添加效果时使动画次序产生错误，这时可以在动画效果添加完成后再对其进行调整，具体操作方法如下。

Step01: ❶选择第 1 张幻灯片中添加了动画的直线；❷双击“高级动画”组中的“动画刷”按钮；❸选择需要复制的带动画的对象，完成后按〈Esc〉键退出，如下图所示。

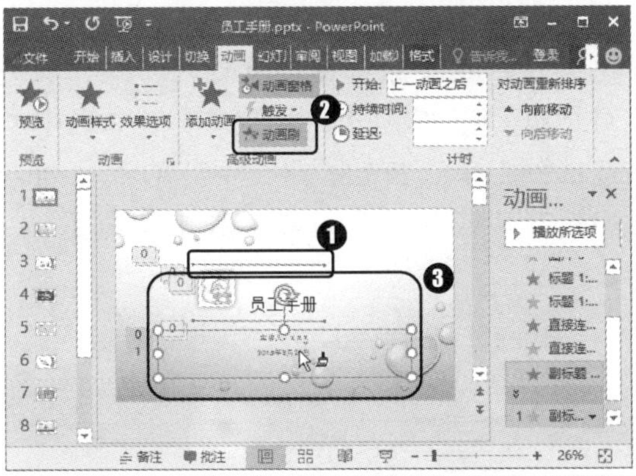

Step02: ❶在“动画窗格”任务窗格中选择要调整播放顺序的图片动画选项；❷单击任务窗格右上方的“向后移动”按钮，直到将其移动到直线动画的后面，如下图所示。

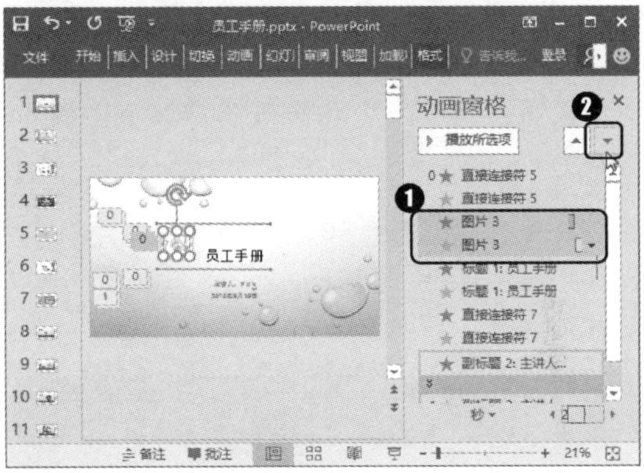

Step03: ❶在“动画窗格”任务窗格中选择要调整播放顺序的直线动画选项；❷单击任务窗格右上方的“向前移动”按钮，直到将其移动到第 1 条直线动画的后面，如下图所示。

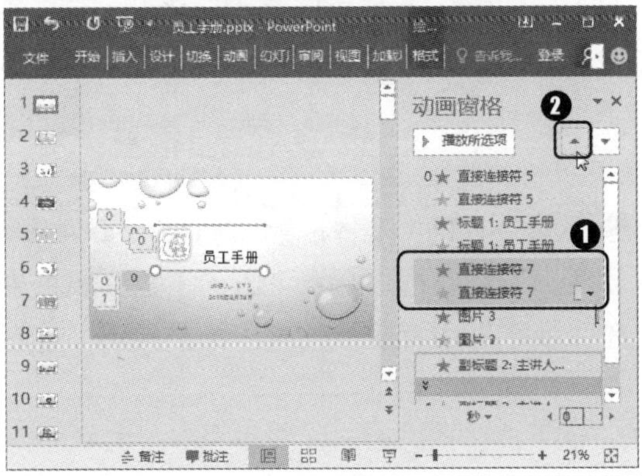

Step04: 单击“动画窗格”任务窗格中的“全部播放”按钮，查看该幻灯片中所有动画的播放效果，如下图所示。

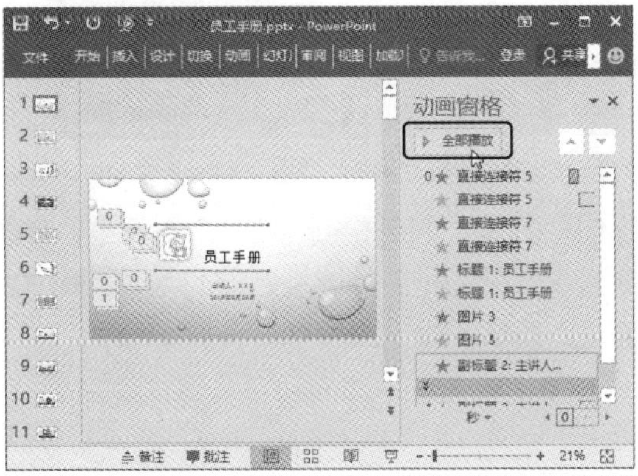

▷▷ 14.3 课堂讲解——设置幻灯片互动效果

默认情况下，放映幻灯片是从前往后一张一张依次放映，但在 PowerPoint 2016 放映演示文稿的过程中，有时可能需要从一张幻灯片跳转到另一张幻灯片中查看相应内容。如果想实现两张幻灯片的自由切换，可以通过添加动作按钮和插入超链接来完成。

14.3.1 插入动作按钮

PowerPoint 2016 提供了多种有超链接功能的动作按钮，利用这些按钮可以灵活地控制幻灯片的放映进程，并且提高了整个演示文稿的交互性。在整个放映过程中，只须单击相应的动作按钮就可以快速跳转到指定的幻灯片内容上。例如要为“员工手册”演示文稿的最后一张幻灯片添加返回到第 2 张幻灯片的动作按钮，具体操作方法如下。

光盘同步文件

视频文件：光盘\教学文件\第 14 章\14-3-1.mp4

Step01: ❶选择第 11 张幻灯片；❷单击“插入”选项卡的“插图”组中的“形状”按钮；❸在弹出的下拉列表的“动作按钮”中选择需要插入的“动作按钮：第一张”动作按钮，如下图所示。

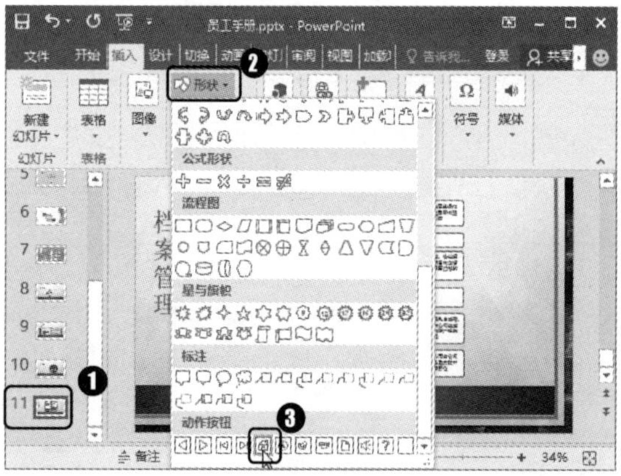

Step02: ❶当鼠标光标变为+形状时，按住鼠标左键不放，在幻灯片中拖动绘制一个按钮；❷释放鼠标左键，将打开“操作设置”对话框，在“单击鼠标”选项卡中选中“超链接到”单选按钮；❸在下方的下拉列表框中选择“幻灯片”选项，如下图所示。

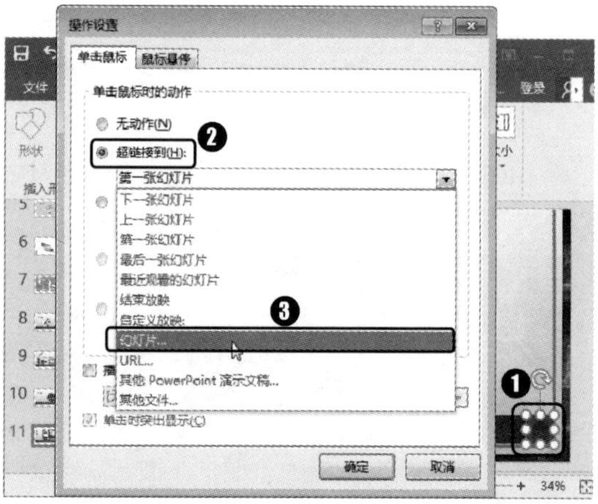

Step03: 打开“超链接到幻灯片”对话框，❶在左侧列表框中选择需要链接到的幻灯片；❷单击“确定”按钮，如下图所示。

Step04: 返回“操作设置”对话框，❶勾选“播放声音”复选框，并在下方的下拉列表框中选择“鼓掌”声音效果；❷单击“确定”按钮，如下图所示。

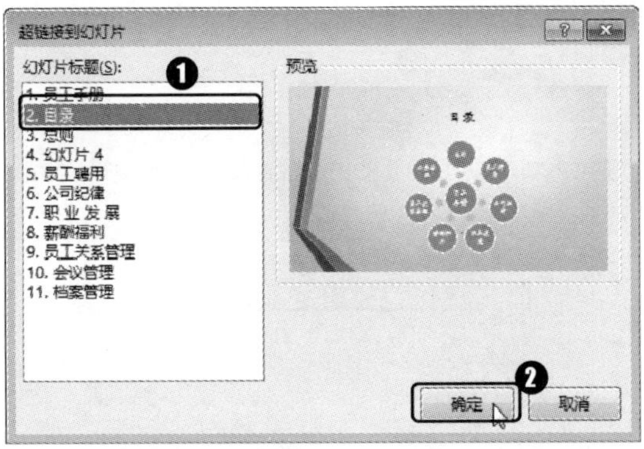

14.3.2　插入超链接

在 PowerPoint 2016 中不仅可以通过添加动作按钮为幻灯片加入互动环节，增加人机交互效果，还可以在幻灯片中为对象添加动作链接，使用户在单击这些链接后跳转到其他演示文稿或幻灯片中。例如要通过插入链接动作的方式在“员工手册”演示文稿中实现幻灯片间的目录式跳转，具体操作方法如下。

光盘同步文件

视频文件：光盘\教学文件\第 14 章\14-3-2.mp4

Step01: ❶选择第 2 张幻灯片中 SmartArt 图形内需要添加动作的形状；❷单击“插入”选项卡的“链接”组中的“动作”按钮，如下图所示。

Step02: 打开“操作设置”对话框，❶在“单击鼠标”选项卡中选中“超链接到”单选按钮，在下方的下拉列表框中选择“下一张幻灯片”选项；❷单击“确定”按钮，如下图所示。

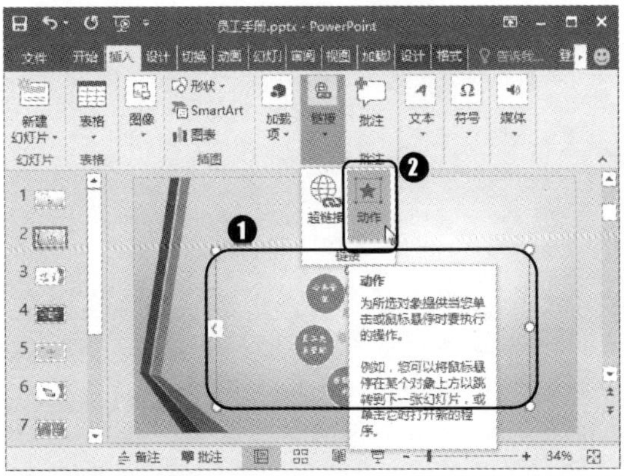

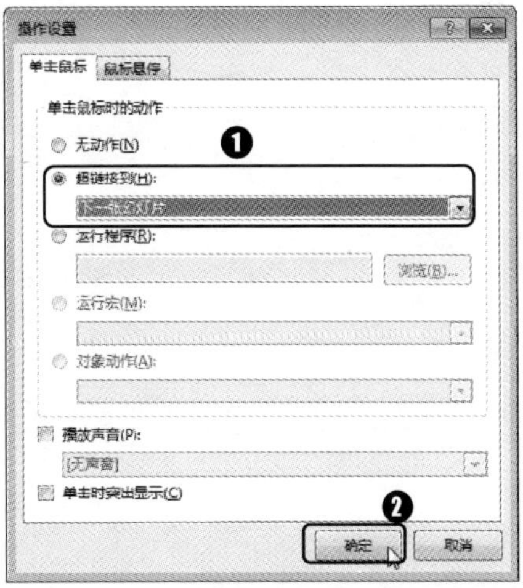

Step03: ❶选择第 2 张幻灯片中 SmartArt 图形内需要添加动作的形状；❷单击“插入”选项卡的“链接”组中的“动作”按钮，如下图所示。

Step04: 打开“操作设置”对话框，❶在“单击鼠标”选项卡中选中“超链接到”单选按钮，❷在下方的下拉列表框中选择“幻灯片”选项，如下图所示。

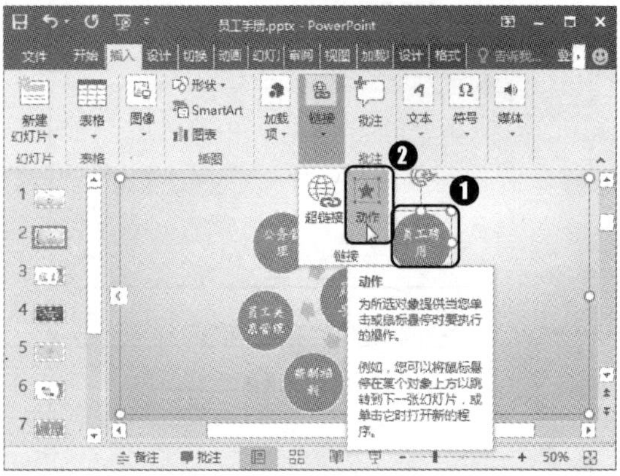

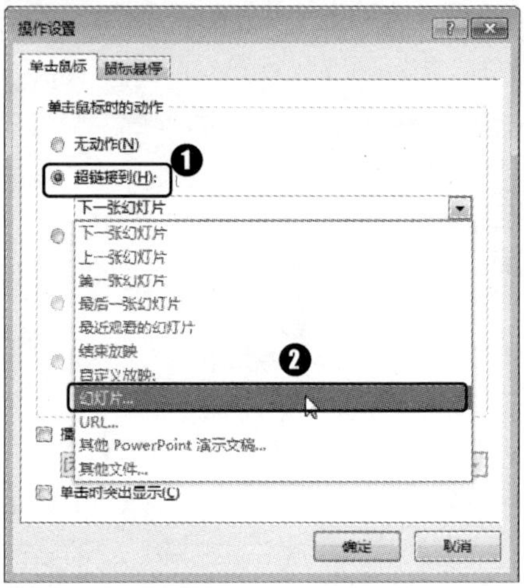

Step05: 打开“超链接到幻灯片”对话框，❶在左侧列表框中选择需要链接到的幻灯片；❷单击“确定”按钮；❸返回“操作设置”对话框，单击“确定”按钮，如下图所示。

Step06: 使用相同的方法依次为 SmartArt 图形内的其他形状添加动作链接，如下图所示。

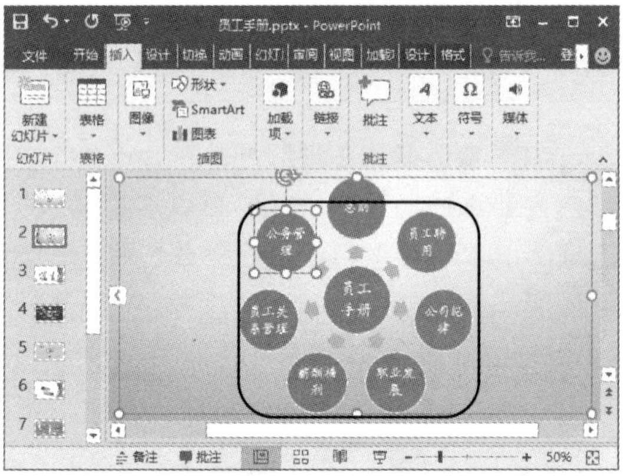

14.4 课堂讲解——设置放映方式

在演示文稿制作完成后，需要查看制作好的演示文稿效果，此时可通过放映演示文稿来观看幻灯片的总体效果。在放映之前对放映的方式进行设置至关重要。

14.4.1 设置放映类型

一般情况下，系统默认的幻灯片放映方式为演讲者放映方式，但不同场合可能会对放映方式有不同的需求，这时就可以通过“设置放映方式”对话框对幻灯片的放映方式进行设置。常见的幻灯片放映方式有以下 3 种。

- 演讲者放映方式：在放映幻灯片时呈全屏显示。在演示文稿播放过程中，演讲者具有完整的控制权，可根据设置采用人工或自动方式放映，也可以暂停演示文稿的放映，对幻灯片中的内容做标记，还可以在放映过程中录下旁白。

- 观众自行浏览方式：在放映幻灯片时将在标准窗口中显示演示文稿的放映情况。在播放过程中不能通过单击鼠标进行放映，但可以通过拖动滚动条浏览幻灯片。
- 在展台浏览方式：将自动运行全屏幻灯片放映。在放映过程中除了保留鼠标光标用于选择屏幕对象进行放映外，其他的功能全部失效。如果要终止放映，可按〈Esc〉键，如果放映完毕 5 分钟后无其他指令，将循环放映演示文稿，故该方式又被称为自动放映方式。

例如要为“2016 情人节活动方案”演示文稿设置在展台浏览方式，具体操作方法如下。

光盘同步文件

视频文件：光盘\教学文件\第 14 章\14-4-1.mp4

Step01: 打开“光盘\素材文件\第 14 章\2016 情人节活动方案.pptx”，单击“幻灯片放映”选项卡的“设置”组中的“设置幻灯片放映”按钮，如下图所示。

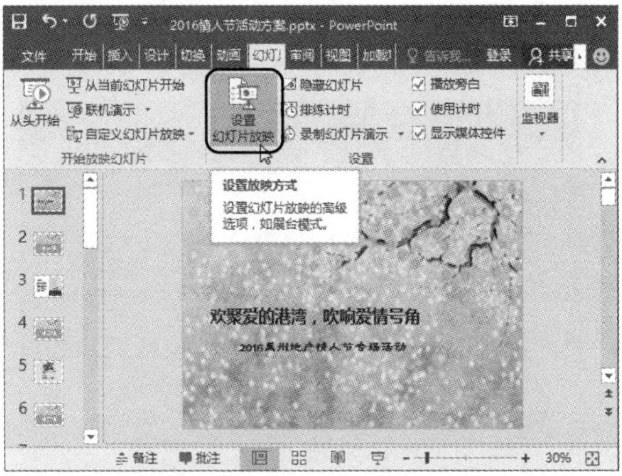

Step02: 打开“设置放映方式”对话框，❶在“放映类型”选项组中选中“在展台浏览（全屏幕）”单选按钮；❷单击“确定”按钮，如下图所示。

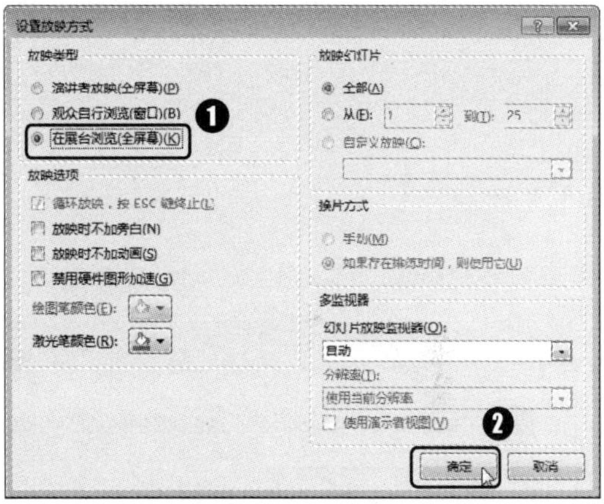

专家点拨——设置其他放映方式

在“设置放映方式”对话框中还可以对演示文稿的放映选项、放映范围以及换片方式等进行设置。如果选中“放映选项”选项组中的 3 个复选框，在放映时将循环放映，但不会显示对象的动画效果，且录制的旁白也不会播放。

14.4.2 使用排练计时

如果演示文稿用于自动放映，那么最佳方式是使用排练计时功能模拟演示文稿的播放过程，从而自动记录每张幻灯片的持续时间，达到自动播放演示文稿的效果。例如要对“2016 情人节活动方案”演示文稿使用排练计时，具体操作方法如下。

光盘同步文件

视频文件：光盘\教学文件\第 14 章\14-4-2.mp4

Step01: 单击“幻灯片放映”选项卡的“设置”组中的“排练计时”按钮，如下图所示。

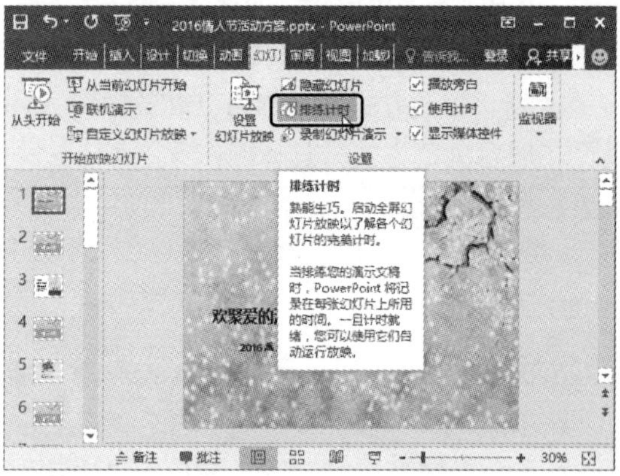

Step02: 演示文稿将自动切换到幻灯片放映状态，同时在屏幕左上角打开“预演”工具栏并开始计时，演讲者可以按照正常的放映速度手动控制和播放幻灯片，如下图所示。

Step03: 整个演示文稿放映结束后会自动打开提示对话框，单击“是”按钮保存排练时间，如下图所示。

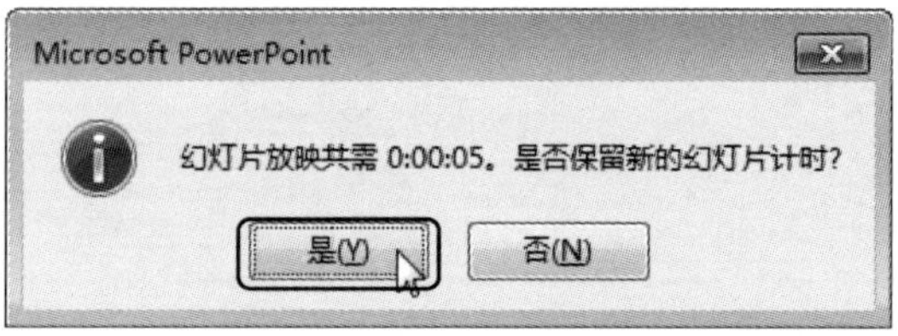

Step04: 切换到“幻灯片浏览”视图中，可以看到在每张幻灯片的右下角都显示了该幻灯片需要的播放时间，如下图所示。

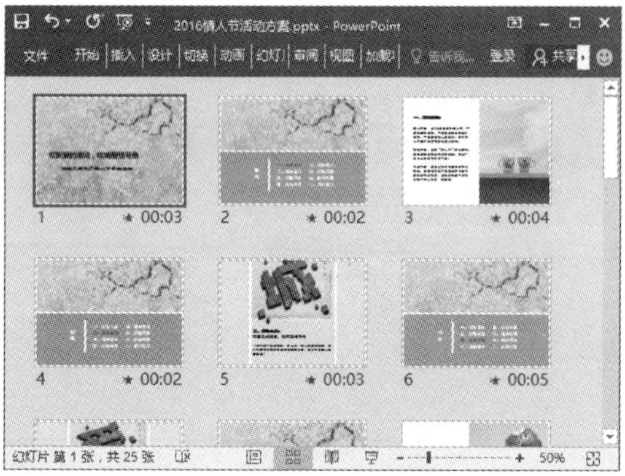

14.5 课堂讲解——放映幻灯片

在设置好放映前的选项后，接下来就可以观看幻灯片放映了，用户可以选择开始放映的位置，并且可以在放映过程中进行放映控制。

14.5.1 启动幻灯片放映

在设置好放映方式后，即可放映演示文稿。在 PowerPoint 2016 中，“幻灯片放映”选项卡的“开始放映幻灯片”组中包括“从头开始”“从当前幻灯片开始”“联机演示”和“自定义幻灯片放映”4 种方式，单击相应的按钮即可设置对应的幻灯片放映方式。

- 从头开始：指无论选择哪张幻灯片，播放时都会从第一张幻灯片开始放映。

- 从当前幻灯片开始：指播放幻灯片时从当前选定的幻灯片开始放映。
- 联机演示：将幻灯片发布到 PowerPoint Broadcast Service 服务器上，使用户能够与任何人、在任何位置轻松共享演示文稿。只须发送一个链接并单击，所邀请的每个人就能够在 Web 浏览器中观看同步的幻灯片放映，即使他们没有安装 PowerPoint 2016 也不受影响。
- 自定义幻灯片放映：可以设置需要播放的幻灯片或调整幻灯片的播放顺序等。对于制作好的同一演示文稿，有时候需要对不同的展示对象放映，所需要放映的页面和放映顺序可能会有所不同。此时就可以使用“自定义幻灯片放映”功能在演示文稿中保存多种放映方式，在放映演示文稿时再选择对应的放映方式即可。

下面以自定义幻灯片放映为例介绍设置幻灯片放映方式并启动幻灯片放映的操作。

光盘同步文件

视频文件：光盘\教学文件\第 14 章\14-5-1.mp4

专家点拨——隐藏幻灯片

如果在放映演示文稿时不希望某张幻灯片出现，最简单的方法是将其隐藏。隐藏幻灯片的操作非常简单，只须选择要隐藏的幻灯片，单击“设置”组中的“隐藏幻灯片”按钮即可。

Step01: ❶单击“幻灯片放映”选项卡的“开始放映幻灯片”组中的“自定义幻灯片放映”按钮；❷在弹出的下拉菜单中选择“自定义放映”命令，如下图所示。

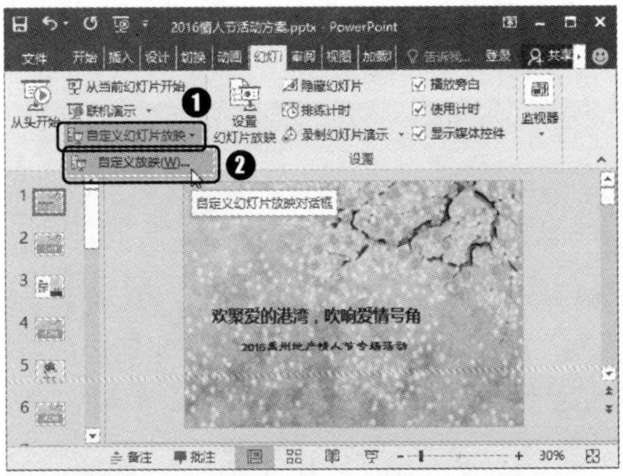

Step02: 打开“自定义放映”对话框，单击“新建”按钮，如下图所示。

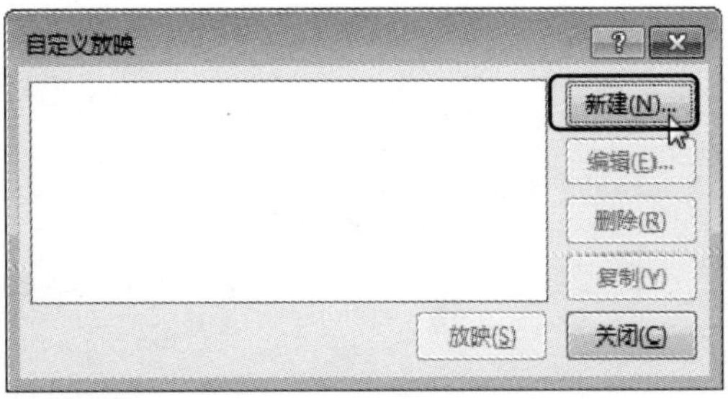

Step03: 打开“定义自定义放映”对话框，❶在左侧的列表框中选择需要播放的幻灯片；❷单击“添加”按钮；❸单击“确定”按钮，如下图所示。

Step04: 完成上述操作后返回“自定义放映”对话框，单击“放映”按钮即开始放映选定的幻灯片，如下图所示。

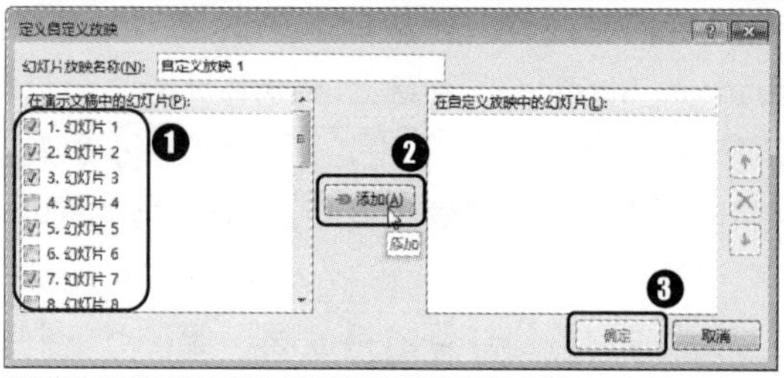

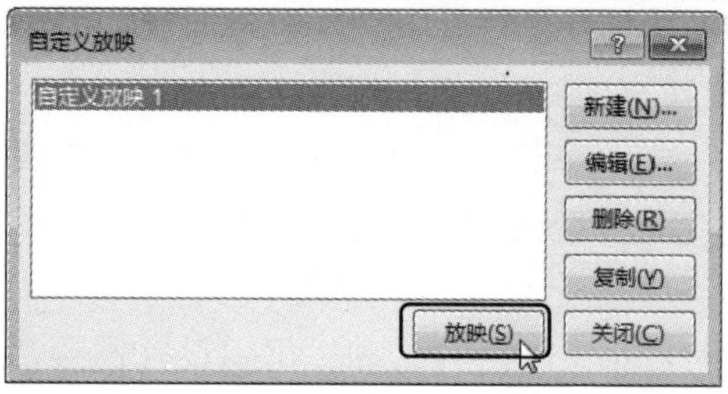

14.5.2 放映中的过程控制

在演讲者放映演示文稿的时候可以进行放映过程控制，如定位到指定的幻灯片，使用画笔为幻灯片中的内容做标记等。这些操作都可以通过右键快捷菜单或者单击屏幕左下方的 6 个控制按钮来实现。

光盘同步文件

视频文件：光盘\教学文件\第 14 章\14-5-2.mp4

1. 善用演示者视图

有用户称，PowerPoint 2016 的新增功能中最有用的便是演示者视图（也就是当用户要进行 PowerPoint 展示时需要打开的视图）。在演示者视图中会显示当前幻灯片的页面效果和页面上的所有注释，演示者在演讲时还可以一瞥下一张幻灯片的效果，这使得演示者可以在为下一页做准备时将注意力集中在听众身上。此外，演示者视图的左上方还会显示一个计时器。

调出演示者视图的具体操作方法如下。

Step01: ❶在幻灯片放映状态下，在屏幕上右击；❷在弹出的快捷菜单中选择“显示演示者视图”命令，如下图所示。

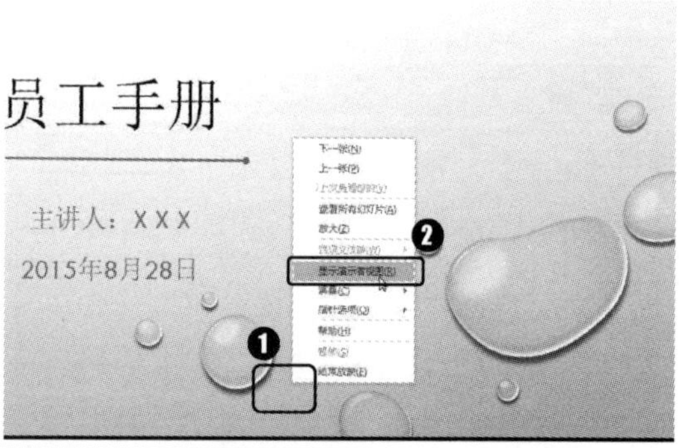

Step02: 经过上步操作，即可进入演示者视图，左侧最大的画面是当前正在演示的幻灯片效果，右上角显示的是下一张幻灯片或下一个动画效果，右下角用于显示幻灯片上的备注内容，如下图所示。

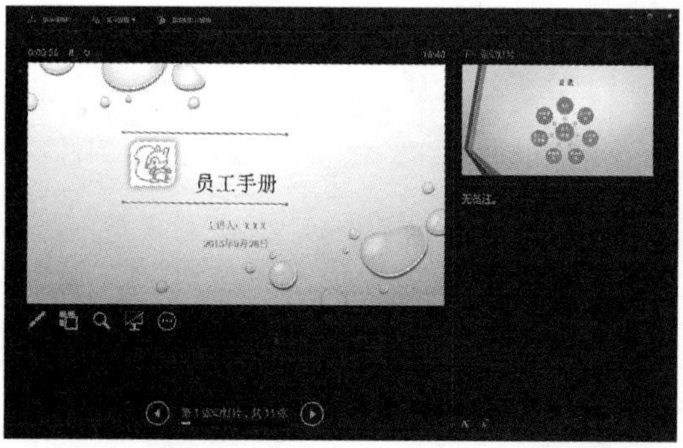

2. 定位幻灯片

在默认情况下，幻灯片都按照顺序播放。如果用户不需要按照指定的顺序进行放映，可以通过定位幻灯片来快速调整幻灯片的播放顺序。在放映演示文稿时，通过单击屏幕左下方的按钮或者通过右键快捷菜单可以快速在幻灯片之间进行跳转。下面以通过右键快捷菜单快速跳转为例进行讲解，具体操作方法如下。

Step01: ❶在幻灯片放映状态下，在屏幕上右击；❷在弹出的快捷菜单中选择“查看所有幻灯片”命令，如下图所示。

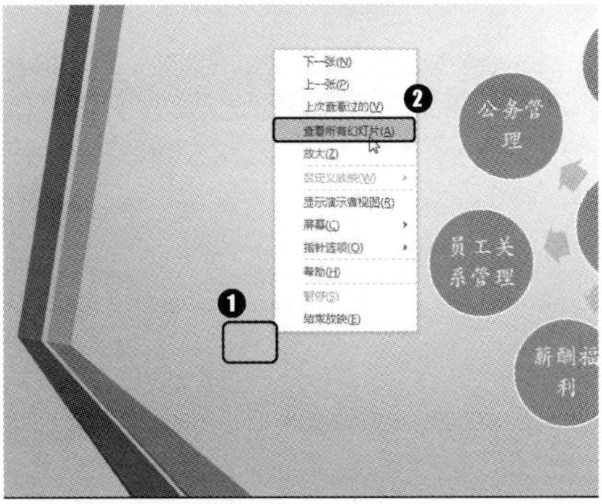

Step02: 经过上步操作，即可看到所有幻灯片，选择需要切换到的幻灯片页面选项，如下图所示。

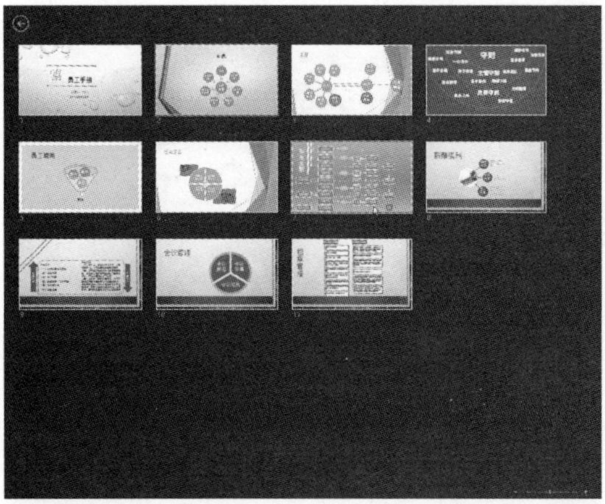

Step03: 此时即可快速切换到选择的幻灯片页面，从而改变演示文稿原有的播放顺序，如右图所示。

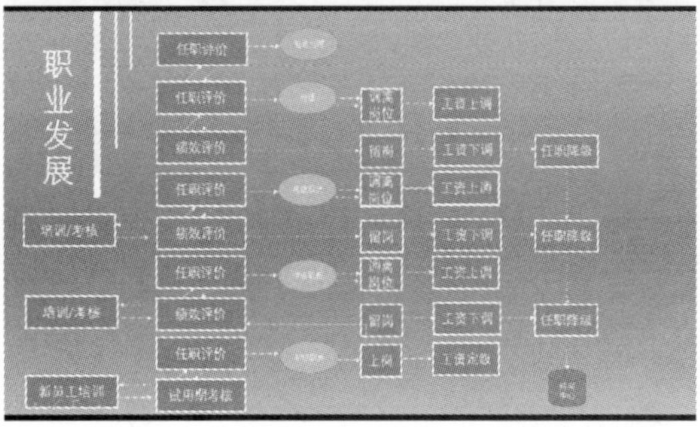

3. 为幻灯片添加批注

在放映演示文稿时，如果需要临时对幻灯片上的内容进行强调，或者对幻灯片上的对象添加标识，可以使用鼠标进行书写，具体操作步骤如下。

Step01: ❶在幻灯片放映状态下，在屏幕上右击；❷在弹出的快捷菜单中选择“指针选项”命令；❸在弹出的下级子菜单中选择“笔”命令，如下图所示。

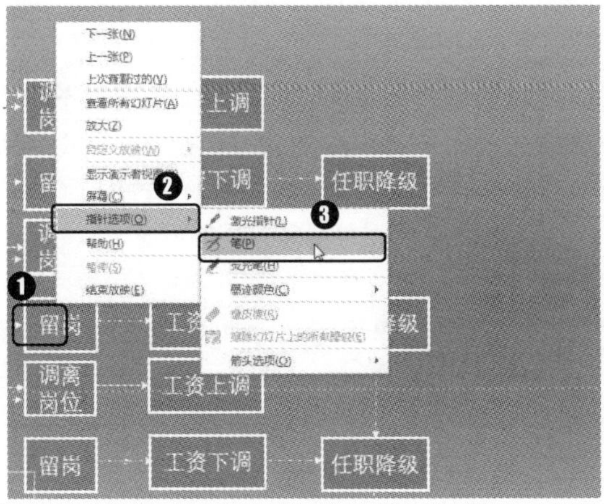

Step02: 此时鼠标光标变成红点状，拖动鼠标在演示文稿中进行重点圈注与标识即可，如下图所示。

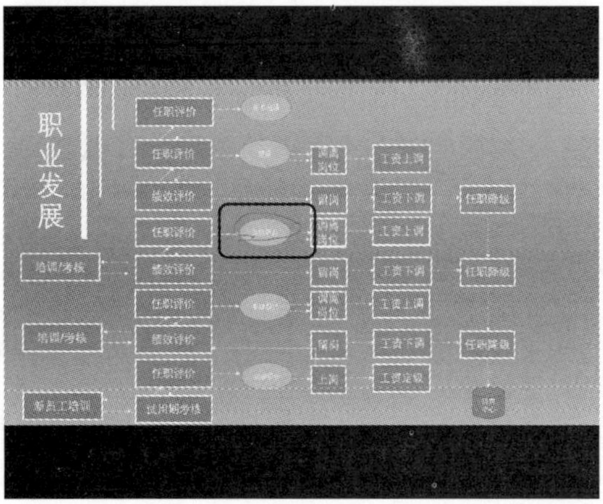

Step03: ❶继续对幻灯片中的内容进行标识；❷在屏幕上右击；❸在弹出的快捷菜单中选择“指针选项”命令；❹在弹出的下级子菜单中选择“橡皮擦”命令，如下图所示。

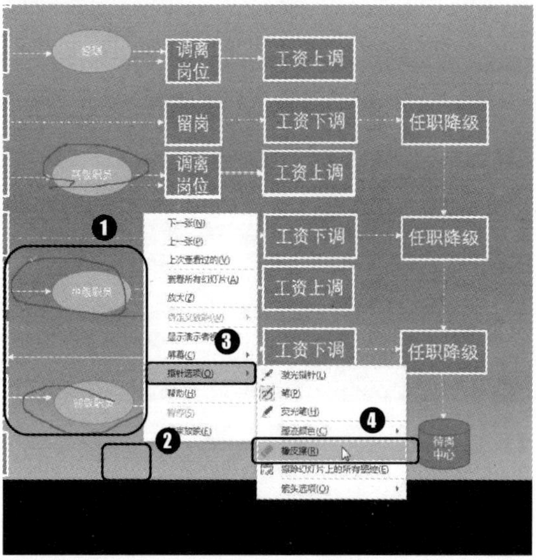

Step04: 此时鼠标光标变成橡皮擦形状，在需要删除的标识上单击即可将多余或错误的标识删除，如下图所示。

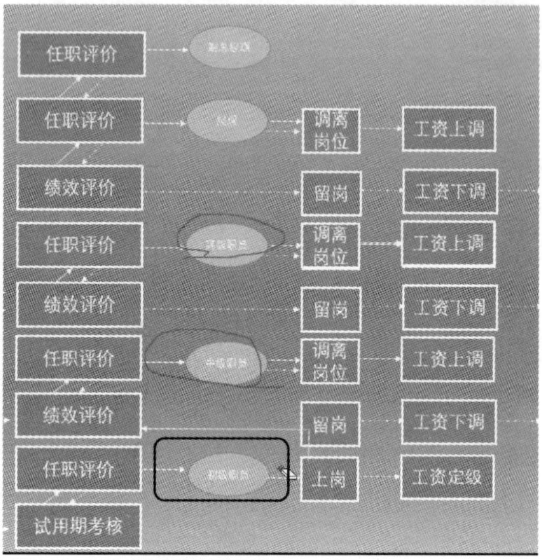

Step05: 按〈Esc〉键退出放映状态，系统会打开对话框提示是否保存在演示过程中添加的画笔墨迹。单击“保留”按钮，如右图所示。

专家点拨——编辑幻灯片中的画笔墨迹

在屏幕上右击，在弹出的快捷菜单中选择“指针选项”命令，在弹出的下级子菜单中选择“荧光笔”命令，可以以荧光笔模式标注幻灯片中的内容；选择“墨迹颜色”命令，并在其下级菜单中选择相应的颜色，可改变画笔的颜色；选择“擦除幻灯片上的所有墨迹”命令或按〈E〉键可快速清除幻灯片中的所有画笔墨迹。

14.6 课堂讲解——演示文稿的输出

制作好的演示文稿往往需要在不同的情况下进行放映或查看，所需要的文件格式也不一定相同，因此需要根据不同的使用情况合理地导出幻灯片文件。在 PowerPoint 2016 中，用户可以将制作好的演示文稿输出为多种形式，例如将幻灯片进行打包、保存为视频、打印等。

14.6.1 打包幻灯片

如果要将多个演示文稿拿给其他用户看，除了可以通过相应的移动存储设备进行复制外，还可以通过 PowerPoint 2016 提供的 CD 打包功能将所有演示文稿打包为 CD，这样所有幻灯片中插入的超链接也都全部包含在文件内了，其中还会包含一个 autorun 自动播放文件，能够在没有安装 PowerPoint 的计算机上直接播放。

光盘同步文件

视频文件：光盘\教学文件\第 14 章\14-6-1.mp4

Step01: 打开“光盘\素材文件\第 14 章\员工手册.pptx”，❶单击“文件”按钮，在弹出的下拉菜单中选择“导出”命令；❷在中间栏中选择“将演示文稿打包成 CD”命令；❸单击“打包成 CD”按钮，如下图所示。

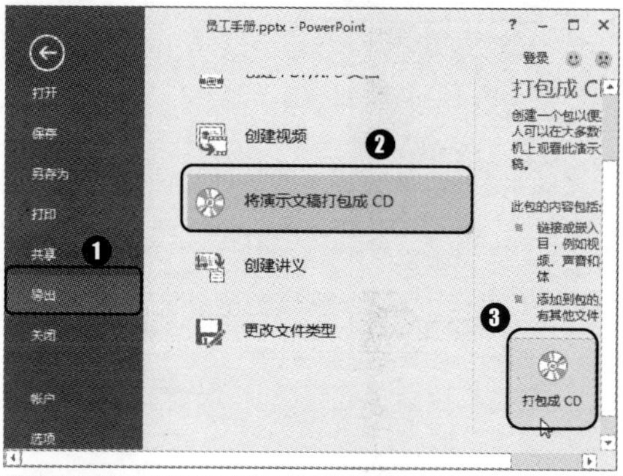

Step02: 打开“打包成 CD”对话框，❶在“将 CD 命名为”文本框中输入 CD 名称；❷单击“复制到文件夹”按钮，如下图所示。

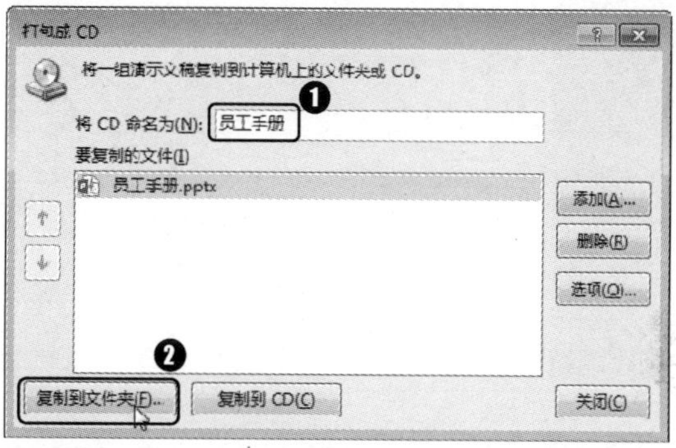

Step03: 打开“复制到文件夹”对话框，❶单击“浏览”按钮，选择打包演示文稿的保存位置；❷单击“确定”按钮，如下图所示。

Step04: 系统将打开一个对话框，提示用户打包演示文稿中的所有链接文件，单击“是”按钮开始复制到文件夹，如下图所示。

Step05: 经过上步操作后，将打开显示复制进度的对话框，复制完成后演示文稿将被打包到指定位置，并且该文件夹中会包含演示文稿文件、链接文件等多个文件和文件夹，如右图所示。

14.6.2　将演示文稿创建为视频

如果要在没有安装 PowerPoint 软件的计算机或其他视频播放器上播放演示文稿的放映效果，为了更有利于对幻灯片内容的保护和播放，可以将 PowerPoint 文件转换为视频，这些视频能够保留幻灯片的风格以及动画效果。将幻灯片的放映过程保存为视频的具体操作步骤如下。

光盘同步文件

视频文件：光盘\教学文件\第 14 章\14-6-2.mp4

Step01: ❶单击“文件”按钮，在弹出的下拉菜单中选择“导出”命令；❷在中间栏中选择“创建视频”命令；❸在右侧第一个下拉列表框中选择不同设备上的视频文件标准；❹单击“创建视频”按钮，如下图所示。

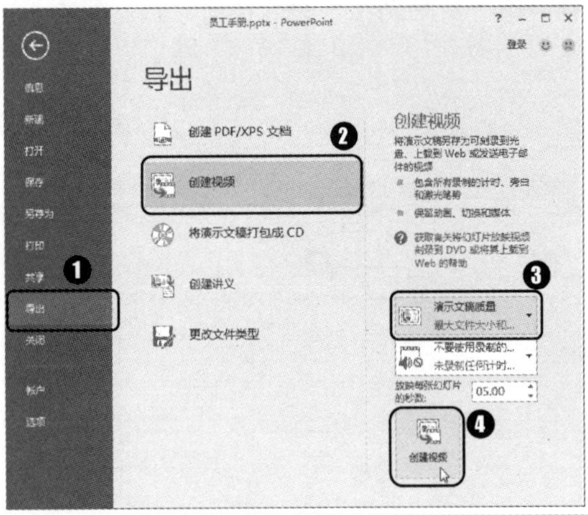

Step02: 打开“另存为”对话框，❶在其中设置要保存视频的路径；❷单击“保存”按钮，等待程序自动完成视频制作，即可将幻灯片导出为视频格式，如下图所示。

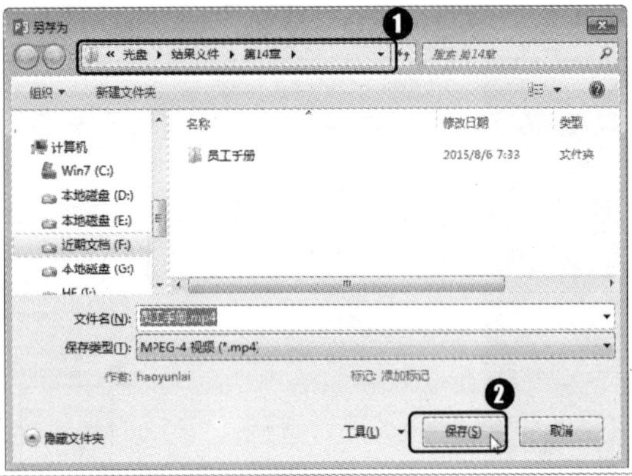

14.6.3 打印演示文稿

用户将幻灯片制作好以后，如果需要以书面形式呈现，可以将其用纸张打印出来。打印幻灯片的具体操作方法如下。

光盘同步文件

视频文件：光盘\教学文件\第 14 章\14-6-3.mp4

打开“光盘\素材文件\第 14 章\2016 情人节活动方案.pptx”，❶单击“文件”按钮，在弹出的下拉菜单中选择“打印”命令；❷在右侧可预览打印效果，在中间栏中设置合适的打印参数；❸单击“打印”按钮，如右图所示。

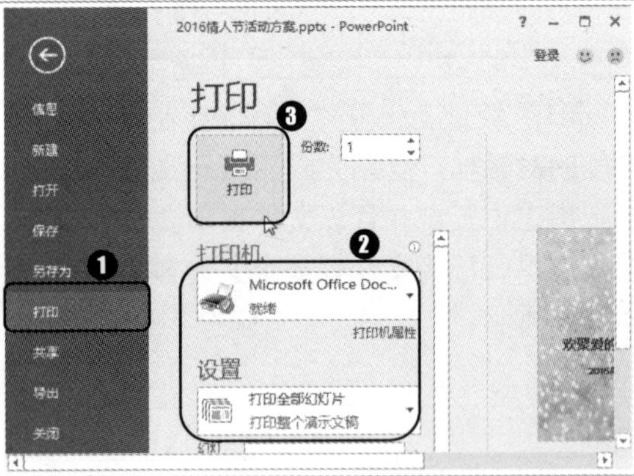

新手注意

单击“文件”按钮，在弹出的下拉菜单中选择“打印”命令，然后在中间栏中可以设置打印的选项。如选择“打印全部幻灯片”选项，可以打印整个演示文稿；选择“当前幻灯片”选项，可以选择并打印当前幻灯片；选择“自定义范围”选项，并在下方的“幻灯片”文本框中输入具体的打印范围，可以自定义打印演示文稿的范围。

▷▷ 高手秘籍——实用操作技巧

相信通过对前面知识的学习，读者朋友已经掌握了在 PowerPoint 2016 中制作动画和放映输出的相关操作，下面结合本章内容介绍一些实用技巧。

光盘同步文件

视频文件：光盘\教学文件\第 14 章\高手秘籍.mp4

技巧 01 设置动画的触发方式

在使用 PowerPoint 2016 制作演示文稿时，如果想要在单击某一对象的时候才播放相应的动画，便可以通过使用“触发器”功能来灵活控制演示文稿中的动画效果，从而真正实现人机交互的功能。例如要在“竞争环境与竞争力分析”演示文稿中实现单击某个形状时才显示图表内容的效果，具体操作方法如下。

Step01: 打开“光盘\素材文件\第 14 章\竞争环境与竞争力分析.pptx”，❶选择第 2 张幻灯片；❷在“动画窗格”任务窗格中选择需要被触发的“内容占位符”动画选项；❸单击“动画”选项卡，在“高级动画”组中单击“触发”按钮；❹在弹出的下拉菜单中选择“单击”命令；❺在弹出的下级子菜单中选择作为触发的对象“TextBox 5”，如下图所示。

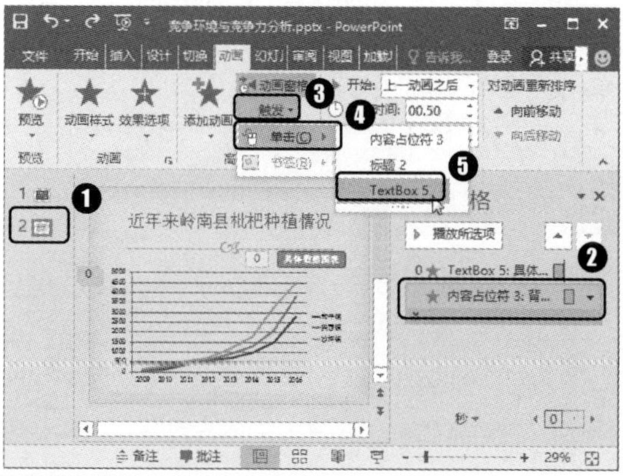

Step02: 经过上步操作后，在幻灯片播放时不会显示图表，只有在单击形状后才会显示图表。单击“动画窗格”任务窗格中的“全部播放”按钮查看播放效果，如下图所示。

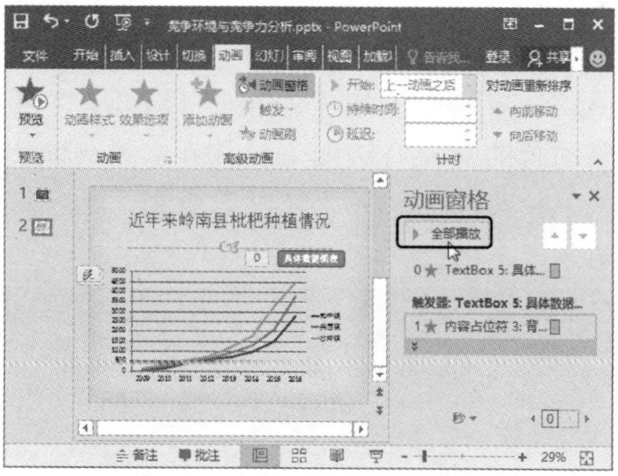

技巧 02 设置幻灯片放映的页面范围

在 PowerPoint 中放映幻灯片时，默认的幻灯片播放范围是所有页面，如果只需要放映演示文稿中某几个连续的页面，可以手动跳转到相应的页面再进行播放，也可以通过设置幻灯片的放映方式让演示文稿在放映时默认播放指定的页面范围。例如要指定“2016 情人节活动方案”演示文稿在放映时只放映第 1～12 张幻灯片，具体操作方法如下。

Step01: 打开“光盘\素材文件\第 14 章\ 2016 情人节活动方案.pptx”，单击“幻灯片放映”选项卡的“设置”组中的“设置幻灯片放映”按钮，如下图所示。

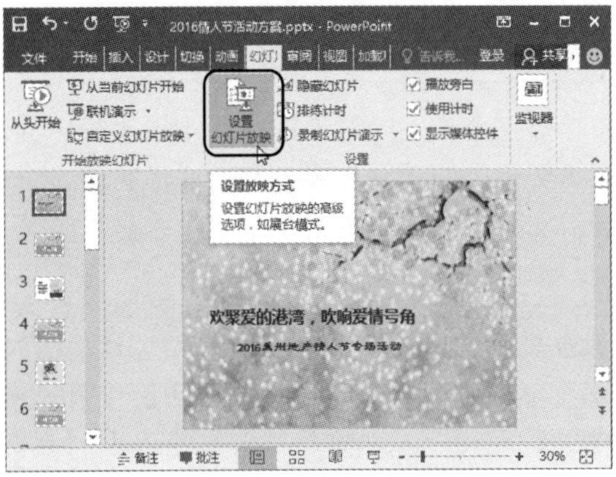

Step02: 打开“设置放映方式”对话框，❶在“放映类型”选项组中选中需要的放映类型；❷在“放映幻灯片”选项组中选中第 2 个单选按钮，并在其后的数值框中分别设置要放映幻灯片的起始位置和结束位置；❸单击“确定”按钮，如下图所示。

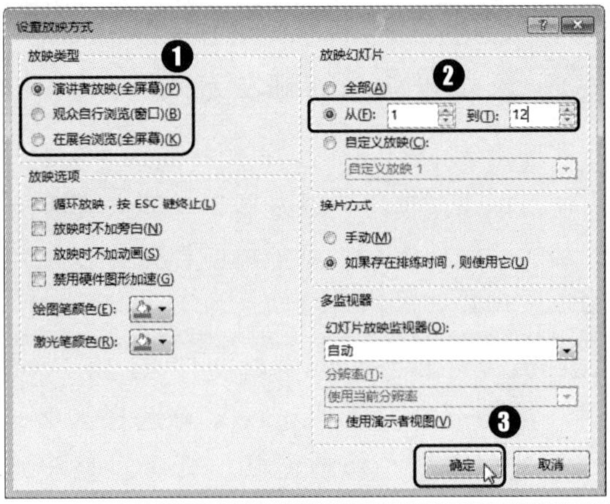

技巧 03 让动画效果重复执行

在播放幻灯片时，有时为了强调某些内容可以为其设置动画效果重复执行，这样就会不断地执行动画，很容易就能引起观众的注意。例如要让文字一直闪烁，具体操作步骤如下。

Step01: 打开“光盘\素材文件\第 14 章\员工手册.pptx”，❶选择第 9 张幻灯片；❷在“动画窗格”任务窗格中选择需要设置重复动画的对象右边的下拉按钮；❸在弹出的下拉菜单中选择“计时”命令，如下图所示。

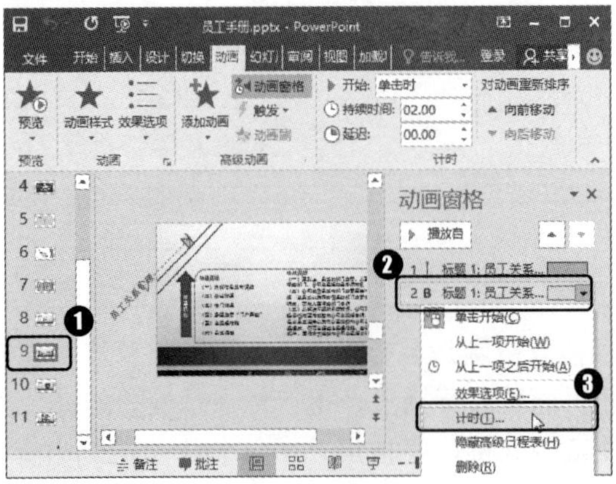

Step02: 打开“加粗闪烁”对话框，❶单击“重复”下拉列表框右侧的下拉按钮；❷在弹出的下拉列表中选择动画重复的次数，如“直到幻灯片末尾”；❸单击“确定”按钮，如下图所示。

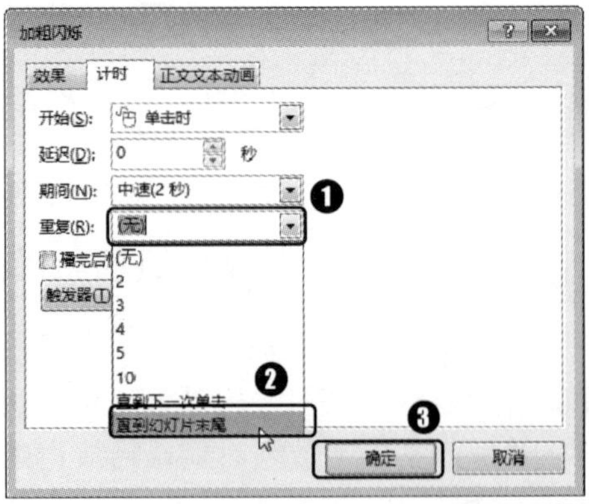

▷▷ 上机实战——制作课件互动式幻灯片

≫ 上机介绍

PowerPoint 2016 提供了很多实用的 PowerPoint 文档模板，如简历、报表设计、课程提纲、书法字帖等，用户还可以在模板搜索框中输入关键词搜索更多的在线模板来满足自己对模板的需求，从而快速创建专业的 PowerPoint 2016 文档，提高工作效率。

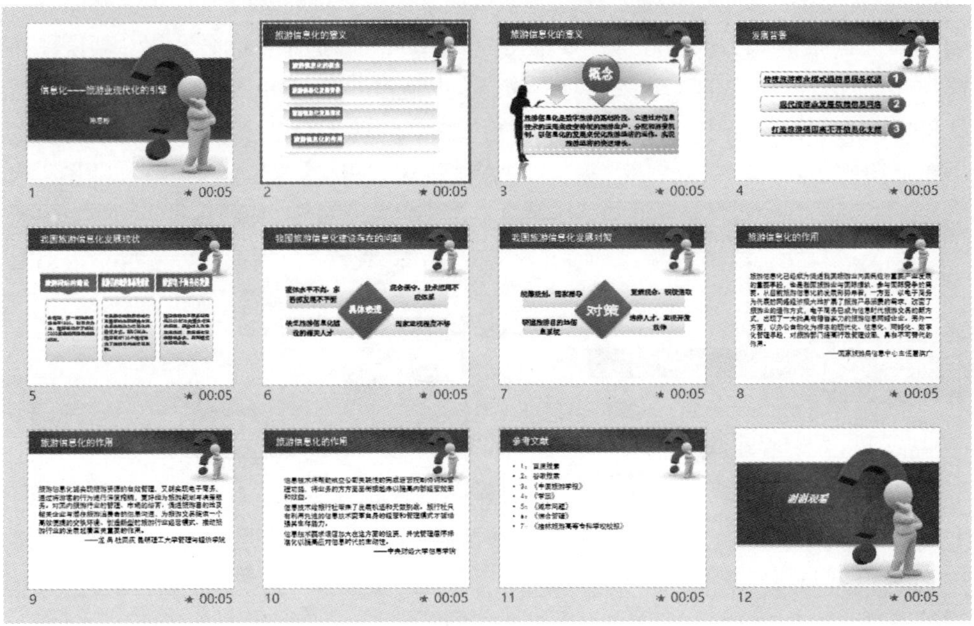

光盘同步文件

视频文件：光盘\教学文件\第 14 章\上机实战.mp4

≫ 步骤详解

本实例的具体操作步骤如下。

Step01: 打开“光盘\素材文件\第 14 章\旅游信息化的意义.pptx”，❶单击“切换”选项卡的“切换到此幻灯片”组中的“切换效果”按钮；❷在弹出的下拉列表的“细微型”中选择“擦除”样式，如下图所示。

Step02: ❶在“计时”组的“声音”下拉列表框中选择“微风”选项；❷在“计时”组的“持续时间”数值框中输入“01.00”；❸勾选“单击鼠标时”复选框；❹勾选“设置自动换片时间”复选框，并在其后的数值框中输入幻灯片的切换时间间隔值；❺单击“全部应用”按钮，为所有幻灯片应用该页面切换效果，如下图所示。

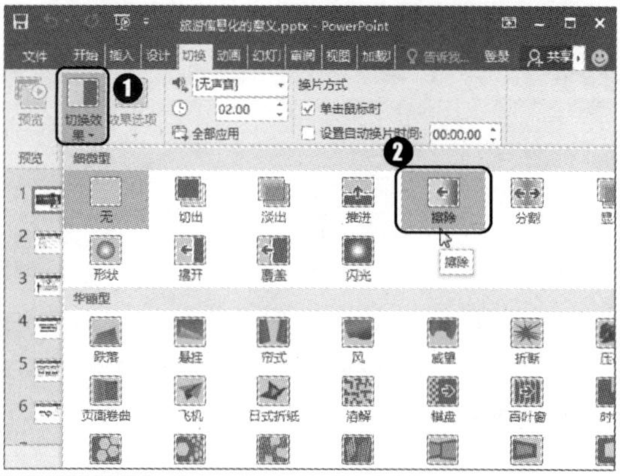

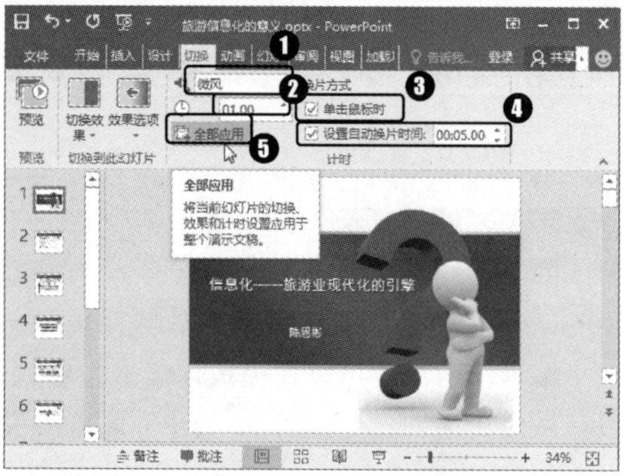

Step03: ❶选择第 7～12 张幻灯片；❷单击“切换到此幻灯片”组中的“效果选项”按钮；❸在弹出的下拉列表中选择“自顶部”选项，如下图所示。

Step04: ❶选择第 1 张幻灯片中要设置动画效果的标题占位符；❷单击“动画”选项卡的“动画”组中的“动画样式”按钮；❸在弹出的下拉菜单的“进入”中选择“飞入”样式，如下图所示。

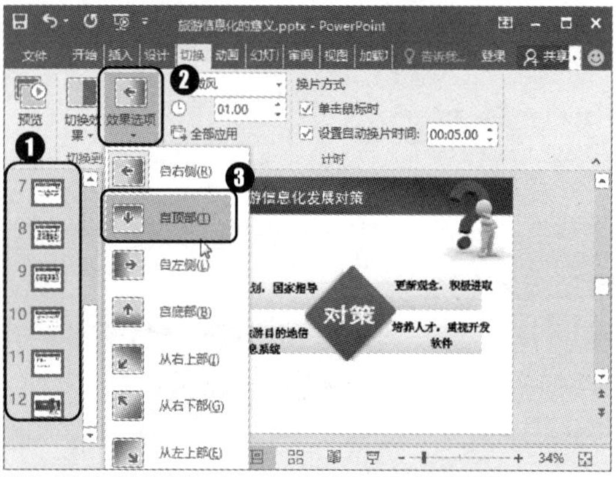

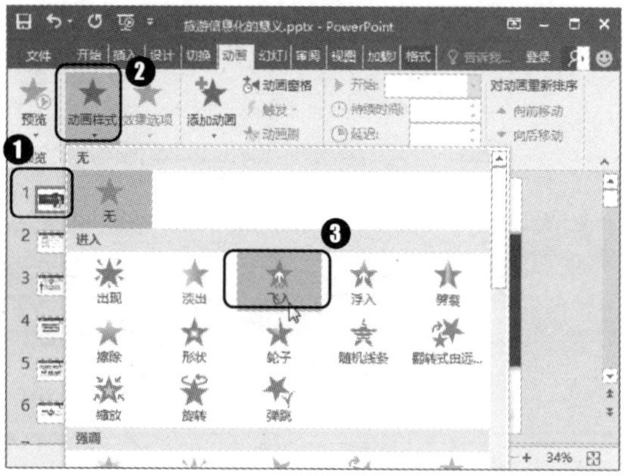

Step05: ❶单击“动画”组中的“效果选项”按钮，在弹出的下拉菜单中选择“自左侧”命令；❷在“计时”组的“开始”下拉列表框中选择“上一动画之后”选项；❸在“持续时间”数值框中输入“00.50”；❹在“延迟”数值框中输入“00.25”；❺单击“高级动画”组中的“动画刷”按钮；❻选择副标题文本框，为其复制动画，如下图所示。

Step06: ❶选择第 2 张幻灯片；❷拖动鼠标选择该幻灯片中的对象；❸单击“绘图工具-格式”选项卡的“排列”组中的“组合”按钮；❹在弹出的下拉菜单中选择“取消组合”命令，如下图所示。

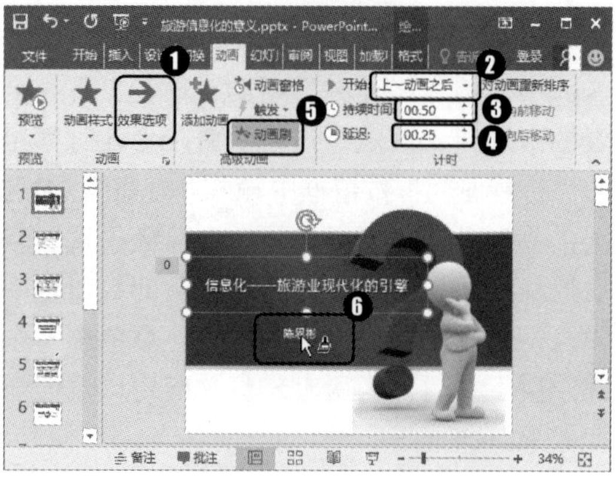

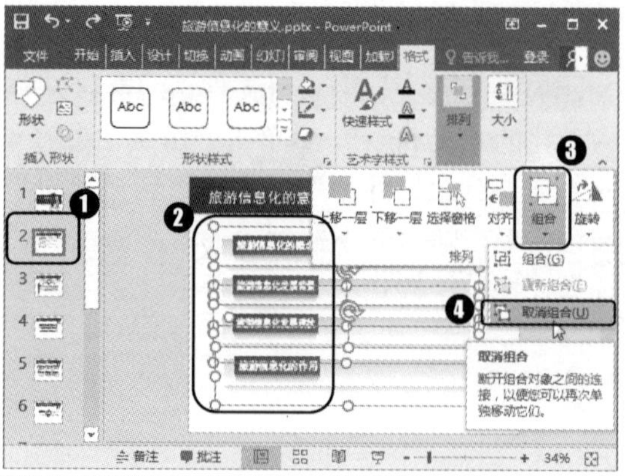

Step07: ❶选择取消组合后的第 2 个矩形；❷单击"插入"选项卡的"链接"组中的"动作"按钮，如下图所示。

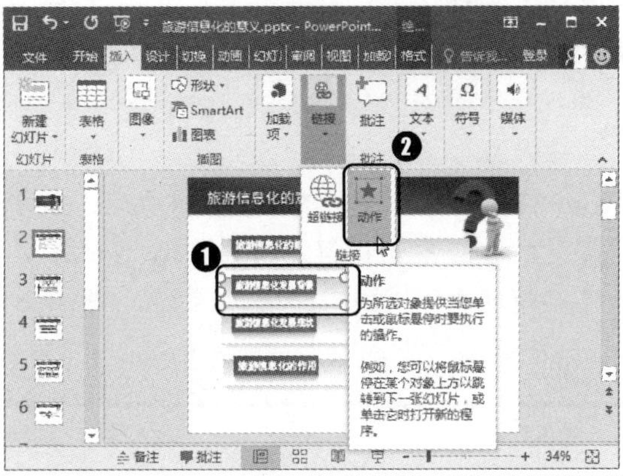

Step08: 打开"操作设置"对话框，❶在"单击鼠标"选项卡中选中"超链接到"单选按钮，在下方的下拉列表框中选择需要链接到的幻灯片；❷单击"确定"按钮，如下图所示。

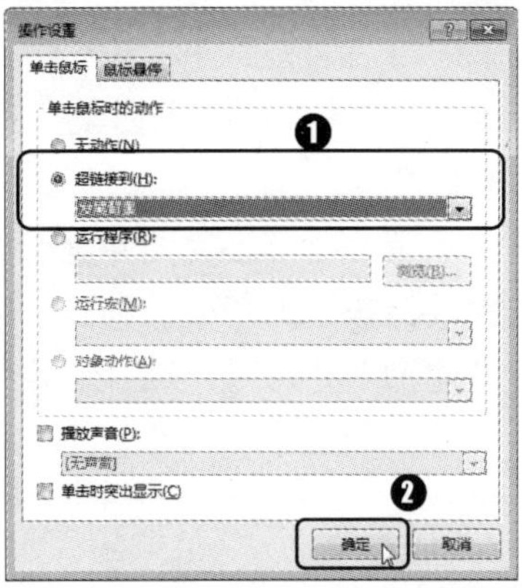

Step09: 使用相同的方法依次为该换幻灯片中的矩形添加动作链接，如下图所示。

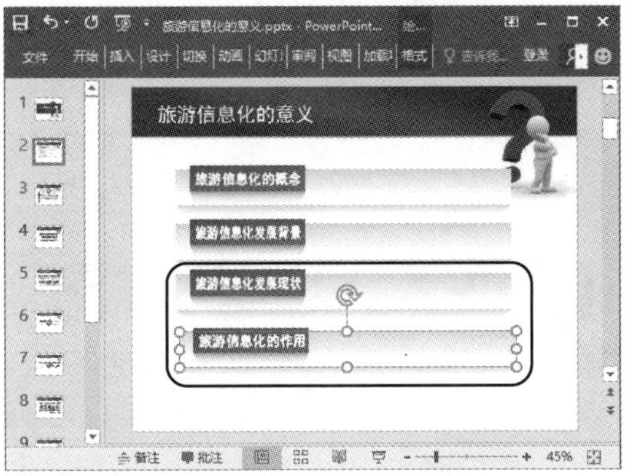

Step10: 完成演示文稿的制作后，单击"幻灯片放映"选项卡的"开始放映幻灯片"组中的"从头开始"按钮，开始放映幻灯片，如下图所示。

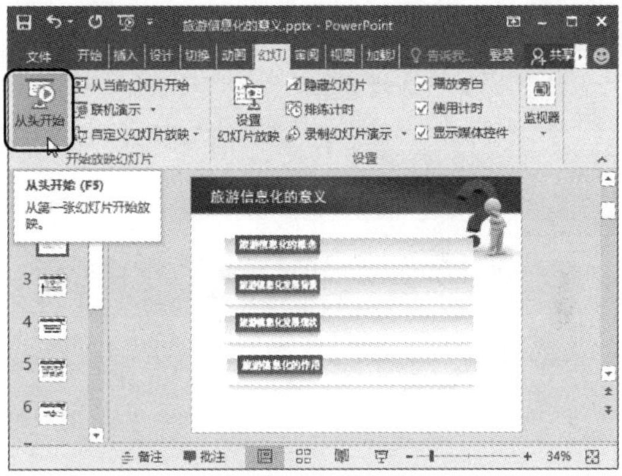

▷▷ 本章小结

本章主要讲解了让演示文稿从静态变为动态的方法。通过本章的学习，读者应掌握幻灯片页面动画、对象动画和交互动画的制作方法，并灵活地为自己的幻灯片设置合理的动画。此外，读者还需要掌握放映幻灯片和输出演示文稿的一些常用技巧，以便能随心所欲地使用演示文稿进行演讲。

第 15 章　实战应用——Word 2016 在商务办公中的应用

本章导读

在日常办公应用中经常需要使用 Word 编排和制作各种类型的公文文档。本章主要结合前面所学的知识，通过几个最常见的办公案例讲解 Word 2016 在日常办公中的具体应用，包括制作劳动合同和产品说明书。

知识要点

- 新建文档
- 录入与编辑文档内容
- 设置文档页面版式
- 添加图片、形状、文本框等对象
- 样式的应用
- 创建表格
- 编辑表格

效果展示

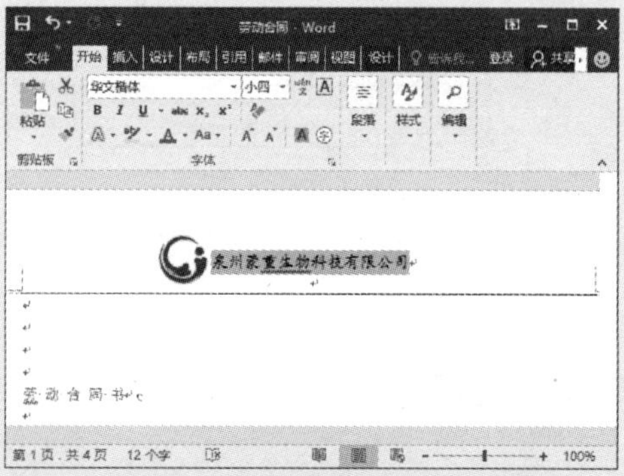

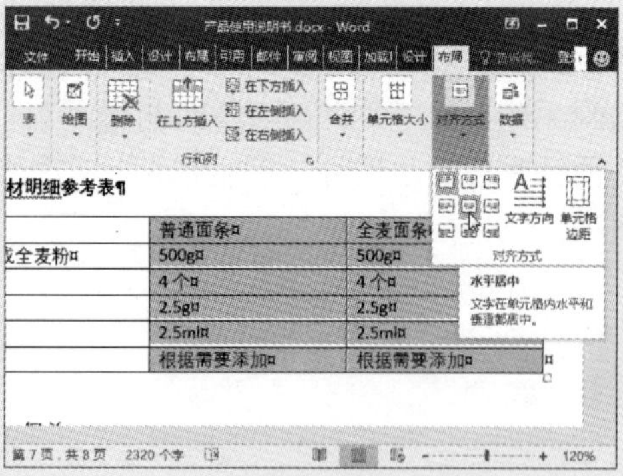

▷▷ 15.1　制作劳动合同文档

劳动合同在公司的日常办公中的使用非常频繁，也是每个公司必不可少的文档之一。在使用 Word 编辑这类纯文本的文档时，首先需要清楚文档应包含的主要内容，分章按条地罗列并归纳总结各要点，然后采用正式的编辑格式对文本内容进行编辑，最后对页面版式进行调整。本节将以劳动合同文档的编排为例向读者介绍 Word 在行政文秘日常工作中的应用，完成后的效果如下图所示。

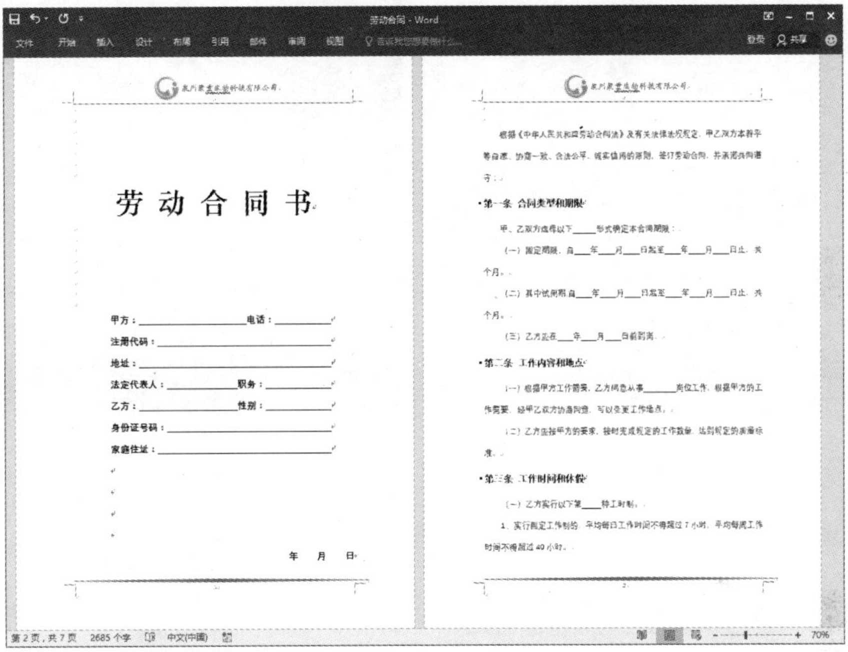

光盘同步文件

视频文件：光盘\教学文件\第 15 章\15-1.mp4

15.1.1　输入文档内容

在制作纯文本类的文档时，整理文档的具体内容是非常关键的，也是花费时间较多的。因为劳动合同首页上的内容基本上都有统一的规范和要求，本例直接通过新建“劳动合同”文档并输入首页内容的方法来完成。劳动合同的主要内容为各条例的罗列，本例中直接从外部文件调用已经编写好的条款内容并进行编辑即可，具体操作方法如下。

新手注意

为提高文档的录入与编排的工作效率，通常将所有文档内容输入完毕后再统一进行编辑和格式设置。

Step01: ❶单击“文件”按钮，在弹出的下拉菜单中选择“新建”命令；❷在中间栏中选择“空白文档”选项，如下图所示。

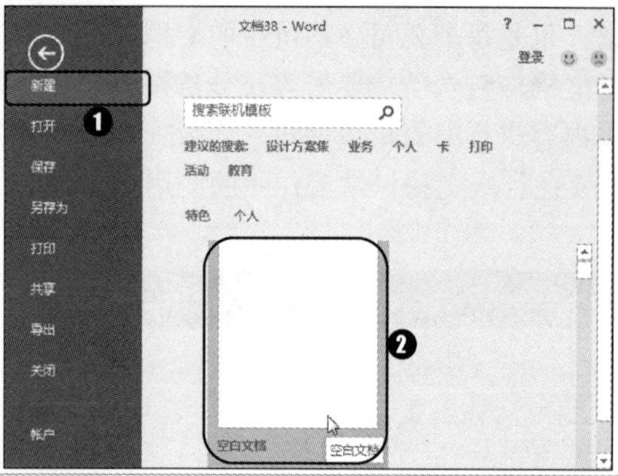

Step02: Word 自动新建一个空白文档，❶单击“文件”按钮，在弹出的下拉菜单中选择“另存为”命令；❷在中间栏中双击“这台电脑”选项，如下图所示。

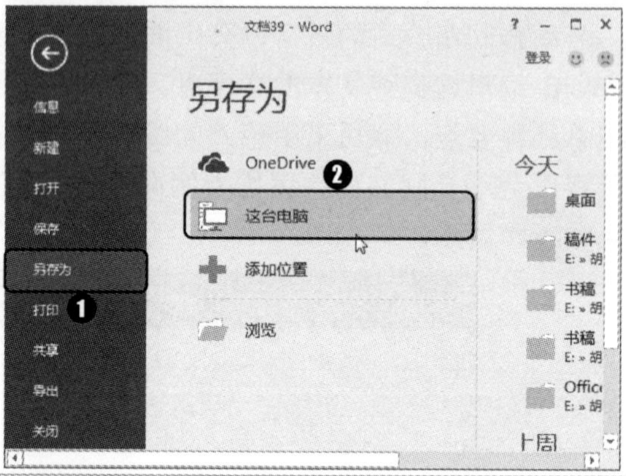

Step03: 打开“另存为”对话框，❶在地址栏中设置文档存放的位置；❷在“文件名”下拉列表框中输入文件名称“劳动合同”；❸单击“保存”按钮，如下图所示。

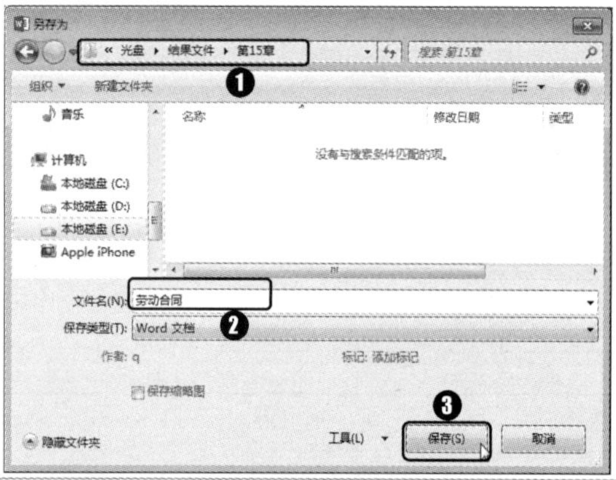

Step04: ❶切换到中文输入法，输入“劳动合同书”文本；❷按〈Enter〉键换行，文本插入点自动定位到下一段落的开始处；❸继续输入其他文本，完成后的效果如下图所示。

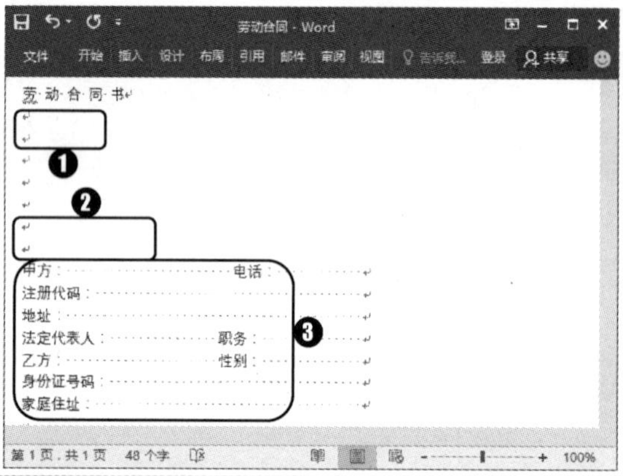

Step05: 打开“劳动合同内容”文档，❶按〈Ctrl+A〉组合键全选文档内容；❷单击“开始”选项卡的“剪贴板”组中的“复制”按钮，如下图所示。

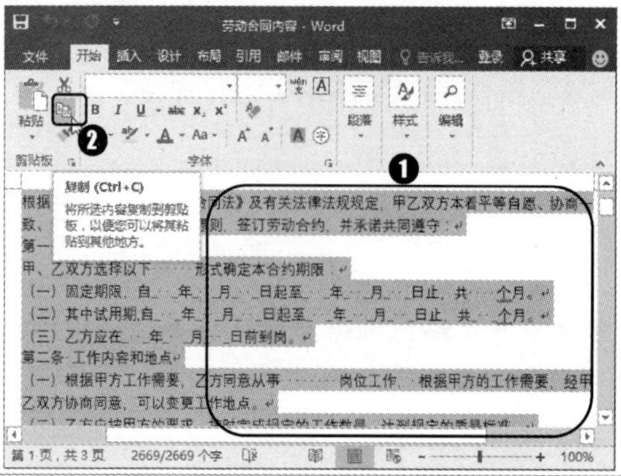

Step06: 切换到“劳动合同”文档中，单击“开始”选项卡的“剪贴板”组中的“粘贴”按钮，如下图所示。

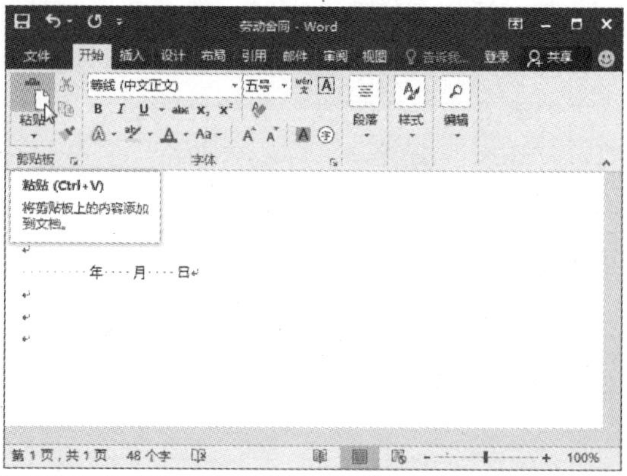

Step07: 经过上步操作，即可将剪贴板中的内容复制到文档中，❶将文本插入点定位在文档开始处；❷单击“开始”选项卡的“编辑”组中的“替换”按钮，如下图所示。

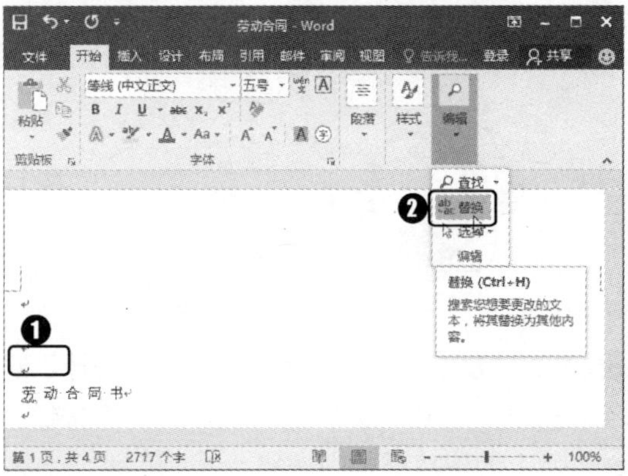

Step08: 打开“查找和替换”对话框的“替换”选项卡，❶在“查找内容”下拉列表框中输入“合约”；❷在“替换为”下拉列表框中输入“合同”；❸单击“全部替换”按钮；❹在“Microsoft Word”提示对话框中单击“确定”按钮；❺返回“查找和替换”对话框，单击“关闭”按钮，如下图所示。

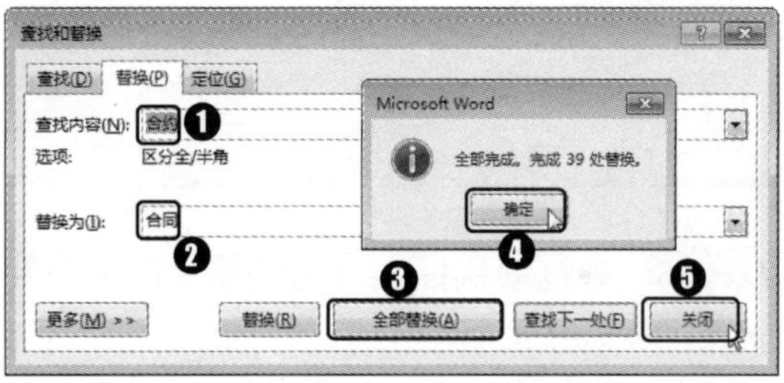

> **专家点拨——快速对文档内容分页**
>
> 在输入文档内容时，如果要将内容分别放置在不同页中显示，可以通过输入回车符进行换行，也可以通过插入分页符（单击“插入”选项卡的“页面”组中的“分页”按钮）快速进行分页。

15.1.2　编排文档版式

在文档内容输入完成后就可以对文档版式进行设置了。为避免后期页面版式的大幅度调整，可以先设置页面的大小、方向、页眉和页脚等影响文档整体效果的页面版式，然后设置各部分的字体和段落等细节处的格式，使内容更加清晰、格式更加规范，具体操作方法如下。

Step01: ❶单击“插入”选项卡的“页眉和页脚”组中的“页眉”按钮；❷在弹出的下拉菜单中选择“空白”命令，如下图所示。

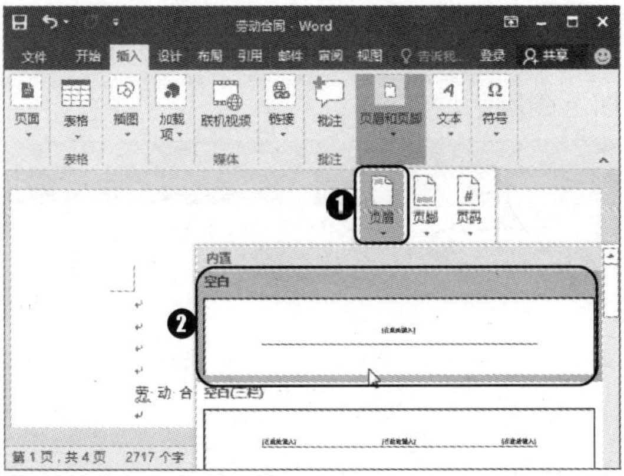

Step02: ❶在插入的页眉文本框中输入文字内容；❷将文本插入点定位在文本框外的页眉中；❸单击“页眉和页脚工具-设计”选项卡的“插入”组中的“图片”按钮，如下图所示。

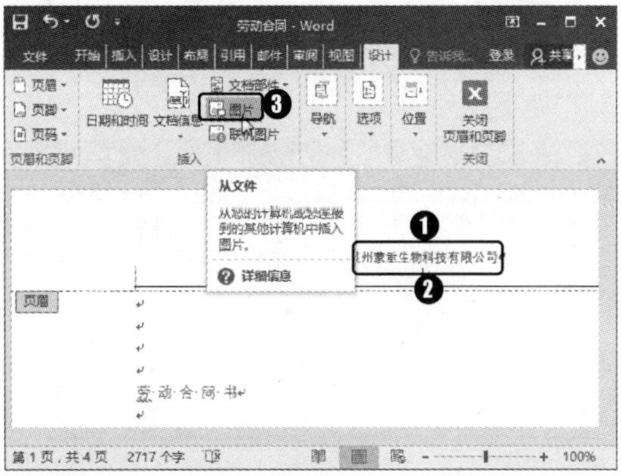

Step03: 打开“插入图片”对话框，❶选择需要插入的“标志”图片；❷单击“插入”按钮，如下图所示。

Step04: ❶选择插入的嵌入式图片；❷单击“图片工具-格式”选项卡的“排列”组中的“环绕文字”按钮；❸在弹出的下拉菜单中

选择“浮于文字上方”命令，如下图所示。

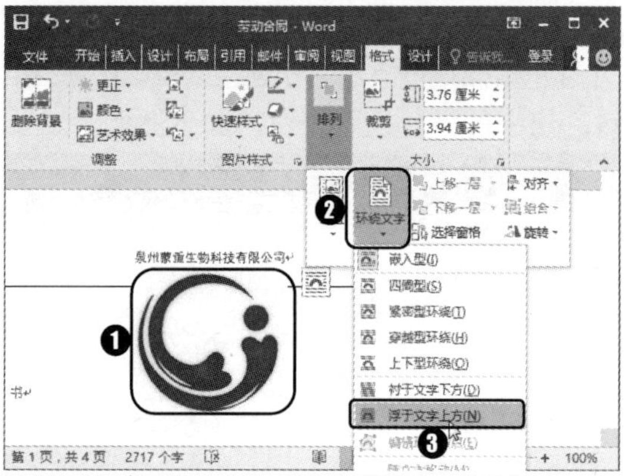

Step05: ❶拖动鼠标光标调整图片的大小和位置；❷选择页眉中的文字；❸在“开始”选项卡的“字体”组中设置合适的字体格式，如下图所示。

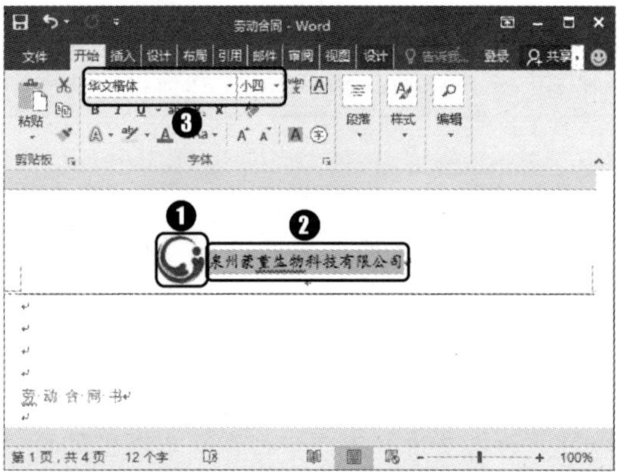

Step06: ❶单击“页眉和页脚工具-设计”选项卡的“页眉和页脚”组中的“页码”按钮；❷在弹出的下拉菜单中选择“页面底端”命令；❸在弹出的下级菜单中选择“粗线”命令，如下图所示。

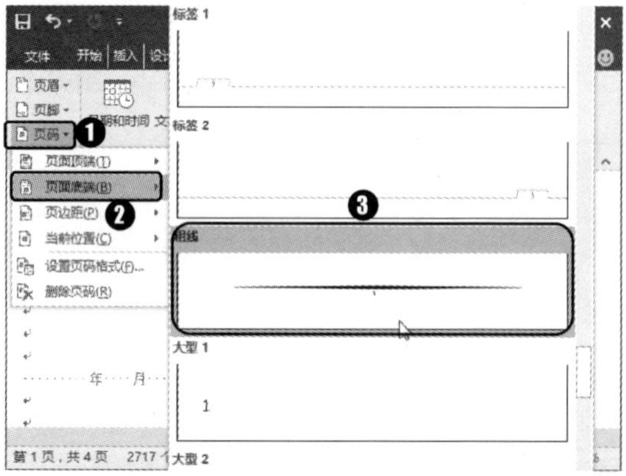

Step07: 经过上步操作，即可在页面下方插入选择的页码效果。单击“关闭”组中的“关闭页眉和页脚”按钮，退出页眉页脚编辑状态，如下图所示。

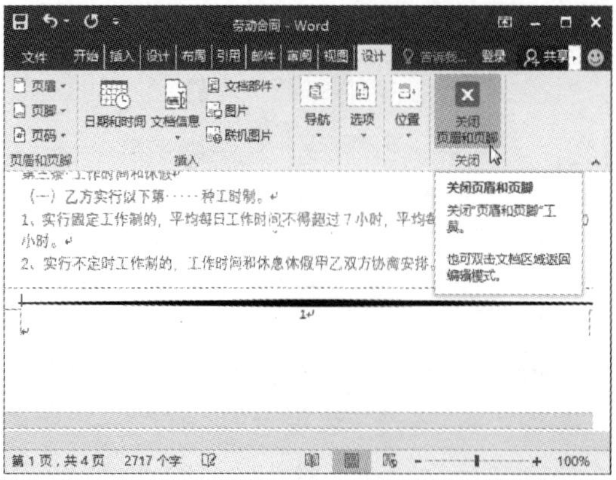

Step08: ❶选择文档首页中的标题文本；❷在“开始”选项卡的“字体”组中设置合适的字体格式；❸单击“段落”组中的“居中”按钮，如下图所示。

Step09: ❶选择首页内容中除标题外的所有文本；❷在“开始”选项卡的“字体”组中设置合适的字体格式；❸单击“段落”组中的“增加缩进量”按钮调整这些内容的缩进量，如下图所示。

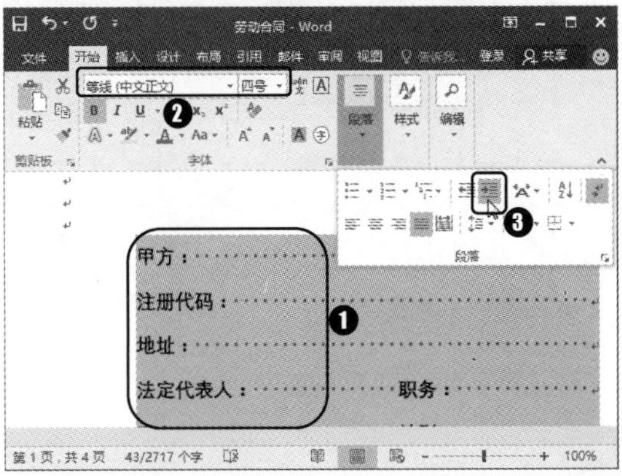

Step10: ❶选择第一处需要添加下画线的空格文本；❷单击“字体”组中的“下画线”按钮；❸使用相同的方法为其他需要添加下画线的空格文本添加下画线，如下图所示。

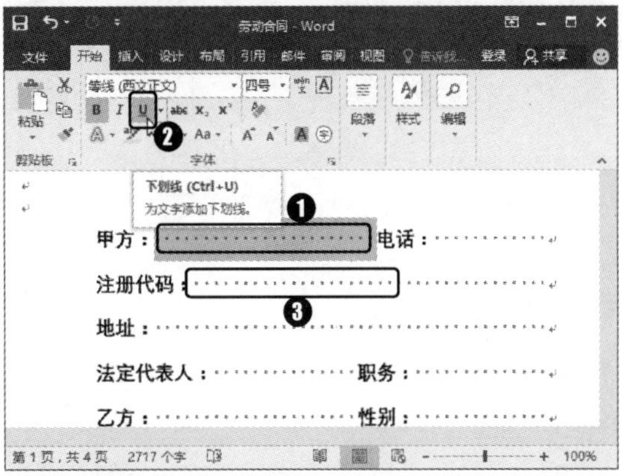

Step11: ❶选择首页内容中的落款文本；❷单击“段落”组中的“右对齐”按钮，如下图所示。

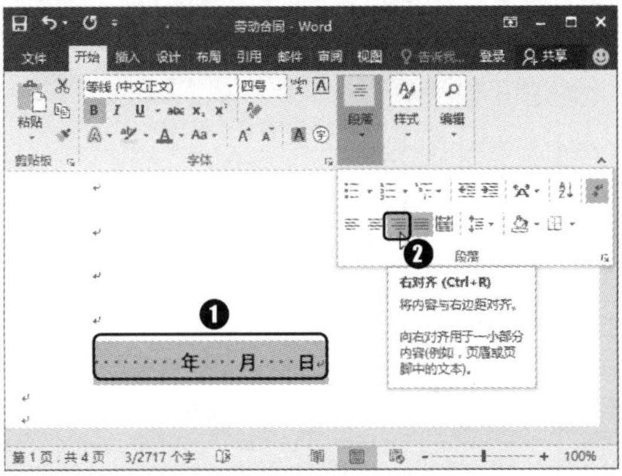

Step12: ❶选择文档首页外的所有段落；❷单击“段落”组的对话框启动器按钮，如下图所示。

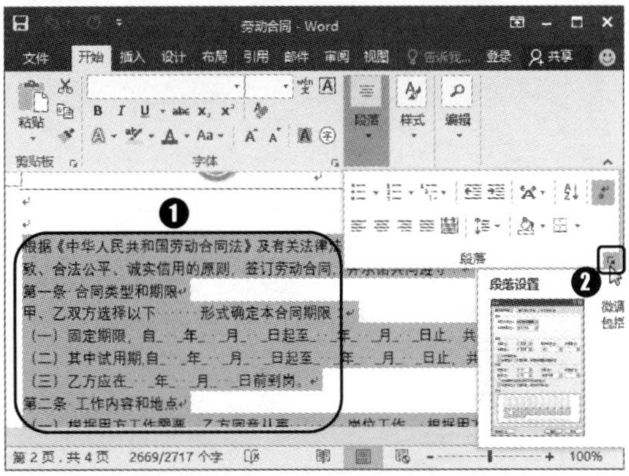

Step13: 打开“段落”对话框，❶在“缩进”选项组中设置缩进为“首行缩进 2 字符”；❷在“间距”选项组中设置行距为“1.5 倍行距”；❸单击“确定”按钮，如下图所示。

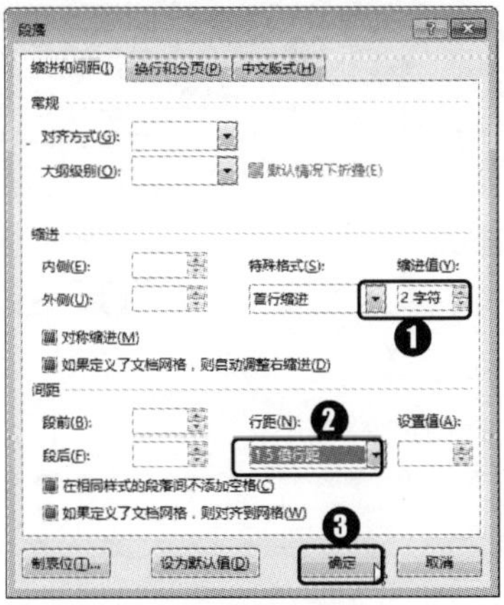

Step14: 保持段落的选择状态，在“开始”选项卡中设置字体为“小四”，如下图所示。

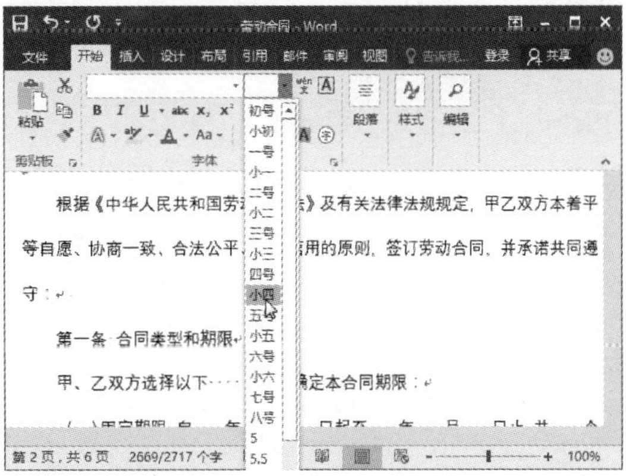

Step15: ❶选择文档中第一处需要设置标题样式的文本；❷在“样式”下拉列表中选择“标题 2”样式，如下图所示。

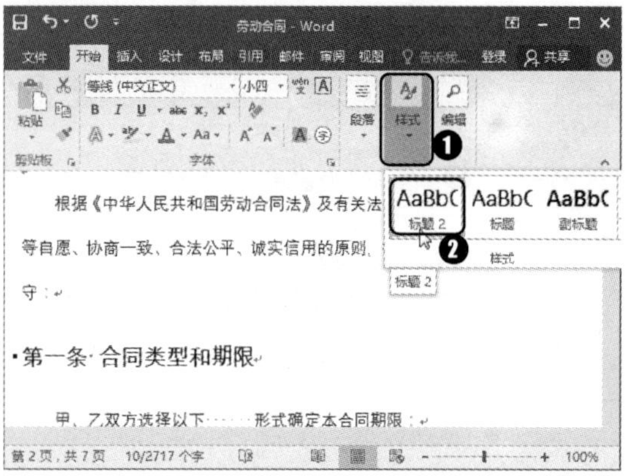

Step16: ❶在“样式”下拉列表中的“标题 2”样式上右击；❷在弹出的快捷菜单中选择“修改”命令，如下图所示。

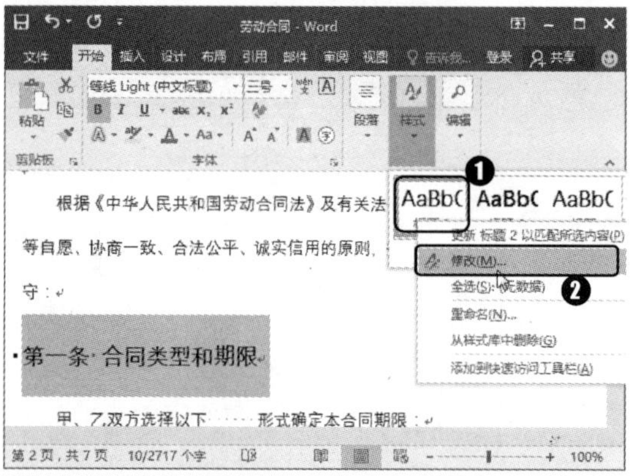

Step17: 打开“修改样式”对话框，❶在“格式”选项组中设置合适的字体格式；❷单击“格式”按钮；❸在弹出的下拉菜单中选择“段落”命令，如下图所示。

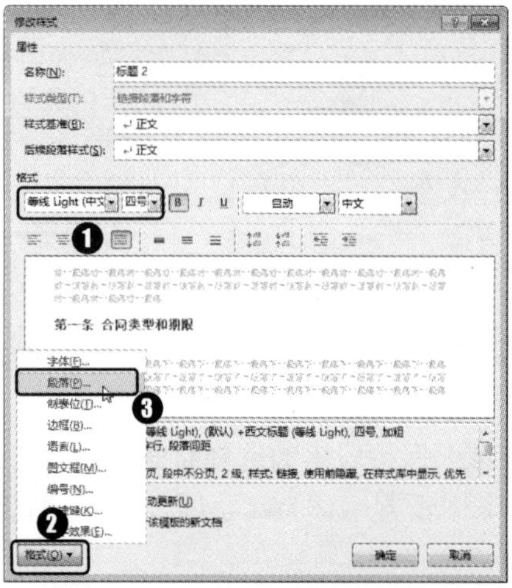

Step18: 打开“段落”对话框，❶在“缩进”选项组中设置缩进为“无”；❷在“间距”选项组中设置段前和段后间距均为“6 磅”；❸单击“确定”按钮；❹返回“修改样式”对话框，单击“确定”按钮，如下图所示。

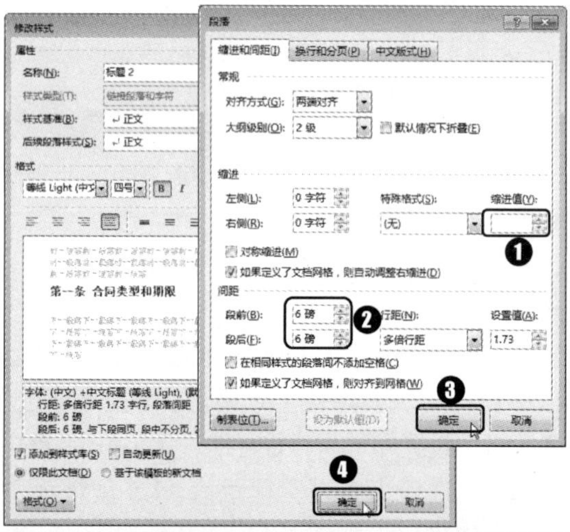

Step19: ❶选择文档中其他需要设置标题样式的文本；❷在“样式”下拉列表中选择“标题 2”样式，如右图所示。

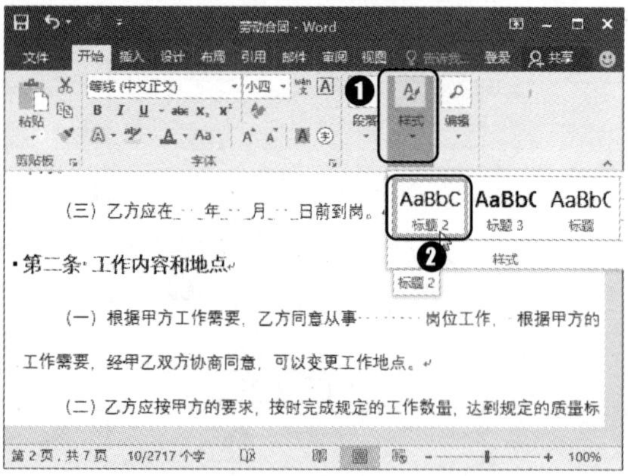

Step20: ❶选择文档中所有需要手动填写而预留的空格处；❷单击“字体”组中的“下画线”按钮，如下图所示。

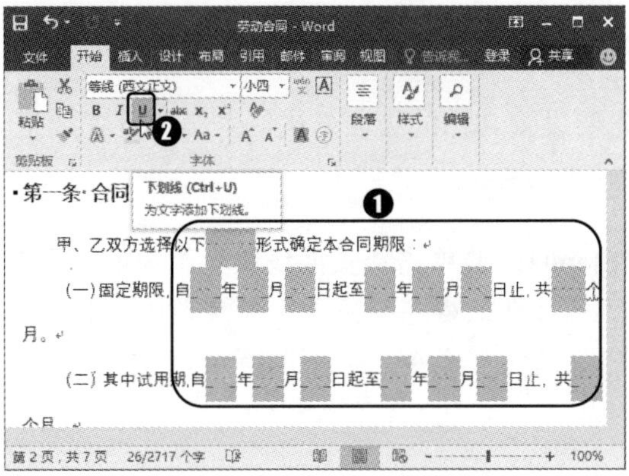

Step21: 由于 Word 会将段落末尾的空格作为多余符号处理，所以为部分空格添加的下画线不能显示，此时可按〈Shift + Enter〉组合键强制换行，让其显示出来，如下图所示。

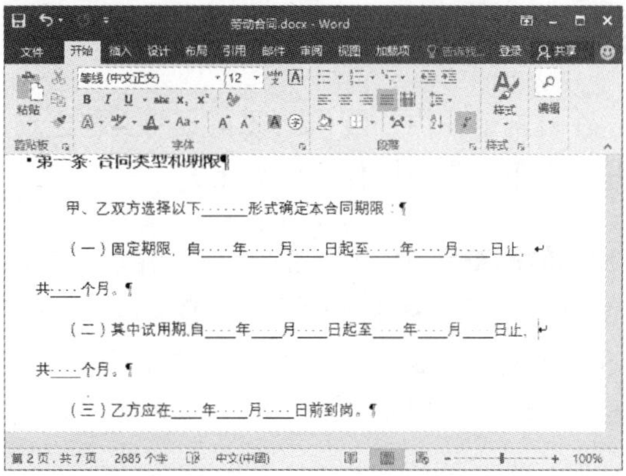

⊳⊳ 15.2　制作产品说明书

产品说明书是一种常见的商业产物，是生产者以文体的方式对某产品进行详细表述，使消费者认识和了解该产品。产品说明书的结构通常由标题、正文和落款 3 个部分构成。标题通常由产品名称或说明对象加上文种构成；正文是产品说明书的主题部分，是介绍产品的特征、性能、使用方法、保养维护和注意事项等内容的核心所在；落款处用于写明生产者、经销单位的名称、地址、电话、邮政编码和 Email 等内容，为消费者进行必要的联系提供方便。单纯的文字说明书已经不能满足用户了解产品的需求，现在的产品说明书都需要添加各种对象以对产品信息解释得更加透彻。本节将对某厨师机上的单个器件进行说明，为读者介绍 Word 在商务中的应用，完成后的效果如下图所示。

光盘同步文件

视频文件：光盘\教学文件\第 15 章\15-2.mp4

15.2.1 设置页面格式

在日常工作中，制作比较正式的文档之前首先要设置文档的页面格式，本例将设置纸张大小和页边距，具体操作方法如下。

Step01: ❶新建一个空白文档，并以“产品使用说明书”为名进行保存；❷单击“布局”选项卡的“页面设置”组中的“纸张大小”按钮；❸在弹出的下拉菜单中选择“大 32 开”命令，如下图所示。

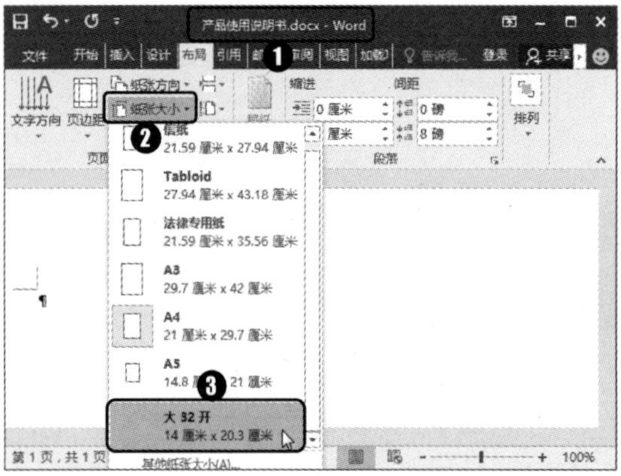

Step02: ❶单击“页面设置”组中的“页边距”按钮；❷在弹出的下拉菜单中选择“自定义边距”命令，如下图所示。

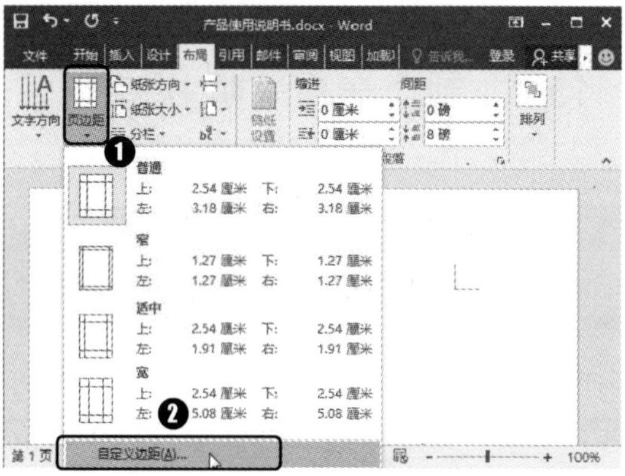

Step03: 打开“页面设置”对话框，❶在“页边距”选项卡的“页边距”选项组的数值框中设置页面上、下、左、右 4 个方向的值；❷在“页码范围”选项组的下拉列表框中选择“对称页边距”选项；❸单击“确定”按钮，如右图所示。

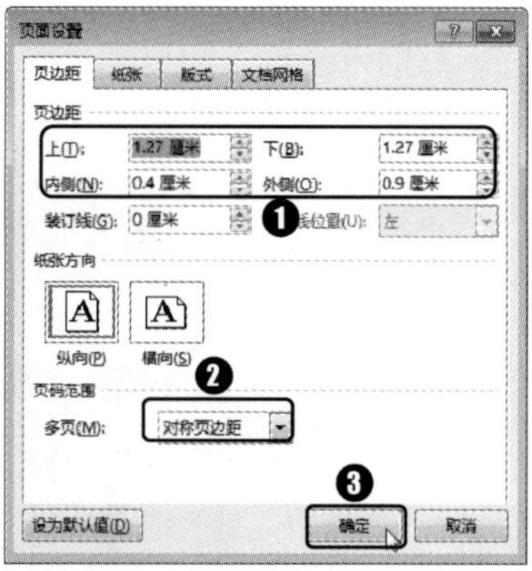

15.2.2 制作封面效果

稍正式的文档一般都设置有封面效果，而特立独行的封面效果仅通过 Word 系统自带的封面效果是制作不出来的，还需要通过自定义方式来完成。本例中的封面比较简单，就是将产品图片作为背景，并在其上添加公司标志图片和产品名称，制作的具体方法如下。

Step01: 单击“插入”选项卡的“插图”组中的“图片”按钮，如下图所示。

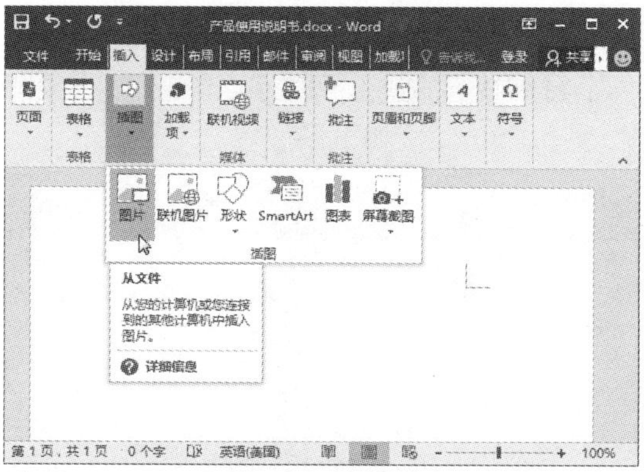

Step02: 打开“插入图片”对话框，❶选择需要插入的图片；❷单击“插入”按钮，如下图所示。

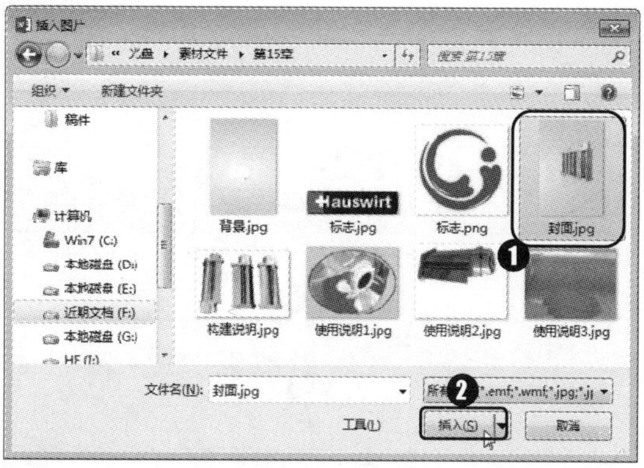

Step03: ❶单击“图片工具-格式”选项卡“的调整”组中的“重设图片”按钮；❷在弹出的下拉菜单中选择“重设图片和大小”命令，如下图所示。

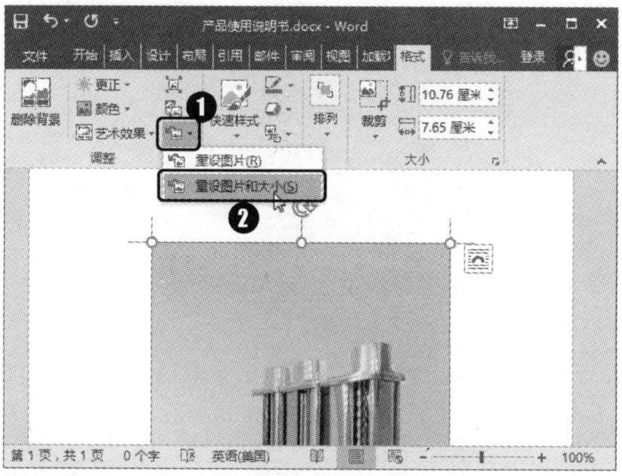

Step04: ❶单击“排列”组中的“环绕文字”按钮；❷在弹出的下拉菜单中选择“衬于文字下方”命令，如下图所示。

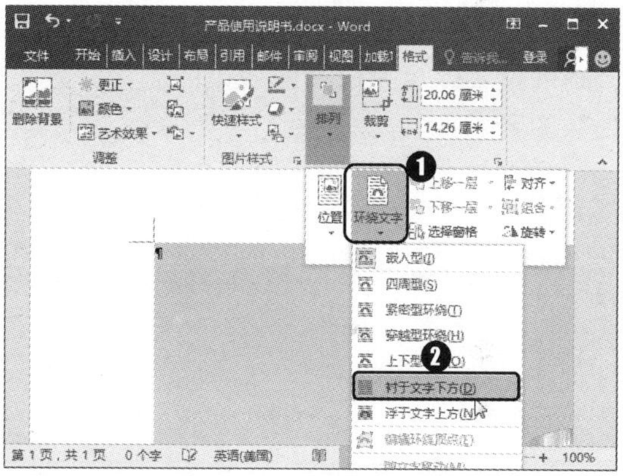

Step05: ❶拖动鼠标光标调整图片的位置，使其完全填充于页面；❷插入素材文件中提供的“标志”图片，单击“排列”组中的“环绕文字”按钮；❸在弹出的下拉菜单中选择“浮于文字上方”命令，如下图所示。

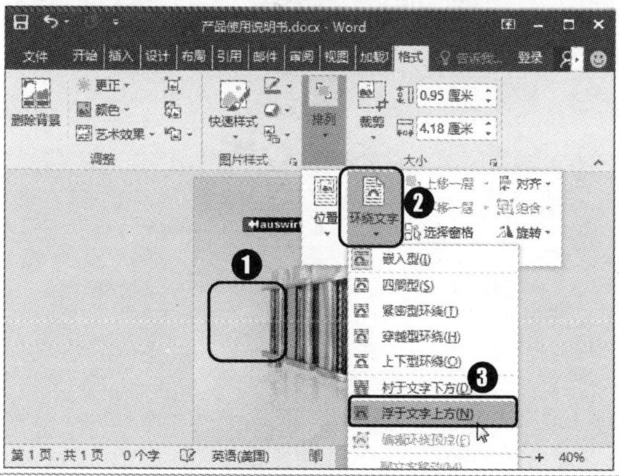

Step06: ❶在页面中插入一个文本框并输入相应的文字；❷单击“开始”选项卡的“段落”组中的“分散对齐”按钮，如下图所示。

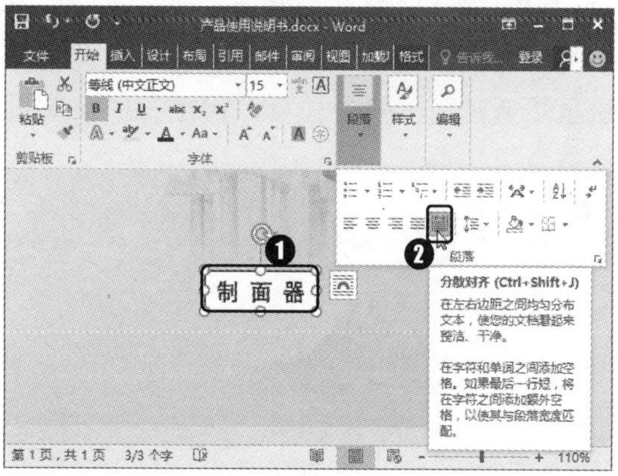

Step07: ❶单击“绘图工具-格式”选项卡的“形状样式”组中的“形状填充”按钮，在弹出的下拉列表中通过设置文本框的填充颜色为无；❷单击“形状轮廓”按钮；❸在弹出的下拉列表中选择“无轮廓”命令，如下图所示。

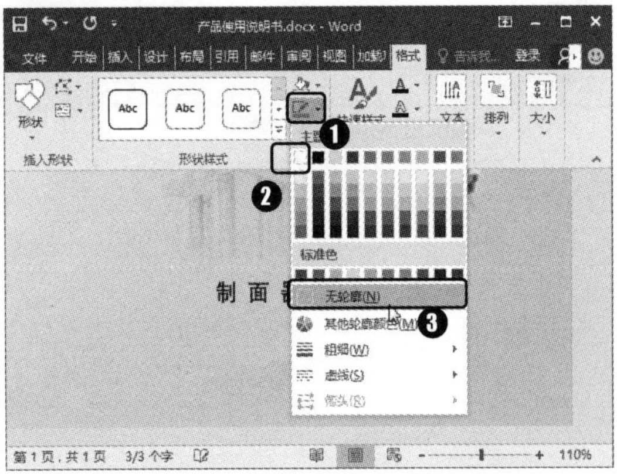

Step08: ❶复制文本框并修改其中的内容；❷在“开始”选项卡的“字体”组中设置合适的字体格式；❸单击“段落”组中的“中文版式”按钮；❹在弹出的下拉菜单中选择“字符缩放”命令；❺在弹出的下级子菜单中选择“80%”，如下图所示。

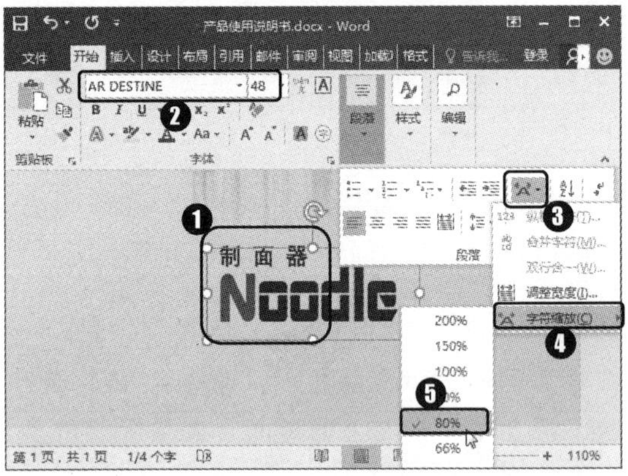

Step09: 复制文本框并修改文本，再调整到合适的位置即可完成封面效果的制作，效果如右图所示。

15.2.3 制作内容页面

在制作好封面效果后就可以开始制作内容页面了，本例中的内容已经准备好，只须将内容安排到相应的页面中即可，具体操作方法如下。

Step01: 单击“插入”选项卡的“页面”组中的“分页”按钮，如右图所示。通过该方法虽然新建了一张空白页，但是已经将首页调整为第 2 页了。

Step02: ❶单击“开始”选项卡的“编辑”组中的“选择”按钮；❷在弹出的下拉菜单中选择“选择对象”命令，如下图所示。

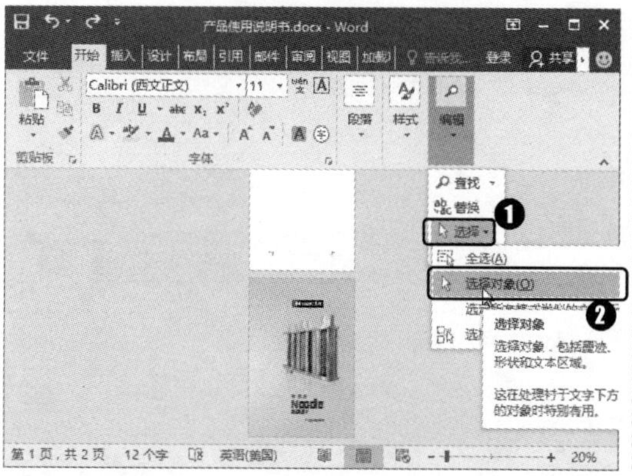

Step03: 在按住〈Shift〉键的同时选择需要拖动到首页中的内容，拖动鼠标光标即可将其移动到第 1 页中，如下图所示。

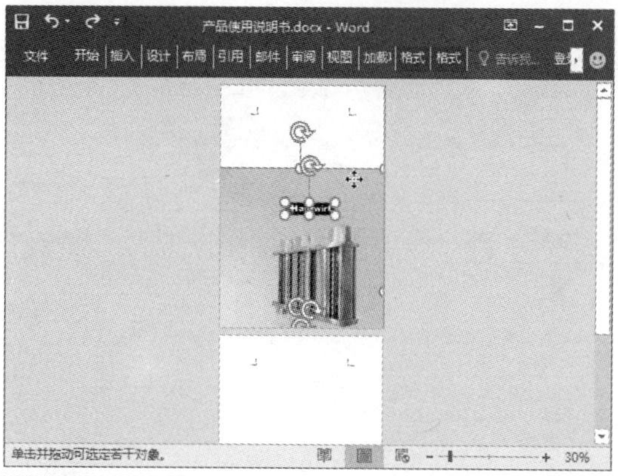

Step04: ❶复制首页中制作的多个文本框到第 2 页的上方；❷在“开始”选项卡中设置文本框中的字体颜色，完成后的效果如下图所示。

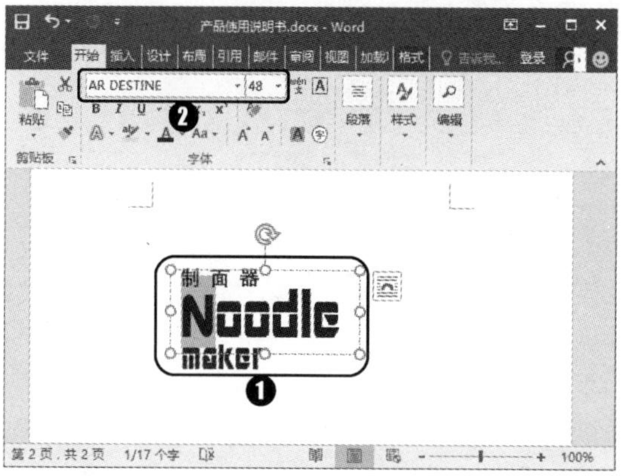

Step05: ❶打开素材文件中提供的“制面机产品说明内容”文档；❷全选所有内容；❸单击“剪贴板”组中的“复制”按钮，如下图所示。

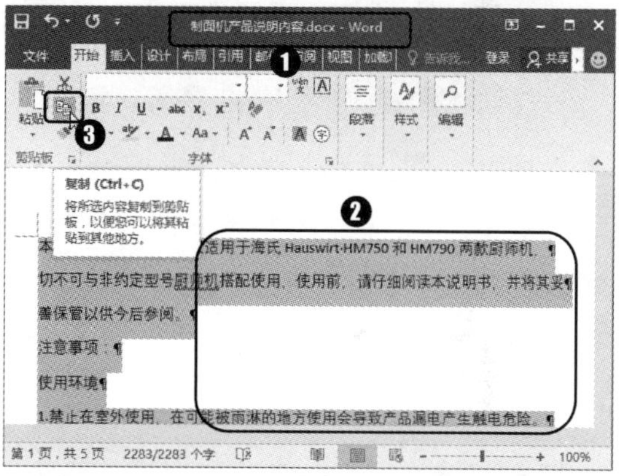

Step06: 返回“产品使用说明书”文档窗口，❶双击鼠标将文本插入点定位在需要的位置；❷单击“剪贴板”组中的“粘贴”按钮，如下图所示。

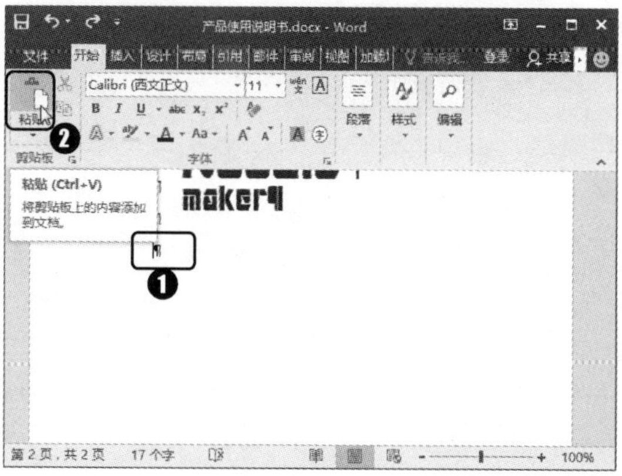

Step07: ❶将文本插入点定位在需要分页到第 3 页中显示的位置；❷单击“插入”选项卡的“页面”组中的“分页”按钮，如下图所示。

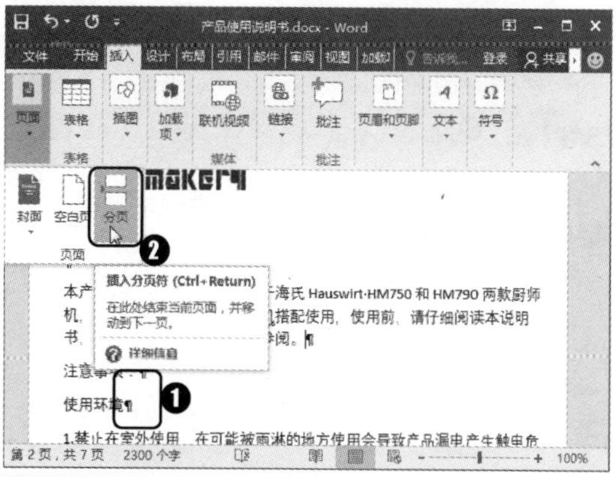

Step08: ❶选择需要设置为标题样式的文本；❷在“样式”下拉列表中选择“标题 1”选项，如下图所示。

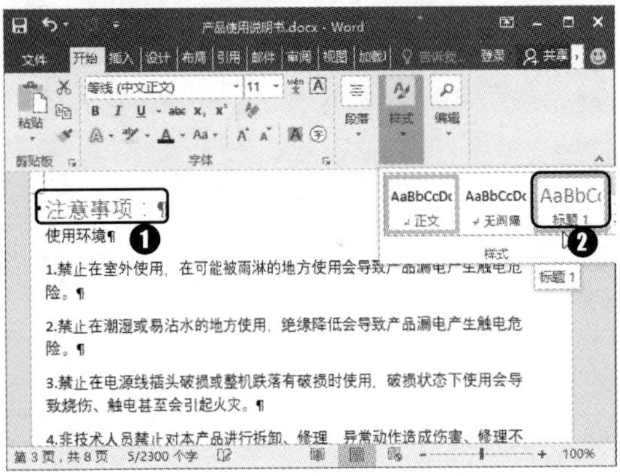

Step09: ❶在“样式”下拉列表框中的“标题 1”选项上右击；❷在弹出的快捷菜单中选择“修改”命令，如下图所示。

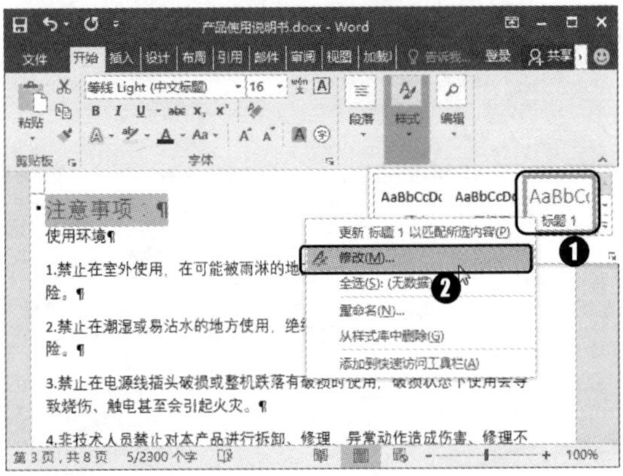

Step10: 打开“修改样式”对话框，❶在“格式”选项组中设置合适的字体格式；❷单击“格式”按钮；❸在弹出的下拉菜单中选择“段落”命令，如下图所示。

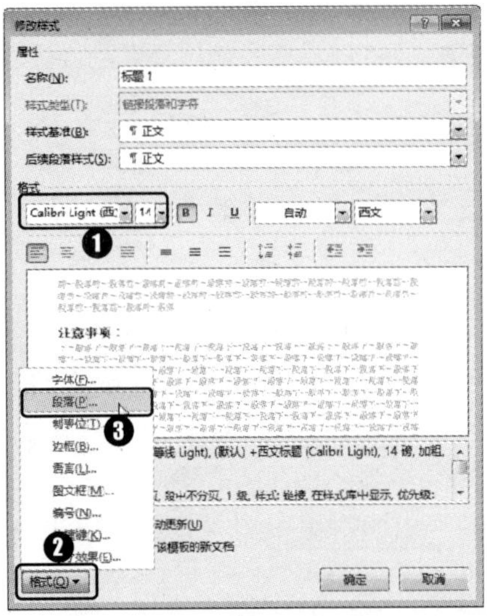

Step11: 打开“段落”对话框，❶在“段前”和“段后”数值框中均设置值为“12 磅”；❷单击“确定”按钮；❸返回“修改样式”对话框，单击“确定”按钮，如下图所示。

Step12: ❶选择其他需要设置为标题样式的文本；❷在“样式”下拉列表中选择“标题 1”选项，如右图所示。

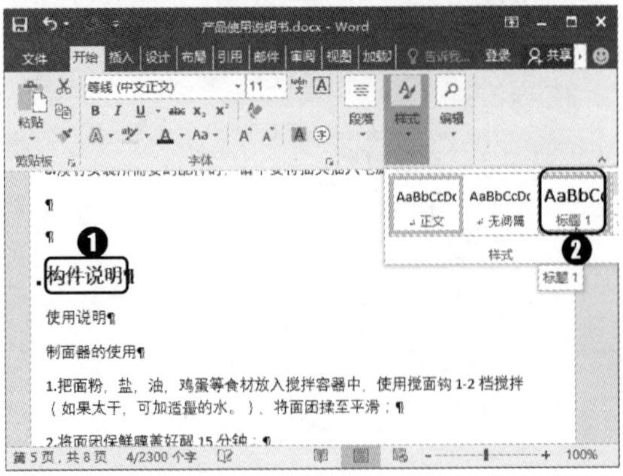

Step13: ❶选择需要设置样式的文本；❷在“字体”组中设置合适的字体格式；❸双击“剪贴板”组中的“格式刷”按钮，如下图所示。

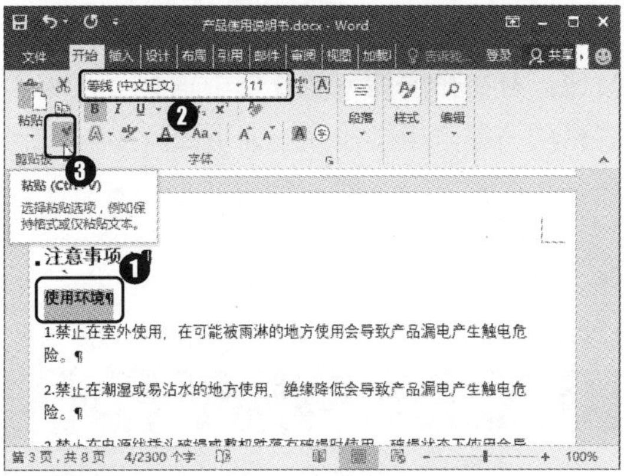

Step14: 拖动鼠标光标选择需要设置相同格式的文本，为其复制格式，如下图所示。

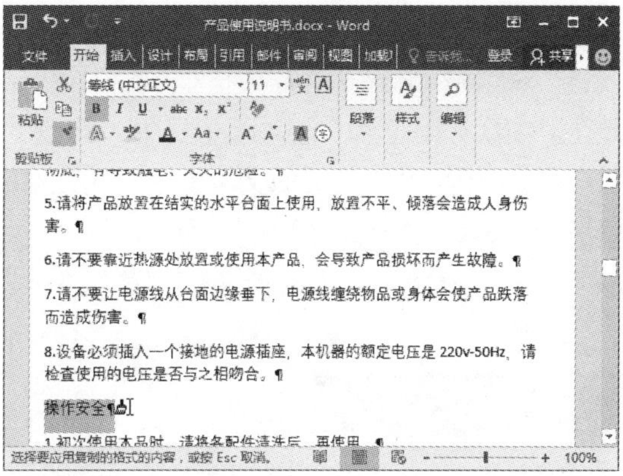

Step15: 在文档的相应位置插入素材文件中提供的图片，效果如下图所示。

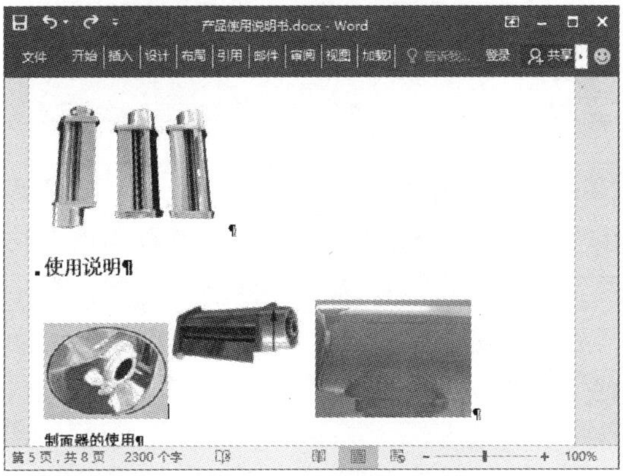

Step16: ❶选择文档中需要转换为表格的内容；❷单击“插入”选项卡的“表格”组中的“表格”按钮；❸在弹出的下拉列表中选择“文本转换成表格”命令，如下图所示。

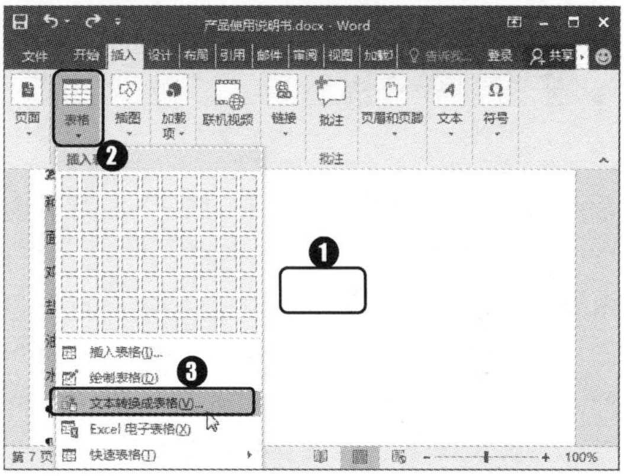

Step17: 打开“将文字转换成表格”对话框，❶在“列数”数值框中输入“3”；❷在“文字分隔位置”选项组中选中“其他字符”单选按钮，并在其后的文本框中输入空格；❸单击“确定”按钮，如下图所示。

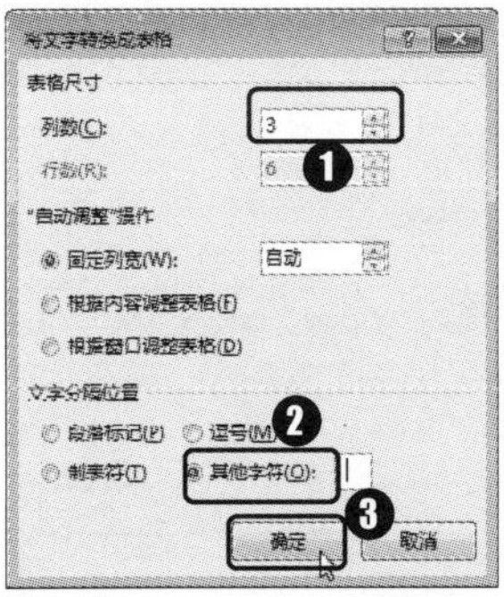

Step18: 经过上步操作，返回到文档中即可看到已经将所选内容制作成一个 3 列的表格，如下图所示。

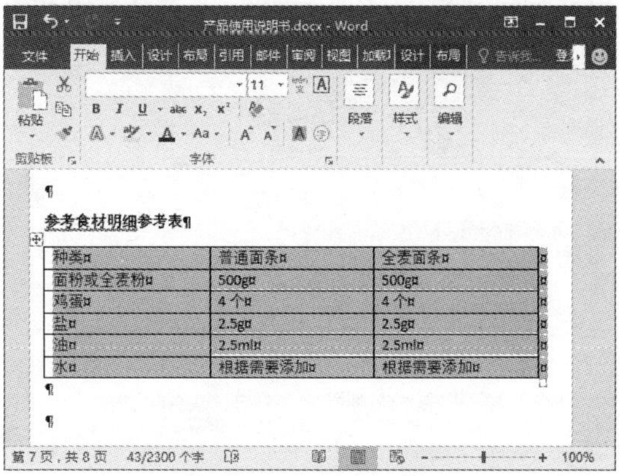

Step19: ❶选择另一处需要转换为表格的内容；❷单击“插入”选项卡的“表格”组中的“表格”按钮；❸在弹出的下拉列表中选择“文本转换成表格”命令；❹打开“将文字转换成表格”对话框，在“列数”数值框中输入“5”；❺在“文字分隔位置”选项组中选中“其他字符”单选按钮，并在其后的文本框中输入空格；❻单击“确定”按钮，如下图所示。

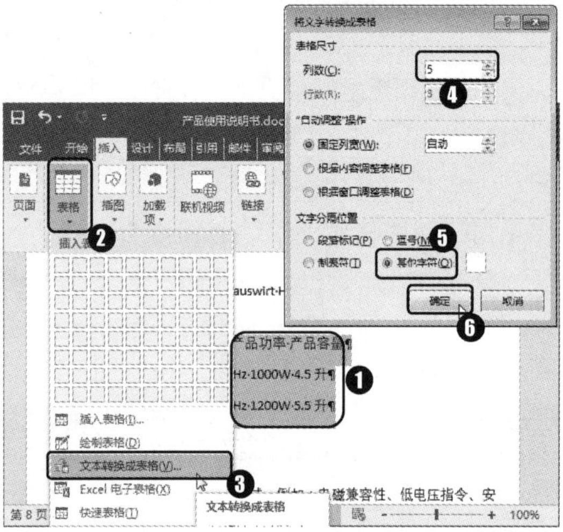

Step20: 经过上步操作，返回到文档中即可看到已经将所选内容制作成一个 5 列的表格。❶选择整个表格；❷单击“表格工具-布局”选项卡的“单元格大小”组中的“自动调整”按钮；❸在弹出的下拉菜单中选择“根据内容自动调整表格”命令，如下图所示。

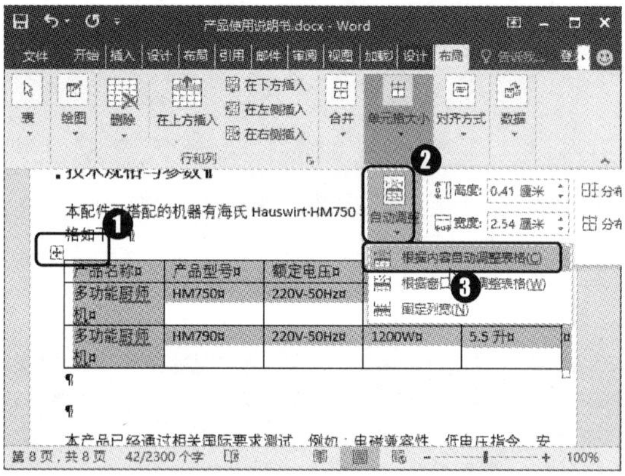

Step21: 至此已经将内容整理完毕，为了让页面版式更加美观，可以调整每页中显示的内容。这里需要将第 3 页和第 4 页中的内容调整为一个整体，即将一个标题样式下的全部内容调整到这两页中。目前超出的几行内容显示在第 5 页中，需要压缩显示文字。首先调整孤字。❶选择这几页中有孤字的段落；❷单击“开始”选项卡的“字体”组的对话框启动器按钮，如下图所示。

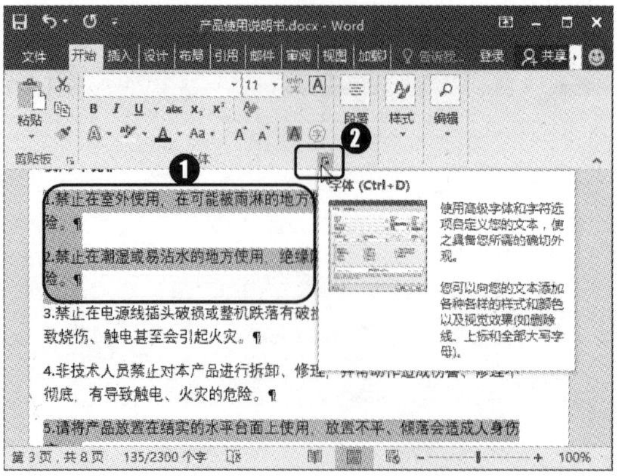

Step22: 打开“字体”对话框，❶单击“高级”选项卡；❷在“字符间距”选项组的“间距”下拉列表框中选择“紧缩”选项；❸在其后的数值框中输入“0.1 磅”；❹单击“确定”按钮，如下图所示。

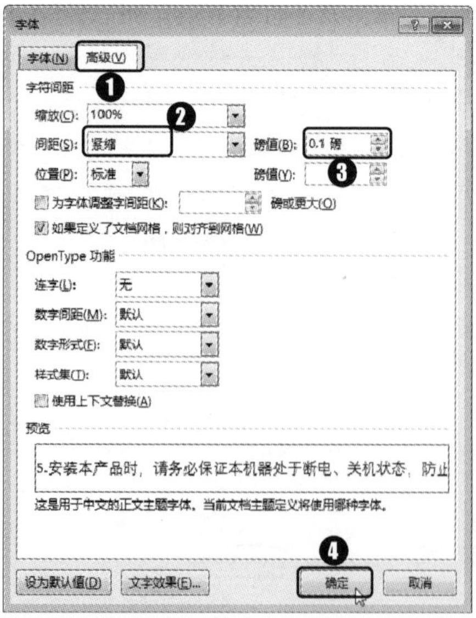

Step23: 使用相同的方法继续调整字符间距的大小，直到将所有孤字都调整到上一行中，此时指定的内容也全部显示在第 5 页之前了，如下图所示。

Step24: 插入素材文件中提供的图片，并按下图所示进行排列。

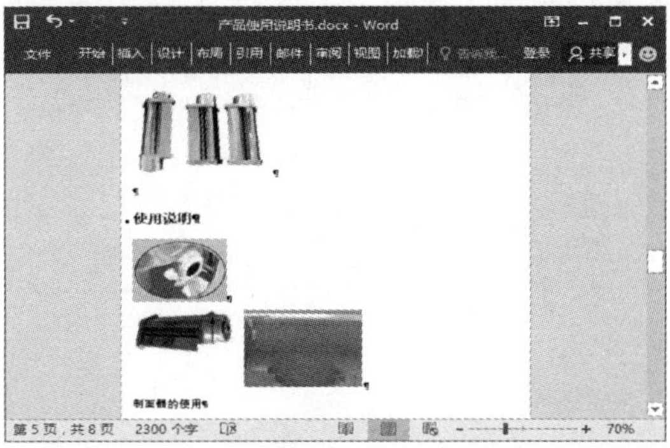

Step25: 同样需要对第5页和第6页中的内容进行压缩排版，这里通过调整行间距来实现。❶选择需要调整行距的段落；❷单击“段落”组中的“行和段落间距”按钮；❸选择“1.0”选项，如下图所示。

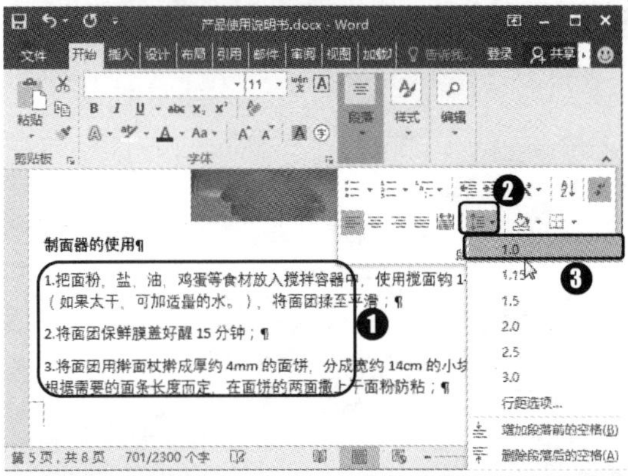

Step26: ❶单击“插入”选项卡的“插图”中的“形状”按钮；❷在弹出的下拉列表中选择“直线”选项，如下图所示。

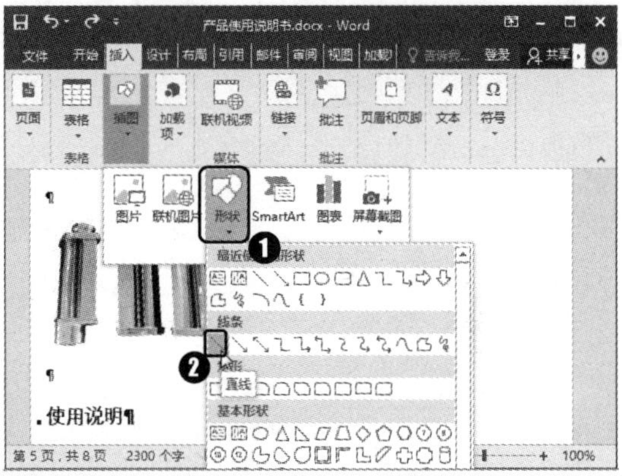

Step27: ❶在按住〈Shift〉键的同时拖动鼠标光标在下图所示的位置绘制一条直线；❷在“绘图工具-格式”选项卡的“形状样式”组的列表框中选择需要的形状样式。

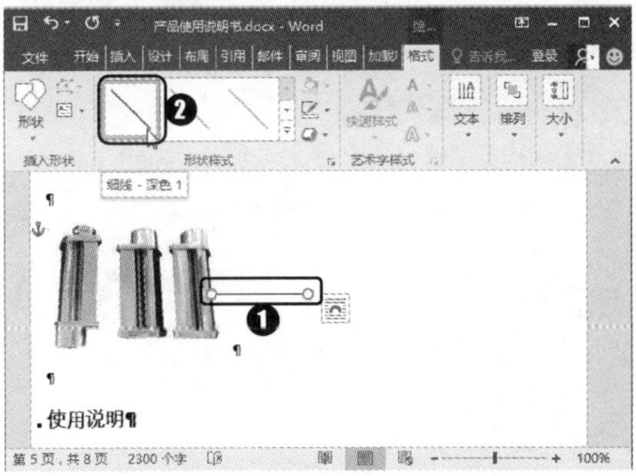

Step28: ❶单击“插入”选项卡的“插图”中的“形状”按钮；❷在弹出的下拉列表中选择“肘形连接符”选项，如下图所示。

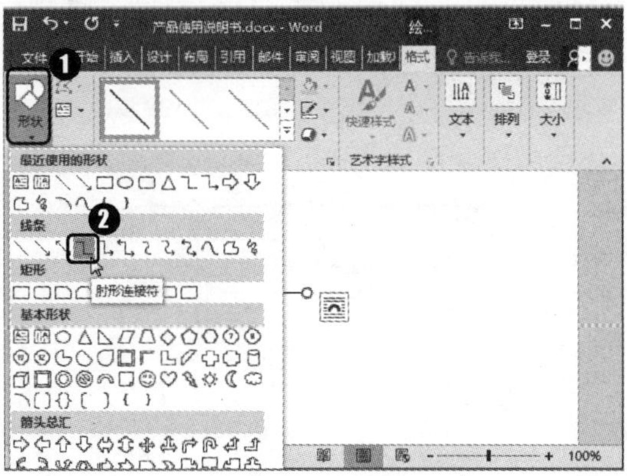

Step29: ❶拖动鼠标光标绘制形状；❷拖动鼠标光标调整形状上的调节柄，让形状显示为下图所示的效果。

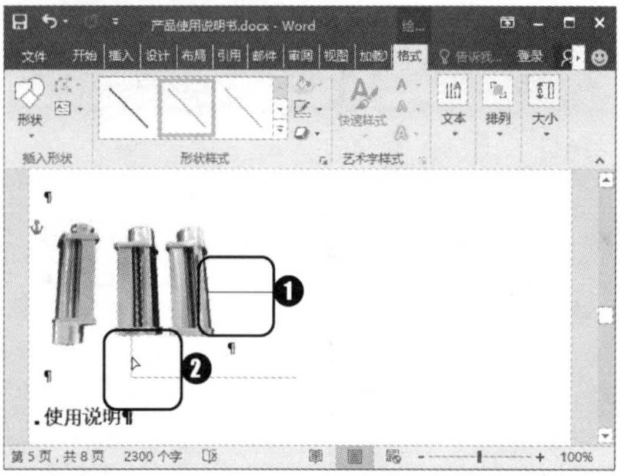

Step30: 插入文本框并输入相应的文本，设置文本框的填充和轮廓均为“无色”，如下图所示。

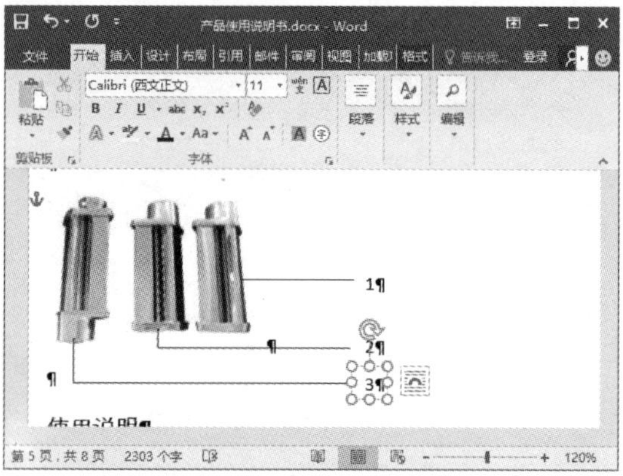

Step31: 在图形上方的段落中输入下图所示的文字。

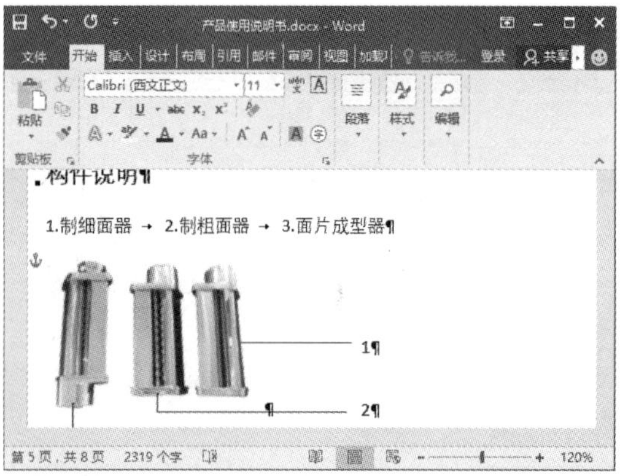

Step32: ❶在组合图形左上方的图形上插入一个箭头直线；❷在其右侧插入一个文本框并输入相应的文字；❸在左下方的图形下插入一个箭头直线，效果如下图所示。

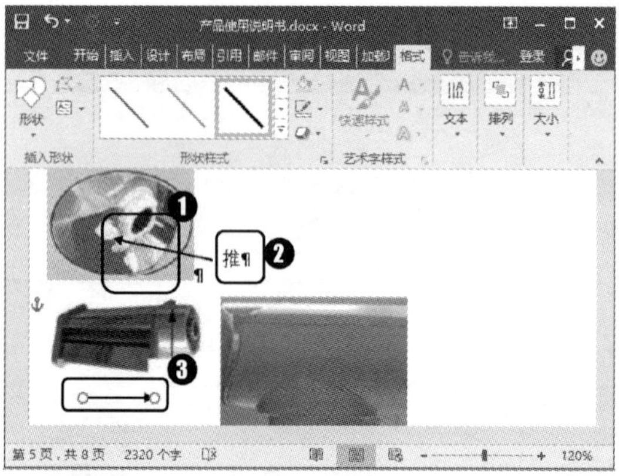

Step33: ❶选择文档中的第 1 个表格的右两列单元格；❷单击“表格工具-布局”选项卡的“对齐方式”组中的“水平居中”按钮，如下图所示。

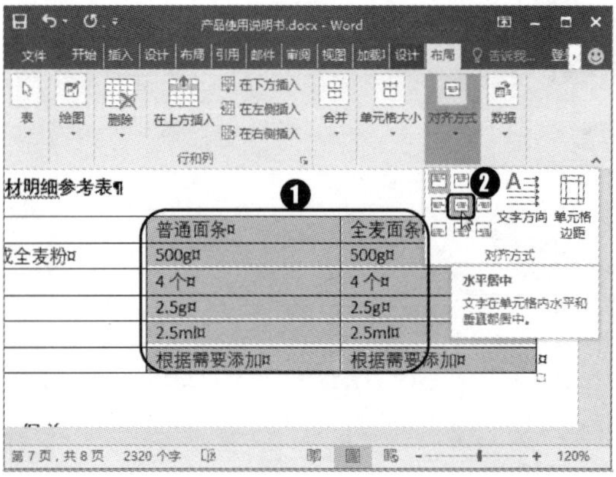

Step34: ❶选择文档中的第 2 个表格；❷单击“表格工具-布局”选项卡的“单元格大小”组中的“自动调整”按钮；❸选择“根据窗口自动调整表格”命令，如下图所示。

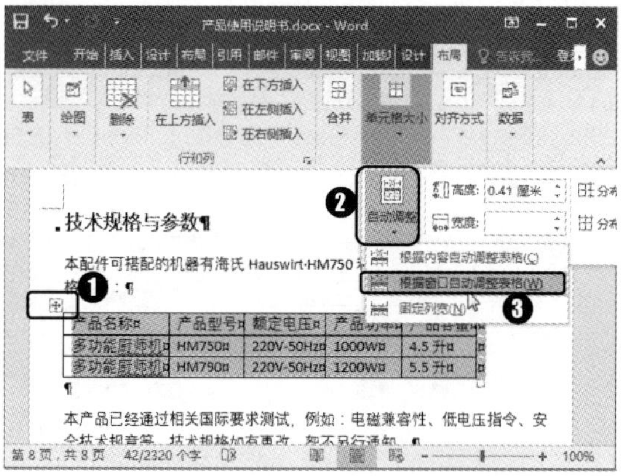

Step35: ❶选择表格右侧的 4 列单元格；❷单击“表格工具-布局”选项卡的“对齐方式”组中的“水平居中”按钮，如下图所示。

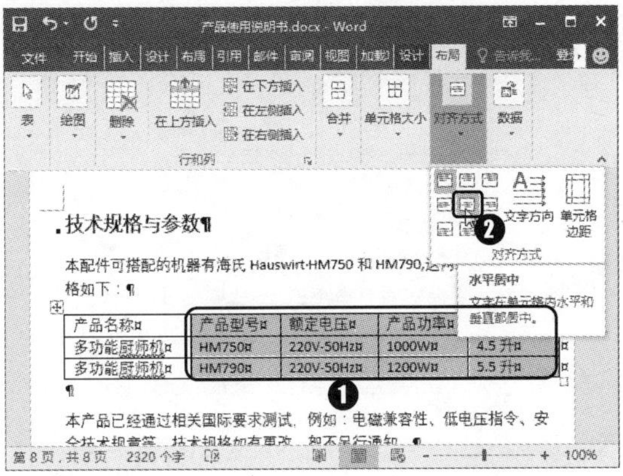

Step36: ❶将文本插入点定位在第2页中需要插入目录的位置；❷单击“引用”选项卡的“目录”组中的“目录”按钮；❸选择“自定义目录”命令，如下图所示。

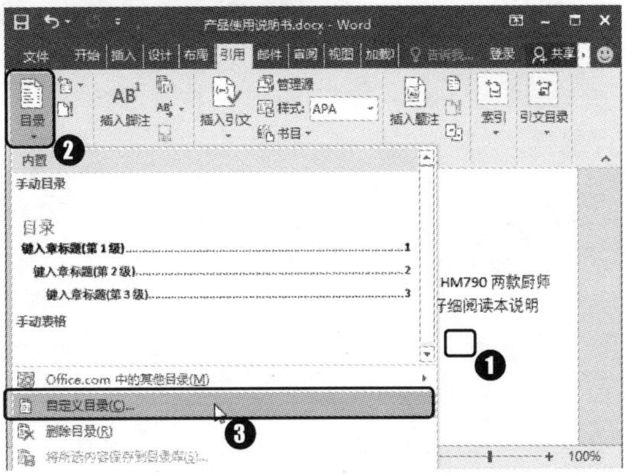

Step37: 打开“目录”对话框，❶取消勾选“页码右对齐”复选框；❷在“显示级别”数值框中输入“1”；❸单击“确定”按钮，如下图所示。

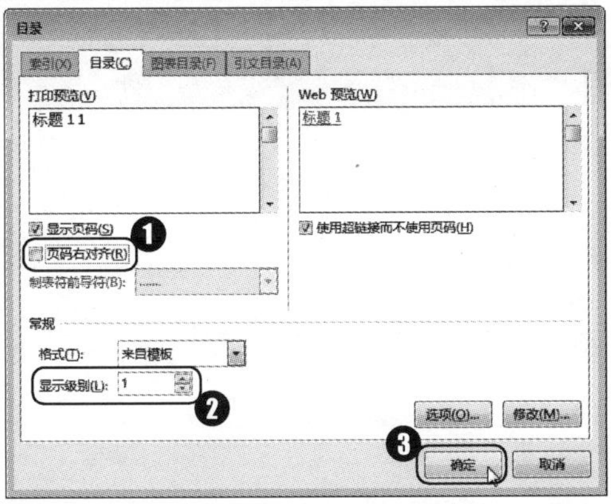

Step38: 返回到文档中即可查看到自定义插入的目录效果，在各目录项的页码前输入空格和“0”，如下图所示。

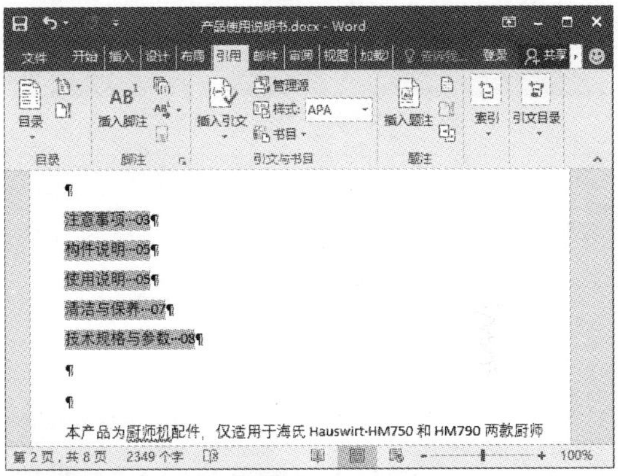

Step39: ❶单击“插入”选项卡的“页眉和页脚”组中的“页码”按钮；❷在弹出的下拉菜单中选择“页面底端”命令；❸在弹出的下级子菜单中选择需要的页码样式，如下图所示。

Step40: 返回到文档中即可查看到在页面底端插入的页码，在“页眉和页脚工具-设计”选项卡的“位置”组中的“页脚底端距离”数值框中输入“0”，如下图所示。

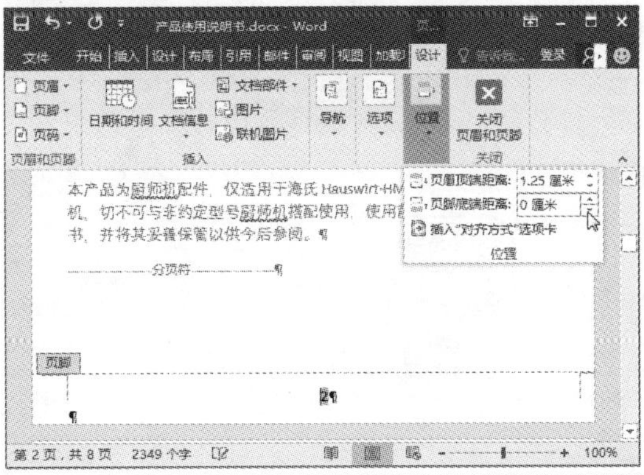

Step41: ❶单击“页眉和页脚”组中的“页码”按钮；❷在弹出的下拉菜单中选择“设置页码格式”命令，如下图所示。

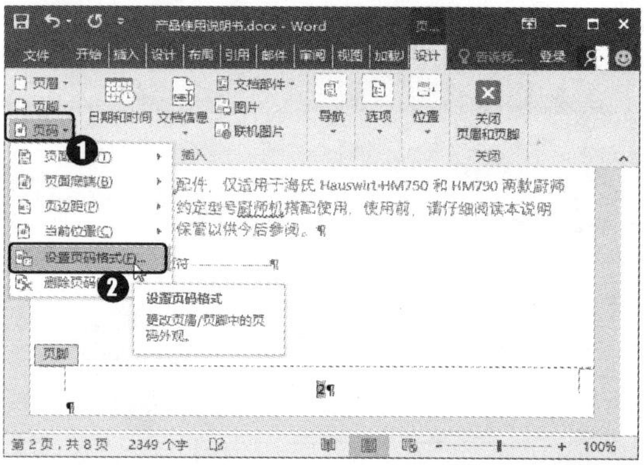

Step42: 打开“页码格式”对话框，❶选中“起始页码”单选按钮，并在其后的数值框中输入“0”；❷单击“确定”按钮，如下图所示。

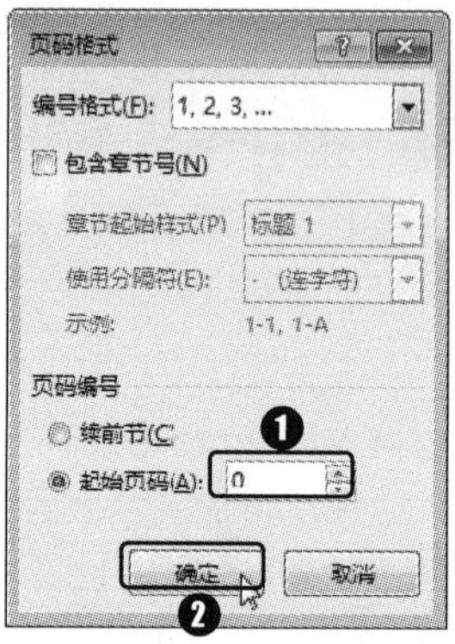

Step43: 经过上步操作，即可让文档从 0 开始编排页码，单击“关闭”组中的“关闭页眉和页脚”按钮，退出页眉页脚编辑状态，如下图所示。

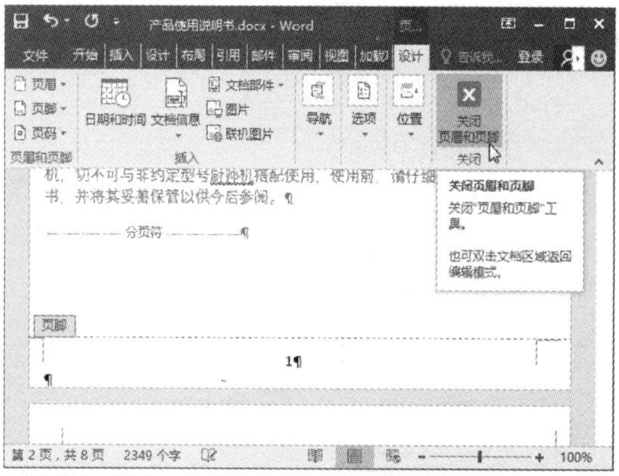

Step44: ❶在前面插入的目录内容上右击；❷在弹出的快捷菜单中选择“更新域”命令；❸打开“更新目录”对话框，选中“只更新页码”单选按钮；❹单击“确定”按钮，如下图所示。

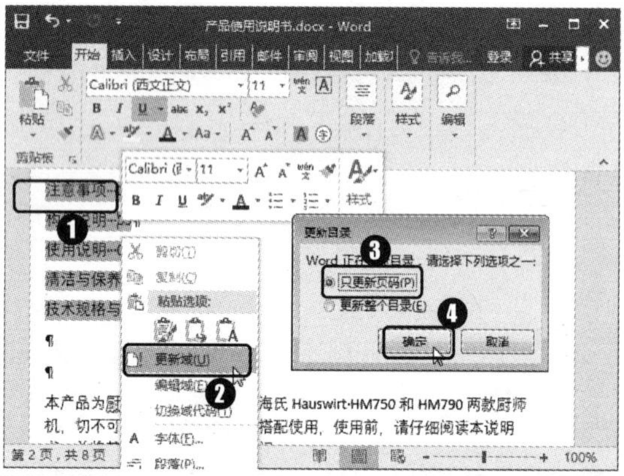

Step45: 经过上步操作，即可让目录页码按照当前页码进行更新。❶选择目录内容；❷单击“段落”组中的“增加缩进量”按钮，如下图所示。

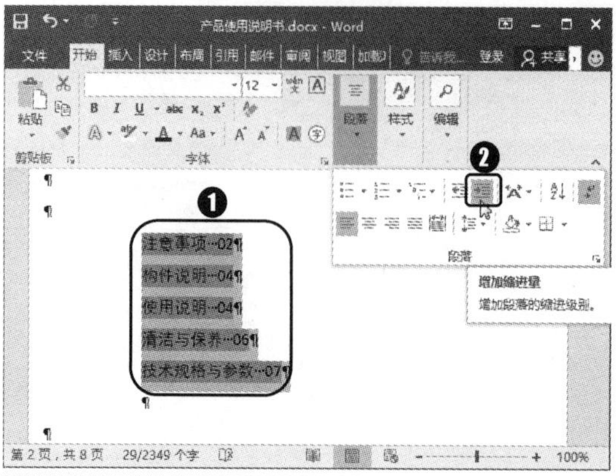

Step46: ❶单击“段落”组中的“行和段落间距”按钮；❷在弹出的下拉列表中选择“1.5”选项，如下图所示。

15.2.4　制作封底效果

在完成文档内容的排版后还需要为文档设置封底效果。封底和封面效果在设计上应该是和谐统一的，本例的封底效果比较简单，具体的制作方法如下。

Step01: ❶将文本插入点定位在文档末尾处；❷单击“插入”选项卡的“页面”组中的“分页”按钮，如下图所示。

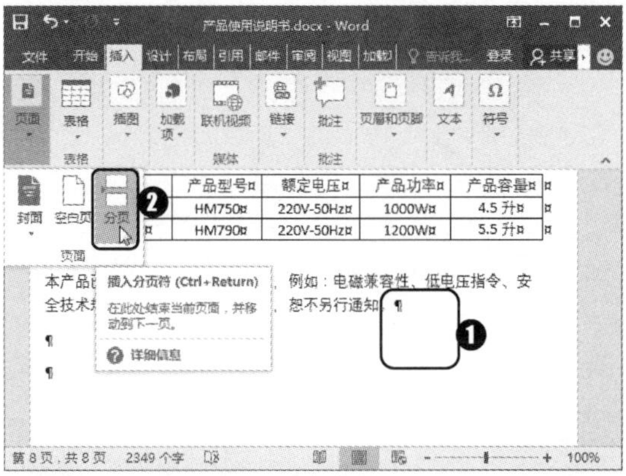

Step02: ❶插入素材文件“背景”图片；❷单击“图片工具-格式”选项卡的“排列”组中的“环绕文字”按钮；❸选择“衬于文字下方”命令，如下图所示。

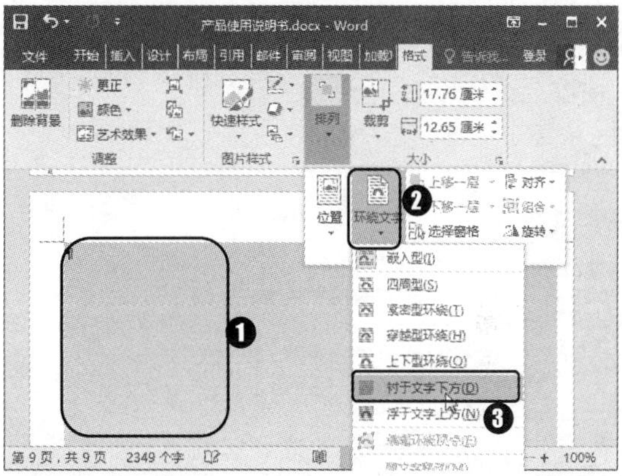

Step03: ❶插入素材文件“标志”图片；❷单击“排列”组中的“环绕文字”按钮；❸选择“浮于文字上方”命令，如下图所示。

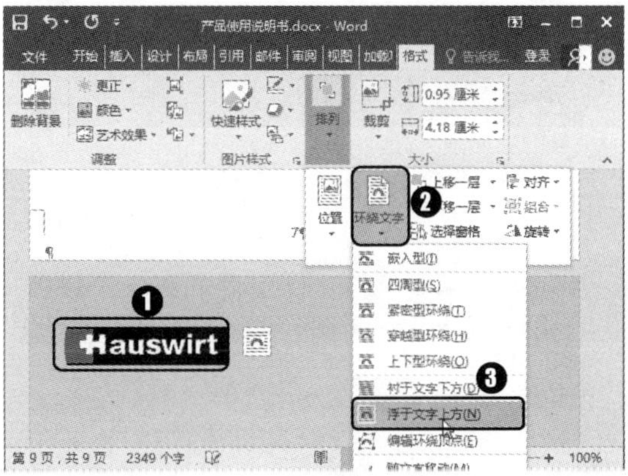

Step04: ❶移动图片并调整其大小；❷在图片的下方绘制一个文本框并输入相应的文字，完成本案例的制作，效果如下图所示。

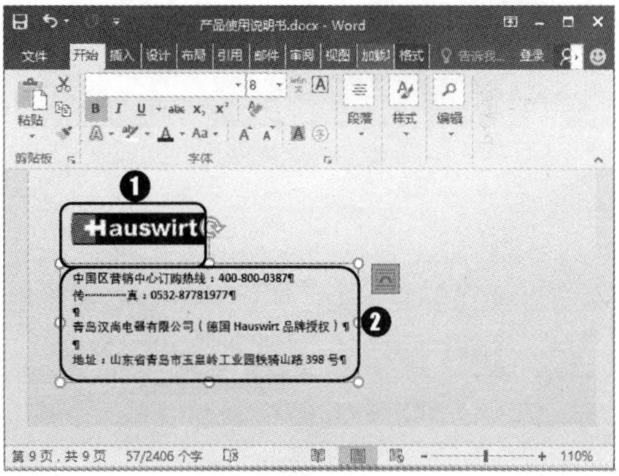

▷▷ 本章小结

本章的学习重点在于掌握使用 Word 2016 制作办公中常用文档的操作。读者应掌握制作文档的先后顺序，一般页面设置等整体上的规划应该在前，内容输入和格式编辑在后。当然，也可以边输入内容边定义样式，这样就可以让后面的格式快速套用。此外，读者还应该掌握一些排版技巧，例如将规定的内容放在一页中，可以通过很多方法来实现，此时应当选择整体效果最好的一种方法来实现。

第 16 章　实战应用——Excel 2016 在商务办公中的应用

本章导读

本章主要介绍 Excel 在企业薪酬管理、产品销售分析和人力资源管理方面的典型应用实例，希望这些实例的演示使读者能够加深对 Excel 不同知识点的深入理解，并能将其综合运用于实际工作中。

知识要点

- 如何制作基本表格
- 工资条的制作方法
- 制作薪酬管理界面的操作
- 如何分析销售业绩表
- 如何在 Excel 中使用命令

效果展示

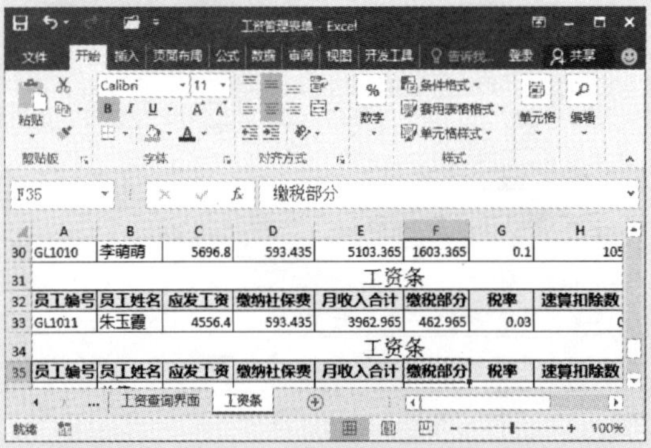

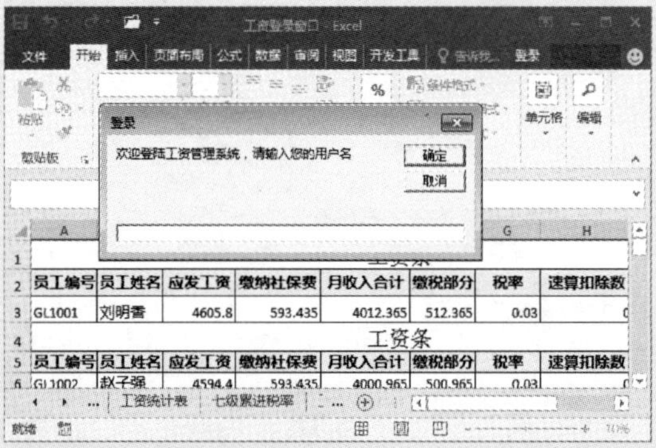

▷▷ 16.1 制作企业薪酬管理系统

工资管理系统是一个企业不可缺少的一部分，它利用计算机对职工工资进行统一管理，实现工资管理工作的系统化、规范化和自动化，为企业提高工作效率。

为了便于管理员工的补贴、奖金、个税以及工资等情况，财务人员可以根据企业需要创建适合本单位的工资管理系统。

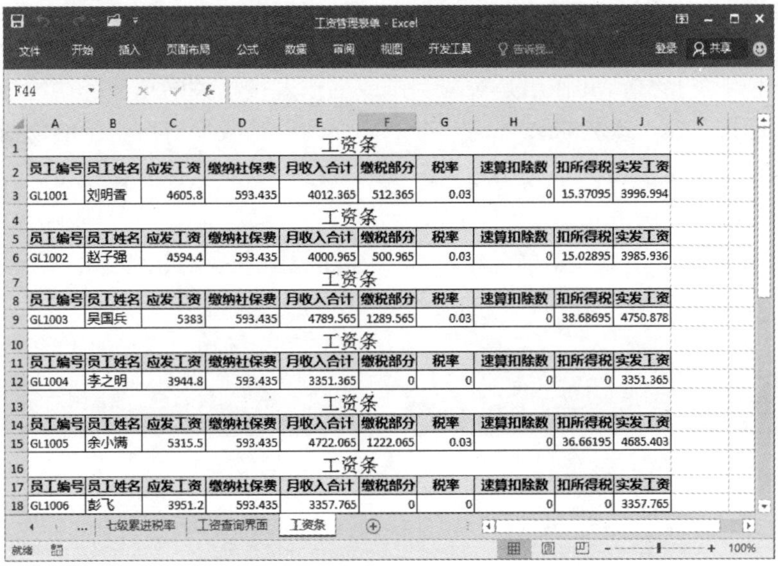

光盘同步文件

视频文件：光盘\教学文件\第 16 章\16-1.mp4

16.1.1 制作薪资管理的基本数据表

员工工资管理不仅是一个单位管理薪资的重要手段，也是保障企业运转的基础，为此需要制作相关的工资管理表，规范企业的管理。接下来为读者介绍如何在 Excel 2016 中制作常用的工资管理表单，如基本工资表、奖金表、补贴表和社保缴纳一栏表等。

1. 工资表

在一般情况下，基本工资是职工劳动报酬的主要部分，基本工资表主要包括员工编号、员工姓名、所在部门和基本工资等信息。

Step01: 打开“光盘\素材文件\第 16 章\工资管理表单.xlsx”，❶在“基本工资表”的 D3 单元格中输入公式“=IF(C3="办公室",3800,IF(C3="销售部",4500,IF(C3="车间",4800,3200)))”；❷单击编辑栏中的“输入”按钮✔，如下图所示。

Step02: 将鼠标指针定位在单元格 D3 的右下角，此时鼠标指针变成十字形状“+”，双击鼠标左键，即可计算出所有员工的基本工资，如下图所示。

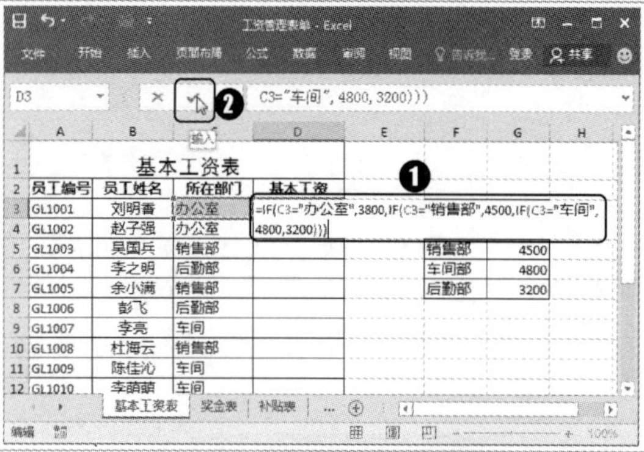

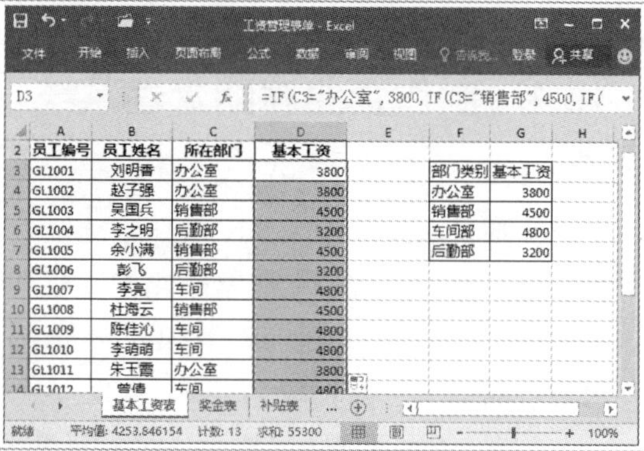

2. 奖金表

奖金作为一种工资形式，其作用是对与生产或工作直接相关的超额劳动给予报酬。奖金是对劳动者在创造超过正常劳动定额以外的社会所需要的劳动成果时所给予的物质补偿。

例如根据员工业绩考核得分，使用基本工资的数据乘以业绩得分计算出奖金的金额，具体操作方法如下。

Step01: ❶在“奖金表”的 F4 单元格中输入公式“=D4*E4”；❷单击编辑栏中的“输入”按钮✓，如下图所示。

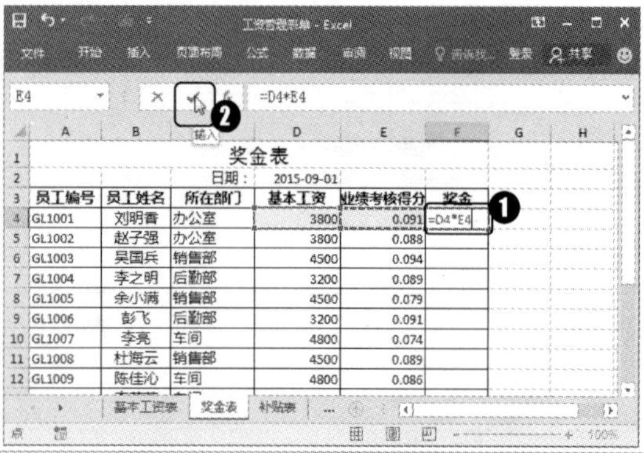

Step02: 将鼠标指针定位在单元格 F4 的右下角，此时鼠标指针变成十字形状“+”，双击鼠标左键，填充其他员工奖金的计算公式，如下图所示。

3. 补贴表

补贴是指补偿职工在特殊条件下的劳动消耗及生活费额外支出的工资补充形式，常见的补贴有矿高温津贴、住房补贴、伙食补贴、交通补贴和生活费补贴等。

Step01: ❶在“补贴表”中选择 D3:G15 单元格区域；❷单击“公式”选项卡；❸单击“函数库”组中的“自动求和”按钮，如下图所示。

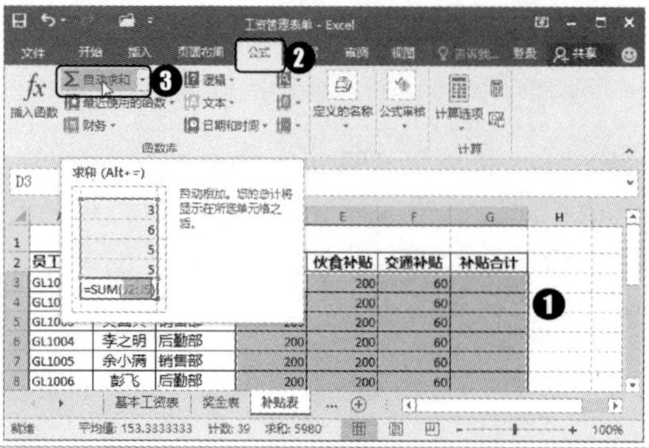

Step02: 经过上步操作，一次将补贴合计计算出来，效果如下图所示。

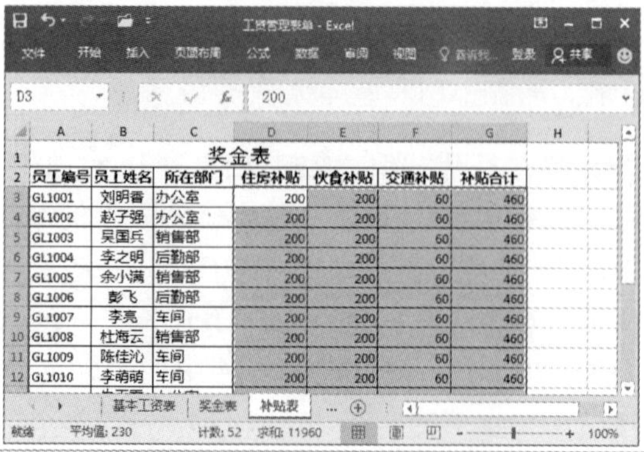

4．社保缴纳一栏表

社会保险费是指由用人单位及其职工和以个人身份参加社会保险并缴纳的社会保险费，包括基本养老保险费、基本医疗保险费、工伤保险费、失业保险费和生育保险费。《社会保险费申报缴纳管理规定（草案）》规定，国家要求征收的社保险种由养老、医疗和失业三项扩大为全部五项，新增工伤险和生育险。

Step01: ❶在“社保缴纳一栏表”中选择 D3:G15 单元格区域；❷单击“公式”选项卡；❸单击“函数库”组中的“自动求和”按钮，如下图所示。

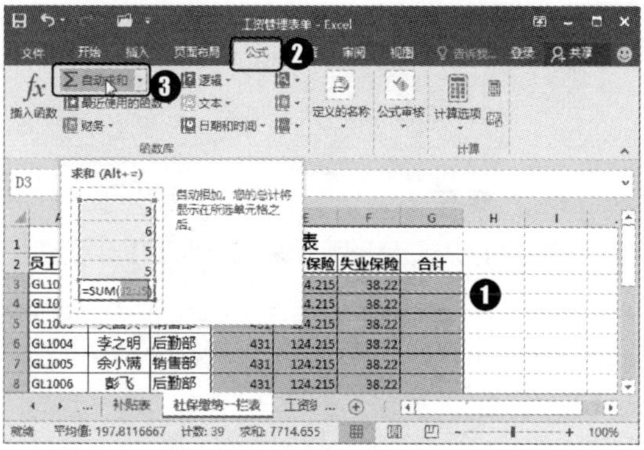

Step02: 经过上步操作，计算出合计金额，效果如下图所示。

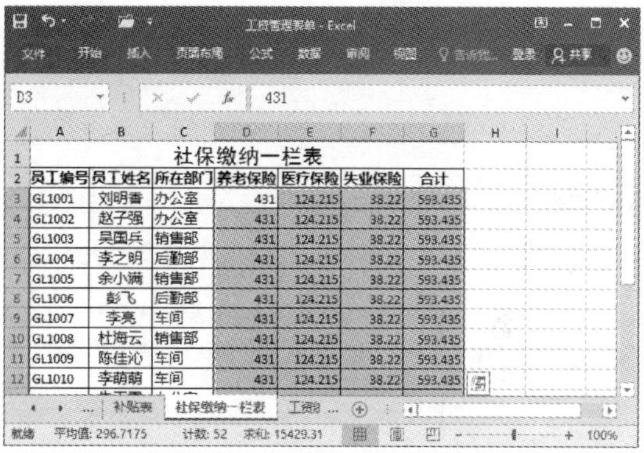

16.1.2　制作员工工资统计表

在工资管理表单制作完成以后，每月月末会计人员都要根据工资管理表单统计工资数据。接下来，先在 Excel 中制作员工工资统计表，再使用 IF 函数计算工资数据及个人所得税，然后使用 VLOOKUP 函数制作员工工资数据查询系统，最后介绍工资条的制作和打印。

1．员工工资统计表

员工工资统计表是对制作的工资管理表单的加工和整理。在计算员工工资数据时会不可避免地遇到个人所得税的计算，接下来介绍个人所得税的相关知识。

个人所得税是国家税务机关对个人所得计征的一种税。自 2011 年 9 月 1 日起，个税起征点调整为 3500 元，实行调整后的 7 级超额累进税率。根据计算个税的公式“个人所得税=（总工资-四金-免征额）×税率-速算扣除数”可以快速地计算出各员工的个人所得税。

Step01: 在“工资统计表”中选中单元格 C4，输入公式“=基本工资表!D3+奖金表!F4+补贴表!G3”，按〈Enter〉键确认输入，如下图所示。

Step02: 在 D4 单元格中输入公式“=社保缴纳一栏表!G3”，按〈Enter〉键确认输入，如下图所示。

Step03: ❶在 E4 单元格中输入公式“=C4-D4”；❷单击编辑栏中的“输入”按钮✔，如下图所示。

Step04: ❶在 F4 单元格中输入公式“=IF(E4<=3500,0,E4-3500)”；❷单击编辑栏中的“输入”按钮✔，如下图所示。

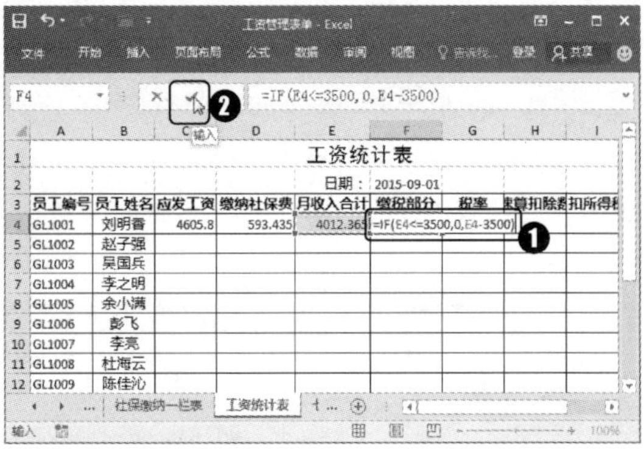

Step05: ❶在 G4 单元格中输入公式“=IF (F4>80000,0.45,IF(F4>55000,0.35,IF (F4>35000,0.3,IF(F4>9000,0.25,IF(F4>4500,0.2,IF(F4>1500,0.1,IF(F4>0,0.03,0)))))))”；❷单击编辑栏中的“输入”按钮✔，如下图所示。

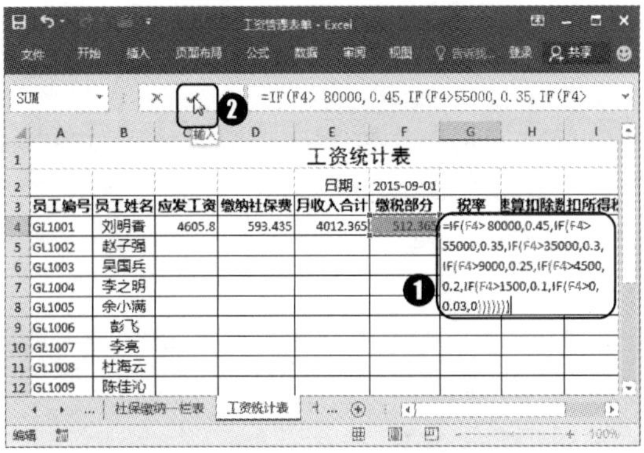

Step06: ❶在 H4 单元格中输入公式“=IF(F4>80000,13505,IF(F4>55000,5505,IF(F4> 35000,2755,IF(F4>9000,1005,IF(F4>4500,555,IF(F4>1500,105,0))))))”；❷单击编辑栏中的“输入”按钮✔，如下图所示。

Step07: ❶在 I4 单元格中输入公式“=F4*G4-H4”；❷单击编辑栏中的“输入”按钮✔，如下图所示。

Step08: ❶在 J4 单元格中输入公式“=E4-I4”；❷单击编辑栏中的“输入”按钮✔，如下图所示。

Step09: 选择 C4:J4 单元格区域，将鼠标指针移至右下角，将其变成“+”形状时双击鼠标左键快速填充公式，如下图所示。

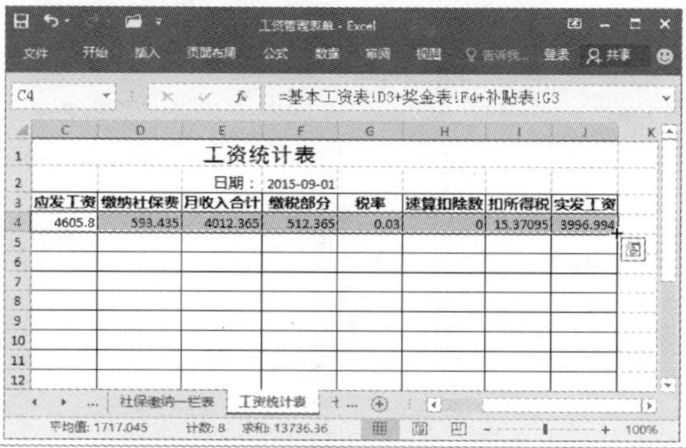

Step10: 经过以上操作，计算并填充公式，制作出所有员工的工资表，效果如下图所示。

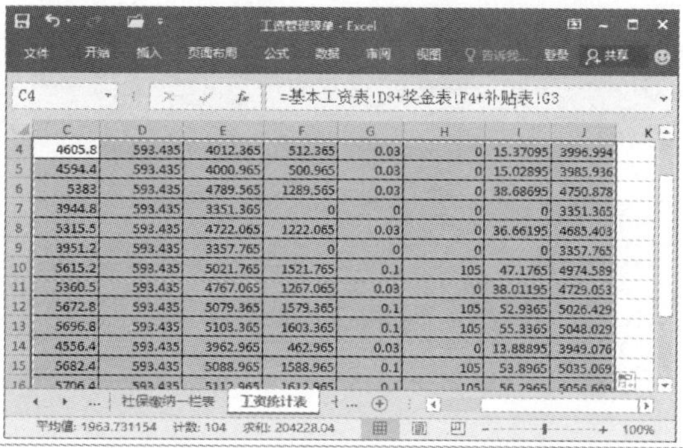

2．查询员工工资表

在员工工资统计表制作完成后，可以使用 VLOOKUP 函数制作员工工资查询系统，会计人员对“员工工资统计表”设置保护后，普通员工可以登录到工资查询界面，凭借员工编号查询当月工资信息。

VLOOKUP 函数用于在表格或数值数组的首列查找指定的数值，并由此返回表格或数组当前行中指定列处的数值。

语法：VLOOKUP(lookup_value,table_array,col_index_num,range_lookup)

参数 lookup_value 为必需的，表示需要在数组第 1 列中查找的数值，可以为数值、引用或者文本字符串。

参数 table_array 为必需的，表示需要在其中查找数据的数据表，可以使用对区域或区域名称的引用，例如数据库或列表。

参数 col_index_num 为必需的，表示 table_array 中待返回的匹配值的列序号。col_index_num 为 1，返回第 1 列的数据；col_index_num 为 2，返回第 2 列的数据，依此类推。如果 col_index_num<1，则返回错误值“#VALUE!”；当 col_x 匹配值（如果没有找到精确匹配值，就返回一个小于查找值的最大值）。如果该参数是 FALSE，函数就查找精确的匹配值。如果这个函数没有找到精确的匹配值，就会返回错误值“#N/A”。

Step01: ❶在“工资查询界面”工作表的 B7 单元格中输入公式“=VLOOKUP($B$4,工资统计表!$A$4:$J$16,2,0)”；❷单击编辑栏中的“输入”按钮✔，如下图所示。

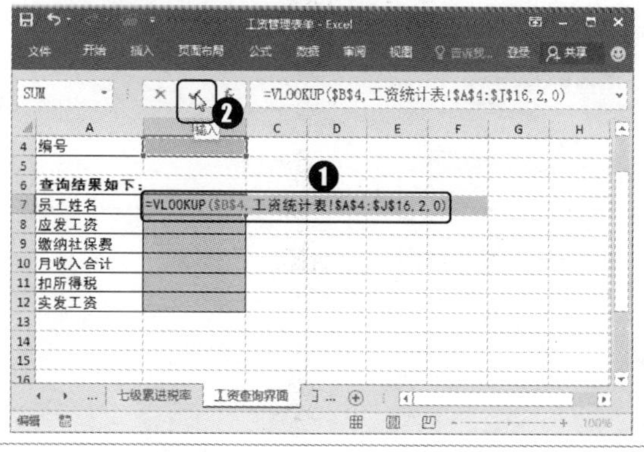

Step02: ❶在 B8 单元格中输入公式“=VLOOKUP($B$4,工资统计表!$A$4:$J$16,3,0)”；❷单击编辑栏中的“输入”按钮✔，如下图所示。

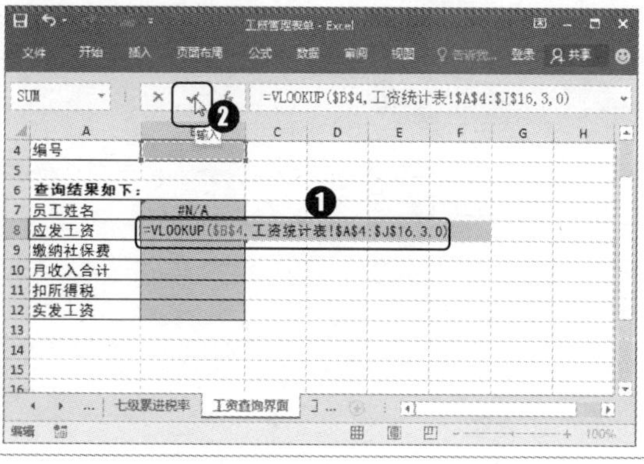

Step03: ❶在 B9 单元格中输入公式“=VLOOKUP($B$4,工资统计表!$A$4:$J$16,4,0)”；❷单击编辑栏中的“输入”按钮✔，如下图所示。

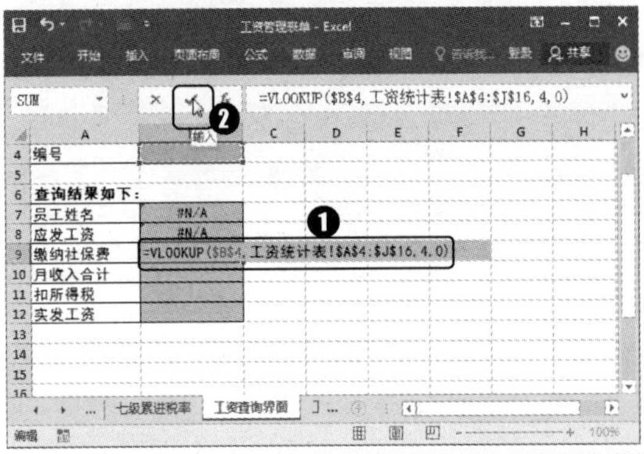

Step04: ❶在 B10 单元格中输入公式“=VLOOKUP($B$4,工资统计表!$A$4:$J$16,5,0)”；❷单击编辑栏中的“输入”按钮✔，如下图所示。

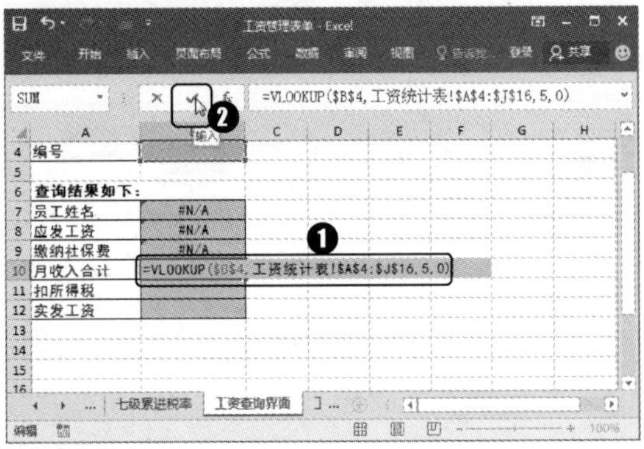

Step05: ❶在 B11 单元格中输入公式“=VLOOKUP($B$4,工资统计表!$A$4:$J$16,9,0)”；❷单击编辑栏中的“输入”按钮✔，如下图所示。

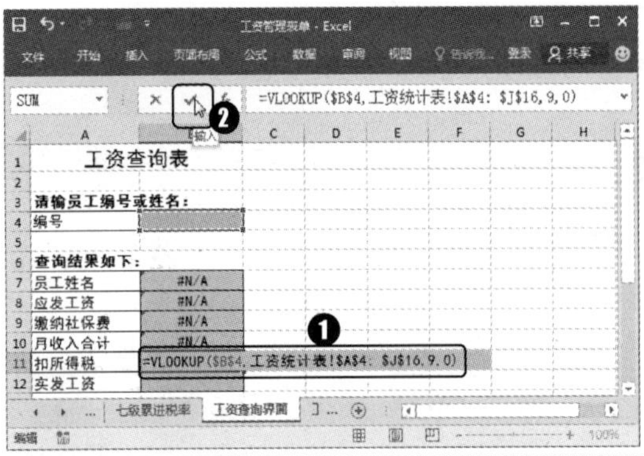

Step06: ❶在 B12 单元格中输入公式“=VLOOKUP($B$4,工资统计表!$A$4:$J$16,10,0)”；❷单击编辑栏中的“输入”按钮✔，如下图所示。

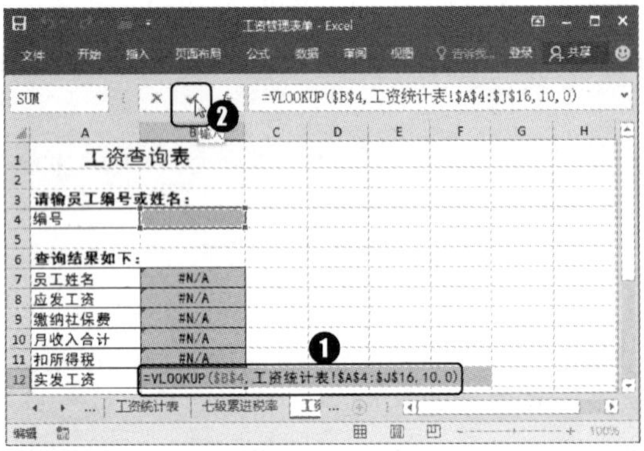

Step07: ❶在 B4 单元格中输入编号“GL1007”；❷单击编辑栏中的“输入”按钮✔，如下图所示。

Step08: 经过以上操作，显示出 GL1007 的记录，效果如下图所示。

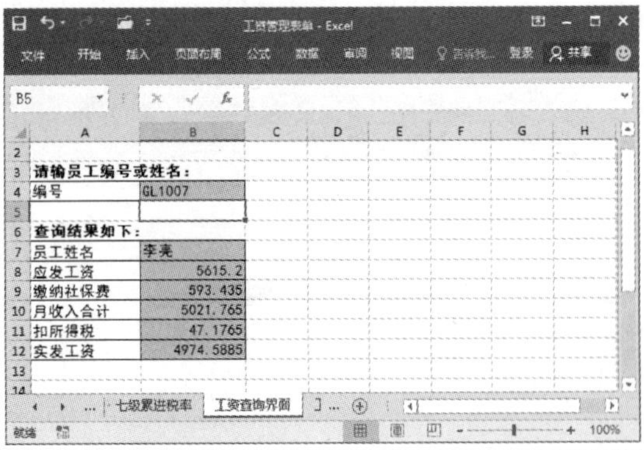

3. 工资条

在员工工资统计表制作完成后，可以使用 VLOOKUP 函数查找与引用工资数据，然后手动填充制作工资条，制作工资条的具体操作方法如下。

Step01: ❶在“工资条”工作表的 A3 单元格中输入员工编号；❷单击编辑栏中的“输入”按钮✓，如下图所示。

Step02: ❶在 B3 单元格中输入“=VLOOKUP(A3,工资统计表!$A$4:$J$16,2,0)”；❷单击编辑栏中的“输入”按钮✓，如下图所示。

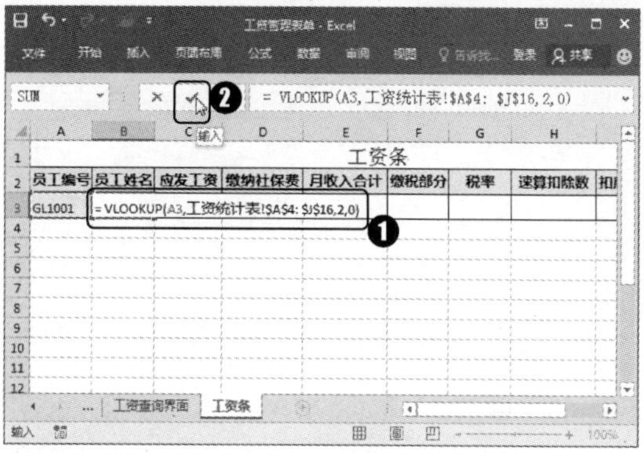

Step03: ❶在 C3 单元格中输入“=VLOOKUP(A3,工资统计表!$A$4:$J$16,3,0)”；❷单击编辑栏中的“输入”按钮✓，如下图所示。

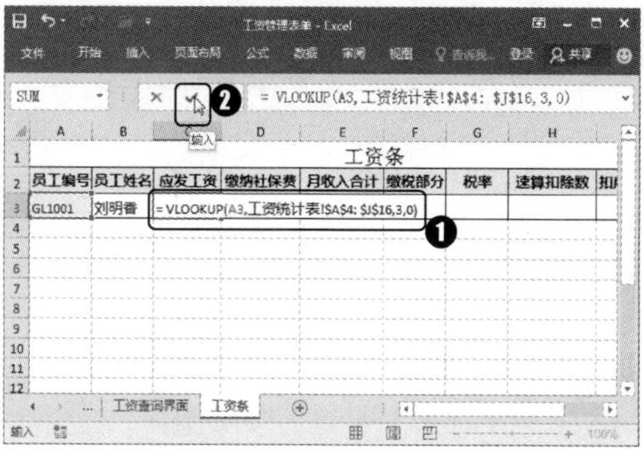

Step04: ❶在 D3 单元格中输入“=VLOOKUP(A3,工资统计表!$A$4:$J$16,4,0)”；❷单击编辑栏中的“输入”按钮✓，如下图所示。

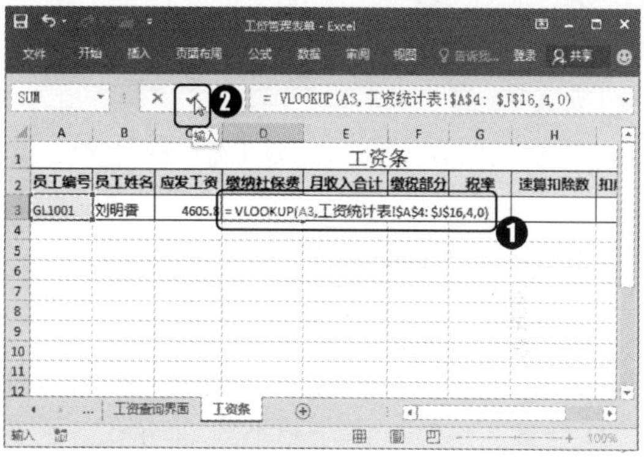

Step05: ❶在 E3 单元格中输入“=VLOOKUP(A3,工资统计表!$A$4:$J$16,5,0)”；❷单击编辑栏中的“输入”按钮✓，如下图所示。

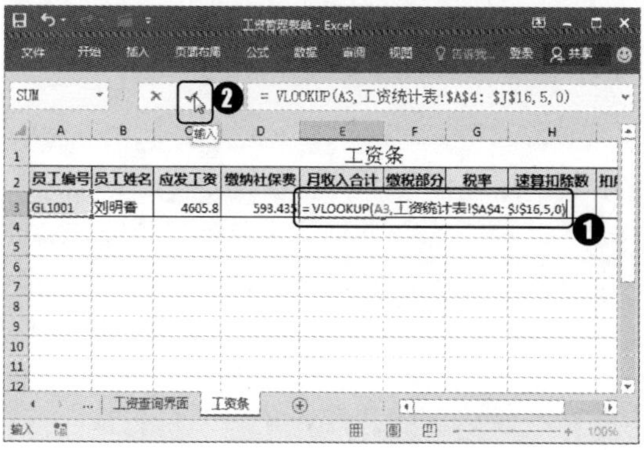

Step06: ❶在 F3 单元格中输入“=VLOOKUP(A3,工资统计表!$A$4:$J$16,6,0)”；❷单击编辑栏中的“输入”按钮✓，如下图所示。

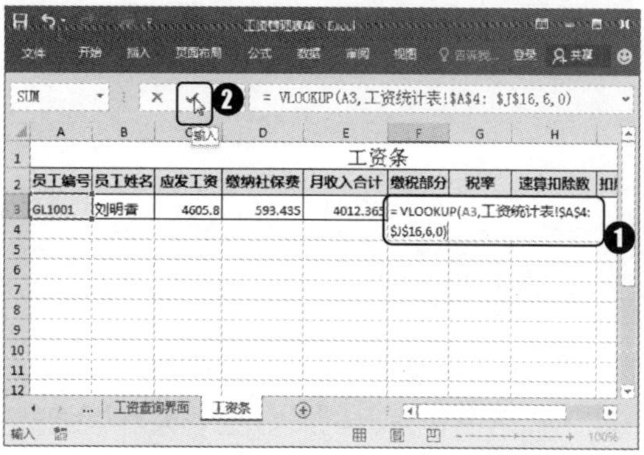

Step07: ❶在 G3 单元格中输入“=VLOOKUP(A3,工资统计表!$A$4:$J$16,7,0)”；❷单击编辑栏中的“输入”按钮✔，如下图所示。

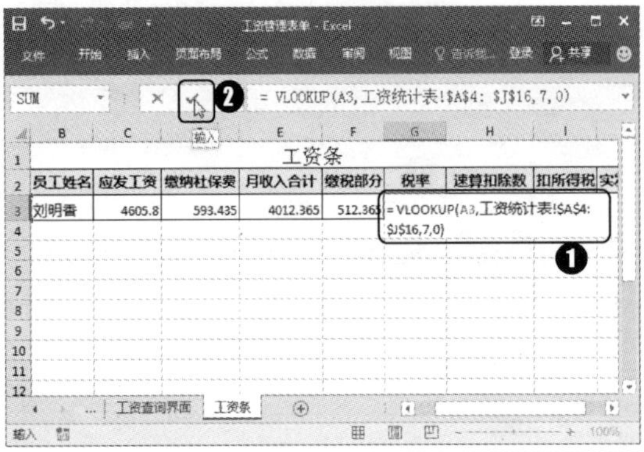

Step08: ❶在 G3 单元格中输入“=VLOOKUP(A3,工资统计表!$A$4:$J$16,8,0)”；❷单击编辑栏中的“输入”按钮✔，如下图所示。

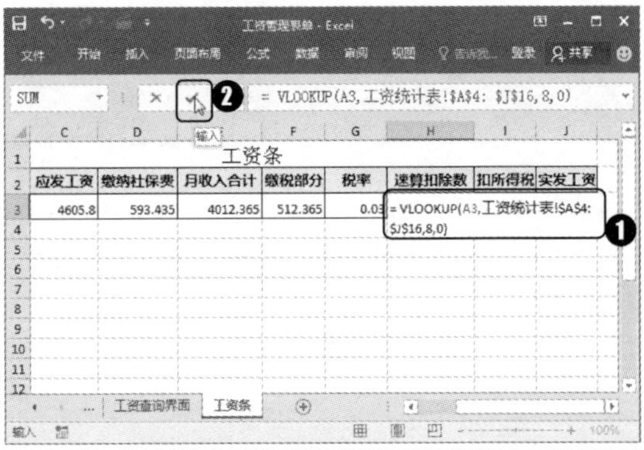

Step09: ❶在 I3 单元格中输入“=VLOOKUP(A3,工资统计表!$A$4:$J$16,9,0)”；❷单击编辑栏中的“输入”按钮✔，如下图所示。

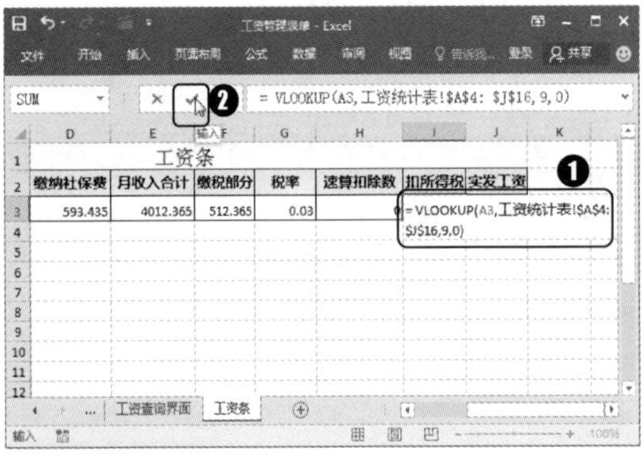

Step10: ❶在 J3 单元格中输入“=VLOOKUP(A3,工资统计表!$A$4:$J$16,10,0)”；❷单击编辑栏中的“输入”按钮✔，如下图所示。

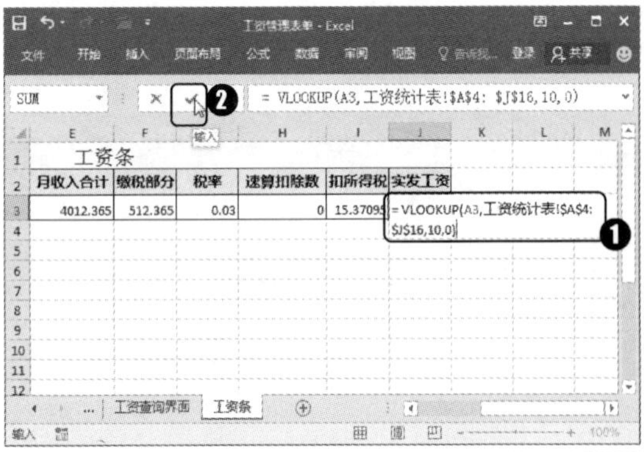

Step11: 选择 A1:J3 单元格区域，将鼠标指针移至右下角，按住左键不放拖动填充更多员工编号，如下图所示。

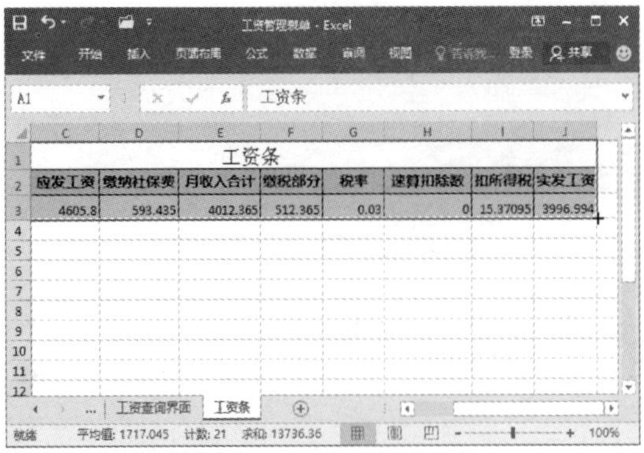

Step12: 经过以上操作，在 Excel 中制作出所有人的工资条，效果如下图所示。

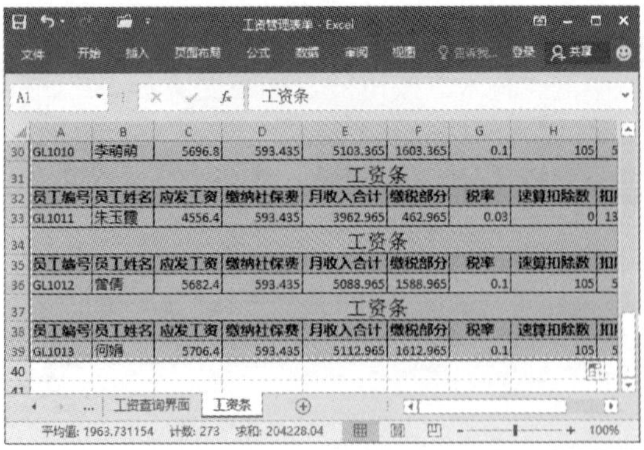

4．打印工资条

在工资条制作完成以后，接下来可以进行打印设置、预览打印文件、适当调整页边距，然后进行打印。设置工资条打印的具体操作方法如下。

Step01: ❶选择“文件”菜单中的“打印”命令；❷在右侧面板中选择“横向”选项，如下图所示。

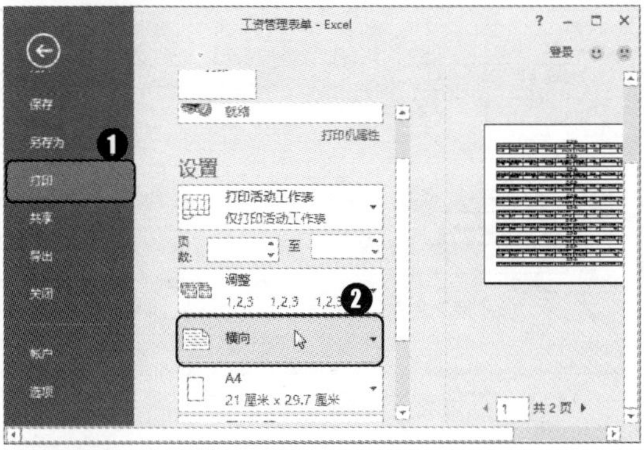

Step02: 将制作的表格打印在纸张的中间，单击“页面设置”链接进行设置，如下图所示。

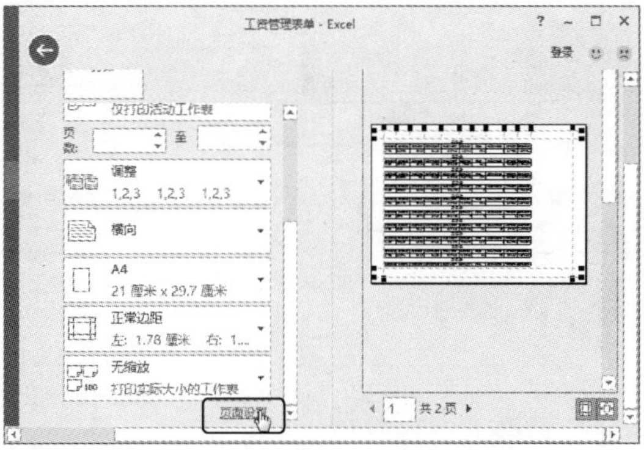

Step03: 打开“页面设置”对话框，❶单击“页边距”选项卡；❷勾选“水平”和“垂直”复选框；❸单击“确定”按钮，如下图所示。

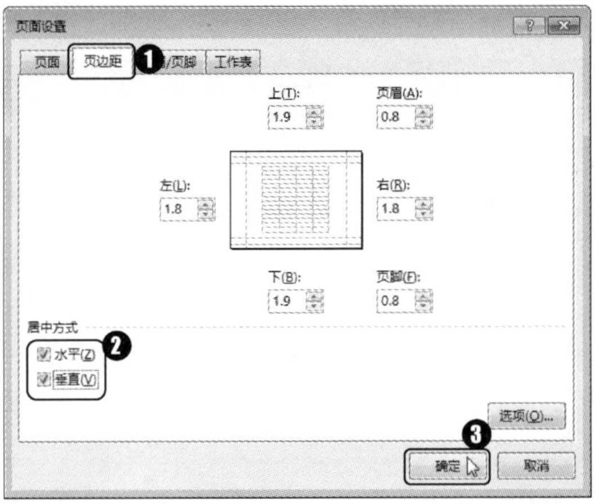

Step04: 设置好文件的打印格式后单击“打印”按钮，即可将表格文件打印出来，如下图所示。

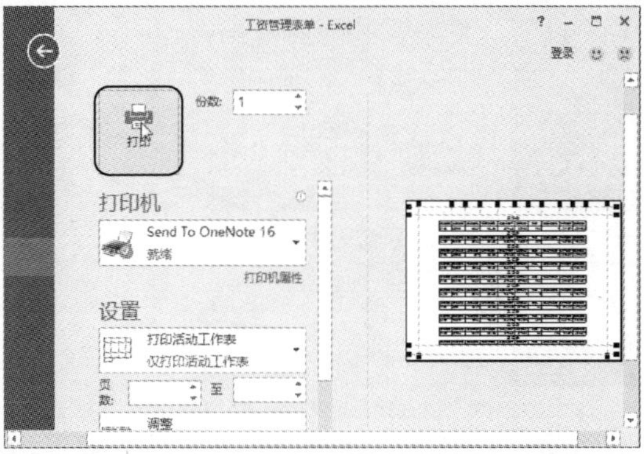

16.1.3 制作薪酬管理界面

为了防止他人查看或者更改工资系统信息，可以设置用户登录窗口，用户只有输入正确的用户名和密码才可以进入工资系统。

1. 保存为启用宏的工作簿

无论在 Excel 的哪个版本中使用宏与 VBA 程序代码，必须首先将 Excel 表格另存为启用宏的工作簿，否则将无法运行宏与 VBA 程序代码。保存为启用宏的工作簿的具体操作如下。

Step01: ❶选择“文件”菜单中的“另存为”命令；❷选择“这台电脑”选项；❸在右侧单击需要保存的文件夹，如下图所示。

Step02: 打开“另存为”对话框，❶在“文件名”文本框中输入名称；❷在“保存类型”下拉列表框中选择“Excel 启用宏的工作簿”选项；❸单击“保存”按钮，如下图所示。

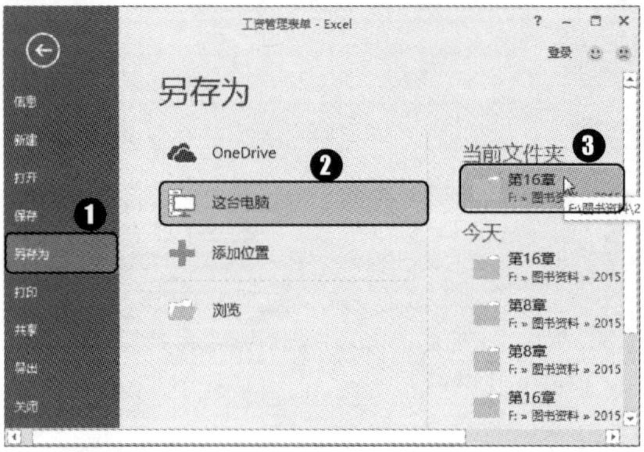

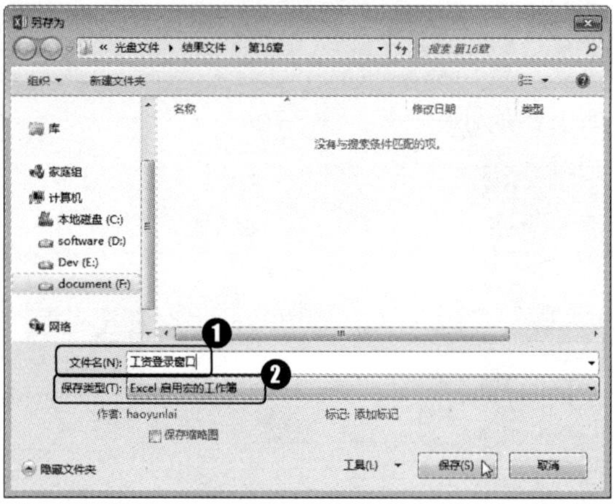

2. 设置个人信息选项

在使用宏与 VBA 程序代码之前要设置个人信息选项，取消选中“保存时从文件属性中删除个人信息”复选框，具体操作如下。

Step01: 选择“文件”菜单中的“选项”命令，如下图所示。

Step02: 打开“Excel 选项”对话框，❶选择“信任中心”选项；❷单击“信任中心设置”链接，如下图所示。

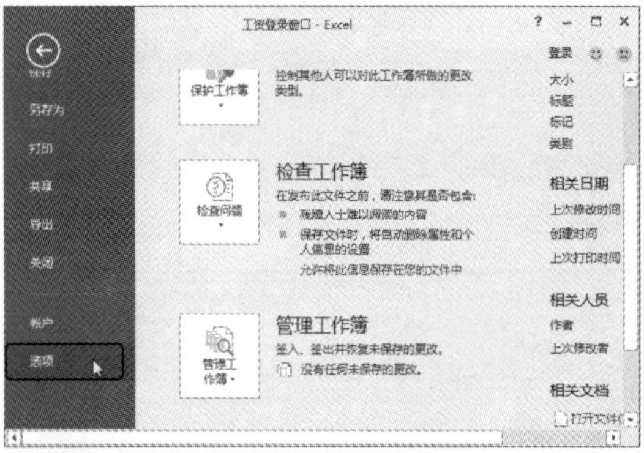

Step03: 打开“信任中心”对话框，❶单击“隐私选项”选项；❷取消勾选“保存时从文件属性中删除个人信息”复选框；❸单击“确定”按钮，如下图所示。

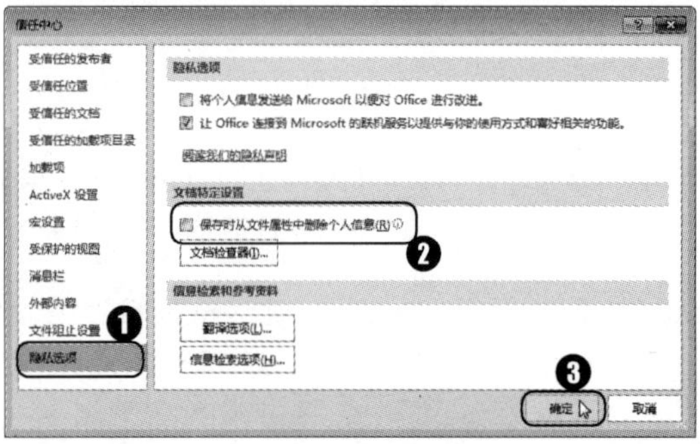

Step04: 返回“Excel 选项”对话框，单击“确定”按钮完成设置，如下图所示。

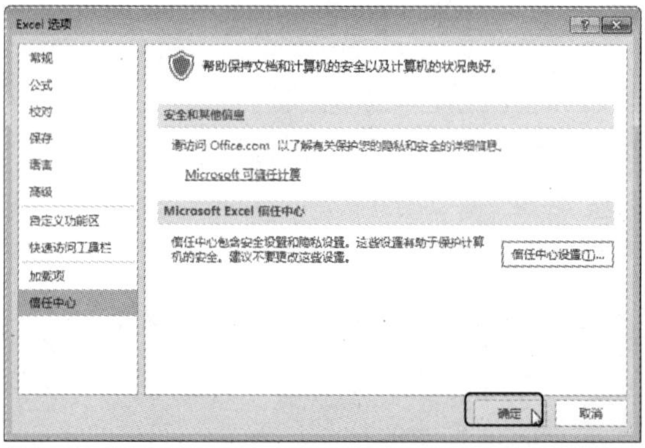

3. 添加“开发工具”选项卡

首次使用 Visual Basic 编辑器时必须添加“开发工具”选项卡，在默认情况下，“开发工具”选项卡不显示在选项卡界面中，如果需要，须从“Excel 选项”对话框中添加，具体操作如下。

Step01: ❶在打开的“Excel 选项”对话框中选择“自定义功能区”选项；❷在右侧勾选“开发工具”复选框；❸单击“确定”按钮，如下图所示。

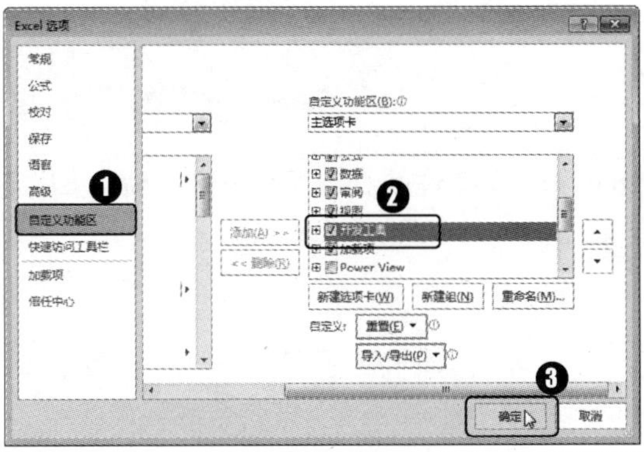

Step02: 经过上步操作，添加了“开发工具”选项卡，效果如下图所示。

4．设置宏的安全性

使用宏与 VBA 程序代码，除了设置个人信息选项外，还要设置宏的安全性，在初次执行宏与 VBA 程序代码时会设置宏的安全性。如果设置后不修改，下次使用时则不需要再次设置。启用所有宏的操作方法如下。

Step01: ❶单击“开发工具”选项卡；❷单击“代码”组中的“宏安全性”按钮，如下图所示。

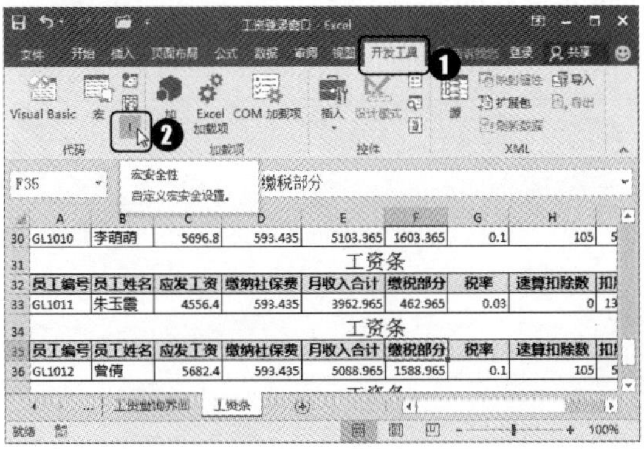

Step02: 打开“信任中心”对话框，❶选择“宏设置”选项；❷选中“启用所有宏”单选按钮；❸单击“确定”按钮，如下图所示。

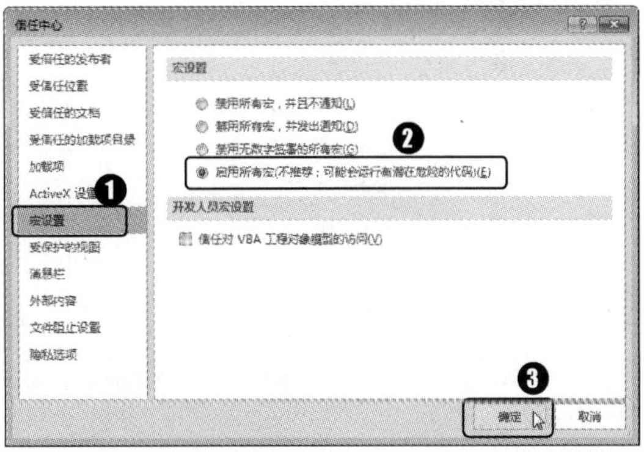

5．制作用户登录窗体

为了防止他人查看或者更改工资系统信息，可以设置用户登录窗口，用户只有在输入正确的用户名和密码才可以进入该系统。

Step01: 单击“代码”组中的“Visual Basic”按钮，如下图所示。

Step02: 打开“Microsoft Visual Basic for Applica tions - 工资登录窗口.xlsm”编辑器窗口，在“工程 - VBA Project”窗格中双击“This Workbook”选项，如下图所示。

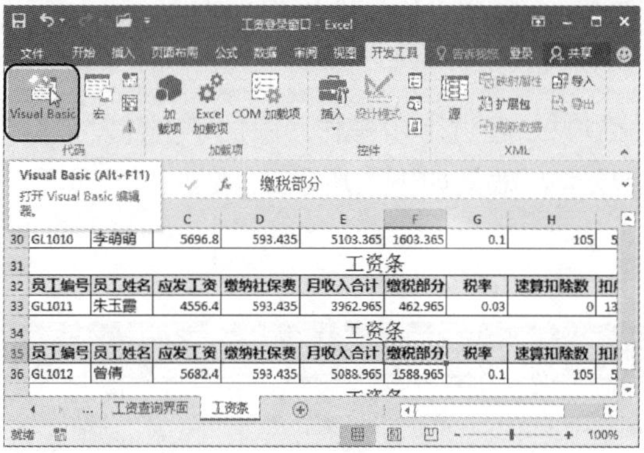

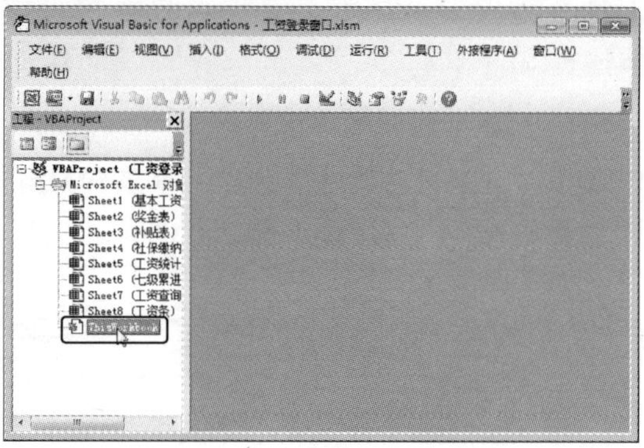

Step03: ❶在 This Workbook 右侧界面中输入下图所示的代码；❷单击“保存”按钮；❸单击“关闭”按钮退出窗口。

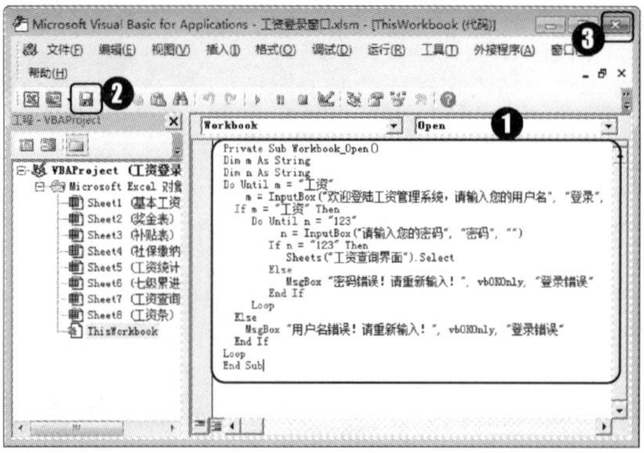

Step04: 在文件的存放路径中双击启动工资登录窗口，如下图所示。

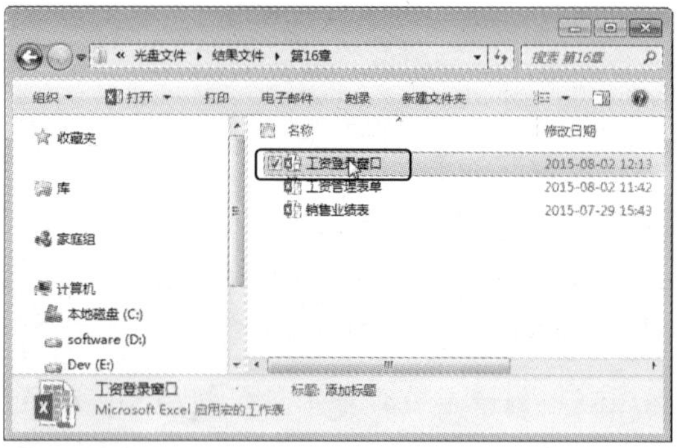

Step05: 打开“登录”对话框，❶在文本框中输入用户名；❷单击“确定”按钮，如下图所示。

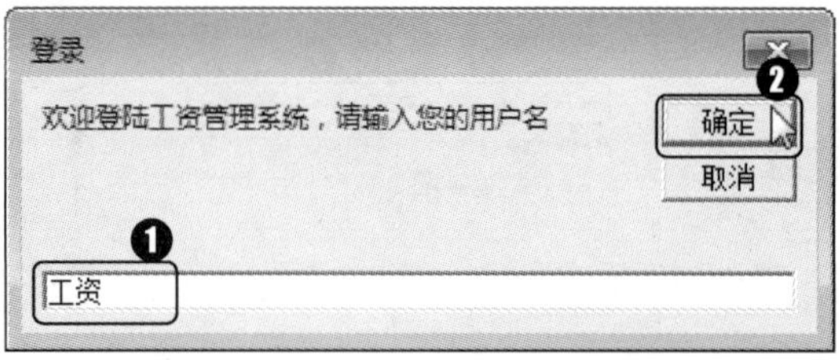

Step06: 打开“密码”对话框，❶在文本框中输入设置的密码；❷单击“确定”按钮，如下图所示。

▷▷ 16.2　制作产品销售业绩分析表

在 Excel 中对数据进行分析操作都会根据源数据表进行分析，当然，不是所有的数据表都适合用 Excel 提供的功能全部分析一遍，我们只需要根据自己的要求进行分析即可。本案例主要应用了添加边框线的基本操作、求和、排序、插入与编辑图表，以及使用函数计算出预测销售数据的相关知识。

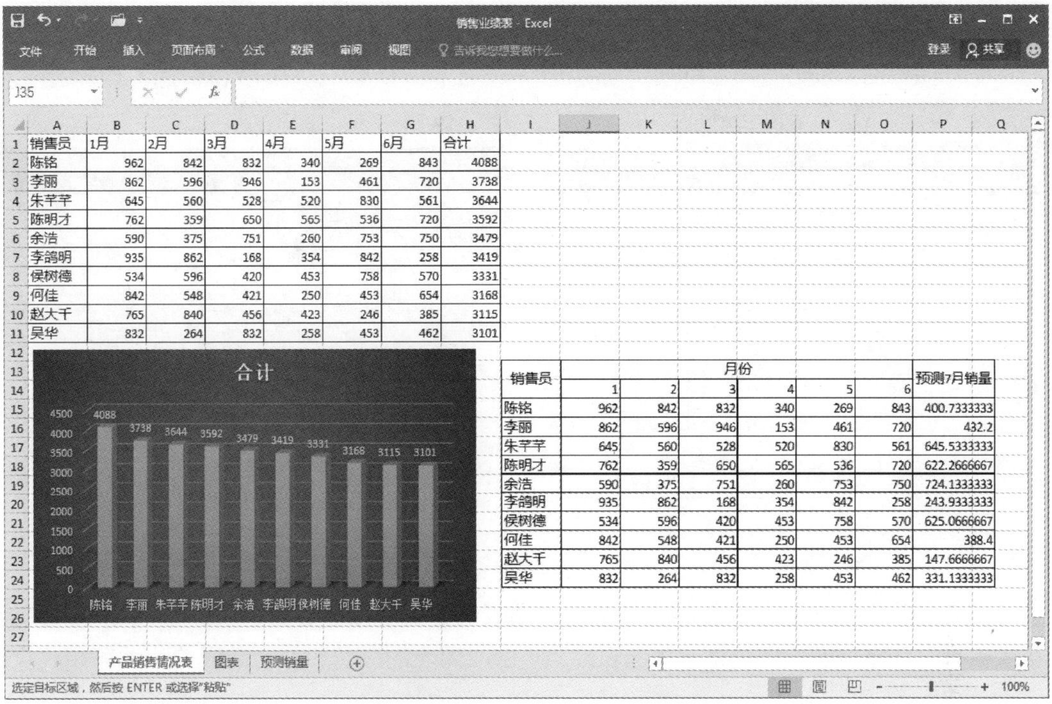

光盘同步文件

视频文件：光盘\教学文件\第 16 章\16-2.mp4

16.2.1　分析产品销售数据

根据源数据表提供的数据，用户可以为表格添加边框线，然后计算出合计销售数量。为了查看各员工的销售情况，再对合计销售数量按照从高到低的顺序进行排序。

Step01: 打开“光盘\素材文件\第 16 章\销售业绩表.xlsx”，❶选择 A1:H11 单元格区域；❷单击“字体”组中的“下框线”下拉按钮；❸在下拉列表中选择“所有框线”命令，如下图所示。

Step02: ❶选择 H2 单元格；❷单击“公式”选项卡；❸单击“函数库”组中的“自动求和”按钮，如下图所示。

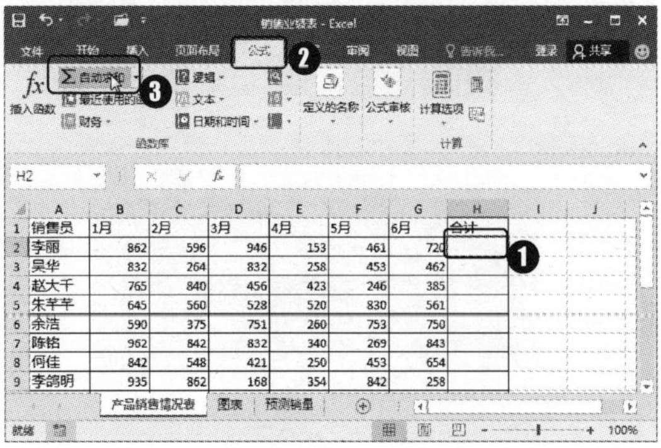

Step03: ❶按〈Enter〉键确认计算，选择 H2 单元格；❷按住鼠标左键不放向下拖动填充计算公式至 H11 单元格，如下图所示。

Step04: ❶选择 H2 单元格；❷单击“数据”选项卡；❸单击“排序和筛选”组中的“降序”按钮，如下图所示。

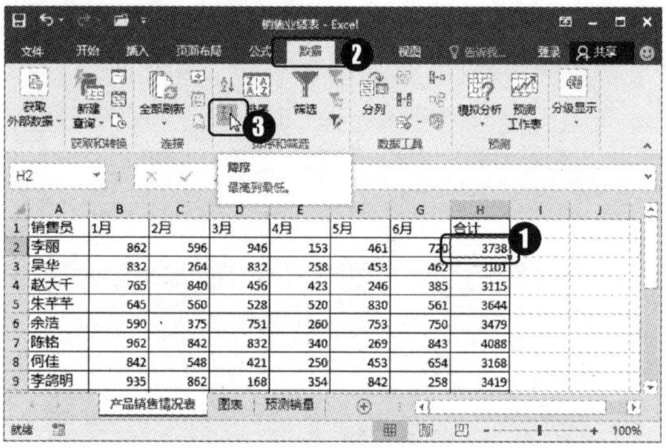

16.2.2 插入图表

在计算并排序合计销量后，根据合计值使用图表的方式对数据进行分析，下面使用三维柱形图分析数据。在创建图表后会进行应用图表样式、修改图表的颜色和移动图表的位置等相关操作。

Step01: ❶选择 A1:A11 和 H1:H11 单元格区域，单击“插入”选项卡；❷单击“图表”组中的“柱形图”按钮；❸选择“三维柱形图”选项，如下图所示。

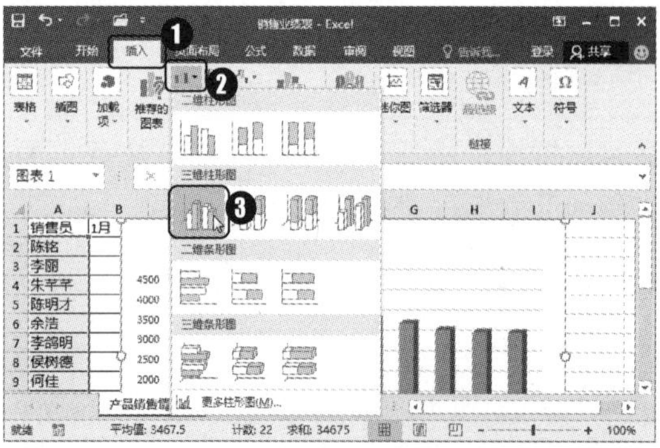

Step02: ❶选中图表，单击“图表工具-设计”选项卡；❷单击“图表样式”组中需要的样式；❸单击“更改颜色”按钮；❹在下级列表中选择“颜色 3”选项，如下图所示。

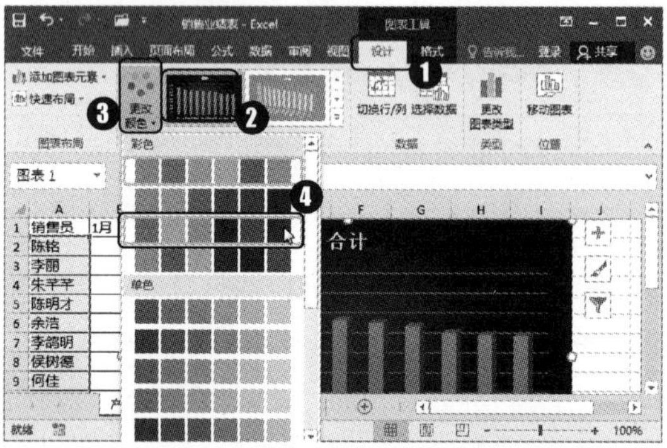

Step03: ❶选中图表；❷单击“位置”组中的“移动图表”按钮，如下图所示。

Step04: 打开“移动图表”对话框，❶选中“对象位于”单选按钮；❷在右侧下拉列表框中选择“图表”选项；❸单击“确定”按钮，如下图所示。

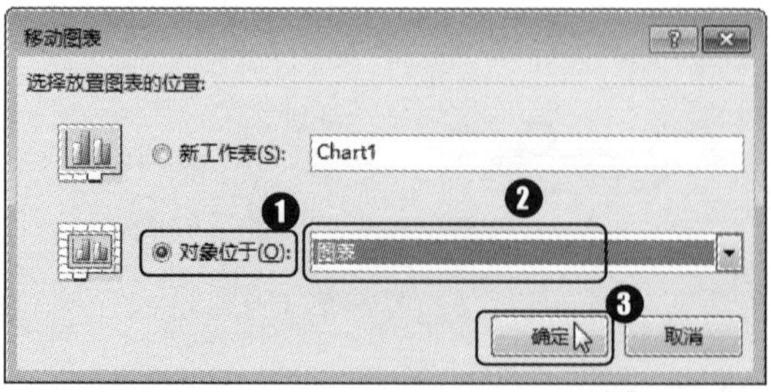

Step05: ❶右击图表数据系列；❷指向快捷菜单中的“添加数据标签”命令；❸选择“添加数据标签”命令，如下图所示。

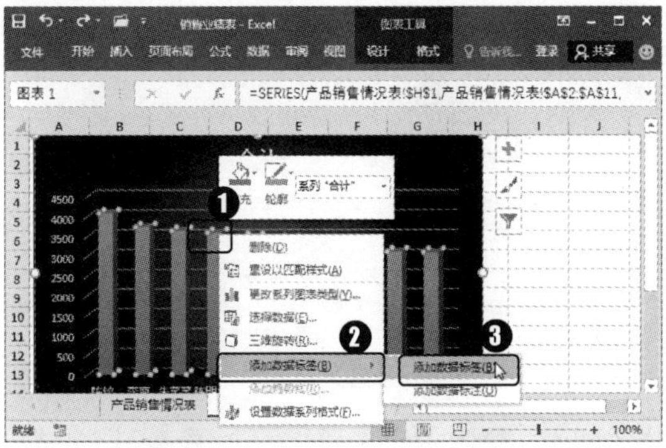

Step06: 经过以上操作，创建了三维柱形图表，并设置了图表格式，效果如下图所示。

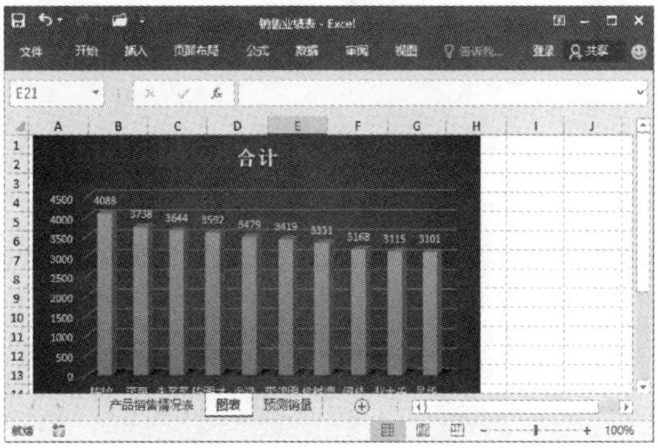

16.2.3 预测销量

在 Excel 中按照数据分析的原则使用 TREND 函数可以按线性趋势值返回预测的下一个销售数据。下面在“预测销售“工作表中根据上半年的销售数量计算出 7 月的预测销售值。

TREND 函数返回线性趋势值，找到适合已知数组 known_y's 和 known_x's 的直线（用最小二乘法），返回指定数组 new_x's 在直线上对应的 y 值。

语法：TREND(known_y's, [known_x's], [new_x's], [const])

known_y's 为必需参数，关系表达式 $y = mx + b$ 中已知的 y 值集合。如果数组 known_y's 在单独一列中，则 known_x's 的每一列都被视为一个独立的变量。如果数组 known_y's 在单独一行中，则 known_x's 的每一行都被视为一个独立的变量。

known_x's 为必需参数，关系表达式 $y = mx+b$ 中已知的可选 x 值集合。数组 known_x's 可以包含一组或多组变量。如果仅使用一个变量，那么只要 known_x's 和 known_y's 具有相同的维数，则它们可以是任何形状的区域。 如果用到多个变量，则 known_y's 必须为向量（即必须为一行或一列）。如果省略 known_x's，则假设该数组为{1,2,3,...}，其大小与 known_y's 相同。

new_x's 为必需参数，需要函数 TREND 返回对应 y 值的新 x 值。new_x's 与 known_x's 一样，对每个自变量都必须包括单独的一列（或一行）。因此，如果 known_y's 是单列的，known_x's 和 new_x's 应该有同样的列数。如果 known_y's 是单行的，known_x's 和 new_x's 应该有同样的行数。如果省略 new_x's，将假设它和 known_x's 一样。如果 known_x's 和 new_x's 都被省略，将假设它们为数组{1,2,3,...}，大小与 known_y's 相同。

const 为可选参数，一个逻辑值，用于指定是否将常量 b 强制设为 0。如果 const 为 TRUE 或省略，b 将按正常计算。如果 const 为 FALSE，b 将被设为 0（零），m 将被调整以使 $y = mx$。

Step01: ❶选择 H3 单元格；❷在“公式”选项卡中单击“函数库”组中的“插入函数”按钮，如下图所示。

Step02: 打开“插入函数”对话框，❶在“或选择类别”右侧的下拉列表框中选择“全部”选项；❷在“选择函数”列表框中选择“TREND”函数；❸单击“确定”按钮，如下图所示。

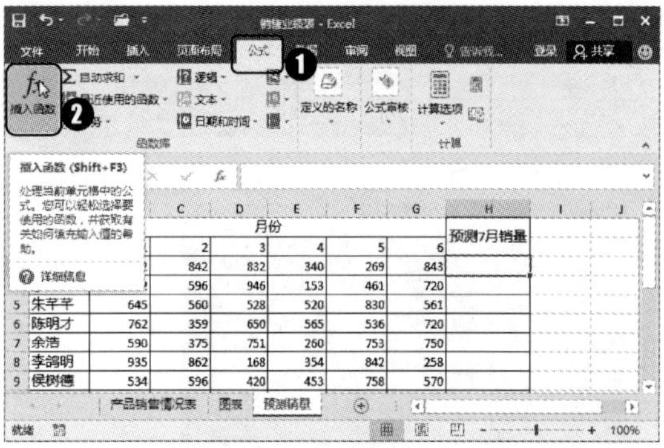

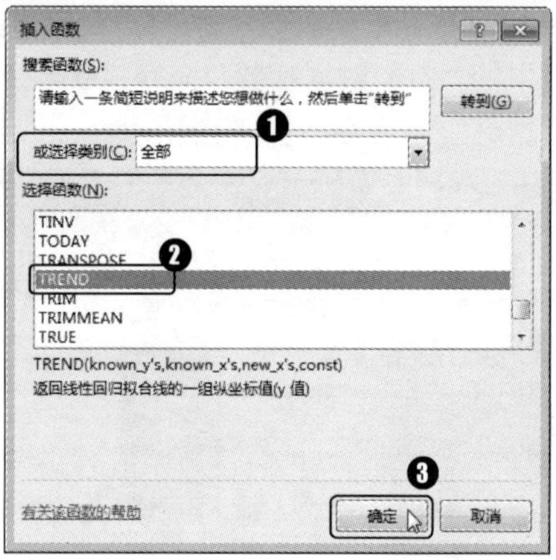

Step03: 打开“函数参数”对话框，❶在“Known_y's”和“Known_x's”框中引用每月销售数量区域和月份区域；❷在“New_x's”框中输入要计算的月份值，如“7”；❸单击“确定”按钮，如下图所示。

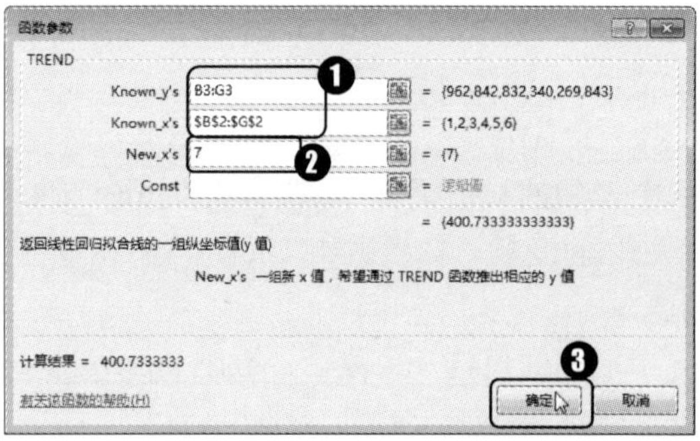

Step04: ❶选择 H3 单元格；❷按住鼠标左键不放向下拖动填充预测数据公式，效果如下图所示。

▷▷ 16.3 制作企业人力资源管理表

人力资源管理作为企业的一个重要组成部分，对提高企业管理质量、促进企业变革有着非常重要的作用。目前，大部分大型企业的日常工作基本实现了信息化，但对于一些小企业来说，许多工作还处于手工阶段，其中工作量最大、数据量最大的一项是企业人员管理。随着企业规模的迅速扩大，职工管理的工作量进一步增加，也越来越复杂，这使得企业工作的信息化和网络化势在必行。为了快速提高人力资源管理，本例使用 VBA 的方式制作出查询功能。

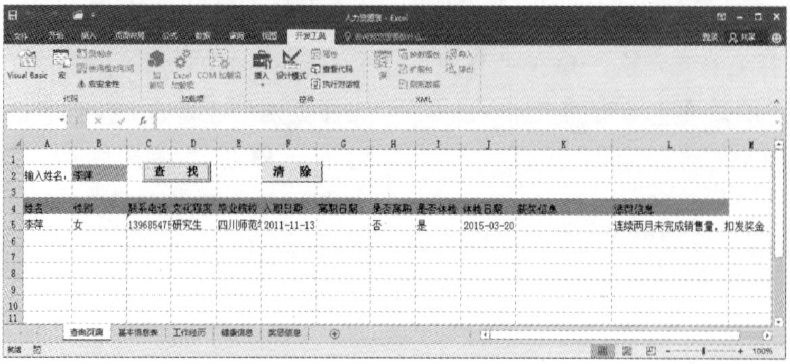

光盘同步文件

视频文件：光盘\教学文件\第 16 章\16-3.mp4

16.3.1 设置表格数据有效性

在制作的基本表格中，为了避免输入数据出错，可以使用数据有效性对单元格进行设置，具体操作方法如下。

Step01: 打开“光盘\素材文件\第 16 章\人力资源表.xlsx”，❶在“基本信息表”工作表中选择 C2:C12 单元格区域；❷单击“数据”选项卡；❸单击“数据工具”组中的“数据验证”按钮，如下图所示。

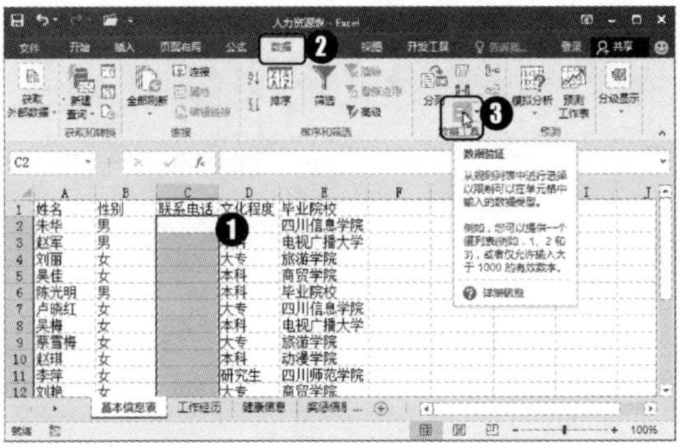

Step02: 打开“数据验证”对话框，❶单击“设置”选项卡；❷在“允许”下拉列表框中选择“文本长度”选项；❸设置数据长度等于 11，如下图所示。

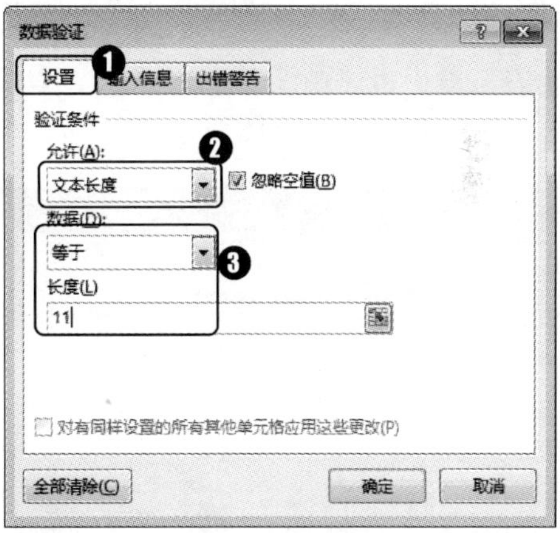

Step03: ❶单击“输入信息”选项卡；❷在“输入信息”文本框中输入提示内容；❸单击“确定”按钮，如下图所示。

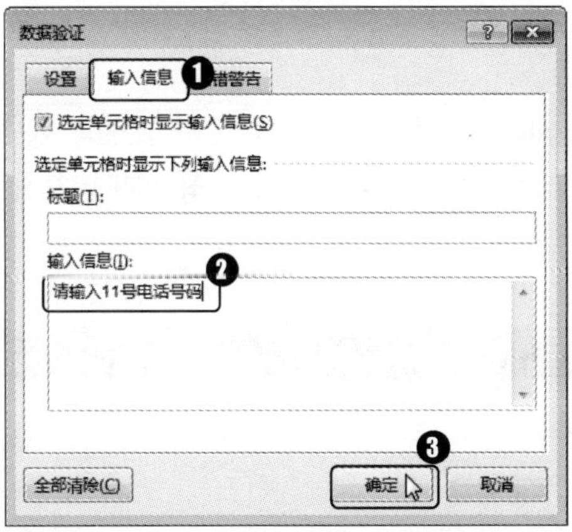

Step04: ❶选择 C 列；❷单击“开始”选项卡；❸单击“数字”组的对话框启动器按钮，如下图所示。

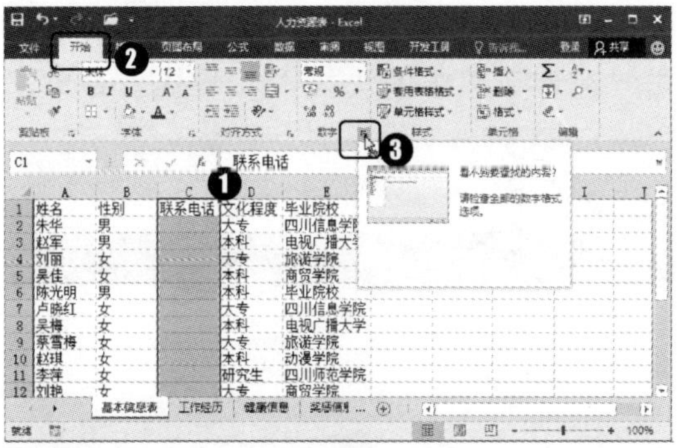

Step05: ❶打开“设置单元格格式”对话框，在“分类”列表框中选择“文本”选项；❷单击“确定”按钮，如下图所示。

Step06: 经过以上设置后，在“联系电话”列中输入相应的电话号码，效果如下图所示。

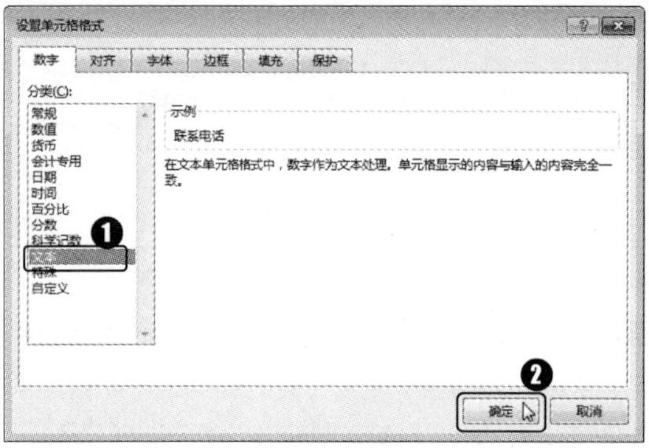

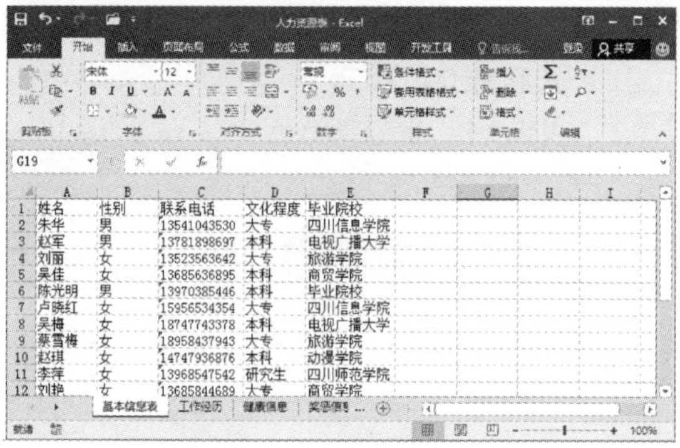

16.3.2 制作查询页面工作表

在人力资源表中提供了多张工作表，如果需要通过姓名的方式直接查询出员工的所有信息，这时需要将信息的标题罗列出来，然后使用命令按钮实现该功能。

Step01: ❶单击“新工作表”按钮；❷输入新工作表的名称，如下图所示。

Step02: 在A2:L4单元格区域中输入标题内容，如下图所示。

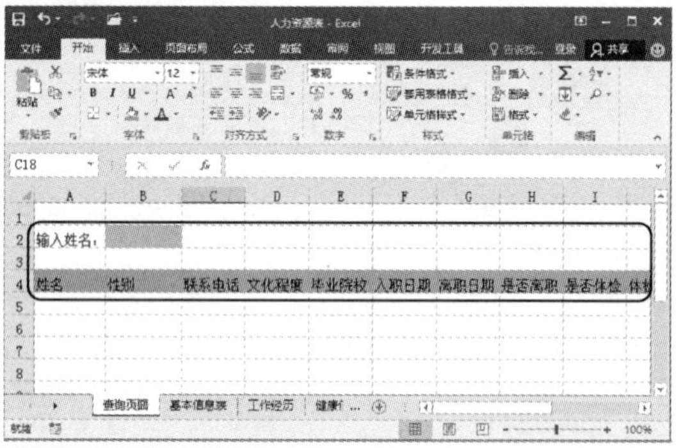

16.3.3 使用命令按钮实现查询功能

在输入完查询页面的信息后，就可以使用“开发工具”选项卡提供的控件按钮了，输入执行命令的代码，即可实现查询功能，具体操作方法如下。

Step01: ❶单击“开发工具”选项卡；❷单击“控件”组中的“插入”按钮；❸单击“ActiveX控件”组中的“命令按钮”控件，如下图所示。

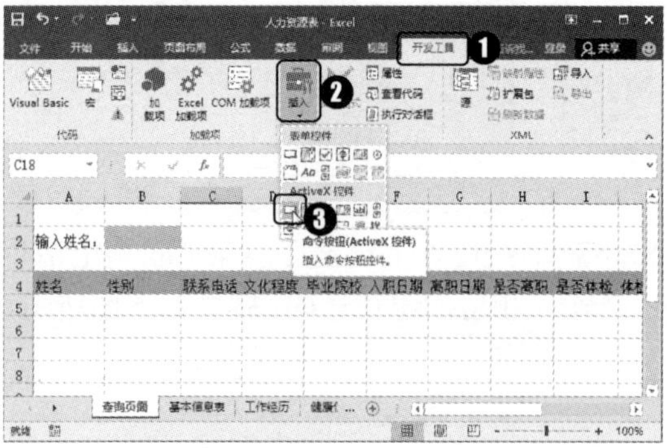

Step02: 执行命令后，在工作表的区域中按住鼠标左键不放拖动绘制按钮，如下图所示。

Step03: ❶重复前两步，再插入一个命令按钮；❷选择绘制的第 1 个命令按钮；❸单击“控件”组中的“属性”按钮，如下图所示。

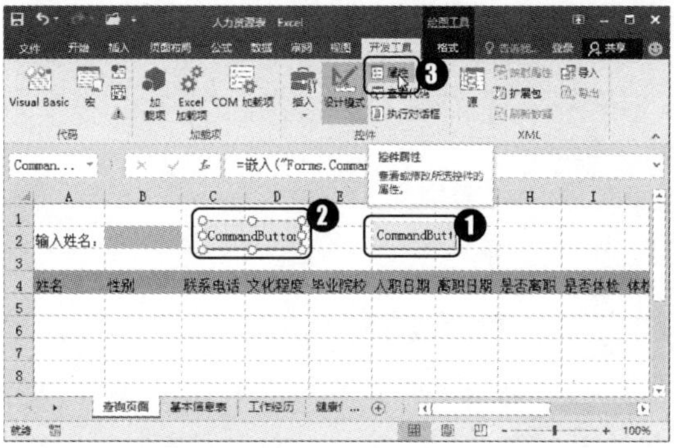

Step04: 打开“属性”对话框，❶在“Caption”右侧输入命令名称；❷单击“Font 宋体”右侧的…按钮，如下图所示。

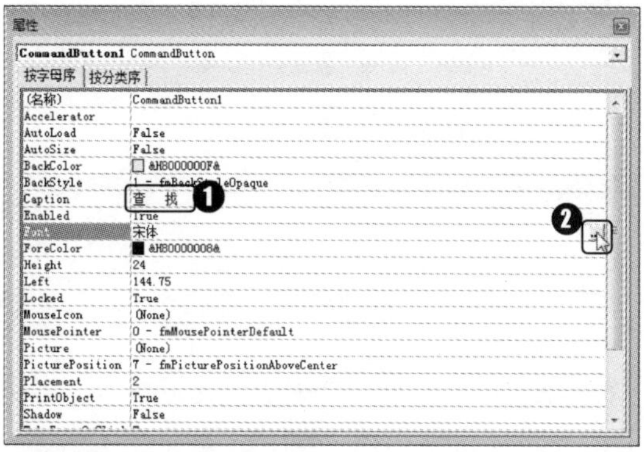

Step05: 打开“字体”对话框，❶在“字形”列表框中选择“粗体”选项；❷在“大小”列表框中选择“四号”选项；❸单击“确定”按钮，如下图所示。

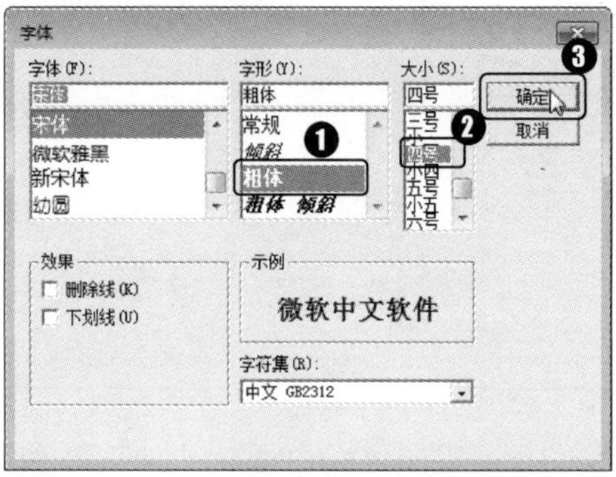

Step06: ❶选择绘制的第 2 个命令按钮；❷单击“控件”组中的“属性”按钮，如下图所示。

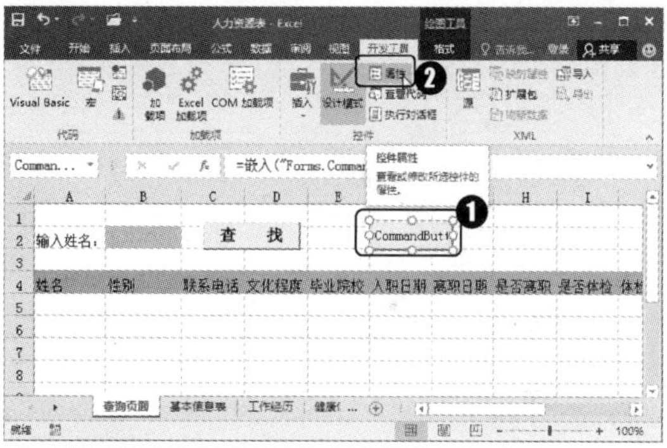

Step07: 打开“属性”对话框，❶在“Caption”右侧输入命令的名称；❷单击“Font 宋体”右侧的…按钮，如下图所示。

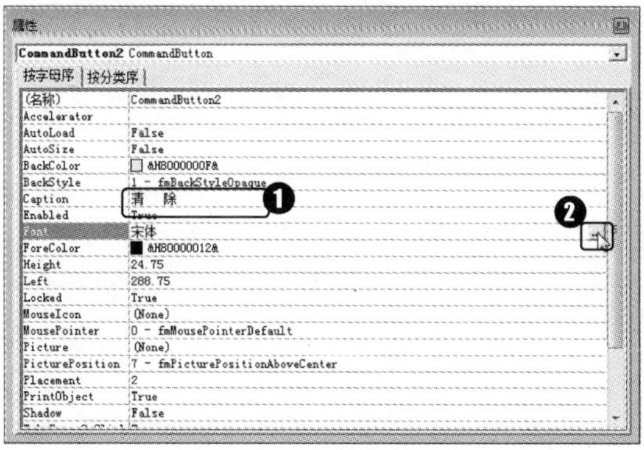

Step08: 打开“字体”对话框，❶在“字形”列表框中选择“粗体”选项；❷在“大小”列表框中选择“四号”选项；❸单击“确定”按钮，如下图所示。

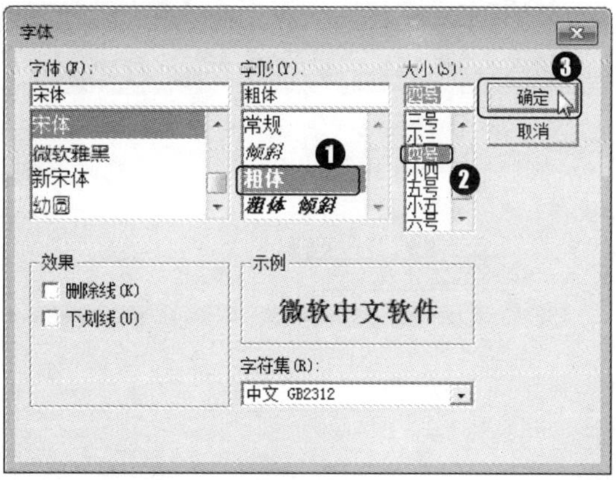

Step09: ❶选择“查找”按钮；❷单击“代码”组中的“Visual Basic”按钮，如下图所示。

Step10: 进入 VBA 的窗口界面，其中默认没有代码，如下图所示。

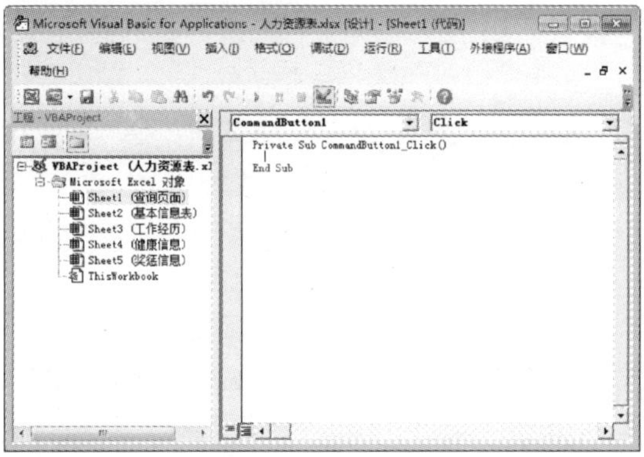

Step11: 启动素材文件中的代码记事本，将里面的代码复制到 VBA 的窗口，如下图所示。

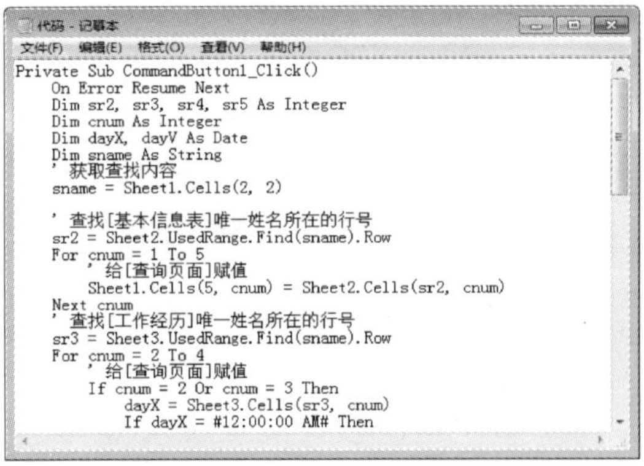

Step12: ❶将查找和清除的代码复制到窗口后单击“保存”按钮；❷单击“关闭”按钮，如下图所示。

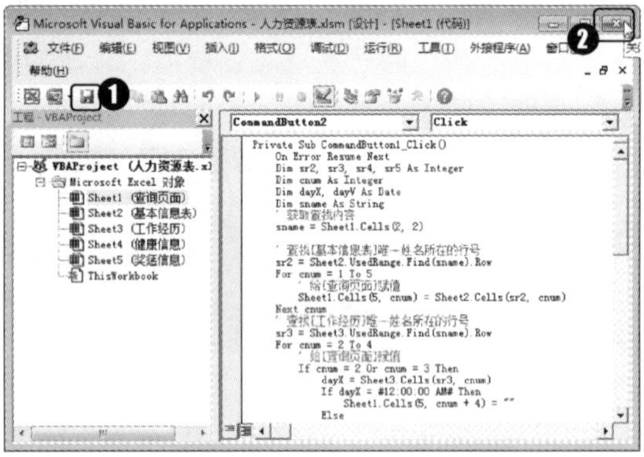

新手注意

在将代码输入到 VBA 窗口后，要想保存代码内容，必须将 Excel 文件保存为启用宏的类型，否则保存时会弹出无效的提示。

Step13: ❶在 B2 单元格中输入要查找的名称；❷单击“查找”按钮，如下图所示。

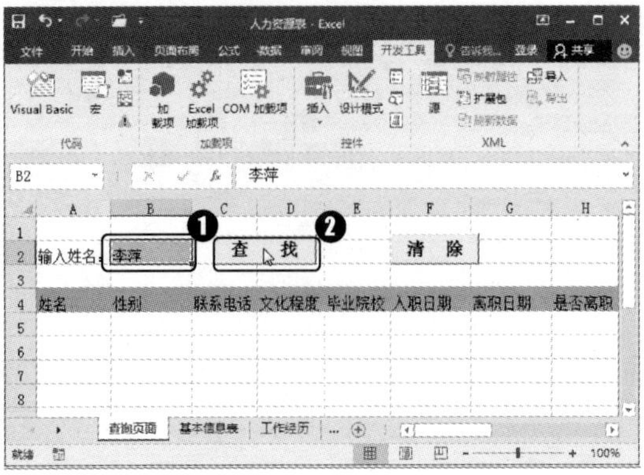

Step14: 经过以上操作，将李萍的信息查找了出来，效果如下图所示。

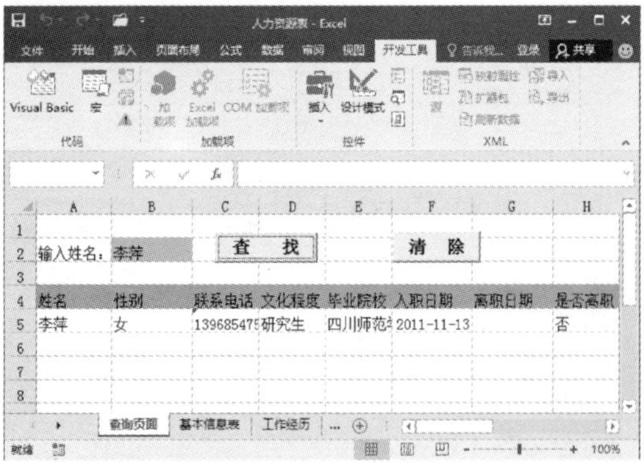

Step15: 如果在查看完信息后需要将查找的内容清除掉，直接单击“清除”按钮即可，效果如右图所示。

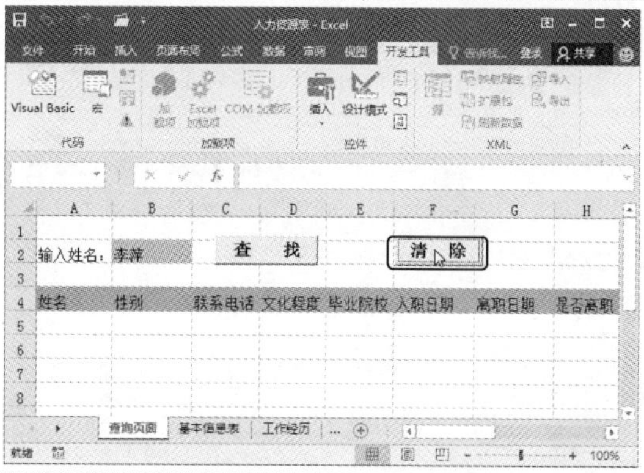

▷▷ 本章小结

在本章中主要以案例的方式对 Excel 的内容进行一次总复习，根据各案例的要求在制作时使用了不同的功能，希望读者能够快速应用。在本章中除应用了 Excel 的一些功能外，还应用了辅助功能实现 Excel 命令不能完成的一些功能，希望读者可以了解一点 VBA 的知识，也可以根据自己的需要学习和掌握 VBA 的相关技能。

第 17 章　实战应用——PowerPoint 2016 在商务办公中的应用

本章导读

在日常办公应用中经常需要将某些内容以屏幕放映的方式进行展示，如新产品策划方案、新产品发布、企划方案和培训演讲等，使用 PowerPoint 可以编排和制作各种用于演示的演示文稿。本章主要结合前面所学的知识，通过几个最常见的办公案例的制作讲解 PowerPoint 2016 在日常办公中的具体应用，包括制作年度工作总结 PPT、项目招投标 PPT 和企业营销宣传 PPT。

知识要点

- 制作幻灯片母版
- 编辑与修改幻灯片内容
- 应用与修改幻灯片设计
- 设置幻灯片的切换动画
- 自定义幻灯片的内容动画
- 为幻灯片内容添加交互动画
- 放映幻灯片

效果展示

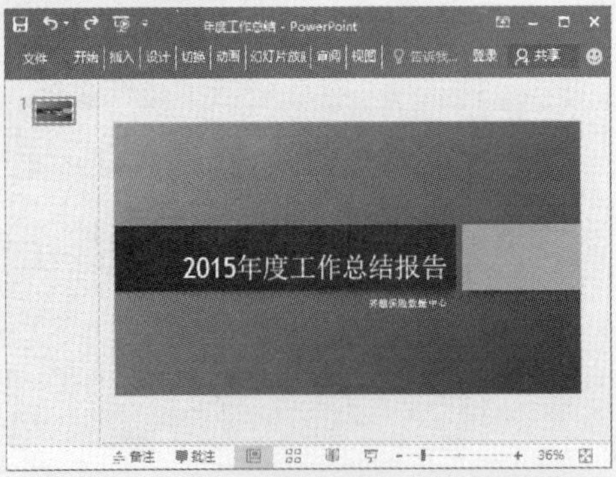

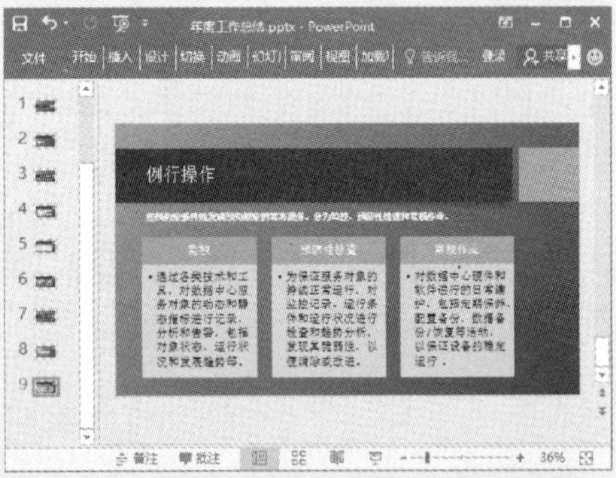

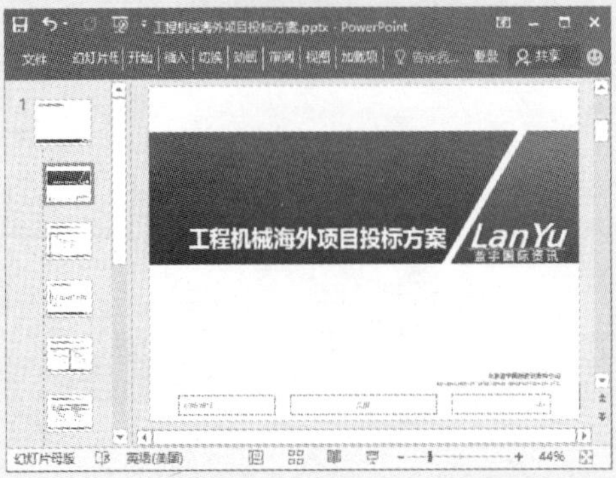

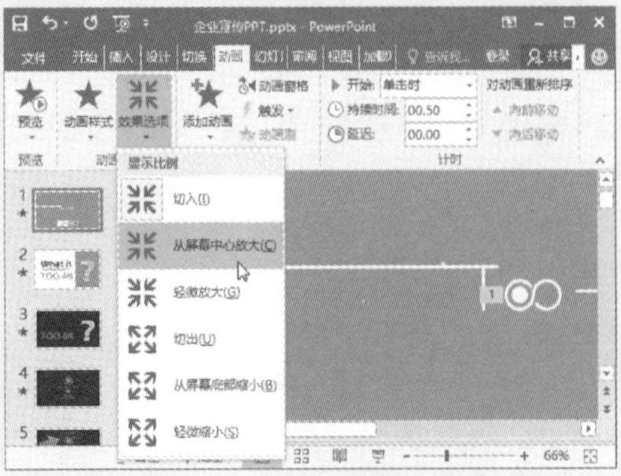

▷▷ 17.1　制作年度工作总结 PPT

当工作进行到一定阶段或告一段落时，用户不仅自己需要回过头来对所做的工作认真、系统地分析研究一下，其上司往往也需要以文档的形式做出书面的总结报告。现在，很多企业内部要求员工以演示文稿的形式来制作工作总结，尤其以年终总结、半年总结和季度总结最为常见和多用。本节将制作一个年终总结 PPT，完成后的效果如下图所示。

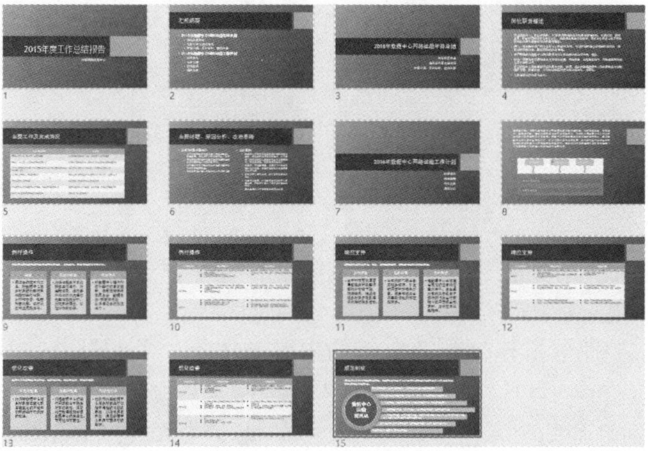

光盘同步文件

视频文件：光盘\教学文件\第 17 章\17-1.mp4

17.1.1　新建演示文稿

年度工作总结 PPT 的查阅对象主要是公司内部人员，所以在形式上要求不高，易于阅读就行，在内容上力求对某个时间段的工作进行一次全面、系统的总检查、总评价、总分析、总研究，肯定成绩，找出问题，归纳出经验教训，提高认识，明确方向，以便做好进一步的工作。在使用 PowerPoint 制作这类需要将心思重点花费在内容上的演示文稿时，可以通过使用模板来减少对演示文稿的编辑操作。本例的具体制作步骤如下。

Step01: 打开 PowerPoint 2016，❶单击“文件”按钮，在弹出的下拉菜单中选择“新建”命令；❷在中间栏中选择需要的“柏林”模板，如右图所示。

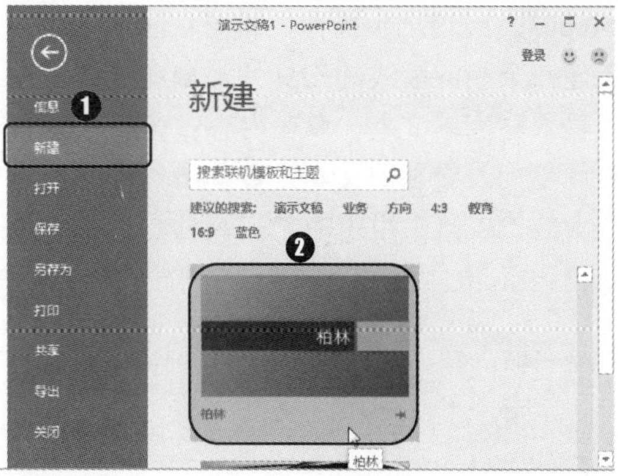

Step02: 在打开的页面中可以查看到该模板的更多信息，单击“创建”按钮，即可根据下载的模板创建一个空白演示文稿，如下图所示。

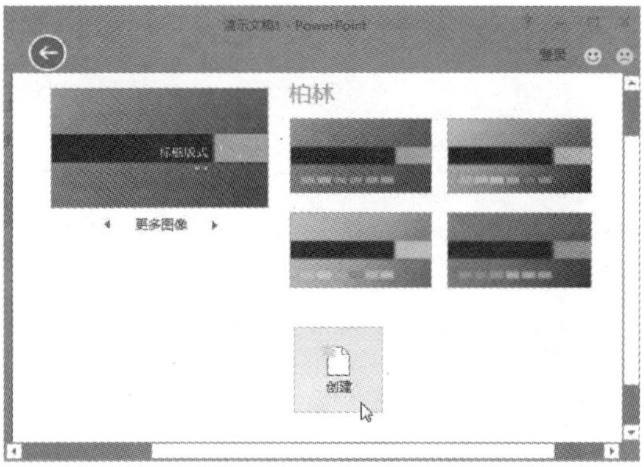

Step03: ❶在“文件”菜单中选择“另存为”命令；❷在中间栏中选择“这台电脑”选项，并在打开的对话框中以“年度工作总结”为名保存该演示文稿，如下图所示。

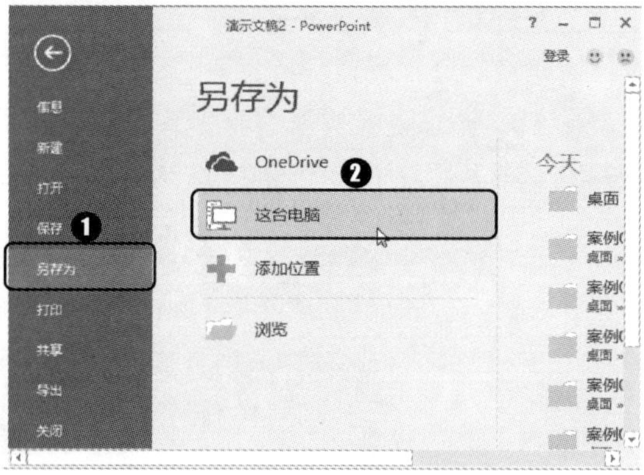

17.1.2 输入各幻灯片的内容

在新建演示文稿后，便可以根据需要总结的内容制作每一个幻灯片的具体效果了，具体操作如下。

Step01: 在第 1 张幻灯片的文本占位框中根据提示输入相应的文本，完成后的效果如下图所示。

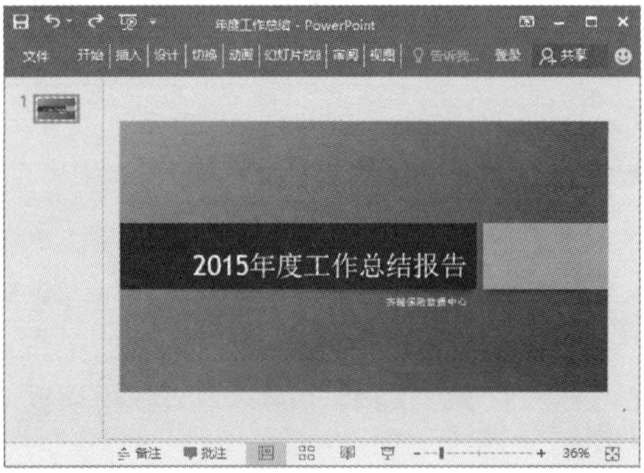

Step02: ❶单击“开始”选项卡的“幻灯片”组中的“新建幻灯片”按钮；❷在弹出的下拉列表中选择“标题和内容”选项，如下图所示。

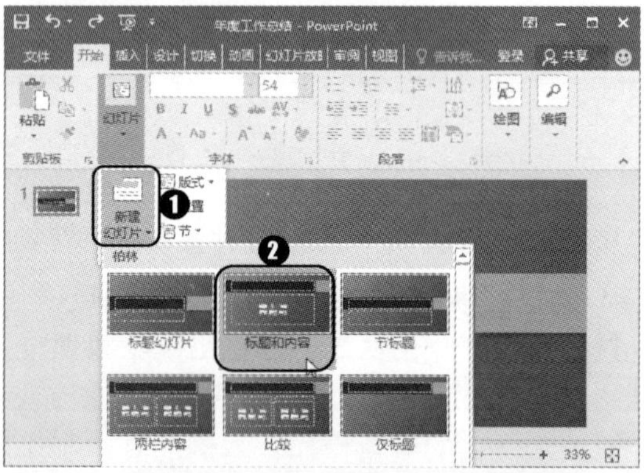

Step03: 经过上步操作，即可在演示文稿中新建一个相应版式的幻灯片。❶在各文本框中输入对应的文本；❷在内容占位符中选择要调整列表级别的文本；❸单击“开始”选项卡的“段落”组中的“提高列表级别”按钮，如右图所示。

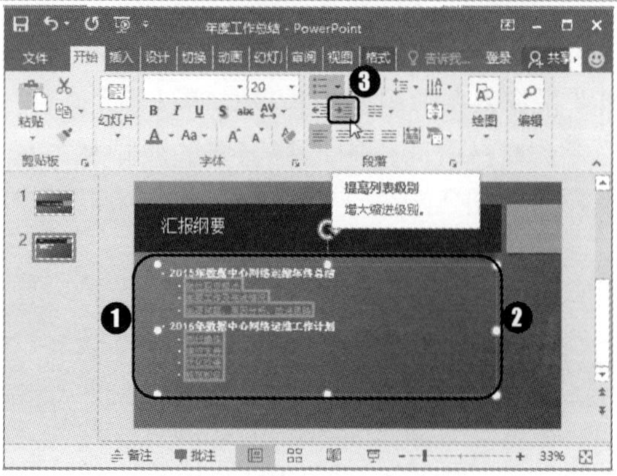

Step04: ❶单击“开始”选项卡的“幻灯片”组中的“新建幻灯片”按钮；❷在弹出的下拉列表中选择“节标题”选项，如下图所示。

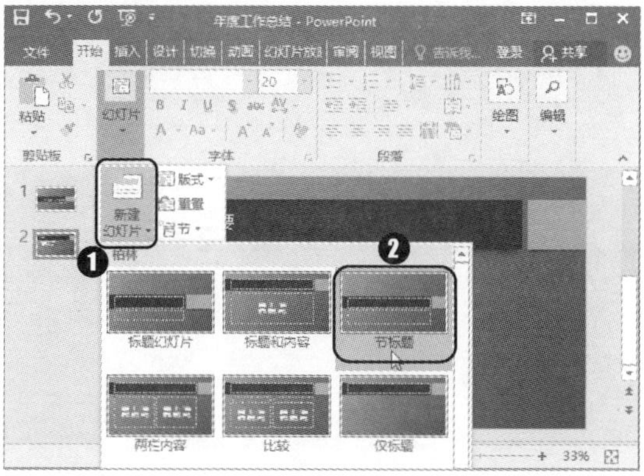

Step05: 经过上步操作，即可在演示文稿中新建一个相应版式的幻灯片。在各文本框中输入对应的文本，完成后的效果如下图所示。

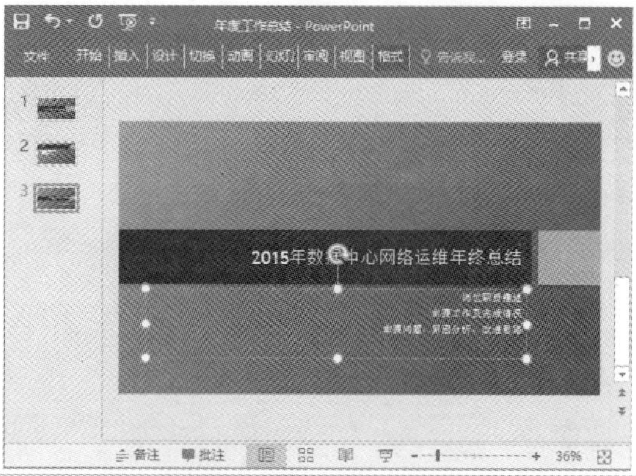

Step06: ❶打开素材文件“年度总结内容”文档，选择需要复制到幻灯片中的内容；❷单击“开始”选项卡的“剪贴板”组中的“复制”按钮，如下图所示。

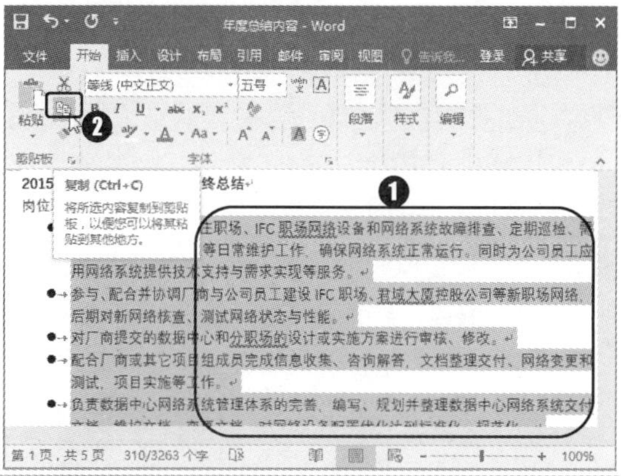

Step07: 返回演示文稿中，❶新建一个“标题和内容”版式的幻灯片；❷将文本插入点定位在第 4 张幻灯片中需要复制内容的占位符中；❸单击“剪贴板”组中的“粘贴”按钮，如下图所示。

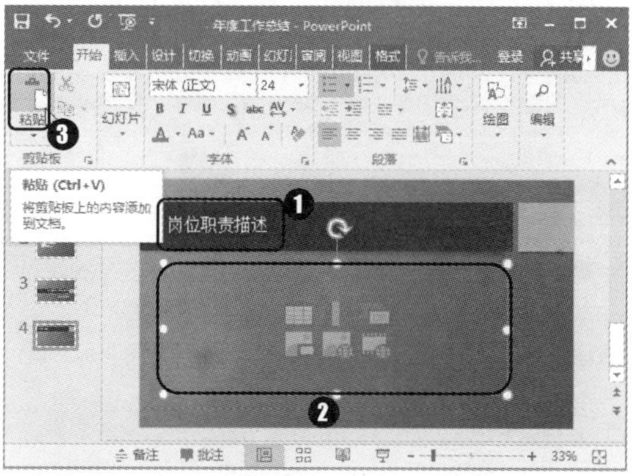

Step08: ❶选择内容占位符中的文本；❷单击“段落”组中的“行距”按钮；❸在弹出的下拉列表中选择“1.0”选项，如下图所示。

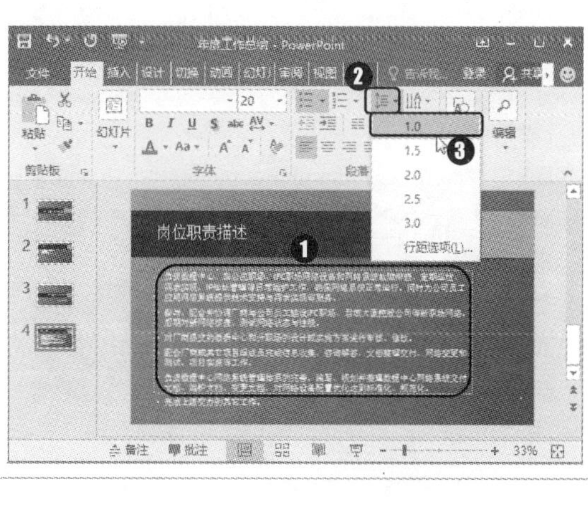

Step09: ❶选择第 4 张幻灯片；❷按〈Enter〉键新建一个相同版式的幻灯片；❸在内容占位符中输入相应的文本；❹单击“插入”选项卡的“表格”组中的“表格”按钮；❺在弹出的下拉列表中拖动鼠标新建一个 2 列 8 行的表格，如下图所示。

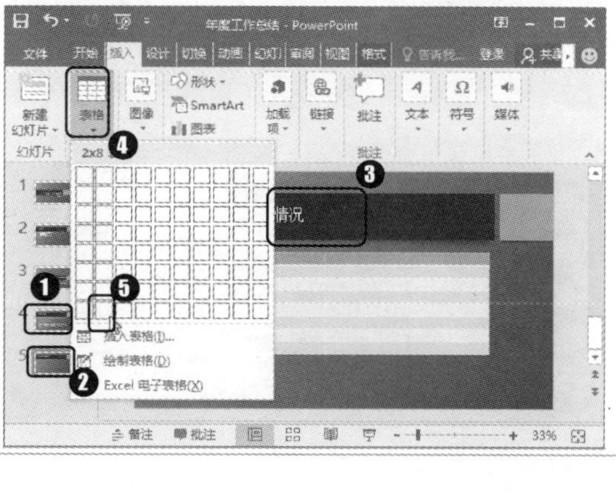

Step10: ❶复制素材文档中相应的表格内容，返回演示文稿中，单击“开始”选项卡的“剪贴板”组中的“粘贴”按钮；❷在弹出的下拉菜单中选择“只保留文本”选项，如下图所示。

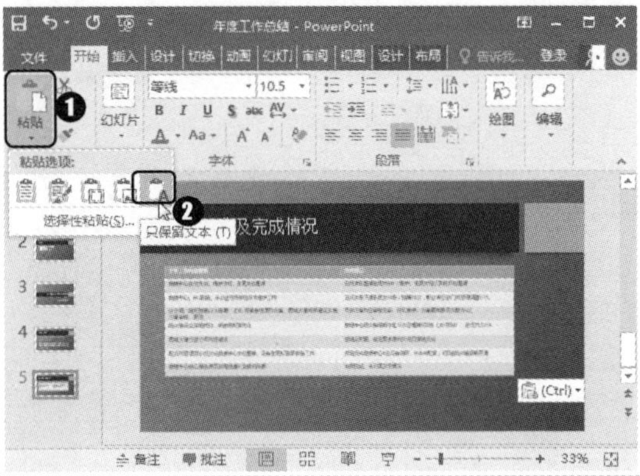

Step11: 拖动鼠标光标调整表格的大小，同时可以看到各单元格的大小也发生了变化，如下图所示。

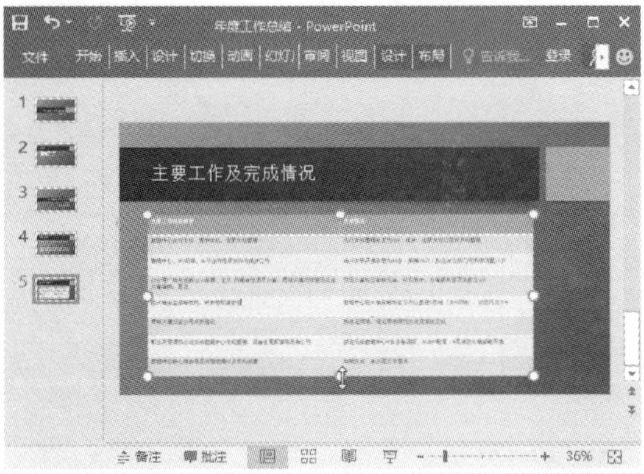

Step12: ❶选择第 1 行单元格；❷单击“表格工具-布局”选项卡的“对齐方式”组中的“居中”和“垂直居中”按钮，如下图所示。

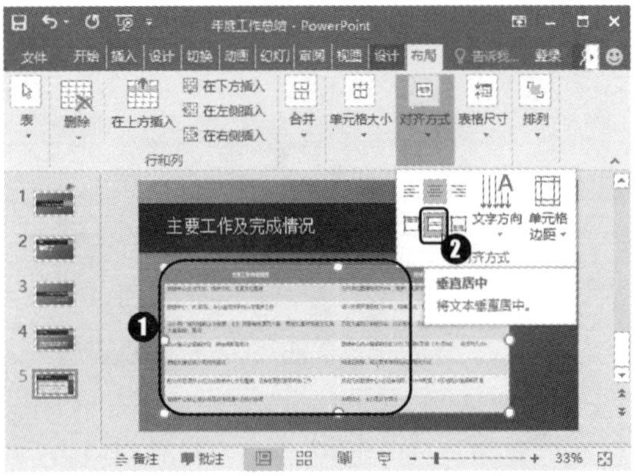

Step13: ❶新建一个“两栏内容”版式的幻灯片；❷在内容占位符中输入相应的文本；❸选择要调整列表级别的文本；❹单击“开始”选项卡的“段落”组中的“提高列表级别”按钮，如下图所示。

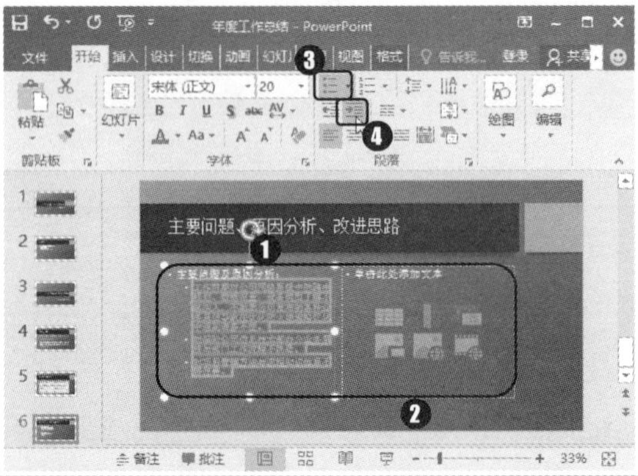

Step14: ❶单击“段落”组中的“行距”按钮；❷在弹出的下拉列表中选择“1.0”选项，如下图所示。

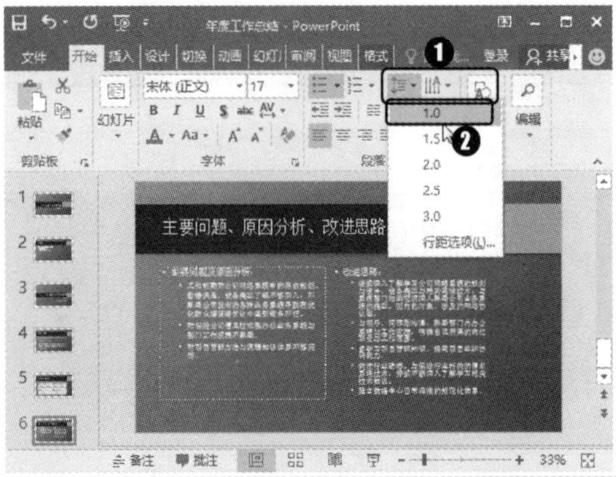

Step15: ❶新建一个“节标题”版式的幻灯片；❷在内容占位符中输入相应的文本，如下图所示。

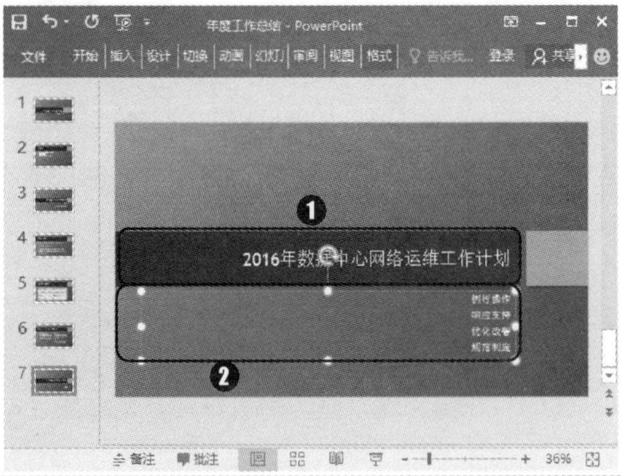

Step16: ❶新建一个“空白”版式的幻灯片；❷单击“插入”选项卡的“文本”组中的“文本框”按钮；❸在弹出的下拉菜单中选择“横排文本框”命令，如下图所示。

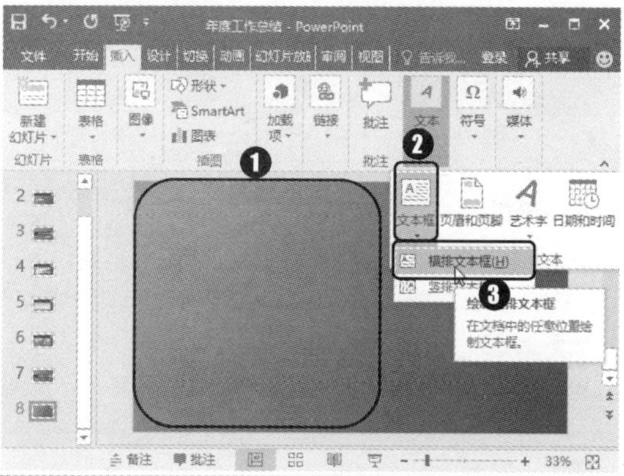

Step17: ❶拖动鼠标光标在幻灯片的顶部绘制一个文本框并输入相应的文本；❷将素材文档中的相应图片粘贴到该幻灯片的下方，如下图所示。

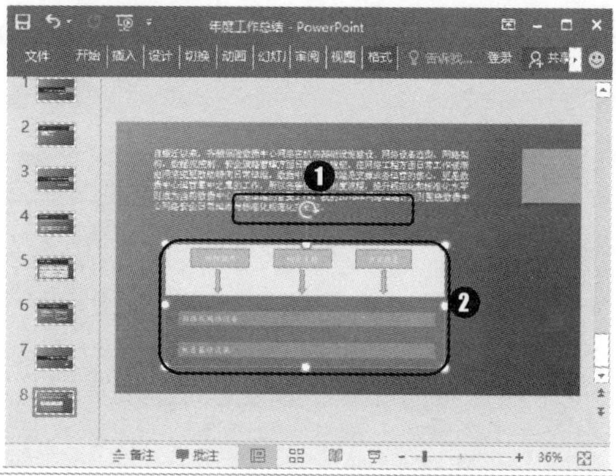

Step18: ❶新建一个“仅标题”版式的幻灯片；❷在内容占位符中输入相应的文本；❸单击“插入”选项卡的“插图”组中的“SmartArt”按钮，如下图所示。

Step19: 打开“选择 SmartArt 图形”对话框，❶在左侧选择“列表”选项；❷在中间的列表框中选择需要的列表图形；❸单击“确定”按钮，如下图所示。

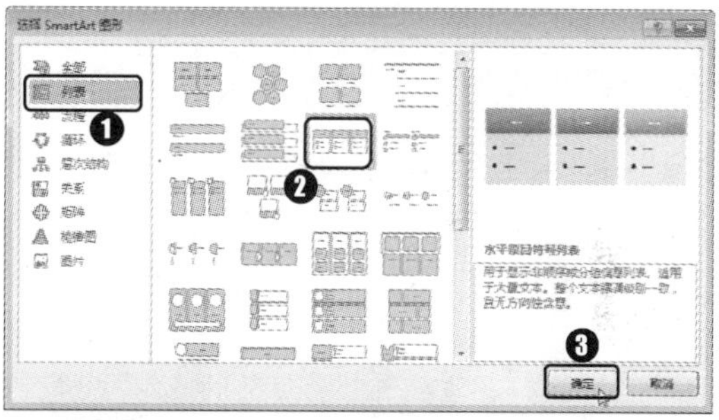

Step20: 经过上步操作，即可在幻灯片中插入相应的 SmartArt 图形，在各形状中输入相应的文本，如下图所示。

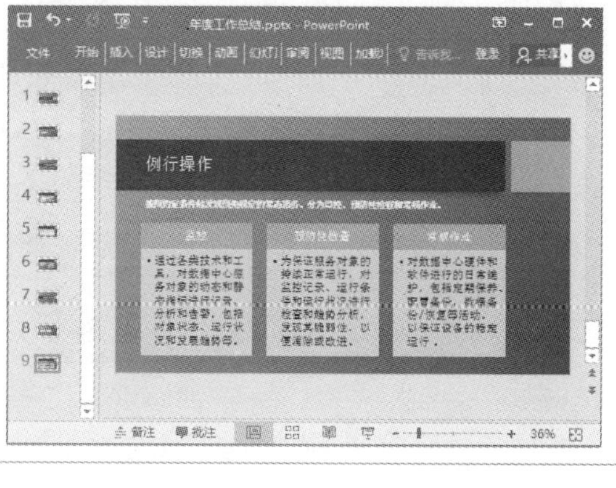

Step21: ❶新建一张相同版式的幻灯片；❷在内容占位符中输入相应的文本并插入表格；❸拖动鼠标光标调整各列的宽度；❹选择右侧的两列单元格；❺单击“表格工具-布局”选项卡的“单元格大小”组中的“分布列”按钮，如下图所示。

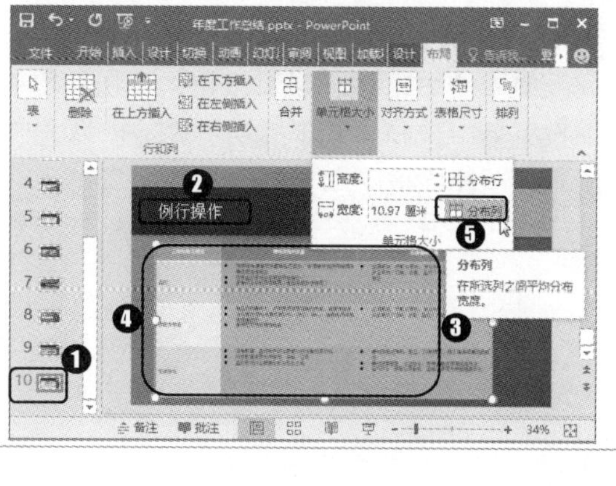

Step22: ❶选择第 9 张和第 10 张幻灯片；❷在其上右击，在弹出的快捷菜单中选择“复制幻灯片”命令，如下图所示。

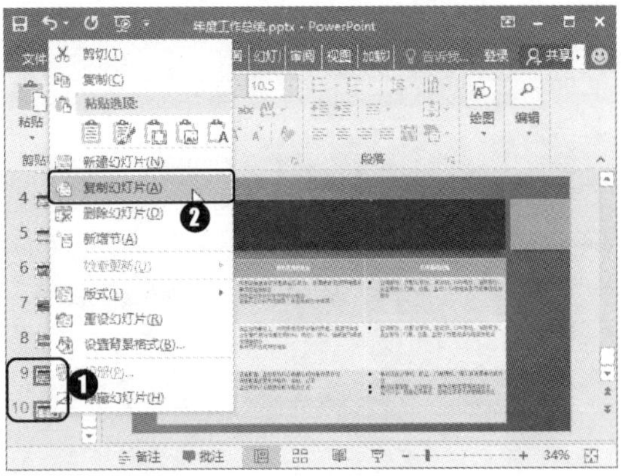

Step23: 按照素材文档中提供的内容修改复制得到的两张幻灯片中的内容，完成后的效果如下图所示。

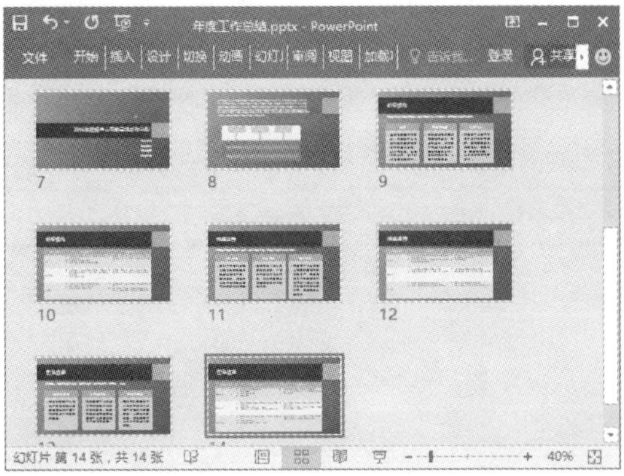

Step24: ❶新建一张幻灯片；❷在内容占位符中输入相应的文本；❸单击“插入”选项卡的“插图”组中的“形状”按钮；❹在弹出的下拉列表中选择需要绘制的椭圆形状，如下图所示。

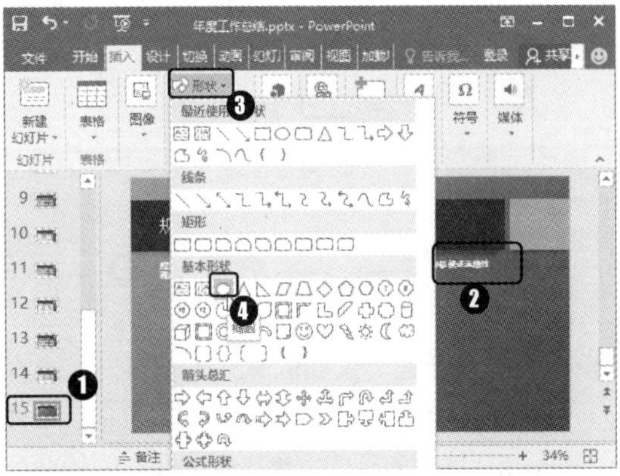

Step25: ❶在按住〈Shift〉键的同时拖动鼠标光标先后绘制多个正圆形，并选择它们；❷单击“绘图工具-格式”选项卡的“排列”组中的“对齐”按钮；❸在弹出的下拉菜单中先后选择“水平居中”命令和“垂直居中”命令，如下图所示。

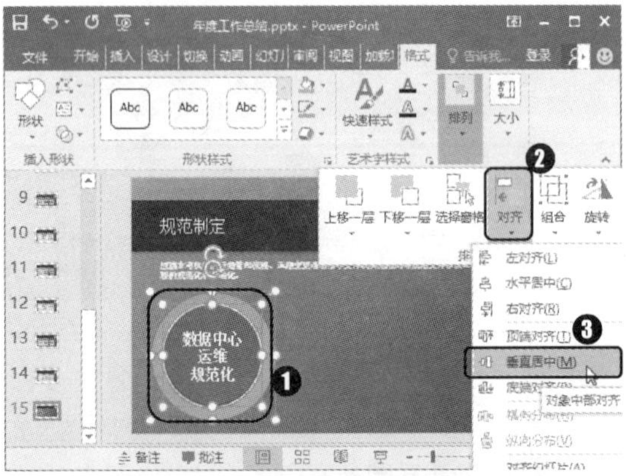

Step26: ❶在圆形形状的右侧绘制多个圆角矩形，并输入相应的文本；❷选择这些圆角矩形，单击“绘图工具-格式”选项卡的“排列”组中的“下移一层”按钮；❸在弹出的下拉菜单中选择“置于底层”命令，如右图所示，至此完成了本案例的制作。

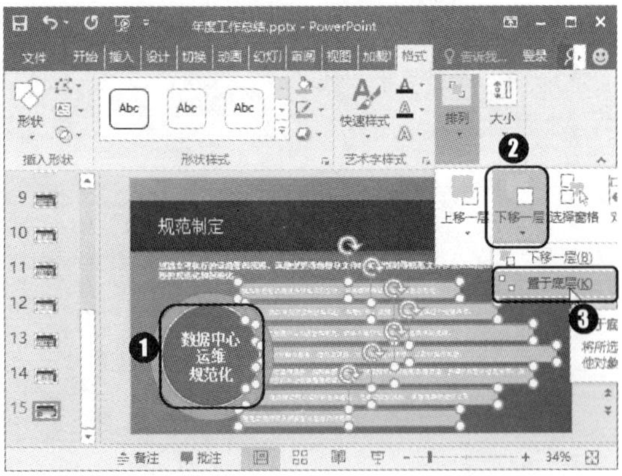

▷▷ 17.2 制作项目招投标 PPT

对外宣传或使用的 PPT 制作起来不可能像公司内部的工作报告那样轻松，这样的演示文稿公司一般会选择外包给专业公司制作，或是让自己公司的企划部门制作。总的来讲，这类演示文稿要么轻松活泼，特别能吸引人的眼球，要么严谨一致，处处透露出商务 PPT 的职场气息。项目招投标 PPT 是比较常见的对外 PPT，它是招标投标的简称，在商品交易过程中起到竞争书面化的作用。本节将制作一个投标 PPT，完成后的效果如下图所示。

光盘同步文件

视频文件：光盘\教学文件\第 17 章\17-2.mp4

17.2.1 制作幻灯片母版

在制作比较正式的演示文稿时，一般不建议先制作幻灯片内容再设计幻灯片的主题及其他统一组成部分，因为如果主题的背景和字体发生较大的变化可能会影响到幻灯片内容的显示，所以在实际操作中应先设计好幻灯片的母版和大致格式。例如为“项目投标方案”演示文稿设置幻灯片母版效果，具体操作方法如下。

Step01: ❶新建一个空白演示文稿，并将其以“工程机械海外项目投标方案”为名进行保存；❷单击“设计”选项卡的“自定义”组中的“幻灯片大小”按钮；❸在弹出的下拉菜单中选择“标准”命令，如右图所示。

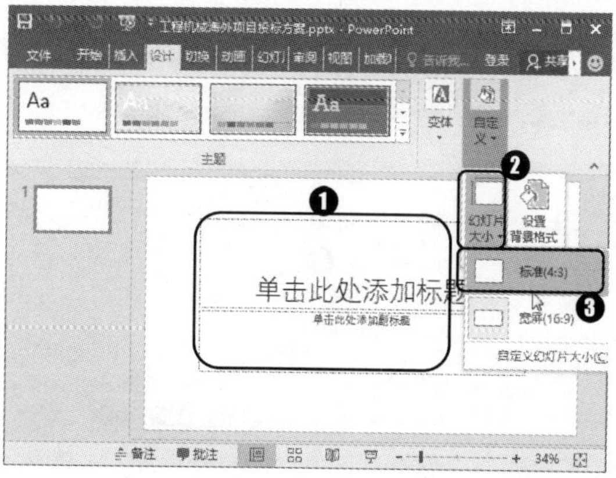

Step02: 单击“视图”选项卡的“母版视图”组中的“幻灯片母版”按钮，切换到幻灯片母版视图，如下图所示。

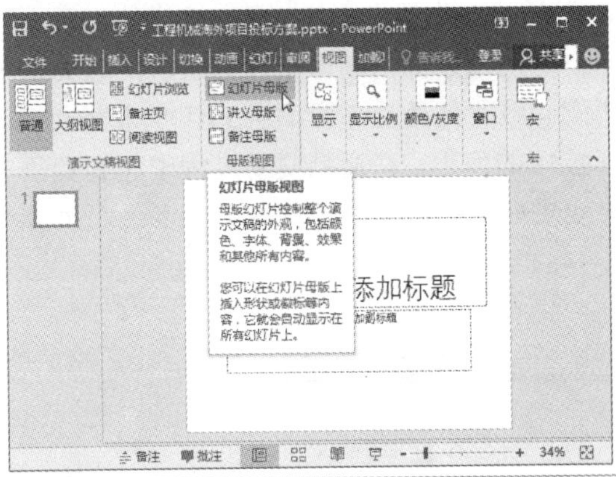

Step03: ❶在左侧任务窗格中选择需要设计的幻灯片母版版式；❷选择标题占位符中的提示文字；❸在“开始”选项卡中设置合适的字体和段落格式，如下图所示。

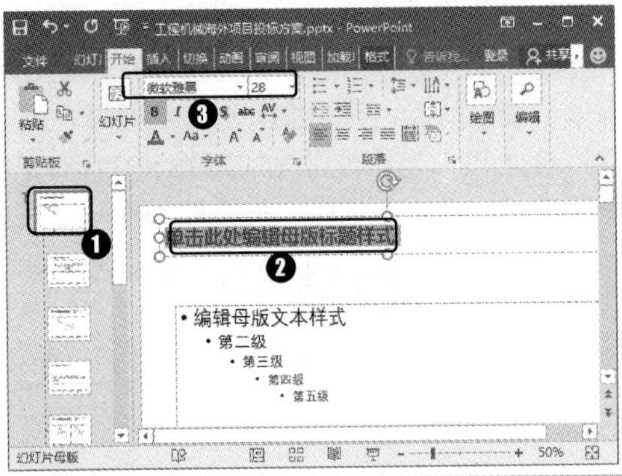

Step04: 选择该幻灯片母版版式中多余的占位符，按〈Delete〉键将它们删除，如下图所示。

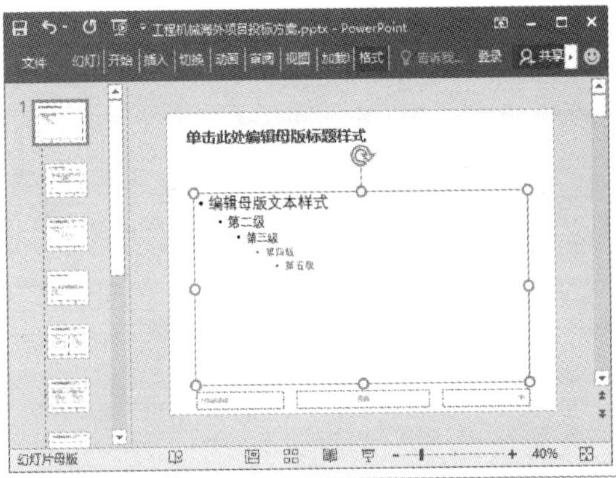

Step05: ❶单击“插入”选项卡的“插图”组中的“形状”按钮；❷在弹出的下拉列表中选择“矩形”选项，如下图所示。

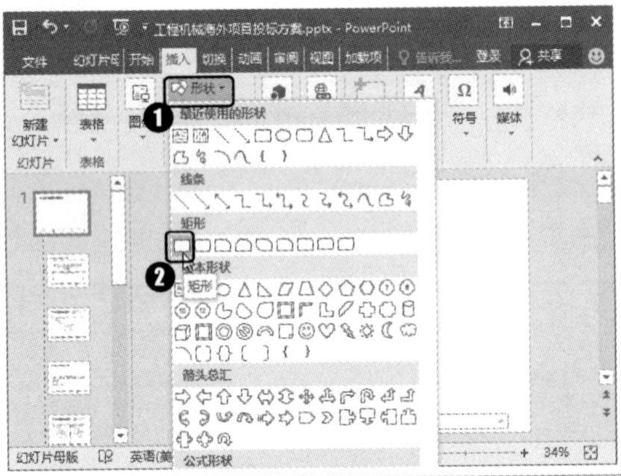

Step06: ❶拖动鼠标光标在母版下方绘制一个矩形，并填充为黑色；❷单击“形状”按钮；❸在弹出的下拉菜单中选择“平行四边形”命令，如下图所示。

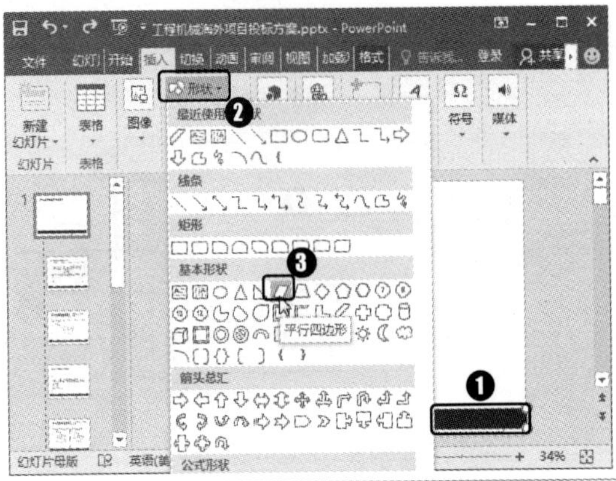

Step07: 拖动鼠标光标在刚刚绘制的矩形上方绘制一个如下图所示的平行四边形，填充为白色并调整到相应的位置。

Step08: ❶使用相同的方法在矩形的右侧绘制一个平行四边形和三角形并填充为蓝色；❷选择绘制的多个图形；❸单击“绘图工具-格式”选项卡的“排列”组中的“对齐”按钮；❹在弹出的下拉菜单中选择“顶端对齐”命令，如下图所示。

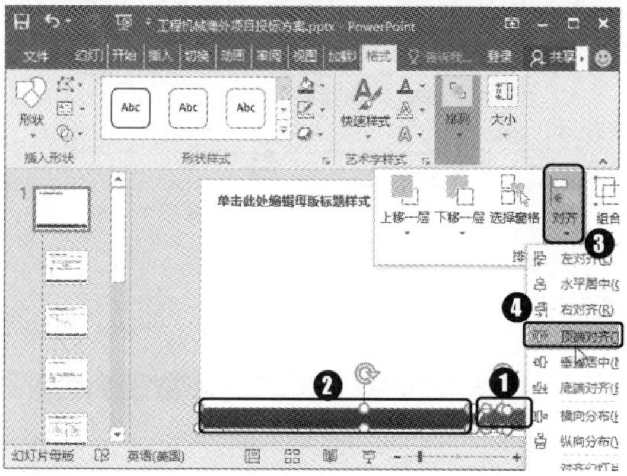

Step09: 通过插入文本框的方式在矩形右侧的图形上输入如下图所示的文字，并设置文本框的填充为无色、边框为无色。

Step10: 在矩形图形的上方左侧绘制一个文本框并输入相应的文字，然后设置文本框的填充为无色、边框为无色，如下图所示，完成该母版版式的设计。

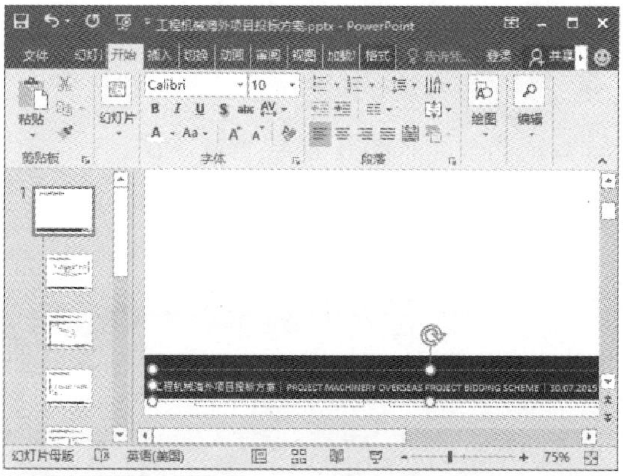

Step11: ❶在左侧任务窗格中选择需要设计的幻灯片母版版式；❷拖动鼠标光标选择下方的 3 个占位符；❸单击“绘图工具-格式”选项卡的“排列”组中的“上移一层”按钮；❹在弹出的下拉菜单中选择“置于顶层”命令，如下图所示。

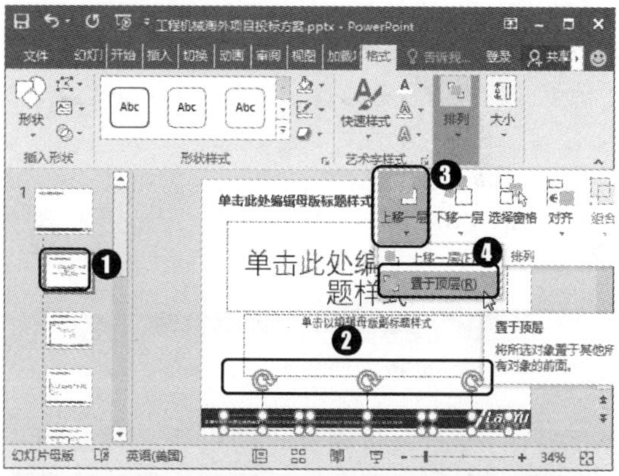

Step12: ❶绘制一个与幻灯片母版相同大小的矩形，并填充为白色；❷单击“绘图工具-格式”选项卡的“排列”组中的“下移一层”按钮；❸在弹出的下拉菜单中选择“下移一层”命令，如右图所示。

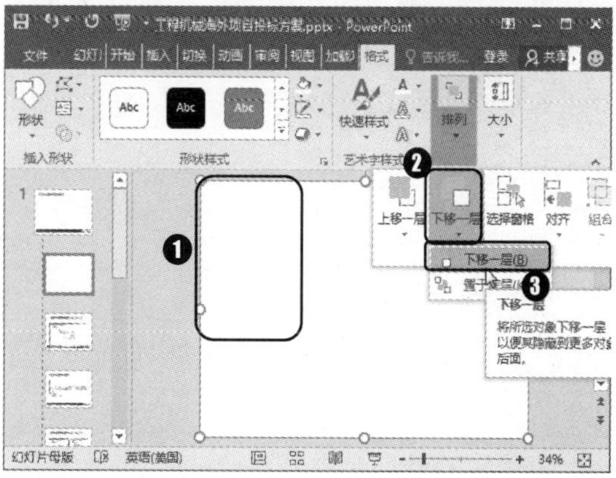

Step13: ❶复制刚刚设计的幻灯片底部效果，并调整相应的大小，作为封面幻灯片中的主要效果；❷在幻灯片右下角插入一个文本框并输入相应的文字，如下图所示。

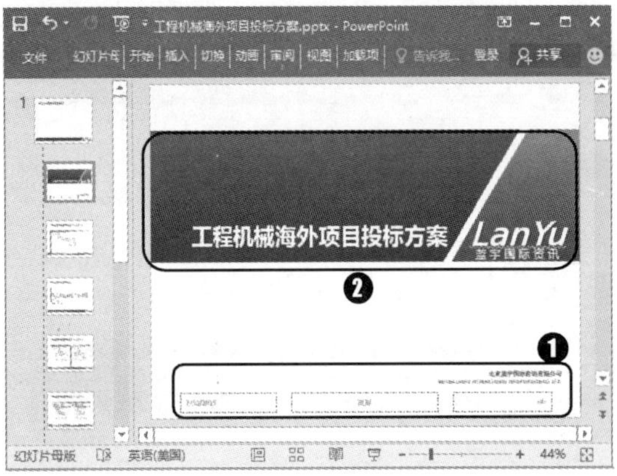

Step14: ❶在左侧任务窗格中选择需要设计的幻灯片母版版式；❷选择标题占位符，按〈Delete〉键将其删除，如下图所示。

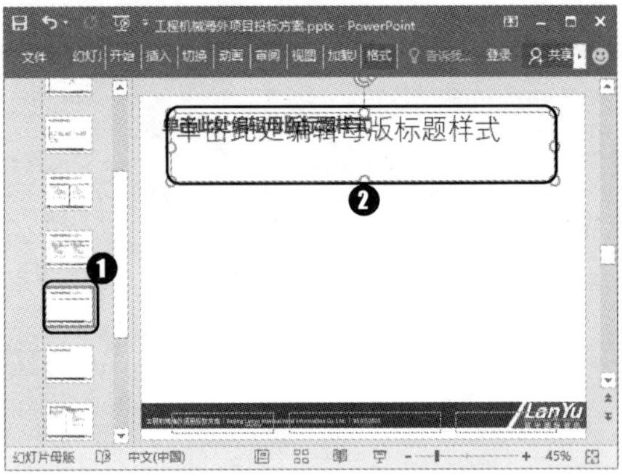

Step15: ❶在左侧任务窗格中选择需要设计的幻灯片母版版式；❷在幻灯片的顶部绘制一个白色矩形，将标题占位符遮盖住，如下图所示。

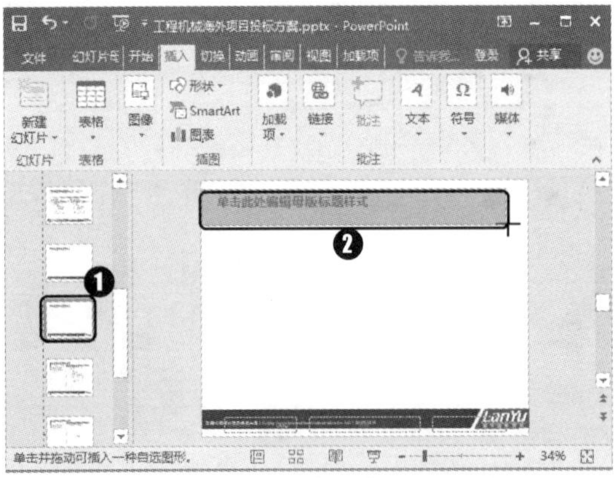

Step16: ❶在左侧任务窗格中选择多余的幻灯片母版版式，并在其上右击；❷在弹出的快捷菜单中选择“删除版式”命令，如下图所示。

Step17: 经过上步操作，即可将选择的幻灯片版式删除，❶使用相同的方法将其他多余的幻灯片版式删除，仅保留需要的幻灯片版式；❷单击“幻灯片母版”选项卡的“关闭”组中的“关闭母版视图”按钮，退出母版设计，如右图所示。

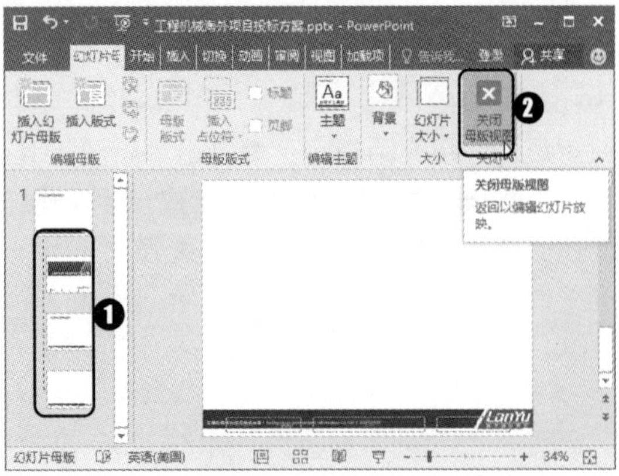

17.2.2 制作幻灯片内容

前面对幻灯片的母版进行了设置，所以幻灯片中所有采用同一个版式新建的幻灯片的效果都是相同的。为本案例中的 PPT 制作各幻灯片内容的具体操作方法如下。

Step01: 返回制作幻灯片的普通视图中，发现第 1 张幻灯片中有多余的占位符，❶单击“开始”选项卡的“幻灯片”组中的“版式”按钮；❷在弹出的下拉列表中选择“标题幻灯片”选项，如下图所示。

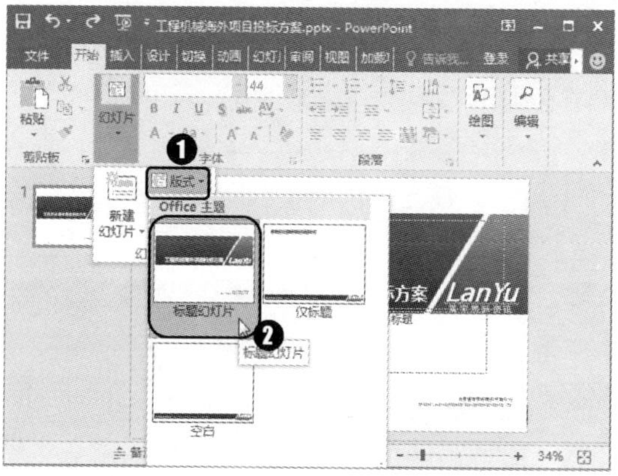

Step02: 通过插入文本框和图片的方式在第 1 张幻灯片的左下角制作如下图所示的效果。

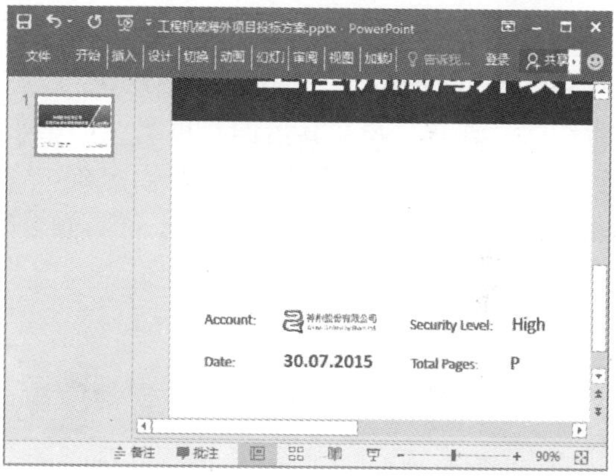

Step03: ❶单击“开始”选项卡的“幻灯片”组中的“新建幻灯片”按钮；❷在弹出的下拉列表中选择“空白”选项，如下图所示。

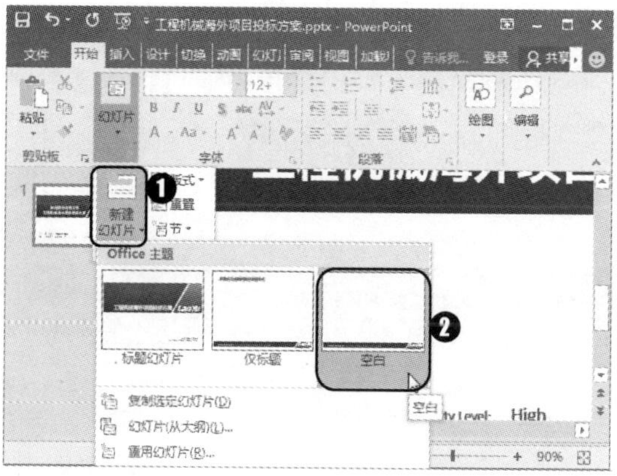

Step04: 在第 2 张幻灯片中通过插入图片和文本框的方式制作如下图所示的效果，文本内容可以参考素材文件中提供的“项目投标方案”文档。

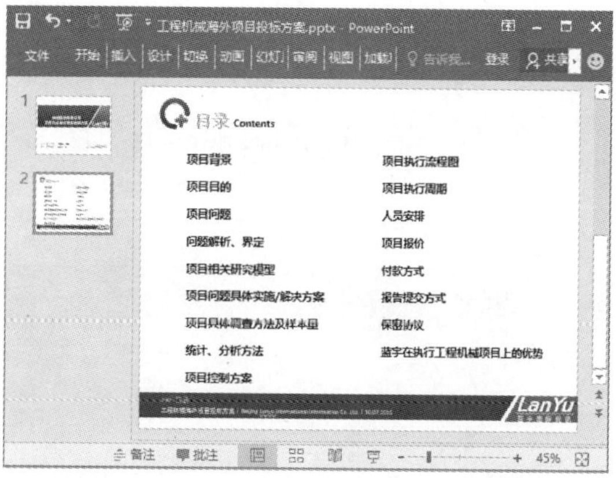

Step05: ❶在两个文本框的中间位置绘制一个矩形；❷单击“绘图工具-格式”选项卡的“形状样式”组中的“形状填充”按钮；❸在弹出的下拉菜单中选择“渐变”命令；❹在弹出的下级子菜单中选择需要填充的渐变颜色，如下图所示。

Step06: ❶新建一张相同版式的幻灯片；❷在幻灯片中插入文本框并输入相应的文本；❸选择需要设置格式的文本框；❹单击“开始”选项卡的“段落”组的对话框启动器按钮，如下图所示。

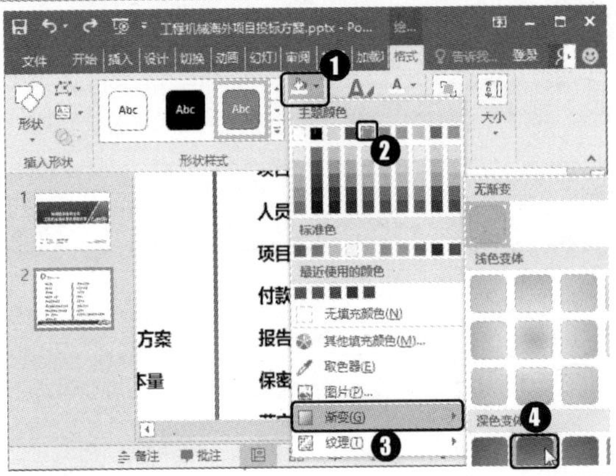

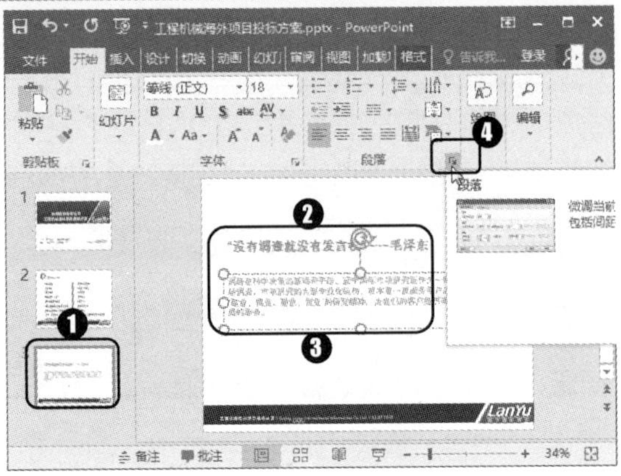

Step07: 打开“段落”对话框，❶在“缩进”选项组的“特殊格式”下拉列表框中选择“首行缩进”选项；❷在其后的“度量值”数值框中设置值为“1.3 厘米”；❸单击“确定”按钮，如下图所示。

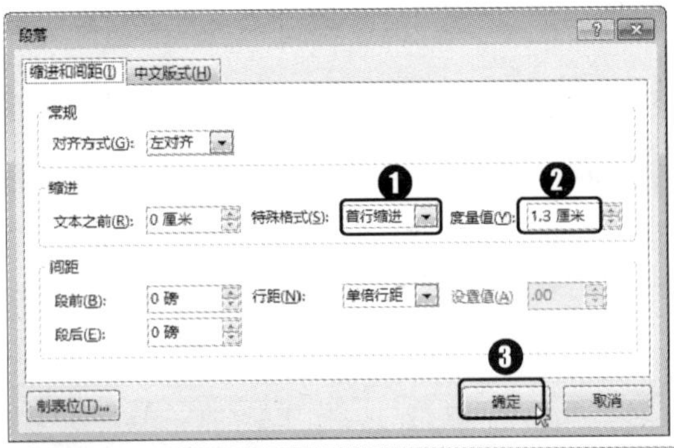

Step08: ❶新建一张“仅标题”版式的幻灯片；❷在幻灯片中插入文本框并输入相应的文本；❸在左侧任务窗格中选择第 4 张幻灯片，并在其上右击；❹在弹出的快捷菜单中选择“复制幻灯片”命令，如下图所示。

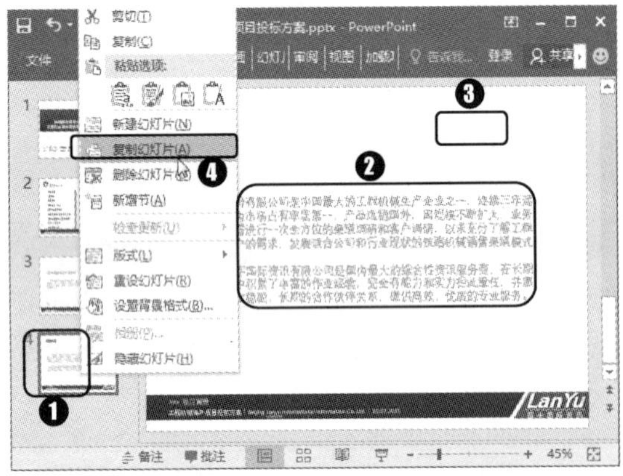

Step09: ❶修改复制得到的第 5 张幻灯片中的内容，❷单击“开始”选项卡的“幻灯片”组中的“新建幻灯片”按钮；❸在弹出的下拉列表中选择“空白”选项，如下图所示。

Step10: 在第 6 张幻灯片中通过插入图片和文本框的方式制作如下图所示的效果。

Step11: ❶新建第 7 张幻灯片，❷在占位符中输入相应的文本，选择要设置格式的文本框；❸单击“开始”选项卡的“段落”组中的“项目符号”按钮；❹在弹出的下拉列表中选择“项目符号和编号”命令，如右图所示。

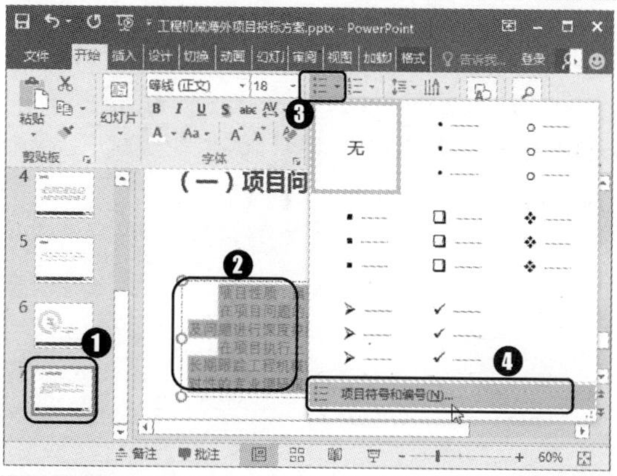

Step12: 打开“项目符号和编号”对话框，单击“图片”按钮，如下图所示。

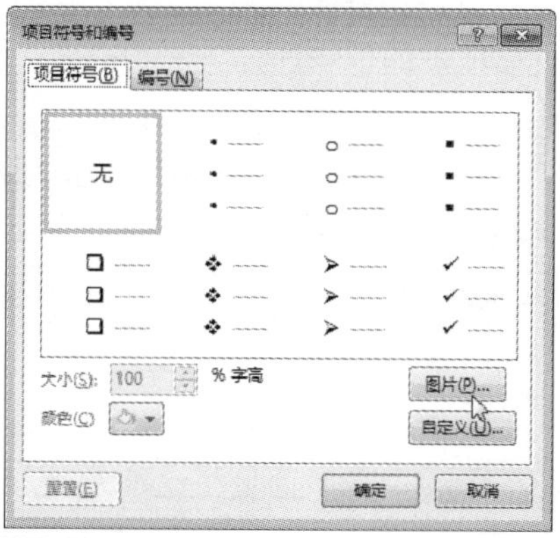

Step13: 打开“插入图片”对话框，❶选择要设置为项目符号的图片；❷单击“插入”按钮，如下图所示。

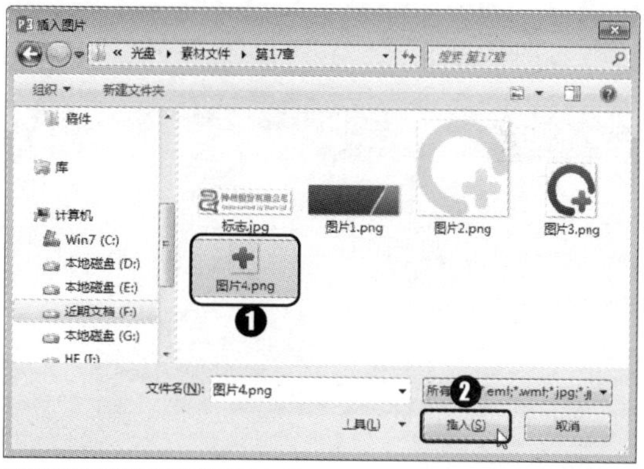

Step14: 经过上步操作，即可为文本应用设置的项目符号，❶单击“段落”组中的“行距”按钮；❷在弹出的下拉列表中选择“1.5”选项，如下图所示。

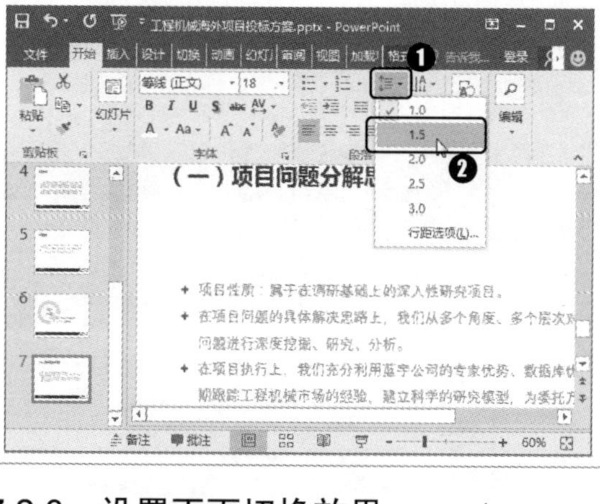

Step15: 使用相同的方法继续制作其他幻灯片内容，这里就不再详述具体的操作步骤了，完成后的效果如下图所示。

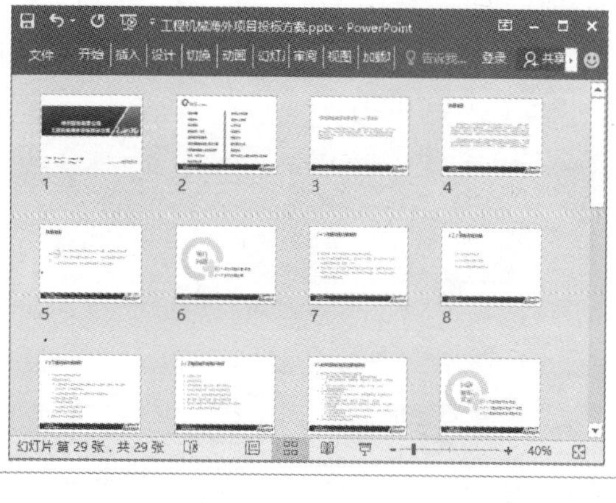

17.2.3　设置页面切换效果

为演示文稿设置页面切换效果可以让幻灯片在播放时更具吸引力，带给观众意想不到的效果，具体操作方法如下。

Step01: ❶单击“切换”选项卡的“切换到此幻灯片”组中的“切换效果”按钮；❷在弹出的下拉列表中选择“推进”选项，如右图所示。

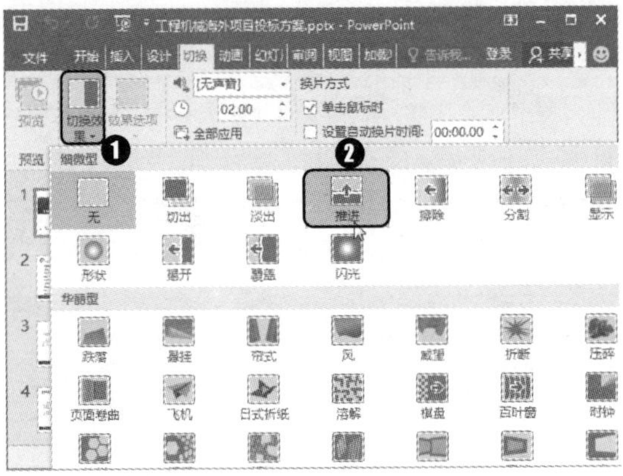

Step02: ❶在“计时”组的“持续时间”数值框中输入“01.00”；❷单击“全部应用”按钮，为该演示文稿中的所有幻灯片设置相同的页面切换效果，如下图所示。

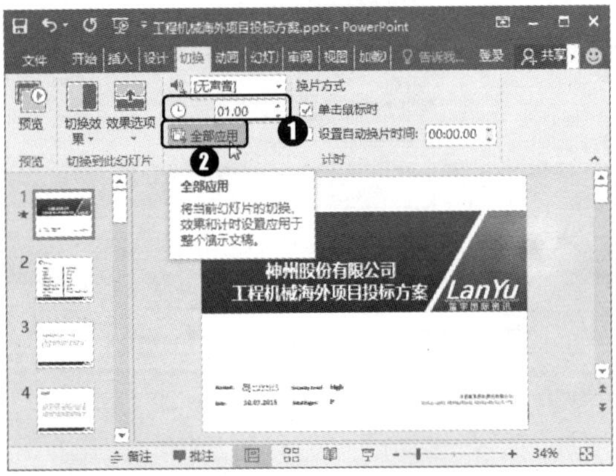

Step03: ❶选择第 1 张幻灯片；❷单击“切换”选项卡的“切换到此幻灯片”组中的“切换效果”按钮；❸在弹出的下拉列表中选择“无”选项，如下图所示。

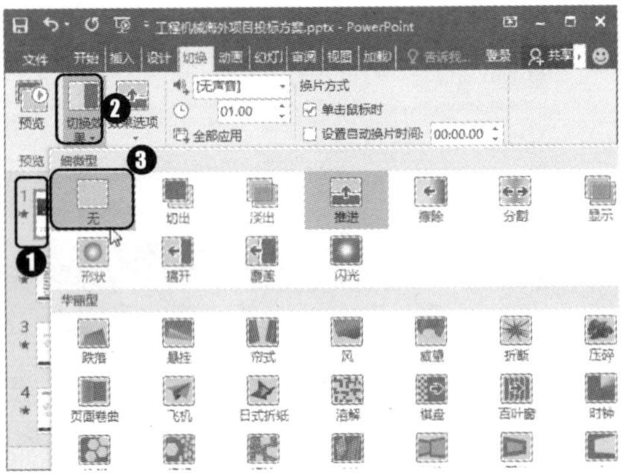

Step04: ❶选择第 2～6 张幻灯片；❷单击“切换到此幻灯片”组中的“效果选项”按钮；❸在弹出的下拉列表中选择“自右侧”选项，如下图所示。

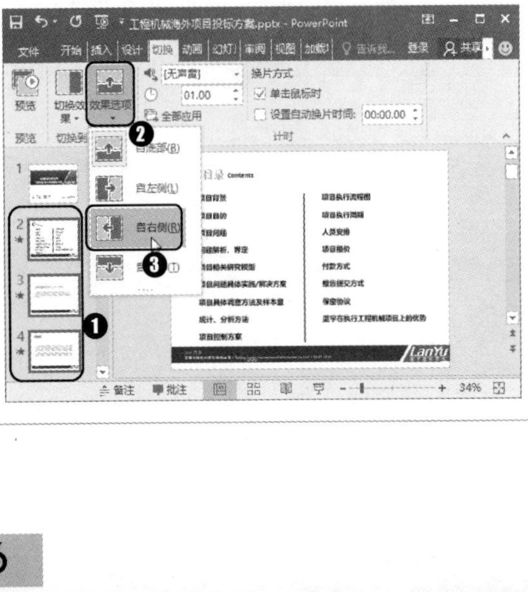

Step05: ❶选择第 7～11 张幻灯片；❷单击“切换到此幻灯片”组中的“效果选项”按钮；❸在弹出的下拉列表中选择“自底部”选项，如下图所示。

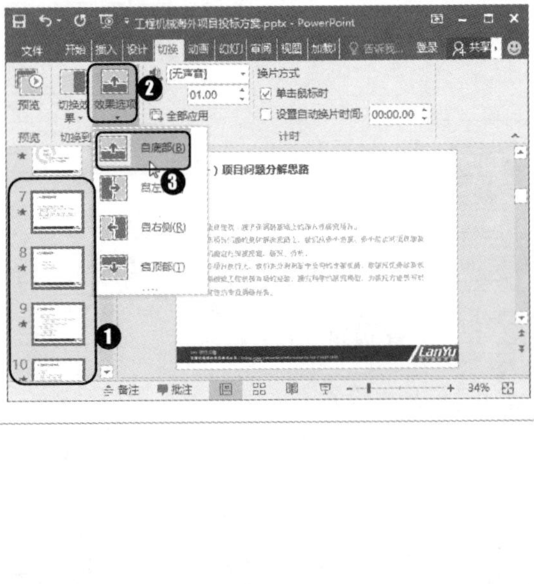

Step06: ❶选择第 12～18 张幻灯片；❷单击“切换到此幻灯片”组中的“效果选项”按钮；❸在弹出的下拉列表中选择“自顶部”选项，如下图所示。

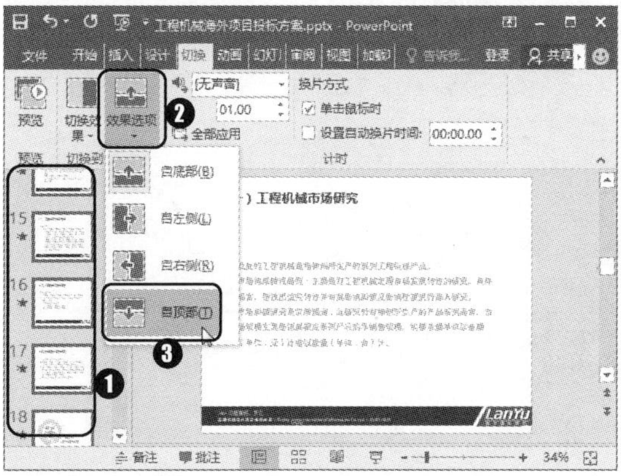

Step07: ❶选择第 19～21 张幻灯片；❷单击“切换到此幻灯片”组中的“效果选项”按钮；❸在弹出的下拉列表中选择“自左侧”选项，如下图所示。

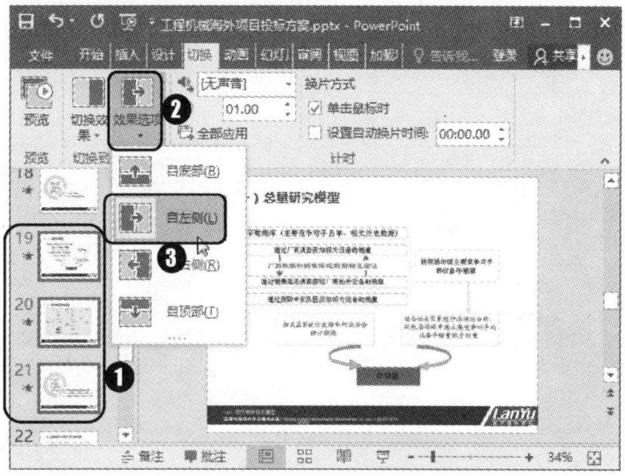

Step08: ❶选择第 22～25 张幻灯片；❷单击“切换到此幻灯片”组中的“效果选项”按钮；❸在弹出的下拉列表中选择“自底部”选项，如下图所示。

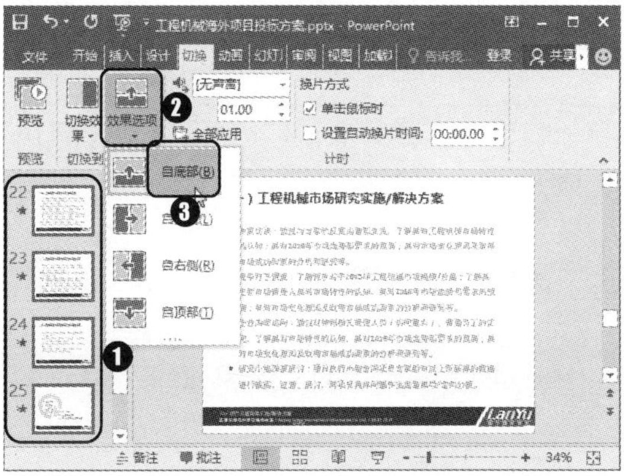

Step09: ❶选择第 26～29 张幻灯片；❷单击“切换到此幻灯片”组中的“效果选项”按钮；❸在弹出的下拉列表中选择“自左侧”选项，如下图所示，至此完成本案例的全部制作。

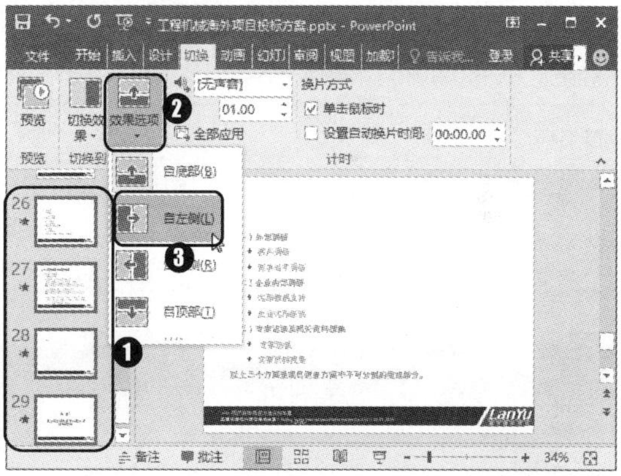

▷▷ 17.3　制作企业营销宣传 PPT

对于外资公司、国有企业以及大中型民营企业来说，企业宣传或推介 PPT 正成为企业的新名片、新时尚。无论参加展览、会议、竞标，或者接待领导、客户，或者营销代表对外宣传推介，没有一套像样的 PPT 就会显得有些寒酸。企业营销宣传用的 PPT 不仅需要像画册一样精美，像广告一样有创意，还应像 Flash 一样具有动感。本节将为某公司的宣传 PPT 添加各种动画，通过案例的制作为读者介绍使用 PowerPoint 制作动态演示文稿的方法，完成后的效果如下图所示。

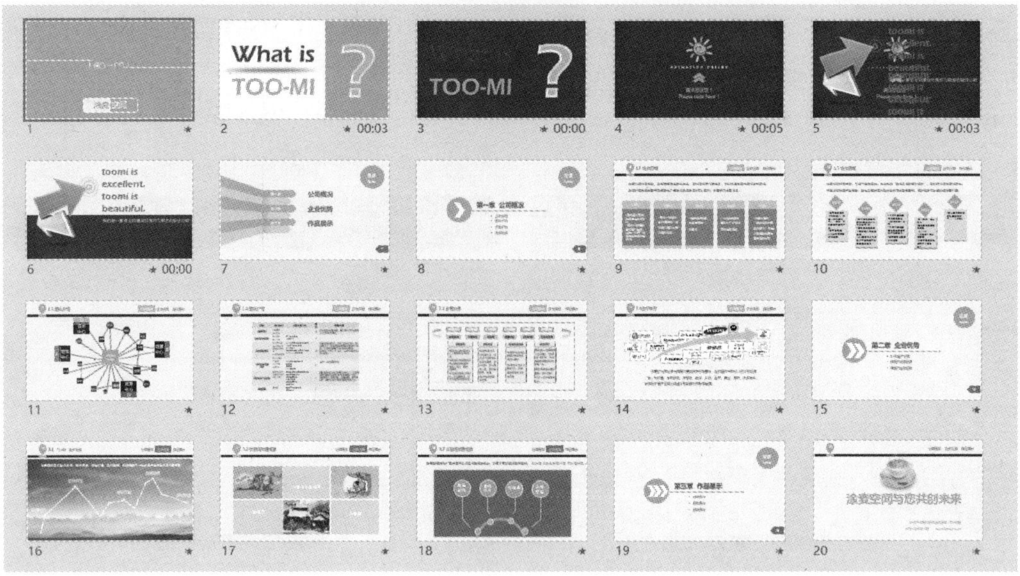

光盘同步文件

视频文件：光盘\教学文件\第 17 章\17-3.mp4

17.3.1 设置页面切换效果

为制作好的幻灯片添加页面切换效果是最简单的动态演示文稿制作方法，而且不会花费太多的精力就能完成，具体操作如下。

Step01: 打开“企业宣传 PPT”演示文稿，❶选择第 1 张幻灯片，单击“切换”选项卡的“切换到此幻灯片”组中的“切换效果”按钮；❷选择“覆盖”选项，如下图所示。

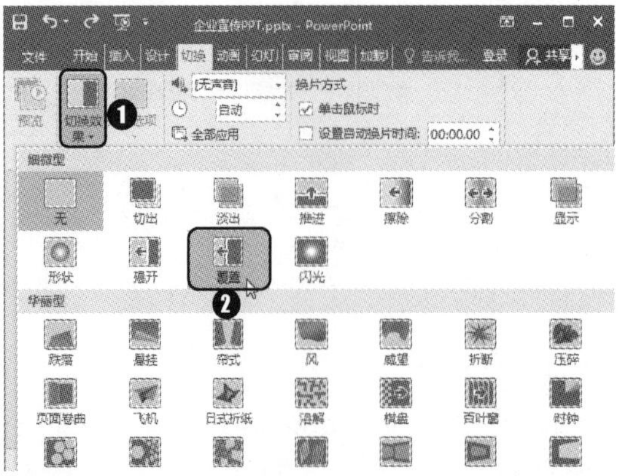

Step02: ❶选择第 2 张幻灯片，单击“切换”选项卡的“切换到此幻灯片”组中的“切换效果”按钮；❷在弹出的下拉列表中选择“淡出”选项，如下图所示。

Step03: ❶在“计时”组的“持续时间”数值框中输入“00.50”；❷勾选“设置自动换片时间”复选框，并在其后的数值框中设置自动换片时间为“00:03”，如下图所示。

Step04: 使用相同的方法依次为每张幻灯片设置相应的页面切换动画，单击“视图”选项卡中的“幻灯片浏览”按钮，可以在每张幻灯片的右下方看到对应的切换时间，如下图所示。

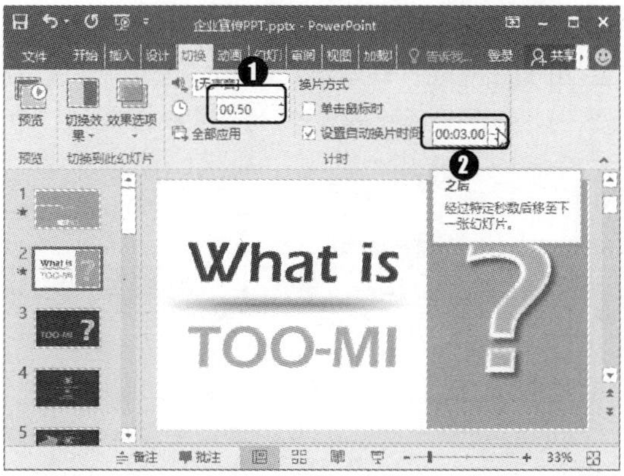

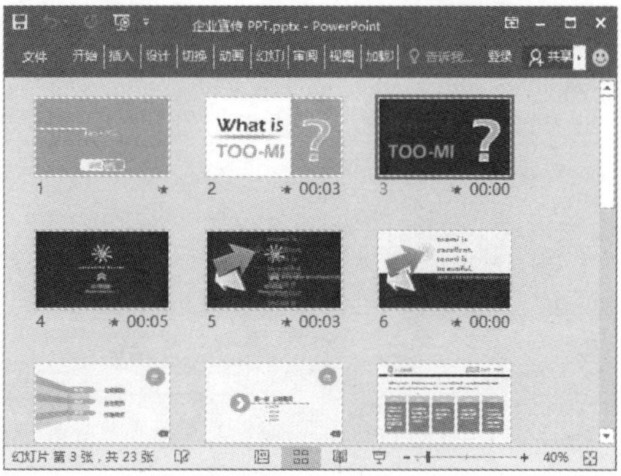

17.3.2　设置内容动画

在应用幻灯片对企业进行宣传、对产品进行展示以及在各类会议或演讲过程中进行演示时，为了使幻灯片内容更有吸引力，使幻灯片中的内容和效果更加丰富，经常需要为幻灯片中的内容添加各类动画，最终组合成一个强大的动画效果。由于篇幅有限，下面只给出本案首页动画的制作步骤，其他页面的动画用户可以根据结果文件自行研究其实现方法。首页动画的具体制作方法如下。

Step01: ❶选择第 1 张幻灯片中需要第 1 个设置动画的圆形；❷单击“动画”选项卡的“动画”组中的“动画样式”按钮；❸选择“更多进入效果”命令，如下图所示。

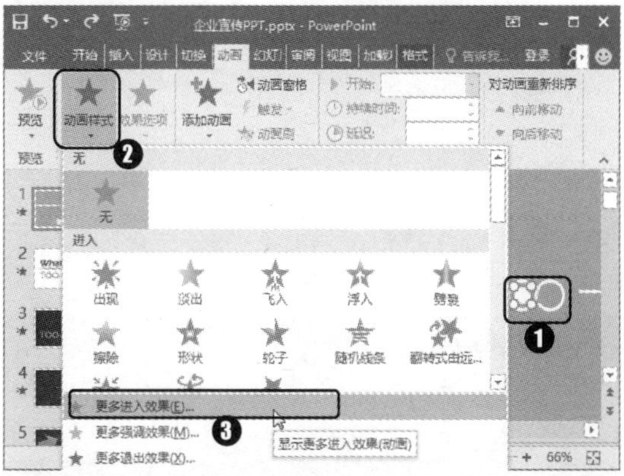

Step02: 打开“更改进入效果”对话框，❶选择“温和型”中的“基本缩放”选项；❷单击“确定”按钮，如下图所示。

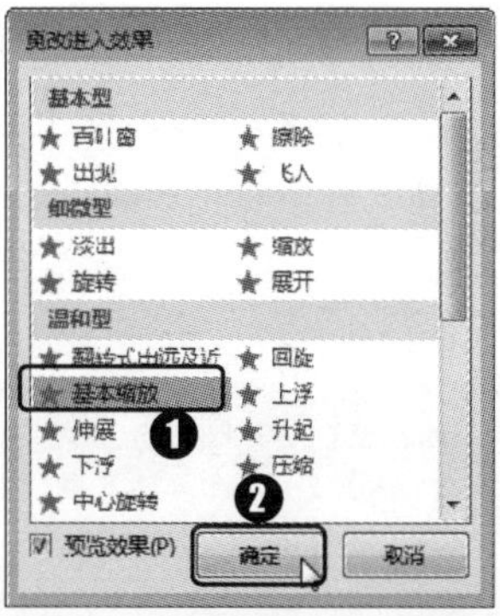

Step03: ❶单击“动画”组中的“效果选项”按钮；❷在弹出的下拉列表中选择“从屏幕中心放大”选项，如右图所示。

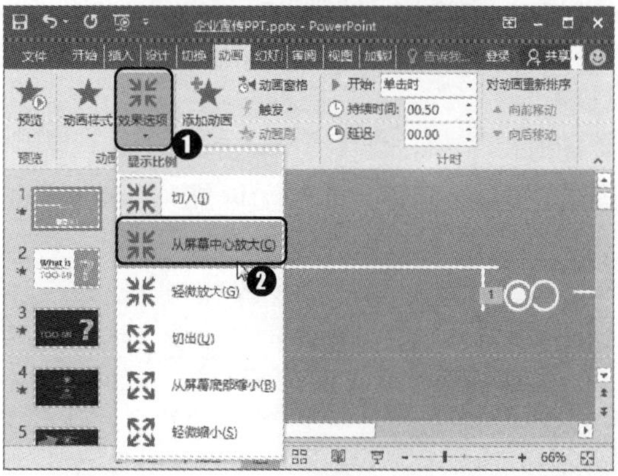

Step04: ❶在“计时”组的“开始”下拉列表框中选择“与上一动画同时”选项；❷在“持续时间”数值框中设置动画的持续时间为“00.50”；❸在“延迟”数值框中设置延迟播放动画的时间为“00.90”，如下图所示。

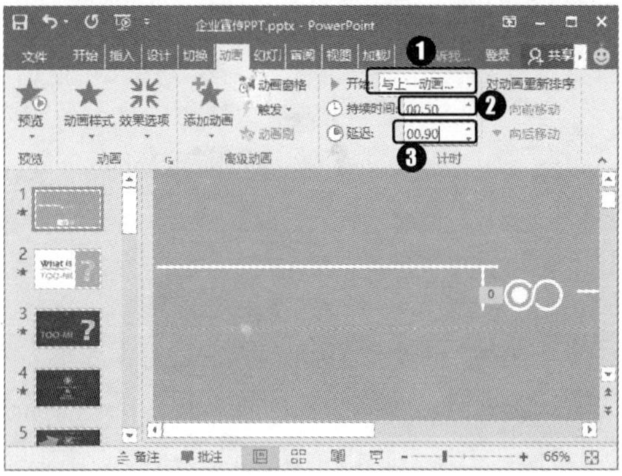

Step05: 选择第1张幻灯片中需要第2个设置动画的直线；❶单击“动画”选项卡的“动画”组中的“动画样式”按钮；❷选择“进入”中的“擦除”选项，如下图所示。

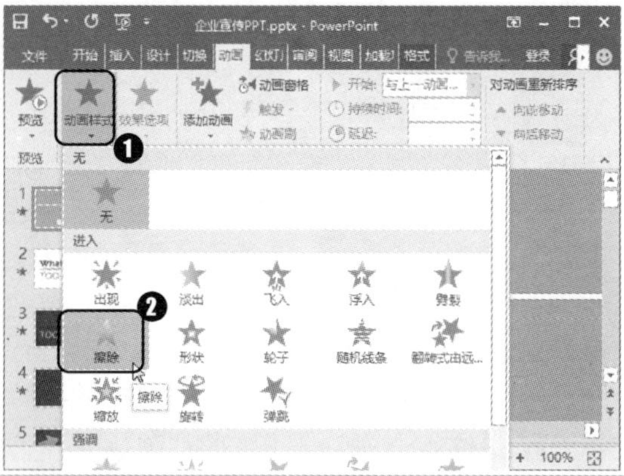

Step06: ❶单击“动画”组中的“效果选项”按钮；❷选择“自左侧”选项；❸在“计时”组的“开始”下拉列表框中选择“上一动画之后”选项；❹在“持续时间”数值框中设置动画的持续时间为“00.30”，如下图所示。

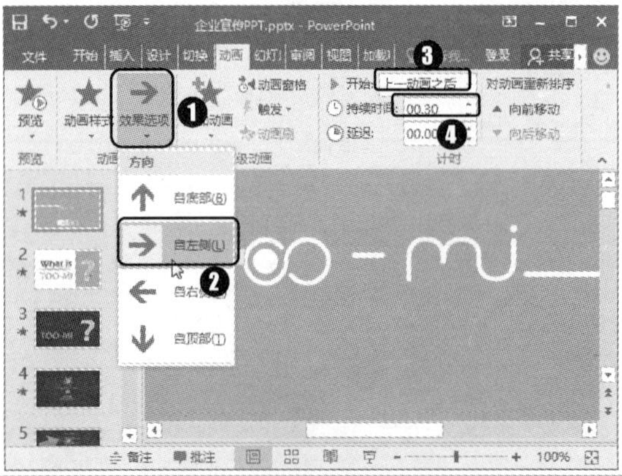

Step07: ❶单击“高级动画”组中的“添加动画”按钮；❷在弹出的下拉菜单的“退出”栏中选择“擦除”命令，如下图所示。

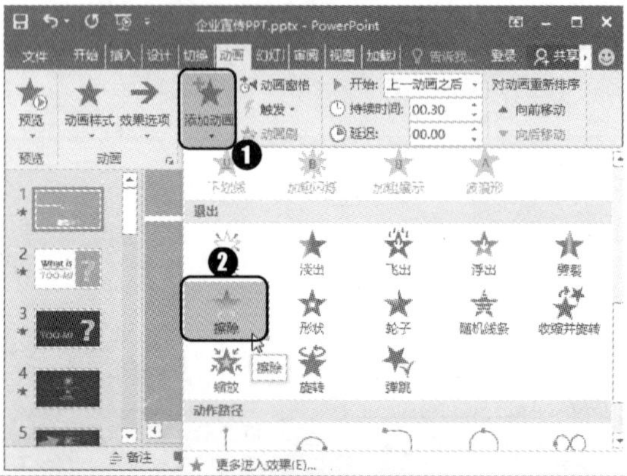

Step08: ❶单击“动画”组中的“效果选项”按钮；❷选择“自左侧”选项；❸在“计时”组的“开始”下拉列表框中选择“与上一动画同时”选项；❹在“持续时间”数值框中设置动画的持续时间为“00.30”；❺在“延迟”数值框中设置延迟播放动画的时间为“00.30”；❻单击“高级动画”组中的“动画窗格”按钮，在显示“动画窗格”任务窗格，如右图所示。

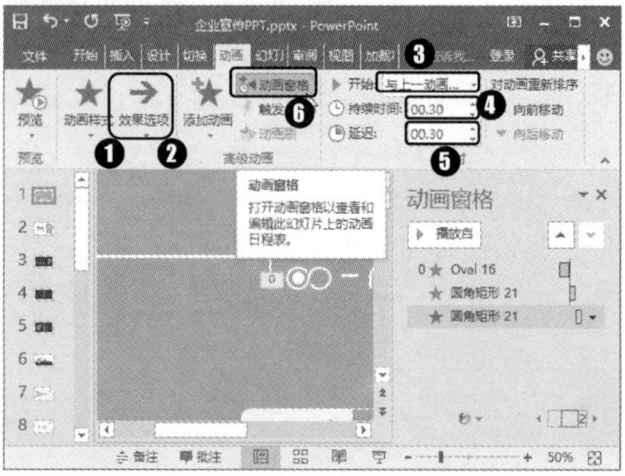

Step09: 选择第1张幻灯片中需要第3个设

Step10: ❶在“计时”组的“开始”下拉列

置动画的“T”字母上部的横线；❶单击“动画”选项卡的“动画”组中的“动画样式”按钮；❷在弹出的下拉列表中选择“进入”中的“擦除”选项，如下图所示。

Step11: ❶保持刚刚设置的动画的选择状态；❷双击“高级动画”组中的“动画刷”按钮；❸拖动鼠标依次选择幻灯片中需要复制该动画的对象，完成后按〈Esc〉键退出复制动画效果，如下图所示。

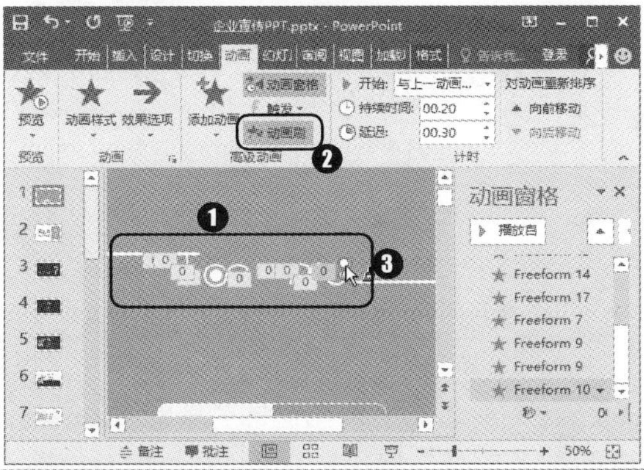

Step13: 用相同的方法依次为其他复制动画的动画效果和动画计时方式进行设置，如下图所示。

表框中选择“与上一动画同时”选项；❷在“持续时间”数值框中设置动画的持续时间为“00.20”；❸在“延迟”数值框中设置延迟播放动画的时间为“00.30”，如下图所示。

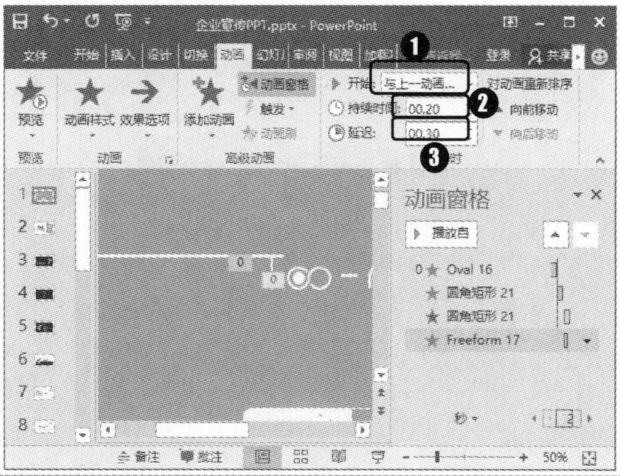

Step12: ❶在“动画窗格”任务窗格中选择需要设置复制后动画的动画效果；❷单击“动画”组中的“效果选项”按钮；❸在弹出的下拉列表中选择“自顶部”选项，如下图所示。

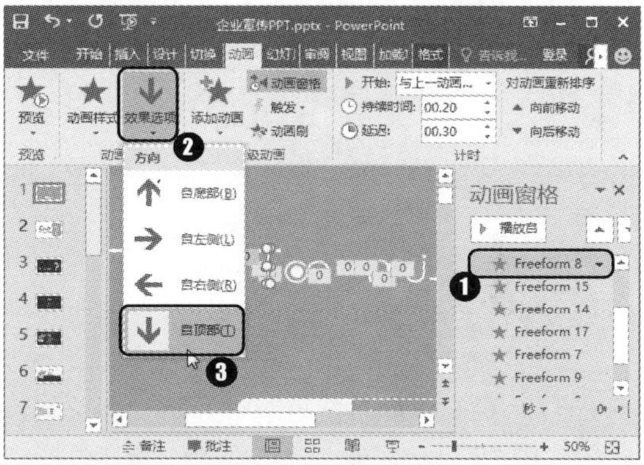

Step14: ❶选择已经设置动画的一条直线；❷单击“高级动画”组中的“动画刷”按钮；❸选择幻灯片中需要复制该动画的直线，如下图所示。

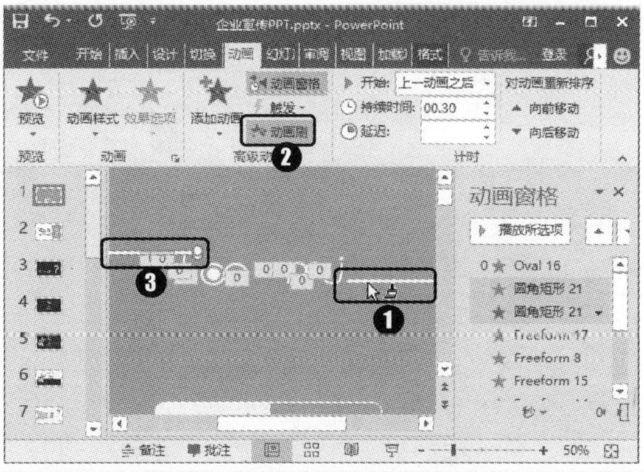

Step15: ❶在“持续时间”数值框中设置动画的持续时间为“00.20”；❷在“延迟”数值框中设置延迟播放动画的时间为“00.20”，如下图所示。

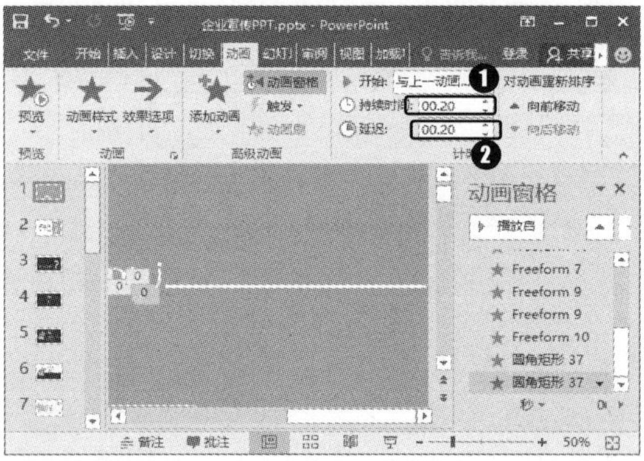

Step16: 选择“i”字母上部的圆点；❶单击“动画”组中的“动画样式”按钮；❷在弹出的下拉列表中选择“进入”中的“弹跳”命令，如下图所示。

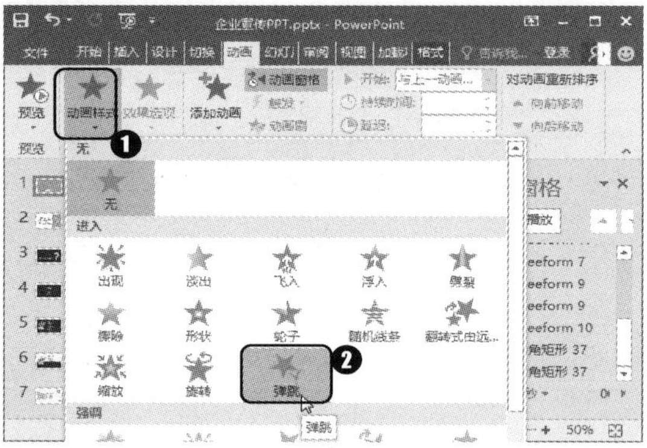

Step17: ❶在“计时”组的“开始”下拉列表框中选择“上一动画之后”选项；❷在“持续时间”数值框中输入“00.50”，如下图所示。

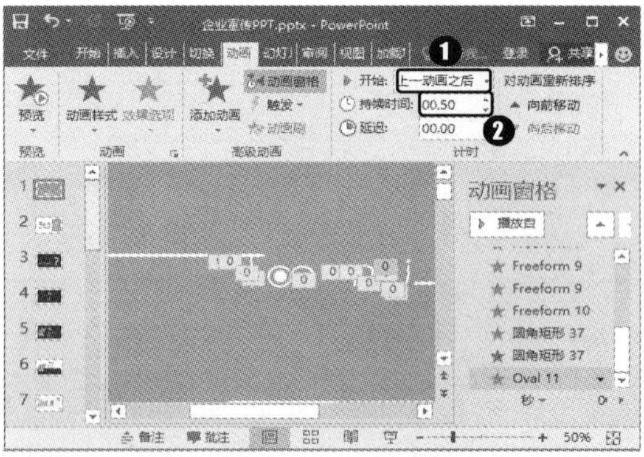

Step18: 选择下方右侧的圆角矩形；❶单击“动画”组中的“动画样式”按钮；❷在弹出的下拉列表中选择“进入”中的“淡出”选项，如下图所示。

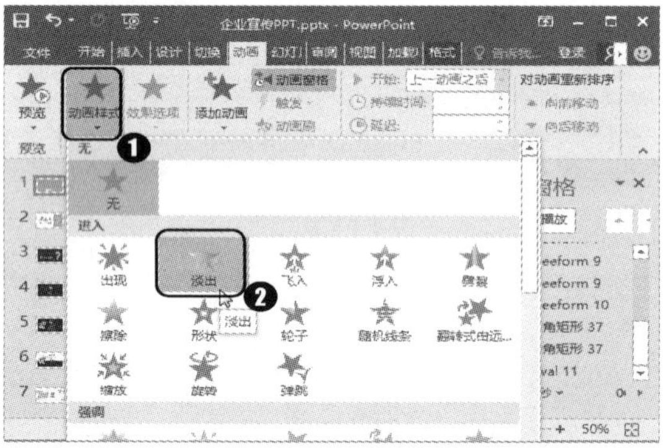

Step19: ❶在“计时”组的“开始”下拉列表框中选择“与上一动画同时”选项；❷在“持续时间”数值框中输入“00.80”；❸单击“高级动画”组中的“动画刷”按钮；❹选择幻灯片中需要复制该动画的左侧圆角矩形，如下图所示。

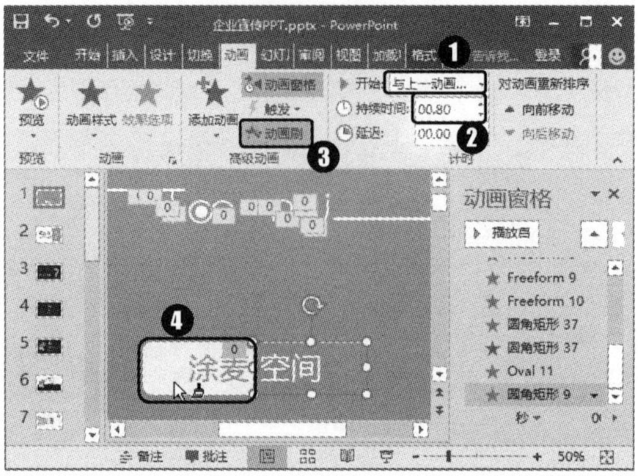

Step20: ❶选择下方左侧的“涂麦”文本框；❷单击“动画”组中的“动画样式”按钮；❸在弹出的下拉列表中选择“进入”中的“飞入”命令，如下图所示。

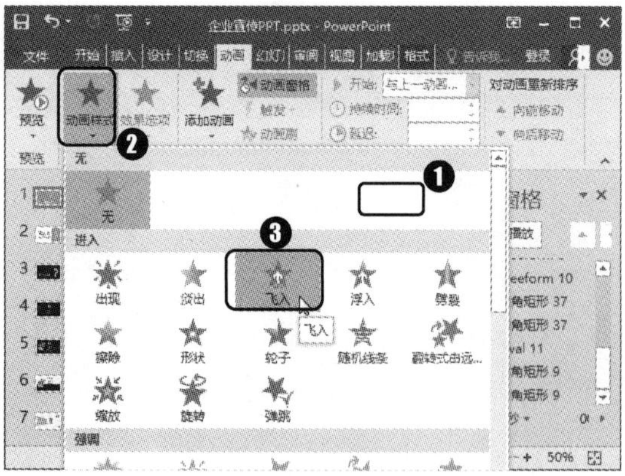

Step21: ❶单击“高级动画”组中的“添加动画”按钮；❷在弹出的下拉列表中选择“进入”中的“淡出”命令，如下图所示。

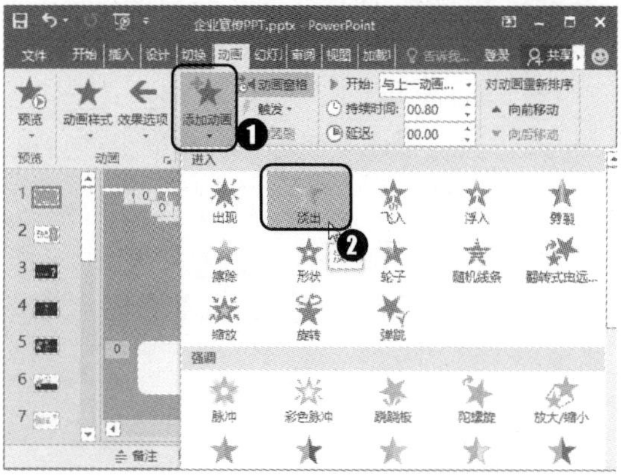

Step22: ❶在“计时”组的“开始”下拉列表框中选择“与上一动画同时”选项；❷在“持续时间”数值框中输入“00.80”；❸单击“高级动画”组中的“动画刷”按钮；❹选择幻灯片中需要复制该动画的“空间”文本框，如下图所示。

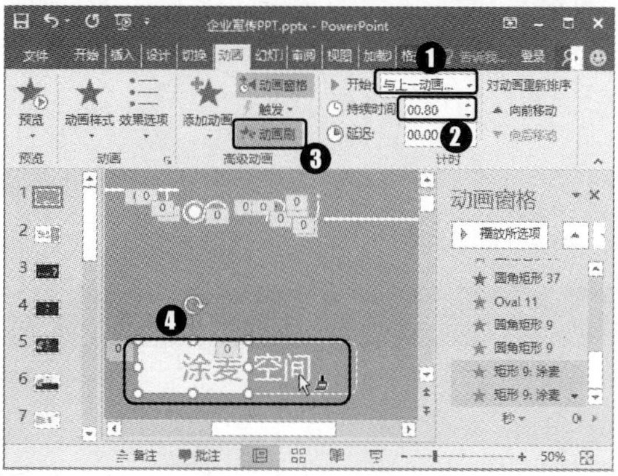

Step23: ❶在“动画窗格”任务窗格中选择刚复制的动画选项；❷单击“效果选项”按钮；❸在弹出的下拉列表中选择“自左侧”选项，如下图所示。

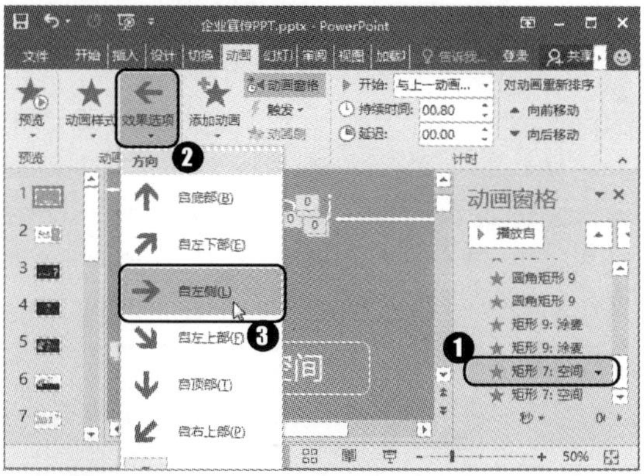

Step24: 至此已经完成了第 1 张幻灯片的全部动画设置。❶单击“预览”组中的“预览”按钮；❷在弹出的下拉列表中选择“预览”选项，如下图所示。

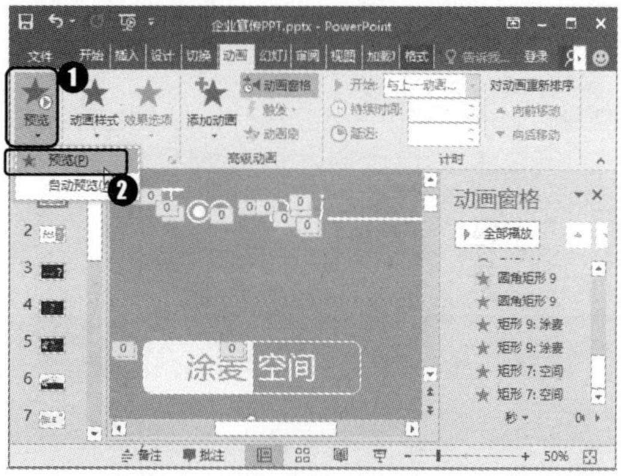

Step25: 经过上步操作，即可预览到该张幻灯片的全部动画效果，如下图所示。

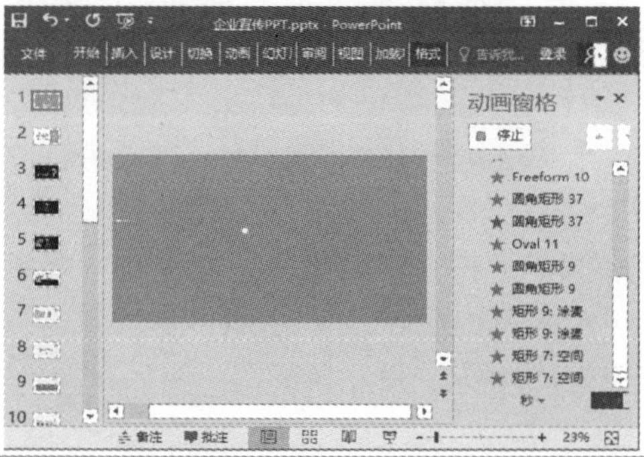

Step26: 继续为其他幻灯片中的各组成元素设置动画，用户可以根据“动画窗格”任务窗格中的动画选项来设置，如下图所示。

17.3.3 制作互动按钮

在放映演示文稿的过程中，为方便放映者对幻灯片进行操作，可以在幻灯片中适当地添加一些交互功能，具体实现方法如下。

Step01: ❶选择第 7 张幻灯片中的“第一章”文本框；❷单击“插入”选项卡的“链接”组中的“动作”按钮，如下图所示。

Step02: 打开“操作设置”对话框，❶选中“超链接到”单选按钮；❷在其下的下拉列表框中选择“下一张幻灯片”选项；❸勾选“单击时突出显示”复选框；❹单击“确定”按钮，如下图所示。

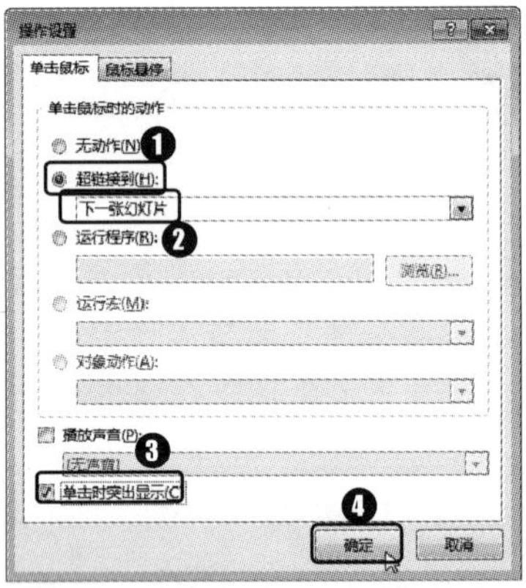

Step03: ❶选择第 7 张幻灯片中的“第二章”文本框；❷单击“插入”选项卡的“链接”组中的“动作”按钮，如下图所示。

Step04: 打开“操作设置”对话框，❶选中“超链接到”单选按钮；❷在其下的下拉列表框中选择“幻灯片”选项，如下图所示。

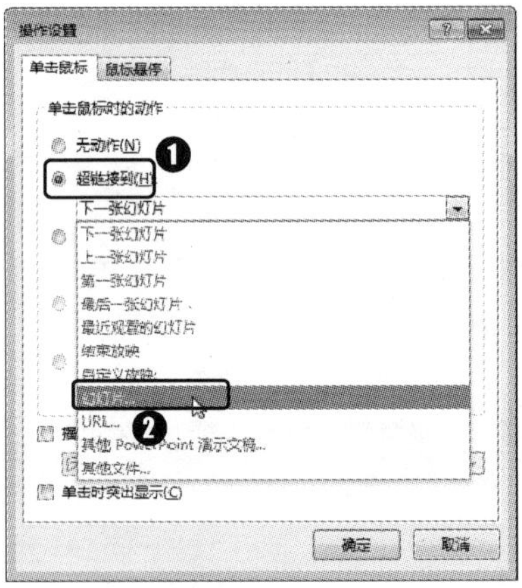

Step05: 打开“超链接到幻灯片”对话框，❶在列表框中选择要链接到的第 15 张幻灯片；❷单击“确定”按钮完成链接的选择，如下图所示。

Step06: 返回“操作设置”对话框，❶选中“单击时突出显示”复选框；❷单击“确定”按钮完成动作设置，如下图所示。

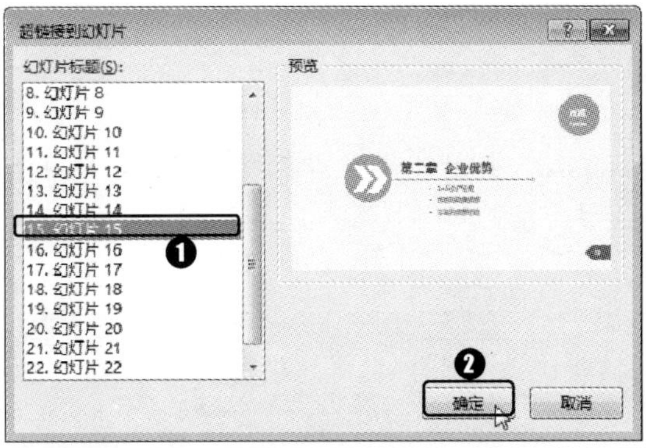

Step07: ❶选择第 7 张幻灯片中的“第三章”文本框；❷单击“插入”选项卡的“链接”组中的“动作”按钮，如下图所示。

Step08: 打开“操作设置”对话框，❶选中“超链接到”单选按钮；❷在下拉列表框中选择“幻灯片 19”选项，设置链接到的第 19 张幻灯片；❸勾选“单击时突出显示”复选框；❹单击“确定”按钮，如下图所示。

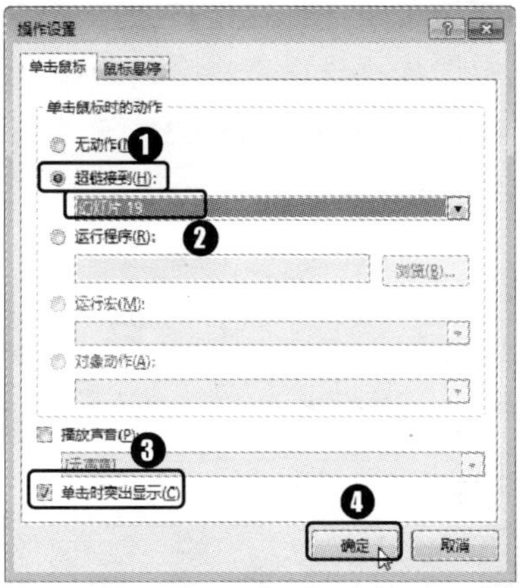

Step09: 使用相同的方法将第 8、15、19 张幻灯片中的标题文本框链接到对应的内容幻灯片中，如下图所示。

Step10: ❶选择最后一张幻灯片；❷单击“插入”选项卡的“插图”组中的“形状”按钮；❸选择需要插入的“动作按钮：第一张”动作按钮，如下图所示。

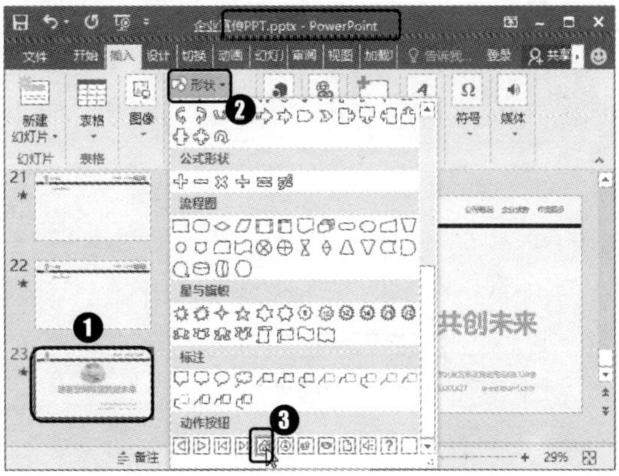

Step11: ❶拖动鼠标光标在幻灯片的右下角绘制一个按钮；❷释放鼠标左键时将自动打开“操作设置”对话框，勾选“播放声音”复选框；❸在下方的下拉列表框中选择“鼓掌”选项；❹单击“确定”按钮，如右图所示。

17.3.4 打包输出报告

完成演示文稿的制作后，为了便于在其他计算机中播放该演示文稿，最好将演示文稿打包，具体操作方法如下。

Step01: ❶单击“文件”按钮，在弹出的下拉菜单中选择“导出”命令；❷在中间栏中选择“将演示文稿打包成CD”命令；❸单击“打包成CD”按钮，如下图所示。

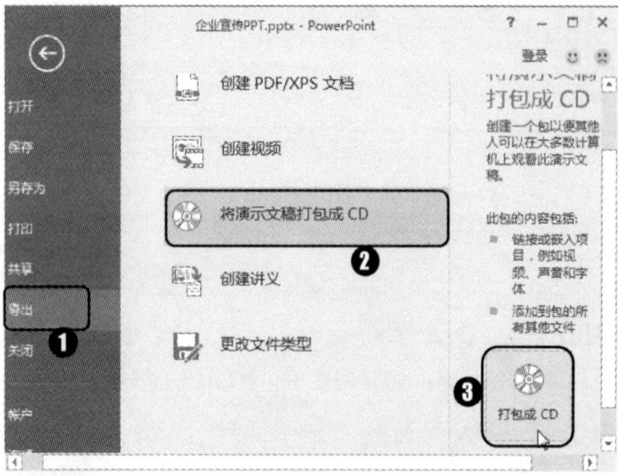

Step02: 打开“打包成CD”对话框，❶在“将CD命名为”文本框中输入打包文件名称；❷单击“复制到文件夹”按钮，如下图所示。

Step03: 打开“复制到文件夹”对话框，❶单击“浏览”按钮，选择打包演示文稿的保存位置；❷单击“确定”按钮，如下图所示。

Step04: 系统将打开一个对话框提示用户打包演示文稿中的所有链接文件，单击“是”按钮开始复制到文件夹，如下图所示。

Step05: 经过上步操作，将打开显示复制进度的对话框，复制完成后演示文稿将被打包到指定位置，且该文件夹中会包含演示文稿文件和链接文件等的多个文件和文件夹，如右图所示。

▷▷ 本章小结

本章的重点在于掌握使用 PowerPoint 2016 制作办公应用中常见演示文稿的操作方式和方法，读者在学习的过程中应注意案例制作过程中哪些步骤放在前面进行，哪些步骤放在后面进行，思考为什么要这样安排，是否能避免一些重复操作，从而提高工作效率，并将这些精髓内容运用到自己的实际工作中。

推 荐 阅 读

《Word/Excel 办公应用技巧大全》
书号：978-7-111-51537-1　定价：69.80 元（1DVD）

《Word 办公应用技巧大全》
书号：978-7-111-52314-7　定价：69.80 元（1DVD）

《Word/Excel/PowerPoint 办公应用技巧大全》
书号：978-7-111-52382-6　定价：69.80 元（1DVD）

《Excel 办公应用技巧大全》
书号：978-7-111-52902-6　定价：69.80 元（1DVD）